Gesamtverzeichnis des deutschsprachigen Schrifttums (GV) 1700 – 1910

Bearbeitet unter der Leitung von
Hilmar Schmuck und Willi Gorzny

Bibliographische und redaktionelle Beratung:
Hans Popst und Rainer Schöller

131

Schulu-Schv

K · G · Saur München · New York · London · Paris 1985

CIP-Kurztitelaufnahme der Deutschen Bibliothek

Gesamtverzeichnis des deutschsprachigen Schrifttums :
(GV). – München, New York, London, Paris : Saur.
Bd. 1 – 6 bearb. unter d. Leitung von Peter Geils
u. Willi Gorzny.
ISBN 3-598-30000-X

1700 – 1910 / bearb. unter d. Leitung von Hilmar
Schmuck u. Willi Gorzny. Bibliograph. u. red.
Beratung: Hans Popst u. Rainer Schöller

NE: Schmuck, Hilmar [Bearb.]

131. Schulu - Schv. - 1985.

Techn. Realisierung und Druck: Norbert Gärtner, Mainz-Kastel
Binden: Karl Schaumann, Darmstadt
Printed in the Federal Republic of Germany
ISBN 3-598-30000-X (Gesamtwerk)

Schulüberbürdungsfrage, die. [Schriften des Liberalen Schulvereins Rheinlands und Westfalens Nr. 4.] gr. 8. Bonn 882, Strauß. *

Inhalt:

1) Bericht und Discussion auf der dritten Generalversammlung des Liberalen Schulvereins Rheinlands und Westfalens. — 2) Beiträge zur Schulüberbürdungsfrage. Zusammengestellt von Jürgen Bona Meyer. — 3) Referate zur Schulüberbürdungsfrage. (43; 87; 82 S.)

Die taktische **Schulung** der Preussischen Armee durch König Friedrich den Grossen während der Friedenszeit 1745 bis 1756. Mit 60 Textskizzen, 1 Uebersichtsskizze u. 44 Planskizzen. *Berlin: E. S. Mittler & Sohn 1900.* (V, 389–710 S.) 8° [F.]
= Einzelschriften, Kriegsgeschichtliche. H. 28/30.

Schul-Unterricht, geographischer. I. Curs. Oder: Memorien-Buch z. Erlernung des physisch-topischen Theiles der allgem. Erdbeschreibung. 3., verb. Aufl. gr. 12. (1½ B.) Lissa 843, Günther. *

Schul-Unterricht, der mathematische, im Allgemeinen und mit besond. Beziehung auf die Fähnrichs-Prüfung in der deutschen Armee, s. Zeit- und Streitfragen, militärische.

Der mathematische Schul-Unterricht im Allgemeinen und mit besonderer Beziehung auf die Fähnrichs-Prüfungen in der deutschen Armee. Leipzig 1873. 8°.

Schulverbesserungsplan auf Befehl des Herrn Domherrn von Carlowitz zum Privatgebrauch entworfen . . . Neustadt 1803. V: *Dinter, Gustav Frdr.* (ErschDL) (Ky)

Schulverbesserungsplan, auf Befehl des von Carlowitz, zum Privatunterricht entworfen, s. Dinter.

Schulverbesserungsplan, auf Befehl des Hrn. Domherrn v. Carlowitz z. Privatgebrauch entworfen u. z. Druck gegeben von — — — r — — — r. (Dinter.) 8. Neustadt 2e A. 815. Wagner. 9 gr.

Schulverbesserungsplan, zunächst f. Landschulen in Sachsen. 2te Aufl. 8. Neustadt, Wagner. 815.

Schulverein. Karte der Ortsgruppen d. Deutschen Schulvereins nach dem Stande vom 31. Juli 1885. 4. Aufl. Lith. qu. gr. Fol. Wien 887. (Pichler's Wwe. & Sohn.) n.n. — 50

Schulverein, der deutsche, im ungarischen Reichstage. Interpellation d. Abgeordneten Otto Hermann [13. Febr.] u. Antwort d. Ministerpräsidenten Koloman Tisza [20. Febr.] Uebers. aus dem stenograph. Reichstagsbericht. gr. 8. (15 S.) Hermannstadt 882. Michaelis. n. — 40

— dem deutschen! Dichtergrüße zum Frühlingsfeste der Deutschen in Prag. 5. Juni 1884. gr. 8. (23 S. m. Facsms. der Autornamen.) Prag 884. (Dominicus.) — 60

Schulverein, dem deutschen. Selbstschriften-Album, hrsg. vom Vorstande der Ortsgruppe Margareten-Wien. gr. 4. (40 S.) Wien 888. (Pichler's Wwe. & Sohn.) n. 1. —; geb. n. 2. 50

Schulverein, dem deutschen. Festgabe zur Jubelfeier am 18. V. 1905. (Selbstschriften-Album, hrsg. vom Vorstande der Ortsgruppe Margareten-Wien.) (48 S. m. Abbildgn.) 4. Wien (905). (A. Pichler's Wwe. & Sohn.) n. 1. —

Schulverein f. Protestanten u. Katholiken, niedergeschrieben v. zwei Religionslehrern beider Confessionen. 8. Stuttg. 808. Löflund. 2 gr.

Schulvereins-Kalender, katholischer, für das J. 1889. Redig. von Joh. M. Stöber. gr. 8. (144 S. mit Bildern.) Wien 888, (Kirsch.) *

(F) Katholischer **Schulvereins-Kalender** für das Jahr 1900. Redigirt von Franz Eichert. Wien. 1899. Kathol. Schulverein. Gr.-8°. 143 S. fl. —.30

059

(F) Katholischer **Schulvereins-Kalender** für das Jahr 1901. Redigiert von Franz Eichert. Das Reinerträgnis fliesst dem Fonde zur Vollendung und Erhaltung des katholischen Lehrer-Seminares in Wien zu. Wien. 1901. Kathol. Schulverein. Gr.-8°. 147 S. K —.60

Schulvereins-Kalender, katholischer, f. d. J. 1903. Red. v. Frz. Eichert. gr. 8. (144 S. m. Abbildgn.) Wien, Buchh. des kathol. Schulvereines f. Oesterreich. n. — 60

Schulvereins-Kalender, katholischer, f. d. J. 1907. Red. v. Hermine Proschko u. Frz. Eichert. (146 S. m. Abbildgn.) gr. 8. Wien, Buchh. des kath. Schulvereines f. Oesterreich. n. — 50

Schulvereins-Kalender, katholischer, f. d. J. 1911. Red. v. Hermine Proschko u. Frz. Eichert. (147 S. m. Abb.) gr. 8. Wien, Buchh. des kath. Schulvereins f. Oesterreich. — 50

Schul-Verordnungen f. den Reg.-Bez. Minden. Nachtrag. Hrsg. auf Grund amtl. Quellen im Büreau der königl. Regierg. in Minden. gr. 8. (XXXI, 734 S.) Minden 902. J. Bleek. Geb. in Leinw. n. 16. —
Hauptwerk u. d. T.: Hechtenberg u. Bandenesch jetzt Ebd. 890. n. 12. —.

Schulverordnungen der Stadt Zürich. 1846—47.

Schul-Verordnungs-Blätter. Enthaltend die Schulordnung für die Provinzen Ost- und Westpreußen, nebst den ergänzenden Verfügungen und einem Anhang und einer Sammlung der wichtigsten Ministerial-Reskripte aus den J. 1884—1886. Hrsg. von Paul Opitz. gr. 8. (V, 218 S.) Danzig 887, Axt. *

Schulversäumnißtabellen, f. Lehrer in Stadt- u. Landschulen, nach d. königl. sächs. Generale v. 4. März 1805. Leipz., (W. Rauck), d. Stck. 1 gr. d. Buch 12 gr.

Schul-Verwaltung. Turn- u. Badewesen. *Berlin 1903: W. & S. Löwenthal.* (X, 282 S.) 8° [F.]
= Gemeinderecht, Berliner. Bd 6.

Schulvorschriften. 3 Hefte. 4. Leipz. 827, Focke. à 6 gr.

Schulvorschriften. 9 (lith.) Blätter. 1. Hft.: Deutsche Currentschrift. qu. 8. Cöthen 850, Neubürger. ⅙ ₰

Schulvorschriften. 8. (8 lith. S.) Westhofen 850. (Hagen, Butz.) 1½ ngr

Schulvorschriften, allgem. deutsche u. engl., f. d. Elementarunterr. im Schönschreiben. Nach d neuesten u. besten calligraph. Regeln geschrieben. I. Abthl. 1—3. Aufl. qu. 4. (à 18 lith. Bl.) Siegen 836—42. Friedrich's Vrlsbh. Thlr. à

— allgem. deutsche, f. d. ersten Unterricht im Schönschreiben. 18 Heft. Lemberg, Piller. 8 gr.

Schulvorschriften, allgemeine, in stufenweisen Uebungen für den Unterricht im Schönschreiben. Deutsche Schrift. Heft I—III. qu. 4. (à 8 lith. Blätter.) Bruchsal 841. (Carlsruhe, Holzmann.) à 1/8 ₰

Schulvorschriften für den ersten Unterricht im Schönschreiben. 2te Aufl. (Steindruck 16 Blatt.) Fol. (Magdeburg, Rubach.) 819. —

— für den ersten Unterricht im Schreiben. 2s Heft, für Geübtere. Fol. Magdeb. 823, Rubach.

— allgemeine, f. den ersten Unterricht im Schönschreiben. (1s Heft.) 3e Aufl. Fol. Magdeburg 824, Rubach.

—— allgem., f. den ersten Unterr. im Schönschreiben. 2. Hft. f. Geübtere. 3. Abdruck. 4. (32 lith. Bl.) Magdeburg 831, Rubach.
1. Hft. Ebendas. 1824. 9 Gr.

— für den ersten Unterricht im Schönschreiben. 2s Heft. Für Geübtere. 3e Aufl. .. Magdeburg 834. Rubach in Berlin. 3/8 ₰

Schulvorschriften, deutsche. gr. 4. (3 lith. Bl.) Crefeld 830, Schüller.

— Deutsche. qu. 4. (37 lith. Bl.) Gütersloh 852, Bertelsmann. 5/12 ₰

— Deutsche und Englische, für den Elementarunterricht im Schönschreiben. Nach den neuesten und besten calligraph. Regeln geschrieben. 10 lith. Bl. Deutsche und 8 Bl. Englische Vorschriften. Neue (Titel-)Ausg. Wiesbaden (83?.) 854. Friedrich. qu. 4. 10 ngr.

— deutsche u. englische, zum Schönschreiben. schm. 8. (8 Blätter.) Coesfeld 843, Riese. n. 1/12 ₰

— deutsche, in engl. u. deutscher Current. 2e Aufl. Fol. Bresl. 825, Graß, Barth u. C.

Schulvorschriften, deutsche und lateinische, hrsg. vom allgemeinen Lehrer-Verein zu Danzig. 24 Bog. Lithogr. gr. Fol. Danzig 863, (Anhuth.) *

Schulvorschriften, deutsche und lateinische. Hrsg. vom Lehrer-Verein zu Danzig. 3. Aufl. Fol. (24 Bog.) Danzig 879, Axt. *
Auf Pappe gezogen in Holzkasten **

Schulvorschriften, deutsche und lateinische. Hrsg. vom Lehrer-Verein zu Danzig. 4. nach der neuen Orthogr. umgearb. Aufl. Fol. (24 Bog.) Danzig 881, Axt. *
Auf Pappe gezogen in Holzkasten **
2. Aufl. erschien im Verlage des Lehrer-Vereins zu Danzig.

—— deutsche, z. Schönschreiben. I. Abthl. 3 Hfte. qu. gr. 8. (38 lith. Bl.) Neuhaldensleben 841, Eyraud. à II
2. Abthl. vgl. Schulvorschriften, latein.

— 30 method. geordnete, zum Unterricht in der deutschen Currentschrift. qu. gr. 8. (30 lith. Blätter.) Chur 844. (Grubenmann'sche Buchh.) 1/2 ₰

— nach dem neuesten, zunächst für Volksschulen geeigneten Ductus. Enthaltend Current- u. latein. Schriften nebst Zahlen, zusammen 121 größere u. kleinere Vorlegeblätter. (43 lithogr. Blätter.) qu. 4. Grimma 839, Verlags-Comptoir. In Etui n. 2/3 ₰

Schulvorschriften, Englische, mit deutschem Texte für den Unterricht im Schönschreiben. Zwickau 1833. V: *Haas, Joh. Ludw.* (Ky)

—— (58) engl., mit deutsch. Texte f. den Unterr. im Schönschreiben. (Von Haas.) 4. (13 lith. Bl.) Zwickau (833), Richter.

—— engl., nach Thomson u. Smith. 1. Hft. 2. Aufl. gr. 4. (10 Kpfrt.) Hannover (834), Helwing.

Schulvorschriften, griechische. 3. verb. Aufl. 1873, und 4. Aufl. gr. 4. (24 Stnt.) Halle 875, Buchh. des Waisenhauses. *

— griechische. 5. Aufl. qu. 4. (24 S.) Halle 878. Buchh. d. Waisenh. n.n. — 25

Schulvorschriften, griechische. 8. Aufl. qu. 4. (24 S.) Halle 886. Buchh. d. Waisenhauses. n.n. — 25

Schulvorschriften, griechische. 9. Aufl. qu. gr. 8. (24 S.) Halle 890. Buchh. d. Waisenhauses. n.n. — 25

Schulvorschriften, griechische. 10. Aufl. qu. 4. (24 S.) Halle 897. Buchh. des Waisenhauses. n.n. — 25

— Lateinische. qu. 4. (27 lith. Bl.) Gütersloh 852, Bertelsmann. 1/2 ₰

—— lateinische, zum Schönschreiben. 2. Abthl. 3 Hfte. qu. gr. 8. (à 13 lith. Bl.) Neuhaldensleben 841, Eyraud. à II.
1. Abthl. vgl. Schulvorschriften, deutsche.

Schulvorschriften, neue griechische. (24 S.) 8. Halle (904). Buchh. des Waisenhauses. n. — 30

Schulvorschriften, neue griechische. (2. Aufl.) (24 S.) 8. Halle (908). Buchh. des Waisenhauses. — 30

— nach der Schreibleichtigkeit u. sprachunterrichtlich geordnet zum Handgebrauch für Schüler der Volksschulen. (In 4 Heften.) 1. u. 2. Heft. schmal qu. 8. (28 Blätter.) Leipzig 844, Pönicke u. Sohn. à n. 1 ngl

— ders. 3. u. 4. Hft. qu. 4. (26 Blätt.) Ebend. 844. à n. 2 ngl

Schulvorschriften nach der Schreibleichtigkeit u. sprachunterrichtlich geordnet zum Handgebrauch für Schüler der Volksschulen bearb. u. herausg. von einem Schullehrerverein in der Ephorie Zeitz. 2 Hefte. 2. Aufl. Zeitz (856.) Webel. qu. gr. 8. (22, 29 lith. S.) 1.: 1½ ngr.; 2.: n. 2 ngr.

Schulvorschriften f. d. ersten Unterricht im Schönschreiben, s. Schulvorschriften, Allgemeine, ...

[F.]Schulvorstand oder nicht? Zwei Vortr. geh. auf d. 13. Generalvers. d. Ver. z. Erhaltg d. evang. Volksschule .. v. .. W[ilh.] Terbrüggen ... [&] A(lfred) Klug ... *Berlin: Buchh. d. 'Deutschen Lehrerzeitg' [1896].* (30 S., 1 Bl.) 1 Bd 8. [96. 1951

Terbrüggen, W[ilhelm]: Welches Interesse hat d. Schule an d. Erhaltg d. Schulvorstandes? *Berlin [1896].*
in: Schulvorstand oder nicht? [96. 1951

Klug, Alfred: Weshalb können u. dürfen wir als evang. Christen auf d. Schulvorstand nicht verzichten? *Berlin [1896].*
in: Schulvorstand oder nicht? [96. 1951

Schulwächter, der, eine Zeitschrift für das Schul- und Erziehungswesen, insbesond. für das Großherzogthum Hessen. Herausg. von J. W. Spieß. Nr. 1—33. gr. 8. Offenbach 833. Brede. 1⅓ Thlr. — April 1834 bis Decbr. 16—66 Heft. gr. 8. Gießen, Heyer, Vater. à Jahrg. 2¼ Thlr.

Schulwächter, der, e. Zeitschr. f. d. Schul- u. Erziehungswesen, insbesond. f. d. Großhrzgth. Hessen. Hrsg. v. J. W. Spieß. 1—3. Hft. Jul.—Dec. 1833. u. Jan.—März 1834. gr. 8. Gießen, Heyer, Vater.

—— ders., hrsg. v. dems. 4—6. Hft. April—Dec. 1834. gr. 8. Ebds.

Schulwächter: Der Schulwächter
(5) 9. 11. 1850—27. 12. 1851 (6) 4° (7) Wochenblatt (8) Bern: J. A. Weingart (10) J. A. Weingart (11) J. A. Weingart (12) freisinnig (14) Be: L.

Ueber Württembergs Schulwahl-Gesetzgebung. Für die Berathung der Stände vorgelegt. Stuttgart: Sonnwald 1827.

Schulwandatlas der neuesten Erdkunde. Nr. 1. Planigloben. 4 Blatt. Nr. 2. Europa. 4 Bl. Nr. 3. Asien. 4 Bl. Nr. 4. Africa. 4 Bl. Nr. 5. Nordamerika. 4 Bl. Nr. 6. Süd-America. 4 Bl. Nr. 7. Australien. 4 Bl. Nr. 8. Deutschland, Holland, Belgien u. Schweiz. 4 Bl. Nr. 17. Dänemark. 4 Bl. Nr. 20. Königreich Preussen. 7 Bl. Nr. 21. Oesterreichischer Kaiserstaat. 6 Bl. Nr. 36. Böhmen. 4 Bl. Imp. Fol. Lith. u. color. Wolfenbüttel 851. 52, Holle. (Nr. 1—8: à ⅔ Thlr. Nr. 17: 1 Thlr. Nr. 20 u. 21: à 1⅓ Thlr. Nr. 26: 1 Thlr.) 10 Thlr.

Schulwandatlas der neuesten Erdkunde. Gez. u. grav. von L. Holle in Wolfenbüttel. Wolfenbüttel (855.) Holle. Imp.-Fol. Nr. 31. Herzogthum Braunschweig (4 lith. u. color. Bl.). n. 1 Thlr.

Schulwandatlas der neuesten Erdkunde. Gezeichnet u. gravirt v. L. Holle. Nr. 2. 5. 21. 36. (Neue Ausg.) lith. u. color. Imp.-Fol. Wolfenbüttel 871. Holle. 11. —; auf Leinw. n. 28. 50
2. Europa. (4 Bl.) 2. —; auf Leinw. n. 6. —
5. Deutschland, Niederlande, Belgien u. die Schweiz. (4 Bl.) 2. —; auf Leinw. n. 6. —
21. Oesterreichisch-ungarische Monarchie. (6 Bl.) 4. —; auf Leinw. n. 9. 50
36. Böhmen. (1 Bl.) 3. —; auf Leinw. n. 7. —

Schulwanderungen. Wie bereiteten wir sie vor? Wie führten wir sie aus? Wie verwerteten wir sie unterrichtlich? Verf. v. Lehrern des Aufsichtskreises Jutroschin. (III, 37 S.) 8. Rawitsch 910. O. Kleist. — 60

Schulwandkarte von Afrika. 1 : 8,000,000. 4 Bl. Chromolithogr. Imp.-Fol. Weimar 886, Geograph. Institut. * 8 —
Auf Leinw. mit Stäben * 14 —

Schulwandkarte von Baden und Württemberg 1 : 200,000. 4 Bl., nebst Ortsverzeichniss, bearb. von F. Parisel. 10. Aufl. Chromolithogr. Imp.-Fol. Karlsruhe 887, J. Bielefeld's Verlag. * 6 —
Auf Leinw. mit Stäben ** 10 —
—— dass. — 11. Aufl. Chromolithogr. Imp.-Fol. Ebendas. 888. * 8 —
Auf Leinw. mit Stäben ** 11 —

Schul-Wandkarte von Bosnien und Hercegovina (Zemljovid Bosni i Hercegovine za sreduje škole. 1889). Maßstab: 1 : 300.000. (Terrain in Höhenschichten.) 6 gr. Bl. Chromo-Lithographie 6.—
Auf Leinen in Mappe 10.—
Auf Leinen und Stäben 12.—
Wien: Hölzel 1889.

Schulwandkarte des Herzogt. Braunschweig. 1 : 100,000. 6 Bl. Chromolithogr. Imp.-Fol. Braunschweig 887, Westermann. Auf Leinw. mit Stäben ** 20 —

Schulwandkarte der Amtshauptmannschaft Döbeln. 1 : 50,000. 4 Bl. gr. Fol. Leisnig 887, Th. Fanghänel.
In Mappe ** ℳ 10.—; auf Leinw. mit Rollen ** 13 50

Schul-Wandkarte von Europa. Fol. (4 Bl.) Wien. Vom 25° — 63° nördlicher Breite und 15° — 0° — 95° östl. Länge. Jedes Blatt ist 30 Zoll breit und 26 Zoll lang.
Vlg. d. Schulbücher-Verschleiß-Administration 1855.

Schul-Wandkarte vom Königreich Hannover. Grossherzogth. Oldenburg. Herzogth. Braunschweig. Freien Städte Bremen. Hamburg, Lübeck. 4 lith. u. color. Blätter. Imp. Fol. Wolfenbüttel 849, Holle. n. 1 Thlr.

Schul-Wandkarte der beiden Hemisphären. Fol. (8 Bl.) Wien. Vlg. d. Schulbücher-Verschleiß-Administration 1855.

Schulwandkarte des politischen Bezirkes Horn. 1 : 40.000. Bl. roh K 34.—, wird nur auf Leinen mit Stäben abgegeben * K 36.—
Wien: Freytag & Berndt 1910.

— der Fürstenth. Lippe-Detmold u. Schaumburg-Lippe u. der Grafschaft Schaumburg. [Schulwandatlas Nr. 33.] Imp. Fol. Lith. u. color. Ebd. 851. ½ Thlr.

Schul-Wandkarte. Von Mittel-Europa. Fol. (4 Bl.) Wien. Vom 42° — 54° nördl. Breite, und vom 18° — 50° östlicher Länge Jedes Blatt ist 30 Zoll breit und 26 Zoll lang
Vlg. d. Schulbücher-Verschleiß-Administration.

Schulwandkarte von Oesterreich-Ungarn. 1 : 1,000,000. 4 Bl. Neue Ausg. Chromolithogr. Imp.-Fol. Miltenberg 887, Halbig. * 10 —
Auf Leinw. in Mappe ** 14 —
Lackirt und mit Stäben ** 15 —

Schulwandkarte der Prov. Pommern. 1 : 300,000. 6 Blatt. 6. Aufl. Farbendr. u. kolor. 42×44 cm. Ebd. 891. * 1 80
Auf Leinw. in Mappe * 4 80
Mit rohen Holzrollen * 5 80; m. polierten Holzrollen * 6 80

Schul-Wandkarte der Prov. Posen. 1 : 200,000 4 Bl. Chromolithogr. Imp.-Fol. Posen 883, Türk. * 6 —
Auf Leinw. mit Stäben * 13 50

Schulwandkarte der Provinz Posen. 1 : 240,000. 6 Blatt. 7. Aufl. Farbendr. u. kolor. 41,5×50 cm. Ebd. 891. * 2 50
Auf Leinw. in Mappe * 5 50
Mit rohen Holzrollen * 6 50; m. polierten Holzrollen * 7 50

Schulwandkarte vom Königr. Sachsen. 1 : 150,000. 4 Bl. Chromolithogr. Imp.-Fol. Dresden 888. (Ebendas.) * 6 —
Auf Leinw. mit Stäben ** 12 —

Schul-Wandkarte der preussischen Provinz Schlesien. 1 : 330,000. 8. Aufl. 6 Blatt. Farbendr. 38×45 cm. Ebd. 891. 2 50; auf Leinw. in Mappe * 5 50
Mit Stäben * 6 50; m. polirten Stäben * 7 50

Schulwandkarte der Schweiz. 1 : 200.000. 206 × 144 cm in 4 Bl. † unaufgespannt K 19.—, aufgezogen mit Stäben oder Aktenformat in Mappe K 28.50
Wien: Schworella & Heick 1902.

Schulwandkarten [Schlagwort]

Schulwandkarten. Gutjahr, E., Schulwandkarten f. den neusprachlichen Unterricht, gezeichnet v. Ed. Gaebler. Nr. I—III. Leipzig, G. Lang. 35. —; auf Leinw. m. Stäben 48. —

I. Deutschland. 1 : 800,000. 6 Blatt à 56,5×99,5 cm. Farbdruck. (907.) 13.—; auf Leinw. m. Stäben 18.—

II. La France. 1 : 1,000,000. 4 Blatt à 57×78,5 cm. (908.) 11.—; auf Leinw. m. Stäben 15.—

III. British Islands. Great Britain & Ireland. 1 : 800,000. 4 Blatt à 77,5×58 cm. Farbdr. (907.) 11.—; auf Leinw. m. Stäben 15.—

— Harms', H., Schulwandkarten. Nr. 1, 2, 4a u. b. Farbdr. Leipzig, List & v. Bressensdorf.

1. Deutschland. 1 : 700,000. (Ausg. A. Physisch-politisch.) 4. Aufl. 211×193 cm. Farbdr. Mit Begleitwort: Schulkartographische Grundsätze I. Von H. Harms. 16.—20. Tausd. (12 S.) gr. 8. (909). 18.—; auf Leinw. m. Stäben 27.—; Ausg. B, physisch, zu gleichen Preisen.

2. Europa. 1 : 2,800,000. (Ausg. A. Physisch-politisch.) II. Bearbeitg. 186,5×207 cm. (910.) 18.—; auf Leinw. m. Stäben 27.— Ausg. B, physisch, zu gleichen Preisen.

4a. Palästina. Situation v. C. Starke. 1 : 200,000. 147,5×95,5 cm. (910.) 9.—; auf Leinw. m. Stäben 13.50

4b. Bibl. Länder. Situation v. C. Starke. 146,5×96 cm. (910.) 9.—; auf Leinw. m. Stäben 13.50; 4a u. b auf 1 Blatt 14.—; auf Leinw. m. Stäben 20.—

Schul-Wandkarten. Kellerer's, M., neue Schulwandkarten. Blatt I—VI. Karte von Bayern r. d. Rh. 1 : 250,000. 160×151 cm. Farbdr. München (904). M. Kellerer. n. 18. —; auf Leinw. m. Stäben n.n. 25. —

— Kellerer's Schulwandkarte. (Blatt VII—IX.) Elsass-Lothringen. 1 : 250,000. Farbdr. 161×96,5 cm. München (904). M. Kellerer. 12.—; auf Leinw. m. Stäben n 16.—

— Kiepert, Heinr., physikalische Wandkarten. Nr. 1, 2, 6 u. 8. Berlin, D. Reimer. 29.—; auf Leinw. in Mappe 47.—; m. Stäben 54.—; u. lackiert 68.—

1. 2. Westlicher u. oestl. Planiglob. à 2 Bl. Neubearbeitg. v. R. Kiepert. à 111,5×55,5 cm. (909.) 10.—; auf Leinw. in Mappe 16.—; m. Stäben 18.—; u. lackiert 22.—

6. Nord-Amerika. 1 : 8,000,000. 7. bericht. Ausg. 5 Blatt à 44×57 cm. Farbdr. (909.) 7.—; auf Lw. in Mappe 12.—; m. Stäben 14.—; u. lackiert 16.—

8. Der Grosse Ocean (Australien u. Polynesien). 1 : 12,000,000. 4. vollständig bericht. Aufl. (Rev. v. Rich. Kiepert.) 8 Blatt à 59×46 cm. Farbdr. (907.) 12.—; auf Leinw. in Mappe 19.—; m. Stäb. 22.—; u. lack. 25.—

— Schulwandkarten, Schwann'sche. Nr. 2. 4—6. u. 8—10. Farbdr. Düsseldorf, L. Schwann. n. 70. —; auf Leinw. m. Stäben n. 128. —

2. Cüppers, Jos., Europa. Nach pädagog. Grundsätzen entworfen. 1 : 2,500,000. 6., durchaus neu bearb. Aufl. 12 Blatt à 65,5×56 cm. (906.) In Mappe. n. 10. —; auf Leinw. m. Stäben n. 19. —

4. Hackmann, W., östliche Halbkugel. 2. Aufl. 6 Blatt. à 97×66,5 cm. (906.) In Mappe n. 13. —; auf Leinw. m. Stäben n. 22. —

5. Hackmann, W., westliche Halbkugel. 2. Aufl. 6 Blatt à 97×66,5 cm (906.) Mappe n. 13. —; auf Leinw. m. Stäben n. 22. —

6. Cüppers, Jos., Rheinprovinz. 1 : 175,000. (Neue Ausg.) 4 Blatt à 99,5×64 cm. (903.) In Mappe n. 8 —; auf Leinw. m. Stäben n. 16 —

8. Cüppers, Jos., Westfalen. 1 : 175,000. 4 Blatt à 69×69 cm. (903.) In Mappe n. 8. —; auf Leinw. m. Stäben n 14. —

9. Cüppers, Jos., Hessen-Nassau, Grossherzogt. Hessen, Fürstent. Waldeck. 1 : 125,000. 4 Blatt à 104×79 cm. 903. n. 8. —; auf Leinw. m. Stäben n. 16. —

10. Cüppers, Jos., Süd-Deutschland. 1 : 800,000. 4 Blatt à 67,5×100 cm. 904. 10.—; auf Leinw. m. Stäben od. m. Wachstuch 19. —

— Schulwandkarten, Schwann'sche. Nr. 11, 12 u. 15. Düsseldorf, L. Schwann. 27.—; auf Leinw. n 46.50

11. Karte zur brandenburgisch-preussischen Geschichte. Von E. Porschke. 6. Aufl., vollständig neubearb. v. A. Bludau. 1 : 625,000. 4 Blatt à 67×107 cm. Farbdr. 909. 9.—; auf Leinw. 16.50

12. Reg.-Bez. Aachen. Von J. Broichmann. 4., vollständig neu bearb. Aufl. 1 : 80,000. 2 Blatt à 80,5×92,5 cm. Farbdr. In Mappe 8.—; auf Leinw. 14.—

15. Stadt- u. Landkreis Düsseldorf. Von K. Breuer u. K. Römer. 1 : 25,000. (Neue Ausg.) 2 Bl. 64×110 u. 78×110 cm. Farbdr. (910.) 10.—; auf Leinw. n 16.—

— Sydow, E. v., u. Herm. Habenicht, methodischer Wand-Atlas. Oro-hydrograph. Schulwandkarten nach E. v. Sydows Plan bearb. v. Herm. Habenicht. Nr. 2—4, 11, 13 u. 14. Farbdr. Gotha, J. Perthes. n. 66. —; auf Leinw. in Mappe n. 99. —; m. Stäben n. 117. —; u. lackiert n. 135. —

2. Europa. 1 : 3,000,000. 5. Aufl. 12 Blatt à 56×49,5 cm. (906.) n. 12. —; auf Leinw. in Mappe. n. 18. —; m. Stäben n. 21. —; u. lackiert n. 24. —

3. Asien. 1 : 6,000,000. 4. Aufl. 12 Blatt à 57×49,5 cm. (906.) n. 12. —; auf Leinw. in Mappe n. 18. —; m. Stäben n. 21. —; u. lackiert n. 24. —

4. Australien u. Polynesien. 1 : 6,000,000. 3. Aufl. 12 Blatt à 56×49 cm. (903.) n. 12. —; auf Leinw. in Mappe n. 18. —; m. Stäben n. 21. —; u. lackiert n. 24. —

11. Italien. 1 : 750,000. 2. Aufl. 9 Blatt à 56×49,5 cm. n. 10. —; auf Leinw. in Mappe n. 15. —; m. Stäben n. 18. —; u. lackiert n. 21. —

13. Frankreich. 1 : 750,000. 2. Aufl. 9 Blatt. à 49,5×56 cm. (906.) n. 10. —; auf Leinw. in Mappe n. 15. —; m. Stäben n. 18. —; u. lackiert n. 21. —

14. Britische Inseln. 1 : 750,000. 2. Aufl. 9 Blatt à 56×49 cm. (908.) n. 10. —; auf Leinw. in Mappe n. 15. —; m. Stäben n. 18. —; u. lackiert n. 21. —

— Sydow, E. v., u. Herm. Habenicht, methodischer Wand-Atlas. Oro-hydrographische Schulwand-Karten nach E. v. Sydows Plan bearb. v. H. Habenicht. Nr. 1, 2, 5, 9 u. 16. Farbdr. Gotha, J. Perthes. 58.—; auf Lw. in Mappe 87.—; m. Stäben u. Ringen 102.—; u. lackiert 117.—

1. Erdkarten. Mittlerer Massstab 1 : 20,000,000. 5. Aufl. 6 Blatt à 56×98,5 cm. (908.) 12.—; auf Leinw. in Mappe 18.—; m. Stäben 21.—; u. lackiert 24.—

2. Europa. 1 : 3,000,000. 6. Aufl. 12 Bl. à 56×49,5 cm. (908.) 12.—; auf Leinw. in Mappe 18.—; m. Stäben 21.—; u. lackiert 24.—

5. Afrika. 1 : 6,000,000. 5. Aufl. 9 Blatt à 49×56 cm. (907.) 10.—; auf Leinw. in Mappe 15.—; m. Stäben 18.—; u. lackiert 21.—

9. Österreich-Ungarn. 1 : 750,000. 2. Aufl. 147×223 cm. (910.) 12.—; auf Leinw. in Mappe 18.—; m. Stäben u. Ringen 21.—; u. lackiert 24.—

16. Russland. 1 : 2,000,000. 2. Aufl. 196×167,5 cm. 12.—; auf Leinw. in Mappe 18.—; m. Stäben 21.—; u. lackiert 24.—

Schulwandplan der k. k. Reichshaupt- und Residenzstadt Wien. 1 : 15.000 auf Leinwand mit Stäben K 30.

Wien: R.Lechner 1908.

Schulwandplan von Wien. 1 : 15.000. 4 Bl. auf Leinen mit Stäben K 30.—

Wien: R.Lechner 1909.

Schulwandtafeln, anatomische. I—VIII. Chromolith. Imp.-Fol. Karlsruhe, Bielefeld's Verl. Auf Leinw. gedr. u. m. Stäben. à n. 6. —

I. Athmungs- u. Kreislauforgane d. Menschen u. schematische Darstellg. d. Blutlaufs der Reptilien u. Fische. Gezeichnet v. L. Keller. 884.

II. Die äussere Haut. (In ca. 200facher Vergrössg.) Gezeichnet v. L. Keller. 884.

III. Die Leber. Vergrösserte u. vereinfachte Darstellg. zur Veranschaulichg. d. Verlaufs d. Blutgefässe u. Gallengänge in derselben. Gezeichnet v. L. Keller. 884.

IV. Das Skelet d. Menschen. Gezeichnet v. L. Keller. 884.

V. Das Nervensystem d. Menschen. Die Gehirn- u. Rückenmarksnerven nebst den Ganglien v. unten u. vorn gesehen. Vergrösserte u. theilweise vereinfachte Darstellg. Gezeichnet v. L. Keller. 884.

VI. Die Muskeln d. Menschen. Gezeichnet v. Rud. Zilles. 886.
VII. Sinnesorgane. Bearb. v. Rud. Zilles. 886.
VIII. Verdauungsorgane. Gez. v. Rud. Zilles. 886.

Schulwandtafeln, anatomische. Nr. 1—4, 6. und 7. Hrsg. von L. Keller. Neudruck. Chromolithogr. Imp.-Fol. Karlsr. 889—92, J. Bielefeld's Verlag. Auf Leinw. gedr. u. m. Stäben à * 6 —
1. Athmungs- u. Kreislaufsorgane d. Menschen u. schematische Darstellung d. Blutlaufs der Reptilien u. Fische. 115×82 cm.
2. Die äussere Haut [in ca. 200facher Vergrösserung]. 66×81 cm.
3. Die Leber. Vergrösserte u. vereinfachte Darstellg. zur Veranschaulichg. d. Verlaufs der Blutgefässe u. Gallengänge in derselben. 82×79 cm.
4. Das Skelet d. Menschen. 177×81,5 cm.
6. Die Muskeln d. Menschen, bearb. v. Rud. Zilles. 184×81 cm.
7. Die Sinnesorgane, bearb. v. Rud. Zilles. 57,5×86 cm.
Nr. 5 u. 8. Ebd. 1884,86. à * 6 —.
Französ. Ausg., s. Tableaux anatomiques.

Schulwandtafeln, anatomische. Nr. 1—4, 6—8. Neudr. Farbendr. Karlsruhe, J. Bielefeld's Verl. Auf Leinw. gedr. u. m. Stäben. à n. 6. —
1. Athmungs- u. Kreislaufsorgane des Menschen u. schematische Darstellung des Blutlaufs der Reptilien u. Fische. Bearb. v. L. Keller. 114×82,5 cm. 893.
2. Die äussere Haut (in ca. 200facher Vergrösserung.) 66×81 cm. 891.
3. Die Leber. Vergrösserte u. vereinfachte Darstellg. zur Veranschaulichg. d. Verlaufs der Blutgefässe u. Gallengänge in derselben. 82×79 cm. 891.
4. Das Skelet des Menschen. Bearb. v. L. Keller. 178×85,5 cm. 893.
6. Die Muskeln d. Menschen, bearb. v. Rud. Zilles. 184×81 cm. 892.
7. Sinnesorgane, bearb. v. Rud. Zilles. 57,5×86 cm.
8. Verdauungs-Organe. Nach der Natur gezeichnet v. Rud. Zilles. 84×82,5 cm. 893.

Schulwandtafeln, anatomische. Nach den besten Mustern f. Schulen bearb. u. hrsg. Taf. I—III, V u. VII. (Neudr.) Farbdr. Karlsruhe, J. Bielefeld's Verl. Auf Leinw. m. Stäben à n. 6. —
I. Athmungs- u. Kreislaufsorgane d. Menschen u. schemat. Darstellung d. Blutlaufs d. Reptilien u. Fische. Von L. Keller. 116×85 cm. 898.
II. Die äussere Haut. (In ca. 20facher Vergrösserg.) Von L. Keller. 68×83,5 cm. 898.
III. Die Leber. Vergröss. u. vereinf. Darstellung zur Veranschaulichg. d. Verlaufs d. Blutgefässe u. Gallengänge in derselben. Bearb. u. hrsg. v. L. Keller. 66×83 cm. 896.
V. Das Nervensystem des Menschen. Nach den besten Mustern f. Schulen bearb. u. hrsg. v. L. Keller. 119×84 cm. 896.
VII. Sinnesorgane. Von Rud. Zilles. 52×81,5 cm. 898.

Ⓑ **Schulwandtafeln**, anatom. (KBL 30.) Jetzt: Karlsruhe, G. Braun'sche Hofbuchdr.

Schul-Wandtafeln (Lichtdrucke) zur Veranschaulichung antiker Kunst. München. Fr. Bruckmann. 1. Tafel: Grabmal der Hegeso in Athen. Aufgespannt und gefirnißt. (Min.-Erl. v. 7. Dec. 1895, Z. 27910.) Die Zusendung inbegriffen (unter der Voraussetzung von 100 Abnehmern) 5 M. 80 Pf. bei Bestellung durch das kaiserliche archäologische Institut in Berlin. (Adresse: Prof. A. Conze, Berlin, W Corneliusstraße 2.) 1895.

Schulwart. Zentralorgan f. Lehr- u. Lernmittel. Vierteljahrsschrift, hrsg. unter Mitwirkung hervorrag. Schulmänner u. Fachleute. 6.—8. Jahrg. 1908—1910. à 4 Hefte. (à ca. 48 S. m. Abb.) Lex. 8. Leipzig, F. Volckmar. à Heft —10

Schulwart, bayerischer. Hrsg. geleitet v. Ludw. Göhring. 1. Jahrg. 1902. 26 Nrn. gr. 4. (à ca. 8 S.) Erlangen (Goethestr. 7), E. Th. Jacob. n.n.n. 3. —
Nicht durch den Buchhandel zu beziehen.

Schulwart, deutscher. Pädagogische Monatshefte im Harnisch. Redig. von Paul Schramm. 1.—3. Jahrg. à 12 Hefte. gr. 8. (à Heft 64 S.) Nürnberg 871—74, G. A. Hoffmann. à Jahrg.

Schulwart, deutscher. Pädagogische Monatshefte im Harnisch. Redig. von Paul Schramm. 4. und 5. Jahrg. 1875 und 1876. à Jahrg. 12 Hefte (à 4 Bog.) gr. 8. Nürnberg, Hoffmann. à Jahrg.

—— dass. — Unter Mitwirkung von C. Beyer, Fr. Dittes, Im. H. v. Fichte etc. hrsg. und redig. von Paul Schramm. 6.—8. Jahrg. 1877—1879. à Jahrg. 12 Hefte (à 3—4 Bog.) gr. 8. München, J. A. Finsterlin. à Jahrg. *

Schulwart, deutscher. Hrsg. und redig. von Paul Schramm. 9.—12. Bd. April 1880—März 1884. à Jahrg. 24 Nrn. (Bog.) Lex.-8. München, (J. A. Finsterlin.) à Jahrg. *

—— dass. — 13. Bd. April 1884—März 1885. 24 Nrn. (à Nr. 1—1½ Bog.) Lex.-8. München, Oldenbourg. *

Schulwart, deutscher. Redig. von Paul Schramm. 14. und 15. Bd. Jahrg. 1885 und 1886. à Jahrg. 24 Nrn. (à Nr. 1—1½ Bog.) Lex.-8. München, Oldenbourg. à Jahrg. *

Schulwart, deutscher. Red. v. P. Schramm. 16. u. 17. Bd. à 24 Nrn. (B.) Lex.-8. München 887. 888. (Kellerer.) à Jahrg. n. 6. —

Schulwart-Katalog f. Volks- u. Landschulen. Illustr. Führer durch das gesamte Lehrmittelgebiet f. einfache, Volks- u. Bürgerschulen, sowie die m. diesen verbundenen Fortbildungsschulen. 1. Ausg. 1908. (XVI, 168 S.) Lex. 8. Leipzig, L. Staackmann, Bar-Sort. — 40

Schulwesen. 1.—3. Heft. gr. 8. Darmstadt, G. Jonghaus. n.n. 2. 15
1. Gesetz, das Volksschulwesen betr., sowie 1. Bekanntmachung, die in der Volksschule zuläss. Disziplinarmittel betr., 2. Bestimmungen in Betreff der in der Fortbildungsschule zuläss. Disziplinarmittel, 3. Bekanntmachung, die Bestimmgn. üb. den Bau u. die Einrichtg. der Schulräume u. Lehrerwohngn. betr. Amtliche Handausg. (48 S.) 905. n. — 60
2. Gehalts- u. Pensionsverhältnisse der Volksschullehrer u. zwar: 1. Gesetz, die Gehalte der Volksschullehrer betr., 2. Gesetz, die Pensionierg. der Volksschullehrer betr., 3. Gesetz, die Witwen- u. Waisenkasse der Volksschullehrer betr., in der Fassung der Bekanntmachgn. vom 30. X. 1905. Amtliche Handausg. (21 S.) 905. n.n. — 30
3. Prüfungsordnungen u. Lehrpläne für die höheren Lehranstalten des Großherzogt. Hessen nebst einigen das höhere Schulwesen betr. Bestimmungen. Amtliche Handausg. (III, 109 S.) 906. n. 1. 20

Schulwesen. II. 1. Darmstadt: Staatsverl. 1910. 8°

Schulwesen. Basels Sch' im Mittelalter. (Njbl.) s. [Fechter, Daniel Albert].

Schulwesen, das bayerische, u. der bayerische Landtag. gr. 8. (32 S.) Würzburg 886. Stuber's Verl. n. — 50

Schulwesen im Königreich Bayern. 3.—6. Abthl. 8. Würzburg, Stahel'sche Buchh.
Inhalt:
Abthl. 3. Die Disciplinarordnung für die kgl. Studienanstalten und Realgymnasien. Kgl. Ministerialentschließung vom 24. Septbr. 1874. (S. 69—76.) 874. 12 Pf.
" 4. Die Prüfungsordnung für das Lehramt an humanistischen und technischen Unterrichtsanstalten. Kgl. Allerh. Verordnung vom 26. Mai 1873. (S. 77—93.) 874. 27 Pf.
" 5. Die Umbildung der Gewerbschulen in Realschulen. Kgl. Allerh. Verordnung vom 29. April 1877. (S. 95—140.) 877. 50 Pf.
" 6. Die Disciplinarordnung für die kgl. bayer. Realschulen. Ministerial-Entschließung vom 18. Juli 1877. (S. 141—147.) 877. 15 Pf.
Die 1. und 2. Abthl. bilden: Die Schulordnung für die Studienanstalten im Königr. Bayern. (S. 1—34.) Ebendas. 1874. 25 Pf. — Die Schulordnung für die Realgymnasien im Königr. Bayern. (S. 35—68.) Ebendas. 1874. 50 Pf.

Schulwesen, Das deutsche, in Italienisch-Tirol. Innsbruck 1886. V: *Herr, Gustav.* (margr)

Schulwesen, das deutsche, in der gegenwärtigen Zeit u. seine Reform. gr. 8. (VI u. 84 S.) **Bamberg 851. (Buchner.)** baar n. 12 ngr

Schulwesen, Das deutsche, in der gegenwärtigen Zeit u. seine Reform. Bamberg 1852. gr. 8.

Schul- und Erziehungswesen. [Braunschweig 1875.] V: *Frick, Hs.* (Cat. d. Stadtbibl. Zürich. Zürich 1864—97.)

Schulwesen, Das höhere, des Königreichs Hannover seit seiner Organisation im Jahre 1830. Hannover 1855. V: *Kohlrausch, Friedrich.* (JStBbH)

—— das höhere, des Königr. Hannover seit seiner Organisation im J. 1830. gr. 8. (82 S.) Hannover 855, (Hahn'sche Hofbuchh.) *

Schulwesen, das höhere, in Sachsen u. die Grenzboten Nr. 43 u. 44 v. J. 1871. Vom Ministerium d. Cultus u. öffentl. Unterrichtes. gr. 8. (56 S.) Leipzig 872. Brandstetter. — 60

Schulwesen. Vom höheren Schulwesen. 8. (8 S.) Leipzig 894. Langenberg & Himly. — 15

— das Münchener, im Jahre 1875 [Schulj. 1874/75] mit einem Rückblicke auf die frühere Zeit. [Aus: „Verwaltungsber. d. Stadtmagistr. München 1875".] gr. 4. (83 S.) München 876. (Th. Ackermann.) n. 4. —

Schulwesen, das Münchener, im Jahre 1875 mit einem Rückblick auf die frühere Zeit. Mit 2 Plänen. München 1877. 4°. brosch. (82 S.)

— das nautische, in Oesterreich-Ungarn. [Aus: „Reichswehr".] 8. (67 S.) Wien 893. Verlagsanstalt „Reichswehr". n. — 70

Schulwesen, Das ostschweizerische, vor der Reformation bis zu Anfang des 19. Jhdts. O. O. [18??]. V: *Sulzberger, Huldr. Gust.* (Zuwachsverz. d. Bibliotheken in Zürich 1898 ff.)

— das schweizerische. Hrsg. aus Auftrag des schweizer. Departement des Innern anlässlich der Weltausstellg. in Chicago 1893 v. der Union der schweizer. permanenten Schulausstellgn. Red.: O. Hunziker. gr. 8. (IV, 111 S. m. 1 farb. Karte.) Zürich 893. (A. Raustein.) n. 2. —

Schulwesen, das, des preußischen Staates. [Aus: National-Zeitung.] Berlin 866. F. Schulze's Buchh. gr. 8. (46 S.) 7½ ngr

Schulwesen, Das städtische, mit Bezug auf Weissenfels. ... Merseb. u. Halle 1826. V: *Harnisch, Chn Wilhelm.* (MGT)

Das Schulwesen der Stadt Zürich in seiner geschichtlichen Entwicklung. Auf Anordng des Schulvorst. bearb. f. d. Schweizer. Landesausstellg in Genf 1896. *Zurich: Buchdr. Berichthaus;* (aufgest.: *Commiss. v. A. Raustein*) 1896. (2 Bl., 85 S.) 1 Bd 8. [96. 9224

Deutsch-Anisches Schulwesens-Comite f Statistik. Statistik d dt-anischen Schulwesens ... 15te Dt-Anischer Lehrertag. N. p., 1880 [?].

Die Schulwissenschaften u. die Turnkunst. Festsp., Lübeck 1893. 4°.

Schulwochenblatt, katholisches. Eine Schul-Zeitschrift aus Württemberg. Red.: A. Hetzel. 1—6. Jahrg. 1853—58. à 52 Nrn. (à ½—1 Bgn.) Spaichingen, Kupferschmid. gr. 4. Jeder Jahrg. n. 1 rthlr. 15 ngr

Schulwochenblatt, katholisches. Eine Schul-Zeitschrift aus Württemberg. 7. u. 8. Jahrg. 1859 u. 60. Red. von A. Hetzel. — 9. Jahrg. 1861. Red. von Pfister. à 52 Nrn. (à ½—1 Bgn.) Spaichingen, Kupferschmid. (Stuttgart, Lindemann.) gr. 4. Jeder Jahrg. n. 1 rthlr 15 ngr.

Schulwochenblatt, süddeutsches katholisches, hrsg. unter Mitwirkung von Geistlichen und Lehrern von Adph. Pfister und Herm. Rolfus. 10.—15. Jahrg. 1862—67. à Jahrg. 52 Nrn. (Bog.) gr. 4. Spaichingen. (Stuttgart, Lindemann.) à Jahrg. *

Schulwochenblatt, süddeutsches katholisches. In Verbindung mit dem Magazin für Pädagogik. Hrsg. unter Mitwirkung von Geistlichen und Lehrern von A. Pfister, J. Haug, Fr. J. Knecht. 16. Jahrg. 1868. 52 Nrn. (Bog.) gr. 8. Spaichingen. (Stuttgart, Lindemann.) *
Vgl.: Magazin für Pädagogik.

Schulwochenblatt, württembergisches. Fortsetzung der Blätter aus Süddeutschland für das Volks-Erziehungs- und Unterrichts-Wesen. Redig. von Stockmayer. Jahrg. 1849. April — Decbr. 39 Nrn. und Jahrg. 1850 und 1851. à Jahrg. 52 Nrn. (Bog.) 4. Nagold. (Stuttgart, A. Wagner.) [1849. * 1 Thlr. 7½ Ngr., 1850 und 1851. à Jahrg. * 1 Thlr. 15 Ngr.] *

—— dass. — Redig. von Dems. (4.) Jahrg. 1852. 52 Nrn. (à ½—1 Bog.) 4. Nagold, Zaiser. — Eßlingen, Weychardt. *

Schulwochenblatt, das württembergische. Redakt.: Stockmayer. 5—8. Jahrg. 1853—56 à Jahrg. 52 Nrn. (à ½—1 Bog.) 4. Nagold, Zaiser'sche Buchh. à Jahrg. *

— das Württembergische Red.: Stockmayer 5—10 Jahrg 1853—58. à 52 Nrn. (à ½—1 Bgn.) Eßlingen, Weychardt. 4. Jeder Jahrg. n. 1 rthlr. 16 ngr

—— das, württembergische. Redig. von Stockmayer. 9—13. Jahrg. 1857—61. à Jahrg. 52 Nrn. (à ½—1 Bog.) gr. 4. Eßlingen, Weychardt. à Jahrg. *

—— das Württembergische. Redakt.: Stockmayer. 14.—19. Jahrg. 1862—67. à Jahrg. 52 Nrn. (à ½—1 Bog.) gr. 4. Eßlingen, Weychardt. à Jahrg. *

—— das württembergische. Redact.: Stockmayer. 20. und 21. Jahrg. 1868 und 1869. à Jahrg. 52 Nrn. (à ½—1 Bog.) 4. Eßlingen, (Weychardt.) à Jahrg. *
—— dass. — Redact.: Stockmayer. 22. Jahrg. 1870. 52 Nrn. (à ½—1 Bog.) 4. (Ebendas.) *

Schulwochenblatt, württembergisches. Redact.: Burk. 23.—26. Jahrg. 1871—1874. à Jahrg. 52 Nrn. (Bog.) 4. Stuttgart, Belser's Verlag. 1871 und 1872 à * 1873 und 1874 à *

Schulwochenblatt, württembergisches. Redact.: Burk. 27.—31. Jahrg. 1875—1879. à Jahrg. 52 Nrn. (Bog.) gr. 4. Stuttgart. Belser'sche Buchh. à Jahrg. *

Schulwochenblatt, württembergisches. Redact.: Burk. 32.—36. Jahrg. 1880—1884. à Jahrg. 52 Nrn. (Bog.) gr. 4. Stuttgart, Belser'sche Buchh. à Jahrg. *

Schulwochenblatt, württembergisches. Redakt.: v. Burk. 37.—40. Jahrg. 1885—1888. à Jahrg. 52 Nrn. (Bog.) gr. 4. Stuttgart, Belser'sche Buchh. à Jahrg. *

Schulwochenblatt, württembergisches. Redact.: Burk. 41.—44. Jahrg. 1889—1892. à Jahrg. 52 Nrn. (Bog.) gr. 4. Stuttg., Belser. à Jahrg. * 5 30
Ergänzungshefte dazu, s. Blätter, neue, aus Süddeutschland f. Erziehung u. Unterricht.

Schulwochenblatt, württembergisches. Red.: Burk. 43.—46. Jahrg. 1891—1894. à 52 Nrn. (Bog.) gr. 4. Stuttgart, Ch. Belser. à Jahrg. n. 5. 30

Schulwochenblatt, württembergisches. Red.: Burk. 47.—50. Jahrg. 1895—1898. à 52 Nrn. (Bog.) gr. 4. Stuttgart, Ch. Belser. à Jahrg. n. 5. 30

Schulwochenblatt, württembergisches. Red.: Rösler. 51.—54. Jahrg. 1899—1902. à 52 Nrn. gr. 4. (à ca. 8 S.) Stuttgart, Ch. Belser. à Jahrg. n. 5. 30
Ergänzungshefte s.: Blätter, neue, aus Süddeutschland f. Erziehung u. Unterricht.

Schulwochenblatt, württembergisches. Red.: Rösler. 55. bis 58. Jahrg. 1903—1906. à 52 Nrn. (IV, 420; IV, 412; IV, 412 u. IV, 412 S.) Lex.-8. Stuttgart, Ch. Belser. à Jhrg. n. 5. 30
Ergänzungshefte dazu, s.: Blätter, neue, aus Süddeutschland f. Erziehung u. Unterricht.

Schulwochenblatt, württembergisches. Schriftleitg.: Rösler u. seit 1910: Schnizer. 59.—62. Jahrg. 1907—1910. à 52 Nrn. (IV, 412; IV, 412; IV, 412 u. IV, 420 S.) Lex. 8. Stuttgart, Ch. Belser. à Jahrg. 5. 30
Ergänzungshefte dazu, s.: Blätter, neue, aus Süddeutschland f. Erziehung u. Unterricht.

Schul-Wochenbuch f. d. Elementarschulen in Elsaß-Lothringen. 2. Aufl. Fol. (52 S.) Zabern (893). A. Fuchs. Geb. n. 2. —

Schulwörterbuch, Deutsch-franz., s. Schulwörterbuch in dt. u. franz. Sprache ...

Schul-Wörterbuch, griechisch-deutsches und deutsch-griechisches. 2 Thle. Lex.-8. Leipzig, Teubner.
Inhalt:
Thl. 1. Benseler, Gust. Ed., griechisch-deutsches Schul-Wörterbuch zu Homer, Herodot, Aeschylos etc. 4. Aufl. 1872. ℳ 6., und 5. verb. Aufl., besorgt von J. Rieckher. (VIII, 906 S.) 875. ℳ 6,75.
» 2. Schenkl, Karl, deutsch-griechisches Schul-Wörterbuch. 2. verb. Aufl. (X, 1068 S.) 873. ℳ 8,40.

Schul-Wörterbuch, Griechisch-Deutsches und Deutsch-Griechisches. 2 Thle. Lex.-8. Leipzig, Teubner.
Inhalt:
Thl. 1. Griechisch-Deutsches Schul-Wörterbuch zu Homer, Herodot, Aeschylos, Sophokles, Euripides, Thukydides, Xenophon, Platon, Lysias, Isokrates, Demosthenes, Plutarch, Arrian, Lukian, Theokrit, Bion, Moschos und dem Neuen Testamente, soweit sie in Schulen gelesen werden. Besorgt von J. Rieckher. 5. verb. Aufl. (VIII, 906 S.) 875; 6. verb. Aufl. (VIII, 901 S.) 879. ℳ 6,75.
» 2. Schenkl, Karl, Deutsch-Griechisches Schul-Wörterbuch. 3. verb. Aufl. (IX, 1114 S.) 878. ℳ 9.

Schul-Wörterbuch, Griechisch-Deutsches und Deutsch-Griechisches. 2 Thle. Lex.-8. Leipzig, Teubner.
Inhalt:
Thl. 1. Griechisch-Deutsches Schul-Wörterbuch zu Homer, Herodot, Aeschylos, Sophokles, Euripides, Thukydides, Xenophon, Platon, Lysias, Isokrates, Demosthenes, Plutarch, Arrian, Lukian, Theokrit, Bion, Moschos und dem Neuen Testamente, soweit sie in Schulen gelesen werden. Besorgt von J. Rieckher. 7. verb. Aufl. (VIII, 906 S.) 882. ℳ 6,75.
» 2. Schenkl, Karl, Deutsch-Griechisches Schul-Wörterbuch. 4. verb. Aufl. (X, 1130 S.) 884. ℳ 9.

Schulwörterbuch, lateinisch-deutsches u. deutsch-latein., bearbeitet nach den größern Werken von Forcellini, Scheller, Bauer u. Kraft. 2 Thle. gr. 16. Leipz. 823, Tauchnitz.

Schul-Wörterbuch, Lateinisch-deutsches und deutsch-lateinisches, bearbeitet nach den grössern Werken von Farcellini. Scheller, Bauer und Kraft. Stereotyp-Ausgabe. (2 Bde.) gr. 16. Leipzig 1828.

Schulwörterbuch, lateinisch-deutsches und deutsch-latein. Leipzig 1840?

Schulwörterbuch, neues deutsch-franz. ꝛc., s. Dictionnaire nouveau.

— deutsch-französisches. gr. 8. Aarau 826. Sauerländer.

Schulwörterbuch, in deutscher u. franz. Sprache für Anfänger. 4e wohlf. Schul-Ausg. .. Aarau 839. Sauerländer. 2/3 ℛ

Schulwuth, die moderne, im Lichte der wahren Grundsätze v. e. Katholiken d. Elsasses. gr. 8. (20 S.) Freiburg i/Br. 872. Herder. n. — 20

Schulz. Stephan Schulz (geb. 1714), ein Verkündiger der frohen Botschaft an Israel. [Mit Porträt-Tafel.] 8. Basel.
Ausg. A. o. J. [1850/80].
Ausg. B. 1881.

Schulz, Der superkluge, ein Lustspiel in einem Aufzuge. Erlangen 1777.
V: *Gleis, Christian Friedrich.* (ML) (Ky)

Schulz, s. Pilatus, Irenaeus.

[F.] Die Kriegsschule Anklam. Festschr. z. Feier d. 25j. Best. v. Schulz, Hauptm. à la s. d. ... Inf. Reg. Nr. 88 ... *Anklam: H. Wolter 1896.* (82 S.) 1 Bd 8. (97. 86)

Schulz, die Kriegsschule Anklam. Festschrift zur Feier des 25jähr. Bestehens. 2. Aufl., fortgeführt bis 1900. gr. 8. (88 S.) Anklam 900. H. Wolter. Geb. in Leinw. n. 2 —

Schulz, die Ausbildung der Rekruten der Infanterie im Gelände in Wochenzetteln. 16. (29 S.) Berlin 901. E. S. Mittler & Sohn. n. — 40

Schulz, ..., s. Beiträge zu den Verhandlungen über die Staatskunst.

v. Schulz. Brandenburg mit seinen nächsten Umgebungen. 1 : 12 500. Berlin 1860 1 Bl. L. Fl.

Darf es so weitergehen! Von Schulz-Wulkow, Dr. phil. (Berlin 1902: Möller, Borel & Ginzel.) (64 S.) 8° [Umschlagt. F.] (08. 16913

Schulz-Wulkow, darf es so weitergehen! (64 S.) gr. 8. Frankfurt a/O. (903). G. Harnecker & Co. n. — 50

Schulz, Dienstunterricht f. Maschinengewehr-Abteilgn. u. Kompagnien. s.: Roeschke.

Schulz, Gedanken üb. den Schreib-Lese-Unterricht. Zugleich Grundlage u. Begleitwort der zum Besten der Bochumer Witwenkasse hrsg. Fibel „Erstes Uebungsbuch beim Schreib-Leseunterricht“. gr. 8. (44 S.) Düsseldorf 879. Schwann. n. 75

Schulz, Hermann v. Gersdorff, königl. preußischer Generallieutenant. gr. 8. (72 S. m. 1 Bildnis.) Berlin 891. E. S. Mittler & Sohn. n. 1. 40

Schulz, Geschichte d. Stadt Anklam mit besond. Berücksicht. d. krieger. Ereignisse. [Aus: „Sch., d. Kriegsschule Anklam“.] gr. 8. (15 S.) Anklam 896. H. Wolter. n. — 50

Schulz: Geschichte der Stadt Anklam unter besond. Berücks. d. kriegerischen Ereignisse. 2. Aufl. Anklam: H. Wolter 1900. (16 S.) 8° [Umschlagt.]

(Schulz, Major.) Grundriss der neuern Kriegsgeschichte für den Vortrag an höheren Militär-Schulen. (3 Bde.) 4. Berlin, Posen und Bromberg 1833.

Schulz, Handbuch f. die Ehe. Ein Ratgeber f. Verlobte u. Eheleute, m. wissenschaftl. Aufklärgn. üb. das Geschlechtsleben des Menschen. Mit anatom. Abbildgn. (auf 1 Bl. in gr. Fol.) (128 S.) 8. Leipzig (903). Ph. Hülsemann. 2. 50

Hymnus. Von Schulz. o. O. u. J. 1 Bl. 8° [Kopftit.]
Ohne Noten: „Vor Dir, o Ewiger, tritt unser Chor zusammen, . . .“ 25.

Schulz: Die neutestamentliche Lehre vom Staate. 16 S. – Siegen, Progr. 1862.

Schulz, Leonides; Trspl. in 5 A. 8. Wien 805. Gammer. 6 gr.

Schulz: Die humoristische Literatur des 16. Jhdts. 12 S. –Olmütz OR., Progr. 1864

Schulz, ökonomische Mittheilungen aus Schlesien, s. Mittheilungen.

Schulz, (Pastor) s. Mittheilungen aus d. Verhandlungen und Arbeiten d. Brieger ökonom. Vereins.

Schulz, Pocket-dictionary english and german, german and english, for travellers, merchants and lovers of both languages. II Vol. 12. Augsb. (Tourneisen, Paris et Cassel.)

Schulz, Dr., Pocket-dictionary english and german, german and english for travellers, merchants and lovers of both languages. II Vols. 24. Augsb. 796. v. Jenisch u. St. 3 ß 4 gr. — Vollständ. engl.-deutsches u. deutsch-engl. Wörterbuch f. reisende Kaufleute rc. 2 Bde. 24. Ebd. 796. 3 ß 4 gr.

Schulz, . . . v.] Meine Reise durch Deutschland, Belgien, Frankreich, Italien und die Schweiz. Tagebuch eines Livländers. Th. 1. 2. Dresden 1853. 8.

Schulz, meine Reise durch Deutschland rc., s. Reise.

— der Rückzug d. Armee Mac Mahons nach d. Schlacht v. Wörth, s.: Beiheft z. Militär-Wochenblatt 1897.

Schulz, der kleine Samariter. Aerztl. Ratgeber bei plötzl. Erkrankgn. u. Unglücksfällen. 12. (III, 105 S.) Dresden 895. Halle a/S., C. D. Lehmann. Geb. n. 1. 50

Schulz' Schmiede-Kalender f. 1907. (2. Jahrg.) Hrsg. v. dem offiziellen Organ des Bundes deutscher Schmiede-Inngn.: „Deutsche Schmiede-Zeitg.“ (VIII, 192 S. m. Abbildgn. u. 2 Bildnissen.) kl. 8. Berlin, W. Mannstedt & Co. Geb. in Leinw. n. 1. 20

Schulz' Schmiede-Kalender f. 1910 (5. Jahrg.). Hrsg. v. d. offiziellen Organ d. Bundes deutscher Schmiede-Inngn.: „Deutsche Schmiede-Zeitg.“ (VIII, 192 S. m. Abb. u. 2 eingedr. Bildnissen.) kl. 8. Berlin, W. Mannstaedt & Co. Geb. 1.20

Schulz, über das allgemeine und vergleichende Sprachstudium überhaupt und uber das gegenwärtige Verhaltniß der flectirenden und nicht flectirenden Sprachen insbesondere. Progr. des Gymn. Königsberg i. d. Neum. 4°. 26 S. 1841

Schulz, Wreschener Stoffpläne. Stoffplan f. die Unterstufe der evangel. einklassigen Volksschulen. 33,5×42,5 cm. Wreschen (906). W. Schenke. n.n. -- 25

Schulz, Wreschener Stoffpläne. Stoffplan f. die Mittel- u. Oberstufe der evangel. einklass. Volksschulen. Nr. I. Religion, Nr. II. Deutsch, Nr. III. Rechnen, Realien, Gesang. à 33,5×42,5 cm. Wreschen (906). W. Schenke. à n.n. — 25

— dasselbe f. die Unterstufe der zweisprachigen Volksschulen. 33,5×42,5 cm. Ebd. (906.) n.n. — 25

— dasselbe f. die Mittel- u. Oberstufe zweisprach. Volksschulen (ein- u. zweiklassig). 42,5×53,5 cm. Ebd. (906). n.n. — 50

— dasselbe f. die Mittel- u. Oberstufe zweisprach. Volksschulen (dreiklassig m. 2 Lehrern.) à 42,5×53,5 cm. Ebd. (906). à n.n. — 50

Schulz Über die Theorie der Parallellinien. 17 S. Königsberg, Neum., Progr. 1846

Schulz: Ueber die Theorie der Parallellinien. Zweite Abhandlung, mit zwei Lösungen. 14 S. u. Figurt. – Progr. Königsberg i.N. 1854.

Schulz: Über den Unterricht im Englischen auf Realschulen. 18 S. – Siegen, Progr. 1868.

Schulz, Ueber den Unterricht in der Naturgeschichte. Berlin 1831.

Schulz-Dessau, das Verhältnis der Gefängnis-Vereine zur Armenpflege. [Aus: „8. Jahrb. d. Gefängnis-Gesellsch. f. d. Prov. Sachsen u. d. Herzogt. Anhalt“.] gr. 8. (20 S.) Halle 893. (A. Kegel.) n. — 25

SCHULZ, Vortrag über Christian Bischof von Preussen und den Deutschen Orden. Gehalten den 27. März 1885 im Alterthumsverein Insterburg. ib. s. a. — 4°.

Schulz, A., der wilde Jäger, s.: Wagner, G., u. G. Langenbeck.

Schulz, A., s.: Nachprüfung des v. Neisser u. Sachs angegebenen Verfahrens zur forensischen Unterscheidung v. Menschen- u. Tierblut.

Schulz, A., der Rathgeber in Gerichtssachen. Auf Grund der preuß. Schiedsmannsordng. vom 29. März 1879, der deutschen Strafprozeßordng. vom 1. Febr. 1877, der deutschen Gebührenordng. f. Zeugen u. Sachverständige vom 30. Juni 1878, der preuß. Vormundschaftsordng. vom 5. Juli 1875, der preuß Hinterlegungsordng. vom 14. März 1879, der deutschen Civilprozeßordng. vom 30. Jan. 1877, der deutschen Konkursordng. vom 10. Febr. 1877 rc. rc. zum Handgebrauche f. Jedermann bearb. gr. 8. (VIII, 303 S.) Paderborn 891. F. Schöningh. n. 1. 60; geb. n. 2. —

Schulz, A. (Red.), s. Tischler-Zeitung, Allgemeine.

Schulz, A. F., gründliche Anweisung zum Rechnen f. Militair- u. Bürgerschulen, so wie auch z. Selbstunterricht. 8. (9⅓ B.) Danzig 845, (Weber.)

Schulz, A.J.(Hrsg.):

s.: Gesetzkunde, Die Preußische, in allen Zweigen der Rechtspflege und der Staats- und Polizei-Verwaltung. In alphabetischer Ordnung. Bd 1 - 2. Berlin: 1840

Schulz, A. J. u. P. M., die Preußische Gesetzkunde in allen Zweigen der Rechtspflege u. der Staats- u. Polizei-Verwaltung alphabet. geordnet. Zur Selbstbelehrung für Jedermann. 2. durch Nachträge verm. Aufl. 2 Bde. gr. 8. Berlin 843, Liebmann u. Comp. n. 3⅓ ℳ

— dass. 1. Nachtrag zur 1. Aufl. gr. 8. Ebend. 842. Nordhausen, Büchting. ⅓ ℳ — Vergl. Gesetzkunde.

Schulz, Ad., Fibel,
— Lesebuch, } s.: Carstensen, C.

— der erste Leseunterricht, s.: Carstensen, C.

— Wandlesetafeln, s.: Carstensen, C.

[S.] Die St. Michaels-Hofkirche in München. Ihre Geschichte u. Beschreibg z. Feier des 300jähr. Jubiläums der Einweihg v. Adalbert Schulz, K. Hofpriester ... M. 18 Abb. u. 2 Grundrissen. *München: J. J. Lentner 1897.* (3 Bl., 133 S., 1 Bl., 1 Taf.) 1 Bd 8. [97 1879]

Schulz, Adolf [(Dr. med.) app. Arzt aus Danzig]: Die Anwendung der Zange an der Kgl. Universitäts-Frauenklinik zu Würzburg in den Jahren 1889—1895 ... Danzig, Druck v. F. Raczkiewicz, 1896; 30 S., 1 Bl. 8.
Würzburg, Med. Fak., Inaug.-Diss. v. 1896

Schulz, Adolf, aus Callehne, Kreis Osterburg: Beiträge zur Entwickelungsgeschichte der Phyllokladien. Mit 20 Abb. *Rostock 1898: C. Hinstorff.* (40 S.) 8°
Rostock, Phil. Diss. v. [20. Jan.] 1898

Schulz, Adph., über die Betheiligung der ländlichen Arbeitnehmer an dem Gutsertrage. Eine Erörterung gegen den Socialismus. gr. 8. (117 S.) Leipzig 871, Weißbach. [Schmidt und Günther.]
Aus: Georgika, besonders abgedruckt.

Schulz, Adph., die Lehre v. den Harmonieen. Eine Einleitg. in das Studium der Musik, unentbehrlich f. Lehrer u. Lernende, sowie zum Selbstunterricht. gr. 8. (VIII, 174 S.) Berlin 883. Parrisius. n. 5. —

Schulz, Adph., die Lehre v. den Harmonien. Eine Einleitg. in das Studium der Musik, unentbehrlich f. Lehrer u. Lernende sowie z. Selbstunterricht. 2. Aufl. (VII, 174 S.) gr. 8. Leipzig 910. C. Rühle. Geb. 2.—

Schulz, Adolf (Hrsg.), s. Reichsadler, Der.

Schulz, Adph. Ueber Staats- und Gemeindesteuern. Volkswirtschaftliche Erwägungen. gr. 8°. Berlin, Gebr. Borntrüger, 1869. 55 S.

Schulz, Adolf John. Untersuchungen über die Wirkung gleicher Reize auf die Auffassung bei momentaner Exposition. Diss. Phil. I. Univ. Zürich. [Mit Figuren.] IV + 96 S. 8. Leipzig, Johann Ambrosius Barth. 1909.

Wesen und Abgrenzung der Schmiederei. Beitr. z. Festlegung d. Katasters d. Schmiede-Berufsgenossenschaft ... hrsg. von Dr. Adolph L. H. Schulz. Als Ms. gedr. Berlin 1904: (F. A. Günther & Sohn). (31 S.) 8° [S.] [05. 3070 11

Schulz, Agnes, Hedy. Oper in 4 Acten. Dichtung nach e. Episode aus Byron's „Don Juan". Musik v. Zdenko Fibich. Deutsche Übersetzg. vom Componisten. gr. 16. (48 S.) Prag 896. F. A. Urbánek. n. — 80

— Šárka. Oper in 3 Akten. Text v. Sch. Deutsch v. K. A. Musik v. Zdenko Fibich. 12. (57 S.) Ebd. 898 n. — 80

Schulz, Alb., bibliographie de la guerre franco-allemande [1870—1871] et de la commune 1871. Catalogue de tous les ouvrages publiés en langues française et allemande de 1871 à 1885 inclusivement, suivi d'une table systématique. gr. 8. (128 S.) Paris 886, Le Soudier. *

Schulz, Alb., gefesselte Liebe. Roman. (188 S.) 8. Dresden 904. E. Pierson. n. 2. 50; geb. n. 3. 50

— Schatten des Todes. Ein Novellen-Zyklus. (III, 172 S.) 8. Ebd. 906. n. 2. —; geb. n. 3. —

— Treffer u. Nieten. Lustspiel in 1 Akt. (III, 36 S.) 8. Ebd. (906). n. 1. —

Schulz, Albert

Schulz, A., s. San-Marte.

Schulz, Albt, (u. d. Namen San Marte) Die Arthussage und die Märchen des rothen Buchs von Hergest. Quedlinburg u. Leipzig 1842. 8.
Ist: Bibliothek d. ges. deut. Nat.-Lit. Abth. 2. Bd. 2. (D)

Schulz, Albt, (u. d. Namen San-Marte, Beiträge zur bretonischen und celtisch-germanischen Heldensage. Quedlinburg u. Leipzig 1847. 8.
Ist: Bibliothek d. ges. deut. Nat.-Lit. Abth. 2. Bd. 3. (D)

Schulz, Alb., über die Detarifierung v. „Zucker zur Ausfuhr" auf deutschen Eisenbahnen u. die Ausnahme-Tarifierung auf den preuß. Staatsbahnen. 2. unveränd. Aufl. gr. 8. (VII, 68 S.) Berlin 900. Puttkammer & Mühlbrecht. n. 1. —

Schulz, Albert, König Friedrich Wilhelm III. der Gerechte, od.: Seine Zeit, sein Leben u. Wirken. Historisch-biograph. Gemälde. 8. (VI u. 474 S.) Berlin 851, Schnitzer. 1 ℳ

[Schulz, Albt, u. d. Namen] San Marte, Gudrun, Nordseesage nebst Abhandlung über das mittelhochdeutsche Gedicht Gudrun und den Nordseesagenkreis. Berlin, Posen u. Bromberg 1839. 8. (D)

Schulz, Albert (San-Marte). Die polnische Königssage. Nach den Quellen dargestellt und kritisch erörtert. (Aus dem neuen Jahrbuche für deutsche Sprache und Alterthumskunde Bd 8 besonders abgedruckt.) Berlin, H. Schultze 1848. 87 S. 8.

—— Reimregister zu den Werken Wolframs v. Eschenbach, s. Bibliothek der gesammten deutschen National-Literatur.

Schulz, Albt, unter d. Namen:) San-Marte, Rückblicke auf Dichtungen und Sagen des deutschen Mittelalters. Literarische Vorträge. Quedlinburg 1872. 8.
Ist: Bibliothek der ges. deut. Nat.-Lit. etc. Abt. 2. Bd. 6 (D.)

Schulz, Albert: Über Stichverletzungen vom Standpunkte der gerichtlichen Medizin. *Berlin 1898: B. Paul.* (30 S.) 8°
Berlin, Med. Diss. v. 5. Aug. 1898

Schulz, Albert, der lebende Todtenkopf, od.: die silberne Maske. Ein wahr enthülltes Geheimniß aus der Gegenwart. 2. Aufl. 8. (1 B. u. 1 Holzschn.) Potsdam 843, (Horvath'sche Buchh.) *

[Schulz, Albert.] Zur Waffenkunde des älteren deutschen Mittelalters. Mit Abbildungen aus Handschriften zur Parcivaldichtung. Herausgegeben von San-Marte [A. Schulz]. Quedlinburg und Leipzig, Gottfr. Basse 1867.
XIV S., 1 Bl., 354 S., 1 Bl., 13 Taf. in Lithogr. 8°
(Bibliothek der gesammten deutschen National-Literatur. Abt. II. Band 4.)

San-Marte [d. i. Schulz, Alb.]: Über den Werth von Provinzialgesetzen; mit bes. Bez. auf Preußen. E. Wort zur Feier des 3. Aug. 1830. Quedlinburg u. Leipzig 1830.

Schulz, Albert Oswald, aus Sedlinen: Über das Imperfekt u. Perfekt mit ו (ו) im Hebräischen. *Kirchhain N.-L. 1900: M. Schmersow.* (41 S.) 8°
Königsberg, Phil. Diss. v. 20. Apr. 1900

Schulz, Albrecht *Friedrich Wilhelm Max* [aus Myslowitz (Schles.)]: Über Strumitis m. bes. Berücks. ihrer Ätiologie ... Berlin, Buchdr. v. G. Schade, *1895*; 30 S., 1 Bl. 8.
Berlin, Med. Fak., Inaug.-Diss. v. 28. Mai 1895

Schulz, Alexander H., and others. Die Zions-Gmde von Balt. u ihre jüngsten Verketzerer, die "Balt Pastoral-Konferenz" u die "St Louiser Fakultät." Baltimore, 1881.

Schulz, Alexander Nikolaus

Schulz, Alex. Nikol, der Fasanengarten. Praktische Anleitg. zur Zucht, Pflege u. Jagd der Fasanen nebst e. Anh. üb. die allgemeinen Hauptpunkte bei der Dressur d. Hühner- u. Vorstehhundes. Mit 12 (eingedr.) Holzschn. gr. 8. (79 S.) Wien 872. Braumüller. n 2. --

Doppelberichte im Pentateuch. Ein Beitrag z. Einl. in d. Alte Testament. Von Dr. theol. Alfons **Schulz**, Prof., Braunsberg. Freiburg im Br.: Herder 1908. (VI, 96 S.) 8°
— Studien, Biblische. Bd 13, H. 1.

Schulz, Alphonsus [Presb. dioec. Warm.]: De psalmis gradualibus ... Monasterii Guestf., ex typogr. Aschendorffiana, 1897; 2 Bl., 61 S., 1 Bl. 8.
Münster, Kath.-theol. Fak., Inaug.-Diss. v. 2. Aug. 1897

Schulz, Alfons: Die Quellen zur Geschichte des Elias. Braunsberg 1906: Heyne. (S. 1—19.) 4°
Braunsberg, Vorl.-Verz. SS 1906

Schulz, Alfons, die Quellen zur Geschichte des Elias. Ein Beitrag zur Erklärg. der Königsbücher. Progr. (19 S.) Lex.-8. Braunsberg (906). (Bender's Buchh.)

Schulz, Alfred, Referendar in Lübbenau N.-L.: Die Bedeutung des § 1344 B.G.B. mit Rücksicht auf die verschiedenen Güterstände. Greifswald 1906: F. W. Kunike. (44 S.) 8°
Greifswald, Jur. Fak., Ref. Sartorius, Diss. v. 21. Jan. 1907
[Geb. 21. März 83 Berlin; Wohnort: Lübbenau; Staatsangeh.: Preußen; Vorbildung: Andreas-Realgymn. Berlin Reife O. 02; Studium: Berlin 7 S.; Rig. 29. Okt. 06.]

Schulz, *Karl Wilhelm* Alfred [aus Magdeburg]: 71 Fälle von Einleitung der künstlichen Frühgeburt ... Halle a. S., Hofbuchdr. v. C. A. Kaemmerer & C., 1897; 47 S., 2 Bl., 8 Bl. Tab. 8.
Halle, Med. Fak., Inaug.-Diss. v. 29. März 1897

Schulz, *Alfred* [Prof. Dr.]: Gedächtnisrede auf Karl August Regel ... am 6. Juli 1889 gehalten. Gotha, Druck d. Engelhard-Reyherschen Hofbuchdr., 1890; S. 3–11; 4°
Gotha, herz. G Ernestinum, OP 1890

Justus Perthes' Geschichts-Atlas. Taschen-Atlas f. Mittl. u. Neuere Geschichte v. Dr. Alfred **Schulz**. 24 Ktn in Kupferstich m. e. Abr. d. deutschen Gesch. u. d. Gesch. d. wichtigsten anderen Staaten bis auf d. neueste Zeit. (Hrsg.: Dr. R. Wendelmuth.) *Gotha: J. Perthes 1898.* (68 S., 24 Kt.) 1 Bd 8.

Justus Perthes' Geschichts-Atlas. Taschen-Atlas z. Mittleren u. Neueren Geschichte von Dr. Alfred **Schulz**. 24 Karten mit e. Abrisse d. deutschen Geschichte u. der Gesch. d. wichtigsten anderen Staaten bis auf d. neueste Zeit. (Hrsg.: Dr. R[ichard] Wendelmuth.) 2. Aufl. *Gotha: J. Perthes 1904.* (68 S., 24 Karten). 8°

Schulz, Alfr., der Lebens-Magnetismus als Heilkraft der Zukunft, s.: Gerling, Reinh.

Schulz, Alfr., Procopius, de bello Vandalico lib. I. 1–8. Eine histor. Untersuchg. gr. 4. (18 S.) Berlin 871. Calvary & Co. n. 1. --

Schulz, Alfred, a. Lüdershagen (Mecklenburg-Schwerin): Die Siedlungen des Warnowgebietes in Mecklenburg. Eine geographische Studie. Stuttgart 1909: Strecker & Schröder. X, 44 S. 8° ¶(Ersch. auch als: Geogr. Arbeiten. 4.)
Rostock, Phil. Diss. v. 6. März 1909, Ref. Ule
[Geb. 3. Nov. 79 Schwerin i. M.; Wohnort: Rostock; Staatsangeh.: Mecklenburg-Schwerin: Vorbildung. Gymn. Rostock Reife O. 04; Studium: Leipzig 1, Rostock 8 S.; Rig. 3. März 09.] [U 10. 3980

Die Siedlungen des Warnowgebietes in Mecklenburg. Eine geogr. Studie. Von Alfred **Schulz**. Stuttgart: Strecker & Schröder 1909. X, 44 S. 8°
[Ersch. auch als Inaug.-Diss. Rostock 1909.]
(Geographische Arbeiten. 4.)

Schulz, Alfr., Thüringen, s.: Landes- u. Provinzialgeschichte, Hft. 23.

— Vorträge. gr. 8. (III, 170 S.) Gotha 897. F. A. Perthes. n. 2. 40

— s.: Wanderungen durch Thüringen.

Schulz, Andreas

Schulz, Andr., Anleitung zur Behandlg. der „Aufgaben f. die haus- u. landwirtschaftliche Buchführung“. (Neue Aufl.) (49 S.) gr. 8. Augsburg 910. Bayer. Schulmuseum. 1. —

— Aufgaben f. die land- u. hauswirtschaftl. Buchführg. (12 S.) 8. Ebd. (908). —10; m. Schülerheft. (36 S.) gr. 8. —25

— Rechtschreibübungen f. die Unterklassen d. Volksschule. Im Anschlusse an das Lesebuch u. f. den Anschauungsunterricht bearb. (IV, 48 S.) gr. 8. Ebd. 908. Geb. nn — 70

Schulz, Andr., s.: Verzeichnis der kgl. Prüfungskommissäre der Schulen usw. des Kreises Schwaben u. Neuburg.

— das Wichtigste aus dem Verkehrsleben, nebst kurzgefaßter Wechsellehre. Ein Handbuch f. den Schul- u. Privatgebrauch, zugleich e. m. Aufgaben versehene Anleitg. zur Bearbeitg. der v. dem gleichen Verlage hrsg. zwei Formularmappen. 2. verm. u. verb. Aufl. (IV, 147 S.) 8. Augsburg 905. Schwäb. permanente Schulausstellg. n.n. 1. 20; geb. n.n. 1. 40

Schulz, Anton. Über symmetrische und unsymmetrische Phenylhydrazinderivate. Diss. Phil. Basel. 47 S. 8. Basel, Walz & Miéville, 1905.

Schulz, Ant. Theod., Apothekerkatechismus. 8. Lüneburg, Schröder. 768. Rthlr.

Schulz, Arn. Tudr., über die Unsterblichkeit des Menschen, im Lichte der christlichen Religion und Philosophie. Eine kleine Ostergabe an das protestant. Deutschland. Stralsund 853. (Rosenkranz.) 8. (3 Bl., 34 S.) n. 6 ngr.

Schulz, Arn. Thdr., die Unsterblichkeit des Menschen im Lichte des Denkens und des religiösen Bewußtseins. Mit Rücksicht auf den heutigen Stand der Naturforschung und auf antichristl. Strebungen des Zeitalters. Eine kleine Ostergabe. 2., ganz umgearb. und verm. Aufl. gr. 8. (VI und 37 S.) Stralsund 858, (Hingst.) *

Schulz, Arthur

Schulz, Arth., italienische Acte. (60 Lichtdr.-Taf. m. III S. Text.) 4. Leipzig (905). C. Scholtze. In Mappe n. 36. —

Schulz, Arth., ökonomische u. polit. Entwickelungstendenzen in Deutschland. Ein Versuch, die Autonomieforderg. der süddeutschen sozialdemokratischen Landesorganisationen theoret. zu begründen. (95 S.) gr. 8. München (909). G. Birk & Co. 1. 20

Schulz, Arth., der deutsche Knabe im Religionsunterricht. 8. (48 S.) Friedrichshagen-Berlin (901). Verlag der Blätter f. deutsche Erziehg. — 60

Der deutsche Knabe im Religionsunterricht. Von Arthur Schulz. 2. Taus. *Friedrichshagen-Berlin: Blätter f. deutsche Erziehung [1902].* (48 S.) 8° [F.]

Schulz, Arthur, aus Joneiten: **Kornzoll, Kornpreis und Arbeitslohn.** *(Altenburg) 1902: (Pierer).* (34 S.) 8° [F.] (Erschien vollst. 1902 bei Duncker & Humblot in Leipzig.)
Königsberg, Phil. Diss. v. 29. Juli 1902

Schulz, Arth., Kornzoll, Kornpreis u. Arbeitslohn. Ein Beitrag zur Handelspolitik u. zur Lehre vom Arbeitslohn. gr. 8. (VII, 168 S.) Leipzig 902. Duncker & Homblot. n. 3.20

Schulz, Arth., Mehr Kenntnisse! Weniger Zeit! Ein Vorschlag zur Neubildg. uns. Schule. gr. 8. (47 S.) Berlin 897. Charlottenburg, W. Heinrich. n. — 60

Schulz, Arth., der Mensch u. seine natürliche Ausbildung. Wider das althergebrachte Verfahren in Erziehung u. Unterricht. gr. 8. (IV, 184 S.) Berlin 893. R. Heinrich. n. 2. —

— d. Mensch u. s. natürl. Ausbildg. Gegen d. althergebrachte Verfahren in Erziehg. u. Unterricht. 2. (Titel-) Aufl. gr. 8. (IV, 184 S.) Ebd. (893) 896. n. 2. —

Schulz, *Reinhold* Arthur [app. Arzt aus Graudenz, West-Pr.]: Die Pathogenese und die Behandlung der stricturirenden Mastdarmverschwärungen nebst e. Zsstellg der m. Radikaloperation behandelten Fälle ... Leipzig, Druck v. A. Edelmann, *1893;* 1 Bl., 42 S., 1 Bl. 8.
Leipzig, Med. Fak., Inaug.-Diss. v. 17. Sept. 1893

Schulz, Arth., deutsche Sculpturen der Neuzeit. Eine Sammlg. hervorrag. Werke der Bildhauerkunst, ausgeführt v. zeitgenöss. Künstlern. Hrsg. u. m. kurzen biograph. Angaben versehen. 180 Lichtdr.-Taf. 18 Lfgn. gr. Fol. (IV u. IV S. Text.) Berlin (900). B. Hessling. à n. 6. — od. 3 Serien in Mappe à n. 36. —

(8) Schulz, Arth., deutsche Skulpturen. 900. (KBL 32.) Jetzt: Berlin, Ornament-Verlag.

Deutsche Sculpturen der Neuzeit. Eine Sammlung hervorrag. Werke d. Bildhauerkunst, ausgeführt von zeitgenöss. Künstlern, hrsg. u. mit kurzen biogr. Angaben versehen von Arthur **Schulz**, Bildhauer. 180 Lichtdrucktaf. 2. Aufl. Serie 1. Berlin: B. Hessling (1900). 2° [06. 14916

Schulz, Arthur, a. Mertensdorf, Kreis Braunsberg: Untersuchungen über die Wirkung von Eisenvitriol und schwefelsaurem Ammoniak sowie von Mischungen beider Salze als Unkrautvertilgungsmittel. Königsberg i. Pr. 1904: R. Leupold. (126 S.) 8°
Königsberg, Phil. Fak., Ref. Albert, Diss. v. 8. Nov. 1904
[Geb. 12. Aug. 77 Mertensdorf, Kr. Braunsberg; Wohnort: Königsberg i. Pr.; Staatsangeh.: Preußen; Vorbildung: Gymn. Braunsberg Reife M. 98; Studium: Königsberg 1, Breslau 1, Königsberg 7 S.; Rig. 2. Nov. 04.]

Schulz, August

Schulz, Aug., Beiträge zur Kenntniss der Bestäubungseinrichtungen und der Geschlechtsvertheilung bei den Pflanzen, s. Bibliotheca botanica.

Schulz, Aug., über die Entwicklungsgeschichte der gegenwärtigen phanerogamen Flora u. Pflanzendecke der skandinavischen Halbinsel u. der benachbarten schwedischen u. norwegischen Inseln. gr. 8. (316 S.) Stuttgart 900. E. Schweizerbart. n. 8. —
Sonderabdruck aus: „Abhandlgn. d. naturforsch. Gesellsch. zu Halle".

Schulz, August. Entwicklungsgeschichte der gegenwärtigen phanerogamen Flora und Pflanzendecke der Oberrheinischen Tiefebene und ihrer Umgebung. Mit zwei Karten. S. 167—285 ⟨119 S.⟩. 8. Stuttgart, J. Engelhorn, 1906. (M. 6.40)
(Forschungen zur deutschen Landes- und Volkskunde, ... hrg. von Dr. Alfred Kirchhoff.... Band 16. Heft 3.)

Schulz, August: Entwicklungsgeschichte der Phanerogamen Pflanzendecke Mitteleuropas nödlich der Alpen. Stuttgart: J. Engelhorn 1899, (219 S.) 8°
= Forschungen z. deutschen Landes- u. Volkskunde. Bd 11. H. 5.

Entwicklungsgeschichte der phanerogamen Pflanzendecke des Saalebezirkes. Von Dr. August **Schulz**, Privatd. in Halle. *Halle a. S.: Tausch & Grosse 1898.* (84 S.) 1 Bd 8. [98. 11430

Schulz, August *Albert Heinrich* [aus Stettin]: Grundzüge der Entwicklungsgeschichte der Pflanzenwelt Mitteleuropas seit dem Ausgange der Tertiärperiode ... (Th. 1.) Halle a. S., Druck d. Buchdr. d. Waisenhauses, 1893; 1 Bl., 32 S., 1 Bl. 8.
Halle, Phil. Fak., Inaug.-Diss. v. 10. Aug. 1893

Schulz, Aug., Grundzüge e. Entwicklungsgeschichte der Pflanzenwelt Mitteleuropas seit dem Ausgange der Tertiärzeit. gr. 8. (IV, 206 S.) Jena 894. G. Fischer. n. 4. —

Schulz, Aug., d. Kindschaft Gottes rc. 8. Berlin, Birnstiel. 754.

Schulz, Aug., der organisch vereinfachte wöchentliche Lehr- und Uebungsplan in der einklassigen Landschule. Nach K. F. Schnell, in einem anschaulichen Bilde aus der Schule praktisch dargestellt. Mit e. Vorw. von Duchstein. Schwiebus 855. Wagner. gr. 8. (64 S.) n. 5 ngr.

— die floristische Litteratur f. Nordthüringen, den Harz u. den provinzialsächsischen wie anhaltischen Theil an der norddeutschen Tiefebene. gr. 8. (90 S.) Halle 888. Tausch & Grosse. n. 1.50

— die floristische Litteratur f. Nordthüringen, den Harz u. den provinzialsächsischen, wie anhaltischen Teil an der norddeutschen Tiefebene. 2., durch e. Nachtrag verm. Aufl. gr. 8. (90 u. 22 S.) Halle a/S. 891. Tausch & Grosse. n. 2. —; Nachtrag allein (22 S.) n. — 50

— die halophilen Phanerogamen Mitteldeutschlands. (S. 257—293 m. 1 farb. Karte u. 1 Bl. Erklärgn.) gr. 8. Stuttgart 903. E. Schweizerbart. n — 60
Sonderabdruck aus: „Ztschr. f. Naturwiss."

— Studien üb. die phanerogame Flora u. Pflanzendecke des Saalebezirkes. I. Die Wandergn. der Phanerogamen im Saalebezirke seit dem Ausgange der letzten kalten Periode. gr. 8. (57 S. m. 1 Karte.) Halle 902. Tausch & Grosse. n. 2. —

Schulz, August [Dr.]: Die Vegetationsverhältnisse des Saalebezirkes ... (Auszug aus Abschn. 1 e. gröss. Abh.) Halle S., Druck d. Buchdr. d. Waisenhauses, 1894; 1 Bl., 43 S. 8.
Halle, Phil. Fak., Hab.-Schr. v. 26. Juni 1894

—— die Vegetationsverhältnisse der Umgebung von Halle. gr. 8. (97 S. mit 4 Karten.) Ebendas. 887. *
Aus: Mittheilungen des Vereins für Erdkunde zu Halle, besonders abgedruckt.

Die Verbreitung der halophilen Phanerogamen in Mitteleuropa nördlich der Alpen. Von Dr. August **Schulz**, Privatd. in Halle. *Stuttgart: J. Engelhorn 1901.* (S. 273–360.) 8°
= Forschungen z. deutschen Landes- u. Volkskunde. Bd 13, H. 4. [01. 10667

Des Seemanns Weihnacht. 4 lebende Bilder mit begleit. Text z. Weihnachtsfeier von August **Schulz**. *Mühlhausen i. Th.: G. Danner [1904].* (15 S.) 8° [F.]
= Sammlung lebender Bilder. No 28. [04. 25858 3

Schulz, Aug. Ed., s. Frau, die, zweier Männer.

Schulz, B., zur öffentlichen Gesundheitspflege in Coblenz. gr. 8. (III, 83 S.) Coblenz 872. Hölscher. n. 1. 20

Schulz, B., der moderne Schiffbau, s.: Neudeck, G.

Schulz, B., De spasmo dolorifico, saepius remedio, quam morbo. Hal. 4°.

1740

Schulz, Benedikt

Schulz, Bened., Diagnostik der Hautkrankheiten in tabellar. Ordnung nach Hebra's Vorlesungen. gr. 8. (7 B.) Wien 845, Kaulfuss Wwe., Prandel u. Comp.

Schulz, Benedikt: Physiologie des Rückenmarkes mit Berücksichtigung seiner pathologischen Zustände für praktische Ärzte. 75 S., gbd.

Wien: Pfautsch 1842

—— Physiologie des Rückenmarkes mit Berücksichtig. seiner patholog. Zustände für prakt. Aerzte. 8. (5½ B.) Wien 842, [Pfautsch u. Voß.] –

Schulz, Bernhard

Schulz, Bernh., neue Fibel, s.: Karassek.

Schulz, Bernh., das Gesetz v. 6. Juli 1885, betr. die Pensionierung der Lehrer u. Lehrerinnen an den öffentlichen Volksschulen, m. erläut. Bemerkgn. hrsg. 8. (31 S.) Danzig 886. Kasemann. n.n. — 30

Schulz, Bernh., die deutsche Grammatik in ihren Grundzügen. Ein Leitfaden beim Unterrichte in der Muttersprache. gr. 8. (VI und 157 S.) Paderborn 865, Schöningh. *

Schulz, Bernh., die deutsche Grammatik in ihren Grundzügen. Ein Leitfaden beim Unterricht in der Muttersprache. 2.—4. verb. und verm. Aufl. gr. 8. (VIII, 165 S.) Paderborn 869—74, Schöningh. *

Schulz, Bernh., die deutsche Grammatik in ihren Grundzügen. Ein Leitfaden beim Unterricht in der Muttersprache. 5. verm. und verb. Aufl. (VIII, 168 S.) 1877; 6. verb. Aufl. gr. 8. (VIII, 173 S.) Paderborn 879, F. Schöningh. *

Schulz, Bernh., die deutsche Grammatik in ihren Grundzügen. Ein Leitfaden beim Unterrichte in der Muttersprache. 7. verb. Aufl. mit der neuen Rechtschreibung. gr. 8. (VIII, 180 S.) Paderborn 883, F. Schöningh. *

Schulz, Bernh., die deutsche Grammatik in ihren Grundzügen. Ein Leitfaden beim Unterrichte in der Muttersprache. 8. Aufl. gr. 8. (VIII, 180 S.) Paderborn 886. F. Schöningh. n. 1. 20

Schulz, Bernh. Die deutsche Grammatik in ihren Grundzügen. Ein Leitfaden beim Unterrichte in der Muttersprache. 9. u. 10. Aufl. gr. 8. (VIII, 189 S.) Paderb. 889,91, F. Schöningh. • 1 20

Schulz, Bernh., d. deutsche Grammatik in ihren Grundzügen. E. Leitfaden b. Unterrichte in d. Muttersprache. 14. Aufl. gr. 8. (VIII, 224 S.) Paderborn 896. F. Schöningh. n. 1. 40

— die deutsche Grammatik in ihren Grundzügen. Ein Leitfaden beim Unterrichte in der Muttersprache. 17. Aufl. gr. 8. (VI, 230 S.) Paderborn 901. F. Schöningh. n. 1. 40

— Leitfaden beim Unterricht in der Laut- u. Flexionslehre der mittelhochdeutschen Sprache. 8. (III, 120 S.) Ebend. 878. n. 1. —

—— deutsches Lesebuch für höhere Lehranstalten. 1. Thl.: Für die untern und mittlern Klassen. gr. 8. (XVIII und 546 S.) Paderborn 868, Schöningh. *

—— deutsches Lesebuch für höhere Lehranstalten. 1. Thl. Für die untern und mittlern Klassen. 2. Aufl. (XVI, 490 S.) 1870. *ℳ 2,40., und 3. verm. und verb. Aufl. gr. 8. (XVI, 513 S.) Ebendas. 875. *

—— deutsches Lesebuch für höhere Lehranstalten. 1. Teil: Für die unteren und mittleren Klassen. 4. Aufl. gr. 8. (XVI, 528 S.) Ebendas. 878. *

—— dass. — 2. Teil: Für die oberen Klassen. 2 Abtlgn. gr. 8. Ebendas. 877. *

Inhalt:

Abthl. 1. Altdeutsches Lesebuch enth. Proben zur deutschen Literatur von den ältesten Zeiten bis zur Zeit der Reformation. Mit ausführl. Glossar. (LXII, S. 1—300.) *ℳ 2,40.

" 2. Zur Geschichte der deutschen Literatur. (VI, S. 301—998.) *ℳ 2,60.

— dasselbe. 2. Teil. Für die oberen Klassen. gr. 8. (LXVIII, 998 S.) Ebend. 877. 78. n. 7. —

—— deutsches Lesebuch für höhere Lehranstalten. 1. Tl.: Für die untern und mittlern Klassen. 5. Aufl. (XVI, 518 S.) 1880. *ℳ 2,50.; 6. verm. Aufl. gr. 8. (XVI, 568 S.) Ebendas. 883. *

—— deutsches Lesebuch für höhere Lehranstalten. 1. Tl.: Für die untern und mittlern Klassen. 7. und 8. Aufl. gr. 8. (XV, 564 S.) Ebendas. 886,88. *

Schulz, Bernh., deutsches Lesebuch f. höhere Lehranstalten. 1. Tl. Für die untern u. mittlern Klassen. 9. Aufl. gr. 8. (XV, 565 S.) Paderborn 890. F. Schöningh. n. 2. 65

— deutsches Lesebuch f. höhere Lehranstalten. 1. Tl. Für die unteren u. mittleren Klassen. 10., verm. u. verb. Aufl. 1. u. 2. Abtlg. gr. 8. Ebd. n. 6. 60

1. Abtlg. Für die unteren Klassen. (XII, 567 S.) 894. n. 2. 60

2. Abtlg. Für die mittleren Klassen. (XIV, 972 S.) 895. n. 4. —

[F.] Deutsches Lesebuch für höhere Lehranstalten, hrsg. v. Dr. Bernhard Schulz, Geh. Reg.- u. Schulr. 11. Aufl. Tl 1. Abt. 1. *Paderborn: F. Schöningh 1898.* 8. [97. 8705

— deutsches Lesebuch f. höhere Lehranstalten. I. Tl. Für die unteren u. mittleren Klassen. 1. u. 2. Abtlg. gr. 8. Ebd. Geb. n. 7. 40

1. Für die unteren Klassen. 12., unveränd. Aufl. (X, 487 S.) 902. n. 3. 20

2. Für die mittleren Klassen. 11. verb. Aufl. (XIV, 844 S.) 901. n. 4. 20

Dr. Bernhard Schulz' Deutsches Lesebuch für höhere Lehranstalten. Nach Maßgabe d. Lehrpläne f. d. preuß. höh. Schulen v. J. 1901 neu hrsg. von Prof. Dr. [Max] Schmitz-Mancy, Prof. [Wilhelm] Köster u. Oberl. Dr. [Friedrich] Weyel. 13., völlig umgearb. Aufl. Bd 1. Paderborn: F. Schöningh 1905. 8° [F.]. [06. 963

Dr. Bernhard Schulz' Deutsches Lesebuch für höhere Lehranstalten. Nach Maßgabe d. Lehrpläne f. d. preuß. höh. Schulen v. J. 1901 neu hrsg. von Prof. Dr. [Max] Schmitz-Mancy in Crefeld, Prof. [Wilhelm] Köster in M.-Gladbach u. Oberl. Dr. [Friedrich] Weyel. 14. verb. Doppelaufl. Bd 1. Paderborn: F. Schöningh 1906. 8° [F.] [06. 190

— deutsches Lesebuch f. höhere Lehranstalten. Nach Maßgabe der Lehrpläne f. die preuß. höh. Schulen vom J. 1901 neu hrsg. v. Schmitz-Mancy, Köster, Weyel. 1. u. 2. Bd. 8. Paderborn 906. F. Schöningh. Geb. n. 7. 20

1. Für die unt. Klassen. 14., verb. Doppelaufl. (XIV, 496 S.) 3. 20

2. Für d. Mittelklassen. 12., umgearb. Aufl. (XI, 694 S.) 4. —

Schulz', Bernh., deutsches Lesebuch f. höh. Lehranstalten. Nach Maßgabe der Lehrpläne f. die preuß. höh. Schulen v. J. 1901 neu hrsg. v. Schmitz-Mancy, Köster u. Wetzel. 1.—3. Bd. 8. Paderborn, F. Schöningh. 10.20
1. Für die unteren Klassen. 16. verb. Doppelaufl. (XIV, 496 S.) 909. 3.20
2. Für die Mittelklassen. 13. Aufl. (XI, 694 S.) 909. 4.—
3. Obersekunda. (XI, 312 S.) 907. Geb. 3.—

— s.: Lesebuch, deutsches, f. die Mittel- u. Oberstufe der Volksschulen.

Schulz, Bernhardus (geb. am 1 Apr. 1836 in Bonn): De ortu vasorum sanguiferorum ... Bonnae, form. F. Kruegeri (1860). 2 Bl., 35 [vielm. 38] S., 1 Bl., 1 Taf. 8.
Bonn, Med. Fak., Diss. v. 14 [nach d. Akten v. 16 Aug.] 1860

—— die Rechtschreibung im Deutschen. Mit Belegen aus dem Alt- und Mittelhochdeutschen. 8. (VIII, 80 S.) Ebendas. 868.

— s.: Sammlung der bedeutendsten pädagog. Schriften aus alter u. neuer Zeit.

— die Schulordnung f. die Elementarschulen der Provinzen Ost- u. West-Preußen vom 11. Dezbr. 1845, nebst den zur Erläuterg. u. Ergänzg. ihrer Bestimmungn. dien. allerhöchsten Ordres, Gesetzen, Ministerialrescripten, Entscheidgn. der Gerichte u. Verordngn. der kgl. Regiergn. hrsg. gr. 4. (XV, 650 S.) Danzig 883. Kafemann. n. 15.—
Vgl. Schulordnung, Die.,,,

— Schulordnung f. die Elementarschulen der Prov. Ost- u. Westpreußen vom 11. Dezbr. 1845. Nachtrag, nebst dem f. d. ganze Werk dien. Inhaltsverzeichnisse u. Sachregister. gr. 4. (S. 631—779 u. Reg. 41 S. m. 1 Tab.) Danzig 887. Kafemann. n. 6.— (Hauptwerk m. Nachtrag: n. 21.—)

—— die Schulordnung für die Provinzen Ost- und Westpreußen vom 11. Dezbr. 1845, nebst Erläuterungen zu derselben und den wichtigsten Verfügungen der königl. Regierungen in Königsberg, Gumbinnen, Danzig und Marienwerder. Für Seminarzöglinge und Lehrer hrsg. gr. 8. (VII, 226 S.) Danzig 885, Kafemann.
Vgl. Schulordnung, Die,...

— die Schulordnung f. die Provv. Ost- u. Westpreußen v. 11. XII. 1845, nebst Erläutergn. zu derselben u. den wichtigsten Verfüggn. der königl. Regiergn. in Königsberg, Gumbinnen, Danzig u. Marienwerder, f. Seminarzöglinge u. Lehrer hrsg. 2., verm. u. verb. Aufl. gr. 8. (VIII, 338 S.) Danzig 900. A. W. Kafemann. n. 4.—; geb. n. 4.60

— Die Schulordnung vom 11. XII. 1845 u. d. Schulunterhaltungsgesetz vom 28. VII. 1906 nebst Erläutergn. zu denselben u. den wichtigsten Verfügungen der königl. Regierungen in Königsberg, Allenstein, Gumbinnen, Danzig u. Marienwerder f. Lehrer u. Seminarzöglinge. 3. verm. u. verb. Aufl. (VIII, 575 S.) gr. 8. Danzig 909. A. W. Kafemann. Kart. 8.—; geb. 9.—

Schulz, B., Die Schulordnung vom 11. XII. 1845, das Schulunterhaltungsgesetz vom 28. VII. 1906. 3. verm. u. verb. Aufl. Nachtrag. Gesetz üb. das Diensteinkommen der Lehrer u. Lehrerinnen an den öffentl. Volksschulen (L. G. G.) vom 26. V. 1909. Weitere Nachträge u. Ergänzgn. Sachregister. (S. 577–632.) gr. 8. Danzig, A. W. Kafemann. 1910. 1.—

— deutsche Sprachlehre f. Lehrerbildungsanstalten. 11. Aufl. gr. 8. (VIII, 230 S.) Paderborn 893. F. Schöningh. n. 1.60

— deutsche Sprachlehre f. Lehrerbildungsanst. 12. Aufl. gr. 8. (VIII, 230 S.) Paderborn 894. F. Schöningh. n. 1.60

— deutsche Sprachlehre für Lehrerbildungsanstalten. 16. Aufl. gr. 8. (VIII, 228 S.) Paderborn 899. F. Schöningh. n. 1.60

Deutsche Sprachlehre für Lehrerbildungsanstalten, bearb. von Dr. Bernhard Schulz, Schul-Rat. 18., verb. u. verm. Aufl. *Paderborn: F. Schöningh 1907.* (VI, 247 S.) 8° [F.] [04. 4173

— Deutsche Sprachlehre f. Lehrerbildungsanstalten. 19., verb. Aufl. (VI, 277 S.) 8. Paderborn 909. F. Schöningh. 2.20; geb. n 2.70

— Überblick der Geschichte der Erziehung u. des Unterrichts, s.: Kehrein, J.

Schulz, Bernhard Josef von

Schulze, Bh. Jos., unparth. Abschilderung d. Benedictinerordens. 8. Bremen, Förster. 777.

Schulz, Bruno: Ueber die Adsorption in Lösungen. Königsberg i. P. 1908: Kümmel. 54 S. 8°
Königsberg, Phil. Diss. v. 5. Sept. 1908, Ref. Schmidt
[Geb. 17. März 85 Königsberg i. P.; Wohnort: Königsberg; Staatsangeh.: Preußen; Vorbildung: Wilhelms-Gymn. Königsberg Reife O. 03; Studium: Königsberg 10 S.; Rig. 26. Mai 08.] [U 08. 2418

Schulz, Bruno, Denkmäler persischer Baukunst, s.: Sarre. Frdr.

Schulz, C., Gedichte. 8. Berlin 835. Plahn. 2/3 ß

Schulz, C., Gedichte. 8. (9¾ B.) Berlin 835, [Herm. Schultze.]

Die Kinder. Gesungen in der □ Minerva. Mel. von C. Schulz. [Unterz.:] W[ilh.] G[erhard]. [Leipzig] o. J. 1 Bl. 8° [Kopftit.]
Ohne Noten: „Kinder sind des Himmels Segen, . . .“ 283.

Schulz, C., der religiöse Lernstoff f. Volksschulen, s.: Müller, H.

Schulz, C., schlesisches Ortschafts-Verzeichnis sämtlicher Städte, Flecken, Dörfer u. sonstiger Ortschaften in alphabetischer Ordnung. Mit Angabe des landrätl. Kreises, der Postanstalt, sowie der Zugehörigkeit zum Amtsbezirk, Standesamtsbezirk, Amtsgericht u. Landgericht. Bei den Städten ist die Einwohnerzahl nach der Zählung von 1880 hinzugefügt. Auf Grund des amtl. Materials des königl. Ober-Präsidiums zusammengestellt. gr. 8. (III, 312 S.) Breslau 881. Korn. n. 5.—

Schulz, C., Erste Berliner Eisenmöbelfabrik: Ill. Preis-Verzeichnisse. Berlin 1893. 1895. 1896. 1905

Schulz, C. Die historische Tragödie und die geschichtlichen Charaktere. Halle, Lat. Hauptsch., 1876. 16 S. 4. Progr.

Schulz, C. A., Predigt beim Trauergottesdienst des hochsel. Königs Friedrich Wilhelm III. am 19. Juli 1840, zu Oppeln gehalten. gr. 8. Oppeln 840. Baron. 2½ Sgr

C. F. Schulz Verlag. Frankfurt a. M. Verlags-Katalog. (Vorr.: Carl Fr. Schulz-Euler). Frankfurt a. M.: C. F. Schulz-Euler 1908. (14 Bl.) 8° [Umschlagt. F.] [08. 1909

Schulz, C. Fr., gründliche Anleitung für Maulbeerbaumzucht und Seidenbau mit 40 Abbildungen. gr. 8. (VI und 59 S. mit 6 Stnt.) Berlin 854, (Mertens.) **

— de successione universali per pactum promissa. 8. Neobrandenburgi 823, Dümmler.

Schulz, C. G.

—— s. Otto, C. G.

Schulz, C. G., die Buchführung für den Landwirth. Ein neues Sistem nach kaufmännisch-landwirthschaftlichen Formen, einfach in seiner Anwendung, doppelt in seinen Leistungen, in nur zwei Büchern: Journal und Hauptbuch. Berlin 864. J. Springer. gr. 8. (V, 193 S.) 1 ℛ 7½ ngr.

— davidisches Erkenntniß d. Wahrheit z. Gottseligkeit. 6 Thle. 8. Leipz. u. Görlitz. (Korn d. ält. in Bresl.) 733–740.

Schulz, C. G., die Fabrikation des Zuckers aus Rüben. Theorie und Praxis für Praktiker. (In 8 Abschnitten.) 1. und 2. Abschnitt. gr. 8. Berlin, Springer's Verlag. * 1

Inhalt:

Abschn. 1. Die Scheidung. (IV und 92 S.) (861)62. * 20 Ngr.
„ 2. Die Filtration. (152 S.) 862. * 27½ Ngr.

—— die Fabrikation des Zuckers aus Rüben. Theorie und Praxis für Praktiker. 3. Abschn. 2 Abthlgn. und 4.—6. Abschn. gr. 8. Berlin, Springer's Verlag. *

Inhalt:

Abschn. 3. 1. Abthl.: Das Abdampfen. (122 S.) — 2. Abthl.: Die Berechnungen der Abdampf-Apparate. (187 S.) 863. (2. Abthl. einzeln * 1 Thlr. 4 Ngr.) * 1 Thlr. 26 Ngr.
„ 4. Das Kochen im Vacuum. (III und 310 S.) 863. * 1 Thlr. 10 Ngr.
„ 5. Das Decken des Zuckers. (III und 136 S.) 864. * 1 Thlr.
„ 6. Der Rübenbau. (IV und 321 S. mit 16 Tab. in gr. 8., 4. und Fol.) 865. * 2 Thlr. 7½ Ngr.
1. und 2. Abschn. Ebendas. 1862. * 1 Thlr. 17½ Ngr.

Schulz, C. G., schönburgisches Gesangbuch. 8. Waldenb. 753.

Schulz. Geschichte des Krieges im Jahre 1805. (Besond. Abdruck aus der Geschichte der Kriege in Europa seit dem Jahre 1792 v. . . . . .) Mit 4 Pläne. 8. Berlin, Posen, Bromberg 1847.

(Schulz, C. G.) Geschichte der Kriege in Europa seit dem Jahre 1792—1815 als Folgen der Staatsveränderung in Frankreich unter König Ludwig XVI. Mit 62 Plänen und 8 Karten. 15. Th. 2. Bd. Alphabetisches Namen- und Sachregister. Supplement zum 7. Th.: Siehe (Schulz) Beiträge zur Geschichte des Krieges vom Jahre 1806 und 1807. Atlas hiezu in 12 Folio-Tafeln. (15 Th. in 23 Bdn.) Leipzig 1827—1853.

Schulz, C. G., siehe a. Geschichte der Kriege in Europa seit dem J. 1792.

Schulz, C. G., die Liqueurfabrikation; Theorie u. Praxis, nebst 258 ausgezeichnet guten Rezepten zu doppelten u. einfachen Liqueuren u. Aquaviten rc. 8. (9 B. u. 2 Stnt.) Quedlinburg 844, Ernst'sche Buchh.

Schulz, C. G. die Liqueurfabrikation, Theorie und Praxis mit 258 ausgezeichneten Rezepten zu Liqueuren, Aquaviten, künstlichen Rum und Punschessenzen nach neuester Methode gut und billig herzustellen rc. 2. (Titel-)Ausg. 8. (139 S. mit 4 Abbild. in qu. gr. 4.) Quedlinburg 849, Ernst'sche Buchh.

Schulz, C. G., die deutsche Methode d. Rohzucker-Gewinnung aus Runkelrüben, nebst d. Raffination. Gebildet aus d. genauesten Prüfungen aller bisher bekannt geword. Verfahrungsarten u. durch mehrjähr. Praxis vollkomm. bewährt gefunden. gr. 12. (3½ B.) Breslau 841, Schulz u. Comp.

— Tirocinium linguae graecae. 8. Bremen, Cramer. 758.

Schulz, C. G., die natürlichen Verhältnisse der Landwirthschaft oder die Ernten, der Verkauf und der Ersatz. Ein Beitrag für die Theorie des Prof. J. B. Lambl in Prag. gr. 8. (IV, 94 S.) Leipzig 879, Hirschfeld. *

— Worte d. Wahrheit z. Erweckung d. Seelen. 7 Thle. 8. Görlitz, Marche. 742–54.

Schulz, (J. A.) Caecil (geb Berlin 15. 5. 1856): Beiträge zur Geschichte des Glycogen. Berlin (1877). (29 S.) 8°
Berlin, Med. Diss. v. 31. Juli 1877

Schulz, Carl, s. Schulz, Karl.

Schulz, Chr. Wilhelm

Schulz, Chr. Wlh., († d. 28. Octbr. 1791.) Gedanken vor d. Vorzügen der geistl. Beredsamkeit vor der weltlichen. 4. Helmst. 752.

— drei Predigten bei Veränder. seines Amtes. 8. Magdeb. 764 Scheidhauer. 5 gr.

— Predigten üb. wichtige Wahrheiten d. Religion, nach Anleit. e. evangel. u. epistol. Texte. 1e Samml. gr. 8. Halle 775. Hendel. 12 gr.

Schulz, Christian

— Aphorismen od. Sentenzen des Konfuz, enth. Lehren d. Weisheit rc. 8. Leipz. 795. Fischer. 16 gr.

Schulz, Chrn., meteorologische Beobachtungen enthltd. Zusammenstellung der Notizen über den höchsten, niedrigsten u. mittleren monatl. Stand des Thermometers u. Barometers nach den in der Stadt Sigmaringen gemachten Aufzeichnungen der Jahre 1852—67. Sigmaringen 867. Tappen. Fol. (7 S.) n. 10 ngr.

Schulz, Chr., Bruchstücke ins Archiv d. Menschheit, od. Anfangsgründe d. Welt- u. Menschenkenntniß, 8. Augsb. Stage. 794.

Schulz, Christian, s. Buch, Das goldene, enth. prakt. Grundsätze d. Lebensweisheit.

— Dialogen f. Kinder üb. d. Natur. 2 Bdchen. 8. Leipz. Breitkopf u. H. 793–94. (à 9 gr.)

— Euphemia; e. moral.-charakterist. Gemälde. A. u. d. T.: Leipziger Vademecum. 15 Stck. 3. Leipz. 796. Fischer. 16 gr.

— gehört eine vernünftige Kinderzucht unter die sichersten u. wirksamsten Mittel, das Wohl eines Staates zu begründen? Eine pädagog. Rede. 8. Leipz. 796. Richter. 2 gr.

— üb. Gott u. die Natur, zur Belehr. u. Unterricht. 8. Liegnitz 793. Siegert. 16 gr.

Handbuch der Physik für diejenigen welche Freunde der Natur sind... Von Christian Schulz. Bd 1-6.
Leipzig: Hilscher 1790-94. 3 Bde 8°
Bd 1: 1790.
Bd 2: 1791.
Bd 3: 1791.
Bd 4: 1792.
Bd 5: 1793.
Bd 6: 1794.

— Handbuch d. Physik f. Ungelehrte. 6 Thle. 8. Leipz. Hilscher. (Compt. f. Litt.) 791–93. (I. II. 18 gr. III. IV. 2 Rthlr. 4 gr. V. 14 gr. VI. 12 gr.)

— kleines Magazin d. Reisen. 4 Bde. Mit 20 Kpf. u. 1 Kart. gr. 8. Berl. 799—805. Schüppel. 4 ℛ — (Sind auch unter d. einzelnen Tit. nachzusehen.) (1r Bd. R. Stedtmann, Reisen in Surinam. 2r Bd. Lapeyrouse, Reise. 3r Bd. Macartney, Gesandtschaftsreise. 4r Bd. Mungo Parks

— kleines Magazin v. Reisen 1r, s. Stetmanns Reisen, 2r s. la Peyrouse Reisen. 3r s. Macartney Gesandschaftsreise. 4r s. Mungo Parks Reise.

— Physik für Kinder. 8. Leipzig, Breitkopf u. H. 793.

— physikal. Unterhaltungen üb. d. Natur u. vorzüglich üb. d. Menschen nachzudenken. 2 Thle. 8. Leipz. Hilscher. (Compt. f. Litt.) 793. (I. 14 gr. II. 12 gr.)

— Unterhaltt. im traulichen Zirkel. 8. Leipz. 779. Hilscher. 16 ℊ

Schulz, Christine, der Blindgeborne, geistliche Lieder. Zum Besten d. Dichterin herausg. von L. Therenien. 8. Berlin 836. Eichler. 5/12 ℛ

Schulz, David

Schulz, Dav., zwei Antwortschreiben ꝛc., s. Coelln, D. G. K. v.

Schulz, David, s. Betrachtungen üb Religionsphilosophie

— der Brief an die Hebräer, s. Paulus d. Apostel.

Schulz, David De codice D Cantabrigiensi Vratislaviae 1827 (36 S.) 4°

Breslau Progr z Rektoratswechsel am 22 Okt 1827

Schulz, Davides De codice IV evangeliorum bibliothecae Rhedigerianae, in quo vetus Latina versio continetur Accedunt scripturae codicis specimina Vratislaviae 1814 (65 S 1 Taf.) 4° [Im Buchhandel 1814 bei Korn in Breslau]

Breslau Progr z Geburtstage d Königs am 3 Aug 1814

Schulz, D., de codice IV Evangeliorum bibliothecae Rhedigerianae, in quo vetus latina (Ante-Hieronymiana) versio continetur. (Accedunt scripturae codicis specimina.) 4maj. Vratislaviae, G. Th. Korn. 816.

— s. D. G. K. v. Cölln, bibl. Theologie

— urkundl. Darlegung meiner Streitsache mit Hrn. H. Steffens Eine letzte Nothwehr. gr. 8. Bresl. 824. Schöne. 4 ℊ

— de interpretationis epistolarum Paullinarum difficultate 8maj. Halle 807. Renger. 6 ℊ

— Diss. I. et II. de Cyropaediae epilogo Xenophonti abjudicando. 8maj. Halle 806. Renger. 8 ℊ

Schulz, Dav., die Geistesgaben d. ersten Christen, insbesond. d. sogen. Gabe d. Sprachen. Eine exeget. Entwickelung. gr. 8. (12½ B.) Breslau 836, [Gosohorsky's Buchh.]

Schulz, David: Mein Glaube, s. Bödeker, Hermann Wilhelm

- s. Herodotus Histor

Schulz, David De aliquot novi testamenti locorum lectione et interpretatione Vratislaviae 1833. (32 S.) 4°

Breslau Progr z Rektoratswechsel am 21 Okt 1833

Schulz, (Dav.,) die christl. Lehre vom heil. Abendmahl, nach dem Grundtexte des neuen Testaments. gr. 8. Leipzig 824, Barth

—— die christl. Lehre vom heil. Abendmahl nach d. Grundtext d. neu. Testam. Mit e. Abriss d. Geschichte dies. Lehre. Ein Versuch. 2. verb. Aufl. gr. 8. (24 B.) Leipzig 831, Barth.

—— die christl. Lehre vom Glauben. M. e. Beil., üb. d. sogen. Erbsünde. Eine bibl. Entwickelung. Neue Bearbeit. d. Schrift: Was heisst Glauben u. wer sind die Ungläubigen. gr. 8. (20¼ B.) Leipzig 834, Barth.

—— über theolog. Lehrfreiheit, s. Coelln, D. G. K. v.

Schulz, David De doctorum academicorum officiis. Vratislaviae (1827). (28 S.) 4°

Breslau, Glückwunsch d. ev.-theol Fak. z. 50-jähr Amtsjubil v. Aug. Herm. Niemeyer am 18. Apr 1827

Schulz, Dav., Oratio solemnis in Friderici Guilielmi III natalitia celebranda, 4maj. Breslau, W. G. Korn. 815.

— üb. die Parabel v. Verwalter. Lukas XVI, 1 ff. Ein Versuch. 8. Bresl. 817—21. Max. 14 ℊ

— über die Parabel vom Verwalter. Lukas XVI, 1 ff. Ein Versuch. 8. Breslau, Max. 821.

Schulz, David De vera et optabili ecclesiarum reconciliatione Vratislaviae J. A. Gosohorsky (1830) (26 S.) 4°

Breslau, Festrede im Auftr d. ev.-theol Fak bei d. Feier d. 300-jähr Jubil d Augsburg. Konfession am 25. Juni 1830

Schulz, David [Praes.], s. Rhode, Heinrich Theses theol quas theolog. evangelicorum summe venerandi auctor pro licentiati in theol. honoribus obtinendis.

—— zwei Sendschreiben etc., s. Coelln, D. G. K. v.

— vollgiltige Stimmen gegen die evangel. Theologen u. Juristen unserer Tage, welche d. weltl. Fürsten wider Willen zu Päpsten machen od. es selbst werden wollen. gr. 8. Leipz. 826. Barth. 8 ℊ

– s. Unfug an heil Stätte

— de variis, unde Paulus Apostolus etc. 4maj. Bresl. 812 Holäufer. (Barth in Leipz.) 8 ℊ

—— was heisst Glauben u. wer sind die Ungläubigen? Eine bibl. Entwickelung. Mit e. Beil. üb. d. sogen. Erbsünde. gr. 8. (17½ B.) Leipzig 830, Barth. Thlr.
N. Aufl., vgl. unt. dess. „die christl. Lehre v. Glauben.“

—— das Wesen u. Treiben d. berliner evangel. Kirchenzeitung, beleuchtet. gr. 8. (11⅓ B.) Breslau 839, [Hirt's Verl.]

—— dass. — 2. Nachweisung. gr. 8. (9½ B.) Ebds. 840.

Schulz, David Friedrich. s. Schulze. David Friedrich.

Schulz, E. Étude sur le théâtre de Victor Hugo. Helmstedt. H. T. 1891. 32 S. 4. Progr.

Schulz, E., Gefahren-Wörterbuch zur Erhaltung d. Lebens. Allen menschenfreundl. Haus- u. Familien-Vätern zugeeignet. 2 Bde. 8. ... Erfurt 828, Müller.

Schulz, E., Gefahren-Wörterbuch z. Erhaltung d. Lebens. 2 Bde. 8. Erfurt 828, 29. Müller. 1 ℛ 12 ℊ

Schulz, E., s.: Missionsschriften, kl. Hermannsburger.

Schulz, E., der Postwagen. Darstellung u. Beschreibg. der einzelnen Wagenteile u. des zu verwend. Materials. Leitfaden f. Postbeamte, welche den Bau u. die Instandsetzg. von Postwagen zu beaufsichtigen u. Kostenrechngn. zu prüfen haben. Fol. (24 S. m. 12 Taf.) Berlin (902). Rosenbaum & Hart. Geb. in Leinw. n. 4.40

Schulz, E., de Säck'sche Schweiz, s.: Bormann, E.

Schwesterntoast, gehalten in der Loge zur Königl. Eiche im Or. zu Hameln am 2. März 1895 von [E.] Schulz. [Rinteln 1895: Bösendahl.] 2 Bl. 4° [Kopftit.]
Aufforderung, die Kinder streng sittlich zu erziehen. 358.

Schulz, E. W., Gedächtnißpredigt zur Erinnerung an den den 2. Januar d. J. erfolgten Heimgang des nun in Gott ruhenden Königs Friedrich Wilhelm IV., gehalten über Matth. 10, 32, den 17. Febr. d. J. Mülheim a. d. R. 861. Bagel. gr. 8. (17 S.) 3 ngr.

Schulz, E. W., Reise in das gelobte Land im J. 1851. Mit dem (lithogr.) Bildniß des Verf., einem diese Reise betr. Briefe des Hofr. Dr. v. Schubert an denselben, einer (lithogr. und ill.) Karte (in Fol.) und 18 größtentheils nach der Natur aufgenommenen (lithogr.) Abbildungen. 2. Aufl. (XVI und 340 S.) 1853. 1 Thlr. 10 Ngr. und 3., verb. und verm. Aufl. gr. 8. (XXVIII und 376 S.) Mülheim a. d. Ruhr 855. (Duisburg), Nieten's Verlag. Thlr.

—— Reise in das gelobte Land im J. 1851. 3., verb. und verm. Aufl. Billige Volks-(Titel-)Ausg. gr. 8. (XXVIII und 376 S. mit 1 chromolithogr. Karte des gelobten Landes in Fol. und 6 nach der Natur aufgenommenen lithogr. Abbild.) Mülheim a. d. Ruhr (855)59, Bagel. —

Schulz, Ed., Ehret die Frauen. Weibliches Leben. Mit Text von Rud. Löwenstein. Fol. (27 S. mit 12 Holzschntaf. und 1 Chromolithogr.) Berlin 873, Hofmann und Comp. *
geb. *

Schulz, Ed., die Welt im Kleinen. 12 Bilder aus dem Kinderleben. Ein Familienbuch, mit Text von Emil Rittershaus. In Holz ausgeführt von R. Brend'amour & Co. Glogau 867. Flemming. Imp.-4. (12 Holzschn.-Taff. u. 2 Blatt Text.) cart. n. 2 ₰

Schulz, Eduard, s.a.† Ferrand, E.

Erlebnisse

— — des Herzens. Liebes-Noveletten .... (von *Eduard Ferrand*, d. i. *Eduard Schulz*). Berlin, L. W. Krause, 1839. 16°. VIII—133 S. Zahm.
Anon.-Lex. II. p. 52 (nach W. v. Maltzahn).

Schulz, Ed., gerichtliche Gebührentaxe, s.: Kahle, Adf.

Schulz, Ed., preuß. Gerichtskostengesetz u. Gebührenordng. f. Notare, s.a. Taschen-Gesetzsammlung.

Schulz, Ed[uard]: Preußisches Gerichtskostengesetz und Gebührenordnung für Notare. 2. Aufl. Mit Tab. Berlin 1910. 8° *[1. Aufl. 1900.]*

Schulz, Ed., Handbuch d. Kassenverwaltung u. Kostenerhebg. bei den preuß. Justizbehörden. Auf Grund der Kasseninstruktion v. 15. Juli 1893 bearb. gr. 8. (XII, 990 S.) Berlin 895. C. Heymann's Verl.
Geb. in Halbfrz. n. 17.50
Erschien auch in 10 Lfgn. à n. 1.50.

[F.] Handbuch der Kassenverwaltung und Kostenerhebung bei den preussischen Justizbehörden. Auf Grund d. Kasseninstruktion v. 15. Juli 1893 bearb. v. Ed. Schulz. *Berlin: C. Heymanns 1896.* (XII, 990 S.) 1 Bd 8. [96. 2278]

— Handbuch der Kassenverwaltung u. Kostenerhebung bei den preuß. Justizbehörden. 2. Aufl., auf Grund der Kassenordng. v. 28. III. 1907 bearb. (XI, 433 S.) gr. 8. Berlin 908. A. Nauck & Co. 7.—; geb. 8.—

FERRAND, Eduard (d. i. *B. Ed. Schulz*, Privatgelehrter in Berlin, geb. 23. Jan. 1813 zu Landsberg a. Warthe, † 1842 zu Berlin), Novellen. Berlin 1835. 8°. (1⁵/₆ Rthl.)

Schulz, Eduard: Quellenkunde zur Geschichte der Eroberung Maltas durch die Franzosen 1798. *Breslau 1903: Schles. Volkszeitung.* (60 S.) 8° ¶ (Erscheint vollst. in: Grauert's Studien u. Forschungen.)
Breslau, Phil. Diss. v. 27. Nov. 1903

SCHULZ, ELIAS
Optische Erquickungen in welchen zu finden allerhand ergötzliche optische Maschinen noch von keinem Author beschrieben, vermöge welcher man erstaunende fast unglaubliche Effecten zuwegen bringet, und die mehresten durch ganz geringe Unkosten angeschaffet werden können. Allen Kunstliebenden zur Ergötzlichkeit und mehrerer Erkänntnuss der Natur aus selbst eigener Erfahrung verfasset und herausgegeben. Frankfurt und Leipzig, bey Peter Conrad Monath, 1754. pp. [x]-30. Plates.

Optische Erquickungen, in welchen zu finden allerhand ergötzliche optische Maschinen, noch von keinem Authore beschrieben, vermöge welchen man erstaunende, fast unglaubliche Effecten zuwegen bringet, und die mehresten durch ganz geringe Unkosten angeschaffet werden können. Allen Kunstliebenden zur Ergötzlichkeit und mehrerer Erkenntniss der Natur, aus selbst eigener Erfahrung verfasset und herausgegeben von *Elia Schultz*, der mathematischen Wissenschaften Liebhabern. Frankf. und Leipzig, bey George Peter Monath, 1767. 8. 2½ Bog. 2 Kupfert.

SCHULZ, Elias: Geometrisches Handbüchlein, in welchem alle mögliche Vortheile sowohl im Ausmessen der Felder, und Auftragen auf das Papier, als auch wie deren Inhalt richtig zu finden, und in verschiedene Theile zu bringen, gezeigt werden, nebst einem neu erfundenen Instrumente die Klüfte und Gänge unter der Erde ohne Compaß zu messen. - Frankfurt, Leipzig 1776. 3 1/2 Bg., 7 Taf. - Nunmehro ganz umgearb. u. erw. v. Johann Leonh. Späth. Nürnberg, Altdorf 1789. 204 S., 7 Taf.

— geometr. Handbüchlein, in welchen alle mögl. Vortheile im Ausmessen d. Felder zu finden, ganz umgearb. von Jh. Lhrd. Späth. Mit Kpf. gr. 8. Nürnb. 789. Monath u. K. 16 gr

Schulz, Elise M. H., illustr. Kochbuch Germania f. d. bürgerl. Küche. 8. (VIII, 244 S.) Berlin 896. Schulz & Co. Geb. n. —50

— Nürnberger illustr. Kochbuch „Germania" f. die bürgerl. Küche. M. 10 Abb. u. 22 Notizflächen f. neue Recepte. 8. (VIII, 244 S.) Nürnberg 896. J. Ph. Raw's Verlag. Geb. n. —50

Illustriertes Kochbuch 'Germania'. Für d. deutsche Hausfrau hrsg. von Frau Elise M. H. Schulz. 16. verm. u. verb. Aufl. Mit 110 Abb *Berlin: Schulz & Co. (1900).* (VIII, 278 S.) 8° [F.] [00. 481]

Schulz, Em.: Vergleichung der Oceane der Erde und ihrer Nebenmeere nach ihren räumlichen Verhältnissen und Umgrenzungen. S. 20 - 32. 8°.– Kremsier UR., Progr. 1872.

Schulz, Emil, hoher Gewinn aus der Schlachtkaninchenzucht. Kurze, übersichtl. Darstellg. der nutzbring. Zucht v. Schlachtkaninchen. (44 S. m. Abb.) 8. Leipzig (908). Ernst. — 75

Schulz, Emil, approb. Arzt: Die **Prostitutionsfrage** für europäische Heere auf asiatischen Kriegsschauplätzen mit besonderer Berücksichtigung der Verhältnisse während des chinesischen Feldzuges 1900/01. *Leipzig 1903: B. Georgi.* (41 S.) 8°
Leipzig, Med. Diss. v. (17. Okt.) 1903

Schulz, Emil, das Lothringer Riesen-Kaninchen. Bestes Nutz-Kaninchen d. Welt. Kurze Anleitg. zur nutzbring. Zucht, Pflege u. Wartg. desselben. gr. 8. (32 S. m. 3 Fig.) Erfurt 897. J. Frohberger. Kart. n. — 60

Schulz, Emil, d. Lothringer Riesen-Kaninchen. Kurze Anleitg. zu nutzbring. Zucht, Pflege u. Wartg. desselben. 8. (32 S. m. 3 Fig.) Erfurt 897. Leipzig, Amthor. Kart. n. — 60

Schulz, Emilian, deutsches Lesebuch f. die 4. Klasse der Realschulen. Nach dem Lehrplane f. die Realschulen zusammengestellt. gr. 8. (III, 304 S.) Olmütz 871. Grosse. n. 2. 40

Schulz, Emilian, Sammlung von Volksschulgesetzen u. höheren Verordnungen für die Markgrafschaft Mähren. Mit einer Anleitung zum Gebrauche der Amtsschriften. 8. (VI, 228 S.) Brünn 878. (Winkler.) n. 1. 80

Schulz, Emilian, Sammlung v. Volksschulgesetzen u. h. Verordnungen f. die Markgrafsch. Mähren. Mit e. Anleitg. zum Gebrauche der Amtsschriften. 2. Aufl. gr. 8. (XV, 648 S.) Brünn 883. (Winkler.) n. 4. —; geb. n. 4. 40

Schulz, Engelbert *Johann Julius* [aus Bergen a. Rügen]: Aus d. chirurg. Klinik zu Greifswald. Über Oberkieferresectionen m. e. kurzen Besprechg der in d. letzten zehn Jahren in d. Greifswalder chirurg. Klinik z. Operation gelangten Fälle … Greifswald, Druck v. J. Abel, 1897; 48 S. 8.
Greifswald, Med. Fak., Inaug.-Diss. v. 15. Apr. 1897

Schulz, Er., Heimlichkeiten, s. Gli. **Müller**

Schulz, Erich, cand. jur.: Die Arrha im älteren deutschen Rechte. Berlin 1909: Pilz. 87 S. 8°
Jena, Jur. Diss. v. 29. Juni 1909, Ref. Fehr
[Geb. 9. April 87 Kolberg; Wohnort: Schöneberg b. Berlin; Staatsangeh.: Preußen; Vorbildung: Prinz-Heinrichs-Gymn. Schöneberg Reife M. 05; Studium: Berlin 6 S.; Rig. 18. Marz 09.] [U 09. 2121

Schulz, Erich, Referendar bei d. Kgl. Staatsanwaltsch. in Breslau: Der **Begriff** der Verfügung im Bürgerlichen Gesetzbuch. *Breslau 1903: Th. Schatzky.* (53 S.) 8°
Breslau, Jur. Diss. v. 23. Mai 1903

Schulz, Ericus: De Duobus Strabonis Fontibus. Rostochii 1909: Winterberg. 70 S. 8°
Rostock, Phil. Diss. v. 6. März 1909, Ref. Geffcken
[Geb. 5. Nov. 82 Lüdershagen M.-S.; Wohnort: Rostock; Staatsangeh.: Mecklenburg-Schwerin; Vorbildung: Gymn. Rostock Reife M. 04; Studium: Rostock 2, Leipzig 1, Rostock 5 S.; Rig. 3. März 09.] [U 10. 3981

Schulz, Erich, a. Löcknitz (Pommern): Das Verkleidungsmotiv bei Shakespeare mit Untersuchung der Quellen. Halle a. S. 1904: C. A. Kaemmerer & Co. (VI, 59 S.) 8°
Halle, Phil. Fak., Ref. Wagner, Diss. v. 23. Sept. 1904
[Geb. 18. Juli 74 Löcknitz i. Pom.; Wohnort: Essen-Rüttenscheid; Staatsangeh.: Preußen; Vorbildung: Gymn. Prenzlau Reife O. 95; Studium: Halle 6 S.; Rig. 23. Dez 03.]

Schulz, Erich, das Verkleidungsmotiv bei Shakespeare, m. Untersuchung der Quellen. Diss. (VI, 59 S.) gr. 8. Halle 904. (Elberfeld, Baedeker'sche Buchh.) n. 4. —

Schulz, Erich: Wie ist nach B.G.B. eine mündliche Anweisung und eine Anweisung auf andere als im § 783 genannte Gegenstände zu behandeln? Berlin 1902: G. Schade. (50 S.) 8°
Rostock, Jur. Diss. v. [25. Okt.] 1902

Schulz, Ernst, s.: Barren-Pyramiden.

Schulz, Ernst: 1. Beiträge zur Kenntnis der Sorbinsäure und der Cinnamoylacrylsäure. 2. Über Kondensation von Benzaldehyd mit o-Toluidin. Halle a. S. 1908: Kaemmerer. 40 S. 8°
Halle, Phil. Diss. v. 25. Sept. 1908, Ref. Volhard
[Geb. 21. Jan. 83 Neustettin; Wohnort: Halle a. S.; Staatsangeh.: Preußen; Vorbildung: Gymn. Neustettin Reife O. 02; Studium: Berlin 3, Halle 9 S.; Rig. 27. Juli 08.] [U 09. 1705

— Doppel-Pferd-Bock-Pyramiden m. turnerischen Uebungen. (IV S. u. 8 Blatt.) qu. 16. Probstheida (904). Leipzig, Rauh & Pohle. n. 1. —

Schulz, Ernst, praktische Dynamokonstruktion. Ein Leitfaden für Studirende der Elektrotechnik. gr. 8. (V, 59 S. m. 42 Fig. u. 1 Taf.) Berlin 893. J. Springer. — München, R. Oldenbourg. Kart. n. 3. —

Schulz, Ernst, praktische Dynamokonstruktion. Ein Leitfaden f. Studirende der Elektrotechnik. 2. verb. u. verm. Aufl. gr. 8. (VII, 71 S. m. 35 Abbildgn. u. 1 Taf.) Berlin, J. Springer. — München 899. R. Oldenbourg. (Auslieferung durch Springer.) Geb. in Leinw. n. 3. —

Die ostindischen Eisenbahnen, ihre Geschichte u. Entwicklung. Von Dr. Ernst **Schulz**. Berlin: Puttkammer & Mühlbrecht 1909. 281 S. 8° [10. 13300

Schulz, E., Elektromotoren u. elektrische Arbeitsübertragung, s.: **Niethammer, F.**

Entwurf und Konstruktion moderner elektrischer Maschinen für Massenfabrikation. Von Ernst **Schulz**, Zivil-Ingen. in München. Mit 110 Abb. Hannover: Gebr. Jänecke 1903. (VII, 132 S.) 4° [03. 7

Schulz, Ernst, Fahnen-Pyramiden. 20 Gruppen m. Benutzg. v. Fahnen u. Eisenstäben f. 9 bis 24 Turner. (22 S.) qu. 16. Leipzig (904). Rauh & Pohle. n. 1. 60

Schulz, Ernst: Aus dem Königl. pathologischen Institut in Königsberg i. Pr. Ein neuer Fall von Akromegalie mit Sektionsbefund. Königsberg i. Pr. 1905: Karg & Manneck. (67 S.) 8°
Königsberg, Med. Fak., Ref. Beneke, Diss. v. 20. März 1905
[Geb. 29. Nov 81 Mühlhausen O./Pr., Kr. Pr. Holland; Wohnort: Königsberg i. Pr.; Staatsangeh.: Preußen; Vorbildung: Gymn. Konitz W. Pr. Reife O. 01; Studium: Königsberg 9 S.; Coll. 16 März 05.]

Schulz, Ernst: Geschichte und Entwicklung der ostindischen Eisenbahnen. (Gera-R.) 1909: (Fischer). 281 S. 8° ¶ (Ersch. auch als Buch b. Puttkammer & Mühlbrecht, Berlin.)
Münster, Rechts- u. staatsw. Diss. v. 13. Jan. 1909, Ref. v. Heckel, Schmöle
[Geb. 2. Mai 85 Berlin; Wohnort: Berlin; Staatsangeh.: Preußen; Vorbildung: Dorotheen-Realgymn. Berlin Reife M. 03; Studium: Berlin 9 S.; Rig. 3. Nov. 08.] [U 09. 1565

Schulz, Ernst, üb. verschönernde Gesichtsbildung. Physiognomische Plaudereien u. Rathschläge. 8. (XVI, 328 S.) Berlin 889. Freund & Jeckel. n. 4. —

Schulz, E., Hornschwämme v. Ternate. [Aus: „Abhandlgn. der Senckenberg. naturforsch. Gesellsch."] gr. 4. (4 S.) Frankfurt a/M. 898. (M. Diesterweg.) n. — 80

Schulz, Ernst, die Hornschwämme v. Thursday Island u. Amboina, s.: **Denkschriften der medicinisch-naturwiss. Gesellschaft zu Jena. VIII. 5.**

Schulz, Ernst. Die Induktionsmotoren, deren Konstruktion, Theorie, Entwurf und Berechnung. Mit 27 Abbildungen. 76 S. 8. Zürich, Albert Raustein, 1904. (M. 2. 40)
Technische Abhandlungen aus Wissenschaft und Praxis. Hrg. von Siegfried Herzog.… Heft 2.

— die Krankheiten elektrischer Maschinen. Kurze Darstellg. der Störgn. u. Fehler an Dynamomaschinen, Motoren u. Transformatoren f. Gleichstrom, ein- u. mehrphas. Wechselstrom f. den prakt. Gebrauch der Installateure. (IV, 50 S. m. 42 Fig.) 8. Hannover 903. Dr. M. Jänecke. Geb. in Leinw. n. 1. 75

Schulz, E., Die Krankheiten elektrischer Maschinen. Kurze Darstellung der Störungen und Fehler an Dynamomaschinen, Motoren und Transformatoren für Gleichstrom, ein- und mehrphasigen Wechselstrom für den praktischen Gebrauch der Installateure. [1. Aufl.] Hannover, 1903. 50 S. mit 42 Abb.

Dasselbe. 2. Aufl. Ebd., 1907. 88 S. mit 42 Abb.

Schulz, Ernst, die Krankheiten elektrischer Maschinen, s.a. Bibliothek der gesamten Technik. I.

Schulz, Ernst, die Kunst des Bauchredens. Mit einer gründlichen Anweisung, dieselbe zu erlernen, u. geeigneten Uebungs-Dialogen versehen. 8. (XII, 141 S.) Erfurt 882. Bartholomäus. n. 2. —

Schulz, Ernst, die Kunst des Bauchredens. Mit einer gründl. Anweisung, dieselbe zu erlernen, und geeigneten Uebungs-Dialogen versehen. 2. verm. und verb. Aufl. 8. (VIII, 154 S.) Erfurt 885, Bartholomäus. *

Schulz, Ernst, die Kunst des Bauchredens. Mit e. gründl. Anweisg., dieselbe zu erlernen u. geeigneten Uebungs-dialogen versehen. 3., neu bearb. Aufl. 8. (XII, 129 S.) Erfurt 892. F. Bartholomäus. n. 2. —

[F.] Die Kunst des Bauchredens. M. e. gründl. Anweisg. dieselbe zu erlernen u. geeigneten Uebgs-Dialogen versehen. Von Ernst Schulz. 4., unveränd. (a. d. Umschl.: rev.) Aufl. *Erfurt: F. Bartholomäus [1895].* (XII S., 1 Bl., 136 S.) 1 Bd 8. [94. 597

[F.] Eine brotlose Kunst — und doch keine. E. Studie über d. Kunst d. Bauchredens. Von Ernst Schulz. *Erfurt: F. Bartholomäus [1892].* (19 S.) 1 Bd 8. [94. 598

Schulz, Ernst, lasset uns die Brüder lieben! Predigt. — Bericht, erstattet von Geo. Haack am Jahresfeste des Zweigvereins der Gustav-Adolf-Stiftung für Stadt und Kreis Neuhaldensleben. 8. (27 S.) Neuhaldensleben 857, Eyraud.

— s.: Leiter-Pyramiden. 1. Heft.

(SCHULZ, Ernst, † als Kammerdirektor in König im Odenwald, Großherzogth. Hessen.) Teutsches Liederbuch (hrsg. von —). Darmstadt, Stahl und Sohn, o. J. (1818). 8°. IV—128 S. Selten! (In Darmstadt: E 4369.)

Schulz, Ernst. Die praktischen Methoden zur Prüfung elektrischer Maschinen. Mit 11 Abbildungen. 58 S. 8. Zürich, Albert Raustein, 1905. (M. 2.—)
Technische Abhandlungen aus Wissenschaft und Praxis. Hrg. von Siegfried Herzog.... Heft 6.

Schulz, Ernst [aus Berlin]: Über Reservestoffe in immergrünen Blättern unter besonderer Berücksichtigung des Gerbstoffs . . (Aus: „Flora", Jahrg. 1888.) Regensburg, Druck d. F. H. Neubauer'schen Buchdr. (F. Huber), 1888. 33 + 1 S. ; 1 Bl. u. 1 Taf. 8°
Berlin, Phil. Fak., Inaug.-Diss. v. 2. Jul. 1888

Sammlung von Beispielen zur Berechnung elektrischer Maschinen von Ernst Schulz, Dir. d. Magdeburger Elektromotorenfabrik. Mit 57 Abb. *Leipzig: S. Hirzel 1901.* (IV, 170 S.) 4° [01. 1180 7

— 20 Spann-Reck-Gruppen m. turnerisch. Uebungen nach eigener Wahl. Entworfen u. gezeichnet. (10 Taf. m. Text auf dem Umschlag.) qu. 16. Leipzig (906). Rauh & Pohle. n. 1. 50

— Technologie der Dynamo-Maschinen. Lex.-8. (VIII, 431 S. m. 430 Abbildgn.) Ebd. 902. n. 20. —; geb. n. 22.—

Schulz, Ernst: Anatomische und histologische Untersuchung der von den Professoren Dr. Semon und Dr. Kükenthal während der Jahre 1893 und 1894 im Molukkenarchipel gewonnenen Hornspongien. *Leipzig-R. 1897: O. Schmidt.* (59 S. mit Taf.) 8°
Leipzig, Phil. Diss. v. [28. Sept.] 1897

— Wissenswertes aus dem Dynamobau f. Installateure, s.: Bibliothek der gesamten Technik. 3. Bd.

Schulz, Ernst Chro., Verzeichniß einer Mineraliensammlung, welche sowohl aus rohen als angeschliffenen u. brillantirten Stücken besteht. gr. 8. Hamburg, (Perthes u. B.) 819.

Schulz, Eugen [pr. Arzt in Wurzach]: Über Abortus, erzeugt durch Placenta praevia ... Tübingen, Druck v. H. Laupp jr. 1894; 15 S. 8.
Tübingen, Med. Fak., Inaug.-Diss. v. 1894

Schulz, Eug., üb. Abortus, erzeugt durch Placenta praevia. Diss. gr. 8. (15 S.) Tübingen 894. (F. Fues.) n. — 60

Schulz, Eugen (geb. am 28 Juli 1861 in Köln): Die Eifelkalkmulde von Hillesheim nebst einem paläontologischen Anhang ... Bonn, Univ.-Buchdr. v. C. Georgi 1883. 1 Bl., 94 S., 1 Bl., 5 Taf. 8.
¶ Dieser Titel ist vor den folgenden geklebt: Die Eifelkalkmulde ... Separat-abdr. aus d. Jahrbuch d. Königl. Preuss. geol. Landesanstalt u. Bergakademie v. 1882 [Abth. II S. 158 ff.]. Berlin, A. W. Schade's Buchdr. 1883.
Bonn, Phil. Fak., Diss. v. 19 Nov. 1883

Schulz, E., geognostische Uebersicht der Bergreviere Arnsberg, Brilon und Olpe im Oberbergamtsbezirk Bonn, sowie der Fürstenthümer Waldeck und Pyrmont, s. Festschrift, der deutschen geologischen Gesellschaft gewidmet etc.

Schulz, F., und A. Mieg, Leitfaden für den Turn-Unterricht, s. Mieg, A.

Schulz, F. A., Auswahl aus dem reichen Schatze der Schullieder für Elementarclassen mit ganz besond. Rücksichtsnahme auf Schulprüfungen und andere Schulfestlichkeiten. 8. (VIII, 40 S.) Braunschweig 869, Leibrock. [Wreden.] (50 Pf.)

Schulz, F. A., zweistimmiges Choralbuch, enth. die gebräuchlichsten und gangbarsten Choräle der protestant. Kirche Deutschlands, mit möglichst getreuer Benutzung der rhythm. Originalmelodien, nebst einigen vorangesetzten Elementargesangübungen, sowie auch mit Angabe der bekannt gewordenen Choralcomponisten. Für Volksschulen hrsg. Mit einem Vorwort von Friedr. Schneider. 8. (72 S.) Braunschweig 851, Vieweg und Sohn.

Schulz, F. A., Choralmelodien des Braunschweigischen Gesangbuches für Kirche, Schule und Haus. 8. (40 S.) Braunschweig 866, Leibrock. * *

—— dreistimmige Festgesänge zu hohen Festtagen des christlichen Kirchenjahres. Zum Gebrauche für kirchl. Sängerchöre und Volksschulen. Nebst einem Anhange der gebräuchlichsten zum Theil neu componirter Liturgieen. 8. (VII und 54 S.) Braunschweig 855, Leibrock.

Schulz, F. A., dreistimmige Festgesänge zu hohen Festtagen des christlichen Kirchenjahres. Zum Gebrauche für kirchl. Sängerchöre und Volksschulen. Nebst einem Anhang der gebräuchlichsten zum Theil neu componirten Liturgieen. 2. Aufl. 8. (IV und 54 S.) Braunschweig 858, Leibrock. *

Schulz, F. A., zweistimmige Festgesänge zu hohen Festtagen des christlichen Kirchenjahres. Zum Gebrauche für Volksschulen. Osterode (855.) Sorge. 8. (3 Bl., 43 S.) n. 4 ngr.

—— kleine theoretisch-praktische Gesangschule zum Gebrauche für Gymnasien und Volksschulen, wie auch für Diejenigen, welche in kurzer Zeit eine Fertigkeit im Treffen der Töne erlangen wollen rc. 1. und 2. Aufl. 1851. und 3., unveränd. Ster.-Ausg. 8. (II und 49 S.) Wolfenbüttel 852, Holle'sche Buchh.

Schulz, F. A., kleine theoretisch-praktische Gesangschule zum Gebrauche für Gymnasien u. Volksschulen, wie auch für Diejenigen, welche in kurzer Zeit eine Fertigkeit im Treffen der Töne erlangen wollen rc. 6. verm. u. verb. Stereot.-Aufl. Wolfenbüttel 861. Holle. 8. (IV, 58 S.) 2⅓ ngr.

Schulz, F. A., kleine theoretisch-praktische Gesangschule zum Gebrauch f. Gymnasien u. Volksschulen, wie auch f. Diejenigen, welche in kurzer Zeit eine Fertigkeit im Treffen der Töne erlangen, es zu e. reinen u. biegsamen Stimme bringen u. sich überhaupt im künstl. Gesange ausbilden wollen. Nebst e. Anh. üb. die Verziergn. 7. verm. u. verb. Ster.-Aufl. 8. (IV, 58 S.) Wolfenbüttel 875. Holle's Nachf. — 25

Schulz, F. A., kleine theoretisch-praktische Gesangschule zum Gebrauche für Gymnasien und Volksschulen, wie auch für Diejenigen, welche in kurzer Zeit eine Fertigkeit im Treffen der Töne erlangen, es zu einer reinen und biegsamen Stimme bringen und sich überhaupt im künstl. Gesange ausbilden wollen. Nebst einem Anhang über die Verzierungen. 8. verm. und verb. Aufl. 8. (IV, 58 S.) Wolfenbüttel 876, Holle's Nachf. *

Schulz, F. A., kleine theoretisch-praktische Gesangschule zum Gebrauche f. Gymnasien u. Volksschulen wie auch f. diejenigen, welche in kurzer Zeit e. Fertigkeit im Treffen d. Töne erlangen, es zu e. reinen u. biegsamen Stimme bringen u. sich überhaupt im künstl. Gesange ausbilden wollen. Nebst e. Anh. üb. die Verziergn. Neue rev. u. ergänzte Ausg. (48 S.) 8. Wolfenbüttel 909. J. Zwißler. — 30

— kleine Harmonielehre. Ein Handbüchlein für angehende Musiker, wie auch überhaupt für alle Freunde der Musik, die in prakt. Beziehung schon einen höhern Standpunkt eingenommen haben; insbesondere aber für Lehrer, welchen daran liegt, in kurzer Zeit mit ihren Schülern einen eben so leichtfaßlichen als gründlichen Cursus in obengenannter Wissenschaft durchzumachen. Leipzig 858. Merseburger. 16. (VIII, 52 S.) 4½ ngr.

— kleine Harmonielehre. Ein Handbüchlein für angehende Musiker, wie auch überhaupt für alle Freunde der Musik, die in praktischer Beziehung schon einen höhern Standpunkt eingenommen haben rc. 2. verb. Aufl. Leipzig 860. Merseburger. 16. (VIII, 52 S.) 4½ ngr.

Schulz, F. A., kleine Harmonielehre. Ein Handbüchlein f. angeh. Musiker, wie auch überhaupt f. alle Freunde der Musik, die in prakt. Beziehg. schon e. höhern Standpunkt eingenommen haben; insbesondere aber f. Lehrer, welchen daran liegt, in kurzer Zeit m. ihren Schülern e. eben so leichtfaßl. als gründl. Kursus in obengenannter Wissenschaft durchzumachen. 3. Aufl. 12. (VIII, 52 S.) Leipzig 886. Merseburger. — 45

Schulz, F. A., kleine Harmonielehre. Ein Handbüchlein f. angeh. Musiker, wie auch überhaupt f. alle Freunde der Musik, die in prakt. Beziehg. schon e. höh. Standpunkt eingenommen haben; insbesondere aber f. Lehrer, welchen daran liegt, in kurzer Zeit m. ihren Schülern e. eben so leichtfaßl., als gründl. Kursus in obengenannter Wissenschaft durchzumachen. 4. Aufl. (VIII, 52 S.) kl. 8. Leipzig 905. C. Merseburger. n. — 45

— Liederglöckchen. Eine strenge Auswahl v. ein-, zwei- u. dreistimmigen Liedern u. Gesängen für die Elementar-, Mittel- u. Oberclasse der Volksschule. 8. (IV u. 42 S.) Osterode 852, Sorge. 1/12 ℞

— Liederglöckchen. Eine Auswahl von Liedern und Gesängen aus alter und neuer Zeit für die Elementar-, Mittel- und Oberclasse der Volksschule. 2. Heft. Osterode (855.) Sorge. 8. (3 Bl., 59 S.) 2½ ngr.

—— Liederglöckchen. Eine strenge Auswahl von ein-, zwei- und dreistimmigen Liedern und Gesängen für die Elementar-, Mittel- und Oberclasse der Volksschule. 2 Hefte. 2. Aufl. 1863. und 3. Aufl. 8. Osterode 868, Sorge. [1. Heft. (IV und 42 S.) * * 2½ Ngr., 2. Heft. (VIII und 90 S.) * 4 Ngr.] *

— Liederglöckchen. Eine Auswahl v. ein-, zwei- und dreistimm. Liedern u. Gesängen aus alter u. neuer Zeit, nebst einigen vorangesetzten Elementar-Gesangübgn. 2. Hft. 4. verm. u. verb. Aufl. 8. (VIII, 99 S.) Osterode 875. Sorge. n. — 40

Schulz, F. A., deutscher Liederhain. Enth.: Dreistimm. Gesänge z. Gebr. b. method. Gesangunterr. f. Schule u. Haus compon. gr. 12. (2⅚ B.) Braunschweig 840, G. C. E. Meyer sen.

Schulz, F. A., s. Liederhain, deutscher.

— deutsche Liederhalle, s.: Lüdicke, Ch. H.

Schulz, F. A., siehe: Sängerblümchen.

—— deutscher Sängerhain. Eine Sammlung von Liedern und Gesängen aus alter und neuer Zeit für die Elementar-, Mittel- und Oberclassen der Volksschulen in 3 Heften. 1. Heft. (86 einstimm. Lieder für die Elementarclassen enthaltend.) 1. Aufl. 1851. und 2., Ster.-Aufl. 8. (IV und 51 S.) Wolfenbüttel 852, Holle'sche Buchh.

—— dass. — 2. Heft. (88 ein- und zweistimm. Lieder und Gesänge für Mittelclassen enthaltend.) 1. Aufl. 1851. und 2., Ster.-Aufl. 8. (64 S.) Ebds. 852.

—— dass. — 3. Heft. (88 zwei- und dreistimm. Lieder und Gesänge für die Oberclassen enthaltend.) 1. Aufl. 1851. und 2., Ster.-Aufl. 8. (84 S.) Ebds. 852.

— deutscher Sängerhain. Eine Sammlung von Liedern u. Gesängen aus alter u. neuer Zeit für die Elementar-, Mittel- u. Oberclassen der Volksschulen in 3 Heften. 2. Heft, 88 ein- u. zweistimmige Lieder u. Gesänge für Mittelclassen. 3. Stereot.-Aufl. Wolfenbüttel 860. Holle. 8. (64 S.) 4 ngr.

— Sängerlust. Ernste u. heitere Jugendlieder in zwei-, drei- u. vierstimm. Bearbeitg. Insbesondere f. Oberklassen der Volksschulen. 8. (II, 82 S.) Braunschweig 885. Wollermann. n. — 50

—— ein-, zwei-, drei- u. vierstimm. Schullieder f. gebild. Volksschulen compon. Anh. zu Junker's klein. Schulbuche f. Anfänger im Lesen u. Denken. 68. Aufl. 8. (4⅓ B.) Braunschweig 838, Vieweg u. Sohn. *

Schulz, F. A., s. Teutonia.

— geeignete Vorspiele f. die Orgel zum Vortrage vor dem ersten Gesange d. Gottesdienstes u. nach der Predigt. Mit Berücksicht. aller Tonarten der Choräle in unsern evangelisch-protestant. Choralbüchern. Für angeh. Organisten u. alle Freunde d. Orgelspiels. Op. 135. qu. gr. 4. (12 S.) Ebend. 875. n. 1. —

Schulz, F. M., lateinische Formenlehre für Sexta u. Quinta. gr. 8. (III, 122 S.) Berlin 877. Weidmann. n. 1. 20

Schulz, F. M., Illustratur canticum ex Euripidis Bacchis. Diss. 1868 43 S.

Schulz, F. W. Erinnerungen eines preußischen Soldaten aus der Zeit von 1800—1809, s. Beiheft zum Militär-Wochenblatt.

Schulz, F. W., Gesetze über den Viehhandel, nebst den Vorschriften betreffend Maßregeln gegen die Rinderpest; Beseitigung von Ansteckungsstoffen bei Vieh-Beförderungen; Vieheinfuhrverbote; Abwehr und Unterdrückung von Viehseuchen. Reichsgerichtsentscheibungen und Klageformulare. 1. und 2. Aufl. gr. 8. (62 S.) Berlin 884, Burmester und Stempell. *

Schulz, F. W. Gesetze über den Viehhandel, nebst den Vorschriften betr. Maßregeln gegen die Rinderpest; Beseitigung von Ansteckungsstoffen bei Vieh-Beförderungen; Vieheinfuhrverbote; Abwehr und Unterdrückung von Viehseuchen. Reichsgerichtsentscheibungen und Klageformulare. 3.—5. Aufl. gr. 8. (62 S.) Berlin 885—88, Burmester und Stempell. *

Schulz, Fedor Mart. Rede gehalten am Geburtstage seiner Maj. des Kaisers am 22. März 1881. 7 S. **Progr.** *Lyz. Strassburg* 1882

Schulz, Ferdinand

Schulz, Ferd., theoretisch-praktische Anleitung zur leichten und gründlichen Erlernung der böhmischen Sprache für Deutsche. Zum Schul- und Selbstunterrichte. gr. 8. (IV, 208 S.) Prag 884, Rziwnatz. *

Schulz, Ferd., theoretisch-praktische Anleitung zur leichten u. gründlichen Erlernung der böhmischen Sprache f. Deutsche. Zum Schul- u. Selbstunterrichte. (2., umgearb. Aufl.) gr. 8. (IV, 206 S.) Prag 891. F. Řivnáč. Geb. in Leinw. n. 2.80

Schulz, Ferd., Belehrungen über Recht und Gesetz für Gewerbtreibende. 2 Hefte. Siegen 855. Schulz. 8. n. 12 ngr.
1. Heft: Gedrängter Abriss des Handelsrechts. (VIII, 27 S.) n. 4 ngr.
2. Heft: Das deutsche Wechselrecht mit erläuternden Bemerkungen aus der Praxis Preuss. Gerichtshöfe. (60 S.) n. 8 ngr.

Schulz, Ferd., Böhmisch leichtfaßlich u. gründlich. Theoretisch-prakt. Anleitg. zur leichten u. gründl. Erlerng. d. böhm. Sprache f. Deutsche. Zum Schul- u. Selbstunterrichte. 3. Aufl., neu bearb. v. Karl Borovta. gr. 8. (IV, 243 S.) Prag 900. F. Řivnáč. Geb. in Leinw. n. 3.—

Schulz, Ferd., Böhmisch leichtfaßl. u. gründlich. Theoret.-prakt. Anleitg. zur leichten u. gründlichen Erlernung der böhm. Sprache f. Deutsche. Zum Schul- u. Selbstunterrichte. 4. Aufl., umgearb. u. bedeutend verm. v. Karl Borovta. (IV, 279 S.) 8. Prag 908. F. Řivnáč. Geb. in Leinw. 3.—

Schulz, Ferd., zweistimmige Gesang-Uebungen f. Sopran u. Alt zum Gebrauch in Schulen. 63. Werk. 5. verb. Aufl. gr. 8. (16 S.) Berlin 872. Uthemann & Müller in Comm. — 40

Schulz, Ferd. „Handbuch des Preussischen Bergrechts", Essen 1820 (Baedecker). — Vorh.: Verein zur Wahrung der bergbaulichen Interessen Essen-Ruhr — Kh. 98 — Preuß. Oberbergamt Dortmund — E. h. 154.

Schulz, F. Handbuch des Preußischen Bergrechts. Essen 1820. 190 S. mit 3 Taf.

Schulz, Fd., Handbuch über Gesetz u. gerichtliches Verfahren in den preuß. Staaten, s. Belehrungen über Gesetz u. gerichtl. Verfahren.

Schulz, Fd., Handbuch über die neue Gesetzgebung im Preuß. Staate, s. Belehrungen über Gesetz rc., 7 Hfte.

Cantate zum Stiftungs-Feste der Loge zur Treue im Or. von Berlin. Musik von Ferd. **Schulz.** [Berlin] o. J.: [Berg]. 1 Bl. 8⁰ [Kopftit.]
Ohne Noten: „Preis dem grossen Weltenmeister . . ." 157.

— Ferd., Deutsch-böhmisches Conversationsbuch. Leichtfassl. Anleitung, die böhmische Sprache in d. kürzesten Zeit zu erlernen. 3., gänzl. umgearb. u. mit e. Anleitung z. Aussprache verm. Aufl. 8. (192 S.) Prag, Fr. Rziwnatz. 96 kr. 1883

— deutsch-böhmisches Conversations-Buch. Leichtfaßliche Anleitg., die böhm. Sprache in der kürzesten Zeit zu erlernen. 4., umgearb. u. verm. Aufl. 12. (212 S.) Ebd. 892. Geb. in Leinw. n. 2.24

Schulz, Ferd., deutsch-böhmisches Conversations-Buch. Leichtfaßl. Anleitg., die böhm. Sprache in der kürzesten Zeit zu erlernen. 5. Aufl., umgearb. u. bedeut. verm. v. Karl Borovta. 8. (IV, 232 S.) Prag 897. F. Řivnáč. Geb. in Leinw. n. 2.24

Ode zur Feier der Einweihung des neuerbauten Bundeshauses der Gr. Nat.-Mutter-Loge „Zu den drei Weltkugeln". Gedichtet von F[riedr.] A[ug.] Leo und in Musik gesetzt von Ferd. **Schulz.** [Berlin] 1888: Hönig. 2 Bl. 8⁰ [Umschlagtit.]
Ohne Noten: „Dem Phönix gleich stieg jetzt aus Trümmern wieder . . ."

Schulz, Ferdinand —. Wohlmeinende Rathschläge, welche dem Lehrknaben zu seiner Freisprechung von seinem Herrn Principal überreicht werden. Nebst einem Anhange von der Wohnungsangabe der Herren Herren Wiener und Prager Gremial-Vorsteher und Herbergen. 8. (32 S.) Wien. Druck v. Klopf sen. und Alex. Eurich. 1854.

Schulz, Ferd., Sammlung dreistimmiger leicht ausführbarer Chorgesänge für Sopran, Alt, Baß, zum Gebrauche bei liturg. Andachten, theilweise arrangirt u. componirt. Op. 37. Erfurt (855.) Körner's Verlag. 4. (24 S.) n. 10 ngr.

Sammlung der beliebtesten Freimaurer-Gesänge, für eine Singstimme mit leichter Pianoforte-Begleitung eingerichtet von Ferd. **Schulz.** [Op. 70.] Berlin: Jahncke 1872. 94 S. 4⁰

[Dasselbe.] 2. verm. u. verb. Aufl. Berlin: Bahn o. J. 106 S. 8⁰

[Dasselbe.] 3 verm. u. verb. Aufl. Magdeburg: Heinrichshofen o. J. 106 S. 8⁰
Recens: Bh. 15 (1872) S. 149—150; 28 (1885) S. 230—231.
Tt. 2330. 97 Lieder mit Noten.

Schulz, Ferd., immerwähr. Spruch-, Gebet- u. Liederbüchlein. Mit e. Anh., enthalt. Fabeln, Einiges aus d. Länderkunde u. der Höflichkeitslehre in Versen, od. eine nach dem Catechismus Lutheri geordnete, die Hauptlehren d. Christenthums darstell. Samml. von faßl. sich gegenseitig erklär. Sprüchen, herzerheb. Gebeten u. Liedern. Als Materialien zu Gedächtnißübungen f. Kinder vom zartesten Alter rc. gr. 12. (5⅔ B.) Berlin 834, Nauck.

SCHULZ, Ferdinand
(F) Unterrichtsbriefe zur vollständigen Erlernung der böhmischen Sprache in Wort und Schrift. Brieflicher Sprach- und Sprechunterricht für das Selbststudium Erwachsener. Verfasst von Ferd. Schulz. Als Manuscript gedruckt. I. Kurs. Brief 1—34. Prag. [1900.] Řivnáč. Gr.-8°. 575 S. in Mappe K 30.—

SCHULZ, Ferdinand
(F) Unterrichtsbriefe zur vollständigen Erlernung der böhmischen Sprache in Wort und Schrift. Brieflicher Sprach- und Sprechunterricht für das Selbststudium Erwachsener. Verfasst von Ferd. Schulz. Als Manuscript gedruckt. II. Bd. Brief 1 bis 16. Prag. [1899.] Řivnáč. Gr.-8°. 271 S. K 15.—

— dasselbe. 2. Kurs. 16 Briefe. gr. 8. (272 S.) Ebd. (900. 901). à 1.—; (kplt. in Mappe 15.—; I u. II in 1 Mappe n. 40.—)

Schulz, Fr., (aber nicht Joach. Cph. Fr.), der Liebhaber als Kammerdiener. Lstspl. 8. Brandenb. 800. Leich. 3 gr

— der Rekrute. Lstspl. 8. Brandenb. 800. Leich. 6 gr

Schulz, Fr. Ed., Selbstständigkeit u. Abhängigkeit, od. Philosophie u. Theologie in ihrem gegenseit. Verhältnisse betrachtet; ein histor.-krit. Versuch. 8. Gießen 822. Heyer. 10 gr

F. Ed. Schulz: Selbständigkeit u. Abhängigk., od. Philos. u. Theol. in ihrem gegenseit. Verhältn. betrachtet; e. histor.-krit. Versuch. *Giess.*, Heyer Vater. 823. 8° 10 gr

Schulz, Fr. Johann Er.

— e. Bemerkk. üb. die holländ. Ziegelfabrikation. Mit 1 Kpft. 8. Königsb. 805. Unzer. 6 gr

— de spirali logarithmica specimen academicum. 8. Königsb. 800.

Schulz, Fr. Jh. Er., († d. 19. Jan. 1813.) Versuch einiger Beitr. z. hydraul. Architektur. Mit 26 Kpft. gr. 4. Königsb. 808. Nicolovius. 8 ß

Schulz, Franz

Schulz, Frz., Jul. **Glück** u. **Max** Frhr. v. **Buschman,** Bericht üb. die Concessionirung, den Bau u. Betrieb der Dampf-Tramways in Italien. Mit besonderer Berücksichtigung der Dampf-Tramways in den Umgebungen von Florenz u. Mailand. In Folge Auftrages des k. k. Handelsministeriums nach an Ort u. Stelle gemachten Studien erstattet. gr. 4. (IV, 35 S. m. 4 Taf.) Wien 882. (Gerold & Co.) n. 2. 70

Die Beweislast im Civil-, Verwaltungs- und Strafprozesse von Reg.R. Franz Schulz. *Coblenz: W. Groos 1903.* (49 S.) 8° [F.] [03. 15791

Schulz, Frz., Gedichte nebst einer Skizze aus dem Tagebuche, „Taufe und Begräbniß." Halle 856. Lippert. 16. (VIII, 124 S.) 15 ngr

— botanischer Kalender für Nord-Deutschland. Wegweiser u. Gedächtnißhülfe auf botan. Excursionen für Lehrer, Botaniker u. Studirende. Berlin 869. C. Duncker. 16. (XII, 156 S.) cart. n. 15 ngr

Schulz, Frz., Deutschlands Nutz- und Zierpflanzen. 1. Bd.: Deutschlands Wälder und Haine. Naturgeschichte der heim. und harten ausländ. Holzgewächse in den Wäldern, Park-Anlagen und Gärten Deutschlands, nebst einer populären Anleitung zum Bestimmen der Pflanzen. 8. (IV, 192 S.) Berlin 868, Grieben. [Heilbronn, Gebr. Henninger.]

Schulz, Franz, aus Berlin: Geomorphologische Studien in den Ampezzaner Dolomiten. Bamberg (1905): M. R. Schulz. (58 S.) 8°
Erlangen, Phil. Fak., Ref. Pechuel-Loesche, Diss. v. 10. März 1905
[Geb. 18. Juni 75 Berlin; Staatsangeh.: Preußen; Vorbildung: Altes Gymn. Bamberg Reife 95; Studium: München T.H. 9, Erlangen 3 S.; Rig. 10. März 05.]

Schulz, Frz., geomorphologische Studien in den Ampezzaner Dolomiten. (58 S. m. 8 Taf.) 8. Bamberg 905. Handels-Druckerei u. Verlagsh. n. 2.—

Schulz, Frz., Ursprung der menschlichen Sprache. Physiologischer Beweis f. Natur, System u. Abweichg. d. menschl. Sprachbaues. 8. (VIII, 123 S.) Berlin 886. F. Luckhardt. n. 4.—

SCHULZ, Franz: Deutschlands Wälder und Haine. Naturgeschichte der heimischen und harten ausländischen Holzgewächse in den Wäldern, Park-Anlagen und Gärten Deutschlands, nebst einer populären Anleitung zum Bestimmen der Pflanzen. - Heilbronn 1874. 192 S. - (Deutschl. Nutz- u. Zierpfl. Bd. 1)

Schulz, Franz Erdmann: Die Entwicklung der Abdeckerei in Deutschland. Posen 1910: Decker. 141 S. 8°
Erlangen, Phil. Diss. v. 5. März 1910, Ref. v. Eheberg
[Geb. 28. Febr. 80 Zantoch; Wohnort: Posen; Staatsangeh.: Preußen; Vorbildung: Gymn. Landsberg Reife O. 00; Studium: Leipzig 2, München 1, Tübingen 4 S.; Rig. 17. Jan. 10.] [U 10. 898

Schulz, Franz Josef

Schulz, Frz. Jos., der Offenbarungs-Eid im österreichischen Executionsverfahren nach dem Gesetze vom 16. März 1884, R.-G.-Bl. Nr. 35, m. kurzer Kritik der diesbezügl. Bestimmgn. des Entwurfes zum Gesetze üb. das Executions- u. Sicherungsverfahren vom 20. März 1893. gr. 8. (IV, 116 S.) Wien 893. M. Perles. n. 2. 40

Schulz, Franz Carl Ludwig, Arzt aus Berlin: Über Chorea minor. *Berlin (1899): W. Röwer.* (30 S.) 8°
Leipzig, Med. Diss. v. [28. Apr.] 1899

Schulz, Friedrich

ABENTEUER Wilhelm's von Berg (von *Friedr. Schulz*). Altenburg 1789. 8°.
Sehr selten!

Schulz, Friedrich, s. Agrionien.

Schulz, Fr., (Wlh. Spitz), Aehrenlese. Samml. kleiner Romane rc. 8. Cöln 818. Spitz.

——— s. Almanach der Belletristen und Belletristinnen fürs Jahr 1782.

– s. Almanach, Encyklopäd., für Geschichte, Geographie ...

– s. Almanach, Histor.-generalog., für 1792 u. 93.

Schulz, Friedrich. Alpenlicht. Gornergrat — Furka — Maloja. [Mit 5 Tafeln.] II + 79 S. 8. Rorschach, Paul J. Kober, 1910. [fr. 3.—]

Schulz, Friedrich [aus Remstedt bei Gotha]: Über α-Dinitrophenyl- und Pikryl-α- und β-Naphtylhydrazine und einige Derivate derselben. . . . Freiburg i. B., Univ.-Buchdr. v. H. M. Poppen & Sohn, 1890; 46 S. + 1 Bl. 8°
Freiburg i. B., Phil. Fak., Inaug.-Diss. v. 1890

Schulz, Frdr., Amor u. Hymen od. das Geschlechtsleben in seinem ganzen Umfange. Enthaltend: Ueber Liebe u. Anmuth, Schönheit u. häusl. Glück rc. Ein unentbehrl. Rathgeber, um in der Liebe u. Ehe stets glücklich u. zufrieden leben zu können. 18. (144 S.) Ehrenbreitstein 850. (Coblenz, Müller.) n. 1/3 ℔

Schulz, Friedrich. Antrittsprodigt des Herrn Pfarrer F' W[ilhelm] Sch' zu St. Laurenzen. St. Gallen, Sonntag, den 14. Mai 1905. II + 10 S. 8. Lörrach, C. R. Gutsch.

Schulz, (Joach. Cph.) Fr., († d. 27. Sept. 1798.) Aphorismen aus d. Menschenkunde u. Lebensphilosophie, französ. u. deutsch; eine Nachlese zu de la Rochefaucault. 2 Bde. 8. Königsb. 793—95. Nicolovius. 2 ℔ 4 g℔

– s. Aufklärung üb. die Geschichte d. Grafen Struensee u. Brandt.

— Aufsätze z. Kunde ungebild. Völker, s. Aufsätze.

— mikrolog. Aufsätze. 8. Königsb. 792. (Leipz., Kummer). 16 g℔

* SCHULZ, (Joach. Christoph) Friedr., (Romandichter, Reichstagsdeputirter in Warschau, 1762—98), Mikrologische Aufsätze. Königsberg, Nicolovius (Vorr. dat. Mitau). 1793. 8°. (In Berlin: Yz 5811; auch in Warmbrunn.)
Goedeke[2] IV, 354, 24 sagt über Schulz (viel zu bissig und übertrieben): „Angeblich dem Geniewesen abhold, bewegte er sich im rudesten Tone der Genies, nur ohne Genie".

Schulz, Friedrich: Ueber die Bedeutung der germanistischen Studien für die Gegenwart, insbesondere in Gymnasien. Weilburg. (1860.) (Progr.) 4°

Schulz, Friedrich, approb. Arzt: Beiträge zur Kenntnis der sog. Myositis ossificans traumatica an der Hand zweier Fälle von cystöser Knochenneubildung im Muskel. *Tübingen 1902: H. Laupp jr.* (15 S.) 8° ¶ (Aus: Beiträge zur klinischen Chirurgie, Bd 33, H. 2.)
Rostock, Med. Diss. v. [5. Mai] 1902

— Beitrr. zur neuesten Staatsgeschichte d. Herzogthümer Kurland u. Semgallen. 18 Stck. 8. Leipz. (Mitau) 792. (70 S.) (Anonym.)

Schulz u. *Kraus*,
Beschreibung und Abbildung der Poissarden. Mit 1 fein color. Kupferstich. Weimar 1789. 4°. (3 Mk. P. Neubner. 1892.) Selten!

— Beschreib. u. Abbild. der Poissarden in Paris. Mit 1 Kpf. v. . . . Krauß. 4. Berl. 790. Vieweg in Braunschw. 8 g℔

Schulz, Friedr.: Beschreibung der schrecklichen Mordthat welche am 9. Nov. 1816. an Wilh. Cönen aus Crefeld in Köln verübt worden ist, nebst einer . . . Darstellung des Criminalprozesses in Trier, gegen Chr. Hamacher, Kiefer aus Köln. Abth. 1—5. Köln 1820—21.

Schulz, Fr., (Wilh. Spitz,) Beschreib. d. schreckl. Mordthat, welche am 9. Nov. 1816 an Wilh. Cönen aus Krefeld in Cöln verübt worden ist. 5 Hfte. 8. Cöln 820, 21. Spitz. 1 ℔ 16 g℔

Schulz, Friedrich. Kurze Bibelkunde. II + 8 S. 8. St. Gallen, Fehr, [1906]. fr. —. 25

— Blüthenkranz, gewunden von deutschen Dichtern u. Gelehrten für Freunde der Wahrheit u. des Schönen. 8. Cöln 822. Spitz. 16 g℔

— Blüthenkranz, gewunden von deutschen Dichtern u. Gelehrten f. Freunde der Wahrheit u. des Schönen. 8. Cöln 824. Schmidt. 16 g℔

– s. Bolts: Zustand v. Bengalen.

Schulz, Fr., choix de pensées mêlées etc., v. Choix.

– s. Damm: Götterlehre.

Schulz, Friedrich: Der Eiweisskörper des Hämoglobins. *Strassburg: K. J. Trübner 1898.* (35 S.) 8°
Jena, Med. Hab.-Schr. v. 1898

— Encyklopädie f. Ungelehrte, s. J. F. Heynatz, Handbuch.

SCHUWITZ. — Poponius, Gottlieb, (d. i. *Friedr. Schulz*), Epitaphium den unsterblichen Verdiensten der Madame Schuwitz errichtet, mit einem Schreiben an ihre hinterbliebene würdige Tochter. Frankfurt und Leipzig 1798. 8°. 42 S. (18 Mk. E. Frensdorff, 1906; 12 Mk. Derselbe, 1908.)
— — Dasselbe. O. O. 1798. 8°.

FELDSCHWAMM, Freyherr von. Ein komischer (lasciver) Roman in sechs Büchern (von (*Joach. Chp.*) *Friedr. Schulz*), Berlin u. Frankfurt a. d. O. bei Joh. Andr. Kunze. 1789. 8°. Tit. u. 260 S. (3 Mk. 60 Pfg. Lehmann & Lutz, 1884; jetzt theurer!)
Anon.-Lex. II. p. 93 (nach Kayser und Recke-Napiersky).
Vgl. Feldschwamm,

– s. Firlifinimi.

— rhein. Flora, s. Flora

— rhein. Flora; e. Samml. neuer Erzähll., Gedichte u. kleiner Aufsätze von mehr. Verfassern. 2 Thle. gr. 12. Cöln 824. Schmidt. 2 ℔

– s. Fortis; Reisen.

— Friedrich der Große. Versuch e. histor. Gemäldes. 3 Hefte. 8. Weimar 786, 87. Hoffmann. 13 g℔

FRIZ, oder Geschichte eines Belletristen (von *Joach. Chp. Friedr. Schulz*). 2 Bdchn. (à 2 Bücher). Altenburg, Richter, 1783. 8°. Selten!
I: 4 Bll. u. 308 S. II: 368 S.
Vgl. Fritz ...

Schulz, Friedrich. Gelassenheit. Zur Hygiene des Geistes. 90 S. 8. St. Gallen, L. Kirschner-Engler, 1910. [fr. 2. 20]

– s.a. Gemälde aus d. Leben Friedrich's d. Großen.

Gemåhlde[!] aus dem Leben Friedrichs des Grossen Königs von Preussen. [Von Friedr. Schulz?.] Berlin: Kunze 1787. 24 S. 4°
S. 19—21 handelt von Friedrich d. Gr. als Frmr.

[Erw. Ausg. u. d. Tit.:]
Gemälde aus dem Leben Friedrichs des Einzigen, von Friedr. Schulz. H. 1. 2. Mit [3] Kpfrn. Berlin u. Frankfurt a. d. O.: Kunze 1788. 4°
1. 52 S.; 2. 71 S.
H. 1 S. 39–41 handelt von Friedrich d. Gr. als Frmr.

GERADSINN und Aufrichtigkeit. Ein Sittengemälde aus Wien (aus d. Frz.). Vom Verf. des kleinen Romans Moriz (!) ((*Joach. Chph.*) *Frdr. Schulz* 1762—98). Wien 1788. 8°. (½ Rthl.)
Vgl. Allgem. deutsche Bibliothek, Bd. 87. St. 2. S. 465; Allgem. Lit. Zeit. 1788. Intelligenzbl. S. 240; 1789. Intelligenzbl. S. 1098; Jördens IV. p. 663; Haydinger's Bibl. I. 2. Wien 1876. no. 120.

Vgl. G e r a d s i n n ...

GRADSINN und Aufrichtigkeit. (Roman von (*Joach. Chp.*) *Frdr. Schulz.*) Weimar 1788. 8°.
Goedeke IV, S. 354, 24, 7.

— Geschichte d. Camisaden b. Gelegenh. d. Revolution in Frankreich. 2 Stck. 8. Ebendas. 790—93. (I. 4 gr. II. 12 gr.)
Vgl. G e s c h i c h t e...

Schulz, Friedrich
Geschichte der Camisarden. Neue Aufl. Zofingen: 1802. 200 S. 8°

Schulz, (Joach. Cph.) Fr., Geschichte der großen Revolution in Frankreich. Mit Kpf. 8. Berl. 789. N. A. 790. Vieweg in Braunschw. 21 gr.

§ **HONIG**, Gust. (d. i. *Joach. Chp. Friedr. Schultz*), Grigri, eine Arabeske, nach einem Französ. Meister (*Louis de Cahusac*), kopirt. (Auch titulo: Kabinetsstücke, 1. [einz.] Theil.) Mit Titelvign. Weimar, Hoffmann, 1795. 8°. (12 Mk. Julius Neumann, Magdeb., 1906.) (Auch in Marburg, Univers.-Bibl.)
Ueb. die Ehe, Pflicht zur Ehe, ehel. Verhältniss, Galanterie, Missheyrathen, Eheverbote, Ehescheidungen u. s. w. — Lange vorher erschien: Grigri, eine wahrhaftige Geschichte. Hamburg 1747. 8°.
Orig. (in München): Grigri, histoire véritable, traduite du Japonnois. 2 pts. Amsterdam 1748. 12°. (u. früher).
Vgl. H o n i g , Gustav.

Schulz, (Joachim Christoph) Friedrich (Bearb.), s. Cahusac, Louis de: Grigri.

— Handbuch der allgem. Erdbeschreib. für Ungelehrte, s. J. F. Heynatz, Handbuch.

— Handbuch der allgem. Weltgeschichte f. Ungelehrte, s. J. F. Heynatz, Handbuch.

Schulz, F.: „Handlungs-Akademist. Ein elementarisches Lehrbuch, vorzüglich der in das kaufmännische Rechenfach einschlagenden Theile der Handlungswissenschaft", Berlin 1803. — Vorh.: Com. Bibl. Hamburg.

Schulz, F., Handlungs-Akademist; ein elementar. Lehrbuch rc., m. 1 Karte rc. gr. 8. Berlin, Haude u. Sp. 803.

— — Henriette von England. (Bearb. nach d. Französ. der *Marie Madeleine Pioche de La Vergne*, comtesse *de La Fayette.*) Mit Titelkpfr. u. Vignette. Mannheim 1801. 8°. (1 Mk Jul. Neumann, Magdeb., 1906.)
Orig.: Histoire de Madame Henriette d'Angleterre, première femme de M. Philippe de France, duc d'Orléans. Amsterdam 1720. 12°.

— Henriette v. England, s. unten: gesammelte Romane, 3r Bd.

JOHANNA von Kastilien. Eine (zahme) Geschichte aus dem sechzehnten Jahrhundert, stellenweise sehr lehrreich für das achtzehnte (von *Friedr. Schulz*, 1762—98). Madrid (Leipzig, Wienbrack) 1788. 8°. (Expl. in München: P. o. germ. 688 d.) 87 S. (incl. Titel).
Vgl. J o h a n n a v. Kastilien.

— — Josephe. (Bearb. von *Pierre Carlet de Mariveaux's* „Marianne".) Mit Titelvignette von Lips. Weimar u. Leipzig, Hoffmann, 1791. 8°. 390 S. (6 Mk. 50 Pfg. J. Taussig, Prag, 1906.)
Orig.: La vie de Marianne, ou les Aventures de Madame la comtesse de***. 4 pts. Paris 1731. 12°. u. ö. (Obige Bearb. nur Auszug dieses Romans.) Mehrere deutsche Uebersetzgn. s. bei Kayser 83.

— — Dasselbe. (Nachdruck.) Mannheim 1801. 8°. (In München: P. o. germ. 8° 1351.)

— Kalender, s. histor. Kalender d. Revolut. in Frankr. v. J. H. Campe u. Fr. Schulz.

Schulz, Fr., Clarisse in Berlin, od. Geschichte des Alberts v. Seelhorsts. 5 Thle. N. A. 8. Berl. 797. Sander. 2 Rthlr 16 gr (Vergl. Albertine, Richardsons Clarisse nachgebildet.)

Schulz, Friedr[ich]. Konfirmationspredigt am Palmsonntag den 8. April 1906, gehalten von Friedr. W[ilhelm] Sch', Pfarrer zu St. Laurenzen. II + 7 S. 8. St. Gallen, Fehr, 1906. fr. —. 20

Schulz, Fr., Leopoldine, e. Gegenstück zu Moritz. 2 Bde. N. A. 8. Leipz. 790 u. 91. Göschen.

— — Leopoldine, ein Seitenstück zum Moritz. 2 Thle. Titelkpfrn. von Lips. Leipzig, Göschen, 1791. 8°. (In Marburg: XVI. C. 630.) (2 Mk., Scheible, vor 1885; 2 Mk. Jul. Neumann, 1906.)
Vorher in: Kleine Romane . . . . Th. 1—3. Weimar 1788 ff.
Franzos. Uebersetzg.: Léopoldine, ou les Enfans perdus et retrouvés; trad. de l'allemand (par Ant. Gilb. Griffet de Labaume). 4 pts. Paris 1795. 18°.
Dänische Uebersetzgn.: Odensee 1798—99. II. 12°. — Uebers. von And. Hajsen. Kopenhagen 1792. 8. (Jördens V. 668.)

Dasselbe. (Nachdruck.) Mannheim 1801. 8°.

— — Dasselbe. (Nachdruck.) 2 Thle. Mit 2 reizenden Titelvignetten. Zofingen (Leipzig, Joachim) 1801. 8°. (4 Mk., schönes Expl., Max Jaeckel, 1909.)

— — Dasselbe. Ebd. 1805. 8°.
Weller, fing. Druckorte.

Schulz, Fr. (Wlh. Spitz) Liebe u. Freundschaft. Eine Anthologie rc. 2 Bde. 8. Cöln 824. (Gaul u. Tonger.) 1¼ Rthlr

— Liebe u. Freundschaft; e. Anthologie f. edle Menschen. 2 Thle. gr. 12. Köln 824. Schmidt. 2 Rthlr

— Liebe u. Freundschaft, s. a. Liebe.

— s. Liebschaften König August's.

— s. Liebschaften, Britische.

LÖWENHAIN, Ferdinand von, ein Büchlein, welches wünscht gelesen zu werden. (Stellenw. etwas freier Roman von (*Joach. Chp.*) *Friedr. Schulz.*) 2 Bdchn. Mit Titelvignette. Leipzig, Weygand, 1781. 8°.
280 durchpagin. S. — Anon.-Lex. II. p. 96 (nach Meusel, Kayser, Recke-Napiersky).
Vgl. L ö w e n h a i n ...

MARTINUZZI. oder Leben eines geistlichen Parvenüs, **in Beziehung auf neuere Erscheinungen (von(*Joach. Chp.*) *Friedr. Schulz*). Weimar 1790. 8°.**
Goedeke IV, 354, 24, 14.

— Martinuzzi od. Leben e. geistl. Parvenüs. 8. Weimar, Hoffmann. 790.

Schulz, Fr., (pseudn.), Maximen u. Gedanken üb. beide Geschlechter, französ. u. deutsch. 8. Augsb. 798. v. Jenisch u. St. 1 ₰ 12 gl

SCHULZ, Fr., Memoiren der Lola Montez. Bd. 1. (einz.?). Ehrenbreitstein 1852. 8°. (20 Pfg. Ferd. Harrach, Kreuznach, Cat. 18. [1897]; jetzt theurer!) Selten!

— — Moriz (!). Ein kleiner Roman. Neue Ausgabe Dessau und Leipzig 1785. 8°.
Kurzer Inhalt bei Wolfg. Menzel, Deutsche Dichtung II. p. 555.
Zuerst stückweise im Teutschen Merkur 1783. 3. 119 ff. bis 1786. 4, 252. (Goedeke IV, 354, 24, 6.)
Französ. Uebersetzg.: Maurice, trad. de l'allemand de *F. Schulz*, d'après la nouvelle édition (par le baron L. F. de Bilderbeck). Lausanne 1789. II. 8. (1 Mk. 20 Pfg. M. Plass, Bonn, 1908.)
Englische Uebersetzg. (nach d. französ.). London 1796. 12°. (Jördens V, 662—63.)
Dänische Uebersetzg. von Obstrup. Kopenhagen 1800. 8°. (l. c.)

— — Dasselbe. Vollständige Auflage. O. O. 1786. 16°. 247 S. (1 Mk. H. Kerler, Ulm, 1885.) (In Berlin, Magistratsbibl.)

— — Dasselbe. Neue mit dem vierten Buch vermehrte Ausgabe. Wien 1786. 8°. (Citirt Meusel.)

— — Dasselbe. Neue Ausgabe. Weimar, Hoffmann, 1787. 8°. (2 Mk. Scheible, vor 1885.)

— — Dasselbe. Dritte verbesserte Ausgabe. Mit Titelkpf. u. Titelvign. von H. Lips. Ebd. 1792. 8°. 4 Bll. u. 408 S. (3 Mk. Jul. Neumann, 1906.)

— — Dasselbe. (Nachdruck.) Mit Titelkpf. u. Titelvign. Mannheim 1801. 8°. (3 Mk. Schaper, Hannover, 1904.)

— — Dasselbe (Nachdruck.). Zofingen (Leipzig, Joachim) 1801. 8°.
Weller, fing. Dr.

— s. Nachrr., Geograph.-statist., v. türk. Reiche.

Schulz, Friedr., die Niederlande, histor.-geograph.-statist. hrsg. Nebst Ansicht der Stadt Antwerpen, Brüssel u. Gent; der Spezialkarte der Umgegend v. Antwerpen u. Plan der Stadt u. Citadelle Antwerpens. qu. 4. (4½ B.) Düsseldorf 833. (Köln, (Ritzefeld.)

— üb. Paris u. die Pariser. 1r Thl. 8. Berl. 790. Vieweg in Braunschweig. 1 ₰ Schrbp. 1 ₰ 12 gl Schweizerp. 2 ₰ —

SCHULZ, Frdr. (1762—98), Ueber Paris und die Pariser. Bd. 1. (einz.). Mit pikanter Titelvignette von H. Lips, Berlin, Unger, 1791. 8°. 544 S. (4 Mk. 50 Pfg., L. Rosenthal, 1910; 7 Mk. 50 Pfg., sehr gutes Expl., Adolf Weigel, 1906.)
Jördens IV. p. 667. Mehr ist von Schulz nicht erschienen. Interessante Vign., die schöne Zulima, eine nackte weibliche, die Natur täuschend nachahmende, Figur, die man in Paris sehen ließ, und eine Gruppe Zuschauer um sie vorstellend.
Die erste Hälfte des Buchs giebt von dem Lokale der Stadt Nachricht, die zweite Hälfte schildert in 19 Briefen den Lebensgenuß und die Vergnügungen der verschiedenen Volksklassen in Paris

— — Fortsetz. dess. v. e. and. Verfass., s. neues Paris, d. Pariser u. d. Garten ꝛc.

SCHUWITZ. — — Meinau, **Eulalia** (d. i. *Friedr. Schulz*), An den Patriarchen der deutschen Literatur, von —, **Protestantin. Rastadt (Leipzig, Gräff) 1798. 8°. 34 S.**

— s. Plater, K. K.: Beiträge.

Schulz, Friedrich. Predigten. IV + 163 S. 8. St. Gallen, Fehr, [1909]. [geb. fr. 4. —]

— Predigten. (IV 163 S.) 8. St. Gallen (910). Fehr. Geb. in Leinw. 4. —

— Prinzessin v. Cleve; ein Seitenstück zur Zaide. 8. Berl. 790. (Vieweg in Braunschw.) 1 ₰

Schulz, Friedrich [app. Arzt aus Prezier]: Zur Prognose der Netzhautgliome ... Göttingen, Druck d. Dieterich'schen Univ.-Buchdr., 1893; 43 S. 8.
Göttingen, Med. Fak., Inaug.-Diss. v. [15. Juli] 1893

Schulz, Frdr., zur Prognose der Netzhautgliome. Diss. gr. 8. (43 S.) Göttingen 893. (Vandenhoeck & Ruprecht.) n. 1. —

SCHUWITZ. — — Der Verfasser der Standrede am Grabe der Madame Schuwitz an das Berlinische Publikum. **(Motto: O cives, cives, quaerenda pecunia primum eft, virtus post nummos!) Rastadt (ebd.) 1798. 8°.**
40 S., unterz.: Eulalia Meinau (d. i. Friedrich Schulz). Der Vf. behauptet, weiblichen Geschlechts und eine vertraute Freundin der sel. Madame Schuwitz zu sein.

— s. Quartalschrift, Neue.

— Reise e. Liefländers. 6 Hefte, }
— — — 7s Hft. od. Reise d. Italien ꝛc, }
— liter. Reise d. Deutschland, } s. a. Reise.
— Reise v. Paris n. Corsica, }

Schulz, (Joach. Chrph.) Frdr.) Literarische Reise durch Deutschland. II. 1—4. Wien 1786. 8. . . . . (D.)

Reise eines Liefländers von Riga nach Warschau, durch Südpreussen, über Breslau, Dresden, Karlsbad, Bayreuth, Nürnberg, Regensburg, München, Salzburg, Linz, Wien und Klagenfurt nach Botzen in Tyrol (von(*Joach. Christoph*) *Friedr. Schulz*, 1762—68). 6 Hfte in 3 Bdn. (Ein 7. Heft von einem andern Vf.) Mit 1 Titelvign. von Dan. Chodowiecki. Berlin, 1795. bei Friedr. Vieweg d. ältern. 8°. (Cplt. [sehr selten!] in Salzburg, Museum Carolino-Augusteum.)

Reise eines Liefländers von Riga nach Warschau, durch Südpreussen, über Breslau, Dresden, Karlsbad, Bayreuth, Nürnberg, Regensburg, München, Salzburg, Linz, Wien u. Klagenfurt nach Botzen in Tyrol. (Vf.:(*Joach. Chph.*) *Friedr. Schulz*, 1762—98.) Mit 1 Titelvignette von Chodowiecki. 6 Hfte. (= 3 Bde.). Berlin, bei Friedr. Vieweg d. ältern 1795—96. 8°. (In Berlin, Magistratsbibl.; auch in Leipzig, Univ.-Bibl.) (6 Mk. 50 Pfg., schönes Expl., Frdr. Klüber, München, vor 1890; jetzt theurer!)

Schulz, (Joach. Chrph.) Frdr.,] Reise eines Liefländers von Riga nach Warschau, durch Südpreussen, über Breslau, Dresden, Karlsbad, Bayreuth, Nürnberg, Regensburg, München, Salzburg, Linz, Wien u. Klagenfurt, nach Botzen in Tyrol. 3 Thle oder 6 Hefte. Berlin 1795—97. 8. . . . . (D.)
—, — Neue Aufl. Braunschweig 1797—1800. 8.

— gesammelte Romane. 3 Thle. 8. Berl. (Vieweg in Braunschweig.) 789–95. (1r Zaide 1 Rthlr. 2r Prinzessin von Cleves. 1 Rthlr. 3r Henriette v. England. 20 gr.)

— — Gesammelte Romane. (Bearbeitungen dreier Romane der *Marie Madeleine Pioche de La Vergne*, comtesse *de La Fayette*.) 3 Bde. Mit reizenden Titelvignetten in punktirter Manier von E. Henne. Berlin 1790. bei Fr. Vieweg dem ältern. 8⁰.

I: Zaide. 262 S. (Einzeldruck weiter unten.) Orig.: Zaida, histoire espagnole, par M. *de Legrais* (i. e. la comtesse *de La Fayette*) . . . Paris, Cl. Barbin. 1670—71. II. 8⁰. u. o. — Eine holländ. Uebersetzg. erschien Leyden 1793. 8⁰. II: Die Prinzessin von Cleves. Ein Seitenstück zur Zaide. 278 S. Orig.: La Princesse de Clèves. Paris, Cl. Barbin. 1678. IV. 12⁰. Anteil hatten daran: *Jean Regnault*, sieur *de Legrais* u. *François* duc *de La Rochefoucauld*. III (lag nicht vor): Henriette von England. Orig.: Histoire de Madame Henriette d'Angleterre, première femme de M. Philippe de France, duc d'Orléans. Amsterdam 1720. 12⁰. Die Übers. sind verf. nach: Oeuvres . . . Amsterdam et Paris 1786. VIII. 12⁰.

Schulz, Friedrich, gesammelte Romane, 3 Theile, mit Vignetten, 8. Berlin, 790/94. Fr. Vieweg. 2 Rthl. 25 sgl.
(Der 1ste Theil enthält: Zaide. Der 2te Theil: die Prinzessin von Cleves; der 3te Theil: Henriette von England).

— — Dasselbe. (Nachdruck.) Neue Aufl. Mit Kpfrn. Mannheim 181. 8⁰.

— hinterlassene kleine Romane. 1r Thl. 8. Ruppin 801. Kühn. 1 ♂ (NB. Ist nicht von ihm.)

— hist. Romane a. d. Franz. s. v. Mayer.

— — Kleine Romane. 5 Bde. Mit 5 Titelkpfrn. Leipzig, Göschen, 1788—90. Kl. 8⁰. (7 Mk., Hfrz., Jul. Neumann, 1906; 5 Mk., mit nur 2 Titelkpfrn., Ant. Creutzer, Aachen, 1905.)

Inh.: Bd. I: Liebe nach der Kunst. — Leopoldine, 1. Th. II: Leopoldine, 2. Th. — Das Ideal. — Prinz Dadedido [nach einer Erzählung, die als Episode steht in: Histoire d'Hippolyte, comte de Douglas (par la comtesse *d'Aulnoy*). Paris, Barbin, 1690. II. 12⁰. u. öfter] III: Leopoldine, 3. Th. — Liebesglück durch Unbeständigkeit [nach: Rosalie, ou le triomphe de l'inconstance. S. l. 1783. 12⁰.] — Das vollkommene Weib und der vollkommene Mann. [Vorher in: Neues teutsches Museum 1789. St. 1. 2.] IV: König Stark-an-Kopf und seine Familie [nach einer Erz. in: Contes en l'air, par Mme. la comtesse *de N*. . . . . (*Nesmond*). Paris, Royez. 1789. 16⁰.]. — Die gute Frau [nach einem Märchen der Mlle. *Charl.-Rose de Caumont de La Force*]. — Muku und Bstbst [nach: Acajou et Zirphile, conte (par Ch. *Pinot*, sieur *Duclos*). Minutie Paris 1744. 4⁰. fig.]. V: Leopoldine, 4. T. — Sophie. — Rapunzel. Antönchen und Trudchen [nach ein. Erz. der Gräfin *de Nesmond*]. Vorher im Neuen teutsch. Museum 1790 Mai u. Juni.'

— — Romanen-Magazin, 1r Theil, mit 1 Kupf. 8. Berlin, 791. Unger. 1 Rthl.
Auch unter dem Titel:
William, oder Geschichte jugendlicher Unvorsichtigkeiten.

s. Sammlung unpartheiischer Schriften üb. die Unruhen.

— Sätze aus der höhern Welt- und Menschenkunde, s. Rochefaucault. u. Laroche-Foucault.

— kl. pros. Schriften, s. a. Schriften.

— — kleine prosaische Schriften, 5 Theile, 8. Weimar, 788/95. Hoffmann. 2 Rthl. 23 sgl.

— Kleine prosaische Schriften vom Verfasser des Moriz (!). 7 Bdchn. Weimar, Hoffmann, 1788—1800. 8⁰. (12 Mk., saub. Hfrzbde. m. Tit., W. H. Kühl, Berlin 1880; 5 Mk., „1788—1801". Ant. Creutzer, Aachen, 1905.)

Bändchen I: Eine Reihe von Familiengemälden (etwas frei), etc. — Bdch. II—III: Josephe (Nach *Marivaux*). — IV—V: Martinuzzi od. Leben e. geistl. Parvenu's. — Geschichte der Camisarden etc. — VI—VII: Geheime Szenen aus Bädern (Spaa, Karlsbad, Wilhelmsbad, Wiesbaden, Pyrmont, ziemlich frei. — Melintes, König von Thessalien. 2 Thle. (Nach *Des Marets*.) &c.

Schriften, Kleine vermischte, vom Verfasser des Moriz (!) (*Friedr. Schulz*). 7 Bdchn. Weimar, Hoffmann, 1788—1800. 8⁰. (12 Mk. W. H. Kühl, Berlin, Cat. 3. [1880] no. 390.)

Bd. 6—7: Geheime Szenen aus Bädern. (wobei Spaa).

s. Sendschreiben e. kurländ. Bürgers.

SCHUWITZ. — § **Standrede am Grabe der Madame Schuwitz. Ein Neujahrsgeschenk für Incroyables (von *Friedrich Schulz*). (Motto: Homo sun; humani nil a me alienum puto.) Rastadt (Leipzig, Gräff), 1798. 8⁰. (10 Mk. E. Frensdorff, 1906.)**

46 S. (incl. angehängtem „Testament", Actum. Berlin, d. 16. Novbris 1797. S. 29 ff.). Darin Zuwendungen an den „Montagsclub" und die „Musikalische Ressource" in Berlin, den Friedenscongress in Rastatt, die Herausgeber der „Denkwürdigkeiten der Churmark" (wohl J. W. A. Kosmann u. Th. Heinsius; s. Berlin: Denkwürdigkeiten). — Steht auch in: Vademecum, Berlinisches (s. d.).

Standrede beim Sarge der Madame Schuwitz (von *Friedr. Schulz*). Haarburg 1798. 8⁰.
— — — — Schreiben der Madame Schuwitz an den Verfasser und Verleger ihrer Standrede. Stralau, in des Küsters Handbuchdruckerei. 1800. 27 S. 8⁰. (8 Mk. E. Frensdorff, 1906.)

Mad. Schuwitz schreibt aus dem bessern Jenseits: „Ich sass ruhig in Elysium in einem Treibhause, und trank eine Tasse Kaffee" etc. etc. Sie erwähnt im Folgenden bekannte Berliner Persönlichkeiten, z. B. Fr. Nicolai, Karl Müchler, Ludwig Tieck. Die Namen sind natürlich nur angedeutet. (Vgl. Auction Graf York v. Wartenburg, Berlin, Max Perl, Octob., No. 859.)

— Texte zum Denken für Männer, die Weiber, und für Weiber, die Männer kennen und kennen lernen wollen. Regensburg, Montag, 1797. 8⁰. 158 S. (1 Mk. 60 Pfg. L. Rosenthal, 1886; 3 Mk. Max Jaeckel, Potsdam, 1908.)

Jördens IV. p. 671: „Sind nicht von Schulz, ob man gleich seinen Nahmen auf den Titel gesetzt hat."

— Texte z. Denken f. Welt- u. Menschenkenner u. die es werden wollen. Choix de pensés mêlées etc. Französ. u. deutsch. 1r Thl. 8. Riga 796. Hartknoch in Leipz. 1 ♂ 8 ℊ.

TRAUERGESCHICHTEN (von (*Joach. Christoph*) *Friedr. Schulz*). 2 Bde. Leipzig, bey Friedr. Gotthold Jacobaer u. Sohn, 1782—84. 8⁰. Cplt. rar!

Anon.-Lex. IV. p. 187 hat (nach Recke-Napiersky) „1782—87"; Kayser hat „1782—88".

Dasselbe. (Nachdruck.) 2 Bde. Wien 1784—92. Kl. 8⁰. (2 Mk. 50 Pfg. Anton Creutzer, Aachen, 1905.)

Vgl. Trauergeschichten.

TREUMANN, Karl und Wilhelmine Rosenfeld. Eine (stellenw. anstößige) Originalgeschichte von (*Joach. Chph.*) *Friedr. Schulz*, 1762—98). Leipzig, im Schwickertschen Verlage 1781. 8⁰.

In Briefen. 200 S. (incl. Tit.), 1 leeres Bl. — Karl

Vgl. Treumann, ...

s. Verbindung d. Nabobs.

Schulz, Friedrich [aus Coblenz]: Aus d. Klinik f. Syphilis u. Hautkrankheiten zu Bonn. Ueber das Verhalten der elastischen Fasern in der normalen und pathologisch veränderten Haut ... Bonn, Druck v. E. Heydorn, 1891; 70 S., 1 Bl., 1 Taf. 8.

Bonn, Med. Fak., Inaug.-Diss. v. [17. Febr.] 1891.

WANDERUNGEN, Kleine, durch Teutschland; in Briefen an Hrn. D. K*** (von (*Joach. Christoph*) *Friedr. Schulz*). (Basel, Flick, 1786.)

Anon.-Lex. IV. p. 372 (nach Meusel, Kayser, Engelmann, Recke-Napiersky u. Weller).

Vgl. Wanderungen, ...

s. Wegweiser durch Europa.

WETTSTREIT d e r G r o ß m u t h. (Freier Roman, von(*Joach. Christoph)Friedr. Schulz.*) 2 Bdchn. Altenburg, in der Richterschen Buchhandlung. 1788. 8⁰. (2 Mk. 20 Pfg. W. H. Kühl, Berlin, c. 1882.)

Kayser p. 133 hat die u n r i c h t i g e Jahrz. 1789; Anon.-Lex. IV. p. 393 (nach Recke-Napiersky).

— — W i l l i a m, oder G e s c h i c h t e j u g e n d l i c h e r U n v o r s i c h t i g k e i t e n. Mit 1 schönen Kupfer, D. C h o d o w i e c k i del: & sc: 1790. (Engelmann 643.) Berlin. Bei Johann Friedrich Unger. 1791. 8⁰. 2 Bl., 422 S.

Max Perl's Berliner Octob.-Auct. 1907, no. 160.

— — Dasselbe (Nachdruck). Zofingen (Leipzig, Joachim) 1802. 8⁰.

Weller, fing. Dr.

– s. W i n k e üb. die Staatsinteressen der preuß. Monarchie.

WITWER, D e r, z w e y e r F r a u e n nach *Imbert* (von(Joach. Christoph) S c h u l z). Berlin 1788.

Anon.-Lex. IV. p. 405 (nach Engelmann u. Kayser).

— — D e r W i t t w e r z w e y e r F r a u e n. (Bearb. von *Imbert's* „égaremens de l'amour"). Berlin 1798. 8⁰. 267 S.

Vgl.W i t w e r ,...

– s. W ü s t l i n g, Der.

—Zaide; s. Jacoben: gesammelte Romane, 1r Bd.

— — Z a i d e. (Bearb. nach d. Französ. der Comtesse *de La Fayette*.) Mit Titelvignette. Berlin 1789. 8⁰. (2 Mk. Jul. Neumann. Magdeb. 1906.)

— — Dasselbe. (Nachdruck.) Frankfurt und Leipzig 1790. 8⁰.

Mart. Breslauer's Berliner Oct.-Auct. 1910, no. 2622.

Schulz, Friedrich August, 1770–1849, Schriftsteller, s. S c h u l z e, Friedrich August.

Schulz, Friedrich August

Schulz, Fr. Aug., Abhandl. von d. Ursprunge der Inoculirung d. Kinderpocken. 8. Lüneb. 756. Schmidt. 4 gl.
Vgl.Schultze,Friedr.Aug.

Schulz, Friedrich August: Die Haftung für Unfälle im Hause nach dem Bürgerlichen Gesetzbuch. Osterburg 1910: Schulz. 47 S. 8°

Heidelberg, Jur. Diss. v. 26. Juli 1910, Ref. Heinsheimer

[Geb. 25. Dez. 79 Osterburg; Wohnort: Osterburg; Staatsangeh.: Preußen; Vorbildung: Gymn. Seehausen Reife M. 99; Studium: Göttingen 4, München 1, Berlin 2 S.; Rig. 2. Juni 10.] [U 10. 2016

Schulz, Frdr. Aug., Methode Schulz, encyklopädisches Orig.-Sprachbuch zur praktischen u. gründlichen Erlernung der französischen Sprache in Grammatik, Schrift u. Conversation zum Massen-, Einzeln-, wie zum Selbst-Unterrichte, bestehend aus 3 Thln. m. e. Cahier do Verbes (d. h. e. Hefte f. die Zeitwörter), e. Livret d'Étude (d. h. Aufgaben-Katalog) u. 3 Karten-Plänen: 1. Von Frankreich. 2. Von Paris. 3. Von der Pariser Umgebg. 8. (XLVIII, VII, 148; XIV, 604; XXXII, 1240; 16 S. u. 20 S. in 4.) Reichenberg 894. (J. Fritsche.) n. 15. --

Schulz, Friedrich Ferdinand

Schulz, Frdr. Ferd., quibus ex fontibus fluxerint Agidis, Cleomenis, Arati vitae Plutarcheae. gr. 8. (57 S.) Berlin 886. Haack. n. 2. —

Schulz, Friedrich Gottlob, s. S c h u l z e , Friedrich Gottlob.

Schulz, Friedrich Gustav

Schulz, Fr. Gustav. Wegweiser f Reisende u Auswanderer nach den VS von Na, enthaltend die Poststraßen, Dampfboote, Canäle u Eisenbahnen ... begleitet v einer neuen u accuraten Karte ... Stuttg, 1842.

Schulz, Frdr. Gust., Wegweiser für Reisende u. Auswanderer nach den Vereinigten Staaten von Nordamerika. Enthaltend die Poststraßen, Dampfbote, Kanäle u. Eisenbahnen, nebst Angabe der Entfernung eines Ortes vom andern begleitet mit einer neuen u. accuraten (lith. u. color.) Karte der Vereinigten Staaten (in gr. Fol.) Herausg. zum Nutzen meiner deutschen Landsleute. 12. (86 S. m. lith. Kalender u. 2 Pergamenttaf.) Stuttgart 851, Schulz. In Engl. Einb. 1 ß

Schulz, Friedrich Karl

Schulz, F. C., die theoretisch-praktische A c k e r b a u s c h u l e. Ein Beitrag zur Lösung der Frage: „Wie ist die Ackerbauschule am zweckmäßigsten einzurichten?" 8. (44 S. mit 2 Tab. in gr. 4.) Jena 869, Deistung.

— **Bedeutung, die, der A g i t a t i o n f. Vertretung landwirthschaftlicher Interessen auf den Landtag im Allgemeinen u. die ständ. Verwilliggn. zur Förderg. der Landwirthschaft im Großherzogth. Sachsen im Besondern.** gr. 8. (28 S.) Jena 871. Neuenhahn. n. — 50

Schulz, F. C., die landwirthschaftliche M i t t e l s c h u l e in ihrem Verhältniß zur [theoretisch-prakt.] Ackerbauschule. gr 8. (4 S.) Breslau 874. Korn. n. 1. —

— die landwirthschaftlichen M i t t e l s c h u l e n u. das sogenannte Freiwilligenrecht. gr. 8. (40 S.) Bonn 872. Weber's Verl. — 75

—— **Welche Schule hat der Landwirt zu seiner allgemeinen Vorbildung zu besuchen? Ein Beitrag zur Würdigung der Landwirtschafts-Schulen.** 1. und 2. Aufl. gr. 8. (24 S.) Brieg 878,79, (Kroschel.) *

S c h u l z, F. C., das Wesen der Landwirthschafts-Schulen und ihre Bedeutung in privat- und volkswirthschaftl. Hinsicht. gr. 8. (24 S.) Berlin 875, Schotte und Voigt. *

— das W e s e n der Landwirthschafts-Schulen u. ihre Bedeutg. in privat- u. volkswirthschaftl. Hinsicht 2. Aufl. gr. 8 (24 S.) Leipzig 875. H. Voigt. n. — 50

—— dass. — 2. Aufl. gr. 8. (24 S.) Leipzig 876, H. Voigt. *

— ein W o r t zur Würdigung der theoretisch-praktischen Ackerbauschulen. Ebend. 868. 8. (24 S.) 5 ngr

Schulz, Friedrich N.

Schulz, F. N., s.: A n a l y s e des Harns.

Schulz, Fr. N., allgemeine C h e m i e der Eiweissstoffe. (84 S.) Lex. 8. Stuttgart 907. F. Enke. 2.40

Sonderabdr. aus: „Sammlg. chem. u. chem.-techn. Vorträge".

Die Grösse des Eiweissmoleküls. Von Dr. Fr[iedrich] N. **Schulz**, Prof., Jena. *Jena: G. Fischer 1903.* (VIII, 106 S.) 8°
— **Schulz**: Studien z. Chemie d. Eiweissstoffe. H. 2. [03. 7764

Die Krystallisation von Eiweissstoffen und ihre Bedeutung für die Eiweisschemie. Von Dr. Fr[iedr.] N. **Schulz**, Prof., Jena. *Jena: G. Fischer 1901.* (43 S.) 8°
— [**Schulz**: Studien z. Chemie d. Eiweissstoffe. H. 1.] [03. 1763

— Practicum der physiolog. Chemie. Ein kurzes Repetitorium. 8. (V, 112 S. m. 3 Abbildgn.) Ebd. 901. n. 2. —; geb. n. 2. 50

Schulz, Fr. N., Praktikum der physiologischen Chemie. Ein kurzes Repetitorium. 2. verb. Aufl. (V, 104 S. m. 8 Abbildgn.) 8. Jena 904. G. Fischer. n. 2. — ; geb. n. 2. 50

— Praktikum der physiologischen Chemie. Ein kurzes Repetitorium. 3. verb. Aufl. (V, 112 S. m. 15 Abbildgn. u. 1 lith. Taf.) 8. Jena 910. G. Fischer. 2.50; geb. 3. —

— Studien zur Chemie der Eiweissstoffe. 2. Heft. Die Grösse des Eiweissmoleküls. (VIII, 106 S.) gr. 8. Ebd 903. n. 2. 50
Heft 1. u. d. T.: Die Krystallisation v. Eiweissstoffen usw. Ebd. 901. n. 1. 20.

Schulz, Friedrich O. K.

Schulz, Friedr. O. C., neue Erfindung! Glas ohne jede Gefahr des Mißlingens zu sägen, und auf leichte Weise (ohne Diamant und ohne kostspielige Vorrichtung) glatt zu trennen, nebst einer Anweisung, auf leichte Art die größesten und kleinsten Löcher durch Glas zu bohren rc. Für Chemiker, Physiker, Glaser rc. Mit erläuternden Abbildungen. 2. Aufl. 1854. * 10 Ngr. und 3., verm. Aufl. gr. 8. Prenzlau 856, Vincent. *

Schulz, F. O. C., neue Erfindung. Glas ohne jede Gefahr des Mißlingens zu sägen, und auf leichte Weise (ohne Diamant und kostspielige Vorrichtung) zu trennen, nebst einer Anweisung, auf leichte Art die größesten und kleinsten Löcher durch Glas zu bohren, dasselbe zu schleifen, zu ätzen, zu kitten rc. Für Chemiker, Physiker, Glaser rc. Mit erläuternden Abbildungen. 4. Aufl. gr. 8. Prenzlau 858, Vincent. *

Schulz, F. O. K., die Kunst: Glas ohne jede Gefahr des Mißlingens zu sägen und auf leichte Weise (ohne Diamant und kostspielige Vorrichtung) zu trennen, nebst einer Anweisung, auf leichte Art die größesten und kleinsten Löcher durch Glas zu bohren, dasselbe zu biegen rc. Für Chemiker, Physiker, Glaser rc. 5. Aufl. gr. 8. (ca. 24 S. mit erläut. Abbild.) Prenzlau 867, Vincent. Verklebt. *

Schulz, F. O. K., die Kunst: Glas ohne jede Gefahr des Mißlingens zu sägen u. auf leichte Weise (ohne Diamant u. kostspielige Vorrichtung) zu trennen, nebst e. Anweisung, auf leichte Art die größesten u. kleinsten Löcher durch Glas zu bohren, dasselbe zu schleifen, zu ätzen, zu kitten, an der Lampe zu blasen, zu schmelzen, zu biegen rc. Für Chemiker, Physiker, Glaser, Mechaniker, Uhrmacher, Galanteriearbeiter, Tischler rc. 6. Aufl. gr. 8. (23 S. m. 1 Taf.) Prenzlau 890. Berlin, Exped. u. Verl. der „Glas-Industrie". n. 1. —

Schulz, F. O. K., die Kunst: Glas ohne jede Gefahr des Mißlingens zu sägen u. auf leichte Weise (ohne Diamant u. kostspiel. Vorrichtg.) zu trennen, nebst e. Anweisung, auf leichte Art die größesten u. kleinsten Löcher durch Glas zu bohren, dasselbe zu schleifen, zu ätzen, zu kitten, an der Lampe zu blasen, zu schmelzen, zu biegen rc. Für Chemiker, Physiker, Glaser, Mechaniker, Uhrmacher, Galanteriearbeiter, Tischler rc. 6. Aufl. gr. 8. (23 S. m. 1 Taf.) Prenzlau 890. Vincent. n. 1. —

Schulz, F. O. K., die Kunst: Glas ohne jede Gefahr des Mißlingens zu sägen u. auf leichte Weise (ohne Diamant u. kostspielige Vorrichtung) zu trennen, nebst e. Anweisg., auf leichte Art große u. kleine Löcher durch Glas zu bohren, dasselbe zu schleifen, zu ätzen, zu kitten, vor der Lampe zu blasen, zu schmelzen, zu biegen rc. Für Chemiker, Physiker, Glaser rc. Mit erläut. Abbildgn. 8. verb. Aufl. gr. 8. (28 S.) Berlin (900). Die Glas-Industrie. Kart. n. 1. —

Die Kunst: Glas ohne jede Gefahr des Misslingens zu sägen und auf leichte Weise (ohne Diamant u. kostspielige Vorrichtung) zu trennen, nebst e. Anweisung, auf leichte Art grosse u. kleine Löcher durch Glas zu bohren, dasselbe zu schleifen, zu ätzen, zu kitten, vor der Lampe zu blasen, zu schmelzen, zu biegen &c. Für Chemiker, Physiker, Glaser, Mechaniker, Uhrmacher, Galanteriearbeiter, Tischler &c. von F. O. K. Schulz. Mit erl. Abb. 8. verb. Aufl. *Berlin: 'Die Glas-Industrie' [1901].* (32 S.) 8° [J.] [03. 4173

Schulz, Friedrich Theodor Elisa (Giessen)
Diss. inaug. sistens disquisitionem caussarum sterilitatis in sexu sequiori.
Gissae: Braun 1801. 42 S.
Diss. med. 1.6.1801. vorh. 4.

Schulz, Friedrich Wilhelm

Schulz, Frid. Guil. (geb. Konigsberg in d. Neum. 29. 8. 1779): De evolutione eiusque morbis summatim. Berolini (1826). (32 S.) 8°
Berlin, Med. Diss. v. 13. Mai 1826

Schulz, Friedrich Wilhelm Karl

Schulz, Fridericus Guil. Carol. *(geb. Breslau 5. 3. 1799)*: De haemorrhagiis, ischaemiam supplentibus, adnexa historia morbi, singularem casum exhibente haemathidroseos et gastrorrhagiae vicariae. Vratislaviae (1822). (VIII, 46 S.) 8°
Breslau, Med. Diss. v. 3. Okt. 1822

Schulz, Fritz, Referendar a. D. in Breslau: Die actiones in id quod pervenit und in quantum locupletior factus est. Studie zur Entwicklung des Bereicherungsbegriffes. Borna-Leipzig 1905: R. Noske. (49 S.) 8° [J. u. Ant.]
Breslau, Jur. Fak., Ref. Jörs, Diss. v. 15. Febr. 1905
[Geb. 16. Juni 79 Bunzlau; Heimatsort: Bunzlau; Staatsangeh.: Preußen; Vorbildung: Gymn. Bunzlau Reife 99; Studium: Berlin 4, Breslau 2 S.; Rig. 27. Juli 04.]

Schulz jun., Fritz, das Geheimniß der Käse-Fabrikation u. der Behandlung der Milch in allen ihren Einzelheiten von ihrer Gewinnung bis zu ihrer Verwerthung od. praktische Anleitung zur Fabrikation von Limburger, Schweizer, Sahnen-, Schweizer Kümmel-Käse, Harz-, Mainzer Hand-Käse u. Butter nebst Tabellen mit den daraus zu erzielenden Preisen. Ein höchst wichtiges Handbuch für jeden Landwirth. gr. 8. (VIII, 64 S.) Leipzig 877. (F. Schulz jr.) geb. n. 3. —

[F.] Schulz, Fritz [Dir.]: Zur Geschichte der Schule vom Jahre 1822 an. Potsdam, Druck v. E. Stein, 1897; 1—20 S. 4.
Potsdam, st. R, OP 1897 (132)

Schulz, Fritz: Über die Gewichtsverhältnisse der Säuglinge am 10. Lebenstage gegenüber dem Gewicht bei der Geburt. *Greifswald 1903: J. Abel.* (28 S.) 8°
Greifswald, Med. Diss. v. 30. Juni 1903

Schulz, F. Die englische Gregorlegende nach dem Auchinleck-Ms. Diss. Königsberg 1876. 53 S.

Schulz, Fritz, die englische Gregorlegende nach dem Auchinleck Ms. m. Anmerkungen u. ausführlichem Glossar neu hrsg. gr. 8. (IV, 127 S.) Königsberg 876. Hartung in Comm. n. 4. —

Schulz, Fritz, Jagdallegorie, s.: Festschrift z. 70. Geburtstage Oskar Schade dargebracht.

Kaiserlied. [Unterz.:] Fritz Schulz. [Königsberg i. Pr. 1890: Rautenberg.] 1 Bl. 8° [Kopftit.]
Ohne Noten. 358.

Schulz, Fritz, der neue Kantinenwirt, s.: Theater-Album, militärisches.

— Mein Schatz ist e. Eisenbahner, s.: Bolger's Vereins-Bühne.

Schulz, Fritz: **Die jährlichen Niederschlagsmengen** Thüringens **und des Harzes und ihre Verteilung auf die einzelnen Jahreszeiten und Monate.** *Halle a. S. 1898: Waisenhaus.* (30 S. mit Kt.) 8° ¶ (Erscheint vollständig in: Mitteilungen des Vereins für Erdkunde zu Halle a S., Jg. 1898.)
Halle, Phil. Diss. v. 14. März 1898

Rückgriff und Weitergriff. Studien z. gesetzl. u. notwendigen Zession von Dr. Fritz **Schulz**, Privatd., Freiburg i. B. Breslau: M.&H.Marcus 1907. (135 S.) 8°
— **Studien** z. Erläuterung d. bürgerl. Rechts. H. 21. (07. 4670 6

Sabinus-Fragmente in Ulpians Sabinus-Commentar. Von Fritz **Schulz**, Privatd., Freiburg i. Br. Halle a. d. S.: M. Niemeyer 1906. (96 S.) 8° (:6. 4484 9

Schulz, Fritz Die Sprachformen des Hildebrandsliedes im Beowulf. 21 S. **Progr.** Burg Rg. *Königsberg* 1882.

Stammrolle der Schlaraffia Regismontana 1582 bis Anno Uhui 48 ⟨1882–1907⟩. Zur Feier d. 25. Stiftungsfestes am 6. u. 7. Ostermond a. U. 48 ⟨6. u. 7. Apr. 1907⟩ im Auftr. d. Reyches zsgest. von Ritter **Plato** I.V. I.B. (d. i. Prof. Dr. Friedrich **Schulz**). Königsberg Pr. 1907: [Königsb. Allg. Zeitung]. (53 S.) 8° [J. u. Ant.] (07. 7390 10

Schulz, Fritz [Dr.]: Die für die Schule wichtigen **Englischen** Synonyma, zusammengest. **Königsberg, Hartungsche Buchdr.,** *1891;* 45 S. 8°
Königsberg in Pr., k. RG auf d. Burg, OP 1891 (19)

Schulz, Fritz, die f. die Schule wichtigen englischen Synonyma, zusammengestellt. gr. 8. (60 S.) Königsberg i/Pr. 891. Akadem. Buchhandlg. v. Schubert & Seidel. n. 1.—

Schulz, Fritz, die f. die Schule wichtigen englischen Synonyma. (IV, 70 S.) kl. 8. Bielefeld 909. Velhagen & Klasing. Kart. —75

System der Rechte auf den Eingriffserwerb. Von Dr. Fritz **Schulz**, Prof. in Innsbruck. Tübingen: Mohr 1909. III, 158 S. 8°
(Archiv f. d. civilistische Praxis. Bd 105.) (09. 717 4

Schulz, Fritz Traugott, **Beschreibung** der städt. Kunstsammlg. im Ausstellungs-Gebäude am Königstor in Nürnberg. (116 S. m. 2 eingedr. Grundrissen u. 28 Taf.) 8. Nürnberg 909. (J. L. Schrag.) 1.—

— **Nürnbergs Bürgerhäuser** u. ihre Ausstattg. Mit zahlr. Abbild. nach photograph. Aufnahmen des Verf. u. Zeichnungen v. H. J. Dennemarck. Hrsg. m. Unterstützg. der städt. Kollegien vom Verein f. Geschichte der Stadt Nürnberg. (In ca. 25 Lfgn.) 1.—4. Lfg. (S. 1—192.) Lex. 8. Wien (909. 10). Gerlach & Wiedling. à 5.—

Schulz, Fritz Traugott (Bearb.), s. a. **Bürgerhäuser**, Nürnbergs, und ihre Ausstattung.

— der Hirschvogelsaal zu Nürnberg. Eine bau- u. kunstwissenschaftl. Abhandlg. Mit Zeichngn. v. H. J. Dennemarck. (72 S. m. Vignetten u. 11 Taf.) 8. Nürnberg 906. J. L. Schrag. n. 8.—

Schulz, Fritz Traug., Alt-Nürnbergs Profanarchitektur, s.: Quelle, die.

Die Rundkapelle zu Altenfurt bei Nürnberg. Ein Bauwerk d. 12. Jhs. Eine geschichtl. u. bauwissenschaftl. Untersuchung von Dr. Fritz Traugott **Schulz**. Mit 12 Abb. Strassburg: J. H. E. Heitz 1908. (58 S.) 8°
— **Studien** z. Deutschen Kunstgeschichte. H. 94. (08. 3685

Schulz, Fritz Traugott: Die St. Georgenkirche in Kraftshof. Mit 35 Abb. auf 21 Taf. Strassburg: Heitz 1909. 67 S. 4°(8°)
(Studien z. deutschen Kunstgeschichte. H. 107.)

Die Schrotblätter des germanischen Nationalmuseums zu Nürnberg, s. a. **Einblattdrucke** des 15. Jahrh.

Die **Schrotblätter** des Germanischen Nationalmuseums zu Nürnberg bearb. von Fritz Traugott Schulz, Konservator am Germ. Nationalmuseum. Mit e. Vorw. von Gustav v. Bezold. Mit 31 Taf. Strassburg: J. H. E. Heitz 1908. (V, 30 S.) 2°(4°)
— **Einblattdrucke** d. 15. Jahrhunderts. [11.] (08. 14937

Schulz, Fritz Traugott, aus Hörde: **Typisches der grossen Heidelberger Liederhandschrift und verwandter Handschriften nach Wort und Bild. Eine germanistisch-antiquar. Untersuchung.** *Göttingen 1899: Dieterich.* (116 S.) 8°
Göttingen, Phil. Diss. v. [20. Apr.] 1899

Schulz, Fritz Traug., Typisches der grossen Heidelberger Liederhandschrift u. verwandter Handschriften nach Wort u. Bild. Eine germanistisch-antiquar. Untersuchg. (Neue [Titel-] Ausg.) gr. 8. (116 S.) Göttingen [899.] 901. Vandenhoeck & Ruprecht. n. 3.20

Schulz, G., die prakt. Ausbildung d. Predigtamts-Kandidaten f. das evang. Kirchenamt. gr. 8. (4½ B.) Königsberg 841, (Gräfe u. Unzer.) Thlr. •

Schulz, G., eine Auswahl d. vorzüglichsten Stammbuch-Aufsätze, gesamm. 16. (6 B.) Guben 840, (Berger.)

Schulz G. , histor.-geograph. Beschreib. d. Provinz Pommern, f. Volksschulen, nebst e. Anhange, die Anfangsgründe der mathemat., phys. u. polit. Geographie enthalt. 8. Stettin 822 (L. Oehmigke in Berl.) 12 gl.

—— Freya. Erzählungen u. Mährchen f. Kinder v. 8—14 Jahren. 8. (11¼ B. u. 8 col. Kpfrt.) Guben 839, (Berger.) •

Der **Hammer** in seiner symbolischen Bedeutung. Für Jedermann, insonderheit für Maurer und die es werden wollen von G. **Schulz.** Mit 3 lithogr. Taf. Naumburg: Wild 1825. 125 S. 8° [Kupfertit.]
Kl. 644. **Drei zshängende Abhandlungen üb. den Hammer u. den Zweck der Menschheit.** 23. 25.

Schulz, G. der Hammer in seiner symbol. Bedeutung für Jedermann, insonderheit f. Maurer u. die es werden wollen. Mit 3 Steintaf. u. 1 Vign. 8. Naumb. 825. Wild; (a. Enobloch in Leipz.) 12 gl.

Schulz, G., Pommern, e. Lesebuch f. Volksschulen, zur Förderung d. Kunde dieses Landes, u. e. Unterhaltungsschrift f. den gebild. Bürger u. Landmann. 8. ... Prenzlau 828, [Kalbersberg.]

— Pommern, ein Lesebuch f. Volksschulen, zu Förder. d. Kunde dieses Landes, u. eine Unterhaltungsschrift f. d. gebildeten Bürger u. Landmann. 8. Prenzl. 828. Ragoczy. 20 gl.

Schulz: Quaestiones criticae ad Ciceronis Aratea. 16 S. Neu-Ruppin, Progr. 1868

Schulz, G. Ch., sehet Euch vor! Prüfet Alles, vor Allem aber die Geister! Ein Wort zur Prüfg. der Separation u. d. Freikirchenthums. Erweit. Aufl. 1. Hft. 12. (259 S.) Nürnberg 882. Raw. n. — 60

Schulz, G. H. E., Vorschläge zur Neugestaltung der Eisenbahn-Gütertarife für Deutschland. 8. (27 S.) Berlin 880. Zollern. — 75

Schulz, G K August (Darmstadt)
Ueber Rhachitis congenita. Inauguraldiss.
Giessen: W. Keller 1849. 39 S. u. 2 Bl. Thesen.
Diss. med. 1.12.1849. vorh. 26. 11. Δ.

Der Pfarrer von St. Jürgen. Erzählung von Gabriele **Schulz** (E. Nilas). *Berlin: O. Janke [1903].* (142 S.) 8° [F.]
(Kollektion Otto Janke.) [04. 45. 1

Wer hat's am besten? Erzählung f. d. Jugend u. d. Volk von Gabriele **Schulz**. Breslau: M. Woywod 1904. (107 S.) 8° [F.]
— **Volks- u. Jugend-Bibliothek**, Woywods. Bd 22. [45. 1904

— wer hat's am besten?. f. Woywod's Volks- u. Jugend-Bibliothek.

[F. u. Ant.] **Schulz**, Georg: *Bericht über die Ferienkolonie während der Sommerferien 1890.* Berlin, Druck v. C. H. Müller, 1891; S. 12–16; 4°
Berlin, Falk-RG, P 1891 (96)

Schulz, Geo., arboris consanguinitatis et affinitatis expositio. 8. Strasb. 713.

Schulz, Georg Katalog der Schülerbibliothek zusammengestellt von G. S. 8 (1 Bl., 39 S.).
Progr. Friedrich-Wilhelms-G. *Neu-Ruppin* 1894 (83).
Dass.s.a.Schulz,Gustav.

Schulz, Georg [aus Märkisch-Friedland]: Der Krebs der Speiseröhre .... Berlin, Buchdr. v. Knoll u. Wölbling (1886); 20+3 S. 8°.
Berlin, Med. Fak., Inaug.-Diss. v. 30. Jul. 1886.

Schulz, Georg, der Krebs der Speiseröhre. Diss. Berlin 1886, Mayer & Müller. 8°. 20 S.

[Schulz, Georg]: • Leben und Wirken Othloh's von St. Emmeram. 38 S. 4° (2°)
Halle-Wittenberg, Phil. Diss. v. 12. Jan. 1875
Geb. [Stendal 16. 9. 1851]
Verf. erlebte die Diplomerneuerung 1925 als Professor, Studienrat a. D. in Ohlau.

— de oblatione ac depositione pecuniae, seu rei debitae. 8. Brem. Förster. 775.

Schulz, Georg: Die Rechte des Geschäftsführers ohne Auftrag gegen den Geschäftsherrn. *Friedenau [1901]: L. Schultz.* (48 S.) 8°
Rostock, Jur. Diss. v. [25. Febr.] 1901

SCHULZ, Georg (Leetze): Experimentelle Untersuchungen über das Vorkommen und die diagnostische Bedeutung der Leukocytose.- Leipzig: Hirschfeld 1893. 1 Bl., 46 S.
22.7.1892 – Chr 1892/93,151; Jv 1892/93,212 (Prom.-Datum: 1893)
Diss. Ingolst.-Landsh.-Mchn.

Schulz, Georg, Dr.: Aus Ohlaus Vergangenheit. (T. 1.) *Ohlau: M. Neumann in Komm. 1902.* (80 S.) 8° [F.]
Ohlau, st. G, P 1902 (223)

Schulz, Georg: Aus Ohlaus Vergangenheit. [T. 2.] Ohlau 1910: Hoffmann. S. 81–174. 8° ¶ (Forts. d. P-Beil. 1902.)
Ohlau, k. G P 1910 (287) [S 10. 401

Schulz, Georg, a. Collin in Pommern: Zum Verständnis der Politik des Kurfürsten Wilhelm von Hessen-Cassel im Jahre 1806. Greifswald 1908: H. Adler. (93 S.) 8°
Greifswald, Phil. Fak., Ref. Ulmann, Diss. v. 27. Juli 1908
[Geb. 2. Aug 84 Collin (Pommern); Wohnort: Collin; Staatsangeh.: Preußen. Vorbildung: Gymn. Stargard (Pommern) Reife O. 03; Studium: Greifswald 3, Berlin 2, Greifswald 3 S.; Rig. 20. Febr. 08.]

Schulz, Georg E. F.

Schulz, Geo. E. F., Natur-Urkunden. Biologisch erört. photograph. Aufnahme frei leb. Tiere u. Pflanzen. 1.–8. Heft. (Je 20 Taf. m. Text.) 8. Berlin, P. Parey. à Heft 1. —
1. Vögel. 1. Reihe. (20 S.) 908. — 2. 3. Pflanzen. 1. u. 2. Reihe. (16 u. 16 S.) 908. — 4. Pilze. 1. Reihe. (16 S.) 908. — 5. Vögel. 2. Reihe. (16 S.) 909. — 6. Frühlingspflanzen. (16 S.) 909. — 7. Insekten. 1. Reihe. (16 S.) 909. — 8. Alpenpflanzen. 1. Reihe. (16 S.) 909.

Schulz, Georg Friedrich Wilhelm, s. Schultz, Georg Friedrich Wilhelm.

Schulz, Georg Peter

Schulz, Geo. Pet., de cancellariis regni Poloniae. 4. Danzig, Knoch. 743.

— Historia interregni novissimi et comitiorum in Prussia Polonica 1733. celebr. c. fig. 4. ibid 738.

— comment. de mareschalcis regni Poloniae. 4. ibidem. 743.

— de Subcamerario regni Polon. comment. 4. ibidem. 747.

Schulz, Gottfried

Schulz, Gottfr., Anmerkungen üb. d. Proben e. Lehrbüchel f. d. sogenannt. Brüdergemeinden. 12. Neuherrnhut. Mivlins. 743.

Schulz, Gottfried *Franz Ludwig Johann* [aus Mainz]: Die Entwickelung des landwirtschaftlichen Genossenschaftswesens in Bayern ... München, Bruckmann'sche Buchdr., 1897; 37 S., 1 Bl. 8.
Erlangen, Phil. Fak., Inaug.-Diss. v. 24. Mai 1897

Schulz, Gottfried: Nachruf der Ehren, oder historische Lob- und Gedenkrede auf Leopold. I. Breslau 1706. 4°

Schulz, Gotthard Ludov. Henr. (geb. Sorau [illegible] 1831). De angina membranacea. Berolini (1856). (27 S.) 8°
Berlin, Med. Diss. v. 5. Juli 1856

Schulz, Guido (Geo.), s. Leben u. Schicksale des Paters Guido Schulz.

Schulz, Gustav [aus Stralsund]: Aus d. pharmakolog. Institut d. Univ. Würzburg. Über Chloroformverdunstung und Dosierung von Chloroformluftgemischen ... Würzburg, J. B. Fleischmann'sche Buchdr., 1895; 24 S. 8.
Würzburg, Med. Fak., Inaug.-Diss. v. 1895

Schulz, Gust., das Gesetz wegen kürzerer Verjährungsfristen, s. Belehrungen üb. Gesetze 2c., 7. Hft.

Schulz, Gust., Hamburg — Valparaiso. Süd-America gr. 4. (21 Stahlst.) Leipzig 895. (Hamburg, Kramer, Sort.) In Leinw.-Mappe 6. —

Schulz, Gust., Handbuch über Gesetz u. gerichtl. Verfahren 2c., s. Belehrungen über Gesetz und gerichtl. Verfahren in den Preuß. Staaten.

Schulz, Gust., ein Jünger Pestalozzi's. Briefe aus dem Jugendleben e. deutschen Gelehrten u. Schulmannes. 8. (76 S.) Erfurt 890. Bartholomäus. n. 1. —

Schulz, Gustav [Prof.]: Katalog der Schülerbibliothek. Neu-Ruppin, Druck v. E. Buchbinder, 1894; 2 Bl., 39 S. 8.
Neu-Ruppin, Friedrich-Wilhelms-G, P 1894 (83)
Dass.s.a.:Schulz,Georg.

Schulz, Gust., Musterblätter z. Ausbildung im Schönschreiben, f. Gewerbe-, Sonntags- u. Bürgerschulen. Eine Sammlung Aufsätze mit besond. Berücksichtig. der Schreibart im bürgerl. Geschäftsverhältnisse. 1. u. 2. Abthl. (à 18 Bl.) Fol. Berlin 843, Winckelmann u. Söhne. à

Schulz, Gustav, Rechtsprakt. a. Frankenthal: Die rechtliche Natur der Zwangsversteigerung. Frankenthal 1905: L. Beller. (45 S.) 8°
Würzburg, Jur. Fak., Ref. Jaeger, Diss. v. 30. Juli 1905
[Geb. 21. Okt. 81 Frankenthal; Wohnort: Frankenthal; Staatsangeh.: Bayern; Vorbildung: Gymn. Neustadt a./H. Reife Juli 99; Studium: Würzburg 3, München 1, Berlin 1, Würzburg 1 S.; Rig. 20. Juni 05.]

Schulz, Gust., der Preußische Staat und die römisch-katholische Kirche, mit besond. Berücksicht. der Maigesetze. gr. 8. (28 S.) Neu-Ruppin 879, Petrenz.

Schulz, Gustav, s. S t e i n , C. L. F.: Vorlegeblätter.

Schulz, Gustav Ferdinand

Schulz, Gust. Ferd. (geb. Pritzwalk 1816): De anaesthesia cutanea. Berolini (1842). (27 S.) 8°
Berlin, Med. Diss. v. 16. Apr. 1842

Schulz, Gustav J.

Schulz, Gust. J., die Kleinen. Silhouttenbuch f. Kinder zur Unterhaltg. u. Belehrg. Text v. Em. Züngl. gr. 8. (21 Bl. m. eingedr. Holzschn. u. 1 Holzschntaf.) Prag 875. Otto. n. 2. 60

Schulz, H., Bleikrankheiten, s.: Sonderabdrücke der Deutschen Medicinal-Zeitung.

Schulz, H., f.: Gesetze, Verordnungen u. Verfügungen, betr. das niedere Unterrichtswesen in Elsaß-Lothringen.

Schulz, H., Gesetze, Verordnungen u. Verfügungen, betr. das niedere Unterrichtswesen in Elsaß-Lothringen. Mit Genehmigg. d. kaiserl. Oberschulrats f. Elsaß-Lothringen zusammengestellt u. hrsg. Neue Ausg. gr. 8. (VIII, 167 S.) Straßburg i/E. 891. F. Bull. n. 2.—

Schulz, H., Hand-Fibel. Ausg. C. Nach der analytisch-synthet. Methode bearb. von H. Bohm. 8. (132 S.) Berlin 874. Oehmigke's Verl. n. — 40

Schulz, H., Hermione, f. Hermione.

Schulz, H., f.: Predigten, evangelische, f. Taubstumme.

Schulz, H., Reseda. Tuberosen. Citrus, s.: Bastei, F.

Schulz, H., über eine dem Goldpurpur analoge Silberverbindung. Inaugural-Dissertation. gr. 8. (31 S.) Göttingen 857, (Vandenhoeck und Ruprecht's Verlagsb.) • •

Schulz, H. J., Leben, Leiden u. Freuden der schönen Isabelle. 8. Hamb. 811. (Herold jun.)

PAESIELLO, Giovanni (d. i. *H. J. Schulz*). — M a r z i p i l l a R i p s r a p s ; W a n d e r u n g e n , S t a t i o n e n , D u r c h f l ü g e , K r e u z - und Q u e r z ü g e durch die N o m a d e n h o r d e n des teutschen Theaters, von GIOVANNI PAESIELLO, Verf. der schönen Müllerin, der eingebildeten Philosophen u. a. m. 2 Thle. Mainz u. Hamburg, Gfr. Vollmer, 1809. 8°. (8 Mk. 50 Pfg. G. Priewe, c. 1890.)
Pikanter Theaterroman. 254 u. 343 SS. Mit 1 (freien) TKpf. u. TVign. (Emanuel S c h i k a n e d e r als Hanswurst). Der Titel zum 2. Theil hat die Bemerkg.: Neue wohlf. Ausg. Zuerst gedr. ib. 1 8 0 2. 8°. 254 (incl. gestoch. Tit.) u. 348 SS. (7 Mk. Lesser; ohne Kpf. 4½ Mk., Leihbibliex., Koebner; 5 Mk. Kühl; 6 Mk., stark. geles., Max Harrwitz, c. 1903.)

— — Dasselbe. N e u d r u c k d e r A u s g a b e v o n 1 8 0 2. München, Bibliogr.-artist. Institut (Albert Unflad), o. J. (1884). 8°. (1 Mk. Fischhaber, Reutl., 1886.)
56 SS. Ist nur ein A u s z u g a u s d e m e r s t e n T h e i l des Originalromans. — V e r b o t e n vom L.-G. Wien, 2. Februar 1884. § 516.

Vgl. P a e s i e l l o , G.

[Gedicht.] Dem innig geliebten Br.·. W. Hall gen.: „Bruderherz" zur Feier seines 70. Geburtstages, am 4. Febr. 1899 in der ☐ Minerva-Rhenana i. O. Köln a. Rh. [Unterz.:] H. O. Schulz. [Köln 1899.] 1 Bl. 8° [Kopftit.]
„Das Bruderherz hat Wiegenfest!"

Schulz, Hans: A u g u s t e n b u r g . Ein Wandertag. Sonderabdruck aus „Deutsche Revue", Dezember 1904. Stuttgart. 1904. 8°

Schulz, Hans: Frühneuhochdeutsche Euphemismen. Straßburg: Trübner 1908. S. 129—173. 8° ¶(Aus: Zeitschrift f. deutsche Wortforschung. Bd 10.)
Freiburg i. B., Phil. Diss. v. 1908, Ref. Kluge
[Geb. 6. Juni 86 Bunzlau; Wohnort: Freiburg i. B.; Staatsangeh.: Preußen; Vorbildung: Gymn. Bunzlau Reife O. 04; Studium: Berlin 1, Jena 1, Leipzig 1, Freiburg i. B. 4 S.; Rig. 28. Apr. 08.] [U 09. 1045

Schulz, Hans, aus Berlin, Unterarzt im Kgl. Preuß. Gren.-Reg. König Wilh. I. (2. Westpr.) No 7, approb. Arzt: Aus d. med. Klinik f. Haut- u. Geschlechtskrankheiten d. Kgl. Charité (Direktor: Prof. Dr. Lesser). Zwei Fälle von primärem Erysipelas gangraenosum penis et scroti. *Berlin 1903: J. Sittenfeld.* (36 S.) 8°
Berlin, Med. Diss. v. 22. Apr. 1903

Schulz, Hans, deutsches Fremdwörterbuch. 1. Lfg. (II u. S. 1—80.) Lex. 8. Straßburg 910. K. J. Trübner. 1. 50

Schillers Gönner Friedrich Christian von Schleswig-Holstein und die Orden v. **Hans Schulz.** [Berlin. (1907).] 8° Sonderabdruck aus den Monatsheften der Comenius-Gesellschaft. 1907, H. 2.

Schulz, Hans, Friedrich Christian, Herzog zu Schleswig-Holstein. Ein Lebenslauf. (VI, 402 S. m. 1 Bildnis u. 1 Stammtaf.) Lex. 8. Stuttgart 910. Deutsche Verlags-Anstalt. 6.—; geb. 6. 75

Schulz, Hans: Herzog F r i e d r i c h Christian zu Schleswig-Holstein und Friedrich August Wolf. Leipzig. 1901. 4°

Schulz, Hans: F r i e d r i c h Christian von Schleswig-Holstein-Sonderburg-Augustenburg und Schiller. Eine Nachlese. Sonderabdruck aus: Deutsche Rundschau, Jg. 31, H. 6, März 1905. Berlin. 1905. 8°

— f.: Friedrich Christian, des Herzogs zu Schleswig-Holstein-Sonderburg-Augustenburg, Briefwechsel m. König Friedrich IV. v. Dänemark.

Schulz, Hans (Hrsg.), s. F r i e d r i c h Christian zu Schleswig-Holstein: Timoleon und Immanuel.

Markgraf Johann Georg von Brandenburg-Jägerndorf Generalfeldoberst v. Dr. Hans **Schulz.** *Halle: M. Niemeyer 1899.* (VI S., 1 Bl., 147 S.)
= Abhandlungen, Hallesche, z. neueren Geschichte. H. 37. [99. 10

Schulz, Hans [aus Berlin]: Peter von Murrhone '(Papst Coelestin V.)' I. Th. . . . Berlin, W. Weber, 1894; 46 S., 1 Bl. 8.
Berlin, Phil. Fak., Inaug.-Diss. v. 8. Aug. 1894

Schulz, Hans: Über Elisa von der R e c k e . Neue Mitteilungen. Leipzig. 1908. 8° [Sonderabdruck aus: „Leipziger Bibliophilen-Almanach 1908".]

Schulz, Hans *Karl* [aus Zwätzen]: Der Sacco di Roma, Karls V. Truppen in Rom 1527—1528 ... (Erscheint vollst. als Heft 32 von: Hallesche Abh. z. neueren Gesch. hrsg. v. G. Droysen.) Halle a. S., Druck v. E. Karras, 1893; 2 Bl., 32 S., 1 Bl. 8.
Halle, Phil. Fak., Inaug.-Diss. v. 16. Dez. 1893

Schulz, Hans, Dr. Phil. Der S a c c o d i R o m a. Karls V. Truppen in Rom 1527—1528. (Aus:) „Halle'sche Abhandlungen zur neueren Geschichte. Herausgegeben von Droysen." 32. Heft. 8. Halle 1894.

— der Sacco di Roma, Karls V. Truppen in Rom 1527—1528, s. u. Abhandlungen, Hallesche, zur neueren Geschichte.

Schulz, Hans, s.: Schiller u. der Herzog v Augustenburg in Briefen.

— s.: Timoleon u. Immanuel, Dokumente e. Freundschaft.

Schulz, Hans: Untersuchung isotroper und anisotroper Medien durch Reflexion der Lummerschen Doppelringe. Breslau 1908: Grass, Barth & Co. (42 S.) 8°
Breslau, Phil. Fak., Ref. Lummer, Diss. v. 7. Febr. 1908
[Geb. 15. Okt. 85 Berlin; Wohnort: Breslau; Staatsangeh.: Preußen; Vorbildung: Friedrichs-Werdersche Oberrealsch. Reife O. 04; Studium: Berlin 4, Breslau 4 S.; Rig. 7. Dez. 08.]

[H.] Wallenstein und die Zeit des dreissigjährigen Krieges. Von Dr. H a n s Schulz. M. 4 Kunstbeil. u. 150 authent. Abb. ... *Bielefeld & Leipzig: Velhagen & Klasing 1898.* (1 Bl., 133 S., 4 Portr., 3 Facs. m. 3 Erl.-Bl.) 1 Bd 4.(8.)
— Monographien z. Weltgeschichte. [Bd] III. 98. 1164

Schulz, Hartw. J. C.

Schulz, H. J. C., Reden bei d. Confirmation der Prinzessin Auguste Carol. Friederike Louise v. Braunschweig u. Lüneburg. gr. 8. Braunschw. 780. Schulbuchh. 3 K

Schulz, Hartw. J. C., Reden bey d. Confirmation d. durchlaucht. Prinzessin Auguste Karoline Luise v. Braunschweig-Lüneb. gr. 8. Braunschw. Schulbuchh. 780.

Schulz, Heinrich, s A n z e i g e r , Westphälischer.

Schulz, (H.,) üb. die Bedeutung der Gewerbe im Staate u. üb. das Naturprincip d. Verfassungbildung. 1e Abthlg. gr. 8. Hamm 822, Schulz.
Vgl. B e d e u t u n g , ...

Schulz, Heinrich (Hrsg.), s. E l t e r n h a u s und Schule.

Stolte, Theod.: **Festrede zum 50jährigen Maurerjubiläum des Meisters vom Stuhl der Loge Teutonia z. W. im Orient Potsdam Br. [Theodor] S t o l t e I. gehalten am 25. Mai 1893 vom Br. Heinr. Schulz. Potsdam 1893: Brandt. 4 Bl. 8°. [Umschlagtit.]** 21.

Schulz, Heinr., Fragmente über Revolutionen. gr. 8. (IV u. 30 S.) Hamm 848, Schulz. 1/6 ℛ

Schulz, Heinrich [aus Darmstadt]: Ueber das Hydrazinhydrat ... München, J. A. Finsterlin, 1890; 3 Bl., 31 S. 8°
Erlangen, Phil. Fak., Inaug.-Diss. v. 1890

Schulz, Heinr., zur Kritik u. Wiedergeburt der Geschichte. Eine Reihe histor.-krit. Abhandlungen. gr. 8. (25½ B.) Hamm 845, Schulzische Buchh.

Schulz, Heinr., die M u t t e r als Erzieherin. Kleine Beitr. zur Praxis der proletar. Hauserziehg. (72 S.) kl. 8. Stuttgart 907. J. H. W. Dietz Nachf. — 50; kart. — 75

Schulz, H e i n r i c h: Die Mutter als Erzieherin. Kleine Beitr. z. Praxis d. proletar. Hauserziehung. 2. Aufl. Stuttgart 1908. 8°

Schulz, Heinrich [aus Klein-Kreutz]: Über phthisis pulmonum und deren Behandlung, m. bes. Berücks. d. Wirkg d. Koch'schen Heilmittels auf tuberkulöses Lungengewebe ... Würzburg, Druck d. Etlinger'schen Buchdr., 1891; 25 S. 8.
Würzburg, Med. Fak., Inaug.-Diss. v. 1891

Schulz, H.: Die Predigerwahl zu Schwelm, oder: Begründet der mit den symbolischen Schriften der evangelischen Kirche nicht übereinstimmende Glaube eines Predigers einen rechtlichen Einspruch gegen seine gesetz- u. ordnungsmäßig vollzogene Wahl? H. 1. [einz.] Hamm 1836.

Schulz, H., die Predigerwahl zu Schwelm, s. **Predigerwahl.**

— Protestantismus u. Katholicismus, od. der Kampf üb. Voß u. Stolberg in Westphalen. Eine Reihe von Schriften für u. wider. 8. Hamm 820. Schulz. 6 ℊ

— Sozialdemokratie u. Schule. (53 S.) 8. Berlin 907. Buchh. Vorwärts. — 75

—— der Sprecher, s. **Sprecher.**

— zur Urgeschichte des deutschen Volksstamm's. gr. 8. Hamm 826, Schulz.

Schulz, Heinr., Wanderbuch. Ein Gedicht in Scenen u. Liedern. 8. (10¾ B.) Leipzig 838, Brockhaus.

Schulz, Heinr., s.: Zeitschrift, illustrirte, f. Klein- u. Strassenbahnen.

Schulz, Heinr., Zoagria, od. Rettung u. Erhaltung d. Lebens in jeder Art der Gefährdung dess. Eine Aufforderung zu e. bessern Beacht. d. Menschenlebens als diesem höchsten Gute des Menschen bis jetzt zu Theil wurde. Für Aerzte u. besond. f. Nichtärzte. 8. (4¼ B.) Berlin 834, Hirschwald.

Schulz, Heinrich Wilhelm

Schulz, Heinr. Wilh., die Amazonen-Vase von Ruvo erklärt u. in kunsthistor. Beziehung betrachtet. gr. Fol. (IV u. 16 S. m. 3 Kupfertaf. in qu. gr. Fol u. qu. Imp. Fol.) Leipzig 851, G. Wigand. n. 6⅔ ℛ

Schulz, Heinr. Wilh., und v. Quandt, Beschreibung der im neuen Mittelgebäude des Pohlhofs befindl. Kunst-Gegenstände, s. im 11. Bde. Quandt, Jh. G.

Schulz, Heinr. Wilh., Denkmaler der Kunst des Mittelalters in Unteritalien. Nach dem Tode des Verf. herausg. von Ferd. v. Quast. 4 Bde. Mit Holzschn. (im Text), 1 (lith.) Uebersichtskarte u. 3 genealog. Taf. (in 4. u. Fol.) Dresden 860. (Leipzig, Brockhaus.) Imp.-4. (XXX, 1156 S. u. 96 Kpfrtaf. in Fol., 3 S. Erlauterungen u. lith. Portr. des Verf.) nn. 120 ℛ

HEINRICH WILHELM SCHULZ, Führer durch das Museum des Königlich Sächsischen Vereins zu Erforschung und Erhaltung vaterländischer Alterthümer im Königl. Palais des grossen Gartens. Dresden, 1852. Druck von C. C. Meinhold und Söhne. 8°.

HEINRICH WILHELM SCHULZ und GUSTAV KLEMM, Führer durch das Museum des Königlich Sächsischen Vereins zu Erforschung und Erhaltung vaterländischer Alterthümer im Königl. Palais des grossen Gartens. Auf Anordnung des Directoriums neu zusammengestellt und erweitert von FRANZ LOUIS BÖSIGK. (Mit Tafeln.) ib. 1856. —

Schulz, Heinr. Wilh., über die Nothwendigkeit eines neuen Galleriegebäudes f. d. königl. Gemäldes. q. Dresden. 8. (1½ B.) Leipzig 846, Brockhaus.

——, Carl Friedr. v. Rumohr, sein Leben u. seine Schriften. Nebst e. Nachwort üb. d. physische Constitution u. Schädelbildung sowie über die letzte Krankheit Rumohrs von C. G. Carus. 8. (6 B.) Leipzig 844, Brockhaus. *

Schulz, Hermann. Antoine Arnauld (1612–1694) als Philosoph.... (Diss. Phil. Bern.) 8. Einsiedel 1896.

Schulz, Hermann De M. Valerii Messallae aetate. 4 (8 S.). **Progr.** Marienstifts-G. *Stettin* 1886 (128)

Schulz, Hermann, Gerichts-Ref. in Aachen: Der Begriff der Gefahr im Strafrecht unter besonderer Berücksichtigung der Polizeiübertretungen und der gemeingefährlichen Delikte. Borna-Leipzig 1905: R. Noske. (x, 62 S.) 8° [F.]
Münster, Jur. Fak., Ref. Rosenfeld, v. Savigny, Diss. v. 31. Dez. 1905
[Geb. 16. Juni 83 Düsseldorf; Wohnort: Aachen; Staatsangeh.: Preußen; Vorbildung: Paulin.-Gymn. Münster Reife O. 01; Studium: Bonn 1, Berlin 1, Freiburg i. B. 1, Münster 3 S.; Rig. 14. Nov. 05.]

[F.] Damenwahl! Lustspiel in 1 Aufz. v. Hermann Schulz. *Mühlhausen i. Th.: G. Danner [1898].* (32 S.) 1 Bd 8.
= Thalia. [No] 37. [98. 9403

Schulz, Herm., üb. den Einfluss der Nerven-Durchschneidung auf die Gewebe. Inaugural-Dissertation. gr. 8. (30 S.) Königsberg 874. (Leipzig, Kessler.) n. 1. 20

SCHULZ, HERMANN. Ueber die Einwirkung von Säurechloriden und Bromiden auf Chinone. Marburg, 1883.

Schulz, Herm., Fest-Glocken. Ein Kranz v. Gedichten auf die Feste d. christl. Kirchenjahres. 16. (VII, 61 S.) Görlitz 898. H. Tzschaschel. n. 1. —; geb. n. 1. 50

[F.] **Schulz**, Hermann [Referendar]: Haftet die offene Handelsgesellschaft für die selbständigen, d. h. nicht in Ausführung von Rechtsgeschäften begangenen Delikte ihrer Mitglieder? ... Greifswald, Druck v. J. Abel, 1890; 51 S. 8.
Greifswald, Jur. Fak., Inaug.-Diss. v. 1890

Der Herr Lieutenant kommt! Schwank in 1 Akt von Hermann Schulz. *Mühlhausen i. Th.: G. Danner [1898].* (32 S.) 8° [F.]
= Thalia No 40 [02. 1128

— hinter d. Jubiläumskulissen, s.: Vereinstheater.

Schulz, Hermann, approb. Arzt aus Hohenhenningen: Ueber gutartige **Penistumoren.** ⟨Ein Fall von Fibromyom d. Penis.⟩ *Freiburg i. B. 1902: E. Kuttruff.* (25 S.) 8°
Freiburg i. B., Med. Diss. v. 1902

Schulz, Herm., quae nova Sophocles protulerit nomina composita. Dissertatio inauguralis. gr. 8. (74 S.) Königsberg 882, (Beyer's Verlag.) *

[F.] Das Rendez-vous. (Humor.) Duo-Scene f. junge Damen v. Herm. Schulz. *Mühlhausen i. Th.: G. Danner [1897].* (10 S.) 1 Bd 8.
= Damen-Scenen, G. Danner's. No 4. [98. 11731

-- das Rendez-vous, s. a. Danner's, G., Damen-Scenen, Nr. 4.

[F.] Die Rheinwacht. Allegor. Festspiel in 1 Aufz. v. Hermann Schulz. *Berlin: Kühling & Güttner [1894].* (8 S.) 1 Bd 8.
= Festspiel-Sammlung f. Bühnen- u. Gesellschafts-Zirkel. No 5. [96. 5610

— vom selben Schlag, od.: Alte Liebe rostet nicht, s.: Danner's, G., Theater-Abend, Nr. 5.

Schlappermanns. Schwank in 1 Akt von Hermann Schulz. *Berlin: Kühling & Güttner [1899].* (19 S.) 8° [F.]
= Album f. Liebhaber-Bühnen. No 350. [02. 1735

Deutschland's Stolz. Militär. Festspiel zur 100j. Geburtstagsfeier Kaiser Wilhelm's I. von Hermann Schulz. *Mühlhausen i. Thür.: G. Danner [1897].* (13 S.) 8° [F.]
= Herrenbühne, G. Danners. No 10. [00. 8434

— Deutschland's Stolz, s. a. Danner's, G., Herren-Bühne.

[Ant. u. F.] A tempo! oder Wer Andern eine Grube gräbt ... Lustspiel in 1 Akt '(Nach e. Stoff v. H. Häfker)' v. Herm. Schulz ... *Mühlhausen i. Th.: G. Danner [1897].* (24 S.) 1 Bd 8.
= Thalia. [No] 25. [98. 9945

[F.] Der Theaterteufel. Schwank in 1 Akt v. Hermann Schulz. *Berlin: Kühling & Güttner [1892].* (14 S.) 1 Bd 8.
= Album f. Liebhaber-Bühnen. No 291. [96. 6043

[F.] Ein Vorurteil. Lustspiel in 1 Akt v. Herm. Schulz ... *Mühlhausen i. Th.: G. Danner [1897].* (24 S.) 1 Bd 8.
= Thalia. [No] 22. [98. 9940

Schulz, Hermann Gustav Lemniskatische Polarkoordinaten und ihr Zusammenhang mit den gewöhnlichen Polarkoordinaten und den rechtwinkligen Polarkoordinaten. (Umschlagtitel: Lemniskatische Polarkoordinaten mit ihren Beziehungen zu ....) 4 (S. 3—29, 1 Taf.). **Progr.** Rprg. *Pillau* 1888 (25)

Schulz, Hubert. «Über den Harzbalsam von Pinus halepensis» und «Die Harzmäntel von Sarkokaulon». Diss. Phil. Bern. ... angenommen ... 13. Dez. 06. [Illustriert.] 72 S. 8. (Potsdam, Edmund Stein, [1907].)

Schulz, Hugo ⟨geb. am 6 Aug. 1853 in Wesel a. Niederrh.⟩: Ueber das Abhängigkeitsverhältniss zwischen Stoffwechsel und Körpertemperatur bei Amphibien und Insekten ... Bonn, Univ.-Buchdr. v. C. Georgi 1877. 20 S., 1 Bl. 8.
Bonn, Med. Fak., Diss. v. 21 März 1877

Schulz, Hugo, Aufgabe u. Ziel d. modernen Therapie. [Aus: „Deutsche medicin. Wochenschr."] gr. 8. (20 S.) Leipzig 890. G. Thieme. n. 1. —

Schulz, Hugo, einj. freiw. Marinearzt in Wilhelmshaven: Aus d. Univ.-Frauenklinik zu Breslau. Die in der geburtshilflichen Poliklinik der Kgl. Univ.-Frauenklinik zu Breslau in den Jahren 1893/1904 zur Beobachtung gekommenen Beckenendlagen. Borna-Leipzig 1905: R. Noske. (v, 26 S.) 8°
Breslau, Med. Fak., Ref. Küstner, Diss. v. 11. Febr. 1905
[Geb. 31. Mai 80 Glogau, Niederschl.; Heimatsort: Glogau; Staatsangeh.: Preußen; Vorbildung: Kgl. evang. Gymn. Glogau Reife O. 99; Studium: Greifswald 4, Freiburg i. B. 1, München 1, Leipzig 1, Breslau 2 S.; Coll 10. Jan. 05; Approb. 21. Juni 04.]

Schulz, Hugo. Blut und Eisen. Krieg und Kriegertum in alter und neuer Zeit. Berlin. Vorwärts Verlag [1906].
2 Bde 4°
1. VI + 399 S. m. 351 Abb., 1 Taf.
2. S. 402—786 m. 224 Abb.; 1 Taf.

Schulz, Hugo. Blut und Eisen. Krieg und Kriegertum in alter und neuer Zeit. Band 1. Mit 352 Bildern und Dokumenten aus der Zeit und einer Beilage [Tafel]. VIII + 400 S. 4. Berlin, Buchh. Vorwärts, [1907]. [M. 5.—]
(Kulturbilder. Sammlung [kulturgeschichtlicher Darstellungen] ... für die deutschen Arbeiter.... Band 3, Teil 1.)

Schulz, Hugo Characteristisch, s. Dilettanten-Mappe.

Schulz, Hugo, s.: Conrad v. Megenberg, das Buch der Natur.

Schulz, Hugo, das Eucalyptusöl, pharmakologisch und klinisch dargestellt. gr. 8. (102 S. mit 1 lithogr. Curventaf.) Bonn 881, Cohen und Sohn. *

— Grundriss d. practischen Arzneimittellehre. gr. 8. (VII, 207 S.) Stuttgart 888. Enke. n. 5.—

Schulz, Hugo, die officinellen Pflanzen u. Pflanzenpräparate. Zum Gebrauch f. Studirende u. Aerzte übersichtlich zusammengestellt. Mit 94 Illustr. gr. 8. (III, 176 S.) Wiesbaden 885. Bergmann. n. 4. 60

— Pharmakotherapie. [Aus: „Lehrb. d. allg. Therapie".] gr. 8. (IV u. S. 521—640.) Wien 898. Urban & Schwarzenberg. n. 3. 20

Studien über die Pharmakodynamik des Schwefels. E. Beitr. z. Arzneiwirkgslehre u. Balneologie. Von Dr. Hugo **Schulz,** ord. Prof. . . . d. Univ. Greifswald. M. 1 Kurventaf. *Greifswald: J. Abel 1896.* (1 Bl., 78 S., 1 Taf.) 1 Bd 8. 96. 901

Schulz, Hugo (geb. Herwigsdorf in Schles. 6. 11. 1843): Thesen. Berlin (1870). (2 Bl.) 8°
Berlin, Med. Thes. v. 20. Aug. 1870

Traum der Rose. Singspiel in 1 Akt (nach B. Herrmann) von Hugo Schulz. Musik von Alfred Sammann. *Berlin: Kühling & Güttner [1896].* (15 S.) 8° [5.]
— Album f. Liebhaber-Bühnen. No. 311.

Schulz, H., verjährt, s.: Album f. Liebhaber-Bühnen.

Schulz, Hugo, Vorlesungen üb. Wirkung u. Anwendg. d. unorganischen Arzneistoffe f. Ärzte u. Studierende. (III, 336 S.) Lex. 8. Leipzig 907. G. Thieme. 8.—; geb. in Leinw. 9.—

Schulz, Hugo, aus Insterburg: Ueber die Wanderung der Jonen in wässeriger Chlornatrium- und Chlorammoniumlösung bei 0°, 18° und 30° C. *(Charlottenburg 1904: J. Zalachowski.)* (51 S.) 8°
Berlin, Phil. Diss. v. 27. Febr. 1904

Schulz, J., Anleitung zur Untersuchung der f. die Zucker-Industrie in Betracht kommenden Rohmaterialien, Producte, Nebenproducte u. Hülfssubstanzen, s.: Frühling, R.

Schulz, J. (Ill.), s. Elzholz, L.: Das preussische Heer.

Schulz, J., s. Heer, Das preußische.

Schulz, J.(Red.), s. Kirchensänger, Der.

Über Morbus Basedowii u. s. operative Behandlg. Von Dr. J. **Schulz,** früh. Assistenzarzt . . . d. Marien-Krankenhauses Hamburg . . . *Berlin: Fischer 1897.* (38 S.) 8.
= **Klinik,** Berliner. H. 108. 97. 2259

Schulz, J. A. S.

Gesänge zur Feier des Johannis-Festes in der Gr. Nat.-Mutter-Loge zu den drei Weltkugeln im Or. zu Berlin. (Cantate zur Johannis-Feier. Musik von J. A. S. **Schulz.**) [Berlin] o. J.: Gädicke. 8 S. 8° [Umschlagtit.]
Ohne Noten: „Brüder! huldigt unserm Bunde . . ." 23.

Schulz, J. C., üb. die Abnahme d. innerlichen u. äußerl. Religion des gegenwärtigen Zeitalters, u. die Mittel, dies. unt. den Menschen aufs neue zu beleben. 8. Jena, Voigt. 812.

Schulz, J. F. Handbibliothek d. Wissenswürdigsten f. jede Haushaltung, od. vollständ. Samml. der neuesten erprobten Anweisungen u. Erfindd. in allen Zweigen der Haus- u. Landwirthschaft. 12. Düsseld. 831. (Leipz., Centr.-Compt.) 9 gr.

Schulz, J. F., Hand-Bibliothek d. Wissenswürdigsten f. jede Haushaltung, od. vollständ. Samml. d. neuesten erprobt. Anweisungen u. Erfindn. in allen Zweigen d. Haus- u. Landwirthschaft. 12. (4½ B.) Düsseldorf 831. (Köln, Ritzefeld.)

Schulz, J. F. Diss. inaug. jur. de remediis juris contra sententias arbitrorum. 4. Götting. 791. Dieterich. 1 gr.

Schulz, J. F. Hermann, Zur Sonnenphysik. (Separat-Abdr. aus dem Repert. der Physik, Bd. XXV, 1888. (13062)

Schulz, J. F. Osmar

Begrüssungs-Lied zur Feier des 50jährigen Maurer-Jubiläums unseres Br∴ Cl. Schumacher am 9. Oct. 1892. [Unterz.:] J. F. O[smar] **Schulz.** [Köln 1892: Breuer.] 1 Bl. 8° [Kopftit.]
Ohne Noten: „Ein herzliches „Willkommen!" lasst uns singen . . ." 140.

Brudermahl-Lied. [Unterz.:] J. F. O[smar] **Schulz.** o. O. u. J. 1 Bl. 8° [Kopftit.]
Ohne Noten: „Wenn die Sonne untergeht . . ." 140.

Festlied. [Unterz.:] J. F. O[smar] **Schulz.** [Köln] o. J. 1 Bl. 8° [Autogr.] [Kopftit.]
Ohne Noten: „Die Herzen glüh'n, im Glase glänzt der Wein, . . ." 430.

Fest-Lied. [Unterz.:] J. F. O[smar] **Schulz.** o. O. u. J. 1 Bl. 8°. Kopftit.]
Ohne Noten: „Die Herzen glüh'n, im Glase glänzt der Wein" . . .
Nicht identisch mit W. 40408, da dieses Autogr. 21

Kettenspruch bei der Tr.·. ☐ am 29 ten Oct. 1892. [Unterz.:] J. F. O. S[chul]z. o. O. 1892. 1 Bl. 8° [Autogr.] [Kopftit.]
„Es ist bestimmt in Gottes Rath, . . .“ 157.

Schulz, J. O.

— die Dienst- und Rechts-Verhältnisse der Procuristen, Handlungsbevollmächtigten, Handlungsgehülfen u. Handlungslehrlinge mit einem Anhang über das Verabfolgen von Waaren an Dienstboten ꝛc. und Formularen zur Abfassung kaufmännischer Schriftsätze, als: Dienstverträge, Handlungs-Gesellschaftsverträge, Procuren ꝛc. Ein unentbehrliches Handbuch für Kaufleute, Fabrikanten, Spediteure ꝛc. u. deren Gehülfen. Forst 863. (Stettin, Saunier.) 8. (IV, 44 S.) n. 10 ngr.

Schulz, J. O., die Verjährung und Verjährungsfristen von 24 Stunden bis zu 50 Jahren, nach preußischen Gesetzen. Mit einigen wichtigen Entscheidungen des Königl. Ober-Tribunals. Ein Handbuch für Handel- u. Gewerbtreibende, sowie für jeden Bürger u. Landmann. Forst i./L. 864. Unverzagt & Co. 8. (XI, 81 S.) 15 ngr.

Schulz, J. Wilhelm G., a. Berlin: Untersuchungen über etwaige regelmässige Änderungen von Höhenunterschieden und über zufällige und systematische Nivellementsfehler, angestellt an periodischen Feineinwägungen, die im Jahre 1905 von der geodätischen Abteilung der Kgl. Landwirtschaftlichen Hochschule zu Berlin in Halensee ausgeführt wurden. (Berlin 1906: G. Schade.) (61 S.) 8°
Berlin, Phil. Fak., Ref. Helmert, Diss. v. 22. Dez. 1906
[Geb. 8. März 82 Berlin; Wohnort: Buenos Ayres; Staatsangeh.: Preußen; Vorbildung: Realgymn. Charlottenburg Reife O. 01; Studium: Berlin Landw. Hochsch. 4, Univ. 5 S.; Rig. 15. Nov. 06.]

Schulz, Jakob

Schulz, Jac., das moderne Schaufenster in 44 Blatt. 16 verschiedene Entwürfe nebst allen Detailausarbeitgn. praktisch ausgeführter Orig.-Konstruktionen. (8 S. Text.) Fol. Dresden 906. Holze & Pahl. In Mappe n. 22.—

Schulz, Jak., das moderne Schaufenster. Neue Folge. (25 Taf. m. 4 S. Text.) 49,5×33,5 cm. Leipzig (909.) Seemann & Co. In Mappe 16.—

— Die moderne Schmiedekunst f. Praxis u. Schule. Neue Entwürfe, neue Bearbeitg., Details, Konstruktionen, Werkzeuge, Erklärungen, Kalkulationen, Materialkunde. Neue Eisenbearbeitg. Entwürfe von Kunst- u. Bauschlosserarbeiten in moderner Richtg., m. Detailzeichngn., Konstruktionsschnitten u. sämtl. Angaben üb. Kalkulationen, Werkzeugherstellg., Verwendbarkeit derselben, Angaben üb. verschied. Techniken usw. Zum Gebrauche f. Kunst- u. Bauschlosser, Architekten, Zeichner, f. Fortbildungs-, Handwerker- u. Kunstgewerbeschulen gezeichnet u. hrsg. (56 Taf. m. 8 S. illustr. Text.) 47,5×33,5 cm. Ebd. (909). In Mappe 24. —

Schulz, Jaroslav Gustav

Schulz, Jar. G., Řecká kniha cvičebná pro nižší gymnasium. Dle začáteční knihy řecké od Dr. K. Schenkla. Prag-Wien 1889. Tempsky. 1.20, geb. 1.40. (Min.-Erl. 9. September 1889. Z. 17308.)

Schulz, J. Gust., attische Verbal-Formen, alphabetisch zusammengestellt auf Grund v. Inschriften u. Autoren, m. besond. Berücksicht. der Gymnasial-Classiker. 12. (XII, 123 S.) Prag 888. Storch Sohn. geb. n.n. 1.60

Schulz, J. Gust., attische Verbal-Formen, alphabetisch zusammengestellt auf Grund v. Inschriften u. Autoren, m. besonderer Berücksicht. der Gymnasial-Classiker. 2. Aufl. 12. (X, 123 S.) Prag 902. A. Storch Sohn. Geb. n. 1.60

Schulz, Jeannette, Pomona-Körbchen. Sammlung v. neuen vegetar. Koch- u. Backvorschriften. Hrsg. v. Carlotto Schulz. 8. (38 S.) Berlin 893. M. Breitkreuz. n. —60; geb. in Leinw. n. 1.—

Schulz, Ignaz

Schulz, Ign. Vide: Eisen- und Metallarbeiter Wiens.

Schulz, Joachim Christoph Friedrich, s. Schulz, Friedrich.

Schulz, Johann

Schulz, J. Andachtsbuch für Taubstumme, enthaltend erbauliche Betrachtungen über Sonn- u. Festtags-Evangelien, so wie auch Gebete zum täglichen Gebrauch ꝛc. 8. Erfurt 840. Müller. 1/2 rf

Schulz, Joh. (Heinr), etymologisch-synonymische Begriffsentwickelung in Beispielen, durch welche auch die verschiedenen tropischen und figürlichen Bedeutungen desselben Wortes vollständig erläutert sind, für den Sprachunterricht der Taubstummen ausgearb. gr. 8. (IV und 154 S.) Erfurt 850, Körner. *

Schulz, Johannes: Aus der chirurgischen Abtheilung des Diakonissenhauses zu Posen. (Dr. Borchard). Ueber Darmstenose infolge von Gangrän der Schleimhaut nach Incarceration von Hernien und Heilung derselben durch Enteroanastomose ohne Resection des Darmes. *Leipzig 1898: J. B. Hirschfeld.* (14 S.) 8°
Leipzig, Med. Diss. v. 29. Jan. 1898

Schulz, Ioh., examen catecheticum compendii theologiae Huttori. 12. Francf. 706.

Schulz, Johannes, a. Jauer: Die philosophische Grundlage der Pädagogik Friedrich Fröbels. Jauer 1905: K. Dettmann. (123 S.) 8°
Leipzig, Phil. Fak., Ref. Volkelt u. Heinze, Diss. v. 30. Juni 1905
[Geb. 15. Dez. 81 Jauer; Wohnort: Jauer; Staatsangeh.: Preußen; Vorbildung: Gymn. Jauer Reife O. 00; Studium: Halle 1, Berlin 1, Breslau 3, Leipzig 5 S.; Rig. 10. Mai 05.]

Schulz, Johannes, appr. Arzt a. Frankfurt a. O.: Über luetische Lebertumoren. Diagnose und ihre Behandlung. Berlin (1907): G. Schade. (32 S.) 8°
Berlin, Med. Fak., Ref. Hildebrand, Diss. v. 2. März 1907
[Geb. 11. Nov. 79 Frankfurt a. O.; Wohnort: Frankfurt a. O.; Staatsangeh.: Preußen; Vorbildung: Gymn. Frankfurt a. O. Reife M. 98; Studium: Berlin 10 S.; Coll. 24. Febr. 07; Approb. 22. Apr. 05.]

— sacrarum observationum manipulus. 8. ibidem, 717.

— Schreiblese- u. Elementar-Sprachbuch mit Versinnlichungs-Bildern. Die Bilder gezeichnet von H. Kruspe. 3. verb. Aufl. 4. (IV u. 32 S. u. 24 S. m. col. Lith.) Erfurt 852, Billaret. n. 1/2 rf

Schulz, J., Schreiblese- und Elementar-Sprachbuch mit Versinnlichungs-Bildern. Die Bilder gez. von H. Kruspe. 3. verb. Aufl. 853. (2 Bl., 64 S.) n. 16 ngr. — 4. sehr verb. Aufl. Erfurt (854.) Bartholomäus. 4. (2 Bl., 56 S., wovon 24 lith. u. color.) n. 17½ ngr.

Schulz, J., Schreiblese- und Elementar-Sprachbuch mit Versinnlichungs-Bildern. 3. Aufl. (IV, 32 und 24 lithogr. S.) 1853. * 16 Ngr. und 4., verb. und verm. Aufl. 4. (IV und 64 S., wovon 24 lithogr. und ill. und 8 mit eingedr. Lithogr.) Erfurt 854, Bartholomäus. * –

Schulz, J. und A. Zinck, Schreiblese- und Elementar-Sprachbuch mit Versinnlichungs-Bildern und einem Lieder-Anhange. Die Bilder gezeichnet von H. Kruspe. 5. revid. und verm. Aufl. 8. (IV, 87 S., wovon 24 lithogr.) Erfurt 879, Bartholomäus. cart. *

Schulz, J., Schreiblesebuch f. d. ersten Unterricht taubstummer Kinder. Mit 330 Versinnlichungsbildern. gr. 8. (8 B.) Erfurt 842, Keysersche Buchh. * –

Schulz, J. erstes Sprech-, Lese- u. Sprach-Buch f. Taubstumme, auch beim Lese- u. Sprachunterrichte Vollsinniger brauchbar. 8. Erfurt 829. (Keyser). 12 gr.

Schulz, J., erstes Sprech-, Lese- u. Sprach-Buch f. Taubstumme, auch beim Lese- u. Sprachunterr. Vollsinniger brauchbar. Sowohl nach e. genauen Erforschung der Laute, als auch nach e. sorgfält. Beobacht. d. Stufenganges u. der Art u. Weise, wie der Gehörlose in den Besitz der Sprache zu bringen ist, ausgearb. u. geordnet. 8. (9 B. incl. vieler lith. Abbild.) Erfurt 829, (Winkler.)

— Taschenwörterbuch f. Taubstumme, mit besonderer Rücksicht auf die Grundbedeutungen d. Stammwörter, so wie auf Wortbildung, Ableitung u. Sinnverwandtschaft. 8. (VIII u. 172 S.) Erfurt 852, Körner. n. 1/2 Thlr.

Schulz, Jh. Versuch üb. d. Beweis des Hrn. Frz. Xav. Gemeiner, daß die Ordensgelübde jener Orden, die d. Landesfürst in seinen Staaten nicht mehr dulden will, ohne vorhergehende Dispensation ihre Verbindlichkeit verlieren. 8. Leipz. 783. Barth. 12 gr.

Schulz, Johann Abraham Peter

Schulz, J. A. P., ueb. den Choral u. die ältere Literatur desselben. Neuer Abdr. gr. 8. (12 S.) Erfurt 872. Körner'sche Buchh. 30

Schulz, J. A. P. Entwurf einer neuen und leichtverständlichen Musiktablatur. Berlin.

Schulz, J. Ab. Pt., Entwurf einer neuen Musiktablatur. 4. Berlin, Rellstab. 786.

Schulz, Jh. Abr. Pt., († d. 10. Juni 1800.) Entwurf e. neuen leicht verständl. Musiktablatur. 4. Berl. 787. Rellstab. 7 gr.

— Gedanken üb. d. Einfluß d. Musik auf die Bildung e. Volks. 8. Kopenh. 790. (Brummer). 2 gr.

— Gesänge am Klavier. gr. 4. Berl. 779. Rottmann. 20 gr.

— Lieder im Volkston, bei dem Klavier zu singen. 3 Thle. gr. 4. Berl. 785—90. Rottmann. 4 Thlr.

— Partitur in Chiffern von Maria u. Johannes, einem Passionsoratorium, mit e. erklär. Vorbericht. 4. Kopenh. 791. (Brummer). 20 gr.

Schulz, Johann Christoph Friedrich, s. A m n e r : Über d. Abendmahl.

— Anmerkungen, Erinnerungen u. Zweifel über J. D. Michaelis Anmerk. f. Ungelehrte zu s. Uebersetz. d. N. Test. 6 Stck. 4. Halle, Gebauer. 790–94. (à 9 gr.)

— Anmerkk., Erinnerungen u. Zweifel üb. J. D. Michaelis Anmerkk. für Ungelehrte zu seiner Uebersetz. des N. Testam. 6 Stcke. 4. Halle 793, 94. Gebauer. 2 Thlr. 6 gr.

– s. B i b l i o t h e k , Englische.

Schulz, Jh. Cph. Fr., († d. 26. Jan. 1806.) Bibliothek der griech. Literatur, mit Zusätzen. 8. Marb. 771. 2e Aufl. 776 Krieger.

— Bibliothek d. neuesten u. besten engl. Predigten, siehe Bibliothek.

– s. B l a i n e y : Über die 70 Wochen Daniels.

– s. B o w y e r : Konjekturen.

– s. B r i e f e aus Mainz.

– s. B u r n u. Enfield: Predigten.

— hebräisches Elementarbuch. 2 Thle. 8. Halle 780, 81. Gebauer. 1r prosaischer Thl. 9 gr. 2r poet. Thl. 18 gr. 1 Thlr. 3 gr.

– s. E n f i e l d : Predigten.

– s. E n g l a n d , G.: Untersuchung.

— Erklär. d. 1n u. 2n Briefes Pauli an die Corinther. gr. 8. Halle 784, 85. Gebauer.

— Gedanken üb. d. Studium d. morgenländ. Sprachen, nebst e. Anzeige seiner Wintervorlesungen. 8. Götting. 769. Dieterich.

Schulz, Johann Christ. Friedrich. Geschichte des o s m a n i s c h e n R e i c h s, von seiner Stiftung an bis auf gegenwärtige Zeiten. Nach dem Französischen des Herrn de la C r o i x, mit Verbesserungen. (3 Bde.) 8. Frankfurt und Leipzig 1769—1772.

Vgl. L a c r o i x .

– s. G r a y , A.: Vorlesungen.

– s. H a r r i s : Abhandlung.

– s. H a r w o o d : Einleit.

– s. H a r w o o d : Socinianism.

– s. d'H e r b e l o t : Bibliothek.

– s. K e n n i c o t : Notae crit.

— L e x i c o n, vide Ioh. C o c c e j u s.

– s. P a l m e n , S.: Empfehlung.

— Proben morgenländ. Poesien. 1s Stck. 8. Frankf. u. Leipz. 770. Schwickert. 3 gr.

– s. P s a l m e n .

— d. Psalmen a. d. hebr. Comment. erläutert. gr. 8. Leipz. Weygand. 772.

— Psalmus 49 varietate lectionis observationibusque philologicis illustratus. Prs. I. et II. 4. Götting. 769, 71.

— Scholia philologica et critica in vet. Test. X Vol. gr. 8. Nürnb. Grattenauer. 783--98. (1r cont. Pentateuchum 1 Rthlr. 20 gr. 2r Iosuae, Iudae, Ruthae et Samuelis libros 1 Rthlr. 12 gr. 3r Regum, Parolipomenon, Esrae, Nehemiae et Estrae libros 1 Rthlr. 8 gr. 4r continuatum n G. L. Bauer Psalmos complec. 1 Rthlr. 12 gr. 5r tres lib. Salomonis 1 Rthlr. 8 gr. 6r lib. Iobi 1 Rthlr. 16 gr. 7r duodecim Prophetas minores 1 Rthlr. 12 gr. 8r Haggaeum, Zachariam, Malachiam et Iinam Part. Iesaiae 1 Rthlr. 8 gr. 9r poster. Iesaiae partem 1 Rthlr. 8 gr. 10r Ieremiam 1 Rthlr. 16 gr.)

Schulz, J. C. F., Scholia in vetus Testamentum. X Tomi. 8maj. Norimb. 783—98. Jetzt Lauffer in Leipzig. 1

– s. Snell, J. P. L.: Apostelgeschichte.

— d. alte Testament a. d. Hebr. m. Anmerk. f. allerley Leser. 1r Bd. d. Schriften Mose. gr. 8. Leipzig, Weygand. 773.

– s. Testament, Das Alte u. d. Neue.

Schulz, Joh. Chr. Fr., d. neue Testament a. d. Hebr. m. Anmerk. für allerley Leser. 1r Bd. d. 4 Evangelisten. gr. 8. Leipz. Weygand. 774. Rthlr.

– s. Türpin: Leben Mohammeds.

– s. Untersuchung üb. die Bedeutung Satan.

– s. Walch, E. W. F.: Grundsätze.

– s. Walther, C. T.: Ellipses.

– hebr. deutsch. Wörterbuch üb. d. alt. Testament, ein freyer Ausz. a. s. Coccelischen Lexikon ꝛc. f. Schulen ꝛc. gr. 8. Leipz. Weygand. 796.

Schulz, Johann Dominikus. s. Schultze, Johann Dominikus.

Schulz, Johann Er.

— comment. theolog. de naevis nonnullis Socinianorum in hermeneutica. 8. (Diss. inaug. I. et II.) Königsb. 776.

— elementa theologiae popularis theoreticae in usum auditorum tabulis comprehensa. 8. Königsb. 788. (Unzer). 6 gr.

— elementa theologiae practicae in us. auditor. tabulis comprehensa. 8. Königsb. 791. (Unzer). 9 gr.

Schulz, Jh. Er., († d. 9. April 1806.) observationes theologicae. Fasc. I. 8maj. Königsb. 772. (Unzer). 4 gr.

— Samml. e. Predigten. gr. 8. Königsb. 791. (Unzer). 20 gr.

— symbola ad theologiam typicam. 8. Königsb. 771.

— populaire Theologie, od. Entwurf der gemeinnütz. Erkenntnißlehren d. Christenthums. 2 Thle. 8. Königsb. 788. (Unzer). 1 ℔ 16 gr.

Schulz, Johann Friedrich

Schulz, John Frdr., newest Guide through Prague. With 12 photogr. views (in lithogr.) a (lithogr.) map (in Imp.-4.) and 3 plans of the theatres of Prague (in Holzschn.). 16. (168 S.) Prag 869, Calve'sche Universitäts-Buchh. *

Schulz, John Fred., newest guide through Prague with historical explanations, a (lith.) map and 3 plans of the theatres of Prague. (Titelausg.) 16. (126 S.) Prag (1871) 880. Kosmack & Neugebauer. geb. n. 2. 40; Ausg. m. 12 (lith.) Bildern n. 3. 20

Schulz, John Frederic, newest guide through Prague. With 10 (photolith.) views, and a map of Prague. 12. (VIII, 128 S.) Prag 884. Neugebauer. geb. n. 3. 60

Schulz, Johann Friedrich August

Schulz, Joan. Frid. August. (geb. Neustadt a. d. Dosse 20. 1. 1791): De chorea St. Viti. Berolini (1821). (75 S.) 8°

Berlin, Med. Diss. v. 30. Aug. 1821

Schulz, Johann Friedrich Chr.

Schulz, Joh. Friedr. Chr., der Volksschul-Zeichen-Unterricht. Für Lehrer bearb. 2 Thle. 4. Wittenberg 883, Herrosé Verlag. à Thl. * M 4,50. *

Inhalt:

Thl. 1. Der Zeichenunterricht in Knaben- und gemischten Klassen. (XXVI, 112 S. mit eingedr. Fig. und 2 color. Stnt.)

" 2. Der Zeichenunterricht in Mädchenklassen. (XXVI, 115 S. mit eingedr. Fig. und 2 color. Stnt.)

—— dass. — Übungshefte für Knaben- und gemischte Klassen. 6 Nrn. 4. (8; 8; 10; 10; 12; 12 Bl.) Ebendas. 883. à Nr. * 20 Pf. *

—— dass. — Übungshefte für Mädchenklassen. 6 Nrn. 4. (à Nr. 10 Bl.) Ebendas. 883. à Heft * 20 Pf. *

Schulz, J. Friedr. Chr., der Volksschul-Zeichen-Unterricht. 7 Übungshefte mit Vorzeichnungen für Mädchenklassen. 4. Wittenberg 885, Herrosé Verlag. [1.—6. Heft (à 10 Bl.) à Heft * 12 Pf.; 7. Heft (12 Bl.) * 15 Pf.] *

—— dass. — für Knaben und gemischte Klassen. 4. Ebendas. 885. [1.—4. Heft (à 10 Bl.) à Heft * 12 Pf.; 5.—7. Heft (12; 12; 14 Bl.) à Heft * 15 Pf.] *

Schulz, Johann Gottfried [Praes.], s. Asmann, Friedr. August: De civilitate nimia.

Schulz, Johann Gottlob

Schulz, Jh. Glo., († d. 16. Oct. 1810.) Abriß e. Regentengeschichte v. Sachsen. Fol. Leipz. 795. (W. Rauck). 4 gr.

— Abriß e. Regentengeschichte v. Sachsen. Fol. Leipz. Meyer. (Sommer.) 795.

Schulz, Johann Gottlob, s. Beleuchtung d. deutschen Union.

– s. Beschreibung von Leipzig.

Ruthenorum de Plavia — Delineatio geographica Specialis Territorii celsissimorum S. R. J. Comitum — utriusque Linea Senioris et Junioris partem Vogtlandiae opera et studio Joh. Gottlieb Schultzii, S. C. M. Jag.-Lieut. accurate edita. Excudente Tob. Conrad Lotter, Geogr. Aug. Vindel. Georg Frid. Lotter fil. sc. 1:155,000. 1 Bl.

– s. Entstehung altdeutscher Sprüchwörter.

— Geschichte Sachsenlandes u. seiner Regenten. A. u. d. Tit.: Handbuch f. die sächs. Jugend. 1r Thl. Leipz. 795. (Fischer u. Fuchs). 1 ℔

Schulz, Joh. Gl., Geschichte Sachsenlandes u. s. Regenten, (auch unter d. Titel: Handbuch f. d. sächs. Jugend. 1r Thl.) 8. Leipz. Griesshammer. 795.

KARLSBERG, Wendelin von, oder der Don Quixott des achtzehnten Jahrhunderts (von *Johann Gottlob Schulz*). Leipzig, bei Johann Samuel Heinsius, 1789. 8°. (2 Mk. 50 Pfg. Gust. Fock, Lpz., 1909.)
Anon.-Lex. IV. p. 389 (nach Meusel u. Kayser).

Schulz, Jh. Glo. Ueber das Lotteriewesen, für Liebhaber der Lotterie und die es nicht sind. 8°. Leipzig 1794.

Schulz, J. G.: „Das einzige mögliche Mittel, der Brodtheurung ohne Unkosten des Staats für immer zu steuern. Nebst einer Untersuchung über die Ursachen der Theurung", Leipzig 1803. — Vorh.: Preuß. Staatsbibl. Berlin und Com. Bibl. Hamburg.

— das einzig mögliche Mittel, der Brodtheuerung ohne Kosten des Staats f. immer zu steuern. 8. Leipz. 803. Hinrichs. 8 gr. (a. Gerold in Wien). 4 ℔

PORTRATS nach dem Leben gezeichnet (vom Studiosus *Johann Gottlob Schulz*). Erster (einz.) Band. Mit Titelvignette (ein Faun wirft einen Knüttel unter ein Rudel Hunde, mit der Unterschrift: „Der sich getroffen fühlt, schreit"). Berlin und Leipzig (Delitzsch, Schmidt) 1789. 8°. 64 S. (In Leipzig, Stadtbibl.)
Vgl. Porträts...

RINGWALD, Heinr. (d. i. *Joh. Gottlob Schulz*), Die neuen Schildburger oder Lalenburg in den Tagen der Aufklärung. Nürnberg (Halle) 1791. 8°. 188 S. Selten! (12 Mk. Emil Hirsch, München, 1909.)

— historisches Taschenbuch f. die Jugend. 8. Leipz. Hepc. 796.

Schulz, Joh. Gttl., Diss. inaug. med. de tympanitide. 8. Gotting. 787. Dieterich. 2 ℔

Schulz, Johann Heinrich, s. Actenstücke aus d. Religions-Proceß.

– s. Betrachtungen über Theologie.

Schulz, Joh. Heinr. Der Begriff des Schönen. Crefeld 1867. 8°.

Schulz, Johann Heinrich: Die Bestimmung und Erziehung des weiblichen Geschlechts. — Stuttgart: Cast 1844. VIII, 343 S. 8°

— die Bestimmung u. Erziehung des weiblichen Geschlechts. gr. 8. Stuttgart 844, Cast'sche B. 2⅜ ℔ — Neue unveränd. Ausg. gr. 8. Ebend. 845. 2⅜ ℔

Schulz, Joh. Heinr., die Bestimmung u. Erziehung des weibl. Geschlechts. 2. (Titel-) Aufl. gr. 8. (XVI u. 343 S.) Stuttgart (845) 847, Cast. 1 ℔ 18 ngr

– s. Beurtheilung d. vertr. Briefe.

– s. Brief d. heil. Jambres.

(J. H. Schulz): Erweis d. himmelweiten Unterschiedes d. Moral v. d. Religion. *Halle*, Franke. 788. 8° 1 ℔

—— Fauna Marchica. Die Wirbelthiere der Mark Brandenburg. Ein Handb. f. Lehrer, Forstbeamte, Landwirthe, Jäger, Studirende. 4 Lfgn. gr. 8. (38¾ B.) Berlin 815. [Potsdam, Riegel'sche Buchh.]

Schulz, Jh. Hnr., Fauna Marchica. Die Wirbelthiere der Mark Brandenburg. Ein Handb. für Lehrer, Forstbeamte, Landwirthe, Jäger, Studirende. 4 Liefg. gr. 8. Berlin 845, 46, Enslin'sche Buchh. n. 2⅚ ℔

Schulz, Joh. Heinr., Freiheit od. Gesetz? Einige protestant. u. reformator. Gedanken üb. die christl. Kirche. Vorgetragen im Wiesbadener Lokal-Protestantenverein am 5. Dezbr. 1870. Nebst e. Anh.: „Ecce homo!" u. „Was ist Wahrheit?" gr. 8. (16 S.) Wiesbaden 871. Limbarth. n. — 50

Schulz, J[ohann] H[einrich]: Gedanken über die dem weiblichen Geschlechte zugesprochene Fähigkeit zum Unterrichten in wissenschaftlichen Disciplinen in der Schule. Vorgetr. i. d. 52. Sitzung d. päd. Gesellsch. z. Berlin. — Berlin: Hayn 1837. 60 S. 8°

Schulz, Joh[ann] Heinr[ich]: Geschichte der Königlichen Real- und Elisabethschule zu Berlin. — Berlin: Selbstverl. 1857. 218 S. 8°

— Grundriß der Zoologie und Botanik. Zum Gebrauche in höheren Schulanstalten für das männl. und weibl. Geschlecht. gr. 8. Berlin 835. Enslin'sche Buchh. (F. Müller.) ⅝ ℔

—— Grundriß die Zoologie u. Botanik. Zum Gebrauche in Gymnasien, Seminarien u. höheren Schul-Anstalten. 2. Aufl. (15½ B.) 843. 25 Ngr. u. 3., verb. u. bedeut. verm. Aufl. gr. 8. (17 B.) Berlin 846, Müller's Vrlgsh. *

Schulz, J. H., das Ideal, oder: Die Erfüllung des Grundgesetzes in Kunst und Leben. Mainz 861. (Leipzig, E. H. Mayer.) gr. 8. (44 S.) 7½ ngr

— die Kunst u. die Schönheit, das Thema der Menschheit, d. Staates, jedes Einzellebens. Mit e. Anh.: „Erziehung zur Kunst", Entwurf; nebst Beurtheilgn. gr. 8. (72 S.) Wiesbaden 873. (Rodrian.) n. 3. –

—— Lehrbuch für den naturwissenschaftlichen Unterricht in höheren Töchterschulen. Nach method. Grundsätzen bearb. 1. (vorbereitender) und 2. (systematischer) Cursus. gr. 8. Berlin, Geelhaar. [1. (X und 106 S.) 851. * 12 Ngr., 2. (VIII und 248 S.) 852. * 24 Ngr.] *

—— Lehrbuch d. Zoologie. Zum Gebr. f. Lehrer an höh. Schulanstalten f. d. männl. u. weibl. Geschlecht, sowie z. Selbstbelehr. bearb. gr. 8. (38 B.) Berlin 836, Logier.

– s. Mendelssohn, M., D. entlarvte.

—— die Naturgeschichte als Bildungsmittel, beleuchtet nach ihrem Werthe, Stoffe u. der bei d. Unterr. in ders. anzuwend. Methode, nebst Andeutn. z. Anlage e. naturhistor. Samml. f. Schulen. Ein Hülfsb. f. Lehrer. 8. (7⅛ B.) Berlin 837, Hayn. Thlr.

– s. Predigt v. Höllenstrafen.

—— die königl. Realschule zu Berlin. Eine histor. Skizze. gr. 8. (6 B.) Essen 842, Bädeker.
Aus: Rheinische Blätter ꝛc., besond. abgedruckt.

-- Religionsprozeß, s. Religionsprozeß.

— — Fortsetzung des Religionsprozesses. 8. Halle, Franke. 800.

(J. H. Schulz): Versuch einer Anleit. z. Sittenlehre f. alle Menschen ohne Unterschied d. Religionen. *Berl.*, Schöne. (783.) 787 -90. 4 Thle. 8° 3 ß 6 gl
Vgl. Versuch...

Schulz. J. H., Wegweiser für die botanischen Excursionen in der Mark Brandenburg besonders in der Umgegend Berlins. Aufgezeichnet ꝛc. Die Phanerogamen, Farrn, Equisetaceen, Lycopodiaceen, Marsileaceen und Characeen enthaltend. Ein Hülfsbuch für Botaniker, Mediciner, Pharmaceuten ꝛc. Berlin 857. Schroeder. 8. (VIII, 171 S.) n. 15 ngr

Schulz, Johann Heinrich August, s. Schulze, Johann Heinrich August.

Johann Jakob Wilhelm Schulz

De Ortu et usu caseosae vernicis qua obducta conspiciuntur recens natorum corpora. Helmstadii (1788:) Leuckart. XXIV S. 8°
Helmstedt, Med. Diss. v. 25. Sept. 1788

Schulz, Johann Ludwig, s. Schulze, Johann Ludwig.

Schulz, Johann Michael Friedrich, s. Schulze, Johann Michael Friedrich.

Schulz, Jh. Otto Leop., s. Otto Schulz.

Schulz, Johannes, s. Schulz, Johann.

Schulz, (*Johann Theodor*) Joseph [(Dr. med.), app. Arzt aus Capelle i. W.]: Aus d. chirurg. Klinik zu Leipzig. Ein Beitrag zur Nierenchirurgie spec. der Steinniere ... Kiel, Druck d. »Nord-Ostsee-Zeitg«, 1896; 31 S. 8.
Leipzig, Med. Fak., Inaug.-Diss. v. 27. Mai 1893

Schulz, Jos., Beurtheilung u. Beleuchtung der interessantesten und gemeinnützigsten öffentlichen Anstalten in Oesterreich und in auswärtigen Staaten mit dem Hinblicke auf ihren Einfluss, dann einiger Erfindungen der neuesten Zeit, nebst einer Abhandlung über Literatur und Kunst. 8°. Wien, Tendler, 1838.

Schulz, Jos., Charakteristik Kaiser Joseph's II. in 130 Anekdoten aus seinem Leben. Mit beigegebenen Gedichten. Gesammelt, hrsg. und seinen Verehrern gewidmet. 1. und 2., verm. Aufl. 16. (120 S.) Gratz 852, Kienreich. (Leipzig, Haessel.) *

Schulz, (Jos.,) Elegie auf den Tod Alexander I., Kaisers v. Rußland, Wien 826, Verf.

Schulz, J. philosoph. Gedanken auf d. Friedhofe. gr. 8. (..B.) Wien 836, Wallishausser.

Schulz, Josef —. Die Hausherren und unsere Theuerungs-Zustände. kl. 8. (VIII und 94 S.) Wien. A. Dorfmeister's Druck und Verlag. 1854.

Schulz, Joseph. — Macht und Gewalt der Literatur auf den Staat und die Kultur des Menschengeschlechtes. Von — — 8. (32 S.) Wien. Gedruckt bei Adalbert della Torre. 1854.

Schulz, Jos., Sängergruss. Deutsche Volkslieder f. gem. Chor u. Männerchor. Op. 5. 2., verm. Aufl. 8. (48 S.) Lahr (894). Ch. Schömperlen. n. — 60

Schulz, Jos. Die byzantinischen Zellen-Emails der Sammlung Schwenigorodskoi, aufgestellt im städt. Suermondt-Museum in Aachen. gr. 8. (83 S. m. 14 Lichtdr.-Taf.) Aachen 881, (R. Barth Verlag).

—— Der byzantinische Zellenschmelz. Als Mskr. gedr. Lex.-8. (IX, 104 S. m. 21 Lichtdr.-Taf. u. 1 Bildnis in Photogr.) Frankf. a. M. 890. (Aachen, R. Barth Verlag.)
Beide Werke gratis f. Interessenten durch Vermittlg. v. R. B.

Schulz, J(osephus) A(ugustinus) Bruno: Aus dem agrikulturchemischen und bakteriologischen Institut der Universität Breslau. Die Beziehung einiger aromatischer Verbindungen zur Benzoesäure bezw. Hippursäurebildung und eine neue Methode zur Bestimmung von Salizylsäure neben Benzoesäure bezw. Hippursäure. Merseburg 1905: F. Stollberg. (29 S.) 8° ¶ (Aus: Mitteilungen der Landwirtschaftlichen Institute der Kgl. Universität Breslau Bd 3, H. 4)
Breslau, Phil. Fak., Ref. Pfeiffer, Diss. v. 18. Sept. 1905
[Geb. 9. Juli 80 Skaibotten, Kr. Allenstein; Wohnort: Breslau; Staatsangeh.: Preußen; Vorbildung: Gymn. Rössel O. 01; Studium: Breslau 8 S.; Rig. 27. u. 28. Juni 05.]

Schulz, Julius

Schulz, Jul., sorgfältige Auswahl zwei- und dreistimmiger Lieder für die Oberklassen einer gehobenen Volksschule zur Mitnahme ins Leben. Guben 853. Berger. 8. (3 Bl., 52 S.) n. 3½ ngr

Schulz, Jul., Beitrag zur Profil- u. Formenlehre zum Gebrauche bei Vorträgen an Baugewerkschulen u. anderen techn. Lehranstalten sowie zur pract. Verwerthg. u. zum Selbstunterricht für angeh. Architekten, Baugewerkmeister etc. 26 (lith.) Taf. m. erläut. Text. Fol. (8 S.) Würzburg 874. Stahel. n. 8. —

Die Christfeier in Gesang und Deklamation. 7 Feierpläne nebst vollst. Stoffdarbietung dargeboten f. Erziehungsanstalten ... von **Julius Schulz**, Erzieh.-Insp. zu Berlin. *Berlin: Schriftenvertriebsanst. 1900.* (48 S.) 8° [F.]

Schulz, Julius: Ueber die mechanische Disposition zur Varicocele. Diss. Dorpat 1860. 30 S. 8°

Schulz, Julius (geb Berlin 6 7 1823) De motu cordis Ranae temporariae Berolini (1849) (25 S.) 8°
Berlin, Med Diss v 9 Okt 1849

Schulz, *Julius Director em Otto Neumann* † 4 (S. 16—18)
Progr. Rprg. *Jenkau* 1888 (48).

Schulz, Julius *Otto Gottfried* **[aus Königsberg i. Pr.]: Über die Producte der Condensation des Dibenzylketons und des Benzils mit Bernsteinsäurediaethylester unter dem Einfluss alkoholfreien Natriumaethylates ... Leipzig-R.**, Druck v. O. Schmidt, 1897; 51 S. 8.
Leipzig, Phil. Fak., Inaug.-Diss. v. [2. März] 1897

Schulz, Jul., Sammlung 2- u. mehrstimmiger Gesänge für Schulen 1—5. Hft. qu. 8. (5 B.) Guben 846, Berger. *

Schulz, Julius Antonius Aurelius (geb Westville bei D Urban, Port Natal 27 5 1858) Ueber Schlangenbiss. Berlin (1881). (31 S.) 8°
Berlin, Med Diss. v. 21 Juli 1881

Schulz, Julius Wilhelm

Schulz, Jul. Wlh., s. Beschreib. d. Rezatkreises.

Schulz, K., die 2. Lehrerprüfung, s.: Kuhn, P.

Schulz, K.: Traite mathematique d'un theorème de la théorie des lignes de courbure sur les surfaces du second degré. 1873. 4°
Diss. Rostock

Schulz, Karl

Schulz-Fleeth, C., der rationelle Ackerbau in seiner Begründung durch die Ergebnisse der neueren Naturforschung. Mit 46 in den Text eingedr. Holzschn. Berlin 856. G. W. F. Müller. gr. 8. (XV, 455 S.) n. 2 ℛ. 15 ngr.

Schulz. Carl, aus Buk in Posen. Stabsveterinär des 2 Pomm. Feldart.-Rgts. Nr 17 in Bromberg: Zur Agglutination der Rotzbazillen. (Aus der Abteilung für Tierhygiene des Kaiser Wilhelms-Instituts für Landwirtschaft in Bromberg. Vorsteher: Dr. Miessner Berlin 1909. IV + 47 S. 8°. S.-A. aus dem Archiv für wissenschaftliche und praktische Tierheilkunde. Bd. 35. 1909. [2. VII. 08.]
Bern. Vet.-med. Diss. 1908/09

Schulz, Carl. Zur Agglutination der Rotzbazillen. Diss. Vet.-Med. Bern ... von K' Sch'.... (Sonderabdruck aus dem Archiv für wissenschaftl. und prakt. Tierheilkunde. 1909. Bd. 35.) *Kopftitel:* Aus der Abteilung für Tierhygiene des Kaiser Wilhelms-Instituts für Landwirtschaft in Bromberg.... IV + 47 S. 8. Berlin, L. Schumacher, 1909.

Schulz, Karl: Beiträge zur Petrographie Nord-Koreas. (Stuttgart 1909: Grüninger.) 52 S. 8° ¶(Aus: Neues Jahrbuch f. Mineral. Beil.-Bd 29.)
Berlin, Phil. Diss. v. 10. Juli 1909, Ref. Liebisch
[Geb. 17. Sept. 85 Berlin; Wohnort: Berlin; Staatsangeh.: Preußen; Vorbildung: Friedrichs-Werdersche Oberrealsch. Berlin Reife O. 05; Studium: Berlin 7 S.; Rig. 21. Jan. 09.] [U 09. 281

Schulz, C[arolus] W[ernerus] F[ridericus] G[uilelmus]: •Ueber die unorganischen Bestandtheile einiger Wasserpflanzen. 28 S. 2°
Halle-Wittenberg, Phil. Diss. v. 13. Mai 1851
Geb. [Fleeth b. Mirow (Meckl.-Strelitz) 25. 10. 1826]
Ersch. in: Annalen der Physik u. Chemie. Bd 84. Leipzig 1851. S. 80—100. — Poggendorff, Biogr.-lit. Handwörterbuch. Bd 3, 2. 1898 führt ihn unter dem Namen Schulz-Fleeth.

Schulz, Carl, die Beweise für das Dasein Gottes und die Gotteserkenntniß. Andeutungen zur Richtigstellung des Problems. 8. (132 S.) Halle 880, Buchh. des Waisenhauses. *

[Schulz, Carolus Fridericus Guilelmus]: •De utriusque vaticiniorum Jerem. textus, hebr. mas. et graec. alex. discrepantia. Commentationis part. 1. De utriusque vaticiniorum Jeremiae textu. 80 S. 4° (2°)
Halle-Wittenberg, Phil. Diss. v. 18. Juli 1860
Geb. [Guben 5. 8. 1831]
Durchgestrichen sind das 2., 3., 7. und 10. Wort des Titels sowie der Sondertitel der part. 1. — Ersch. überarb. u. d. T.: De Jeremiae textus hebraici masorethici et graeci Alexandrini discrepantia. Treptow 1861: Lehfeldt. 32 S. 8° (4°) Gymn.-Progr.

Dissertationen und Buchhandel von Geh. Reg.R. Prof. Dr. Karl **Schulz**, Oberbibliothekar. Borna-Leipzig 1908: R. Noske. (8 S.) 4°(8°) [F.]
Aus: Korrespondenzblatt d. Akad. Schutzvereins Jg. 2, No 2. [c8. 1000

Schulz-Fleeth, C. F. G. W. De elementis anorganicis plantarum aquaticarum quarundam Berlin 1855. (S. 5737)

Schulz, Karl Über die wichtigsten Entdeckungen und Arbeiten Faraday's. 26 S. **Progr.** Fr. Wi. Rg. *Stettin* 1880.

Schulz, Karl, Erlösung. Ein dramat. Akt. (91 S.) 8. Strassburg 907. J. Singer. 2.—

Schulz, Karl, Das Erstarken des deutschen Sprachgeistes und die Sprachwissenschaft. Heilbronn 1859. 8.
Inl: Zeitfr. d. chr. Volksl. Bd. 11. Nr. 8. . . . . (HC.)

Schulz, Karl, das Erstarken d. deutschen Sprachgeistes u. die Sprachwissenschaft, s. a. Zeitfragen d. christlichen Volkslebens.

—— Exempelbuch für Denkrechner. Eine Samml. v. 274 durch Raisonnement aufgelöseten prakt. Rechenaufgaben, als e. Beitr. zur bildenden Rechenkunst. gr. 8. (7 B.) Fürstenwalde 834. (Berlin, Gropius.)

Schulz, Carl, Exempelbuch für Denkrechner. Eine Sammlung von 100 Beispielen zur Auflösung von Gleichungen u. 274 durch Raisonnement aufgelöseten prakt. Rechenaufgaben, als ein Beitrag zur bildenden Rechenkunst. 2. veränd. u. verm. Aufl. 8. (107 S.) Berlin 847, Hempel. 1/4 ℛ

Schulz, Carl, aus Grochowo: Ueber einen Fall von kongenitaler Amputation der rechten oberen Extremitaet. *Würzburg 1902: C. J. Becker.* (15 S.) 8°
Würzburg, Med. Diss. v. 1902

Schulz, Carl [aus d. Prov. Brandenburg]: Ein Fall von Fractura sterni ... Greifswald, Druck v. J. Abel, 1892; 24 S. 8.
Greifswald, Med. Fak., Inaug.-Diss. v. 29. Juli 1892

Zur Geschichte der Bibliothek des Reichsgerichts. Eine Skizze von Oberbibl. Prof. Dr. Karl **Schulz**. *Leipzig: Roßberg 1904.* (S. 203—216.) 4°(8°)
Aus: Sächs. Archiv f. Deutsches Bürg. Recht, Sonderheft

Schulz, Karl [app. Arzt aus Iserlohn]: Aus d. Anatom. Institut in Giessen. Das elastische Gewebe des Periosts und der Knochen ... Wiesbaden, J. F. Bergmann, 1895; 36 S. 8.
Giessen, Med. Fak., Inaug.-Diss. v. 1895

Schulz, Karl, Deutschlands Giftpflanzen, e. Samml. kalligraph. Schulvorschriften zum Gebr. f. Volksschulen. qu. Fol. (33 Bl., incl. 22 mit gut ill. Abbild. v. Giftpflanzen.) Berlin 829, Th. Enslin.

Schulz, Karl, der Gottesgedanke. Grundzüge einer geistesgeschichtl. **Betrachtg. gr. 8. (VII, 184 S.)** Leipzig 888. **Duncker & Humblot.** n. 3. 60

Schulz, Car. (geb. Lunen in Westf. 1828). De placentae inflammatione. Berolini (1853). (27 S.) 8°
Berlin, Med. Diss. v. 29. Apr. 1853

Schulz, Carl. **Ist es zweckmässig** und berechtigt, in den Polizeiverordnungen von der in den Verkehr gebrachten Milch einen Mindestfettgehalt von 2,7% zu verlangen? Diss. Vet.-Med. Bern ... von K, Sch'... . 36 S. 8. Wilhelmsburg-Elbe, A. J. Schüthe, [1910].
Arbeiten aus dem Hygienischen Institut der Königlich Tierärztlichen Hochschule zu Hannover ....

Schulz, Karl: Der Kampf um ein geistig hochstehendes Reichsgericht. Von e. Juristen [d. i. Karl *Schulz*]. Berlin 1910. 8°

Schulz, Karl (Hrsg.), s. Kant, Immanuel: Prolegomena zu einer künftigen Metaphysik ...

Schulz, K., s.: Katalog der Bibliothek des Reichsgerichts.

Schulz, Carl, der praktische Kleiderfärber nach den Anforderungen der Gegenwart. **Enth.** ca. 180 erprobte Recepte **u. Verfahren der gangbarsten Farben** f. Seide-, Woll- **u. Halbwollstoffe nach** d. neuesten Verbessergn. u. eigenen **Erfahrgn. Nebst e. Anh. üb. Kleider-Appretur.** 4., umgearb. **Aufl. 8. (VIII, 101 S.) Leipzig** 890. G. Weigel. **n. 3.** —; **m. Musterkarte,** umfassend 51 Proben, in **Leinw.-Carton n. 9.** —; letztere allein n. 6. —

**Schulz, Carl der praktische Lappenfärber nach den Anforderungen der Gegenwart. Anleitungen, erprobte gute und einfache Verfahren für Kleiderfärberei, nach den neuesten Verbesserungen und eigenen Erfahrungen hrsg. Nach einer eleganten Musterkarte geordnet. 8. (109 S. nebst Musterkarte mit 42 Stoffmustern.) Wien 877. (Leipzig, G. Weigel.) geb. **
Text allein **
Musterkarte allein ****

Schulz, Karl, der praktische Lappenfärber nach den Anforderungen der Gegenwart. Anleitungen, erprobte gute u. einfache Verfahren für Kleiderfärberei nach den neuesten Verbesserungen u. eigenen Erfahrungen. Nach einer eleganten Musterkarte geordnet. 2., verm. u. verb. Aufl. [Als Mscr. gedr.] 8. (118 S.) Brünn 879. (Leipzig, G. Weigel.) n.n. 3. –; nebst Musterkarte gr. 8. (9 Taf. m. Stoffmustern.) geb. n.n. 9. —

Schulz, Karl, der praktische Lappenfärber nach den Anforderungen der Gegenwart. Anleitungen, erprobte gute u. einfache Verfahren für Kleiderfärberei, nach den neuesten Verbesserungen u. eigenen Erfahrungen hrsg. Nach einer eleganten Musterkarte geordnet. 3., verm. u. verb. Aufl. gr. 8. (118 S.) Leipzig 882. (G. Weigel.) n.n. 3. —; m. Musterkarte n.n. 9. —; letztere ap. n.n. 6. –

Schulz, Karl (Lehrer,) Leitfaden bei der Gesanglehre nach d. Elementarmethode rc. gr. 8. Zullich. 812. 2e A. 816. 3e A. 825. (Baumgärtner in Leipz.)

Schulz, C., Leitfaden bei d. Gesanglehre nach d. Elementarmethode rc. gr. 8. Züllichau, Darnmann. 812.

Schulz, C., Leitfaden bey der Gesanglehre nach d. Elementarmethode. Neue veränd. Aufl. gr. 8. Züllichau, Darnmann. 816.

Schulz, Karl. Leitfaden bei der Gesanglehre nach der Elementarmethode. 3. Auflage. Leipzig, Züllichau und Freistadt 1824.

Schulz, (K.,) Leitfaden bei d. Gesanglehre nach der Elementarmethode. 3e veränd. Aufl. gr. 8. Züllichau 825, Darnmann.

Schulz, K., zur Literärgeschichte d. Corpus juris civilis. [Festgabe, zum 50jähr. Amtsjubiläum Sr. Exc. d. Hrn. Reichsger.-Präs. Dr. Ed. Simson am 22. Mai 1883 überreicht.] gr. 8. (34 S.) Leipzig 883. Breitkopf & Härtel. n. 1. —

Schulz, Karl, Königin Luise. Zeitbild in 5 Aufzügen. 2. Aufl. 16. (136 S.) Halle 874. Buchh. d. Waisenh. n. 1. 50

Schulz, Karl, Margarine-Frage u. Rechtsprechung. Eine rechtlich-wirtschaftl. Betrachtg. u. Kritik. (48 S.) 8. Düsseldorf 910. C. Foerster. — 50
Sonderabdruck aus: „Margarine-Monatsschr."

—— Prognosticum u. alte Bauern-Regeln. (Ein immerwähr. Witterungs-Kalender.) 1 Tab. Roy.-Fol. Berlin 830, (Gropius.) 8 Gr., auf bunt. Pap.

Schulz, Karl, der Prophet. (75 S.) 8. Straßburg 906. J. Singer. n. 1. 50

— das Rechnen mit gewöhnl. u. Decimalbrüchen zum Selbstunterricht, zunächst aber für Volksschu.en. 8. Züllichau 823, Darnmann.

— das Rechnen mit gewöhnl. u. Decimalbrüchen z. Selbstunterricht, zunächst aber f. Volksschulen. 8. Züllichau 823. (Henning in Greiz). 6 gl.

Das Recht des Autors aus § 26 des Verlagsgesetzes. Gutachten von Prof. Dr. jur. K[arl] **Schulz,** Oberbiblioth. bei d. Reichsgericht. *Leipzig: B. G. Teubner 1904.* (21 S.) 8° [ſ.] [illegible]

Schulz, Carl, die Russen und ihr Reich. Stargard 859. (Stettin, Saunier.) 8. (32 S.) 5 ngr.

Schulz, Carl, Sammlung von 120 Aufgaben aus d. Gebiete der Elementargeometrie, mit ihren Auflösungen u. Beweisen ohne Anwendung der Proportionen, nebst e. Anh. von Formeln z. Berechnung der Flächen u. Körper rc. gr. 8. (4½ B. u. 5 Kpfrt.) Leipzig 843, Baumgärtners Buchh.

— **musikal. Schulgesangbuch, ein Anhang z. Gesanglehre. gr. 8. Ebend. 815.**

— musikal. Schulgesangbuch. gr. 8. Züllichau 816. 2e A. 819. (Baumgärtner in Leipz.) 10 gl. (Hinrichs). 6 gl.

— **Musikalisches Schulgesangbuch. Neue verm. Aufl. gr. 8. Ebend. 819.**

Schulz, Carl Speculum Saxonicum num latino sermone conceptum sit? gr. 8. (26 S.) Jena 875, [Dufft.] Fischer. *

— Strafford. Trauerspiel in 5 Aufzügen. gr. 16. (XXII, 139 S.) Ebend. 874. n. 1. 50

Schulz, Carl die Union. Eine geschichtl. und dogmat. Untersuchung. gr. 8. (XVI, 304 S.) Gotha 868, F. A. Perthes. *

Schulz, Karl, aus Berlin: **Untersuchungen** über den Bau der **Bryozoen** mit besonderer Berücksichtigung der Exkretionsorgane. Hierzu 2 Taf. *Berlin: Nicolai 1901.* (34 S.) 8°
¶(Aus: Archiv f. Naturgesch., 1901.)
Rostock, Phil. Diss. v. [26. Nov.] 1900

Schulz, Karl, das Urtheil des Königgerichts unter Friedrich Barbarossa über die Porstendorfer Besitzung des Klosters Pforte. Ein Beitrag zur Geschichte der Stammesrechte u. der professiones juris in Deutschland. [Aus: „Ztschr. f. Thür. Gesch.“] gr. 8. (IV, 86 S.) Jena 878, Pohle. n. 2. —

— erfolgreiche Verdeutschungen. Vortrag. 8. (19 S.) Halle a/S. 889. Graeger. — 30

Schulz, Karl, 36 Vorlegeblätter (Täfelungen oder Parquets) zur Uebung im Linearzeichnen. Für Elementar-, Bürger- und Handwerksschulen. gr. 16. Dresden 846, Naumann. In Couv. n. 1/3 ℔

Schulz, C., Vorschriften f. d. ersten Unterricht in d. deutschen u. engl. Currentschrift, nach der Elementarmethode geordnet. Züllichau ... 2e A. 828. Darnmann. 6 gr.

Schulz, C., Vorschriften für d. ersten Unterricht in d. deutschen u engl. Currentschrift ꝛc. .. Züllichau 828. Eyssenhardt in Berlin. 1 ... ℔

Schulz, Karl, Vorschriften f. den ersten Unterr. in d. deutschen u. engl. Currentschrift, nach d. Elementarmethode geord. Neue, verb. Aufl. (100 zollbreite Streifen.) Züllichau 829, Darnmann. Thlr.

—— das Wort von dem Gekreuzigten und Auferstandenen. Erörterungen über den gewissen Grund christl. Erkenntniß. gr. 8. (X, 143 S.) Halle 881, Strien Verlag. *

—— d. geometrische Zeichner. Eine Sammlung v. Aufgaben z. Construiren geometrischer Figuren, als Anleitung z. Reißzeug u. d. Curvenlineale. gr. 8. (2 1/2 B. u. 16 Figurentaf.) Dresden 846, Naumann. *

Schulz, Karl Friedrich

Schulz, Carolus Fridericus: • De casibus ambiguis, qui in resolutione triangulorum sphaericorum occurunt [!]. 37 Bl., 2 Taf. 8° (4°)
Halle-Wittenberg, Phil. Diss. v. 19. Dez. 1825
Geb. [Hermsdorf (Schles.) 3. 3. 1799]
Hall. gekrönte phil. Preisschrift v. 1825.
Im Buchhandel unt. gleichem Tit.: ... occurrunt, praemissa doctrina de angulo trilatero. Commentatio praemio ornata. Halle: Anton 1826. 4° Exemplar nicht nachweisbar. — Vom Verf. ersch. deutsch: Abhandlung über I. die Similarität und Ambiguität bei sphärischen Dreiecken; II. die Polarität der sphärischen Polygone, Kugelkreise und Kurven. Kottbus 1828. 18 S. 8° (4°) Gymn.-Progr. sowie: Die Sphärik, od. die Geometrie der Kugelfläche. Mit Kupfern. Th. 1. Die geometr. Sphärik. Th. 2. Die trigonometr. Sphärik. Leipzig: Cnobloch 1828—29.

Schulz, (in Berlin,) Karl Fr., Friedrich der Große in der Schlacht bei Leuthen d. 5. December 1757. (Mit 16 Schlachtscenen als Randverzierungen. In Stahl gestochen von Karl Deucker in Frankfurt a/M. Schrift gest. von J. Siedentopf in Frankfurt a/M.) Imp.-Fol. Darmstadt 842, Lange. zu n. 2 ℔ n. 6 ℔ n. 10 ℔

Schulz, Karl Fr., (Conrector,) die Sphärik, od. die Geometrie der Kugelfläche. 1r Thl. die geometr. Sphärik. Mit 5 Kpft. gr. 8. Leipz. 828. Cnobloch. 18 gr. 2r Thl. die trigonometr. Sphärik. Mit 4 Kpft. 829. 1 ℔ 6 gr.

Schulz, Karl Friedr., Lehrbuch d. elementaren Sphärik, od. die Geometrie d. Kugelfläche. 2 Thle. gr. 8. Leipzig 833, Cnobloch.
Thl. 1., rein geometr. Theil. (10 B. u. 5 Kpfrt. gr. 4.) 18 Gr.
= 2., trigonometr. Theil. (16 B. u. 4 Kpfrt. gr. 4.) 1 Thlr. 6 Gr.
(Erschien als neue Ausg. v. dess. „die Sphärik ꝛc.“ 2 Thle. M. 9 Kpfr. gr. 8. Ebendas. 1828, 29. 2 Thlr. 6 Gr.

Schulz, Karl Gustav, (Oberst.) Die berliner Märztage. Vom militärischen Standpunkte aus geschildert. Berlin, E. S. Mittler u. Sohn 1850. 120 S. 8.

— Dasselbe. 2. Aufl. mit 1 Bl. Vorwort zur 2. Aufl. und „Reclamationen“ S. 113—118. Berlin 1850. 120 S. 8.

Schulz, Karl Heinrich

Schulz, Karl Heinr., Beschreibung d. Betriebes d. Landwirthschaft zu Zuschendorf, nebst d. daselbst eingeführten Buchhalt. 1. Aufl. (7 3/4 B. u. 3 Tab.) 838. 7/8 Thlr., 2., gänzl. umgearb. u. sehr verm. Aufl. gr. 8. (7 1/4 B. u. 7 Stnt.) Dresden u. Leipzig 841, Arnoldische Buchh.

Schulz, Karl Heinrich Ludwig

Schulz, Karl Hnr. Ldw., medicin.-prakt. Geschäfts- u. Adreßbuch auf d. Jahr 1809 f. prakt. Aerzte ꝛc. Mit 12 Monatstafeln. 8. Leipz, 808. (Wienbrack). 1 ℔ Für 1810 u. 1811. 8. Erlang., Palm. (à 1 ℔) 2 ℔

Schulz, K. Hch. Lud., medicin. prakt. Geschäfts- und Addreß-Buch a. d. J. 1810. f. prakt. Aerzte, Chirurgen und Apotheker, m. 12 Monatstafeln. 8. Lpz. Gräff. Rthlr.

— Geschichte d. Kuhpocken in England u. Deutschland. 8. Schwabach 802. Mitzler. 2 gr.

Schulz, Karl Julius

Schulz, Car. Julius (geb. Putzig in Westpr. 28. 10. 1832): De rhachitidis pathogenesi, aetiologia, therapia. Berolini (1865). (32 S.) 8°
Berlin, Med. Diss. v. 12. Aug. 1865

Schulz, Karl Theodor

Schulz, Carl Thdr., neue Bahnen im Geschlechtsverkehre. Ein Beitrag zur Lösg. der Prostitutionsfrage. Für gereifte denk. Leser u. besonders f. Fachmänner. (II, IV, 121 S.) gr. 8. Berlin (901). Finanz-Verlag. n. 1. 50

Schulz, Carl Theod., eine neue Bestattungsart. — Verheißungsvoll f. d. Zukunft. — Weder Erd- noch Feuerbestattg. 8. (103 S.) Berlin 897. F. v. Verbandt & Co. n. 1. —

[S.] Eine neue Bestattungsart. Verheissungsvoll f. d. Zukunft. Weder Erd- noch Feuerbestattg. Von Carl Theod. Schulz-Dresden ... Berlin: A.-G. Pionier 1897. (103 S.) 1 Bd 8. 97. 749

Schulz, Karl Theodor: Frühehe und Heirathskonsens. Eine neue Lösg der Uebervölkergsfrage. ... (4. Taus.) Berlin: Kritik-Verl. 1897. (2 Bl., 18 S.) 8°
= Fragen des öffentlichen Lebens. Jg. II. H. 5.

— Frühehe u. Heirathskonsens, s. a. Fragen des öffentl. Lebens, II. Jahrg., 5. Hft.

[S.] Carl Theodor Schulz-Dresden. Kleine u. grosse Kinder. Lebens- u. Stimmungsbilder f. d. dtsch. Frauen. (Vorr.: Ferd. Avenarius.) Berlin: Schuster & Loeffler 1896. (XV, 144 S.) 1 Bd 8. 96. 905

— kleine u. große Kinder. Lebens- u. Stimmungsbilder f. die deutschen Frauen. 2. Aufl. 8. (XV, 135 S.) Berlin 896. Schuster & Loeffler. 1. 50; geb. n. 2. 50

Schulz-Dresden, Carl Theodor: Gefallene Mädchen und die Frauenforderung: „Gleiches moralisches Maß für beide Geschlechter.“ — Berlin-Friedrichshagen: Teistler 1899. VI, 84 S. 8°

Schulz, Karl Theod., gefallene Mädchen u. d. Frauenforderg.: „Gleiches moralisches Maß f. beide Geschlechter". gr. 8. (VI, 78 S.) Berlin-Friedrichshagen 899. Verlagshaus für Volkslitteratur. n. 1. —

Schulz, Carl Th(eodor): Wider die eheliche Pflicht. Neue ehegesetzl. Forderungen u. Vorschläge z. Gunsten d. Frau unter Bezugnahme auf d. „neue bürgerl. Recht". — Berlin: Steinitz 1896. 135 S. 8°

— Seelenkämpfe. Psycholog. Skizzen u. Lebensbilder. 1.—3. Taus. schmal 12. (128 S.) Berlin 898. Leipzig, G. Müller-Mann. n. 1. —

Schulz, Karl Thdr. Woher kommen die kleinen Kinder? Eine freimüth. Schrift. 8. (IV, 51 S.) Berl. 892, Moderner Verlag. * — 80

— woher kommen die kleinen Kinder? Eine freimüt. Schrift. 2. [Titel-]Aufl. 8. (VIII, 61 S.) Ebd. (892) 896. — 75; geb. n. 1. 75

Naturgemässe Gesundheitspflege in den Tropen- und heissen Ländern. Handbuch f. Ernährg u. Körperpflege v. Carlotto Schulz ... *Berlin: G. Schuhr 1897.* (134 S.) 1 Bd 8. [97. 8706

Schulz, Carlotto, kleines vegetarisches Kochbuch f. Junggesellen u. andere einzelstehende Personen. Nebst e. Anh.: Gesundheitsregeln. Rev. v. Liepelt. 8. (71 S.) Berlin 887. Breitkreuz. n. — 40; cart. n. — 60

— kleines vegetarisches Kochbuch f. Junggesellen u. and. einzelsteh. Personen. Nebst e. Anh.: Gesundheitsregeln. Rev. v. Liepelt. 2., verm. Aufl. (4.—6. Taus.) 8. (84 S.) Ebd. 897. n.n. — 50; geb. in Leinw. n. — 75

Schulz, Carlotto, vegetarisches Kochbuch [mit Gesundheitsregeln] für alle, die gesund und lange leben wollen. Revid. von Liepelt. Nebst einem Anhang: „Ernährung der Säuglinge" und „Winke für Verdauungsleidende". Von H. Lahmann. 8. (100 S.) Berlin 886, Breitkreuz. * 60 Pf.; geb. *
2. Aufl. u. d. T.:

—— vegetarisches Kochbuch [mit Gesundheitsregeln]. Unter Mitwirkung von Liepelt. 2. verb. und verm. Aufl. gr. 8. (144 S.) Ebendas. 888. * ℳ 1.—.; geb. *

Schulz, Carlotto, vegetarisches Kochbuch [mit Gesundheitsregeln]. Unter Mitwirkg. v. Liepelt. 3., verb. u. verm. Aufl. (6.—10. Taus.) 8. (176 S.) Berlin 890. Breitkreuz. n. 1. —; geb. n. 1. 50

— dasselbe. 4., verb. u. verm. Aufl. (11. bis 16. Taus.) gr. 8. (IV, 212 S.) Ebd. 898. n. 1. —; geb. in Leinw. n. 1. 50

— vegetarisches Kochbuch (m. Gesundheitsregeln). 5., verb. u. verm. Aufl. (17.—22. Taus.) gr. 8. (VI, 250 S.) Berlin 898. M. Breitkreuz. n. 1. 25; geb. in Leinw. n. 1. 80

Schulz, Carlotto, vegetarisches Kochbuch (m. Gesundheitsregeln). 6. verb. u. verm. Aufl. (23.—28. Taus.) (VI, 255 S.) 8. Berlin 906. M. Breitkreuz. n. 1. 25; geb. in Leinw. n. 1. 80

Schulz, Karlotto (Hrsg.), s. Schulz, Jeannette: Pomona-Körbchen.

Schulz, Konrad

Schulz, Konr., die Bezugsquellen u. die Bezugswege der deutschen Eisen-Industrie. gr. 8. (19 S.) Wetzlar 875. Bourguet. n. — 50

Schulz, Konr., Getreide-Zölle. gr. 8. (35 S.) Wetzlar 879. Bourguet. n. 1. —

— das letzte Jahrzehnt. Eine volkswirthschaftl. Skizze gr. 8. (24 S.) Ebend. 876. n. — 60

Schulz, Konrad: Aus d. chir. Universitätsklinik zu Königsberg i. P. Zur Kasuistik posttyphoeser Knochenerkrankungen. Königsberg i. P. 1909: Leupold. 24 S. 8°
Königsberg, Med. Diss. v. 6. Juli 1910, Ref. Lexer
[Geb. 19. Mai 83 Braunsberg; Wohnort: Königsberg i. P.; Staatsangeh.: Preußen; Vorbildung: Wilhelms-Gymn. Königsberg Reife O. 03; Studium: Königsberg 11 S.; Coll. 9. Juni 09; Approb. 1 Juli 10.] [U 10. 1585

— über Secundärbahnen im Allgemeinen u. insbesondere über die Secundärbahnen im Kreise Wetzlar. Vortrag, gehalten im Novbr. 1879. gr. 8. (20 S.) Ebend. 879. n. — 50

Schulz, L., das Freiturnen. Ein Handbuch für den Turn-Unterricht an Stadt- und Landschulen. Sommerfeld 861. Mertsching. 16. (VIII, 16 S.) n. 2 ngr.

Schulz, Sternkarte des nördlichen Himmels. K —.60
Wien: Sirk & Spedinger 1906.

(F) **Schulz,** L., Sternkarte des nördlichen Himmels K —.60
Graz: Cieslar 1907. hierzu Text K —.12

Schulz, L. A., Liederschatz, s.: Noack, G.

Schulz, Leonhard

SCHULZ, Leonh., Gymn. Spirens. Con-R., David und Bathseba, in einem Schau-Spiele vorgestellet. 1727. 8°.
Ausserordentlich selten!

Schulz, Leopold. Hauptm. des 21. Inft.-Reg., Generalstabsofficier. Räumliche Ausdehnung der Truppen und Heereskörper in den verschiedenen Aufstellungen (Lithogr.) Fol (Wien 1872.)

Schulz, Leopold [aus Stolz]: Quantitative Bestimmungen des Schmutzgehaltes Würzburger Marktmilch im Sommer 1891 nebst bakteriolog. Untersuchgn ganz frischer Milch ... Würzburg, P. Scheiner's Buchdr., 1891; 61 S. 8.
Würzburg, Med. Fak., Inaug.-Diss. v. 1891

Der Dienst als Militärgerichtsschreiber von L[eop.] Schulz, Rechn.R. im Gen.-Auditoriat. *Berlin: K. Siegismund 1900.* (223 S.) 8° [00. 776]

Vgl. Schulz, Louis.

Schulz, Leop., die Organisation der russischen Artillerie. [Aus: „Mittheilgn. über Gegenstände des Artillerie- u. Genie-Wesens".] gr. 8. (69 S.) Wien 876. (Seidel & Sohn.) n. 1. 20

— Stand, Gliederung und Kolonnentiefen der k. k. Armee-Theile nach der Organisation vom Jahre 1870. (Lithogr.) Fol (Wien 1872.)

— die Deutschen, in d. ältesten Zeiten, d. Mittelalter u. d. neuesten Epoche; ein Gemälde ihrer Verfass., Religion, Sitten rc. 2 Thle. Mit Kpf. 8. Wien. 807. Ant. Doll. 1 ℛ 16 𝒢

— interessante Erzähll. u. Anekdoten aus d. Geschichte des österr. Kaiserstaats. 2 Bde. Mit Kpf. 8. Wien 808. Ant. Doll. 2 ℛ (Pesth, Hartleben). 1 ℛ 8 𝒢

Schulz, Leopold Friedrich (Vgl. Schulz, Ludwig Franz)

Schulz, Leop. Fr., (... Bocksberger,) Lebens- u. Charakterschilderungen, vorzügl. interessanter Menschen. 8. Berl. 803. (Joachim in Leipz.) 1 ℔ 8 ℛ

Schulz, Leopold Ludwig

Schulz, Leop. Ldw., († ...) Auszug aus d. Polizeigesetzen des Hrn. v. Sonnenfels, zum Gebrauch d. Vorlesungen. 8. Klagenfurt 768.

Schulz, Leop. Ldw. Tabellarischer Entwurf über die Grundsätze der Polizei-, Handlungs- und Finanzwissenschaft. 3 Stücke. 8°. Olmütz 1776. 77.

— von den Pflichten e. angeh. Staatsbeamten. 8. Brünn 777.

Schulz, Leop. Ldw., Ueber die Verminderung der Feiertage. 8°. Klagenfurth 1772.

Schulz, L[ouis]: Der Dienst als Militärgerichtsschreiber. Berl. 1900.
Vgl. Schulz, Leopold.

Schulz, Ludwig

Schulz, Ludw., die neuen Perikopen der evangel. Landeskirche Preußens im Zusammenhange m. dem alten Perikopensystem untersucht u. f. den praktischen Gebrauch m. Dispositionen versehen. gr. 8. (IV, 144 S.) Halle 900. E. Strien. n. 2. 50

Schulz, Ludwig August Ferdinand

Schulz, Ludw. Aug. Ferd., Methode ein. Tiralleur-Coups, mit einleit. Vorw. 16. (1½ B.) Königsberg i. d. N. 838, Windolff u. Stricke.

Schulz, Ludwig Franz (Vgl. Schulz, Leopold Friedrich)

Schulz, Ludw. Franz, edle Charakterzüge, große Handl. Anreden, Scenen, witzige Einfälle u letzte Worte berühmter Menschen ält. u. neuerer Zeiten, m. K. 2 Thle. 8. Wien, Anton Doll. 804.

— d. Deutschen, in den ältesten Zeiten, d. Mittelalter und der neuesten Epoche ꝛc. mit Kupfern. 2 Theile. 8. Ebendas. 807.

Schulz, L. F., die Deutschen in den ältesten Zeiten, im Mittelalter u. d. neuest. Epoche ꝛc. 2 Thle. mit K. 8. Pesth, Hartleben. 807.

— interess. Erzählungen und Anekdoten aus der Geschichte des österreichischen Kaiserstaats, mit Kpf. 2 Thle. 8. Ebend. 808.

Schulz, Ludwig Hermann Adolf

Schulz, Ludov(icus) Herm(annus) Adolphus: De metallis nobilibus ex Europa in Asiam defluentibus. Halis (1867): Orphanotropheum. 32 S. 8°
Halle-Wittenberg, Phil. Diss. v. 25. Nov. 1867
Geb. Stallupönen (Ostpr.) 13. 6. 1841. V.

Schulz, M., Impfung, Impfgeschäft und Impftechnik. Ein kurzer Leitfaden für Studierende und Aerzte. gr. 8. (IV, 82 S. mit 2 graph. Stnt. und Formularen.) Berlin 888, Th. Ch. F. Enslin. *

Schulz, M., Impfung, Impfgeschäft u. Impftechnik. Ein kurzer Leitfaden f. Studierende u. Aerzte. Unter Berücksicht. der in den einzelnen deutschen Bundesstaaten in Bezug auf das Impfwesen gült. Bestimmgn. 2. u. 3. Aufl. gr. 8. (VI, 144 S. m. Formularen u. 2 graph. Taf.) Berlin 891. 892. R. Schoetz. n. 5. —; geb. n.n. 6. —

Schulz M & Cie, Spielschrein Ihrer Kaiserlich Königlichen Hoheiten des Kronprinzen und der Kronprinzessin des Deutschen Reichs u von Preussen. (16 T) fol Berlin 1885

Schulz, Magnus Melchior (Nürnberg) A. S. 799/44

De fuga in periculis. Präs. Johann Michael Sonntag. Altdorf (Meyer) 25. IX. 1706. 24 S. 31860

Schulz, Magnus Melchior (Nürnberg) Altd. Phs. 46/18

Dissertatio academica de quibusdam studiorum molestiis. Präs. Georg Paul Roetenbeck. Altdorf (Meyer) 6. IV. 1709. 44 S.

Gew.: Jakob Willbald Haller, Christoph Fürer, Gustav Georg Tezel, Christoph Andreas Tucher. 31861

Schulz, Margar., die Hexe v. Jastrow, s.: Erzählungen aus der Ostmark.

Schulz, Marie: Die Form des Geschichtswerks in der Auffassung der Geschichtsschreiber des Mittelalters (VI.–XIII. Jahrhundert) und ihre Abhängigkeit von der Rhetorik. Berlin & Leipzig: Rothschild 1909. VI, 51 S. 8° * (Ersch. vollst. als: Abhandlungen z. mittl. u. neueren Geschichte. H. 13.)
Freiburg i. B., Phil. Diss. v. 1909, Ref. v. Below
[Geb. 16. Sept. 82 Bunzlau; Wohnort: Freiburg i. B.; Staatsangeh.: Preußen; Vorbildung: Johannes-Gymn. Breslau Reife O. 05; Studium: Jena 1, Berlin 1, Freiburg i. B. 5 S.; Rig. 25. Nov. 08.] [U 09. [illegible]

Schulz, Marie: Die Lehre von der historischen Methode bei den Geschichtschreibern des Mittelalters (6.–13. Jahrh.) Berlin & Leipzig: Rothschild 1909. VI, 143 S. 8°
(Abhandlung z. mittleren u. neueren Geschichte. H. 13.)

Schulz, Martin [aus Naumburg a. Bobor]: Zur Symptomatologie der Tumoren der Grosshirnrinde .... Berlin, Buchdr. v. Gustav Schade (Otto Francke) (1888); 29 + 1 S. + 1 Bl. 8°
Berlin, Med. Fak., Inaug.-Diss. v. 9. Jun. 1888

Schulz, Matthias: Ueber die ophthalmiatrische Bedeutung des Atropins. Halle (1868). Plötz. 30 S. 8°
Halle-Wittenberg, Med. Diss. v. 13. Mai 1868
Geb. Soldin (Neumark) 5. 5. 1843. V.

Schulz, Max, a. Berlin: Über einige neue α-Cyanbenzyl- und -methyl-Aniline und aus solchen dargestellte α-Carbonamide und μ-Cyanazomethine. (Berlin 1905: E. Ebering.) (63 S.) 8°
Berlin, Phil. Fak., Ref. Fischer, Landolt, Diss. v. 29. Juli 1905
[Geb. 30. Apr. 79 Berlin; Heimatsort: Berlin; Staatsangeh.: Preußen; Vorbildung: Luisenstädtische Ober-Realschule Berlin Reife O. 99; Studium: Berlin 11 S.; Rig. 21. Juli 05.]

Schulz, M. v.: Über Arbeitskammern, s. Harms, B.

Schulz, Max, Referendar: Über die Bedeutung der Leistungsmöglichkeit für das Vorhandensein des Gläubigerverzugs. Borna-Leipzig 1909: Noske. VIII, 40 S. 8°
Breslau, Jur. Diss. v. 26. April 1909, Ref. Schott-Leonhard
[Geb. 11. Apr. 85 Bunzlau; Wohnort: Freiburg i. B.; Staatsangeh.: Preußen; Vorbildung: Gymn. Bunzlau Reife O. 05; Studium: Straßburg 1, Leipzig 1, Freiburg i. B. 3, Breslau 2 S.; Rig. 16. Febr. 09.] [U 09. 522

Schulz, Max, Beiträge zur praktischen Lösung der Düngerfrage. gr. 8. (VI, 74 S.) Chemnitz 868, Focke. *

Das Gewerbegericht Berlin. Aufsätze, Rechtsprechung, Einigungsamtsverhandlungen, Gutachten u. Anträge. Aus Anlaß d. 10jähr. Bestehens d. Gerichtes hrsg. von M[ax] v. **Schulz**, 1. Vorsitzend., u. Dr. R[einhold] Schalhorn, Vors. d. Gewerbeger. *Berlin: F. Siemenroth 1903.* (XX, 409 S.) 8°

Schulz, Max [aus Magdeburg]: Ueber die Einwirkung von Formaldehyd auf Mannit und andere mehrwertige Alkohole ... Göttingen, Buchdr. v. L. Hofer, 1894; 38 S., 1 Bl. 8.
Göttingen, Phil. Fak., Inaug.-Diss. v. [16. Febr.] 1895

Schulz, Max, üb. die Einwirkung v. Formaldehyd auf Mannit u. and. mehrwert. Alkohole. Diss. gr. 8. (58 S.) Göttingen 894. (Vandenhoeck & Ruprecht) n. 1. 20

Schulz, Max [aus Calau in Brandenburg]: Ueber Parametritische Exsudate .... Würzburg, Druck v. A. Memminger's Buchdr., 1887; 39 S. 8°.
Würzburg, Med. Fak., Inaug.-Diss. v. 1887.

Schulz, Max, über parametritische Exsudate. Diss. Würzburg 1887, Stahelsche Univ.-Buchh. 8°. 39 S.

Schulz, M. v., Gesetz betr. Kinderarbeit in gewerblichen Betrieben, s.: Ugahd. Komm.

Schulz, M. v.: Gesetz betr. Kinderarbeit in gewerblichen Betrieben, s. Schriften der Gesellschaft f. soziale Reform. 10. Heft.

Schulz, M. v., Gewerbegerichtsgesetz, s.: Gesetze, die, des Deutschen Reiches in kurzgef. Kommentaren. II.

Schulz, Max v., s.: Jahrbuch des Kaufmannsgerichts Berlin.

— Koalitionsrecht. gr. 8°. Leipzig, F. Dietrich, 1904. (Socialer Fortschritt, Heft 2.)

— **Koalitionsrecht**, s. Fortschritt, sozialer. Nr. 2.

Schulz, Max, K. S. Assistenzarzt im Inf.-Reg. No 133 Zwickau: Myopie und Schulzeit. Ergebnis d. Augenuntersuchungen am Nicolaigymn. zu Leipzig. *Leipzig 1901: B. Georgi.* (24 S.) 8°
Leipzig, Med. Diss. v. (21. Sept.) 1901

— **u. Frz. Behrens**, die Rechtsverhältnisse im Gärtnergewerbe, s. Schriften d. Gesellschaft f. soziale Reform. 6.

Die Rechtsverhältnisse im Gärtnergewerbe. Referate, dem Ausschusse d. Ges. f. Soziale Reform 1902 erstattet von M[ax] v. **Schulz**, Vorsitz. d. Gewerbeger., Berlin, u. Franz Behrens, Geschäftsf. d. Allg. Deutsch. Gärtnerver. Jena: G. Fischer 1902. (38 S.) 8°
Schriften d. Gesellschaft f. Soziale Reform. H. 6.

Schulz, M. v., Das Reichsgesetz betr. Kaufmannsgerichte vom 6. VII. 1904, nebst zwei Anhängen. Erläutert. (XIII, 385 S.) 8. Jena, G. Fischer. 1905 4. —; geb. 4. 50.

Schulz, Max *Gustav* [aus Marienwerder (Westpr.)]: Ueber Syphilom des Musc. sternocleido-mastoideus nebst Mittheilg v. zwei Fällen aus d. Greifswalder chirurg. Klinik ... Greifswald, Druck v. J. Abel, 1897; 22 S. 8.
Greifswald, Med. Fak., Inaug.-Diss. v. 19. März 1897

Pädagogisches Hilfsbuch für angehende Handarbeitslehrerinnen von M[ichael] **Schulz**, Rektor a. D. zu Danzig. 2. umgearb. u. erw. Aufl. von C[arl] Dienerowitz, Rektor. *Danzig: A. W. Kafemann 1902.* (36 S.) 8° [J.]

Schulz, O., die Dienst- und Rechts-Verhältnisse der Procuristen, Handlungsbevollmächtigten, Handlungsgehülfen und Handlungslehrlinge mit einem Anh. über das Verabfolgen von Waaren an Dienstboten rc. und Formularen zur Abfassung kaufmänn. Schriftsätze, als: Dienstverträge, Handlungs-Gesellschaftsverträge, Procuren rc. Ein unentbehrl. Handbuch für Kaufleute, Fabrikanten, Spediteure rc. und deren Gehülfen. 8. (IV und 44 S.) Forst 863. (Stettin, Saunier's Buchh.) *

Erythroxylaceae mit 297 Einzelbild. in 32 Fig. von O. E. **Schulz**. Leipzig W. Engelmann 1907. (176 S.) 4°(8°)
— Pflanzenreich, Das. H. 29. (4, 134.)

Schulz, O. K. F. (gen. Gorzer-Schulz), der poetische Hausfreund, enthaltend Polterabend-Scherze, nebst Gedichten zu silbernen u. goldenen Hochzeiten, zu Jubiläen u. Geburtstagen, zu Neujahrs- u. anderen Festlichkeiten rc. 8. (VIII, 184 S.) Prenzlau 882. Vincent. n. 1. 20

Schulz, O. K. F. W., Darstellung e. leichten Methode, das Pianoforte durch ein. neuen, sehr liebl. Zug an dems. zu stimmen, nebst e. Anweis., wie man sich mit geringen Kosten e. Pedalclavier verschaffen kann. gr. 8. (1 B.) Prenzlau 839, Vincent.
Vgl. Schultze, O. K. F. W.

Schulz, Oskar

Schulz, Osc., kurze Anleitung zu hygienischen Untersuchungen. Sonderausgabe d. II. Anhanges v. J. Rosenthal's „Vorlesungen über die öffentliche u. private Gesundheitspflege. 2. Aufl.“ gr. 8. (VI, 67 S. m. Abbildgn.) Erlangen 890. Leipzig, Besold. n. 1. 60

Schulz, Oscar, Dr. phil. et med., approb. Arzt, 1. Assist. am physiol. Institut d. Universität Erlangen: Beiträge zur Physiologie der Schilddrüse. *Erlangen 1900: F. Junge.* (68 S.) 8°
Erlangen, Med. Hab.-Schr. v. [21. Juli] 1900

Schulz, Osc., Beiträge zur Physiologie der Schilddrüse. gr. 8. (68 S.) Erlangen 900. (M. Mencke.) n. 2. — Sonderabdruck aus: „Sitzungsber. d. physik.-med. Societät zu Erlangen“.

Schulz, Oscar [aus Cottbus]: Ueber Benzenylazoxime und Benzenylazoximcarbonsäuren. Ein Beitrag zur Kenntniss ringförmig geschlossener Verbindungen .... Berlin, Buchdr. v. C. Berg 1886; 69 S. 8°.
Berlin, Phil. Fak., Inaug.-Diss. v. 27. März 1886.

Schulz, Oscar, über Benzenylazoxime und Benzenylazoximcarbonsäuren. Ein Beitrag zur Kenntniss ringförmig geschlossener Verbindungen. Diss. Berlin 1886, Mayer & Müller. 8°. 69 S.

Schulz, Oscar, aus Berlin: Der Feldzug Friedrichs des Grossen nach der Schlacht bei Hohenfriedberg bis zum Vorabend der Schlacht bei Soor mit besonderer Berücksichtigung der politischen Lage. Mit 2 Skizzen. *(Hamm i. W. [1901]: E. Griebsch.)* (VI, 67 S.) 8°
Heidelberg, Phil. Diss. v. 1901

Schulz, Oscar Der Feldzug Friedrich des Grossen nach der Schlacht bei Hohenfriedberg bis zum Vorabend der Schlacht bei Soor, mit besonderer Berücksichtigung der politischen Lage. Inaugural-Dissertation. Mit 2 Skizzen. 8. Heidelberg (1902).

Schulz, Oskar, a. adl. Polixen: Die Neugestaltung landwirtschaftlicher Betriebe in den westfälischen Rentengütern, untersucht an den Rentengutsbildungen im Kreise Wiedenbrück i. W. Herford i. W. 1907: H. Titgemeyer. (93 S.) 4° [J.] (— Programm der Landwirtschafts- und Realschule zu Herford i. W., Ostern 1907.)
Gießen, Phil. Fak., Ref. Gisevius, Diss. v. 15. März 1907
[Geb. 17. Juni 71 Polixen (Westpr.); Wohnort: Herford i. W.; Staatsangeh.: Preußen; Vorbildung: Realgymn. Elbing Reife M. 90; Studium: Königsberg 7 S.; Rig. 23. Juli 06.]

Schulz, Oscarus (*geb Böhmischdorf bei Brieg 20 2. 1830*): Nonnulla de paralysi diaphragmatis, dyspnoeae causa hucusque parum respecta. Vratislaviae (1853). (31 S.) 8°
Breslau, Med. Diss. v. 18. Okt. 1853

— die Quelle der Muskelkraft. gr. 8. (20 S.) Leipzig 901. A. Deichert Nachf. n. — 80
Sonderabdruck aus: „Festschr. d. Univ. Erlangen f. Prinzreg. Luitpold".

Schulz, Oskar, Dr.: Die preußische Rentengutsgesetzgebung und die Neugestaltung landwirtschaftlicher Betriebe in den westfälischen Rentengütern, untersucht an den Rentengutsbildungen im Kreise Wiedenbrück i. W. Herford i. W. 1907: H. Titgemeyer. (110 S.) 4° [F.]
Herford i. W., Landwirtschafts-S u. R OP 1907 (473)

Schulz, Osc., Untersuchungen über einige Cyan-Verbindungen. Inaugural-Dissertation. gr. 8. (41 S.) Göttingen 856, Vandenhoeck und Ruprecht's Vrlgsh. **

Schulz, Oscar: Ueber den Verlauf der Jodausscheidung nach Einverleibung von C. Paal'schem jodwasserstoffsauren Glutinpepton. *Erlangen 1897: F. Junge.* (24 S.) 8°
Erlangen, Med. Diss. v. 20. Juli 1897

Schulz, Otto, pädagogische Abhandlungen. Als Grundlage und Ergänzung heutiger Elementar-Pädagogik hrsg. von J. R. 2 Hefte. gr. 8. Berlin 867,68, Oehmigke's Verlag. à Heft 22½ Ngr.
Inhalt:
Heft 1. Abhandlungen besond. über den Lese-Unterricht. (VI und 170 S.)
" 2. Abhandlungen besond. über Sprach- und biblischen Unterricht. (160 S.)

Die Andreas-Delegation in Jauer. Festschrift zur Feier des 50jährigen Bestehens der Delegation und ihrer Zugehörigkeit zur Andreasloge „Montana" in Breslau von Otto **Schulz.** 1907.
[A. (NF.) 27 (1908) S. 268.]

Schulz, Otto, Anfangsgründe d. ges. Erdkunde, od. die ersten Grundlinien d. Erdbeschreibung. Ein unentbehrl. Handb. f. d. Jugend. Nach d. 23. engl. Ausg. bearb. 16. (8 B.) Wien 845, [Tendler u. Comp.]

—— Anleitung zum Elementar-Unterricht im Rechnen. 2. Aufl. gr. 8. (61 S.) Berlin 866, Oehmigke's Verlag. *

Schulz, Otto, u. H. Gühler, zeitgemäße Anleitung zum lohnenden Betriebe der Bienenwirthschaft, unter spezieller Rücksichtnahme auf Triebfütterg., Kunstwaben, Absperrgitter, Honigkästchen u. Honigschleuder. 8. (XI, 168 S. m. 10 Steintaf.) Buckow 882. (Leipzig, Gracklauer.) n. 1. 20

Schulz, Otto; Anthologia latina, s. Anthologia.

Schulz, (O.,) Anthologia latina sive poëta, latinor. eclogae. In us. Schol. 8. Hallae 825, Waysenhaus-B. 10 gr., fein Pap.

Schulz, Otto, (Jh. Otto Ldw.,) Anthologia latina, sive poetarum latinorum eclogae. In usum scholarum. Edit. II. cur. J. Richter. 8. Halle 845, Buchh. d. Waisenh. ½ ℛ

—— Anweisung zum ersten Unterricht im Lesen, m. Rücksicht auf die berlinische Handfibel. 1. Aufl. 1842. u. 2. Aufl. 8. (à 4½ B.) Berlin 845, Nicolaische Buchh. à *

Schulz, Otto, Anweisung zum ersten Unterricht im Lesen mit Rücksicht auf die Berlinische Handfibel. 3. Aufl. Berlin 857. Nicolai'sche Verlhdlg. 8. (70 S.) n. 7½ ngr

Schulz, O. (Hrsg.), s. Assassinen, über die neuen.

— Aufgaben zur Einübung der lateinischen Grammatik. 3. Berlin, Maurer'sche Buchh. 820. -

— Aufgaben z. Einübung d. latein. Grammatik. 8. Berl. 820. 2e A. 822. 3e A. 832. (Rücker). 8 ℛ

— Aufgaben zur Einübung der latein. Grammatik. 3e Aufl. 8. Berlin 825, Maurer'sche Buchh.

Schulz, Otto, Aufgaben zur Einübung d. latein. Grammatik. 4. u. 5. Aufl. (à 10 B.) 8. Berlin 832, [Rücker u. Püchler.] à

Schulz, Otto, (Jh. Otto Leop.) Aufgaben zur Einübung der latein. Grammatik. 6e Aufl. 8. Berlin 836. Rücker u. Püchler. 3/8 ℛ — 7e Aufl. 839. 8e Aufl 840. 3/8 ℛ

—— Aufgaben z. Einübung der latein. Grammatik. 9. Aufl. 8. (10 B.) Berlin 843, Rücker u. Püchler. –

Schulz, Otto, Aufgaben zur Einübung der lateinischen Grammatik. 11. Aufl. 8. (VI u. 154 S.) Berlin 851, Rücker & Püchler. 3/8 ℛ

Schulz, Otto, Aufgaben zur Einübung der lateinischen Grammatik. 12. Aufl. 8. (VI und 154 S.) Berlin 854, Rücker und Püchler. Thlr. -

Schulz, Otto, Aufgaben zur Einübung der lateinischen Grammatik. 13. Aufl. 858. — 14. Aufl. Berlin 861. Rücker & Püchler. 8. (VI, 154 S.) 11¼ ngr

Schulz, Otto, Aufgaben zur Einübung der lateinischen Grammatik. 16. Aufl. 8. Berlin 872, Bernhardi. *

Schulz, Otto Aufgaben zur Einübung der lateinischen Grammatik. 17. Aufl., neu bearb. von Ernst Wezel. gr. 8. (IV, 153 S.) Berlin 888, Weidmann'sche Buchh. *
16. Aufl. Berlin 1872, Bernhardi.

Schulz, Otto, aus Quolsdorf: Beiträge zur Kritik unserer litterarischen Überlieferung für die Zeit von Commodus' Sturze bis auf den Tod des M. Aurelius Antoninus (Caracalla). *Leipzig 1903: E. Glausch.* (132 S.) 8°
Leipzig, Phil. Diss. v. [23. Febr.] 1903

Schulz, Otto, Beiträge zur Kritik unserer litterarischen Ueberlieferung f. die Zeit v. Commodus' Sturze bis auf den Tod des M. Aurelius Antonius (Caracalla). (130 S.) gr. 8. Leipzig 903. B. Liebisch. n. 3. 50

Betrachtungen über das Verhalten der Japaner und Russen im Angriff und in der Verteidigung im Kriege 1904/5 vom infanteristischen Standpunkte aus. Vortrag, geh. 1907 vor d. Offizieren d. Garnison Nürnberg von Otto **Schulz,** Hauptm. im Bayer. 14. Inf. Regt. Berlin: E. S. Mittler & Sohn 1907. (S. 371–397.) 8° [Umschlagt. F.]
= Militär-Wochenblatt. 1907. Beiheft 10, [2.] 07. 14396

Schulz, Otto [aus Posen]: Über den Blankvers in den Dramen Thomas Middleton's ... Halle a. S., Hofbuchdr. v. C. A. Kaemmerer & C., 1892; 48 S., 1 Bl. 8.
Halle, Phil. Fak., Inaug.-Diss. v. [20. Juni] 1892

Schulz, Otto, aus Stettin: Die Darstellung psychologischer Vorgänge in den Romanen des Kristian von Troyes. *Breslau 1903: H. Fleischmann.* (XIL [vielm. XLI] S.) 8° ¶ (Erscheint vollst. bei M. Niemeyer in Halle.)
Breslau, Phil. Diss. v. 9. Mai 1903

Die Darstellung psychologischer Vorgänge in den Romanen des Kristian von Troyes von Otto Schulz. *Halle a. S.: M. Niemeyer 1903.* (XII [vielm. XLI], 156 S.) 8° [03. 13041 3

— u. Becker, Dienst-Unterricht des bayerischen Infanteristen. (III, 216 S. m. Fig., 1 Bildnis u. 5 farb. Taf.) 8. Berlin 904. Vossische Buchh. n.n. — 65; kart. n.n. — 75

— Dienst-Unterricht des bayerischen Infanteristen. 3. Aufl. (Ausg. 1907.) (Ausg. m. Gewehr 98.) (III, 186 u. 38 S. m. Abbildgn., 1 Bildnis, 4 farb. Taf. u. 1 farb. Karte.) 8. Berlin 907. Vossische Buchh. nn — 50; kart. nn — 60

Schulz, Otto, s. Diophantes v. Alexandrien: Aufgaben.

Deutsche Elektrotechnik im Ausland. Ein Siegeszug d. deutschen Industrie. Von Ing. Otto Schulz u. Friedrich Kahl. Mit 58 Abb. Stuttgart: Franckh 1910/11. 47 S. 4°(8°) (Technische Monatshefte. 1910, Beiheft. 2.) A 12. 3080

—— üb. d. Elementar-Unterricht im Latein., mit Rücksicht auf Hamilton, Jacotot u. neuere Vorschläge. gr. 8. (2¼ B.) Berlin 841, [Krause'sche Vrlsh.]
Aus: Schulblatt f. d. Provinz Brandenburg, besond. abgedruckt.

(——) zur Erinnerung an Friedrich den Großen, s. a. Zur.

—— zur Erinnerung an Friedrich den Großen, s. a. Volksschriften.

Schulz, Otto, Zur Erinnerung an Friedrich den Grossen. (Mit des Königs Portrait.) Berlin 1840. 8.

– Dasselbe. Mit einer Abbildung und Beschreibung des am 31. Mai 1851 zu Berlin enthüllten Denkmals Friedrichs des Grossen. Berlin 1851. 8.

—— zur Erinnerung an Pestalozzi, s. Pestalozzi, J. H., Abendstunde.

Schulz, Otto: Ein Fall von intraduralem Hämatom. *Breslau 1897: Bresl. Gen.-Buchdr.* (23 S.) 8°
Breslau, Med. Diss. v. 24. Nov. 1897

Schulz, Otto, e. Fall v. intraduralem Hämatom. Diss. gr. 8. (24 S.) Breslau 897. (Schletter.) n. — 80

— das Gefechtsexerzieren der Infanterie-Kompagnie. 1. u. 2. Aufl. (IV, 68 S.) kl. 8. Berlin 903. 905. Charlottenburg, R. Schröder. n. 1.20

— Das Gefechtsexerzieren d. Infanterie-Kompagnie. 3. Aufl. (IV, 94 S.) 8. Berlin 907. R. Schröder 1.50

Schulz, O. Das Gefechtsexerzieren der Infanterie-Kompagnie. 3. Aufl. Berlin 1907. 94 S.
— — 4. Aufl. u. d. T.: Die Gefechtsausbildung der Infanterie-Kompagnie. 1910.

Die Gefechtsausbildung der Infanterie-Kompagnie von Otto Schulz, Major. 4 Aufl. Berlin: Voss 1910. VI, 110 S. 8° [10. 14493

——, Paul Gerhardt u. d. große Churfürst. Vorles., am 25. Stiftungsfest d. berlin. Gesellschaft f. deutsche Sprache vorgetr. u. als Ankündig. e. neuen Ausg. v. Paul Gerhardt's geistl. Liedern z. Druck befördert. gr. 8. (1½ B.) Berlin 840, Nicolaische Buchh.

Schulz, Otto, s. Gerhardt, P.: Geistl. Andachten.

— ausführliche lateinische Grammatik f. die obern Klassen gelehrter Schulen. gr. 8. Halle 825, Buchh. d. Waisenh.

—— ausführl. latein. Grammatik f. d. oberen Klassen gelehrter Schulen. 2., verb. Aufl. gr. 8. (47 B.) Halle 834, Buchh. d. Waisenhauses.

—— zur deutschen Grammatik. Ein Leitfaden f. d. grammat. Unterricht in Volksschulen. 8. (0 B.) Berlin 843, (Schröder's Verl.) *

—— s. a. Hand-Fibel.
Vgl.: Schreib-Lese-Vorschule zur Hand-Fibel.

Schulz, Otto, Handfibel. Ausg. A. 138. Aufl. 8. (176 S. m. Abbildgn.) Berlin 894. L. Oehmigke's Verl. n. — 40; Einbd. n.n.n. -- 10

Schulz, Otto, Hand-Fibel. Enth.: Elementar-Übgn. zum Lesen; poet. u. prosaische Lesestücke; e. Sammlg. bibl. Sprüche; die 5 Hauptstücke des christl. Glaubens. Ausg. A. 142. Aufl. 8. (176 S. m. Abbildgn.) Berlin 900. L. Oehmigke's Verl. Geb. in Halbleinw. n.n. — 50
144. Aufl., s.: Hand-Fibel.

—— Hand-Fibel. Ausg. B. für den Schreib-Lese-Unterricht bearb. von Karl Bormann. 8. (176 S.) Berlin 862, Oehmigke's Verlag. *

— dasselbe. Ausg. B., f. den Schreib-Lese-Unterricht bearb. v. Karl Bormann. 130. rev. Aufl. 8. (184 S. m. Abbildgn.) Ebd. 894. n. — 40; Einbd. n.n.n. — 10

Schulz, Otto, Hand-Fibel. Enthält: Elementar-Uebgn. zum Lesen; poet. u. pros. Lesestücke. Ausg. B., f. den Schreib-Lese-Unterricht bearb. v. Karl Bormann. 140., rev. Aufl. 8. (184 S. m. Abb.) Berlin 898. L. Oehmigke's Verl. n. — 40; Einbd. n.n.n. — 10

— dasselbe. Enthält: Elementar-Ubgn. zum Lesen; poet. u. pros. Lesestücke. Ausg. B., f. den Schreib-Lese-Unterricht bearb. v. Karl Bormann. 142. rev. Aufl. 8. (184 S. m. Abbildgn.) Ebd. 901. Geb. n.n. — 50

Schulz, Otto, Hand-Fibel. Enthält: Elementar-Uebgn. zum Lesen; poet. u. pros. Lesestücke. Ausg. B., f. den Schreib-Lese-Unterricht bearb. v. Karl Bormann. Neue Rechtschreibg. 143., rev. Aufl. (184 S. m. Abbildgn.) 8. Berlin 904. L. Oehmigke's Verl. Geb. n.n. — 50

Schulz, Otto, Hand-Fibel. Ausg. B (Neue Bearbeitg.). Reine Schreiblese-Methode. gr. 8. (132 S.) Berlin 900. L. Oehmigke's Verl. Geb. in Halbleinw. n.n. — 50

— dasselbe. Ausg. B. (neue Bearbeitg.) Reine Schreiblesemethode. Neue Rechtschreibg. 4. Aufl. (132 S.) 8. Ebd. 905. n.n. — 40; geb. n.n. — 50

— dasselbe. Ausg. C. Nach der analytisch-synthet. Methode bearb. v. H. Bohm. 119. Aufl. 8. (144 S. m. Abbildgn.) Ebd. 894. n. — 40; Einb. n.n.n. — 10

— dasselbe. Ausg. C. Nach der analytisch-synthet. Methode bearb. v. H. Bohm. 127. u. 128. Aufl. 1898. 8. (à 144 S. m. Abb.) Ebd. 898. n. — 40; Einbd. n.n.n. — 10

— dasselbe. Enthält: Elementar-Ubgn. zum Lesen; poet. u. pros. Lesestücke. Ausg. C. Nach der analytisch-synthet. Methode bearb. v. H. Bohm. 130. Aufl. 8. (144 S. m. Abbildgn.) Ebd. 902. n. — 40; Einbd. n.n.n. — 10

— dasselbe. Enth: Elementar-Uebungen zum Lesen; poet. u. prosaische Lesestücke. Ausg. C. Nach der analytisch-synthet. Methode bearb. v. H. Bohm. Neue Rechtschreibg. 130. Aufl. (144 S. m. Abbildgn.) 8. Ebd. 904. n. — 40; geb. n.n. — 50

— dasselbe. Ausg. D. Auf Grund der Schreiblese- u. Normalwortmethode bearb. 24. Aufl. gr. 8. (144 S. m. Abbildgn.) Ebd. 894. n. — 40; Einbd. n.n.n. — 10

— dasselbe. Ausg. D. Auf Grund der Schreiblese- u. Normalwortmethode bearb. 42.—44. Aufl. gr. 8. (à 164 S. m. Abb.) Ebd. 898. n. — 40; Einbd. n.n.n. — 10

— dasselbe, Ausg. D. Auf Grund der Schreiblese- u. Normalwortmethode bearb. 50. Aufl. gr. 8. (164 S. m. Abbildgn.) Ebd. 902. Geb. n.n. — 60

— dasselbe. Ausg. D. Auf Grund der Schreiblese- u. Normalwortmethode bearb. Neue Rechtschreibg. 51. Aufl. (164 S. m. Abbildgn.) 8. Ebd. 904. Geb. n.n. — 60

— dasselbe. Ausg. D. In 2 Tln. 22. Aufl gr. 8. (Mit Abbildgn.) Ebd. 894. Geb. n.n. 1. 15
1. (80 S.) n.n. — 50. — 2. (128 S.) n.n. — 65.

— dasselbe. Ausg. D. In 2 Tln. 39. Aufl. gr. 8. Ebd. 897. n. — 90; geb. n.n. 1. 15
1. (80 S. m. Abb.)
2. (128 S. m. Abb.)

— dasselbe u. erstes Lesebuch. Ausg. D. (Neue Bearbeitg.) Auf Grund der Schreiblese- u. Normalwortmethode bearb. 11. Aufl. gr. 8. (160 S. m. Abbildgn.) Ebd. 902. Geb. n.n. — 60

— Hand-Fibel u. erstes Lesebuch. Ausg. D (neue Bearbeitg.) Auf Grund der Schreiblese- u. Normalwortmethode bearb. Neue Rechtschreibg. 16. Aufl. (160 S m. Abbildgn.) 8. Ebd. 905. Geb. n.n. — 60

— Hand-Fibel u. erstes Lesebuch. Ausg. D. (Neue Bearbeitg.) Auf Grund der Schreiblese- u. Normalwortmethode bearb. Neue Rechtschreibg. 19. Aufl. (160 S. m. Abbildgn.) 8. Ebd. (910). Geb. nn — 60

— dasselbe. 2 Tle. gr. 8. Ebd. 902. Geb. n.n. — 90
1. Fibel. 6. Aufl. (78 u. 4 S. m. Abbildgn.) n.n. — 40
2. Erstes Lesebuch. 4. Aufl. (V u. S. 79—180.) n.n. — 60

— dasselbe. 2 Tle. 8. Ebd. Geb. n.n. — 90
1. Fibel. 11. Aufl. (78 u. 4 S. m. Abbildgn.) 904. — 40
2. Erstes Lesebuch. 8. Aufl. (V u. S. 79—180.) 905. — 60

— Hand-Fibel. Bearb. v. O. Janke u. R. Stier. Ausg. E f. Berliner Schulen. Auf Grund der Schreiblese- u. Normalwortmethode nach phonet. Grundsätzen bearb. Mit Bildern v. Hans Krause, Ernst Schneck, Ludw. Richter u. a. (Neue Aufl.) (104 S.) gr. 8. Ebd. 906. Geb. n.n. — 60

— dasselbe. Bearb. v. O. Janke. Ausg. F. Auf Grund der Schreiblese- u. Normalwortmethode nach phonet. Grundsätzen bearb. Mit Bildern v. Hans Krause, Ernst Schneck, Ludw. Richter u. a. (160 S.) gr. 8. Ebd. 906. Geb. n.n. — 60

Schulz, Otto, Hand-Fibel. Bearb. v. O. Janke. Ausg. F. Auf Grund d. Schreiblese- u. Normalwortmethode nach phonet. Grundsätzen bearb. Mit Bildern v. Hans Krause, Ernst Schneck, Ludw. Richter u. a. (Neue Aufl.) (160 S.) gr. 8. Berlin (910). L. Oehmigke's Verl. Geb. nn — 60

— dasselbe. Bearb. v. O. Janke. Ausg. in 2 Tln. (88 u. 80 S.) gr. 8. Ebd. 910. Geb. à nn — 40

— dasselbe, Einführg. in die poet. u. pros. Lesestücke, s.: Paulisch, F., Hand-Fibel.

— dasselbe, s.: Albrecht, K. W., Bilder-Fibel.

(——) berlin. Hand-Fibel rc., s. Hand-Fibel.

—— an den Hrn. Pfarrer z. Elbei Dr. Wilh. Harnisch. Bescheidene Antwort auf dessen Sendschreiben im April-Heft d. allgem. Schulzeitung. 8. (1 B.) Berlin 840, Nicolai'sche Bh. *

Schulz, [illegible] Otto [illegible] Ueber die Hüftgelenksexarticulation bei Verblutenden. Berlin [illegible]
Berlin, Med. Diss. v. 3. Juli 1883

Schulz, Otto, Konstruktionszeichnen. Prakt. Ratschläge, Mitteilgn. u. Methoden. Mit 38 Abbildgn. i. Text u. 1 auf Taf. (VII, 56 S.) 8. Leipzig 908. Hachmeister & Thal. Kart. 1. 80

Schulz, O[tto]: Das städtische Krankenhaus zu Charlottenburg. Charlottenburg: A. Gertz 1897. (15 S.) 8°

Schulz, Otto, s. Kunze, C. A.: Samml. v. 450 Aufgaben.

— Lehrbuch d. mathemat. Geographie. 1r Thl. Mit 3 Steintaf. 8. Berl. 824. Maurers B. 1 ₰ 12 gr

— Lehrbuch der mathemat. Geographie. I. Mit 3 Kpfrn. 8. Berlin 824. jetzt Heymann. 1½ ₰

—— Lehrbuch der Raumlehre für den Elementar-Unterricht. 1. Abthl., enth.: Die ebene Raumlehre. 8. (VIII und 180 S. mit 3 Stnt. in 4.) Berlin 850. [Leipzig,] Herm. Schultze.

—— Berlinisches Lesebuch, s. Lesebuch, Berlinisches.

(——) berlin. Lesebuch f. Schulen. 3. Aufl. 8. (20 B.) Berlin 840, Nicolaische Buchh. *

—— berlinisches Lesebuch f. Schulen. 1. Thl. 4. Aufl. (20 B.) 842., 5. Aufl. ? u. 6. Aufl. 8. (21½ B.) Berlin 844, Nicolai'sche Buchh. *

—— Anhang zur 1—5. Aufl. 8. (1½ B.) Ebds. 844. *

—— dass. 2. Thl. 8. (32 B.) Berlin 844, Nicolai'sche Buchh. *

—— berlinisches Lesebuch für Schulen. Ausg. A. 22.—25. Aufl. 8. (VI, 346 S.) Berlin 871—75, Nicolai's Verlag. * geb. **

—— dass. — Ausg. B. bearb. von H. Bohm und H. Lübcky. 1. und 2. Aufl. 8. (X, 360 S.) Ebendas. 875. * geb. **

Schulz, Otto, Berlinisches Lesebuch für Schulen. Ausg. B., bearb. von H. Bohm und H. Lübcky. 11. Aufl. 8. (X, 360 S.) Berlin 878, Nicolai'sche Verlagsh. * M 1.; geb. **

—— daſſ. — Oberſtufe, bearb. von H. Bohm und H. Lübcky. 1.—8. Aufl. 8. (X, 520 S.) Ebendaſ. 875—78. *
geb. **

Schulz, Otto, Berliniſches Leſebuch für Schulen. Mittel- und Oberſtufe, bearb. von H. Bohm und H. Lübcky. 8. Berlin 879—84, Nicolai'ſche Verlagsh. [Mittelſtufe. 12.—31. Aufl. (X, 384 S.) *ℳ 1.; geb. **ℳ 1,25.; Oberſtufe. 4.—9. Aufl. (X, 526 S.) *ℳ 1,50.; geb. **ℳ 1,75.] *
geb. **

— Berliniſches Leſebuch f. Schulen. Mittel- u. Oberſtufe, bearb. v. H. Bohm u. H. Lübcky. 8. Berlin 886. Nicolai's Verl. geb. n.n. 3. —
Mittelſtufe. 36. u. 37. Aufl. (XII, 388 S.) n.n. 1. 25. — Oberſtufe. 16. Aufl. (X, 526 S.) n.n. 1. 75

—— Berliniſches Leſebuch. Mittel- und Oberſtufe, hrsg. von H. Bohm und H. Lübcky, neu bearb. von F. d'Hargues und H. Lübcky. 8. Berlin, Nicolai's Verlag. [Mittelſtufe. 32.—35. Aufl. (X, 384 S.) 885,86; 36.—42. Aufl. (XII, 388 S.) 886—88. *ℳ 1.—; geb. **ℳ 1.25.; Oberſtufe. 10.—18. Aufl. (X, 526 S.) 884—87; 19. und 20. Aufl. (XVI, 568 S.) 887; 21. Aufl. (XVI, 576 S.) 888. *ℳ 1.50.; geb. **ℳ 1.75.] *ℳ 2.50.; geb. **

— Berliniſches Leſebuch. Mittelſtufe, hrsg. v. H. Bohm u. H. Lübcky, neu bearb. von F. d'Hargues u. H. Lübcky. 46. Aufl. 8. (XII, 388 S.) Berlin 890. Nicolai's Verl. n. 1. —; geb. n.n. 1. 25

— daſſelbe. Oberſtufe. 23. Aufl. 8. (XVI, 576 S.) Ebd. 890. n. 1. 50; geb. n.n. 1. 75

Schulz, Otto. Berliniſches Leſebuch. Mittelſtufe, hrsg. v. H. Bohm u. H. Lübcky, neu bearb. v. F. d'Hargues u. H. Lübcky. 47. Aufl. 8. (XII, 388 S.) Berl. 891, Nicolai's Verlag. * 1 —
geb. ** 1 25

— Berliniſches Leſebuch. Mittel- u. Oberſtufe, hrsg. v. H. Bohm u. H. Lübcky, neu bearb. v. F. d'Hargues u. H. Lübcky. 8. Berlin 894. Nicolai's Verl. n. 2. 50; geb. n.n. 3. —
Mittelſtufe. 50. Aufl. (XII, 338 S.) n. 1. —; geb. n.n. 1. 25. — Oberſtufe. 27. Aufl. (XVI, 576 S.) n. 1. 50; geb. n.n. 1. 75

— berliniſches Leſebuch. Mittel- u. Oberſtufe, hrsg. v. H. Bohm u. H. Lübcky, neu bearb. v. F. d'Hargues u. H. Lübcky. 8. Berlin 896. Nicolai's Verl. n. 2. 50; geb. n.n. 3. —
Mittelſtufe. 51. Aufl. (XII, 388 S.) n. 1. —; geb. n.n. 1. 25
Oberſtufe. 28. Aufl. (XVI, 576 S.) n. 1. 50; geb. n.n. 1. 75

— daſſelbe. Neu bearb. v. A. Piotter u. W. Schuberth. Unterſtufe, u. Mittelſtufe 2 Abtlgn. gr. 8. Ebd. 896. Geb. n.n. 2. 10
Unterſtufe. (VII, 148 S.) n.n. — 50
Mittelſtufe. 1. (VIII, 240 S.) n.n. — 70
Daſſelbe. 2. (VIII. 304 S.) n.n. — 90

— daſſelbe. Oberſtufe, 2 Abtlgn. gr. 8. Ebd. 896. Geb. n.n. 2. 90
1. (VIII, 344 S.) n.n. 1. 10. — 2. (XIV, 690 S.) n.n. 1. 80

Berlinisches Lesebuch von Otto Schulz. Neu bearb. von A[lbert] Piotter u. W[ilhelm] Schuberth. 2. Aufl. Unterstufe. Mittelstufe. Oberstufe. *Berlin: Nicolai 1899–1900.* 5 Bde 8° [F]
Unterstufe 1899. Mittelstufe. Abt. 1. 2. 1900.
Oberstufe. Abt. 1. 1900. Abt. 2. 1899. [∞. 9784

— Berliniſches Leſebuch. Neu bearb. v. A. Piotter und W. Schuberth. 5 Tle. gr. 8. Berlin 901. Nicolai's Verl. Geb. in Leinw. n.n. 5. —
1. (Unterſtufe.) 4. Aufl. (VIII, 148 S.) n.n. — 50
2. (Mittelſtufe 1. Abtlg.) 4. Aufl. (VIII, 240 S.) n.n. — 70
3. (Mittelſtufe 2. Abtlg.) 4. Aufl. (VIII, 292 S.) n.n. — 90
4. (Oberſtufe 1. Abtlg.) 3. Aufl. (VIII, 297 u. VII S.) n.n. 1. 10
5. (Oberſtufe 2. Abtlg.) 3. Aufl. (X, 592 u. XXIV S.) n.n. 1. 80

— Berliniſches Leſebuch. Neu bearb. v. A. Piotter u. W. Schuberth. 1. u. 4. Tl. 8. Berlin (905). Nicolai's Verl. Geb. n.n. 1. 65
1. (Unterſtufe.) 6. Aufl. (VII, XI, 148 S.) — 55
4. (Oberſtufe I. Abtlg.) 5. Aufl. (VIII, 297 u. VII S.) 1. 10

—— bibl. Leſebuch, das iſt: die wichtigſten bibl. Erzähln. alt. u. neu. Teſtam. Ein Leitfaden f. d. Unterr. in d. bibl. Geſchichte. 8. (21 B.) Berlin 841, L. Oehmigke. *

—— bibliſches Leſebuch, das iſt: die wichtigſten bibl. Erzählungen Alten u. Neuen Teſtamentes. Ein Leitfaden für den Unterr. in der bibl. Geſchichte. 2. u. 3., verm. u. verb. Aufl. 8. (à 22 B.) Berlin 843, 47, Ludw. Oehmigke, Vrlgsh. à

—— bibliſches Leſebuch, d. i.: die wichtigſten bibl. Erzählungen altes und neues Teſtamentes. Ein Leitfaden für den Unterricht in der bibl. Geſchichte. 4. Aufl., durchgeſehen von Carl Bormann. 8. (XII und 339 S.) Berlin 851, L. Oehmigke. *

— bibliſches Leſebuch, das iſt: die wichtigſten Bibliſchen Erzählungen Altes und Neues Teſtamentes. Ein Leitfaden für den Unterricht in der bibliſchen Geſchichte. 5. Aufl. 853.

— 6. Aufl., durchgeſ. von Karl Bormann. Berlin 856. L. Oehmigke. 8. (XII, 339 S.) n. 8 ngr.

—— bibliſches Leſebuch, das iſt: die wichtigſten bibliſchen Erzählungen Altes und Neues Teſtamentes. Ein Leitfaden für den Unterricht in der bibl. Geſchichte. 7. Aufl. durchgeſehen von Carl Bormann. 8. (XII und 339 S.) Berlin 859, Oehmigke's Verlag. *

—— bibliſches Leſebuch, das iſt die wichtigſten bibliſchen Erzählungen Alten und Neuen Teſtaments. 8. Aufl. 1863. und 9. Aufl. durchgeſ. von Karl Bormann. 8. (XII und 339 S.) Berlin 866, Oehmigke's Verlag. *

—— bibliſches Leſebuch. 10.—12. Aufl., umgearb. und zu einem Hülfsbuch für den Religionsunterricht in den unteren und mittleren Claſſen höherer Lehranſtalten erweitert von G. A. Klix. gr. 8. (XVI, 279 S.) Berlin 870—79, Oehmigke's Verlag. *

— bibliſches Leſebuch. 13. Aufl., umgearb. u. zu einem Hülfsbuch für den Religionsunterricht in den unteren u. mittleren Claſſen höherer Lehranſtalten erweitert von G. A. Klix. gr. 8. (XVI, 280 S.) Berlin 880. Oehmigke's Verl. n. 1. 20

—— bibliſches Leſebuch. Umgearb. und zu einem Hülfsbuch für den Religionsunterricht in den unteren und mittleren Klaſſen höherer Lehranſtalten erweitert von G. A. Klix. 20.—26. Ster.-Aufl. gr. 8. (XVI, 304 S.) Berlin 885—88, Oehmigke's Verlag. *

— bibliſches Leſebuch. Umgearb. u. zu e. Hülfsbuch f. d. Religionsunterricht in den unteren u. mittleren Klaſſen höherer Lehranſtalten erweitert v. G. A. Klix. 29. Ster.-Aufl. gr. 8. (XVI, 303 S.) Berlin 890. Oehmigke's Verl. n. 1. 40; geb. n.n. 1. 65

—— Bibliſches Leſebuch. Umgearb. u. zu e. Hülfsbuch f. den Religionsunterricht in den unteren u. mittleren Klaſſen höherer Lehranſtalten erweitert v. G. A. Klix. 33. Ster.-Aufl. gr. 8. (XVI, 304 S.) Berl. 892, L. Oehmigke's Verlag. * 1 40; geb. ** 1 65

— bibliſches Leſebuch. Umgearb. u. zu e. Hülfsbuch f. den Religionsunterricht in den unteren u. mittleren Klaſſen höherer Lehranſtalten erweitert v. G. A. Klix. 48. Aufl. gr. 8. (XVI, 304 S.) Berlin 894. L. Oehmigke's Verl. n. 1. 40; Einbd. n.n. — 25

— biblisches Lesebuch. Umgearb. u. z. e. Hülfsbuch f. den Religionsunterr. in d. unt. u. mittl. Klassen höh. Lehranst. erweit. v. G. A. Klix. 61.—63. Ster.-Aufl. gr. 8. (à XVI, 304 S.) Ebd. 898. n. 1. 40; geb. n.n. 1. 70

— biblisches Lesebuch. Umgearb. u. zu e. Hülfsbuch für den Religionsunterricht in den unteren u. mittleren Klassen höherer Lehranstalten erweitert v. G. A. Klix. 77. Ster.-Aufl. gr. 8. (XVI, 304 S.) Berlin 902. L. Oehmigke's Verl. n 1. 40; geb. n.n. 1. 70

— dasselbe. Zu e. Hülfsbuch f. den Religionsunterricht in den unteren u. mittleren Klassen höh. Lehranstalten erweitert v. G. A. Klix. Nach den Lehrplänen des J. 1901 bearb. v. Paul Müllensiefen. (79. (der neuen Bearbeitg. 2.) Aufl. gr. 8. (495 S. m. 2 Karten.) Ebd. 902. Geb. n. 2 50

— dasselbe. 80. (der neuen Bearbeitg. 3.) Aufl. (2 Abtlgn.) gr. 8. Ebd. 902 Geb n. 2. 80; einzeln bezogen n. 3. —
1. (S. 1—297.) n. 2. —
2. (III u. S. 298—495 m. 2 farb. Karten.) n. 1. —

Biblisches Lesebuch von Otto Schulz. Zu e. Hülfsbuch f. d. Religionsunterr. in d. unteren u. mittl. Klassen höh. Lehranst. erw. von Dr. G[ustav] A[dolf] Klix. Nach d. Lehrplänen d. J. 1901 bearb. von Dr. Paul Müllensiefen. Abt. 1. 2. *Berlin: L. Oehmigke 1903.* 2 Bde 8° [F.]
1. 83. Aufl. 2. Hülfsbuch. 81. Aufl.

— biblisches Lesebuch. Zu e. Hülfsbuch f. den Religionsunterricht in den unteren u. mittleren Klassen höherer Lehranstalten erweitert v. G. A. Klix. Nach den Lehrplänen des J. 1901 bearb. v. Paul Müllensiefen. 3 Abtlgn. gr. 8. Berlin, L. Oehmigke's Verl. Geb. n. 6. —
1. 90. Aufl. (297 S.) 906. 2. —
2. Hülfsbuch. 81. Aufl. (III u. S. 298—495 m. 2 farb. Karten.) 903. 1. —
3. Kirchengeschichte nebst Anhängen v. Paul Müllensiefen. (VIII, 208 S.) 905. n. 1. 60; geb. n. 2. —

— Biblisches Lesebuch. Zu. e. Hülfsbuch f. d. Religionsunterricht in den unteren u. mittleren Klassen höherer Lehranstalten erweitert v. G. A. Klix. Nach den Lehrplänen des J. 1901 bearb. v. Paul Müllensiefen. I. u. II. Abtlg. 8. Ebd. (910). Geb. 3. —
I. 99. Aufl. (297 S.) Geb. 2. —
II. 88. Aufl. (XI u. S. 299—495 m. 2 farb. Karten.) Geb. 1. —

—— Lesebuch für höhere Schulen, s. a. Lesebuch.

—— Lesebuch für höhere Schulen. Des berlinischen Lesebuchs 2. Thl. 2. Aufl. 8. (VI und 506 S.) Berlin 848, Nicolaische Buchh. *
1. Thl. (12. Aufl.) Ebendas. 1851. * 7½ Ngr. Vgl.: Lesebuch, berlinisches.

—— Lesestücke aus der Handfibel als Vorstufe zu desselben Verf. berlinischem Lesebuche. 66. Aufl. 8. (176 S.) Berlin 861, Oehmigke's Verlag. geb. * *

—— geistliche Lieder für Schule u. Haus, s. a. Lieder.

(——) geistl. Lieder f. Schule u. Haus. (Nach d. neuen Gesangbuche.) 1. Aufl. (5 B.) 810., 2., verm. Aufl. 12. (6 B.) Berlin 811, (Nicolaische Buchh.) à

Der Meisterstock. Seine Geschichte u. Entwickelung nebst biographischgefarbter Einl., auch Erlebnisse u. Erfahrungen aus meiner 50jähr. Imkerthätigkeit. Mit vielen Abb., e. Anzahl prakt. Winke u. einigen Arbeitsaufgaben. Von Otto Schulz, Bienenwirt. *Buckow Bez. Frankfurt a. O.: Selbstverl.; (E. Freyhoff in Oranienburg in Komm.) 1902.* (VI, 95 S.) 8° [F.] [03. 1372]

—— zur Methodik des Sprach-Unterrichts in Volksschulen. Verfügung des kgl. Schul-Collegii der Provinz Brandenburg vom 13. Juli 1844, den Sprach-Unterricht in Volksschulen betreffend, nebst erläut. Beilagen. 2. Ausg. 8. (4½ B.) Berlin 845, Nicolai'sche Buchh. Thlr. *

— s. Pestalozzi, H.: Abendstunde e. Einsiedlers.

— 3 Predigten. gr. 8. Berlin, Dieterici (Mittler). 818. -

— Schönheit u. Zweckmässigkeit. Eine Ästhetik d. Maschine u. des Bauwerkes. (41 S. m. 30 Abb.) Lex. 8. Wiesbaden 909. C. W. Kreidel. 2. 40
Sonderabdruck aus: „Zeitschr. f. Architektur u. Ingenieurwesen".

—— Schreib-Lese-Vorschule zur Hand-Fibel. 4. Aufl. 8. (16 S.) Berlin 861, Oehmigke's Verlag. *

—— Schreib-Lese-Vorschule zur Hand-Fibel. 7. Aufl. 8. (16 S.) Berlin 864, Oehmigke's Verlag. *

—— Schreib-Lese-Vorschule zur Hand-Fibel. 8.—11. Aufl. 8. (16 S.) Ebendas. 877—81. *

— Schreib-Lese-Vorschule zur Hand-Fibel. 15. Aufl. 8. (16 S.) Ebd. 893. n. — 10

— s. Schulblatt f.d. Provinz Brandenburg.

Schulz, Jh. Otto Leop., (gewöhnl. Otto,) Schulgrammatik d. latein. Sprache. 8. Halle 815. 2e A. 819. 7e A. 832. Waisenhaus-B. 10 gr.

— Schulgrammatik d. latein. Sprache. 5e Aufl. 8. Halle 826, Waisenhaus-B.

—— Schulgrammatik d. latein. Sprache. 6—8., verb. Aufl. (à 23 B.) 8. Halle 828—34, Buchh. d. Waisenhauses. à

— Schulgrammatik der latein. Sprache. 8e verb. Aufl. 8. Halle 834. Buchh. des Waisenhauses. 5/12 ℞ — 10e Aufl. 839. 5/12 ℞

—— Schulgrammatik d. latein. Sprache. 9—12., verb. Aufl. 8. (à 23 B.) Halle 837—43, Buchh. d. Waisenhauses. à

— Schulgrammatik der lateinischen Sprache. 14. verb. Aufl. 8. (IV u. 363 S.) Halle 852, Buchhandlung des Waisenhauses. 5/12 ℞

— Schulgrammatik der lateinischen Sprache. Herausg. von Frdr. Aug. Eckstein. 17. verb. u. verm. Aufl. Halle 861. Buchhdlg. des Waisenhauses. 8. (IV, 346 S.) 12½ ngr.

— Schulgrammatik der lateinischen Sprache. Hrsg. von Friedr. Aug. Eckstein. 18., unveränd. Aufl. Halle 865. Buchh. des Waisenhauses. 8. (IV, 346 S.) 12½ ngr.

—— monatliche Schulnachrichten, s. Schulnachrichten.

—— Sendschreiben an d. Consistorial-Assessor u. Archi-Diaconus Pischon, den Zorn d. großen Fürsten betreff. gr. 8. (1 B.) Berlin 811, (Nicolaische Buchh.) * *

OTTO SCHULZ, Die Sprachgesellschaften des siebzehnten Jahrhunderts. Vorlesung am Stiftungsfest der Berlinischen Gesellschaft für deutsche Sprache. Berlin. 1824. In der Vereins-Buchhandlung. 8°.

—— deutsche Sprachlehre f. Volksschulen, Präparanden-Anstalten u. Schullehrer-Seminare. 1. Aufl. (10 B.) 844., 2. Aufl. u. 3. Aufl. 8. (12 B.) Berlin 845, Nicolai'sche Buchh. *

— Deutsche Sprachlehre für Volksschulen, Präparanden-Anstalten u. Schullehrer-Seminare. 4. verm. u. verb. Aufl. 8. (VIII u. 208 S.) Berlin 848, Nicolai. — 5. verm. u. verb. Aufl. 8. (VIII u. 208 S.) Ebd. 851. n. 12 ngr

—— deutsche Sprachlehre für Volksschulen, Präparanden-Anstalten und Schullehrer-Seminare. 6., verb. Aufl. 8. (VIII und 208 S.) Berlin 854, Nicolaische Buchh. *

—— deutsche Sprachlehre für Volksschulen, Präparanden-Anstalten und Schullehrer-Seminare. 7., verb. Aufl. 8. (VIII und 208 S.) Berlin 858, Nicolai'sche Verlagsbuchh. *

— deutsche Sprachlehre für Volksschulen, Präparanden-Anstalten u. Schullehrer-Seminare. 8., verb. Aufl. Berlin 866. Nicolai'sche Verlagsb. 8. (VIII, 208 S.) geb. n. 12½ ngr.

(——) Tirocinium d. i. erste Uebungen im Uebersetzen aus d. Lateinischen. 1. Aufl. (4 B.) 840. * ⅙ Thlr., 2., mit e. kurzen Formenlehre verm. Ausg. 8. (7 B.) Berlin 841, Nicolaische Buchh. *

—— Tirocinium d. i. erste Uebungen im Uebersetzen aus dem Lateinischen nebst einer kurzen Formenlehre. 3. Aufl. (7½ B.) 842., 4. Aufl. ? u. 5. u. 6. Aufl. 8. (à 8 B.) Berlin 845, 47, Nicolai'sche Buchh. à * .

—— Tirocinium, d. i. erste Uebungen im Uebersetzen aus dem Lateinischen nebst einer kurzen Formenlehre. 7. Aufl. 1849. und 8. Aufl. 8. (VIII und 120 S.) Berlin 851, Nicolaische Buchh. **

—— Tirocinium, d. i. erste Uebungen im Uebersetzen aus dem Lateinischen nebst einer kurzen Formenlehre. 12. Aufl. 1863. * * 7½ Ngr. und 13. Aufl. 8. (VIII und 120 S.) Berlin 866, Nicolai'sche Verlagsb. geb. * *

— Tirocinium d. i. erste Uebgn. im Uebersetzen aus dem Latein. nebst e. kurzen Formenlehre. 14 m neuen Lesestücken verseh. Aufl. hrsg. v. Jul. Richter. 8. (VIII, 120 S.) Ebend. 873. geb. n.n. 1. —

-- Unipolarmaschinen. (32 S. m. 24 Abbildgn.) gr. 8. Leipzig 907. Hachmeister & Thal. 1. —
Sonderabdruck aus: „Der Elektropraktiker".

Schulz, Otto [aus Danzig, pr. Arzt]: Untersuchungen über die Wirkung des Chinon und einiger Chinonderivate ... Rostock, C. Boldt'sche Hof-Buchdr., 1892; 49 S. 8.
Rostock, Med. Fak., Inaug.-Diss. v. [23. Jan.] 1892

Schulz, (Jh.) Otto (Leop.), Ueber die Versorgungs- und Aussteuer-Kassen. gr. 8⁰. Berlin, L. Oehmigke, 1822.

Schulz, O. **De communi bonarum artium inter se vinculo. Oratio hab. Idib. Decembr. 1823. 15 S. 8.**
Berlin, G. K., Progr. 1825

— Wand-Fibel. Enthaltend 21 Bogen Text u. 1 (lith.) Taf. Abbildgn. 7. Aufl. Berlin 865. Oehmigke's Verlag. Fol. n. 20 ngr

— Wand-Fibel. Enth. 21 Bog. Text u. e. Taf Abbildgn. (in Holzschn.) 8. Aufl. gr. Fol. Berlin 873. Oehmigke's Verl. n. 2. —

—— üb. Warteschulen od. Kinder-Bewahrungs-Anstalten. gr. 8. (1½ B.) Berlin 837, L. Oehmigke. **

—— die Lehninische Weissagung nebst e. Anhange über Herzog Albrecht v. Preußen. 8. (1¼ B.) Berlin 846, Nicolai'sche Bh. *
Aus: Schulblatt f. d. Provinz Brandenburg besond. abgedruckt.

Die Wiederherstellung der St. Sebaldkirche in Nürnberg 1888–1905. Von Otto Schulz, Architekt. Hrsg. v. Ver. f. Gesch. d. Stadt Nürnberg. Mit 4 Taf. Nürnberg: J. L. Schrag in Komm. 1905. (37 S.) 8° [05. 1904]

– s. Wilke, Karl: Sechszehn Bildertafeln.

Schulz, Otto (Hrsg.), s. Wirt, Der deutsche.

Schulz, Otto August

Schulz, Otto Aug., allgem. Adressbuch f. den deutschen Buchhandel, d. Musikalien-, Kunst- u. Landkarten-Handel u. verwandte Geschäftszweige. (Jahrg.) 1839—42. Hoch 4. Leipzig, O. A. Schulz. [839. (22½ B.) * ⅔ Thlr., 40. (20 B. u. 1 Stnt.), 41. (25 B.), 42. (27 B.) à * ⅚ Thlr.] *

Schultz, Otto Aug., allgem. Adressbuch für den deutschen Buchhandel, den Antiquar-, Musikalien-, Kunst- u. Landkarten-Handel, u. verwandte Geschäftszweige. (Jahrg.) 1843—47. Lex.-8. Leipzig, Otto Aug. Schulz. [1843. (13½ B.) 44. (15⅛ B.) à * 27 Ngr., 45. (16 B.) * 1 Thlr. 3 Ngr., 46. (18⅛ B.) 47. (20 B.) à * 1 Thlr. 6 Ngr.] *

Schulz, Otto Aug., allgemeines Adressbuch für den deutschen Buchhandel, den Antiquar-, Musikalien-, Kunst- und Landkarten-Handel und verwandte Geschäftszweige. (10—14. Jahrg.) 1848—52. gr. 8. Leipzig, O. A. Schulz. [10. (VIII, 226 und 120 S. mit Fr. Perthes' lithogr. Portr.) 11. (X, 212 und 113 S. mit G. A. Reimer's lithogr. Portr.) 12. (VIII, 210 und 114 S. mit J. F. v. Cotta's lithogr. Portr.) 13. (VIII, 208 und 112 S. mit F. A. Brockhaus' lithogr. Portr.) 14. (VIII, 212 und 119 S. mit Th. Chr. Fr. Enslin's lithogr. Portr.)] à Jahrg. *
Schrbp. à Jahrg. *

Schulz, O(tto) A(ug.), allgemeines Adressbuch für den deutschen Buchhandel, den Antiquar-, Musikalien-, Kunst- und Landkarten-Handel und verwandte Geschäftszweige. (15—18. Jahrg.) 1853—56. Lex.-8. Leipzig, O. A. Schulz. [15. (VIII, 218 und 169 S. mit H. R. Sauerländer's lithogr. Portr.) 16. (VIII und 393 S. mit G. J. Göschen's lithogr. Portr.) 17. (VIII und 390 S. mit J. Ch. B. Mohr's lithogr. Portr.) 18. (VIII, 405 und 32 S.) 853—56. à Jahrg. * 1 Thlr. 18 Ngr., Schrbp. à * 2 Thlr. 4 Ngr., 18. Jahrg. ** 1 Thlr. 7½ Ngr., Schrbp. ** 1 Thlr. 20 Ngr.] *
Schrbp. *

Schulz, Otto Aug., allgemeines Adressbuch für den deutschen Buchhandel, den Antiquar-, Musikalien-, Kunst- und Landkarten-Handel und verwandte Geschäftszweige. (19—22. Jahrg.) 1857—60. Lex.-8. Leipzig, O. A. Schulz. [19. Jahrg. (VIII und 370 S. mit Friedr. Nicolai's lithogr. Bildniss.) 20. (VIII und 374 S. mit dem lithogr. Bildn. Adf. Rost's.) 21. (VIII und 374 S. mit C. Gerold's lithogr. Bildn.) 22. (VIII und 388 S. mit Heinr. Wilh. Hahn's lithogr. Bildn.)] à Jahrg. Thlr. * *
cart. à Jahrg. * *
Schreibp. cart. à Jahrg. * * 1 Thlr. 20 Ngr.; geb. à Jahrg. * *

—— dass. — (23. Jahrg.) 1861. Bearb. und hrsg. von Herm. Schulz und Thdr. Thomas. Lex.-8. (XX und 410 S. mit Friedr. Vieweg's lithogr. Bildniss.) Ebendas. * *
cart. *
Schreibp. cart. * 2 Thlr. 7½ Ngr.; geb. *

Schulz, O. A., allgemeines Adressbuch für den deutschen Buchhandel, den Antiquar-, Musikalien-, Kunst- und Landkarten-Handel und verwandte Geschäftszweige. (24.—29. Jahrg.) 1862—67. Bearb. und hrsg. von Herm. Schulz. Lex.-8. Leipzig, O. A. Schulz. [24. Jahrg. (XI und 434 S. mit dem lithogr. Portr. des Begründers.) * 1 Thlr. 22½ Ngr.; cart. * 1 Thlr. 27 Ngr.; Schreibp. cart. * 2 Thlr. 7½ Ngr.; geb. * 2 Thlr. 20 Ngr., 25. Jahrg. (XIV und 464 S. mit chromolithogr. Titel.) * 1 Thlr. 22½ Ngr.; cart. * 1 Thlr. 27 Ngr.; Schreibp. cart. * 2 Thlr. 7½ Ngr.; geb. * 2 Thlr. 20 Ngr., 26. Jahrg. (X und 476 S. mit dem lithogr. Bildniss des Freih. Geo. v. Cotta.) * 1 Thlr. 26½ Ngr.; cart. * 2 Thlr.; Schreibp. cart. * 2 Thlr. 18½ Ngr.; geb. * 2 Thlr. 20 Ngr., 27. Jahrg. (XIV und 571 S. mit dem lithogr. Bildniss des Stadtältesten Friedr. Fleischer.) cart. * 2 Thlr. 4 Ngr.; Schreibp. cart. * 2 Thlr. 20 Ngr.; geb. * 3 Thlr., 28. Jahrg. (XIV und 572 S. mit M. Veit's lithogr. Bildniss.) cart. * 2 Thlr. 6 Ngr.; Schreibp. cart. * 2 Thlr. 20 Ngr.; geb. * 3 Thlr. 3 Ngr., 29. Jahrg. (XIV und 554 S. mit K. Baedeker's lithogr. Bildniss.) *
Schreibp. cart. *
geb. *

Schulz, Otto Aug., allgemeines Adressbuch für den deutschen Buchhandel, den Antiquar-, Musikalien-, Kunst- und Landkarten-Handel und verwandte Geschäftszweige. [30.—37. Jahrg.] 1868—1875. Bearb. und hrsg. von Herm. Schulz. gr. 8. Leipzig, O. A. Schulz. [1868. (XVI, 530 S. mit F. G. Franckh's Bildniss.) * ℳ 5,40.; 1869. (XXIV, 554 S. mit Jul. Campe's Bildniss.) * ℳ 6,50.; 1870. (XVI, 587 S. mit Carl Chrn. Jügel's Bildniss.) * ℳ 7,25.; 1871. (XVI, 589 S. mit E. S. Mittler's Bildniss.) * ℳ 7,25.; 1872. (XVI, 356; 276 S. mit Otto Wigand's Bildniss.) * ℳ 9.; 1873. (XX, 378; 288 S. mit Carl Aug. Ad. Ruprecht's Bildniss.) * ℳ 9.; 1874. (XVIII, 392; 236 S. mit Franz Köhler's Bildniss in Stahlst.) * ℳ 10.; 1875. (XVI, 400; 248 S. mit Heinr. Erhard's Bildniss in Stahlst.)] cart. *
Mit Lawdrücken *

Schulz, Otto Aug., allgemeines Adressbuch für den deutschen Buchhandel, den Antiquar-, Colportage-, Kunst-, Landkarten-, und Musikalien-Handel, sowie verwandte Geschäftszweige. 1876. Bearb. und hrsg. von Herm. Schulz. Mit Heinr. Brockhaus' Bildniss (in Stahlst.). gr. 8. (XX, 417 und 264 S.) Leipzig, Schulz. cart. *
geb. in Halbleinw. *

—— dass. — 1877. Mit Dr. Herm. Härtel's Bildniss (in Stahlst.) gr. 8. (XVI, 419 und 272 S.) Ebendas. cart. **
geb. in Halbleinw. **

Schulz, O. A., allgemeines Adressbuch für den deutschen Buchhandel, den Antiquar-, Colportage-, Kunst-, Landkarten- u. Musikalien-Handel, sowie verwandte Geschäftszweige. 1878. Bearb. u. hrsg. von Herm. Schulz. Mit Jul. Springer's Bildniss (in Stahlst.). gr. 8. (XXII, 444 u. 283 S.) Leipzig, Schulz. cart. n.n. 11. 50; in Halbleinw. geb. n.n. 12. —; 1. Abth. (XXII, 444 S.) ap. geh. n.n. 7. —

— dasselbe. 1879. Mit 2 Bildnissen (in Stahlst.) Sal. Hirzel u. Frdr. Volckmar. gr 8. (XXII, 441 u. 295 S.) Ebend. 879. In Halbleinw. geb. n. 12. —; 1. Abth. ap. n. 8. —

— dasselbe. 1880. Mit Ernst Keil's Bildniss (in Stahlst.). gr. 8. (XX, 465 u. 311 S.) Ebend. 880. In Halbleinw. geb. n. 12. —; in Leinw. n. 13. 25; 1. Abth. ap. n. 8. —

Schulz, Otto Aug., allgemeines Adressbuch für den deutschen Buchhandel, den Antiquar-, Kolportage-, Kunst-, Landkarten- und Musikalien-Handel, sowie verwandte Geschäftszweige. 1881. Bearb. und hrsg. von Herm. Schulz. Mit George Westermann's Bildniss (in Stahlst.). gr. 8. (XX, 480; 327 S.) Leipzig, Schulz. geb. in Halbleinw. *
geb. in Leinw. *
1. Abthl. allein *

—— dass. — 1882. Mit Dr. Wilh. Engelmann's Bildnis (in Stahlst.). gr. 8. (XXII, 488; 351 S.) Ebendas. geb. *
1. Abthl. allein geb. *

—— dass. — 1883. Mit Adph. Enslin's Bildnis (in Stahlst.). gr. 8. (VIII, 504; 360 S.) Ebendas. geb. *
1. Abthl. allein geb. *

—— dass. — 1884. Mit J. J. Weber's Bildnis (in Stahlst.). gr. 8. (VIII, 512; 376 S.) Ebendas. geb. *
1. Abthl. allein geb. *

—— dass. — 1885. Mit Carl Hoffmann's Bildnis (in Stahlst.). gr. 8. (XIV, 517; 393 S.) Ebendas. geb. *
1. Abthl. allein geb. *

Schulz, O. A., allgemeines Adressbuch für den deutschen Buchhandel, den Antiquar-, Kolportage-, Kunst-, Landkarten- und Musikalien-Handel, sowie verwandte Geschäftszweige. 1886. Bearb. und hrsg. von Herm. Schulz. gr. 8. (XIV, 548, 403 S. mit Wilh. v. Braumüllers Bildnis in Stahlst.) Leipzig, O. A. Schulz. geb. *
1. Abthl. allein geb. *

—— dass. — 1887. gr. 8. (XII, 568, 431 S. mit Geo. Reimers Bildnis in Photograv.) Ebendas. geb. **
Kleine Ausg. [I. und VI. Abtl. (568, 96 S.) **
Personal-Ausg. [I. Abtl.] (568 S.) geb. **

—— dass. — 1888. 50. Jahrg. gr. 8. (XXXIX, 592, 463 S. mit Dr. Friedr. Joh. Frommanns Bildnis in Stahlst.) Ebendas. geb. **
Kleine Ausg. [I. und VI. Abtl.] (592, 98 S.) **
Personal-Ausg. [I. Abtl.] (592 S.) geb. **
Vom 51. Jahrg. an u. d. T.: Adressbuch des deutschen Buchhandels und der verwandten Geschäftszweige. [Begründet von O. A. Schulz.] Leipzig, Geschäftsstelle des Börsenvereins der deutschen Buchhändler.

Schulz, O. A., s. Auszug, humoristischer, aus Schulz, Adressbuch.

—— antiquar. Bibliographie f. Literatur u. Kunstfreunde. 1—3. Jahrg. 1840—42. gr. 8. Leipzig, O. A. Schulz. [1. (4 Nrn., Bog.) * ⅙ Thlr., 2. (6 Nrn. od. 5 B.) * ¼ Thlr., 3. (12 Nrn. od. 6 B.) * ⅓ Thlr.] *

Schulz, Otto Aug., Börsenblatt f. d. deutschen Buchhandel, s. Börsenblatt.

—— allgemeines deutsches Bücher-Lexikon, s. Heinsius, W.

Schulz, Otto Aug., Denkmal berühmten deutschen Buchhändlern errichtet, s. Denkmal.

—— Denkmal zur vierten Saecularfeier d. Typendrucks 1840. Histor. entworfen von etc. Artist. ausgeführt v. Carl Louis Hirschfeld, Buchdrucker in Leipzig. (1 auf der Buchdruckerpresse gedrucktes Kunstblatt u. 1 Bl. Erklär.) Imp.-Fol. Leipzig, Hirschfeld. *
Zur Herstellung dieser Gedenktafel, wovon ungefähr 350 gute Abdrucke gemacht wurden, waren an vierzig in Zink, Schriftmasse, Messing u. Holz, theils geätzte, theils gravirte Platten erforderlich, die einzeln oder verbunden nach 19maligem Durchgang durch die Presse das vollständige Gemälde lieferten. Nur 20 Expl. wurden abgezogen, welche das stufenweise Fortschreiten des Farbendrucks bis zum vollkommenen Abdruck (in 19 Blättern) darstellen. Die Erklärung (1 Bl.) ist bei diesen Expl. in Gold gedruckt. Sämmtliche 20 Blätter befinden sich in einem mit Leinwand überzogenen Kasten und wurden für 8 Louisd'or verkauft.

— Denkmal zur vierten Säcularfeier des Typendrucks 1840. Historisch entworfen. Artistisch ausgeführt von Karl Louis Hirschfeld, Buchdrucker in Leipzig. 2 Blätter. Imp.-Fol. Leipzig 840. Schulz u. Thomas. n. 5⅓ ℳ

Schulz, Otto Aug., Gutenberg, oder Geschichte der Buchdruckerkunst von ihrem Ursprung bis zur Gegenwart. Eine Festgabe für jeden Gebildeten zur vierten Secularfeier des Typendrucks. gr. 8. (8 B. u. 8 Holzstiche.) Leipzig 840, O. A. Schulz.
Thlr.

—— und J. Günther, Handbuch für Autographensammlung, s. Günther, J.

Schulz, Otto Th.

Schulz, O. Th., Der sachlich-histor. Autor in Spartianus vita des Kaisers P. Aelius Hadrianus nebst einem Anhang „Die vita des Helius". Hab.-Schr. 1904. 50 S. 1.20

Schulz, O. Th., der römische Kaiser Caracalla. Genie, Wahnsinn od. Verbrechen? (64 S. m. 1 Bildn.) 8. Leipzig 909. H. Haessel Verl. 1.50

Schulz, Otto Th., Entwickelung u. Untergang des Kopernikanischen Weltsystems bei den Alten, s.: Weltanschauungs-Fragen. I.

Das Kaiserhaus der Antonine und der letzte Historiker Roms. Nebst e. Beigabe: d. Geschichtswerk d. Anonymus. Quellenanalysen u. geschichtl. Untersuchungen von Otto Th. **Schulz.** Leipzig: B. G. Teubner 1907. (VI, 274 S.) 8° [07. 11756

Schulz, Otto Th., Leben des Kaisers Hadrian. Quellenanalysen u. histor. Untersuchgn. (V, 142 S.) gr. 8. Leipzig 904. B. G. Teubner. n. 4.—

Schulz, P. M. (Hrsg.):

s.: Gesetzkunde, Die Preußische, in allen Zweigen der Rechtspflege und der Staats- und Polizei-Verwaltung. In alphabetischer Ordnung. Bd 1 - 2. Berlin: 1840

Schulz, Paul (Ludwig) *(geb. Printzdorf bei Bunzlau 21. 12. 1859):* Ueber Encephalopathia und Arthralgia saturnina. Breslau 1885. (30 S.) 8° *(Im Buchhandel 1885 bei Köhler in Breslau.)*
Breslau, Med. Diss. v. 4. Aug. 1885

Schulz, Paul [pr. Arzt]: Ein Fall von Spina bifida und Myelomeningocele. . . . Königsberg i. Pr., Druck v. M. Liedtke, 1891. 39 S., 2 Bl., 2 Taf. 8°
Königsberg, Med. Fak., Inaug.-Diss. v. 10. Apr. 1891

Schulz, Paul, e. Fall v. Spina bifida u. Myelomeningocele. Diss. gr. 8. (89 S. m. 2 Taf.) Königsberg i/Pr. 891. (W. Koch.) n. 1.20

Schulz, Paul, approb. Arzt aus Bremen: Aus d. Kgl. Universitäts-Frauenklinik zu Berlin. (Geh.-Rat Prof. Dr. Olshausen.) Ein weiterer Fall von Luftembolie bei Placenta praevia. *Berlin (1903): G. Schade.* (30 S.) 8°
Berlin, Med. Diss. v. 17. Juli 1903

Schulz, Paul [Dr.]: Zur Glaubwürdigkeit der Chronik des Abtes Regino von Prüm. Hamburg, gedr. bei Lütcke & Wulff, 1897; 1 Bl., 24 S. 4.
Hamburg, R. in Eilbeck, P. 1897 (705)

Schulz, Paul, zur Glaubwürdigkeit d. Chronik d. Abtes Regino v. Prüm. Progr. gr. 4. (24 S.) Hamburg 897. (Herold.) n. 2.—

Schulz, Paul: Politische Grundbegriffe in der Schule. Hamburg 1910: Lütcke & Wulff. 33 S. 8°
Hamburg, Heinrich-Hertz-RG, OP 1910 (1011) [S 10 402

Schulz, Paul, a. Wanzleben, Kreis Wanzleben (Reg.-Bez. Magdeburg): Klimaschwankungen im mittleren Norddeutschland und ihr Einfluß auf die Ernteerträge. Halle a. S. 1907. (51 S., 2 Taf.) 4° [J.]
Halle, Phil. Fak., Ref. Philippson, Diss. v. 20. Dez. 1907
[Geb. 20. Febr. 84 Wanzleben; Wohnort: Halle a. S.; Staatsangeh.: Preußen; Vorbildung: Pädagog. z. Kloster U. L. Fr. Magdeburg Reife O. 03; Studium: Marburg 1, Göttingen 4, Halle 4 S.; Rig. 18. Juni 07.]

Schulz, Paul, Marginalien über die Wiener Revolution vom Jahre 1848 und ihre wichtigen Folgen in der spätesten Zeit. Leipzig 856. Gerhard in Comm. gr. 8. (3 Bl., 282 S.) n. 2 ℳ.

Schulz, (Karl Friedr.) Paul (geb. Berlin 26. 11. 1858): Das Markstrahlengewebe und seine Beziehungen zu den leitenden Elementen des Holzes. Berlin 1882. (28 S.) 8° * Aus: Jahrb. d. Königl. botan. Gartens u. des botan. Museums zu Berlin. Bd 2. 1883.
Berlin, Phil. Diss. v. 15. Nov. 1882

Schulz, [illegible]: Ueber Oberschenkelabscesse. Berlin (187[illegible]) (2[illegible] S.) 8°
Berlin, Med. Diss. v. 1. Aug. 1871

Schulz, Paul, Apotheker aus Bonn: Ueber Phosphorvanadinmolybdate. Bern 1905. 36 + 2 S. 8°. [21. VII. 05.]
Bern. Phil. Diss. 1905/1906.

Schulz, Paul. Ueber Phosphorvanadinmolybdate. Diss. Phil. Bern. 38 S. 8. Bern, Neukomm & Zimmermann, 1905.

Schulz, Paul: Hessisch-Braunschweigisch-Mainzische Politik in den Jahren 1367—1379 m. bes. Berücks. d. Mainzer Bistumsstreites . . . (Soll vollst. erscheinen.) Wolfenbüttel, J. Zwissler, 1894; 76 S., 2 Bl. 8.
Leipzig, Phil. Fak., Inaug.-Diss. v. [14. Jan.] 1895

Schulz, Paul, hessisch-braunschweigisch-mainzische Politik in d. J. 1367—1379 m. bes. Berücksicht. des Mainzer Bistumsstreites. gr. 8. (158 S.) Wolfenbüttel 895. J. Zwissler. n. 2.50

Schulz, Paul: Über den Rechenunterricht. 1. (29 S.)
Progr. Zweite Rsch. *Berlin* 1899. (119)

Schulz, Paul, über den Rechenunterricht. Progr. 4. (29 S.) Berlin 899. [R. Gaertner.] Weidmann. n. 1.—

Schulz, Paul, aus Cöthen: Syriens Rolle im Welthandel. *Marburg 1899* (auf d. Umschl. hs.: *1900*): *(W. Kohlhammer in Stuttgart).* (81 S.) 4° (8°)
Marburg, Phil. Diss. v. [25. Juli] 1900

Der Schutz der Erfindungen, Marken und Muster in Österreich. Die Gesetze, Verordnungen und Staatsverträge betr. Patente, Privilegien, Marken u. Muster, samt d. einschlag. Judikatur, hrsg. von Dr. Paul **Schulz.** 2. Aufl. hrsg. von Dr. Emanuel Adler u. Dr. Paul Schulz, Sektionschef. Wien: Manz 1906. (XXVI, 892 S.) 8° [J.]
= **Taschenausgabe,** Manz'sche, d. österr. Gesetze. Bd 1, Abt. 2. [illegible]

Schulz, [illegible] Über die in [illegible] Zeit [illegible] Tiere [illegible] 5 Figuren [illegible] zu Berlin [illegible] 1892 [illegible] 35 S. 8° [illegible]

Schulz, Paul [Dr.]: Über die in historischer Zeit ausgestorbenen Tiere. M. 5 Fig. Berlin, R. Gaertner, 1892; 35 S. 4.
Berlin, II. st. HB, OP 1892 (100)

Schulz, Paul, Tierarzt: Aus d. ambulat. Klinik d. Tierärztl. Hochsch. zu Berlin. Leiter: Eggeling. Mikroskopische Untersuchungen des Colostrums der Kühe. Berlin: Schoetz 1908. 23 S. 4° ¶(Aus: Zeitschrift f. Fleisch- u. Milchhygiene. 1909, H. 2. 4.)
Gießen, Veterinär-Med. Diss. v. 27. Okt. 1908, Ref. Martin
[Geb. 11. März 82 Hermstal; Wohnort: Kriewen; Staatsangeh.: Preußen; Vorbildung: Gymn. Schneidemühl Reife O. 03; Studium: Tierärztl. Hochschulen Berlin 4, München 1, Berlin 2 S.; Rig. 13. März 08.] [U 09. 1175

Schulz, Paul, aus Reitwein: Verhalten von Salzen in Aceton. *Giessen 1901: v. Münchow.* (30 S.) 8°
Giessen, Phil. Diss. v. 1901

Schulz, Paul, d. Vorschriften betr. d. Schutz d. Erfindgn., Marken u. Muster, s. a.: Gesetze, d. österr., 1, II.

Schulz P. die Vorschriften betreffend den Schutz der Erfindungen, Marken und Muster. (599 S.) Wien 1898

Schulz, Paul F. F., häusliche Blumenpflege, s.: Bibliothek, naturwissenschaftliche, f. Jugend u. Volk.

— Unsere Zierpflanzen. Eine zwangl. Auswahl biolog. Betrachtgn. v. Garten- u. Zimmerpflanzen, sowie Parkgehölzen. Mit 5 farb. Taf. nach Orig.-Aquarellen v. Wolff-Maage, 7 Taf. in photogr. Kunstdr. nach Orig.-Aufnahmen v. Geo. E. F. Schulz, 68 photogr. Textbildern gleichfalls nach Orig.-Aufnahmen v. Geo. E. F. Schulz, sowie zahlr. Textbildern. (VIII, 216 S.) gr. 8. Leipzig 909. Quelle & Meyer. 4.40; geb. in Leinw. 4.80

Schulz, Paul J., Anfangsgründe der böhmischen Sprache. Für die Unterklassen der Mittelschulen, sowie zum Privatgebrauche, theoretisch u. praktisch bearb. Mit einem böhmisch-deutschen u. deutsch-böhmischen Wörterverzeichnisse. Prag 862. Steinhauser. gr. 8. (IV, 144 S.) 10 ngr.

Schulz, Peter Robert, Referendar am Kgl. Amtsgericht Leipzig: **Beiträge zur Erkenntnis der Quellen und der Lehre vom contractus aestimatorius.** *Borna-Leipzig 1904: R. Noske.* (VIII, 83 S.) 8°
Leipzig, Jur. Diss. v. 1904

Schulz, R., s.: Blätter f. Rechtspflege in Thüringen u. Anhalt.

Schulz, R., zur Feier des 300jährigen Geburtstages Gustav Adolfs, Königs v. Schweden. 9. Dezbr. 1894. Ein Lebensbild des gottbegeisterten Streiters f. die reine Lehre des Evangeliums. 8. (22 S.) Leipzig 894. (Th. Thomas.)
n. — 25

(Schulz, R.): Die voraussichtliche Höhe der nach dem Entwurf des Reichsgesetzes, betr. die Einführung von Schiffahrtsabgaben auf den natürlichen Wasserstraßen, auf der deutschen Elbe zur Erhebung gelangenden Abgaben und ihre wirtschaftliche Wirkung. Magdeburg 1909. 8° *[Umschlagtit.]*

Schulz, R., Leben, Schriften u. Bedeutung der wichtigsten Pädagogen bis zum Tode Pestalozzis, s.: Fischer, Otto.

Schulz, R.: Leben, Schriften und Bedeutung der wichtigsten Pädagogen des neunzehnten Jahrhunderts übersichtl. dargest. Ein Hilfsbuch f. Examinanden. (Forts. d. gleichnam. Werkes von Otto Fischer.) Mit 1 Pl. f. e. Muster-Volkskindergarten. Gütersloh: C. Bertelsmann 1906. (VI, 296 S.) 8°

Schulz, R., am Niederwalddenkmal. Patriotischer Einakter m. Gesang u. e. Schlußbilde. Liebliche Episode aus dem Leben unseres unvergeßl. „Fritz". 2. Aufl. 8. (24 S. m. Musikbeilage 5 S. in qu. 4.) Guben 894. (E. Berger.
n. 2. —

Schulz, R., **Wandkarte des Stadt- und Landkreises Guben. Aus zuverläss. Quellen für den Unterricht in Schule und Haus entworfen. 1 : 50,000. 4 Bl. Chromolithogr.** gr. Fol. Guben 887, Berger.
Auf Leinw. mit Stäben *

Schulz, R. A.

Distanz- und Eisenbahnkarte v. R. A. Schulz. Neueste revid. und verm. Ausg. 1869. carton. in Taschenform. Wien, Artaria & Comp. 45 kr.

Schulz, R. A., **Distanz- und Eisenbahn-Karte.** Zur Uebersicht aller Hauptrouten und Verbindungen in Deutschland mit Einschluss der ganzen österreichisch-ungar. Monarchie, Belgien, der Niederlande und der Schweiz, nebst Theilen von Frankreich, England, Italien, Russland und der Balkanländer. Neue Ausg. Kpfrst. und color. qu. Fol. Wien 883, Artaria und Comp.

Schulz, R. A., Distanz- und Eisenbahnkarte. Zur Uebersicht aller Hauptrouten und Verbindungen in Deutschland mit Einschluss der ganzen österreichisch-ungarischen Monarchie, Belgien, der Niederlande und der Schweiz, nebst Theilen von Frankreich, England, Italien, Russland und der Balkanländer. Klein-Querfolio. Wien, Artaria. Gefalzt in gr. 12° fl. —.45. 1886.

Schulz, R. A., **Generalkarte von Kärnten, Krain, Görz mit Gradiska, Istrien und dem Gebiete der Stadt Triest.** 1 : 505,000. Ausg. 1885. Kpfrst. mit polit. Colorit. gr. Fol. Wien, Artaria und Comp.
In Carton
Einfach color.

Schulz, R. A.: General-Post- und Straßenkarte von Galizien und der Bukowina. (1 : 864 000.) Wien: Artaria 1838; weitere Aufl. 1847 bis 1906.

— **General-Post- u. Strassen-Karte des Königr. Galizien u. des Krakauer Gebietes.** Imp. Fol. Kupferst. u. color. Ebd. 848. n. $1^1/_3$ ₰

—: General-Post- und Straßenkarte des Kronlandes Galizien und Lodomerien mit Auschwitz, Zator und Krakau, sowie das Kronland Bukowina. (1 : 880 000.) Wien: Artaria 1850; weitere Aufl. 1855, 1879, 1882, 1887, 1889.

Schulz's, R. A., **General-Post- und Strassen-Karte des Kronlandes Galizien und Lodomerien, mit Auschwitz, Zator und Krakau, so wie des Kronlandes Bukowina.** Lithogr. und color. Imp.-Fol. Wien 879, Artaria und Comp. color.
Voll color.

Schulz's, R. A., **General-, Post- und Strassenkarte des Kronlandes Galizien und Lodomerien, mit Auschwitz, Zator und Krakau; sowie des Kronlandes Bukowina.** 1 : 864,000. Neue Aufl. Kpfrst. Nach Bezirkshauptmannschaften color. Imp.-Fol. Wien 882, Artaria und Comp.
Ohne polit. Colorit

Galizien u. Lodomerien mit Auschwitz, Zator u. Krakau, und d. Kronlandes Bukowina. General-Post- u. Strassenkarte von R. A. Schulz. Neueste Ausgb. 1883. Gr.-Qu.-Fol. Wien, Artaria & Co. Nach Bezirkshauptmannschaft. colorirt 1 fl 50 kr., mit einfachem Grenz-Colorit 1 fl. S. 136

Schulz's, R. A., **General Post- und Strassenkarte des Kronlandes Galizien und Lodomerien mit Auschwitz, Zator und Krakau, sowie des Kronlandes Bukowina.** 1 : 864,000. Ausg. 1885—1888. Kpfrst. Nach Bezirkshauptmannschaften color. Imp.-Fol. Wien, Artaria und Comp. In Carton *
Mit einfachem Grenzcolorit *

Schulz's, R. A., **General-Post- u. Strassenkarte des Kronlandes Galizien u. Lodomerien m. Auschwitz, Zator u. Krakau, sowie d. Kronlandes Bukowina.** 1 : 864,000. Ausg. 1891. Kupferst. [Nach Bezirkshauptmannschaften color. Imp.-Fol. Wien, Artaria u. Comp.
In Carton * 3 — ; m. einfachem Grenzcolorit * 2 —

Schulz, R. A., General-Post- und Straßenkarte des Königreichs Illyrien nebst dem k. ungarischen Littorale. (Mit den Plänen von Laibach u. Triest.) gr. Imp.-Fol. Wien 841, Artaria u. Comp. (Leipzig, Rud. Weigel.) Kupferstich u. illum. n. $1^1/_3$ ₰

— **General-Post- u. Strassen-Karte des Königr. Illyrien nebst dem k. ungar. Littorale.** Imp. Fol. Kpfrst. u. color. Ebd. 848. $1^1/_3$ ₰

Schulz, R. A.: General-, Post- und Strassen- Karte des Lombardisch-Venezianischen Königreichs. Wien 1839. 1 Bl.

— General-Post- u. Straßen-Karte des Herzogthums Steyermark. (Mit den Plänen von Grätz und Mariazell, nebst der Polit. Eintheilung u. Statist. Uebersicht des Herzogthums.) gr. Imp.-Fol. Ebend. 841. Kupferstich u. illum. n. $1^1/_3$ ₰

— **General-Post- u. Strassen-Karte des Herzogth. Steyermark.** Imp. Fol. Kpfrst. u. color. Ebd. 848. $1^1/_3$ ₰

Schulz, R. A., **General-Post- und Strassen-Karte des Herzogth. Steyermark.** 1 : 400,000. Ausg. 1886 und 1888. Kpfrst. Mit einfachem Colorit. qu. gr. Fol. Wien, Artaria und Comp.
In Carton *
Mit Colorit nach Bezirkshauptmannschaften, mit Angabe der Bezirksgerichts-Grenzen *

Schulz's, R. A., **General-Post- und Strassen-Karte des Herzogth. Steyermark.** 1 : 400,000. Ausg. 1889. Kupferst. Mit einfachem Colorit. qu. gr. Fol. Wien, Artaria u. Comp. In Carton * 2 —
Mit vollem Colorit * 3 —

General-Post- und Straßen-Karte des Herzogthums Steiermark. Gezeichnet von R. A. Schulz; Revidiert v. Dr. K[arl] Peucker. Gestochen v. Domin. Biller. Neubearb. 1903. Maßst. 1 : 400,000. (Mit d. Volkszählungs-Daten v. 31. Dez. 1900. Nach Bezirkshauptmannschaften koloriert, mit Angabe d. Bezirksgerichts-Grenzen.) [Mit 2 Nebenkarten.] *Wien: Artaria & Co. 1903; Lith. Th. Bannwarth.* (1 Kartenbl. 69×51 cm.) 8° [kol.].

— General-Karten, Artaria's, d. österr. u. ungar. Länder. No 5. (•) ⁓

Schulz, R. A. General-Karte der Europäischen Turkey und des Königreichs Griechenland nebst einem grossen Theile der angrenzenden Länder. Wien 1838. 1 Bl. c. K. Ft.

Schulz, R. A., prakt. Geschäfts- u. Reisekarte sämmtl. Staaten von Europa, enthaltend die vorzüglichsten Strassen-Verbindungen mit Angabe der Distanzen, u. der bestehenden Eisenbahnen. Nebst einem Theile von Africa u. Asien, u. zwar die Länder: Marocco, Algerien u. Tunis, ganz Kleinasien, u. einem Theil v. Persien. Nach den neuesten u. besten Materialien bearb. 4 in Kupfer gest. u. color. Bl. in gr. Fol. Wien 847, Artaria & Co. 3 ℳ — (Neue Ausg.) Ebd. 849. n. 3 1/3 ℳ

Schulz, R. A., praktische Geschäfts- und Reisekarte sämmtlicher Staaten von Europa, enthaltend die vorzüglichsten Strassen-Verbindungen mit Angabe der Distanzen und der bestehenden Eisenbahnen. Nebst einem Theile von Africa und Asien, und zwar die Länder Marocco, Algerien und Tunis, ganz Kleinasien und ein Theil von Persien. Nach den neuesten und besten Materialien bearb. 4 Bl. Neue bericht. Ausg. Kpfrst. und color. gr. Fol. Wien 884, Artaria und Comp. In Mappe

Schulz, R. A., praktische Geschäfts- und Reisekarte sämmtlicher Staaten von Europa, enth. die vorzüglichsten Strassen-Verbindungen mit Angabe der Distanzen, und der bestehenden Eisenbahnen. Nebst einem Theile von Afrika und Asien, und zwar die Länder Marocco, Algerien und Tunis, ganz Kleinasien und einen Theil von Persien. Nach den neuesten und besten Materialien bearb. Ausg. 1886. 4 Bl. Kpfrst. und color. qu. gr. Fol. Wien 886, Artaria und Comp. In Mappe

—— dass. — Ausg. 1888. 4 Bl. Kpfrst. und color. gr. Fol. Ebendas. 888. In Mappe

— Italia. Nuovissima carta stradale, postale e di viaggio, coll' indicazione dei vapori e delle strade ferrate. — General-Post- u. Strassen-Karte von Italien etc. Imp. Fol. Kupferst. u. color. Ebd. 848. 1 1/3 ℳ

Schulz, R. A., Karte des Schneebergs und der Raxalpe, nebst der Schneealpe und Maria-Zell. 1 : 72,000. 2 Bl. Kpfrst. Imp.-Fol. Wien 880, Artaria und Comp.

— regno Lombardo-Veneto. — General-Post- u. Strassenkarte des Lombard.-Venezian. Königreichs. Imp. Fol. Kpfrst. u. col. Ebd. 848. n. 1 1/3 ℳ

Schulz, R. A., Neue praktische Reise-Karte mit Angabe der Distanzen. Zum allgemeinen Gebrauche, sowie zur Uebersicht aller Eisenbahnen u. der Dampfschifffahrts-Verbindungen in ganz Deutschland, mit Einschluss der gesammten Oesterreichischen Kaiserstaaten, ganz Belgien, den Niederlanden, der Schweiz und einem Theile von Frankreich, England, Italien, Russland und der Türkei. Gestochen von Dom. Biller. Wien, Artaria u. Co. 1843. gr. Fol. Leipzig, Rud. Weigel. Kolor. 1 1/2 ℳ
—, — Ebda. 1855.
—, — Ebda. 1859.
—, — Ebda. 1868.

Schulz, R. A., praktische Reise-Karte mit Angabe der Distanzen und Eisenbahnen. Zur Uebersicht aller Haupt-Routen in sämmtl. Staaten von Deutschland mit Einschluss der ganzen österreich. Monarchie und einem Theile von Frankreich, England, Italien, Russland und der Türkei. Ausg. 1886. Kpfrst. und color. qu. Fol. Wien, Artaria und Comp.

Schneeberg. Der, und die Raxalpe nebst d. Schneealpe u. Maria-Zell von R. A. Schulz. 2 Bl. 1 : 72 0 0. Neue Ausg. 1881. Wien, Artaria & Co. Oestl. u. westl. Bl. à 50 kr., beide zusammenges. u. gefalzt 1 fl. S. 261

Schulz, R. A., Special-Karte von Oesterreich unter der Enns, nebst den angrenzenden Theilen von Ober-Oesterreich, Steiermark, Böhmen, Mähren und Ungarn. 1 : 324,000. Neue rectificirte Aufl. mit Bezirksgerichts- und Bezirkshauptmannschafts-Grenzen. Chromolithogr. Imp.-Fol. Wien 881, Artaria und Comp.

Schulz's, R. A., Special-Karte von Oesterreich unter der Enns, nebst den angränzenden Theilen von Ober-Oesterreich, Steiermark, Böhmen, Mähren und Ungarn. 1 : 324,000. Ausg. vom J. 1884. Revid. 1886. Mit Terrain. Chromolithogr. Imp.-Fol. Wien 886, Artaria und Comp. In Carton
Ohne Terrain, nach Bezirks-Hauptmannschaften color., mit Angabe der Bezirksgerichts-Grenzen

Schulz, R. A. Special-Karte v. Oesterreich unter der Enns, nebst den angrenz. Theilen von Ober-Oesterreich, Steiermark, Böhmen, Mähren u. Ungarn. 1 : 324,000. Auf Grund der neuen Aufnahme neu bearb. von Ant. Steinhauser, 1889. Ausg. vom J. 1890. Mit Terrain. Chromolithogr. Imp.-Fol. Mit Namenverzeichniss. gr. 8. (24 S.) Wien, Artaria u. Comp. In Carton * 4 — Ohne Terrain, nach Bezirkshauptmannschaften color., m. Angabe der Bezirksgerichts-Grenzen 4 —

—— Specialkarte, topographische, von Mittel-Europa. 1 : 200,000. Hrsg. von der kartograph. Abthl. der königl. preuss. Landesaufnahme. Nr. 99, 352, 380, 409—411, 439, 441, 460, 469, 500, 517, 519, 529, 532, 548, 549, 559, 562, 573, 578, 579, 590, 603, 609, 610, 621, 622, 652—655. Kpfrst. qu. Fol. Berlin, (Eisenschmidt.) à Nr. * *

Inhalt:

Nr. 99.	Hjørring. 886.	Nr. 549.	Neutra. 887.
» 352.	Boulogne. 887.	» 559.	Saumur. 888.
» 380.	St. Valery-en-Caux. 887.	» 562.	Gien. 887.
» 409.	Bayeux. 887.	» 573.	Braunau. 886.
» 410.	Hâvre. 888.	» 578.	Pressburg. 886.
» 411.	Aumale. 887.	» 579.	Neuhausel. 887.
» 439.	Caen. 888.	» 590.	Loches. 887.
» 441.	Rouen. 887	» 603.	Salzburg. 886.
» 460.	Jordanow. 888.	» 609.	Tulle. 888.
» 469.	Argentan. 888.	» 610.	Budapest. 888.
» 500.	Nogent. 887.	» 621.	Chateauroux. 887.
» 517.	Nikolsburg. 886.	» 622.	Nevers. 887.
» 519.	Trentschin. 888.	» 652.	Moulins. 888.
» 529.	Le Mans. 888.	» 653.	Digoin. 888.
» 532.	Montargis. 887.	» 654.	Chalons sur Saône. 888.
» 548.	Leopoldstadt. 887.	» 655.	Lons le Saunier. 888.

Schulz, R. A. Strassen- und Gebirgs-Karte zur Reise von Wien durch Oesterreich, Salzburg, Karnthen, Steyermark und Tyrol bis München mit Berücksichtigung der Oesterreichischen Alpen und des Bayrischen Hochgebirg. 1 : 576,000. Wien 1843. 1 Bl. c. K. Ft.

— Strassen- u. Gebirgs-Karte zur Reise von Wien durch Oesterreich, Salzburg, Karnthen, Steiermark u. Tyrol bis München m. Berücksichtigung der Oesterreich. Alpen u. des Bayer. Hochgebirges. Imp. Fol. Kpfrst. u. color. Ebd. 848. 1 1/3 ℳ

Schulz, R. A. Strassen- u. Gebirgs-Karte zur Reise von Wien durch Oesterreich, Salzburg, Kärnthen, Steyermark u. Tyrol bis München, m. Berücksicht. der österreich. Alpen u. d. bayer. Hochgebirgs. 1 : 576,000. Kpfrst. u. color. Wien 889, Artaria u. Comp. In Carton * 2 —

Schulz, Reinhold, prakt. Zahnarzt, Siegen: Beitrag zur Lehre von den Blutungen nach Zahnextraktionen und deren medikamentöse und mechanische Behandlung. (Mit 6 Abb.) *Potsdam 1901: A. W. Hayn's Erben.* (42 S.) 8° Würzburg, Med. Diss. v. 1901

Schulz, Reinhold, approb. Arzt aus Horst: Aus d. Kgl. Psychiatr. u. Nervenklinik d. Universität Kiel. Beitrag zur Symptomatologie und Pathologie der Pseudobulbärparalyse (cerebro-bulbäre Form). *Kiel 1903: Schmidt & Klaunig.* (23 S.) 8° Kiel, Med. Diss. v. [14. Juli] 1903

Schulz, R., Religionsbuch für evangelische Schulen. gr. 8. (64 S.) Berlin 888, Wohlgemuth's Verlagsh. geb. * *

Schulz, R., Religionsbuch f. evangelische Schulen. 2., verb. Aufl. gr. 8. (64 S.) Berlin 890. Wohlgemuth. geb. n.n. — 60

Schulz, R., Religionsbuch f. evangelische Schulen. 3., verb. Aufl. gr. 8. (64 S.) Berlin 894. J. A. Wohlgemuth. Geb. in Leinw. n.n. — 60

Schulz, R., Religionsbuch für evang. Schulen, enth.: I. D. 5 Hauptstücke, II. 8 Psalmen, III. D. Verzeichnis d. bibl. Bücher, IV. 180 Sprüche in bibl. Folge, V. 50 Kirchenlieder u. d. Biographieen ihrer Dichter, VI. Gebräuchl. Gebete, VII. D. Kirchenjahr, d. Perikopentabelle u. d. Liturgie, VIII. D. Geographie Palästinas, IX. Bemerkgn. üb. jüd. Feste, Münzen u. Maße, X. Eine Zeittafel zur bibl. u. Kirchengeschichte. 4., verb. Aufl. gr. 8. (64 S.) Berlin 895. Breslau, F. Hirt. Geb. in Leinw. n.n. — 50

Religionsbuch für evangelische Schulen . . Von R[einhold] Schulz, Lehrer zu Berlin. 5., verb. Aufl. *Breslau: F. Hirt 1899.* (64 S.) 8° [F.] [... 1678

— Religionsbuch f. evangelische Schulen, enth.: I. Die 5 Hauptstücke, II. 8 Psalmen, III. Das Verzeichnis der bibl. Bücher, IV. 180 Sprüche in bibl. Folge, V. 50 Kirchenlieder u die Biographieen ihrer Dichter, VI. gebräuchl. Gebete, VII. das Kirchenjahr, die Perikopentabelle u. die Liturgie, VIII. die Geographie Palästinas, IX. Bemerkg. üb. jüd. Feste, Münzen u. Maße, X. e. Zeittafel zur bibl. u. Kirchengeschichte, XI. e. kurzgefaßte Bibelkunde, XII. Zwei Karten: Palästina zur Zeit Christi u. die Reisen des Apostels Paulus. 6. verb. u. nach der neuen Rechtschreibg. geänd. Aufl. gr. 8. (64 S.) Breslau 903. F. Hirt. Geb. in Leinw. n.n. — 60

— Religionsbuch f. evangelische Schulen, enth.: I. Die 5 Hauptstücke, II. 8 Psalmen, III. Das Verzeichnis der bibl. Bücher, IV. 180 Sprüche in bibl. Folge, V. 50 Kirchenlieder u. die Biographien ihrer Dichter, VI. gebräuchl. Gebete, VII. das Kirchenjahr, die Perikopentabelle u. die Liturgie, VIII. die Geographie Palästinas, IX. Bemerkg. üb. jüd. Feste, Münzen u. Maße, X. e. Zeittafel zur bibl. u. Kirchengeschichte, XI. e. kurzgefaßte Bibelkunde, XII zwei Karten: Palästina zur Zeit Christi u. die Reisen des Apostels Paulus. 7. (Ster.-)Aufl. (64 S.) 8. Breslau 906. F. Hirt. Geb. n.n. — 60

Schulz, R., Religionsbuch f. evangelische Schulen, enth.: I. Die 5 Hauptstücke, II. 8 Psalmen, III. das Verzeichnis der bibl. Bücher, IV. 180 Sprüche in bibl. Folge, V. 50 Kirchenlieder nebst d. Biographien ihrer Dichter, VI. gebräuchl. Gebete VII. das Kirchenjahr, die Perikopentabelle u. d. Liturgie, VIII. die Geographie Palästinas, IX. Bemerkgn. üb. jüd. Feste, Münzen u. Maße, X. eine Zeittafel zur bibl. u. Kirchen-Geschichte, XI. eine kurzgefaßte Bibelkunde, XII. zwei Karten: Palästina z. Zeit Christi u. die Reisen des Apostels Paulus. 8. (Ster.-) Aufl. (64 S.) gr. 8. Breslau 909. F. Hirt. Geb. nn — 60

Schulz. Richard [aus Rawitsch]: Monographische Bearbeitung der Gattung Phyteuma. (Mit 3 Tafeln) Geisenheim a. Rh. 1904. 204 S 8°. [12. VII. 04]
Zürich Phil Diss II S 1903*1904

Schulz, Richard. Monographische Bearbeitung der Gattung Phyteuma. Diss. Phil. [II.] Univ. Zürich. [Mit 3 Karten.] IV + 204 S. 8. Geisenheim a. Rhein, Joh. Schneck, 1904.
Ausg. des academ. Tauschverkehrs, ohne (die weitern 30) Tafeln.

Schulz, Ricardus, Brandenburgensis: De mythographi vaticani primi fontibus. Halis Sax 1905: C. A. Kaemmerer. (70 S.) 8°
Halle, Phil. Fak., Ref. Wissowa, Diss. v. 1. Juli 1905
[Geb. 5 Dez. 80 Königswalde i. Brandenb., Wohnort: Halle; Staatsangeh.: Preußen; Vorbildung: Gymn. Landsberg Reife O. 01; Studium: Marburg 1, Halle 8 S.; Rig. 2 März 05.]

Schulz, Rich., klinische Irrungen. Ein Beitrag zur Geschwulstlehre, s. Beiträge zur pathologischen Anatomie und klinischen Medicin.

Schulz, Richard: Zur Klinik und operativen Behandlung der Abdominal-Actinomycose. Greifswald 1906: J. Abel. (39 S.) 8°
Greifswald, Med. Fak., Ref. Friedrich, Diss. v. 26. Mai 1906
[Geb. 26. Juni 79 Kahrstedt, Kr. Salzwedel; Wohnort: Greifswald; Staatsangeh.: Preußen; Vorbildung: Gymn. Salzwedel Reife M. 00; Studium: Greifswald 4, Berlin 1, Erlangen 1, Berlin 1, Greifswald 3 S.; Coll. 15. März 06; Approb. 13. März 06.]

Schulz, Rich., Monographie der Gattung Phyteuma. Arbeit aus dem botan. Garten d. Universität Breslau. (204 S. m. 3 Karten.) gr. 8. Geisenheim 904. (Leipzig, Th. O. Weigel.) 6. —

Deutsche Flotte und Flotte Deutsche. Genrebild mit Gesang in 1 Akt von Robert Schulz. Musik von Oscar Moncke, Herzogl. Sächs. Musikdir. *Berlin: M. Bohm [1901].* (16 S.) 8° [... 1906

Schulz, Rob., die Frau des Prokuristen. Schauspiel in 8 Aufzügen. (III, 61 S.) 8. Dresden 906. E. Pierson. n. 1. 50

Schulz, Rob., Fritz u. Fritzchen, s.: Theater, kleines.

Der Hauptmann von der Feuerwehr. Genrebild in 1 Akt. Von Robert Schulz. *Berlin: M. Bohm [1901].* (20 S.) 8° [... 1907

Schulz, Rob., d. Hauptmann ohne Schnurrbart, od. d. Reserve-Schwiegersohn. Schwank in 1 Aufz. 8. (19 S.) Berlin 898. M. Böhm. 1. 50

— ich will vergelten. Schauspiel in 1 Act. gr. 8. (20 S.) Ebd. 899. 1. 50

— Kaiser-Lottchen, s.: Böhm, Mart.

— der Sünde Knecht. Volksstück in 4 Acten. gr. 8. (64 S.) Ebd. 899. 2. —

Ostpreussische Lachpillen. Drastische Vorträge, Schwänke u. Humoresken in ostpreuss. Mundart von Robert Schulz. *Insterburg: E. Blumschein 1902.* (114 S.) 8° [F.] [... 10

Heimliche Liebe. Schwank in 1 Aufz. von Robert Schulz. *Paderborn: E. Kleine [1901].* (20 S.) 8° [F.]
— Theater, Kleines. II. 295. [... 9033

Lorchen oder: Der zerklemmte Liebhaber. Posse in 1 Act von Robert Schulz. *Berlin: M. Bohm [1899].* (16 S.) 8° [F.] [... 4924

— eine tolle Nacht. Posse in 1 Akt. gr. 8. (20 S.) Ebd. (901). 1. 50

Schulz, Roman, s.: Archiv f. Volksschullehrer.

Schulz, Rudolf, Medizinalprakt.: Aus d. Univ.-Ohrenklinik zu Göttingen. Über Geschmacksstörungen bei Mittelohr-Affektionen. Leipzig: Vogel 1909. 30 S. 8° [Nachträglich geliefert.] ¶ (Aus: Archiv f. Ohrenheilk. Bd 70.)
Göttingen, Med. Diss. v. 1. Aug. 1909, Ref. Bürkner, Cramer
[Geb. 13. Aug. 83 Halle, Braunschw.; Wohnort: Wolfenbüttel; Staatsangeh.: Braunschweig; Vorbildung: Gymn. Wolfenbüttel Reife O. 03; Studium: Göttingen 5, München 2, Göttingen 3 S.; Coll. 12 Febr. 06; Approb. 1 Aug. 09.] [U 09. 1176

Schulz, Rudolf [aus Ostrowo]: Über die Indicationsstellung für operative Behandlung der Cholelithiasis im Anschluss an einen Fall von Cholekystotomie. . . . Halle a. S., Hofbuchdr. v. C. A. Kaemmerer & Co., 1890; 31 S, 1 Bl. 8°
Halle, Med. Fak., Inaug.-Diss. v. 20. Dez. 1890

Schulz, Rud., Notizen für die Zeichenstunde zum Schulgebrauch in Gymnasien, höheren Töchter- u. Bürgerschulen. 2., umgearb. Aufl. gr. 8. (32 S. m. 1 Steintaf.) Neu Ruppin 877. Petrenz. — 60

SCHULZ, RUDOLF. Ueber die Oxydationsproducte des Aethyl- und Diaethylacetessigesters. Würzburg, 1879.

—— bunter Polterabend. Einzelvorträge und größere Vorstellungen mit Gesang und Tanz. Bildliche Darstellung der vorkommenden Tänze mit Erläuterung und einem Musikstück als Anhang. 16. (IV, 140 S., wovon 10 lithogr.) Neu-Ruppin 876, [Held.] Howe's Buchh. *

Schulz, Rud. Rheinsberg. Eine Wanderung durch Schloß und Umgebung an der Hand geschichtl. Daten. 8. (95 S. mit 1 Stnt.) Neu-Ruppin 879, Petrenz. *

Schulz, Rud., Stepan Nikititsch Sargfanow. Aus dem kirchlich-polit Leben Livlands. Erzählung. 8. (320 S.) Leipzig 873. Bidder. n. 4. —

Schulz, Rud. Sophie. Eine Erzählung vom Rigaer Strande. 8. (221 S.) Leipzig 875, Bidder. *

Schulz, R., ein Staatsgeheimniß. Lustspiel in 1 Akt [2 Aufzügen]. [Den Bühnen gegenüber als Mscr. gedr.] 8. (38 S.) Neu-Ruppin 874, Held.

Schulz, Rudolf, Kammergerichtsreferendar: Die Wirkung des nach Aufgebot der Nachlassgläubiger ergangenen Ausschlussurteils. Göttingen 1906: Dietrich [!]. (52 S.) 8°
Göttingen, Jur. Fak., Ref. Detmold, Diss. v. 15. Aug. 1906
[Geb. 30. März 85 Cottbus; Wohnort: Cottbus; Staatsangeh.: Preußen; Vorbildung: Gymn. Cottbus Reife O. 03; Studium: Freiburg i. B. 1, München 1, Grenoble 1, Berlin 3 S.; Rig. 11. Juli 06.]

Schulz, Rudolf Fr., s. S c h u l t z e , Rudolf Fr.

Schulz, S. M., Leitfaden f. den theoretischen Handarbeits-Unterricht. (Ausg. f. Lehrerinnen.) gr. 8. (XI, 53 S. m. 2 Steintaf. in qu. gr. Fol.) Frankfurt a/M. 876. Baist. n. 1. 50

Schulz, S. M., Leitfaden für den theoretischen Handarbeits-Unterricht. (Ausg. für Schülerinnen.) 3 Stufen. gr. 8. Frankfurt a. M. 876, Baist. à Stufe * 40 Pf. *
Inhalt:
Stufe 1. Das Stricken und die Strickarbeiten. (14 S. mit 1 Stnt.)
" 2. Das Häkeln und die Häkelarbeiten. (11 S. mit 1 Stnt.)
" 3. Das Nähen, Flicken und Stopfen. (18 S.)

Schulz, Samuel Fr., s. S c h u l z e , Samuel Fr.

Schulz (Schultze). Stephan

Schulz, Steph., Jugendgeschichte von ihm selbst erzählt, s. c, S c h r i f t e n, kl., z. B e f ö r d e r u n g d. christl. G l a u b e n s rc. No. 8.

Schulze's, (M.) Stephan, Jugendgeschichte, von ihm selbst erzählt. 2e Aufl. .. Nürnberg 830. 3e Aufl. 833. Raw. 1 ½ gl

Schultze's, (M.) Stephan, Jugendgeschichte, von ihm selbst erzählet. Nr. 8. der kleineren Schriften z. Beförder. d. christl. Glaubens u. Lebens. 4. Aufl. 8. (2½ B.) Nürnberg 841, Raw'sche Buchh.

Schulz, Steph., L e b e n s b e s c h r e i b u n g. 8. Halle, Hemmerde. 777.

— Lebensbeschreibung. 8. Halle 777. Schwetschke u. S. 4 gl

Schulz, Steph., († d. 16. Dec. 1776.) die Leitungen des Höchsten nach seinem Rath auf den Reisen in Europa, Asia u. Africa. 5 Thle. gr. 8. Halle 771—75. Schwetschke u. S. 4 ℛ 4 gl

Schulz, Stephan, s. N a c h r i c h t von e. zum Heil d. Juden ... erricht. Anstalt.

Schulz, Theodor

Schulz, Thdr., William Sidnei, König der Karaiben; eine romant. Skizze. 8. Berl. 801. (Sander).

Schulz, Traugott (geb. Mullenbach im Rheinl. 22. 9. 1822): De ecclesiae Romanae, Lutheranae, reformatae in rebus politicis consensu ac dissensu, ratione simul habita effectus, quem quaeque in eas habant. Berolini (1852). (73 S.) 8°
Berlin, Phil. Diss. v. 6. Apr. 1852

SCHULZ, Valentin: Die Panaritien und ihre Ausgänge. Statistische Zusammenstellung von 90 in den letzten fünf Jahren im K. Garnisonlazaret Oberwiesenfeld-München behandelten Fällen.- München: Franz 1886. 77 S.
30.7.1886 - Chr 1886/87,11; Jv 1886/87,182
Diss. Ingolst.-Landsh.-Mchn.

S c h u l z, V a l e n t i n, die Panaritien und ihre Ausgänge. Statistische Zusammenstellung von 90 in den letzten fünf Jahren im K. Garnisonlazaret Oberwiesenfeld-München behandelten Fällen. Diss. München 1886, A. Buchholz. 8°. 77 S.

Schulz, Viktor

Schulz, Vict., über Phosphornekrose u. deren Behandlung. Inaugural-Dissertation. gr. 8. (40 S.) Jena 877. (Neuenhahn.) — 75

S c h u l z, W., das A b b o h r e n von Schächten, s. H a n d b u c h der Ingenieurwissenschaften.

Schulz, W. Formulare zu den Hauptgottesdiensten der Braunschweigischen Landeskirche. Eine Handreichung bei Auswahl der gottesdienstl. Lieder. gr. 8. (XV, 82 S.) Braunschweig 878, [Buchh der Idioten-Anstalt.] Buchh. für evangel. Theologie. *

Schulz, W., Formulare zu den Hauptgottesdiensten der Braunschweigischen Landeskirche. Eine Handreichung bei Auswahl der gottesdienstlichen Lieder. gr. 8. (XV, 82 S.) Braunschweig 878. Wollermann. n. 1. 25

Schulz, W., Führer d. Berg- u. Hütten-Ingenieurs durch die Umgegend v. Aachen. Mit e. v. Holzapfel u. Siedamgrotzky entworfenen geolog. Karte. 8. (V, 133 S. m. 2 Stammbäumen.) Aachen 886. (Freiberg, Craz & Gerlach.) cart. n. 1. 50

Schulz, W., der G e b ü h r e n a n s a ß d. Gerichtsvollziehers nach der deutschen Gebührenordng., sow. der Gebührenansaß nach der preuß. Verordng. v. 7. Septbr. 1879, m. e. Auszuge aus d. preuß. Kassen-Instruktion, m. d. Geschäftsanweisg. f. Gerichtsvollzieher v. 23. Febr. 1885 u. m. e. Auszuge aus d. Gerichtsvollzieherordng. Unt. Berücksicht. der ergang. Gerichts- u. Verwaltungs-Entscheidgn. f. d. prakt. Gebrauch bearb. gr. 8. (VIII, 101 S.) Thorn (888). (Berlin, G. Wattenbach.) n. 2. —

Schulz. W.: Der Gebührenansatz des Gerichtsvollziehers nach der deutschen Gebührenordnung sowie der Gebührenansatz nach der Preuß. Verordnung vom 7. 9. 1879. Thorn 1889.

Schulz, W. Gedichte. 2. Aufl. gr. 16. (VI, 68 S.) [Bremen 880, Kühtmann und Comp.] Norden, Fischer Nachf. * geb. mit Goldschn. *

[S.] Das Gerichtsvollzieher-Amt. E. Darstellg der, die Gesammtgeschäfte d. preuss. Gerichtsvollziehers umfass. gesetzl. u. instruktionellen Bestimmgn. Z. prakt. Gebr. f. Gerichte u. Gerichtsvollzieher bearb. v. W. Schulz, Rechn.-Revisor ... in Thorn. 2., gänzl. umgearb. u. erweit. Aufl. Bd 1. II. *Berlin & Leipzig: G. Wattenbach 1896. 97.* 2 Bde 8.
I 1896 (2 Bl., 179 S.) II 1897 (2 Bl., 181 - 304 S.) [97. 393]

— Gesteinsbohrmaschinen, s. Handbuch der Ingenieurwissenschaften.

Schulz, W., lateinische Grammatik f. Realschulen. 1. Abth. Formenlehre. gr. 8. (III, 107 S.) Hannover 876. Hahn. 1. —

Schulz, W., lateinische Grammatik für Realschulen. 2. Abth. Satzlehre. gr. 8. (VIII, 67 S.) Hannover 877. Hahn. — 75 (1. u. 2.: 1. 75)

Schulz, W. Hamann fin Hochtidsreis'. 8. (105 S.) Hannover 883, Weichelt.

Schulz, W., Leitfaden der evangelischen Glaubenslehre f. obere Klassen höherer Schulen. gr. 8. (VI, 96 S.) Erlangen 876. Deichert. n. 1. 20

Schulz, W. Leitfaden der christlichen Sittenlehre für obere Klassen höherer Schulen. gr. 8. (VI, 72 S.) Erlangen 880. Deichert.

Schulz, W.: Die Maschinen zur Herstellung von Tiefbohrlöchern ..., s. Köhler, Gustav

Schulz, W., Neues aus der Aufbereitung. [Aus: „Zeitschr. d. Vereins deutscher Ingenieure".] gr. 4. (8 S. m. Fig.) Freiberg i/S. 892. Craz & Gerlach. n. — 75

Schulz, W. Siehe, dein König kommt zu dir! Predigt, gehalten am 1. Advent 1882. 8. (10 S.) Güstrow 882. Opitz und Comp.

Schulz, W., Sprüche zum Mecklenburg-Schwerinschen Katechismus. 8. (22 S.) Güstrow 882. Opitz & Co. n. n. — 15

Schulz, W., Stempelsteuer-Tarif, s.: Kahle, Ads.

— Stoffe u. Entwürfe zu Katechesen üb den mecklenburgischen Landeskatechismus. 1. Thl. Vorbereitungsfragen u. 1. Hauptstück. gr. 8. (212 S.) Wismar 875. Hinstorff. n. 2. —

— Stoffe u. Entwürfe zu Katechesen über den mecklenburgischen Landeskatechismus. 2. Thl. Vorbereitungsfragen u. 2. Hauptstück. gr. 8. (VIII, 384 S.) Stavenhagen 878. Beholtz. n. 4. — (1. u. 2.: n. 6. —)

— Tabellen der Kirchengeschichte. 8. (52 S.) Wismar 875, Hinstorff'sche Hofbuchh.

Schulz, W. Das Verfahren von F. Honigmann zum Abbohren von Schächten in jüngerem Gebirge. Essen, 1895. 6 S. [Fc 5

Schulz, W., Vorrichtungen u. Maschinen zur Herstellung v. Tiefbohrlöchern, s.: Köhler, G.

Schulz, W., Wirklichkeit, Aberglaube u. Sage bei den deutschen Bergknappen der Vergangenheit. Oeffentlicher Vortrag. gr. 8. (30 S.) Freiberg i/S. 890. Craz & Gerlach. n. — 80

Schulz, W. A., Beiträge zur näheren Kenntnis der Schlupfwespen-Familie Pelecinidae Hal. — Materialien zu e. Hymenopterenfauna der westindischen Inseln. (S. 485—488 m. 1 farb. Taf.) gr. 8. München 903. (G. Franz' Verl.) n. 1. —

Schulz, W. A., Fossores, s.: Fauna, die, Südwest-Australiens.

— Hymenopteren Amazoniens. (S. 757—832.) gr. 8. Ebd. 904. n. 1. —
Sonderabdruck aus: „Sitzungsber. d. bayer. Akad. d. Wiss."

— Hymenopteren-Studien. Aus der Sammlg. des zoolog. Instituts der Kaiser Wilhelms-Universität zu Strassburg i. E. (IV, 149 S. m. 13 Abbildgn.) gr. 8. Leipzig 905. W. Engelmann. n. 4. —

Spolia hymenopterologica von W. A. Schulz. Mit 1 Taf. u. 11 Abb. Paderborn: Junfermann 1906. (355 S.) 8° [07. 4641

Schulz, Waldemar, Hausarzt a. d. Städt. Krankenanst.: Aus d. Städt. Krankenanst. zu Kiel. Zur Ausheilung von Lungenabszessen ohne operativen Eingriff, beobachtet an einigen Fällen der Städtischen Krankenanstalt zu Kiel. Kiel 1900: Schmidt & Klaunig. 31 S. 8°
Kiel, Med. Diss. v. 20. Aug. 1909, Ref. Lüthje
[Geb. 15. Sept. 81 Hannover; Wohnort: Kiel; Staatsangeh.: Preußen; Vorbildung: Realgymn. Hannover Reife O. 02; Studium: Königsberg 2, Berlin 1, Kiel 8 S.; Coll. 26. Juli 09; Approb. 1. Juni 09.] [U 10. 2475

Schulz, Waldemar [aus Schaakswitte, Kr. Königsberg, Ostpr.]: Untersuchung linearer, homogener Differentialgleichungen deren Integrale nur einer homogenen Relation höheren als ersten Grades genügen .... Halle a. S., Gebauer-Schwetschke'sche Buchdr., 1887; 2 Bl. + 27 S. 8°.
Halle, Phil. Fak., Inaug.-Diss. v. 13. Jul 1887.

Schulz, Waldemar, Untersuchung linearer, homogener Differentialgleichungen deren Integrale nur einer homogenen Relation höheren als ersten Grades genügen. Diss. Halle 1887, Lippertsche Buchh. 8°. 27 S.

Schulz, Walther, Referendar: Der Gebietserwerb durch völkerrechtliche Okkupation. Borna-Leipzig 1909: Noske. VIII, 43 S. 8°
Breslau, Jur. Diss. v. 19. April 1909, Ref. Gretener-Brie
[Geb. 5. Febr. 86 Strehlen i. Schles.; Wohnort: Hirschberg i. Schl.; Staatsangeh.: Preußen; Vorbildung: Gymn. Strehlen Reife M. 04; Studium: Breslau 1, Lausanne 1, Berlin 1, Breslau 3 S.; Rig. 21. Mai 08.] [U 09. 523

Schulz, Walt., Subalternbeamten- u. Lehrer-Besoldung, s. a. Broschüren zur Schulpolitik.

Schulz, Walter, Subalternbeamten- und Lehrer-Besoldung. E. statist. Vergleich nebst Auszügen a. d. Parlamentsstenogr. I. Auftr. d. Vereinig. f. Schulpolitik bearb. (Leipzig u. Berlin 1908.) 8°.
(Broschüren z. Schulpolitik Nr. 3)

Schulz, Walt., Zustände im heutigen Persien, wie sie das Reisebuch Ibrahims Begs enthüllt. Aus dem Pers. übers. u. bearb. Mit 1 farb. Karte u. 84 meist ganzseit. Illustr. in Autotyp. (XX, 332 S.) gr. 8. Leipzig 903. K. W. Hiersemann. Geb. in Leinw. n. 25. —

Schulz, Wilhelm

Schulz, Wilh., Almanach f. Geschichte d. Zeitgeistes. I. 12. (21½ B.) Darmstadt 829, Leske.

Schulz, Wilh., Abgeordneter des ersten Wahlbezirks des Großherzogthums Hessen, Anträge an die Reichsversammlung in Frankfurt zur Abwehr der unserem Vaterlande drohenden Gefahren. Dem souveränen deutschen Volke, insbesondere den Wählern und Wahlmännern des ersten Wahlbezirks des Großherzogthums Hessen. Darmstadt, C. W. Leske, 1848. 14 S. 8°.

Schulz, Wilhelm [app. Arzt aus Rotenburg a. d. F.]: Ein Beitrag zur Lehre von der Differentialdiagnose zwischen Ulcus und Carcinoma ventriculi ... Cassel, Druck v. Weber & Weidemeyer, 1893; 50 S. 8.
Marburg, Med. Fak., Inaug.-Diss. v. [2. Febr.] 1893

Schulz, Wlh., die Bewegung der Production. Eine geschichtl.-statist. Abhandlung zur Grundlegung einer neuen Wissenschaft des Staats und der Gesellschaft. gr. 8. Zurich 843, literar. Comptoir. 1 ⅓

Schulz, W., die Bewegung der Production. Eine geschichtl.-statist. Abhandlung zur Grundlegung einer neuen Wissenschaft des Staats u. d. Gesellschaft. gr. 8. (11¼ B.) Zürich 843. [Leipzig, Verlags-Bureau.]

—— Briefwechsel eines Staatsgefangenen u. seiner Befreierin. 2 Bde. gr. 16. (40 B.) Mannheim 846, Bassermann.

—— der Bund der Deutschen u. Franzosen für Gründung eines nationalen Gleichgewichts in Europa. gr. 8. (2 B.) Straßburg 841, (Schmidt u. Grucker.)

—— über Bürgergarden, Landwehr u. noch einiges Andere, was damit in Verbindung steht. Ein Wort zur Beherzig. an Bürger u. an Bauern. 8. (1½ B.) Hanau 833, König.

Schulz, Guil. (Augustus) (geb. Schwetz a. W. 30. 3. 1861): Quaestionum Juvenalianarum capita tria. Lipsiae (1885). (26 S.) 8° * Enthält nur Cap. 1; Fortsetzung erschien in: Hermes Bd 21 1886 und Bd 24 1889.
Berlin, Phil. Diss. v. 14. Aug. 1885

Schulz, Wilhelm (Mitglied der Nationalversammlung in Frankfurt). Denkschrift über die internationale Politik Deutschlands. Darmstadt, Leske 1848. 28 S. 8.

Schulz, Wilhelm: Über die Eigenschaften des Äthers. 16 S. 4.
In: Festschrift zur Feier des 50 jähr. Bestehens des Friedrich-Wilhelms-Realgymn. *Grünberg i. Schl.* 1903. **Progr.**

Schulz, Wilh., über die Eigenschaften des Aethers, s. a. Festschrift usw. des Friedrich-Wilhelms-Realgymnasiums zu Grünberg in Schlesien.

—— Deutschlands Einheit durch Nationalrepräsentation. gr. 8. (21½ B.) Stuttgart 832, Schweizerbart.

Schulz, W[ilhelm]: Die Entwickelung des Bergbaus im brandenburg-preußischen Staate. 1889. 24 S. 8°

Schulz, Wilhelm [aus Bloemfontein Orange-Frei-Staat Südafrika]: Ein Fall von gleichzeitigem Wachsen eines graviden Uterus und einer Parovarialcyste im kleinen Becken mit Einklemmungserscheinungen. Laparotomie im vierten Monate der Schwangerschaft. . . . Marburg, Buchdr. Kahl & Schirling, 1898; 85 + 1 S. u. 1 Tab. 8°
Marburg, Med. Fak., Inaug.-Diss. v. [6. Nov.] 1898

Schulz, Wilhelm [aus Belling '(Pomm.)']: Zwei Fälle von Pylorusstenose mit Magendilatation ... Erlangen, k. b. Hofbuchdr. v. A. Vollrath, 1893; 28 S. 8.
Erlangen, Med. Fak., Inaug.-Diss. v. 7. März 1893

Schulz, Wilhelm, s. Frag- u. Antwortbüchlein.

Schulz, Wilhelm. Die österreichische Frage und das preußisch-deutsche Kaiserthum. Eine in der Paulskirche zu Frankfurt nicht gehaltene Rede; nebst Anhang. Darmstadt, C. W. Leske, 1849. 40 S. 8°.

– s. Geschichte der Kriege. 6.–8. Bdchen.

Schulz, Wilhelm, Referendar a. Hohenwoos: Über die rechtliche Gestaltung des Nachverfahrens nach den Vorbehaltsurteilen der Reichs-Zivilprozessordnung. Rostock 1907: Adlers Erben. (X, 63 S.) 8°
Rostock, Jur. Fak., Ref. Wachenfeld, Diss. v. 31. Jan. 1907
[Geb. 27. Juli 79 Hohenwoos, Meckl.-Schw.; Wohnort: Rostock; Staatsangeh.: Mecklenburg-Schwerin; Vorbildung: Gymn. Rostock Reife O. 02; Studium: Leipzig 1, Rostock 6 S.; Rig. 12. Okt. 06.]

Drei Gutachten des Prof. W[ilh.] **Schulz** zu Aachen in Sachen der geschädigten Hausbesitzer in Eisleben gegen die Mansfelder Kupferschieferbauende Gewerkschaft zu Eisleben. *Eisleben [1899]: E. Winkler.* (92, 10 S.) 8° [Umschlagt. F.]
[Sondert. 1:] Gutachten ... in Sachen C. W. Gellbke ...
[Sondert. 2:] Gutachten ... in d. Prozesse Emil Getzkow ... [00. 1894

Gutachten des Professor W[ilh.] **Schulz** zu Aachen in Sachen d. Kaufmanns C. W. Gelbke zu Eisleben, Klägers, gegen die Mansfelder Kupferschieferbauende Gewerkschaft zu Eisleben. *Eisleben 1899: E. Winkler.* (92, 10 S.) 8° [F.] [00. 3150

[Kopft.:] [F.] Gutachten des Prof. (W[ilh.]) **Schulz** in dem Prozesse Emil Getzkow gegen die Mansfeldsche Kupferschieferbauende Gewerkschaft. *Eisleben: Dr. v. E. Winkler 1898.* (10 S.) 1 Bd 8. [98. 5664

Schulz, Wilhelm und **Welcker,** Carl. Geheime Inquisition, Censur- und Kabinetsjustiz im verderblichen Bunde. Schlußverhandlung mit vielen neuen Aktenstücken über den Prozeß Weidig. Carlsruhe, Braun 1845. XLII 482 S. 8.

— Irrthümer u. Wahrheiten aus den ersten Jahren nach dem letzten Kriege gegen Napoleon u. die Franzosen. gr. 8. Darmst. 825. (Heyer). 8 gr.

Schulz, Wilh., Commentar üb. den Propheten Zephanja. gr. 8. (130 S.) Hannover 892. A. Weichelt. n. 2. 50

Schulz, Wilh., der bunte Kranz. (105 S. m. Abbildgn.) 8. München 908. A. Langen. 2.—; geb. 3.50; in Halbfrz. 4. 50

Schulz, Wilhelm (aus Darmstadt), Deutschlands gegenwärtige politische Lage und die nächste Aufgabe der demokratischen Partei. Frankfurt a. M., Literarische Anstalt, 1849. 20 S. 8°.

Schulz, Wilh., Märchen. Bilder u. Gedichte. Fol. (III, 30 Bl. m. farb. Abbildgn. u. Text, teilweise auf der Rückseite.) München (900). A. Langen.
Geb. in Leinw. n. 6. —

Schulz, (Ludov.) Guil. (geb. Senftenberg in d. Lausitz 20. 2. 1840): De menstruatione. Berolini (1864). (32 S.) 8°
Berlin, Med. Diss. v. 13. Aug. 1864

– s. Montagsblatt.

Schulz, Wilh., der Prutzeltopf. Ein Kinderbuch. Bilder u. Verse v. Sch. (22 S. m. farb. Abbildgn.) qu. Lex.-8. München (904). A. Langen. Kart. 3. —

Der Prutzeltopf. Ein Kinderbuch. (Farbige) Bilder u. Verse. 6.—8. Tauf. (22 S.) 27,5×28 cm. Ebd. (909). Kart. 3. —

— Schiffahrts- u. Strom-Polizei auf d. Elbe v. Melnik bis Hamburg. Sammlg. d. f. d. Elbe bestehenden schiffahrts- u. strompolizeil. Vorschriften, in amtl. Auftrage bearb. 3. Ausg. gr. 8. (XX, 393 S. m. z. Tl. farb. Fig.) Magdeburg 894. E. Baensch jun. n.n. 2. 50; steif broch. n.n. 2. 70; kart. n.n. 3. —

Schiffahrts- und Strom-Polizei auf der Elbe von Melnik bis Hamburg-Harburg. Sammlung der f. d. Elbe u. deren Nebenflüssen bestehenden schiffahrts- u. strompolizeil. Vorschr. Von W[ilhelm] **Schulz,** Geh. exped. Secretär. 4. Ausg. *Magdeburg: E. Baensch jun. 1901.* (XXII, 568 S.) 8° [01. 3463

Schiffahrts- und Strom-Polizei auf der Elbe von Melnik bis Hamburg-Harburg. Sammlung der f. d. Elbe u. deren Nebenflüsse bestehenden schiffahrts- u. strompolizeil. Vorschriften. Von W[ilhelm] **Schulz,** Geh. exped. Secr. 4. Ausg. [Nebst] Nachtrag. Magdeburg: E. Baensch jun. 1901–07. 2 Bde 8° [F.] [07. 16310

Schulz, Wilh., evang. Schul-Gesangbuch, s.: Hammer, Thdr.

– Alte deutsche Städtchen. (6 farb. Bl.) 43,5×46,5 cm. Ebd. (909). In Mappe 15. —

Schulz, W. der Verwaltungsdienst der königl. preußischen Kreis- und Wasser-Inspektoren. Sammlung der für den Dienst der Baubeamten der allgemeinen Bauverwaltung in Betracht kommenden Gesetze, Verordnungen und Ministerial-Erlasse; für den Handgebrauch bearb. gr. 8. (XVIII, 368 S.) Magdeburg 884, Selbstverlag. * 5 —

Schulz, W., der Verwaltungsdienst der königl. preussischen Kreis- u. Wasser-Bauinspektoren. Sammlung der f. den Dienst der Baubeamten der allgemeinen Bauverwaltg. in Betracht komm. Gesetze, Verordngn., Erlasse etc., f. den Handgebrauch bearb. 2., umgearb. u. bis Ende Aug. 1886 ergänzte Aufl. Mit 3 Taf. gr. 8. (XX, 450 S.) Berlin 886. Ernst & Korn. geb. n. 8. —

Schulz, W., der Verwaltungsdienst der königl. preuss. Kreis- u. Wasser-Bauinspectoren. Sammlung der f. den Dienst der Baubeamten der allgemeinen Bauverwaltg. in Betracht komm. Gesetze, Verordngn., Erlasse etc., f. den Handgebrauch bearb. Nachtrag zur 2. Aufl. gr. 8. (VIII, 110 S. m. 6 Holzschn.) Berlin 888. Ernst & Korn. geb. n.n. 2. 50 (Hauptwerk u. Nachtrag: n.n. 10. 50)

Schulz, W., d. Verwaltungsdienst d. kgl. preuss. Kreis- u. Wasser-Bauinspectoren. Sammlg. d. f. d. Dienst der Baubeamten der allgem. Bauverwaltg. in Betracht komm. Gesetze, Verordngn., Erlasse u. s. w. Für d. Handgebrauch bearb. Nachtrag II zur 2. Aufl., umfass. den Zeitraum v. April 1888 bis dahin 1897. gr. 8. (XVIII, 295 S.) Berlin 897. W. Ernst & Sohn. Geb. in Leinw. n. 7. — (Hauptwerk m. 1. u. 2. Nachtrag: n.n. 17. 50)

—— was darf d. deutsche Volk v. seinen Landständen erwarten? 8. (3 B.) Frankfurt a. M. 833, Körner.

Schulz, W., der Wasserbau-Verwaltungsdienst in Preussen. Handbuch f. Ortsbaubeamte, Regierungs-Baumeister u. -Bauführer, Bureanbeamte usw. der staatl. Wasserbauverwaltg. 3. neubearb. Aufl. als Fortsetzg. des Werkes „Der Verwaltungsdienst der preuss. Kreis- u. Wasserbauinspektoren". (XXII, 540 S.) 8. Berlin 907. W. Ernst & Sohn. Geb. in Leinw. nn 13. 50

—— ein wichtiges Zeugniß von Karl Zeuner in Nordamerika über die Nichtswürdigkeit des heiml. deutschen Gerichts. Mit einer Abfertigung der Schmähschrift des hess. Hofgerichtsrath Nöllner gegen den bad. Abgeordneten Carl Welcker u. d. Herausgeber; u. mit einer Erklärung v. Ad. Follen u. F. Freiligrath. 8. (5 1/8 B.) Belle-Vue 846, Verlags-Buchhdlg.

Schulz, Willy, a. Töttelstädt (S.-Gotha): Das Handschriftenverhältnis des Covenant Vivian. Halle a. S. 1908: C. A. Kaemmerer & Co. (73 S., 4 Taf.) 8°
Halle, Phil. Fak., Ref. Suchier, Diss. v. 5. Juni 1908
[Geb. 3. Juli 83 Töttelstädt; Wohnort: Halle a. S.; Staatsangeh.: Sachsen-Coburg-Gotha; Vorbildung: Realgymn. Gotha Reife O. 03; Studium: Jena 2, Straßburg 1, Halle 7 S.; Rig. 5. Aug. 07.]

Schulz, Witold v., e. Beitrag zur Kenntniss der Sarsaparille. Diss. gr. 8. (94 S.) Jurjew (Dorpat) 892. (E. J. Karow.) n. 2. —

Schulz, Zacharias Philipp (Breslau) A. S. 1205/1

Dissertatio inauguralis medica, de euthanasia medica, Vom Leichten Todt. Präs. Michael Alberti.
Halle (Hendel) IX. 1735. 44 S.

W. v.: Präs. 31862

Schulz von Straßnitzki, Professor, als Gelehrter und Mensch. Eine Erinnerung an dessen zehnten Sterbetag 9. Juni 1862. Wien 862. Manz & Co. in Comm. gr. 8. (24 S.) 6 ngr.

Schulz von Ascheraden, s. Schoultz.

Schulz-Bannehr, Leopold, aus Wiesbaden: Zur Invarianten- und Funktionentheorie einer speziellen Curve 4. Ordnung. *Straßburg i. E. 1904: C. & J. Goeller.* (50 S.) 8°
Straßburg, Math.-naturw. Diss. v. 1904

Schulz-Bodmer, Wilh., Entwaffnung oder Krieg. Eine Denkschrift für den italien. Congreß. Zugleich ein Nachtrag zu der Schrift: Die Rettung der Gesellschaft aus den Gefahren der Militärherrschaft. gr. 8. (59 S.) Leipzig 859, Brockhaus. *

Schulz-Bodmer, Wilh., der Froschmäusekrieg zwischen den Pedanten des Glaubens u. Unglaubens. Mit einer Zueignung an Prof. Karl Vogt. Leipzig 856. Brockhaus. 16. (XV, 208 S.) n. 1 ⅓.

— Militärpolitik. Mit besonderer Beziehung auf die Widerstandskraft der Schweiz und den Kampf eines Milizheers gegen stehende Heere. Leipzig 855. Weber. gr. 8. (VIII, 507 S.) n. 3 ⅓.

—— die Rettung der Gesellschaft aus den Gefahren der Militairherrschaft. Eine Untersuchung auf geschichtl. und statist. Grundlage über die finanziellen und volkswirthschaftl., die polit. und socialen Einflüsse des Heerwesens. gr. 8. (XII und 436 S.) Leipzig 859, Brockhaus. *

Schulz-Briesen, Bruno

Schulz-Briesen, B., geologische Bilder u. Ausblicke, s. a. Sammlung berg- u. hüttenmännischer Abhandlungen.

Schulz-Briesen, B[runo]: Geologische Bilder und Ausblicke. Mit 1 Taf. Kattowitz: Böhm 1908. 28 S. 8°
Aus: Berg- u. Hüttenmännische Rundschau.
(Sammlung berg- u. hüttenmännischer Abhandlungen. H. 34.)

Das Deckgebirge des rheinisch-westfälischen Carbons. Geol. Skizze von Generaldir. [Bruno] Schulz-Briesen. Düsseldorf. Mit 4 Taf. *Essen: G. D. Baedeker 1903.* (26 S.) 8° [F.]

Die Entwickelung der wirtschaftlichen Verhältnisse in der Gegenwart, ihre Natur u. ihre Probleme. Von B[runo] Schulz-Briesen, Düsseldorf. Bearb. nach einem zu Brüssel 1905 von W. Vogel in franz. Sprache geh. Vortrage. Essen: O. Radke's Nachf. 1906. (35 S.) 8° [s. 1:360]

Schulz-Briesen, B., Erinnerungen eines alten Bergmanns aus den letzten 50 Jahren (1850—1900). Düsseldorf, 1903. 15 S.

Schulz-Briesen, B[runo]: Neue Forschungen auf dem Gebiete der Anthropologie und Geologie. Essen, 1909. 4 S.

Schulz-Briesen, B., Die westliche Fortsetzung des Saarbrücker Karbons in Deutsch-Lothringen und Frankreich. Essen-Ruhr, 1906. 5 S. mit 1 Taf. [Fb 3211

Die Genossenschaft zur Regulierung der Vorflut und der Abwässerreinigung im Emschergebiet (Oberbergamtsbezirk Dortmund). Von B[runo] Schulz-Briesen. Mit 1 Taf. 2. Aufl. Kattowitz: Gebr. Böhm 1907. (31 S.) 8°
Aus: Berg- u. Hüttenmännische Rundschau.
= Sammlung Berg- u. Hüttenmännischer Abhandlungen. H. 14. [s. 3140

Schulz-Briesen, B., Die Genossenschaft zur Regulierung der Vorflut und der Abwässerreinigung im Emschergebiet. Vortrag, gehalten auf dem 10. Allgemeinen Deutschen Bergmannstag am 10. September 1907 in Eisenach. Halle a. S., 1906. 7 S. mit 1 Taf.

50 Jahre rückwärts. Erinnerungen e. alten Bergmannes. Von B[runo] Schulz-Briesen, Gen.Dir.a.D. Essen: G.D. Baedeker 1904. (44 S.) 8° [05.4318]

— die linksrheinischen Kohlen- u. Kalisalz-Aufschlüsse u. das Minettelager der Bohrung Bislich. (28 S. m. 1 farb. Taf.) 8. Essen 904. O. Radke's Nachf. n. 1. 20
Sonderabdruck aus: „Glückauf".

— die Regelung der Vorflutverhältnisse im Emschergebiete u. die in Vorbereitung befindlichen gesetzlichen Massnahmen zu deren Ausführung sowie zur Beseitigung der vorhandenen Misstände. (16 S.) gr. 8. Essen 904. G. D. Baedeker. n. — 40

—— Das Schachtabbohren nach dem System Kind-Chaudron auf Zeche Dahlbusch bei Gelsenkirchen. Düsseldorf, 1880.

Das Steinkohlenbecken in der Belgischen Campine und in Holländisen-Limburg. Von B[runo] Schulz-Briesen, Düsseldorf. Hierzu 1 Übersichtskarte. Kattowitz: Gebr. Böhm 1907. (15 S.) 8°
Aus: Berg- u. Hüttenmänn. Rundschau.
— Sammlung Berg- u. Hüttenmännischer Abhandlungen. H. 6. [07. 4641]

Schulz-Briesen, M., d. Litteratur üb. Lagerungs- u. Betriebsverhältnisse d. niederrheinisch-westfäl. Steinkohlen- u. Kohleneisenstein-Bergbaues i. 19. Jahrh. Unt. Mitwirkg. v. Trainer zusammengest. 4. (39 S.) Essen 898. G. D. Baedeker. n. 1. 60

Schulz & Co. C F. neue Anregung. f. textil. Flächenschmuck. (24 T.) fol. Plauen (1905)

Schulz-Euler, Karl Friedrich

Schulz-Euler, Carl Fr., s. a.: Rath, Hanns Wolfg.

— s.: Autographen-Publikationen.

Schulz-Euler, Carl Fr., Max Bucherer, der Basler Holzschneider u. Ex-Libris Künstler, s.: Bucherer, Max, Exlibris.

— s.: Im Spiegel der Handschrift.

RATH, H. W. [Carl Friedrich Schulz-Euler]. Von Schuft und Lump, von mir und anderen. Mit einem Heiratsgesuch in Fettdruck und dem wohltemperierten Martyrium des Verfassers. Auch eine Autobiographie. Frankfurt a. M. 1909. 48 S. Mit einer Abbildung. Illustrierter Original-Karton mit einer Zeichnung nach R. Wosak.
Nur in kleiner Auflage für Freunde des Verfassers hergestellt. Über Euler vgl. Zeitschrift für Bücherfreunde 1914, S. 271.

Schulz-Euler, Sophie, Buntes. Rätsel-Sammlg. 8. (60 S.) Frankfurt a/M. 899. Reitz & Köhler. n. 1. —

Schulz-Euler, S[ophie]. Leonhard Euler (1707—1783). Ein Lebensbild zu seinem 200. Geburtstage nach Quellen und Familienpapieren bearbeitet. Mit zwei Portraits [Tafeln]. IV + 39 S. 8. Frankfurt a. M., Carl Fr. Schulz, 1907. [M. 1. 50]

Schulz-Euler, Sophie, die schöne Gritt u. andere Novellen. (V, 266 S.) 8. Dresden 903. E. Pierson. n. 3. 50; geb. n. 4. 50

— Leben. Ein Band Gedichte. (XII, 224 S. m. Bildnis.) gr. 8. Frankfurt a/M. 903. [C. Jügel] C. F. Schulz. n. 4.50; geb. 5. 50; ern. Pr. 4. —; geb. 5. —

— am Pfaffengarten. Roman. Umschlagzeichnung v. Bruno Héroux. 1.—2. Taus. (V, 395 S.) 8. Frankfurt a/M. 905. C. F. Schulz. n. 4. —; geb. n. 5. —

Schulz-Euler, Sophie. Aus alter und neuer Zeit. Frankfurter Familien- und Zeitgeschichten. Cum tempore. Mit [Illustrationen,] einer Wappentafel, neun Porträts [auf 1 Tafel] und einer Silhouette [Tafel]. 114 S. gr.-8. Frankfurt a. M., Gebrüder Knauer, [1901]. [M. 3. 50]
(*Aus der Geschichte* des Geschlechts Euler, *etc.*)

Erich Schulz-Flasshaar. Meine Wälder rauschen ... Gedichte. Umschlagzeichn. von Wilhelm Lenz. Elberfeld: W. Bacmeister 1906. (70 S.) 8° [F.] [07. 6314]

Schulz-Fleeth, Karl, s. Schulz, Karl.

Schulz, Knaudt & Co.: Patentirte gewellte Feuerrohre (System Fox). Berlin 1880

Schulz v. Labischin, die Polenlucy. Künstlernovelle aus e. kleinen Grenzstadt. 8. (118 S.) Berlin 900. Schmargendorf, G. E. Kitzler. n. 1. —

Schulz-Labischin, Gotthold: Die Sängerreise der Berliner Liedertafel nach dem Orient. ⟨Bukarest, Konstanza, Konstantinopel, Smyrna, Athen, Saloniki, Budapest.⟩ 28. April bis 15. Mai 1908. Bln '08. 259 S. Selbstvlg.

Schulz-Mehrin, Otto: Glück und Persönlichkeit. Berlin: Borngraeber [1909]. 172 S. 8°
(Neues Leben. Bibliothek moderner Autoren.)

Schulz-Mehrin, Otto, Glück u. Persönlichkeit. (175 S.) 8. Berlin (909). Verlag Neues Leben. 2.—; geb. 3. —

Schulz-Montanus, Karl August, s. Schulze-Montanus, Karl August

Schulz-Quack, Boten d. Natur im Krankenzimmer. 16. (96 S. m. 6 Farbdr.) Nürnberg 897. Th. Stroefer. Geb. in Leinw. m. Silberschn. 1. —

Schulz & Sackur: Preiscourant über Gas-Koch- und -Heiz-Apparate. Berlin 1893. (1894)

Schulz von Schulzenheim, David

Schulz, David: Abhandlung von den wahren Mitteln, ein hohes Alter zu erlangen. 52 S., gbd.

O.O.: o.J.

Schulz, David. Abhandlung von den Mitteln, ein hohes Alter zu erreichen; a. d. Schwed. Petersburg 1774. Ü: *Springer, Johann Chph Erich Freih. von.* (ML) (MGT)

— v. d. Mitteln, ein hohes Alter zu erlangen. 8. München, Strobl. (Fleischmann.) 784.

Schulz, v. Schulzenheim, (D.,) Anweis. z. Erreichung eines hohen Alters, od. d. Kunst durch Diätetik d. Leben zu verlängern. Aus d. Schwedischen übers. unter Aufsicht d. Verf. 8. Stockholm 822, (Berl., Maurersche Buchh.)

— Gedächtnißrede auf Linné, nebst dessen Leben: aus d. Schwed. v. Chr. H. Reichel. 8. Leipz. 785. Müller. (Joachim). 4 gr.

David Schulz von Schulzenheim, gekrönte Preisschrift vom Friesel. Mit e. Vorr. von Zacharias Vogel. Aus d. Schwed. Lübeck & Leipzig: Donatius 1772. 47 S. 8°

Schulz v. Schulzenheim, D., gekrönte Preisschrift v. Friesel; aus d. Schwed. gr. 8. Lübeck 772. (Riemann). 4 ℊℊ

—— Unterricht von der Einpfropfung d. Pocken aus d. Schwed. von J. A. Murray. 8. Götting. u. Getha 769. Dieterich. 8 ℊℊ

—— v. d. Einimpfung d. Pocken, v. Murray. 8. Gött. Dieterich. 769.

Schulz-Seipoldt, Karl, Leitfaden der Schulgeographie für die drei unteren Klassen höherer Lehranstalten [Sexta, Quinta und Quarta]. Nach method. Grundsätzen bearb. gr. 8. (VIII, 117 S.) Berlin 881, Weber.

Schulz von Straßnitzki, Johann

Schulz von Strassnitzki, Dr. Leopold von. (Biographie.) Leipz. 1854. Wien 1903. V: *Schulz von Strassnitzki, Johann.* (EB)

Schulz von Straßnitzki, Leopold (C.)

Schulz v. Straßnitzki, Leop. C., (✝ d. 13. Juni 1852), Anfangsgründe der Geometrie aus der Anschauung begriffsmäßig entwickelt. 1. Hft. Für die erste Grammatikal-Klasse. gr. 8. (44 S. m. 48 lith. Taf.) Wien 851, Gerold. n. 16 ngℓ

—— gemeinverständliche Anleitung zur Rechnung in Decimalbrüchen. gr. 8. (54 S.) Wien 848, Gerold, Verlag. *

Schulz v. Straßnicki, L. C., Anweisung zum Gebrauche des englischen Rechenschiebers (Sliding rule — Règle à calcul), eines Instrumentes, mittelst dessen man den größten Theil der im technischen Leben vorkommenden Rechnungen sehr schnell u. sicher vollführen kann rc. 12. (9⅔ B. u. 1 Tab.) Wien 843, Rohrmann.

Schulz v. Straßnicki, Leop. C., das geradlinigte Dreieck u. die dreiseitige Pyramide, nach allen Analogien dargestellt. gr. 8. Wien 827. Heubner. 1 ℛ

Schulz v. Straßnicki, Leop., Elemente d. reinen Mathematik, zum akadem. Gebr. wie auch z. Selbststudium. Dem neuern Bedürfnisse d. Wissenschaften gemäß bearbeitet. Mit e. Vorr. v. J. J. Littrow. 1. Thl. Elemente d. allgem. Arithmetik. gr. 8. (24½ B.) Wien 831, Heubner.

Schulz v. Straßnicki, Leop., Elemente der reinen Mathematik, zum akadem. Gebrauche wie auch zum Selbststudium. Dem neuern Bedürfnisse der Wissenschaften gemäß bearbeitet. 2r Thl. Elemente der reinen Geometrie. Mit 6 Kpfrtaf. gr. 8. Wien 835. Heubner. 1⅚ ℛ

Schulz von Straszniitzky, Die Erde und ihre Bewohner. Eine populäre Skizze mit 6 Tafeln. Pesth 1847. 4.

—— die Erde und ihre Bewohner. Eine populäre Skizze. 4. (58 S. mit 6 in Stahl gest. theils ill. Taf.) Pest 848. Leipzig Hartleben's Verlags-Expedition.

— s. Galetti's, J. G. A., allgem. Weltkunde.

— Grundlehren der höhern Analysis, zunächst für den Gebrauch technischer Lehranstalten. gr. 8. (IV u. 282 S.) Wien 851, Gerold. n. 2 ℛ

—— Handbuch der besondern u. allgem. Arithmetik f. Praktiker, zunächst f. das Selbststudium gemeinverständlich abgefaßt. gr. 8. (38⅛ B.) Wien 844, Gerold, Verl.

—— Handbuch der besondern und allgem. Arithmetik für Praktiker, zunächst für das Selbststudium gemeinverständl. abgefaßt. 2., verm. und verb. Aufl. gr. 8. (XVI und 584 S. mit 43 S. Tafeln.) Wien 848, Gerold, Verlag.

—— Handbuch der Geometrie für Praktiker gemeinverständlich zunächst für das Selbststudium abgefaßt. gr. 8. (XXXIV und 748 S,) Wien 850, Gerold, Verlag.

— neue Methode, die reellen Wurzeln höherer numerischer Gleichungen zu finden u. die dritte u. höhere Wurzeln aus bestimmten Zahlen auszuziehen. gr. 8. Wien 841, Heubner. 1⅙ ℛ

— siehe: Pfriemer, Ernest, Aufgaben.

—— Rechenschieber z. schnellen Berechnung des bei Baurechnungen vorkommenden Vorausmaßes, Kostenausweises u. der Zahlungslisten. Hrsg. von A. Schefczik. 8. (1¼ B.) Wien 845, Rohrmann.

—— Tafeln der Logarithmen der natürl. Zahlen und andere für Praktiker brauchbare Tafeln. gr. 8. (43 S.) Wien 848, Gerold, Verlag. *
Aus des Verf.: Handbuch der Arithmetik rc., besonders abgedruckt.

Schulz Szulecki, Johann von [Praes.], s. Bohm, Pet.: De pretio succedente in locum rei singularis.

Schulz Szulecki, Johann von [Praes.], s. Borck, Ernst Heinrich von: De legato rei inaestimabilis.

Schulz Szulecki, Johann von [Praes.], s. Crinitz, Jakob Friedr.: De nocentis innocentis deditione.

Schulz Szulecki, Johann von [Praes.], s. Meyer, Johann Eberhard: De necessitate tarditatis vel celeritatis in exequendo.

Schulz Szulecki, Johann von [Praes.], s. Reimers, Cajus: De judice legibus mitiore vel duriore.

Schulz Szulecki, Johann von [Praes.], s. Schmettach, Samuel: De jurisdictione personali.

Schulz Szulecki, Johann von [Praes.], s. Vielthuedt, Dietrich Adolph: De jure nominum tutelarium.

Otto Schulz-Tharau. Hildburg. Tragödie. Leipzig: Xenien-Verl. 1910. 95 S. 8° [11. 1881.4

Schulzahnpflege. Monatsschrift d. deutschen Zentralkomitees f. Zahnpflege in den Schulen. Hrsg.: Konr. Cohn, Paul Ritter u. Erich Schmidt. 1. Jahrg. April 1910—März 1911. 12 Nrn. (à ca. 32 S. m. Abb.) gr. 8. Berlin, Berlinische Verlagsanstalt. 3.—

Schulze [Sachl. Ordnungswort]

Schulze, Anthracitwerke Gustav, G. m. b. H. Berlin, Hamburg, Dresden. [Berlin 1900.] V: *Urlaub, Hermann.* (Berl)

Anthracitwerke Gustav Schulze G.m.b.H. Berlin. Hamburg. Dresden. *(Berlin 1900: Meisenbach, Riffarth & Co.)* (35 S.) quer-8° [01. 98]

Schulze, Dem Herrn Hofrath Chr. Ferd., bei seinem fünfzigjährigem Magister-Jubiläum . . . [Gotha 1845.] V: *Welcker, Philipp Heinrich.* (ABJP)

Schulze, Dem verehrten Herrn Professor Christ. Ferd., am Tage seiner 25jährigen Amts-Jubelfeier . . . 1825. Gotha. V: *Welcker, Philipp Hnr.* (ABJP)

— der, im Dorfe, od. der verliebte Herr Doctor. Eine kom. Oper. 8. Weimar 779. Hoffmann. 6 gr

Schulze, der, im Dorfe, od. d. verliebte Doctor. 8. Augsb. 789. Klett. 5 gr

Schulze, Ernst. Nach seinen Tagebüchern und Briefen sowie nach Mittheilungen seiner Freunde geschildert von Herm. Marggraff. 8. (XIV und 363 S. mit 1 Stahlst.) Leipzig 855, Brockhaus. *
Bildet auch den 5. Bd. von: Ernst Schulze, sämmtl. poet. Werke.

Schulze, der, von Ettingrode. Aus der Leute Mund nacherzählt von seinem Großneffen. Aus dem Volke, für das Volk. gr. 8. (IV u. 299 S.) Berlin 852, Gaertner. n. 2/3 ℳ

Schulze, Johs., u. das höhere preussische Unterrichtswesen, s.: Varrentrapp, C.

Schulze und Müller in Kissingen. Ein humoristisch-satyrischer Führer. Würzburg 864. Julien. 8. (96 S.) n. 10 ngr

Schulze und Müller auf dem ersten deutschen Sängerfest zu Dresden. Illustrirt von Wilh. Schröter. 1. und 2. Aufl. br. 8. (124 S. mit eingedr. Holzschn.) Leipzig 865,66, (R. Schaefer.) *
Vgl.: Schulze und Müller.

—— —— in St. Petersburg und Moskau. Humoristische Abenteuer und komischer Reiseführer. 1. Aufl. 1864. und 2. Aufl. 8. (100 S.) Würzburg 865, Julien. *

—— —— in Sibirien. Humoristische Reise- und Jagdabenteuer der beiden berühmten Reisenden. 8. (95 S.) Würzburg 865, Julien. *

Schulze, Dem Oberburgermeister, zu Neu-Hallensleben. Den 21. September 1769. O. O. V: *Gleim, Johann Wilhelm Ludwig.* (Gleim-Uz, Briefwechsel. Tübingen 1899. S. 513.) (MGT)

Schulze, d. todte, gegen d. lebenden Lassalle. Aus d. Berliner „Sozial-Demokrat" 1868. gr. 8. (71 S.) Hottingen-Zürich 886. Berlin, Buchh. Vorwärts. n. — 25

Schulze [Verfasser]

Schulze, kurze Anleitung zum praktischen Croquiren f. militärische Zwecke. Mit 2 Fig. u. 1 Maßstab. 8. (34 S.) Berlin 884. Mittler & Sohn. n. 1. —

Schulze Kurze Anleitung zum praktischen Krokiren f. militärische Zwecke. 2. durchgeseh. Aufl. Mit 2 Fig. u. 1 Maßstab. gr. 8. (35 S.) Berl. 891, Mittler u. Sohn. * 1 —

Schulze: Klinische Beiträge zur Lehre von der akuten (gelben) Atrophie der Leber. Inaug.-D. 8°. 27 S. Erlangen. 1860.

Schulze, evangelisch-lutherische Dogmatik d. 17. Jahrhunderts populär dargestellt. 1. u. 2. Bd. gr. 8. (IV, 285 u. 273 S.) Hannover 874. 75. Hahn. à n. 4. —

Schulze, evangelisch-lutherische Dogmatik des 17. Jahrhunderts, populär dargestellt. 3. (Schluß-)Bd. gr. 8. (IV, 249 S.) Hannover 877, Hahn'sche Buchh. *
1. und 2. Bd. Ebendas. 1874. à *ℳ 4.

Schulze, Erfahrungen, das Rauchen der Stuben- u. Küchen-Feuerungen vollständig zu beseitigen, od. bei neuen Bau-Anlagen durchaus zu verhüten. Für Bauherren, Werkmeister u. Baumeister. 8. (3 B. u. 2 Stnt. qu. Fol.) Halle 831, Gebauer.

Schulze, auf Adlers Flügeln. Predigt üb. 2. Mose 19, 1—6 zur 30jähr. Gedenkfeier des Tages v. Sedan, geh. in der Stadtkirche zu Ronneburg. gr. 8. (10 S.) Ronneburg (900). (R. Bauer). — 15

Schulze, Freuden u. Leiden des freiwilligen Feuerwehrmannes. Lebende Bilder mit Text in Versen. Nebst Anh.: Feuerwehr-Salamander u. Feuerwehrlied. gr. 16. (10 S.) Liegnitz 890. Grabenwitz. n. — 30

Schulze, die Gypsdeckung als die neueste u. vorzüglichste bei flachen z. Begehen geeigneten Dächern. Mit e. auf Erfahr. u. Beobacht. gestützten Beurtheil. u. Vergleich. d. bekanntesten gegenwärtig in Frage stehenden Deckungsarten. 8. (2¼ B.) Halle 840, Knapp. *

Schulze hat Jesus Geschwister gehabt oder nicht? Eine unbefangene Erörterung aus den zugängl. Urkunden. 1. und 2. unveränd. Aufl. gr. 8. (14 S.) Dresden 885,86, Dieckmann. *

Schulze: De imaginibus et figurata Aeschyli elocutione. 28 S. Halberstadt, Progr. 1854.

1800 1900. Jubiläums-Katalog der Schulzeschen Hof-Buchhandlung und Hof-Buchdruckerei A. Schwartz in Oldenburg. Gegründet 1800 Sept. 1. (Oldenburg, Schulze 1900.) (XVI, 71 S.) 8° [illegible] 10

Schulze, s.: Kanalfrage, die Leipziger.

Schulze, üb. die kürzeste Linie auf einigen Flächen zweiten Grades. gr. 4. (33 S.) Döbeln 872. (Schmidt.) n. 1. —

Schulze, letzte Predigt nebst den an dessen Sarge von Lehmann gesprochenen Worten. Camenz 864. Krausche in Comm. gr. 8. (20 S.) n. 4 ngr

Schulze, ..., 4 Predigten, in Beziehung auf das Jahrhundert. gr. 8. Hamb. 801. (Campe). 8 gr

Schulze u. Ribbeck Rede bei Einführung des Direkt. Ribbeck, und Antrittsrede des Dir. Ribbeck. 13 S. . . . .
Berlin, G. K., Progr. 1838

Schulze's Schönschreibhefte f. Stenographen, System Stolze-Schrey. Bearb. v. R. Goetze. 3 Hefte. (à 24 S.) 8. Berlin (907). Frz. Schulze. — 80

Schulze u. Giggel, des Kindes erstes Schulbuch. 2 Tle. Ausg. A. Schrägschrift. 8. Gotha 898. E. F. Thienemann's Verl. Kart. n. — 90; in 1 Bd. kart. n. — 75; Ausg. B. Steilschrift zu gleichen Preisen.
I. Deutsche Schreiblesefibel. (78 S. m. Bildern.) n. — 50
II. Erstes Lesebuch. (63 S.) n. — 40

Schulze u. Giggel, d. Kindes erstes Schulbuch. 1. Tl. Deutsche Schreiblesefibel. Ausg. A. Schrägschrift. 2., verb. Aufl. gr. 8. (83 S. m. Abb.) Gotha 898. E. F. Thienemann. Kart. n. — 50

Schulze u. Giggel, des Kindes erstes Schulbuch. 1. Tl. Deutsche Schreiblesefibel. Ausg. A. Schrägschrift. 3. unveränd. Aufl. gr. 8. (85 S. m. Abbildgn.) Gotha 901. E. F. Thienemann. Kart. n. — 50

Schulze u. Giggel, des Kindes erstes Schulbuch. 2 Tle. 8. Gotha, E. F. Thienemann. Kart. n. — 90; in 1 Bd. kart. n. — 75

1. Deutsche Schreiblesefibel. Ausg. A. Schrägschrift. 6., unveränd. Aufl. (84 S. m. Abbildgn.) 906. n. — 50
2. Erstes Lesebuch. 2. Aufl. (63 S.) 903. n. — 40

Schulze u. Giggel, des Kindes erstes Schulbuch. 2. Tl. 8. Gotha, E. F. Thienemann. Kart. — 40
II. Erstes Lesebuch. 3. Aufl. (63 S.) 907.

Schulze, Bürgerwehrmann Offenes Sendschreiben an den Minister-Präsidenten Herrn von Pfuel von wegen den Knoten-Punkt Berlin Druck von Brandes u. Schultze. 1 Bl. Fol.
Flugblatt. Berlin, 1848/49.

Schulze: Ueber des Herrn Selbstbezeichnung: Des Menschen Sohn 22 S. –Magdeburg P., Progr. 1867.

Schulze, Trauerrede, s.: Trauerfeier bei dem Begräbnisse des † Consist.-R. D. Johs. Bachmann in Rostock.

Schulze's illustrierte Unterhaltungsblätter f. Stenographen, System Stolze-Schrey. Jahrg. 1902. 12 Nrn. 8. (à ca. 32 S.) Nebst Beilage: Rundschau f. Stenographie u. Schriftkunde. Schriftleitung: J. Hennings. gr. 8. (à ca. 8 S.) Berlin, Frz. Schulze. n.n. 3. —

Schulze's illustrierte Unterhaltungsblätter f. Stenographen, System Stolze-Schrey. 2.—5. Jahrg. 1903—1906. à 12 Nrn. (à Jhrg. 380 S.) Nebst Beilage: Rundschau f. Stenographie u. Schriftkunde. Red.: J. Hennings. (à ca. 8 S.) 8. Berlin, Frz. Schulze. à Jhrg. n. 3. —

— illustrierte Unterhaltungsblätter f. Stenographen, System Stolze-Schrey. 6.—9. Jahrg. 1907—1910. à 12 Nrn. (à ca. 32 S.) Nebst Beilage: Rundschau f. Stenographie u. Schriftkunde. Red.: J. Hennings. (à 8 S.) 8. Ebd. 3. —

Schulze: Vertheidigungs-Schrift für den Doktor der Philosophie Friedrich Ludwig Jahn. Glarus 1823. 32 S.

— von oben herab. Predigt üb. Jacobus 1, 16—17, geh. am Erntedankfeste 1901 in der Stadtkirche zu Ronneburg. gr. 8. (8 S.) n. — 20
Ronneburg: R. Bauer 1901.

— Zehnpfennigbücher. In vereinfachter deutscher Stenographie (System Stolze-Schrey). Nr. 1—25. gr. 16. (à 16 S.) Ebd. à n.n. — 10

Inhaltsübersicht in alphabetischer Ordnung:

Achleitner, Arth., das Gerichtshütl. Jagdgeschichte aus den Bergen. (899.) (Nr. 11.)
Bauer, Max, leben noch Mammuths, s.: Rühle, N.
Berlin, M., d. Eigennamen, s.: Eckhardt, Fr.
Bilder aus dem Tierleben. (901.) (Nr. 18.)
Coppée, Franc., Nona. (898.) (Nr. 1.)
Dincklage-Campe, Friedr. Freih. v., ein Jude. Erzählung. (898.) (Nr. 8.)
Eckhardt, Fritz, der Hut. Eine kleine Studie. — Berlin, M., die Eigennamen u. ihre Moden. (901.) (Nr. 22.)
Eschstruth, Nataly v., der verkannte Puttfarken. Humoreske. (899.) (Nr. 12.)
— Regenwetter. Erzählung. (900.) (Nr. 15.)
— Unerklärliches. See-Roman. (902.) (Nr. 23.)
Geschichten, kleine. (899.) (Nr. 13.)
Grabein, Paul, ein Eisenbahn-Attentat. Humoreske. (898.) (Nr. 3.)
Heiberg, Herm., hinterm Lebensvorhang. Skizze. (902.) (Nr. 24.)
Hundhausen, Thdr., Baumgreise, s.: Rühle, O.
Katscher, Bertha, Herzensschläge. Humoreske. (899.) (Nr. 10.)
Kohlrausch, Rob., Lenbach-Schürzen. Erzählung. (899.) (Nr. 9.)
Kronau, E., Nachbarskinder. Novellette. (898.) (Nr. 6.)
Landré, Pudelnärrisch. Eine lust. Studentengeschichte. (901.) (Nr. 19.)
Langner, M., der Veilchenstrauss Erzählung. (899.) (Nr. 14.)
Römer, Alwin, der Kristall-Becher. Eine heitere Geschichte. (900.) (Nr. 17.)
Rühle, Otto, die Schwalbe. Naturgeschichtliche Plauderei. — Bauer, Max, Leben noch Mammuths? — Hundhausen, Thdr., Baumgreise. (901.) (Nr. 20.)
Saffeini, W. K., General Knusemong. Manöver-Humoreske. (902.) (Nr. 25.)
Schaching, Otto, geweihtes Blei. Eine oberbayer. Hochlandsgeschichte. (900.) (Nr. 16.)
Trompeter, der schwedische. Von ***. (901.) (Nr. 21.)
Vely, E., Theda Nissen. Skizze. (898.) (Nr. 4.)
Wald-Zedtwitz, E. v., Trompeter-Riekchen. Kriegs-Skizze. (898.) (Nr. 5.)
Wellner, C., der Stellvertreter. Novellette. (898.) (Nr. 2.)
Ziegler, Johs., nach den Lofoten. Naturschilderung. (898.) (Nr. 7.)

— Zehnpfennigbücher. In vereinfachter deutscher Stenographie (System Stolze-Schrey). Nr. 26—44. (à 16 S.) gr. 16. Ebd. à n.n. — 10

Baumgart, A., Meeresrauschen. Skizze. Aus tiefster Not. Erzählung. (903.) (Nr. 27.)
Bürgel, Bruno H., ist der Mars bewohnt? — Freudenberg, V., Wenn die Sonne erkaltet! (m. Abbildgn.) (906.) (Nr. 43.)
Dominik, Hans, vom Wasser, s.: Sauerland, J.
Eberhardt, P., die Dame in Schwarz. — Betrogene Betrüger. Wahre Geschichten. (901.) (Nr. 29.)
Foss, Seegeschichten. (901.) (Nr. 34.)
Freudenberg, V., wenn die Sonne erkaltet!, s.: Bürgel.
Gorm, Erwin, Sinaipilger. Histor. Skizze. (903.) (Nr. 26.)
Haushofer, M., Thurnhamers letzte Heimfahrt. Ein altbayr. Charakterbild. (904.) (Nr. 30.)
Leidl, Lina, der Moos-Gaberl. Skizze. (905.) (Nr. 40.)
Linden, Osk., drei mal. Histor. Skizze aus dem ungar. Aufstande. (905.) (Nr. 38.)
Pflugk-Harttung, Jul. v., Abukir. (904.) (Nr. 35.)
— Trafalgar. (904.) (Nr. 36.)
Platen, Elisab., Seemoos. Ein Märchen. (904.) (Nr. 31.)
Römer, Alwin, der Holzhacker. Eine heitere Geschichte. (904.) (Nr. 28.)
Sauerland, J., die Eroberg. Konstantinopels. — Dominik, Hans, vom Wasser. (906.) (Nr. 42.)
Schiller, Frdr. v., das Lied v. der Glocke. (901.) (Nr. 32.)
Skowronnek, Fritz, Oculi. — Zagory, E. H. v., wie ich Braut wurde. Novelle. (904.) (Nr. 33.)
Stinde, Conradine, das Gold. Novelle. (905.) (Nr. 39.)
Torn, Teo v., die russische Meldung. Humoreske. (906.) (Nr. 44.)
Voss, J. H., der 70. Geburtstag. (905.) (Nr. 41.)
Wagner, Gertr., die Flaute. Seglerhumoreske. (901.) (Nr. 37.)
Zagory, E. H., wie ich Braut wurde, s.: Skowronnek, F.

— Zehnpfennigbücher. In vereinfachter deutscher Stenographie (System Stolze-Schrey). Nr. 45—100. (à 16 S.) 16. Ebd. (906—09). — 10

Schulze, A. Bilder aus der deutsch-preußischen Geschichte f. 1- bis 3klassige Volksschulen. Mit Berücksicht. der kaiserl. u. ministeriellen Erlasse f. die Hand d. Lehrers bearb. gr. 8. (IV, 240 S. m. 1 Bildnis.) Osterburg 892, Danehl. * 2 50

Schulze, A., Galaterbrief III. V. 20. Ein exeget. Versuch. gr. 8. (30 S.) Kiel 869, Schwers'sche Buchh. *

Schulze, A., Gesetz betr. d. Diensteinkommen d. Lehrer u. Lehrerinnen an d. öffentl. preuß. Volksschulen vom 3. III. 1897. Nebst d. minister. Ausführungsverfügg. v. 20. III. 1897 u. e. Anh. Für d. Handgebrauch zusammengest. 1. u. 2. Aufl. gr. 8. (55 S.) Berlin 897. Besser. n. — 80

Schulze, A. E. F., s. M. Colombat, über das Stottern.

Schulze, Adolf

Schulze, Adf., Abriß e. Geschichte der Brüdermission. Mit e. Anh., enth. e. ausführl. Bibliographie zur Geschichte der Brüdermission. gr. 8. (VI, 336 S.) Herrnhut 901. Missionsbuchh. n. 2. 50; geb. n. 3. 20

Schulze, Adf., s.: Brüder-Kalender.

— Die Brüdermission in Wort u. Bild m. 1 Übersichtskarte u. 148 Bildern. (III, 87 S.) 31×24 cm. Herrnhut 908. Missionsbuchh. 2. —

Schulze, Adolf [aus Frankfurt a. M.]: Aus d. pharmakolog. Institut d. Univ. Würzburg. Eisenbestimmungen der Leber ... Würzburg, Druck v. F. Fromme, 1893; 16 S., 1 Bl. 8.
Würzburg, Med. Fak., Inaug.-Diss. v. 1893

Schulze, Adph., Handbuch des ges. Radfahrwesens, s.: Koehlich, Rich.

Schulze, Adph., die Lage der Bergarbeiter in den Hauptkohlenbezirken Deutschlands. Eine sozialpolit. Studie. gr. 8. (51 S.) Berlin 893. [J. H. Schorer, A.-G.] Leipzig, P. List. n. 1. —

Schulze, Ad., Moskitoküste in Nicaragua, s.: Mission, die, der Brüdergemeine. 5. Hft.

Schulze, Adph., aus dem Notizbuch e. Berliner Schutzmannes. Bilder aus dem Leben der Reichshauptstadt. 8. (III, 219 S.) Leipzig 887. Reißner. 3. —

SCHULZE, A., Aus dem Notizbuch eines Berliner Schutzmannes. Bilder aus dem Leben der Reichshauptstadt. (Die Wrangeldore. 24 Stunden auf der Polizeiwache. Missgriffe. Der Philosoph. Die Taubenlene u. s. w.) Leipzig 1887. 8°. (Mk. 3.—.) (1 Mk. 25 Pfg. G. Priewe.)
— — Dasselbe. 2. Aufl. Ibid. eod. a. 8°. (Mk. 3.—.) (1 Mk. C. Winter, Dresden.)

Schulze, Adolf, Referendar in Halle a. S.: Das Sparkassenbuch. Halle a. S. 1905: Waisenhaus. (69 S.) 8° [F.]
Halle, Jur. Fak., Ref. v. Blume, Diss. v. 9. Dez. 1905
[Geb. 12. April 83 Halle a. S.; Wohnort: Halle; Staatsangeh.: Preußen; Vorbildung: Latein. Hauptsch. Halle Reife M. 00; Studium: Halle 3, München 1, Halle 4 S.; Rig. 26. Sept. 04.]

Schulze, Adf., Rinnendorf u. Liebertkühn, s.: Dalman, Gust.

Schulze, Adolf Moritz

Schulze, Ad. Mor., Erinnerung an Diezmann, Markgrafen von Meißen und Landgrafen von Thüringen. Leipzig 835. Böhme. 1/4 ℛ

Schulze, Ad. Mor., Erinnerung an Diezmann, Markgrafen v. Meißen u. Landgrafen v. Thüringen. 16. (2½ B.) Leipzig 835, [Klinkhardt.]

Schulze, Adf. Mor., Geographie u. Geschichte des Herzogth. Coburg-Gotha. Ein Anhang zu Lebensbilder III. Lesebuch f. Oberklassen deutscher Volksschulen von Berthelt, Jäkel, Petermann u. Thomas. gr. 8. (15 S.) Leipzig 851, Klinckhardt. 1½ ngl

Schulze, Ad. Mor., Georg u. Luther, od. Ehrenrettung des Herzogs Georg v. Sachsen. Ein Beitr. zur Geschichte d. Reformation. gr. 8. (4¼ B.) Leipzig 834, Leich.

Schulze, Ad. Mor., Heimathskunde f. d. Bewohner des Herzogth Gotha. 1—3. Bd. 12. Gotha, (Gläser.) à '
Bd. 1. Geographie des Herzogth. Gotha. (13½ B.) 845.
" 2. Geschichte des Herzogth. Gotha. (12⅔ B.) 846.
" 3. Naturgeschichte des Herzogth. Gotha. (15⅔ B.) 847.

—— Katechismusunterricht nebst einem kurzen Abrisse der Religionsgeschichte f. Bürgerschulen. 8. (9 B.) Gotha 844, Gläser.

— Katechismusunterricht nebst einem kurzen Abrisse der Religionsgeschichte f. Bürgerschulen. 2. Aufl. 8. (IV u. 112 S.) Gotha 851, Glaeser. n. 1/6 ℛ

—— Lehrbuch d. Judenbekehrungen, zugleich e. Hilfsmittel z. Unterscheid. d. alten u. neu. Testam. gr. 8. (13½ B.) Leipzig 837, Weidmann'sche Buchh.

Schulze, Adf. Mor., Lesebuch für Schulkinder der beiden ersten Schuljahre. 2. Aufl. umgearb. Gotha 853. (Glaeser.) 8. (IV, 116 S.) n. 3 ngr.

— Christian Ferdinand Schulze, nach seinem Leben u. Wirken geschildert. gr. 8. (IV u. 56 S.) Gotha 851, Müller. 1/4 ℛ

Schulze, Adolf Moritz (Hrsg.), s. Schulze, Christian Ferd.: Leben d. Herzogs ... Friedrich II.

Prolog für Radfahrerfeste v. Albrecht **Schulze** ... *Mühlhausen i. Th.: G. Danner [1892].* 2 Bl. 8. [96. 5611

Schulze, Albr., der Radfahrsport, s.: Sammlung lebender Bilder. Nr. 3.

—— Der Radfahrsport. Dichtung in 3 leb. Bildern. 8. (8 S.) Ebd. 892. — 75

Schulze, Albr., aus meiner Reimschmiede. Lieder u. Dichtungen. Mit Titelblatt v. Rud. Cronau. (XIV, 320 S.) 8. Crimmitschau 904. A. L. Stoß. Geb. in Leinw. n. 5. —

Zukunftsbilder. Vortrag f. Radfahrer v. Albrecht **Schulze** ... *Mühlhausen i. Th.: G. Danner [1892].* 2 Bl. 8. .96 5612

Schulze, Alfred

Schulze, Alfr., Bibliographie d. roman. Philologie, s.: Zeitschrift f. romanische Philologie.

Schulze, Alfr., romanische Bibliographie, s.: Zeitschrift f. romanische Philologie.

Schulze, Alfred. Für Ehre und Recht. Mein Prozess gegen Herrn Kommerzienrat Eugen Gutmann und meine Verurteilung. 107 S. 8. Zürich, Cäsar Schmidt, 1903. [fr. 1. 25]

Schulze, Alfr., der altfranzösische direkte Fragesatz. Ein Beitrag zur Syntax d. Französischen. gr. 8. (VIII, 271 S.) Leipzig 888. Hirzel. n. 5. —

Schulze, Alfred, Pastor an St. Golgatha in Berlin: Das Gelübde in der neueren theologischen Ethik. Gütersloh 1906: C. Bertelsmann. (32 S.) 8° [F.] ¶(Die Dissertation bildet d. 2. u. 3. Teil d. d. Fakultät vorgelegten Arbeit, welche vollst. i. gleichen Verlage erscheint.)
Jena, Theol. Fak., Ref. Wendt, Diss. v. 14. April 1906
[Geb. 12. Dez. 65 Berlin; Wohnort: Berlin; Staatsangeh.: Preußen; Vorbildung: Friedr.-Wilh.-Gymn. Berlin Reife M. 85; Studium: Berlin 7 S.; Rig. 15. Febr. 06.]

Das Gelübde in der neueren theologischen Ethik. Von Lic. Alfred **Schulze,** Pastor in Berlin. Gütersloh: C. Bertelsmann 1906. (71 S.) 8° [F.] [06. 9690

— Glossar, s.: Crestien v. Troies, li romans dou chevalier au lyon.

Schulze, Alfr., das Reichsbeamtengesetz, s.: Handbibliothek, juristische. 276.

[**Schulze,** Alfred: Die Stellung der Universitäten zu den Mißständen beim Druck der Promotionsschriften.] Als Hs. gedr. (Königsberg i. Pr. 1910: [Hopfer in Burg b. M.].) 17 S. 4°

Schulze, Alfr (geb Berlin 1 10. 1861): Die Wortstellung im altfranzösischen direkten Fragesatze Braunschweig 1884 (32 S) 8°
¶ Vollst ersch in Herrig's Archiv f. d. Studium d. neueren Sprachen u. Lit. Bd 71 1884
Berlin, Phil. Diss. v. 15 März 1884

Schulze, Andreas [aus Uhrsleben, Prov. Sachsen]: Der Konsonantismus des Franciscchen im 18. Jahrhundert. . . . Halle a. S., Buchdr. Carl Colbatzky, 1890; 81 + 1 S. 8°
Halle, Phil. Fak., Inaug.-Diss. v. [12. Jun.] 1890

Schulze, Anny, deutsches Lesebuch, s.: Gaudig, H.

Schulze, Armin: Über Abkömmlinge des Ortho-Oxychinolins. 1905. 40 S. 8°
Dresden, Dr.-Ing.-Diss. v. 28. 1. 1905

Schulze, Armin, das königl. sächsische Gesetz den Staatshaushalt betr., sowie das königl. sächsische Gesetz die Oberrechnungskammer betr., s.: Handbibliothek, juristische. 193.

Schulze, Arm., de jurisdictione principum Germanicorum in imperatorem exercita. 8maj. (83 S.) Jenae 847, Frommann. *

Schulze, Arnold, a. Berlin: Über einige optisch aktive Polypeptide des Alanins. (Berlin 1907: G. Schade.) (43 S.) 8°
Berlin, Phil. Fak., Ref. Fischer, Diss. v. 19. Jan. 1907
[Geb. 30. Juni 83 Graz; Wohnort: Berlin; Staatsangeh.: Preußen; Vorbildung: Friedrichs-Gymn. Berlin Reife O. 01; Studium: Marburg 3, Berlin 9 S.; Rig. 30. Dez. 06.]

Die Bankkatastrophen in Sachsen im Jahre 1901. Von Dr. Arthur Schulze. *Tübingen: H. Laupp 1903.* (V, 136 S.) 8°
= Zeitschrift f. d. gesamte Staatswissenschaft. Erg.H. 9.

Schulze, Arthur, aus Leipzig: Der Zusammenbruch der Kreditanstalt für Industrie und Handel in Dresden. *Tübingen 1903: H. Laupp jr.* (71 S.) 8° [Aus: Zeitschr. für die ges. Staatswiss., Erg.-H. 9.]
Leipzig, Phil. Diss. v. 1903

Schulze, August

— Anweisung zur Lackirkunst u. zum Oelfarben-Anstrich, s. Thomson's, Will., Kunst, alle Arten Firnisse rc. z. bereiten.

—— Diätetik f. Raucher u. Schnupfer. Od.: In welchen Fällen ist d. Rauchen u. Schnupfen f. d. Gesundheit nachtheilig? 8. (2½ B.) Quedlinburg 841, Basse.

Schulze, Aug., s. Fenelon, les aventures de Télémaque.

Schulze, August, Festschrift zur 50jähr. Jubelfeier der Turngemeinde Mühlhausen i. Th., Mühlhausen i. Th. 1899, 48 S., 8°.

—— 500 erprobte u. entschleierte Geheimnisse, Mittel u. Rathschläge aus d. Gebiete d. Haus- u. Landwirthschaft, sowie d. Gewerbe u. Künste. 1—3. Aufl. 8. (à 10¾ B.) Quedlinburg 840, 41, Basse. à

—— 500 erprobte u. entschleierte Geheimnisse, Mittel u. Rathschläge aus dem Gebiete der Haus- u. Landwirthschaft, sowie der Gewerbe u. Künste. 4. Aufl. 8. (10½ B.) Quedlinburg 845, Basse.

—— dass. 2. Heft. 8. (3½ B.) Ebds. 845.

Schulze, Dr. Aug., kleine Hausapotheke, od. medicin. Noth- u. Hülfsbüchlein f. Jedermann, zur Kenntniß d. bewährtest. Hausmittel u. deren Anwendung rc. 8. Quedlinb. 826. Basse. 18 gr

— allgem. Haus- u. Wirthschaftsbuch, oder Rathgeber f. Hausmütter in d. Stadt u. auf d. Lande. 1r Thl. 8. Quedlinb. 826. Basse. 16 gr

Schulze, A.: „Allgemeines Haus- und Wirthschaftsbuch, ein erfahrner Rathgeber für Hausväter und Hausmütter auf dem Lande und in der Stadt", 2 Bände, Quedlinburg 1826, 1828.

Schulze, Aug(ust): Populäre Heilmittellehre oder: Sammlung von erprobten und bewährt gefundenen Hausmitteln, mit Angabe der Kennzeichen derselben, einer Anweisung, sie einzusammeln, aufzubewahren, zuzubereiten, zusammenzusetzen und nach Maßgabe ihrer Heilkräfte bei den verschiedenen inneren und äußeren Krankheiten anzuwenden. Ein medizinisches Hausbuch für Landgeistliche, Oeconomen, Forstmänner, Landwundärzte, Schullehrer, Hebammen u.a.m. 296 S., gbd.

Quedlinburg u.Leipzig: Basse 1825

— s. Ramadge, F. H., die Lungenschwindsucht.

— Rathgeber für Diejenigen, welche Milch- u. Molkenkuren gebrauchen wollen. Nebst Abhandlungen über die äußerliche Anwendung der Milch, die Heilkräfte der Buttermolken, sowie auch die Verbindung der Milch mit den verschiedenen Mineralbrunnen. 8. Quedlinburg 841. Basse. n. ⅓ ₰

Schulze, Aug., die Regeln des äußern Anstandes oder die Kunst, sich im geselligen Leben mit Anstand und Anmuth zu bewegen. Naumburg 857. Garcke. (Tauerschmidt.) 8. (64 S.)
n. 5 ngr.

—— der Schweiß in diätetischer u. medizinischer Hinsicht betrachtet. Ein Rathgeber, besonders für solche, die an Krankheiten von unterdrückter Hautausdünstung leiden. 8. (3½ B.) Quedlinburg 844, Basse.

— allgem. Technologie, od. ausführl. Beschreib. d. vorzügl. Künste u. Handwerke. In alphabet. Ordnung. gr. 8. Quedlinb. 826. Basse. 1 ₰ 4 gr (A. u. d. T.: technolog. Chemie u. Materialienkunde.)

Schulze, (Aug.,) allgem. Technologie, oder ausführl. Beschr. d. vorzügl. Künste u. Handwerke. In alphab. Ordnung. gr. 8. Quedlinb. 827, Basse.

—— diätet.-medicin. Tischbuch. Ein Rathgeber f. Jedermann, insbesond. aber f. Kränkliche, Leidende u. ältere Personen bei d. Wahl d. Speisen, Getränke u. a. diätet. Mittel, um ihre Krankheit u. Gebrechen zu erleichtern, zu heilen u. ihnen vorzubauen. 8. (8½ B.) Quedlinburg 840, Basse.

— Vorschriften u. Anweisungen, ätherische Oele, Parfümerien u. Schönheitsmittel gut u. wohlfeil sich selbst zu verfertigen; e. Samml. der besten neuesten französ., englisch u. deutschen Recepte. 8. Quedlinb. 826. Basse. 8 gr

—— die Weintrauben-Kur. Eine Darstell. d. zweckmäßigsten Anwend. u. ausgezeichn. Heilwirkungen d. Weinbeeren geg. viele hartnäck. u. langwier. Krankheiten. 8. (3 B.) Quedlinburg 841, Basse.

Schulze, Aug., die Weintrauben-Kur. Eine Darstellung der zweckmäßigsten Anwendung u. ausgezeichneten Heilwirkungen der Weinbeeren gegen viele hartnäckige u. langwierige Krankheiten. 2. Aufl. 8. (3 B.) Quedlinburg 844, Basse. Thlr

Schulze, Aug., die Weintrauben-Kur. Eine Darstellung der zweckmäßigsten Anwendung und ausgezeichneten Heilwirkungen der Weinbeeren gegen viele hartnäck. und langwier. Krankheiten, namentlich: Ruhr, Unterleibsbeschwerden, Verdauungsfehler rc. 3. Aufl. 8. (48 S.) Quedlinburg 869, Basse.

— die heilsamen Wirkungen des kalten Wassers, und wie dasselbe in mannichfachen Krankheitszuständen als das sicherste u. wohlfeilste Heilmittel anzuwenden ist. 8. Ebd. 834. ⅓ ₰

—— die heilsamen Wirkungen d. kalten Wassers, u. wie dass. in d. mannichfachen Krankheitszuständen als das sicherste u. wohlfeilste Heilmittel anzuwenden ist. 8. (2½ B.) Quedlinburg 835, Basse.

Schulze, August Moritz

Schulze, Augustus Mauritus (geb. Pitschkau 1809) De chronicorum ventriculi morborum symptomatologia atque therapia. Berolini (1836) (36 S.) 8°
Berlin, Med. Diss. v. 7. Sept. 1836.

Schulze, August Wilhelm

Schulze, Aug. Wilh., ein Wort über den getheilten Unterricht Schreiben des Alten an seinen Freund Gottlieb. gr. 8. (1 ½ B. Königsberg 844, Theile.

Schulze, Auguste, ein Jahr aus meinem Leben in St. Petersburg. Treu u. wahr erzählt. 8. (3 ½ B.) Nordhausen 834. (Halberstadt, Schönrock.)

Schulze, Benj., orientalisches A B C Buch, s. Sprachmeister.

Schulze, Benjamin Wilhelm Daniel

—— conjecturae hist.-criticae, Saddacaeorum sectae novam lucem accendentes. Hal. 1779. 4.

Fridericum Porussiae regem iura imperii Romano-Germanici fortiter tueri oratione regis natali 68, in gymnasii Joachimici auditorio patentiore dicta demonstravit maiestati regis devotus Beniamin Vilelmus Daniel Schulze philologiae professor. Berolini, typis G. J. Deckeri, Regis typographi. 1779.

Schulze, Benj. Wlh. Dn., († d. 17. März 1790.) Kritik über die gewöhnl. Ausgaben der hebräisch. Bibeln ꝛc. 8. Berl. 764. (Sander). 3 gr

Schulze, B. W. Dn., Kritik üb. d. Ausgaben d. hebr. Bibel. 8. Berl. Wever. 764.

— vollständigere Kritik üb. die gewöhnl. Ausgaben der hebräisch. Bibeln, welche Dr. Luther zu sr. Uebersetzung gebraucht hat. 8. Berl. 766. (Reimer). 16 gr

Schulze, Bernhard [app. Arzt aus Kiel]: Aus d. patholog. Institute zu Kiel. Beitrag zur Statistik der Tuberculose verbunden mit Herzklappenerkrankungen. . . . Kiel, Druck v. A. F. Jensen, 1891; 16 S. 2 Bl. 8°
Kiel, Med. Fak., Inaug.-Diss. v. 2 Mai. 1891

Schulze, Bernh. (I.). Beitrag zur Statistik der Tuberculose verbunden m. Herzklappenerkrankungen. Diss. gr. 8. (16 S.) Kiel 891, (Gnevkow u. v. Gellhorn). * — 80

Schulze, Bernh., die Ernährung der landwirthschaftlichen Nutzthiere, übersichtl. dargestellt und durch zahlreiche Beispiele von Futterrationen erläutert. gr. 16. (27 S.) Breslau 888, Korn. cart. *

Schulze, Bernh. (II.). Die Ernährung der landwirthschaftlichen Nutzthiere, übersichtl. dargestellt u. durch zahlreiche Beispiele v. Futterrationen erläutert. 2. u. 3. unveränd. Aufl. gr. 16. (27 S.) Bresl. 889, Korn. cart. * — 40

SCHULZE, BERNHARD. Ueber Fettbildung im Thierkörper. (Tubingen) Berlin, 1881.

Die Haltbarkeit und Bewertung der Melassefuttermischungen. Im Auftr. d. Deutschen Landwirtsch.-Gesellsch. bearb. von Prof. Dr. B[ernhard] Schulze-Breslau. *Berlin 1901: (W. Greve).* (26 S.) 8° [J.]
= Arbeiten d. Deutschen Landwirtsch.-Gesellschaft. H. 59. [st. 8556]

Schulze, Bernh., Rathgeber bei der Fütterung der landwirthschaftlichen Nutzthiere. Ein Hülfsbuch f. die Praxis. gr. 8. (VIII, 176 S.) Breslau 888. Korn. n. 2. 50; geb. n. 3. 30

Schulze, Bernh., Rathgeber bei der Fütterung der landwirthschaftlichen Nutzthiere. Ein Hülfsbuch f. die Praxis. 2., verm. u. verb. Aufl. gr. 8. (X, 186 S.) Breslau 891. W. G. Korn. n. 3. —; geb. n. 4. —

Schulze B.: Studien üb. die Bewurzelung unserer Kulturpflanzen. [Breslau 1906]. 20 Tvl. 4°.
(Festschrift z. 50 jährigen Jubiläum d. agrikulturchemischen Versuchs- u. Kontrollstation . . . zu Breslau). 341.

Schulze, Bernhard Josef von, s. Schulz, Bernhard Josef von.

Schulze, Berthold. Diesseits u. Jenseits. Confessionslose Gedanken üb. die höhere Bestimmg. d. Menschen. gr. 8. (18 S.) Berl. 892, R. Heinrich. * — 50

Schulze, *Carl August* Berthold [aus Berlin]: Zwei ausgewählte Kapitel der Lehre von der mhd. Wortstellung m. bes. Rücks. auf Wolframs Parzival . . . Berlin, Heinrich & Kemke, 1892; 2 Bl., 57 S., 1 Bl. 8.
Berlin, Phil. Fak., Inaug.-Diss. v. 14. März 1892

Schulze, Berthold. Neue Studien über Heinrich von Kleist. 46 S. 8. **Progr.** Gymn. u. Realgymn. *Groß-Lichterfelde* 1904 (83)
1. Die Ehrung der Erbprinzessin von Oranien. 2. Kl., der Sänger der Königin Luise. 3. Kl., ein Wissender. 4. Zum Prinzen von Homburg.

Schulze, Berth., neue Studien über Heinrich v. Kleist. (V, 92 S.) gr. 8. Heidelberg 904. C. Winter, Verlag. n. 2. —

Schulze, Bruno, das militärische Aufnehmen. Unter besond. Berücksicht. der Arbeiten der königl. preuss. Landesaufnahme nebst einigen Notizen über Photogrammetrie u. über die topograph. Arbeiten Deutschland benachbarter Staaten. Nach den auf der königl. Kriegsakademie geh. Vorträgen bearb. (XIII, 305 S. m. 129 Abbildgn.) gr. 8. Leipzig 903. B. G. Teubner. Geb. in Leinw. n. 8. —

Schulze, Bruno, aus Niedernodeleben: Charakter und Entwicklung der Länderkunde Karl Ritters. *Halle a. S. 1902: Wischan & Wettengel.* (61 S.) 8°
Halle, Phil. Diss. v. 1902

Schulze, Bruno, Chronik der aus Lauban stammenden Familie Schulze (Schultze), nebst einigen Nachrichten üb. die m. derselben verwandten u. verschwägerten Familien. Nach Urkunden u. anderweit. zuverläss. u. verbürgten Mittheilgn. u. Nachrichten zusammengestellt. Mit 6 Anlagen u. 1 Karte. gr. 8. (X, 131 S.) Leipzig 901. Breitkopf & Härtel. n. 4. —; geb. in Halbfrz. n. 5. —

Schulze, Bruno, die Städteordnung v. 30. V. 1853, s.: Plagge.

Schulze, C., die Eisenbahn-Carriere. Enth.: 1. Die Bedinggn. zur Annahme u. Anstellg. v. Militär- u. Civil-Anwärtern als Beamte im Eisenbahndienste. 2. D. Prüfungsbestimmngn. u. d. Arbeiten bei d. Aufnahmeprüfg. 3. D. Bewerbungs-Gesuch, Bewerbungsschreiben, Lebenslauf u. s. w. 8. (96 S.) Berlin 896. Braunschweig, Frdr. Euler's Verl. n. 1. —

Schulze, C., Geographie f. Schul- u. Selbstunterricht. Gemeinverständlich bearb. f. jedermann, insbesondere f. Militär- u. Civilanwärter, welche in den Eisenbahn- od. Postdienst einzutreten gedenken, u. f. Kaufleute. 8. (VII, 174 S.) Berlin 893. Aug. Schultze's Verl. 2. —; kart. n. 2. 50

Schulze, C., und C. Bönicke, Handfibel. 1. Aufl. 1849. und 2. Aufl. 8. (16 S.) Leipzig 850, Brandstetter. *

Schulze, C., Lehrbuch der Geographie f. Schul- u. Selbstunterricht. Gemeinverständlich bearb. f. jedermann, insbesondere f. Militär- u. Zivilanwärter, welche in den Eisenbahn- od. Postdienst einzutreten gedenken, u. für Kaufleute. 12. Aufl. (VIII, 287 S.) 8. Berlin (907). Aug. Schultze, Verl. 2. —; kart. 2. 50

— d. Post-Carriere. Enth.: 1. D. Bedinggn. z. Annahme u. Anstellg. v. Militär- u. Civil-Anwärtern als Beamte im Post- u. Telegraphendienste. 2. D. Arbeiten bei d. Aufnahmeprüfg. als Postgehülfe, Post- od. Telegraphen-Anwärter. 3. D. Bewerbungsgesuch, — Bewerbungsschreiben, Lebenslauf u. s. w. 8. (IV, 80 S) Ebd. 895. n. 1. —

Schulze, C., Predigt zur Gedächtnißfeier der gefall. Vaterlandsvertheidiger, gehalt. am 4. Juli 1816 in d. Kirche zu Klein-Beuster. gr. 8. Stendal 816. Franzen u. Gr. 2 gr

— gut u. richtig Rechnen, s. a. Ulbelacker, M., die Fortbildungsschule.

— dasselbe, s. a. Müller, A., Handbuch f. Militär-Anwärter.

— gut u. richtig Rechnen od. kleine Rechenschule f. den Selbst-Unterricht. Enth. alle Rechnungsarten m. vollständ. Ausrechng. der gegebenen Beispiele. 8. (169 S.) Ebd. 894. 1. —

— Gut Rechnen durch Selbst-Unterricht. Enth.: Alle Rechnungsarten, von den einfachsten bis zu den schwierigsten, m. vollständ. Ausrechng. der gegebenen Beispiele, wie solche im Privat-, Beamten- u. Geschäftsleben vorkommen. Für Beamte, Kaufleute, Militärpersonen u. Private gemeinverständlich bearb. 21. Aufl. (III, 160 S.) 8. Berlin 910. F. Euler. 1. —

— Richtig Rechnen durch Selbstunterricht. Gemeinverständlich bearb. f. jedermann. Enth.: Alle Rechnungsarten, von den einfachsten bis zu den schwierigsten, m. vollständ. Ausrechng. der gegebenen Beispiele, wie solche im Privat-, Beamten- u. Geschäftsleben vorkommen. 8. (VII, 326 S.) Berlin 889. Aug. Schultze's Verl. n. 3. —

Schulze, C. Richtig Rechnen durch Selbst-Unterricht. Gemeinverständlich bearb. f. jedermann. 4. Aufl. 8. (VIII, 331 S. m. Fig.) Berl. 891, Aug. Schultze's Verlag. 3 —
1.—3. Aufl. Ebd. 1889—91.

— Richtig Rechnen durch Selbst-Unterricht u. kaufmännisches Rechnen. Enth.: Alle Rechnungsarten, von den einfachsten bis zu den schwierigsten, m. Auflösgn. u. m. vollständ. Ausrechng. der gegebenen Beispiele, wie solche im Privat-, Beamten- u. Geschäftsleben vorkommen. 12. Aufl. (VII, 368 S.) 8. Berlin 906. Aug. Schultze, Verl. 3.—; kart. 3.50

Schulze, C., die Rose. Kurze Anleitung zur Kultur der Rose im freien Lande u. im Topfe. gr. 16. (39 S. m. 1 Steintaf.) Würzburg 879. Stuber's Verl. n. — 60

Schulze, C., systematische Übersicht der in Zeitschriften, Programmen u. Einzelschriften veröffentlichten wertvollen Aufsätze üb. Pädagogik aus den J. 1880 — 1886, s. a. Bibliothek, pädagogische.

Schulze, C., systematische Uebersicht der in Zeitschriften, Programmen u. Einzelschriften veröffentlichten wertvollen Aufsätze üb. Pädagogik aus den J. 1880 bis 1886. Ein Nachschlagebuch f. Lehrer zur Vorbereitg. auf das Examen u. f. den Unterricht. gr. 8. (VIII, 276 S.) Hannover 887. Meyer. n. 3. 60

Schulze, C. A., Ideen üb. d. asiat. Cholera. Ein Beitr. zu ihrer Kenntniß u. Heilung f. Aerzte, Wundärzte u. gebild. Leser. gr. 8. (4 B.) Leipzig 831, Berger.

—— die Kopfschmerzen, ihre Entstehung u. Heilung. Für Nichtärzte bearb. 8. (4 B.) Pirna 833, [Leipzig,] Friese.

—— die Krämpfe, ihre Entsteh. u. ihre Heilung. Für Nichtärzte bearb. 8. (5 B.) Pirna 833, [Leipzig,] Friese.

Schulze, C. A., s. Wezel, K.: Die Hämorrhoiden.

—— die Zahnkrankheiten od. zuverläss. Mittel, sie zu verhüten u. zu heilen, nebst einigen Anweisn. die Zähne gut u. gesund zu erhalten u. sie vor d. Verderben zu schützen. 8. (4 B.) Pirna 831, [Leipzig,] Friese.

Schulze, C. A. F. H. Çorani Surae VI. versus 74 priores ex tribus codd. mstis adjecta lectionis varietate emendati et latine conversi. 34 S.
Salzwedel, Progr. 1828

Schulze, C. Ch., sichere Interessen-Berechnungs-Tabellen von ½ Ngr. oder Sgr. bis 10,000 Thlr. Capital zu ⅛, ⅙, ¼, ⅓, ½, ⅔, ¾, 1, 2, 3, 4, 5, 6 Procent auf 1 Tag, 7 Tage, 1 Monat, 1½ Monat, ¼ Jahr, ½ Jahr, ¾ Jahr u. 1 Jahr. Nach Thalern u. Neugroschen à 10 Pfennige und Silbergroschen à 12 Pfennige berechnet. Leipzig 853. Wengler. gr. Fol. (13 S.) 15 ngr.
Vgl. Schulze, C. G.

Schulze, C. F., praktische Regeln f. d. zweckmäßigste Einrichtung d. oberschlägigen Wasserräder, m. K. gr. 8. Copenhagen, Brummer. 809.
Vgl. Schultz, C. F.

Schulze, C. F., 34 calligraphische Schulvorschriften nach der im Königl. Schullehrer-Seminar eingeführten Schreibmethode u. nach einer method. Stufenfolge geordnet. Enthaltend die Current-, englische u. Frakturschrift, auf 34 Tafeln. qu. gr. 4. Reutlingen 834. Mäcken jun. 7½ gr

Schulze, C. F., 34 calligraph. Schul-Vorschriften nach der im Kgl. Schullehrer-Seminar zu Esslingen eingeführten Schreib-Methode. M. e. Anleitung zum Gebr. derselben. qu. gr. 4. (¼ B. Text.) Reutlingen (834), Mäcken jun.

Schulze, C. F., pharmazeutische Synonyma, nebst ihren deutsch. Bezeichngn. u. ihren volksthüml. Benenngn. 8. (VIII, 208 S.) Berlin 889. Springer. n. 3. —; geb. n. 4. —

Schulze, C. G., sichere Interessen-Berechnungs-Tabellen von ½ Ngr. oder Sgr. bis 10,000 Thlr. Capital zu ⅛ bis 6 Procent auf 1 Tag bis 1 Jahr. Nach Thlrn. und Ngr. à 10 Pfennige oder Sgr. à 12 Pf. berechnet. Zur schnellsten und genauesten Uebersicht für Banquiers, Kaufleute, Capitalisten rc. gr. Fol. (II und 13 S.) Leipzig 853, Wengler.
Vgl. Schulze, C. Ch.

Schulze, C. G., († 1803.) für Verstand u. Herz. 16 Hft. 8. Rostock 789.

Schulze, C. Richard

Schulze, C. Rich., die Chemie der Küche u. des Hauses. Ein Leitfaden f. den Unterricht in der Chemie in Töchter- u. Haushaltungsschulen. gr. 8. (61 S.) Wittenberg 894. R. Herrosé. n. — 50

Schulze, Rich., kleines Experimentierbuch, s.: Jentzsch, J.

Schulze, C. Richard: Ueber Hydrate des schwefelsauren Zinks und schwefelsauren Magnesiums, und ueber die Müller-Erzbach'sche Methode, die Spannkraft des Wasserdampfes in wasserhaltigen Salzen zu bestimmen .... Leipzig, Druck v. Metzger & Wittig, 1887; 32 S. + 1 Bl. 8°.
Erlangen, Phil. Fak., Inaug.-Diss. v. 1887.

Schulze, C. Richard, über Hydrate des schwefelsauren Zinks und schwefelsauren Magnesiums, und über die Müller-Erzbach'sche Methode, die Spannkraft des Wasserdampfes in wasserhaltigen Salzen zu bestimmen. Diss. Erlangen 1887, Th. Blaesing. 8°. 32 S.

Schulze, C. Rich., die Influenzmaschine. Für Schule u. Haus. (32 S. m. Abbildgn.) 8. Leipzig 905. (G. Schlemminger.) n. 1. —

Schulze, C. Rich., Leitfaden für den Unterricht in der Physik in einfachen Volksschulen, mittleren und höheren Bürgerschulen. In Lektionen bearb. und Seminaristen, sowie jungen Lehrern gewidmet. gr. 8. (IV, 149 S. mit Abbild.) Leipzig 888, Oehmigke's Verlag. *

Schulze, C. Rich. Resultate d. Unterrichts in der Chemie in Volksschulen, Bürgerschulen u. Fortbildungsschulen. Zur Erleichterg. d. Repetition zusammengestellt. gr. 8. (56 S.) Lpz. 890, Oehmigke's Verlag. * — 45

— Resultate d. physikalischen Unterrichts in einfachen Volksschulen, mittleren u. höheren Bürgerschulen. gr. 8. (58 S. m. Abbildgn.) Ebd. 888. n. — 45

— Resultate d. physikalischen Unterrichts in einfachen Volksschulen, mittleren u. höheren Bürgerschulen, Fortbildungsschulen u. Seminarien. 2., verm. Aufl. gr. 8. (68 S. m. 62 Fig.) Leipzig 891. A. Oehmigke's Verl. n. — 45

Schulze, C. Rich., Resultate des physikalischen Unterrichts in einfachen Volksschulen, mittleren u. höh. Bürgerschulen, Fortbildungsschulen u. Seminarien. 3., verm. u. verb. Aufl. gr. 8. (78 S.) Leipzig 901. A. Oehmigke. — 60

Schulze, C. Rich., Sammlung v. physikalischen u. chemischen Experimenten f. Schule u. Haus. I.—IV. gr. 8. Leipzig, G. Schlemminger. à 1. —
I. Die Elektrisiermaschinen. (29 S. m. Abbildgn.) 907.
II. Hertz'sche Wellen, drahtlose Telegraphie u. Teslaströme. (32 S. m. 30 Fig.) 908.
III. Induktion, elektr. Entladgn. im luftverdünnten Raume u. Röntgenstrahlen. (35 S. m. 35 Fig.) 909.
IV. Aus dem Reiche der Töne. Neue Klangfiguren. (28 S. m. 28 Fig.) 909.

Schulze, C. Rich., Vorschule der anorgan. Experimentalchemie u. d. qualitativen Analyse m. Berücksicht. der Mineralogie. Für Schüler höh. Lehranst., sow. z. Selbststudium bearb. gr. 8. (XII, 155 S. m. Fig.) Dessau 897. Anhaltische Verlagsanst. n. 2.50

— Vorschule der anorgan. Experimentalchemie u. d. qualitat. Analyse. gr. 8. (XII, 155 S. m. Fig.) Dessau 897. Berlin, Gerdes & Hödel. n. 2.50; geb. n. 3.20

Schulze, Carl, s. Schulze, Karl.

Schulze, Chr. August, s. Schultze, Chr. August.

Schulze, Chr. Gottlieb

Schulze, Chr. Gli., († ...) kurzer Begriff d. christl. Lehre. 8. Chemnitz 779. N. A. 794. Starke. 4 gr

— Abhandl. vom Nutzen d. Arzneigelehrsamkeit in d. Gottesgelehrsamkeit zc. 4. Schneeb. 770.

Schulze, Chr. Gottlob

Schulze, Chr. Glo., der Kaufmann auf Reisen, od. 1) was soll d. reisende Kaufmann wissen? 2) wie soll er reisen? u. 3) welche Vortheile soll u. kann er jetzt, nach Beendigung d. Krieges, seinem Hause u. sich selbst auf Reisen verschaffen? 3 Bde. 8. Hannov. 803.

Schulze, C. G., d. Kaufmann auf Reisen, e. Handbuch für junge Kaufleute. 8. Frankf. Jäger. 804.

Schulze, Chr. Wilhelm, s. Schulz, Chr. Wilhelm.

Schulze, Christian Ferdinand

Schulze, Chrstn. Ferd., die Auswanderung d. evangelischgesinnten Salzburger, mit Bezug auf d. Auswanderung d. evangelischgesinnten Zillerthaler dargestellt. gr. 12. ($10\frac{1}{6}$ B.) Gotha 838, Gläser.

— üb. d. Benutzung d. Geschichte. Ein Nachtr. z. histor. Bildersaale. Nebst e. Vorw. an Dr. Karl Gottlieb Bretschneider zc. z. Feier seiner 25jähr. Amtsführ. in Gotha. gr. 8. ($3\frac{1}{4}$ B.) Gotha 841, J. Perthes.

Schulze, Chr. Fd., (u. K. F. Lossius,) histor. Bildersaal, oder Denkwürdigkt. aus d. neuern Geschichte. Ein Lehr- u. Lesebuch für gebild. Stände. I. II. III. IV. (2 Thle.) V. (3 Thle). Zusammen 8 Thle. Mit 89 Kpf. gr. 8. Gotha 815—841. Perthes. Subscr.-Pr. Schrbp. 28 ℔ Wohlf. Ausg. Drckp. 21 ℔ 8 gr Vn Bdes 1r — 3r Thl. A. u. d. T.: Gesch. d. neuesten Zeiten. 3 Bde. Mit 30 Kpf. gr. 8. Ebd. 827—31. Subscr.-Pr. Druckp. 8 ℔

Schulze, Chrst. Ferd., histor. Bildersaal, od. Denkwürdigkeiten aus d. neuern Geschichte. Ein Lehr- u. Lesebuch f. gebild. Stände. 5. Bd. 2. u. 3. Thl., u. 6. Bd. 1. Thl. — A. u. d. T.: Geschichte d. neuen Zeiten. 2—4. Bd. gr. 8. Gotha, J. Perthes. [5. 2. (27 B. u. 10 Kpfr.) 829., 3. ($34\frac{1}{2}$ B. u. 10 Kpfr.) 831., 6. 1. ($28\frac{1}{2}$ B. u. 10 Kpfr.) 834. à Thl. 2 Thlr. 16 Gr., Schrbp. 3 Thlr. 12 Gr.] 8 Thlr., Schrbp.
1—4. Bd. (od. 5 Thle.) 1815—22. à Thl. 2 Thlr. 16 Gr., Schrbp. 3 Thlr. 12 Gr. — 6. Bd. 1. Thl.: Gesch. d. neuen Zeit. 1. Thl. 1827. 2 Thlr. 16 Gr., Schrbp. 3 Thlr. 12 Gr. Ebendas.

— histor. Bildersaal, od. Denkwürdigkeiten aus d. neuern Geschichte. Ein Lehr- u. Leseb. f. gebild. Stände. 6. Bd. 2. Thl. — A. u. d. T.: Geschichte d. neuern Zeiten. 5. (letzt.) Bd. gr. 8. (34 B. u. 9 Kpfrt.) Gotha 837, J. Perthes. * $2\frac{2}{3}$ Thlr., Schrbp. *
1—6. Bd. 1. Thl. Ebendas. 1815—27. * 24 Thlr., Schrbp. * 31 Thlr. 12 Gr.

Schulze, Chr. Ferd., histor. Bildersaal s. Bildersaal.

Schulze, Chrst. Ferd., Elisabeth, Herzogin zu Sachsen u. Landgräfin zu Thüringen. Ein Beitr. zur Geschichte der Sachsen-Coburg-Gothaischen Lande. gr. 8. (16 B.) Gotha 832, J. Perthes. Thlr.

— von d. Entstehung u. Einrichtung der evangel. Brüdergemeinde. gr. 8. Gotha 822. (Leipz., Steinacker u. H.) 20 gr

— üb. die Entstehung der Augsburg. Confession u. die Fortdauer der evangel. Kirche. Eine Rede am Jubelfeste der Uebergabe der Augsburg. Confession d. 26. Juni 1830 gehalten. gr. 8. Gotha 830. J. Perthes. 3 gr

— Erinnerungen an d. J. 1789. Ein Sendschreiben an Prof. Friedr. Kries z. Feier seiner 50jähr. Amtsführ. am 2. Nov. 1839. gr. 8. ($3\frac{1}{2}$ B.) Gotha 840, Gläser.

— Geschichte des Gymnasiums zu Gotha. gr. 8. Gotha 825. Perthes. 1 ℔ 8 gr

— Geschichte der alten Welt, oder Darstellung der wichtigsten Begebenheiten von den ältesten Zeiten bis zur Stiftung des Christenthums. gr. 8. Gotha 824, Perthes.

— Hauptlehren des Christenthums, ein Leitfaden bei dem frühern Religionsunterrichte. 8. Gotha 804. 2e A. 815. 3e A. 824. Ettinger. 8 gr

— die Hauptlehren des Christenthums. Ein Leitfaden bei dem frühern Religionsunterrichte. 3e verm. u. verb. Aufl. 8. Gotha 824, Ettinger.

—— die Hauptlehren d. Christenthums. Ein Leitfaden bei d. frühern Religionsunterr. 4., verm. u. verb. Aufl. gr. 12. (4½ B.) Leipzig 840, Gebhardt u. Reisland.

— Kampf der Demokratie u. Aristokratie in Rom, oder: Gesch. der Römer, von Tarquins Vertreibung bis zur Erwählung des ersten plebej. Consuls. 8. Altenb. 802. Mit n. Titel. Leipz. 809. (Hinrichs). 1 ℛ 8 gr

— Geschichte d. Römer, von Tarquins Vertreib. bis zur Erwähl. d. erst. pleb. Cons. od. Kampf d. Demokratie und Aristokratie in Rom. 8. Altenb. Kunt. (Hinrichs in Leipz.) 809.

— die Kreuzzüge, od. Schilderungen d. wichtigst. Begebenheiten aus d. Zeiten derselben. (Aus d. 4n Bde des histor. Bildersaals abgedr.) Mit 1 Kpf. gr. 8. Gotha 820. Perthes. 1 ℛ

Schulze, Chrn. Ferd., Leben des Herzogs von Sachsen-Gotha u. Altenburg Friedrich II. Ein Beitrag zur Geschichte Gotha's beim Wechsel des 17. u. 18. Jahrhunderts. Hrsg. nach dessen Tode v. Adf. Mor. Schulze. gr. 8. (X u. 246 S.) Gotha 851, Müller. 1 ℛ

— s. K. F. Lossius, moral. Bilderbibel.

Schulze, Chr. Fd., Flavius Stilicho, ein Wallenstein der Vorwelt. 8. Altenb. 805. Mit neuem Titel. Leipz. 809. (Hinrichs). 9 gr

Schulze, Chrstn. Ferd., Uebersicht der Geschichte des Großherzogthums Baden. gr. 12. (7 B.) Gotha 842, (Gläser.)

— von den Volksversammlungen der Römer. Ein antiquar. Versuch. gr. 8. Gotha 815. Perthes. 1 ℛ 8 gr

— Vorübungen zum Uebersetzen aus d. Deutschen ins Latein. 8. Jena 802. 9e A. 829. Frommann. 6 gr

— Vorübungen z. Uebersetzungen a. d. Deutschen ins Latein. 8. Jena, Frommann. 807.

— Vorübungen zum Uebersetzen aus dem Deutschen ins Lateinische. 5te Aufl. 8. Jena, Frommann. 815. — 4

— — desselben. 6te Aufl. Ebend. 816. — 6

Schulze, Chr. Ferd., Vorübungen zum Uebersetzen aus dem Deutschen ins Lateinische. 7te verm. Aufl. 8. Jena, Frommann. 820. Rthlr. -

—— Vorübungen zum Uebersetzen aus d. Deutschen ins Latein. 9. Aufl., mit Verweisungen auf d. Grammatiken v. Grotefend, Scheller, Schulz u. Zumpt. 8. (8 B.) Jena 829, Frommann.

Schulze, Chrstn. Ferd., Vorübungen z. Uebersetzen aus d. Deutschen ins Lateinische. 10. Aufl. Mit Verweisn. auf d. Grammatiken v. Grotefend, Scheller, Schulz u. Zumpt. 8. (8 B.) Jena 830, Frommann. Thlr.

Schulze, C. F., Vorübungen zum Uebersetzen aus dem Deutschen ins Lateinische. 12. verb. Aufl., mit Verweisungen auf die Grammatiken von Zumpt, Kühner, Putsche, Krüger u. Berger, besorgt von A. M. Schulze. Jena 856. Frommann. 8. (IV, 90 S.) 7½ ngr

— Vorübungen zum Uebersetzen aus d. Deutschen ins Latein., zum Behuf derer, die sich ohne Lehrer in d. latein. Sprache üben wollen ꝛc., (v. Jh. Karl Weichert). 8. Leipz. 819. Steinacker. 5 gr

Schulze, Christian Friedrich, s. Schultze, Christian Friedrich.

Schulze, Christian Gottlieb (Markkleeberg) A. S. 142/2

Ad Iulii Paulli, ex libro singulari de iure singulari, reliqua. Präs. Franz Karl Conradi. Leipzig (Schede) 6. II. 1728. 31 S.

Gew.: Heinrich von Bünau. 31863

Schulze, Conrad, s. Schulze, Konrad.

Schulze, Curt, s. Schulze, Kurt.

Schulze, Daniél (Jüterbog) A. S. 1149/30

Disputatio inauguralis medica de passione iliaca. Präs. Konrad Johren. Frankfurt/O. (Schwartz) 6. X. 1714. 32 S. 31864

Schulze, Daniel Severin

Schulze, Dan. Sever., Irrthümer d. röm. Kirche. 2 Stck. 8. Hamb. Brand. 795.

— d. weise Kirchenbau z. Vereinigung. 8. Hamb. Liebezeit. 711.

Schulze, David Friedrich

— dessen Ehrengedächtniß. 8. Zittau 810.

— dessen Todtenfeier. Zittau 810.

Schulze, Dav. Fr., († d. 27. Juli 1810.) Jh. Gf. Hirchers gefundene Dreschmaschine, nach ihrer Construction, Behandlung u. Wirkung beschrieben. 8. Görlitz 808.

— Epigramme. 8. ... 800.

— s. Reise von Thüringen nach Sachsen, die Sächs. Schweiz u. die Oberlausitz ꝛc. 2 Bde. (Ist dort Fr. Herrmann zugeschrieben.)

— üb. den allgem. Zusammenhang der Höhen üb. der Oberfläche der Erde; nebst e. Gebirgskarte v. Europa. gr. 4. Weim. 803. (Indust.-Compt.) 1 ℛ 20 gr Schrbp. 2 ℛ 4 gr Die Karte apart 1 ℛ

Schulze, Dom. (Resp.): Praefatio sistit vestigia irritabilitatis Hallerianae..., s. Baldinger, E. G. (Praes.)

Schulze, E., Anleitg. zur qualitat. chem. Analyse, s.: Beilstein, F.

Schulze, E., üb. die Aschen-Zusammensetzung v. gelbsüchtigen u. v. gesunden österreicher Reben. [Aus: „Annalen d. Oenol."] gr. 8. (7 S.) Heidelberg 876. C. Winter. n. — 40

Schulze, E.: Gutachten über die Organisation einer schweizerischen Milchversuchsstation, s. Krämer, Adolf

Humor in der Schule. Von E. **Schulze**, Lehrer in Loßnitz. Bielefeld: A. Helmich [1904]. (12 S.) 8° [F.]
— **Abhandlungen**, Pädagogische. N. F. Bd 10, H. 2. [05. 14481

Schulze, E., d. Kaffee, s.: Hensel, Fr.

Lehrplan für Metallarbeiterklassen. Von E. **Schulze**, L. (Wittenberg [1906]: Herrosé & Ziemsen.) (zus. 35 S.) 8° [Kopft. F.]
[Beigedr.:] [1] Lehrplan f. Holzarbeiterklassen. Von G. Stenzel. [1906.]
[2] Lehrplan f. Bauhandwerkerklassen. Von H. Spielmann. [1906]
[3] Lehrplan f. Bäckerklassen. Von Steinert. [1906]
[4] Grundzüge e. Lehrplans f. Klassen mit Angehörigen verschied. Berufe. Von Theodor Heymann. [1906] [06 11823 8

Schulze, E., Untersuchungen über den Emmenthaler Käse etc., s. Benecke, F.

Schulze, E. F. G., **Diss. de jure illius, cujus oblata pecunia creditor etc. 4. Celle 786.** Schulze. 6 ℛ

Schulze, E. H. C., Sammlung aller derjenigen Gesetze, Verordnungen, Bekanntmachungen u. Ausschreiben, welche in Landes-Oeconomie-Angelegenheiten zur Anwendung kommen u. insbesondere für das Conducteur-Examen zusammengestellt sind. Nebst Anh. der neuesten Gesetze über Aufhebung der Weiderechte, über Abänderung der Gesetze wegen der Zusammenlegung der Grundstücke rc. Celle 857. Schulze. gr. 8. (2 Bl., 172 S.) n. 1 ℛ. 15 ngr.

Schulze, E. H. C., Sammlung aller derjenigen Gesetze, Verordnungen rc., welche in Landes-Oeconomie-Angelegenheiten zur Anwendung kommen, s. Sammlung.

Schulze, E. H. C.: Sammlung der Wasserbaugesetze für das Königreich Hannover vom Jahre 1621 bis Ende 1858. Nebst Entscheidungen und Gesetzesstellen, welche sich darauf beziehen. Celle 1859.

Schulze, E. H. C., Sammlung der Wasserbaugesetze für das Königreich Hannover, s. Sammlung der Wasserbaugesetze.

Schulze, E. H. C., die Hannov.-Braunschweig. Zoll-Gesetze, s. Sammlung der Gesetze und Verordnungen über Eingangs-, Durchgangs- u. Ausgangs-Abgaben.

Schulze, Edmund

— u. **Frz. Pahl, mathematische Aufgaben. Ausg. f. Gymnasien. 2 Tle. gr. 8. Leipzig, Dürr'sche Buchh.** Geb. n. 5. 80
1. **Aufgaben aus der Planimetrie u. Arithmetik f. die Unterstufe (Quarta u. Untersekunda einschl.) von Edm. Schulze. (VIII, 196 S.) 905.** n. 2. 40
2. **Aufgaben f. die Oberstufe (Obersekunda u. Prima). (VIII, 284 S.) 906.** n. 3. 40

Schulze, Edm., u. **Frz. Pahl**, mathematische Aufgaben. Ausg. f. Gymnasien. (2 Tle.) 1. Tl. Aufgaben aus der Planimetrie u. Arithmetik f. die Unterstufe (Quarta bis Untersekunda einschl.) 2. Aufl. (VIII, 203 S.) gr. 8. Leipzig 910. [Dürr'sche Buchh.] O. R. Reisland. Geb. 2. 40

— — dasselbe. Ergebnisse. gr. 8. Ebd. 8. —
I. (53 S.) 907. 3.—. — II. (105 S.) 908. 5.—

— — dasselbe. Ausg. f. Realgymnasien, Oberrealschulen u. Realschulen. 2 Tle. gr. 8. Ebd. Geb. 7. —; Ergebnisse 8. —
1. Aufgaben aus der Planimetrie, Arithmetik, Trigonometrie u. Stereometrie f. die Unterstufe (Quarta bis Untersekunda einschl.) 2. Aufl. (X, 279 S.) 911. Geb. 3.40; Ergebnisse (75 S.) 909. 3. —
2. Aufgaben aus der Planimetrie, Arithmetik, Trigonometrie, Stereometrie, der analytischen u. synthetischen Geometrie f. die Oberstufe (Obersekunda u. Prima). (VIII, 256 S.) 908. Geb. 3.60; Ergebnisse (112 S.) 909. 5. —

Schulze, Edmund, Prof. Dr.: Kurven 4. Ordnung mit einem Doppelpunkt und einer Spitze. Mit 2 Figurentaf. Berlin: Weidmann 1904. (27 S.) 4°
Berlin, Friedrich-Werdersches G OP 1904 (60)

Schulze, Edmund [Gymnasiallehrer zu Berlin]: Ueber die Parallelfläche des elliptischen Paraboloids .... Halle, Druck v. E. Karras, 1886; 38 S. 8°.
Halle, Phil. Fak., Inaug.-Diss. v. [6. Febr.] 1886.

Schulze, Edm., üb. die Parallelfläche d. elliptischen Paraboloids. gr. 8. (36 S.) Halle 886. (Berlin, Mayer & Müller.) n. 1. 20

Schulze, Eduard

Schulze. E., s.: Handbuch, enzyklopädisches, der Heilpädagogik.

— s.: Hilfsschule, die.

— s.: Kalender f. Lehrer u. Lehrerinnen an Schulen u. Anstalten f. geistig Schwache.

Schulze, Eduard (Hrsg.), s. Umschau, Heilpädagogische.

Schulze, Ed[uard] O[tto]. Die kommerzielle und volkswirtschaftliche Bedeutung der Ostalpenbahn. Gutachten über die Schrift von Rob[ert] Bernhardt »Die schweizerische Osta' in historischer, technischer, kommerzieller und volkswirtschaftlicher Bedeutung« ⟨Teil 2⟩. (An den h. Regierungsrat des Kantons St. Gallen.... 1906 Oktober 9.) 22 S. 8. St. Gallen, Gebr. Wildhaber, 1906.

Schulze, Ed(uard) O(tto). Grundriss der Volkswirtschaftslehre nach Hugo Schober, neu bearb. von Ed. O. Sch', Professor an der Handelsakademie St. Gallen. 6. Aufl. XIV + 536 + 16 S. 8. Leipzig, J. J. Weber, 1905. ([geb.] M. 6. —)
(Webers Illustrierte Katechismen. Band 41: Schober-Schulze, Volkswirtschaftslehre. 6. Aufl.)

Schulze, Ed. O., Grundriß der Volkswirtschaftslehre, s. Schober, H.

Schulze, Ed. O., Katechismus d. Volkswirtschaftslehre, s.: Schober, Hugo.

Die Kolonisierung und Germanisierung der Gebiete zwischen Saale und Elbe v. Eduard Otto **Schulze**. Gekr. Preisschr. *Leipzig: S. Hirzel 1896.* (XIV, 421 S.) 1 Bd 4.(8.)
= Preisschriften gekr. u. hrsg. v. d. Fürstl. Jablonowski'schen Gesellschaft zu Leipzig. Histor.-nationalök. Sect. No 20. [96. 6180

Schulze, Eduard Otto [a. d. Altmark]: Niederländische Siedelungen in den Marschen an der unteren Weser und Elbe im 12. und 13. Jahrhundert. ... Hannover, Hofbuchdr. d. Gebr. Jänecke (1889). 2 Bl. + 151 S. + 1 Bl. 8°
Breslau, Phil. Fak., Inaug.-Diss. v. 26. Jan. 1889

Schulze, Elias, s. Schulz, Elias.

Schulze, Elwin, die Südstaaten der nordamerikanischen Union, s.: Zeitfragen d. christlichen Volkslebens

Schulze, Emil, der Bau des menschlichen Körpers. Für den Schulgebrauch hrsg. 8. (24 S.) Berlin 880. Friedberg & Mode. — 30

Schulze, Emil (*geb. Leopoldshain bei Görlitz 26.2.1844*): Beitrag zur Entwicklung multipler Milzcysten. Breslau 1873. (28 S.) 8°
Breslau, Med. Diss. v. 13. Aug. 1873

Schulze, Emil, dein Wort ist meines Fußes Leuchte! Ein Jahrgang Predigten üb. die altkirchl. Sonn- u. Festtags-Evangelien zum Gebrauch f. die konfirmierte Jugend. (XII, 337 S.) gr. 8. Leipzig 909. G. Strübig. 4.—; geb. 5.—

SCHULZE, Emil (München): Die Professor Nussbaum'sche Drainage-Behandlung des Empyems.- München: Weiss 1867. 18 S.
7.11.1862 - Urk (Titel: De illustrissimi Nussbaumii empyematis quam vocant "drainage", tractatione.): F 70
Diss.Ingolst.-Landsh.-Mchn.

Schulze, Dr. Emil (k. bayer. Stabsarzt a. D.), ein militär-ehrengerichtlicher Prozess. Ein Beitrag zur Beurtheilung der Stellung der Sanitätsoffiziere im deutschen Reiche. *Als Mspt. gedruckt.* Würzburg, Paul Schreiper's Buchdr., o. J. (c. 1880). 8°. 25 S. Cart.
Betrifft die Massregelung (Entlassung) Schulze's wegen angeblich unterlassener standeswürdiger Austragung eines Ehrenhandels.

Schulze, Emil [Dr.]: Die vierte Rechenstufe. Berlin, R. Gaertners Verlagsbuchh., 1890; 31 S., 1 Taf. 4°
Berlin, Friedrichs-G, OP 1890

Schulze, Emil: Ueber einen Rotations-Apparat. Halle a. S. [1877]: o. Dr. 11 S., 1 Taf. 8° (4°)
Halle-Wittenberg, Phil. Diss. „vorgelegt am 2. Nov." [1876, vielmehr: v. 12. März 1877]
Geb. [Guben 21. 11. 1851]
Ersch. auch als: Gardelegen, Höh. Bürgersch., Progr. 1877.

Schulze, E[mil], und Godet, Ch[arles]. Untersuchungen über die in den Pflanzensamen enthaltenen Kohlenhydrate. Separat-Abdruck aus Band 61, Heft 4 und 5 [von] Hoppe-Seyler's Zeitschrift für physiologische Chemie.... II S. + S. 279—351. 8. Strassburg, Karl J. Trübner, 1909.

Schulze, E., u. E. Steiger, Untersuchungen üb. die **stickstofffreien Reservestoffe der** Samen v. Lupinus **luteus u. üb. die Umwandlungen** derselben während **d. Keimungsprozesses. [Aus:** „Landw. Versuchs-**Stationen".] gr. 8. (S. 391—476.)** Berlin 889. Parey. n. 2.—

Schulze, Er., Künstlerfahrt. 2 Bde. 8. Quedlinb. 819. Basse. 1 ℛ 10 gℛ

Schulze, Er. August

Schulze, E. A., de ablegatione apostolorum atque LXX discipulorum rebusque illis prohibitis. Fest ad V. 1758. 4.

Schulze, Ernst August [Praes.], s. Allardt, Johann Ludwig: Specimen observationum in Matthaeum.

Schulze, E. A., de Herodiana puesor. Bethlehem. caede. Fest. ad V. 1765. 4.

Schulze, Er. Aug., († d. 3. Mai 1786.) compendium archaeologiae hebr. lib. I. II. ed emend., addenda adj. not. locuplet. A. P. G. Schickedanz. Cum fig. 8maj. Dresd. 793. Richter. 1 ℛ 4 gℛ

— exercitationes philologicae, cum fig. Fasc. I. 8. Berl. 754. Haude u. Sp. 8 gℛ Fasc. novus. 8. Hagae Comit. 775. Strauss. 10 gℛ

Schulze, E. A., exercitationes philologicae, cum. fig. fasc. I. 8. Berlin, Haude. 755.

— exercitationes philologicae fasc. novus. 8. Francof. Strauss. (Academ. Buchh.) 775.

Schulze, E. A., de praetorio Pilati. Fest. ad V. 1756. 4.

—— de fictis Hierosolymorum privilegiis. Fest. ad V. 1786. 4; rep. in ejsd. exercitt. philol. 2. p. 77 ss.

Schulze, Erich, a. Gera, Reuß: Das Hendiadyoin und Hendiatrion in Shakespeares dramatischen Werken. Halle a. S. 1908 (Gera-Reuß: Geraer Verlagsanstalt u. Druckerei). (53 S.) 8°
Halle, Phil. Fak., Ref. Wagner, Diss. v. 24. Febr. 1908
[Geb. 20. Jan. 83 Gera; Wohnort: Halle a. S.; Staatsangeh.: Reuß j. L. u. Preußen; Vorbildung: Realgymn. Gera Reife O. 02; Studium: Halle 1, Leipzig 2, Marburg 2, Halle 6 S.; Rig. 17. Dez. 07.]

Schulze, Ernst, s. Klassiker, moderne.

Schulze, Ernst(K. F.) s.: National-Litteratur, deutsche.

Schulze, Ernst, Adiumenta latinitatis. Grundzüge d. latein. Stils in Verbindg. m. Übersetzungsstücken f. die oberste Stufe d. Gymnasiums. gr. 8. (VIII, 238 S.) Leipzig 883. Teubner. n. 2. 40

Schulze, Ernst [Dr., Dir.]: *Zum Andenken an Kaiser Friedrich.* (Gedicht.) Homburg v. d. H., Schudt's Buchdr. d. Taunusboten, 1893; S. 20. 4.
Homburg v. d. H., RPG u. PG u. in Entwicklg begriff. R. OP 1893 (395)

Schulze, Ernst
Anthologie aus den sämmtlichen Werken. Th. 1.
Hildburghausen: Bibliogr. Inst. 1831. 96 S. 8°
(Miniatur-Bibliothek der Deutschen Classiker. Lfg. 109.)

Schulze, Ernst (geb. Cottbus (25. 4. 1841)): Ueber die Aetiologie der Tabes dorsualis. Berlin (1867) (32 S.) 8°
Berlin, Med. Diss. v. 15. Aug. 1867

Beiträge zur Lebensgeschichte des Erbprinzen Friedrich Josef von Hessen-Homburg und seiner Geschwister von Dr. Ernst **Schulze.** 5 Ill. u. 1 Kartenskizze. (*Homburg v. d. Höhe: F. Fraunholz 1899.*) (96 S.) 8°
— **Mitteilungen** d. Vereins f. Geschichte u. Altertumskunde zu Homburg v. d. Höhe. H. 6. [illegible]

Schulze, Ernst Bemerkungen zum geometrischen Pensum von Quarta und Tertia nach Mehler. 12. Aufl. 1883. 24 S. *Strausberg* 1884.
Progr.

Schulze, Ernst Beschreibung der Vasensammlung des Frhrn. Ferd. v. Leesen. 4. (16 S. mit 3 lithogr. Taf. in 4. und qu. 4.) Leipzig 871, Teubner. *

Schulze, Ernst: Ungedruckte Briefe des Prinzen Leopold von Hessen-Homburg und seiner Geschwister. 1804—1813. 8 (34 S.).
Prg. u. Rsch., erster. in Umgestaltung zu ein. G. begr.
Homburg v. d. Höhe 1899
Weitere Briefe in Heft 6 der Mitteilungen des Vereins für Gesch. und Altertumskunde zu Homburg v. d. Höhe 1899.
Progr.

Schulze, Ernst, Caecilie, s.: Stecher, Th., deutsche Dichtung für die christliche Familie u. Schule.

— Cäcilie, eine Geisterstimme. gr. 8. Götting. 813. Vandenhöck u. R. 1 gℛ

Schulze, Ernst
Cäcilie. Ein romantisches Gedicht in 20 Gesängen.
Bd 1.2.
Wien, Reutlingen: Bauer & Mücken 1820. 8°

— Cäcilie; ein romant. Gedicht in 20 Gesängen. Mit 7 Kupf. 2 Thle. 8. Ebd. 822, Ebd.
No. 1, ohne Kupf. 3 Rthl. — No. 2, mit Kupf. 4 Rthl. — No. 3, auf bess Pap. mit Kupf. 5 Rthl. — No. 4. in größ., Med.-Form. fein. französ. Pap. mit Kupf. 6 Rthl. — No. 5. fein. franz. Median-Velinp. mit großer Schrift u. d. besten Kupferabdr.

Schulze, Ernst, († d. 26. Juni 1817), Cäcilie. Romantisches Gedicht in 20 Gesängen. 2 Thle. 16. (746 S.) Leipzig 849, Brockhaus. In Engl. Einb. m. Goldschn. n. 3 ℛ

Durch Nacht zum Licht. Scenen aus Homburgs vergangenen Tagen, entw. von [Dr.] E[rnst] Schulze. *Homburg v. d. Höhe 1900: Steinhäusser.* (28 S.) 8° [F.]
— Mitteilungen d. Vereins f. Geschichte u. Altertumskunde zu Homburg v. d. Höhe. H. 6a. [03. 1007]

Schulze, Ernst, a. Jakobshagen i. Pomm.: Über den Einfluss der Bierschen Halsstauung auf die intraokulare Blutfülle. Berlin: S. Karger 1907. (16 S.) 8° ¶(Aus: Zeitschrift für Augenheilkunde Bd 17.)
Greifswald, Med. Fak., Ref. Schirmer, Diss. v. 1. April 1907
[Geb. 15. März 80 Jakobshagen; Wohnort: Greifswald; Staatsangeh.: Preußen; Vorbildung: Marienstifts-Gymn. Stettin Reife O. 01; Studium: Freiburg i. B. 1, Leipzig 3, Kiel 1, Greifswald 4 S.; Coll. 14. Febr. 06; Approb. 1. Apr. 07.]

Schulze, Ernst, das römische Forum als Mittelpunkt des öffentlichen Lebens, s.: Gymnasial-Bibliothek.

Schulze, Er. (Konr. Fr.,) († d. 26. Juni 1817.) Gedichte. 8. Götting. 813. Dieterich. 1 ℛ 12 ℊ

Schulze, Ernst, Gedichte. (3. Aufl.) Min.-Ausg. 16. (VI und 251 S.) Leipzig 852, Brockhaus. Thlr. *

Schulze, Ernst, vermischte Gedichte. 2. Aufl. gr. 12. (10¾ B.) Leipzig 841, Brockhaus.

Schulze, Ernst, Gothisches Glossar. Mit einer Vorrede von Jac. Grimm. gr. 4. (XXII u. 456 S. m. lithochrom. Titel.) Magdeburg 848, Baensch. 7 ℛ
Ebd. 851. ⅔ ℛ

Die römischen Grenzanlagen in Deutschland und Das Limeskastell Saalburg. Von Dr. Ernst Schulze, Dir. in Homburg v. d. H. Mit 21 Abb. u. 4 Karten. *Gütersloh: C. Bertelsmann 1903.* (106 S.) 8° [F.]
— Gymnasialbibliothek. H. 36. [03. 3356]

Die römischen Grenzanlagen in Deutschland und Das Limeskastell Saalburg. Von Dr. Ernst Schulze, Dir. in Homburg v. d. Höhe, Geh. Reg. R. Mit 23 Abb. u. 4 Karten. 2., verb. Aufl. Gütersloh: C. Bertelsmann 1906. (VIII, 115 S.) 8° [F.]
— Gymnasial-Bibliothek. H. 36.

Schulze, Ernst Grundriß der Logik. Für die Prima der Gymnasien bearb. gr. 8. (VIII, 51 S.) Leipzig 886, Teubner. cart. *

—— dass. — und Übersicht über die griechische Philosophie. Für die Prima der Gymnasien bearb. gr. 8. (VIII, 78 S.) Ebendas. 886. *ℳ 1.60.; geb. '

— alte Handzeichnung e. Reliefs m. Darstellg. e. Salierumzuges. Mit e. lith. Taf. gr. 8. (15 S.) St. Petersburg 873. Röttger. n. 1. —

Schulze, Ernst, „heißa, bin e Middy!" Alte u. neue Lieder. 2. Aufl. (158 u. IV S.) kl. 8. Wilhelmshaven 909. Gebr. Ladewigs. Geb. in Leinw. 2. —

[Umschlagt.:] Industrie-Karte des Oberschlesischen Berg- und Hütten-Reviers unt. Berücks. d. Lage d. einz. Werke u. Industriezweige, sowie d. Grenzreviere bis auf die neueste Zeit fortges. (Maassst.: 1:200000.) Hrsg. v. Ingen. Ernst Schulze, Kattowitz ... *(Kattowitz: Lith. u. Dr. v. Gebr. Böhm*; A. d. Umschl. übergekl.: *Beuthen O.-S.: O. Waeldner [1896].)* (1 Ktnbl. ℑ) 1 Bd 8.

Lebensbeschreibung des Prinzen Ludwig Gruno von Hessen-Homburg 1705–1745. Mit Benutzung vieler ungedr. Aufzeichnungen entw. von Dr. Ernst Schulze. 2 Portr. u. 1 Kartenskizze. *(Homburg v. d. Höhe 1892: J. G. Steinhäusser.)* (X, 166 S.) 8°
— Mitteilungen d. Vereins f. Geschichte u. Altertumskunde zu Homburg v. d. Höhe. H. 5. [03. 1005]

Schulze, Ernst, Mykenai. Eine kritische Untersuchung der Schliemann'schen Alterthümer unter Vergleichung russischer Funde. Mit 6 in den Text gedr. Holzschn. [Aus: „Russ. Revue".] gr. 8. (31 S.) St. Petersburg 880. Röttger. n. 1. 50

Schulze, Ernst (geb. am 17 Febr. 1859 in Charlottenburg): Ueber Oxalbasen, nebst einem Anhang, betreffend die Darstellung primärer Amine ... Bonn, Univ.-Buchdr. v. C. Georgi 1881. 2 Bl., 33 S., 1 Bl. 8.
Bonn, Phil. Fak., Diss. v. 29 Apr. [nach d. Akt. v. 3 Mai] 1881

Schulze, E. (C. F.) Incerti auctoris pervigilium Veneris commentario perpetuo illustratum, prooemio et lectionis varietate instructum. Hab. 1812. 58 S. 4°.

— incerti auctoris pervigilium Veneris commentatio perpetuo illustratum, prooemio et varietate lectionis instructum. 4. Götting. 812.

— Psyche, s.: Bücher-Schätze.

Schulze, Er. (Konr. Fr.), Psyche, ein griechisches Mährchen. 8. Leipz. 819. Brockhaus. 1 ℛ

Schulze, Ernst, Psyche. Ein griech. Märchen in 7 Büchern. 16. (70 S.) Leipzig 888. Fock. geb. n. 1. —

Schvlze, Ernestvs (geb. am 31 Okt. 1842 in Gotha): De excerptis Constantinianis qvaestiones criticae ... Bonnae, typ. expr. P. Nevsser 1866. 2 Bl., 57 S., 1 Bl. 8.
Bonn, Phil. Fak., Diss. v. 10 März 1866

Schulze, Ernst [Dr., Dir.]: *Rede zur Feier des 25jährigen Bestehens der Schule.* Homburg v. d. H., Schudt's Buchdr. d. Taunusboten, 1891; S. 18—22; 4°
Homburg v. d. H., RPG u. PG, OP 1891 (386)

Schulze: Ueber Reinhardus Vulpes ed. Knorr. Beitrag zur Reinhartssage. 23 S. – Züllichau, Progr. 1862

— Rino, oder der Liebe Täuschung. 8. Quedlinb. 819. Basse. 1 ℛ 4 ℊ

Schulze E., das alte Rom als Grossstadt und Weltstadt. (Sammlung gemeinverständlicher wissenschaftlicher Vorträge 302) Berlin 1878

Schulze, Ernst, das alte Rom, s. a. Sammlung gemeinverständlicher wissenschaftlicher Vorträge.

— die bezauberte Rose, s. Bibliothek der deutschen Nationalliteratur des 18. u. 19. Jahrh. —, Universal-Bibliothek.

— dasselbe, s.: Bibliothek der Gesamt-Litteratur d. In- u. Auslandes.

— dasselbe, s.: Meyer's Volksbücher.

— dasselbe, s.: Teubner's Sammlung deutscher Dicht- u. Schriftwerke f. höhere Töchterschulen.

Schulze, Er., (Konr. Fr.,) die bezauberte Rose. Romant. Gedicht in 3 Gesängen. Mit 6 Kpf. 8. Leipz. 818. 2e A. 819. 3e A. Mit 7 Kpf. 820. 4e A. 824. 5e A. Mit 7 Stahlst. 8. Ebd., Brockhaus. Schreibp. 2 ℛ Velinp. 2 ℛ 12 ℊ Ohne Stahlst. 1 ℛ

Ernst Schulze. Die bezauberte Rose. Romantisches Gedicht in drei Gesängen. Dritte Auflage. Reutlingen 1821. 8°.

Schulze, Ernst, die bezauberte Rose. Romant. Gedicht in drei Gesängen. 5. Aufl. 8. (11 B.) Leipzig 832, Brockhaus. 1 Thlr., m. 7 Stahlst. Vlnp.

—— dass. gr. 8. (11 B. u. 7 Stahlst.) Ebds. 832.

—— die bezauberte Rose. Romant. Gedicht in drei Gesängen. 6. Aufl. 8. (11¼ B.) Leipzig 838, Brockhaus.

—— dass. 8. (11 B. u. 7 Stahlst.) Ebds. 838. *

—— dass. Prachtausg. gr. 8. (11 B. u. 7 Stahlst.) Ebds. 838. Geb. mit Goldschn. *

— die bezauberte Rose. Romantisches Gedicht in drei Gesängen. 7. Aufl. 8. Leipzig 844, Brockhaus. geb. 1 ℛ Mit 7 Stahlst. In Silberdruck-Umschlag. geb. n. 2 ℛ Prachtausgabe in gr. 8. Mit 7 Stahlst. In Golddruck-Umschlag geb. mit Goldschnitt n. 2½ ℛ

—— die bezauberte Rose. Romantisches Gedicht. Miniatur-Ausg. 1. Aufl. (100 S.) 1848., 2. und 3. Aufl. (VII, VIII und 94 S.) 1849—50. und 4. Aufl. 16. (V und 94 S.) Leipzig 851, Brockhaus. *

—— die bezauberte Rose. Romantisches Gedicht. 8. Aufl. 8. (141 S.) Leipzig 852, Brockhaus. *
Mit Kpfr. * 2 Thlr.; Prachtausg. mit Kpfr. gr. 8. *

—— dass. — Min.-Ausg. 5. Aufl. 1854. und 6. Aufl. 16. (V und 94 S.) Ebds. 856(57.) *

Schulze, Ernst, die bezauberte Rose. Romantisches Gedicht. Min.-Ausg. 6—8 Aufl. 16. (VII und 94 S.) Leipzig 857—60. Brockhaus. geb. *

Schulze, Ernst, die bezauberte Rose. Romantisches Gedicht. Wohlfeile Ausg. Leipzig 860. Brockhaus. 16. (79 S.) n. 12 ngr.

Schulze, Ernst die bezauberte Rose. Romantisches Gedicht. Illustr. Prachtausg. Mit Holzschn. nach Zeichnungen von Friedr. Baumgarten. 4. (III und 138 S. mit eingedr. Holzschn. und 7 Holzschntaf.) Leipzig 862, Brockhaus. *
geb. mit Goldschn. *
In Leder geb. mit Goldschn. *

—— dass. — Min.-Ausg. 9.—11. Aufl. 16. (V und 94 S.) Ebendas. 862—67. geb. mit Goldschn. *

—— — Romantisches Gedicht. Min.-Ausg. 9—12. Aufl. Leipzig 865—70. Brockhaus. 16. (V, 94 S.) geb. mit Goldschn. n. 1 ℛ

Schulze, Ernst, die bezauberte Rose. Romantische Erzählung in drei Gesängen. Mit Einleitung u. Erläuterungen. Leipzig 867. Dyk'sche Buchh. 16. (96 S.) n. 2½ ngr.

—— dass. — Romantische Erzählung in drei Gesängen. Diamant-Ausg. Mit (7) Illustr. von P. Grot-Johann, in Holz geschn. von R. Brend'amour. 1.—6. Aufl. 32. (89 S.) Berlin 869—75, Grote'sche Verlagsh.
(cart. *ℳ 1.) geb. mit Goldschn. (*ℳ 1,75.) *

—— dass. — Mit Illustr. von P. Grot-Johann und E. Schmidt, in Holz geschn. von R. Brend'amour, und einer Einleitung von Ernst Hermann. 8. (79 S. mit eingedr. Holzschn. und 7 Holzschntaf.) Ebendas. 872. (*ℳ 1,20.) geb. *
geb. mit Goldschn. (*ℳ 2,25.) *

— dasselbe. Diamant-Ausg. Mit (7) Illustr. v. P. Grot-Johann, in Holz geschnitten v. R. Brend'amour. 4. Aufl. 32. (89 S.) Ebend. 873. n. 1. —; geb. m. Goldschn. n. 1. 75

— die bezauberte Rose. Romantisches Gedicht. Min.-Ausg. 13. Aufl. 16. (V, 94 S.) Leipzig 877. Brockhaus. geb. m. Goldschn. n. 3. —

—— die bezauberte Rose. Romantische Erzählung in drei Gesängen. Diamant-Ausg. Mit Illustr. von P. Grot Johann, in Holz geschnitten von R. Brend'amour. 7. Aufl. 32. (89 S.) Berlin 883, Grote'sche Verlagsh.
geb. mit Goldschn. *

—— dass. — Ein Gedicht in 3 Gesängen. 8. (72 S. mit Bild des Verf.) Halle 886, Hendel. geb. mit Goldschn. *

Schulze, Ernst, die bezauberte Rose. Romantisches Gedicht. Min.-Ausg. 14. Aufl. 16. (94 S.) Leipzig 887. Brockhaus. geb. m. Goldschn. n. 3. —

— die bezauberte Rose. Romantisches Gedicht in 3 Gesängen. gr. 16. (83 S.) Leipzig 889. Fock. geb. m. Goldschn. n. 1. —

Schulze, Ernst, die bezauberte Rose. Ein Gedicht in 3 Gesängen. 16. (71 S.) Leipzig 892. W. Fiedler. Geb. m. Goldschn. n. — 60

— dasselbe. Romantisches Gedicht in 3 Gesängen. 16. (93 S.) Ebd. 894. Geb. in Damast m. Goldschn. 1. —

Die bezauberte Rose. Romant. Gedicht in 3 Gesängen von Ernst **Schulze.** Berlin: F. Schulze 1906. (96 S.) 8° [Text stenogr.]
— **Unterhaltungsblätter,** Schulzes Illustrierte, f. Stenographen. Jg. 5, [Beil.]

—— the enchanted Rose, a poem in three cantos, transl. etc. with an introduction ad notice of his life. By Wm. Waddilove. gr. 8. (6¼ B.) Hamburg 835. (Leipzig, Fr. Fleischer.) *

—— the enchanted Rose, a romaunt in three cantos, translated from the German by Caroline de Crespigny. 8. (9½ B.) Heidelberg 844, Hoffmeister. *

—— de rosis lusus. Aus dem Orig. der Göttinger Universitäts-Bibliothek hrsg. und den Freunden des Dichters der „Bezauberten Rose" gewidmet von Wilh. Müldener. gr. 8. (16 S.) Göttingen 867, Rente. *

— die Saalburg, s.: Woltze, Peter.

[5.] Die Schauspiele zur Unterhaltung des römischen Volkes. Von Dr. Ernst **Schulze,** Dir. ... in Homburg v. d. H. M. 11 Abb. *Gütersloh: C. Bertelsmann 1895.* (VIII, 105 S., 1 Taf.) 1 Bd 8.
— **Gymnasial-Bibliothek.** H. 23.

— sämmtl. poet. Schriften; (hrsgg. u. mit e. Vorr. versehen v. Fr. Bouterweck). 4 Bde. 8. Leipz. 818—20. Brockhaus. 8 ℛ (1r u. 2r Bd. Cäcilie, ein romant. Gedicht. 2 Bde. 4 ℛ — 3r Bd. I) poetisch. Tagebuch; II) Reise durch das Wasserthal (Sonnettenkranz); III) Psyche. 1 ℛ — 4r Bd. I) vermischte Gedichte. 1 ℛ 12 gℛ II) die bezauberte Rose. 3e Aufl. 1 ℛ — Mit den ersten 6 Kpf. 1 ℛ 8 gℛ Mit 7 neuen Kpf. 2 ℛ Velinp. 2 ℛ 12 gℛ Med.-Velinp. mit Kpf. vor der Schrift. 3 ℛ) Neue Ausg. Mit 16 Kpf. 4 Thle. 8. Leipz. 822. Brockhaus. No. 1. auf feinem französ. Papier ohne Kpf. geb. 6 ℛ No. 2. auf dems. Pap. mit Kpf. 8 ℛ No. 3. auf bess. Pap. mit Kpf. 10 ℛ No. 4. in größ., Med.-Form., fein französ. Pap. mit Kpf. 12 ℛ No. 5. auf fein. französ. Med.-Velinp. mit Kpf. 18 ℛ — (Daraus einzeln: Cäcilie; e. romant. Gedicht in 20 Gesängen. 2 Thle. Mit 7 Kpf. 8. Ebd. 822. Ebd. No. 1. ohne Kpf. 3 ℛ No. 2. mit Kpf. 4 ℛ No. 3. auf bess. Pap. mit Kpf. 5 ℛ No. 4. in größ., Med.-Form., fein. französ. Pap. mit Kpf. 6 ℛ No. 5. fein. französ. Med.-Velinp. mit großer Schrift u. d. besten Kupferabdr. 9 ℛ)

— Dr. Adolf Moritz Schulze. Ein Bild seines Lebens u. Wirkens, f. Verwandte u. Freunde entworfen. 8. (32 S.) Leipzig 884. (Gotha, Thienemann.) n. — 50

Schulze, Ernst, 1759—1909, Turnhistorische Gedenkschrift mit angefügter Jubiläums-Festschrift des Turnvereins „Guts Muths" Halle a. S., gegr. 8. 3. 1884, Halle a. S. 1884, 11 S., 8°.

— Skizzen hellenischer Dichtkunst. gr. 8. (V, 132 S.) Gotha 881. F. A. Perthes. n. 2. 40

Schulze, Ernst, der zuverlässige Taschen-Schnellrechner für Geschäftsmänner jeglichen Standes. Enthalt.: Tabellen zur Berechnung von 1/8 bis 1000 Stück zu 1/3 bis 5 Thlr. rc. Reductionen der hamburger Mark u. bremer Grote, der Sgr. u. Ggr. rc. 16. (4 1/2 B.) Celle 843, Schulze'sche Buchh.

Schulze, (E.,) die Tochter des Oceans. Roman. 8. Quedl. 822, Basse.

— **Übersicht** üb. die griechische Philosophie. Für die Prima der Gymnasien bearb. 8. (78 S.) Leipzig 886. Teubner. cart. n. 1. 20

Schulze, E[rnst], Dr., Dir.: [Über die **Umwandlung** des Progymnasiums zu Homburg v. d. H. in ein Gymnasium mit der Bezeichnung 'Kaiserin-Friedrich-Gymnasium', nebst kurzem Rückblick auf seine Entwicklung seit 1865.] *Homburg v. d. H. 1900: Schudt.* (S. 20—21.) 4°
Homburg v. d. H., Kaiserin-Friedrich-G m. R, OP 1900 (424)

Schulze, Ernest., de vasculo picto Amazonis pugnam et inferiarum ritus repraesentante. Accedit tabula lith. Gotha 870. Thienemann. gr. 4. (12 S.) n. 8 ngr.

Schulze, Ernst [Dr., Dir.]: Über Verschmelzung lateinischer Adjektiva mit nachfolgenden Substantiven zu einem Gesamtbegriffe. Homburg v. d. Höhe, Schudt's Buchdr. d. Taunusboten, 1890; S. 3—16; 4°
Homburg vor der Höhe, R u. PG, OP 1890

Schulze, Ernst, üb. Verschmelzung lateinischer Adjektiva m. nachfolgenden Substantiven zu e. Gesamtbegriffe. gr. 4. (16 S.) Homburg v. d. H. 890. (Leipzig, Fock.) n. — 60

Schulze, Ernst. Verzeichniß der Homerischen Epitheta. Erste Abtheilung. 24 S
Züllichau, Progr. 1851

Verzeichniss der Homerischen Epitheta. gr. 4. (IV und 63 S.) Magdeburg 851, Baensch.

Schulze, Ernst Vorschule für den geometrischen Unterricht. 1. und 2. Tl. gr. 8. (Mit eingedr. Fig.) Bielefeld 887, Velhagen und Klasing. *

Inhalt:
Tl. 1. Konstruktionen, welche mit Lineal und Zirkel ausführbar sind. (IV, 40 Bl.) * 80 Pf.
» 2. Konstruktionen, welche die Anwendung des rechten Winkels oder des Transporteurs erfordern. (45 S.) * 60 Pf.

— die Wallfahrer. 2 Thle. 8. Quedlinb. 821.

Schulze, Ernst: **Meine Weltanschauung. Vo**n **E[rnst] Schulze. Frankfurt a. M. 1894: Mahlau & Waldschmidt. 20 S. 8°** 25 n.

Schulze, (Ernst,) sämmtl. poetische Werke. Neue Ausg., mit 16 Kupf. 4 Thle. 8. Leipz. 822, Brockhaus. No. 1, auf feinem französ. Papier ohne Kupf. geh. 6 Rthl. — No. 2, auf demi. Papier mit Kupf. 8 Rthl. — No. 3, auf best Pap. mit Kupf. 10 Rthl. — No. 4, in größ., Med.-Form., fein französ. mit Kupf. 12 Rthl. — No. 5, auf fein. franz. Median-Velinpap. Mit Kupf.

Schulze, Ernst, sämmtliche poetische Werke. 3. Aufl. 5 Bde. Mit dem Bildniß des Dichters (in Stahlst.) 8. Leipzig 855, Brockhaus. *

Inhalt:
Bd. 1., 2. Cäcilie. Ein romant. Gedicht in 20 Gesängen. 2 Bde. (743 S.)
» 3. Poetisches Tagebuch. Reise durch das Weserthal. Psyche. Ein griech. Märchen in 7 Büchern. (VIII und 325 S.)
» 4. Elegien. Gedichte. Vermischte Gedichte. Die bezauberte Rose. Ein romant. Gedicht in drei Gesängen. (VIII und 354 S.)
» 5. Ernst Schulze. Nach seinen Tagebüchern und Briefen sowie nach Mittheilungen seiner Freunde geschildert von Herm. Marggraff. (XIV und 363 S. mit 1 Stahlst.)

Schulze, Ernst: Über Wesen und Förderung der Aufmerksamkeit. Homburg v. d. H. 1908: Steinhäußer. 35 S. 8°
Homburg v. d. H., Kaiserin-Friedrich-G P 1908 (518) [S 08. 439

Schulze, Ernst, über Wesen u. Förderung der Aufmerksamkeit. (36 S.) 8. Leipzig 908. Quelle & Meyer. — 80

Schulze, Ernst, gothisches Woerterbuch nebst Flexionslehre. Züllichau 867. [Freiburg im Br., Troemer's Universitäts-Buchh.] br. 8. (VI, 265 S.) n. 1 ₰ 20 ngr.

Schulze, Ernst Albert Oskar Zur Geschichte der Kritik und Erklärung des Hildebrandsliedes. 33 S. **Progr.** G. *Naumburg* 1876

Schulze, **Ernst** Alb. **Oskar Katalog der Schülerlesebibliothek.** 16 S. **Progr.** G. *Naumburg* 1880.

Schulze, Ernst Ludwig: Ueber Chlorosis. Halle (1867): Plötz. 34 S. 8°
Halle-Wittenberg, Med. Diss. v. 10. Dez 1867
Geb. Ebersdorf (Reuss j. L.) 27. 9. 1840. V.

Schulze, Ernst Richard

Schulze, E. R., Prolegomenon in Demosthenis quae fertur orationem adversus Apaturium capita II. Diss. 1878. 84 S. 1,20

Schulze, Ernst Richard Quaestiunculae grammaticae ad oratores Atticos spectantes 1 (31 S.) **Progr.** G. *Bautzen* 1889 (505).
Cap. I. Quae fuerit oratorum Atticorum consuetudo in ponendis adiectivis verbalibus II. Cap. II. De *ΟΠΟΣ ΤΕ* voce. Cap. III. Quem ad modum oratores Attici *ΕΘΗΚΑ* et *ΕΔΩΚΑ* pluraliter declinarint. Cap. IV. Quem ad modum oratores Attici comparativos in *ΙΩΝ* cadentes declinaverint.

Schulze, [Ernst Richard]: Rede zum Gedächtnis des Studienrats Professor Dr. [Gustav Moritz] Kloß, gehalten am 20. November 1908. S. 9—13. 4. **Progr.** Gymn. *Bautzen* 1909 (725)

Schulze, Ernst Rich. De attractionis pronominis relativi apud oratores atticos recentiores usu et formis. 19 S. G. *Bautzen* 1882 **Progr.**

Schulze, E. R., de figurae etymologicae apud oratores Atticos usu, s. **Commentationes Philologae** quibus Ottoni **Ribbeckio** congratulantur Discipuli Lipsienses.

Schulze, Ernst Theodor

Schulze, Ernestus Theod[orus]: De Q. Aurelii Symmachi vocabulorum formationibus ad sermonem vulgarem pertinentibus. Halis Saxonum 1884: Karras. 52 S. 8°
Halle-Wittenberg, Phil. Diss. v. [10. Nov.] 1884
Geb. Teuplitz (Kr. Sorau) 17. 7. 1859. V.
Ersch. vollst. in: Dissertationes philologicae Halenses. Vol. 6. Halis Sax. 1885. S. 111—232.

Schulze, E. Th., de Q. Aurelii Symmachi vocabulorum formationibus ad sermonem vulgarem pertinentibus, s. **Dissertationes philologicae** Halenses.

Schulze, Ernst Thdr., s.: **Vocabularium** iurisprudentiae romanae.

Schulze, Ernst *Wilhelm Gabriel*: Das zweite Jahr des geometrischen Unterrichtes am Gymnasium. 8. 10 S., 1 Taf. **Progr.** Kgl. G. *Meseritz* 1897 (165)

[J.] **Schulze**, Ernst W. G.: Erster Lehrgang des geometrischen Unterrichtes in Quarta. Meseritz, Buchdr. v. P. Matthias, 1896; 1 Bl., IV, 50 S., 3 Taf. 8.
Meseritz, K. G, OP 1896 (162)

Schulze, Erwin. Amphibia europaea. Ed. II. emendatior. gr. 8. (18 S.) Lpz. 892, T. O. Weigel Nachf. * — 50

Schulze, Erwin, Catalogus mammalium europaeorum. gr. 8. (38 S.) Stuttgart 900. E. Schweizerbart. n. — 50
Sonderabdruck aus: „Zeitschrift f. Naturwissenschaft".

— Fauna piscium Germaniae. Verzeichnis der Fische der Stromgebiete d. Donau, d. Rheines, d. Ems, Weser, Elbe, Oder, Weichsel, d. Pregels u. der Memel. 8. (77 S.) Magdeb. 890. (Potsdam, Döring.) * 1 50
Aus: Jahrb. d. naturwissenschaftl. Vereins zu Magdeburg, besonders abgedr.
— dass. — 2. Aufl. gr. 8. (24; 94 S. m. 49 Abbildgn.) Königsb. i. Pr. 892, Hartung. * 3 —

— u. Frdr. Borcherding, fauna saxonica. Amphibia et reptilia. Verzeichnis der Lurche u. Kriechtiere d. nordwestl. Deutschlands. 8. (47 u. 47 S. m. 25 Abbildgn.) Jena 893. G. Fischer. n. 1. 80
Amphibia. 2., erweit. Aufl. v. E. Schulze's Fauna saxoturingica.

Schulze, Erwin [aus Quedlinburg]: Über die Flora der subhercynischen Kreide . . . . Halle, Gebauer-Schwetschke'sche Buchdr. 1888; 33 + 1 S. + 1 Bl. 8°
Halle. Phil. Fak., Inaug.-Diss. v. 3. März 1888

Schulze, Erwin, über die Flora der subhercynischen Kreide. Diss. Halle 1888, Lippertsche Buchh. 8°. 33 S.

Schulze, Erwin, Lithia hercynica. Verzeichnis d. Minerale d. Harzes u. s. Vorlandes. 8. (XVI, 191 S.) Leipzig 895. Veit & Co. n. 4. 20

Mammalia Europaea enumerat Erwin Schulze. Berlin: R. Friedländer & Sohn 1897. (28 S.) 1 Bd 8.
= Abhandlungen u. Vortr. aus d. Gesammtgebiete d. Naturwissenschaften. Bd 1. [No] x.

— florae germanicae Pteridophyta. 8. (VIII, 29 S.) Kiel 894. Lipsius & Tischer. n. — 80

— üb. die geographische Verbreitung der Süsswasserfische v. Mitteleuropa, s.: Forschungen zur deutschen Landes- u. Volkskunde. V, 2.

Schulze, Ewald. Mühlhausens Kaisertage. Ein Erinnerungsblatt an die Tage v. 16. bis 19. Septbr. 1891. 1. u. 2. Tausf. gr. 8. (24 S.) Mühlhausen i. Th. 891, Andres. * — 40

Schulze, F., Ansehen d. Herrlichkeit d. Herrn, od. gründl. Abhandl. d. Lehre v. Gott u. s. Eigenschaften. 4. Jena u. Leipz. Melchior. 740.

Schulze, F., cur Christus morte cruenta voluerit mori. Viteb. 1739. 4.

Schulze, F. A. Vide: Channing: Sociale Schriften.

Schulze, F. A. Ueber die Veranlassung und Absicht v. Horaz Od. III. 3. 17 S. De Hor. carm. IV. 8. vs. 15—19. v. Aeschyl. Orest. Duisburg, Progr. 1831

Schulze, F. H., neuer Liederkranz, gewunden f. Fröhliche. Mit 1 Kpf. gr. 8. Halberst. 827. Vogler. 1 ₰ 8 gr.

Schulze, F. H., die Königl. Sächs. Stempelgesetze, mit Zusätzen u. amtlichen Erläuterungen, nebst e. vollstand. Register. gr. 8. Dresden 840. (Leipzig. Fr. Fleischer.) n. 1/2 ₰

Schulze, F. J. A., vielfach erprobte Anweisung zur Anfertigung u. Bereitung einer ganz neu erfundenen sehr schönen weißen Kunsthefe oder Bärme, welche man sich, auch ohne den Betrieb einer Brandweinbrennerei, sehr billig anfertigen u. zum Backen u. jedem andern Gebrauch höchst vortheilhaft anwenden kann. 8. Bautzen 847, Reichel. Versiegelt. n. 3 ₰
Vgl. Schultz, A. F.

— practisches Handbuch für Destillateure, Brandweinbrenner, Gastwirthe und Kaufleute. Enth.: gründl. Anweisungen über Bereitung des Spiritus und Brandweins mit mehr als 500 Recepten zur Fabrikation verschiedener Liqueure, Essenzen, der Kunsthefen rc. 8. (105 S.) Bautzen 817, Reichel.

Schulze, F. W., einige Bedenken, die Erklärung betreffend, welche in der berliner Vossischen u. Spener'schen Zeitung vom 26. August gegen die evangel. Kirchen-Zeitung u. deren sogenannte Partei veröffentlicht worden ist. gr. 8. (1½ B.) Potsdam 845, Stuhr'sche Buchh. *

Schulze, F. W., Volks- u. Schweinhausburg. Geschichte u. Beschreibg. 16. (20 S. m. 1 Photogr.) Bolkenhain 886. Wächter. n. — 40

Schulze, F. W., der Irvingismus. Ein Vortrag gehalten im Auftrage des Evangel. Vereins in Berlin und theilweise erweitert. Berlin 856. Schlawitz. 8. (56 S.) n. 7½ ngr

Schulze, F. W., über romanisirende Tendenzen. Ein Wort zum Frieden. gr. 8. (V, 344 S.) Berlin 870, van Muyden. *

Schulze, F. W. Otto, Bauausführungen aus dem Ingenieurwesen, s.: Handbuch f. Eisenbetonbau. III. (Emperger, Fritz v.)

— s.: Dünenbuch.

Schulze, F. W. Otto, Seehafenbau. I. Bd. Allgemeine Anordg. der Seehäfen. (XI, 350 S. m. 248 Abbildgn.) Lex. 8. Berlin 911. W. Ernst & Sohn. 16.—; geb. n 17.—

— Wasserbau, s.: Tolkmitt, G., Bauaufsicht u. Bauführung.

Wasserbau. Uferbefestigungen. Schleusen. Leuchttürme u. Leuchtbaken, Hellinge, Schiffsgefässe. Wehre. Staudämme u. Talsperren. Bearb. von F. W. Otto Schulze, L. Kauf, E. Brugsch. Mit 817 Textabb. Berlin: Ernst 1910. XII, 283 S. 4°(8°)
(Handbuch f. Eisenbetonbau. 2. Aufl. Bd 4.)

Schulze, Ferdinand: Charles Dickens als Schilderer der Londoner Armen- und Verbrecherwelt. Halle a. S. 1909: Kaemmerer. 42 S. 8°
Halle, Phil. Diss. v. 5. Febr. 1909, Ref. Wagner
[Geb. 27. Nov. 84 Halle a. S.; Wohnort: Halle; Staatsangeh.: Preußen; Vorbildung: Latina Halle Reife M. 04; Studium: Halle 1, München 1, Halle 7 S.; Rig. 19. Dez. 08.] [U 09. 1706

SCHULZE, Ferdinand: Forst- und jagdgeschichtliche Fragmente von den sächsischen obererzgebirgischen Waldungen nebst einleitendem Umriss der allgemeinen deutschen Forst- und Jagdgeschichte in chronologischer Folge geordnet - Schneeberg 1863. Lfg. 1: 80 S.

Schulze, Ferd. Gebirgsboden-Analysen, s. Ratzeburg, J. T. C.

Schulze, Ferd. der v. Fabeck'sche Prozeß. Beispiel eines neuen Opfers des geheimen Gerichtsverfahrens. Juristisch u. moralisch beleuchtet nach den unter dem Ttl.: „Ausgeübter Kinderraub gegen einen preuß. Unterthanen unter dem Schutze der Gerichte der freien Stadt Frankfurt" veröffentlichten Akten. 8. (8⅛ B.) Leipzig 845, Dyk'sche Buchh. *

Schulze, Ferdinand, Radikal-Operationen der Hernien unter dem antiseptischen Dauerverbande. Diss. Würzburg 1885, Stahelsche Univ.-Buchh. 8°. 51 S.
Vgl. Schultze, Ferd.

Schulze, F[erdinand]: Einige Versuche über die Wirksamkeit des Bromipins bei Epilepsie. Göttingen 1899: E. A. Huth. (25 S.) 8°
Göttingen, Med. Diss. v. [2. Okt.] 1899

Schulze, F., einige Versuche üb. die Wirksamkeit des Bromipins bei Epilepsie. Diss. gr. 8. (25 S.) Göttingen 899. (Vandenhoeck & Ruprecht.) n. — 60

Schulze, Fr., schwarze Bilder aus Rom u. d. Campagna. In Holzschn. ausgeführt. Text v. Gust. Floerke. 4. (40 S.) Leipzig 874. A. Dürr. Kart., herabges. Pr. n. 2. —

Schulze, Fr., die Triangulation des Stadtkreises Stettin (31 S.) gr. 8. Stuttgart 905. K. Wittwer. n. — 50
Sonderabdruck aus: „Ztschr. f. Vermessungswesen".

Schulze, Fr. G. H., Lehrbuch d. christl. Religion, zum Gebr. f. Bürger- u. Landschulen, nebst den Hauptstücken d. Luther. Catechismus mit erläut. Worterklärn. 8. (13 B.) Plauen 828, Klinckhardt. (Kollmann.)

Schulze, Fr. Otto

Schulze, F. O., Carpi, s.: Semper, H.

Schulze, F.O.: Ein Fürstensitz . . . , s. Semper, H.

Schulze, Fr. Otto, deutsche Kunstschmiede-Arbeiten verschiedener Stylepochen, nebst eigenen Entwürfen. Als Beitrag zur Förderg. der Kunst im Gewerbe hrsg. 1. Lfg. Fol. (11 Steintaf. in Fol. u. Imp.-Fol.) Leipzig 876. Scholtze. n. 3. —

Schulze, Fr. Otto, deutsche Kunstschmiedearbeiten. Aufnahmen aus verschiedenen Stylepochen, mit besonderer Berücksichtigung der Zeit deutscher Renaissance u. eigene Entwürfe. 2—4. (Schluss-)Lfg. Fol. (29 Steintaf., wovon 2 in Imp.-Fol. u. 4 Lichtdr.-Taf.) Leipzig 877—78. Scholtze. à n. 5. — (cplt.: n. 18. —)

— Motiven-Sammlung für das gesammte Bau- u. Kunst-Gewerbe. Vorlagen u. Muster-Blätter für Architekten, Baugewerks-Meister, Bau-, Kunst- u. Möbel-Tischler etc. Aufnahmen architektonischer Details, Dekorationen u. kunstgewerblicher Erzeugnisse aus Deutschland u. Italien u. eigene Entwürfe. 1—3. Hft. Fol. (15 Steintaf. m. 3 Bl. Text.) Ebend. 877. à n. 1. 20

— die Riesentreppe Antonio Rizzo's im Hofe des Dogenpalastes zu Venedig, s.: Skizzenbuch, italienisches.

— Tischlerarbeiten im Charakter der Renaissance. Ausgeführte Holzarbeiten für innere u. äussere Decoration. Entwürfe von Meubeln, Schau-Fenstern u. Ladeneinrichtungen, Thüren, Thoren, Wandtäfelungen u. s. w. 1—3. Hft. gr. 4. (à 10 Steintaf.) Leipzig 877. 78. Scholtze. à n. 5. —

Schulze, Fr. W.

Schulze: Die Fremdwörter und ihre nächste Verwendung im deutschen und verwandten Sprachen. 42 S.– Quedlinburg, Progr. 1865.

Schulze. F. W.: Eine Geschichte der Stadt Syrakus bis auf die Römerherrschaft. (Programm des Königlichen Gymnasiums zu Quedlinburg. 1849.) Quedlinburg 1849. 51 S. 8°.

Schulze, F r.W.: Etymologische Versuche. 26 S. – Quedlinburg, Progr. 1855.

Schulze, Fr.W.: W i e sich der Mensch in der Sprache als das Mass aller Dinge erweist. 50 S. – Quedlinburg, Progr. 1872.

Schulze, Franz, aus Briessnitz b. Dresden: Die wissenschaftliche Bedeutung der Reiseberichte Balthasar Springers, des ersten bekannten Indienfahrers aus Deutschland. *Strassburg: J. H. E. Heitz 1902.* (VI, 102 S.) 8°
Leipzig, Phil. Diss. v. [18. Juni] 1902

SCHULZE, Franz: Beitrag zur Kenntnis des Lignins und seines Vorkommens im Pflanzenkörper. - Rostock 1856. 23 S.

Schulze, Frz., s.a. Entstehen, vom, der Braunkohle.

Schulze, (Frz.,) vom Entstehen d. Braunkohle. gr. 8. (Halle 826, Anton.)

Die Entwicklung des Segelsports in Deutschland. Von Dr. F[ranz] Schulze, Dir. d. Navigationsschule zu Lübeck. Mit vielen Textabb. Berlin: K. W. Mecklenburg 1908. 122 S. 8°
(Nautische Bibliothek Bd 5.)

Schulze, Frz., die Entwicklung des Segelsports in Deutschland, s.a. Bibliothek, nautische.

Schulze, Frz., humoristischer Hausschatz. In vereinfachter deutscher Stenographie, Stolze-Schrey. 1. Bd. (95 S.) 8. Berlin 909. Frz. Schulze. Geb. in Leinw. 1. 50

Schulze, Franz (Hrsg.), s.a. Hausschatz, Humoristischer.

—— medicinisches Haus- und Reise-Taschen-Lexikon. 16. (248 S.) Leipzig 870, R. Schaefer. [Hamburg, Rudolphi.] (*M. 2.)

Balthasar Springers Indienfahrt 1505/06. Wissenschaftl. Würdigung d. Reiseberichte Springers z. Einführung in d. Neudruck s. 'Meerfahrt' vom J. 1509 von Franz Schulze. *Strassburg: J. H. E. Heitz 1902.* (VI, 100 S.) 8°
= Drucke u. Holzschnitte d. 15. u. 16. Jahrh. 8.

Schulze, F., s. Johnston, J. F. W., Anfangsgründe der prakt. Agricultur-Chemie 2c.

Schulze, Frz., Lehrbuch der Chemie f. Landwirthe z. Gebrauche bei Vorlesungen an höheren landwirthschaftl. Lehranstalten u. zum Selbstunterr. Als 3. Aufl. von Schübler's Grundsätzen der Agriculturchemie. I. Bd. Unorgan. Chemie. gr. 8. (38 B.) Leipzig 846, Baumgärtners Buchh.

Schulze F.: Lehrbuch d. Chemie f. Landwirthe ... Bd. 1. (Unorgan. Chemie). Leipz. 1846. 586 S.
(Als 3. Aufl. v. Schübler's Grundsätzen d. Agriculturchemie).

Schulze, Frz., Lehrbuch der Chemie für Landwirthe zum Gebrauche bei Vorlesungen an höheren landwirthschaftlichen Lehranstalten und zum Selbstunterrichte. Als 3. Aufl. von Schübler's Grundsätzen der Agriculturchemie. II. Bd. 1. Abth.: Organische Chemie. Leipzig 853. Baumgärtner. gr. 8. (2 Bl., 272 S.) 1 ₰.
1. Bd. Ebend. 846. 2 ₰.

Schulze, Frz., Lehrbuch der Chemie für Landwirthe zum Gebrauche bei Vorlesungen an höheren landwirthschaftl. Lehranstalten und zum Selbstunterrichte. Als 3. Aufl. von Schübler's Grundsätzen der Agriculturchemie. Der organischen Chemie oder des 2. Bds. 2. Abthl. gr. 8. (X und 445 S.) Leipzig 860, Baumgärtner's Verlagsbuchh.
1. Bd. und 2. Bd. 1. Abthl. Ebendas. 1846,53 3 Thlr.

Schulze, Frz., Lehrbuch der Chemie für Landwirthe zum Gebrauche bei Vorlesungen an höheren landwirthschaftlichen Lehranstalten und zum Selbstunterrichte. Als 4. Aufl. von Schübler's Grundsätzen der Agriculturchemie. Der unorganischen Chemie oder des 1. Bds. 1. Abth. Die Metalloide. Leipzig 860. Baumgärtner. gr. 8. (245 S.) 27 ngr

— Lehrbuch der Chemie für Landwirthe zum Gebrauche bei Vorlesungen an höheren landwirthschaftl. Lehranstalten und zum Selbstunterrichte. Als 4. Aufl. von Schübler's Grundsätzen der Agriculturchemie. Der unorgan. Chemie oder des 1. Bds. 2. Abthl. die Säuren, Alkalien, Erden und Salze. gr. 8. (VI und S. 246—797.) Leipzig 866, Baumgärtner's Buchh.
1. Bd. 1. Abthl. Ebendas. 1860. 27 Ngr. und 2. Bd. 1. und 2. Abthl. 1853,60. 2 Thlr. 18 Ngr.

Schulze's, Frz. Lehrbuch der Chemie für Landwirthe, zum Gebrauche bei Vorlesungen an landwirthschaftl. Lehranstalten und zum Selbstunterrichte. 3. Aufl. Nach dem Tode des Verf. bearb. von Thdr. Hübener. 2 Thle. à 6 Lfgn. gr. 8. Leipzig. Baumgärtner's Buchh. à Lfg. * ℳ 1,50.; à Thl. * ℳ 9. *
Inhalt:
Thl. 1. Anorganische Chemie. (VI, 576 S.) 876,77.
„ 2. Organische Chemie. (IV, 610 S.) 877,78.

SCHULZE, FRANZ(FERDINAND)
Lehrbuch der Chemie für Landwirthe. . . . Vierte Auflage. Leipzig, 1881. 2 vols., 8vo.

Lübeck, sein Hafen, seine Wasserstrassen. Von Dr. F(ranz) Schulze, Dir. d. Navigationsschule zu Lübeck. Berlin: Mittler 1910. 43 S. 8° [Umschlagt.]
(Meereskunde. Jg. 4, H. 5) (10. 11533

— Lübeck, sein Hafen, seine Wasserstrassen, s.a. Meereskunde. IV,3.

Schulze Fr, Nautik. (161 S) 16° (Sammlung Göschen 84) Leipzig 1898

Nautik. Kurzer Abriß d. täglich an Bord von Handelsschiffen angewandten Teils d. Schiffahrtskunde von Dr. Franz Schulze. Mit 57 Abb. 2., vollst. umgearb. Aufl. Leipzig: Göschen 1904. 165 S. 8°
(Sammlung Göschen. 84.) [illegible]

Schulze, Frz., Nautik, s.a. Sammlung Göschen.

— Die Navigationsschule in Lübeck. Zum 100jähr. Gedenktage ihrer Gründg. am 27. VII. 1908. (IV, 95 S. m. 1 Abbild. u. 4 Taf.) 8. Lübeck (908). (R. Quitzow.) 2. —

Schulze, Franz: Die Navigationsschule zu Lübeck und ihre Beziehungen zur Schwesteranstalt in Hamburg. Der Kollegin gewidmet z. 150jähr. Jubelfeier. Lübeck: W. Molkau 1899. (47 S.) 8°

Schulze, Franz (Ferd.) (geb. Naumburg a. S. 17. 1. 1815) De Planetarum vivendi ratione et structura penitiori nonnulla. Berolini (1836) (41 S.) 8°
Berlin Phil. Diss. v. 2 Jan 1836

Schulze, Franz: Die Oberflächenströmungen bei Gjedser-Riff. Ein Beitrag zur Physik der Ostsee. *Marburg 1897: Hammerich & Lesser, Altona.* (31 S.) 4°
Marburg, Phil. Diss. v. [21. Sept.] 1897

Die Oberflächenströmungen bei Gjedser-Riff. E. Beitr. z. Physik d. Ostsee. Von Dr. Franz Schulze, Dir. . . . zu Lübeck. *Hamburg: Gedr. bei Hammerich & Lesser in Altona 1897.* (1 Bl., 30 S.) 4.
= Archiv, Aus dem, d. Deutschen Seewarte. Jg. 20. No 3. [illegible]

Schulze, Franz (*Karl*) [pr. Arzt aus d. Prov. Brandenburg]: Zur Pathologie und Therapie der Tumoren der Wange ... Greifswald, Druck v. J. Abel, 1892; 30 S. 8.
Greifswald, Med. Fak., Inaug.-Diss. v. 22. Juni 1892

(Schulze, Frz.) von Quellen, mit Rücksicht auf das Harzgebirge u. den Brocken, e. Zugabe zu den neuest. Theorieen der Quellen; u. e. Merkwürdigkeit aus Braunkohlenlagern. gr. 8. (2 B.) Halle 829, (Anton.)
Vgl. Quellen, ...

— s.: Sammlung berühmter ausländ. Schriftsteller.

Schulze, Fr[anz]: Schiffsordnungen und Schiffsbräuche einst und jetzt. Berlin: Mittler 1909. 28 S. 8° [Umschlagt.]
(Meereskunde. Jg. 3, H. 1.)

Schulze, Frz., evangelisches Schul-Choralbuch. 1. u. 2. Hft. gr. 16. Naumburg 875. Schirmer. n. — 70
1. 104 Choräle. (IV, 72 S.) n. — 30
2. 97 Choräle. (VI u. S. 65—111.) n. — 40

Schulze, Frz., evangelisches Schul-Choralbuch. 2 Hefte. 12. Naumburg 880, Schirmer. geb. *
Inhalt:
Heft 1. 140 Choräle. (72 S.) * 40 Pf.
„ 2. 97 Choräle. (110 S.) * 30 Pf.

Schulze, Franz: Die polnische Zuwanderung im Ruhrrevier und ihre Wirkungen. (Bigge [1909]: Josefs Druck.) 103 S. 8°
München, Staatswirtsch. Diss. v. 23. Juni 1909, Ref. Brentano
[Geb. 24. April 82 Bestwig; Wohnort: Bestwig; Staatsangeh.: Preußen; Vorbildung: Gymn. Brilon Reife O. 03; Studium: Theol. Paderborn Phil.-Theol. Fak. 2, München 1, Staatsw. 9 S.; Rig. 23. Juni 09.] [U 10. 3468

Schulze, F., Die polnische Zuwanderung im Ruhrrevier u. ihre Wirkungen. Diss. 8°. München 1910.

Schulze, Franz Arthur: Ueber eine Methode zur Bestimmung der Konstanten, von welchen die freie Diffusion von Gasen und die Wärmeleitung fester Körper abhängt. *Berlin (1897): E. Ebering.* (38 S.) 8°
Berlin, Phil. Diss. v. 18. Dez. 1897

Die großen Physiker und ihre Leistungen. Von Prof. Dr. F[ranz] A[rtur] Schulze in Marburg a. L. Mit 5 Bildn. Leipzig: Teubner 1910. 108 S. 8°
(Aus Natur u. Geisteswelt. Bdch. 324.) [11. 3373

Schulze, Franz Arthur, aus Rabenau b. Dresden: Über das Verhalten einiger Legierungen zum Gesetz von Wiedemann und Franz. *Leipzig: J. A. Barth 1902.* (13 S.) 8°
Marburg, Phil. Hab.-Schr. v. [16 Juli] 1902

Schulze, Franz Eilhard

Schulze, Frz. Eilhard, die gasvolumetrische Analyse, als Hulfsmittel für wissenschaftliche, agriculturchemische und technische Untersuchungen. Rostock 863. Stiller. gr. 8. (37 S. u. 1 lith. Taf. in Fol.) n. 10 ngr.

Schulze, Frz., Eilhard, zur Anatomie der Cetaceenlunge. (S. 586—592 m. 1 Taf.) Lex. 8. Berlin 908. G. Reimer. — 50

Schulze, Frz. Eilhard, üb. den Bau u. die Entwicklg. Cordylophora lacustris [Allman]. Nebst Bemerkgn. üb. Vorkommen u. Lebensweise dieses Thieres. Mit 6 Kpfrtaf. gr. 4. (III, 52 S.) Leipzig 871. Engelmann. n. 8. —

Schulze, Frz. Eilhard, über den feineren Bau der Rinde des kleinen Gehirnes. gr. 4. (18 S. mit 1 Stnt.) Rostock 863, Stiller'sche Hofbuchh. *

— über den Bau v. Syncoryne Sarsii, Lovén u. der zugehörigen Meduse Sarsia Tubulosa, Lesson. Mit 3 Kpfrtaf. gr. 4. (38 S.) Ebend. 874. n. 4. —

Schulze, Frz. Eilhard, üb. den Bau u. das System der Hexactinelliden. gr. 4. (97 S.) Berlin 886. (G. Reimer.) n. 4. —

Schulze, Frz. Eilh., Beiträge zur Anatomie der Säugetierlungen. (19 S. m. Abbildgn) Lex.-8. Berlin 906. (G. Reimer.) n. 1.—
Sonderabdruck aus: „Sitzungsber. d. preuss. Akad. d. Wiss."

Schulze, Frz., tägliche Beobachtungen über den Kohlensäuregehalt der Atmosphäre zu Rostock vom 18. Octbr. 1868 bis 31. Juli 1871. gr. 4. (X, 34 S.) Rostock 871, (Kuhn. — Leopold's Universitäts-Buchh.) *

Schulze, Frz., tägliche Beobachtungen üb. den Kohlensäuregehalt der Atmosphäre zu Rostock vom 18. Octbr. 1868 bis 31. Juli 1871. gr. 4. (X, 34 S.) Rostock 871. Werther in Comm. — Leopold in Comm. n. 2.—

Schulze, Frz. Eilhard, Beobachtungen über Verdunstung im Sommer 1859. Gekrönte Preisschrift. gr. 4. (III und 22 S.) Rostock 860, (Stiller'sche Hofbuchh.) *

— u. R. v. **Lendenfeld**, üb. die Bezeichnung der Spongiennadeln. [Aus: „Abhandlgn. d. preuss. Akad. d. Wissensch."] gr. 4. (35 S. m. Illustr.) Ebd. 889. n. 4.—

Caulophacus arcticus (Armauer Hansen) und Calycosoma gracile F. E. Sch. nov. spec. Von Franz Eilhard Schulze. Mit 2 Taf. *Berlin: Akad. d. Wiss. 1903.* (22 S.) 4°
Aus: Abhandlungen d. K. Preuss. Akad. d. Wiss. v. J. 1903. [03. 4999]

— über die Cuninen-Knospenaehren im Magen v. Geryonien. Mit 1 Kpfrtaf. (in qu. gr. 4.) [Aus: „Mittheilungen d. naturwissenschaftl. Vereins."] gr. 8. (35 S.) Graz 875. (Leuschner & Lubensky.) n. 1. 20

Hexactinellida. Bearb. von Franz Eilhard Schulze, Prof. in Berlin. Mit 52 Taf. Text [&] Atlas. *Jena: G. Fischer 1904.* 2 Bde 4°
= **Ergebnisse**, Wissenschaftl., d. deutschen Tiefsee-Expedition auf d. Dampfer Valdivia 1898–1899. Bd 4. [04. 14485]

Schulze, Frz. Eilhard, amerikan. Hexactinelliden. Nach dem Materiale der Albatross-Expedition bearb. Hrsg. m. Unterstützg. der königl. preuss. Akademie der Wissenschaften. Mit e. Atlas v. 19 Taf. gr. 4. (III, 126 S. m. 19 Bl. Erklärgn.) Jena 899. G. Fischer. n. 48.—

Schulze, Frz. Eilhard, Hexactinelliden d. indischen Oceans. I. u. II. Thl. [Aus: „Abhandlgn. d. k. preuss. Akad. d. Wiss. zu Berlin".] gr. 4. Berlin (G. Reimer). Kart. n. 18. 60
1. Hyalonematiden. (60 S. m. 9 Taf.) 894. n. 9.—
2. Hexasterophora. (92 S. m. 8 Taf.) 895. n. 9.50

— Hexactinelliden des indischen Oceanes. III. Thl. gr. 4. (46 S. m. 7 Taf.) Berlin 900. (G. Reimer.) Kart. n. 7.—
Sonderabdruck aus: „Abhandlgn d. preuss. Akad. d. Wiss." I. u. II. Thl. Ebd. 894. 895. Kart. n. 18. 50.

— u. R. **Kirkpatrick**, die Hexactinelliden der deutschen Südpolar-Expedition 1901–1903, s.: Südpolar-Expedition, deutsche, 1901–1903. XII, 1.

— zur Histologie der Hexactinelliden. gr. 8. (12 S. m. Fig.) Ebd. 899. n. — 50
Sonderabdruck aus: „Sitzungsber. d. preuss. Akad. d. Wiss."

Schulze, Frz. Eilh., üb. die inneren Kiemen der Batrachierlarven. I. Mittheilg. Über das Epithel der Lippen, der Mund-, Rachen- u. Kiemenhöhle erwachsener Larven v. Pelobates fuscus. Mit 4 Taf. [Aus: „Abhandlgn. d. k. preuss. Akad. d. Wiss. zu Berlin".] gr. 4. (59 S.) Berlin 888. (G. Reimer.) cart. n. 7. 50

Schulze, Frz. Eilh. Ueber die inneren Kiemen der Batrachierlarven. II. Mittheilg. Skelett, Musculatur, Blutgefässe, Filterapparat, respirator. Anhänge u. Athmungsbeweggn. erwachsener Larven v. Pelobates fuscus. gr. 4. (66 S. m. 6 Taf.) Berl. 892, (G. Reimer). cart. * 6 —
I. Mitthlg. Ebd. 1888. * 7 50.

— Die Lungen des afrikanischen Strausses. (S. 416–431 m. 1 Taf.) Lex. 8. Ebd. 908. — 50
Sonderabdr. a.: „Sitzungsber. d. preuss. Akad. d. Wiss."

—— Musculus transversus nuchae, ein normaler Muskel am Hinterhaupte des Menschen. 4. (16 S. mit chromolithogr. Abbild.) Rostock 865, Stiller'sche Hofbuchh. * -

— Revision d. Systems d. Asconematiden u. Rossellidon. [Aus: „Sitzungsber. d. Akad. d. Wiss. zu Berlin."] gr. 8. (39 S.) Ebd. 897. n. 2.—

— zur Stammesgeschichte der Hexactinelliden. [Aus: „Abhandlgn. d. k. preuss. Akad. d. Wiss. zu Berlin".] gr. 4. (35 S. m. 4 Fig.) Ebd. 887. n. 1. 50

— s.: Tierreich, das.

— üb. Trichoplax adhaerens. [Aus: „Abhandlgn. d. k. preuss. Akad. d. Wiss."] gr. 4. (23 S. m. 1 Taf.) Ebd. 891. n. 1. 50

Die Xenophyophoren. Von Franz Eilhard Schulze. With 1 Pl. Cambridge, Mass., U. S. A Museum 1907. (S. 143–162.) 8°
= **Bulletin** of the Museum of Comparative Zoölogy at Harvard Coll. Vol. 51, No 6. [08. 4218]

Die Xenophyophoren, eine besondere Gruppe der Rhizopoden. Von Franz Eilhard Schulze, Prof. in Berlin. Mit Taf. 1–8. (Jena: G. Fischer 1905.) (55 S.) 4°
= **Ergebnisse**, Wissenschaftl., d. deutschen Tiefsee-Expedition auf d. Dampfer Valdivia 1898–1899. Bd 11, Lfg 1. [05. 11665]

Die Xenophyophoren der Siboga-Expedition von Franz Eilhard Schulze, Prof. in Berlin. Mit 3 Taf. Leiden: E. J. Brill 1906. (18 S.) 4°
= **Siboga-Expeditie**. 4bis. [06. 14517]

Schulze, Franz Hermann

Schulze, Frz. Herm., die Magazinirung. Grundzüge eines auf Gegenseitigkeit zwischen Producenten u. Consumenten gegründeten, neuen Aufspeicherungssystems. Ein Beitrag zur Verhütung des Nothstandes u. der Theurung. Mit erläut. Tabellen (in qu. Fol.) 8. (XII u. 72 S.) Leipzig 847, Spamer. n. 5/12 ₰
— 2. (Titel-) Ausg. 8. (XII u. 72 S. m. 1 Tab. in qu. Fol.) Ebd. (847) 852. n. 1/3 ₰

Schulze, Friedrich

Schulze, Frdr., s. a. Schirfeld, Erich zu.

Schulze, Friedrich (Hrsg.), s. Anzeigeblatt, Evangelisch-theologisches.

Schulze, Friedrich, aus Küstrin: Die chirurgische Behandlung der Perityphlitis. *Freiburg i. B. 1900: H. Epstein.* (62 S.) 8°
Freiburg i. B., Med. Diss. v. 1900

Schulze, Frdr., Briefe eines alten Schulmannes, s.: Schelbert, Carl Gottfr.

Die Gräfin Dolores. Ein Beitrag z. Geschichte d. deutschen Geisteslebens im Zeitalter d. Romantik. Von Friedrich Schulze. *Leipzig: R. Voigtländer 1904.* (VII, 101 S.) 8° [F.] Diss
= Probefahrten. Bd 2.

Dornröschen. Ein allegorisch-patriot. Festspiel mit 4 lebenden Bildern von Erich zu Schirfeld [d. i. Friedr. Schulze]. *Berlin: E. Bloch (1898).* (19 S.) 8° [F.]
= Gallerie, Ludwig Blochs, lebender Bilder. Lfg 32. [98. 10208]

Schulze, Friedrich
Ein Fall von Spontanfraktur bei Tabes dorsalis. *Leipzig 1900: B. Georgi.* (34 S.) 8°
Leipzig, Med. Diss. v. (10. Nov.) 1900

Schulze, Frdr., die Fechtkunst m. dem Hau-Rapier unter besond. Berücksicht. d. Linksfechtens, m. Uebungsbeispielen u. 5 Taf. in Lichtdr. gr. 8. (IV, 62 S.) Heidelberg 885. Petters. n.n. 3. —

Schulze, Frdr., die Franzosenzeit in deutschen Landen 1806—1815. In Wort u. Bild der Mitlebenden. 2 Bde. (XIV, 336 u. IX, 379 S. m. z. Tl. farb. Taf. u. Fksms.) gr. 8. Leipzig 908. R. Voigtländer. 18.—; geb. in Leinw. 20. —

Schulze, Frdr., Gewerbe-Ordnung f. das Deutsche Reich nebst Erläutergn. Ausg. f. Textil-Industrie. [Aus: „Textil-Zeitg."] gr. 8. (III, 89 S.) Berlin 896. Steglitz b. Berlin (Plantagenstr. 17), Friedrich Schulze. — 75

Schulze, Frdr., das neue Landtagshaus in Berlin. [Aus: „Centralbl. d. Bauverwaltg."] Fol. (7 S. m. 6 Abb.) Berlin 895. W. Ernst & Sohn. n. 1. —

Schulze, Fridericus: De Brunonis I. archiepiscopi Coloniensis ortu et studiis praecipuisque rebus ab eo gestis. Halis Saxonum (1867): Gocht in Köthen. 44 S. 8°
Halle-Wittenberg, Phil. Diss. v. 10. Jan. 1867
Geb. Sangerhausen 26. 3. 1841. V.
Im Buchhandel Halis Saxonum (Berlin: Calvary) 1867. — Verf. war durch Unglücksfall erblindet.

Schulze, Friedrich Über die Oscillation zweier nach dem Newtonschen Gesetze einander abstoßenden Punkte, welche auf der Peripherie eines Kreises zu bleiben gezwungen sind. 34 S.
Progr. Marienburg 1876

Schulze, Frdr., üb. die Oscillation zweier nach dem Newton'schen Gesetze einander abstossenden Punkte, welche auf der Peripherie e. Kreises zu bleiben gezwungen sind. Dissertatio inauguralis. gr. 4. (34 S.) Gedani 876. (Jena, Deistung.) n. 1. —

Schulze, Friedr. Die Säbelfechtkunst. Eine gründl. Anleitg. zum Rechts- u. Linksfechten. Zugleich e. Lehr- u. Lernbuch f. den Gebrauch an Universitäten und Militär-Bildungsanstalten, sowie für Turn- u. Fechtvereine. Mit 7 Taf. in Lichtdr. gr. 8. (VII, 71 S.) Heidelb. 889, Petters. * 3 —

Das deutsche Studententum von den aeltesten Zeiten bis zur Gegenwart von Dr. Friedrich Schulze ([Verlagsredakteur], Leipzig) u. Dr. Paul Ssymank. Leipzig: Voigtländer 1910. XXIV, 487 S. 8°
[10. 14494]

Das deutsche Studententum von den altesten Zeiten bis zur Gegenwart von Dr Friedrich Schulze, ([Verlagsredakteur], Leipzig), u. Dr Paul Ssymank 2. unveränd Aufl Leipzig: Voigtländer 1910 XXIV, 487 S. 8°
[10. 14904 4]

Triangulation des Stadtkreises Stettin. 1899. Koordinaten-Verzeichniss für die Dreieckspunkte I. bis V. Ordnung. (Von A. Richter u. Fr[iedr.] Schulze.) *Stettin 1900: (L. Pasenow).* (4 Bl.) 4°(2°)
[00. 9547 0]

Schulze, Friedrich: Praktischer Unterricht in dem Bau der deutschen, englischen, französischen und ungarischen Reitsättel, so wie über den Bau der deutschen und englischen Kummete, ihrer Aufpassung und Lage. Nebst e. Anh. über d. Riemerarbeit d. Halftern, Zäume u. Geschirre ... Mit 46 lithogr. Abb. Ilmenau 1827. XII, 118 S., 10 Taf.

Schulze, Fr., prakt. Unterr. in d. Bau d. deutschen, englisch., französ. u. ungar. Reitsattel, so wie üb. d. Bau d. deutsch. u. engl. Kumpte rc. Mit 46 Abbildd. 8. Ilmen. 827. Voigt. 18 gr.

Im Zeichen des Verkehrs. Patriot. Festspiel von Erich zu Schirfeld [d. i. Friedrich Schulze]. *Berlin: E. Bloch (1897).* (20 S.) 8° [F.]
— **Festspiele** f. Schulen, Pensionate u. Vereine. No 8.
[96. 9964]

Schulze, Friedrich August [Wirkl. Name], s.a. L a u n , Friedrich [Pseud.]

Schulze, Friedrich August
s. Abendstunden

Schulze, Fr. Aug., (Fr. Laun,) s. Almanach f. Weintrinker.

Schulze, Friedrich August (wirkl. Name) (Hrsg.), s. A p e l , A. u. F. Laun (Pseud f. F.A.Schulze), Gespensterbuch.

Schulze, Friedrich August [wirkl. Name] [Hrsg.], s. A p e l , A. u. F. Laun [Pseud. f. F.A. Schulze], Wunderbuch.

Die grauen Brüder oder Der Bund des Schrecklichen von [Fr. Laun. d. i. Fr. A. Schulze.] Erfurt [richtig: Hamburg]: Vollmer 1795. 254 S. 8° [Kupfertit.]
Auch in: °Neue allg. deutsche Bibliothek. Bd 28 S. 164 ff.
TB. 115.

L a u n , Friedr. (d. i. *Friedr. Aug. Schulz = Schulze* 1770—1849), L o u i s e v o n D e g e n f e l d. Geschichtliche Novelle. Dresden und Leipzig, Arnold, 1830. 8°. 18½ Bogen. (3 Mk. Frz. Teubner, 1898.)
A. G. Schmidt, Gallerie etc.

Schulze, Friedrich August
Erzählungen von Friedrich Laun [d.i. Friedrich August Schulze], Karl Strechfuß, Gustav Schilling und Friedrich Kind.
Wien: Härter 1817. 266 S. 8°

Schulze, Friedrich August
Erzählungen. Von Friedrich Laun [d.i. Friedrich August Schulze]. Bdchn 1.
Dresden: Hilscher 1822. 158 S. 8°

Schulze, Friedrich August
Lustige Erzählungen. Von Friedrich Laun [d.i. Friedrich August Schulze]. Bdchn 2.
Berlin 1807. 160 S. 8°

Fata, Wunderliche, eines C i d e v a n t . . . . (Leichter Roman von *Friedr. August Schulz.*) Schneeberg 1799.
Anon.-Lex. II. p. 90 (nach Meusel).

Schulze, F. A., der Schäfer Friedrich, oder die Zwillinge. 8. R. Leipz. 804. Joachim, 20 gr.

JEREMIAS der Farçenschreiber (d. i. *Friedr. Aug. Schulz*, sonst *Friedr. Laun* ps.). — D a s G e i s t e r r e g i m e n t. Kein Roman, keine wahre Geschichte, am wenigsten eine Allegorie. Von *Jeremias*, nicht dem Propheten, sondern dem Farçenschreiber. Jena, bei Chr. Adolph Hempel 1799. 8°. (50 xr. ÖW. Kuppitsch' Wwe., Wien, v o r 1870.)
XVI u. 312 S. Vorr. dat. 1798. — Zahm.
Vgl. G e i s t e r r e g i m e n t, ...

Schulze, Friedrich August
Historisch-romantische Gemählde. Von Friedrich Laun [d.i. Friedrich August Schulze]. Bd 1.2.
Dresden, Leipzig: Arnold 1826. 8°
1.2. Das Verhängniß. Th. 1.2.

Schulze, Fr. Aug., (Psdn. Fr. Laun), s. H. Helldunkel, Possenspiele.

TEUTOBALD (d. i. *Fr. Aug. Schulze* = *Fr. Laun* ps.), Die stille Jungfrau. Eine wunder- u. geheimnissvolle (stellenw. freie) Geschichte, offenbart von —. 2 Thle. (Th. 2 laut Zuschrift an Teutobald von einem andern Verfasser.) Dresden 1804. 8⁰.

— — Dasselbe. 2 Thle. Neue wohlfeilere Ausgabe. Ebd., 1808 in der Arnoldischen Buchhandlung. Tit., 247 + 176 S. Nur Th. 1 anstössig.

Schulze, Friedrich August, s. Kuhpocken, Die.

LEBEN, Thaten und Meinungen eines Kammerjunkers, von ihm selbst beschrieben. (Liederlicher Roman, verfasst von *Frdr. August Schulz* = *Frdr. Laun* ps.) Mit Kpfrn. (nur Titelkpfr.) u. (14) Vignetten von H. Schmid u. Darnstedt. O. O. (Dresden, Arnold) 1798. 8⁰. 120 S.
Anon.-Lex. III. p. 18 hat „Dresden 1798" (nach Engelmann). — Zuerst gedr. Schneeberg 1797. (Anon.-Lex. III. p. 21, nach Meusel.)

INNOCENZ (d. i. *Friedrich Aug. Schulz*), Leichtfertigkeiten. Pirna, Arnold (gedr. Schneeberg mit Schillischen Schriften) 1802. 8⁰. (18 Sgr. Scheible, c. 1870.)
TKpf., Tit., 2 Bl. Vorb. u. 315 S. (515 ist Druckf.). — Enth. 2 zahme Erzähl.: 1. Der Geist mit Fleisch und Bein. (Nach d. Französ.) 2. Die Strumpfbänder.

LEICHTFERTIGKEITEN in kleinen Romanen und Erzählungen (von *Frdr. Laun* = *Innocenz* ps., d. i. *Frdr. Aug. Schulz*). Neue wohlfeilere Ausgabe. Dresden 1806. in der Arnoldischen Buchhdlg. 8⁰. (5 Mk. Lehmann & Lutz, c. 1885; 2 Mk. 50 Pfg., fleckiges Leihbibl.-Expl., Adolf Weigel, 1906.)
Tit, 2 Bll. Vorr. (unterz. „Innocenz") u. 315 (515 ist Druckf.) SS. — *A. E.*: Schneeberg, gedr. mit Schillischen Schriften.

LINDEN, Rudolph von der. (Zahmer Roman von *Friedr. Aug. Schulz* = *Laun* ps.). 3 Thle. Freyberg, Craz, 1802. 12⁰. 252, 262, 280 Seiten.
Anon.-Lex. III. p. 78 (nach Engelmann u. Kayser).

Schulze, Friedrich August

Noth aus Ueberfluß. Ein komischer Roman. Von Friedrich Laun [d.i. Friedrich August Schulze]. Th. 1.2.
Berlin: Schuppel 1824. 8⁰

Schulze, F. A., Robespierre. Mit Bezug auf die neueste Zeit dargestellt. 8⁰. Leipzig 1837.

Schulze, F. A., s. Robespierre.

SOHN, Der, des Teufels und seine Liebschaften (von *Friedr. Aug. Schulz* = *Frdr. Laun* ps.). Mit Titelkpfr. Pirna 1801. 8⁰. Zahm. (5/6 Rthl. Schmidt, Halle, vor 1870; 4 Mk. H. Lesser, Breslau, 1875.)
Neue Allg. dtsch. Bibl. 80, 52.

— — Dasselbe. Neue Ausgabe. Dresden 1807. 8⁰.
Anon.-Lex. IV. p. 93 (nach Kayser, Engelmann, Hayn).

MEINE Todsunden und einige andre (!) von minderm Belange. Ein (zahmer) Roman in drey Büchern (von *Frdr. Aug. Schulz* = *Frdr. Laun* ps., 1770–1849). Mit curioser Titelvign. (unsign.) Pirna, bei Arnold u. Pinther, 1799. 8⁰. (1/2 Rthl. H. W. Schmidt, Halle a/S., vor 1875; jetzt theurer!)

Schulze, Friedrich August

Welcher? 3 Geschichten verwandten Inhalts. Von Friedrich Laun [d.i. Friedrich August Schulze].
Dresden: Arnold 1821. 224 S. 8⁰

Schulze, Friedrich August

Wiederklange von Leben und Kunst. Von Friedrich Laun [d.i. Friedrich August Schulze]. Th. 2.3.
Leipzig: Barth 1828. 8⁰

Schulze, Friedrich Christian (Landsberg) A. S. 577/23

Quaestio iuris controversi an statutaria portio debeatur uxori, quae cum refractario invito sacerdotali copula coniuncta est, licet cum eo postea thorum non adscenderit. Präs. Christian Heinrich Breuning. Leipzig (Rumpf) 12. X. 1772. 8 S. 31865

Schulze, Friedrich Gottlieb

Schulze, Frdr. Glieb., der große Krach. Ein Märchen f. große u. kleine Kinder. Mit (2) lith. Bildern (in 8 u. qu. 4.) 8. (38 S.) Zürich 875. Volksbuchhandlung. n. 1. 45

Schulze, Friedrich Gottlob

Schulz, F. T., Antiquitatos rusticae I. De aratri Romani forma et compositione. Diss. 1820. 51 S. u. 1 Taf. 1.20

Schulz, F. D., antiquitates rusticae. Pars I. de aratri romani forma et compositione Dissert. Cum figur. 8maj. Jenae, Schmid. 821.

Schulze, Fr. Gtlo., Antiquitates rusticae. Part. II., de ordine, ex quo Romani agros coluerunt. Dissertat. Adnexa est: De oeconomicis facultatibus in Germaniae academiis constituendis. Orat. 8 maj. (2½ B.) Jenae 829, Frommann.
Part. I. Jenae, Schmidt. 1821. 9 Gr.

Schulze, F. G., Antiquitates rusticae II. De ordine ex quo Romani agros coluerint. Diss. 1829. 16 S. u. 1 Taf. 1.20

Schulze, Frdr. G., Die Arbeiterfrage nach den Grundsätzen der deutschen Nationalökonomie, mit Beziehung auf die aus Frankreich nach Deutschland verpflanzten Systeme des Feudalismus, Merkantilismus, Physiokratismus, Socialismus, Communismus und Republikanismus. (Schulze, Frdr. G.: Deutsche Blätter f. Landwirthsch., Nat.-Oek. u. Polit., Bd II, 1. u. 2. Heft.) gr.-8⁰. Jena, Frommann, 1849.

Schulze, Friedr. G., Bericht üb. d. Verhandlungen d. baltischen Vereins, s. Bericht.

Schulze, Friedr. G., deutsche Blätter f. Landwirthschaft u. Nationalökonomie. Hft. 1. — A. u. d. Ttl.: Das landwirthschaftl. Institut zu Jena in seiner Verbindung mit der dasigen Gesammt-Akademie u. dem großherzogl. Kammergute zu Zwätzen. Nebst e. Abhandlung über höhere Bildung des deutschen Landwirths u. Gutsbesitzers. gr. 8. (9 B. u. 1 Stnt.) Jena 843, Frommann. *

Schulze, Friedr. G., deutsche Blätter für Landwirthschaft und Nationalökonomie. (1. Bd.) Heft 2. und 3. A. u. d. T.: Ueber den deutschen Kornhandel und die deutsche Volksbildung mit besond. Beziehung auf die Sicherung der Armen gegen Brodtheuerung. Nebst einer Nachricht von dem landwirthschaftl. Institute zu Jena. gr. 8. (X und 160 S.) Jena 848, Frommann. *
1. Bd. 1., 4. und 5. Heft. Ebendas. 1843—47. * 1 Thlr.

—— dass. 4. u. 5. Hft. A. u. d. Ttl.: Thaer oder Liebig? Versuch einer wissenschaftl. Prüfung der Ackerbautheorie des Freih. v. Liebig, besond. dessen Mineraldünger betr. etc. gr. 8. (12½ B.) Jena 846, Frommann. *

Schulze, Friedr. G., deutsche Blätter für Landwirthschaft und Nationalökonomie. 2. Bd. Heft 1—5. gr. 8. Jena, Frommann. Thlr. *

Auch unter den Titeln:

Heft 1., 2. Die Arbeiterfrage nach den Grundsätzen der deutschen Nationalökonomie, mit Beziehung auf die aus Frankreich nach Deutschland verpflanzten Systeme des Feudalismus, Merkantilismus, Physiokratismus, Socialismus, Communismus und Republikanismus erörtert. (XII und 188 S.) 849. * 20 Ngr.

" 3., 4. Die deutsche Zuckerfrage mit besond. Beziehung auf die Runkelzuckerfabrikation erörtert von Friedr. G. Schulze. Nebst einem Aufsatze über den Frhrn. von Stein und seine Bedeutung für Deutschlands Wiedergeburt von Herm. F. Schulze. (XIV und 196 S.) 850. * 20 Ngr.

" 5. Herr Prof. Schleiden in Jena und die landwirthschaftl. Institute. Nebst einem Beitrage zur Beurtheilung seiner „Encyclopädie der gesammten theoret. Naturwissenschaften in ihrer Anwendung auf die Landwirthschaft." Zur Abwehr der Schleiden'schen Angriffe auf jene Anstalten und auf die Schrift: Thaer oder Liebig? (XVI und 109 S.) 851. * 10 Ngr.

Schulze, Friedr. G., deutsche Blätter für Landwirthschaft und Nationalökonomie. 8. Bd. 1. und 2. Heft. A. u. d. T.: Geschichtliche Mittheilungen über das akademische Studium und Leben auf dem landwirthschaftlichen Institute zu Jena in den J. 1826—1834 und 1839—1858, wie auch auf der k. preuß. staats- und landwirthschaftlichen Akademie Eldena in den J. 1834—1839. Nebst Rückblicken auf Carl August's landwirthschaftliche Wirksamkeit. gr. 8. (XIV und 202 S.) Leipzig 859, G. Wigand. *

1. und 2. Bd. à 5 Hefte. Jena 1848—51, Frommann. * 3 Thlr. 10 Ngr.

F.3131

Schulze, Fridericus G[ottlob]: De oeconomicis Facultatibus in Germaniae academiis constituendis.- Jenae (1829): Frommann. 16 S. 8°

Jena, Univ.-Schr. v. 3. Juni 1829

Schulze, Friedrich Gottlob: „De aratl Romani forma et compositione", Jena 1819 (Habilitationsschrift).

Schulze, Friedrich Gottlob: „Die landwirthschaftliche Lehranstalt auf der Universität zu Jena", Jena 1826 (Frommann).

Geschichtliche Mittheilungen über das akademische Studium und Leben auf dem Landwirthschaftlichen Institute zu Jena in den Jahren 1826—1834 u. 1839—1858, wie auch auf der Kgl. Preuß. Staats- u. Landwirthschaftlichen Akademie Eldena in den Jahren 1834—1839. Nebst Rückblicken auf Karl August's landwirthschaftliche Wirksamkeit. Eine Festgabe zu der 300jähr. Stiftungsfeier der Universität Jena von Friedrich G. Schulze. — Jena 1858: Ratz. 202 S. 8° 1.

—— Nachricht von dem landwirthschaftl. Institute zu Jena ertheilt im J. 1848. gr. 8. (30 S.) Jena 848, Frommann.

—— dass. — ertheilt im J. 1850. gr. 8. (31 S.) Jena 850, Frommann.

Letztere zwei Berichte wurden aus des Verf. „Deutsche Blätter" 2c., besonders abgedruckt.

Schulze, Friedr. Glo., Nachricht von dem landwirthschaftlichen Institute zu Jena ertheilt von dem Stifter und Director desselben im Jahre 1853. Jena 853. Frommann. gr. 8. (31 S.) 2 ngr.

Schulze, Friedr. G(lob.), Nachricht von dem landwirthschaftlichen Institute zu Jena, im J. 1856. gr. 8. (30 S.) Leipzig 856, G. Wigand.

Schulze, Friedrich Gottlob: „Nachricht von seiner landwirthschaftlichen Lehranstalt in Jena für das Sommerhalbjahr 1828. Nebst einer Abhandlung über den Unterschied zwischen Theorie, Praxis und Handwerk der Landwirthschaft", Jena 1828 (Frommann).

(Schulze F. G.): Nachricht v. der landwirthschaftl. Lehranstalt d. Prof. Schulze in Jena f. das Sommerhalbjahr 1828. Nebst einer Abhandl. üb. den Unterschied zwischen Theorie, Praxis u. Handwerk d. Landwirthschaft. Jena 1828. 24 S. P.

— Nationalökonomie oder Volkswirthschaftslehre, vornehmlich für Land-, Forst- u. Staatswirthe. Nebst graphischen Darstellungen der Getreidepreise in den Jahren 1660—1855, einem Aufsatze über die Korntheuerung der Jahre 1853—1856 u. prakt. Erörterungen über Handel, Taxation, Papiergeld und Banken. Leipzig 856. G. Wigand. gr. 8. (XXXI, 952 S. u. 2 lith. Taf. in Fol.) n. 3 ℛ. 10 ngr.

Schulze, Friedrich Gottlob: „Ueber Papiergeld, besonders in Bezug auf das Grossherzogthum Sachsen-Weimar-Eisenach, oder Beurtheilung zweier Pläne, welche für die Tilgung der Staatsschuld des Grossherzogthums Sachsen-Weimar-Eisenach der hohen Versammlung des Landtags von einem Mitgliede derselben vorgetragen worden sind. Den hochverehrten Ständen . . . . . vorgelegt", Leipzig 1823 (Kollmann). — Vorh.: UB Bonn, Halle, Göttingen, Büch. der Industrie- u. Handelskammer Leipzig.

Schulze, Fr. Glo.˝ Ueber Papiergeld, besond. in Bezug auf das Grossherzogthum Sachsen-Weimar-Eisenach, oder Beurtheilung zweier Pläne, welche für die Tilgung der Staatsschuld des Grossherzogth. S.-W.-E. der hohen Versammlung des Landes vorgelegt worden sind. gr. 8°. Leipzig, Kollmann, 1824.

—— über die Selbstständigkeit des deutschen Universitätsgeistes u. seine Bedeutung für unser Volks- u. Staatsleben, mit besonderer Beziehung auf das Studentenduell. Rede beim Antritte des Prorectorats in der Aula der Gesammt-Universität zu Jena am 5. Aug. 1843 gehalten. gr. 8. (3¾ B.) Jena 843, Frommann.*

Schulze, Fr. G., s. Verhandlungen des Baltischen Vereins zur Beförderung der Landwirthschaft.

SCHULZE, Friedrich Gottlob: Über Wesen und Studium der Wirthschafts- oder Cameral-Wissenschaften, vorzüglich über wissenschaftliche Begründung der Landwirthschaftslehre, auch der Forstwirthschafts-, Bergbau-, Handelslehre und Technologie durch die Volkswirthschaftslehre. Nebst Ankündigung eines landwirthschaftlichen Lehrinstituts und Nachricht von den staatswirthschaftlichen Vorlesungen auf der Gesamt-Universität in Jena.- Jena 1826. XIV, 126 S.

— üb. Wesen u. Studium d. Wirthschafts- u. Cameralwissenschaften, vorzügl. üb. wissenschaftl. Begründung d. Landwirthschaftslehre, auch d. Forstwirthschafts-Bergbau 2c. gr. 8. Jena 826. Frommann. 18 ℊ

Schulze, Friedrich Gustav: Beitrag zur Methodik des Geschichts-Unterrichtes auf Gymnasien. 30 S. – Naumburg. Progr. 1851.

Schulze, Frdr. G. Die Erziehungstheorie des Aristoteles. 20 S. .
Naumburg, Progr. 1844

Schulze, Friedrich Wilhelm

Schulze, Frdr. Wilh., nicht versetzt! das alte Klagelied. Beleuchtung der Ueberbürdungs-Frage v. neuen Gesichtspunkten aus. Ein Wort an die Lehrer im Interesse der vielgeplagten Schüler u. der noch weit mehr geplagten Eltern. gr. 8. (20 S.) Wurzen 892. Ad. Thiele. n. —35

Schulze, Friedr. Wilh., u. Aug. Ferd. Schering, Organisation u. Geschäfts-Verwaltung der Preuß. Gerichte, s.: Schering, A. F.

[F.] Bibra nebst den Filialen Steinbach und Walbroda, in Vergangenheit und Gegenwart. E. Festschr. z. 25jähr. Wiederkehr der Einweihung der neuerbauten Stadtkirche, auf Grund amtl. Quellen vf. v. Ortspfarrer Dr. [Friedrich Wilhelm Hermann] Schulze. H. 1/2. *Eckartsberga: Buchdr. d. Eckartshauses 1896/97.* (98. 6942 Ha

Schulze, Fritz, Gerichts-Referendar: Die Aufgabe des Grundeigentums ⟨§ 928 BGB.⟩ ⟨Mit besonderer Rücksicht auf Preußen.⟩ Berlin 1909: Ebering. 236 S. 8°
Berlin, Jur. Diss. v. 19. Juli 1909, Ref. Hellwig
[Geb. 19. Aug. 83 Groß-Burgleha, Kr. Beeskow-Storkow; Wohnort: Charlottenburg; Staatsangeh.: Preußen; Vorbildung: Kaiserin-Augusta-Gymn. Charlottenburg Reife O. 03; Studium: Berlin 6 S.; Rig. 25. Mai 09.] [U 09. 10

Schulze, Fritz, Oberarzt b. Sanitätsamt VII. Armeekorps: Ueber den Einfluss von Gewalten, welche den Körper, insbesondere den Brustkorb treffen, auf den Herzmuskel, nach Beobachtungen in der Armee. Berlin 1910: Ebering. 34 S. 8°
Berlin, Med. Diss. v. 23. April 1910, Ref. Kraus
[Geb. 23. Nov. 79 Neu-Ruppin; Wohnort: Münster i. W.; Staatsangeh.: Preußen; Vorbildung: Gymn. Wittstock Reife M. 98; Studium: Berlin K. W. A. 11 S.; Coll. 23. April 10; Approb. 4. Aug. 04.] [U 10. 94

Schulze, Fritz: Aus d. St. Georgi-Ritter Krankenh. Nymphenburg-München. Unter Dr. Schindler. Zur Kasuistik der Coecaltuberkulose. München 1910: Kutzner. 28 S. 8°
München, Med. Diss. v. 6. Aug. 1910, Ref. v. Angerer
[Geb. 9. Juni 83 Cordoba, Mexico; Wohnort: München; Staatsangeh.: Bayern; Vorbildung: Ludwigs-Gymn. München Reife Juli 03; Studium: München 9, Kiel 2 S.; Coll. 6. Aug. 10; Approb. 31. Mai 10.] [U 10. 3582

Schulze, G., pract. Handbuch, od. trigonometr. berechn. Tabellen üb. d. Abstecken d. (Krümmungen) Kreisbögen auf d. Felde, beim Eisenbahn- u. Straßen-Bau (von 25°—1000° Radius). gr. 8. (3¼ B. u. 1 Stnt.) Berlin 840, (Stuhr'sche Buchh.) *

Schulze, G., Hülfsbuch für Viehbesitzer zur richtigen Beurtheilung, Erkennung, Behandlung und Beseitigung äußerer Krankheitszustände der landwirthschaftlichen Hausthiere, sowie zur Kenntniß und Ausführung der unumgänglich nöthigsten thierärztl. Operationen. Für die Bedürfnisse des Laien bearb. 8. (VIII und 79 S. mit Abbild. in eingedr. Holzschn.) Stuttgart 868, Cohen und Risch.

Schulze, G., s.: Quidde.

Schulze, G. Ueber das Verhältniss des z zu den entsprechenden Lauten der verwandten Sprachen. Diss. Göttingen 1867. 56 S.

Schulze, G. C., d. Dachschiftungen. Anleitg. zur Erlerng. u. Anwendg. d. verschied. Schiftungsmethoden, f. Zimmerleute, Bauschüler, Techniker u. s. w. bearb. Fol. (6 S. m. 3 lith. Taf.) Hildburghausen 895. O. Pezoldt. n. 1. 20

Schulze, G. C., die Dachschiftungen. Anleitung zur Erlernung der verschied. Schiftungsmethoden zum Gebrauche f. Bauhandwerker, Baugewerkschüler, Techniker usw. u. zum Selbststudium. 2., bedeutend erweit. Aufl. in der Bearbeitg. v. G. C. Volland. Mit 41 in den Text eingedr. Abbildgn. u. 6 lith. Taf. m. 34 Einzelfig. (V, 29 S.) Lex.-8. Leipzig 906. J. M. Gebhardt. n. 1. 80; geb. n. 2. 25

Schulze's, G. E., neuester Wegweiser f. Deutsche Auswanderer nach Amerika. Mit Tabellen u. Notizen oder gutgemeinter Rath f. Diejenigen, welche nicht wissen wohin u. was anfangen? Deutscher Abdruck mit einem Anhang zur Belehrung deutscher Auswanderer über die deutsche Colonie Wartburg u. dem sonst zur Auswanderung Wissensnöthigen vervollständigt von J. E. Weigel. 16. (78 S.) Leipzig 848, Klinkhardt in Comm. n. ¼ ₰

Schulze, G. F. O., Gesänge zur Feier der Geburt Christi. Eine Weihnachtsgabe. 2., neu bearb. Aufl. gr. 16. (12⅛ B.) Leipzig 844, Gebhardt u. Reisland.

Schulze, G. F. O., Leitfaden beim Unterricht in der deutschen Sprache nebst hinzugefügten Lesestücken für Stadt- und Landschulen. 1. Thl. 1. und 2. Lehrgang. 8. (73 S.) Halle 850, Berner. *

—— dass. — 2. Thl.: 3. und 4. Lehrgang. 8. (147 S.) Ebds. 851. *

Schulze, G. F. O., das Lichtfreund-Triumvirat in seinem Kampfe gegen die heil. Schrift beleuchtet. A. u. d. Ttl.: Die Wahrheit der Grundlehren des Christenthums gegen die Angriffe der protestant. Lichtfreunde vertheidigt u. in möglichst populärer Weise zur Belehrung u. Beherzigung des christl. Volkes dargethan. 1. Bd. Die Lehre von der heil. Schrift. gr. 8. (33¼ B.) Magdeburg 846, Falckenberg u. Comp. Thlr.

—— das heilige Osterfest das größte Freudenfest für uns Christen, u. Christus ist wahrhaftig auferstanden. Zwei Osterpredigten. gr. 8. (2 B.) Magdeburg 845, (Falckenberg u. Comp.) *

Schulze, G. H., l'Avant-courour. Erstes französisches Lesebuch für die deutsche Jugend. 8. (V, 106 S.) Leipzig 880. Teubner. geb. n. 1. 10

Schulze, G. H., l'avant-coureur. Erstes französ. Lesebuch f. die deutsche Jugend. 2., verb. Aufl. 8. (VI, 104 S.) Leipzig 890. Teubner. geb. n. 1. 10

Schulze, Georg

Schulze, Geo., Abriß d. französ. Formenlehre in Beispielen. gr. 8. (31 S.) Berlin 895. A. Haack. Geb. n. — 80

Abriß der französischen Formenlehre in Beispielen von Dr. **Georg Schulze**, Dir. d. Franz. Gymn. 2. Aufl. *Berlin: A. Haack 1903.* (29 S.) 8° [F.] [c 4. 158

Schulze, Geo., Abriß der französischen Formenlehre in Beispielen. 3. Aufl. (31 S.) 8. Berlin 910. A. Haack. Geb. — 80

Schulze, Georg [Dr. Dir.]: *Le 200e anniversaire de la fondation du Collège.* Berlin, impr. A. Haack, *1891;* S. 21–28; 4°
Berlin, Collège royal franç., P 1891 (63)

Schulze, Georg, Kaiserl. Vizekonsul: Die Ausübung der den Gerichten übertragenen Angelegenheiten der freiwilligen Gerichtsbarkeit durch die Konsuln des Deutschen Reiches. Borna-Leipzig 1907: R. Noske. (VIII, 62 S.) 8°
Leipzig, Jur. Fak., Diss. v. 12. Dez. 1907
[Geb. 8. Mai 71 Görsiker, Kr. Mülheim (Ruhr); Wohnort: Halensee-Berlin; Staatsangeh.: Preußen; Vorbildung: Gymn. Aurich Reife O. 91; Studium: Tübingen 1, Marburg 1, Leipzig 2, Göttingen 2 S.; Rig. 5. Jan. 07.]

Schulze, Georg, prakt. Arzt, aus Neustadtgödens: Beitrag zur Statistik der Herzklappenfehler auf Grund der vom 1. April 1882 bis zum 31. December 1900 in der medizinischen Klinik zu Göttingen beobachteten Fälle. *Göttingen 1902: L. Hofer.* (75 S.) 8°
Göttingen, Med. Diss. v. [29. März] 1902

Schulze, Geo., Beitrag zur Statistik der Herzklappenfehler auf Grund der v. 1. IV. 1882 bis z. 31. XII. 1900 in der medizin. Klinik zu Göttingen beobacht. Fälle. Diss. gr. 8. (76 S.) Göttingen 902. (Vandenhoeck & Ruprecht.) n. 1. 60

Die Bekämpfung der Sozialdemokratie durch den evangelischen Religionsunterricht in den niederen Schulen, auf Grund d. allgem. Verfügung v. 18. Okt. 1890. Von G[eorg] **Schulze,** Schulrat zu Aurich. Hannover: C. Meyer 1892. (22 S.) 8° [F.]
Aus: Haus u. Schule Jg. 23. 1892. [c 3. 144] 10

Schulze, (*Edmund Paul*) Georg Bericht über das Königliche Französische Gymnasium in den Jahren 1689—1889. 8 (S. 1–134, 3 Abb.)
In: Festschrift z. Feier des 200jähr. Bestehens des
Progr. Französ. G. *Berlin* 1890

Schulze, G., Briefe für die confirmirte Jugend. 16. (75 S.) Elberfeld 873, Langewiesche. **

Schulze, Geo., Briefe für die confirmirte Jugend. 2. Aufl. 16. (78 S.) Elberfeld 875, Mosel. *

Schulze, Geo., Briefe f. d. konfirmierte Jugend. 3. Aufl. 16. (79 S. m. 1 Holzschn.) Gütersloh 886. Bertelsmann. cart. n. — 50

Schulze, Geo., Briefe f. die konfirmierte Jugend. 4. Aufl. (79 S.) 16. Gütersloh 908. C. Bertelsmann. Kart. — 50

— die einheitliche Christenlehre im evangelischen Schul- u. Pfarrunterrichte. 2 Bde. gr. 8. Ebd. à Bd. n. 4. —
1. Zur geschichtl. Grundlegung u. zum grundsätzl. Aufbau. (V, 307 S.) 887.
2. Zum prakt. Ausbau. 3 Anhänge: Lehrpläne, Katechesen u. Entwürfe, Büchernachweis. (VIII, 282 S.) 888.

Schulze, G., Einführung in das Verständniß der heiligen Schrift. Ein Leitfaden für aufmerksame Bibelleser, namentlich für Präparanden- u. andere höhere Schulen. 1. Hft. Einleitung u. das alte Testament. 8. (VI, 76 S.) Wesel 876. Bagel's Sort. n. — 60 (1. u. 2.: n. 1. —)

— **Einführung in das Verständniß der heiligen Schrift. Ein Leitfaden f. aufmerksame Bibelleser, namentlich f. Präparanden- u. andere höhere Schulen. 2. Hft. Das neue Testament. 8. (48 S.) Wesel 875. Bagel's Sort. n. — 40**

Schulze, Georg [Oberl. Dr.]: Die Entwickelung der Lehre von den Mineral-Pseudomorphosen. Dresden, Druck v. C. Heinrich, *1891;* S. 3—23; 4°
Dresden, Neustädter RG. OP 1891 (549)

Schulze, G., zur Geschichte der Pädagogik. Lehr- u. Lerntext, vornehmlich für den Seminar-Unterricht. 8. (IV, 97 S.) Rheydt 879. Langewiesche. n. — 80

—— Glaubens- und Sittenlehre auf Grundlage des evangelischen Katechismus der rheinischen Provinzialsynode. Ein Leitfaden vornehmlich für den Seminar- und Präparanden-Unterricht. gr. 8. (VIII, 225 S.) Ebendas. 878. *

— Glaubens- u. Sittenlehre auf Grundlage des evangelischen Katechismus der rheinischen Provinzialsynode. Ein Leitfaden vornehmlich für den Seminar- u. Präparanden-Unterricht. gr. 8. (VIII, 225 S.) Ebend. 879. n. 2. 25

Schulze, Geo. Glaubens- u. Sittenlehre auf Grundlage des evangelischen Katechismus der rheinischen Provinzialsynode. Zum Gebrauch f. den pfarramtl. u. Schulunterricht, sowie zur Unterweisg. in Seminarien u. Präparandenanstalten. 2. vielfach verb. Aufl. gr. 8. (VIII, 235 S.) Gütersloh 889, Bertelsmann. * 2 80; geb. * 3 20

[F.] Grundlinien zu einem Lebensbilde Jesu für die Oberstufe d. Volksschule. Von G[eorg] **Schulze,** Regiergs- . . . rat zu Minden . . . *Bielefeld: A. Helmich [1897].* (19 S.) 8.
= **Abhandlungen,** Pädagogische. N. F. Bd n. H. 2. 98 2019

Schulze, G., Grundriß der Volksschul-Pädagogik vornämlich für Seminaristen und Lehrer. 3 Tle. 8. Rheydt, Langewiesche. *

Inhalt:
Tl. 1. Geschichte der Volksschul-Pädagogik. 2. Aufl. (108 S.) 880; 3. Aufl. (IV, 112 S.) 884. * ℳ 1,20.
" 2. System der Volksschul-Pädagogik. 2. Aufl. (III, 140 S.) 881; 3. Aufl. (IV, 139 S.) 884. * ℳ 1,60.
" 3. Praxis der Volksschul-Pädagogik. (III, 137 S.) 881. * ℳ 1,60.
Die 1. Aufl. des 1. Tles. erschien 1879 u. d. T.: Zur Geschichte der Pädagogik.

—— Grundriß der Volksschul-Pädagogik vornehmlich für Seminaristen und Lehrer. 1. Tl.: Geschichte der Volksschul-Pädagogik. 4. Aufl. 8. (IV, 112 S.) Rheydt 887, Langewiesche. *

Schulze, Geo. Grundriß der Volksschul-Pädagogik vornehmlich f. Seminaristen u. Lehrer. 1. u. 3. Tl. 8. [Rheydt, Langewiesche.] Bresl., F. Hirt. à Tl. * 1 20; * 2 40; geb. à Tl. * 1 60; * 3 20
1. Geschichte der Volksschul-Pädagogik. 5. Aufl. (IV, 112 S.) 890.
3. Praxis der Volksschul-Pädagogik. 2. Aufl. (IV, 138 S.) 889.
2. Tl. Ebd. 1884. [* 1 60.] * 1 20; geb. * 1 60.

[F.] Grundriss der Volksschul-Pädagogik vornehml. f. Seminaristen u. Lehrer v. G[eorg] **Schulze,** . . . Schulrat. In 3 Tln. Tl 1—3 . . . *Breslau: F. Hirt 1893—95.* 3 Bde 8.
1. Geschichte der Volksschul-Pädagogik. 6., verb. Aufl. 1893. (96 S.)
2. System der Volksschul-Pädagogik. 4., verb. Aufl. 1893. (116 S.)
3. Praxis der Volksschul-Pädagogik. 3., verb. Aufl. 1895. (110 S.) 96. 399

— Grundriß der Volksschul-Pädagogik vornehmlich f. Seminaristen u. Lehrer. (In 3 Tln.) 2. Tl. System der Volksschul-Pädagogik. 4., verb. Aufl. gr. 8. (116 S.) Breslau 894. F. Hirt. n. 1. 20

— Grundriß der Volksschul-Pädagogik vornehml. f. Seminaristen u. Lehrer. (In 3 Tln.) 1. u. 3. Tl. gr. 8. Breslau, F. Hirt. à n. 1. 20; geb. à n. 1. 60
1. Geschichte der Volksschul-Pädagogik. 7., verb. u. verm. Aufl. (95 S.) 896.
3. Praxis d. Volksschul-Pädagogik. 3., verb. Aufl. (110 S.) 895.

Schulze, G., Grundriß der Volksschul-Pädagogik vornehmlich f. Seminaristen u. Lehrer. (In 3 Tln.) 1. Tl. gr. 8. Breslau 901. F. Hirt. n. 1.20; geb. in Leinw. n. 1.60
Geschichte der Volksschul-Pädagogik. 8., durchgeseh. Aufl. (96 S.)

Schulze, G. theoret.-prakt. Handbuch der Anfangsgründe d. Mathematik, zum Gebr. f. Militair- u. Bürgerschulen, auch f. den Selbstunterr. geeignet. gr. 8. (15½ B. u. 5 Stnt. qu. ½ gr. Fol.) Coblenz 834, Hergt.

Schulze, G. Harzgedichte, s. a. Harzgedichte.

Schulze, G., Harzgedichte. Nach einer bessern Orthographie geschrieben u. mit e. Wortregister versehen. 16. Clausthal 833. Schweiger'sche Buchh. ¼ ₰

— die Heimat im Volksschulunterrichte, s.: Sammlung pädagogischer Vorträge.

— Heimatkunde der Prov. Westfalen, f. die Hand der Schüler bearb., s.: Bohnenkamp, H.

Schulze, Georg (*Martin*) [aus Liebenwerda, Prov. Sachsen]: Zur Casuistik penetrirender Bauchschusswunden im Frieden . . . Greifswald, Druck v. J. Abel, 1895; 32 S. 8.
Greifswald, Med. Fak., Inaug.-Diss. v. 11. Apr. 1895

Schulze, G., der kleine Katechismus Dr. Mart. Luthers f. Schul- u. Pfarrunterricht erklärt u. mit e. Anh. versehen. 8. (104 S.) Wesel 873. Bagel's Sort. n. — 50

[F.] Katechismuserläuterung nach ihrer Einheit u. Verschiedenheit im evangelischen Schul- und Pfarrunterrichte. E. theoret.-prakt. Anweisg v. Georg **Schulze,** Regiergs- u. Schulr. . . . *Halle a. d. S.: H. Schroedel 1898.* (VII, 174 S.) 1 Bd 8. 98. 11238

Schulze, *Georg* [Dir. Dr.]: Der jetzige Lehrplan des Französischen Gymnasiums. Berlin, Imprimerie A. Haack, *1895;* 3—41 S. 4.
Berlin, Collège royal français, P 1895 (53)

—— deutsches Lesebuch für evangelische Volksschulen. Für drei- und mehrklass. Schulen bearb. 2 Tle. gr. 8. Gütersloh, Bertelsmann. [1. Tl. 2. Abdr. (148 S.) 885. ** 80 Pf.; 2. Tl. (511 S.) 884. ** ℳ 1.75.] **

—— Deutsches Lesebuch für evangelische Volksschulen. Für drei- und mehrklassige Schulen bearb. 2 Tle. gr. 8. Gütersloh, Bertelsmann. [1. Tl. 5. Abdruck. (148 S.) 891. geb. * — 80; 2. Tl. 5. Aufl. (511 S.) 892. geb. * 1 75.] * 2 55

[F.] Deutsches Lesebuch für evangelische Volksschulen. Von G[eorg] **Schulze** . . . Mittelstufe & Oberstufe. *Gütersloh: C. Bertelsmann 1898.* 2 Bde 8.
Mittelstufe. N. Aufl. (8. Abdr.) (144 S.) Oberstufe. 7. Aufl. (552 S.) 98. 8274 M.

Schulze, G[eorg]: Deutsches Lesebuch für evangelische Volksschulen. Mittelstufe [u.] Oberstufe. Gütersloh: C. Bertelsmann 1899–1900. 2 Bde 8°
Mittelstufe. Neue Aufl. (10. Abdr.) 1899. Oberstufe. 9. Aufl. 1900.

— dasselbe. Mittelstufe. Ausg. B (erweitert). gr. 8. (304 S.) Ebd. 900. Geb. in Halbldr. n.n. 1. 20

— deutsches Lesebuch f. evangelische Volksschulen. Oberstufe. (In mehrklass. Schulen auch schon f. die obere Mittelstufe.) 10. Aufl. gr. 8. (552 S.) Gütersloh 900. C. Bertelsmann. n. 1. 60; geb. in Halbldr. n.n. 1. 75

Deutsches Lesebuch für evangelische Volksschulen. Bearb. von G[eorg] Schulze, Reg.-u. Schulrat. 12. Aufl. Oberstufe. Gütersloh: C. Bertelsmann 1905. 8° [J.]

Schulze, Georg von. Der Prinz. Dramatische Kleinigkeit in einem Aufzug. Gr.-8. (16 S.) —.30
Preßburg: G. Heckenast's Nachf. 1891.

Schulze, Georg, Direktor Dr.: Richtlinien für den Unterricht in der Deutschen Satz- und Wortlehre. Berlin 1905: A. Haack. (III, 31 S.) 8° [J.]
Berlin, k. Französisches G OP 1905 (57)

[Kopft.:] **Schulze,** *Georg* [Dr., Dir.]: An die Eltern unserer Schüler und deren Stellvertreter *über die Veränderungen in der Lehrverfassung der Anstalt. Berlin, 1893;* 4 S. 4.
Berlin, Collège royal français, P 1893 (53)

Schulze, (*Edmund Paul*) *Georg* Zur Verständigung. 4 (S 3—7).
Progr. I. höh. Bürgersch. *Berlin* 1887 (105)

Schulze, G[eorg]: Wegweiser für das Gütersloher Lesewerk. Erste u. zweite Fibel. Deutsches Lesebuch Mittel- u. Oberstufe. Gütersloh: C. Bertelsmann 1899. (66 S., 1 Bl.) 8°

— die Prov. Westfalen. (Umschlag: Heimatskunde der Prov. Westfalen.) Allen Freunden u. Lehrern Westfalens gewidmet. gr. 8. (VIII, 559 S.) Minden 900. M. Bolkening. n. 5. —; geb. n. 6. —

Schulze, Geo. Oberharzische Zitter. Oberharzische Gedichte. Nach dem Tode des Verf. hrsg. von seinem Sohne W. Schulze. 2. verm. Ausg. 8. (VI, 139 S.) Clausthal 885, Grosse'sche Buchh. *

Schulze, Georg Friedrich (Lage/Mecklbg.) A. S. 573/8

Dissertatio inauguralis iuridica de statutorum proprietalium obligandi principiis eorumque authentica interpretatione. Präs. Franz Philipp Breitsprecher. Greifswald (Röse) 9. III. 1773. 24 S. 31866

Schulze, Georg M.

Schulze, Geo. M., nicht Wlh., († 1813 od. 1814.) Anweis. zu der Rechenkunst auf Linien für Kinder. 8. Leipz. 799. Fr. Fleischer. 4 gr.

Schulze, Georg Otto Heinr. [illegible] Neustettin [illegible] De mania puerperali. Berolini [illegible] 32 S. 8°
Berlin Med. Diss. v. 24 Juli [illegible]

Schulze, Georg Wilhelm

Schulze, Geo. Wilh., s. a.: Immanuel, Wilh.

Schulze, Georg Wilhelm: Danklied des heimkehrenden preussischen Siegesheeres. Gedenkblatt der tapfren preussischen Armee gewidmet. Gedicht v. Georg Wilhelm Schulze. Musik v. G. Gottfried Weiss. Berlin. (1864.) 2 Bl. 4°

Schulze, Geo. Wilh., das Gleichnis vom verlorenen Sohne. Dem Christenvolke an's Herz gelegt und mit einer Zugabe in Liedern dargereicht. 1. Aufl. * 16 Ngr. und 2., verm. Aufl. br. 8. (XXII und 286 S. mit 1 Titelbilde in Holzschn. von Carl Andreä.) Berlin 861, [Beck.] 27 Ngr.; cart. geb. *

Schulze, Geo. Wilh., das Gleichnis vom verlorenen Sohne. Dem Christenvolke an's Herz gelegt und mit einer Zugabe in Liedern dargereicht. 3.—5., unveränd. Aufl. br. 8. (XXVIII und 310 S. mit 1 Titelbilde in Holzschn. von Carl Andreä.) Berlin 864—67, Beck.

Schulze, Geo. Wilh., das Gleichnis vom verlorenen Sohne. Dem Christenvolke an's Herz gelegt und mit einer Zugabe in Liedern dargereicht. Mit 1 Titelbilde von Carl Andreä. 7. und 8. sehr verm. Aufl. (XXVIII, 355 S.) 887; 9. sehr verm. Aufl. 8. (XXIV, 382 S.) Braunschweig 888, Schwetschke und Sohn. * M 2.—; geb. *

— das Gleichnis vom verlorenen Sohne. Dem Christenvolke an's Herz gelegt u. m. e. Zugabe in Liedern dargereicht. Mit e. Titelbilde v. Carl Andreä. 10. Aufl. 8. (XXIV, 382 S.) Braunschweig 890. C. A. Schwetschke & Sohn. n. 2. —

—— geistliche Lieder. 1. Aufl. 1858. 1 Thlr. und 2. und 3., verm. Aufl. gr. 16. (XVI und 304 S.) Halle 859. 61, Mühlmann. 27 Ngr.; geb.

—— geistliche Lieder. 4.—6. Aufl. 27 Ngr. und 7.—9. Aufl. gr. 16. (XVI und 310 S.) Halle 862—67, Mühlmann. geb. mit Goldschn.

— geistliche Lieder. 7—10. Aufl. Halle 865—71. Mühlmann. gr. 16. (XVI, 310 S.) 1 Thlr; geb. mit Goldschn. 1 Thlr 8 ngr.

Schulze, Geo. Wilh., geistliche Lieder. 10. Aufl. 1871, und 11. Aufl. gr. 16. (XVI, 310 S.) Halle 875, Mühlmann. geb. mit Goldschn.

Schulze, Geo. Wilh., geistliche Lieder. 12. Aufl. 16. (XVI, 310 S.) Halle 880. Mühlmann. 3. —; geb. m. Goldschn. n. 3. 80

—— dass. — 13. Aufl. 16. (XVI, 355 S.) Ebendas. 884. geb. mit Goldschn. *

—— geistliche Lieder. 14. und 15. verm. unveränd. Aufl. 16. (XVI, 355 S.) Halle 886,87, Mühlmann's Verlag. geb. mit Goldschn. *

—— Geistliche Lieder. 16. verm. Aufl. (XVI, 354 S.) 889; 17. u. 18. Aufl. (XVI, 362 S.) 890,91; 19.—21. verm. Aufl. (XVI, 364 S.) 8. Halle 891,92, Mühlmann's Verlag. 3 —; geb. m. Goldschn. * 3 80

— geistliche Lieder. 18.—24. Aufl. gr. 16. (XVI, 374 S.) Halle 891—894. R. Mühlmann's Verl. Geb. in Leinw. m. Goldschn. n. 3. 50

— dasselbe. 26. Jubiläums-Ausg. 8. (XVIII, 471 S. m. 1 Photograv.) Ebd. 894. Geb. in Leinw. u. Celluloid m. Goldschn. n. 6. —

— geistliche Lieder. 29. Aufl. 12. (XVI, 374 S.) Halle 897. R. Mühlmann's Verl. Geb. in Leinw. m. Goldschn. n. 3. 50

— geistliche Lieder. 31. u. 32. Aufl. 12. (à XVIII, 390 S.) Halle (900). R. Mühlmann's Verlag. Geb. in Leinw. m. Goldschn. n. 3. 50

Geistliche Lieder von Georg Wilhelm **Schulze.** 37. Aufl. mit e. 'Musik-Anh.' Halle: R. Mühlmann 1906. (XVI, 390, 30 S.) 8° [J.]

Schulze, Geo. Wilh., geistl. Lieder. 39. Aufl. Nebst: Musikalischer Anh. zum Gebrauch der Hausgemeine. (XVIII, 390 u. 30 S.) kl. 8. Halle 911. R. Mühlmann's Verl. Geb. in Leinw. m. Goldschn. u. geh. 3. 50

Schulze, Geo. Wilh., Niemand hat Gott jemals gesehen. So wir uns unter einander lieben, so bleibet Gott in uns, und seine Liebe ist völlig in uns. Preispredigt über 1. Joh. 4, 12. am Sonntage Exaudi in der Universitätskirche in Göttingen gehalten. Göttingen 854. Dieterich. gr. 8. (28 S.) n. 3½ ngr.

– Staat u. Christentum in ihren gegenseitigen Verhältnissen. Theologisch-philosophischer Versuch. Jena 867. Fr. Frommann. gr. 8. (34 S.) 7½ ngr

—— die Thränen Christi, den Christen eine Predigt der Gnade und des Zornes Gottes. Predigt über Luc. 19, 41—48, am 10. Sonnt. nach Trin. 1859 in Berlin gehalten. 1—3. Aufl. 1859. * 2½ Ngr., 4. und 5. Aufl. 1860. 3¾ Ngr. und 6. Aufl., mit Vorwort und Schlußwort vermehrt. gr. 8. (31 S.) Berlin 861, [Beck.]

Schulze, Gottlob Ernst

. (Glo. E. **Schulze**'s) Aenesidemus, od. üb. d. Fundamente der v. Reinhold gelieferten Elementar-Philos.; nebst e. Vertheid. d. Skepticismus gegen d. Anmass. der Vernunftkritik. *Helmst.*, Fleckeisen. 792. 8° 1ß 4gl

Vgl. Aenesidemus.

Schulze, Glo. Er., († d. 14. Jan. 1833.) psychische Anthropologie. gr. 8. Götting. 815. 2e A. 819. 3e A. 826. Vandenhöck u. R. 2 ß 16 gl

Psychische Anthropologie. Von Gottlob Ernst Schulze. Göttingen: Vandenhoeck & Ruprecht 1816. XVI,610 S. 8°

Psychische Anthropologie. Von Gottlob Ernst Schulze 2.,verb.u.verm.Ausg. Bd [1.]2. Göttingen: Vandenhoeck & Ruprecht 1819. XVI,700 S. 1 Bd 8°
[Bd 1:] 1819.
Bd 2: Welcher die Lehre vom Gemüthe enthält. 1819.

Schulze, (G. E.,) psychische Anthropologie. 3e Ausg. Größtentheils neue Ausarbeitung. gr. 8. Göttingen. 826, Vandenhöck u. R.

(Glo. E. **Schulze**): einige Bemerkk. üb. Kant's philos. Rel.-L. *Kiel*, n. akad. B. 795. gr8° 12gl Vgl. Bemerkungen, ...

— üb. die Entdeckung, daß Leibnitz ein Katholik gewesen sey. 8. Götting 827. Vandenhöck u. R. 6 gl

— Encyklopädie der philosoph. Wissenschaften, zum Gebr. f. seine Vorlesungen. gr. 8. Götting. 814. 2e Aufl. 818. 3e A. 824. Vandenhöck u. R. 1 ß 4 gl

— encyklopädie der philosophischen Wissenschaften, zum Gebr. für seine Vorlesungen. 3e verb. u. verm. Ausg. gr. 8. Göttingen 824, Vandenhöck u. R.

Schulze, Gtlo. Ernst, über d. menschliche Erkenntniß. gr. 8. (22 B.) Göttingen 832, Vandenhoeck u. Ruprecht.

— Grundriß der philosophisch. Tugendlehre. gr. 8. Götting. 816. Vandenhöck u. R. 16 gl

— Grundriß d. philosoph. Tugendlehre. gr. 8. Ebendas. 817.

— Grundriß der philosoph. Wissenschaften. 2 Thle. 8. Wittenb. 788, 90. Zimmermann. 1 ß 16 gl

Glo. E. **Schulze**'s Grundsätze d. allgem. Logik. (*Helmst.*, Fleckeisen. 802-810. 3-4e A. *Gött.*, Vandenhöck u. R. 817-22.) 5e A. *Eb.* 831. gr8° 20gl

— Grundsätze der allgem. Logik. gr. 8. Helmst. ... 2e A. 810. Fleckeisen. 18 gl 3e A. gr. 8. Götting. 817. 4e A. 822. 5e A. 831. Vandenhöck u. R. 20 gl

— Grundsätze der allgemeinen Logik. gr. 8. 2te Aufl. Ebend. 818.

— Kritik d. theoretischen Philosophie. 2 Bde. gr. 8. Hamb. Bohn. 801.

— Kritik der theoretisch. Philosophie. 2 Bde. gr. 8. Hamb. 801. (A. Campe). (Taubert in Leipz.) 5 ß 12 gl

— Kritik der theoretischen Philosophie. 2 Thle. gr. 8. Hamb. 801. Jetzt Verl. v. Weygand in Leipzig.

Glo. E. **Schulze**'s Leitfaden d. Entwickl. d. philos. Principien d. bürgerl. u. peinl. Rechts. *Gött.*, Röwer. 813. gr8° 1ß 16gl

— üb. den höchsten Zweck des Studiums d. Philosophie. 8. Leipz. 789. Hertel. 8 gl

Schulze, Gottlob Leberecht

Schulze, G. L., Andeutungen zu einem zweckmäß. u. fruchtbaren Gebrauche des zweiten Lesebuchs. 8. (7¼ B.) Leipzig 813, Karl Tauchnitz.

Schulze, Gtlo. Lebr., vollständ. Anweisung zu e. gesetz- u. zweckmäß. Einrichtung u. Führung der v. den Volksschullehrern in d. Kgl. Sächs. Landen zu haltenden u. resp. einzureich. Tabellen. Mit verschied. Zusätzen verseh. u. zugleich mit hrsg. v. J. C. H. v. Zobel. Nebst e. angehängt., die Schemata zu der beschrieb. Tabn. enthalt. Bogen. 8. (2½ B. u. 1 B. m. 4 Tab.) Leipzig 830, Herbig. 6 Gr., Schrbp

—— Astronomia per Nic. Copernicum instaurata religionis et pietatis christianae per Mart. Lutherum ad scripturae sacrae normam repurgatae egregia adjutrix Commentat astronom.-theolog. Adjectae sunt adnotationes singulis quibusdam locis illustrandis inservientes. 8 maj. (5¼ B.) Budissae 830. (Lipsiae, Herbig.)

Schulze, G. L., (Kirchenrath,) die Astronomie in populärer Darstellung, s. Lehrbücher, Praktische, 2. Bd.

— kurze Darstell. des Planetensystems unserer Sonne, so weit es für den etwas reifern Verstand der Jugend ohne mathemat. Kenntniß begreifl. ist 2c. 8. Leipz. 809. Baumgärtner. 6 gl 2e verb. u. verm. Aufl. gr. 8. Ebd. 825. 9 gl

— Darstell. des Weltsystems, so weit es für den jugendl. Verstand begreifl. ist. Mit 4 Kpft. 8. Leipz. 811. Baumgärtner. 2 ß 2e Aufl., s. oben: Lehrbuch der Astronomie.

Schulze, Gtlo. Leber., das Elementar-Volksschulgesetz f. die k. sächs. Lande, —— dass. m. Vorw. v. C. B. Meißner, } s. Elementar-Volksschulgesetz.

Schulze, Glo. Leber., Erläuterungen zu der Schrift: Das veranschaulichte Weltsystem, oder die Grundlehren der Astronomie und deren leichte und sichere Veranschaulichung durch eigenthümliche Versinnlichungswerkzeuge; nebst genauer Beschreibung dieser Werkzeuge und vollständiger Anweisung zu deren vielseit. Gebrauche. 2e ganz umgearb. Aufl. mit 1 Steindrucktafel. gr. 8. Dresden 837. (Leipzig, K. Tauchnitz.) [illegible]

Schulze, (G. L.) die vorzüglichsten Gegenstände des Landschulwesens u. d. Verbesserung desselben. Mit besond. Rücksicht auf die Kön. Sächs. Oberlausitz. Mit 1 Steintaf. gr. 8. Budissin 826, (Leipz., Herbig.)

—— kleines mathemat. Hand- u. Hülfsbuch z. Verständniß populärer astronom. u. physikal. Schriften u. Vorträge; eine auch zu sonstiger Aus- u. Nachhülfe zu gebrauchende Zusammenstell. u. Erklär. d. wichtigsten u. gemeinanwendbarsten Elementarlehren d. Zahlen- u. Buchstabenrechn., d. Geometrie u. Trigonometrie. gr. 8. (7½ B. u. 1 Stnt.) Leipzig 839, Fr. Fleischer.

—— der Kampf des evangel. Christen f. seinen Glauben. Eine Predigt, am 25. Juni 1830 gehalt. u. mit einigen Anmerkn in den Druck gegeben. gr. 8. (2 B.) Budissin 830. (Leipzig Herbig.)

— Legographologie od. Anleitung zu einer gründlichen u. naturgemäßen Behandlung des Elementar-Unterrichts im Lesen u. Rechtschreiben; 8. Leipz. 822, Tauchnitz.

—— Legographologie od. Anleitung zu e. gründl. u. naturgemäß. Behandlung des Elementar-Unterr. im Lesen u. Rechtschreiben. 2., verb. u. verm. Aufl. 8. (11½ B.) Leipzig 830, Tauchnitz.

— Lehrbuch d. Astronomie, mit Beschreib. der vorzügl. astronom. Instrumente u. Beobachtungsmethoden. Mit 4 Kpf. 2e Aufl. (der „Darstellung des Sonnensystems") rc. gr. 8. Leipz. 821. Fr. Fleischer. 1 ₰ 8 gr Mit Anh. nebst 2 Kpfr. 1 ₰ 18 gr

Lehrbuch der Astronomie für Schulen. Von Gottlob Leberecht Schulze. [Nur] Anh. Leipzig & Sorau: Fleischer 1823. 8°

— zweites Lesebuch für Elementar-Volksschulen. In Mittelclassen dieser Schulen, wie auch beim häusl. Unterrichte, als Fortsetzung des „Ersten Uebungsbuches für Leseschüler." 8. Leipzig 843, 2. Aufl. 846, K. Tauchnitz. n. 4 ngr

(——) tabellar. Schul-Diarium. Fol. (½ B.) Leipzig 831 Herbig.
Vgl. Schuldiarium, ...

— das Sonnensystem, so wie es jetzt bekannt ist, für Lehrer u. Schüler. gr. 8. Leipz. Benj. Fleischer. 811.

— das Sonnensystem, soweit es jetzt bekannt ist, für Lehrer u. Schüler rc. gr. 8. Leipz. 811. (Fr. Fleischer). 12 gr

Schulze, G. L., Systema solare, carmine latino descriptum; adjectae sunt notae, quibus cum res tum verba paullo obscuriora breviter explicantur, et tabulae aliquot astronomicae. 8maj. Lipsiae, Göschen, 817.

— erstes Uebungsbuch f. Leseschüler. 8. Leipz. 822. 7e verb. Aufl. 828. Tauchnitz. 2 gr

— erstes Uebungsbuch f. Leseschüler. 2e verb. Aufl. 8. Leipz. 825, Tauchnitz.

—— erstes Uebungsbuch f. Leseschüler. 7., verb. Aufl. 8 (6 B.) Leipzig 829, Tauchnitz.

— erstes Uebungsbuch für Leseschüler. Neu stereotypirte, hier u. da verm. Aufl. 8. Ebend. 841, verb. Aufl. 845. n. 2 ngr

Schulze, G. L., erstes Ubungsbuch für Leseschüler. Neue, verm. und verb. Ster.-Aufl. Neuer Abdr. 8. (104 S.) Leipzig 866, Bredt.

Neue astronomische Versinnlichungswerkzeuge und deren vielseitiger Gebrauch, für Lehrer... von Gottlob Leberecht Schulze. Leipzig & Sorau: Fleischer 1823. VIII,70 S. 8°
(= Schulze: Lehrbuch der Astronomie. Anh.)

Schulze, Otto. Lebr., Verzeichniß aller in d. Kgl. Sächs. Landen angestellt. Geistlichen rc., s. Haan, Wilh.

— Wandtafeln z. Erleichterung d. ersten Leseübungen, in Verbindung mit d. „Ersten Uebungsbuche f. Leseschüler" zu gebrauchen. gr. Fol. Leipz. 826, Tauchnitz.

—— Wandtafeln z. Erleichterung d. ersten Leseübungen, in Verbind. mit dem „Ersten Uebungsbuche f. Leseschüler" u. nach der in d. Schrift „Legographologie," so wie in d. Dreßler'schen Bearbeitung ders. (Auszug aus ....) enthalt. Anleit. zu gebrauchen. (2., verb. Aufl.) Imp.-Fol. (17 B.) Leipzig 838, (K. Tauchnitz.)

—— das veranschaulichte Weltsystem, od. d. Grundlehren d. Astronomie u. deren leichte u. sichere Veranschaulichung durch eigenthüml. Versinnlichungswerkzeuge dargest. u. nachgewiesen. Ein Leitfaden f. d. Schul- u. Privatunterr., wie f. d. Selbststud. d. Anfangsgründe d. popul. Astronomie. gr. 8. (7 B. u. 2 Stnt.) Leipzig 838, (K. Tauchnitz.)
Erläuterungen hierzu, s. oben.

Schulze, (Georg. Augustus Frid.) Guido (geb. Stendal 23. 4. 1817): De graviditatis signis. Berolini (1843). (28 S.) 8°
Berlin, Med. Diss. v. 8. Aug. 1843

Schulze, Günther: Über die elektrolytische Gleichrichtung von Wechselstrom. [Halle a. S.] 1908 (Mitteil. a. d. Physik.-Techn. Reichsanst.)

Schulze, Günther: Kondensatoren großer Kapazität. Wien 1909 (Mitteil. a. d. Physik.-Techn. Reichsanst.)

Schulze, G: Spannungsgefälle an Aluminiumanoden. Leipzig 1907 (Mitteil. a. d. Physik.-Techn. Reichsanst.)

Schulze, Günther: Über den Spannungsverlust im elektrischen Lichtbogen. 1903. 53 S. 8° ¶ Ausz. in: Annalen d. Physik. Bd 317. Folge 4, Bd 12.
Hannover, Dr.-Ing.-Diss. v. 11. 12. 1902

Schulze, G.: Temperatur nichtleuchtender ... Flammen, s. Kurlbaum, Ferdinand

Schulze, G.: Pyrometrische Untersuchungen, s. Kurlbaum, Ferd.

Schulze, G: Über die elektrolytische Ventilwirkung der Metalle Magnesium, Antimon und Wismut. Leipzig 1907 (Mitteil. a. d. Physik.-Techn. Reichsanst.)

Schulze, G: Die elektrolytische Ventilwirkung des Niobs und eine Klassifizierung des Verhaltens elektrolytischer Anoden. Leipzig 1908 (Mitteil. a. d. Physik.-Techn. Reichsanst.)

Schulze, G: Über die elektrolytische Ventilwirkung der Metalle Zink, Cadmium, Silber und Kupfer. Leipzig 1908 (Mitteil. a. d. Physik.-Techn. Reichsanst.)

Schulze, G: Über das Verhalten von Aluminiumanoden. Leipzig 1906 (Mitteil. a. d. Physik.-Techn. Reichsanst.)

Schulze, G: Über das Verhalten von Tantalelektroden. Leipzig 1907 (Mitteil. a. d. Physik.-Techn. Reichsanst.)

SCHULZE, Gustav (München): Beitrag zu den Krümmungsveränderungen der Hornhaut nach Staaroperationen. - München: Straub 1892. 16 S.
30.4.1892 - Chr 1891/92,28; Jv 1891/92,210
Diss. Ingolst.-Landsh.-Mchn.

Schulze, Gustav: Beiträge zur Landes- und Siedelungskunde des Fichtelgebirges. Borna-Leipzig 1909: Noske. IV, 126 S. 8°
Leipzig, Phil. Diss. v. 27. Juli 1909, Ref. Partsch, Stieda
[Geb. 13. Sept. 78 Leipzig; Wohnort: Leipzig-Stötteritz; Staatsangeh.: Sachsen; Vorbildung: Sem. Rochlitz bis 99, Wahlfähigkeitszeugnis 01; Studium: Leipzig 6 S.; Rig. 29 Juli 08.] [U 09. 3061

Schulze, Bericht üb. die am 19. Oktbr. 1890 in der Predigerkirche zu Erfurt geh. Zeitpredigt v. Sch., betr. den Massenaustritt aus d. Kirche. 3. Aufl. 12. (9 S.) Erfurt 890. Neumann. — 15

[F.] Bethanien. Die ersten fünfzig Jahre u. der gegenwärtige Stand des Diakonissenhauses Bethanien zu Berlin. (Vf.: [G.] Schulze, Pastor.) *(Berlin): Zu haben im Diakonissenhause; (Diesdorf b. Gabersdorf, Kr. Striegau: Buchdr. d. Schreiberhau-Diesdorfer Rettungsanstalten) 1897.* (x, 469 S., 6 Taf., 1 Pl.) 1 Bd 4. [97. 494]

Schulze, Gust., zur Einheitlichkeit der Christenlehre im Schul- u. Pfarrunterricht, s.: Sammlung pädagogischer Vorträge.

Schulze, Gust., „Engel Gottes steigen auf u. nieder". Konfirmationsrede, am 26. März 1893 in der Predigerkirche zu Erfurt geh. gr. 8. (11 S.) Erfurt 893. (H. Neumann.) n.n. — 25

Schulze, Gust., „fahre auf die Höhe!" Konfirmationsrede, am 7. Apr. 1895 in der Predigerkirche zu Erfurt geh. gr. 8. (10 S.) Erfurt 895. (H. Neumann.)

In den Fußstapfen des alten Glaubens. 8 Predigten zum Zeugnis wider allerlei Irrlehre. Von Gustav Schulze, Pastor in Berlin. *Berlin: Berl. Stadtmiss. (1902).* (115 S.) 8° [F.] [03. 30640]

Schulze, Gust., in den Fußtapfen des alten Glaubens. 8 Predigten zum Zeugnis wider allerlei Irrlehre. 8. (115 S.) Berlin (902). Vaterländ. Verlags- u. Kunstanstalt. n. 1. —; geb. in Leinw. n. 1. 80

Schulze, Gust. (geb. Greiffenberg in d. Uckerm. 24. 8. 1849): Ueber Grössenbestimmung der Lungencavernen vermittelst Resonatoren. Berlin (1875). (24 S.) 8°
Berlin, Med. Diss. v. 7. Aug. 1875

— u. F. Baade, Heimatskunde d. Kreises Ruppin, vornehmlich f. Lehrer u. Schüler bearb. gr. 8. (IV, 106 S.) Neu-Ruppin 890. Petrenz. n. 1. 75

Schulze, Gust., der Fuldaer Hirtenbrief im Lichte der Thatsachen. Vortrag, in der Versammlg. d. „Evangel. Bundes" in Erfurt geh. 8. (44 S.) Erfurt 890. Bartholomäus. n. — 40

— das Magnifikat od. der Lobgesang der Jungfrau Maria „Meine Seele erhebt den Herrn", ausgelegt. 12. (IV, 96 S.) Leipzig 900. A. Deichert Nachf. n. 1. 20; geb. n. 2. —

Schulze, Gust., Maja, Gedichte. 8. Naumb. 821. (Wild). 20 ℛ

Schulze, Gust., üb. Moralpredigten, ihre Berechtigung, Zweckmäßigkeit u. rechte Beschaffenheit. Homiletische Studien u. Erwäggn., den Mitarbeitern im Predigtamt vorgelegt. gr. 8. (VII, 108 S.) Leipzig 886. Fr. Richter. n. 1. 40

Schulze, Gustav [aus Magdeburg]: Ueber die N-Oxychlorphosphine der aromatischen Amine und einige Derivate derselben ... Rostock, C. Boldt'sche Hof-Buchdr., 1894; 37 S. 8.
Rostock, Phil. Fak., Inaug.-Diss. v. [2. Aug.] 1894

Schulze, Gustav: * De optimismo Leibnitii.
Halle-Wittenberg, Phil. Diss. v. 15. März 1876
Geb. [Wellersdorf (Kr. Sorau, Niederlaus.) 20. 6. 1851]
Von der Hallischen philos. Fakultät prämiierte Krugsche Preisschrift v. 1875. Ms. fehlt. — Verf. erlebte die Diplomerneuerung 1926 als Lic. theol., Pastor em. in Erfurt.

— Predigten f. sittlich Strebende u. religiös Suchende. gr. 8. (XV, 142 S.) Erfurt 886. Neumann. n. 2. —

Rede beim Festgottesdienst mit Ratskirchgang zur Feier d. 100jähr. Zugehörigkeit Erfurts zu Preussen am 21. August 1902 in d. Rats- u. Predigerkirche zu Erfurt geh. von Lic. Dr. Gustav Schulze, Pastor. *Erfurt: H. Neumann 1902.* (14 S.) 8° [F.] [03. 490]

Schulze, Gust., „vom Reiche Gottes" und „vom Danken". Zwei Predigten. gr. 8. (IV, 32 S.) Langensalza 880, Huschke's Buchh. *

—— die Religion, ein Bedürfnis des menschlichen Herzens. Predigt über Psalm 42, 2. 3. 12. gr. 8. (20 S.) Langensalza 882, Wendt und Klauwell. *

—— über Seelenruhe, ihre Hindernisse und Hilfsmittel. Ein Beitrag zur prakt. Seelenlehre. Vortrag, in Erfurt und Mühlhausen gehalten. Mit Zusätzen versehen. gr. 8. (24 S.) Erfurt 884, Neumann. **

—— vom Segen der Krankheit. Predigt, gehalten am 22. Octbr. 1882 in der St. Michaeliskirche zu Erfurt. gr. 8. (15 S.) Erfurt 882, (Keyser'sche Buchh.) *

—— die sittliche That, ihr Wesen, Wert und religiöser Charakter. Eine religiös-eth. Betrachtung. gr. 8. (16 S.) Erfurt 885, (Neumann.) **

— Tropfen aus stillen Wassern. Mitteilungen aus der geistl. Praxis des Diakonissenhauses Bethanien zu Berlin. 8. (VII, 303 S.) Ebd. 902. n. 4. —; geb. n.n. 4. 80

— „Tröstet, tröstet mein Volk." Antrittspredigt, am 1. Pfingsttag, 9. Juni 1889 in der Predigerkirche zu Erfurt geh. gr. 8. (14 S.) Erfurt 889. (Neumann.) n.n. — 25

—– der Unterschied zwischen der katholischen und evangelischen Sittlichkeit, s. Flugschriften des Evangelischen Bundes.

Schulze, Gustav, a. Orizaba (Mexiko): Die geologischen Verhältnisse des Allgäuer Hauptkammes von der Rotgundspitze bis zum Kreuzeck und der nördlich ausstrahlenden Seitenäste. (Mit einer Karte, einem tektonischen Übersichtskärtchen, zehn Profilen und vier Abbildungen.) München 1905: C. Wolf & Sohn. (38 S.) 8° ¶ Aus: Geognostische Jahreshefte Jg. 18, 1905
Leipzig, Phil. Fak., Ref. Credner, Zirkel, Diss. v. 9. Febr. 1906
[Geb. 27. Sept. 81 Orizaba; Wohnort: London; Staatsangeh.: Mexiko; Vorbildung: Real- und Industriesch. München Reife M. 99; Studium: München T.H. 1, Leipzig 5, München 3 S.; Rig. 2. Febr. 05.]

—— die neueste französische Volksschule im Lichte der Weltausstellung in Amsterdam. Ein Spiegelbild. gr. 8. (45 S.) Neuwied 884, Heuser's Verlag.

—— Vorschläge zur Revision resp. Ergänzung der preußischen Sonn- und Festtags-Liturgie. Ein Conferenz-Vortrag. Mit einem Anhang. gr. 8. (IV, 48 S.) Magdeburg 881, Heinrichshofen's Verlag.

— über den Widerstreit der Pflichten. Zeitgemäße eth. Studien über Sittengesetz, Gewissen u. Pflicht, denkenden Christen dargeboten. gr. 8. (XII, 176 S.) Halle 878. Niemeyer. n. 3. 60

Schulze, G(ustav) A(lbert) Ewald: Ueber die Grössenverhältnisse der Holzzellen bei Laub- und Nadelhölzern. Halle a. S. 1882: Gebauer-Schwetschke. 54 S. 8°
Halle-Wittenberg, Phil. Diss. v. 10. Aug. 1882
Geb. Magdeburg 27. 1. 1857. V.
Aus: Zeitschrift f. Naturwissenschaften. Bd 55. Berlin 1882. S. 213–266.

Schulze, G. A., warum ist der Gärtnerstand in den massgebenden politischen Körpern wenig oder garnicht vertreten, — welches ist der Zweck der Strassenbäume im Innern der Grossstadt u. wie erfüllen sie denselben, | s.: Sammlung gemeinnütziger Vorträge u. Abhandlungen auf dem Gebiete des Gartenbaues.

SCHULZE, Gustav Albert Ewald: Welches ist der Zweck der Straßenbäume im Innern der Großstadt und wie erfüllen sie denselben? - Berlin 1881. 64 S.

Schulze, Gustav H.

Schulze, Gust. H., Denkschrift über die Anlegung eines „Nordkanals" zum Zwecke der Verbindung der Spree im Osten Berlins — etwa gegenüber vom Eierhäuschen ab — mit dem Tegeler See, bezw. mit der Havel unterhalb Nieder-Neuendorf unter Hinweisung auf die Beseitigung der unteren Panke, sowie die event. Kassirung der Stettiner Bahn im Norden Berlins und Benutzung des freiwerdenden Bahndamm-Terrains zur Anlegung eines Zweigkanals. gr. 8. (16 S. mit 1 lithogr. Plan und 1 autogr. Taf.) Berlin 882, **F. Luckhardt.** *

Schulze, Gustav Karl Albert

Schulze, Gust. Carl Alb., kleines Passionale, d. i.: Die Geschichte des Leidens und Sterbens unseres HErrn JEsu Christi, nach Dr. Joh. Bugenhagens Zusammentragung aus den heil. vier Evangelien, auf die 40 Wochentage der Fasten vertheilt und mit kurzen Betrachtungen, passenden Liedern und Gebeten versehen. Nebst einigen Beigaben für die drei letzten Tage der Fastenzeit. 8. (VIII, 139 S.) Hannover 888, Feesche. * geb. *

Schulze, Gust. Carl Alb. Kleines Passionale, d. i.: Die Geschichte d. Leidens u. Sterbens unseres HErrn JEsu Christi, nach Joh. Bugenhagens Zusammentragg. aus d. heil. vier Evangelien, auf d. 40 Wochentage der Fasten vertheilt u. m. kurzen Betrachtgn., pass. Liedern und Gebeten versehen. Nebst einigen Beigaben f. die drei letzten Tage, sowie f. die Sonntage der Fastenzeit. 2. durchgesch. u. verm. Aufl. 8. (VIII, 152 S.) Hannov. 890, Feesche.
• 1 ; einfach geb. • 1 30; in Leinw. • 1 50

Kleines Passionale, das ist: Die Gesch. d. Leidens u. Sterbens unseres Herrn Jesu Christi, nach Dr. Joh. Bugenhagens Zusammentragung aus d. heil. 4 Evangelien, auf d. 40 Wochentage d. Fasten vertheilt u. mit kurzen Betrachtungen, passenden Liedern u. Gebeten versehen. Nebst einigen Beigaben f. d. 3 letzten Tage, sowie f. d. Sonntage d. Fastenzeit. Von Gustav Carl Albert Schulze, Pastor zu Berlin. 3. aufs neue durchges. Aufl. *Hannover. H. Feesche 1902* (VIII, 152 S.) 8° [6] ... 7

— Piëtismus, Ritschl'sche Theologie u. Luthertum. gr. 8. (64 S.) Ebd. 890. n. 1.—

Schulze, H. Aufgaben zu schriftlichen Rechenübungen für Bürger- und Elementarschulen. 1—4. **Heft.** (à 16 S.) 8. **Sagan 861, Schönborn.** à Heft 1¼ Ngr.

Inhalt:
Heft 1. Das Rechnen mit unbenannten und gleichbenannten ganzen Zahlen.
„ 2. Das Rechnen mit ungleichbenannten ganzen Zahlen.
„ 3. Das Rechnen mit gebrochenen Zahlen.
„ 4. Zinsrechnung. Procentrechnung. Discontrechnung. Interessenrechnung. Wechselrechnung. Gesellschaftsrechnung. Mischungsrechnung.

—— Auflösungen dazu. 1—4. **Heft.** 8. (19; 20; 23; 19 S.) **Sagan 861, Schönborn.** à Heft 2½ Ngr.

Schulze, H., Aufgaben zu schriftlichen Rechenübungen für Bürger- und Elementarschulen. Vorschule. Zahlenkreis von 1—100. Sagan 862. Schönborn. 8. (16 S.) 1¼ ngr.

—— dass. — 1. Heft 3. Aufl. und 2. Heft 2. Aufl. 8. (à 16 S.) Ebendas. 864. à Heft 1¼ Ngr.

Schulze, H., Aufgaben zu schriftlichen Rechenübungen für Bürger- u. Elementarschulen. 1—4. Heft. (16 S.) Sagan 869,70. Schönborn. 8. 5¼ ngr.
I. 7. nach dem neuen Maaß u. Gewicht völlig umgearb. Aufl. 1¼ ngr.
II. 5. nach dem neuen Maaß u. Gewicht völlig umgearb. Aufl. 1¼ ngr.
III. 3. nach dem neuen Maaß u. Gewicht völlig umgearb. Aufl. 1¼ ngr.
IV. 3. nach dem neuen Maaß u. Gewicht völlig umgearb. Aufl. 1½ ngr.

— Auflösungen zu den Aufgaben zu schriftlichen Rechenübungen. 1—4. Heft. 2. Aufl. **Ebend.** 870. 8. (20, 20, 24 u. 18 S.) **Jedes Heft** 2½ ngr.

Schulze, H. Aufgaben zu schriftlichen Rechenübungen für Bürger- und Elementarschulen. 1.—4. Heft. 8. (à Heft 16 S.) Sagan, Schönborn. à Heft

Inhalt:
Heft 1. Rechnen mit unbenannten und gleichbenannten ganzen Zahlen. 7.—11. nach dem neuen Münzfuß völlig umgearb. Aufl. 873.
„ 2. Das Rechnen mit mehrfach benannten ganzen Zahlen. 7. nach dem neuen Münzfuß völlig umgearb. Aufl. 873.
„ 3. 3. nach dem neuen Maaß und Gewicht völlig umgearb. Aufl. 869.
„ 4. 3. nach dem neuen Maaß und Gewicht völlig umgearb. Aufl. 870.

—— dass. — Auflösungen. 1.—4. Heft. 2. Aufl. 8. (20; 20; 24; 18 S.) Ebendas. 874. à Heft

Schulze, H.: Offener Brief an Hrn. Dir. Dr. Frdr. Dittes in Wien betr. die im „Pädagogium" veröffentlichte Recension unseres „Anschaulich-ausführlichen Realienbuches", s. Kahnmeyer, L.

Schulze, H. Chronik sämmtlicher bekannten Ritter-Orden und Ehrenzeichen, welche von Souverainen und Regierungen verliehen werden, nebst Abbildungen der Decorationen. Aus authentischen Quellen zusammengestellt. Berlin 1855 [–1878]. In Commission bei W. Moeser. [Supplement-Band I: In Commission und gedruckt bei Carl Lindow.] [Supplement-Band II: Gedruckt von F. Marwitz in Berlin. Im Selbstverlage des Verfassers.]
3 Teile. 4°. 2°.
1. Text 1855. (XVIII, ... 1164 S.)
Atlas 1853. Lithogr. Tit. 45 farb. Taf.
II. Supplement-Band 1870. (XIX, 522 S. 67 farb. Taf.)
III. Supplement-Band II. 1878. (XXVII, 229 S. 28 farb. Taf.)
Text auch franz.

Schulze, H., Chronik sämmtlicher bekannter Ritter-Orden und Ehrenzeichen, welche von Souverainen und Regierungen verliehen werden, nebst Abbildungen der Decorationen. Aus authentischen Quellen zusammengestellt. A. u. d. T.: Chronique de tous les ordres et marques d'honneur de chevalerie accordés par des souverains et des régences avec les dessins des décorations. Puisée dans des sources authentiques. Berlin 854. Moeser in Comm. Imp.-4. (XVIII, 1164 S. u. 45 lith. Taf. in Farbendr. in Fol.) n. 65 ₰.

Schulze, H. Chronique de tous les ordres et marques d'honneur de chevalerie accordés par des souverains et des régences avec les dessins des décorations. Supplement. Puisée dans des sources authentiques. — Chronik sämmtlicher bekannten Ritter-Orden und Ehrenzeichen, welche von Souverainen und Regierungen verliehen werden, nebst Abbildungen der Decorationen. Supplement-Band. Aus authentischen Quellen zusammengestellt. Fol. (XIX, 522 S. deutscher und französ. Text, mit 67 chromolithogr. Taf.) Berlin 870, (Lindow.) cart. *
Hauptwerk. 1855. (*ℳ 195.) *ℳ 120.

Schulze, H. Chronique de tous les ordres et marques d'honneur de chevalerie accordés par les souverains et des régences avec les dessins des décorations. Supplément. Puisée dans les sources authentiques. — Chronik sämmtlicher bekannten Ritter-Orden und Ehrenzeichen, welche von Souveränen und Regierungen verliehen werden, nebst Abbildungen der Decorationen. 2. (Schluss-)Suppl.-Bd. Aus authent. Quellen zusammengestellt. Fol. (XXVII, 229 S. deutscher und französ. Text mit 28 chromolithogr. Taf.) Berlin 878, H. Schulze. Elisabeth-Ufer Nr. 46.
Hauptwerk und 1. Suppl.-Bd. Ebendas. 1855,70. ℳ 240.; compl. ℳ 300.

(Schulze.) Denkwürdigkeiten aus dem Leben des verstorbenen Oberpolizeidieners Schulze, Dannebrogs-Mann, namentlich während seiner Dienstzeit in der holländ. Armee, als Theilnehmer am Griechischen Freiheitskampfe, und als Begleiter der Naturforscher Hemprich und Ehrenberg auf ihren Reisen in Nord-Afrika. Verfaßt von ihm selber. Kiel 858. Akademische Buchhdlg. in Comm. 8. (40 S.) n. 9 ngr.

Schulze, Denkwürdigkeiten, s. a. Denkwürdigkeiten.

– Hr. Dr. Dittes als Verteidiger e. verunglückten Recension, s. Kahnmeyer, L.

Die Einweihungsfeier des neuen Tempels der Loge zum Oelzweig in Bremen. [Von H. Schulze.] Ms f. Brr Frmr. 5. Nov. 1899. o. O. u. J. 40 S. 8°
Nach schriftl. Angaben d. Rekt. Kneisner, Hamburg.

Schulze, H., der kleine Katechismus Dr. Martin Luthers f. den Schulunterricht bearb. 3 Tle. 8. Bielefeld 904. Velhagen & Klasing. à n. 1. 80
I. 1. Hauptstück. (IV, 150 S.) — II. 2. Hauptstück. (140 S.) — III. 3., 4. u. 5. Hauptstück. (142 S.)

Schulze, H., u. W. Steinmann, Kinderschatz. Deutsches Lesebuch für das früheste Jugendalter, zugleich als Stoff für Erzähl- u. Gedächtniß-Uebungen. Mit e. Vorw. v. Tellkampf. 12. ($10^5/_6$ B.) Hannover 846, Ehlermann. —

—— dass. 2. Thl. 2 Abthlgn. Ebds. 847. [Abthl. 1. (9 B.) 5 Ngr. 2. ($10^1/_2$ B.) $6^1/_4$ Ngr.] —

Schulze, H., u. W. Steinmann, Kinderschatz. Deutsches Lesebuch für Elementarclassen. Nach dem kindlichen Fassungsvermögen zusammengestellt. Mit einem Vorwort von Tellkampf. 1. Thl. 2 Abthlgn. [Stufe I u. II u. Stufe III u. IV.] 2. Aufl. 8. (XII u. 242 S.) Hannover 848, Ehlermann. — 3. Aufl. 12. (XII u. 257 S.) Ebd. 851. — 2. Thl. 2 Abthlgn. 8. (1: VIII u. 136 S. 2: VI u. 162 S.) Ebd. 847. (I. Thl. jede Abth. einzeln à n. 1/6 ℛ beide zusammen 1/4 ℛ II. Thl. 1. Abth. 1/6 ℛ 2. Abth. $6^1/_4$ ngr) 5/8 ℛ (feine Ausg., siehe: Kinderschatz.)

Schulze, H. und W. Steinmann, Kinderschatz. 1. Thl.: Deutsches Lesebuch für das früheste Jugendalter. Nach dem kindl. Fassungsvermögen stufenmäßig geordnet. Mit einem Vorworte von Tellkampf. 4. Aufl. gr. 12. (XII und 252 S.) Hannover 854, Ehlermann.

—— —— dass. — 2. Thl.: Deutsches Lesebuch für das Alter von 7—9 Jahren. 2., umgearb. Aufl. 8. (X und 302 S.) Ebds. 854. *

—— —— dass. — 3. Thl.: Deutsches Lesebuch für die obere Elementarclasse und die untere Classe höherer Lehranstalten. gr. 8. (VIII und 312 S.) Ebds. 854. * –

Schulze, H. und W. Steinmann, Kinderschatz. 1. Thl.: Deutsches Lesebuch für das früheste Jugendalter. Nach dem kindl. Fassungsvermögen stufenmäßig geordnet. Mit einem Vorworte von Tellkampf. 5—9. Aufl. 8. (XII und 259 S.) Dresden 857—61, Ehlermann. *

Schulze, H., und W. Steinmann, Kinderschatz. 3 Thle. Dresden, Ehlermann. 8.
1. Thl.: Deutsches Lesebuch für das früheste Jugendalter. Nach dem kindlichen Fassungsvermögen stufenmäßig geordnet. Mit einem Vorworte von Tellkampf. 6—11. Aufl. 859—62. (XII, 259 S.) n. $7^1/_2$ ngr — 12. Aufl. 863. (XII, 259 S. u.: Kinderschatz-Lieder von H. Keyl. IV. 68 S.) n. $10^3/_4$ ngr
2. Thl.: Deutsches Lesebuch für das Alter von 7—9 Jahren. 3., unveränd. Aufl. 861. (X, 286 S.) n. $8^3/_4$ ngr
3. Thl.: Deutsches Lesebuch für die obere Elementarclasse und die untere Classe höherer Lehranstalten. 2., umgearb. Aufl. 863. (XII, 404 S.) n. 12 ngr

Schulze, H. und W. Steinmann, Kinderschatz. 1. Thl.: Deutsches Lesebuch für das früheste Jugendalter. Nach dem kindl. Fassungsvermögen stufenmäßig geordnet. Mit einem Vorwort von Tellkampf. 12. Aufl. 8. (XII und 259 S. und Kinderschatz-Lieder. Von H. Keyl. (IV und 68 S.) Dresden 863, Ehlermann. * –

—— und W. Steinmann, Kinderschatz. 1.—3. Thl. 8. Dresden 868—74, Ehlermann. *
Inhalt:
Thl. 1. Deutsches Lesebuch für das früheste Jugendalter. Nach dem kindl. Fassungsvermögen stufenmäßig geordnet. Mit einem Vorwort von Tellkampf. 20.—29. Aufl. (XII, 259 S.) * 90 Pf.
" 2. Deutsches Lesebuch für das Alter von 7—9 Jahren. 10.—14. unveränd. Aufl. (X, 286 S.) * ℳ 1.
" 3. Deutsches Lesebuch für die obere Elementarclasse und die untere Classe höherer Lehranstalten. 3.—5. Aufl. (VIII, 399 S.) * ℳ 1,40.

— u. W. **Steinmann**, Kinderschatz. 1—3. Thl. 8. Dresden 873—76. Ehlermann. n. 3. 30
1. Deutsches Lesebuch f. das früheste Jugendalter. Nach dem kindl. Fassungsvermögen stufenmäßig geordnet. Mit e. Vorwort v. Tellkampf. 28 Aufl. (XII, 259 S.) n. — 90
2. Deutsches Lesebuch f. das Alter von 7—9 Jahren. 14. unveränd. Aufl. (X, 286 S.) n. 1. —
3. Deutsches Lesebuch f. die obere Elementarklasse u. die untere Classe höherer Lehranstalten. 5. Aufl. (VIII, 399 S.) n. 1. 40

Schulze, H. und W. Steinmann, Kinderschatz. 3 Thle. 8. Dresden, Ehlermann. *
Inhalt:
Thl. 1. Deutsches Lesebuch für das früheste Jugendalter. Nach dem kindl. Fassungsvermögen stufenmäßig geordnet. Mit einem Vorworte von Tellkampf. 30. Aufl. (XII, 259 S.) 876. * 90 Pf.
" 2. Deutsches Lesebuch für das Alter von 7—9 Jahren. 15.—17. Aufl. (286 S.) 875—78. * ℳ 1.
" 3. Deutsches Lesebuch für die obere Elementarclasse und die untere Classe höherer Lehranstalten. 6. und 7. Aufl. (399 S.) 877,78. * ℳ 1,40.

—— und W. Steinmann, Kinderschatz. 3 Tle. Nach der neuen Rechtschreibung bearb. 8. Dresden 880,81, Ehlermann. *
Inhalt:
Tl. 1. Deutsches Lesebuch für das zweite Schuljahr. Mit einem Vorworte von Tellkampf. 31.—34. verb. Aufl. (XII, 252 S.) * 90 Pf.
" 2. Deutsches Lesebuch für das dritte Schuljahr. 18. und 19. Aufl. (IV, 288 S.) * ℳ 1.
" 3. Deutsches Lesebuch für das vierte Schuljahr. 8. und 9. Aufl. (VIII, 399 S.) * ℳ 1,40.

—— und W. Steinmann, Kinderschatz. Deutsches Lesebuch für Vor- und Unterklassen höherer Lehranstalten. Mit einem Vorwort von Tellkampf. 3 Tle. Neu bearb. von H. Schulze und F. Kiel. gr. 8. Dresden, Ehlermann. [1. Tl. 35.—39. Aufl. (XIII, 236 S.) 882—86. * ℳ 1.40.; 2. Tl. 20. und 21. Aufl. (VIII, 264 S.) 884—86. * ℳ 1.50.; 3. Tl. 10. und 11. Aufl. (XII, 330 S.) 882,87. * ℳ 1.80.] *

—— u. W. Steinmann. Kinderschatz. Deutsches Lesebuch für Vor- u. Unterklassen höherer Lehranstalten. 3 Tle. Neu bearb. v. H. Schulze u. F. Kiel. gr. 8. Dresd., Ehlermann. [I. Tl. 42. Aufl. (VI, 236 S.) 891. * 1 40; geb. * 1 90; II. Tl. 24. Aufl. (VIII, 264 S.) 891. * 1 50; geb. * 2 —; III. Tl. 12. Aufl. (XII, 330 S.) 891. * 1 80; geb. * 2 30.] * 4 70; geb. * 6 20

Schulze, H., u. W. Steinmann, Kinderschatz. Deutsches **Lesebuch f. Vor-** u. Unterklassen höh. Lehranstalten. 1. Tl. **Neu bearb. v. H.** Schulze u. F. Kiel. 50. Aufl. Neue **Rechtschreibg. (XII, 253 S.)** 8. Dresden 904. L. Ehlermann. n.n. 1. 60; geb. 2. 10

— Leitfaden beim Turnunterricht in Bürger- und Elementarschulen. Ein Handbuch für Schüler. Nebst einem Anhang bewährter Turnlieder. Sagan 861. Schönborn. 32. (VII, 103 S.) $3^3/_4$ ngr

— Leitfaden beim Unterrichte in der Raumlehre. Ein Handbuch für Schüler an Bürger- u. Elementarschulen. Mit 2 lith. Taf. (in 4.) Leipzig 863. Merseburger. gr. 8. (56 S.) 9 ngr

Schulze, H. u. W. Steinmann

—— —— deutsches Lesebüchlein für das erste Schuljahr. 5.—7. verm., nach der neuen Rechtschreibung bearb. Aufl. 8. (VIII, 144 S.) Ebendas. 873—81. *

– Die Scheingründe der Gegner des Reallesebuchs, s. Kahnmeyer, L.

Schulze, H., Schulbücher, s.: Kahnmeyer, L.

— Zur Umgestaltung d. Unterrichts in der deutschen Sprachlehre. — Der erdkundliche Unterricht auf der Mittelstufe. — Vorstufe f. den deutschen Aufsatz, s.: Kahnmeyer, L.

Schulze, H. u. W. Steinmann

— — Vorschule zum Kinderschatz. I. u. II. Ebend. 857. 8. n. 7½ ngr
I. Lesefibel. (48 S.) n. 2½ ngr
II. Lesebüchlein. (VIII, 156 S.) n. 5 ngr

— — Vorschule zum Kinderschatz. I. u. II. 3. verb. Aufl. Ebend. 869. geb. n.n. 7½ ngr.
1. Lesefibel. (48 S.) n.n. 2½ ngr.
2. Lesebüchlein. (VIII, 136 S.) n. 5 ngr.

Schulze, H. . und W. Steinmann, Vorschule zum Kinderschatz. I. Lesefibel. 3. verb. Aufl. 1869, und 4. Aufl. 8. (48 S.) Dresden 873, Ehlermann. *
geb. **

—— —— dass. — II. Lesebüchlein. 3. Aufl. 1870. * 50 Pf., und 4. Aufl. 8. (VIII, 136 S.) Ebendas. 873. *

—— —— Wandfibel zu der Lesefibel. 24 Taf. qu. gr. Fol. Hannover 857. [Dresden,] Ehlermann. *

Schulze, H. B., 140 Choralmelodien, nach Hiller in Partitur gesetzt, nebst Communiongesängen u. Responsorien, zum Gebrauche f. Seminarien, Gymnasien, Gesangvereine, Bürgerschulen u. Posaunenchöre. 2., verm. Aufl. 4. (11 B.) Zwickau 843, (Richter'sche Buchh.) *

Schulze, H. B., 140 (jetzt 144) Choralmelodien, nach Hiller in Partitur gesetzt, nebst Communiongesängen u. Responsorien z. Gebr. f. Seminarien, Gymnasien rc. 2., verm. Aufl. qu. 4. (11½ B.) Zwickau 844, Höfer'sche Buchdr. (Richter'sche Bh.)

Schulze, H. H., Comment de querela officiosi testamenti successori necessario in genere tali etc. 4. Götting. Brose. 803.

Schulze, Hanns: Angelo Bronzinos Werke. Strassburg 1909: Heitz. 10, XLIV S. 4°(8°) ¶ (Erscheint vollst. in: Zur Kunstgeschichte d. Auslandes.) ℳ 21.
Heidelberg, Phil. Diss. v. 11. Dez. 1909, Ref. Thode
[Geb. 3. Juni 84 Frankfurt a. M.; Wohnort: Heidelberg; Staatsangeh.: Preußen; Vorbildung: Goethe-Gymn. Frankfurt Reife O. 05; Studium: Heidelberg 1, Berlin 1, Heidelberg 7 S.; Rig. 16. Juli 09.] [U 10. 2172

x) = 4° Kst. 11 S [31]

Schulze, Hans, Bemerkungen üb. die Golderze von Guanaco, s.: Pöhlmann, R.

Schulze, Hans, aus Sorau NL.: Ueber moral insanity. *Berlin (1901): E. Ebering.* (43 S.) 8°
Berlin, Med. Diss. v. 5. Febr. 1901

Schulze, Hans, sündige Liebe. Ein Stück Berliner Bohême. 8. (123 S.) Leipzig (901). H. Lautenschläger. n. 1. 50

SCHULZE, HANS. Die Oxydation von Haloidsalzen. Leipzig, 1880.

Im Schuldbuch der Vergangenheit. Erzählung aus Kahlberg u. Cadinen von Hans Schulze. *Berlin: O. Janke [1903].* (169 S.) 8° [Ŗ.]
(Collection Otto Janke.) [04. 1159

Schulze, Hans, über die Umwandlung der Destillationsgefässe der Zinköfen in Zinkspinell und Tridymit, s. Stelzner, A.

Schulze, Hans Rud., Cairo. Bilder u. Studien. Text v. Paul Lindenberg. (9 farb. Taf. u. 18 S. Text. m. z. Tl. farb. Abb.) 46×33,5 cm. Dresden (909). Kunstanstalt Stengel & Co. Geb. 30. —

Schulze, Heinrich

Schulze, Hnr., Beiträge für die Lektüre u. d. Theater. 2 Bdchen. 8. Riga 793. u. 95. Müller. ..

Schulze, Hnr., s. Beitr. für die Lectüre u. d. Theater.

Schulze, H., Beyträge f. d. Lecture u. d. Theater, s.a. Beyträge.

Schulze, Heinr. (geb. Züllichau 2. 10. 1844) Ueber Chlorose. Berlin (1868). (30 S.) 8°
Berlin, Med. Diss. v. 4. Febr. 1868

Schulze, Heinrich, aus Magdeburg: Ueber die stereoïsomeren symm. Dibenzoylaethylendicarbonsäureester und die stereoïsomeren symm. Dibenzoylaethylene. *Erlangen 1903: E. Th. Jacob.* (52 S.) 8°
Erlangen, Phil. Diss. v. 29. Jan. 1901

Schulze H, farbige Elementar-Ornamente. (28 Bl m Text) 4° Reichenbach 1883

Schulze, Heinr., farbige Elementar-Ornamente von aufsteigender Schwierigkeit. Für die Unterstufe höherer Schulen und die Oberstufe mehrklass. Volksschulen, insbesondere auch für höhere Töchterschulen, Fortbildungs- und techn. Schulen mit ausdrückl. Betonung der Farbe entworfen. 10 Lfgn. gr. 4. (59 farb. und 40 schwarze Taf., nebst 1 Farbenkreise.) Leipzig 884,85, T. O. Weigel. à Lfg. * ℳ 3.; in Mappe *
Gratis dazu: Der Zeichenunterricht in Schulen auf zweckmässiger Grundlage. (14 S.)

Schulze-Bentrop, Heinrich, Medizinalprakt.: Ueber einen Fall von Thoracopagus. München 1908: Kastner & Callwey 37 S. 8°
München, Med. Diss. v. 3. Juli 1909, Ref. Döderlein
[Geb. 2. Juli 82 Bentrop; Wohnort: Bentrop; Staatsangeh.: Preußen; Vorbildung: Gymn. Arnsberg Reife O. 03; Studium: Marburg 2, Würzburg 1, Marburg 2, München 5 S.; Coll. 3. Juli 09; Approb 6 Juni 09] [U 09. 3309

Schulze, Heinr., Gedichte. 8. (16 B.) Leipzig 843, [Brauns.] *

Schulze, Heinrich, Dr.: Zur Kenntnis des Akonitins. Leipzig 1906: Metzger & Wittig. (71 S.) 8°
Erlangen, Phil. Fak., Hab.-Schr. v. 1906

Schulze, Heinr., Muster-Sammlung alter Leinen-Stickerei. Zusammengestellt für Haus und Schule. 1.—5. Heft oder 1. Abthl. 4. (à Heft 10 Taf.) Leipzig 887, T. O. Weigel Nachf. à Heft * 80 Pf. *
1. Abthl. in Mappe *
Einzeln à Taf. *
Daran anschließend:
—— und Karl Maiss, Muster-Sammlung alter Leinen-Stickerei. Zusammengestellt für Haus und Schule. 6.—10. (Schluß-)Heft oder 2. Abthl. 4. (à Heft 10 Taf.) Ebendas. 888. à Heft * 80 Pf. *
2. Abthl. in Mappe *

Schulze, Heinr., Ornamentik, Farbenlehre u. Körperzeichnen, s.: Weidmann, F., Lehrgang d. Zeichen-Unterrichts.

—— neue Ornamentmotive [139 Muster], nebst herald. Darstellungen [58 Muster] von Ad. M. Hildebrandt. Ergänzungsheft zum Vademecum des Ornamentzeichners. 1. Aufl. schmal-8. (15 Taf. mit Text auf der Rückseite.) Leipzig 886, T. O. Weigel Nachf. cart. *

— Panorama vom Költschenberge. qu. 16. (3 Steintaf.) Reichenbach i/Schl. 885. Höfer. — 45

— Panorama v. Glatzer Schneeberge. qu. 16. (2 Steintaf.) Ebend. 885. n. — 25

—— Panorama von Ulbrichshöh. qu. 16. (4 Stnt.) Ebendas. 885. *

Schulze, Heinrich: Die lebenden Schnecken und Muscheln von Cüstrin und Umgegend. *Cüstrin* (1890); 67 S. 8°
Cüstrin, Rats- u. Friedrichs-G m. VS, OP 1890

Schulze, Heinr., die Sonntagsfeier im stillen Hause. Christliche Betrachtungen auf Sonntage und Festtage im ganzen Jahre für solche, welche verhindert sind, am öffentl. Gottesdienste Theil zu nehmen. 1. Bd. 1—3. Liefg. Gifhorn 854. Schulze. gr. 8. (S. 1—96.) Jede Liefg. 2⅓ ngr.

Schulze, Heinr., Touristen-Karte des Eulen-Gebirges [nordwestliche Hälfte]. 1 : 25,000. Chromolithogr. qu. Fol. Reichenbach i. Schl. 884, Hoefer. * 1 —

— Vademecum d. Ornamentzeichners. Taschenbuch, enth. 1150 Motive zu Entwürfen in vergrösserter Ausführg. m. fortlauf. Hinweisen in Bezug auf ihre Ausmalg. schmal 8. (11 S. m. 53 lith. u. 3 chromolith. Taf. u. Text auf der Rückseite.) Leipzig 885. T. O. Weigel. geb. n. 4. —

— dasselbe. 2. Aufl. Taschen-Musterbuch, enth. 1210 Ornamentmotive f. dekorative Kunst in Farben, Stoffen, Holz, Metall, Gusswaaren etc. zu Entwürfen in vergrösserter Ausführg. mit vielfachen Hinweisen in bezug auf ihre Färbg. Mit e. Sammlg. herald. Darstellgn., gezeichnet v. Ad. M. Hildebrandt. Mit e. nach 2 Motiven im „Vademecum" ausgeführten farb. Probetaf., sowie 3 Taf. m. 36 Farbenmustern. schmal 8. (11 S. u. 64 Taf. m. Text auf der Rückseite.) Leipzig 886. T. O. Weigel. geb. n. 5. —

Schulze, Heinr., Vademecum d. Zeichenlehrers. Taschenbuch f. Lehrer d. Zeichnens an Volks- u. höheren Schulen, enth. 1150 Motive f. Wandtafel-Entwürfe m. fortlauf. Hinweisen in Bezug auf ihre Ausmalg. schmal 8. (11 S. m. 53 lith. u. 3 chromolith. Taf. u. Text auf der Rückseite.) Leipzig 885. T. O. Weigel. geb. n. 4. —

— der elementare Zeichenunterricht. Praktische Winke f. Zeichenlehrer an Volks- u. höheren Schulen. Mit 180 Fig. (8 Steintaf.). gr. 8. (16 S.) Reichenbach i/Schl. 884. (Hoefer.) n. 1. 50

Schulze, Heinr., der elementare Zeichenunterricht. gr. 8. Reichenbach i. Schl. 884. Berlin, Kittel. [*ℳ 1.50.] * — 80

Schulze, Hermann

Schulze, Herm., Begräbnis-Brevier. Eine Sammlg. v. Trostgebeten zum würd. Gebrauche an Christengräbern, nebst e. Anweisg. f. einfache Begräbnisse zusammengestellt. 8. (VIII, 87 S.) Leipzig 901. R. Wöpke. n. 1.20; geb. n.n. 1.60

(E) Schulze, Herm., Begräbnis-Brevier. 901. — Ursprünglichkeit d. Galaterbriefes. 903. (KBl. 32.) Jetzt: Göttingen, Vandenhoeck & Ruprecht.

Schulze, Herm. (J. F.), nationalökonomische Bilder aus Englands Volksleben. Mit besonderer Berücksichtigung der landwirthschaftlichen und industriellen Verhältnisse. Jena 853. Mauke. gr. 8. (XVI, 383 S.) n. 1 ₰. 20 ngr.

Schulze, Herm., Blätter und Blüthen. Gedichte. Gifhorn 861. Schulze. 16. (VI, 57 S.) 12½ ngr.

Schulze, Hermann, approb. Arzt aus Nordhausen a. H.: Ueber Carcinoma vulvae und seine Prognose. *Leipzig 1903: B. Georgi.* (40 S.) 8°
Leipzig, Med. Diss. v. (12. Juni) 1903

— Chronik von Stadt Naunhof u. Umgegend unter Berücksicht. der zeitweiligen Weltbegebenheiten. gr. 8. (III, II, 134 S. m. 8 [1 farb.] Vollbildern.) Naunhof 898. Günz & Eule. Geb. in Leinw. n. 3. —

Schulze, Herm., die Einführung des neuern Bienenzucht-Betriebes in den Haidgegenden des Königreichs Hannover, s. Bruno, H.

Schulze, Herm. Einleitung in das deutsche Staatsrecht mit besond. Berücksichtigung der Krisis des J. 1866 und der Gründung des norddeutschen Bundes. Neue Ausg. gr. 8. (XVI und 492 S.) Leipzig 867, Breitkopf und Härtel.

Schulze, Hermann: Das Erb- und Familienrecht der deutschen Dynastien des Mittelalters. Ein Beitrag zur Geschichte des deutschen Fürstenrechts. Halle: Waisenhaus 1871. (XI, 127 S.) 8°
(Breslau, Glückwunsch d. jur. Fak. z. 50-jähr. Dr.-Jubil. v. Karl Gustav Homeyer am 28. Juli 1871.)

Schulze, Herm., ausführliche Erklärung v. 80 evangel. Kirchenliedern, s.: Schulze, Otto.

— prakt. Erklärung v. 80 ausgew. Psalmen, s.: Schulze, Otto.

Schulze, H[ermann] J[ohann] F[riedrich]. Extraits du livre intitulé: Position politique de la Principauté de Neuchâtel dans son développement historique et dans sa signification actuelle.... 8. Francfort s. M. 1854.
Ed A.
Ed B *Avec extrait de* la Correspondance prussienne *du* 26 juillet 1854 *au verso du titre*

Schulze, Herm., die Friedensbestimmungen in ihrem Verhältnisse zur Neugestaltung Deutschlands, geschichtlich u. politisch erörtert. [Aus: Schlesische Zeitung.] Breslau 866. Korn. gr. 8. (IV, 53 S.) 6 ngr.

Schulze, (*Franz*) Hermann Über den Gebrauch des unpersönlichen Passiv in der französischen Sprache. 8 (S. 3—14).
Zur Gedächtnisfeier f. d. Senator Ph. F. A. Just G. *Zittau* 1892.
Nicht im Tauschverkehr
Progr.

Schulze, Herm., kurze Geschichte des Kirchenliedes, s.: Schulze, Otto.

Schulze, Herm., Geschichtliches aus dem Lüneburgschen. Geschichte der Aemter und Ortschaften Fallersleben, Gifhorn, Isenhagen, Knesebeck und Meinersen, ferner: des Schlosses zu Gifhorn, des Westerbecker Moores, von Wittingen, der Gaffenburg etc. Nebst Sagen, statist. Nachrichten über sämmtl. Ortschaften obiger Aemter und Aktenstücken. Mit 2 Holzschn. Gifhorn 854. Schulze. 16. (IV, 176 S.) n. 10 ngr.

Schulze, Herm. Geschichtliches aus dem Luneburgschen. Geschichte der Aemter und Ortschaften Fallersleben, Gifhorn, Isenhagen mit Knesebeck und Meinersen. Nebst Sagen, statist. Nachrichten über sämmtl. Ortschaften obiger Aemter und Actenstücken. 2. Aufl. 16. (VI und 200 S. mit der Ansicht der Stadt, des Schlosses und dem Plane der einstigen Festung Gifhorn in Holzschn. in qu. 4.) Gifhorn 863, Schulze'sche Buchh. cart. * —

Schulze, Herm., Geschichtliches aus dem Lüneburgischen. Geschichte der Aemter u. Ortschaften Gifhorn, Fallersleben, Meinersen u. Isenhagen mit Knesebeck. Nebst Sagen, statistischen Nachrichten über sämmtliche Ortschaften obiger Aemter u. Actenstücken. Mit der Ansicht der Stadt, des Schlosses (Holzschntaf.) u. dem Plane der einstigen Festung. 3., verm. Aufl. gr. 8. (VI, 168 S.) Gifhorn 877. Schulze. n. 2. —

— das Gesetz vom 24. April 1854 [betr. die außereheliche Schwängerung] u. die daneben gelt. Bestimmgn. d. Allgemeinen Landrechts nebst den dazu ergangenen Praejudicaten, der Literatur etc. 16. (93 S.) Berlin 873. Guttentag. n. — 75

Schulze, Herm., Grundriss zu Vorlesungen über Völkerrecht. gr. 8. (42 S.) Heidelberg 880. (C. Winter.) n. 1. —

Schulze, Herm., Handbuch f. den Güter-Transport auf sämmtlichen deutschen u. den sich anschließenden fremden Eisenbahnen u. Dampfschiffen mit besonderer Rücksicht für Personen-Beförderung auf Dampfschiffen. Mit 1 (lith.) Eisenbahnkarte (in Fol.) 8. (VIII u. 183 S.) Stettin 847, Effenbarts Erbinn. 3/4 ℔

Schulze, Herm., Handbuch für den Güter-Transport auf sämmtl. deutschen und den sich anschließenden fremden Eisenbahnen und Dampfschiffen mit besond. Rücksicht für Personen-Beförderung auf Dampfschiffen. 8. (VIII und 183 S. mit 1 lithogr. Eisenbahnkarte in Fol.) Stettin 847, (Nagel.) Thlr. -

Schulze, Herm. die Hausgesetze der regierenden deutschen Fürstenhäuser. 1. Bd. gr. Lex.-8. (XVI und 507 S.) Jena (861)62, Mauke. *

Schulze, Herm. die Hausgesetze der regierenden deutschen Fürstenhäuser. Hrsg. und eingeleitet. 2. Bd. Lex.-8. (X, 488 S.) Jena 878, Fischer. *
1. Bd. Ebendas. 1862. *ℳ 12.

— dasselbe. 3. Bd. 1. Abth. Die sächs. Hausgesetze. Lex.-8. (317 S.) Ebend. 881. n. 9. — (I–III, 1.: n. 39. —)
Unter dem Sep.-Titel: Die sächsischen Hausgesetze, zum Preise von 10. — zu beziehen.

Schulze, Herm., die Hausgesetze der regierenden deutschen Fürstenhäuser. Hrsg. u. eingeleitet. 3. Bd. 2. Abth. Lex.-8. (X u. S. 319—794.) Jena 883. Fischer. n. 15. — (I–III.: n. 54. —)

—— Hausverfassung und Hausgesetze des preussischen Königshauses [mit Einschluss des fürstl. Hauses Hohenzollern]. Lex.-8. (260 S.) Ebendas. 883. *
Aus: Die Hausgesetze der regierenden deutschen Fürstenhäuser, besonders abgedruckt.

Schulze: De Homero poeta Achaeo. 18 S.–Stralsund, Progr. 1862

Schulze, Herm(Joh. Friedr), de jurisdictione principum Germanicorum in imperatorem exercita. gr. 8. (83 S.) Jenae 847, Frommann. n. 1/3 ℔

Schulze-Gaevernitz, Herm. v. [Herm. Schulze], Karl August, Großherzog von Sachsen-Weimar, als Fürst und deutscher Patriot. Ein Vortrag. gr. 8. (25 S.) Heidelberg 888, Petters. *

Schulze, Hermann, approb. Arzt aus Zuchau: Zur Casuistik der malignen Adenome des Uterus. *Halle a. S. 1903: C. A. Kaemmerer & Co.* (23 S.) 8°
Halle, Med. Diss. v. 12. März 1903

— der römische Katholicismus gegenüber dem einfachen Evangelium Jesu. Eine kurze Unterweisg. f. Aufklärg. Suchende. gr. 8. (15 S.) Ebd. (901). n. — 10

Schulze, Hermann: Zur Kenntnis der von den Sulfosäuren des α-Naphtols bezw. des α-Naphtylamins sich ableitenden Azofarbstoffe nebst einem Anhang: Ueber Thioketone. *Heidelberg 1897: Ph. Wiese.* (43 S.) 8°
Heidelberg, Naturw.-math. Diss. v. [9. Nov.] 1897

— die Krisis des deutschen Staatsrechts im Jahre 1866. (Nachtrag zur Einleitung in das deutsche Staatsrecht.) Leipzig 867. Breitkopf & Härtel. gr. 8. (X, 128 S.) 22½ ngr.

—— Lehrbuch des deutschen Staatsrechts. 2 Bücher. gr. 8. Leipzig, Breitkopf und Härtel. *
geb. in 1 Bd. *
Inhalt:
Buch 1. Das deutsche Landesstaatsrecht. 3 Lfgn. [1. Lfg. (X, S. 1—308.) 880. *ℳ 5.; 2. Lfg. (IV, S. 309—514.) 881. *ℳ 4.; 3. Lfg. (VII, S. 515—690.) 881. *ℳ 4.] *ℳ 13.
» 2. Das deutsche Reichsstaatsrecht. (X, 417 S.) 886. *ℳ 8.

Schulze, Herm., Lehrplan f. die einklassigen Volksschulen im Reg.-Bez. Merseburg. 2. Aufl., umgearb. u. verb. gr. 8. (110 S.) Breslau 893. F. Hirt. n. 2. 50

Schulze, [Franz] Hermann: Der Luxus bei den Hebräern, besonders in seinen Anfängen. S. 3–12. 8.
Zur Gedächtnisfeier mehrerer um das Gymn. hochverdienter Männer Gymn. *Zittau* 1903.
Progr

Schulze, Herm., μνηστῆρες Πηνελόπης. Fabula graeca. Stralsund 860. Hingst. gr. 8. (23 S.) n. 5 ngr.

— Robert v. Mohl. Ein Erinnerungsblatt, dargebracht zur 500jähr. Jubelfeier der Ruperto-Carola. Mit e. (Lichtdr.-)Bildniß R. v. Mohls. 8. (VII, 100 S.) Heidelberg 886. C. Winter. n. 2. —; geb. n. 2. 80

—— Johann Jacob Moser, der Vater des deutschen Staatsrechts. Ein Vortrag gehalten im wissenschaftl. Vereine zu Berlin. gr. 8. (35 S. mit dem lithogr. Bildniß J. J. Mosers.) Leipzig 869, Breitkopf und Härtel.

—— Neuenburg. Eine geschichtlich-staatsrechtl. Skizze nebst einer Beleuchtung der neuesten schweizer. Denkschrift vom 7. Decbr. 1856. gr. 8. (VII und 48 S.) Berlin 856, Heinicke.

— Neuenburg. Eine geschichtlich staatsrechtliche Skizze nebst einer Beleuchtung der neuesten schweizer. Denkschrift vom 7. Decbr. 1856. 1—3. Aufl. Berlin 857. Heinicke. gr. 8. (VII, 48 S.) 10 ngr.

Schulze, (Henr.) Herm. (geb. Frankfurt a. O. 18. 3. 1817) De onania. Berolini (1842). (29 S.) 8°
Berlin, Med. Diss. v. 4. Juni 1842

[F.] **Schulze**, *Hermann* [Prof.]: Das französische Passiv und seine Ersatzmittel. Zittau, Druck v. R. Menzel, 1895; 39 S. 4.
Zittau, G, OP 1895 (558)

Schulze, H. De Juliani philosophia et moribus. 24 S
Stralsund, Progr. 1839

Schulze, H., de philosophia et moribus Juliani Apostatae. 4maj. (3¼ B.) Sundiae 839, libr. Loeffler.

— aus der Praxis d. Staats- u. Privatrechts. Ausgewählte Rechtsgutachten u. Denkschriften. gr. 8. (334 S.) Leipzig 876. Breitkopf & Härtel. n. 8. —

Schulze, H., Das Recht der Erbfolge in den Sinzendorf - Reussischen Fideicommissherrschaften Haggenberg und Ernstbrunn in Niederösterreich. Mit 2 Stammtfln. Jena 1859. 4. Nicht im Handel.

— das Recht der Erstgeburt in den deutschen Fürstenhäusern u. seine Bedeutung für die deutsche Staatsentwickelung. gr. 8. (XVI u. 456 S.) Leipzig 851, Avenarius & Mendelssohn. n. 2⅓ ℔

— der Rechtsschutz auf dem Gebiete d. öffentlichen Rechtes. Eine Rede zum Antritte d. Rektorats der Universität Breslau am 15. Octbr. 1873 geh. gr. 8. (26 S.) Ebend. 873. 90

— Rede zur Vorfeier des 100jährigen Geburtsfestes Fr. v. Schillers, gehalten zu Stralsund am 9. Novbr. 1859. Stralsund 859. (Hingst.) gr. 8. (14 S.) n. 5 ngr.

Schulze, Hermann, bacc. jur., Referendar a. Leipzig: Der Rücktrittsvorbehalt im Gesetze betr. die Abzahlungsgeschäfte vom 16. Mai 1894. Leipzig: O. Wigand 1907. (73 S.) 8°
Leipzig, Jur. Fak., Diss. v. 16. Sept. 1907
[Geb. 31. Dez. 83 Leipzig-Plagwitz; Wohnort: Leipzig; Staatsangeh.: Sachsen; Vorbildung: Thomasch. Leipzig Reife O. 01; Studium: Leipzig 10 S.; Rig. 17. Febr. 06.]

—— Friedrich Gottlob Schulze-Gävernitz, Gründer und erster Direktor der landwirthschaftlichen Akademien zu Jena und Eldena. Ein Lebensbild, gezeichnet und als Festgabe dargebracht zur Enthüllungsfeier des Schulze-Denkmals in Jena. Neue (Titel-)Ausg. gr. 8. (IV, 204 S. mit lithogr. Bild und Stahlst.) Breslau (867). (Heidelberg 888, Petters.) *

Schulze, Hermannus: De sonis metallicis, qui in morbis pectoris audiuntur. Halae (1839): Ploetz. 36 S. 8°
Halle-Wittenberg, Med. Diss. v. 21. Okt. 1839
Geb. Stettin 8. 9. 1817. V.

— der Staatshaushalt des neuen deutschen Reichs. gr. 8. (IV u. 96 S.) Jena 848, Mauke. 9 ngr.

— das Staatsrecht d. Königr. Preußen, s.: Handbuch d. öffentlichen Rechts der Gegenwart.

— das preussische Staatsrecht auf Grundlage des deutschen Staatsrechts dargestellt. 1. Abthl. Ebend. 870. gr. 8. (IV, 230 S.) 1 Thlr. 7⅓ ngr.

—— das preussische Staatsrecht auf Grundlage des deutschen Staatsrechts dargestellt. 1. und 2. Bd. à 2 Abthlgn. gr. 8. (XII, IV, 450; IV, 389 S.) Breslau 872–74, Korn's Verlag. à Abthl. ℳ 3,75.

— das preussische Staatsrecht auf Grundlage des deutschen Staatsrechts dargestellt. 2. Bd. 3. u. letzte Abth. gr. 8. (X, VIII u. S. 391–939.) Leipzig 877. Breitkopf & Härtel. 10. — (I–II. 3.: 25. —)

—— das preussische Staatsrecht, auf Grundlage des deutschen Staatsrechts dargestellt. 1. Bd. 2. Aufl. gr. 8. (XII, 660 S.) Leipzig 888, Breitkopf und Härtel. *
geb. *

—— dass. — 2. Bd. 1. Lfg. 2. Aufl. gr. 8. (282 S.) Ebendas. 888. *

Schulze-Gaevernitz, Herm. v. Das preuss. Staatsrecht, auf Grundlage d. deutschen Staatsrechts dargestellt. 2. Aufl. 2. Bd. 2. (Schluss-) Abthl. gr. 8. (XI, S. 283–731.) Lpz. 890, Breitkopf u. Härtel. * 8 —
1. Bd. u. 2. Bd. 1. Abthl. Ebd. 1888. * 17 —; compl. geb. * 28 —.

Schulze, Hermann: Die Staatssuccession im Herzogthum Lauenburg. (Separat-Abdruck aus der Schlesischen Zeitung.) (Breslau.) [1864?] 8°

— die Staatssuccession im Herzogthum Lauenburg. Hamburg 864. (Perthes-Besser & Mauke. gr. 8. (15 S.) 3 ngr.

— die staatsrechtliche Stellung des Fürstenthums Neuenburg in ihrer geschichtlichen Entwickelung und gegenwärtigen Bedeutung. Jena 854. Mauke. gr. 8. (XXXIV, 298 S., 1 lith. Taf. u. 1 Tab. in Fol.) n. 1 Thlr. 20 ngr.

— die Succession im Fürstenthum Oels beim Abgange der ältern Linie des Hauses Braunschweig. Actenmässig dargestellt. Breslau 868. Korn. gr. 8. (VI, 40 S. mit 2 Tabb. in 8. u. qu. 4.) n. 10 ngr.

Schulze, Herm. Französische Synonymen. Eine Zusammenstellung für den Unterricht. I. II. 34, 32 SS. **Progr.** G. *Zittau* 1878. 1879.

—— System des deutschen Staatsrechts. 1. Abthl.: Einleitung in das deutsche Staatsrecht. gr. 8. (XVI und 368 S.) Leipzig 865, Breitkopf und Härtel.

Schulze, Hermannus: De testamento Genserici. Vratislaviae 1859. (IV, 42 S.) 8° *[Im Buchhandel 1859 bei Mauke in Jena.]*
Breslau, Jur. Fak., Antr.-Progr. als ord. Prof. v. 9. Juli 1859

Schulze, Herm. de testamento Genserici seu de antiquissima lege successoria in Germanorum regnis. gr. 8. (V und 42 S.) Jena 859, Mauke. Thlr. *

Schulze, Herm., Uebungsbuch zur deutschen Sprachlehre, s.: Boeck, M.

Die Ursprünglichkeit des Galaterbriefes. Versuch e. Apologie auf literarhist. Wege von Hermann **Schulze**, Pastor em., Naunhof. *Leipzig: R. Wöpke 1903.* (88 S.) 8° [illegible]

Schulze, Hermann: Verzeichnis der Lehrerbibliothek der Realschule. [s. d. folg. No.] Barmen, Druck v. W. Wandt, *1892;* 57 S. 8.
Barmen-Wupperfeld, R, P 1892**

Schulze, *Hermann:* Verzeichnis der Lehrerbibliothek. Nachtrag 1. [s. d. vorh. No.] Barmen, Buchdr. v. W. Wandt, *1893;* 27–28 S. 4.
Barmen-Wupperfeld, R, P 1893 (493)

Schulze, *Hermann:* Verzeichnis der Lehrerbibliothek. Nachtrag 2. [Nachtr. 1 = P-Beil. 1893.] Barmen, Buchdr. v. W. Wandt, *1894;* 23–24 S. 4.
Barmen-Wupperfeld, OR, P 1894 (492)

Schulze, *Hermann:* Verzeichnis der Lehrerbibliothek. Nachtrag 3. [Nachtr. 1 u. 2 = P-Beil. 1893. 94.] Barmen, Buchdr. v. W. Wandt, *1895;* 25–26 S. 4.
Barmen-Wupperfeld, OR, P 1895 (501)

Schulze, *Hermann:* Verzeichnis der Lehrerbibliothek. Nachtrag 4. [Nachtr. 1–3 = P-Beil. 1893–95.] Barmen, Buchdr. v. W. Wandt, *1896;* 25–26 S. 4.
Barmen-Wupperfeld, OR, P 1896 (498)

Schulze, *Hermann [Prof.]:* Verzeichnis der Lehrerbibliothek. Nachtrag 5. [Nachtr. 1–4 = P-Beil. 1893–96.] Barmen, Buchdr. v. W. Wandt, *1897;* 26–27 S. 4.
Barmen-Wupperfeld, OR, P 1897 (507)

(**Schulze,** [Hermann]): Verzeichnis der Lehrerbibliothek. Nachtrag 6. *Barmen (1898): W. Wandt.* (26–27 S.) 4°
* [Nachtrag 1–5 = P-Beilagen 1893–97.]
Barmen-Wupperfeld, OR, P 1898 (511)

(**Schulze,** [Hermann]): Verzeichnis der Lehrerbibliothek. Nachtrag 7. *Barmen (1899): W. Wandt.* (S. 25–26.) 4°
* [Forts. d. P-Beil. 1892–98.]
Barmen-Wupperfeld, OR, P 1899 (516)

(**Schulze,** [Hermann]): Verzeichnis der Lehrerbibliothek. Nachtrag 8. *Barmen (1900): W. Wandt.* (S. 25–26.) 4°
* [Forts. d. P-Beil. 1892–99.]
Barmen-Wupperfeld, OR, P 1900 (522)

(**Schulze,** [Hermann], Prof.): Verzeichnis der Lehrerbibliothek. Nachtrag 9. *Barmen (1901): W. Wandt.* (S. 29–30.) 4°
¶ [Forts. d. P-Beil. 1892–1900.]
Barmen-Wupperfeld, OR, P 1901 (530)

(**Schulze,** H[ermann], Prof.): Verzeichnis der Lehrerbibliothek. Nachtrag 10. *Barmen 1902: W. Wandt.* (S. 26–28.) 4°
¶ [Forts. d. P-Beil. 1892–1901.]
Barmen-Wupperfeld, OR, P 1902 (545)

[Schulze, Hermann, Prof.]: Verzeichnis der Lehrerbibliothek. Nachtrag 11. *Barmen 1903: W. Wandt.* (S. 20—28.) 4° [Forts. d. P-Beil. 1802—1902.]
Barmen-Wupperfeld, OR, P 1903 (562)

— für die Wahrheit, s.: Predigt-Bibliothek, moderne.

Schulze, Hilmar, aus Braunschweig: Beiträge zur Blattanatomie der Rutaceen. Mit 2 Taf. *Halle a. S. 1902: Gebauer-Schwetschke.* (50 S.) 8°
Heidelberg, Naturw.-math. Diss. v. 1902

Schulze, Hugo, aus Weissenfels a. S. (Prov. Sachs.): Beiträge zur vergleichenden Anatomie der Gattungen Lupinus und Argyrolobium. *Cöthen 1901: A. Preuss.* (44 S.) 8°
Erlangen, Phil. Diss. v. 26. Febr. 1901

Schulze, J., die klimatischen Curorte der Riviera, Mittel- und Unteritaliens. Empirisch dargestellt. Ein Katechismus für Brustleidende. gr. 8. (136 S. mit 5 meteorolog. lithogr. Tab. in qu. Fol.) Frankfurt a. M. 875. Sauerländer's Verlag.

Schulze, J. F., s. Samml. alter u. neuer Kirchenlieder.

Schulze, J. G., Diss. de febre scarlatina. 4. Leipz. 816. (Taubert). 6 gr

Schulze (od. Schultze), J. H. W., De suspecta opii ope in pleuritide curanda. 36 pp. Witeb. 4°. 1774.

Schulze, J. L. F., das 3e Jubelfest d. evangel. Kirche. 3 Predigten. gr. 8. Stendal 818. (Franzen u. Gr.) 6 gr

— Versuch eines Leitfadens zum Religionsunterrichte in Elementarschulen. 8. Stendal 818. Franzen u. Gr. 3 gr

Schulze, J. N. W., de usu musicae in ecclesia christiana. Rost. 1728. 4.

Schulze, J. T., s. P. Coste, Predigten.

Schulze, Jo. Geo. Fr., Diss. inaug. med. de saponibus. 4. Götting. 774. Dieterich. 2 gr

—, Jo. God., De masticatione foliorum tabaci, of chawing tobacco, in Anglia usitata. 27 pp. Hal. 4°. 1744

Schulze, Jo. L., Diss. prior de somniis. Hal. 4°. 1759

Schulze, Johann

Viro illustrissimo Ioanni Schulze s. p. d. Regiae universitatis litterariae Frid. Guil. Berolinensis rector et senatus, professores et doctores Berolini (1858). (4 Bl.) 2°

Rector et senatvs vniversitatis Fridericiae Gvilelmiae Rhenanae S. P. D. viro illvstrissimo Ioanni Schvlze ... regi potentissimo a consiliis intimis et inter eos qvi institvtionis pvblicae svmmam cvram gervnt directoris vice fvngenti ... Datvm Bonnae d. XX m. Avg. a. 1858. [Bonnae, typ. C. Georgii 1858.] 1 Bl. 2.
Glückwunsch zum 50j. Amtsjubiläum

Viro summo Joanni Schulzio [Schulze] quinquaginta annos in gerendis gravissimis muneribus summa gloria exactos a. d. III. Cal. Sept. a. 1858 gratulatur Academia Viadrina. Vratislaviae (1858). (2 Bl.) 2°

Schulze, Johann, s. Arrianus: Feldzüge Alexanders.

Schulze, Joh., Aufruf an d. deutschen Jünglinge, e. Rede. 8. Jena, Göpfert. 809.

Schulze, Johannes: Über die Einwirkung der Lichtstrahlen von 280 μμ Wellenlänge auf Pflanzenzellen. (Dresden 1909: Heinrich.) 51 S. 8°
Berlin, Phil. Diss. v. 29. Jan. 1909, Ref. Schwendener
[Geb. 15. Jan. 84 Berlin; Wohnort: Berlin; Staatsangeh.: Preußen; Vorbildung: Königstädt. Gymn. Berlin Reife O. 03; Studium: Berlin 11 S.; Rig. 3. Dez. 08.] [U 09. 282

[S.] Erläuterungen zu Kants Kritik der reinen Vernunft v. Johannes Schulze, weil. Kgl. Preuss. Hofpred. in Königsberg. Im Gewande d. Gegenw. hrsg. v. Rob. C. Hafferberg. *Jena & Leipzig: O. Rassmann (1897).* (223 S., 2 Bl.) 1 Bd 8. [98. 7010

Vgl. Schultz, Joh.

Schulze, Joh., Erläutergn. zu Kants Kritik der reinen Vernunft. Im Gewande der Gegenwart hrsg. v. Rob. C. Hafferburg. gr. 8. (224 S.) Jena 898. O. Raßmann. n. 2.50

Schulze, Johannes, Referendar in Kamenz: Die Erteilung der Prokura. Borna-Leipzig 1908: R. Noske. (VIII, 44 S.) 8° [J.]
Leipzig, Jur. Fak., Diss. v. 28. März 1908
[Geb. 26. Juli 82 Eutritzsch b. Leipzig; Wohnort: Kamenz (Sachsen); Staatsangeh.: Sachsen; Vorbildung: Gymn. Kattowitz O.-S. Reife O. 03; Studium: Breslau 3, Leipzig 4 S.; Rig. 17. Juli 06.]

Schulze, Jh., s. Hegel, G. W. Fr., Werke.

Schulze, Johs., kurzer Lehrgang d. vereinf. deutschen Stenographie (Einigungssystem Stolze-Schrey). Hrsg. zum Unterricht f. Damen. gr. 8. (48 S.) Hannover 898. C. Meyer. Geb. n. 1.25.

-- dasselbe. Schlüssel. gr. 8. (26 S.) Ebd. 898. n. — 60

— Predigten. gr. 8. Leipz. Reclam. 810.

— üb. den standhaften Prinzen des Don Pedro Calderon. Mit 2 Kpf. u. Musik. gr. 8. Weimar 812. Ind.-Cpt. 18 gr

— Reden üb. die christl. Religion, an Gebildete. 8. Halle, Schimmelpfennig. 811. 1 12

— — dies. geweiht den wiedergebornen Hessen. gr. 8. Lpz. Joachim. 815. — 4

Schulze, J., und E. Handrack, das Schnell-Schönschreiben in der Volksschule. Mit Vorwort der Herren Wild und Grüllich. qu. 4. (116 S., wovon 84 lithogr.) Meißen 888, Schlimpert. *

Schulze, J., u. E. Handrack, das Schnell-Schönschreiben in der Volksschule. Nach dem in den königl. sächs. Seminaren Ostern 1899 eingeführten Duktus neubearb. von J. Schulze. 3. Aufl. qu. gr. 8. (32 u. 69 S.) Meißen 900. H. W. Schlimpert. n. 3.—

Schulze, Johann [Praes.], s. Schroeter, Wolfgang Heinrich: De oleo vitrioli dulci.

— zwei Schulreden. 8. Hanau 813.

— üb. Ifflands Spiel auf d. Weimarischen Hoftheater im Sept. 1810. Mit 1 Kpf. gr. 8. Weimar 811.

Schulze, Johs., u. das höhere preussische Unterrichtswesen, s. Varrentrapp, C.

Schulze, Johann, s. Winckelmann, Joh.: Werke.

Schulze, Johann Abraham Peter, s. Schulz, Johann Abraham Peter.

Schulze, Johann Adam A. S. 761/33

Dissertatio de portione conjugum statutaria.
Präs. Johann Adam Schroeter.
Jena (Krebs) I. 1712. 40 S.

W. v. : Johann Christian Schultze (Opp.). 31867

Schulze, Johann August (Freiberg/Sa.) A. S. 1117/42

Dissertatio medica inauguralis de calculis in locis inusitatis natis et per vias insolitas exclusis occasione observationis singularis calculorum lenticularum ex abscessu inguinali excretorum.
Präs. Abraham Vater.
Wittenberg (Scheffler) 30. V. 1741. 32 S.

Gew. : Stadt Freyberg. 31868

Schulze, Johann Christian

Schulze, des weil. Pfr. zu Freist, Bösenburg u. Elben im Mansfelder Seekreise Joh. Chrn., Denkwürdigkeiten. Mitgeteilt v. H. Größler. gr. 8. (16 S.) Eisleben (896). Prof. Dr. H. Größler. n. — 35
Sonderabdruck aus: „Mansfelder Blätter".

Schulze, Johann Christian (Lüneburg) A. S. 300/1

Observationes variae in articulum V. Augustanae confessionis de ministerio ecclesiastico.
Präs. Jakob Wilhelm Feuerlein.
Göttingen (Hager) 1742. S. 33 - 40. 31869

Schulze, Johann Christoph

Schulze, Jh. Cph., († d. 15. Febr. 1769.) Versuch e. poet. Anleit. d. Kirchenhistorie; nebst e. kurzen Abriß d. röm. Kaiser- u. sächsisch. Historie. 8. Görlitz 738. 2e Aufl. 750, noch mehr Auflagen.

Schulze, Johann Daniel

Schulze, Jh. Dn., Abriß e. Gesch. d. Universität Leipzig im Laufe des 18. Jahrh. rc. Nebst e. vorangeschickten Abhandl. üb. d. Frage: Hat Sachsen im 18. Jahrh. an Denkfreiheit gewonnen? von K. A. Cäsar. gr. 8. Leipz. 802. N. A. 810. (Reinike in Halle). 1 ℛ 16 ℊ Anhang zu d. J. 1802—9. gr. 8. Ebd. 6 ℊ

— katechet. Anleit. f. Lehrer in Bürger- u. Landschulen, die Bibel als Mittel der Verstandesbildung bei Kindern von 8 — 14 Jahren zweckmäß. zu benutzen. 8. Leipz. 804. Köhler. 9 ℊ

Schulze, Joh. Dan., neue Anleitung, Abschnitte aus deutschen Schriftstellern ins Latein. zu übersetzen; f. d. obern Gymnasial-Classen u. f. den Privatunterr. 1. Bdchn. — A: u. d. T.: Neue Anleit. zu latein. Extemporalien u. Exercitien. 1. Bdchn. 8. (9¼ B.) Leipzig 828, Cnobloch. Thlr.

— praktische Anleitung f. Prediger zur pädagog. Bearbeit. d. gewöhnl. Sonn- u. Festtagsevangelien rc. 8. Cöthen, Aue. 803.

Schulze, Johann Daniel, s. Archiv f. Philologie.

— Hundert Aufsätze z. Uebersetzen ins Lateinische nach Grotefends Grammatik, f. d. mittlern u. obern Klassen d. Gymnasien. 8. Leipz. 824, Cnobloch.

Schulze, Joh. Dan., 175 Aufsätze zum Uebersetzen ins Lateinische. Auch unt. d. Titel:
Exercitienbuch nach d. Folge d. Regeln d. Bröderschen Grammatik. 8. Leipz. Cnobloch. 816.

Schulze, J. D., 250 theils kürzere, theils längere Aufsätze zum Uebersetzen ins Lateinische.
Auch unter dem Titel:
Exercitienbuch nach der Folge der Regeln in der größern Bröderschen Grammatik. 2te verb. Aufl. 8. Leipzig, Cnobloch. 819. -

— an 250 Aufsätze zum Uebersetzen ins Lateinische, zum Behuf eines vollständ., prakt., grammat. Cursus, nach Bröder, Grotefend u. Zumpt, mit Erläut. u. Nachweisungen. — A. u. d. T.: Exercitienbuch rc. 3e verb. u. verm. Aufl. 8. Leipz. 824, Cnobloch.

—— 250 Aufsätze zum Uebersetzen ins Latein., zum Behuf eines vollständ., prakt.-grammat. Cursus nach Bröder u. Zumpt, mit den nöth. Erläutern. u. Nachweisn., besonders f. d. mittlern Classen der Gymnasien. — A. u. d. T.: Exercitienbuch. 4., verb. u. verm. Aufl. 8. (14 B.) Leipzig 829, Cnobloch.

— bibliothecae historico-scholasticae Spec. I. 8. Leipz. 800.

— der schriftsteller. Charakter u. Werth des Johannes, zum Behuf der Specialhermeneutik seiner Schriften untersucht u. bestimmt. Voran e. Nachtrag üb. die Quellen d. Briefe von Petrus, Jacobus u. Judas, u. üb. das Verhältniß dies. Briefe zu and. neutestamentl. Schriften. gr. 8. Weißenf. 803. Mit n. Titel. Leipz. 811. Hinrichs. 1 ℛ 8 ℊ

— d. schriftstellerische Werth u. Charakter d. Johannes, z. Specialhermeneutik seiner Schriften. gr. 8. Weißenf. Böse. (Hinrichs in Leipz.) 811.

— der schriftsteller. Charakter u. Werth des Petrus, Judas u. Jacobus, zum Behuf der Specialhermeneutik ihrer Schriften untersucht u. bestimmt. gr. 8. Weißenf. 802. 2e A. 811. (Hinrichs in Leipz.) 9 ℊ

— Chrestomathie aus französ. Uebersetzungen latein. u. griech. Klassiker für Gymnasien u. and. Lehranstalten. Nebst e. Uebersicht d. französ. Uebers. der griech. u. latein. Klassiker nach alphabet. Ordnung der Schriftsteller. gr. 8. Leipz. 821. (Cnobloch). 21 ℊ

Schulze, J. D. Elegiacum carmen. Jubelf. der luth. Gemeine in D. 2 S. 8.
Duisburg, Progr. 1827

Anthologiae graecae epigrammata quaedam in Homerum, Sappho et Erinnam tum variata interpretatione metrica, tum aliorum suisque notis illustrata Auditoribus suis proposuit Joh. Daniel Schulze. Pr. 1823. 24 S. 4°. 1.20

Schulze, J. D. Anthologiae Graecae epigrammata quinque, in Euripid., Hipponact., Archiloch., Arat. et Pind. tum variata interpret. metr., tum alior. suisq. not. illustr. 20 S. . . . .
(Andere Epigramme der Anthologie hat derselbe Verfasser im Programm vom J. 23 behandelt.)
Duisburg, Progr. 1826

— Exercitienbuch nach d. Folge d. Regeln d. Bröderschen Grammatik, mit den nöthigen latein. Ausdrücken. A. u. d. T.: 175 theils kürzere, theils längere Aufsätze zum Uebersetzen ins Latein. 8. Leipz. 816. 2e Aufl. 250 theils kürzere, theils längere Aufsätze zum Uebersetzen ins Latein. 8. Ebd. 819. 3e Aufl. 824. 4e Aufl. 829. Cnobloch. 10 ℊ

— flores theologis, philosophis et philologis Vittenbergensibus in seculari acad. pompa die XVIII a Oct. MDCCCII sparsi. 8. Leipz. 802. Graffé. 3 ℊ

— der Oberhofprediger Dr. Harleß mit seiner Landtagspredigt der Bibel u. der gesunden Vernunft gegenüber. Auch einige Rückblicke auf F. V. Reinhard u. C. F. v. Ammon. gr. 8. (15 S.) Dresden 850, Naumann in Comm. n. 2 ngl.

— s. Jakob u. das Publikum.

— Ideen=Magazin für Lehrer in den obern Klassen der Gymnasien. gr. 8. Weißenfels 804. (Baumgärtner in Leipz.) 1 ℛ Hbg. Pr. 12 𝒢

Schulze, Joh. Dan., Concordanz der Bibel und des dresdner Gesangbuches, oder alphabet. Verzeichniß aller der Bibelstellen, mit welchen Verse des dresdner Gesangbuches übereinstimmen. 8. (40 S.) Grimma 847. [Wurzen,] Verlags-Comptoir.

— Literaturgeschichte der sämmtl. Schulen u. Bildungsanstalten im deutsch. Reiche; nach alphabet. Ordnung. 2 Thle. 8. Weissenfels 804. (Hinrichs in Leipz.) 2 ℛ 12 𝒢

Schulze, J. D., Späte Nachklänge latein. Poesie. Gel. 1852. 12 S.

Schulze, J. D. Nachricht von dem Lehrerwittwen-Institute bei dem Gymn. zu D. 6 S. 8. . . . .
Progr. Duisburg 1828

Jo. Dan. Schulze Senecae observationes de natura infantum, puerorum et adolescentium. Luben. 1808. 4. (Cfr. quoque Pierre Sue *sur quelques passages des lettres de Sénèque le philosophe relatifs à la médecine* in Mem. de la soc. médicale d'emulat; Année VI. p. 403.)

– s. Otto, G. F.: Lexikon Niederlausitz. Schriftsteller.

— üb. Pasquille u. Pasquillanten; e. Blatt f. d. Leipziger Bürger. 8. Leipz. 799.

Schulze, Johann Daniel (Chemnitz) A. S. 123/31

De praerogativa creditorum cambialium prae chirographariis. Präs. Andreas Florens Rivinus.
Wittenberg (Schlomach) IV. 1749. 28 S. 31870

— Predigt über das Verhältniß zwischen Glaube, Liebe u. Hoffnung. 8. Jena u. Leipz. 802.

– s. Salzmann, J. G.: Predigten.

— einige Schulreden, größtentheils Entlassungsreden. gr. 8. Leipz. 819. Cnobloch. 16 𝒢 2s Bdchn. A. u. d. T.: 50 kurze Vorträge im Kreise der Lehrer u. Schüler. 8. Ebd. 830. 16 𝒢

—— Schulreden, größtenth. beim Anfange der wöchentl. Lectionen gehalt. 2. Bdchn. — A. u. d. T.: 50 kurze Vorträge im Kreise der Lehrer u. Schüler. 8. (11 B.) Leipzig 830, Cnobloch.
1. Bdchn. Ebendas. 1819. 16 Gr.

— Stipendienlexikon von u. für Sachsen, oder Versuch e. vollständ. Verzeichnisses u. Beschreib. d. in d. kurfürstl. u. herzogl. sächs. Landen ꝛc. vorhand. Stiftungen. 1r Bd. gr. 8. Leipz. 805. Köhler. 1 ℛ 4 𝒢

— synonymon in evangeliis, maxime tribus prioribus, Sylloge I. Inest quoque epithalamium metro elegiaco. 8. Wittenb. 811.

— verbi divini minister rex: Dissert. lusoria. 8. Leipz. 799.

— Progr. Erster Versuch e. vollständ. Verzeichnisses der Niederlausitzer Schriftsteller u. Künstler seit d. Reformation. 8. Lüdben 820.

Schulze, Jh. Dn., histor.-krit. Versuch üb. die Beweggründe der christl. Moral. Mit e. Vorrede von J. G. Rosenmüller. gr. 8. Oschatz 799. Oldekop. (Gr. Fleischer in Leipz.) 8 𝒢

Schulze, Johann Ernst Ferdinand, s. Howship: Prakt. Bemerkungen.

– s. Ovidius: Metamorphosen.

Schulze, J(ohann) E(rnst) Ferdinand: Toxicologia veterum plantas venenatas exhibens, Theophrasti, Galeni, Dioscoridis, Plinii aliorumque auctoritate ad deleteria venena relatas. 78 S., gbd.

Halae: Litteris Orphanotrophei 1788

Schulze, Jh. Er. Fd., Toxicologia veterum plantas venenatas exhibens. 4maj. Halle 788. Waisenhaus-B. 9 𝒢

Schulze & Sohn, Joh. Fr., Orgelbauer in Paulinzelle in Thüringen, Preis-Courant von –. (S. 5361)

Schulze, Johann Friedrich

Schulze, Jh. Fr., die symbol. Bücher der evangel.-luther. Kirche im Königr. Sachsen. Ein Versuch, die Gemeine über dieselben u. üb. die neuesten sie betreff. Kundgebungen d. Behörden zu verständigen. 8. Bautzen 845, Schlüssel. 1/4 ℛ

Schulze, Joh. Fried., die symbol. Bücher der evangel.-luther. Kirche im Königr. Sachsen. Ein Versuch, die Gemeine über dieselben u. über die neuesten sie betreff. Kundgebungen der Behörden zu verständigen. 8. (4⅝ B.) Bautzen 845, Weller.

Schulze, (Johann Georg): Abhandlung von den Operationsmethoden, deren man sich, um die Thränenfistel zu heilen, bedient. (De fistulam lacrymalem sanandi methodis. Dt.) 102 S. Leipzig: 1784

s. a. Abhandlungen von der Heilung der Thränenfistel und den neuesten dazu vorgeschlagenen Operationsmethoden.

Schulze, Blizard u. Wathen, Abhandl. v. d. Heilung der Thränenfistel. 8. Leipzig, Crusius. (F. C. W. Vogel.) 784.

Schulze, Johann Georg [Praes.], s. Steinbach, Wilhelm: Ex philosophia practica de iuramentis vi et metu extortis.

Schulze, Johann Heinrich

De Abscessibus. [Resp.:] Martinus Goldbeck. Halae Magdeb. (1742:) Hilliger. 42 S. 8°
Halle, Med. Diss. v. Dez. 1742

-De metallorum analysi per calcinationem. Halæ, 1738. 4to.

Schulze, J. H., Anleitung zur Münzwissenschaft. Herausgegeben von J. L. Schulze. Halle 766. 8. 9 gr.

— Anleit. z. ält. Münzwissenschaft. gr. 8. Halle, Waisenhausbuchh. 766.

Jo. Henr. Schulze progr. de artibus mutis ad illustrandum Virgilium, Aeneid. XII. 397. Hal. 1732. 4.

Ioan[nes] Henricus Schulze: De mechanico naturae medicatricis in vulneribus persanandis Artificio. [Resp.:] Samuel Schaffner. Halae Magdeb. (1735:) Hendel. 70 S. 8°
Halle, Med. Diss. v. Dez. 1735

Schulze, Johann Heinrich (Colbitz) A. S. 1173/4

Dissertatio inauguralis medica, de athletis veterum, eorumque diaeta et habitu.
Präs. Friedrich Hoffmann.
Halle (Henckel) 12. III. 1717. 64 S.

W. v.: Präs. 31871

Jo. Heinr. Schulze (resp. Frid. Hoffmann) diss. inaug. de athletis veterum eorumque diaeta et habitu. Hal. 1717. 4. — *Redit in* Collectio dissertationum. Hal. 1743. 4.

Schulze, J. H., Diss. de auditu difficili. Hal. 4°. 1741

Schulze, Johann Heinrich [Praes.], s. Baumgarten, Nathan.: Observat. quasdam ad rem athleticam pertinentes.

Schulze, Johann Heinrich [Praes.], s. Beck, Ulrich Sebastian: De verbo προσκυνειν. Observ. philol.

Schulze, Johann Heinrich [Praes.], s. Beer, Carl Gottlieb: De vomitu et vomitionibus.

Schulze, Johann Heinrich [Praes.], s. Behrens, Burchard Heinrich: De lumbricis effractoribus.

(SCHULZE, JOH. HEINR.), Topographische Beschreibung des Herzogthums Holstein oder Nachrichten von denen in diesem Herzogthum liegenden Städten, Flecken, Klöstern, adelichen Gütern, Meierhöfen und Dörfern benebst deren Lage, Entfernung, jezigen Besitzern, Gerichtsbarkeit und beigefügter Anzeige von den Jahrmärckten. in alphabetischer Ordnung gebracht von J. H. S. Kiel. 1772. (M. 1 Portr.).

Schulze, Johann Heinrich [Praes.], s. Bornemann, August Pet.: De tautologia Homeri.

Schulze, Johann Heinrich [Praes.], s. Burchard, Johann Georg: De febre catarrhali benigna.

Schulze, J. H., resp. F. W. **Brune**, Casus aliquot notabiles aegrotorum mente alienatorum aut perversorum. Hal. 4°. 42 pp. Auch: *Haller*, Coll. diss. pr VII, n. 248. Diss. ventriculi et intestinorum ratio, p. 16 1737

Schulz, Ioh. Heinr., Chirurgia. 8. Halae, Waisenhausbuchh. 747.

— — compendium historiae medicinae a rerum initio ad Hadriani Augusti excessum. Hal. 1741. 8. — *Renat. Moreau de missione sanguinis in pleuritide*, *Hal.* 1741. 8., *huic ipsi impressioni serius addebatur a librario, simul vero dedicatio nova et novus titulus:* Compend. hist. med. a rer. initio ad excess. Hadr. Augusti, subjuncta est Ren. Moreau doct. med. Paris. dialexis de missione sanguinis in pleuritide. Hal. 1742. 8., *ita ut nova editio compendii dici non possit, sed opere Morelliano solum aucta.* (Compendium brevius, cui figg. omnes desunt, praeter nummos tres in titulo expressos, opus doctrinae plenum et utilissimum.)

— compendium historiae medicinae. 8. Halae, Hemmerde et Schw. 742.

Consideratio ossium recentium utili ac necessaria. [Resp.:] Carolus Guilielmus Kolb. Halae Magdeb. (1739:) Hilliger. 24 S. 8°

Halle, Med. Diss. v. Apr. 1739

De sanguinis humani Constitutione naturali et praeternaturali. [Resp.:] Carolus Iohannes Michael Otto. Halae Magdeb. (1735:) Hilliger. 32 S. 8°

Halle, Med. Diss. v. 15. Febr. 1735

Schulze, Johann Heinrich [Praes.], s. Dehmel, Johann Karl: Problema an umbilici deligatio in nuper natis absolute necessaria sit in partem negativam resolvitur.

Schulze, Jo(hann) Heinrich): Dissertationum academicarum ad medicinam eiusque historiam pertinentium fsciculus primus, quo continentur: 1.De athletis veterum, eorum diaeta et habitu. 2.De elleborismis veterum. 3.De elaterio, quod ad magnos mortalium usus paretur. 4.Mors in olla, seu de metallico contagio in ciborum, potuum et medicamentorum praeparatione ac asservatione cavendo. 175 S., gbd.

Halae Magdeburgicae: Hemmerde 1743

—, resp. G. **Thomas**, De dolore lateris idiopathico et sympathico. 36 pp. Hal. 4°. 1737

Schulze, Jo. H., Diss. de electricitatis effectibus in machina humana. Hal. 4°. (Auch: *Haller*, Diss. anat. sel. Vol. III.) 1738.

De Emphysemate. [Resp.:] Carolus Christophor(us) Pusch. Halae Magdeb. (1733:) Hilliger. 24 S. 8°

Halle, Med. Diss. v. Sept. 1733

Schulze, Johann Heinrich [Praes.], s. Engelbrecht, Friedrich Johann: De raucitate.

De Excretione urinae imminuta et suppressa. [Resp.:] Christoph(orus) Gottl(ob) Bornmann. Halae Magdeb. (1738:) Riemer. 31 S. 8°

Halle, Med. Diss. v. Juli 1738

Ioannes Henricus Schulze: Excursio in antiquitates ad servi medici apud Graecos et Romanos conditionem eruendam oder: Was es mit der Knechtschaft derer Aertzte bey denen Grichen u.Römern vor e.Bewandniß gehabt hat. [Resp.:] Hieronymus Bernegau. Halae Magd. 1733: Hilliger. 42 S. 8°

Halle, Med.Diss.v. Apr.1733

De fonticulis Caute occludendis. [Resp.:] Ernest[us] Gotthilf Burghardt. Halae Magdeb. (1741:) Hilliger. 32 S. 8°

Halle, Med. Diss. v. März 1741

— libellus memorialis de formulis praescribendis. 8. Halae, Waisenhausbuchh. 746.

Schulze, Johann Heinrich [Praes.], s. Forberger, Johann Samuel: De inflammationum curationibus variis.

Schulze, Johann Heinrich [Praes.], s. Goldbeck, Martin: De abscessibus.

Schulze, Johann Heinrich [Praes.], s. Graevius, Jo. Gottfr.: De mercurialium usu in febre quartana curanda.

Schulze, Johann Heinrich: Hausbedarf für Soldaten in dienstfreyen Stunden. Rendburg. 1816. 8°

Jo. Henr. Schulze (resp. Th. Israel) disp. de helleborismis veterum. Hal. 1717. 4. — *Redit in* Collectio dissertt. Hal. 1743. 4.

Jo. Henr. Schulze historiae anatomicae specim. I. et II. Altorf. 1721. 1723. 4. — Recus. in Kurella fasciculus dissertatt. etc.

Io[annes- Henricus Schulze: Historiae anatomicae specimen 2. Altorfii Norimberg. (1723:) Kohlesius. 8°

2: [Resp.:] Georgius Nicolaus Stock. (1723.)
Altdorf, Med. Disp. v. 15. Febr. 1723

Historia medicinae a rerum initio ad annum urbis Romae 535 deducta. Studio Io(annis) Henrici Schulsii [Schulz]. Lipsiae: Monath 1728. 437 S. 8°

Schulze, Jo(hann) Heinrich: Historia medicinae a rerum initio ad annum Urbis Romae DXXXV deducta. 471 S., gbd.

Lipsiae: Monath 1728

Schulze, Johann Heinrich [Praes.], s. Jebens, Johann Fried.: De auribus manantibus et ulceratis.

Infans sine cerebro natus consideratur. [Resp.:] Ioannes Iacobus Lauffer. Halae Magdeb. (1743:) Hilliger. 39 S. 8°

Halle, Med. Diss. v. Aug. 1743

Schulze, J. H., Kritik aller Messianischen Psalme. 8. Stendal, Franzen u. Gr. 802.

Schulze, Johann Heinrich [Praes.], s. Liebers, Chr. Gottfr.: De aquis destillatis officinalibus.

De Lithontriptico nuper in Britannia publici iuris facto. [Resp.:] Georg[ius] Ludovicus Jetzke. Halae Magdeb. (1739:) Hilliger. 38 S. 8°

Halle, Med. Diss. v. Sept. 1739

— Loci Paulini graece qui extant Corinth. VIII–X. expos. 8. maj. Stendal, Franzen et Gr. 799.

— homilet. Magazin f. d. Kirchweihfeste. etc. gr. 8. Leipzig, Joachim. 801.

Ioannes Henricus Schulzius [Schulze]: De deglutitionis Mechanismo. [Resp.:] Joannes Guilielmus Werner. Halae Magdeb. (1739:) Hilliger. 35 S. 8°

Halle, Med. Diss. v. Apr. 1739

De Mechanismo musculorum abdominalium. [Resp.:] Ioannes Pleen [Ivan Pleen]. Halae Magdeburgicae (1736:) Hilliger. 24 S. 8°

Halle, Med. Diss. v. Juni 1736

Schulze, Jo. Henr., resp. Schuurman, De morsu canis rabidi et hydrophobia. Hal. 4°. 1744

Schulze, Johann Heinrich [Praes.], s. Müller, Daniel Gottfried: Meditationes de vi consuetudinis rationaliter explicanda.

Schulze, Johann Heinrich [Praes.], s. Müller, Joachim Ludwig: De ossis femoris luxatione.

De anatomes ad praxin chirurgicam summa Necessitate. [Resp.:] Carolus Gottlieb Bogutzky. Halae Magdeb. (1737:) Hilliger. 40 S. 8°

Halle, Med. Diss. v. Juni 1737

Schulze, Johann Heinrich [Praes.], s. Neumann, Johann Gottlieb: De purgatione copiosa et nimia.

Schulze, Johann Heinrich — U. S. Halle 1737, 13

Commentatio de numis Thasiorum praecipue illis in quibus Hercules soter conspicitur ad illustrandum Iulium Pollucem libr. IX. cap. VI. segment. 84. Halle (Hilliger) 1737. 36 S. 31872

Schulze, J. H.: Observationes quasdam ad rem athleticam pertinentes. Resp.: N. Baumgarten. Halae Magdeburgicae 1737. 29 S. Halle, Phil. Diss. 1737.

Schulze, Johann Heinrich — Altd. Ahg. 8/41

Oratio de iusta anatomici studii aestimatione. Altdorf (Kohles) 13. XII. 1720. 24 S.

Gew.: Gustav Georg Tezel, Johann Christoph von Imhof, Leonhard Grundherr, Hieronymus Wilhelm Ebner. 31859

Io[annes] Henr[icus] Schulze: De Ossibus conferventibus ad illustrationem Celsi lib. 8. cap. 7. et 10. [Resp.:] Georgius Leonhardus Huth. Altorfii Noric. (1727:) Kohl. 28 S. 8°

Altdorf, Med. Disp. v. 27. Sept. 1727

— Pathologia generalis. 8. ibid. 747.

— — specialis. 8. ibid. 747.

— Pathologiae spec. append. de morbis mulierum et infantum. 8. ibid. 747.

Io[annes] Henricus Schulze: De περιεργια [Periergia] in anatomes studio vitanda. (Altdorfi Noricorum 1720:) Kohlesius. 6 Bl. 8°

Altdorf, Univ.-Schr. v. 13. Dez. 1720

— Physiologia medica. 8. ibid. 747.

Ioannis Henrici Schulzii [Schulze] Praelectiones de viribus et usu medicamentorum quae in officinis pharmacopolarum parata prostant ad dispensatorium regium et electorale Porusso-Brandenburgicum usibus illorum qui se artis operibus exercendis praeparant destinatae. Norimbergae: Endter 1736. 428 S. 8°

Jo[annis] Henrici Schulzii [Schulze: Praelectiones de viribus et usu medicamentorum...] Praelectiones in dispensatorium regium et electorale Borusso-Brandenburgicum. 2. hac ed., curate rev., em., atque insigniter auctae. Norimbergae: Cremer 1753. 688 S. 8°

Schulz, Ioh. Henr., praelectiones in dispensatorium Brandenburg. 8. Nürnberg, Endter. 753. Rthlr.

Schulze, Joh. H., Predigt bei d. feierl. Einweihung der neuerbauten Kirche in Sahms (am 22. Dec. 1811.) gr. 8. Stendal, Franzen u. G. 812.

Schulze, J. H., Predigt bey der Einweihung der neuerbauten Kirche in Gültzow am 29. Aug. 1819. 8. Hamburg, Herold. 820.

Schulze, Johann Heinrich [Praes.], s. R a n d i g , Jo. Christian: De febrium intermittentium curationibus antiquis.

Schulze, Johann Heinrich [Praes.], s. R a y m a n n , Samuel: Diss. med. qua praejudicatae quaedam de venae sectione opiniones expenduntur.

— Reden bey der Confirmation d. Jugend. 2 Thle. 8. Hannover, Hahn. 806. (à 9 gr.)

Schulze, Johann Heinrich [Praes.], s. R o e d i g e r , Johann Friedrich: Dissertatio inauguralis medica sistens revolutionem casus hysterico-epileptici.

Schulze, Johann Heinrich [Praes.], s. R o h r , Johann Daniel: De senum diaeta.

Schulze, Johann Heinrich [Praes.], s. R o s e , Christian: De dea Victoria et ara deae in curia Iulia.

Schulze, Johann Heinrich [Praes.], s. S a c h s , Karl Wilhelm: De vasis umbilicalibus natorum et adultorum.

De Sale corporum mixtorum principio constitutivo. [Resp.:] Georg Wiggers [1736]. Halae Magdeb. (1736:) Hilliger. 31 S. 8°
Halle, Med. Diss. v. Apr. 1736

Schulze, Johann Heinrich [Praes.], s. S a n d e n , Christian Bernhard von: De temperamentorum existentia, illorumque usu in medicina.

Schulze, Johann Heinrich [Praes.], s. S c h a f f n e r , Samuel: De mechanico naturae mediatricis in vulneribus persanandis artificio.

Schulze, Johann Heinrich [Praes.], s. S c h e n c k e , Johann Ephraim: De larga alimentorum ingestione cum eupepsia ut signo sanitatis.

Schulze, Johann Heinrich [Praes.], s. S c h m i d t , Georg Ulrich: De balneis, scarificatione et venaesectione caute adhibendis.

Schulze, Johann Heinrich [Praes.], s. S c h o d e r , Ferdinand Adam: De refectione celeri per alimenta humida ad ductum Hippocratis aphorism. II. XI.

Schulze, Johann Heinrich [Praes.], s. S c h o e n f e l d , Georg: Dissertatio inauguralis medica sistens meditationes de medico vehementer laudari digno ad ductum Hippocratis de veter. medic. §. XVI.

Schulze, Johann Heinrich [Praes.], s. S c h r ö t e r , Karl August: Dissertatio inauguralis medica sistens aegrotum astmaticum usu radicis scillae sublevatum.

Schulze, Johann Heinrich [Praes.], s. S c h w e r t n e r , Karl Friedrich: De coena immodice largiori gulae intemperantis noxa certiori.

-De solutionibus corporum chemicæ fundamento. Halæ, 1736. 4to.

de Schroeder, B. G., praes. J. H. Schulze, De spasmo dolorifico, saepius remedio quam morbo. 29 pp. Hal. 4°. 1740

Schulze, Johann Heinrich [Praes.], s. S t e c k e l , Christoph Gottlieb: De mechanico se- et excretionis fundamento.

Schulze, Johann Heinrich [Praes.], s. S t o c k , Georg Nikolaus: Dissertatio academica sistens historiae anatomicae specimen secundum.

— Therapia generalis. 8. ibid. 747.

— theses de materia medica. 8. Halae, Waisenhausbuchh. 746.

Schulze, Johann Heinrich [Praes.], s. T h o m a s , Georg: De dolore lateris idiopathico et sympathico.

—, Diss. de tono partium corporis humani. Hal. 4°. 1737

Schulze, Johann Heinrich [Praes.], s. U l r i c h , Daniel Friedrich: De rerum non naturalium ad valetudinem tuendam recto usu Von dem rechten Gebrauch derer nicht natürlichen Dinge zu Erhaltung der Gesundheit.

Schulze, Johann Heinrich: U r s a c h e n vom Verfall der Stadt Neustadt im Hollsteinischen, nebst hinzugefügten Mitteln ihr wieder aufzuhelfen. Ein Versuch. Lübeck: Niemann 1798. 8°

SCHULZE, JOHANN HEINRICH.
Chemische Versuche, nach seinem Manuscript herausgegeben von K. Strumpf. Halæ, 1745. 8vo.
Zweite Auflage. Halæ, 1757.

— chemische Versuche. 8. Ebend. 778

Schulze, Johann Heinrich: De vino interdicendis. [Resp.:] Georgius Leonhardus de Berg. Halae Magdebvrgicae: Hilliger 1735. 30 S. Halle-Magdeburg, Med. Diss. 1735 -- 16*. 29

– Dass., s.a. B e r g , G. L. von

Schulze, Johann Heinrich [Praes.], s. W a c h t e r , Christ. Theodor: De pharmacorum acidulorum praestantia.

Schulze, Johann Heinrich [Praes.], s. W a l t h e r , Johann Friedrich: De colocynthide.

Schulze, Johann Heinrich [Praes.], s. W e g e n e r , Christian Ludwig: De vestitus ratione ad valetudinem.

Schulze, Johann Heinrich [Praes.], s. W e r n e r , Johann Wilhelm: De deglutionis mechanismo.

— Ueber den hohen Werth der Vernunftreligion und über das unveräusserliche Recht der Vernunft in Sachen des Glaubens zu urtheilen und zu entscheiden. Eine theologische Streitschrift gegen die Donatisten unserer Zeit. Altona. 1822. Hammerich.

Schulze, Johann Heinrich [Praes.], s. W i g g e r s , Georg: De sale corporum mixtorum principio constitutivo.

Schulze, Johann Heinrich [Praes.], s. W o l l s t e i n , Christian Gottlob: De suffimentis.

Zurückerinnerungen des 1808ten Jahrs gemischten Inhalts v. Johann Heinrich Schulze. Friedrichsstadt. 1809. 8°

Schulze, Johann Heinrich August

— Anmerkk. zum Plautus, Seneca, Terenz, Phädrus, s. Encyklopädie der Klassiker.

Schulze, Johann Heinrich August, s. A p u l e j u s : Psyche.

– s. D i a l o g u s de oratoribus s. de causis.

— histor. Erläuter. des kön. Großbritann. u. kurfürstl. Braunschweig-Lüneburg. Wappens. 4. Clausthal 789. (Götting., Vandenhöck u. R.) 2 ℊ

— Confirmationshandlung. gr. 8. Helmst. 799. Fleckeisen. 3 ℊ

— Lehrbuch d. Religion nach Grundsätzen d. Vernunft u. d. Christenthums. gr. 8. Leipz. 789. (anonym). 2e Aufl. mit seinem Namen 790. 3e umgearb. u. verb. Aufl. v. J. C. Dolz. gr. 8. Ebd. 814. W. Vogel. 18 ℊ

— Lehrbuch d. Religion n. Grundsätzen d. Vernunft. gr. 8. Lpz. Crusius. (F. C. W. Vogel.) 795.

– s. L y c u r g u s : Rede wider Leokrates.

— Predigten zur Beförder. christl. Gesinnungen u. Kenntnisse. gr. 8. Leipz. 794. (W. Vogel). 20 ℊ

– s. d. S e n e c a : Physikal. Untersuchungen.

— Uebersetzung von Senecas physikal. Untersuchungen. 4. Gött. Brose. 786.

Schulze, Jh. Hnr. Aug., († d. 14. Aug. 1803.) üb. die Blankenburger Stadtschule. 8. Helmst. 793. Fleckeisen. 4 ℊ

Schulze, Johann Karl

— kurze Anweis. zur ebenen Dreieckmeßkunst, nebst nöthigen Tabellen. 8. Berl. 784. anonym. Neue Aufl. mit sn. Namen unt. d. T.: kurze Anleit. zur ebenen Decimalmeßkunst ꝛc. 8. Ebd. 794. Nauck. 10 ℊ 3e Aufl. verb. u. verm. von J. P. Grüson. gr. 8. Ebd. 818. Stuhr. 1 ℊ

Schulze, J. C., kurze Anleitung zur ebenen Dreyeck-Meßkunst nebst nöthigen Tabellen f. Schulen ꝛc. 3te Aufl. verb. u. mit beträchtl. Zusätzen begl. von J. P. Grüson. gr. 8. Berlin, Stuhr. 818.

Schulze, Jh. Karl, recueil de tables logarithmiques, trigonométriques et autres nécessaires dans les mathématiques pratiques. II Vols. gr. 8. Berl. 778. Mylius. 4 ℊ

— [Johann Karl]. Relation particulière de l'Aurore boréale observée le 3 déc. 1777 à l'Observatoire Royal. (Nouveaux Mém. de l'Acad. Roy. des Sc. et Belles Lettres, 1777. Cfr.) Berlin.

Johann Carl Schulze, wirklichen Mitglieds der Kön. Preuſſ. Academie der Wiſſenſchaften, Neue und erweiterte Sammlung logarithmiſcher, trigonometriſcher und anderer zum Gebrauch der Mathematiker unentbehrlicher Tafeln. Berlin, bey Auguſt Mylius, Buchhändler in der Brüderſtraſse. In groſs Medianoctav, I. Band, 2 Titelblät. 4 Bl. Vorrede, 3 Bl. Einleit. 39 halbe Bogen Tafeln, die erſte auf 260 paginirten Seiten. Uebrigens Titel, Vorrede und Einleitung in franz. und deutſcher Sprache. 2 B. 1778

Joh. Carl Schulze, wirkl. Mitgl. d. Königl. Ak. d. W. Lehrer d. Math. beym K. Pr. Feldartilleriekorps, Taſchenbuch für diejenige, ſo gründliche Anwendungen der Meſskunſt zu machen ſich vorſetzen, insbeſondere aber zum Gebrauch meiner Vorleſungen. Erſtes Heft, welches die niedere Meſskunſt enthält. Berlin, bey Mylius. 442 Seit. 11 Kupfertaf. 8. 1782.

— Zweytes Heft, welches die Dreyeck-Meſskunſt enthält. Mit 2 Kupf. 1 Alph. 15 Bog. 1783.

Schulze, Johannes Kurt, Referendar: Der Selbsthilfeverkauf nach § 373 HGB. Borna-Leipzig 1908: Noske. IX, 76 S. 8°

Leipzig, Jur. Diss. v. 23. Nov. 1908

[Geb. 14. Dez. 80 Spremberg; Wohnort: Dresden; Staatsangeh.: Sachsen; Vorbildung: Gymn. Chemnitz Reife O. 00; Studium: Freiburg i. B. 1, Leipzig 6 S.; Rig. 3. Juli 03.] [U 09. 2684

Schulze, Johann Ludwig, s. A l t i n g , Jacob: Synopsis.

Schulze, Johann Ludwig, s. B e s c h r e i b u n g d. Hallisch. Waisenhauses.

– s. D a n i e l et Esra.

Schulze, Jh. Ldw., († d. 1. Mai 1799.) Denkmal d. Liebe u. Hochachtung Gli. A. Freylinghausens. gr. 4. Halle 786. Waisenhaus-B. 8 ℊ

S c h u l z e , J. L., de δεσποσύνοις. Hal. 1777. 4.

Schulze, Jh. Ldw., Ermunterung zum Preis d. Güte Gottes. gr. 8. Halle 798. Waisenhaus-B. 3 ℊ

S c h u l z e , J. L., de festo sanctorum luminum. Hal. 1778. 4.

Schulze, Johann Ludwig, s. F r a n c k e , August Hermann: Stiftungen.

– s. G e s c h . d. Missions-Anstalten.

— neue G e s c h i c h t e d. Missionsanstalten, s. K n a p p.

— Handbuch d. symbol. Theologie. Nebst d. latein. Text der ungeänd. Augsburg. Confession ꝛc. 8. Halle 790. Waisenhaus-Buchh. 6 ℊ

Schulz, Johann Ludwig [Praes.], s. H e u m a n n , Johann Heinrich: De literarum humaniorum laudibus ab historia vitae magistra.

– s. H o r a t i u s : De arte poetica.

— üb. die Mittel, die Fortdauer des guten Rufs einer Schul- u. Erziehungs-Anstalt zu sichern. gr. 8. Halle 798. Waisenhaus-Buchh. 2 ℊ

Schulze, Johann Ludwig, and Freylinghausen, Gottlieb A. Nachrichten v den Vereinigten Dt-Ev Luth Gemeinen in N-A, absonderlich in Pennsylvanien. 2v. Halle, 1750-87; 2v. Allentown, 1884. See also Knapp, Johann Georg.

S c h u l z e , I. L., de studii metrorum antiq. necess. ac. dignit. 8. Königsberg, Nicolovius. 794.

— specimen observationum miscellanearum in Suidam. 4. Halle 764. ...

— english O r i g i n a l s in Prose and Verse. 8. maj. ibidem. 783.

—english Originals in Prose and Verse. 8. Halle 760. 4e Aufl. 784. Waisenhaus-B. 16 gr

— s. Rocoles: Gesch.

—Samml. einiger auf die 100jähr. Gedächtnißfeier der Grundlegung d. Hallischen Waisenhauses sich beziehenden Reden, Gedichte u. Lieder. gr.8. Halle 798. Waisenhaus-B. 8 gr

Schulze, Johann Ludwig (Hrsg.), s. Schulze, Johann Heinrich: Anleitung zur Münzwissenschaft.

— s. Selecta capita.

— s. Simon, J.: Introductione.

— s. Theodoretus: Opera omnia.

— J. L., Prolusio de praecipua numismatum, quae regum, populorum et urbium vocantur, utilitate. Halae 768. 4. (20 Seiten).

—Diss. de vita et scriptis B. Theodoreti. 8. Halle 769. Waisenhaus-B. 2 gr

Schulze, Johann Martin, s. Schulze, Martin.

Schulze, Johann Michael Friedrich

—erste Anfangsgründe d. engl. Schrift- u. Sprachenkunde. 8. Berl. 794. Mylius. 8 gr

— Auszug a. d. Elementarwerke der lateinischen Sprache zum öffentlichen Unterricht. 8. Dessau, Gelehrte Buchhdl. 781.

Schulze, Jh. Mch. Fr., Auszug aus d. Elementarwerke d. latein. Sprache, zum öffentl. Unterricht. 8. Dessau 782. Gelehrten-Buchh. 6 gr

—Elementarbuch der kaufmänn. Rechenkunst, Vorübungen zu Krusens Contoristen. 1r Thl. 8. Berl. 792. Bieweg in Braunschweig. 1 rthl 8 gr

Schulze, Johann Michael Friedrich, s. Elementarbuch d. latein. Sprache.

Italiänisch-Buchhälterisches Elementar- und Methodenbüchlein von J. Mich. F. Schulze. Halle, Gebauer. 136 S. 8. 1784

—skizzirter Entwurf e. einjähr. Lehrcursus d. neuern Staatengeschichte u. neuesten Staaten-, Länder-, Völker- u. Produktenkunde. 8. Helmst. (808.) Fleckeisen. 2 gr

—die Erde, auf eine populäre Art als Weltkörper betrachtet, oder Versuch e. mathemat. Geographie f. das gemeine Leben. Mit 1 Kartennetz. 8. Halle 785. Gebauer. 1 rthl Das Kartennetz apart. 6 gr

—zur vaterländ. Geographie u. Geschichte, Erläuter. e. kleinen Handkarte, welche das Kriegstheater Friedrichs II. u. d. Schauplatz des östreich.-türk. Kriegs enthält rc. 8. Halle 788. Gebauer. 2 rthl

— vollständige Geschichte des französischen Revolutionskrieges. 1r Thl. gr. 8. Berlin, Akademische Buchhandlung. 797.

—vollständ. Geschichte d. französ. Revolutionskrieges. 1r Thl., v. 1792—95. gr. 8. Berl. 797. 1 rthl (Rauck). Hbg. Pr. 12 gr

— Geschichtskarte des siebenjährigen Krieges, nebst den Gebrauch derselben. gr. Folio. Berlin, Himburg. 792.

Schulze, J. M. F., Von dem Gebrauch der Geschichtskarte des siebenjährigen Krieges. Berlin 1792. 8.

Schulze, J. M. F., Gebrauch der Geschichtskarte des 7jährigen Kriegs. Berlin. 792. Jetzt Verlag v. Melzer.

—die ersten Grundbegriffe d. Division u. Berechnung u. ein paar Worte über Geographie. Zwei Einlad.-Schr. 8. Berl. 793. Franke. (Leipz., Barth). 10 gr

—Handlungs-Akademist; ein elementar. Lehrbuch, vorzügl. der in das kaufmänn. Rechnungsfach einschlagend. Theile der Handlungswissenschaft. 1r Bd. gr. 4. Berl. 803. Haude u. Sp. 4 rthl

—Kritik u. Antikritik, nebst Anzeige einer Karte, die die Brandenburg. Staaten vorstellt. 8. Halle 790. Gebauer. 3 gr

—Lehrbuch d. neuern Geschichte, zum Gebr. der Handlungsakademie. 2 Thle. 8. Halle 791. Gebauer. 1 rthl

—kl. Lehrbuch der natürl. Gränz- u. Länderkunde, mit e. Naturgränzenkarte. 8. Halle 787. Gebauer. 1 rthl Die Karte apart. 8 gr

—englisch-geograph. Lesebuch. 2 Thle. 8. Halle 786, 87. Gebauer. 4 rthl (1r Thl. A. u. d. T.: Italien; e. engl.-geograph. Lesebuch. 2r Thl. England, nebst dess. ostind. Besitzungen.)

—französ.-geograph. Lesebuch. A. u. d. T.: Holland, nebst dess. ost- u. westind. Besitzungen. 8. Berl. 788. Mylius. 16 gr

—kaufmänn.-französ. Lesebuch, f. die Handlungsakademie. 8. Halle 791. Gebauer. 1 rthl 6 gr

—neues engl.-geograph. u. histor. Lesebuch, mit e. Karte. 2 Thle. 8. Halle 789, 90. Gebauer. 2 rthl 6 gr

Schulze, Jh. Mich. Fr., die wahre Liebenswürdigkeit. Lstspl. für Kinder. 8. Berl. 779. Mylius. 6 gr

—Meilenkarte, od. bildl. Vorstellung des Verhältnisses der vornehmsten ältern u. neuern Meilenmaaße unter einander, nebst e. Erläuterung. 8. Halle 785. Gebauer. 1 rthl

Schulze, Jh. Mch. Fr., Rechenschaft an das Publikum, wegen d. Berlin. Handlungs-Akademie rc. 8. Berl. 791. Bieweg in Braunschw. 5 gr

—Schriften, die Stiftung u. den Fortgang der Berlin. Handlungsschule betreff. 1e Samml. 8. Berl. 792. ...

UNTERHALTER, Der .... (von *Joh. Mich. Frdr. Schulze*). Berlin 1795.
Anon. Lex. IV. p. 256 (nach Meusel, Goedeke, Pohler,) Parl

—erster buchhändlerischer Vortrag e. dreimonatl. fingirten Handlungsgeschäfts, als Leitfaden e. zweckmäß. handlungswissenschaftl. Unterrichts rc. gr. 4. Helmst. 804. Fleckeisen. 16 gr

Erster buchhälterischer Vortrag eines dreimonatlichen fingirten Handlungsgeschäftes als Leitfaden eines zweckmäßigen handlungswissenschaftlichen Unterrichtes auf Universitäten u. Schulen. Von Friedrich Schulz. Helmstädt; Fleckeisen 1806. 24, 28 S.; 11 Doppel-S. 8°

– s. Wochenschrift für Kaufleute.

— ein Paar Worte über Geographie. 8. Berlin, Franke. 793.

Schulze, Johannes Paul, appr. Arzt a. Grimma: Ein seltener Fall von Multipler progressiver Hyaloserositis (Zuckergussbildung) mit ausgedehnter Kalkablagerung. Leipzig 1907: B. Georgi. (106 S.) 8°

Leipzig, Med. Fak., Ref. Hoffmann, Diss. v. 18. Mai 1907

[Geb. 16. Juni 78 Grimma; Wohnort: Grimma; Staatsangeh.: Sachsen; Vorbildung: Wettiner Gymn. Dresden Reife O. 00; Studium: Leipzig 10 S.; Coll. 28. Mai 07; Approb. 23. Juli 06.]

Schulze, Johann Wilhelm Leonhard (Weissenburg)
Altd. Phs. 35/2

Disputatio de ingeniorum tardiorum felicitate in docendo. Präs. Sigismund Jakob Apinus. Altdorf (Kohles) 8. (korr.: 9.) VI. 1719. 24 S.

W. v.: Präs. 31873

Schulze, Johanne Kathar., s. J. K. Morgenstern.

Schulze, Johannes, s. Schulze, Johann.

Schulze, Josef: Einige Materialien zur Geschichte des Deutschunterrichts an den österreichischen Gymnasien. S. 11–21. 8.
Progr. K. k. Maximilians-Gymn. Wien 1909.

— Predigt, gehalt. am ersten Tage nach d. Einweihung d. neuen kathol. Kirche zu Ludwigslust. 8. Schwerin 810.

Schulze, Jos., Ceremonien, Gebete u. Psalmen bei d. Einweihung der auf Kosten Sr. regier. Durchlaucht in Ludwigslust neuerbauten kathol. Kirche, am 30. Novbr. 1809 nach d. röm. Ritual. 4. Schwerin 809.

Schulze, Julius

Schulze, Jul. Bericht üb. Verlauf u. Erfolg der Werbungen f. den Verein für Schulreform in Bayern. gr. 8. (18 S.) Münch. 889, Stahl sen. * — 20

Schulze, Dr. Julius,
Die gegenwärtige Geschäftskrisis, ihre Ursachen, Lehren und Heilmittel. Vortrag, geh. in den Kaufm. Vereinen zu Mainz und Offenbach. gr. 8°. Mainz, v. Zabern, 1875. 42 S

Schulze, Jul., das eherne Gesetz. Ein Wort an die deutschen Arbeiter. Hrsg. vom mittelrhein. Fabrikanten-Verein. gr. 8. (23 S.) Frankfurt a. M. 872. (Mainz, v. Zabern.)

—— die Gewerbegesetzgebung des deutschen Reiches, im Lichte ihrer Ursachen und Wirkungen, sowie der neueren gewerbepolitischen Bestrebungen, s. Zeitfragen des christl. Volkslebens.

Schulze, J., Die Gewerbegesetzgebung des Deutschen Reiches im Lichte ihrer Ursachen und Wirkungen. 8°. Heilbronn 1879.

— das heutige gewerbliche Lehrlingswesen, seine Mängel u. die Mittel zu deren Beseitigung. gr. 8. (VII, 75 S.) Leipzig 876. Duncker & Humblot. n. 1. 60

—— populäre Vorträge über Sozialwissenschaft. gr. 8. (VI, 280 S.) Konstanz 869, (Meck.) *

Schulze, Jul., was will der Fürst Reichskanzler? gr. 8. (24 S.) Berlin 882. (Kortkampf.) n. — 50

Schulze, Karl [aus Soolde]: Herbarts ABC der Anschauung .... Bonn, Univ.-Buchdr. v. C. Georgi, 1886: 70 S. 8°.
Bonn, Phil. Fak., Inaug.-Diss. v. 9. Aug. 1886.

Schulze, Karl, Herbarts ABC der Anschauung. Diss. Bonn 1886, Emil Strauss. 8°. 70 S.

Schulze, Carl, kurze Anleitung zur Bereitung aller Arten Weine aus Beeren- u. Kern-Obst, sowie die Herstellung des Meths u. des Birkenweins. 12. (47 S.) Leipzig 880. Ruhl. n. — 75

Schulze, C., kurze Anleitung zur Bereitung aller Arten Weine aus Beeren- und Kernobst, sowie zur Herstellung des Meths und des Birkenweins. 12. Leipzig 880. Dresden, Oehlmann. *

— kurze Anleitung zur rationellen Cultur des Beerenobstes. Mit 11 (eingedr.) Holzschn. gr. 8. (VI, 107 S.) Leipzig 881. H. Voigt. n. 1. 60

Schulze, Carl [aus Hohenrade]: Über den anatomischen Bau des Blattes und der Achse in der Familie der Phytolaccaceen und deren Bedeutung für die Systematik ... Danzig, Druck v. J. Sauer, 1895; 56 S., 1 Bl., 1 Taf. 8.
Erlangen, Phil. Fak., Inaug.-Diss. v. 13. März 1895

Schulze, C., d. Beerenweinbereitg., s.: Universalbibliothek f. Obst- u. Gartenbau.

--- Ders.: Die Benutzung des Obstes. Eine Anleitung zum Dörren, zur Musbereitung und zur Bereitung aller Arten Weine aus Kern-, Stein- und Beeren-Obst. Leipzig: Voigt 1881. IV, 98 S. -- [Zit. nach Kayser]

Schulze, Carl, die Benutzung des Obstes. Eine Anleitung zum Dörren, zur Mußbereitung und zur Bereitung aller Arten Weine aus Kern-, Stein- und Beeren-Obst. 2. (Titel-)Aufl. gr. 8. (IV, 98 S.) Leipzig 888, H. Voigt. *

Die drei Blätter. Zum Stiftungsfeste der St. Joh.-Loge zu den drei goldenen Schlüsseln gedichtet vom Br. C[arl] Schulze. Berlin: Lindow o. J. 8 S. 8° [Umschlagtit.]
Gedicht: „Drei Blätter liegen all'zeit vor uns aufgeschlagen, . . .“ 281.

— die landwirthschaftliche Buchführung. 1. Thl. Die einfache Buchführung für kleinere landwirthschaftliche Besitzungen. gr. 8. (85 S.) Stuttgart 877. Metzler's Verl. n. 1. —

Schulze, Karl, Erklärung d. Namens Mägdesprung. 8. (14 S.) Quedlinburg 886. Huch. — 30

Schulze, Karl: Ein Fall von Wangenplastik nach Carcinom ... Greifswald: Druck v. Julius Abel 1889. 24 S. u. 1 Taf. 8°
Greifswald, Med. Fak., Inaug.-Diss. v. 21. Mai 1889

Schulze, Carl der ewige Friede. Schätzbares Matderial von eenen deutschen Kannenjießer. Bei dem nächsten Friedensschluße zu belieb. Benutzung vor Herrn Jrafen von Bismarck. gr. 8. (15 S.) Braunschweig 870, Huch.

Ueber den Kupferstich „Friedrich der Grosse als Freymaurer im Jahre 1740". Von C[arl] Schulze. Berlin 1890: Mittler & S. 23 S. 8⁰
Aus: BZC. 18 (1889) S. 294-320.
cf. L. 13 (1890) S. 41—43; SL. 10 (1890) S. 71 77.

— das Gebiet des Planzeichnens für landwirthschaftliche u. gewerbliche Lehranstalten. gr. 8. (III, 32 S. m. eingedr. Holzschn.) Leipzig 879. O. Wigand. — 60

Schulze, Carl: Gedanken über den propädeutischen Unterricht in der Physik auf Gymnasien. Erfurt, Druck v. F. Bartholomäus, 1896; 1—7 S. 8.
Erfurt, k. G, Festschr. 1896**

Schulze, Carl, Stradivaris Geheimniss. Ein ausführl. Lehrbuch des Geigenbaues. gr. 8. (135 S. m. 6 Taf.) Berlin 901. Fussinger. n. 8. —; geb. n. 10. —

Schulze, C., praktische Geometrie in Verbindung m. geometrischem Zeichnen, Rechnen, Feldmessen, Nivellieren u. Planzeichnen, zunächst f. landwirtschaftl. u. gewerbl. Lehranstalten bearb. Mit 48 in den Text eingedr. Fig. gr. 8. (VI, 137 S.) Gotha 887. Behrend. n. 2. —

Zur Geschichte des Ordenshauses der Gr. Landesloge der Freimaurer von Deutschland. Von C[arl] Schulze. Berlin 1891: Mittler & S. 79 S. 8⁰
Aus: BZC. 20 (1891) S. 83—161.
Recens: L. 14 (1891) S. 154 (B. Cramer).

Schulze, C., Grundriß im Feldmessen, Nivellieren u. Planzeichnen für den Unterricht an landwirthschaftlichen Lehranstalten. gr. 8. (VI, 61 S. m. eingedr. Fig.) Hildburghausen 882. Kesselring. n. 1. 20

— Grundriss der Mathematik für landwirthschaftliche Lehranstalten. Mit vielen Zeichnungen (in eingedr. Holzschn.). gr. 8. (III, 96 S.) Ebend. 879. 1. 80

—— Hülfsbuch zur Lösung von Aufgaben aus der Geometrie, Stereometrie und Geodäsie. Bearb. nach dem Grundriss der Mathematik. gr. 8. (III, 100 S. mit vielen Zeichnungen in eingedr. Holzschn.) Leipzig 880, O. Wigand.

Schulze, Karl, Lehrstoff für den grammatischen u. orthographischen Unterricht in der Vorschule. Unter Mitwirkung mehrerer Vorschullehrer hrsg. 1. u. 2. Hft. gr. 8. (III, 68 u. IV, 65 S.) Berlin 882. Oehmigke's Verl. à n. — 60

Schulze, Karl, Lehrstoff f. den grammatischen u. orthographischen Unterricht in der Vorschule. Unter Mitwirkg. mehrerer Vorschullehrer hrsg. 2 Hfte. 2. Aufl. gr. 8. (III, 68 u. IV, 65 S.) Berlin 883. Oehmigke's Verl. à n. — 50

Schulze, Karl Lehrstoff für den grammatischen und orthographischen Unterricht in der Vorschule. Unter Mitwirkung mehrerer Volksschullehrer hrsg. 3.—6. Aufl. 2 Hefte. gr. 8. (68; 66 S.) Berlin 884—88, Oehmigke's Verlag. à Heft * 50 Pf. *

Schulze, Karl, Lehrstoff f. den grammatischen u. orthographischen Unterricht in der Vorschule. Unter Mitwirkg. mehrerer Vorschullehrer hrsg. 6. Aufl. 2 Hfte. gr. 8. (68 u. 66 S.) Berlin 889. Oehmigke's Verl. à n. — 60

Schulze, Karl Lehrstoff f. den grammatischen u. orthographischen Unterricht in der Vorschule. Unter Mitwirkg. mehrerer Vorschullehrer hrsg. 2 Hefte. 8. Aufl. gr. 8. (IV, 68; 66 S.) Berl. 892, L. Oehmigke's Verlag. à Heft * — 50; * 1 —

Schulze, Karl, Lehrstoff f. den grammatischen u. orthographischen Unterricht in der Vorschule. Unter Mitwirkg. mehrerer Vorschullehrer hrsg. 2 Hfte. gr. 8. Berlin 894. L. Oehmigke's Verl. à n. — 60
1. 9. Aufl. (IV, 68 S.) — 2. 10. Aufl. (IV, 66 S.)

[J.] Lehrstoff für den grammatischen und orthographischen Unterricht in der Vorschule. Unt. Mitw. mehr. Vorschullehrer hrsg. v. Karl Schulze, Lehrer ... in Berlin. H. 1. 2. *Berlin: L. Oehmigke 1897.* 2 Bde 8.
1. 11. Aufl. (IV, 68 S.) 2. 12. Aufl. (IV, 65 S.) [98. 68]

Schulze, Karl, Lehrstoff f. die grammat. u. orthograph. Unterricht in d. Vorschule. Unt. Mitwirkg. mehr. Vorschullehrer hrsg. 2 Hfte. gr. 8. Berlin 898. L. Oehmigke's Verl. à n. — 60
1. 12. Aufl. (IV, 68 S.) — 2. 13. Aufl. (IV, 66 S.)

Schulze, Karl, Lehrstoff f. den grammatischen u. orthographischen Unterricht in der Vorschule. Unter Mitwirkg. mehrerer Vorschullehrer hrsg. 1. u. 2. Hft. gr. 8. Berlin 902. L. Oehmigke's Verlag. à n. — 50
1. 15. Aufl. (IV, 68 S.) — II. 18. Aufl. (IV, 66 S.)

Schulze, Karl, Lehrstoff f. den grammatischen u. orthographischen Unterricht in der Vorschule. Unter Mitwirkg. mehrerer Vorschullehrer hrsg. I. u. II. Heft. 8. Berlin 906. L. Oehmigke's Verl. Kart. à n.n. — 60
I. 19. Aufl. (IV, 86 S.) — II. 22. Aufl. (IV, 84 S.)

Schulze, Karl, Lehrstoff f. den grammat. u. orthograph. Unterricht in der Vorschule. Unter Mitwirkg. mehrerer Vorschullehrer hrsg. 2 Hefte. 8. Berlin (910). L. Oehmigke's Verl. Geb. à nn — 60
I. 23. Aufl. (IV, 88 S.) — II. 27. Aufl. (IV, 84 S.)

— Leitfaden u. Aufgabensammlung f. den arithmetischen Unterricht an Realschulen. gr. 8. (VI, 162 S. m. 1 Taf.) Dresden 898. G. Kühtmann. n. 2. —; kart. n. 2. 20

— Leitfaden f. den trigonometrischen u. stereometrischen Unterricht an höheren Bürger- u. Realschulen. 2 Hfte. Mit Fig. im Text. gr. 8. Leipzig 890. Teubner. cart. à n. 1. 20
1. Trigonometrie. (VIII, 72 S.) — 2. Stereometrie. (IV, 60 S.)

Schulze, Karl Die Parabeln Jesu im Krist und Heliand, zugleich ein Beitrag zur ästhetischen und theologischen Würdigung beider Dichtungen. 26 S. Progr. *Lippstadt* 1881.

—— landwirthschaftliches Rechenwesen,
—— Auflösungen zum landwirthschaftlichen Rechenwesen,
} s. Taschenbibliothek, deutsche landwirthschaftliche.

Schulze, K., Samml. neuer franz. Schauspiele, f. Sammlung.

Schulze, Karl, die Siedlungen in Anhalt, s.: Hey, Gust.

Schulze, Carl, der Silhouetteur, od: Offenbarung des bis jetzt nur Wenigen bekannt gewes. Geheimnisses: Alle Arten Silhouetten, sowohl schwarz u. farbig, als auch mit Gold fein u. sauber, ohne alle fremde Anleit. od. Beihülfe, zu verfertigen. 12. (2½ B. u. 1 Bl. Abbildn.) Nordhausen 840, Fürst.

Schulze, K., neue engl. Sprachlehre für Deutsche, nach Murray, Walker, Mavor, Percy u. dem einfachsten Systeme richtiger Aussprache u. Betonung. gr. 8. Berl. 817. Nauck. 1 ℛ 4 g𝔤

—— engl. Sprachlehre, enthalt. das vollständigste Lehrgebäude e. richt. Aussprache mit krit. Hinsicht auf die besten engl. Sprachforscher, als: Murray, Walker, Mavor, Perry ꝛc., nebst 1) dem einfachsten System d. Betonung, 2) einer gründl. Bestimmung d. regelmäß. Zeitwörter, u. 3) besonders der Vorwörter. 2. Aufl., verm. durch e. zweckmäß. geordn. Anh. zum Uebersetzen ins Engl. mit steter Hinweis. auf d. Regeln dies. Sprachlehre. gr. 8. (32 B. u. 1 Tab. Fol.) Berlin 834, Nauck.

Schulze, Carl, die biblischen sprichwörter der deutschen sprache. Göttingen 860. Vandenhoeck & Ruprecht. gr. 8. (2 Bl., 203 S.) n. 1 ℛ

Schulze, Carl, a. Frankenberg i. Sa.: Die staatsrechtliche Stellung des Statthalters von Elsaß-Lothringen. Frankenberg i. S. 1904: C. G. Roßberg. (105 S.) 8°
Tübingen, Staatsw. Fak., Ref. Triepel, Diss. v. 26. Mai 1903
[Geb. 30. Jan. 75 Frankenberg, Sachsen; Wohnort: Frankenberg; Staatsangeh.: Sachsen; Vorbildung: Handelssch. Frankenberg u. 93 Militärvorbereitungsanstalt Collatz Dresden; Studium: Handelshochsch. Leipzig 4, Univ. Leipzig 1, Tübingen 3 S.; Rig. 26. Mai 03.]
(Nicht für den Austausch)

Schulze, Karl: **Ueberblick** über die Theorien vom Wesen der Elektrizität. *Erfurt 1903: F. Bartholomäus.* (18 S.) 8°
Erfurt, k. G, OP 1903 (273)

Schulze, Karl, Uebungsbuch f. die deutsche Rechtschreibung [im Anschluß an: „Regeln u. Wörterverzeichniß f. die deutsche Orthographie hrsg. v. dem Vereine der Berliner Gymnasial- u. Realschullehrer."] 8. (32 S.) Berlin 872. Leipzig, Teubner. n. — 30

— Uebungsbuch für die deutsche Rechtschreibung [im Anschluß an: „Regeln u. Wörterverzeichniß für die deutsche Orthographie, hrsg. von dem Verein der Berliner Gymnasial- u. Realschullehrer"]. 2., verb. Aufl. 8. (32 S.) Leipzig 877. Teubner. cart. — 30

Schulze, Carl Universal-Brevier. Gemeinnützige Mittheilungen, umfassend Statistik, Münz-, Maass-, Gewichtskunde, Wechsel-, Post-, Eisenbahnverkehr, Telegraphie, Physik, in Auszügen aus den betr. Gesetzen und Reglements, in Tarifen und vergleichenden Tabellen. Nebst Kalender auf die J. 1875, Juli, bis 1877, Juni, und 1 (lithogr.) Eisenbahn-Karte von Deutschland und Theilen der angrenzenden Länder (in qu. 4.). Ein Hülfsbuch für Jedermann. 8. (36 S.) Leipzig 876, [Hartknoch.] Wartig's Verlag. *

Schulze, Carl [aus Neuhaldensleben]: Untersuchungen über das Holzgummi als Teil der incrustierenden Substanz, über Vorkommen, Darstellung und optische Eigenschaften der Xylose und über Polarisationen von Zuckerarten in ammoniakalischer Lösung ... Göttingen, Buch- u. Steindr. v. L. Hofer, 1892; 50 S., 1 Bl., 1 Taf. 8.
Göttingen, Phil. Fak., Inaug.-Diss. v. [16. März] 1892

Schulze, Carl, Untersuchungen üb. das Holzgummi als Teil der incrustierenden Substanz, üb. Vorkommen, Darstellg. u. opt. Eigenschaften der Xylose u. üb. Polarisation v. Zuckerarten in ammoniakal. Lösg. Diss. gr. 8. (50 S. m. 1 graph. Taf.) Göttingen 892. (Vandenhoeck & Ruprecht.) n. 1. 40

Schulze, Karl, Unterwegs oder der Naturforscher u. Sammler. Für die Jugend u. ihre Freunde hrsg. Mit 88 (eingedr. Holzschn.-)Illustr. 8. (VI, 120 S.) Wien 880. Hartleben. 1. 80

Schulze, Carolus: De versibus suspectis et interpolatis Iphigeniae Tauricae fabulae Euripideae. P. prior. Halis Saxonum 1881: Ploetz. 78 S. 8°
Halle-Wittenberg, Phil. Diss. v. [23. Aug.] 1881
Geb. Wiehe (Kr. Eckartsberga) 10. 9. 1851. V.

[Umschlagt.:] [Ant. u. F.] **Schulze,** Karl [Dr.]: „Die bisherige Verwertung der Anschauung im Unterricht des humanistischen Gymnasiums, insbes. f. die sprachlich-geschichtl. Fächer." Tl 1. Inowrazlaw, Buchdr. v. H. Olawski, *1894;* 1—23 S. 4.
Inowrazlaw, k. G, OP 1894 (155)

Verzeichnis der Büchersammlung der Grossen Landes-Loge der Freimaurer von Deutschland [in Berlin]. [Zsgest. von Karl **Schulze.**] [Nebst] Nachtr. Berlin 1882: Denter & Nicolas; 1893: Mittler & S. 8°
Verz. VIII, 167 S. 1882; Nachtr. 84 S. 1893.
Tt. 79. 1882 in 23. 25; 1893 in 25.

Schulze, Karl Zeitvertreib. Verstandes-Uebungen, arithmetische Aufgaben und Scherz-Räthsel, nebst einem Anhang mit Spielen. Für die Jugend und ihre Freunde hrsg. 8. (VII, 156 S.) Wien 878, Hartleben's Verlag.

Schulze, Karl August

Schulze, Car. August. Christian. Ludov. [illegible]
De placentae inflammatione. Berolini (1859) [illegible] 8°
Berlin, Med. Diss. v. [illegible] Juli 1859

Schulze, Carol(us) Aug(ustus): De tumore capitis peculiari. Halae (1841): Grunert. 27 S. 8°
Halle-Wittenberg, Med. Diss. v. 2. Aug. 1841
Geb. Nordhausen 10. 10. 1816. V.

Schulze, Karl August Montanus, s. Schulze-Montanus, Karl August

Schulze, Karl Fr., Darstell. neuer u. verbess. Landwirthschaftsgeräthe u. eines darauf folgenden Ackerbausystems. 16 Hft. Mit 8 Kpf. 4. Salzb. 805. Wien 807. (Mayr). 1 ℛ 2 ℊ

— Erfindung neuer Ackergeräthe. 2 Hfte. Mit 8 Kupf. gr. 4. Salzb. 805. Mayr. 5 ℛ 16 ℊ

Schulze, Carl Friedrich, Anleitung zur wohlfeilen Kultur der Waldblößen und zur Berechnung des dazu erforderlichen Zeit- und Geld-Aufwandes, auch den dazu nöthigen Saamen und Pflanzen, nebst einer Hülfstabelle zur Kubikberechnung der Bau- und Nutzhölzer sowie der vom Verf. durch vieljährigen Gebrauch geprüft und sehr prakt. befundenen Witterungen zum Einfangen aller vierfüßigen Thiere, ingleichen der Anlegung von Salzlecken und Wildraufen, wie auch der Jäger als Arzt seiner Hunde. Hrsg. für Forstbeamte, Gutsbesitzer und Jagdliebhaber. 2. Aufl. 8. (80 S.) Neurode 857, Fischer. (Leipzig, R. Hoffmann.)

—— zur Erinnerung an die Schlacht bei Leipzig 1813 und den zweiten Krieg 1815. Seinen Kameraden und Freunden gewidmet. 8. (16 S.) Neurode 857, Fischer. (Leipzig, R. Hoffmann.)

Schulze, Karl Fr., der gereimte Führer durch Sachsen. In sechs Gesängen. Zur Lust u. Lehre für die vaterländ. Jugend an's Licht gestellt. 16. Dresden 812, Grimmer'sche Buchh. geb. n. 1/4 ℛ

Schulze, Carl Friedr., der gereimte Führer durch Sachsen. In sechs Gesängen. Zur Lust u. Lehre für die vaterländ. Jugend an's Licht gestellt. 16. (6 1/2 B.) Dresden 812, [Korische Bh.] *

Schulze, Carl Friedr., der gereimte Führer durch Sachsen. In sechs Gesängen. Zur Lust und Lehre für die vaterländische Jugend ans Licht angestellt. 2. vielf. verb. u. verm. Aufl. Freiberg 858. Reimmann in Comm. 8. (113 S.) n. 10 ngr.

Schulze, Karl Gotthold, achtzig Choräle für 3 u. 4 Männerstimmen bearb. u. Seminarien, Gymnasien u. Männersingvereinen gewidmet. qu. 8. Plauen 841, Schmidt. n. 1/3 ß

Schulze, Carl Ghold., 90 Choräle für vier Männerstimmen bearb. und Seminarien, Gymnasien und Männersingvereinen gewidmet. 2., revid. und verm. Aufl. qu. 8. (VIII und 68 lithogr. S.) Plauen 864, Hohmann. cart.

Schulze, C. G., 90 Choräle, für vier Männerstimmen bearb. und Seminarien, Gymnasien und Männersingvereinen gewidmet. 3. und 4. revid. und veränd. Aufl. gr. 8. (VI, 64 S.) Plauen 880,84, Hohmann's Verlag. *

Schulze, Karl Ludwig

Schulze, K. Ludw., der Kinderfreund auf dem Lande. 8. Berl. Realschbhl. 806.

Schulze, Carl Ludw., der Kinderfreund auf dem Lande. Ein Geschenk f. d. ländl. Jugend. 2., verm. Aufl. 8. (7 B.) Berlin 828, Reimer.

Schulze, Karl Paul

50 Aufgaben zum Übersetzen ins Lateinische für die Prima eines Gymnasiums. Von Dr. K. P. **Schulze**, Prof. . . . zu Berlin. *Berlin: Weidmann 1898.* (62 S.) 1 Bd 8. [98. 11433

Schulze, K. P., 50 Aufgaben zum Übersetzen ins Lateinische f. die Prima e. Gymnasiums. 2. Reihe. gr. 8. (76 S.) Berlin 900. Weidmann. Kart. n. 1. —

— dasselbe. Phraseolog. Wörterverzeichnis nebst stilistischen Bemerkungen zur 1. u. 2. Reihe. gr. 8. (48 S.) Ebd. 900. Kart. n. — 80

Schulze, Karl Paul [Dr.]: Beiträge zur Erklärung der römischen Elegiker. Berlin, R. Gaertner, 1893; 31 S. 4.
Berlin, Friedrichs-Werdersches G, OP 1893 (55)

Schulze, Karl Paul: Beiträge zur Erklärung der römischen Elegiker. II. *Berlin: R. Gaertner 1898.* (27 S.) 4° ¶ [Fortsetzung d. P-Beilage 1893.]
Berlin, Friedrichs-Werdersches G, OP 1898 (51)

Schulze, K. P., römische Elegiker. Eine Auswahl aus Catull, Tibull, Properz. Für den Schulgebrauch bearb. gr. 8. (X, 194 S.) Berlin 879. Weidmann. 1. 80

Schulze, K. P., römische Elegiker. Eine Auswahl aus Catull, Tibull, Properz u. Ovid. Für den Schulgebrauch bearb. 2. Aufl. 8. (XII, 260 S.) Berlin 884. Weidmann. 2. 40

Römische Elegiker. Eine Auswahl aus Catull, Tibull, Properz u. Ovid. Für d. Schulgebr. bearb. von Dr. K[arl] P[aul] **Schulze**, Prof. zu Berlin. 5. Aufl. Berlin: Weidmann 1910. XVI, 408 S. 8° [10. 1…7

— s. a. **Elegiker, römische.**

Schulze, Karl Paul. Quaestiones grammaticae ad Xenophontem pertinentes. 4 (27 S.) Friedrich-Werdersch. G. *Berlin* 1888 (53)
Progr.

Schulze, Carl P., quaestiones grammaticae ad Xenophontem pertinentes. gr. 4. (27 S.) Berlin 888. Gaertner. n. 1. —

—, Das Titelwesen bei den spätlateinischen Epistolographen 8 (59 S. **Progr.** G. der k. k. Theresianischen Akademie *Wien* 1893.
Symmachus. Ambrosius. Papstbriefe vom Jahre 352–440. Hieronymus. Augustinus. Leo der Grosse. Papstbriefe vom Jahre 461–523. Apollinaris Sidonius. Alcimus Avitus. Ennodius.

Schulze, Konrad: Die Satiren Halls, ihre Abhängigkeit von den altrömischen Satirikern und ihre Realbeziehungen auf die Shakespeare-Zeit. (Berlin: Mayer & Müller 1910.) XVI, 55 S. 8° ¶(Ersch. vollst. als: Palaestra. Bd 106.)
Berlin, Phil. Diss. v. 13. Aug. 1910, Ref. Brandl
[Geb. 10. Aug. 86 Berlin; Wohnort: Berlin; Staatsangeh.: Preußen; Vorbildung: Leibniz-Gymn. Berlin Reife O. 05; Studium: Berlin 11 S.; Rig. 10. Juni 09.] [U 10. 258

Die Satiren Halls, ihre Abhängigkeit von d. altröm. Satirikern u. ihre Realbeziehungen auf d. Shakespeare-Zeit. Von Konrad **Schulze**, Dr. phil. Berlin: Mayer & Müller 1910. XIII, 279 S. 8°
Ein T. ersch. als Inaug.-Diss. Berlin 1910.
(Palaestra. 106.) [10. 17043

Verlobung auf dem Schießstande. Militär-Schwank in 2 Akten von Conrad **Schulze**. Mühlhausen i. Th.: G. Danner [1906]. (32 S.) 8° [F.]
— **Mehrakter**. No 23. [07. 6674 3

Schulze, Curt, s. a.: **Gattersberg, Rolf.**

— Eckensteher Nantes Ansichten über Zeppelin. — Eine Weltreise m. Zeppelin, s.: **Solovorträge.**

Schulze, Kurt, zwei moderne Babys, s.: **Damenbühne.**

— zwei verhungerte Dichter, s.: **Theaterbibliothek.**

— Der Fluch des Durschtes. Die sieben Wochentage, s.: **Solovorträge.**

— Allerlei Gedanken, s.: **Bilder, lebende.**

— Kosmopolitisches Handicap, s.: **Solovorträge.**

Zur Hochzeit. Sammlung heiterer Vorträge f. 1 u. mehrere Personen u. Hochzeitslieder. (106 S.) 8. Bonn (910). A. Heidelmann. 1. —

— Das Klatschmilitär od. Folgen der Emanzipation, *s.: **Damenbühne.**

— Die tote Nonne, s.: **Sammlung**, bunte, interessanter Erzählungen. 9.

Schulze, Kurt, Arzt a. Naunhof b. Moritzburg: Aus d. Stadtkrankenhaus Dresden-Friedrichstadt I. Innere Abt., Oberarzt Prof. Dr. A. Schmidt. Das Verhalten der Vitalkapazität bei Lungentuberkulose. Leipzig 1904: B. Georgi. (44 S.) 8°
Leipzig, Med. Fak., Ref. Curschmann, Diss. v. 12. Dez. 1904
[Geb. 27. Nov. 79 Naunhof b. Moritzburg; Wohnort: Dresden; Staatsangeh.: Sachsen; Vorbildung: Wettinergymn. Dresden Reife O. 99; Studium: Leipzig 6, Freiburg i. B. 1, München 1, Leipzig 2 S.; Coll. 14. Jan 05; Approb. 22. Apr. 04.]

Schulze, (L.,) Bemerkk. auf einer in landwirthschaftl. Hinsicht unternommenen Reise durch einen grossen Theil von Deutschland u. d. Schweiz. 8. Neuhaldensleben 826, (Halberst., Brüggemann.)

Schulze, L., Bemerkk. auf e. in landwirthschaftl. Hinsicht unternomm. Reise durch einen großen Theil von Deutschland u. d. Schweiz. 8. Neuhaldensleben 826. (Eyraud). 20 ℋ

Schulze, L., und **E. Steckel**, Festschrift zum 18. Kyffhäuser Gauturnfeste und 25jähr. Stiftungsfeste des Männer-Turnvereins zu Eisleben am 11., 12. und 13. Aug. 1888. Im Auftrage des Vereins hrsg. 1863—1888. 8. (166 S. mit eingedr. Bildern, 1 Portr. Jahns und 1 chromolithogr. Plan.) Eisleben 888, (Winkler.) *

Schulze, L., s.: **Kommersbuch** f. Deutschlands Lehrer.

Schulze, L. B., s. *Originals* English.

Schulze, L. F. M., Führer auf Java. Ein Handbuch f. **Reisende. Mit Berücksicht. d. socialen,** commerziellen, **industriellen u. naturgeschichtl.** Verhältnisse. Mit e. **Eisenbahnkarte v. Java. gr. 8.** (VIII, 480 S.) Leipzig **890. Grieben.** n. 9. —; geb. n. 10. 20

Schulze, Louis

Schulze, L.: Ueber die Charaktere in der Tragödie des Sophokles. 21 S. – Guben, Progr. 1872.

Schulze, Louis Über Geschmacksbildung. 26 S **Progr.** *Guben* 1878

Schulze, Louis, des Landwirth's Wörterbuch. Eine allgemein faßliche, übersichtliche Anleitung die Grundzüge der Ackerbauchemie, insbesondere die Düngerlehre, sich zu eigen zu machen. In 550 alphabetisch geordneten Sach- u. Worterklärungen für den praktischen Gebrauch verfaßt. Halle 861. Heynemann in Comm. gr. 8. (IV, 206 S.) n. 20 ngr.

Schulze, Ludwig

Die Abendmahlslehre der lutherischen Kirche nach ihrer biblischen Grundlage. Eine bibl.-theol. Untersuchung mit Rücks. auf d. modernen Auffassungen d. Gegenwart von D. Dr. Ludwig **Schulze**, Prof. Gütersloh: Bertelsmann 1910. VIII, 150 S. 8°
(Für Gottes Wort u. Luthers Lehr! Reihe 5, H. 1.) [10. 4323

Schulze, Ludw., Anweisung zu einem planmäßigen Lesen der heiligen Schrift in vier Lesetafeln zum Gebrauch für Schule und Haus. Lex.-8. (VI, 42 S.) Leipzig 874, Hinrichs' Verlag. *

Schulze, Ludw., Anweisung zu e. planmäßigen Lesen der **heiligen Schrift** in 4 Lesetafeln zum Gebrauch f. **Schule u. Haus.** Lex.-8. (VI, 42 S.) Leipzig 875. Hinrichs' Verl. n. 1. --

Dramatische Bilder aus Kembergs Vergangenheit. Von Ludwig **Schulze**. Kemberg: Wächter 1910. 32 S. 8° [10. 13463

Schulze, Ludw., unseres Volkes Erneuerung. Predigt über Ezechiel 36, 26—28, gehalten am 2. Pfingstfeiertage 1878 zu St. Jacobi. Lex.-8. (16 S.) Rostock 878, Stiller'sche Hofbuchh. *

Schulze, Ludw. (Theologe [illegible]) De fontibus ex quibus Hycsosorum [illegible] Berlin 1858 [illegible]
Berlin Phil. Diss. v. [illegible] Mai 1858
[illegible]

Schulze, Lud., de fontibus ex quibus historia Hycsosorum haurienda sit. Berlin 858. Schlawitz. gr. 8. (82 S.) n. 15 ngr.

—— Friede im Herrn. Predigten aus der Kriegszeit der J. 1870 und 1871. 8. (VII, 119 S.) Gotha 871, F. A. Perthes. *

Die Irrtumslosigkeit Jesu. Bibl.-hist. Untersuchung von D. Dr. Ludwig **Schulze**, Prof. zu Rostock. Gütersloh: C. Bertelsmann 1905. (VIII, 95 S.) 8° [5.]
= **Für** Gottes Wort u. Luthers Lehr! Reihe 1, H. 7. [05. 18817

Schulze, Ludwig [Dir. Dr.]: Die Lektüre von Ciceros philosophischen Schriften in Prima und die Aufgabe der philosophischen Propädeutik. Landsberg a. W., Druck v. R. Schneider & Sohn, 1889; 21 S. 4°
Landsberg a. W., k. G. u. RG. OP 1889 (79)

Schulze, Ludw., Luther und die evangelische Kirche. Ein Vortrag, zum Luther-Jubiläum gehalten am 8. Novbr. 1883 in der St. Marien-Kirche zu Rostock. 8. (41 S.) Rostock 883, [Stiller'sche Hofbuchh.] Schmidt.

Schulze, Ludw.(Thdr), Martha und Maria. Zwei Lebensbilder nach der Schrift. 16. (V und 61 S.) Gotha 866, F. A. Perthes. cart. *

—— vom Menschensohn und vom Logos. Ein Beitrag zur bibl. Christologie. gr. 8. (XV und 328 S.) Gotha 867, F. A. Perthes. *

Schulze, L., August Neander, s.: Schriften d. Institutum **Judaicum zu Leipzig.**

—— Passions- und Osterfeier. Predigten über die sieben Worte des Herrn am Kreuze und über seine Auferstehung gehalten. gr. 8. (IX und 149 S.) Gotha 866, F. A. Perthes. *

— Friedrich Adolf **Philippi**. Ein Lebensbild aus der luther. Kirche der Gegenwart. gr. 8. (VII, 134 S.) Nördlingen 883. Beck. n. 2. 50; geb. n.n. 3. 50

Schulze, Ludwig: Unsere Q u e l l e n für das Leben Jesu Christi nach ihrer Glaubwürdigkeit im Lichte der wissenschaftlichen Forschung der Gegenwart. Gütersloh: Bertelsmann 1909. 154 S. 8°
(Für Gottes Wort u. Luthers Lehr! Reihe 2. H. 1.)

Tafellied, den die □ Apollo im O.·. Leipzig am 29. Sept. 1862 „besuchenden Brüdern" gewidmet. [Unterz.:] Ludw. Schulze. [Leipzig 1862: Polz.] 1 Bl. 8° [Kopftit.]
Tt. 2589. Ohne Noten: „Rein ist das Werk, das wir vereint erbauen . . ." 439.

Schulze, Ludw., die Theologie der Offenbarung, ihr Fortschritt u. ihre Aufgabe in der Gegenwart. Rede, geh. am 28. Febr. 1894 zur Feier des Geburtstages des hochsel. Grossherzogs Friedrich Franz II. in der Universität zu Rostock. gr. 8. (29 S.) Rostock 894. (Stiller.) n. — 80

Schulze, Ludw. (Theol.) Theses theologicae Berolini (1856) (2 Bl.) 4°
Berlin, Theol. Thes. v. 18. Aug. 1856

— die konfessionelle Volksschule u. die Simultanschule. Vortrag auf der Allgemeinen lutherischen Konferenz zu Nürnberg am 26. Juni 1879 gehalten. [Aus: „Ergänzungsblätter zur Allgemein. Ev.-Luth. Kirchenzeitung".] 8. (39 S.) Leipzig 879. Dörffling & Franke. -- 60

—— Philipp Wackernagel nach seinem Leben und Wirken für das deutsche Volk und die deutsche Kirche. Ein Lebensbild. Mit einem Bildniß Wackernagel's (in Stahlst.) gr. 8. (XII, 316 S.) Ebendas. 879. *

Schulze, Ludw., über die Wunder Jesu Christi mit Beziehung auf das Leben Jesu von Renan. Vortrag, gehalten im Saale des königl. Schlosses zu Königsberg in Pr. Königsberg 864. Gräfe & Unzer. 16. (VIII, 62 S.) n. 8 ngr.

SCHULZE, LUDWIG. Die elementare Zusammensetzung der Weizenstärke und die Einwirkung von verdünnter Essigsäure auf Stärkemehl. (Freiburg i. B.) Leipzig, 1883.

Schulze, Ludwig Heinrich [aus Warschau '(Russ.-Polen)']: Erörterungen über Begriff und Einteilung der Bedürfnisse des Menschen. Philosoph.-ökonom. Abhandlg . . . Heidelberg, Univ.-Buchdr. v. J. Hörning, 1896; 1 Bl., 136 S., 1 Bl. 8.
Heidelberg, Phil. Fak., Inaug.-Diss. v. [30. Nov.] 1896

Schulze, Ludwig Rudolf

Schulze, L. Rud., das Buch der physikalischen Erscheinungen. Frei nach A. Guillemin. Mit 11 Chromolithogr., 9 großen Abbild. außerhalb des Textes und über 400 (eingedr.) Holzschn. 16 Lfgn. gr. 8. (VIII, 622 S.) Leipzig 875,76, Frohberg. à Lfg. * *M* 1. *

Schulze, L. R., das Buch der physikalischen Erscheinungen. gr. 8. Leipzig 876. Braunschweig, Salle. * 10 — geb. * 12 —

Schulze, L. Rud., das Buch der physikalischen Erscheinungen. Nach A. Guillemin für das Verständniß weiterer Kreise bearb. Neue (Titel-)Ausg. Lex.-8. (VIII, 623 S. mit 11 Chromolithogr., 9 großen Abbild. außerhalb des Textes und 448 Holzschn.) Braunschweig (876)889, Salle. * geb. **

Schulze, L. R., Elemente d. ersten Cometen vom J. 1830, s.: Berichte üb. die Verhandlgn. der kgl. sächs. Ges. d. Wiss. zu Leipzig.

Schulze, *Ludwig Rudolf* [Konrekt. Prof. Dr.]: Entwickelungsgang des Königlichen Realgymnasiums und der Landwirtschaftsschule zu Döbeln in den ersten fünfundzwanzig Jahren ihres Bestehens. Döbeln, Druck v. J. W. Thallwitz, 1894; I—XXIV S., 1 Taf., 1 Pl. 4.
Döbeln, k. RG u. Landwirtschafts-S, P 1894 (553)

Schulze, L. Rud., die physikalischen Kräfte im Dienste der Gewerbe, der Kunst und der Wissenschaft. Frei nach A. Guillemin. 17 Lfgn. Lex.-8. (VII, 696 S. mit 410 eingedr. Holzschn., 15 großen Abbild. außerhalb des Textes und 3 Buntdr.-Karten.) Leipzig 880, Frohberg. à Lfg. * M 1. * geb. **

Schulze, L. Rud., die physikalischen Kräfte im Dienste der Gewerbe, der Kunst u. der Wissenschaft. Nach A. Guillemin f. das Verständniß weiterer Kreise bearb. 2., rev. u. ergänzte Aufl. Mit 416 Holzschn., 15 großen Abbildgn. außerhalb d. Textes u. 3 Buntdr.-Karten. Lex.-8. (VIII, 706 S.) Braunschweig 889. Salle. n. 13. —; geb. n. 15. —

Schulze, *Ludwig Rudolf Lebensbild des am 5. Mai 1892 verstorbenen ersten Rektors der Schule Prof. Dr. Eduard Stössner. Rede.* 4 (S. 2—5 der Schuln.). Kgl. Rg. u. Landwirtschaftssch. *Döbeln* 1893 (550).
Progr.

— Vergleich der Bildungsmittel d. humanistischen Gymnasiums u. d. Realgymnasiums. Rede. gr. 8. (24 S.) Döbeln 890. (C. Schmidt.) n. — 50

Schulze, M.: Die Entwicklungsepoche des deutschen Volksschulwesens unter Herzog Ernst dem Frommen. Ein Beitr. zur Geschichte der Pädagogik. Gotha 1855. 32 S. Sonderdr. aus: Pädagog. Blätter. 1855. H. 1—2.

Schulze, M. H., allgemeine kirchliche Chronik, s. Matthes, K.

Schulze, M. H., Evangelientafel als eine übersichtliche Darstellung der synoptischen Evangelien in ihrem Verwandtschaftsverhältnis zu einander, verbunden mit geeigneter Berücksichtigung des Evangeliums Johannes, zum Selbststudium für die akademische Jugend u. zur Unterlage für Vorlesungen wie für Forschungen geordnet. Leipzig 861. G. Mayer. (Altona, Haendcke & Lehmkuhl.) Lex.-8. (VIII, 240 S.) n. 1 ₰ 20 ngr.

Schulze, M. H., Evangelientafel als e. übersichtliche Darstellung d. gelösten Problems der synoptischen Evangelien in ihrem Verwandtschaftsverhältnis zu einander, verbunden m. geeigneter Berücksicht. d. Evangeliums Johannes, zum Selbstudium f. die academ. Jugend u. zur Unterlage f. Vorlesgn. wie f. Forschgn. geordnet. 2. Aufl. gr. 8. (IV, LXIV, 239 S.) Dresden 886. Dieckmann. geb. n. 4. —

Schulze, Martin: Der persönliche Charakter des protestantischen Christentums. Ein Vortrag. Leipzig: C. Braun in Komm. 1908. 14 S. 8° [Umschlagt.]
(Flugschriften d. Evang. Bundes. 260.)

Schulze, Mart., der persönliche Charakter des protestant. Christentums, s. a. Flugschriften des Evangelischen Bundes.

Schulze, Mart. Dalmanutha. Geographisch-linguistische Untersuchung zu Marc. 8, 10 und Matth. 15, 39. S. 3—5. *Oldesloe* 1884.
Progr.

Schulze, (Johannes Martin), Dr.: [Ecce auf die im Laufe des Kirchenjahres verstorbenen Angehörigen des Gymnasiums.] *Freiberg 1900: Gerlach.* (S. 4—6.) 4°
Freiberg, G Albertinum, OP 1900 (575)

Schulze, [Johannes Martin]: [Das Ecce zum Gedächtnis der im Laufe des verflossenen Kirchenjahres verstorbenen ehemaligen Schüler des Gymnasiums.] S. 9—11. 4.
Progr. Gymn. Albertinum *Freiberg* 1901 (584).

Schulze, Martin (Anton) (geb. Piskaborn in d. Prov. Sachs. 18. 12. 1858): Ueber einen Fall von Elephantiasis papillaris. Berlin (1882). (28 S.) 8°
Berlin, Med. Diss. v. 9. Mai 1882

Schulze, Mart., zur Frage nach der Bedeutung der hl. Schrift. 2 Vorlesgn. gr. 8. (VII, 49 S.) Halle 894. J. Krause. n. 1. —

Schulze, Martin, Dr.: Der ethische Gedankengehalt der griechischen Elegiker und Jambographen. *Freiberg 1899: Gerlach.* (34 S.) 4°
Freiberg, G Albertinum, OP 1899 (568)

Schulze, *Johannes* Martin: Der ethische Gedankengehalt der griechischen Elegiker und Iambographen. 4 (S. 1—34).
Progr. G. Albertinum *Freiberg* 1899
1. Der Weg zur Tugend. 2. Begriff und Arten der Tugend. 3. Die sittliche Verfehlung, ihre Ursachen und Folgen. 4. Lebensgüter und Lebensübel. 5. Die besonderen Lebenspflichten.

Schulze, Martin. Calvins Jenseits-Christentum in seinem Verhältnisse zu den religiösen Schriften des Erasmus untersucht von Lic. theol. Martin Schulze.... VI + 76 S. 8. Görlitz, Rudolf Dülfer, 1902. [M. 1. 60]

Meditatio futurae vitae. Ihr Begriff u. ihre herrschende Stellung im System Calvins. Ein Beitrag z. Verständnis von dessen Institutio von Lic. Martin **Schulze**, Prof., Breslau. *Leipzig: Dieterich 1901.* (89 S.) 8°
— **Studien** z. Geschichte d. Theologie u. d. Kirche. Bd 6, H. 4. [01. 1369

Die Religion Jesu und der Glaube an Christus. Von Lic. theol. Martin **Schulze**, Privatd. ... an d. Univ. Breslau. *Halle a. S.: J. Krause 1897.* (3 Bl., 77 S.) 1 Bd 8. [98. 188

Religion und Sittlichkeit. Von Lic. Martin **Schulze**, Prof. in Königsberg. Leipzig: A. Deichert 1905. (28 S.) 8° [Umschlagt.] [05. 7003 10

Schulze, Mart., Religion u. Sittlichkeit, s. a. Studien, theologische.

Religion und Wissenschaft. Vortrag geh. auf d. 'Antrittswissenschaft' d. Vereins f. wiss. Theologie von Lic. Martin **Schulze**, Prof., Breslau. *Görlitz: R. Dülfer 1903.* (24 S.) 8° [04. 4631

Schulze, M., Die Schrift des Claudianus Mamertus, Presbyters zu Vienne, über das Wesen der Seele (de statu animae). Diss. 1883. 85 S.

Wert und Unwert der Beweise für das Dasein Gottes. Vortrag geh. auf d. Pastoral-Konferenz zu Königsberg 1904, u. hrsg. von D. Martin Schulze, Prof. Görlitz: R. Dülfer 1905. (29 S.) 8° [05. 4851

Schulze, Martin [Insp. d. Tholuck'schen Convikts zu Halle a. S.]: Das Wesen und die Bedeutung der besonderen Offenbarung in Schleiermachers Glaubenslehre. Letzter Teil einer ... eingereichten ... Diss. ... Niesky, Druck v. P. Jenke, 1893; 2 Bl., 38 S., 1 Bl. 8.
Breslau, Ev.-theol. Fak., Inaug.-Diss. v. 27. Febr. 1893

Das Wesen des Christentums. Von Lic. theol. Martin **Schulze**, Privatdoz. ... an d. Univ. Breslau. *Halle a. S.: J. Krause 1897.* (4 Bl., 52 S.) 1 Bd 8. [98. 189

Schulze, Max, appr. Arzt a. Zwickau (Sachsen): Beitrag zur Lehre von den Hirnbrüchen. Halle a. S. 1905: C. A. Kaemmerer & Co. (31 S.) 8°
Halle, Med. Fak., Ref. v. Bramann, Diss. v. 10. Juli 1905
[Geb. 24. Jan. 77 Schwarzenberg, Kgr. Sachsen; Wohnort: Zwickau i. Sachsen; Staatsangeh.: Sachsen; Vorbildung: Gymn. Zwickau Reife O. 98; Studium: Halle 6, Kiel 1, Halle 3 S.; Coll. 4. Juli 05; Approb. 6. Mai 03.]

Schulze, Max *Peter Joseph*: Aus d. psychiatr. Klinik zu Bonn. Ueber den Eifersuchtswahn ausserhalb des chronischen Alkoholismus ... Bonn, Univ.-Buchdr. v. C. Georgi, 1893; 1 Bl., 34 S., 1 Bl. 8.
Bonn, Med. Fak., Inaug.-Diss. v. [12.] Aug. 1893

Schulze, Max, die Orchidaceen Deutschlands, Deutsch-Oesterreichs u. der Schweiz. Mit 92 Chromotaf., 1 Taf. in Schwarzdr. u. 1 Stahlst. 18 Lfgn. Lex.-8. (18 Taf. m. VIII, 18, 14 S. u. 80 Bl. Text.) Gera 892—894. F. E. Köhler. à n. 1.—

Schulze, Moritz

Schulze, M., Hauptbetrachtungen für Weihestunden der Confirmanden. 2. Aufl. (16 S.) 1876; 3. Aufl. 8. (20 S.) Ohrdruf 878, Stadermann jun. Verlag. *
Die 1. Aufl. erschien im Selbstverlag.

Schulze, Mor., kleine Heimathskunde des Herzogthums Gotha. gr. 16. (31 S.) Ohrdruf 874, Stadermann jr. *

— dasselbe als Anh. zu H. A. Daniel's Leitfaden der Geographie. 3. Aufl. 8. (28 S.) Halle 875. Buchh. d. Waisenh. n. — 20

Schulze, Mor., kleine Schulgeographie. Heimathskunde des Herzogth. Gotha. Schleswig 860. (Schulbuchh. — Coburg, Sendelbach.) gr. 8. (20 S.) n. 1½ ngr.

—— kleine Schulgeographie. Heimatskunde des Herzogth. Gotha. gr. 8. (20 S.) Schleswig 869. Schulbuchh. [Halle, Buchh. des Waisenhauses.]

Authentische Beylage zur Geschichte des Kratterischen sogenannten Auto-da-fé. Von Eckhardt [d. i. N. Schulze]. Wien: Hartel 1786. 14 S. 8°
Abgedr. in: Sammlung aller aus Gelegenheit d. k. k. Verordn. v. 16. Dez. 1785 z. Vorschein gekommenen Schriften d. Frmr. betr. 9 (1786) S. 43—62.
Selten.

Schulze, Nikolaus Wilhelm

Schulze, N. W., Anleitung zu den algebra. Gleichungen, mit vielen Uebungsstücken f. Anfänger u. Geübtere in der Algebra ausgestattet, nächstdem aber auch zum Selbstunterr. f. diejen., welche d. Algebra noch nicht kennen. gr. 8. (13½ B.) Jena 829. (Arnstadt, Ohlenroth.)

Schulze, Nik. Wilh., der Beobachter des gestirnten Himmels. Eine volksfaßl. Anleitung zur Kenntniß der Sternbilder u. Vorausbestimmung der Zeit ihrer Sichtbarkeit ohne Hülfe der Mathematik. Mit 1 (in Kpfr. gest.) Himmelskarte (in Imp. 4.) Hamburg 848, Schuberth & Co. n. ¼ ₰

— Lehrbuch der Algebra in ihrer Anwendung auf das wissenschaftliche u. prakt. Leben, fortgeführt bis zu den Elementen der Wahrscheinlichkeitsrechnung u. der höheren Gleichungen, für Schulen u. zum Selbstunterricht. 12. (VI u. 259 S.) Ebd. 848. ¾ ₰ — 2. Ster.-Ausg. gr. 12. (VI u. 259 S.) Ebd. 850. ¾ ₰ — 3. (Titel-) Ausg. 12. (VI u. 259 S.) Ebd. 852. ½ ₰ (siehe auch: Omnibus für Wissenschaft. 8. 10 u. 13. Lfg.)

Schulze, Nik. Wilh., leichtfaßl. Lehrbuch einer populären Astronomie, in Verbindung mit den wichtigsten Lehren der physischen Geographie u. Meteorologie. Eingeleitet durch C. Rümker. 8. (6¾ B., 7 Taf. m. 31 Abbild. u. 1 Himmelskarte.) Hamburg 846, Schuberth u. Comp.

— Lehrbuch der Physik u. Meteorologie, für alle Stände faßlich, mit erläut. Beispielen u. Aufgaben. Mit 3 (lith.) Figurentaf. gr. 12. (IV u. 116 S.) Ebd. 851. ¾ ₰ — 2. unveränd. (Titel-) Aufl. 12. (IV u. 116 S. m. 3 lith. Taf.) Ebd. (851) 852. ⁵⁄₁₂ ₰ (siehe auch: Omnibus für Wissenschaft. 42 u. 43. Lfg.)

—— praktisches Lehrbuch der Astronomie mit ihren Hülfswissenschaften für Studirende, polytechn. Lehranstalten und zur Selbstbelehrung. 2., gänzlich umgearb. Aufl. gr. 12. (III und 164 S. mit 41 Abbildungen in eingedr. Holzschn. und 1 in Kpfr. gest. Himmelskarte in Fol.) Hamburg 851(52,) Schuberth und Comp. —

— prakt. Lehrbuch der Geometrie, der ebenen u. sphärischen Trigonometrie, mit ihren Anwendungen auf Perspektive, Mechanik u. Astronomie. Mit 193 Abbildgn. (in Holzschn.) (Abgedr. aus dem Omnibus für Wissenschaft etc.) gr. 12. (VI u. 282 S.) Ebd. 849. — 2. Ster.-Ausg. gr. 12. (VI u. 282 S.) Ebd. 851. ¾ ₰ (siehe auch: Omnibus für Wissenschaft. 15—17. Lfg.)

Schulze, Nik. Wilh., praktisches Lehrbuch der Mechanik für Gewerbe u. Technik, zum Gebrauch für Lehranstalten u. zum Selbstunterricht. Mit 122 Figuren. gr. 12. (156 S. m. 13 lith. Taf.) Hamburg 850, Schuberth & Co. ¾ ₰ (siehe auch: Omnibus f. Wissenschaft. 30 u. 31. Lfg.)

Schulze, Nik. Wilh., praktisches Lehrbuch der Mechanik für Gewerbe und Technik, zum Gebrauch für Lehranstalten und zum Selbstunterricht. Mit 122 Fig. 2., unveränd. Aufl. 12. (155 S. mit 13 Steint.) Hamburg 853, Schuberth und Comp. *

— Lehrbuch der Technologie für Gewerbe- u. Realschulen, so wie zum Selbstunterrichte. Mit 32 Abbildgn. gr. 12. (156 S. m. 5 lith. Taf.) Ebd. 850. ¾ ₰ (siehe auch: Omnibus für Wissenschaft. 35 u. 38. Lfg.)

—— Lehrbuch der Technologie für Gewerbe- und Realschulen, so wie zum Selbstunterrichte. Mit 30 Abbildungen. 2., unveränd. Aufl. 12. (156 S. mit 5 Steint.) Hamburg 853, Schuberth und Comp.

Schulze, Oscar: De hymni in Mercurium Homerici compositione, pristina forma et interpolationibus. Halis (1868): Lipke. 35 S. 8°
Halle-Wittenberg, Phil. Diss. v. 16. Okt. 1868
Geb. Eckartsberga 7. 10. 1845. V.

Schulze, Otto, zur Behandlung deutscher Gedichte, s.: **Magazin, pädagogisches.**

Schulze, Otto [app. Arzt aus Cottbus]: Ein Beitrag zur Behandlung complicierter Schädelfracturen ... Halle a. S., Hofbuchdr. v. C. A. Kaemmerer & C., 1892; 46 S., 2 Bl. 8.
Halle, Med. Fak., Inaug.-Diss. v. 28. Juni 1892

Schulze, *Otto* [Oberl. Dr.]: Beiträge zur Feststellung des modernen englischen Sprachgebrauches und Bemerkungen zu der Grammatik und dem Elementarbuche der englischen Sprache von Gesenius. Tl 1. Gera, Druck v. Th. Hofmann, 1893; 3—22 S. 4.
Gera, st. RG m. VS, OP 1893 (713)

— Beiträge zur französischen Grammatik und Lexikographie. 11 S. Progr. Rg. *Gera* 1879.

Schulze, O., Beiträge zur französischen Grammatik und Lexikographie. gr. 8. (29 S.) Berlin 880, Friedberg und Mode. *
Aus: Central-Organ für die Interessen des Realschulwesens, besonders abgedruckt.

Schulze, Otto 1. Einige Bemerkungen zu der Nouvelle grammaire française basée sur le latin par C. Ploetz. 2. Zur Entwicklung der französischen Demonstrativpronomina. 21 S. *Vegesack* 1876.
Progr.

Beruf und Berufswahl. Von Otto Schulze. *Langensalza: H. Beyer & Söhne 1898.* (22 S.) 1 Bd 8.
— Magazin, Pädagogisches. H. 103. [98 8849]

Schulze, Otto, die wichtigsten Bestimmungen d. Gesetzes, betr. die Invaliditäts- u. Altersversicherung vom 22. Juni 1889, durch prakt. Fälle erläutert. gr. 8. (39 S.) Sorau 891. E. Zeidler. n. — 50

Schulze, Otto, Medizinalprakt.: Aus d. psychiatr. Klinik d. Univ. Jena. Über die Beziehungen des angeborenen und früh erworbenen Schwachsinns sowie der psychopathischen Constitution zur 'Dementia praecox'. Bielefeld 1908: Anst. Bethel. 27 S. 8°
Jena, Med. Diss. v. 22. Dez. 1908, Ref. Binswanger
[Geb. 24. Aug. 81 Bebsdorf; Wohnort: Bebsdorf; Staatsangeh.: Preußen; Vorbildung: Gymn. Neuhaldensleben Reife M. 01; Studium: Berlin 4, Jena 1, München 2, Jena 4 S.; Coll. 11. Juli 08; Approb. 22. Dez. 08.] [U 09. 2152

Von deutscher Bildung insbes. von deutscher Bildung u. Erziehung d. erwerbsarbeitenden männlichen Jugend. Ein Beitrag z. Frage d. Fortbildungsschule von Otto Schulze. (Lehrer an d. Franckeschen Stiftungen, Halle a.S.). Mit e. Geleitswort von Sem Dir. Dr. [Karl] Andreae, Kaiserslautern. *Berlin: Gerdes & Hödel (1902).* (76 S.) 8°
— Bausteine, Pädagogische. H. 15. [03. 8276]

Schulze, O., französische und englische Briefe zur Einführung in die Handelskorrespondenz. Für Schulen zusammengestellt und mit Anmerkungen versehen. 8. (30 S.) [Gotha 886, Schloeßmann.] Berlin, Wiegandt und Schotte. *

Schulze, O. Französische u. englische Briefe zur Einführung in die Handelskorrespondenz. Für Schulen zusammengestellt u. m. Anmerkgn. versehen. 2. Aufl. 8. (30 S.) Berl. 891, Wiegandt u. Schotte. * — 40

Schulze, O., französ. u. englische Briefe zur Einführg. in d. Handelskorrespondenz. Für Schulen zusammengest. u. m. Anmerkgn. vers. 3. Aufl. gr. 8. (30 S.) Berlin 894. Carlshorst, H. Friedrich. n. — 40

Schulze, Otto, das Buch der achtzig Kirchenlieder nebst den nothwendigsten Erläuterungen und kurzgefaßten Angaben über das Leben der Dichter. Zum Schulgebrauch bearb. gr. 8. (IV, 92 S.) Berlin 873, Wohlgemuth's Verlag. *

Schulze, Otto, das Buch der 80 Kirchenlieder, nebst den nothwendigsten Erläuterungen u. kurzgefaßten Angaben üb. das Leben der Dichter. Zum Schulgebrauch bearb. 2. Ausg. 8. (IV, 92 S.) Berlin 876. Wohlgemuth. n. — 50

Schulze, Otto, das Buch der 80 Kirchenlieder, nebst den notwendigsten Erläuterungen u. kurzgefaßten Angaben über das Leben der Dichter. Zum Schulgebrauch bearb. 3. Aufl. gr. 8. (118 S.) Berlin 882. Wohlgemuth. n. — 60

Schulze, Otto, Referendar: Die Deliktsschuldenhaftung nicht rechtsfähiger Vereine. Berlin: Brückmann 1908. VIII, 40 S. 8°
Heidelberg, Jur. Diss. v. 1908, Ref. Heinsheimer
[Geb. 26. Mai 85 Berlin; Wohnort: Berlin; Staatsangeh.: Preußen; Vorbildung: Sophien-Realgymn. Berlin Reife M. 03; Studium: Berlin 6 S.; Rig. 22. Juli 08.] [U 09. 1904

Schulze, [Otto]: Die Entwicklung der städtischen höheren Mädchenschule zu Merseburg. Merseburg (1910): Stollberg. S. 1—7. 4°
Merseburg, st. HM OP 1910 [S 10. 403

Schulze, Otto, ausführlichere Erklärung der achtzig Kirchenlieder der drei preußischen Regulative vom 1., 2. und 3. Octbr. 1854 in ihren Originaltexten, enthltd. die Angabe der Zeit und Veranlassung, da sie gedichtet wurden, sowie deren bibl. Grundlage und inneren Zusammenhang, nebst kurzen Lebensabrissen der Verfasser. Ein Hand- und Hülfsbuch für Lehrer und Seminaristen sowie zur Selbstbelehrung. Berlin 856. Wohlgemuth. gr. 8. (XII, 286 S.) n. 24 ngr.

—— ausführlichere Erklärung der achtzig Kirchenlieder. Ein Hand- und Hülfsbuch für Lehrer und Seminaristen, sowie zur Selbstbelehrung. 2. und 3. unveränd. (Titel-)Aufl. (X, 247 S.) (1868)70, und 4. sorgfältig revid. Aufl. gr. 8. (XI, 252 S.) Berlin 872, Wohlgemuth's Verlag. *

—— ausführlichere Erklärung der 80 Kirchenlieder. Nebst einem Anhang: Kurze Geschichte des Kirchenliedes. Ein Hand- und Hülfsbuch für Lehrer und Seminaristen, sowie zur Selbstbelehrung. 5. revid. und erweit. Aufl. (XII, 299 S.) 1876; 6. Aufl. gr. 8. (XII, 299 S.) Ebendas. 879. *

Schulze, Otto, ausführlichere Erklärung der 80 Kirchenlieder. Nebst e. Anh.: Kurze Geschichte d. Kirchenliedes. Ein Hand- u. Hülfsbuch f. Lehrer u. Seminaristen, sowie zur Selbstbelehrg. 7. Aufl. gr. 8. (X, 340 S.) Berlin 883. Wohlgemuth. n. 3.

Schulze, Otto Ausführlichere Erklärung der achtzig Kirchenlieder. Nebst einem Anhange: Kurze Geschichte des Kirchenliedes. Ein Hand- und Hülfsbuch für Lehrer u. Seminaristen, sowie zur Selbstbelehrung. 8. Aufl., bearb. u. verb. von Herm. Schulze. gr. 8. (X, 360 S.) Berl. 891, Wohlgemuth. geb. * 3 50

Schulze, Otto, ausführliche Erklärung v. 80 evangelischen Kirchenliedern. Ein Hand- u. Hilfsbuch f. Lehrer, Seminaristen u. Präparanden. 9, neubearb. Aufl. v. Herm. Schulze. (284 S.) gr. 8. Breslau 903. F. Hirt. Geb in Leinw. n. 3. 60

—— praktische Erklärung 30 ausgewählter Psalmen, mit Einschluß der 18 für die Volksschule vorgeschriebenen, zum Gebrauch für Lehrer und Seminaristen. 8. (VIII, 120 S.) Ebendas. 876. *

— praktische Erklärung 30 ausgewählter Psalmen m. Einschluß der 18 f. die Volksschule vorgeschriebenen, zum Gebrauch f. Lehrer u. Seminaristen. 2. Aufl. gr. 8. (VI, 140 S.) Ebend. 883. n. 1. 40

— praktische Erklärung 30 ausgewählter Psalmen m. Einschluß der 18 f. die Volksschule vorgeschriebenen, zum Gebrauch f. Lehrer u. Seminaristen. 3. Aufl., durchgesehen u. überarb. v. Herm. Schulze. 8. (V, 141 S.) Ebd. 893. n. 1. 40; geb. n.n. 1. 65

Praktische Erklärung dreißig ausgewählter Psalmen mit Einschluß der 18 f. d. Volksschule vorgeschriebenen, z. Gebr. f. Lehrer, Seminaristen u. Präparanden von Otto Schulze, Pastor in Derenburg. 4., durchges. Aufl. von Dr. Hermann Schulze, Pfarrer in Bibra. *Breslau: F. Hirt 1903.* (VI, 146 S.) 8° [3.]

Die Frage der ästhetischen Erziehung eine Lebens- und Existenzfrage für unser Volk und für unsere Jugend von Otto Schulze. *Magdeburg: Friese & Fuhrmann 1902.* (65 S.) 8° [03. 640] 3

Schulze, Otto, Gedanken zur Reform d. Unterrichts in d. deutschen Sprache, s.: Zeit- u. Streitfragen, pädagog.

—— kurze Geschichte des Kirchenliedes für Lehrer und Seminaristen, sowie zur Selbstbelehrung. gr. 8. (31 S.) Ebendas. 876. *

Schulze, Otto, kurze Geschichte des Kirchenliedes, zum Gebrauche f. Geistliche u. Lehrer verf. 9. Aufl., neubearb. v. Herm. Schulze. gr. 8. (86 S.) Breslau 901. F. Hirt. n. — 80

— kurze Geschichte der deutschen Reformation. Nebst den 95 Sätzen Dr. Mart. Luthers und der ungeänderten augsburgischen Confession. Zunächst Gedenkschrift für Schule und Haus zur 300jähr. Jubelfeier des augsburger Religionsfriedens. 8. (IV und 103 S.) Leipzig 855, Wöller. *

Schulze, O., Heimatbilder. Halle u. Umgebg. (VII, 205 S. m. Abb.) 8. Halle (909). A. Neubert. 2.40; geb. 3.—

Schulze, Otto, Zum Himmelreich. Predigten über die Bergpredigt Jesu. gr. 8. (VIII, 352 S.) Gotha 869, Schloeßmann. *

Schulze, Otto, Zum Himmelreich. gr. 8. Gotha 869. Leipzig, Drescher. * ℳ 1.50.; geb.

— evangelischer Jubel-Psalter. Geistliche Lieder mit kirchlichen Singweisen nebst einer Fest-Cantate zur 300jähr. Jubelfeier des Augsburger Religionsfriedens. Für Kirche, Schule und Haus. Leipzig 855. Wöller. 8. (53 S. mit Holzschn. im Text.) n. 5 ngr

— 40 Kirchenlieder aus neuerer u. neuester Zeit, ausführlich erklärt u. zum Gebrauch für Lehrer u. Seminaristen bestimmt. gr. 8. (VIII, 149 S.) Ebend. 880. n. 1. 60

Schulze, Otto, Kleinkunst, s.: Gradl, M. I.

Schulze, Otto, Lehr- und Lernbuch der biblischen Geschichte. 1. Thl. Für die Unterstufe. 8. (VIII und 120 S.) Nordhausen 861, Haacke. *

Schulze, Otto, Lehr- und Lernbuch der biblischen Geschichte. 2. Thl.: Für die Mittelstufe. 8. (VI und 193 S.) Nordhausen 862, Haacke. *

— Lehr- und Lernbuch der biblischen Geschichte. Unter Berücksichtigung der Unter-, Mittel- und Oberstufe für Stadt- und Landschulen. Nebst einem Anh. 2., völlig umgearb. Aufl. 8. (200 S.) Nordhausen 867, Haacke. *

— Lehr- und Lernbuch der biblischen Geschichte. Unter Berücksicht. der Unter-, Mittel- und Oberstufe für Stadt- und Landschulen bearb. Nebst einem Anh. 3., revid. Aufl. 8. (198 S.) Nordhausen 871, Haacke. *

— Lehr- u. Lernbuch der biblischen Geschichte. Unter Berücksicht. der Unter-, Mittel- u. Oberstufe f. Stadt- u. Landschulen bearb. Nebst e. Anh.: I. Gebete. II. Das Wichtigste aus der Bibelkunde. III. Kurzer Abriß der Geographie v. Palästina. 4. Aufl. 8. (183 S.) Nordhausen 876. Haacke. n. — 65

— Leitfaden beim Unterricht in der Geschichte der deutschen National-Literatur. Mit Anschluß an dessen „Wegweiser". Wolfenbüttel 854. Holle. gr. 8. (58 S.) 4 ngr

Schulze, O., Celebrated men of England and Scotland, s.: Textausgaben französ. u. engl. Schriftsteller. 12.

— Nachklänge aus den Sonn- und Festtags-Evangelien in geistlichen Liedern mit zu Grunde gelegten Kirchenmelodien. Eine Festgabe. Wolfenbüttel 855. Holle. 8. (204 S.) 15 ngr

Schulze, (Gust.) Otto (geb. Rauscha 26. 12. 1814): Observationes et disquisitiones pathologicae et chemicae circa paraplegiam hystericam. Berolini (1840). (35 S.) 8°
Berlin, Med. Diss. v. 15. Apr. 1840

August Hermann Franckes Pädagogik. E. Gedenkbl. z. zweihundertjähr. Jubelfeier d. Franckeschen Stiftgn, 1698/1898. Von Otto Schulze. *Langensalza: H. Beyer & Söhne 1898.* (1 Bl., 63 S.) 1 Bd 8.
— Magazin, Pädagogisches. II. 114. *8 ngr

— Perikopen-Buch. Erklärung der kirchl. Evangelien und Episteln nebst Erläuterungen über das christl. Kirchenjahr und einem Anhang über Kirche und Gottesdienst, nach Maßgabe der „Allgemeinen Bestimmungen vom 15. Oct. 1872." Ein Hand- und Hilfsbuch für Lehrer und Seminaristen, sowie zur Selbstbelehrung. gr. 8. (XII, 326 S.) Halle 875, Anton. *

Schulze, Otto (geb. Quedlinburg 5. 5. 1848): Die akute Phosphor-Vergiftung. Berlin (1873). (31 S.) 8°
Berlin, Med. Diss. v. 3. Okt. 1873

— Register der hauptsächlichsten Reichs- u. preußischen Landesgesetze, Verordnungen u. sonstigen Erlasse, in alphabet. Folge f. den Gebrauch in der Praxis zusammengestellt. gr. 8. (VI, 160 S.) Berlin 893. F. Vahlen. n. 3. —; geb. n. 3. 60

— u. Jean Dahmann, der niederrhein. Rund- u. Hohlschnitt, in alten u. neuen Mustern bearb. u. f. d. Gebiet der Liebhaberkünste, sowie f. Holzschnitzer, Schreiner u. Drechsler hrsg. 1. u. 2. Hft. gr. 4. (à 10 autogr. Taf. m. 16 S. Text.) Köln 895. 96. (Leipzig, K. F. Koehler, Barsort.) n. 4. 50

— Friedrich Schiller. Ein Gedenkblatt zum 9. V. 1905. (31 S. m. 1 Bildnis.) Lex.-8. Berlin 905. Gordes & Hödel. n. — 50

— Sonntags-Andachten in Predigten und Liedern über die Sonn- und Festtagsepisteln des christl. Kirchenjahrs. Zur häusl. Erbauung sowie zum Vorlesen in Landkirchen hrsg. gr. 8. (375 S.) Berlin 878, Wohlgemuth's Verlagsh. *

Schulze, Otto, Sonntags-Andachten in Predigten u. Liedern üb. die Sonn- u. Festtagsepisteln d. christlichen Kirchenjahrs. Zur häusl. Erbaug., sowie zum Vorlesen in Landkirchen hrsg. Neue Ausg. gr. 8. (IV, 375 S.) Berlin 883. Wohlgemuth. n. 3. —; geb. n. 4. —

— stille Sonntagsstunden in Spruch u. Lied. Geistliche Lieder m. kirchl. Melodieen nach Ordng. d. christl. Kirchenjahres. 8. (132 S.) Berlin 883. Parrisius. n. 2. —

— kurzgefaßte deutsche Sprachlehre nach drei Stufen geordnet. Ein Lehr- und Lernbuch für die Jugend. Wolfenbüttel 853. Holle. 8. (102 S.) 3¾ ngr

— kurzgefaßte deutsche Sprachlehre nach drei Stufen geordnet. Ein Lehr- u. Lernbuch für die Jugend. 2. Stereot.-Abdr. Wolfenbüttel 859. Holle. 8. (102 S.) 3¾ ngr

Schulze, Otto kurzgefaßte deutsche Sprachlehre, nach drei Stufen geordnet. Ein Lehr- und Lernbuch für Stadt- und Landschulen. 5. neubearb. Aufl. 8. (107 S.) Wolfenbüttel 883, Zwißler. *

Schulze, Otto, einfachste Stenographie auf wissenschaftl., physiolog. Grundlage. Nur 14 Zeichen, bequem in 1 Stunde zu erlernen! Für jedermann leicht fasslich, ohne Anleitung e. Lehrers. gr. 8. (4 S.) Nürnberg 898. (F. Korn.) — 15

Schulze, Otto, approb. Arzt aus Magdeburg, z. Z. Assistenzarzt an d. Grossh. Mecklenburg. Irrenanstalt Sachsenberg: Untersuchungen über die Strahlenpilzformen des Tuberculoseerregers. Mit 1 Taf. *Leipzig: Veit & Co. 1899.* (36 S.) 8°
¶(Aus: Zeitschrift f. Hygiene u. Infectionskrankheiten, Bd 31.)
Rostock, Med. Diss. v. [16. Juni] 1899

Schulze, Otto, Referendar in Dessau: Das Verhältnis des handelsrechtlichen Zurückbehaltungsrechts zu dem des Bürgerlichen Gesetzbuchs. Cöthen 1904: P. Dünnhaupt. (62 S.) 8°
Leipzig, Jur. Fak., Diss. v. 6. Sept. 1904
[Geb. 30. Mai 80 Cöthen; Wohnort: Bernburg; Staatsangeh.: Anhalt; Vorbildung: Ludwigsgymn. Cöthen Reife O. 98; Studium: Kiel 3, Gießen 1, Halle 3 S.; Rig. 9. Okt. 02.]

Schulze, O., Das Verhältnis des handelsrechtlichen Zurückbehaltungsrechts zu dem des bürgerlichen Gesetzbuchs. Diss. (62 S.) gr. 8. Cöthen, O. Schulze Verl. 1904 1. 20.

— die Wahl v. Teppichen, Möbelstoffen, Portièren u. Gardinen bei d. Einrichtg. uns. Wohnräume. 12. (48 S.) Darmstadt 896. Berlin, K. Koch-Krausz. n. — 50; feine Ausg. geb. n. 2. —

—— **Wegweiser** durch das Gebiet der deutschen National-Literatur für Gymnasien und höhere Lehranstalten, sowie zur Selbstbelehrung. gr. 8. (XV und 299 S.) Wolfenbüttel 854, Holle.

Schulze, O., wer ist der Verfasser der Schrift: Auch e. Programm aus den 99 Tagen? Eine endgült. Lösg. der Frage. gr. 8. (14 S.) Gera 889. Nugel. n. — 50

Schulze, O[tto] Herm[ann]: De luxationibus violentis inveteratis. Halae (1840): Semmler. 26 S 8°
Halle-Wittenberg, Med. Diss. v. 28. Apr. 1840
Geb. Nordhausen 8. 1. 1818. V.

Schulze, P. Praktische Anleitung zur Abfassung e. f. alle Fabriken m. üb. 20 Arbeitern gesetzlich vorgeschriebenen Arbeits-Ordnung. Fol. (III, 9 S.) Dresd. 892, Heinrich. * — 80

Schulze, P., s.: Luftschiffahrt, die.

Schulze, (*Theodor*) Paul [Dr.]: Bemerkungen zu Lucians philosophischen Schriften. Dessau, Druck v. L. Reiter, Herz. Hofbuchdr., 1891; 10 S. 4°
Dessau, herz. Friedrichs-G, OP 1891 (674)

Schulze, Paul, s.: Bismarck-Literatur.

Schulze, Paul: Kurze Darstellung d. neutestamentl. Lehre v. d. Reiche Gottes u. d. Kirche. *Leipzig 1897.*
in Festschrift f. . . . Prof. D. Fricke z. Feier s. 50j. Präsidiums in d. Lausitzer Prediger-Ges. zu Leipzig. [97. 1084]

Schulze, Paul, üb. Gewebemuster früherer Jahrhunderte. Ein Beitrag zur Geschichte u. Entwickelg. der Webekunst. gr. 4. (V, 50 S. m. 44 Abbildgn.) Leipzig 893. Th. Martin's Textil-Verl. n. 2. 50

Schulze, Paul, Kleidung u. Wäsche, s.: Wissenschaft u. Bildung. (Brle, Bruno.)

Schulze, Paul: Ueber Kohlenstoffsiebenringe aus p-Xylol und Diazoessigester. Breslau 1910: Fleischmann. 67 S. 8°
Breslau, Phil. Diss. v. 29. Juni 1910, Ref. Buchner
[Geb. 24. Nov. 84 Schulzendorf, Kr. Arnswalde; Wohnort: Berlin; Staatsangeh.: Preußen; Vorbildung: Realgymn. Stettin Reife O. 04; Studium: Marburg 1, Berlin 10, Breslau 2 S.; Rig. 25. Mai 10.] [U 10. 642

Schulze, Paul, Dr.: Lucian in der Literatur und Kunst der Renaissance. Dessau 1906: C. Dünnhaupt. (19 S.) 4°
Dessau, herz. Friedrichs-G OP 1906 (851)

Schulze, Paulus (geb. Dessau 10. 7. 1859): Quae ratio intercedat inter Lucianum et comicos Graecorum poetas. Berlin 1883. (48 S.) 8°
Berlin, Phil. Diss. v. 14. Juli 1883

Schiwaya, der kleine Waisenknabe in Salur, erzählt von Missionar Paul **Schulze**. 3. Aufl. Breklum: Missionshaus 1902. (24 S.) 8° [F.]
= **Morgenrot** in Indien. No 3.
(Kleine Missionsschriften hrsg. v. Missionshause in Breklum.)

Neue Schnärzchen. Heitere Erzählungen u. Gedichte in Thüringer Volksmundart von Paul **Schulze**. (1. Aufl.) *Erfurt: F. Bartholomäus [1901].* (61 S.) 8° [F.] [04. 14673]

Schulze, Paul, aus Treptow a. d. Rega, Assist. am physikal. Inst. d. Univ. Greifswald: Über asymmetrische Schwingungen um eine Lage stabilen Gleichgewichts. *Greifswald 1901: J. Abel.* (100 S.) 8°
Greifswald, Phil. Diss. v. 11. Mai 1901

Schulze, Paul [aus Waldheim (Sachsen)]: Seltener Sitz eines Zungen-Carcinoms. . . . Wurzburg, Druck d. Bonitas-Bauer'schen k. b. Hofbuchdr., 1880; 34 S. 8°
Würzburg, Med. Fak., Inaug.-Diss. v. 1880

Schulze, Paul. Der Unterleibstyphus. Ursachen, Wesen, Verhütung und naturgemässe Behandlung. Von P' Sch', Leiter des «Lebensborn» bei Bern. [Mit Ansicht.] 32 S. 8. Bern, Verlag und Expedition «Die Gesundheit», [1904]. [fr. —. 40]

Schulze, Paul, Verzeichniss von Ornament- und Vorlage-Werken für Musterzeichner und Fabrikanten auf dem Gebiete der gesammten Textil-Industrie. Mit näherer Angabe des Inhalts und der besonderen Verwendbarkeit. Nebst einem Anhang: Verzeichniss von öffentl. Sammlungen, Museen und Kirchen, welche auf textilem Gebiete Interessantes und Sehenswerthes bieten, mit besond. Erwähnung desselben. Zusammengestellt und besprochen. 8. (83 S.) Berlin 886, Claesen und Comp. *

Das Dresdner Volksschulwesen im 18. Jahrhundert. Nach d. Quellen d. Dresdner Ratsarchives bearb. von Paul **Schulze**, Schuldir. in Dresden. Dresden: O. & R. Becker 1906. (VIII, 91 S.) 8° [F.] [06. 7671]

(**Schulze**, R.:) Brandenburger Bankverein e. G. m. b. H., Brandenburg a. H. 1860—1910. Brandenburg a. H. 1910: Wiesike. 22 S. 8°

Schulze, R., die Korbweide, ihre Kultur, Pflege u. Benutzung. Mit 6 Abbildgn. 8. (VII, 160 S.) Breslau 885. Korn's Verl. cart. n. 1. 60

Schulze, R., die Kultur der Korbweide. gr 8. (68 S.) Brandenburg 874. Wiesike. n. 1. —

SCHULZE, R.: Die Schädlinge der Korbweide oder: Die der Korbweide schädlichen Wirbelthiere und Insekten. Ihre Beschreibung, Frass und Vertilgung, mit Angabe vorbeugender Mittel zur Verhütung des Schadens. - Eger 1883. 62 S.

Schulze, Richard

Schulze, Rich., im Dienst des Höchsten. 10 Predigten. (68 S.) 8. Dresden 910. C. L. Ungelenk. 1. —

Schulze, Richard [app. Arzt aus Liebenwerda]: Ein Fall von Arthropathie bei Tabes . . . Leipzig, Druck v. A. Edelmann, Univ.-Buchdr., *1895*; 21 S., 1 Bl. 8.
Leipzig, Med. Fak., Inaug.-Diss. v. 13. Juli 1895

Schulze, Rich., das universelle gute Gesetz od. die Wiederverkörperung u. Karma. (45 S.) kl. 8. Lorch 906. K. Rohm. n. — 50

Schulze, Rich. Grundlagen f. das Veranschlagen der Löhne bei der Bearbeitung der Maschinentheile. Ein Leitfaden f. die Praxis u. den Unterricht. gr. 8. (XVI, 239 S. m. 78 Abbildgn.) Berl. 891, Springer. geb. * 6 —

Schulze, Rich., geometr. Konstruktions- u. Rechenaufgaben f. Volks- u. Fortbildungsschulen, s.: Bock, Otto.

— **die Kulturbedeutung der theosophischen Bewegung im 20. Jahrh.** (31 S.) kl. 8. Ebd. 905. n. — 25

— **das Licht v. Osten.** Eine Leuchte zur Selbsterkenntnis. (III, 31, 35, 45 u. 31 S.) kl. 8. Ebd. 906. Geb. in Leinw. n. 2. —

(Schulze, Richard:) Programm der Königlichen Maschinenbauschule in Altona. Altona: Dr. v. H. W. Köbner & C. 1898. (15 S.) 8°

Programm der Königlichen Maschinenbauschule in Altona. (Verf.: Dr. [Richard] Schulze.) (Altona 1899: H. W. Kobner & Co.) (24 S.) 8° [01. 3464

Schulze, Richard: Das Project der Vermählung Friedrich Wilhelms von Brandenburg mit Christina von Schweden. *Halle a. S. 1898: E. Karras.* (31 S.) 8° ¶ [Erschien vollständig als H. 36 von: Hallesche Abhandlungen zur neueren Geschichte.]
Halle, Phil. Diss. v. [4. Apr.] 1898

Das Project der Vermählung Friedrich Wilhelms von Brandenburg mit Cristina v. Schweden v. Dr. Richard **Schulze**. *Halle: M. Niemeyer 1898.* (4 Bl., 80 S.) 1 Bd 8.
= **Abhandlungen**, Hallesche, z. neueren Geschichte. H. 36. [98. 6943

Schulze, (Richard): Rede zum Gedächtnis des Studienrats Professor Dr. Kloß. Bautzen (1909): Monse. S. 9—13. 4°
Bautzen, G P 1909 (725) [S 09. 430

Schulze, Richard, Dr.: Pufendorfs 'Res Brandenburgicae' und deren Übertragung ins Französische. *Ohrdruf 1903: H. Lucas.* (S. 3—10.) 4°
Ohrdruf, gräfl. Gleichensches G, R u. PG, P 1903 (806)

Schulze, (Richard), Dr.: Pufendorfs 'Res Brandenburgicae' und deren Übertragung ins Französische. ⟨Schluß.⟩ Ohrdruf 1904: H. Lucas. (S. 1—10.) 4° ¶ (Forts. d. P-Beil. 1903.)
Ohrdruf, gräfl. Gleichensches G (R u. PG) P 1904 (821)

Schulze, Rich., der geometrische Unterricht in koncentrischen Kreisen f. mittlere u. höhere Volksschulen u. Fortbildungsschulen, s.: Bock, Otto.

— die Welt u. der Mensch im Lichte der okkulten Philosophie (35 S.) kl. 8.
Lorch: K.Rohm 1905.

Schulze, Richard [aus Hohenerxleben]: Ueber die Wirkung des Tuberkulins bei Urogenitaltuberkulose ... Halle a. S., Hofbuchdr. v. C. A. Kaemmerer & C., 1892; 27 S., 1 Bl. 8.
Halle, Med. Fak., Inaug.-Diss. v. 16. Juli 1892

Schulze, Robert

Schulze, Rob., Ansprachen u. Reden f. Bürgermeister, Gemeindevorstände u. Standesbeamte, s.: Miniatur-Bibliothek.

Schulze, Rob.: Das chemische Institut der Universität Bonn, s. Anschütz, Rich.

Schulze, Robert Otto

Schulze, R. O., s. Notizen f. Literatur- u. Kunstfreunde.

Schulze, *Carl Otto* Rudolf [aus Berlin]: Beiträge zur vergleichenden Anatomie der Liliaceen, Haemodoraceen, Hypoxidoideen und Velloziaceen. '(Spec. Tl.)' ... (Aus: Engler's Bot. Jahrb., Bd xvII Heft 3.) Leipzig, W. Engelmann, 1893; 49 S., 1 Bl. 8.
Berlin, Phil. Fak., Inaug.-Diss. v. 26. Juli 1893

Schulze, Rud., neue Bilder zur Vaterlandskunde. I—III. à 88,5×67 cm. Farbdr. Dresden 900. A. Müller, Fröbelhaus. à n. 2.—; nebst Text. gr. 8. (50 S. m. 3 Abbildgn.) n. — 60
I. Blick v. der Bastei nach Süden. — II. Dresden, Sachsens Hauptstadt. — III. Binnenschiffahrt, am Elbkai in Riesa.

Schulze, Rud., 12 Blatt aus Dürers kleiner Passion, s.: Dürer, Alb.

Schulze, Rudolf: Die Landstände der Grafschaft Mark bis zum Jahre 1510. T. 1. Göttingen 1907. (69 S.) 8°
(Erschien vollst. in: K. Beyerle, Deutschrechtl. Beiträge, Forschungen u. Quellen z. Geschichte d. deutschen Rechts, Bd 1 H. 4. ⟨Heidelberg: C. Winter 1907.⟩)
Göttingen, Phil. Fak., Ref. Brandi, Diss. v. 22. Nov. 1907

Die Landstände der Grafschaft Mark bis zum Jahre 1510. Mit urkundl. Beilagen. Von Dr. Rudolf **Schulze**. Heidelberg: C. Winter 1907. (181 S.) 8°
— **Beiträge**, Deutschrechtliche. Bd 1, H. 4. [07. 18226

Die Mimik der Kinder beim künstlerischen Genießen. Von Rudolf **Schulze**. (5. bis 12. Taus.) Leipzig: R. Voigtländer 1906. (34 S.) 8° [J.] [06 3396

Schvlze, Rvdolfvs ⟨geb. am 12 Aug. 1835 in Altenburg Sachsen⟩: Qvaestiones Hermesianacteae ... Lipsiae, typ. B. G. Tevbneri (1858). 44 S. 8. ¶ In Komm. bei Teubner in Leipzig.
Bonn, Phil. Fak., Diss. v. 9 Aug. 1858

Schulze, Rudolf, a. Ostharingen ⟨Herzogt. Braunschweig⟩: Zum Verhalten der Ketone $R-CH_2-CO-CH_3$ bei der Kondensation mit Säureestern. Kiel 1906: Lüdtke & Martens. (110 S.) 8°
Kiel, Phil. Fak., Ref. Harries, Diss. v. 27. März 1906
[Geb. 7. Juni 76 Ostharingen, Braunschweig; Wohnort: Ostharingen; Staatsangeh.: Braunschweig; Vorbildung: Gymn. Blankenburg a. H. bis O. 96; Studium: Straßburg 2, Kiel 5, Braunschweig T.H. 1 S.; Rig. 24. Febr. 06.]

Schulze, Rud., aus der Werkstatt der experimentellen Psychologie u. Pädagogik. Mit besond. Berücksicht. der Methoden u. Apparate. Nebst 2 Anh.: I. Ein neues Chronoskop. II. Instrumentarium f. Seminare. Zum Selbststudium u. zur Belebg. des psycholog. Unterrichts an Seminaren u. andern höheren Unterrichtsanstalten hrsg. 2., unveränd. Abdr. (X, 292 S. m. 314 Abbildgn.) gr. 8. Leipzig 909. R. Voigtländer. 3.80; geb. in Leinw. 4.80
Dass. [1. Aufl.] Ebda. 1909.

Schulze, Rudolf Paul

Schulze, Rud. Paul, die Gemeinschaft, eine Forderung der Zeit, s. Unterhaltungen, wissenschaftliche.

—— Kolonisationen im Innern oder vermindert die Lohnarbeiter, ohne jedoch die Producenten zu vermindern. Ein Vorschlag. 1. Heft. 8. (91 S.) Bautzen 848, Helfer. *

—— dass. — 2. Heft. 8. (82 S.) Dresden 849, Adler und Dietze. *

— das Laster des Branntweintrinkens durch das Gesetz abzuschaffen. Ein Vorschlag. 8. (51 S.) Bautzen 847, Helfer. 9 ngr

Das Wandern. Vortrag, gehalten am 12. März 1851 in der ger. und vollk. Loge zum goldenen Apfel im Or. Dresden vom Br R[ud.] P[aul] **Schulze**. Ms. f. BBr. [Dresden 1851: Ramming.] 8 S. 8° [Kopftit.]
Abgedr. in: FZ. 5 (1851) S. 209—212, 219—221. 110.

Schulze, S., archaeologia sacra var. disquisit. ex itinere orient. illustrata. Hal. 1756. 4.

Schulze, Samuel Fr.

— neue geistl. Lieder zum gottesdienstl. Gebrauch, mit Gebeten. 5 Samml. 8. Brandenb. 775—83. Halle. 20 gr

— Samml. d. besten geistl. Lieder neuer Dichter. 5 Theile. 8. Ebend. 770–83.

Schulze, Sam. Fr., († d. 11. Juni 1804.) Samml. einiger Gebete. 8. Brandenb. 762. Halle. 2 gr

Schulze, Stephan, s. Schulz, Stephan.

Schulze, Th. G. H., die Diagonal-Schreibmethode. Eine methodische Abhandlung über eine naturgemäße Gestaltung des Schreibunterrichts. Mit 13 Steintaf. Solingen 855. Pfeiffer in Comm. gr. 8. (VIII, 76 S.) n. 15 ngr

Bugenhagen in Lübeck. Von cand. rev. min. Theodor Schulze in Lübeck. (Leipzig: C. Braun in Komm. 1904.) (32 S.) 8° [Kopft. F.]
— Wartburghefte. 30. [07. 8.03] 3

Schulze, Theodor, Referendar: Die Kündigung der Miete durch den Negotiorum Gestor. *Stargard 1898: O. Straube.* (31 S.) 8° [F. u. Ant.]
Greifswald, Jur. Diss. v. 1898

Schulze, Theodor, aus Schlabendorf: Die kursächsische Politik und der böhmische Aufstand 1619—20. *Borna-Leipzig 1904: R. Noske.* (VIII, 113 S.) 8°
Leipzig, Phil. Diss. v. 1904

Schulze, W., Heine Alemann u. seine Familie. Histor. romant. Gemälde d. Belagerung Magdeburg's durch Churfürst Moritz. gr. 8. (21½ B.) Magdeburg 841, [Baensch.]

Schulze, W., Heine Alemann und seine Familie. Historisch-romant. Gemälde der Belagerung Magdeburg's durch Churfürst Moritz. gr. 8. Magdeburg 841. Schmilinsky. 1½ rf

Schulze, W., der treue Begleiter durch den Harz. Eine alphabetisch geordnete Beschreibung sämmtl. Sehenswürdigkeiten dieses Gebirges. qu. 16. (3½ B.) Magdeburg 844, Baensch. *

—— dass. (Nebst einer Karte vom Harz-Gebirge mit 8 Randansichten. Gezeichnet von C. Pohlmann. Lith. u. ill. in gr. Fol.) Magdeburg 844, Baensch.

Schulze, W., die hauptsächlichsten Bestimmungen betr. das Hinterlegungswesen u. den Geschäftskreis der Staatsdepositenverwaltung in Elsaß-Lothringen. (172 S.) 8. Straßburg (906). W. Heinrich. Kart. n. 3. —

Schulze, W., humoristischer Declamator. Sammlung der schönsten komischen Vorträge in Poesie und Prosa. Pirna 861. (Dresden, Schöpff.) 16. (IV, 156 S.) n. 5 ngr

Schulze, W., humoristischer Declamator. Sammlung der schönsten kom. Vorträge in Poesie und Prosa. 16. (156 S.) Dresden 866, Tittel.

Schulze, W., humoristischer Declamator. Sammlung der schönsten kom. Vorträge in Poesie und Prosa. 16. (160 S.) Dresden 870, Tittel.

Schulze, W., biblische Erzählungen der Heil. Schrift des alten u. neuen Testamentes. Mit Abbildgn. (1—3. Lfg. A. u. d. T.:) Biblische Erzählungen des alten Testamentes. 8. (VI u. 220 S. m. 20 Lith.) Leipzig 849, Baensch. n. 1 rf

Hs. f. Brr. Geschichte der St. Johannis-Loge zur siegenden Wahrheit in Gleiwitz. Für die ersten fünfzig Jahre, 1813 bis 1863, zsgest. von W. **Schulze.** Oppeln [1863]: Raabe. 32 S. 8⁰ [Umschlagtit.]
Recens: Bh. 6 (1863) S. 294 (J. G. Findel). Tt. 580. Nebst Verzeichn. der Mitgl. u. Beamten der Loge von 1813—1863. 439.

Schulze, W., s. Grey, M.: Der Herzog.

—— die Jesuiten. Dem deutschen Volke zum Spiegel, zum Zügel, zum Riegel geschildert. 1. Aufl. gr. 8. (3½ B.) 845. u. 2., verm. Aufl. 8. (5½ B.) Magdeburg 847, Baensch. à

— die Jesuiten. Dem deutschen Volke zum Spiegel, zum Zügel, zum Riegel geschildert. 2., sehr verm. Aufl. 8. (86 S. m. 1 Holzschn.) Magdeburg 847, Baensch. 3 ngr

Schulze, W., Katechismus der Zahnheilkunde oder Anleitung zur Zahnpflege für das nichtärztliche Publikum. 12. (44 S.) Görlitz 882, (Koblitz'sche Buchh.) **

—— sarmatische Lebensbilder. Novellen aus Rußlands und Polens Geschichte. gr. 12. (240 S.) Magdeburg 847, Baensch.

Schulze, W., die Praxis des gewerblichen Rechnens, s.: Dageförde, Herm.

Schulze, W., Reise nach Ostindien. 8. Jena 808. Cröker. 1 rf (Vergl. Reisenden, die, der Vorzeit, wovon dies das 1e Bdchen ist.)

Schulze, W., Reise- und Lebensbilder aus Neuholland, s. Reise- und Lebensbilder.

Schulze, W. Tabellen der Zahlenverstellungen mit Erläuterungen. Ein Hilfsmittel zur schnellen Auffindung von Zahlenschreibfehlern nach einem neuen System. Dresden (o. J.)

Schulze-Klemich, W., Tabellen der Zahlenverstellungen m. Erläuterungen. Ein Hilfsmittel zur schnellen Auffindg. v. Zahlenschreibfehlern nach e. neuen System. Für Kaufleute u. Bureaubeamte, sowie zum Gebrauche an Handelsschulen bearb. gr. 8. (16 S.) Dresden 884. Klemich. n. 1. —

—— die Trennung der Deutsch-Katholiken von Rom, in ihrem Ursprunge u. Fortgange d. deutsch. Volke erzählt. 16. (12¼ B. u. 1 Stnt.) Magdeburg 845, Baensch. *

Schulze, Walter, aus Berlin: Die Bedeutung der Langerhansschen Inseln im Pankreas. *Bonn: F. Cohen 1900.* (19 S.) 8° ¶ Aus: Archiv f. mikrosk. Anat. u. Entwicklungsgesch., Bd 56.
Rostock, Med. Diss. v. [27. Febr.] 1901

Schulze, Walter, Assistenzarzt an der Brandenburgischen Landes-Irrenanstalt zu Neu-Ruppin: Beitrag zur Kenntnis der Sprachstörungen der Epileptiker. Göttingen 1906: L. Hofer. (47 S.) 8°
Göttingen, Med. Fak., Ref. Cramer, Diss. v. 26. Jan. 1906
[Geb. 18. Juli 78 Königslutter; Wohnort: Neu-Ruppin; Staatsangeh.: Braunschweig; Vorbildung: Gymn. Martino-Katharineum Braunschweig Reife M. 98; Studium: München 2, Rostock 3, Göttingen 2, Halle 3 S.; Coll. 19. Dez. 05; Approb. 17. Juli 05.]

Schulze, Walther, aus Chemnitz: Beiträge zur vergleichenden Anatomie der Genisteengattungen Genista, Adenocarpus und Calycotome. *Chemnitz 1901: J. W. Geidel.* (59 S.) 8°
Erlangen, Phil. Diss. v. 8. März 1901

Schulze, Walter, Assist. d. Mechan.-technolog. Inst. d. Techn. Hochsch. Dresden: Über den Einfluß der einzelnen Appreturstufen auf die Wasser-, Licht-, Luft- und Wärmedurchlässigkeit eines Tuches. Leipzig: Martins Textil-Verl. 1910. 58 S. 8° ¶ Auch in: Leipziger Monatsschrift f. Textil-Industrie. Jg. 25.
Dresden, Dr.-Ing.-Diss. v. 6. 7. 1910

Schulze, Walter, Referendar in Kahla S.-A.: Das Einspruchsrecht der Verwaltungsbehörde bei Eintragung idealer Vereine auf Grund des § 61 B.G.B. (Kahla 1907: J. F. Heyl.) (VI, 56 S.) 8° [F.]
Jena, Jur. Fak., Ref.- Danz, Diss. v. 23. Aug. 1907
[Geb. 17. Juni 85 Kahla; Wohnort: Kahla; Staatsangeh.: Sachsen-Altenburg; Vorbildung: Gymn. Eisenberg Reife O. 04; Studium: Leipzig 2, Kiel 1, Jena 3 S.; Rig. 31. Juli 07.]

Schulze, Walther [aus Untermhaus]: Ueber die congenitale Hüftgelenksluxation und deren Behandlung ... Halle a. S., Druck v. Wischan & Wettengel, 1894; 2 Bl., 45 S., 3 Bl. 8.
Halle, Med. Fak., Inaug.-Diss. v. 10. Aug. 1894

Schulze, Walth., die protestantische Kirchenlehre im Lichte der Theosophie. Ein Beitrag zur Fortbildung uns. Religion. (IV, 42 S.) 8. Leipzig, O. Mutze. — 60

Schulze, Walther, Referendar, aus Nobitz: Die Lehre Montesquieu's von den staatlichen Funktionen. *Jena 1902: G. Neuenhahn.* (47 S.) 8° [F. u. Ant.]
Jena, Jur. Diss. v. (27. Okt.) 1902

Schulze, Werner, Referendar: Tatbestand und Rechtsfolge. Ein Beitr. z. jurist. Erkenntnistheorie. Berlin & Leipzig: Rothschild 1909. X, 47 S. 8° ¶ (Ersch. vollst. als: Archiv f. Rechts- u. Wirtschaftsphilos. Bd 2, H. 4. Beih.)
Bonn, Jur. Diss. v. 13. Juli 1909, Ref. Zitelmann
[Geb. 19. Apr. 82 Berlin; Wohnort: Charlottenburg; Staatsangeh.: Preußen; Vorbildung: Französ. Gymn. Berlin Reife M. 00; Studium: Berlin 4, Kiel 1, Freiburg i. B. 1 S.; Rig. 1. März 09.] [U 09. 321

Tatbestand und Rechtsfolge. Ein Beitrag z. jurist. Erkenntnistheorie. Von Werner **Schulze**, Dr. iur. Berlin & Leipzig: Rothschild 1909. VIII, 91 S. 8°
(Archiv f. Rechts- u. Wirtschaftsphilosophie. Bd 2, Beih. 4.) 109. 11803

Schulze, Wilhelm, aus Berlin: Beiträge zur Elektrochemie des Arsens. *Berlin 1900: W. Röwer.* (56 S.) 8°
Berlin, Phil. Diss. v. 15. Dez. 1900

Schulze, Wilh., die lateinischen Buchstabennamen. (26 S.) Lex.-8. Berlin 904. (G. Reimer.) n. 1. —
Sonderabdruck aus: „Sitzungsber. d. preuss. Akad. d. Wiss."

Schulze, Wilhelm [aus Treptow a/Rega]: Über Derivate des m-Nitro- und m-Amido-benzamids nebst einer krystallographischen Untersuchung über das m-Amido-benzamid .... Greifswald, Druck v. F. W. Kunike (1888); 39 S. 8°
Greifswald, Phil. Fak., Inaug.-Diss. v. 21. Jun. 1888

Schulze, W. Einführung in das Nibelungenlied. gr. 8. (IX, 299 S.) Dortm. 892, H. Meyer. geb. * 6 75

Schulze, Wilh., Etymologisches. (S. 787—808.) Lex. 8. Berlin 910. G. Reimer. 1. —
Sonderabdruck a.: „Sitzungsber. d. preuss. Akad. d. Wiss."

Schulze, Wilh., ein' feste Burg ist unser Gott! Lutherlieder. Festgesänge u. Gedichte zur Feier d. 400jähr. Geburtstages Luthers am 10. Nov. 1883. Eine Festgabe an die Schule. gr. 8. (40 S. m. Holzschn.-Portr.) Berlin 883. Oehmigke's Verl. n.n. — 25

Schulze, Wilhelm: [Umschlagt.:] Festgesang zu Kaiser Wilhelms 100 jährigem Geburtstage am 22. März 1897. Für gemischten Chor komp. v. Wilhelm Schulze. Berlin: L. Oehmigke [1897]. (7 Bl.) 4°

Schulze, Wilh., Festlied f. die vaterländ. Gedenktage, s.: Wickeln, Karl.

— Gedächtnisrede auf Richard Pischel. (16 S.) Lex. 8. Ebd. 909. 1. —
Sonderabdr. a.: „Abh. d. kgl. preuss. Akad. d. Wiss."

[F.] Die Gemüse-Samenzucht. E. Handb. f. Gärtner, Landwirte u. Gartenfreunde. Prakt. bearb. v. W[ilhelm] **Schulze**, Obergärtner in Erfurt. *Erfurt: J. Frohberger 1896.* (110 S.) 1 Bd 8. [97 1533

Schulze, W., die Gemüse-Samenzucht. Ein Handbuch f. Gärtner, Landwirte u. Gartenfreunde. gr. 8. (110 S.) Erfurt 896. Leipzig, Amthor. Kart. n. 2. —

Zur Geschichte lateinischer Eigennamen. Von Wilhelm Schulze. *Berlin: Weidmann 1904.* (647 S.) 4°
= Abhandlungen d. Königl. Gesellschaft d. Wiss. zu Göttingen. Phil.-hist. Kl. N. F. Bd 5. No 5.

Schulze, Guilelmus: Graeca Latina. *Gottingae (1901): Dieterich.* (25 S.) 8°
Göttingen, Progr. zur akadem. Preisverteilung 1901

Schulze, Wilh. (Guilelm), Graeca latina. Progr. gr. 8. (25 S.) Göttingen (901). Vandenhoeck & Ruprecht. n.n. — 50

— Lit. klausiu u. das indogermanische Futurum. (9 S.) Lex.-8. Berlin 904. (G. Reimer.) n. — 50

Schulze, Wilh., griechische Lehnworte im Gotischen. (32 S.) Lex.-8. Berlin 905. (G. Reimer.) n. 1. —
Sonderabdr. aus: „Sitzungsber. d. preuss. Akad. d. Wiss."

Schulze, Wilh., deutscher Liederborn. Liederbuch für Mädchenschulen und andere Lehranstalten. Oberstufe. A. und B. qu. gr. 8. Berlin 878, Liepmannssohn. *
Inhalt:
Abthl. A. Größere zweistimmige Gesänge. (IV, 56 S.) * 80 Pf.
" B. Drei- und vierstimmige Lieder und Gesänge. (IV, 84 S.) * ℳ 1.

—— dass. — Liederbuch für Mädchenschulen. Mittelstufe. Einfache zweistimmige Gesänge. qu. gr. 8. (II, 70 S.) Ebendas. 878. *

Schulze, Wilh., Liederbuch für Mädchenschulen. 3 Hfte. 2. Aufl. qu. gr. 8. Berlin 882. Oehmigke's Verl. n. 2. 80
1. Unterstufe. [Ein- u. zweistimmige Gesänge.] (56 S.) n. — 80
2. Mittelstufe. [Zwei- u. dreistimmige Gesänge.] (IV, 92 S.) n. 1. —
3. Oberstufe. [Zwei-, drei- u. vierstimmige Gesänge.] (IV, 92 S.) n. 1. —

Schulze, Wilh. Liederborn. Liederbuch für Mädchenschulen. [In 3 Heften.] 2. Heft: Mittelstufe. [Zwei- und dreistimm. Gesänge.] 3. Aufl. qu. gr. 8. (IV, 92 S.) Berlin 886, Oehmigke's Verlag. *

Schulze, Wilh. Liederborn f. Mädchenschulen. 3 Hefte. qu. gr. 8. Berl., Oehmigke's Verlag. * 2 80
1. Unterstufe. [Ein- u. zweistimmige Gesänge.] 3. Aufl. (66 S.) 889. * — 80.
2. Mittelstufe. [Zwei- u. dreistimmige Gesänge.] 4. u. 5. Aufl. (IV, 92 S.) 892. * 1 —.
3. Oberstufe. [Zwei-, drei- u. vierstimmige Gesänge.] 3. u. 4. Aufl. (104 S.) 889, 92. * 1 —.

Schulze, Wilh., Liederborn. Liederbuch f. Mädchenschulen. 3 Hfte. qu. gr. 8. Berlin, L. Oehmigke's Verl. n. 2. 80; kart. n. 3. 40
1. Unterstufe. (1- u. mehrstimm. Gesänge.) 9. Aufl. (II, 68 S.) 894. n. — 80; kart. n. 1. —
2. Mittelstufe. (2- u. 3 stimm. Gesänge.) 6. Aufl. (IV, 92 S.) 894. n. 1. —; kart. n. 1. 20
3. Oberstufe. (2-, 3- u. 4 stimm. Gesänge.) 5. Aufl. (110 S.) 893. n. 1. —; kart. n. 1. 20

— Liederborn. Liederbuch für Mädchenschulen. In 3 Hftn. qu. gr. 8. Berlin 898. L. Oehmigke's Verl. n. 2. 80; Einbde. à n. — 20
1. Unterstufe. (1- u. 2 stimm. Gesänge.) 12. Aufl. (73 S.) n. — 80
2. Mittelstufe. (2- u. 3 stimm. Gesänge.) 11. Aufl. (IV, 92 S.) n. 1. —
3. Oberstufe. (2-, 3- u. 4 stimm. Gesänge.) 9. Aufl. (111 S.) n. 1. —

Schulze, Wilh., Liederborn. Liederbuch f. Mädchenschulen. 3 Hfte. qu. gr. 8. Berlin, L. Oehmigke's Verlag. Kart. n. 3. 40
1. Unterstufe. (1- u. 2stimm. Gesänge.) 15. Aufl. (73 S.) 901. n. 1. —
2. Mittelstufe. (2- u. 3stimm. Gesänge. 16. Aufl. (IV, 92 S.) 903. n. 1. 20
3. Oberstufe. (2-, 3- u. 4stimm. Gesänge.) 13. Aufl. (IV, 111 S.) 902. n. 1. 20

Schulze, Wilh., Liederborn. Liederbuch f. Mädchenschulen. In 3 Heften. qu. 8. Berlin 906. L. Oehmigke's Verl. Kart. n. 3. 40
1. Unterstufe. (1- u. 2stimm. Gesänge.) 19. Aufl. (75 S.)
2. Mittelstufe. (2- u. 3stimm. Gesänge.) 21. Aufl. (IV, 94 S.) 1. 20
3. Oberstufe. (2-, 3- u. 4stimm. Gesänge.) 17. Aufl. (IV, 111 u. 16 S.) 1. 20

Schulze, Wilh., Liederborn. Liederbuch f. Mädchenschulen. (Ausg. A.) In 3 Heften. Berlin, L. Oehmigke's Verl. Geb. 3. 40
1. Unterstufe. (1- u. 2 stimm. Gesänge.) 24. Aufl. (75 S.) 15,5×23 cm. (910.) Geb. 1. —
2. Mittelstufe. (2- u. 3stimm. Gesänge.) 27. Aufl. (IV, 94 S.) 15,5×24 cm. (910.) Geb. 1. 20
3. Oberstufe. (2-, 3- u. 4 stimm. Gesänge.) 23. Aufl. (IV, 111 u. 16 S.) 15×23 cm. (910.) Geb. 1. 20

— dasselbe. Ausg. B. Gemäß den Ministerialbestimmgn. v. 16. XII. 1908 bearb. unter Mitwirkg. v. Max Ast. 3 Hefte. gr. 8. Ebd. (910). Geb. 4. 40
I. 1- u. 2stimm. Gesänge. Mit Anh., enth. den theoret. Stoff bis zur 5. Klasse. 24. Aufl. (IV, 95 S.) (910.) Geb. 1. —
II. 2- u. 3stimm. Gesänge. 26. Aufl. (IV, 108 S.) (910.) Geb. 1. 40
III. 2-, 3- u. 4 stimm. Gesänge. Mit theoret. Anh., enth.: allgem. Musiklehre, Harmonie- u. Formenlehre. 22. Aufl. (IV, 175 S.) (910.) Geb. 2. —

— dasselbe. Anh., s.: Ast, Max, Merkstoffe f. den Gesangunterricht

— Liederspende. 10 drei- u. vierstimm. Schullieder als Nachtrag zum „Liederborn". qu. gr. 4. (16 S.) Ebd. 902. n. — 20

— Liederstrauß. Sammlung dreistimmiger Gesänge für die oberen Klassen von Knaben- u. Mädchenschulen. qu. 8. (II, 80 S.) Berlin 880. Oehmigke's Verl. n. — 50

— Liederstrauß. Sammlung dreistimm. weltl. u. geistl. Gesänge f. die oberen Klassen v. Knaben- u. Mädchenschulen. 2. Aufl. qu. 8. (II, 94 S.) Ebend. 883. n. — 50

— Liederstrauß. Sammlung dreistimm. Gesänge f. die oberen Klassen v. Knaben- u. Mädchenschulen. 3. Aufl. qu. 8. (IV, 108 S.) Ebd. 889. n. — 60

— Liederstrauß. Sammlg. 3stimm. Gesänge f. d. oberen Klassen v. Knaben- u. Mädchenschulen. 7. Aufl. qu. 8. (IV, 110 S.) Ebd. 898. n. — 60

— Liederstrauß. 1. u. 2. Hft. gr. 8. Ebd. 900. n. — 90
1. Sammlung einfacher zweistimmiger Gesänge f. die mittleren Klassen v. Knaben- u. Mädchenschulen. (IV, 104 S.) n. — 40
2. Sammlung dreistimmiger Gesänge f. die oberen Klassen von Knaben- u. Mädchenschulen. 8. umgearb. Aufl. (IV, 100 S.) n. — 50

Schulze, Wilhelm [aus Elberfeld]: Morphologie und Anatomie der Convallaria majalis L. Bonn 1899. 43 S., 2 Taf. 8°.
Basel. Phil. Diss. 1899/1900

Schulze, W., s.: Nibelungenlied, das.

Indices lectionvm ... per sem. aest. inde a d. xv. m. Apr. vsqve ad d. xv. m. Avg. 1894 ... — Praemissa sunt Gvilelmi **Schvlze** P. P. E. Orthographica. Marpvrgi ... *1894*; xxvi, 10 S. 4.

Indices lectionvm ... qvae in Academia Marpvrgensi per sem. hib. inde a d. xv. m. Oct. 1894 vsqve ad d. xv. m. Martii 1895 habendae proponvntvr. — Praemissa sunt Gvilelmi **Schvlze** P. P. E. Orthographica. (II.) [I: Ind. lect. 1894.] Marpvrgi, typ. acad. R. Friedrich, *1894*; xxxIII, 10 S. 4.

Schulze, Wilh., Orthographica. Progr. gr. 4. (LXI S.) Marburg 894. N. G. Elwert's Verl. n. 2. —

— **W.**, Orthographica. Pr. 1894. 26 S. 4°.
— — II. Pr. 1895. 88 S. 4°.

Schulze, Wilh. Quaestiones epicae. gr. 8. (VII, 575 S.) Gütersloh 892, Bertelsmann. * 12 —

Schulze, Wilh. quaestionum Homericarum specimen. Dissertatio inauguralis philologica. gr. 8. (55 S.) Gryphiswaldiae 887. (Jena, Pohle.) *

— Peter Ritter, langjähr. Kapellmeister in Mannheim, geb. am 2. Juli 1763, gest. am 1. Aug. 1846. Sein Leben u. Wirken, nach sich. Familiennachrichten, Briefen u. Dokumenten dargest. als e. Beitrag zu Mannheims Musikgeschichte. gr. 8. (50 S.) Ebd. 895. n. 1. 20

Schulze, Wilh. gärtnerische Samenkunde. Praktische Anleitung zur Zucht und Ernte der wichtigsten Blumen-, Gehölz-, Gemüse- und Gras-Samen. gr. 8. (V, 357 S.) Berlin 883, Parey. *

Schulze, W. (Hrsg.), s. Schulze, Georg: Ewerharzische Zitter.

— u. K. Wicklein, zum 23. Septbr. 1891. Theodor Körner. 15 Schul-Gesänge zur Feier d. 100jähr. Geburtstages d. Dichters. Nebst e. Biographie u. e. Auswahl der Gedichte. gr. 8. (36 S. m. Titelbild.) Berlin 891. L. Oehmigke's Verl. n. — 25

Schulze, Wilhelm: **Die Serumexantheme** bei Diphtherie. *Berlin (1898): E. Ebering.* (51 S.) 8°
Berlin, Med. Diss. v. 5. Aug. 1898

[F.] Die Volksgeschichte Israels. Von Dr. W[ilhelm] **Schulze**, Prof. ... zu Dortmund. *Berlin: Reuther & Reichard 1897.* (2 Bl., 164 S.) 1 Bd 8.
— **Hülfsmittel** z. evang. Religionsunterricht f. ev. Religionslehrer. H. 9/10. [97 4666

Volksgeschichte Israels. Von Dr. Wilhelm **Schulze**, Prof., Dortmund. 2., verb. u. erw. Aufl. 1–3. Berlin: Reuther & Reichard 1905. 3 Bde 8° [F.]
1. Urgeschichte. 2. Von Mose bis z. Exil. 3. Die nachexilische Zeit.
— **Hülfsmittel** z. evang. Religionsunterricht. H. 9. 10. 23. [05. 9885

— Volksliederbuch. E. Sammlg. 1- u. 2stimm. Lieder f. höh. Lehranst. gr. 8. (168 S.) Ebd. 896. n. — 80

Schulze, Wilh., neue kaufm. kalligraph. Vorschriften. 16 H. gr. Fol. Lpz. Schäfer. (Kühn.) 805.

— Wortbrechung in den gotischen Handschriften. (S. 610—624.) Lex. 8. Ebd. 908. — 50
Sonderabdruck a.: „Sitzungsber. d. preuss. Akad. d. Wiss."

— s.: Zeitschrift f. vergleichende Sprachforschung auf dem Gebiete der indogermanischen Sprachen.

Schulze, Wilhelm A.

Fahrplankarte von Europa. Übersichtl. Darstellung d. wichtigsten Reiseverbindungen auf Eisenbahnen u. Dampfschiffen zwischen d. Hauptverkehrsorten von Europa. Nach d. Fahrplänen d. Eisenbahn- u. Dampfschiffs-Unternehmungen bearb. von W[ilhelm] A. Schulze, Geh. Rechn.-R. a. D. [Mit 2 Nebenkarten.] [Nebst] Allg. Bemerkungen... *Leipzig: Woerl 1903.* (1 Kartenbl. 58×41 cm, 4 S.) 8° [03. 8818

Internationale Reisekarte von Europa. Uebersichtl. Darstellg aller wicht. Eisenb.- u. Dampfschiffskurse zw. d. Hauptverkehrsorten v. Europa ... Sommer-Ausg. 1897. Nach d. Fahrpl. d. Eisenb.- u. Dampfschiffs-Unternehmgn bearb. v. W. Schulze, Geh. Rechngsr., Vorst. d. Kursbur. d. Reichs-Postamts in Berlin. *Berlin: K. Siegismund (1897).* (1 Ktnbl. [illegible]) 1 Bd 8. [97. 6203

Schulze, Wilhelm Nikolaus

Schulze, Wilh. Nic., die reichsrechtliche Literatur seit Entstehung d. norddeutschen Bundes — 1867 bis Ende 1874. In lexicalisch-chronolog. Ordnung aufgestellt. Mit Materien-Register. 8. (II, 95 S.) Leipzig 875. Stauffer. 1. 50

Schulze, Wilh. Nic., die reichsrechtliche Literatur seit Entstehung des norddeutschen Bundes bis Ende 1876. In lexicalisch-chronolog. Ordnung aufgestellt. 2., verm. Aufl. Mit Materien-Register. 8. (IV, 136 S.) Leipzig 877. Stauffer. cart. n. 2. —

Schulze, Wilhelm Rudolf

Schulze, Wilh. Rud., Fürst Bismarck und der Bismarckianismus. Eine historisch-polit. Skizze. gr. 8. (158 S.) Stolberg [Leipzig] 872, Heinzelmann. *

— Gott u. sein Reich in Wort u. Werk. Die Selbstrechtfertigg. Gottes aus dem Einklange Beider. 8. (VIII, 63 S.) Altenburg 874. Schnuphase. n. 3. —

—— die Wahrheit wird euch frei machen. Ein Trost- und Mahnruf an die streitende Kirche. gr. 4. (21 S.) (Ebendas.) 870.

Schulze-Delitzsch oder Lassalle? Wem sollen wir folgen? Eine Vergleichung der beiden Systeme Selbsthilfe und Staatshilfe von einem Arbeiter. 8. (16 S.) Wien 868, Pichler's Witwe und Sohn.

Schulze-Berge, Alexander [aus Bonn]: Ein Fall von schräg-verengtem Becken mit Hüftkreuzbeinankylose und Ankylose des Hüftgelenkes derselben Seite.... Bonn, Univ.-Buchh. v. C. Georgi, 1886; 26 S. u. 2 Taf. 8°.
Bonn, Med. Fak., Inaug.-Diss. v. 20. Jul. 1886.

Schulze-Berge, Alexander, ein Fall von schräg verengtem Becken mit Hüftkreuzbeinankylose und Ankylose des Hüftgelenkes derselben Seite. Diss. Berlin 1886, Mayer & Müller. 8°. 26 S. mit 2 Taf.

Schulze-Berge, Franz [illegible] Ueber die Elektricitätserregung beim Contact von Metallen und Gasen. Berlin [illegible]
Berlin, Phil. Diss. v. 5. Nov. 188[illegible]

Schulze-Berghof, Paul, die Kulturmission uns. Dichtkunst. Studien zur Ästhetik u. Literatur der Gegenwart. (432 S.) gr. 8. Leipzig 908. F. Eckardt. 5.—; geb. 6.50

— National-Festspiele u. Lehrerbildung. (1. Taus.) (28 S.) Lex. 8. Leipzig (910). F. Kortkamp. — 60

Schulze-Berghof, Paul, Schiller u. die Kunsterzieher. Eine pädagog. Studie. (XI, 147 S.) gr. 8. Leipzig 905. E. Wunderlich. n. 2. —; geb. n. 2. 50

Der Bierlieferungsvertrag. Auf Grund von Gesetz u. Rechtsprechung f. d. gewerbl. Praxis dargest. ... von Dr jur. H. Schulze-Besse, Oberassist., Berlin. Berlin: P. Parey 1908. (VI, 148 S.) 8° [F.]
— Veröffentlichungen d. Wirtschaftl. Abteilung d. Ver. 'Versuchs- u. Lehranstalt f. Brauerei' in Berlin. H. 4. [08. 14.

Maria Hendrina von Goch. Novelle von Louise Schulze-Brück. Berlin: A. Goldschmidt 1908. (112 S.) 8° [F.] [08. 7309

Schulze-Brück, Louise: Die Heirat der schönen Melitta. Kevelaer: Butzon & Bercker [1907]. 92 S. 8°
(Aus Vergangenheit u. Gegenwart. Bdch. 84.)

Schulze-Brück, Louise, die Heirat der schönen Melitta, s. a. Aus Vergangenheit u. Gegenwart.

Das Moselhaus. Roman von Louise Schulze-Brück. Cöln: Bachem (1910). 312 S. 8° [11. 3304

Steuermann Worringer. Novelle von Louise Schulze-Brück. Berlin: A. Goldschmidt 1907. (102 S.) 8° [F.]
(Goldschmidts Bibliothek f. Haus u. Reise.) [07. 8134

Schulze-Delitzsch, Hermann

— Vide: Gerstner, L. J.: Vergleichende Darstellung.

Schulze-Delitzsch, Herm., die Abschaffung des geschäftlichen Risico des Herrn Lassalle. Ein neues Kapitel zum deutschen Arbeiterkatechismus. br. 8. (VI und 40 S.) Berlin 866, F. Duncker. *

-- vollständige Anweisung für Vorschuß- u. Creditvereine, welche sich unter das preußische Genossenschaftsgesetz stellen wollen, nebst Musterstatut [in der Schluß-Redaction], Motiven etc. als Nachtrag zur 4. Aufl. des Buchs: Vorschuß- u. Creditvereine als Volksbanken. Leipzig 868. Keil. gr. 8. (III, 99 S.) n. 10 ngr.

Schulze-Delitzsch, (H.), neue Anweisung für Vorschuß- und Credit-Vereine zur Unterstellung unter das Genossenschafts-Gesetz des norddeutschen Bundes nebst Musterstatut und Motiven als 2. Nachtrag zur 4. Aufl. des Buches: Vorschuß- und Creditvereine als Volksbanken. gr. 8. (62 S.) Leipzig 869, Keil.

—— neue vollständige Anweisung für Vorschuß- und Credit-Vereine zur Unterstellung unter die deutschen Genossenschaftsgesetze in den Staaten des norddeutschen Bundes, Bayern, Baden etc. nebst Musterstatut und Motiven als Nachtrag zur 4. Aufl. des Buches: Vorschuß- und Creditvereine als Volksbanken. 8. (IV, 121 S.) Ebendas. 870.

— Die Arbeit. Vortrag, geh. im Berliner Arbeiterverein am 4. Febr. 1863. 8°. Leipzig, E. Keil, 1863.

Schulze-Delitzsch, Hermann. Arbeit und Bildung. Ein Vortrag im berliner Handwerker-Verein am 4. Februar 1861 gehalten. Berlin, F. Duncker 1861. 16 S. 8.

Schulze (-Delitzsch), H., Associationsbuch für deutsche Handwerker und Arbeiter. Leipzig 853. Keil. 8. (VII, 240 S.) 1 ₰.

— Die nationale Bedeutung der deutschen Genossenschaften. Vortrag, geh. vor den Genossenschaften Berlins am 19. März 1865. (Aus: Arbeiterfreund, III.) 8^0. Berlin, Duncker, 1865.

Schulze-Delitzsch, s.: Blätter f. Genossenschaftswesen.

Schulze-Delitzsch, H., Briefe an die italienischen Patrioten üb. den deutschen Krieg u. seine Folgen. 8. (32 S.) Berlin 871. Janke. — 25

Schulze-Delitzsch, H., die Raiffeisen'schen Darlehnskassen in der Rheinprovinz und die Grundcreditfrage für den ländl. Kleinbesitz. gr. 8. (61 S.) Leipzig 875, Klinkhardt. *

— die rheinischen Darlehnscassenvereine. Vortrag, geh. am 31. Aug. 1874 auf dem deutschen Genossenschaftstage zu Bremen. [Nach stenograph. Aufzeichng.] gr. 8. (12 S.) Bremen 874. Nordwestdeutscher Volksschriften-Verl. A. G. n. — 20

— den Raiffeisen'schen Darlehnskassen-Vereinen zur Verständigung. 8. (30 und Nachtrag 8 S.) Berlin 878, C. Heymann's Verlag. *

— die Entwickelung des Genossenschaftswesens. Auszug aus dem Organ des allgemeinen Arbeiter-Verbandes deutscher Erwerbs- und Wirthschaftsgenossenschaften: „Blätter für Genossenschaftswesen" [früher Innung der Zukunft]. Lex.-8. (XI, 697 S.) Berlin 870, Janke. *

— die sociale Frage. Aus zwei Vorlesungen, am 18. März und 2. April 1869 in Berlin und Cöln. Berlin 869, F. Duncker. [Stuttgart, Krabbe.] *

— Gebrauch der Wechsel bei den Creditgenossenschaften. Ergänzung zur 5. Aufl. des Buches: Vorschuß- und Creditvereine als Volksbanken. 8. (20 S.) Leipzig 879, Keil.

— die Genossenschaften in einzelnen Gewerbszweigen. Praktische Anweisg. zu ihrer Gründg. u. Einrichtg. unter Mitwirkg. v. J. Schneider. gr. 8. (XII, 408 S.) Leipzig 873. Keil. 5. 25

Schulze-Delitzsch, Herm., Das preuss. Genossenschaftsgesetz vom 27. März 1867 nebst Musterstatut für Vorschuss- und Credit-Vereine. 1. u. 2. Aufl. gr. 8^0. Berlin 1867. (35 S.)

— das preußische Genossenschaftsgesetz vom 27. März 1867 nebst Musterstatut für Vorschuß- u. Creditvereine. 2. Aufl. Berlin 867. Geelhaar. gr. 8. (35 S.) n. 3 ngr.

— Die Gesetzgebung über Erwerbs- und Wirtschaftsgenossenschaften in Deutschland, England und Frankreich mit bes. Rücksicht auf die Haftbarkeit bei kommerz. Gesellsch. gr. 8^0. Berlin 1869.

— die Gesetzgebung über die privatrechtliche Stellung der Erwerbs- und Wirthschaftsgenossenschaften mit besond. Rücksicht auf die Haftpflicht bei kommerziellen Gesellschaften. gr. 8. (VIII, 159 S.) Berlin 869, Herbig.

— Die Krefelder Gewerbebank und die Agitation gegen die Solidarhaft. gr. 8^0. Leipzig 1876.

— der industrielle Großbesitz und die Arbeiterbewegung in Deutschland mit besond. Hinweisung auf die Gewerk-Vereine. Vortrag, gehalten zu Berlin am 25. März 1870. gr. 8. (21 S.) Berlin 870, F. Duncker. [Stuttgart, Krabbe.]

— An die preussischen Handwerker. Als Antwort auf viele Anfragen. gr.-8^0. Berlin, Duncker, 1861.

— Jahresbericht für 1858 über die auf dem Princip der Selbsthilfe der Creditbedürftigen aus dem kleineren und mittleren Gewerbsstande beruhenden Deutschen Vorschuß- und Creditvereine. Braunschweig 859. Westermann. Lex.-8. (20 S.) n. 5 ngr.

— Jahresbericht für 1859 über die auf dem Princip der Selbsthülfe der Betheiligten beruhenden deutschen Genossenschaften der Handwerker und Arbeiter. Im Auftrage des Congresses deutscher Volkswirthe. gr. 8. (58 S. mit 2 Tab. in gr. Fol.) Leipzig 860. G. Mayer. *

— Jahresbericht für 1860 über die auf Selbsthülfe der Betheiligten gegründeten deutschen Erwerbs- und Wirthschaftsgenossenschaften des kleinen Gewerbsstandes. Im Auftrage des Congresses deutscher Volkswirthe. gr. 8 (56 S. mit 2 Tab. in Imp.-Fol.) Leipzig 861, G. Mayer. *

— Jahresbericht für 1861 über die auf Selbsthülfe gegründeten deutschen Erwerbs- und Wirthschaftsgenossenschaften des kleinen und mittleren Gewerbstandes. Im Auftrage des Congresses deutscher Volkswirthe. gr. 8. (79 S. mit 2 Tab. in Imp.-Fol.) Leipzig 862, [Klinkhardt.]

— Jahresbericht für 1862—66 über die auf Selbsthülfe gegründeten deutschen Erwerbs- und Wirthschaftsgenossenschaften. Im Auftrage des Congresses deutscher Volkswirthe. gr. 4. [Ebendas.] 863—67. [1862. (III und 64 S.) * 15 Ngr., 1863. (III und 72 S.) * 20 Ngr., 1864. (III und 66 S.) * 22½ Ngr., 1865. (III und 75 S.) * 22½ Ngr., 1866. (III und 66 S.) * 22½ Ngr.] * 3

— Jahresbericht für 1867—1874 über die auf Selbsthülfe gegründeten deutschen Erwerbs- und Wirthschaftsgenossenschaften. gr. 4. Leipzig, Klinkhardt. [1867. (72 S.) *M 2,50.; 1868. (III, 88 S.) *M 3.; 1869. (III, 98 S.) *M 3,60.; 1870. (II, 113 S.) *M 4.; 1871. (130 S.) *M 4,80.; 1872. (111 S.) *M 6.; 1873. (128 S.) *M 6,75.; 1874. (XVI, 114 S.) *M 7.] *

— Jahresbericht für 1875—1878 über die auf Selbsthilfe gegründeten deutschen Erwerbs- und Wirthschaftsgenossenschaften. Imp.-4. Leipzig, Klinkhardt. [1875. (XX, 132 S.) * M 8.; 1876. (XX, 119 S.) * M 7,50.; 1877. (XVI, 101 S.) * M 7,50.; 1878. (XVI, 97 S.) * M 7,50.] *

Schulze-Delitzsch, H., Jahresbericht für 1879 über die auf die Selbsthilfe gegründeten deutschen Erwerbs- und Wirthschaftsgenossenschaften. Fol. (XIII, 97 S.) Leipzig 880, Klinkhardt. *

Schulze-Delitzsch, H., Jahresbericht für 1880 über die auf die Selbsthilfe gegründeten deutschen Erwerbs- und Wirthschaftsgenossenschaften. Fol. (XIV, 116 S.) Leipzig 881, Klinkhardt. *

— dass. — für 1881. Fol. (XV, 100 S.) Ebendas. 882. *
Fortsetzung s. Schneider, F.

Das Kapital und dessen Verhältniss zur Arbeit. Vortrag, geh. im Berliner Arbeiterverein am 8. u. 15. Febr. 1863. gr. 8^0. Leipzig 1863

— Capitel zu einem deutschen Arbeiterkatechismus. Sechs Vorträge vor dem Berliner Arbeiterverein. Leipzig 863. Keil. 8. (VI, 170 S.) 7⅓ ngr

Schulze-Delitzsch, Hermann Die arbeitenden Klassen und das Associationswesen in Deutschland als Programm zu einem deutschen Congreß. Leipzig, G. Mayer 1858. VII 119 S. 8.

—— die arbeitenden Klassen und das Associationswesen in Deutschland als Programme zu einem deutschen Congreß. 2., verm. Aufl. gr. 8. (VIII und 143 S.) Leipzig 863, [Klinkhardt.]

— Die Magazinirung. Grundzüge eines auf Gegenseitigkeit zwischen Producenten und Konsumenten gegründeten neuen Versicherungssystems. Ein Beitrag zur Verhütung des Notstandes und der Theuerung. 8°. Leipzig 1847. 2. Aufl. 8°. Ebd. 1852.

Schulze-Delitzsch, Herm., Material zur Revision d. Genossenschafts-Gesetzes. Nach dem neuesten Stand der Frage geordnet. gr. 8. (110 S.) Leipzig 883. Keil's Nachf. 1. 25

—— Mittheilungen über gewerbliche u. Arbeiter-Associationen. Zur Beantwortung vielfacher Anfragen. gr. 8. (92 S.) Leipzig 850, Keil & Co. ⅓ ₰

— Mitteilungen uber den Vereinstag der deutschen Vorschuss-, Kredit- und Rohstoff-Vereine 1861 und 1862. Delitzsch, Berlin 1861. 62

— Die praktischen Mittel und Wege zur Hebung der arbeitenden Klassen. Drei Vorträge, geh. im Berliner Arbeitorvoroin. gr. 8°. Loipzig 1863.

Schulze-Delitzsch, Der Notstand der arbeitenden Klassen. Das Genossenschaftswesen. 8°. München, Buchh. Nationalverein, 1910. (Vorkämpfer deutscher Freiheit, Heft 7.)

Schulze-Delitzsch, der Notstand d. arbeitenden Klassen. Das Genossenschaftswesen, s.o. Vorkämpfer deutscher Freiheit. 7. Heft.

— die Philister. Roman. 2 Bde. 8. (230 u. 262 S.) Berlin 885. Janke. n. 9. —

— Die Productiv-Genossenschaften u. die Vorschussvereine. Flugblatt. 8°. s. l. s. a. (Berlin 1865.)

—— sociale Rechte und Pflichten, s. Sammlung gemeinverständl. wissenschaftl. Vorträge. 8. Heft.

Schulze-Delitzsch (Die Rede des Abg.), geh. im Berliner Arbeiterverein, die Broschüre Ferd. Lassalle's betreffend, zusammengestellt von L. W. Flugblatt. Druck von J. F. Rietsch in Landshut, s. a.

Schulze-Delitzsch, Hermann. Rede gehalten am 21. October 1861 in einer Versammlung der Königsberger Mitglieder des Nationalvereins. Königsberg, Selbst-Verlag des Gabelsbergerschen Stenographen-Vereins (H. Krieg) 1861. 11 S. 8.

—— Rede in der Versammlung des dritten Berliner Wahlbezirkes am 23. April 1866. gr. 8. (16 S.) Berlin 866, Springer's Verlag.

—— Rede zur Waldeckfeier, gehalten am Jahrestage der Freisprechung Waldeck's, 3. Decbr. 8. Berlin 869, F. Duncker. [Stuttgart, Krabbe.] *

Schulze-Delitzsch, Hermann: Schriften und Reden. Hrsg. . . . von F[riedrich] Thorwart-Frankfurt a. M. unter Mitw. von . . . Bd 1–4. Berlin: Guttentag 1909–11. 8°

— Streitfragen im deutschen Genossenschaftsrecht. 1. Hft. gr. 8. (V, 73 S.) Leipzig 880. Keil. n. 1. —

— Tausch, Wert und freie Konkurrenz. Vortrag, geh. im Berliner Arbeiterverein am 8. März 1863. 8°. Leipzig 1863.

— Vorschuß-Vereine als Volks-Banken. Praktische Anweisung zu deren Gründung und Einrichtung. Leipzig 855. Keil. 8. (2 Bl., 120 S.) n. 10 ngr

—— Vorschuß- und Kreditvereine als Volksbanken. Praktische Anweisung zu deren Gründung und Einrichtung. 2., verm. und ganz umgearb. Aufl. 8. (VIII und 146 S.) Leipzig 859, Keil.

—— Vorschuß- und Creditvereine als Volksbanken. Praktische Anweisung zu deren Gründung und Einrichtung. 3. Aufl. 1862. 1 Thlr. und 4., völlig umgearb. Aufl. mit besond. Rücksicht auf das preuß. Genossenschaftsgesetz. gr. 8. (VII und 341 S.) Leipzig 867, Keil.

— Vorschuß- u. Credit-Vereine als Volksbanken. Praktische Anweisg. zu deren Einrichtg. u. Gründg. 5. völlig umgearb. Aufl. gr. 8. (XV, 452 S.) Leipzig 870. Keil. n. 6. —

[F.] Vorschuss- und Kredit-Vereine als Volksbanken. Prakt. Anweisg zu deren Einrichtg u. Gründg v. [Hermann] Schulze-Delitzsch. 6. Aufl. Neu bearb. v. Dr. Hans Crüger, Anwalt des Allg. Verbandes der . . . Erwerbs- u. Wirthschaftsgenoss. M. d. Bildn. v. Schulze-Delitzsch. *Breslau: E. Morgenstern 1897.* (XVI, 336 S.) 1 Bd 8.
= Handbibliothek f. d. Deutsche Genossenschaftswesen. Bd 1.
[97. 2360

Vorschuß- und Kredit-Vereine als Volksbanken. Prakt. Anweisung zu deren Einrichtung u. Gründung von [Hermann] Schulze-Delitzsch. 7. Aufl. bearb. von Dr. Hans Crüger. *Berlin: J. Guttentag 1904.* (426 S.) 8° [F.]
= Handbibliothek f. d. Deutsche Genossenschaftswesen. Bd 1.
[04 8847

— Wanderbuch. Ein Gedicht in Scenen und Liedern. 2. Aufl. Glogau 859. Flemming. 8. (IX, 165 S.) 20 ngr

—— wie es die Conservativen treiben! Ein Flugblatt an die Wähler der Kreise Delitzsch und Bitterfeld. gr. 8. (16 S.) Leipzig 866, Lißner.

Schultze-Delitzsch: Ein Wort an den Berliner ..., s. Anders, R.

Schulze-Delitzsch, Hermann: Die Zulassung der beschränkten Haft bei den deutschen Genossenschaften. Leipzig: Keil 1881. (24 S.) Aus: Blätter für Genossenschaftswesen.

Schulze-Etzel, Thdr., s. d. Etzel, Thdr.

Tage des Lebens. Ein Gedichtwerk von Theodor Schulze-Etzel. *Gr.-Lichterfelde Berlin: E. Eißelt 1904.* (38 S.) 8° [F.] [04 4274

Schulze-Gävernitz, Gerhart von

Schulze-Gävernitz, Gerh.(Hrsg.), s. A b h a n d l u n g e n , Freiburger volkswirtschaftliche.

Schulze-Gävernitz, Gerh.v. (Hrsg.), s. A b h a n d l u n g e n , Volkswirtschaftliche, der badischen Hochschulen.

[F.] Carlyle. Seine Welt- u. Gesellschaftsanschauung. Von Gerhart v. Schulzo-Gaevernitz, Prof. a. d. Univ. Freiburg i. B. M. Bildn. 2. verb. Aufl. *Berlin: E. Hofmann & C. 1897.* (VI S., 1 Bl., 233 S., 1 Portr.) 1 Bd 8.
= Geisteshelden. '(Sammlg 1.)' Bd 6. [97. 2503

Schulze-Gaevernitz, Gerhart von, Prof. Dr., gegenwärtiger Prorektor: England und Deutschland. Eine wirtschaftspolitische Studie. Freiburg i. Br. 1908: H. M. Poppen & Sohn. (59 S.) 4°
Freiburg i. Br., Progr. zum Geburtstag des Großherzogs 1908

— England u. Deutschland. 2. erweit. Aufl. d. Festschrift z. Geburtstage Sr. kgl. Hoh. des Großherzogs v. Baden am 9. VII. 1908. (2. u. 3. Tauf.) (68 S.) 8. Berlin-Schöneberg 908. Buchverlag der „Hilfe". 1. —

Schulze-Gaevernitz, Gerh. v., zum socialen Frieden. Eine Darstellg. der socialpolit. Erziehg. d. engl. Volkes im 19. Jahrh. 2 Bde. gr. 8. (XVI, 467 u. VI, 510 S.) Leipzig 890. Duncker & Humblot. n. 18. —

— Die Genossenschaftsbewegung der englischen Arbeiter. (Göttinger Arbeiterbibliothek, Bd. 1, Heft 7.) 8°. Göttingen 1895.

[F.] Die Genossenschaftsbewegung der englischen Arbeiter v. (Prof.) Dr. G[erhart] v. Schulze-Gaevernitz. *Göttingen: Vandenhoeck & Ruprecht 1896.* (97—112 S.) 8.
— Arbeiterbibliothek, Göttinger. Bd 1. H. 7. 96 3255

von Schulze-Gaevernitz, Gerhart [Dr. phil. et jur., Kais. Reg.-Ass.]: Die englische Genossenschaftsbewegung. . . . *Altenburg, Pierer'sche Hofbuchdr., 1891;* 67 S. 8°
Leipzig, Phil. Fak., Hab.-Schr. v. 20. Apr. 1891

— der Grossbetrieb e. wirtschaftlicher u. sozialer Fortschritt. Eine Studie auf dem Gebiete der Baumwollindustrie. gr. 8. (VI, 281 S.) Leipzig 892. Duncker & Humblot. n. 5. 60

Handelspolitik und Flotte. Vorträge geh. zu Mannheim 1898 von Dr. [Gerhard] v. Schulze-Gaevernitz, Freiburg i. B. Berlin: H. S. Hermann (1898). (30 S.) 8° [F.]
Aus Die Nation. Jg 15 1898 [08. 1392 8

Britischer Imperialismus und englischer Freihandel zu Beginn des zwanzigsten Jahrhunderts. Von Dr. G[erhard] v. Schulze-Gaevernitz, Prof., Freiburg i. B. Leipzig: Duncker & Humblot 1906. (477 S.) 8° [06. 9104

Schulze-Gävernitz, G. v., Kultur und Wirtschaft Die neudeutsche Wirtschaftspolitik im Dienste der neudeutschen Kultur Gottingen, 1907. 49 S.

Marx oder Kant. Rede, geh. 1908 bei d. öffentl. Feier d. Übergabe d. Prorektorats d. Univ. Freiburg i. Br. von d. Prorektor Prof. Dr. Gerhart v. Schulze-Gävernitz. Freiburg i. Br. & Leipzig: Speyer & Kaerner 1908. (56 S.) 8° [08. 5639

Schulze-Gävernitz, Gerh. v., Marx od. Kant? Rede, geh. in der Kunst- u. Festhalle am 9. V. 1908 bei der öffentl. Feier d. Übergabe des Prorektorats der Universität Freiburg i. Br. v. d. antret. Prorektor Sch.-G. 2. unveränd. Aufl. (63 S.) 8. Freiburg i/B. 908. Speyer & Kaerner. 1. 40

Marx oder Kant? Rede, geh. bei d. öffentl. Feier d. Übergabe d. Prorektorats von Dr. Gerhart v. Schulze-Gävernitz, Prof., Freiburg i. B. 2. unveränd. Aufl. Freiburg i. B. & Leipzig: Speyer & Kärner 1909. 63 S. 8° [09 7544 II

Reden gehalten in der Kunst- und Festhalle am 9. Mai 1908 bei der öffentlichen Feier der Übergabe des Prorektorats der Universität Freiburg i. Br. von dem abtretenden Prorektor Professor Dr. Karl Braig und dem antretenden Prorektor Professor Dr. Gerhart von Schulze-Gävernitz. Freiburg i. Br. 1908: H. M. Poppen & Sohn. (82 S.) 4°

Schulze-Gävernitz, Gerhart, u. Gottfried Baist: Reden, gehalten am 15. Mai 1909 bei der Feier der Übergabe des Prorektorats der Universität Freiburg i. B. in Gegenwart des Rector Magnificentissimus Seiner Königlichen Hoheit des Großherzogs Friedrich II. von dem abtretenden Prorektor Geh. Hofrat Professor Dr. Gerhart von Schulze-Gävernitz und dem antretenden Prorektor Geh. Hofrat Professor Dr. Gottfried Baist, in Druck gegeben zur Feier des Allerhöchsten Geburtstages am 9. Juli 1909. Freiburg i. B. 1909: Poppen. 44 S. 4° [U 09. 1068

von Schulze-Gaevernitz, G(erhart) [Dr. jur. Kais. Regierungsass.]: Carlyles Stellung zu Christentum und Revolution . . . Leipzig, Druck v. C. Marquart, 1891; 1 Bl., 82 S. 8°
Leipzig, Phil. Fak., Inaug.-Diss. v. [10. Apr.] 1891

— volkswirtschaftliche Studien aus Russland. gr. 8. (VIII, 618 S.) Leipzig 899. Duncker & Humblot. n. 12. 60

Schulze-Gaevernitz, Gerhart v., Thomas Carlyle's Welt- u. Lebensanschauung, s.: Geister, führende.

Schulze-Gävernitz, Hermann von, s. S c h u l z e , Hermann (von).

Schulze-Hausdorf, das Buch von der sächsischen Grundsteuer. 3 Hefte. gr. 8. Dresden 870, am Ende. [Kaufmann.] *
Inhalt:
Heft 1. Die Kommission. (61 S.) * 80 Pf.
„ 2. Die Vorlage. (29 S.) * 40 Pf.
„ 3. Die Debatte. (34 S.) * 40 Pf.

—— zur Grundsteuer-Reform-Frage in Sachsen. Eine Rede, die nicht gehalten worden ist. gr. 8. (30 S.) Ebendas. 868. *

Schulze & Hoffmann: Katalog der Hannoverschen Billard-Fabrik. Hannover (1901?)

Schulze & Hoffmann, Hannoversche Billardfabrik: Katalog über Parkett Kegelbahnen. Hannover 1905

Schulze & Hoffmann, Hannoversche Billardfabrik: Preisliste über prima Kegelkugeln und Kegel. Hannover 1905

Schulze Höing, Friedrich Karl, approb. Arzt aus Unna i. W.: Aus d. pathol. Institute zu Kiel. Zwei Fälle von Aneurysma der Arteria anonyma. *Kiel 1900: H. Fiencke.* (22 S.) 8°
Kiel, Med. Diss. v. [1. Sept.] 1900

Schulze Höing, Theodor (geb. am 8 Jan. 1845 auf Höing bei Unna Westf.): Ueber die künstliche Frühgeburt . . . Bonn, Buchdr. v. P. Neusser 1869. 2 Bl., 42 S., 1 Bl. 8.
Bonn, Med. Fak., Diss. v. 15 Mai 1869

Schulze-Kolbitz, Otto: Das alte und neue Schloß zu Aschaffenburg. *Berlin: Mayer & Müller 1903.* (32 S.) 8° ¶ (Teil d. eingereichten Arbeit. — Erscheint demnächst vollst.)
Heidelberg, Phil. Diss. v. 1903

Das Schloß zu Aschaffenburg von Otto Schulze-Kolbitz, Dr. phil. Mit 29 Taf. Straßburg: J. H. E. Heitz 1905. (XV, 148 S.) 8°
Ein Teil erschien u. d. T.: Das alte u. neue Schloß zu Aschaffenburg als Inaug.-Diss. Heidelberg 1903.
= Studien z. deutschen Kunstgeschichte. H. 65. [05. 300

SCHULZE-KUMP, Carl (Kump): Ueber einen inoperabelen Fall von Sarcom des Unterschenkels mit Metastasen in der Bauchhöhle.- München: Grassl 1888. 18 S.
28.6.1898 - Chr 1888/89,17; Jv 1887/88,216
Diss. Ingolst.-Landsh.-Mchn.

Schulze-Kump, Carl, über einen inoperabelen Fall von Sarcom des Unterschenkels mit Metastasen in der Bauchhöhle. Diss. München 1888, A. Buchholz. 8°. 18 S.

Schulze-Montanus, Karl August, s.a. Montanus.

Schulze-Montanus, Karl Aug., († d. 21. Jan. 1823.) Handbuch d. Geometrie. Mit 10 Kpft. gr. 8. Berl. 822. Rücker. 2 ₰

—— Systematisches Handbuch der gesammten Land- und Erdmessung mit ebener und sphärischer Trigonometrie, auch Beschreibung der neueren brauchb. Messinstrum. Mit 13 Kpfrn. Berlin 1819. 2 Bde. 8°.

— systemat. Handbuch der gesammt. Land- u. Erdmessung, nebst der ebenen u. sphärischen Trigonometrie, auch Beschreib. d. besten Meß-Instrumente. 2 Thle. Mit 13 Kpf. gr. 8. Berl. 819. Rücker. 4 ₰

— Modelle zur Erläuter. der Lehrsätze der sphärischen Trigonometrie. Mit Bezug auf dessen Handbuch d. Land- u. Erdmessung ꝛc. Ein Kasten mit 2 Fig. 8. Berl. 819. Rücker. 1 ₰ 16 gr

Schulze-Montanus, K., die chem. Reagentien u. deren Anwendung zu chem. Prüfungen. 12. Berl. Neue Soc. Buchh. 814. geb.

SCHULZE-MONTANUS, KARL AUGUST.
Die Reagentien und deren Anwendung zu chemischen Untersuchungen nebst zwei ausführlichen Abhandlungen über die Untersuchung der mineralischen Wasser und die Prüfungen auf Metallgifte. Zweite Auflage. Berlin, 1818. 12mo.
Vierte Ausgabe, bearbeitet von Aug. Wilh. Lindes. Berlin, 1830. 8vo. Plates.

— die Reagentien u. deren Anwendung zu chemischen Untersuchungen ꝛc. Mit 1 Kupfert. 3te Aufl. 8. Berlin, Flittner. 820.

Schulze Montanus, August: Die Reagentien und deren Anwendung zu chemischen Untersuchungen nebst zwey ausführliche Abhandlungen über die Untersuchung der mineralischen Wasser und die Prüfungen auf Metallgifte. 2.verm.und verbess. Aufl. 216 S., gbd., 1 Taf.

Wien: Grund 1820

Schulze-Montanus, Karl Aug., die Reagentien u. deren Anwendung zu chem. Untersuchungen auf nassem u. auf trocknem Wege (d. i. mit Anwend. d. Löthrohrs). 4. Ausg. Nach e. veränd. u. erweitert. Plane bearb., u. durch d. bewährt. Erfahrn. der berühmt. Chemiker verm. u. verbess. v. A. W. Lindes. 8. (34½ B. u. 2 Stnt.) Berlin 830, [Sander.]

Schulze-Oben, Friedrich: Casuistische Beiträge zur Kenntnis der Aktinomycose beim Menschen mit besonderer Berücksichtigung der Eingangspforten. (Aus dem Augustahospital zu Berlin und der chirurgischen Universitätsklinik zu Marburg.) *Marburg 1897: (G. Butz, Hagen i. W.).* (52 S.) 8°
Marburg, Med. Diss. v. 20. Okt. 1897

Schulze-Rößler, P., Betrachtungen e. Landwirts üb. den oberen Westerwald. gr. 8. (27 S.) Wiesbaden 893. R. Bechtold & Co. n. — 75

[F.] Betrachtungen eines Landwirts über den oberen Westerwald. Von P. Schulze-Roessler, Landwirtsch.-Insp. d. Kreises Westerburg. *Wiesbaden: R. Bechtold & K. [1891].* (27 S.) 1 Bd 8.

— die landwirtschaftliche Buchführung f. die Kleinbauern. Mit Einleitg. zum Nachweise des steuerpflicht. Einkommens nach dem Einkommensteuergesetz vom 24. Juni 1891. Als Beilage: Muster e. ausgeführten Buchführg. e. kleinbäuerl. Wirtschaft im Reg.-Bez. Wiesbaden. gr. 4. (56 S.) Ebd. 894. n. 1. 50

Schulze-Schulzendorf, der Möhrenbau im Großen, nach meinen neuesten Erfahrungen. Berlin 854. K. Wiegandt. (Bosselmann.) gr. 8. (23 S.) n. 7½ ngr

Schulze-Schulzendorf, der Möhrenbau im Großen nach meinen neuesten Erfahrungen. 2. Aufl. Berlin 861. Bosselmann. (Wiegandt & Hempel.) gr. 8. (26 S.) n. 7½ ngr

Schulze-Smiarovska, Hedwig [von Warschau, Russisch-Polen]: Aus der Universitäts-Frauenklinik Zürich. Ueber einen Fall tuberkulöser Erkrankung der Portio vaginalis. (Mit 3 Abbildungen.) Zürich 1904. 23 + 2 S. 8°. [15. II. 03.]
Zürich. Med. Diss. 1903/1904.

Schulze-Smiarovska, Hedwig. Über einen Fall tuberkulöser Erkrankung der Portio vaginalis. Diss. Med. Univ. Zürich. [Mit 3 Figuren.] *Kopftitel:* Aus der Universitäts-Frauenklinik Zürich. 28 S. 8. Zürich, A. Markwalder, 1904.

[F.] **Schulze-Smidt, Arthur** [Referendar aus Bremen]: Ist Stiftung Schenkung? ... Berlin, gedr. in d. Kgl. Hofbuchdr. v. E. S. Mittler & Sohn, 1893; 32 S. 8.
Göttingen, Jur. Fak., Inaug.-Diss. v. [24. Aug.] 1893

Schulze-Smidt, Arth., ist Stiftung Schenkung? Diss. gr. 8. (32 S.) Berlin 893. (Göttingen, Vandenhoeck & Ruprecht) n. — 80

Schulze-Smidt, Bernhardine, Arkadien u. andere Novellen. 8. (III, 203 S.) Dresden 900. C. Reißner. n. 3. —; geb. n. 4. —

Schulze-Smidt, Bernhardine (Bearb.), s. Assim-Agha Gül hanendé: Rosenblätter.

Schulze-Smidt, B., Bleistift-Skizzen. Erinnerungen an die Pariser Weltausstellung von 1889. 8. (93 S.) Bremen 890. Kühtmann. n. 1. 60; geb. n. 2. 25

— „Ein Bruder u. e. Schwester". Eine Geschichte aus dem Winkel u. der Welt. gr. 8. (465 S.) Ebd. 902. n. 6. —; geb. n. 7. —

Aus dem goldnen Buche. Eine Geschichte in 2 T., f. d. reifere Jugend von Bernhardine **Schulze**-Smidt. Mit 6 Tonbild. von W. Zehme. *Bielefeld & Leipzig: Velhagen & Klasing 1903.* (406 S.) 8° [F.]

Schulze-Smidt, Bernhardine, Magnus Collund. Das Schicksal e. Liebe. Roman. (357 S.) 8. Dresden 904. C. Reißner. n. 5. —; geb. n. 6. —

— Dein u. Mein. Weihnachtslieder. (29 S.) 8. Bremen 903. J. Storm. — 75

— die Drei. Roman. 2 Tle. in 1 Bde. gr. 8. (219 u. 256 S.) Dresden 899. C. Reißner. n. 6. —; geb. n. 7. —

— die Drei. Roman. 2. Aufl. (322 S.) 8. Dresden 900. C. Reißner. n. 4. —; geb. n. 5. —

— Demoiselle Engel. Eine Altbremer Hausgeschichte. Illustriert v. W. Hoffmann. 1.—4. Aufl. (à 206 S.) 8. Stuttgart 904. 905. Deutsche Verlags-Anstalt. n. 3. —; geb. in Leinw. n. 4. —

— er lebt!, s.: Daheimbibliothek.

†Schulze-Smidt, Bernhardine [E. Oswald], Er lebt! Eine Erzählung. 8. (298 S.) Bielefeld 884, Velhagen und Klasing. geb. *

Schulze-Smidt, Bernhardine, er lebt! Eine Erzählg. 2. Aufl. (V, 363 S.) 8. Dresden 907. E. Reißner. 4.—; geb. 5.—

— Franzosengeschichten. 12. (III, 259 S.) Ebd. 898. n. 3. ; geb. n. 4.

— drei Freundinnen. (V, 279 S. m. Abbildgn.) 8. Stuttgart (903). Union. Geb. in Leinw. 3.—

Bernhardine Schulze-Smidt. Drei Freundinnen. 4. Aufl. Stuttgart, Berlin, Leipzig: Union [1903]. (279 S.) 8° [F.]
= Kränzchen-Bibliothek. [8.] [04. 815

— Drei Freundinnen. (Kränzchen-Bibliothek.) 8. Aufl. (V, 279 S. m. Abb. u. Titelbild.) kl. 8. Stuttgart (909). Union. Geb. in Leinw. 3.—

Schulze-Smidt, Bernhardine [E. Oswald], deutsche Geisterstimmen. Vaterländisches Festspiel in 1 Aufzuge u. 6 Bildern. gr. 8. (33 S.) Berlin 884. Mittler & Sohn. n. — 75

Tiny und Tinys Gespielen. Eine Geschichte für die Kleinen u. ihre Freunde von Bernhardine Schulze-Smidt. M. 6 Tonbild. v. W. Claudius. Bielefeld & Leipzig: Velhagen & Klasing 1900. (IV, 307 S.) 8° [F.] [00 831

[F.] Mit dem Glücksschiff. E. Geschichte zu Wasser u. zu Land f. junge Mädchen v. Bernhardine Schulze-Smidt. M. 6 Tonbildern v. Werner Zehme. Bielefeld & Leipzig: Velhagen & Klasing 1895. (3 Bl., 345 S., 6 Taf.) 1 Bd 8. [96. 4177

— m. dem Glücksschiff. E. Geschichte zu Wasser u. zu Land für junge Mädchen. Mit 6 Tonbild. v. Werner Zehme. 8. (345 S.) Bielefeld 896. Velhagen & Klasing. Geb. in Leinw. n. 6. 50

— Das Hansefeldt. (Kränzchen-Bibliothek.) (V, 290 S. m. Abb. u. Titelbild.) kl. 8. Ebd. (909). Geb. in Lw. 3.—

— v. goldenen Horn, s.: Rheinberger, Jos.

Schulze-Smidt, Bernhardine, Jugendparadies. Eine wahre Geschichte f. die Kinder u. ihre Freunde. Mit 6 Tonbildern v. W. Zehme. 8. (326 S.) Bielefeld 895. Velhagen & Klasing. Geb. in Leinw. n. 6. 50

Jugendparadies. Eine wahre Geschichte f. d. Kinder u. ihre Freunde von Bernhardine Schulze-Smidt. Mit 6 Tonbild. von W. Zehme. 2. Aufl. Bielefeld & Leipzig: Velhagen & Klasing 1905. (320 S.) 8° [F.] [05. 8846

Schulze-Smidt, Bernhardine, kein Gitter hindert Cupido. Roman. Illustr. v. Max Brösel. 8. (266 S.) Dresden 897. E. Reißner. n. 3. —; geb. n. 4. —

— Kinderherzen. Gesammelte Erzählgn. f. die Jugend. (III, 162 S. m. 8 Tonbildern.) 8. Stuttgart (906). Loewe. Geb. 3.—

Schulze-Smidt, Bernhardine, Constantinopel. Friedl. Reiseerinnergn. 8. (VII, 197 S.) Dresden 897. E. Reißner. n. 3. —; geb. n. 4.

— Häusl. Lebenskunst. Ein Hilfs- u. Erfahrungsbuch f. Heim u. Haushalt bes. f. die Küche. (XXXI, 289 S.) 8. Dresden 910. E. Reißner, Geb. in Leinw. 4.—

— Leiden. Blätter aus e. Lebensbuche. 8. (176 S.) Ebd. 901. n. 2. 60; geb. n. 3. 60

Bernhardine Schulze-Smidt. Lissy. Stuttgart, Berlin, Leipzig: Union [1900]. (VIII, 325 S.) 8° [F.]
= Kränzchen-Bibliothek. 3. [00. 684

— Lissy. (Kränzchen-Bibliothek.) 9. Aufl. (VI, 325 S. m. Abb. u. Titelbild.) kl. 8. Stuttgart (909). Union. Geb. in Leinw. 3.—

[F.] In Moor und Marsch. E. Roman aus d. J. 1812. Von Bernhardine Schulze-Smidt. Bielefeld & Leipzig: Velhagen & Klasing 1893. (442 S.) 1 Bd 8. [96. 4718

— in Moor u. Marsch. E. Roman aus d. J. 1812. 2. Aufl. 8. (420 S.) Ebd. 898. Geb. in Leinw. n. 6. 60

— in Moor u. Marsch. Ein Roman aus dem J. 1812. 3. Aufl. (420 S.) 8. Bielefeld 906. Velhagen & Klasing. Geb. in Leinw. n. 6. 60

— zwei Novellen. [Tote Kohlen. Il Pomo d'oro.] 8. (308 S.) Gotha 883. F. A. Perthes. n. 4. —

— L'Omicida. Il Bricconcello. 2 Novellen. gr. 8. (315 S.) Dresden 895. E. Reißner. n. 5. —; geb. n. 6. —

— Pave, d. Sünder. Eine Geschichte aus Dalmatien. 8. (347 S.) Stuttgart 896. Deutsche Verlags-Anstalt. n. 5. —; geb. n.u. 6. —

— Pave, der Sünder. Eine Geschichte aus Dalmatien. (Neue [Titel-]Ausg.) 8. (347 S.) Stuttgart [896.] (902). Deutsche Verlags-Anstalt. n. 1. 50; geb. n. 1. 75

Schulze-Smidt, Bernhardine: Pfadfinder, s. Daheimbibliothek.

—— Inge v. Rantum. Eine Sylter Novelle. 3. Aufl. 8. (IV, 264 S.) Coblenz 892. Groos. * 3 25; geb. * 4 —

— Inge v. Rantum. E. Sylter Novelle. 4. Aufl. 8. (264 S.) Coblenz 895. W. Groos. Geb. in Leinw. n. 4. —

— Inge v. Rantum. Eine Sylter Novelle. 5. u. 6. Aufl. 8. (à 304 S.) Coblenz 899. 902. W. Groos. Kart. 3. —; geb. in Leinw. n. 4. —

— Inge v. Rantum. Eine Sylter Novelle. 7. Aufl. (304 S.) kl. 8. Coblenz 906. W. Groos. n. 3. —; geb. n. 4. —

— Inge v. Rantum. Eine Sylter Novelle. 8. Aufl. (304 S.) kl. 8. Coblenz (909). W. Groos. 3.—; geb. 4.—

Inge von Rantum. Eine Sylter Novelle von B[ernhardine] Schulze-Smidt. 8. Aufl. Coblenz: Groos [1910]. 303 S. 8° A 12. 28736

— Rosenblätter, s.: Assim-Agha Gül hanendé.

Schulze-Smidt, Bernhardine [† E. Oswald], russische Sagen. In freier Nachdichtung. Zeichnungen von J. v. Kortzfleisch. Lex.-8. (VI, 63 S.) Gotha 885, F. A. Perthes. cart. *
(s. auch † Oswald, E.)

Bernhardine Schulze-Smidt. Schattenblümchen. 3. Aufl. *Stuttgart, Berlin, Leipzig: Union [1901].* (303 S.) 8° [F.]
— Kränzchen-Bibliothek. 4. [01 1170

— Schattenblümchen. 8. Aufl. (Kränzchen-Bibliothek.) (V, 308 S. m. Abb. u. 1 Vollbild.) kl. 8. Stuttgart (910). Union. Geb. in Leinw. 3. —

— ringende Seele. Auch e. Liebesgeschichte. 8. (293 S.) Stuttgart 899. Deutsche Verlags-Anstalt. n. 3. —; geb. n.n. 4. —

Schulze-Smidt, Bernhardine

Ringende Seelen. Auch eine Liebesgeschichte. Stuttgart, Leipzig: Dt. Verl.-Anst. 1899. 293 S. 8°

— holde Siebzehn. Eine Erzählg. f. junge Mädchen. 8. (V, 414 S.) Bielefeld 894. Velhagen & Klasing. Geb. in Leinw. n. 5. 50

— holde Siebzehn. E. Erzählg. f. junge Mädchen. M. 6 Tonbild. v. Aug. Mandlick. 2. Aufl. 8. (414 S.) Bielefeld 898. Velhagen & Klasing. Geb. in Leinw. n. 5. 50

Holde Siebzehn. Eine Erzählung f. junge Mädchen von Bernhardine Schulze-Smidt. Mit 6 Tonbild. von Aug. Mandlick. 3. Aufl. Bielefeld & Leipzig: Velhagen & Klasing 1905. (414 S.) 8° [F.] [05 1817

— „so wachsen deiner Seele Flügel!" Roman. 2. Aufl. 2 Bde. 8. (278 u. 291 S.) Stuttgart 897. Deutsche Verlags-Anstalt. n. 6. —

— „so wachsen deiner Seele Flügel!" Roman. 3. Aufl. 2 Bde. (284 u. 295 S.) 8. Stuttgart 904. Deutsche Verlagsanstalt. n. 6. —; geb. n. 8. —

— Mellas Studentenjahr. Eine Backfischgeschichte. Mit 6 Tonbildern v. Ernst H. Walther. 8. (302 S.) Ebd. 893. Geb. in Leinw. n. 5. 50

— Mellas Studentenjahr. E. Backfischgeschichte. M. 6 Tonbild. v. Ernst H. Walther. 2. Aufl. 8. (302 S.) Bielefeld 898. Velhagen & Klasing. Geb. in Leinw. n. 5. 50

— im finsteren Tal. (III, 330 S.) gr. 8. Dresden 903. E. Reißner. n. 4. —; geb. n. 5. —

Die Tat, e. vergessene Geschichte von Bernhardine Schulze-Smidt. Zeichnungen von Carl Weidemeyer. Dresden: Reissner [1900]. 154 S. 8° [10. 16174 9

— Allerlei Volk. Novellen. (282 S.) 8. Ebd. 910. 4.—; geb. n 5. —

— hinter den Wäldern. Eine Episode. (192 S.) 8. Ebd. 906. n. 2. 50; geb. n. 3. 50

— Fließendes Wasser. Roman. (VIII u. S. 3—272.) 8. Ebd. 909. 4.— ; geb. 5. —

Schulze-Smidt, Bernhardine

Weltkind. Idylle aus dem Rheingau. Dresden, Leipzig: Reißner 1896. 248 S. 8°

— Weltkind. E. Idylle aus d. Rheingau. 2. Aufl. 8. (250 S.) Dresden 898. E. Reißner. n. 3. —, geb. n. 4. —

— wenn man liebt. Eine Geschichte in 4 Büchern. 8. (302 S.) Bielefeld 892. Velhagen & Klasing. Geb. in Leinw. n. 5. —

— wenn man liebt. Eine Geschichte in 4 Büchern. 2. Aufl. 8. (316 S.) Ebd. 902. n. 4. —; geb. n. 5. —

— s.: Wildermuth's, Ottilie, Briefe an e. Freund.

— eiserne Zeit. E. Familiengeschichte aus d. Befreiungskriegen. 8. (559 S.) Bielefeld 899. Velhagen & Klasing. Geb. in Leinw. n. 6. —

Eiserne Zeit. Eine Familiengeschichte aus d. Befreiungskriegen von Bernhardine Schulze-Smidt 2. Aufl. *Bielefeld & Leipzig: Velhagen & Klasing 1902.* (559 S.) 8° [F.] [02. 1548

Schulze-Vellinghausen, Adolf [app. Arzt aus Dortmund]: Aus d. geburtshilfl. Klinik zu Kiel. Über die Laparotomie wegen freier intraperitonealer Blutung in Folge von früher Tubenschwangerschaft ... Kiel, Druck v. H. Fiencke, 1895; 53 S. 8.
Kiel, Med. Fak., Inaug.-Diss. v. [18. Mai] 1896

Geschichte der Familie Möllmann zu Iserlohn. (Verf.: Dr. jur. Friedrich Schulze-Vellinghausen, Oberl.Ger.R.) [1. 2.] *Bonn: C. Georgi 1903 —04.* 2 Bde 4° [F.]
[2.] Berichtigungen u. Ergänzungen z. Geschichte . . [04. 3146

Der Briket-Verkaufs-Verein zu Dortmund 1891—1904. [Verf.: Hugo Schulze-Vellinghausen.] *o. O. [1904].* (25 S.) 4° [04. 6089 7

Schulze-Velmede, Ernst: Aneurysma traumaticum. *Bonn 1898: C. Georgi.* (27 S.) 8°
Bonn, Med. Diss. v. [4. März] 1898

Schulze-Veltrup, W. Der syntaktische Gebrauch des Conjunktivs in „Li Chevaliers as devs espees". Ein Beitrag zur Moduslehre des Altfranzösischen. Diss. Münster 1885. 102 S.

Schulzeitung. Allgemeine. Ein Archiv für die neueste Geschichte des gesammten Schul-, Erziehungs- und Unterrichtswesens etc. Herausg. von K. Dilthey und E. Zimmermann. Darmstadt. Jhg 1— 1824— mit Literaturblatt. gr. 8.

Schulzeitung, allgemeine. Ein Archiv f. die Wissenschaft des gesammten Schul-, Erziehungs- u. Unterrichtswesens, u. die Gesch. der Universitäten, Gymnasien, Volksschulen u. aller höhern u. niedern Lehranstalten. 1r — 4r Jahrg. 1824—27; hrsgg. v. K. Dilthey u. Ernst Zimmermann. 1r Jahrg. 3 ℛ 12 ℊ Mit e. Literatur-Blatte. 4 ℛ 16 ℊ 2r Jahrg. 4 ℛ 16 ℊ Mit e. Literat.-Bl. 6 ℛ 8 ℊ 3r Jahrg. in 2 Abtheill. 6 ℛ Mit e. Literat.-Bl. 9 ℛ 8 ℊ 4r Jahrg. in 2 Abtheill. 6 ℛ Mit e. Literat.-Bl. 9 ℛ 8 ℊ 5r u. 6r Jahrg. jeder in 2 Abtheill. 1828, 29; hrsgg. v. Ernst Zimmermann. (à 8 ℛ 16 ℊ) 17 ℛ 8 ℊ 7r—9r Jahrg.; hrsgg. v. Ernst u. Edw. Chr. Zimmermann. 1830—32. à J. 8 ℛ 16 ℊ gr. 4. Darmst., Leske. — Vom Jahrg. 1826 od. vom 3n u. folg. Jahrgg. an werden die Abtheill. auch einzeln gegeben, nämlich: a) Ie Abtheil. Schulzeitung für das allgem. u. Volksschulwesen. 1r Jahrg. 1826. 3 ℛ 4 ℊ Mit Literat.-Bl. 4 ℛ 8 ℊ 2r Jahrg. 1827. 4 ℛ 8 ℊ 3r—7r J. 1828—32. à J. 4 ℛ 8 ℊ b) IIe Abtheil. Schulzeitung f. Berufs- u. Gelehrtenbildung. 1r J. 1826. 3 ℛ 12 ℊ Mit Literat.-Bl. 5 ℛ 12 ℊ 2r Jahrg. 1827. Mit Literat.-Bl. 5 ℛ 12 ℊ 3r — 7r Jahrg. 1828 — 32. à 5 ℛ 8 ℊ — Pädagog.-philolog. Literaturblatt. 1r—4r Jahrg. 1824—27; (hrsgg. v. Er. Zimmermann u. K. Dilthey). 4. Darmst., Leske. 1824. Juli bis Decbr. 21 ℊ Jahrg. 1825. 1 ℛ 18 ℊ Jahrg. 1826 u. 27. 6 ℛ Zusammen 8 ℛ 15 ℊ Von 1828 an wurde es mit d. Schulzeitung verschmolzen.

Schul-Zeitung, allgem., ein Archiv f. d. Wissenschaft d. gesammt. Schul-, Erziehungs- u. Unterrichtswesens u. die Geschichte d. Universitäten, Gymnasien 2c. Hrsg. v. Ernst Zimmermann, (nach dess. Tode, †24. Juni 1832,) fortges. v. Karl Zimmermann. 5—10. Jahrg. 1828—33. à 2 Abthln. à 12 Hfte., 11. J. 1834. 156 Nrn. (½ Bog.), 12. J. 1835. 208 Nrn. (½ B.) gr. 4. Darmstadt, Leske. [828—32. à 8 Thlr. 16 Gr., hrbgs. Pr. 3 Thlr., 33. 10 Thlr., 34. 4 Thlr. 8 Gr., 35. 5 Thlr. 8 Gr.]

Bis zum J. 1833 jede Abthl. auch einzeln.
Abthl. 1.: Für das allgem. u. Volksschulwesen. à J. 4 Thlr. 8 Gr., hrbgs. Pr. 1 Thlr. 10 Gr. — 2. Für Berufs- u. Gelehrtenbildung. 828—32. à 5 Thlr. 8 Gr., hrbgs. Pr. 2 Thlr., 33. 6 Thlr. — Seit 1834 hat die 2. Abthl. aufgehört zu erscheinen.
1. Jahrg. 1824. 4 Thlr. 8 Gr., ohne Literaturbl. 8 Thlr. 12 Gr. — 2. J. 1825. 6 Thlr. 8 Gr., o. Litrbl. 4 Thlr. 16 Gr. — 3. J. 1826. 8 Thlr. 16 Gr., o. Litrbl. 6 Thlr. — 4. J. 1827. 4 Thlr. 8 Gr., o. Litrbl. 3 Thlr. 12 Gr. Ebendas.

Schul-Zeitung, allgem., begründet v. Ernst Zimmermann. Im Vereine mit Pädagogen u. Schulmännern u. mit besond. Mitwirk. d. 2c. Karl Vogel zu Leipzig (seit 1841) f. d. höh. Bürger-, Real- u. Gewerbschulwesen fortges. von Karl Zimmermann. 13—19. Jahrg. 1836—42. à 12 Hfte. od. 208 Nrn. (½ Bog.) gr. 4. Darmstadt, Leske. à J. Thlr. *

Schul-Zeitung, allgemeine, begründet v. Ernst Zimmermann, mit besond. Mitwirkung von J. C. Chrstph. Vogel, für das höhere Bürger-, Real- u. Gewerbschulwesen, fortgesetzt v. Carl Zimmermann. 20—24. Jahrg. 1843—47. à 12 Hfte. gr. 4. Darmstadt, Leske. à J. *

Schul-Zeitung, allgemeine. Begründet von Ernst Zimmermann. Unter Mitwirkung Mehrerer fortgesetzt von Carl Zimmermann. 25—29. Jahrg. 1848—52. à Jahrg. 12 Hefte und 208 Nrn. (½ Bog.) gr. 4. Darmstadt, Leske. à Jahrg. Thlr. *

Schul-Zeitung, allgemeine. Hrsg. von C. Wagner und C. Zimmermann. (30—32.) Jahrg. 1853—55. à Jahrg. 12 Hefte oder 156 Nrn. (½ Bog.) gr. 4. Darmstadt, Leske. à Jahrg. *

—— dass. — vornehmlich für das Volksschulwesen. Hrsg. von Carl Zimmermann. 33. Jahrg. 1856. 12 Hefte oder 104 Nrn. (½ Bog.) gr. 4. Ebds. *

Schul-Zeitung, allgemeine, vornehmlich für das Volksschulwesen. Begründet von Ernst Zimmermann. Fortgesetzt von Carl Zimmermann. 34—37. Jahrg. 1857—60. à Jahrg. 12 Hefte oder 52 Nrn. (Bog.) gr. 4. Darmstadt, Leske. à Jahrg. Thlr. *

—— allgemeine. Redig. von Carl Zimmermann. 38. Jahrg. 1861. 52 Nrn. (Bog.) gr. 4. Darmstadt, Leske. *

Schul-Zeitung, allgemeine. Begründet von Ernst Zimmermann, fortgesetzt von Karl Zimmermann. 39.—44. Jahrg. 1862—67. à Jahrg. 52 Nrn. (Bog.) gr. 4. Darmstadt, Zernin. à Jahrg. *

Schul-Zeitung, allgemeine. Begründet von Ernst Zimmermann, fortgesetzt von Karl Zimmermann. 45. und 46. Jahrg. 1868 und 1869. à Jahrg. 52 Nrn. (Bog.) gr. 4. Darmstadt, Zernin. à Jahrg. *

—— dass. — Unter Mitwirkung von K. Wagner, Firnhaber, Vogt und Ziller hrsg. von Stoy. 47.—49. Jahrg. 1870—1872. à Jahrg. 52 Nrn. (Bog.) gr. 4. Ebendas. à Jahrg. *

—— dass. — 50. Jahrg. 1873. 52 Nrn. (Bog.) gr. 4. Darmstadt, Diehl's Verlag. *

—— dass. — Organ des Vereins für wissenschaftl. Pädagogik. 51. Jahrg. 1874. 52 Nrn. (Bog.) gr. 4. Ebendas. *

—— dass. — für das gesammte Unterrichtswesen. Organ des Vereins für wissenschaftl. Pädagogik. Unter Mitwirkung von K. Wagner, Firnhaber, Vogt und Ziller hrsg. von K. V. Stoy. 52. Jahrg. 1875. 52 Nrn. (Bog.) gr. 4. Jena, Dufft. *

Schul-Zeitung, allgemeine, für das gesammte Unterrichtswesen. Organ des Vereins für wissenschaftl. Pädagogik. Unter Mitwirkung von K. Wagner, Firnhaber, Vogt und Ziller hrsg. von K. V. Stoy. 53. Jahrg. 1876. 52 Nrn. (Bog.) gr. 4. Jena, Dufft. *

—— dass. — Unter Mitwirkung von K. Wagner, Firnhaber und Vogt hrsg. von K. V. Stoy. 54. Jahrg. 1877. 52 Nrn. (Bog.) gr. 4. Ebendas. *

—— dass. — 55. Jahrg. 1878. 52 Nrn. (Bog.) gr. 4. Jena, Fischer. *

—— dass. — Unter Mitwirkung von K. Wagner, Firnhaber, Andreae 2c. hrsg. von K. V. Stoy. 56. Jahrg. 1879. 52 Nrn. (Bog.) gr. 4. Ebendas. *

Schul-Zeitung, allgemeine, für das gesammte Unterrichtswesen. Unter Mitwirkung von Firnhaber und Andreae hrsg. von K. V. Stoy. 57. Jahrg. 1880. 52 Nrn. (Bog.) gr. 4. Jena, Fischer. *

—— dass. — Zugleich Organ des Jenaischen pädagog. Seminars und seiner auswärt. Vereinsmitglieder. Unter Mitwirkung von Firnhaber und Andreae hrsg. von K. V. Stoy. 58. Jahrg. 1881. 52 Nrn. (Bog.) gr. 4. Jena, (C. Frommann's Sortiment.) *

Nicht weiter erschienen.

Allgemeine Deutsche Schulzeitung : Band 1, no. 1 - 26, June 15, 1839 -- May 30, 1840
Fortnightly. First German-American educational journal. Edited & published by Heinrich Scheib & Philipp Matthias Wolsieffer, printed by L. B. Schwarz. Published at a loss.
Baltimore, MD

Schulzeitung,

— allgemeine deutsche. Schriftleiter: J. Zenske. 1. Jahrg. 1889/90. (52 Nrn.) Nebst Gratis-Beilagen: Litteraturblatt, Schulgesetzblatt u. Unterhaltungsblatt. gr. 4. (Nr. 1a—c: 48, 8, 8 u. 4 S.) Berlin, Kittel. n. 6. —

—— allgemeine deutsche. Schriftleiter: J. Zenske. 1. Jahrg. 1889/90. (52 Nrn.) gr. 4. (à Nr. 12 S.) Berl., Kittel. * 6 —

Nicht weiter erschienen.

— allgemeine österreichische. Hrsg. von Jak. Spitzer, Fr. Blutzar u. A. E. Pallat. 1. Jahrg. Oktbr.—Decbr. 1849. 39 Nrn. Imp. 4. (½ B.) Brünn, Winiker. n. ⁵⁄₆ ₰

—— allgemeine österreichische. Hrsgbr. und Redact.: Jak. Spitzer. 1.—3. Jahrg. 1862—64. à Jahrg. 52 Nrn. gr. 4. (à 1 Bog.) Wien, Pichler's Wwe. und Sohn. à Jahrg. *

— allgemeine Preußische. Central-Organ für die Interessen der Volksschule u. ihrer Lehrer. Red.: K. F. Schnell. Jahrg. 1862. Octbr.—Dezbr. 3 Hefte (à 3 Bgn.). Berlin, Nemak. 4. n. 10 ngr.

— — Jahrg. 1863 u. 64. à 36 Nrn. (à 1 Bgn.) Ebend. 4. Jeder Jahrg. n. 1 ₰ 10 ngr.

—— allgemeine thüringische. Hauptorgan für die Lehrer der Thüringischen Staaten. Unter Mitwirkung von Kehr, Reinicke, Bartels 2c. hrsg. von Wilh. Isleib. 4. und 5. Jahrg. 1873 und 1874. à Jahrg. 24 Nrn. (à 1—1½ Bog.) gr. 4. Ebendas. à Jahrg. *

Jg.1-3 s.Schulzeitung, Thüringische.

—— allgemeine thüringische. Hauptorgan für die Lehrer der thüring. Staaten. Hrsg. von Wilh. Isleib. Unter Mitwirkung bewährter und erfahrener Schulmänner. 6.—9. Jahrg. 1875—1878. à Jahrg. 52 Nrn. (à ½—1 Bog.) gr. 4. Gera, Isleib und Rietzschel. à Jahrg. *

—— dass. — Hrsg. unter Mitwirkung von Bartels, Dorschel, Jütting 2c. Redact.: Ferd. Blenz. 10. Jahrg. 1879. 52 Nrn. (Bog.) gr. 4. Ebendas.

—— allgemeine thüringische. Hauptorgan für die Lehrer der Thüring. Staaten. Hrsg. unter Mitwirkung von Barthels, Bartholomäus, Bliedner ꝛc. Redact.: Ferd. Blenz. 11. und 12. Jahrg. 1880 und 1881. à Jahrg. 52 Nrn. (Bog.) gr. 4. Gera, Issleib und Rietzschel. à Jahrg. *

—— dass. — Hrsg. unter Mitwirkung namhafter Schulmänner. 13.—15. Jahrg. 1882—1884. à Jahrg. 52 Nrn. (Bog.) gr. 4. Ebendas. à Jahrg. *

Schulzeitung, allgemeine thüringische. Hauptorgan für die Lehrer der Thüring. Staaten. Hrsg. unter Mitwirkung namhafter Schulmänner von Wilh. Fürst. 16.—18. Jahrg. 1885—1887. à Jahrg. 52 Nrn. (Bog.) gr. 4. Gera, [Issleib und Rietzschel.] Th. Hofmann. à Jahrg. *

—— dass. — Hrsgbr.: Guido Sauerbrei. 19. Jahrg. 1888. 52 Nrn. (Bog.) gr. 4. Gera, Th. Hofmann. *

Amerikanische Schul-Zeitung: 1869-1918?
Monatsschrift fur Schule und Haus. Organ des Deutsch-Amerikanischen Lehrerbundes. Editor: W. N. Heilmann. Printed and published by Henry Knösel
Louisville, KY

Amerikanische Schulzeitung: Jahrgang 1—29, no. 9, Sept. 1870—June 1899.

Monthly. Sub-title: 1) Organ des Deutsch-Amerikanischen Lehrerbundes, Jan. 1870—June 1899 [to which is added with Jahrgang 27, no. 12, Sept. 1897 und des Deutschen Lehrervereins des Staates Ohio]; 2) Monatsschrift fur Schule und Haus, Sept. 1872—Aug. 1873. Title varies: 1) Amerikanische Schulzeitung, Sept. 1870—Sept. 1873, 2) Amerikanische Schulzeitung für Schule und Haus, Oct. 1873—May 1875; 3) Erziehungs-Blätter für Schule und Haus (Amerikanische Schulzeitung), June 1875—Sept. 1877. 4) Erziehungs-Blätter für Schule und Haus (German-American Journal of Education), Oct. 1879—June 1899. Place of publication varies: Louisville, Ky., Jahrgang 1—Jahrgang 4, no. 9, Sept. 1870—June 1874; Milwaukee, Jahrgang 4, no. 10—Jahrgang 29, no. 9, July 1874—June 1899. Octavo, through Aug. 1873; then, quarto; 40–48 pages; then 16 pages. Variations in numbering: First three volumes called "Band" 1—3; then, Jahrgang 4—29, also called "neue Folge," Band 1–16; and also the whole begins with Jahrgang 5, Band 2, no. 1, as "ganze Nummer" 1–345. Beilage published. This journal had some excellent goals. It proposed to advance the interests of German language teaching and the welfare of German teachers, promote German methods of developmental teaching, and to get rid of prison-like discipline, dry textbook instruction, insufficient salaries of teachers, and to abolish annual elections of the teaching force. Circulation: 1875, 2183; 1876, 1867; 1880, 1200; 1890, 600; 1899, 750. Edited by William Nicholas Hailmann, Sept. 1870—June 1874; by W. N. Hailmann & ? Dörflinger, July 1874—Sept. 1879; by Ludwig Richard Klemm, Oct. 1879—Sept. 1880; by Hailmann & Klemm, Oct. 1880—Sept. 1881; by Hailmann, Oct. 1881—July 1882; by Hailmann & Maximilian Paul Eugen Grossmann, Aug. 1882—Sept. 1884; by Max Grossmann, Oct. 1884—July 1890; by Heinrich H. Fick & Max Grossmann, Aug. 1890—June 1894; by Heinrich H. Fick, July 1894—June 1899. Assistant editors: W. H. Rosenstengel; ? Müller; ? Keller; ? Schuricht; ? Lohmann, Eckoff, Ruk & Geppert. Published by Henry Knoefel, Sept. 1870—Aug. 1873; by W. N. Hailmann, Oct. 1873—June 1874; by W. N. Hailmann & ? Dörflinger, July 1874—Sept. 1879; by Dörflinger Book & Publishing Co., Oct. 1881—Sept. 1884; by Freidenker Publishing Co., Oct. 1884—June 1899
Milwaukee, WI

Schulzeitung,

— Badische. Zeitschrift für Erziehungs- und Unterrichtswesen. Red.: J. B. Heizmann u. K. Riegel Jahrg. 1864. 52 Nrn. (à ½—1 Bgn.) Heidelberg, (K. Winter.) gr. 4. n. 1 ℛ︁ 24 ngr.

— badische. Zeitschrift für Erziehung u. Unterricht. Redact.: K. Riegel. Jahrg. 1865—67. à Jahrg. 52 Nrn. (à ½—1 Bgn.) Heidelberg, C. Winter's Universitäts-Buchh. gr. 4. Jeder Jahrg. n. 1 ℛ︁ 24 ngr.

—— badische. Zeitschrift für Erziehung und Unterricht. [Zugleich Organ des Pestalozzi-Vereins bad. Volksschullehrer.] Redact.: Fr. Fuchs. Jahrg. 1868—1871. à Jahrg. 52 Nrn. (Bog.) gr. 4. Heidelberg, (C. Winter's Universitäts-Buchh.) à Jahrg. *

—— dass. — Redig. von A. Hug, J. Riedel und Ed. Riegel. Jahrg. 1872. 52 Nrn. (Bog.) 4. (Ebendas.) *

—— dass. — Organ des bad. Volksschullehrervereins. Redig. von A. Hug. Jahrg. 1873 und 1874. à Jahrg. 52 Nrn. und 1875. I. Quartal. (13 Nrn.) (Bog.) 4. (Ebendas.) à Jahrg. *

—— dass. — Jahrg. 1875. II.—IV. Quartal. 39 Nrn. (Bog.) 4. Mannheim, Bensheimer. à Quartal *

—— badische. Organ des badischen Volksschullehrervereins. Redig. von A. Hug. Jahrg. 1876. 52 Nrn. (Bog.) gr. 4. Heidelberg. (Mannheim, Bensheimer.) *

—— dass. — Organ des allgemeinen badischen Volksschullehrervereins. Redact.: A. Hug. Jahrg. 1877—1879. à Jahrg. 52 Nrn. (Bog.) gr. 4. Tauberbischofsheim, (Lang.) à Jahrg. *

—— badische. Organ des allgemeinen bad. Volksschullehrervereins. Redact.: A. Hug. Jahrg. 1880—1883. à Jahrg. 52 Nrn. (Bog.) gr. 4. Tauberbischofsheim, Lang. à Jahrg. *

—— dass. — Redact.: J. Goldschmidt. Jahrg. 1884. 52 Nrn. (Bog.) gr. 4. Karlsruhe, Reiff. *

Schulzeitung, badische. Organ des Allgemeinen Badischen Volksschullehrer-Vereins. Redact.: J. Goldschmidt. Jahrg. 1885 und 1886. à Jahrg. 52 Nrn. (Bog.) gr. 4. Karlsruhe, Reiff. à Jahrg. *

Schulzeitung, badische. Organ d. Allgemeinen badischen Volksschullehrer-Vereins ꝛc. Red.: J. Goldschmidt. Jahrg. 1887—1890. à 52 Nrn. (B.) gr. 4. Bühl, Konkordia, A.-G. à Jahrg. n. 4. —

Schulzeitung, badische. Vereinsblatt des Allgemeinen bad. Volksschullehrer-Vereins ꝛc. Leitung: J. Goldschmidt. Jahrg. 1891—1894. à 52 Nrn. (à ca. 1 Bog.) gr. 4. Bühl, Konkordia, A.-G. à Jahrg. n. 4. —

Schulzeitung, badische. Vereinsblatt d. bad. Lehrer-Vereins ꝛc. Leitung: J. Goldschmidt. 35.—38. Jahrg. 1895—1898. à 52 Nrn. (à ca. 12 S.) gr. 4. Bühl, Konkordia, A.-G. à Jahrg. n. 4. —
Kann auch vierteljährlich bezogen werden.

Schulzeitung, badische. Vereinsblatt des bad. Lehrervereins, des Witwen- u. Waisen-Stifts u. des Pestalozzi-Vereins. Leitung: J. Goldschmidt. Jahrg. 1899—1902. à 52 Nrn. gr. 4. (à ca. 12 S.) Bühl, Konkordia. à Jahrg. n. 4. —

Schulzeitung, badische. Vereinsblatt des bad. Lehrervereins, des Witwen- u. Waisen-Stifts u. des Pestalozzi-Vereins. Leitung: J. Eiermann. Jahrg. 1903—1906. à 52 Nrn. (à ca. 12 S.) gr. 4. Bühl, Konkordia. à Jhrg. n. 4. —

Schulzeitung, badische. Vereinsblatt des bad. Lehrervereins, des Witwen- u. Waisen-Stifts u. d. Pestalozzi-Vereins. Leitung: G. Herrigel. Jahrg. 1907—1910. à 52 Nrn. (1908—10. V, 832; VII, 880 u. V, 832 S.) 31×22,5 cm. Bühl, Konkordia. à Jahrg. 4. —

—— bayerische. Ein Wochenblatt für die Interessen der Volksschule. Jahrg. 1857—61. à Jahrg. 52 Nrn. (½ Bog.) Mit Beilagen. Lex.-8. Freysing, Datterer. à Jahrg.
Bei den Jahrgängen 1857—59 ist M. Oechsner als Herausgeber genannt.

—— bayerische. Wochenblatt für die Interessen der Volksschule, zugleich Organ des bayer. Volksschullehrer-Vereines. Jahrg. 1862—67. à Jahrg. 52 Nrn. (½ Bog.) Mit Beilagen. Lex.-8. Freysing, Datterer. à Jahrg.
Jahrg. 1864—66 wurden von Karl Heiß, 1867 von M. Weingart redigirt.
Jg.1868ff. s.Schulzeitung, Kathol.

Schulzeitung,

—— Berliner. Organ des Pestalozzi-Vereins der Provinz Brandenburg. In Verbindung mit H. Bohm, A. Böhme, Fischer ꝛc. u. A. hrsg. von A. Petsch. Jahrg. 1865. 52 Nrn. (Bog.) 4. Berlin, (Lobeck.) *

—— dass. — In Verbindung mit H. Bohm, A. Böhme, Fischer ꝛc. u. A. hrsg. von A. Petsch. 4. Jahrg. 1866. 52 Nrn. (Bog.) 4. Neustadt-Eberswalde, Lemme. *
Vgl.: Schulzeitung, preussische.

—— berner. Hrsg. von dem berner Schulverein. 6. Jahrg. 1848. 52 Nrn. (½ Bog.) gr. 4. Bern, (Blom.) *

— Berner. Hrsg. von dem Berner Schulverein. 6. Jahrg. 1848. 52 Nrn. gr. 4. (½ B.) Bern, Jenni Vater in Comm. n. 1 ⅓ ₰

Schul- u. Eltern-Zeitung, christliche. Hrsg. u. Red.: Jos. Moser. 1. Jahrg. Febr. 1898—Jan. 1899. 6 Nrn. (à ca. 20 S.) gr. 4. Wien (Austria). n. 2. 70

Schul- u. Eltern-Zeitung, christliche. Hrsg. u. Red.: Jos. Moser. 2. Jahrg. 1899. 12 Nrn. gr. 4. (à ca. 24 S.) Wien (Austria). n. 2. 70

— — dasselbe. 3.—5. Jahrg. 1900—1902. à 12 Nrn. hoch 4. (à ca. 20 S. m. Abb.) Ebd. à Jahrg. n. 4. 50

Schul- u. Eltern-Zeitung, christliche. Hrsg. u. Red.: Jos. Moser. 6.—9. Jahrg. 1903—1906. à 24 Nrn. (à ca. 16 S. m. Abb) hoch 4. Wien (Austria F. Doll). 1903 n. 4. 50; 1904 u. 05 à n. 5. —; 1906 n. 6. —

Schul- u. Eltern-Zeitung, christliche. Hrsg. u. Red.: Jos. Moser. 10.—13. Jahrg. 1907—1910. à 24 Nrn. (à ca. 16 S.) Lex. 8. Wien (Austria F. Doll). à Jahrg. 6. —
Erscheint nicht mehr.

Schulzeitung,

—— deutsche. Central-Organ für ganz Deutschland. Redig. unter Mitwirkung namhafter Pädagogen und Schulmänner von Fr. Ed. Keller. 1. Jahrg. 1871. Juli—Decbr. 26 Nrn. gr. 4. (à 1—1½ Bog.) Berlin, H. Müller. *
—— dass. — 2.—5. Jahrg. 1872—1874. à Jahrg. 52 Nrn. (Bog.) gr. 4. Charlottenburg. (Berlin, Oppenheim.)
1872 und 1873 à *
1874. *

— dasselbe. 4—6. Jahrg. 1874—1876 à 52 Nrn. (B.) gr. 4. Ebend. à Jahrg. n. 6. —

— deutsche. Central-Organ für ganz Deutschland. Red. unter Mitwirkung namhafter Pädagogen u. Schulmänner von Fr. Ed. Keller. 7—12. Jahrg. 1877—1882. à 52 Nrn. (B.) gr. 4. Berlin, Keller. à Jahrg. n 6. —

— deutsche. Central-Organ f. ganz Deutschland. Red. unter Mitwirkg. namhafter Pädagogen u. Schulmänner v. Fr. Ed. Keller u. R. Schillmann. 13—15. Jahrg. 1883—1885. à 52 Nrn. (B.) gr. 4. Berlin, Oehmigke's Verl. à Jahrg. n. 6. —

—— dass. — 16.—18. Jahrg. 1886—1888. à Jahrg. 52 Nrn. (Bog.) gr. 4. Ebendas. à Jahrg. *

— deutsche. Central-Organ f. ganz Deutschland. Red. unter Mitwirkg. namhafter Pädagogen u. Schulmänner v. R. Schillmann. 17.—20. Jahrg. 1887—1890. à 52 Nrn. (B.) gr. 4. Berlin, Oehmigke's Verl. à Jahrg. n. 8. —

— deutsche. Central-Organ f. ganz Deutschland. Red. unter Mitwirkg. namhafter Pädagogen u. Schulmänner v. L. Krämer. 21.—24. Jahrg. 1891—1894. à 52 Nrn. (à ca. 1 Bog.) gr. 4. Berlin, L. Oehmigke's Verl. à Jahrg. n. 8. —

— deutsche. Central-Organ f. ganz Deutschland. Red. unt. Mitwirkg. namhafter Pädagogen u. Schulmänner v. L. Krämer (vom 1. IV. 1897 ab von C. Hellermann). 25.—28. Jahrg. 1895—1898. à 52 Nrn. (à ca. 10 S.) gr. 4. Berlin, L. Oehmigke's Verl. à Jahrg. n. 8. —
Kann auch vierteljährlich bezogen werden.

— deutsche. Central-Organ f. ganz Deutschland. Mit Beilagen monatlich: Pädagog. Litteratur-Anzeiger. Vierteljährlich: Neuigkeiten des deutschen Buchhandels (Erziehg., Unterricht, Jugendschriften). Red. unter Mitwirkg. namhafter Pädagogen u. Schulmänner v. O. Janke. 29.—32. Jahrg. 1899—1902. à 52 Nrn. gr. 4. (à ca. 10 S.) Berlin, L. Oehmigke's Verl. à Jahrg. n. 8. —

— deutsche. Zentral-Organ f. ganz Deutschland. Mit Beilagen monatlich: Pädagogischer Literatur-Anzeiger Vierteljährlich: Neuigkeiten des deutschen Buchhandels (Erziehg., Unterricht, Jugendschriften). Red. unter Mitwirkg. namhafter Pädagogen u. Schulmänner v. O. Janke. 33.—36. Jahrg. 1903—1906. à 52 Nrn. (à ca. 10 S.) gr. 4. Berlin, L. Oehmigke's Verl. à Jhrg. n. 8. —

— deutsche. Red. unter Mitwirkg. namhafter Pädagogen u. Schulmänner v. W. Przygodda. 38.—40. Jahrg. 1908 u. 1909. à 52 Nrn. u. 1910. Jan.—Juni. 26 Nrn. (à ca. 10 S.) 31,5×23 cm. Berlin, L. Oehmigke's Verl. à Jahrg. 8. —
Erscheint nicht mehr.

Schulzeitung,

— deutsche. Vacanzen- u. Offertenblatt f. die Lehrkräfte aller Schulen Deutschlands. Red.: Frz. Müller. 2. Jahrg. 1894. 52 Nrn. (Bog.) gr. 4. (8 S.) Charlottenburg, Ulrich & Co., Zeitungsverl. n. 8. —

— evangelische, für das diesseitige und jenseitige Bayern. Herausgbr.: Zorn in Verbindung mit andern Schulmännern diesseits u. jenseits des Rheins. 1—4. Jahrg. 1853—56. à 52 Nrn. (à ½ Bgn.). Kaiserslautern. (Tascher.) gr. 4. Jeder Jahrg. n. 1 ₰.

Schulzeitung,

—— Frankfurter. Organ des Lehrer-Vereins zu Frankfurt a. M. und des Mittelrhein. Lehrerbundes. Redact.: E. Ries. 1. Jahrg. 1884. 24 Nrn. (Bog.) gr. 4. Frankfurt a. M., Neumann'sche Buchh. *

—— Frankfurter. Organ des Lehrer-Vereins zu Frankfurt a. M. und des Mittelrhein. Lehrerbundes. Redact.: E. Ries. 2. und 3. Jahrg. 1885 und 1886. à Jahrg. 24 Nrn. (Bog.) gr. 4. Frankfurt a. M., Neumann. à Jahrg. *

— Frankfurter. Organ d. Lehrervereins zu Frankfurt a/M., d. Mittelrhein. Lehrerbundes u. d. Hohenzollern'schen Lehrervereins. Red.: E. Ries. 4.—7. Jahrg. 1887—1890. à 24 Nrn. (B.) gr. 4. Frankfurt a/M., Neumann. à Jahrg. n. 5. —

— Frankfurter. Organ d. Lehrervereins zu Frankfurt a. M., d. Mittelrhein. Lehrerbundes u. d. Hohenzollern'schen Lehrervereins. Red.: E. Ries. 8.—11. Jahrg. 1891—1894. à 24 Nrn. (Bog.) gr. 4. Frankfurt a/M., A. Neumann. à Jahrg. n. 5. —

— Frankfurter. Organ d. Lehrervereins zu Frankfurt a. M. Red.: E. Ries. 12.—15. Jahrg. 1895—1898. à 24 Nrn. (Bog.) gr. 4. Frankfurt a/M., A. Neumann. à Jahrg. n. 5. —

— Frankfurter. Organ des Lehrervereins zu Frankfurt a. M. Red.: E. Ries. 16.—19. Jahrg. 1899—1902. à 24 Nrn. gr. 4. (à ca. 8 S.) Frankfurt a/M. A. Neumann. à Jahrg. n. 5. —

Schulzeitung, Frankfurter. Organ des Lehrervereins zu Frankfurt a. M. Red.: E. Ries. 20.—22. Jahrg. 1903 bis 1905. à 24 Nrn. (IV, 196; IV, 200 u. IV, 214 S.) gr. 4. Frankfurt a/M., A. Neumann. à Jhrg. n. 5.—

— dasselbe. 23. Jahrg. 1906. 24 Nrn. (IV, 206 S.) Nebst Monats-Beilage: Die Jugendschriften-Warte. 12 Nrn. (à ca. 8 S.) gr. 4. Ebd. n. 5.—

— Frankfurter. Organ d. Lehrervereins zu Frankfurt a. M. Red.: E. Ries. 24.—27. Jahrg. 1907—1910. à 24 Nrn. Nebst Monats-Beilage: Die Jugendschriften-Warte. 12 Nrn. (IV, 204; IV, 204; IV, 216 u. IV, 228 S.) 32×24 cm. Frankfurt a/M., A. Neumann. à Jahrg. 5.—

Schulzeitung,

— freie. Organ d. deutschen Landeslehrervereines in Böhmen. Nebst Bücher-, Lehrmittel- u. Zeitungsschau. Leiter: Frdr. Legler. 21.—25. Octbr. 1894—Septbr. 1899. à 52 Nrn. (à ca. 24 S.) Lex.-8. Reichenberg, Verwaltung der freien Schulzeitung. à Jahrg. n. 8.—

Kann auch vierteljährlich bezogen werden.

— freie. Hrsg. vom deutschen Landeslehrerverein in Böhmen. Nebst Bücher-, Lehrmittel- u. Zeitungsschau. (12 Nrn.) Leiter: Frdr. Legler. 26.—29. Jahrg. Oktbr. 1899—Septbr. 1903. à 52 Nrn. Lex.-8. (à ca. 16 u. 8 S.) Reichenberg i/B., Verwaltg. der freien Schulzeitung. à Jahrg. n.n. 8.—

— freie. Hrsg. vom deutschen Landeslehrerverein in Böhmen. Nebst Bücher-, Lehrmittel- u. Zeitungsschau. (à 12 Nrn.) Leiter: Frdr. Legler. 30.—33. Jahrg. Oktbr. 1903—Septbr. 1907. à 52 Nrn. (VIII, 1298 u. 92; VIII, 1408 u. 104; VIII, 1324 u. 104 u. VIII, 1120 u. 86 S.) Lex.-8. Reichenberg i/B., Verwaltg. der freien Schulzeitung. à Jhrg. n.n. 8.—

— freie bayrische. Hrsg. v. bayr. Lehrern. Red.: Geo. Heyder. 3. Jahrg. 1902. 26 Nrn. hoch 4. (à ca. 12 S.) Nürnberg, C. Fleßa. n.n.n. 3.—

Nicht durch den Buchhandel zu beziehen.

— freie deutsche. Hrsg. v. Ernst Wunderlich 1. Jahrg. [Norddeutsche Schulzeitg. 5. Jahrg.] 1871. 4. Quart. 13 Nrn. (à 1—1½ B.) gr. 4. Leipzig, Siegismund & Volkening. n. 1. 25

Das 1—3. Quartal, cf.: Schulzeitung, norddeutsche.

— dasselbe. 2. u. 3. Jahrg. [Nordd. Schulzeitg. 6. u. 7. Jahrg.] 1872 u. 1873 à 52 Nrn. (B.) gr. 4. Ebend. à Jahrg. n. 5.—

— dasselbe. 4—6. Jahrg. [Norddeutsche Schulzeitg. 8—10. Jahrg.] 1874—1876 à 52 Nrn. (B.) gr. 4. Ebend. à Jahrg. n. 6.—

— freie deutsche. Hrsg. von Ernst Wunderlich. 11—16. Jahrg. 1877—1882. à 52 Nrn. (B.) gr. 4. Leipzig, Siegismund & Volkening. à Jahrg. n. 6.—

— freie deutsche. Hrsg. unter Mitwirkg. vieler Schulmänner. 17—20. Jahrg. 1883—1886. à 52 Nrn. (B.) gr. 4. Leipzig, Siegismund & Volkening. à Jahrg. n. 6.—

— freie deutsche. Hrsg. unter Mitwirkg. vieler Schulmänner. 21.—24. Jahrg. 1887—1890. à 52 Nrn. (B.) gr. 4. Leipzig, Siegismund & Volkening. à Jahrg. n. 6.—

— freie deutsche. Hrsg. unter Mitwirkg. vieler Schulmänner. 25. Jahrg. 1. Quartal. Jan.—März 1891. 13 Nrn. (Bog.) gr. 4. Leipzig, Siegismund & Volkening. n. 1. 50

Mit: Die deutsche Volksschule verschmolzen.

Schulzeitung,

— hamburgische. Eine Wochenschrift f. die Angelegenheiten des Unterrichts, der Erziehg. u. des Lehrerstandes. Hrsg. v. hamburg. Lehrern. Red.: Chr. Hamann. 1. Jahrg. Oktbr.—Dezbr. 1893. 13 Nrn. (à ca. 1 Bog.) gr. 4. Hamburg, O. Meißner's Verl. n. 1. 50

— dasselbe. 2. Jahrg. 1894. 52 Nrn. (à ca. 1 Bog.) gr. 4. Ebd. n. 6.—

— hamburgische. E. Wochenschrift f. d. Angelegenheiten d. Unterrichts, d. Erziehg. u. d. Lehrerstandes. Hrsg. v. hamburg. Lehrern. Red.: Chr. Hamann. 3.—4. Jahrg. 1895—1896. à 52 Nrn. (Bog.) gr. 4. Hamburg, O. Meißner's Verl. à Jahrg. n. 6.—

— dasselbe. Red.: A. Struve. 5. Jahrg. 1897. 52 Nrn. (Bog.) Mit Beilage: Jugendschriften-Warte. Red.: Heinr. Wolgast. 12 Nrn. (à ca. 4 S.) gr. 4. Ebd. n. 6.—

— dasselbe. 6. Jahrg. 1898. 52 Nrn. (à ca. 1 Bog.) Mit Beilage: Jugendschriften-Warte. Red.: Heinr. Wolgast. 12 Nrn. (à ca. 4 S.) gr. 4. Hamburg, Schröder & Jeve. n. 6.—

Kann auch vierteljährlich bezogen werden.

— hamburgische. Eine Wochenschrift f. pädagog. Theorie, Kunst u. Erfahrg. Schriftleitung: Herm. Walsemann. 7.—10. Jahrg. 1899—1902. à 52 Nrn. Mit Beilage: Jugendschriften-Warte. Red.: Heinr. Wolgast. 12 Nrn. gr. 4. (à ca. 8 S.) Hamburg, Schröder & Jeve. à Jahrg. n. 6.—

Der 7. Jahrg. ist v. A. Struve, der 8. v. P. G. A. Sydow redig.

— hamburgische. Eine Wochenschrift f. pädagog. Theorie, Kunst u. Erfahrg. Schriftleitung: A. Struve. 11. bis 14. Jahrg. 1903—1906. à 52 Nrn. Mit Beilage: Jugendschriften-Warte. Red.: Heinr. Wolgast. 12 Nrn. (à ca. 8 S.) gr. 4. Hamburg, Schröder & Jeve. à Jhrg. n. 6.—

— hamburgische. Eine Wochenschrift f. pädag. Theorie, Kunst u. Erfahrg. Schriftleitung: Paul Günther. 15.—18. Jahrg. 1907—1900. à 52 Nrn. Mit Beilage: Jugendschriften-Warte. Red.: Heinr. Wolgast. 12 Nrn. (à ca. 8 S.) 32×23,5 cm. Hamburg, Schröder & Jeve. à Jahrg. 6. 40

Schulzeitung,

—— hannoversche. Hrsg. von Bartholomäus, Jansen, Kaiser ꝛc. Jahrg. 1865. 24 Nrn. (½ Bog.) gr. 8. Hildesheim, Lax. **

—— dass. — Im Auftrage des Provinzial-Lehrervereins Hildesheim und unter besond. Mitwirkung von Steinworth, Backhaus, Kaiser ꝛc. hrsg. von H. C. W. Bartholomäus. 2. Jahrg. 1866. 26 Nrn. (½ Bog.) gr. 8. Ebendas. **

—— dass. — Unter besond. Mitwirkung von Blancke, Kaiser, Knibbe ꝛc. hrsg. von J. C. N. Backhaus und H. C. W. Bartholomäus. 3. Jahrg. 1867. 26 Nrn. (½ Bog.) gr. 8. Ebendas. **

—— hannoversche. Unter besond. Mitwirkung von Blancke, Hellberg, Jütting rc. hrsg. von J. C. N. Backhaus und H. C. W. Bartholomäus. 4.—7. Jahrg. 1868—1871. à Jahrg. 26 Nrn. (Bog.) gr. 8. Hildesheim, Lax. 1868. **
1869. **
1870 und 1871. à **

—— dass. — Organ des Provinzial-Vereins, der Kreis- und Pestalozzi-Vereine der Provinz Hannover. Im Auftrage des Ausschusses hrsg. von J. C. N. Backhaus. 8. und 9. Jahrg. 1872 und 1873. à Jahrg. 26 Nrn. (Bog.) gr. 4. Ebendas. à Jahrg. **

—— dass. — hrsg. von H. Wegener und J. C. N. Backhaus. 10. Jahrg. 1874. 26 Nrn. (Bog.) gr. 4. Ebendas. **

Schul-Zeitung, hannoversche. Organ des Provinzial-Vereins, der Kreis- und Pestalozzi-Vereine der Prov. Hannover. Im Auftrage des Ausschusses hrsg. von H. Wegener und J. C. N. Backhaus. 11. Jahrg. 1875. 26 Nrn. (Bog.) gr. 4. Hildesheim, Lax. **

—— dass. — Im Auftrage des Ausschusses hrsg. von H. Wegener. 12. Jahrg. 1876. 52 Nrn. (à 1/2 Bog.) gr. 4. Ebendas. *

—— dass. — 13.—15. Jahrg. 1877—1879. à Jahrg. 52 Nrn. (Bog.) gr. 4. Ebendas. à Jahrg. *

—— hannoversche. Organ des Provinzial-Vereins, der Kreis- und Pestalozzi-Vereine der Prov. Hannover. Im Auftrage des Ausschusses hrsg. von H. Wegener. 16. Jahrg. 1880. 52 Nrn. (à Nr. 1—1½ Bog.) gr. 4. Hildesheim, Lax. *

—— dass. — Hrsg. von H. Wanner. 17.—20. Jahrg. 1881—1884. à Jahrg. 52 Nrn. (à Nr. 1—1½ Bog.) gr. 4. Hannover, Helwing'sche Verlagsh. à Jahrg. *

—— hannoversche. Organ des Provinzial-Vereins, der Kreis- und Pestalozzi-Vereine der Provinz Hannover. Im Auftrage des Ausschusses hrsg. von H. Wanner. 21.—24. Jahrg. 1885—1888. à Jahrg. 52 Nrn. (Bog.) gr. 4. Hannover, Helwing's Verlag. à Jahrg. *

— hannoversche. Organ d. Provinzial-Vereins, der Kreis- u. Pestalozzi-Vereine der Prov. Hannover. Im Auftrage d. Ausschusses hrsg. v. H. Wanner. 23.—26. Jahrg. 1887—1890. à 52 Nrn. (B.) gr. 4. Hannover, Helwing's Verl. à Jahrg. n. 6. —

— hannoversche. Organ d. Provinzial-Vereins, der Kreis- u. Pestalozzi-Vereine der Prov. Hannover. Im Auftrage d. Ausschusses hrsg. v. H. Wanner. 27. u. 28. Jahrg. 1891. 1892. à 52 Nrn. (Bog.) gr. 4. Hannover, Helwing's Verl. à Jahrg. n. 6. —

— dasselbe. Hrsg. v. W. Weidemann. 29. u. 30. Jahrg. 1893. 1894. à 52 Nrn. (Bog.) gr. 4. Ebd. à Jahrg. n. 6. —

— hannoversche. Organ d. Provinzial-Vereins, d. Kreis- u. Pestalozzi-Vereine d. Prov. Hannover. Im Austr. d. Ausschusses hrsg. v. W. Weidemann. 31.—33. Jahrg. 1895—1897. à 52 Nrn. (Bog.) gr. 4. Hannover, Helwing. à Jahrg. n. 6. —

— dasselbe. Nebst Beilage: „Jugendschriften-Warte". 34. Jahrg. 1898. 52 Nrn. (Bog.) gr. 4. Ebd. n. 6. —
Kann auch vierteljährlich bezogen werden.

— hannoversche. Organ des Prov.-Vereins, der Kreis- u. Pestalozzi-Vereine der Prov. Hannover. Im Auftrage des Ausschusses hrsg. v. W. Weidemann. Nebst Beilage: „Jugendschriften-Warte". 35.—38. Jahrg. 1899—1902. à 52 Nrn. gr. 4. (à ca. 8 S.) Hannover, Helwing. à Jahrg. n. 6. —

— hannoversche. Organ des Prov.-Vereins, der Bezirks- u. Pestalozzi-Vereine der Prov. Hannover. Im Auftrage des Ausschusses hrsg. v. Karl Brunotte. Nebst monatl. Beilage: „Jugendschriften-Warte". (à 4 S.) 39.—42. Jahrg. 1903—1906. à 52 Nrn. (VI, 660; VI, 588; VI, 612 u. VI, 684 S.) gr. 4. Hannover, Helwing. à Jhrg. n. 6. —

— hannoversche. Organ des Prov.-Vereins, d. Bezirks- u. Pestalozzi-Vereine d. Prov. Hannover u. des Lehrer-Brandversicherungs-Vereins f. Hannover, Bremen u. d. Fürstent. Lippe. Im Auftrage des Ausschusses hrsg. v. Karl Brunotte. Nebst monatl. Beilagen: Bücher- u. Lehrmittelschau. — „Jugendschriften-Warte". — Rundschau f. das hannov. Fortbildungsschulwesen. 43.—46. Jahrg. 1907—1910. à 52 Nrn. (VI, 508; VI, 562; VI, 664 u. VI, 624 S.) 32×23,5 cm. Hannover, Helwing. à Jahrg. 6. —

Schulzeitung,

— heilpädagogische. Hrsg. vom österreich. Vereine „Fürsorge f. Schwachsinnige u. Epileptische". Schriftleiter: Ernst Lorenz, Erwin Lazar u. Frz. Pulzer. Verantwortlich: Ernst Lorenz. 1. Jahrg. 1910. 12 Nrn. (à ca. 16 S.) gr. 8. Wien, H. Kirsch. 5. —

—— hessische. Ein Vereinsblatt für die Lehrer der Prov. Hessen-Nassau und des Fürstenth. Waldeck. 19.—23. Jahrg. 1875—1879. à Jahrg. 52 Nrn. (Bog.) gr. 4. Kassel. [Junemann und Comp.] Baier und Comp. à Jahrg. *

—— für Innerösterreich. Ein Organ für die Interessen der Volksschule. Unter Mitwirkung hervorragender Fachmänner hrsg. von Frz. Tomberger. 1. und 2. Jahrg. 1868 und 1869. à Jahrg. 36 Nrn. (Bog.) gr. 4. Graz, Pock. à Jahrg.

—— dass. — Hrsg. vom Grazer Lehrervereine. Redact.: Ign. Gugl. 3. Jahrg. 1870. 36 Nrn. (Bog.) gr. 4. Ebendas. *

—— israelitische, hrsg. v. Moritz Block. 1. Jahrg. 1841. 52 Nrn. (½ Bog.) Mit monatl. Beil. gr. 4. Simmern. (Koblenz, Hölscher.) *

Schul- und Jugend-Zeitung: 1855?—?

Edited & published by Carl Beyschlag.

Cincinnati, OH

Schulzeitung,

—— katholische. Organ des katholisch-pädagog. Vereins in Bayern. Redact.: L. Auer. Jahrg. 1868—1873. à Jahrg. 52 Nrn. (à ½ Bog.) Mit Beilagen. Lex.-8. Freising, (Datterer.) à Jahrg. *

—— dass. — Organ des kathol. Erziehungs-Vereins in Bayern. Redact.: Auer. 7. Jahrg. 1874. 52 Nrn. (à ½ Bog.) mit Beilage: Monika. 52 Nrn. (à ¼ Bog.) gr. 8. Neuburg, Verlag des kathol. Erziehungsvereins *

Jg.1857-1867 s.Schulzeitung, Bayerische.

—— katholische. Organ des kathol. Erziehungs-Vereins in Bayern. Redact.: L. Auer. 8. Jahrg. 1875. 52 Nrn. (à ½ Bog.) gr. 8. Mit Beilagen: Monika. 52 Nrn. (à ¼ Bog.) gr. 8. und Schutzengel. 12 Nrn. (à ½ Bog.) gr. 16. Neuburg, Verlag des kathol. Erziehungsvereins. *

—— dass. — 9. und 10. Jahrg. 1876 und 1877. à Jahrg. 52 Nrn. (à ½ Bog.) gr. 8. Mit Beilagen: Monika. 52 Nrn. (à ¼ Bog.) gr. 8. und Schutzengel. 24 Nrn. (à ½ Bog.) gr. 16. Donauwörth, Buchh. des kathol. Erziehungsvereins. à Jahrg. *

—— dass. — 11. Jahrg. 1878. 52 Nrn. (à ½ Bog.) gr. 8. Mit Beilagen: Monika. 52 Nrn. (à ¼ Bog.) gr. 8. und Schutzengel. 24 Nrn. (à ½ Bog.) Ebendas. *

—— dass. — Redact.: J. M. Herberich. 12. Jahrg. 1879. 52 Nrn. (à ½ Bog.) und 4 Quartalhefte. Nebst Gratisbeilagen: Literaturblatt, Monika, Schutzengel und antiquar. Anzeiger. Lex.-8. Ebendas. *

—— katholische. Zugleich Organ des kathol. Erziehungs-Vereins in Bayern. Hrsg. vom Pädagogium in Donauwörth. Redact.: J. M. Herberich. 13. Jahrg. 1880. 52 Nrn. (Bog.) Nebst Gratisbeilagen: Literaturblatt, Monika und Schutzengel. gr. 4. Donauwörth, Buchh. des kathol. Erziehungsvereins. *

Schulzeitung, katholische. Zugleich Organ des kathol. Erziehungs-Vereins in Bayern und des Lehrervereins für die Diöcese Osnabrück. Hrsg. vom Pädagogium in Donauwörth. Redact.: J. M. Herberich. 14. und 15. Jahrg. 1881 und 1882. à Jahrg. 52 Nrn. (Bog.) Nebst Gratisbeilagen: Literaturblatt, Monika und Schutzengel. gr. 4. Ebendas. à Jahrg. *

—— dass. — Redact.: M. Gebele. 16. Jahrg. 1883. 52 Nrn. (Bog.) Nebst Gratisbeilagen: Literaturblatt, Monika und Schutzengel. gr. 4. Ebendas. *

—— dass. — Redact.: M. Gebele. 17. Jahrg. 1884. 52 Nrn. (Bog.) Nebst Gratisbeilagen: Literaturblatt, Monika und Schutzengel. gr. 4. Donauwörth, Auer. *

—— katholische. Zugleich Organ des kathol. Erziehungsvereins in Bayern und des Lehrervereins für die Diözese Osnabrück. Hrsg. vom Pädagogium in Donauwörth. Redact.: M. Gebele. 18. und 19. Jahrg. 1885 und 1886. à Jahrg. 52 Nrn. (Bog.) Nebst Gratisbeilagen: Literaturblatt, Monika und Schutzengel. gr. 4. Donauwörth, Auer. à Jahrg. *

— katholische. Zugleich Organ d. kathol. Erziehungsvereins in Bayern. Red.: M. Gebele. 20.—23. Jahrg. 1887—1890. à 52 Nrn. (B.) Nebst Gratisbeilagen: Literaturblatt, Monika, Schutzengel u. Ratgeber fürs Hauswesen. gr. 4. Donauwörth, Auer. à Jahrg. n. 6. —

— katholische. Zugleich Organ d. kathol. Erziehungsvereins in Bayern. Red.: Matthias Gebele. 24. Jahrg. 1891. 52 Nrn. (Bog.) Nebst Gratisbeilagen: Litteraturblatt, Monika, Schutzengel u. Ratgeber fürs Hauswesen. gr. 4. Donauwörth, L. Auer. n. 6. —

— dasselbe. 25.—27. Jahrg. 1892—1894. à 52 Nrn. (Bog.) Nebst Gratisbeilage: Litteraturblatt. à 12 Nrn. gr. 4. Ebd. à Jahrg. n. 4. —

— katholische. Zugl. Organ d. kathol. Erziehungsvereins in Bayern. Red.: Matth. Gebele. 28. Jahrg. 1895. 52 Nrn. (Bog.) Nebst Gratisbeilage: Litteraturblatt. 12 Nrn. gr. 4. Donauwörth, L. Auer. n. 4. —

— dasselbe. 29.—31. Jahrg. 1896—1898. à 52 Nrn. (Bog.) Nebst Gratisbeilage: Litteraturblatt. à 26 Nrn. gr. 4. Ebd. à Jahrg. n. 4. —
Kann auch halbjährlich bezogen werden.

— katholische. Zugleich Organ des kathol. Erziehungs-Vereins in Bayern. Hrsg.: Ludw. Auer. Red.: Ludw. Auer jun. 32.—35. Jahrg. 1899—1902. à 52 Nrn. gr. 4. (à ca. 8 S.) Donauwörth, L. Auer. à Jahrg. n. 4. —
Die Jahrgge. 32—34 sind v. M. Gebele hrsg.

— katholische. Zugleich Organ des kathol. Erziehungs-Vereins in Bayern. Hrsg.: Ludw. Auer. Red.: Ludw. Auer jun. 36.—39. Jahrg. 1903—1906. à 52 Nrn. (à Jhrg. IV, 416 S.) gr. 4 Donauwörth, L. Auer. à Jhrg. n. 4. —

— katholische. Zugleich Organ des kathol. Erziehungs-Vereins in Bayern. Hrsg.: Ludw. Auer. Red.: Ludw. Auer jun. 40.—42. Jahrg. 1907—1909. à 52 Nrn. (à ca. 8 S.) 30,5×23 cm. Donauwörth, L. Auer. à Jahrg. 4. —

Schulzeitung,

— katholische, f. Mitteldeutschland. Organ des Vereins kath. Lehrer in der Diözese Fulda. Red.: P. Schmitt. 35. Jahrg. des „Schulblatt f. Hessen-Nassau etc." 11. Jahrg. der kathol. Schulzeitung f. Mitteldeutschl. 1905. Ausg. A. 36 Nrn. (à ca. 8 S.) 4. Fulda, Fuldaer Actiendruckerei. n.n.n. 1. —; Ausg. B m. der Beilage „Separat-Ausgabe der pädagog. Monatshefte" n.n.n. 1. 60
Nicht durch den Buchhandel zu beziehen.

—— katholische, für Norddeutschland. 1. Jahrg. 1884. 52 Nrn. (à Nr. 1½ Bog.) gr. 4. Breslau, Goerlich's Verlag. *

—— katholische, für Norddeutschland. 2. Jahrg. 1885. 52 Nrn. (à Nr. 1¼ Bog.) gr. 4. Breslau, Goerlich. *

—— dass. — Redact.: O. Denk. 3. Jahrg. 1886. 52 Nrn. (à Nr. 1¼ Bog.) gr. 4. Ebendas. *

—— dass. — [Pädagogisches Central-Organ.] 4. und 5. Jahrg. 1887 und 1888. à Jahrg. 52 Nrn. (à Nr. 1¼ Bog.) gr. 4. Ebendas. à Jahrg. *

—— katholische, f. Norddeutschland. [Pädagogisches Central-Organ.] 6.—9. Jahrg. 1889—1892. à Jahrg. 52 Nrn. (à Nr. 1¼ Bog.) gr. 4. Bresl., Goerlich. à Jahrg. * 5 —

— dasselbe. 10. Jahrg. 1893. 1.—3. Quartal. Januar—Septbr. 39 Nrn. (à ca. 1¼ Bog.) gr. 4. Ebd. n. 3. 75

— dasselbe. 10. Jahrg. 1893. 4. Quartal. Oktbr.—Dezbr. 13 Nrn. (à ca. 1¼ Bog.) gr. 4. Ebd. n. 1. 50

— dasselbe. 11. Jahrg. 1894. 52 Nrn. (à ca. 1¼ Bog.) gr. 4. Ebd. n. 6. —

— katholische, f. Norddeutschland. (Pädagog. Central-Organ.) 12.—15. Jahrg. 1895—1898. à 52 Nrn. (à ca. 12 S.) gr. 4. M. d. Beilagen: Jugendfreund. Illustr. Blätter zur Unterhaltg. u. Belehrg. à 24 Nrn. (à ca. 12 S.) gr. 8, u. „Rundschau auf d. Gebiete d. Jugend-, Volks- u. Geschenk-Litteratur". à 4—6 Nrn. Breslau, F. Goerlich. à Jahrg. n. 6. 40
Kann auch vierteljährlich bezogen werden.

— katholische, f. Norddeutschland. (Pädagog. Central-Organ.) 16. Jahrg. 1899. 52 Nrn. gr. 4. (à ca. 12 S.) Mit den Beilagen: „Jugendfreund". Illustr. Blätter zur Unterhaltg. u. Belehrg. Red.: Max Hübner. 9. Bd. 24 Nrn. gr. 8. (à ca. 12 S.) u. „Rundschau auf dem Gebiete der Jugend-, Volks- u. Geschenk-Litteratur". 6 Nrn. Breslau, F. Goerlich. n. 6. 40

— dasselbe. 17.—19. Jahrg. 1900—1902. à 52 Nrn. gr. 4. (à ca. 16 S.) Mit den Beilagen: „Rundschau auf dem Gebiete der Jugend-, Volks- u. Geschenk-Litteratur". 4 Nrn. u. „Rechtskunde üb. Schul- u. Lehrerverhältnisse". Ebd. à Jahrg. n. 6. 40

— katholische, f. Norddeutschland. (Pädagog. Zentral-Organ.) 20.—23. Jahrg. 1903—1906. à 52 Nrn. (VIII, 884; VIII, 856; VIII, 832 u. VIII, 860 S.) gr. 4. Mit den Beilagen: „Rundschau auf dem Gebiete der Jugend- u. Volks-Literatur". 4 Nrn. u. „Rechtskunde üb. Schul- u. Lehrerverhältnisse". 8 Nrn. Breslau, F. Goerlich. à Jhrg. n. 7. 20

— katholische, f. Norddeutschland. (Pädagog. Zentral-Organ.) 24.—27. Jahrg. 1907—1910. à 52 Nrn. (870, 902, 892 u. 918 S.) 32×23,5 cm. Mit den Beilagen: „Rundschau auf d. Gebiete d. Jugend- u. Volks-Literatur". 4 Nrn. „Rechtskunde üb. Schul- u. Lehrerverhältnisse" u. „Pädagogische Bücherhalle". Breslau, F. Goerlich. à Jahrg. 7. 20

Schulzeitung.

—— Laibacher. Organ des krain. Lehrervereins. Redact.: Joh. Sima. 1. und 2. Jahrg. 1873 und 1874. à Jahrg. 24 Nrn. (Bog.) gr. 8. Laibach, v. Kleinmayr und Bamberg. à Jahrg. *

—— Laibacher. Organ des krain. Landes-Lehrervereins. Redact.: Joh. Sima. 3.—7. Jahrg. 1875—1879. à Jahrg. 24 Nrn. (Bog.) Lex.-8. Laibach, v. Kleinmayr und Bamberg. à Jahrg. *

—— Laibacher. Organ des krain. Landes-Lehrervereins. Redact.: Joh. Sima. 8.—12. Jahrg. 1880—1884. à Jahrg. 24 Nrn. (Bog.) Lex.-8. Laibach, v. Kleinmayr und Bamberg. à Jahrg. *

—— Laibacher. Monatsschrift des krain. Lehrervereins. Redact.: W. Linhart. 19. u. 20. Jahrg. 1891 u. 1892. à Jahrg. 12 Nrn. (Bog.) Lex.-8. Laibach, (v. Kleinmayr u. Bamberg). à Jahrg. ** 2 —
Frühere Jahrgg., redig. von W. Hallada. à Jahrg. 24 Nrn. Ebd. à * 3 —.

— Laibacher. Monatsschrift des krain. Lehrervereines. Leiter: J. Benda. XXII. Jahrg. 1894. 12 Nrn. (Bog.) Lex.-8. Laibach, (v. Kleinmayr & Bamberg.) n.n. 4. —

— Laibacher. Monatsschrift d. krain. Lehrervereines. Leiter: Florian Hintner. 23.—26. Jahrg. 1895—1898. à 12 Nrn. (à ca. 1 Bog.) Lex.-8. Laibach (I. v. Kleinmayr & F. Bamberg). à Jahrg. n.n. 4. —
Kann auch halbjährlich bezogen werden.

— Laibacher. Monatsschrift des krain. Lehrervereines. Leiter: Flor. Hintner u. seit 1902: J. M. Klimesch. 27.—30. Jahrg. 1899—1902. à 12 Nrn. Lex.-8. (à ca. 20 S.) Laibach (I. v. Kleinmayr & F. Bamberg.) à Jahrg. n.n. 4. —

— Laibacher. Monatsschrift des krain. Lehrervereines. Leiter: J. M. Klimesch. 31. Jahrg. 1903. 12 Nrn. (140 S.) Lex.-8. Laibach (J. v. Kleinmayr & F. Bamberg). n.n. 4. —

— dasselbe. Fachblatt f. Krain u. Küstenland. Hrsg. vom krain. Lehrervereine. Mit der Beilage: Blätter zur Förderung des Abteilungsunterrichtes. Schriftleiter u. Hrsg.: Rud. E. Peerz. 32.—34. Jahrg. 1904—1906. à 12 Nrn. (160, 180 u. 200 S.) Lex.-8. Ebd. à Jhrg. n.n. 4. —
Nicht mehr im Buchhandel.

— landwirthschaftliche. Organ zur Förderg. d. gesammten landwirthschaftl. Unterrichtswesens. Unter Mitwirkg. vieler Fachmänner, insbesondere v. E. Michelsen u. Hansen. Hrsg. v. R. Strauch. 1.—3. Jahrg. 1892—1894. à 24 Nrn. (Bog.) gr. 8. Leipzig, H. Voigt. à Jahrg. n. 8. —

— landwirthschaftliche. Organ zur Förderg. d. ges. landwirthschaftl. Unterrichtswesens. Unt. Mitwirkg. vieler Fachmänner, insbes. v. Grosse, Hansen u. Junghanns. Hrsg. v. R. Strauch. 4.—7. Jahrg. 1895—1898. à 24 Nrn. (Bog.) gr. 8. Leipzig, H. Voigt. à Jahrg. n. 8. —

Schulzeitung, landwirtschaftliche. Organ zur Förderg. des gesamten landwirtschaftl. Unterrichtswesens. Organ d. Verbandes deutscher Landwirtschaftslehrer. Unter Mitwirkg. vieler Fachmänner, insbesondere v. Grosse u. A. Junghanns, hrsg. v. R. Strauch. 8.—11. Jahrg. 1899.—1902. à 24 Nrn. gr. 8. (à ca. 16 S.) Leipzig, H. Voigt. à Jahrg. n. 8. —

— landwirtschaftliche. Organ zur Förderg. des gesamten landwirtschaftl. Unterrichtswesens. Unter Mitwirkg. vieler Fachmänner, insbesondere v. Grosse u. A. Junghanns, hrsg. v. R. Strauch. 12.—15. Jahrg. 1903 bis 1906. à 24 Nrn. (à Jhrg. 384 S.) gr. 8. Leipzig, H. Voigt. à Jhrg. n. 8. —

Schulzeitung, landwirtschaftliche. Organ z. Förderg. des gesamten landwirtschaftl. Unterrichtswesens. Unter Mitwirkg. vieler Fachmänner, insbesondere v. Grosse u. A. Junghanns, hrsg. v. R. Strauch. 16.—19. Jahrg. 1907—1910. à 24 Nrn. (à ca. 16 S.) gr. 8. Leipzig, H. Voigt. à Jahrg. 8. —

Lutherische Schulzeitung: Jahrgang 1–26, Feb. 1876–Dec. 1901:

Monthly. Organ of the Allgemeine Deutsche Evangelisch Lutherische Synode von Wisconsin und anderen Staaten. Title varies: Schul-Zeitung, Feb. 1876–?; Lutherische Schul-Zeitung; however, both titles appear, as cover-title and on printed title-page. Octavo, each 16 pages, paged continuously; title-page and index, 2–4 pages, printed for each Jahrgang. Edited by the Rev. Frederick Wilhelm Augustus Notz [for the Lehrerverein], 1876–1891? Published by the Lehrerverein der Evangelisch-Lutherischen Synode von Wisconsin; 2) by Lehrerseminar zu New Ulm. Milwaukee, WI

—— mecklenburgische. Hrsg. von Burgwardt. 1.—5. Jahrg. 1870—1874. à Jahrg. 36 Nrn. (à ½—1 Bog.) gr. 4. Rostock. (Wismar, Hinstorff'sche Hofbuchh.) 1870—1873. à * 1874. *

—— mecklenburgische. Hrsg. von Burgwardt. 6.—10. Jahrg. 1875—1879. à Jahrg. 36 Nrn. (à ½—1 Bog.) gr. 4 Wismar, Hinstorff'sche Hofbuchh. à Jahrg. *

—— mecklenburgische. Hrsg. von Burgwardt. 11.—14. Jahrg. 1880—1883. à Jahrg. 36 Nrn. (à Nr. ½—1 Bog.) gr. 4. Wismar, (Hinstorff'sche Hofbuchh.) à Jahrg. *

—— dass. — Organ der Landes-Lehrervereine in Mecklenburg-Schwerin und Mecklenburg-Strelitz. Hrsg. von Burgwardt. 15. Jahrg. 1884. 36 Nrn. (à Nr. ½—1 Bog.) gr. 4. (Ebendas.) *

—— mecklenburgische. Organ der Landes-Lehrervereine in Mecklenburg-Schwerin und Mecklenburg-Strelitz. Hrsg. von Burgwardt. 16.—19. Jahrg. 1885—1888. à Jahrg. 36 Nrn. (à Nr. ½—1 Bog.) gr. 4. Wismar, (Hinstorff'sche Hofbuchh., Verlag.) à Jahrg. *

— mecklenburgische. Organ der Landes-Lehrervereine in Mecklenburg-Schwerin u. Mecklenburg-Strelitz. Hrsg. von Burgwardt. 17.—20. Jahrg. 1886—1889. à 36 Nrn. (½—1 B.) gr. 4. Wismar, (Hinstorff'sche Hofbuchh., Verl.). à Jahrg. n. 5. —

Schulzeitung, mecklenburgische. Organ d. Landes-Lehrervereins in Mecklenburg-Schwerin. Begründet v. Heinr. Burgwardt. Schriftleitung: B. Schlotterbeck. 21.—25. Jahrg. 1890—1894. à 52 Nrn. (½ Bog.) gr. 4. Wismar, (Hinstorff's Verl.). à Jahrg. n. 5. —

Schulzeitung, mecklenburgische. Organ des Landes-Lehrervereins in Mecklenburg-Schwerin. Begründ. von Heinr. Burgwardt. Schriftleitg.: H. Voß. 26.—29. Jahrg. 1895—1898. à 52 Nrn. (à ca. 4 S.) gr. 4. Wismar (Hinstorff's Verl.). à Jahrg. n. 5. —
Kann auch vierteljährlich bezogen werden.

— mecklenburgische. Organ des Landes-Lehrervereins in Mecklenburg-Schwerin. Begründet v. Heinr. Burgwardt. Schriftleitung: H. Voß. 30.-33. Jahrg. 1899—1902. à 52 Nrn. gr. 4. (à ca. 8 S.) Wismar (Hinstorff's Verl.). à Jahrg. n. 5. —

— mecklenburgische. Organ des Landes-Lehrervereins in Mecklenburg-Schwerin. Mit Gratisbeigabe: „Jugendschriften-Warte". Begründet v. Heinr. Burgwardt. Schriftleitung: H. Voß. 34.—37. Jahrg. 1903—1906. à 52 Nrn. (V, 420; IV, 436; V, 470 u. V, 470 S.) gr. 4. Wismar (Hinstorff's Verl.). à Jhrg. n. 5. —

— mecklenburgische. Organ des Landes-Lehrervereins in Mecklenburg-Schwerin. Mit Gratisbeigabe: „Jugendschriften-Warte". Begründet v. Heinr. Burgwardt. Schriftleitung: H. Voß. 38.—41. Jahrg. 1907—1910. à 52 Nrn. (VIII, 490; VIII, 560; VIII, 512 u. VIII 552 S.) Lex. 8. Wismar, Eberhardt'sche Hof- u. Ratsbuchdr. (Nur direkt.) à Jahrg. 5. —

Schulzeitung,

— neue allgem., redig. v. H. Gräfe. 1. u. 2. Jahrg. 1834 u. 35. à 104 Nrn. (½ Bog.) Mit Intelligenzblatt. Leipzig, Expedition. (Wienbrack.) à

— neue badische. Hrsg. von Adf. Meuser, unter Mitwirkung namhafter Pädagogen. 1.—3. Jahrg. 1877—1879. à Jahrg. 24 Nrn. (Bog.) Lex.-8. Mannheim, Bensheimer. à Jahrg. *

— neue badische. Hrsg. von Adf. Meuser, unter Mitwirkung namhafter Pädagogen. 4.—8. Jahrg. 1880—1884. à Jahrg. 24 Nrn. (Bog.) Lex.-8. Mannheim, Bensheimer.
Jahrg. 1880—1882 à *
Jahrg. 1883 und 1884 à *

— neue badische. Hrsg. von Adf. Meuser, unter Mitwirkung namhafter Pädagogen. 9.—12. Jahrg. 1885—1888. à Jahrg. 24 Nrn. (à Nr. 2 Bog.) gr. 4. Mannheim, Bensheimer's Verlag. à Jahrg. *

— dasselbe. Red.: Adf. Bahrmann. 13. Jahrg. 1889. 52 Nrn. (2 B.) gr. 4. Ebd. n. 5. 60

— dasselbe. Red. v. J. Erhardt. 14. Jahrg. 1890. 52 Nrn. (B.) gr. 4. Ebd. n. 5. 60

— neue badische. Red. unter Mitwirkg. prakt. Schulmänner v. J. Erhardt. 15. u. 16. Jahrg. 1891. 1892. à 52 Nrn. (Bog.) gr. 4. Mannheim, (J. Bensheimer's Verl.). à Jahrg. n. 5. 60

— dasselbe. Red.: M. Rödel. 17. Jahrg. 1893. 52 Nrn. (Bog.) gr. 4. Ebd. n. 5. 60

— dasselbe. Red.: M. Rödel. 18. Jahrg. 1894. 52 Nrn. (Bog.) gr. 4. Nebst den Beilagen: „Des Lehrer's Feierabend" u. „Wirtschaftliche Mitteilungen". Ebd. n. 5. 60

— neue badische. Red.: M. Rödel. 19. Jahrg. 1895. 52 Nrn. (à ca. 10 S.) gr. 4. Nebst d. Beilagen: „Des Lehrer's Feierabend" u. „Wegweiser durch die Land-, Obst-, Garten- u. Hauswirtschaft". Mannheim (J. Bensheimer's Verl.). n. 5. 60

Schulzeitung, neue badische. Red.: M. Rödel. 20.—22. Jahrg. 1896—1898. à 52 Nrn. (à ca. 32 S.) M. d. Abtlgn.: „Litteratur, Musik, Schul- u. Lehrmittelwesen", „Des Lehrer's Feierabend". Red.: Frz. Treiber. 7.—9. Jahrg. „Wegweiser durch die Land-, Obst-, Garten- u. Hauswirtschaft". Red.: Frz. Treiber. 5.—7. Jahrg. u. d. Beilage: „Mode u. Heim". (26 Nrn.) gr. 4. Ebd. à Jahrg. n. 5. 60
Kann auch vierteljährlich bezogen werden.

— neue badische. Red.: M. Rödel. 26. Jahrg. 1902. 52 Nrn. Mit den Abtlgn.: „Litteratur, Musik, Schul- u. Lehrmittelwesen", „Des Lehrers Feierabend", „Wegweiser durch die Land-, Obst-, Garten- u. Hauswirtschaft". gr. 4. (à ca. 32 S.) Mannheim (J. Bensheimer's Verl.). n. 5. —

— neue badische. Unabhängiges Wochenblatt zur Wahrg. u. Förderg. der Interessen der Schule u. des Lehrerstandes. Verantwortlich: Frz. Treiber. 27. u. 28. Jahrg. 1903 u. 1904. à 52 Nrn. Mit den Nebenabtlgn.: „Litteratur, Musik, Schul- u. Lehrmittelwesen", „Des Lehrers Feierabend", „Wegweiser durch die Land-, Obst-, Garten- u. Hauswirtschaft". (à Jahrg. 1664 S.) gr. 4. Mannheim (J. Bensheimer's Verl.) à Jhrg. n.n.n. 6. 40
Nicht durch den Buchhandel zu beziehen.

— neue deutsche. Hrsg. von P. Muskalla. 2. Jahrg. 1872. 104 Nrn. (à ½ Bog.) Mit Beilage: Pädagogischer Anzeiger. (¼ Bog.) gr. 4. Berlin, Buchh. für Erziehung und Schulwesen. *
Ohne Beilage *
Beilage apart *

— dass. — Zugleich Organ des Pestalozzivereins der Provinz Brandenburg und des Sterbecassenvereins des Teltower Kreises und der angrenzenden Kreise. Redig. von H. Kußmann und Fr. Kaselitz unter Mitwirkung von W. Lahn, A. Zimmermann, A. Krüger u. A. 3. Jahrg. 1873. 104 Nrn. (à ½ Bog.) Fol. Berlin, Muskalla. *

Schul-Zeitung, neue deutsche. [Berliner Blätter für Schule und Erziehung.] Central-Organ für die Interessen der gesammten deutschen Lehrerwelt und zugleich Organ des Pestalozzi-, sowie des Sterbekassen-Vereins für Lehrer der Prov. Brandenburg. Hrsg. von Paul Muskalla. 4. Jahrg. 1874. 104 Nrn. (Bog.) Fol. Berlin, Buchh. für Erziehung und Schulwesen. *

— neue deutsche. [Berliner Blätter für Schule und Erziehung.] Central-Organ für die Interessen der gesammten deutschen Lehrerwelt und zugleich Organ des Pestalozzi-, sowie des Sterbekassen-Vereins für Lehrer der Prov. Brandenburg. 5. Jahrg. 1875. 104 Nrn. (Bog.) Fol. Berlin, Muskalla. *
— dass. — Central-Organ für die Interessen der gesammten deutschen Lehrerwelt. 6. Jahrg. 1876. 104 Nrn. (Bog.) Fol. Ebendas. *
— dass. — Hrsg. von Frz. Matthes. 7. und 8. Jahrg. 1877 und 1878. à Jahrg. 104 Nrn. (Bog.) Fol. Berlin, Schwartz'sche Buchh. à Jahrg. *
— dass. — 9. Jahrg. 1879. ca. 300 Nrn. (Bog.) Fol. Ebendas. *

— neue deutsche. Central-Organ für die Interessen der gesammten deutschen Lehrerwelt. Redact.: P. Muskalla. 10. Jahrg. 1880. 52 Nrn. (Bog.) Fol. Berlin, Schwartz'sche Buchh. *
— dass. — Redact.: P. Winkler. 11. Jahrg. 1881. 52 Nrn. (à Nr. 1½ Bog.) Fol. Ebendas. *
— dass. — Organ des Vereins „Staatsschule". Redact.: J. Wonnberger. 12.—14. Jahrg. 1882—1884. à Jahrg. 52 Nrn. (Bog.) Fol. Ebendas. à Jahrg. *

— neue deutsche. Organ des Vereins „Staatsschule". Redact.: J. Wonnberger. 15. Jahrg. 1885. 52 Nrn. (Bog.) Fol. Berlin, S. Schwartz. *

— neue deutsche. Central-Organ f. die Interessen der Volks- und Mittelschulen. Schriftleiter: J. Wonnberger. 21. u. 22. Jahrg. 1891 u. 1892. à Jahrg. 52 Nrn. (Bog.) Fol. Berl., Verlagsbuchh. f. Schul- u. Erziehungswesen. à Jahrg. * 4 —
Frühere Jahrgg. erschienen im Vakanzen-Zeitungs-Verlage in Berlin.

——, —— Central-Organ f. d. Interessen d. Volks- u. Mittelschulen. Red.: J. Wonnberger. Jhg. 15—25. 1885—95. Frankfurt a. M. Fol.

Schulzeitung,

—— niederösterreichische. Organ des niederösterreich. Landes-Lehrervereines. Leiter: Karl Huber. 1. Jahrg. 1888. 52 Nrn. (à Nr. 1—2 Bog.) Lex.-8. Wien, (Lechner's Verlag.) *

—— niederösterreichische. Organ d. niederösterreich. Landes-Lehrervereines. Leiter: Karl Huber. 2.—4. Jahrg. 1889—1891. à Jahrg. 52 Nrn. (à Nr. 1—2 Bog.) Lex.-8. Wien, (Lechner's Verlag). à Jahrg. * 10 —

Forts. u. d. T.:

—— österreichische. Organ d. niederösterreich. Landes-Lehrervereines. Leiter: Karl Huber. 5 Jahrg. 1892

—— norddeutsche. Hersg. unter Mitwirkung namhafter Pädagogen u. Schulmänner. Für die Redact.: Wilh. Berens. 1. Jahrg. 1867. Oktbr. bis Decbr. 6 Nrn. (à 1—1½ Bgn.) Minden, (Volkening.) gr. 4. n. 10 ngr.

—— norddeutsche. Hrsg. unter Mitwirkung namhafter Pädagogen und Schulmänner. 2. Jahrg. 1868. 24 Nrn.; 3. Jahrg. 1869. 36 Nrn.; 4. Jahrg. 1870. 52 Nrn.; 5. Jahrg. 1871. 1.—3. Quartal. 39 Nrn. (à 1—1½ Bog. mit eingedr. Holzschn.) gr. 4. Minden, Volkening. 1868 und 1869. à * 1870. * 1871. *

Forts.s.Schulzeitung, Freie deutsche.

Schulzeitung, Oesterreichische. Organ des österr. Landes-Lehrervereines. Leiter: Karl Huber. Fünfter Jahrgang. 1892. 52 Nrn. (à 1—2 Bogen.) Lex.-8. In Comm. Wien: Lechner 4.—

Jg.1-4 s.Schulzeitung, Niederösterreich.

Schulzeitung, Oesterreichische. Organ des niederösterreichischen Landeslehrervereines. Leiter: Karl Huber. 6. Jahrg. 1893. 42 Nrn. (à 1—2 B.) Lex.-8. Ebda 5.—

— österreichische. Organ d. niederösterreich. Landes-Lehrervereines. Leiter: Ed. Jordan. 8.—11. Jahrg. 1895—1898. à 52 Nrn. (à ca. 20 S.) Lex.-8. Wien (III 2, Löwengasse 53), Expedition. à Jahrg. n. 10. —

— österreichische. Organ des niederösterr. Landes-Lehrervereines. Leiter: Ed. Jordan u. seit 1902: Jos. Zimmermann. 12.—15. Jahrg. 1899—1902. à 52 Nrn. Lex.-8. (à ca. 16 S.) Wien, Expedition (Ign. Grossschopf, Wien III, Löwengasse 53). à Jahrg. n.n. 10.—

— österreichische. Organ des niederösterreichischen Landes-Lehrervereines. Red.: Jos. Zimmermann. 16. bis 19. Jahrg. 1903—1906. à 52 Nrn. (VIII, 832; VIII, 592; VIII, 592 u. VIII, 592 S.) Lex.-8. Wien (Elisabethg. 10), Verwaltg. d. Oesterr. Schulzeitung. à Jhrg. n.n. 10.—

— der Prov. Posen. Organ des Pestalozzi-Vereins. Red.: R. Braun. 1. Jahrg. 1879. 1. u. 2. Quartal. 13 Nrn. (B.) gr. 4. Bromberg, Mittler in Comm. n. 2. —

— dasselbe. 1. Jahrg. 1879. 3. u. 4. Quartal. 26 Nrn. (B.) gr. 4. Ebend. n. 2. —

—— der Prov. Posen. Organ des Pestalozzi-Vereins und des Provinzial-Lehrervereins der Prov. Posen. Redact.: R. Braun. 2. Jahrg. 1880. 52 Nrn. (Bog.) gr. 4. Bromberg, Mittler'sche Buchh. *

—— dass. — Redact.: E. Arndt. 3. und 4. Jahrg. 1881 und 1882. à Jahrg. 52 Nrn. (Bog.) gr. 4. Bromberg, Fischer. à Jahrg. *

Nicht weiter erschienen.

Schulzeitung,

—— preußische. Zeitschrift für die Interessen der Real-, Mittel-Töchter- und Volksschulen. Organ der Pestalozzi-Vereine in den Provinzen Brandenburg und Preußen. Hrsg. und redig. von H. Mensch. 5. Jahrg. 1867. 52 Nrn. (Bog.) 4. Neustadt-Eberswalde, Lemme.

Vgl.: Schulzeitung, Berliner.

—— preußische. Organ der Pestalozzi-Vereine in den Prov. Brandenburg und Preußen. Hrsg. von A. Petsch. 6.—8. Jahrg. 1868—1870. à Jahrg. 52 Nrn. (Bog.) 4. Neustadt-Eberswalde, Lemme. à Jahrg. *

—— preußische. Vereins-Organ. Hrsg. von L. W. Seyffarth. 1. Jahrg. 1875. 52 Nrn. (à ½ Bog.) gr. 4. Luckenwalde, (Schultze.) *

—— dass. — Organ des Landesvereins preuß. Volksschullehrer, sowie der Provinzial-Lehrervereine von Brandenburg, Pommern und der Rheinprovinz, des Pestalozzi-Vereins und anderer Lehrervereine. In Verbindung mit J. C. R. Backhaus, A. G. C. Lincke, O. Henckel, H. Niewöhner hrsg. von L. W. Seyffarth. 2. Jahrg. 1876. Jan. — Juni. 26 Nrn. (à ½ Bog.) gr. 4. Liegnitz, (Krumbhaar.) *

—— dass. — 2. Jahrg. 1876. Juli — Decbr. 27 Nrn. (à ½ Bog.) gr. 4. (Ebendas.) *

—— dass. — 3.—5. Jahrg. 1877—1879. à Jahrg. 52 Nrn. (à ½ Bog.) gr. 4. (Ebendas.) à Jahrg. *

—— preußische. Organ des Landesvereins preuß. Volksschullehrer, sowie der Provinzial-Lehrervereine von Brandenburg, Pommern und der Rheinprovinz, des Pestalozzi-Vereins und anderer Lehrervereine. In Verbindung mit J. C. R. Backhaus, L. Verdrow, Kuhlo rc. hrsg. von L. W. Seyffarth. Jahrg. 1880. 52 Nrn. (Bog.) Liegnitz, (Krumbhaar.) *

—— dass. — Organ des Landesvereins preuß. Volksschullehrer, sowie der Provinzial-Lehrervereine von Brandenburg, Pommern und der Rheinprovinz, des Pestalozzi-Vereines rc. der Prov. Brandenburg. Hrsg. von L. W. Seyffarth und W. Lahn, unter Mitwirkung von J. C. R. Backhaus, L. Verdrow, Kuhlo rc. Jahrg. 1881 und 1882. à Jahrg. 104 Nrn. (à Nr. 1—1½ Bog.) Fol. Oranienburg, Freyhoff's Verlag. à Jahrg. *

—— dass. — Jahrg. 1883. 104 Nrn. (à Nr. 1—1½ Bog.) Fol. Charlottenburg, Bracht. *

—— dass. — Mit „Vakanzen-Liste" und einem „Sonntags-Unterhaltungs-Blatt". Organ des Landes-Vereins preuß. Volksschullehrer, sowie der Provinzial-Vereine von Brandenburg und Pommern, des Pestalozzi-Vereins und des Pensions- und Sterbekassen-Vereins der Prov. Brandenburg. Hrsg. von L. W. Seyffarth und W. Lahn. Jahrg. 1884. 104 Nrn. (Bog.) Fol. und Sonntags-Unterhaltungsblatt. 52 Nrn. gr. 4. Berlin, Expedition. *

—— preußische. Organ für preuß. Volksschullehrer. Spezielles Organ der Provinzial-Vereine von Brandenburg und Pommern, des Pestalozzi-Vereins und des Pensions- und Sterbekassen-Vereins der Provinz Brandenburg. Hrsg. von L. W. Seyffarth und W. Lahn. 23. Jahrg. 1885. 104 Nrn. (Bog.) Fol. Berlin, Expedition (A. Weczerzick). *

—— dass. — Organ für Volksschullehrer. Spezielles Organ der Provinzial-Vereine von Brandenburg, Pommern rc. Hrsg. von L. W. Seyffarth und W. Lahn. 24. und 25. Jahrg. 1886 und 1887. à Jahrg. 104 Nrn. (Bog.) Fol. Ebendas. à Jahrg. *

— dasselbe. 26. u. 27. Jahrg. 1888. 1889. à 104 Nrn. (B.) Fol. Liegnitz, Niegisch. à Jahrg. n. 8. —

— dasselbe. 28. Jahrg. 1890. ca. 300 Nrn. (B.) Fol. Liegnitz, Seyffarth. n. 8. —

— preußische. Pädagogisches Tageblatt. Organ f. Volksschullehrer. Specielles Organ mehrerer Provinzialverbände, Pestalozzi-, Emeriten- u. anderer Unterstützungsvereine. Red.: L. W. Seyffarth. 29. u. 30. Jahrg. 1891. 1892. à 305 Nrn. (Bog.) Fol. Liegnitz, C. Seyffarth. à Jahrg. n. 8. —

— dasselbe. 31. Jahrg. 1893. 104 Nrn. (à ca. 2 Bog.) Fol. Ebd. n. 6.

— dasselbe. Organ des Lehrerverbandes u. des Pestalozzi-Vereins, sowie der Emeritenkasse u. der Sterbekasse der Prov. Brandenburg. Red.: L. W. Seyffarth. 32. Jahrg. 1894. 104 Nrn. (à ca. 2 Bog.) Fol. Ebd. n. 6. —

— preußische. Organ d. Lehrerverbandes u. d. Pestalozzi-Vereins, sow. d. Emeritenkasse u. d. Sterbekasse d. Prov. Brandenburg. Red.: L. W. Seyffarth. 33. u. 34. Jahrg. 1895—1896. à 104 Nrn. (à ca. 1 Bog.) Fol. Liegnitz, C. Seyffarth. à Jahrg. n. 6. —

— dasselbe. 35. u. 36. Jahrg. 1897—1898. à 104 Nrn. (à ca. 1 Bog.) Fol. Nebst Gratisbeilage: Illustr. Sonntags-Blatt. à 52 Nrn. (Bog.) gr. 4. Ebd. à Jahrg. n. 6. —
Kann auch vierteljährlich bezogen werden.

— preußische. Organ des Lehrerverbandes u. des Pestalozzi-Vereins, sowie der Emeritenkasse u. der Sterbekasse der Prov. Brandenburg. Red.: L. W. Seyffarth. 37.—40. Jahrg. 1899—1902. à 104 Nrn. Fol. (à ca. 8 S.) Nebst Gratisbeilage: Illustr. Sonntags-Blatt. 52 Nrn. gr. 4. (à ca. 8 S.) Liegnitz, C. Seyffarth. à Jahrg. n.n. 6.—

Schulzeitung, preußische. Organ des Lehrer-Verbandes der Prov. Brandenburg u. des Pestalozzi-Vereins f. die Prov. Brandenburg u. Berlin, sowie der Wilhelm-Augusta-Stiftg. u. der Sterbekasse deutscher Lehrer. Red.: R. Otto. 41.—44. Jahrg. 1903—1906. à 104 Nrn. (à ca. 8 S.) Fol. Nebst Gratisbeilage: Illustriertes Sonntags-Blatt. 52 Nrn. (à ca. 8 S.) gr. 4. Liegnitz, C. Seyffarth. à Jhrg. n n. 6. —
Jhrg. 41 ist v. L. W. Seyffarth, 42 v. R. Blaschke red.

— preußische. Zeitschrift d. Lehrerverbandes der Prov. Brandenburg u. d. Pestal.-Vereins f. d. Prov. Brandenburg u. Berlin (E. V.), sowie d. Wilhelm-Augusta-Stiftg. u. d. Sterbekasse deutscher Lehrer. Red.: R. Otto. 45.—48. Jahrg. 1907—1910. à 104 Nrn. (à ca. 8 S.) 36,5×25,5 cm. Nebst: Illustr. Sonntagsbeilage (52 Nrn.), Literaturbeil. (12 Nrn.) u. „Brandenburg. Fortbildungsschule". 24 Nrn. Liegnitz, C. Seiffarth. à Jahrg. nn 6. —

— rheinisch-westfälische. Hrsg. v. J. Müllermeister. 1—6. Jahrg. Octbr. 1877—Septbr. 1883. à 24 Nrn. (à 1—1½ B.) gr. 4. Aachen, Barth. à Jahrg. n. 4. —

— rheinisch-westfälische. Hrsg. v. J. Müllermeister. 7—10. Jahrg. Oktbr. 1883—Septbr. 1887. à 24 Nrn. (à 1—1½ B.) gr. 4. Aachen, Barth. à Jahrg. n. 4. —

— rheinisch-westfälische. Hrsg. von J. Müllermeister. 11. u. 12. Jahrg. Oktbr. 1887—Septbr. 1889. à 24 Nrn. (à 1½—2 B.) gr. 4. Aachen 888. Barth. à Jahrg. n. 4. —

— dasselbe. 13. Jahrg. Oktbr. 1889—Septbr. 1890. 50 Nrn. (à 1½—2 B.) gr. 4. Ebd. n. 4. —

— rheinisch-westfälische. Wochenschrift f. Schule u. Lehrerwelt. Hrsg. v. J. Müllermeister. 15.—18. Jahrg. Oktbr. 1891—Septbr. 1895. à 52 Nrn. (Bog.) gr. 4. Aachen, R. Barth, Verl. à Jahrg. n. 4. —

— rheinisch-westfälische. Hrsg. v. J. Müllermeister. 19.—22. Jahrg. Oktbr. 1895—Septbr. 1899. à 52 Nrn. (à 16 Sp.) gr. 4. Aachen, R. Barth, Verl. à Jahrg. n. 4. —
Kann auch vierteljährlich bezogen werden.

— rheinisch-westfälische. Amtliches Veröffentlichungsblatt mehrerer Lehrervereine. Hrsg. v. J. Müllermeister. 23.—26. Jahrg. Oktbr. 1899—Septbr. 1903. à 52 Nrn. gr. 4. (à ca. 16 Sp.) Aachen [R. Barth] P. Urlichs. à Jahrg. n. 4. —

— rheinisch-westfälische. Amtliches Veröffentlichungsblatt mehrerer Lehrervereine. Hrsg. v. J. Müllermeister. 27.—30. Jahrg. Oktbr. 1903—Septbr. 1907. à 52 Nrn. (à Jhrg. 824 Sp.) gr. 4. Aachen, P. Urlichs. à Jhrg. n. 4. —

— rheinisch-westfälische. Amtliches Veröffentlichungsblatt mehrerer Lehrervereine. Hrsg. v. J. Müllermeister. 30.—33. Jahrg. Oktbr. 1906—Septbr. 1910. à 52 Nrn. (824, 830, 832 u. 832 Sp.) 31,5×22 cm. Aachen, P. Urlichs. à Jahrg. 4. —

Schulzeitung,

—— sächsische, für Schullehrer u. Schulfreunde. Hrsg. von Jul. Kell. Jahrg. 1845—47. 4. Grimma, Verlags-Comptoir. [1845, 46. à 104 Nrn. (Bog.) à * 1 Thlr. 10 Ngr., 47. 52 Nrn. (à 2 B.) * 2 Thlr.] *
Vgl.: Schulbote, der, aus Sachsen.

— Sächsische. Hrsg. v. Jul. Kell. Jahrg. 1847—1849. — Hrsg. v. Aug. Lansky. Jahrg. 1850—1852. à 52 Nrn. 4. (2 B.) Grimma, Verlags-Comptoir. à Jahrg. n. 2 ℛ

— sächsische. Red.: Aug. Lansky in Dresden. 20—24. Jahrg. 1853—57. à 52 Nrn. (à 2 Bgn.). Wurzen, Verlags-Comptoir. 4. Jeder Jahrg. n. 2 ℛ.

— — 25. Jahrg. 1858. 52 Nrn. (à 1 Bgn.). Leipzig, Klinkhardt in Comm. Lex.-8. n. 2 ℛ.

Schul-Zeitung, Sächsische. Red.: Aug. Lansky. 26. Jahrg. 1859. 52 Nrn. (à 2 Bgn.) Leipzig, Klinkhardt in Comm. 4. n. 2 ℛ

— — Red.: Berthelt, Heger, Jäkel, Lansky, Petermann. 27—31. Jahrg. 1860—64. à 52 Nrn. (à 1 Bgn.) Ebend. gr. 4. Jeder Jahrg. n. 2 ℛ

— sächsische. Redact.: Berthelt, Heger, Jäkel, Lansky, Petermann. 32—37. Jahrg. 1865—70. à Jahrg. 52 Nrn. (Bgn.) Leipzig, (Klinkhardt.) gr. 4. Jeder Jahrg. n. 2 ℛ

— sächsische. Zugleich Organ d. allgemeinen sächs. Lehrervereins u. seiner Zweigvereine. Red.: Aug. Berthelt, Mor. Heger, Jul. Jäkel, ꝛc. 38 u. 39. Jahrg. 1871 u. 1872 à 52 Nrn. (B.) Mit Beilage: Deutsche Jugendblätter. gr. 4. Leipzig, Klinckhardt in Comm. à Jahrg. n. 6. —

— dasselbe. 40. Jahrg. 1873. 52 Nrn. (B.) gr. 4. Ebend. n. 7. —

— dasselbe. 41—43. Jahrg. 1874—1876 à 52 Nrn. (B.) gr. 4. Ebend. à Jahrg. n. 8. —

— sächsische. Zugleich Organ des allgemeinen sächsischen Lehrervereins u. seiner Zweigvereine. Hrsg.: Berthelt, Heger, Lanský, Petermann. Red.: Aug. Lanský. 44—47. Jahrg. 1877—1880. à 52 Nrn. (à 1—2½ B.) gr. 4. Leipzig, Klinkhardt in Comm. à Jahrg. n. 8. —

— dasselbe. 48. u. 49. Jahrg. 1881 u. 1882. à 52 Nrn. (à 1—2½ B.) Mit Gratisbeilage: Deutsche Jugendblätter. Red.: Karl Petermann. 21. Jahrg. 1881. 26 Nrn. (B.) gr. 4. Ebend. à Jahrg. n. 8. —

— sächsische. Zugleich Organ d. allgemeinen sächs. Lehrervereins u. seiner Zweigvereine. Hrsg.: Berthelt, Heger, Lanský. Red.: Aug. Lanský. 50—53. Jahrg. 1883—1886. à 52 Nrn. (à 1—2½ B.) Mit Gratisbeilage: Deutsche Jugendblätter. Red.: Ernst Weber. 23—26. Jahrg. 1883—1886. 26 Nrn. (B.) gr. 4. Leipzig, (Klinkhardt). à Jahrg. n. 4. —

— sächsische. Zugleich Organ d. allgemeinen sächs. Lehrervereins u. seiner Zweigvereine. Hrsg.: Berthelt, Heger, Lanský. Red.: A. Lanský. 54.—57. Jahrg. 1887—1890. à 52 Nrn. (à 1—2½ B.) Mit Gratisbeilage: Deutsche Jugendblätter. Red.: Ernst Weber, Br. Müller. 27.—30. Jahrg. 1887—1890. à 26 Nrn. (B.) gr. 4. Leipzig, (Klinkhardt). à Jahrg. n. 8. —

— sächsische. Zugleich Organ d. allgemeinen sächs. Lehrervereins u. seiner Zweigvereine. Hrsg.: Berthelt u. Lanský. Red.: Aug. Lanský. 58.—61. Jahrg. 1891—1894. à 52 Nrn. (à ca. 1½ Bog.) Mit Gratisbeilage: Deutsche Jugendblätter. Red.: Bruno Müller. 31.—34. Jahrg. 1891—1894. à 26 Nrn. (Bog. m. Abbildgn.) gr. 4. Leipzig, (J. Klinkhardt). à Jahrg. n. 8. —

— sächsische. Organ d. allgem. sächs. Lehrervereins u. s. Zweigvereine. Red.: Aug. Lanský. 62. u. 63. Jahrg. 1895—1896. à 52 Nrn. (à ca. 14 S.) Mit Gratisbeilage: Deutsche Jugendblätter. Red.: Bruno Müller. 35. u. 36. Jahrg. 1895—1896. à 26 Nrn. (à ca. 8 S. m. Abb.) gr. 4. Leipzig (J. Klinkhardt). à Jahrg. n. 8. —

— dasselbe. Organ d. sächs. Pestalozzi-Vereins. Hrsg. v. Vorstande des sächs. Pestalozzi-Vereins. Red.: Arth. Ulrich. 64. u. 65. Jahrg. 1897–1898. à 52 Nrn. (à ca. 12 S.) M. Gratisbeilage: Deutsche Jugendblätter. Red.: Bruno Müller. 37. u. 38. Jahrg. 1897—1898. à 26 Nrn. (à ca. 8 S. m. Abb.) gr. 4. Ebd. à Jahrg. n. 8. —

Kann auch halbjährlich bezogen werden.

— sächsische. Organ des sächs. Lehrervereins u. seiner Zweigvereine, sowie des sächs. Pestalozzi-Vereins. Hrsg. vom Vorstande des sächs. Pestalozzi-Vereins. Schriftleitung: Arth. Ulrich. 66.—70. Jahrg. 1899—1903. 52 Nrn. gr. 4. (à ca. 14 S.) Mit Gratisbeilage: Deutsche Jugendblätter. Schriftleiter: Arth. Hammer. 39.—43. Jahrg. 1899—1903. à 26 Nrn. (à ca. 8 S. m. Abb.) Leipzig (J. Klinkhardt.) à Jahrg. n. 8. —

— sächsische. Organ des sächs. Lehrervereins u. des sächs. Pestalozzi-Vereins. Eigentum des sächs. Pestalozzi-Vereins. Schriftleitung: Arth. Ulrich. 71. bis 73. Jahrg. 1904—1906. à 52 Nrn. (VI, 870; VI, 820 u. IV, 762 S.) Mit Gratisbeilagen: „Deutsche Jugendblätter", „Literarische Beilage", „Lehrmittelwarte", „Jugendschriftenwarte". 4. Leipzig (J. Klinkhardt). à Jhrg. n. 8. —

Die Jbrgge. 71 u. 72 sind noch in Fraktur gedruckt.

— sächsische. Organ des sächs. Lehrervereins u. d. sächs. Pestalozzi-Vereins. Eigentum d. sächs. Pestalozzi-Vereins. Schriftleiter: Arth. Ulrich u. seit 1909: Edm. Leupolt. 74. –77. Jahrg. 1907—1910. à 52 Nrn. (IV, 814; IV, 942; IV, 880 u. IV, 852 S.) Mit Gratisbeilagen: „Literar. Beilage", „Lehrmittelwarte", „Jugendschriftenwarte". 32×24 cm. Leipzig (J. Klinkhardt). 74. Jahrg. 8.—; 75. –77. Jahrg. à 6. —

Schulzeitung,

— schlesische. Pädagogische Wochenschrift u. Organ d. Provinzial-Lehrer- u. Pestalozzi-Vereins. Hrsg. v. F. Kiesel u. C. Gärtner. 1. Jahrg. Juli—Decbr. 1872. 52 Nrn. (à ½—¾ B.) gr. 4. Breslau, Priebatsch. In Comm. n. 2. 50

— dasselbe. 2. Jahrg. 1873. 26 Nrn. (à ½—¾ B.) gr. 4. Ebend. n. 5. —

—— dass. — Pädagogische Wochenschrift und Organ der Provinzial-Lehrer-Vereine in Schlesien und Posen und des schles. Pestalozzi-Vereins. Redact.: F. Kiesel. 3. Jahrg. 1874. 52 Nrn. (¾—1 Bog.) gr. 4. Ebendas. *

—— schlesische. Pädagogische Wochenschrift. Organ der Provinzial-Lehrer-Vereine in Schlesien und Posen und des schles. Pestalozzi-Vereins. Redact.: F. Kiesel. 4.—6. Jahrg. 1875—1877. à Jahrg. 52 Nrn. (à 1—1½ Bog.) gr. 4. Breslau, (Priebatsch's Buchh.) à Jahrg. *

—— dass. — Redact.: F. Töpler. 7. und 8. Jahrg. 1878 und 1879. à Jahrg. 52 Nrn. (à 1—1½ Bog.) gr. 4. Ebendas. à Jahrg. *

Schulzeitung, schlesische. Pädagog. Wochenschrift, Organ des Provinzial-Lehrer-Vereins in Schlesien und des schles. Pestalozzi-Vereins. Redact.: F. Töpler. 9.—13. Jahrg. 1880—1884. à Jahrg. 52 Nrn. (à Nr. 1—1½ Bog.) gr. 4. Breslau, Priebatsch' Buchh. à Jahrg. *

—— schlesische. Pädagogische Wochenschrift, Organ der Provinzial-Lehrer-Vereine in Schlesien und Posen und des schles. Pestalozzi-Vereins. Redact.: F. Töpler. 14. Jahrg. 1885. 52 Nrn. (à Nr. 1—1½ Bog.) gr. 4. Breslau, Priebatsch. *

—— dass. — Pädagogische Wochenschrift, Organ der Provinzial-Lehrer- und Pestalozzi-Vereine in Schlesien und Posen rc. Redact.: Alb. Sachse. 15.—17. Jahrg. 1886—1888. à Jahrg. 52 Nrn. (à Nr. 1—1½ Bog.) gr. 4. Ebendas. à Jahrg. *

—— schlesische. Pädagogische Wochenschrift, Organ der Provinzial-Lehrer- u. Pestalozzi Vereine in Schlesien u. Posen etc. 18.—21. Jahrg. 1889—1892. à Jahrg. 52 Nrn. (à Nr. 1—1½ Bog.) gr. 4. Bresl., Priebatsch. Jahrg. 1889 u. 1890 à * 6 — Jahrg. 1891 u. 1892 à * 7 —

Jahrg. 1889 und 1892 redig. von Alb. Sachse, 1890 und 1891 von H. Töpler. — Jahrg. 1889 ist in Fraktur gedruckt.

— schlesische. Pädagogische Wochenschrift, Organ des Provinzial-Lehrer- u. Pestalozzi-Vereins in Schlesien, sowie des schles. Turnlehrer-Vereins. Red.: Wilh. Grüttner. 20.—23. Jahrg. 1891—1894. à 52 Nrn. (à ca. 1½ Bog.) gr. 4. Breslau, Priebatsch. à Jahrg. n.n. 7. —

— schlesische. Pädagog. Wochenschrift, Organ des Provinzial-Lehrer- u. Pestalozzi-Vereins in Schlesien sowie des schles. Turnlehrer-Vereins. Red.: Wilh. Grüttner. 24.—27. Jahrg. 1895—1898. à 52 Nrn. (à ca. 12 S.) gr. 4. Breslau, Priebatsch. à Jahrg. n.n. 7. — ; einz. Nrn. n. — 20

Kann auch vierteljährlich bezogen werden.

— schlesische. Pädagogische Wochenschrift. Organ des Prov.-Lehrer- u. Pestalozzi-Vereins in Schlesien sowie d. schles. Turnlehrer-Vereins. Red.: W. Grüttner. 28.—31. Jahrg. 1899—1902. à 52 Nrn. gr. 4. (à ca. 12 S.) Breslau, Priebatsch. à Jahrg. n.n. 7. —

— schlesische. Pädagogische Wochenschrift. Organ des Lehrervereins u. des Pestalozzi-Vereins f. die Prov. Schlesien sowie des schles. Turnlehrer-Vereins. Red.: W. Grüttner. 32.—35. Jahrg. 1903—1906. à 52 Nrn. (VIII, 708; VIII, 708; VIII, 758 u. VIII, 810 S.) gr. 4. Breslau, Priebatsch. à Jhrg. n.n. 7. —

— schlesische. Pädagogische Wochenschrift. Organ des schles. Lehrervereins, des Pestalozzi-Vereins f. d. Prov. Schlesien sowie d. schles. Turnlehrer-Vereins u. des schles. Lehrervereins f. Naturkunde. Red.: W. Grüttner u. seit 1909: Hugo Langenmayr. 36.—39. Jahrg. 1907—1910. à 52 Nrn. (842, 858, 908 u. 952 S.) 31,5×23 cm. Breslau, Priebatsch. à Jahrg. nn 7. —

Schulzeitung,

—— für das Herzogth. Schleswig, Holstein und Lauenburg, redig. von A. P. Sönksen. 1. Jahrg. Octbr. — Decbr. 1852. 13 Nrn. (1/2 Bog.) gr. 4. Kiel 853, (Schröder und Comp.) *

—— dass. — (2. und 3.) Jahrg. 1853 und 1854. à Jahrg. 52 Nrn. (1/2 Bog.) gr. 4. Ebds. à Jahrg. *

—— für die Herzogth. Schleswig, Holstein und Lauenburg, redig. von A. P. Sönksen. Jahrg. 1860 und 1861. à Jahrg. 52 Nrn. (1/2 Bog.) 4. Kiel, (Schröder und Comp.) [Jahrg. 1860. * 1 Thlr. 7 1/2 Ngr., 1861. * 2 Thlr.]

—— für die Herzogthümer Schleswig, Holstein und Lauenburg, redig. von A. P. Sönksen. Jahrg. 1862—64. à Jahrg. 52 Nrn. (1/2 Bog.) 4. Kiel, (Schröder und Comp.) à Jahrg. *

—— Schleswig-Holsteinische. Hrsg. von A. P. Sönksen. Jahrg. 1865. 52 Nrn. (1/2 Bog.) 4. Kiel, (Schwers'sche Buchh. — Schröder und Comp.) *

—— dass. — Hrsg. von Demselben. Jahrg. 1866. 52 Nrn. (1/2 Bog.) 4. Kiel. Schleswig, Schulbuchh. *
Vgl.: Kirchen- und Schulzeitung.

—— schleswig-holsteinische. Organ des allgemeinen schleswig-holstein. Lehrervereins. Redact.: A. P. Sönksen. [16.—19. Jahrg.] 1868—1871. à Jahrg. 52 Nrn. (à 1/2 Bog.) gr. 4. Kiel, (Schwers'sche Buchh.) à Jahrg. *

—— dass. — eine pädagog. Wochenschrift und Organ des allgemeinen schleswig-holstein. Lehrervereins. Redig. von A. P. Sönksen. 20.—22. Jahrg. 1872—1874. à Jahrg. 52 Nrn. (à 1/2—3/4 Bog.) gr. 4. Leipzig, Mentzel. 1872. *
1873 und 1874. à *

Schul-Zeitung, schleswig-holsteinische. Eine pädagog. Wochenschrift und Organ des allgemeinen schleswig-holstein. Lehrervereins. Redig. von A. Stolley. 23.—27. Jahrg. 1875—1879. à Jahrg. 52 Nrn. (à 1/2—3/4 Bog.) gr. 4. [Leipzig, Mentzel.] Flensburg, Westphalen. à Jahrg. *

—— schleswig-holsteinische. Eine pädagog. Wochenschrift und Organ des allgemeinen schleswig-holstein. Lehrervereins. Redig. von A. Stolley. 28.—32. Jahrg. 1880—1884. à Jahrg. 52 Nrn. (à Nr. 1/2—3/4 Bog.) gr. 4. Flensburg, Westphalen. à Jahrg. *

—— schleswig-holsteinische, eine pädagog. Wochenschrift und Organ des allgemeinen schleswig-holstein. Lehrervereins. Redig. von A. Stolley. 33.—36. Jahrg. 1885—1888. à Jahrg. 52 Nrn. (à Nr. 1/2—3/4 Bog.) gr. 4. Flensburg, Westphalen. à Jahrg. *

Schulzeitung, schleswig-holsteinische, e. pädagog. Wochenschrift u. Organ d. allgemeinen schleswig-holstein. Lehrervereins. Geleitet v. A. Stolley. 37.—40. Jahrg. 1889—1892. à Jahrg. 52 Nrn. (Bog.) gr. 4. Flensb., Westphalen. à Jahrg. * 6 —

— schleswig-holsteinische, e. pädagog. Wochenschrift u. Organ d. allgemeinen schleswig-holstein. Lehrervereins. Geleitet v. A. Stolley. 39.—42. Jahrg. 1891—1894. à 52 Nrn. (Bog.) gr. 4. Flensburg, A. Westphalen. à Jahrg. n. 6. —

— schleswig-holsteinische, e. pädagog. Wochenschrift u. Organ des allgem. schleswig-holstein. Lehrervereins. Geleitet v. A. Stolley. 43.—46. Jahrg. 1895—1898. à 52 Nrn. (à ca. 1 Bog.) gr. 4. Flensburg, A. Westphalen. à Jahrg. n. 6. —
Kann auch vierteljährlich bezogen werden.

— schleswig-holsteinische, e. pädagog. Wochenschrift u. Organ des allgemeinen schleswig-holstein. Lehrervereins. Geleitet v. A. Stolley. 47.—50. Jahrg. 1899—1902. à 52 Nrn. gr. 4. (a ca. 8 S.) Flensburg, A. Westphalen. à Jahrg. n. 6. —

— schleswig-holsteinische, e. pädagog. Wochenschrift u. Organ des allgemeinen schleswig-holstein. Lehrervereins. Geleitet v. A. Stolley. 51.—54. Jahrg. 1008 bis 1906. à 52 Nrn. (VI, 490; VI, 494; VI, 532 u. VI, 542 S.) gr. 4. Flensburg, A. Westphalen. à Jhrg. n. 6. —

— schleswig-holsteinische, e. pädagog. Wochenschrift u. Organ des allgem. schleswig-holstein. Lehrervereins. Geleitet v. A. Stolley. 55.—58. Jahrg. 1907—1910. à 52 Nrn. (546, 584, 550 u. 558 S.) 31,5×23 cm. Flensburg, A. Westphalen. à Jahrg. 6. —

—— schleswig-holsteinische. Centralblatt für die Gesammtinteressen aller Schulen der Herzogthümer. Unter Mitwirkung von Freunden der Schule hrsg. von Thaulow. 1. Jahrg. 1849. Febr. — Decbr. 52 Nrn. (1/2 Bog.) gr. 4. Kiel, Schröder und Comp. *

Schleswig-Holsteinische **Schulzeitung.** hrgg. v. Gustav Thaulow Kiel 1849. 4°

Fortges. u. d. T.

Schleswig-Holsteinische (später Schleswig-Holstein-Lauenburgische) **Universitäts- und Schul-Zeitung.** Red. v. Gustav Thaulow (und Marcus Schlichting). Kiel. 1850–51. 4°.

Schul- u. Lehrer-Zeitung, steirische. Organ des steierm. Lehrerbundes. Red.: Jos. Sperat. 1. Jahrg. 1898. 24 Nrn. (Bog.) gr. 8. Graz, Leykam. n.n. 3. 60

Schul- u. Lehrer-Zeitung, steirische. Organ d. steierm. Lehrerbundes. Red.: Jos. Sperat. 2.—5. Jahrg. 1899—1902. à 24 Nrn. gr. 8. (à ca. 16 S.) Graz, Leykam. à Jahrg. n.n. 4. 40

Schul- u. Lehrer-Zeitung, steirische. Organ des steierm. Lehrerbundes. Red.: Frdr. Döhrn. 6.—8. Jahrg. 1903—1905. à 24 Nrn. (à ca. 16 S.) gr. 8. Graz, Leykam. à Jhrg. n.n. 4. 40
Erscheint nicht mehr.

Schulzeitung,

—— süddeutsche, f. Gelehrten- u. Realschulen. Hrsg. v. Frisch, Keim, Pfaff, Schall u. Schmid. 2—4. Jahrg. à 2 Hfte. gr. 8. Stuttgart 839 — 42, Köhler. [2. à H. * 1/2 Thlr., 3. u. 4. à * 1/3 Thlr.] *
1. Jahrg., s. Correspondenzblatt f. Lehrer an d. Gelehrten- u. Realschulen Würtembergs, dessen Fortsetz. vorstehende Zeitschrift ist.

—— thüringische. Organ für die Lehrer der sämmtl. thüring. Staaten. Hrsg. von einem Verein von Schulmännern. 1.—3. Jahrg. 1870—1872. à Jahrg. 24 Nrn. (à 1—1½ Bog.) gr. 4. Gera, Ißleib und Rietzschel. à Jahrg. *
Forts.s.Schulzeitung, Allgemeine thüringische.

— universelle, u. pädagogischer Anzeiger. Organ f. die gesammte Lehrerwelt d. In- u. Auslandes. Unter Mitwirkg. v. Schulmännern red. u. hrsg. v. H. F. Rodewald. 1. Jahrg. 1874. 48 Nrn. (½ B.) Fol. Dresden. Leipzig, Jenne. 6. 40

—— westdeutsche. Zeitschrift für Erziehung und Unterricht. Hrsg. von J. P. Moser. 1. Jahrg. Octbr.—Dec. 1881. 13 Nrn. (Bog.) gr. 4. Saarbrücken. (Leipzig, Siegismund und Volkening.) *
Nicht weiter erschienen.

— westdeutsche. Zeitschrift für Erziehung u. Unterricht. Hrsg. v. J. P. Moser. 1. Jahrg. Octbr. 1881—Septbr. 1882. 52 Nrn. (B.) gr. 4. Saarbrücken. (Leipzig, Siegismund & Volkening.) n. 6. —

—— westfälische. [Zugleich Organ des „Märkischen Lehrer-Gesang-Vereins" und der „Natorp-Stiftung".] [2. Jahrg.] 1868. 52 Nrn. (à ⅓ Bog.) 4. Witten, Krüger. *

Schul-Zeitung für Westfalen u. Rheinland. [Zugleich Organ des märk. Lehrer-Gesang-Vereins u. „Natorp Stiftg."] [3. Jahrg.] 1868. 52 Nrn. (½ Bgn.) Altona, Verl.-Bureau. 4. n. 1 ℛ 10 ngr.
Vergl. Schulzeitung, westfälische.

—— für Westfalen und Rheinland. [Zugleich Organ des märk. Lehrer-Gesang-Vereins und der „Natorp-Stiftung".] [3. Jahrg.] 1869. 52 Nrn. (à ½ Bog.) 4. Altona, Verlags-Bureau. *

Westpreußische Schulzeitung. Organ d. Westpreuß. Prov.-Lehrerver. ... Jg 1. 1904. Danzig (1904): A. W. Kafemann. 4° [J.]
Aufs. s. u. d. T.: Westpreuss Schulblatt. [06. 8467]

— westpreußische. Organ des westpr. Prov.-Lehrer-Vereins u. des Pestalozzi-Vereins f. die Prov. Westpreußen. Organ des westpreuß. Lehrer-Emeriten-Unterstützungs-Vereins u. der Sterbekasse f. die Lehrer der Prov. Westpreußen. Mit den monatl. Beilagen: 1. Bunte Bilder aus Westpreußen, 2. Jugendschriftenwarte, 3. Schulmuseum. Red.: A. Domroese. 1.—3. Jahrg. 1904—1906. (Je jährl. 48 S.) à 52 Nrn. (IV, 434; IV, 460 u. IV, 450 S.) gr. 4. Danzig, A. W. Kafemann. à Jhrg. n. 6. —

— westpreußische. Organ des westpr. Prov.-Lehrervereins u. d. Pestalozzi-Vereins f. d. Prov. Westpreußen. Organ d. westpr. Lehrer-Emeriten-Unterstützgs.-Vereins u. der Sterbekasse f. die Lehrer der Prov. Westpreußen. Mit den monatl. Beilagen: 1. Bunte Bilder aus Westpreußen, 2. Jugendschriftenwarte, 3. Schulmuseum, 4. Ratgeber in Rechtssachen. Red.: Ad. Poetsch. 4.—7. Jahrg. 1907—1910. à 52 Nrn. (X, 444; X, 428; X, 422 u. X, 416 S.) 32×23,5 cm. Danzig, A. W. Kafemann. à Jahrg. 5. —

—— zürcherische. Jahrg. 1844 u. 1845. à 52 Nrn. (½ B.) gr. 4. Zürich, Meyer u. Zeller. [1844. * 1 Thlr., 1845. * 1 Thlr. 15 Ngr.] *

Schulzen, Anton

Der praktische Bienenzüchter. Handbuch z. Betriebe e. gewinnbringenden Bienenzucht mit bewegl. u. unbewegl. Waben unter besond. Berücks. d. rhein.-westfäl. Verhältnisse von Anton **Schulzen**, Hauptlehrer. Mit 200 Abb. Alpen-Millingen: T. Godden 1904. (313 S.) 8° [J.] [5 n/5]

Schulzen, Ant., der prakt. Bienenzüchter. Handbuch zum Betriebe e. gewinnbring. Bienenzucht m. bewegl. u. unbewegl. Waben unter besond. Berücksicht. der rheinisch-westfäl. Verhältnisse. (313 S. m. 200 Abbildgn.) 8. Alpen-Millingen 904. (Leipzig-R., Fritzsche & Schmidt.) Geb. in Leinw. n.n. 2. 50

Schulzen, Ant., der praktische Bienenzüchter. Handbuch zum Betriebe e. gewinnbring. Bienenzucht m. bewegl. u. unbewegl. Waben unter besond. Berücksicht. der rheinisch-westfäl. Verhältnisse. 2., verm. u. verb. Aufl. (368 S. m. 206 Abbildgn. u. 1 Taf.) 8. Millingen (910). Leipzig, Fritzsche & Schmidt.) Geb. in Leinw. nn 2. 50

Schulzen, Anton: Bienen- und Seidenzuchtverein der Rheinprovinz. 1849. 1899. Festschrift zur Feier seines 50jährigen Bestehens. Unter Mitw. mehrerer Vereinsmitglieder zsgest. (M. Gladbach 1899: W. Hütter.) (65 S.) 8° [Umschlagt.]

SCHULZEN, Fr. M.: Forstwesen, Waldkultur und Feldschutz in Preussen und die kommentirten Gesetze vom 15. April 1878 betr. Forstdiebstahl und vom 1. April 1880 über Feld- und Forstpolizei. - Heinsberg 1881. 70 S. - 4. verm. u. verb. Aufl. Trier 1884. II, 141 S.

Schulzen, F. M., Forstwesen, Waldkultur und Landwirthschaft in Preußen, nebst den zugehör. kommentirten Gesetzen. 4. verm. und verb. Aufl. gr. 8. (II, 141 S.) Trier 884, Lintz'sche Buchh. *
1.—3. Aufl. waren nicht im Handel.

Schulzen, F. M., Korbweiden-Kultur, Lehranstalt für Korbflechterei u. die Weiden [salicos]. gr. 8. (VI, 78 S.) Trier 882. Lintz. n. 1. —

—— dass. — 2. verm. und verb. Aufl. gr. 8. (VII, 165 S. mit 5 lithogr. Taf. und Holzschn.) Ebendas. 884. *

Schulzen, Hubert Eugen Mittelhochdeutsche Anklänge in Uhlands Gedichten. 17 S. Progr. Thann 1879.

Schvlzen, Hvbertvs Evgenivs (geb. am 24 Jan. 1843 in Büllingen Kr. Malmedy): De Bertoldi et Bernoldi chronicis ... Bonnae, form. C. Georgi (1867). 1 Bl., 31 S., 1 Bl. 8.
Bonn, Phil. Fak., Diss. v. 13 Dez. 1867

v. Schulzenheim, s. Schulz v. Schulzenheim.

Schulzenstofel, Büchlein wider Lochstein, d. geistl. Immunitat und Freyheit betreffend. 4. Freysingen. (Krüll in Ingolstadt, Lindauer in München, u. Wolf in Augsburg) 768.

Schulzer, J. F., Anwend. d. Grundsätze der antiphlogist. Chemie auf d. Gasarten. 8. Ruppin, Kühn. 797.

Schulzer von Mueggenburg, Stephan

Schulzer, Steph., u. Carol. **Kalchbrenner**, icones selectae hymenomycetum Hungariae observatorum et delineatorum. Editae sub auspiciis academiae scientiarum Hungaricae cura Caroli Kalchbrenner. Fasc. 1—3. Fol. (S. 1—50 m. à 10 Chromolith.) Budapest 873. (Berlin, Friedländer & Sohn.) n. 36. -
1. u. 2. Einzeln à n. 15. —; 3. Einzeln n. 12. —

Schulzer, Steph., und Carol. Kalchbrenner, Icones selectae hymenomycetum Hungariae observatorum et delineatorum. Editae sub auspiciis academiae scientiarum Hungariae cura Caroli Kalchbrenner. Fasc. 1 et 2. Fol. (S. 1—36, mit je 10 Chromolithogr.) Pest 874. (Berlin, Friedländer und Sohn.) à Fasc. ℳ 15. *

Schulzer, Steph., et Carol. Kalchbrenner, Icones selectae Hymenomycetum Hungariae observatorum et delineatorum. Editae sub auspiciis academiae scientiarum Hungariae cura Carol. Kalchbrenner. Fasc. III et IV (finis). Fol. (S. 37—65 mit 20 Chromolithogr.) Budapest 876. (Berlin, Friedländer und Sohn.) à Fasc. * ℳ 12. *
Fasc. I und II. (Ebendas.) 1874. à *ℳ 12.

Schulzer von Mueggenburg, Stef., Aug. Kanitz und Jos. A. Knapp, die bisher bekannten Pflanzen Slavoniens. Ein Versuch. gr. 8. (172 S.) Wien 866, Czermak. *

Schulziade, Die neueste.
Neuenburg in der Schweiz. [Bern] 1857.
V: *Vogt, Carl.* (wr)

Schulzimmer, das. Vierteljahrsschau üb. die Fortschritte auf dem Gebiete der Ausstattg. u. Einrichtg. der Schulräume sowie des Lehrmittelwesens m. besond. Berücksicht. der Fordergn. der Schulhygiene. Unter Mitwirkg. zahlr. Fachmänner hrsg. v. P. Johs. Müller. 1. Jahrg. Oktbr.—Dezbr. 1903. 2 Nrn. (142 S. m. Abbildgn.) gr. 8. Berlin, Charlottenburg P. J. Müller & Co. n. 2.—

— dasselbe. 2.—4. Jahrg. 1904—1906. à 4 Nrn. (IV, 252; IV, 242 u. IV, 243 S. m. Abbildgn.) gr. 8. Charlottenburg, P. J. Müller. à Jhrg. 4.—

Schulzimmer, das. Vierteljahrsschau üb. die Fortschritte auf dem Gebiete der Ausstattg. u. Einrichtg. der Schulräume sowie des Lehrmittelwesens m. besond. Berücksicht. der Fordergn. der Hygiene. Hrsg. v. H. Th. Matth. Meyer. 5.—8. Jahrg. 1907—1910. à 4 Nrn. (à ca. 50 S. m. Abb.) gr. 8. Charlottenburg, P. J. Müller. à Jahrg. 4.—; geb. 5.—
Erscheint nicht mehr.

Schulzius, A., Gelam. Neueste Blumensprache ꝛc. 16. (5 B. u. ill. Titbild.) Guben 839, (Berger.) *

Schulzke, Paulus: Betontes ė+i und o+i in der normannischen Mundart Halis Saxonum 1879: Karras. 37 S. 8°
Halle-Wittenberg, Phil. Diss. v. [11. Dez.] 1879
Geb. Wittenberge (Prov. Brandenb.) 30. 3. 1856. V.

Schülzke, Otto: Ueber die Möglichkeit einige für die operative Eröffnung des Warzenfortsatzes topographisch-anatomisch wichtige Verhältnisse am Schädel vor der Operation zu erkennen und über den praktischen Werth einer solchen Erkenntniss. ... (Aus: Arch. f. Ohrenheilkunde. XXIX. Bd.) Leipzig: Druck v. J. B. Hirschfeld 1890. 3 Bl. + 33 S. 8°
Halle, Med. Fak., Inaug.-Diss. v. 12. Febr. [handschr.] 1890.

Wie soll ich singen? Gemeinnutziger Vortrag, geh. von Richard Schulzweida. Berlin 1900. Preuß. 22 S. 8° A 12 12041

Schulzweida, Rich., wie soll ich singen? Ein Leitfaden f. Gesang-Studierende u. Sänger. 5. verb. u. m. Notenbeispielen versehene Aufl. (IV, 55 S.) 8. Berlin 909. (H. Steinitz.) 1.—

Schum, Kur- u. Diätvorschriften f. den Gebrauch des Mergentheimer kochsalzhaltigen Bitterwassers, s.: Lindemann.

Schum, Eduard [app. Arzt aus Mergentheim]: Experimentelle Beiträge zur Frage des Resorptionsvermögens der menschlichen Haut ... Würzburg, Becker's Univ.-Buchdr., 1892; 51 S. 8.
Würzburg, Med. Fak., Inaug.-Diss. v. 1891

Schum, Geo. Erh., über die Pflichten d. Seelsorger in Beziehung auf die zeitl. Wohlfahrt ihrer Untergebenen. Eine Preisschrift. 8. Bamb. 790. (Wesché in Frkf. a. M.)

Schum, Heinrich: Aus d. Med. Universitätsklinik zu Kiel. Über das Verhalten der Schluckgeräusche bei Oesophagusstenose. Kiel 1909: Fiencke. 42 S. 8°
Kiel, Med. Diss. v. 9. Mai 1909, Ref. Anschütz
[Geb. 10. Juli 84 Halle a. S.; Wohnort: Kiel; Staatsangeb.: Preußen; Vorbildung: Joachimsthalsches Gymn. Berlin Reife O. 02; Studium: Göttingen 5, Berlin 2, Kiel 3 S.; Coll. 26. März 09; Approb. 1. Juni 09.] [U 09. 2289

Schum, Hermann, Assistenzarzt an d. Kreis-Irrenanst. Werneck, aus Würzburg: Über Lähmung der unteren Extremitäten im Verlaufe von postpuerperaler Parametritis. *Würzburg 1889: P. Scheiner.* (30 S.) 8°
Würzburg, Med. Diss. v. 1889

Schum, Otto [app. Arzt aus München]: Zur Casuistik der Bauchdeckentumoren ... München, kgl. Hof- u. Univ.-Buchdr. v. Dr. C. Wolf & Sohn, 1891; 21 S. 8.
Würzburg, Med. Fak., Inaug.-Diss. v. 1891

Schum, Otto, Versuche m. Kochin. [Aus: „Annalen d. städt. allgem. Krankenhäuser in München".] Lex.-8. (19 S.) München 893. J. F. Lehmann's Verl. n. 1.—

Schum, W., praktische Anleitung f. die Erteilung des Zeichenunterrichtes nach der neuen Methode. (32 S. m. 4 Taf.) gr. 8. Berlin 903. Schnetter u. Dr. Lindemeyer. n. 1.—

Schum, W., das Linearzeichnen. Ein Hilfsbuch z. Selbstunterricht f. Lehrer an Volks- u. Fortbildungs-Schulen sowie f. Zöglinge der Lehrerseminare u. Präparandenanstalten. (Mit 33 Fig. im Text u. 28 Taf. in der Beilage.) Auf Grund des Ministerial-Erlasses v. 1901 bearb. 1.—3. Tausend. (VI, 66 S.) 8. Berlin (906). M. Rodenstein. In Mappe n. 2. 80

Schum, W., H. Bresslau, G. Gröber u. A. Tobler, Quellen u. Methodik der romanischen Philologie. 2. verb. u. verm. Aufl. (III u. S. 205—368.) Lex.-8. Strassburg 904. K. J. Trübner. n. 3. 60
Sonderabdruck aus: „Gröber, Grundr. d. roman. Philol."

Schum, Wilh., Cardinal Albrecht v. Mainz u. die Erfurter Kirchenreformation, s.: Neujahrsblätter, hrsg. von der historischen Commission der Prov. Sachsen.

—— thüringisch-bairischer Briefsteller des 15. Jahrhunderts hrsg. und in seinem culturhistorischen Werthe erläutert. gr. 8. (VI, 36 S.) Halle 875, Buchh. des Waisenhauses. *

Schum, Wilh., s. a. Chronik von Dachwig.

Schum, W. Chronik des Erfurtischen Dorfes Dachwig a. d. 17. Jahrh. (110) 8 Erfurt 1869. 1,20.

— Erfurt während d. Streites der Kaiser Heinrich V. u. Lothar III. m. Kirche u. Fürstenthum. Vortrag, geh. am 10jähr. Stiftungsfeste d. Erfurter-Geschichts-Vereins [4. März 1874]. 8. (24 S.) Wiesbaden 875. Gestewitz. n. —60

Schum, Wilh., exempla codicum Amplonianorum Erfurtensium saeculi IX—XV. Mit 55 (Lichtdr.-) Abbildungen auf 24 Blättern. gr. Fol. (28 S.) Berlin 882. Weidmann. n. 20.—

— die Jahrbücher d. Sanct-Albans-Klosters zu Mainz. Eine Quellenuntersuchg. gr. 8. (IV, 130 S.) Göttingen 872. Vandenhoeck & Ruprecht in Comm. n. 2.—

Schum, Dr. Wilh., Ueber bäuerliche Verhältnisse und die Verfassung der Landgemeinden im Erfurter Gebiete zur Zeit der Reformation. (Aus: „Zeitschr. f. Thür. Gesch.") gr. 8⁰. Jena, E. Frommann, 1877.

Schum, Wilh., beschreibendes Verzeichniss der Amplonianischen Handschriften-Sammlung zu Erfurt. Im Auftrage und auf Kosten des königl. preuss. Unterrichts-Ministeriums bearb. und hrsg. mit einem Vorworte über Amplonius und die Geschichte seiner Sammlung. Lex.-8. (LVIII, 1010 S. mit 2 photolithogr. Taf.) Berlin 887, Weidmann'sche Buchh. *

Schum, Wilhelm: Vorstudien zur Diplomatik Kaiser Lothars III. Halle 1874: Waisenhaus. 36 S. 8⁰
Halle-Wittenberg, Phil. Hab.-Schr. v. 21. Febr. 1874
Im Buchhandel Halle: Waisenhaus 1874.

Schumach, Ambrose. Zur Erinng an die Feier d goldenen Jubs der St Fidelis Kirche zu College Point, NJ, 30. Sept 1906 NY, 1906.

Schumacher, s.a. Schuhmacher

Schumacher, Linné's Beziehungen zu Neu-Granada, s. Abhandlungen, hrsg. vom naturwissenschaftlichen Verein zu Bremen.

Schumacher, Eisenbahnhygiene, s.: Brähmer, Otto.

Schumacher, die Erkenntnis der Sünde, s.: Kampf, der, wider die Sünde.

Schumacher, Gebetbuch. 8. Bregenz, Brentano.

Schumacher, Superint. ..., s. Gesangbuch f. Hildesheim.

Schumacher, das Recht des Radfahrers, s.: Schiefferdecker, das Radfahren u. seine Hygiene.

Schumacher, ..., s. Sacombe, Lucina.

Schumacher II., om thermerna i Aachen och Burtscheid, deras egenskaper och verkningar. För läkare och kurgäster. 8. (IV, 87 S.) Aachen 878. Barth. n. 1. 60

Schumacher, Versuch e. systemat. Abhandlung üb. die bei den Oberamts-, Gemeinde-, Stiftungs-, Fruchtvorraths-Pflegen u. Handwerks-Zünften mit Anwend. der diessfalls besteh. gesetzl. Bestimmungen vorkomm. Geschäfte, nebst e. Anleit. wie d. Rechnungen der Verwaltungen auf d. einfachste Weise durch die Rechner selbst gestellt werden können, sammt e. kleinen Anh. üb. Stückrechnungen. gr. 8. (21½ B.) Heilbronn 833. (Stuttgart, Köhler)

Schumacher, A.

— s. Ahasver am Rhein.

Schumacher, A., amerikanische Buchführung. Darstellung d. Systems derselben f. Kaufleute. gr. 8. (49 S. m. 2 Tab. in qu. Fol.) Mainz 874. v. Zabern. n. 1. 50

Schumacher, A., Grundriß der kaufmännischen Buchführung nebst einem Anhang enthltd. kurze Anleitung zur Buchführung bei Gewerken, für Realschulen und Handelsinstitute, sowie zum Selbstunterricht. Mainz 854. v. Zabern. gr. 8. (IV, 103 S.) 15 ngr.

SCHUMACHER, A., Ein Wiener Kaufherr. Nachtstück aus den Tagen Leopold I. 2 Bde. Tabor 1851. 8⁰. (6 Kr., Hlwd., Gilhofer & Ranschburg, 1909.)

Schumacher, A., Lehrbuch der Arithmetik u. niederen Algebra. Nebst einem Anh. enth.: kaufmännisches Rechnen u. die wichtigsten Maß-, Gewichts- u. Münz-Systeme u. Wechsel-Course. Für Mittel-, besonders Real- u. höhere Bürgerschulen. 8. (VIII u. 334 S.) Mainz 847, Wirth. 1 ₰ 6 ngr.

Schumacher, A., de naufragio Pauli. Brem. 1730. 4.

Schumacher, A., kaufmännisches Rechnen, mit einleitenden Vorbemerkungen über Handel, Geld, Credit, Banken, Staatspapiere, Wechsel und Waaren. Für Schulen. 2., mit Rücksicht auf die neuen Münz-, Maß- und Gewichtsverhältnisse veränd. Aufl. gr. 8. (VIII, 110 S. mit 1 Tab. in gr. 4.) Mainz 875, v. Zabern. *

Das Ritual der Loge zur Hoffnung in Bern. Von A. S[chumacher]. Bern 1884: Haller. 34 S. 8⁰
Aus: Al. 10 (1884) S. 2—9, 17—21, 33—38, 49 bis 52, 65—67, 81—89, 97—100.
Recens: FZ. 38 (1884) S. 182—183.
cf. Bh. 28 (1885) S. 137—140; L. 7 (1884) S. 124 bis 125 (B. Cramer); Fr. 17 (1884) S. 377 (G. W. Speth).
Tt. 1415. Betrachtungen üb. Bedeutung u. Aufgabe des Rituals.

Schumacher, A., Wolfgang Schmelzel. Wiener Sittenbild. Wien 1867. 8⁰. (2 Kr. Carl Greif, Wien, 1908.)

Schumacher, A., Berthold Schwarz, Trauerspiel in 5 Aufzügen. (Den Bühnen gegenüber als Mscr.) 12. (134 S.) Mainz 864, Faber. *

Schumacher, A., Vorschule im Rechnen, Messen u. geometr. Zeichnen. Nebst e. Anhang, enth. die wichtigsten Geschäftsaufsätze in Mustern, darunter ein vollst. Voranschlag. Zunächst für Bauhandwerker u. Handwerksschulen. gr. 8. (12 B. u. 3 Stnt.) Mainz 846, Wirth. Thlr.

Schumacher, A., die Wege des Glücks, Schauspiel in 5 Aufzügen. (Den Bühnen gegenüber als Mscr.) 12. (186 S.) Mainz 860, (Faber'sche Buchh.) *

- s. Zeitschrift, Waldeckische.

Schumacher, A., die Zeugen d. Herrn in seiner Kirche; od. Leben d. Heiligen Gottes aus allen christl. Jahrh. Ein Hausb. f. jede christl. Familie. Mit e. Vorw. v. M. A. Nickel. 1. u. 2. Hälfte. gr. 8. (33¾ B.) Mainz 838, 39, Wirth.

Schumacher, Adalbert, a. Münster i. W.: Über die Konstitution der Orsellinsäure. Studien über die Verwendung des Natriumhydrosulfits in der Massanalyse. Münster i. Westf. 1905: Westf. Vereinsdr. (63 S.) 8⁰
Münster, Phil. Fak., Ref. Salkowski, Diss. v. 20. Jan. 1906
[Geb. 29. Sept. 79 Herdringen b. Arnsberg; Wohnort: Münster; Staatsangeh.: Preußen; Vorbildung: Gymn. Münster Reife O. 00; Studium: Münster 8 S.; Rig. 17. Nov. 05.]

Schumacher, Adf., die Vogesen, s.a. Grieben's Reiseführer.

Die Vogesen. Straßburg, Metz und die Schlachtfelder. Mit 7 Kt. 7. Aufl. Neu bearb. von Adolf Schumacher. Berlin: Goldschmidt 1910–11. 178 S. 8⁰
(Griebens Reiseführer. Bd 77.)

Schumacheri, Alb.. diss. de amuleto quodam Gnosticorum. Bremae 717. 4.

Schumacher, Albert [Praes.], s. Hackmann, Dithmar: De Cemoscho Moabitarum idolo.

Schumacher, Albert (Bremen) A. S. 600/36a

Dissertatio inauguralis de herede suo ab hereditate se abstinente et se immiscente.
Präs. Georg Ludwig Boehmer.
Göttingen (Luzac) 19. V. 1756. 63 S.

Gew.: Stadt Bremen.
W. v.: Präs., L. Kulenkamp, Johann Heinrich Christian von Selchow, Heinrich Hermann Meyer, Eberhard Habernikkel, Konrad Heinrich Runge, F. L. Klingling, Heinrich Bagelman. 31875

Schumacher, Alex., Dänemark u. Südschweden, s.: Volckmann's illustr. Führer.

— Kopenhagen, s.: Volckmann's illustr. Führer.

Schumacher, Alex. v., Herr Timme van der Wisch, s.: Enslin's interessante Bibliothek.

Schumacher, Andr., s. Bibliothek, dramat., d. Auslandes.

Schumacher, Andr., s. Briefe gelehrter Männer an die Könige v. Dänemark.

Schumacher, And., Briefe gelehrter Männer an die Könige von Dänemark. 3 Thle. gr. 8. Kopenh. 758.

Schumacher, And., s. Calderon de la Barca, der Arzt. — Dess. Kreuzeserhöhung. — Dess. Liebe, Macht u. Ehre.

Schumacher, Andr., der ewige Dom. Novelle aus d. Zeiten Markgraf Leopold d. Heiligen. 8. (17¾ B.) Wien 834, Mechitaristen-Congregat.-Buchh.

— das Ende eines Dichters, s. Erinnerungsblätter. Eine Sammlung von Erzählungen ꝛc.

—— Erinnerungsblätter, s. Erinnerungsblätter.

Schumacher, Andr., der Führer über den Semmering. Vollständige Beschreibung der Natur- u. Kunstwunder auf der Eisenbahn von Gloggnitz bis Mürzzuschlag. Mit einer (lith.) Karte der Bahn u. der Umgegend (in qu. Fol.) 16. (70 S.) Wien 852, Jasper's Wwe. & Hügel. 1/3 Thlr.

Schumacher, A. (H.), der Führer über den Semmering. Vollständige Beschreibung der Natur- und Kunstwunder auf der Eisenbahn von Gloggnitz bis Mürzzuschlag, sammt Ausflügen in die Umgebungen bis Feistritz, Neuperg, Mariazell ꝛc. 1. Aufl. (70 S.) 1852. und 2., verm. und verb. Aufl. 16. (III und 79 S. mit 1 lithogr. Karte der Bahn und der Umgegend in qu. gr. 4.) Wien 853, [Hügel.]

Schumacher, Andr., die Gegenwart, s. Gegenwart.

Schumacher, Andr., Geschichte der Thronentsetzung und des Todes Peter III. Hrsg. von J. Schumacher. Lex.-8. (XIX und 63 S. mit lithogr. Portr.) Hamburg 858. (Leipzig, Rein'sche Buchh.)

—— Wiener Gesellschafter, s. Gesellschafter.

Schumacher, Andr., u. J. C. Peppert, die Insel. Eine Samml. vermischter Dichtungen. 1. Bd. gr. 12. (9 B.) Wien 828, Sollinger. (Liebeskind in Leipzig) Thlr.
Enthält auch: Das Verbot. Lustsp. in 1 Acte u. Versen. v. Peppert.

—— Lebensbilder aus Oesterreich, s. Lebensbilder.

—— österreich. Musenalmanach, s. Musenalmanach.

—— österreichischer Novellenalmanach, s. Novellenalmanach.

— Wiener Novellenbuch. 1. Abth. A. u. d. T.: Sympathie. Ein Roman aus d. literarischen Nachlasse eines Wiener Arztes, mit einem einleitenden Phantasiestücke: Der Gefangene. 1. Thl. 1—4. Hft. 8. (S. 1—256.) Wien 850. 51. (Lechner.) (à n. 8 ngr) n. 1 Thlr 2 ngr

— der Prinz von Lothringen. Ein Gemälde des Hof-, Kriegs- und Volkslebens aus den Tagen Leopolds I. 3 Thle. 2. Aufl. Wien 856. Ludwig u. Zang. 8. (576 S.) 20 ngr

Schumacher, Arnold

Schumacher, d. schweizer. Armee, s.: Estoppey, D.

Schumacher, Arnold, die Ergänzung der schweizerischen Artillerie m. Rücksicht auf den Gebirgskrieg. Beantwortung der vom Zentralkomite der schweiz. Offiziersgesellschaft gestellten Frage: Ist die Bewaffng. u. Ausrüstg. der schweiz. Artillerie o. zur Führg. d. Gebirgskrieges hinreichend zweckdienliche; beziehungsweise was f. Neuorgn. wären diesfalls wünschenswerth? gr. 8. (IV, 55 S.) Frauenfeld 886. (Huber.) n. 1. —

Erinnerung an das Schwesternfest der Loge zur Hoffnung in Bern, den 16. Febr. 1873. [Unterz.:] A[rnold] **Schumacher.** [Bern 1873: Jent & Reinert.] 14 S. 8° [Umschlagtit.]
Enthält einen Dialog in Versen (Dialekt): Verschiedene Ansichten.

Schumacher, *Arnold* [aus Berlin]: Ueber cerebrale congenitale Meningocelen ... Berlin, C. Vogts Buchdr., 1895: 29 S., 1 Bl. 8.
Berlin, Med. Fak., Inaug.-Diss. v. 29. Nov. 1895

(Schumacher.) Taschenbuch für schweizer. Artilleristen. Bern 1867. 8°.

Schumacher, Arn., die Vermehrung der Feldartillerie. Vier Studien. gr. 8. (IV, 80 S.) Bern 891. Schmid, Francke & Co. n. 1. 60

Das Vorurtheil oder D' Freimuurer. Vom Verf. vo-n- Eisi und Aenni [d. i. Arnold **Schumacher**]. [Bern: ca 1874.] 16 S. 8° [Kopftit.]
Schauspiel in 9 Auftritten. Im schweizerischen Dialekt.

Schumacher, Aug., Bilder aus d. Alpen d. Steyermark. Mit Kpf. u. Melodien. gr. 8. Wien 820. Gräffer. 20 gr (Liebeskind in Leipz.) 16 gr — Dass. Wien 822. Schaumburg u. C. 16 gr

Schumacher, August, s. Florine. 1855.

Schumacher, Aug., Gedichte. gr. 8. (32½ B.) Arolsen 832, Speyer.

Schumacher, Aug., Gedichte. Leipzig 864. Violet. 8. (X, 344 S.) n. 1 ℳ 10 ngr

Schumacher, A., Gedichte. [Chronologisch geordnet.] 8. (VII, 352 S.) Mainz 880, Diemer. *

— Herz, Schmerz u. Scherz, in Liedern. 8. Wien 821. Schaumburg u. C. 1 ℳ 8 gr.

Schumacher, Aug. (III.), Jagd und Pferd. 8. (V und 247 S.) Arolsen 865, (Speyer.) * 1 Thlr.; geb. mit Goldschn. * 1

— der Luzerner Löwe. (Dichtung.) gr. 8. Luzern 820. (Leipz., Schmidt). 2 gr.

Schumacher's, Aug. (I.), letzte Predigten seit Anfange des Kirchenjahres, als Erinnerung für seine Zuhörer, mit einem biograph. Vorworte. gr. 8. (XX und 169 S.) Cleve 862. Barmen, Langewiesche's Verlag.

— ein frohes Wort d. Freiheit. 8. Arolsen 814. Speyer. 3 gr.

Schumacher, Balthasar Gerhard

Chöre und Gesänge zu den Lieblings-Compositionen des verst. Ord[ens]-Br W[olfg.] C[hrysostomus] [Amad.] Mozart, zum Gebrauch in g. u. v. Frmr-Logen eingerichtet vom [Br] B[alth.] G[erh.] **Sch[u]m[a]ch[e]r.** Als Ms. f. Ordens-Br Br zu finden bey den Stewards aller g. u. v. Frmr-Logen. 2. ächte u. rechtmässige Ausg. Schleswig 1800. 48 S. 8°
cf. Taschenbuch f. Frmr. 1801 S. 345—352. Ohne Notenangabe.

Schumacher, B. G., s. Joh. Elwes.

Der wahre Freymaurer in einer maurerischen Rede geschildert als am 14. Jenner 1778. die Loge Royal Yorck zur Freundschaft [in Berlin] in ihren Versammlungen regelmässige Arbeiten in deutscher Sprache feyerlich einführte von S[chu]m[a]ch[er]. Berlin [1778]: Decker. 16 S. 8°
(Sammlung neuer Frmr-Reden. 2, [8].)
Kl. 969.

— s. God save the King!

Die drey Säulen der Unbekannten im Lande. [Von Balthas. Gerh. **Schumacher.**] Reval u. Leipzig: Albrecht 1780. 54 S. 8°
Kl. 424, Tt. 1779. 3 Abhandl. üb. Weisheit, Schönheit u. Stärke u. eine Ode „An die Brr. in einer Trauerloge". Kl. erwähnt e. Ausg. 1779.

Vortrag über die Freude der Tugend, an den geheiligten Altären der Freymaurer gehalten zu Berlin am Johannis-Tage 1793 in der s. e. g. u. v. □ Königl. York zur Freundschaft [in Berlin] von dem besuchenden O. Br. [Balth. Gerh.] **Sch[u]m[a]ch[e]r.** Als Ms. f. Ordens-Brr. o. O. [1793]. 8 S. 8° [Umschlagtit.]
Kl. 1109.

[3. Aufl. u. d. Tit.:]
Vortrag über die Freude der Tugend, am Altare des holsteinischen Vaterlandes, in Gegenwart Sr. Königl. Hoheit des Kronerbens Friederichs von Dännemark, am 28sten Jenner 1807, vor einer festlichen Versammlung in Kiel gehalten von B[althas.] G[erh.] Sch[u]m[a]ch[e]r. 3. Aufl. o. O. [1807]. 16 S. 8° [Umschlagtit.]
Kl. 1148.

Vortrag über ächte maurerische Weisheit und Tugend, zur 23. Stiftungsfeyer d. s.-e.-g.-u.-v.-Δ z[um] P[e]l[i]c[a]n in A[l]t[o]na, gefeyert am $\frac{2}{5}$ $\frac{17}{94}$ im Logensaale der in H[am]b[ur]g unter Constitution der Gr. L[andes]Loge v. D[eutschland] z. B[er]l[i]n arbeitenden drey Frmrr-Logen, bestimmt vom Br [Balthas.] Gerh. Sch[u]m[a]ch[e]r. Als Ms. f. Ordens-Bbr. [Altona 1794.] 8 S. 8° [Umschlagtit.]
Kl. 1112.

Was ist Maurerey? Was soll sie uns seyn? Vortrag, gehalten in der s. e. g. u. v. □ Carl zum Felsen in Altona am $\frac{3}{3}$ $\frac{17}{97}$ von B[althasar] G[erh.] **Sch[u]m[a]ch[e]r** als Ms. f. Ordensbr. [Altona 1797: Schultz.] 16 S. 8° [Umschlagtit.]
Kl. 1118.

[Worte.] Seiner verehrungswürdigen Mutter-Loge, der Hochw. Gr. Freymaurer-Loge R. York zur Freundschaft, und seinen biedern Bundesbrüdern in Berlin zum Abschiede von ihrem dankbar ergebenen Bundesbruder B[althas.] G[erh.] Sch[u]m[a]ch[e]r. Berlin 1801: J. W. Schmidt. 8 S. 8⁰ [Umschlagtit.]
Rede in Versen. Gelegenheitsworte: „So geh' ich denn in dieser lichten Halle . . ."

Zufriedenheit, eine Ode, verlesen in der s. ehrw. ger. und vollk. Freymaurer-Loge Fr[iedrich] z. g[e]kr[önten] Hoffnung [!] [in Kopenhagen], unter dem Vorsitze des Brs Friedr. Münter vom Br B[alth.] G[erh.] Sch[u]m[a]ch[e]r. Copenhagen 1804: Möller. 7 S. 8⁰ [Umschlagtit.]
Kl. 1149.

Schumacher, Bruno: Niederländische Ansiedlungen im Herzogtum Preußen zur Zeit Herzog Albrechts (1525—1568). (Einl. u. T. 1, 1.) *Königsberg i. Pr. (1902): Hartung.* (44 S.) 8⁰
¶(Erscheint vollst. als Publikation d. Vereins f. d. Geschichte d. Prov. Ost- u. Westpreußen.)
Königsberg, Phil. Diss. v. 13. Nov. 1902

Schumacher, Bruno, niederländ. Ansiedlungen im Herzogtum Preussen zur Zeit Herzog Albrechts (1525 bis 1568). (Publication des Vereins f. die Geschichte v. Ost- u. Westpreussen.) (XII, 204 S. m. 2 Kartenskizzen.) gr. 8. Leipzig 903. Duncker & Humblot. n. 4. 80

Schumacher, C., s.a. S c h u m a c h e r, Karl

Schumacher, C., neuester Faulenzer, worin hauptsächlich enthalten ist, die Fruchtrechng. nach Gulden u. Kreuzern u. Mark u. Pfennigen ꝛc. 3. Aufl. gr. 16. (112 S.) Reutlingen 875. Baur. n. — 50

Schumacher, C., Fruchtrechnung nach dem neuen Gewicht berechnet. Reutlingen 860. Rupp & Baur. 12. (IV, 111 S.) n. 6 ngr

Schumacher, C. G., s. S c h u m a c h e r, Karl Wilhelm

Schumacher, Carl, s. S c h u m a c h e r, Karl

Schumacher, Carl Theodor, s. S c h u m a c h e r, Karl Theodor

Schumacher, Carl Wilhelm, s. S c h u m a c h e r, Karl Wilhelm

Schumacher, Christian Friedrich

— Beitr. zur Nosogenie u. Nosologie d. Ruhr. gr. 8. Frankf. 813. Varrentrapp. 21 ß

Schumacher, Chr. Fr., medicin.-chirurg. Bemerkk. 1r Bd. gr. 8. Kopenh. 800. Brummer. 1 ℛ 12 ß

Schumacher, Christian Friedrich (Lübeck) A. S. 571/7a
Dissertatio iuridica inauguralis de diffrntiis (!) iuris Romani et Germanici cumprimis Lubecensis in confirmandis tutoribus. Präs. Georg Heinrich Ayrer. Göttingen (Vandenhoeck) 15. VI. 1748. 34 S.

Gew.: Hermann Schaevius. 31876

— enumeratio plantarum septentrionalis orientalisque regionis Seelandiae. II Voll. 8. Kopenh. 801—3. Brummer. 2 ℛ 2 ß

— Essai d'un nouveau système des vers testacés. Avec 22 Pl. gr. 4. Kopenh. 817. Gyldendal. 13 ℛ 16 ß

— Versuch eines Verzeichnisses der in den dän. nord. Staaten sich findenden einfachen Mineralien. Mit Tabell. d. einfachen Fossilien ꝛc. gr. 4. Kopenh. 801. Brummer. 1 ℛ 8 ß

Schumacher, Christian Heinrich

Schumacher, Chr. Hnr., Anweis. z. Rechnen, zusammenhängend mit meinem Exempelbuche, od. Versuch, das mechan. Rechnen zu verdrängen. 8. Düsseld. 816. 2e A. 819. 3e A. 822. 4e A. 826. Schreiner. 1 ℛ 12 ß

— Exempelbuch zu meiner Anweis. z. Rechnen. 8. Düsseld. 816. 2e A. 822. 4e A. 828. Schreiner. 8 ß

—— Exempelbuch. 4., verb. u. verm. Aufl. 8. (12½ B.) Düsseldorf 828, Schreiner.

Schumacher, Chrstn. Heinr., Exempelbuch zu meiner Anweis. z. Rechnen. 6., verb. Aufl. gr. 12. (9 B.) Köln 839, DuMont-Schauberg.

Schumacher, Chrstn. Heinr., Exempelbuch zu meiner Anweisung zum Rechnen. 7., verb. Aufl. 12. (8½ B.) Köln 842, Du Mont-Schauberg'sche Buchh.

Schumacher, Chrstn. Heinr., Exempelbuch zu meiner Anweisung zum Rechnen. 9. Aufl. gr. 12. (204 S.) Köln 851, Du Mont-Schauberg'sche Buchh.

— — elementarisches Kopfrechnen mit reinen und angewandten Zahlen. 8. Ebend. 817.

—— elementar. Kopfrechnen mit reinen u. angewandten Zahlen. 2., verb. Ausg. 8. (25 B.) Düsseldorf 826, Schreiner.

— Zusätze u. Verbess. z. der Anweisung z. Rechnen u. s. w. für die Besitzer der 1ten od. 2ten Aufl. 8. Düsseldorf 822, Schreiner.

Schumacher, Chr. Wlh. Chrstlb., († d. 21. Juni 1806.) Abhandl. v. Haken, als ein vorzügl. Ackerwerkzeug statt des Pflugs. Mit Kpf. 8. Berl. 774. (Horvath in Potsd.) 12 ß

Schumacher, C. W. Gb., Entwickelung d. Begriffs von d. Freyheit; s. Entwickelung.

Schumacher, Christian Wilhelm Gottlieb

— s.a. Gefahr, die gehobene.

[**Schumacher**, Christian Wilhelm Gottlieb]: Die gehobene Gefahr beym Eintritte der Rindviehseuche. Aus Erfahrungen u. Urkunden bestätiget. Berlin u. Stettin 1779. 126 S.
— 2. Aufl. [u. d. Tit.:] Die sichersten Mittel wider die Gefahr beym Eintritte der Rindviehseuche aus Erfahrungen u. Urkunden bestätiget u. gesammlet. Mit e. Kupfer. Berlin 1793. XIV, 128 S.

— das sicherste Mittel beym Eintritt d. Rindviehseuche ꝛc. 8. Berlin, Wilh. Oehmigke. 792.

— das sicherste Mittel wider Gefahr beim Eintritt der Rindviehseuche. (2e verm. Aufl. der 1779 erschien. Schrift: üb. die gehobene Gefahr ꝛc.) 8. Berl. 792. Sander. 9 ℊ

— Prüfung d. Urtheile üb. d. Mecklenburg. Wirthschaftsverfassung ꝛc. gr. 8. Berlin, Pauli. 804.

— Prüfung der Urtheile üb. die Mecklenburg. Wirthschaftsverfassung, die Schlagordnung u. Koppelwirthschaft u. deren Anwendung auf andere Länder. gr. 8. Berl. 804. (Rücker). 2 ℛ 12 ℊ

— das gerechte Verhältniß d. Viehzucht z. Ackerbau, aus d. Mecklenburg. Wirthschaftsverfass. abgeleitet. Mit Kpf. u. Tabb. 8. Berl. 774. (Horvath in Potsd.) 20 ℊ

— Verhältniß d. Viehzucht zum Ackerbau, aus d. Mecklenburg. Wirthschaftsverfass. Mit Kpf. gr. 8. Berl. 805. (Rücker). 3 ℛ Hbg. Pr. 2 ℛ

Schumacher, Cph. Sigm., († d. 23. Dec. 1768.) der Durchgang der Venus durch die Sonne, vorgestellt auf einem Kupferstich. Leipz. 768.

— verbessertes astronom. Jahr- u. Tagebuch auf d. J. 1763. 8. Jena 763.

Schumacher, Doris, Pauline u. der Shawl. Zwei Erzähln. z. Unterhalt. f. d. weibl. Jugend. 16. (19 B.) Hamburg 839, Nestler u. Melle. 16 Gr., m. 6 ill. Bild.
— dass. mit 6 color. Bildern. Ebd.

—— die Pflegetochter. Eine Erzähl. f. Mädchen v. 10—15 Jahren. 16. (13 B.) Hamburg 838, Nestler u. Melle.

Schumacher, E., Characteristik Melanchthons in vier Zeichnungen. Anclam 860. Dietze. gr. 8. (39 S.) 3 ngr.

Schumacher, E., Erläuterungen zur geologischen Karte der Umgegend v. Strassburg m. Berücksicht. der agronomischen Verhältnisse. Hrsg. v. der Commission f. die geolog. Landes-Untersuchg. v. Elsass-Lothringen. gr. 8. (VII, 67 S.) Strassburg 883. (Schultz & Co.) n. 1. —

Schumacher, E., geolog. Führer durch das Elsass, s.: Beneke, E. W.

Schuhmacher, E., „die neue Geistesbewegung in d. evangel. Kirche u. ihr Einfluß auf d. Dienst am Worte." Rede, am Tage d. Synodal-Konvents zu Anklam geh. u. mit e. Vorw. z. Verständigung mit theolog. Lesern hrsg. gr. 8. (2 B.) Berlin 837. (Anklam, Dietze.) *

Schumacher, E., geologische u. mineralogische Literatur üb. Elsass-Lothringen, s.: Abhandlungen zur geologischen Specialkarte v. Elsass-Lothringen.

Schumacher, E. (I.), Perlen geistlichen Volksgesanges aus dem skandinavischen Norden. Eine Auswahl der schönsten Orig.-Melodien der dän. Volkskirche für Orgel oder Harmonium, Piano oder ein- oder mehrstimmigen Gesang in mäßig hoher Stimmlage. Mit deutschem Text hrsg. gr. 8. (24 S.) Göttingen 880, Vandenhoeck und Ruprecht's Verlag. *
geb. *

Schumacher, Edm. v., u. Alb. Meienberg, Festreden an der Schlachtfeier in Sempach vom 11. Juli 1892. gr. 8. (35 S.) Luzern 892. (Gebr. Räber.) n. — 80

Schumacher, Edmund von, von Luzern: Die Conventionalstrafe des römischen Rechts und der schweizerischen Gesetzgebung. Hottingen-Zür. H. Zürcher Dr. 1883. 111 S., 1 Bl. Thesen. 8°.
Zürich, Jur. Diss. [v. 20. Juli 1883].

Schumacher, Emil, [von Luzern]: Beiträge zur Morphologie und Biologie der Alkohol-Hefe. Wien Verf. Selbstverl. 1874. 35 S. 8°.
Zürich, Phil. Diss. [v. 7. Juli 1874].

Schumacher, Emil, Beiträge zur Morphologie u. Biologie der Hefe. [Aus: „Sitzungsber. d. k. Akad. d. Wiss."] Lex.-8. (32 S.) Wien 874. (Gerold's Sohn.) n. — 50

Schumacher, Emil, die neue Rechtschreibung. Regeln, Merkwörter u. Übungsaufgaben, methodisch geordnet zum Gebrauch f. Volks- u. Mittelschulen u. verwandte Anstalten. gr. 8. (24 S.) Altona 902. H. Lorenzen. n. — 20

Schumacher, E[mil] D[agobert]. Zur Duodenum Chirurgie. Aus der chirurgischen Universitäts-Klinik zu Zürich .... Habilitationsschr. Med. Univ. Zürich. [Mit 2 Figuren.] (Sonderabzug aus Beiträge zur klinischen Chirurgie. Band 71. Heft 2.) II + 47 S. 8. Tübingen, H. Laupp Jr., 1910.

Schumacher, Emil Dagobert, med. pract. von Luzern: Unfälle durch elektrische Starkströme. Eine klinische und gerichtlich-medizinische Studie. (Aus dem gerichtlich-medizinischen Institut der Universität Zürich. Direktor Prof. Zangger.) Wiesbaden 1908. IV + 83 S. 8°. [22. VI. 08.]
Zürich. Med. Diss. 1907/08.

Schumacher, Emil Dagobert. Unfälle durch elektrische Starkströme. Eine klinische und gerichtlich-medizinische Studie. IV + 83 S. 8. Wiesbaden, J. F. Bergmann, 1908.
Ausg. A: Diss. Med. Univ. Zürich ... von E' D' Sch', med. pract. von Luzern. *Kopftitel:* Aus dem gerichtlich-medizinischen Institut der Universität Zürich. Direktor Prof. Dr. [Heinrich] Zangger.
Ausg. B: Von Dr E. D. Sch', Assistent der chirurgischen Universitäts-Klinik zu Zürich. [M. 2. —]

Schumacher, Ernst, aus Herzhorn: Geburten bei Bildungsanomalien des Uterus. *München 1899* (hs.: *1900): J. Schreiber.* (64 S.) 8°
München, Med. Diss. v. 1900

Schumacher, Ernst: Zur Orientierung über die Deportationsfrage. *Freienwalde a. O. (1901): E. Pilger.* (24 S.) 4°
Freienwalde a. O., k. G, OP 1901 (73)

Schumacher, Ernst [aus Uetze]: Zur Syntax Rustebuef's ....
Kiel, Druck v. Schmidt & Klaunig, 1886; 62 + 2 S. 8°.
Kiel, Phil. Fak., Inaug.-Diss. v. 16. Apr. 1886.

Schumacher, Ernst, zur Syntax Rustebuef's. gr. 8. (63 S.) Kiel 886. (Lipsius & Tischer.) n. 1. 60

Schumacher, Ernst: **Aus dem St. Johannishospital zu Bonn und dem Neuen allgemeinen Krankenhause zu Hamburg. Ueber Versuche, nicht geheilte intracapsuläre Schenkelhalsfracturen zur Consolidation zu bringen.** *Köln 1898: Greven & Bechtold.* (35 S. mit Taf.) 8°
Bonn, Med. Diss. v. [19.] März 1898

Schumacher, Eugen: Beiträge zur Geschichte Grifos, des Sohnes Karl Martells. Landau 1904: J. Meixner. (38 S.)
Landau, k. humanist. G P 1904*

Schumacher, Eugen *(geb. Trachenberg in Schles. 10. 6. 1851)*: Ueber die Kalklager der Strehlener Gegend Breslau 1878 (30 S., 1 Taf.) 8° *[Im Buchhandel 1878 bei Koebner in Breslau.]*
Breslau, Phil Diss v 7 Aug 1878

Schumacher, F., s.a. Schumacher, Christian Friedrich

(F) **Schumacher,** F., „Anno Neun." XIII. Bändchen: **Anton Knoflachs Tagebuch über die Ereignisse in Innsbruck im Jahre Neun.** 8°. (ill. 91 S.) K —.60
Innsbruck: Vereinsbuchhandlg. 1909.

Schumacher, F., **Batteriebau und Feldbefestigung,** s. Handbuch für schweizer. Artillerie-Offiziere.

Schumacher, F., das Kriegsbrückenwesen der Schweiz. **Für den militär. Unterricht u. Gebrauch.** gr. 8. (122 S.) Bern 875. Huber & Co. n. 2. —

Schumacher, das metrische Maass u. Gewicht u. seine Vergleichung. Die Decimalrechnung u. die Elemente der Geometrie, Stereometrie u. Physik. Für den Unterricht der Artillerie zusammengestellt. Mit 8 lith. Taf. gr. 16. (III, 46 S.) Frauenfeld 877. Huber. — 60

—— der Pontonnier; sein Kriegsbrückendienst in Schule und Feld. 1. Aufl. 1870. ** 80 Pf., und 2. vervollständ. und erweiterte Aufl. 8. (92 S.) Zürich 871, Orell, Füßli und Comp. *

Schumacher, F., der Pontonnier; sein Fachdienst in Schule u. Feld. 3., vollständ. umgearb. Aufl. Mit 12 Fig. im Text. gr. 16. (IV, 114 S.) Brugg 876. Fisch, Wild & Co. n. 1. 60

—— Recognoscirungen etc., s. Handbuch für schweizer. Artillerie-Offiziere.

— die Sappeur-Arbeiten im Felde. Ihre Maaße nach altem [schweizer.] u. neuem [metr.] System, zum Gebrauche bei der schweizer. Genie-Truppen. 16. (IV, 55 S.) Bern 872. Jent & Reinert. n. — 50

Schumacher, F. C., s. Handels-Gesetzbuch, holländisches.

. Schumacher, F. Chr.: **Handelsgesetzbuch f. d. Königr. d. Niederlande, nach d. amtl. Bekanntmach. in d. Haager Staatszeitungen v. 1826 übers. Mit Vorr. v. P. D. W. Tonnis,** *Altona.* 827. gr. 8.

Schumacher, F. C., s. R. Stevens, Versuch üb. Hoverien.

Schumacher, Ferdinand [aus Paris]: **Geometrie der Kreise einer Kugel. . . .** Metz, Lothringer Zeitung, 1880; 25 S. + 1 Bl. u. 1 Taf. 8°
Strassburg, Math.-Naturw. Fak., Inaug.-Diss. v. 1880

Beiträge zur Physiologie des Nervensystems, speziell der Sinnesorgane. Von Fr. **Schumachers.** *Leipzig: Th. Thomas 1903.* (25 S.) 8° [03. 7708

Schumacher, Fr., s.: Monatsschrift, katechetische.

Schumacher, Fr., Sammlung dreistimmiger Lieder für Frauenchor, s.: Schiffels, Jos.

An alle Kutscher, Pferdeführer und Leute, die sonst mit Pferden zu tun haben. Entworfen von Fr. Otto **Schumacher.** Hrsg. von d. Pferdeschutz-Vereinigung über ganz Deutschland. 2. Aufl. Berlin 1907: A. W. Hayn's Erben. (16 S.) 8° [J.]
[Umschlagt.] Ueber Pferdebehandlung.
= Pferdeschutz-Vereinigung über ganz Deutschland. **Broschüre No 1.**
[07. 8232

Schumacher, Fr. Otto, über Pferdebehandlung, s.a. Broschüre Nr. 1 der Pferdeschutz-Vereinigung üb. ganz Deutschland.

Schumacher, (F. O.): Ueber Pferdebehandlg. 3. Aufl Berlin 1908. (16 S.)

Schumacher, Franciscus: **De Ioanne Katrario Luciani imitatore.** *Bonnae 1898: P. Hauptmann.* (29 S.) 8°
Bonn, Phil. Diss. v. 1. Aug. 1898

Schumacher, Frz., s.: Knoflach's, Frz., Tagebuch üb. die Ereignisse in Innsbruck im J. Neun.

Schumacher, Frz. Aloys., Briefe v. Bildung d. Jugend. 8. Constanz 773. (Doll in Augsb.) 8 gr

Schumacher, Franz Aloys. Sittliche Ermunterungs-Red. Bey hochfeyerlich eingesegneten fünff Kriegs-Fähnen Loblicher Brigaden Rottenburg Den 18ten April 1757. ... abgesprochen Von Francisco Aloysio Sch' .. 8. Lucern 1757.

Schumacher, Fr[anz] **Jos.** aus Eynatten bei Aachen (Rheinland): **Aus dem chemischen Universitätslaboratorium Zürich. Über Boronium- und Titanoniumsalze.** Zürich 1906. 64 S. 8°. [30. VII. 06.]
Zürich, Phil. Diss. II. S. 1905/1906

Schumacher, Fr[anz] Josef. Über Boronium- und Titanoniumsalze. Diss. Phil. [II.] Univ. Zürich. *Kopftitel:* Aus dem chemischen Universitätslaboratorium Zürich. 64 S. 8. Zürich-Selnau, Gebr. Leemann & Co., 1906.

Schumacher, Frz. Xav., der Namenstag. Geschichten aus dem Leben der Heiligen. Der kathol. Jugend erzählt. 2 Bdchn. 8. Schaffhausen, Hurter'sche Buchh. [1. (XII und 363 S. mit 3 Stahlst.) 2. (VIII und 478 S. mit 2 Stahlst.) 854. à Bdchn. 27 Ngr.]

Schumacher, Frz. Xav., der Namenstag. Geschichten aus dem Leben der Heiligen. Der katholischen Jugend erzählt. 3. Bdchn. Mit 2 Stahlst. Schaffhausen 860. Hurter. 8. (VIII, 344 S.) 24 ngr.

Schumacher, Friedrich: Deutsche Chronik für deutsche Bürger. Hamburg 1909: Lütcke & Wulff. 62 S. 8°
Hamburg, R in Eilbeck P 1909 (980) [S 09 451

— dasselbe. Progr. (62 S.) gr. 8. Hamburg 909. (Herold.) nn 1. 50

Schumacher, Frdr., **deutsche Chronik f. deutsche Bürger.** (304 S.) gr. 8. Kiel 910. R. Cordes. Geb. in Leinw. 3. —

Schumacher, Friedrich: Die Erzlagerstätten am Schauinsland im südwestlichen Schwarzwalde. Eine Untersuchung auf dem Gebiete der chemischen Geologie. Berlin: Krahmann 1911. 56 S., 4 Taf. 4°
¶ Aus: Zeitschrift f. prakt. Geologie. Jg. 19.
Stuttgart, Dr.-Ing.-Diss. v. 11. 5. 1910

Schumacher, Friedrich, stud. phil.: **Die starken Präsensstämme des Lateins in ihrer Entwicklung im Französischen.** *Kiel 1901: H. Fiencke.* (114 S.) 8°
Kiel, Phil. Diss. v. [25. Febr.] 1901

Schumacher, Fritz, Leon Battista Alberti u. seine Bauten, s. a. Baukunst, die. II. 1.

Leon Battista Alberti und seine Bauten von Fritz Schumacher. Berlin & Stuttgart: W. Spemann [1899]. (22 S., 7 Taf.) 2°
= Baukunst, Die. Ser. 2, H. 1.

— **das Bauschaffen der Jetztzeit u. historische Überlieferung.** 8. (31 S.) Leipzig 901. E. Diederichs. n. —50

— **im Kampfe um die Kunst,** s. a. Ueber Kunst d. Neuzeit.

Im Kampfe um die Kunst. Beiträge z. architekton. Zeitfragen von Fritz **Schumacher**, Architekt. Strassburg: Heitz 1899. 144 S. 8°
(Ueber Kunst d. Neuzeit. H. 1.) fr. 6

Schumacher F. Im Kampfe um die Kunst. Beiträge zu architektonischen Zeitfragen. 2. Aufl. (144 S) Strassburg 1902

Schumacher, Fritz, von Brüttelen: Karl Koch 1771—1844. [Mit Porträt.] Bern 1906. IV + 152 S. 8°. [3. XI. 05.]
Bern. Phil. Diss. 1905/1906.

Schumacher, Fritz. Karl Koch, 1771—1844. Diss. Phil. Bern. [Mit Porträt-Tafel.] IV + 151 S. 8. Bern, Genossenschafts-Buchdr., 1906.

Schumacher, Fritz, vom heutigen Kunstgewerbe, s.: Flugschriften des Dürer-Bundes zur ästhetischen Kultur. 9.

— **Phantasien in Auerbachs Keller. Festspiel zur Feier des 25jähr. Bestehens des Kunstgewerbemuseums zu Leipzig. Nebst Programm.** hoch 4. (36 u. 13 S. m. 6 Farbdr.) Leipzig (899). (J. J. Weber.) 3.—

Schumacher, Fritz, Streifzüge e. Architekten. Gesammelte Aufsätze. (229 S.) 8. Jena 907. E. Diederichs. 4.—; geb. 5.—

Schumacher, Fritz, Studien. 20 Kohlezeichngn. gr. Fol. (III S. Text.) Leipzig 900. Baumgärtner. In Mappe n. 20.—

Schumacher, G., Beleuchtung der Dietlein'schen Kritik des Gutachtens über die vier- u. achtklassige Schule. [Aus: „Ev. Schulblatt".] gr. 8. (24 S.) Gütersloh 879. Bertelsmann. — 30

Schumacher, G. (I.), ein Brand aus dem Feuer. 8. (38 S.) Barmen 880, Wiemann. *

Schumacher, G., Dscherasch. Mit 1 Plan v. Dscherasch, 3 Taf. u. 42 Abbildgn. im Text. (69 S.) gr. 8. Leipzig 903. (K. Baedeker.) n. 4.50
Sonderabdruck aus: „Ztschr. d. deut. Palästina-Ver."

Schumacher, G. (I.), der Dscholan. Zum ersten Male aufgenommen und beschrieben. gr. 8. (204 S. mit 1 Karte, mehreren Plänen und zahlreichen Abbild.) Leipzig 886, (Karl Baedeker.)
Aus: Zeitschrift des Deutschen Palästina-Vereins, besonders abgedruckt.

Schumacher, G. (II.), gesammelte Gedanken zu den Erzählungen des Alten Testamentes. Ein Hülfsbuch zum bibl. Geschichtsunterricht. gr. 8. (IV, 434 S.) Gütersloh 881, Bertelsmann. *

— gesammelte Gedanken zu den Erzählungen des Neuen Testamentes. Ein Hilfsbuch zum bibl. Geschichtsunterricht. Mit einem Vorwort v. C. Cremer. gr. 8. (XII, 410 S.) Ebend. 880. n. 5.—

Schumacher, G., die biblische Geschichte, das Centrum des gesammten Religionsunterrichtes in der Volksschule. Eine Anleitung, um die Schüler von Woche zu Woche von der behandelten bibl. Geschichte aus einzuführen in Sprüche, Kirchenlieder, in Aussprüche des heidelberger und des kleinen luther. Katechismus 2c. Ein Handbuch für Lehrer, besonders für solche, die den bibl. Geschichtsunterricht an „Zahn's Historien" 2c. anlehnen. I. und II. gr. 8. Minden [Leipzig], (Siegismund u. Volkening.) *
Inhalt:
I. Altes Testament. (VIII, 218 S.) 868. *M 2.
II. Neues Testament. (356 S.) 869. *M 3.

— **biblische Geschichten nebst Spruch- u. Liedersammlung. Zur Concentration des gesammten Religionsunterrichtes in der Volksschule bearb. Ausg. für Lehrer.** Elberfeld 865. Friderichs. 8. (XXIII, 214 S.) n. 10 ngr.

Schumacher, G., Lehrbeispiele zur Behandlung d. Kirchenliedes in der Volksschule. 2. Aufl. gr. 8. (XII, 244 S.) Barmen 885. Wiemann. n. 3.—

Schumacher, G., s.: Tell el-mutesellim.

Schumacher, G. F. (I.), Almanach z. hundertjähr. Jubelfeier d. Georgia Augusta. — Mit d. Umschlags-T.: Göttinger Jubelalmanach 1837. gr. 12. (8 B. u. 8 Stnt.) Göttingen 837, Dieterichsche Buchh. *

Schumacher, G. F. (II.), Genrebilder aus d. Leben e. 70jährigen Schulmannes, ernsten u. humorist. Inhalts; od.: Beiträge z. Gesch. d. Sitten u. d. Geistes seiner Zeit. gr. 8. (41⅛ B.) Schleswig 841. (Leipzig, Hermann.)

Schumacher, G. (F.), philosoph. Conversationsblatt, s. Eris.

Schumacher, G. F. Die Krystallisation des Eises. . . . Leipzig 1844. H: *Schumacher, F. B.* (BrMm)

Schumacher, G. F., **die Krystallisation des Eises. Aus vielen eigenen Beobachtungen dargestellt.** Lex.-8. (11 B. u. 5 Kpfrt.) Leipzig 844, [Mayer.] *

— üb. d. bürgerl. Rechtsverhältnisse d. Studirenden, insbesond. üb. academ. Creditgesetze. gr. 8. (5½ B.) Göttingen 836, Dieterichsche Buchh. *

— das Selbstdenken u. die Grundwissenschaft. Eine philosoph. Skizze. gr. 8. (5½ B.) Göttingen 831, Kübler.

Schumacher, G. M., Zusammenstellung d. Gesetzes üb. d. Wirthschafts-Abgaben v. 9. Juli 1827 mit seinen Instructionen u. den durch nachgefolgte Gesetze, Verordn., Normalerlasse gegeb. Erläutern., Abänderungen u. Modifikationen. 8. (12½ B. u. 20 Tab. u. a. Beiln.) Hall 838, Haspel'sche Buchh.

Schumacher, G. S., einige Worte z. Beantwort. d. Frage; Was ist Aufklärung? gr. 4. Schlesw. ... (Leipz., Cnobloch). 6 gr

Schumacher, Gabr., über die Nerven der Kiefer und des Zahnfleisches. Inauguralabhandlung der Universität Bern. Mit 1 Steintafel. gr. 4. Bern u. St. Gallen 839. Huber u. C. n. ½ ngr

Schumacher, Georg [aus Wolfenbüttel]: **Beiträge zur Kritik der Bestimmungs-Methoden des Glycerins ...** Hamburg, Druckerei d. Hamb. Fremdenbl., 1893; 27 S. 8.
Erlangen, Phil. Fak., Inaug.-Diss. v. 1893

Schumacher, Georg, appr. Tierarzt: Arbeiten aus d. med. Veterinärklinik d. Univ. Gießen. ⟨Dir.: Gmeiner⟩. Über die Resorptionsfähigkeit der tierischen Haut für die Salicylsäure und ihr Natriumsalz. Giessen 1908: v. Münchow. 43 S. 8°
Gießen, Veterinär-Med. Diss. v. 29. Aug. 1908, Ref. Geppert
[Geb. 7. Sept. 82 Elsheim; Wohnort: Gießen; Staatsangeh.: Hessen; Vorbildung: Oberrealsch. Darmstadt Reife O. 02; Studium: Gießen 6 S.; Rig. 28. Febr. 08.] [U 09. 1170

Schumacher, [Georg]: Das Schulwesen im Fürstentum Corvey unter oranischer Herrschaft 1803—7. Höxter 1906: C. D. Flotho. (S. 3—21.) 4°
Höxter a. d. Weser, König Wilhelms-G OP 1906 (434)

Schumacher, Georg Friedrich (Hrsg.), s. A l m a n a c h zur hundertjährigen Jubelfeier der Georgia Augusta.

— De examinum indole et utilitate. Schleswig. 1834. 4. P. (Skoleprogr.).

Genrebilder aus dem Leben eines siebzigjährigen Schulmannes, ernsten und humoristischen Inhalts, oder: Beiträge zur Geschichte der Sitten und des Geistes seiner Zeit. Von Georg Friedrich **Schumacher.** Schleswig. 1841. 8°.

Zur öffentlichen Prüfung der Domschule . . . ladet ein Georg Friedrich **Schumacher.** Schleswig. 1827 u. 35. 4°.

SCHUMACHER, G[EO.] F[RIEDR.], Versuch zur Beantwortung der Frage: Was ist ächter Protestantismus? Schleswig. 1831. 4. P. (Skoleprogr.).

— Ein kurzes Wort des Abschieds an seine Schüler und Mitbürger. Schleswig. 1835. 4. P. (Skoleprogr.).

SCHUMACHER, G[EO.] F[RIEDR.], Einige Worte zu Beantwortung der Frage: Was ist Aufklärung. Schleswig. 1834. 4. P. (Skoleprogr.).

Schumacher, Georg. Henr. (geb. Bremen Juli 1812): De Arnica montana. Berolini (1836). (29 S.) 4°
Berlin, Med. Diss. v. 4. Juni 1836

Schumacher, Gerhard, approb. Arzt aus Wermelskirchen: Aus d. Universitäts-Frauenklinik zu Freiburg i. B. Zur Kenntnis der malignen Chorionepitheliome. *Freiburg i. B.: Speyer & Karner 1902.* (34 S.) 8°
Freiburg i. B., Med. Diss. v. 1902

Schumacher, Gottfried (Breslau) A. S. 1287/15

Disputatio inauguralis medica, de morbis gingivarum.
Präs. Hieronymus Ludolff.
Erfurt (Grosch) 25. IX. 1722. 24 S.

Gew.: Tobias Tempel, Georg Andreas Kasper,
Christoph Ferdinand Kamper, Johann Christian
Fritsch, Johann Leopold Kamper, Samuel Seeliger,
Johann Sebach, Gottfried Daniel Kamper. 31881

Schumacher, Gust., Gorm d. Grausame, König v. Dänemark. Ein histor. Roman aus d. Zeit d. 10. Jahrh. 2 Thle. gr. 12. (33 B.) Hamburg 837, Nestler u. Melle.

Schumacher, Gust., das Leben rc. des Mörders Carsten Hinz, s. Leben.

Schumacher, Gust., Leiden und Erquickungen eines aus seiner Heimath vertriebenen Schleswig'schen Geistlichen. Erzählt von ihm selbst. 1. u. 2. durchgesehene Aufl. Barmen 861. Langewiesche. 8. (IV, 341 S.) n. 1 ₰

Schumacher, Gustav, aus Krefeld: Über die elektrochemische Reduktion der Nitroanissäure. *Giessen 1902: v. Münchow.* (33 S.) 8°
Giessen, Phil. Diss. v. 1902

Schumacher, Gust., der gerechtfertigte Schleswig-Holsteinismus. Letztes Wort über und gegen die verläumderischen „Actenmäßigen Beiträge" und „Neuen actenmäßigen Beiträge" eines Dänenfreundes zu Schumachers Buch: „Leiden und Erquickungen." gr. 12. (80 S.) Barmen 862, Langewiesche's Verlag.

Schumacher, Gust., **Weckstimmen in wahren Erzählungen.** Erfahrungen. 1. Hft. Hrsg. v. der Wupperthaler Traktat-Gesellschaft. gr. 16. (38 S.) Barmen 876. Wiemann. n. — 20

Schumacher, H. Die deutsche Geldverfassung und ihre Reform. (Aus Schmollers »Jahrbuch für Gesetzgebung, Verwaltung und Volkswirtschaft«, 32. Jahrgang, 4. Heft. Leipzig 1908.)

— Ueber Joh. Heinr. v. Thünen's Gesetz vom naturgemässen Arbeitslohne und die Bedeutung dieses Gesetzes für die Wirklichkeit. gr. 8°. Rostock, Leopold, 1869.

—— Grunderbrecht im Lichte des Rentenprincips. gr. 8. (XI, 40 S.) Rostock 871, Kuhn. [Werther's Verlag.] *

— J. H. v. Thünen u. Robbertus. Kapitalisationsprincip oder Rentenprincip? Ebend. 870. gr. 8. (31 S.) n. 5 ngr.

Schumacher, H., über Kornerträge in der Landwirtschaft, s. a. Materialien f. die deutsche Handelspolitik. 2.

Über Kornerträge in der Landwirtschaft. Von H. Schumacher, Ökonomierat. *Berlin: P. Parey 1901.* (112 S.) 4°(8°) [J.]
— Materialien f. d. deutsche Handelspolitik. H. 2. [r. 5686

**Schumacher, H.* Referat über Hagelversicherung für den norddeutschen landwirtschaftlichen Kongreß. Berlin 1870.

Schumacher, H., der kleine Steuermannskatechismus od. kurzer Inbegriff der pract. Steuermannskunde, d. h. d. Dienstes, wie ihn der Steuermann e. Schiffes vom Anfang bis zu Ende der Reise zu versehen hat. Nach langjähr., pract. Erfahrg. 8. (VIII, 96 S.) Leipzig 875. Mauke. geb. n. 2. —

Schumacher, H., Autonomer Tarif u Handelsverträge. Vortrag. [Aus: „Schriften des Vereins f. Socialpolitik".] (31 S.) gr. 8. Leipzig '01, Duncker & Humblot. — 60.

Schumacher, H. A, das Rettungswesen zur See, s. a. Sammlung gemeinverständl. wissenschaftlicher Vorträge. 43. Heft.

Schumacher H A, das Rettungswesen zur See. (Slg wiss. Vortr. 43) Berlin 1867

Schumacher, H. A., der erste Schwurgerichtshof in Bremen. Studien u. Kritiken. Bremen 864. Müller. gr. 8. (XVIII, 288 S.) 1 ₰ 7½ ngr.

—— die Stedinger. Beitrag zur Geschichte der Weser-Marschen. Gekrönte Preisschrift. gr. 8. (XII und 249 S. mit 2 chromolithogr. Karten.) Bremen 865, Müller.

Schumacher, H. F., welche Pflichten hat jedermann gegen seine Zähne zu beobachten? od. Anleit. zur Erhaltung u. Beförderung der Schönheit u. Gesundheit d. Zähne. Zugleich e. Anleit. zur Erhalt. u. Beförder. d. Gesundheit überh., sowohl der Kinder als der Erwachsenen. 8. (5½ B.) Hamburg 832, Herold.

Schumacher, Hans, a. Göttingen: Das Befestigungswesen in der altfranzösischen Literatur. Göttingen 1906: E. A. Huth. (x, 81 S.) 8°
Göttingen, Phil. Fak., Ref. Stimming, Diss. v. 23. März 1906
[Geb. 5. Dez. 78 Dominke bei Stolp i. P.; Wohnort: Göttingen; Staatsangeh.: Preußen; Vorbildung: Gymn. Höxter Reife M. 00; Studium: Marburg 2, Leipzig 1, Grenoble 1, Göttingen 7 S.; Rig. 25. Okt. 05.]

Schumacher, [Heinrich], Prof.: Abhandlung über das elementare Kristallzeichnen. Gmünd 1904: M. Ritter. (S. 1—18.) 4°
Gmünd, k. RG P 1904 (697)

Schumacher, Heinrich, appr. Arzt a. Cöln a. Rh.: Aus d. Bonner Frauenklinik. Ein Beitrag zur Lehre von der Pyelonephritis gravidaum [!] et puerperarum. Bonn 1905: E. Eisele. (34 S.) 8°
Bonn, Med. Fak., Ref. Schröder, Diss. v. 30. Sept. 1905
[Geb. 25 Juni 63 Cöln; Wohnort: Fürth b. Cöln; Staatsangeh.: Preußen; Vorbildung: Friedrich Wilhelms-Gymn. Cöln Reife O. 86; Studium: Bonn 9 S.; Coll. 30. Sept. 05; Approb. 13. Juli 92.]

Schumacher, Heinrich, a. Siegburg-Zange: Ueber einen Fall von Peritheliom der Parotis und Submaxillaris. Bonn 1904: E. Eisele. (34 S.) 8°
Bonn, Med. Fak., Ref. Koester, Diss. v. 23. Nov. 1904
[Geb. 23. Apr 77 Siegburg-Zange; Heimatsort: Siegburg-Zange; Staatsangeh.: Preußen; Vorbildung: Gymn. Siegburg Reife O. 97; Studium: Bonn 9 S.; Coll. 23. Nov. 04; Approb. 25. Juli 03.]

Schumacher, Hch. Aug. Dissertatio de Christiano I., electore Saxoniae. 4. Lipsiae 1735.

Schumacher, Heinr. Aug. Dissertatio de Christiano II. 4. Lipsiae 1756.

Schumacher, Hch. Aug. Programma de cura Dei praepotentis prorsus singulari in Ernestum, electorem Saxoniae. 4. Lipsiae 1743.

Schumacher, Hch. Aug. Programma de divinae providentiae documentis in Albertum Animosum, ducem Saxoniae. 4. Lipsiae 1744.

Schumacher, Hch. Aug. Programma de singularibus divinae providentiae documentis in Mauritio, duce Saxoniae, in duodecim belli expeditionibus observatis. 4. Lipsiae 1749.

Schumacher, Hch. Aug. De Joanne Georgio I., divini nominis providentia in multis periculis et gravissimis tempestatibus bellicis conservato. 4. Lipsiae 1757.

Schumacher, Hch. Aug. Programma de curae et providentiae Dei immortalis signis in Fridericum III. 4. Lipsiae 1745.

Schumacher, Hch. Aug. Programma de signis providentiae divinae in Fridericum Placidum, Saxoniae electorem, evidentissimis. 4. Lipsiae 1742.

Schumacher, Heinrich August G. B. 608

De antiquissimo urbis Grimmae statu. Leipzig (Langenheim) 1735. 27 S. 31882

Schumacher, Heinrich Christian (Hrsg.), s.a. Abhandlungen, Astronomische.

Schumacher, H. C., Astronom. Abhandlungen. 3 Hefte mit 12 Tfln. Altona 1823—25. 4°. Enthält: Verzeichniss aller bisher berechneten Cometenbahnen von Olbers; Beitrag zur Cometentheorie von Bessel; beobacht. Sternpositionen auf eine mittlere zu reduziren von Soldner; Détermination du pouvoir réfringent et dispersif de différentes espèces de verre etc.; nouvelle modification de la lumière etc.; Theorie der Höfe, Nebensonnen etc. von Fraunhofer; die Theile einer gegebenen Fläche auf einer andern gegebenen so abzubilden, dass die Abbildung dem Abgebildeten in den kleinsten Theilen ähnlich wird, v. Gauss.

Schumacher, Hnr. Chr., astronom. Abhandll. 1s—3s Heft. Mit Kpf. gr. 4. Altona 823—25. (Hammerich). 5 ₰ 4 gr

Schumacher, Heinr. Chrstn., üb. d. Berechnung der bei Wägungen vorkomm. Reductionen. gr. 4. (3½ B.) Hamburg 838, (Perthes-Besser u. Mauke.) *

— Bericht über den Plan von Altona. Mit der Ansicht von Altona und einer Kupfertafel. Kph. 1839. 4. P.

Schumacher, H. C., s.: Briefwechsel zwischen C. F. Gauss u. H. C. Schumacher.

— Dispunctionum juridicarum specimen. 8. Dorpat 805. (27 S.)

— Ephemeris of the Distances of the four Planets Venus, Mars, Jupiter and Saturn from the Moon's Center for 1822, to which are added tables for finding the latitude by the Polar-Star for 1821 and 1822. 4. Kopenh. 820. (Hamb., Perthes u. B.) 2 ₰ — The same for 1823 to 1831. ibid. 821—29. (ibid.) (à 2 ₰) 18 ₰

Schumacher, H. C., mathemat. Geographie, mit K. gr. 8. Altona, Hammerich 1812.

Schumacher, Heinr. Chr., siehe: Holstein u. Lauenburg.

Schumacher, Heinr. Chrstn., astronom. Hülfstafeln f. 1828 u. 29. gr. 8. (7¼ u. 7 B.) Copenhagen 829. (Hamburg, Perthes-Besser u. Mauke.) à
J. 1823—27. Ebendas. à 1 Thlr. 8 Gr.

— astronom. Hülfstafeln f. Zeit- u. Breitenbestimmungen. 1s—10s Hft. gr. 8. Kopenhag. 820—29. (Hamb., Perthes u. B.) 13 ₰ 8 gr

— s.a. Jahrbuch f. 1836.

— Jahrbuch für 1836, 37, 38, 41, 43. Stuttgart und Tübingen 1836, 37, 38, 41, 43.

— s. Jahrbuch, astronomisches.

— — Astronomisches Jahrbuch für 1836—1844. Mit Beitragen von Berzelius, Bessel, Gauss, Moser, Olbers und Paucker. (8 Bde.) 8. Stuttgart 1836—1844.

Schumacher, Heinr. Chrstn., (astronom.) Jahrbücher, s. Jahrbücher.

—— Lagen der Thürme u. der Sternwarte in Hamburg gegen den Thurm der grossen Michaeliskirche, nebst ihren Höhenunterschieden, u. Tafeln, um das hamburger Fussmaass in dänisches, preussisches, französisches u. englisches Maass, u. die fremden Maasse in hamburger Fussmaass zu verwandeln. gr. 4. (1¼ B.) Hamburg 813, (Perthes-Besser und Mauke.) * —
Aus: Jahresberichte der hamburg. mathemat. Gesellschaft besond. abgedruckt.

— de latitudine speculae Manhemiensis. 4maj. Kopenh. 816. Brummer. 1 ℳ 12 ℊℊ

—— Lettre a Ms. Louis Breguet sur une pendule astronomique de Mrss. Breguet père et fils, avec le tableau de la marche de cette pendule pendant 5 années consécutives. gr. in-4. (1¾ B. u. 1 Portr.) Altona 829. (Hambourg, Perthes-Besser et Mauke.)

— s. H. W. Lübjen, Lehrbuch d. Arithmetik.

— s.a. Nachrichten, astronomische.

— astronom. Nachrichten. Mit Kpf. 1r — 10r Bd. gr. 4. Kopenh. 823—32. (Hamb., Perthes u. B.) (1r Bd. Subscr.-Pr. 8 ℳ 2r—7r Bd. à 6 ℳ 8r—10r Bd. à 4 ℳ) 56 ℳ

—— astronom. Nachrichten. 7—12. Bd. Mit Kpfrn. etc. gr. 4. (à ca. 30 B.) Altona 828—34. (Hamburg, Perthes-Besser u. Mauke.) à

[Im 7. Bde. dieses Werkes ist der Verf. vorstehender Schriften fälschlich unter Schuhmacher aufgeführt.]

—— astronom. Nachrichten. 13—20. Bd. Mit Kpfrn. etc. gr. 4. (à Bd. ca. 26—30 B.) Altona 836—43. (Hamburg, Perthes-Besser u. Mauke.) Subscr.-Pr. à Bd. Thlr. *

—— astronomische Nachrichten. 22. Bd. Mit 2 Beilagen, Inhaltsverzeichniss u. Register. No. 505—528. gr. 4. (26¾ B.) Altona 845. (Hamburg, Perthes-Besser u. Mauke.)

—— dass. 23. Bd. Mit 2 Beilagen, Inhaltsverzeichniss u. Register. Nr. 529—551. gr. 4. (29¾ B. u. 3 Stnt.) Kbds. 846. *

Inhalt der Beilagen: Tycho's Beobachtungen des Cometen von 1585, eine lithogr. Beschreibung d. neuen Reflexions-Instrumente v. Pistor u. Martius.

— Planetentafeln f. d. J. 1822 u. 23. gr. 8. Hamb. 822. Perthes u. B. 3 ℳ 8 ℊℊ

—— Sammlung von Hülfstafeln. Hrsg. im J. 1822. Neu hrsg. u. verm. v. G. H. L. Warnstorff. Lex.-8. (16½ B.) Altona 845, Hammerich.

— Samml. v. astronom. Hülfstafeln. 1s u. 2s Heft. (2s Heft. A. u. d. T.: Tafeln z. Reduction der in der: histoire céleste enthalt. Beobachtt.) gr. 8. Kopenh. 822—25. (Perthes u. B. in Hamb.) 2 ℳ 20 ℊℊ

— Schreiben an W. Olbers in Bremen, enthaltend eine Nachricht üb. d. Apparat, dessen er sich zur Messung d. Basis bei Braack im J. 1820 bedient hat. Mit 2 Steindr. gr. 4. Hamb. 822. Perthes u. B. 1 ℳ 8 ℊℊ

SCHUMACHER, HEINR. CHR., De servis publicis populi Romani diss. Altonae. 1806. P.

— Tables auxiliaires astronomiques p. l'année 1827. gr. 8. Kopenh. 827. (Hamb., Perthes u. B.) 1 ℳ 8 ℊℊ

— Auxiliary tables for Mr. Bessel's methode of clearing the distances for 1835 and 1836. gr. 8. Kopenhagen 834, 35. (Hamburg, Perthes, Besser et Mauke.) (à n. 1⅓ ℳ) 2⅔ ℳ

Heinrich Christian Schumacher
Tafeln zur Reduction der in der histoire céleste enthaltenen Beobachtungen. Hrsg. von H(einrich) C(hristian) Schumacher. Copenhagen 1825: J.H. Schultz. XIX, 106 S. 8°

(= Schumacher: Sammlung von Hülfstafeln. H. 2.)

Schumacher, Hch. Hug. De divinae providentiae documentis in Joannem Fridericum Magnanimum. 4. Lipsiae 1747.

Schumacher, Heinr. Vollrat, Berenice, s.a. Vobach's illustrierte Roman-Bibliothek. II. 9. 10.

Schumacher, Heinr. Vollrat, Berenice. Historischer Roman aus der Zeit der Zerstörg. Jerusalems. gr. 8. (514 S.) Leipzig 893. W. Friedrich. n. 6. —

Schumacher, Heinr. Vollrat, Berenice. Histor. Roman. (Neue [Titel-]Ausg.) gr. 8. (514 S.) Berlin [893.] (899). W. Vobach & Co. 6. —; geb. in Leinw. 7. —; f. Abnehmer der Sonntags-Zeitg. f. Deutschlands Frauen. n.n. 3. 60; geb. n.n. 4. 60

Berenice. Roman von Heinrich Vollrat Schumacher. Ill. von W. Gause. Bd 1. 2. Berlin-Leipzig: W. Vobach & Co. [1904]. 2 Bde 8° [F.]
= Roman-Bibliothek, Vobachs illustrierte. Ser. 2. Bd 9. 10. [05. 1993] II

— Villa „Eigenheim", s.a. Kürschner's Bücherschatz.

Villa 'Eigenheim'. Humorist. Roman von Heinrich Vollrat Schumacher. Bd 1. 2. Mit Ill. von H. Binde. Berlin, Leipzig: H. Hillger [1907]. 2 Bde 8° [S.]
= Bücherschatz, Kürschners. No 539. 540. [07. 15356]

Schumacher, Heinr. Vollrath, der Herr im Hause, s.a. Michow-Bücher 5. u. 6. Bd.

Der Herr im Hause. Humorist. Roman v. Heinrich Vollrath Schumacher. Tl. 1. II ... Charlottenburg: A. Michow 1897. 2 Bde 8.
I (128 S.) II. (176 S.)
= Michow-Bücher. Bd v. vi. [98. 2706]

Schumacher, Heinr. Vollrat, das Hungerlos, s.a. Kürschner's Bücherschatz.

— d. Hungerloos. E. tragikom. Geschichte. 8. (256 S.) Berlin 896. Deutsches Verlagshaus Bong & Co. n. 3. —; geb. 4. 50

— d. v. Lennep, s.a. Kürschner's Bücherschatz.

Die von Lennep. Roman v. Heinrich Vollrat Schumacher. M. Ill. v. E. Ranzenhofer. Berlin, Eisenach, Leipzig: H. Hillger [1898]. (120 S.) 1 Bd 8°
= Bucherschatz, Kurschners. No 96.

— Liebe u. Leben der Lady Hamilton. Roman. (Romane berühmter Männer u. Frauen.) 1.—10. u. 11.—15. Taus. (Je 430 S. m. 41 Taf.) Berlin (910). R. Bong. 4.—; geb. in Leinw. 5.—

— Pflug u. Schwert, s.: Auswahl von Werken zeitgenössischer Schriftsteller. 6. 7.

— Der Ruhm, s.a. Kürschner's Bücherschatz.

— d. Ruhm. Roman. 8. (266 S.) Berlin 897. Deutsches Verlagshaus Bong & Co. n. 3. —; geb. 4. 60

Der Ruhm. Roman von Heinrich Vollrat Schumacher. Berlin, Leipzig: Hillger [1910]. 191 S. 8°
(Kürschners Bücherschatz. Nr 710/11.) [10. 7410]

— Sommerregen, s.: Universal-Bibliothek.

Schumacher, Hermann

Schumacher, H., u. A. **Wirminghaus**, die finanzielle Behandlung der Binnenwasserstraßen, s.: Schriften des Vereins f. Socialpolitik.

Schumacher, Hermann [aus Bochum]: Ein Beitrag zur Lehre von der Exostosis cartilaginea ... Würzburg, Druck v. F. Fromme, 1893; 37 S. 8.
Würzburg, Med. Fak., Inaug.-Diss. v. 1893

Schumacher, Herm., die westdeutsche Eisenindustrie u. die Moselkanalisierung, s.a. Mosellaud, das u. die westdeutsche Eisenindustrie.

Die westdeutsche Eisenindustrie und die Moselkanalisierung. Vorträge von Prof. Dr. Hermann **Schumacher**. Leipzig: Duncker & Humblot 1910. IX, 153 S. 8°
(Das Moselland u. d. westdeutsche Eisenindustrie. T. 2.)

Schumacher, Herm.. zur Frage der Binnenschiffahrtsabgaben. Unter Benutzg. amtl. Materialien. gr. 8. (IX, 389 S.) Berlin 901. J. Springer. n. 7. —

— zur Frage der Pensionsversicherung d. Privatbeamten. Vortrag, geh. in Köln am 13. I. 1902. (30 S. m. 1 Bildnis.) gr. 8. Brühl-Köln (902). König & Co. — 50

Schumacher, Hermann [August], a. Ruhrort a. Rh. (Rheinpr.): Über eine Riemann'sche Funktionenklasse mit zerfallender Thetafunktion. Upsala 1907: Almqvist & Wiksell. (56 S., 2 Taf.) 4°
Straßburg, Math.-naturw. Fak., Ref. Weber, Diss. v. 1906
[Geb. 12. März 82 Ruhrort a. Rh.; Wohnort: Ruhrort; Staatsangeh.: Preußen; Vorbildung: Realgymn. Ruhrort Reife O. 01; Studium: Göttingen 4, Straßburg 7 S.]

Schumacher, Hermann [approb. Arzt aus Bietigheim]: Über Operationsmethoden des Hydrocele .... München 1885: 42 S. 8.
München, Med. Fak., Inaug.-Diss. v. 1885.

Schumacher, **Hermann**, über Operationsmethoden des Hydrocele. Diss. München 1885, A. Buchholz. 8°. 42 S.

Schumacher, Hermann [aus Goslar a. H.]: Ueber Salpingitis und Parametritis gonorrhoica im Wochenbett ... Halle a. S., Plötz'sche Buchdr., 1890; 58 S., 1 Bl., 2 Taf. 8.
Halle, Med. Fak., Inaug.-Diss. v. 16. Mai 1890

Schumacher, Herm. (geb. Schair im Rheinl. 23. 3. 1815): De semiologia oculi humani. Berolini (1838). (26 S.) 8°
Berlin, Med. Diss. v. 17. Sept. 1838

— Die Stellg. des Staates zu den Kartellen, s.a. Veröffentlichungen der Landwirtschaftskammer f. die Rheinprovinz. 1906. II.

Die Stellung des Staates zu den Kartellen. Referat erstattet im Ausschuss f. Volkswirtsch. d. Landwirtschaftskammer f. d. Rheinprov. von Prof. Dr. Hermann **Schumacher**-Bonn. Bonn: Landwirtschaftskammer f. d. Rheinprov. 1906. (22 S.) 8° [F.]
= **Veröffentlichungen** d. Landwirtschaftskammer f. d. Rheinprov. 1906. No. 2.

— autonomer Tarif u. Handelsverträge. Vortrag, geh. in der General-Versammlg. des Vereins f. Socialpolitik in München am 24. IX. 1901. gr. 8. (31 S.) Leipzig 901. Duncker & Humblot. n. — 60
Sonderabdruck aus: „Schriften des Vereins f. Socialpolitik".

— s.: Teubner's, B. G., Handbücher f. Handel u. Gewerbe.

Schumacher, Herm., aus dem modernen Ungarn, s.a. Zeit- u. Streit-Fragen, deutsche.

Schumacher H. aus d. modernen Ungarn. (Zeit- u Streitfr. NF 81-82) Hamburg 1891

— die Unruhen in Nord-China, s.: Zeitfragen.

— Die Ursachen der Geldkrisis, s.a. Zeit- u. Streitfragen, neue. XIV, 6. 7.

Schumacher, H., Die Ursachen der Geldkrisis. Vortrag. (65 S.) Dresden, v. Zahn & Jaensch. 1908 1. 50.
Zeit- u. Streitfragen, neue, hrsg. v. d. Gehestiftung zu Dresden.

Schumacher, Herm. A., Petrus Martyr, der Geschichtsschreiber d. Weltmeeres. Eine Studie. Mit e. (lith.) Karte aus dem J. 1510. Lex.-8. (IX, 152 S.) New York 879. Steiger & Co. 4. —

Schumacher, Herm. A. Die Lilienthaler Sternwarte. Bremen 1889.

Schumacher, Herm. A., J. G. Kohls amerikanische Studien. gr. 8. (117 S. mit Bildnis J. G. Kohl's.) Bremen 888, (v. Halem.) *
Aus: Deutsche geographische Blätter, besonders abgedruckt.

— südamerikanische Studien. Drei Lebens- u. Cultur-Bilder. Mútis. Cáldas. Codazzi. 1760 – 1860. gr. 8. (XIII, 559 S.) Berlin 884. Mittler & Sohn. n. 12. —

Schumacher, Herm. A., die Unternehmungen der Augsburger Welser in Venezuela (e. deutsche Episode in der Entdeckungsgeschichte Amerika's) u. Juan de Castellanos (e. Lebensbild aus der Conquista - Zeit). Aus seinem Nachlass hrsg. v. H. Schumacher. [Aus: „Hamburg. Festschrift z. Erinnerg. an die Entdeckg. Amerikas".] Lex.-8. (III, 328 S.) Hamburg 892. L. Friederichsen & Co. n. 7. 50

Schumacher, Hub. (H.), die Buchennutzholz-Verwertung in Preußen mit besond. Berücksicht. des eigentlichen Buchengebiets im Westen der Monarchie. Eine Denkschrift zur 17. Versammlung deutscher Forstmänner zu München. gr. 8. (VIII, 118 S.) Berlin 888, Parey. *

Schumacher, Hub., parlamentarische Denkwürdigkeiten. Eine Beleuchtung wichtiger Zeitfragen durch Aussprüche der Centrumsredner im preuß. Abgeordnetenhause u. deutschen Reichstage. gr. 8. (XVI, 223 S.) Essen 877. Fredebeul & Koenen. 2. 50

Schumacher, Hub., der Dorfbürgermeister, s.: Theater, kleines.

Schumacher, Hub., das Fräulein v. Groenerode, s. Bachem's Novellen-Sammlung.

Schumacher, H., kleines Leo-Buch. Unseres heil. Vaters Leo's XIII. Leben u. Wirken. 12. (VIII, 152 S. m. Illustr.) Münster 887. Aschendorff. — 60; geb. n. — 80

Schumacher, Hub., das Rautengatter, e. neue u. bill. Gatterkonstruktion z. Abschluß v. Rot-, Dam-, Reh- u. Schwarzwild, nebst e. Anh. üb. neuere Erfahrgn. b. Bau v. Drahtgittern im allgemeinen. M. 5 Abb., darunter 2 Taf. [Aus: „Sch., d. Wildgatter."] gr. 8. (III, 42 S.) Neudamm 897. J. Neumann. n. 1. 50

— stürmische Tage. Westfälische Geschichten. 8. (296 S.) Münster 877. Theissing. 2. 25

Schumacher, Hub., kleine Volksgeschichten. 1. Serie. 1—6. Bdchn. 16. (à ca. 160 S.) Dülmen 883. 84. Laumann. à n. — 50

Schumacher, Hubert, kleine Volksgeschichten. (1. Bdchn.) 16. (167 S.) Dülmen 895. A. Laumann. n. — 50

Schumacher, Hub., kleine Volksgeschichten. 2. Aufl. 4 Bde. (Je 144 S. m. 5 Vollbildern.) kl. 8. Dülmen 905. A. Laumann. Geb. in Leinw. à n. 1. —

Schumacher, Hub., kleine Volksgeschichten. 5.—10. Bd. (à 144 S. m. je 5 Vollbildern.) kl. 8. Dülmen 907. A. Laumann. Geb. in Leinw. à 1. —
5. u. 6. Bd. 2. Aufl. — 7.—10. Bd. 1. Aufl.

Schumacher, Hubert, das Wildgatter, seine Anlage im Allgemeinen, nebst specieller Darstellg. der gebräuchlichsten u. empfehlenswertesten Konstruktionen, Thore u. Einsprünge. Mit 32 Abbildgn., darunter 19 in den Text gedr. Taf. gr. 8. (VI, 101 S.) Neudamm 890. Neumann. Kart. n. 3. —

— d. **Wildgatter**, s. Anlage im allgemein., nebst spez. Darstellg. d. gebräuchlichsten u. empfehlenswertesten Konstruktionen, Thore u. Einsprünge. 2., durch Darstellg. d. v. Verf. erfund. Kantengatters u. e. Anhang üb. d. neuesten Erfahrgn. d. Gattertechnik verm. Aufl. M. 37 Abb. im Texte u. 2 Taf. Im Auftr. d. allgem. deutschen Jagdschutz-Vereins hrsg. gr. 8. (VI, 148 S.) Neudamm 898. J. Neumann. Kart. n. 4. —

—— goldene **Worte** der Centrumsredner. [1877—1882.] Eine Beleuchtung wichtiger Zeitfragen. Zugleich der „Parlamentar. Denkwürdigkeiten" neue Folge. gr. 8. (XXII, 134 S.) [Münster 883, Nasse'sche Verlagsh.] Paderborn und Münster, F. Schöningh. *

Schumacher, J. H., de Amuleto quodam gnostico. Guelpherb. 774. 4.

Schumacher, J. H., der Aurikel-, Nelken- u. Georginenfreund, e. auf vieljähr. Praxis gegründ. Anweis., diese Blumen in ihrer größten Vollkommenheit zu erziehen. 8. (4½ B. u. 1 Stnt.) Minden 840, Eßmann.

Schumacher, J. H., der Aurikel-, Nelken- u. Georginen-Freund, eine auf vieljährige Praxis gegründete Anweisung, diese Blumen in ihrer größten Vollkommenheit zu erziehen. Nebst Abbildd. 8. Minden 841. Eßmann. ¼ rf

—— der Blumengarten, e. auf vieljähr. pract. Erfahr. u. auf Theorie gegründ. Anleit., die Zierpflanzen, die im Freien cultivirt werden können, in ihrer größten Vollkommenheit zu erziehen. 8. (5½ B.) Minden 838, Eßmann.

Schumacher, J. H., de cultu animalium inter Aegyptios et Judaeos. Brunsv. 1773. 4

Schumacher, J. L., Mittheilungen an seine Landsleute in Mecklenburg über die Versammlung deutscher Land- u. Forstwirthe in Altenburg. 8. (2½ B.) Parchim 843, Hinstorff'sche Buchh.

Schumacher, Jak., kurze Anleitung zum Erlernen der hebräischen Sprache, s.: Vosen, C. H., u. Frz. Kaulen.

Schumacher, Jak., Hilfsbuch f. den kathol. Religionsunterricht in den mittleren Klassen höh. Lehranstalten. 1. u. 2. Tl. 8. Freiburg i/B., Herder. à n. — 75
1. Anhang zur bibl. Geschichte. Mit 4 Abbildgn. u. 4 Kärtchen. (VII, 51 S.) 905.
2. Kirchengeschichte in Zeit- u. Lebensbildern. (IV, 80 S. m. 5 Abbildgn.) 906.

— Hilfsbuch f. den katholischen Religionsunterricht in den mittleren Klassen höherer Lehranstalten. 3 Tle. 8. Freiburg i/B., Herder. 2. 05
1. Der vorbereit., prophet. u. vorbildl. Charakter des Alten Testamentes. Mit e. Anh.: Biblische Geographie, Maße, Gewichte u. Geldarten. 4. u. 5., verb. Aufl. (VII, 56 S. m. 12 Abb. u. 5 Kärtchen.) 910. — 60
2. Kirchengeschichte in Zeit- u. Lebensbildern. 4. u. 5., verb. Aufl. (VII, 84 S. m. 17 Abb. u. 1 Karte.) 909. — 75; Anh., zum Gebrauch an höheren Mädchenschulen. Leben u. Wirken christl. Frauen. (14 S.) 910. — 25
3. Der kirchl. Gottesdienst. 2. u. 3., verb. Aufl. (VIII, 68 S. m. 11 Abb.) 908. — 70

Schvmacher, Iacobvs (geb. am 19 Mai 1861 in Bonn). De praepositionvm cvm tribvs casibvs conivnctarvm vsv Evripideo. Part. I [un] ... Bonnae, ex C. Georgi typogr. (1884). 78 S. 8.
Bonn, Phil. Fak., Diss. v. 12 Juli 1884

Schumacher, Jean Mathias: Die Cholera im Großherzogtum Luxemburg 1849 und 1866 als Schutz für die Zukunft. – Luxemburg: V. Bück 1866. – 14 S. 8°

Schumacher, Jean Mathias: Einiges über das Wesen der Cholera und der Pocken. Luxemburg: Gebr. Heintzé 1872. – 24 S. 12°

Schumacher, Johann, s.a. Schumacher, Johannes

Schumacher, Joh. Dr. „Ueber Determinanten". pg. 57—77. 8°. W. Kranzbühler.
Neustadt a.d.Haardt, Progr. 1893/94

Zur Einführung in das Bürgerliche Gesetzbuch und seine Nebengesetze. Bearb. von Prof. Dr. [Joh.] **Schumacher**, Amtsrichter in Köln. *Köln 1899: Kölner Verlagsanst. u. Dr.* (509 S.) 8° [F.]
= **Zeitschrift** f. mittlere Justizbeamte. Jg. 11. Beil. [ca. 987]

Schumacher, Joh., ein Rechenschieber m. Teilungen in gleiche Intervalle auf der Grundlage der zahlentheoretischen Indizes. (D. R. G. M. S. Nr. 344576.) Für den Unterricht konstruiert. (III, 48 S. m. 2 Taf.) 8. München 909. J. Lindauer. 1. —

SCHUMACHER, JOANN. FRID., Diss. inaug. medico-forensis de sugillationibus. Chiloniae. 1794. P.

Schumacher, Jh. Hnr., († d. 7. Aug. 1777.) die ursprüngl. Abstammung u. Geschichte der Deutschen; aus d. alten Ueberliefer. u. Sinnbildern erläutert. 8. Wolfenbüttel 763. Meißner. 6 gr

— die verborgenen Alterthümer d. Chinesen; aus d. alten Buche Yeking untersucht. 8. Wolfenb. 763. Meißner. 10 gr

— comment. de **cultu** animalium inter Aegyptos et Iudaeos. 4. Wolfenbüttel, Meisner. (Albrecht.) 773.

Schumacher, Johann Heinrich. Erlaeuterung der dunkeln und schweren Lehrtafel der Alten Ophiten oder Schlangen-Brüder, nach den geheimen Grundsätzen der Kabbalisten abgefasset. Wolfenbüttel 1756. 4°.

— Erläuter. der dunkeln u. schweren Lehrtafel der Ophiten od. Schlangenbrüder rc. 4. Wolfenb. 756. Meißner. 5 gr

§ * **SCHUMACHER**, Joh. Heinr., Asselena-Paderb., Die durch falsche List gefallene und gefangene, aber durch treue Liebe wieder errettete und erhabene (!) Madaveatische Mania oder Liebes- und Helden-Geschicht unter einem allegorischen Gedicht nebst moralischen Anmerckungen vorgestellet von —. Auf Begehren und Kosten guter Freunde zum Druck befordert (!). Gedruckt im Jahr 1738. O. O. (Helmstadt.) 8°. (In Berlin: Yv 3171; in München: P. o. germ. 1356.) 6 Bll. u. 476 S. Grosse Seltenheit!

— ob die natürl. Religion die Religion der ersten Welt sei, u. von deren Verfälschung. 4. Wolfenb. 751. Meißner. 5 ℛ

(Schumacher, Johann Heinrich.) Rhetra und dessen Götzen. Schreiben eines Märkers an einen Mecklenburger über die zu Prilwitz gefundenen Wendischen Alterthümer. Bützow und Wismar 1773. 4°.

Schumacher, Johann Heinrich. Versuch, die dunklen und versteckten Geheimnisse in den hieroglyphischen Denkbildern der Egyptier, Chaldaeer, Perser, Phönizier, Phrygier, Griechen etc., wie auch der Juden und Christen, aus den Urkunden der verborgenen Geschichte, der Erdkunde, aus Münzen und Steinen, naher aufzuklären. Wolfenbüttel und Leipzig 1754. 4°.

— Versuch üb. die dunkeln u. versteckten Geheimnisse in den hieroglyph. Denkbildern d. Aegyptier, Chaldäer, Perser etc. wie auch d. Juden u. Christen, näher aufzuklären. 4. Wolfenb. 754. Meißner. 10 ℛ

Schumacher, Johann Josef Hubert

Schumacher, J. J. H., der heil. Antonius von Padua, s. Leben der Heiligen.

Schumacher, *Johann* Joseph *Hubert* [aus M.-Gladbach]: Aus d. med. Universitätsklinik zu Bonn. Beitrag zur Kasuistik der Dystrophia muscularis progressiva ... Bonn, Druck v. L. Hünewinkel & C., 1892; 34 S., 1 Bl. 8.
Bonn, Med. Fak., Inaug.-Diss. v. [26.] Febr. 1892

Schumacher, J. J. H., theologische Beurtheilung der Schrift des Prof. Dr. Hilgers in Bonn: „Symbolische Theologie." gr. 12. (3 B.) Köln 842, J. G. Schmitz. *

Schumacher, Joh. Jos. Hub., Darstellungen aus der biblischen Geschichte, s. Darstellungen.

Schumacher, J. J. H., üb. Erbsünde u. Erbschuld. Nach d. Lehrbestimmungen d. Kirche. 8. (3 B.) Köln 838, J. G. Schmitz.

—— bibl. Geschichte nebst Denkwürdigkeiten aus d. Kirchengesch. f. kathol. Schulen. 1. Aufl. (16⅞ B.) 839., 2., verm. u. verb. A. gr. 12. (18½ B.) Köln 840, J. G. Schmitz.

— biblische Geschichte, nebst Denkwürdigkeiten aus d. Kirchengeschichte für kathol. Schulen. Bearb. und herausgeg. zum Besten d. Missionen. 3. verm. u. verb. Aufl. 12. Ebend. 841. geb. 11/24 ℛ

—— biblische Geschichte nebst Denkwürdigkeiten aus der Kirchengeschichte und einem Anhange über das kathol. Kirchenjahr für obere Klassen kathol. Schulen. 8. Aufl. 1846. und 9. Aufl. gr. 12. (VI und 483 S.) Köln 851, J. G. Schmitz. * —

—— bibl. Geschichte d. alt. u. neu. Testam. f. Elementarschulen. gr. 12. (11⅙ B.) Köln 840, J. G. Schmitz.

Schumacher, J. J. H., biblische Geschichte des alten u. neuen Testamentes nebst Denkwürdigkeiten aus der Kirchengeschichte u. einem Anh. über das kathol. Kirchenjahr für Elementarschulen. 9. Aufl. gr. 12. (IV u. 312 S.) Köln 850, J. G. Schmitz. n. 8 ngr — 10. Aufl. gr. 12. (IV u. 312 S.) Ebd. 851. n. 6½ ngr

— die heilige Geschichte des alten u. neuen Testamentes, nebst Denkwürdigkeiten aus der Kirchengeschichte u. einem Anh. über das kathol. Kirchenjahr, für kathol. Schulen u. Familien. Ster.-Ausg. gr. 12. (VI u. 469 S.) Saarlouis 852, Stein. n. n. 10½ ngr

—— die heilige Geschichte des alten und neuen Testamentes, nebst Denkwürdigkeiten aus der Kirchengeschichte und einem Anh. über das kathol. Kirchenjahr, für kathol. Schulen und Familien. 27. Aufl. (2. mit Abbild.) gr. 8. (478 S. mit 100 Abbild. in eingedr. Holzschn., 2 Grundrissen und 1 Karte in Holzschn. in gr. 4.) Saarlouis 864, Stein. * * —

— kurze biblische Geschichte des alten und neuen Testaments für katholische Schulen. Mit 100 Abbildgn. (Holzschn.), 2 Grundrissen u. 1 Karte (in Holzschn. in 4.) 2. Aufl. Saarlouis 864. Stein. 8. (216 S.) n. 4½ ngr

Schumacher, Joh. Jos. Hub., Handbuch zur Erklärung der heiligen Geschichte des alten und neuen Testamentes. Für Kirche und Schule. 1. Bd. Das alte Testament. Köln 858. DuMont-Schauberg. gr. 8. (XI, 304 S.) n. 28 ngr

— Handbuch zur Erklärung der heiligen Geschichte des alten und neuen Testamentes. Für Kirche und Schule. 2. Bd. Das neue Testament. Köln 859. Du Mont-Schauberg. gr. 8. (X, 667 S.) n. 1 ℛ 20 ngr

— Handbuch zur Erklärung der heiligen Geschichte des alten u. neuen Testaments. Für Kirche u. Schule. 2 Bde. 2. Aufl. Köln 867. DuMont-Schauberg'sche Buchh. gr. 8. n. 2 ℛ 13 ngr
1. Bd. Das alte Testament. (VIII, 290 S.) n. 28 ngr
2. Bd. Das neue Testament. (VIII, 535 S.) n. 1 ℛ 15 ngr

— katholischer Katechismus, od. Unterweisung in der christkath. Glaubens- u. Sittenlehre. 3. Aufl. gr. 12. (VI u. 160 S.) Köln 849, J. G. Schmitz. n. ⅙ ℛ

— kleiner Katechismus für die erste u. zweite Klasse. 4. Aufl. 16. (52 S.) Ebd. 847. n. 2 ngr

—— kleiner Katechismus für die erste und zweite Klasse. 4. Aufl. 16. (52 S.) Köln 848, J. G. Schmitz. *

— Kern der heiligen Geschichte des alten u. neuen Testaments. gr. 12. (322 S.) Saarlouis 852, Stein. n. 6½ ngr

— Kern der heiligen Geschichte des alten u. neuen Testamentes für den Jugend-Unterricht in den kathol. Schulen der Vereinigten Staaten Nordamerikas. Bearb. u. mit Anmerkungen versehen. St. Louis, Mo. 858. (Philadelphia, Schäfer & Koradi.) 8. (301 S.) geb. n. 20 ngr

—— Leitfaden für den ersten Unterricht in der heiligen Geschichte des alten und neuen Testamentes. 8. (158 S.) Köln 851, J. G. Schmitz.

— Leitfaden für den ersten Unterricht in der heiligen Geschichte des alten und neuen Testaments. Mit 50 Abbildgn. (Holzschn.) Saarlouis 864. Stein. 16. (200 S.) n. 2⅔ ngr

— der heil. Martin v. Tours, s.: Leben, das, der Heiligen. 18. Lfg.

—— Sendschreiben an den Prof. B. J. Hilgers in Bonn. gr. 12. (1 B.) Köln 842, J. G. Schmitz.

Schumacher, Johannes

[F.] Die Befugniss der Jagdberechtigten zur Tödtung fremder Hunde und Katzen in Preussen v. Dr. J[ohannes] Schumacher, ... Prof. d. landw. Akad. Poppelsdorf. 2. Aufl. *Berlin: J. Springer 1897.* (VIII, 60 S.) 1 Bd 8.
(97 393)

Der Preussische Hausanwalt. Gemeinverst. Darstellung des in Preussen gelt. Bürg. Rechts von Dr. jur. Johannes Schumacher, Amtsger.R in Köln. *Bonn: C. Georgi [1900].* (XIX, 523 S.) 8° [F.]
[00. 003] 6

Schumacher, Johs., der preußische Hausanwalt. Gemeinverständliche Darstellung des in Preußen gelt. bürgerl. Rechts. 2., stark verm. u. verb. Aufl. gr. 8. (XIX, 629 S.) Bonn 902. C. Georgi. n.n. 6. 50; geb. n. 8.—

Der preussische Hausanwalt, Gemeinverständl. Darstellung des in Preußen geltenden bürgerl. Rechts von Dr. Johannes Schumacher, Amtsger. R. 3., stark verm. u. verb. Aufl. Bonn: Georgi 1910. XXII, 655 S. 8°

Schumacher, Joh., die Aachener Kirchen u. ihre Kunstschätze, nebst e. Anh.: Das Rathaus u. andere Sehenswürdigkeiten. (IV, 78 S. m. 2 Abb. u. 1 Taf. u. 16 S. Abb.) 8. Aachen (909). A. Jacobi & Co. 1. 20

— Landwirtschaftsrecht. Für prakt. Landwirte, sow. z. Gebrauche bei Vorlesgn. gr. 8. (XII, 197 S.) Bonn 895. F. Cohen. n. 3. -

— Landwirtschaftsrecht. Gemeinverständliche Darstellg. der f. den preuß. Landwirt wicht. Bestimmgn. d. bürgerl. u. öffentl. Rechtes. 2., vollständig neu bearb. Aufl. gr. 8. (XXV, 960 S.) Berlin 901. P. Parey.
Geb. in Leinw. n. 16. —

Schumacher, Johs. Klopstocks patriotische Lyrik S. 29—47. 8. Progr. *Hamm 1880

— das landwirtschaftliche Pachtrecht. Gemeinverständliche Darstellg. der in Deutschland gelt. Bestimmgn. üb. die Pacht landwirtschaftl. Grundstücke. gr. 8. (VIII, 215 S.) Ebd. 901. Geb. in Leinw. n. 6. —

Schumacher, Joh. Dr. „Zur Theorie der algebraischen Gleichungen". III XII. pg. 1—137. 8°. Erlangen und Leipzig, Andr. Deichert
Neustadt a.d.Haardt, Progr. 1889/90

Schumacher, J., zur Theorie der biquadratischen Gleichungen. gr. 4. (III, 50 S.) Erlangen 884. (Traunstein, Stifel.) n. 1. 20

Schumacher, Johannes Zur Theorie der biquadratischen Gleichungen 8 (57 S.) Progr. Studienanst. *Schweinfurt* 1887

Schumacher, Johannes (geb. am 7 Jan. 1860 in Bonn): Ueber tignum und tignum iunctum. Ein Beitrag zur Erklärung der lex 30 § 1 Dig. de usurp. 41. 3 ... Bonn, Univ.-Buchdr. v. C. Georgi 1882. 56 S. 8.
Bonn, Jur. Fak., Diss. v. 24 Apr. 1882

— Viehhandel u. Viehproceß, s.a Handbücher f. d. rhein. Landwirth, Bd. 1.

Viehhandel und Viehproceß. Von Dr. jur. Johannes Schumacher, Amtsrichter u. Prof., Poppelsdorf. 2. Aufl. Bonn: Landw. Ver. f. Rheinpreußen 1896. VI, 78 S. 8° (Handbucher f. d. rhein. Landwirth. Bd 1.)

Schumacher, J., Viehhandel u. Viehprozess. 3. Aufl. gr. 8. (VIII, 134 S.) Berlin, P. Parey. 1900 2. —

Schumacher, Joseph [app. Arzt aus Altendorf (Rheinl.)]: Aus d. Laboratorium d. pharmakognost. Sammlung in Kiel. Beitrag zur Kenntnis der Wirkung des Aethylencyanid ... Kiel, Druck v. A. F. Jensen, 1897; 25 S. 8.
Kiel, Med. Fak., Inaug.-Diss. v. [14. Juni] 1897

Schumacher, Julius: Die Erwerbsfähigkeit nach schweren Kopfverletzungen. Strassburg i. E. 1910: Müh. 81 S. 8°
Straßburg, Med. Diss. v. 18. Juni 1910, Ref. Madelung
[Geb. 3. Jan. 83 Flensburg; Wohnort: Neunkirchen b. Trier; Staatsangeh.: Preußen; Vorbildung: Protest. Gymn. Straßburg Reife O. 04; Studium: Straßburg 2, Kiel 1, Straßburg 2, München 2 Straßburg 3 S.; Coll. 6. Mai 10; Approb. 10. Juni 10.]
[U 10. 4061

Schumacher, Jul., wie d. Franzosen vor 100 Jahren im Bergischen Lande hausten. E. Beschreibg. d. Drangsale währ. d. Fremdherrschaft zur Zeit d. Geburt Kaiser Wilhelms I. Aus d. Manuskripten v. Oligschläger mitgeteilt. [Aus: „Monatsschr. d. Berg. Geschichtsvereins."] 1. u. 2. [Umschlag-] Aufl. gr. 8. (54 S.) Elberfeld 897. Baedeker. n. — 50

Schumacher, Jwan: Über verästelte Knochenbildung in der Lunge. *Würzburg 1898.* (23 S.) 8°
Würzburg, Med. Diss. v. 1898

Schumacher, K., Anleit. z. vollständ. prakt. Lehrart im Rechnen. 8. Freiburg 804. Herder. 19 Kr (Gräffer u. C. in Wien). 12 Kr

Schumacher u. Cüppers, der Anschauungs- u. Aufsatz-Unterricht u. das Bild als Hülfsmittel bei demselben. [Als Anleitg. zum richt. Gebrauch der „Bilder f. den Anschauungs- u. Aufsatz-Unterricht ꝛc." v. demselben.] 2. unveränd. Aufl. gr. 8. (50 S. m. 12 color. Steintaf. in qu. gr. Fol.) Bonn 872. Henry. n. 9.

—— und W. Cüppers, der Anschauungs- und Aufsatzunterricht und das Bild als Hilfsmittel. Anleitung und Stoffangaben zum zweckmäßigen Gebrauche der „Bilder für den Anschauungs- und Aufsatzunterricht" von denselben. 6. umgeänd. und verm. Aufl. gr. 8. (158 S.) Bonn 888, Henry. *
Bilder dazu. 5. Aufl. (12 chromolithogr. Bl.) *

— u. W. Cüppers, der Anschauungs- u. Aufsatzunterricht u. d. Bild als Hilfsmittel. Anleitg. u. Stoffangaben z. zweckmäß. Gebrauche d. „Bilder f. d. Anschauungs- u. Aufsatzunterricht" v. denselben. 7., umgeänd. u. verm. [Titel-] Aufl. gr. 8. (158 S.) Trier (888) 898. J. Lintz. 1. 50; Bilder dazu, 2 Serien à 6 (farb.) Blatt à 50 × 61 cm. n. 16. —; auf Pappe n.n. 22.

Schumacher und Cüppers, Bildersammlung für den Anschauungs- und Aufsatzunterricht in Elementarschulen, gezeichnet von B. Sonderland. (In 2 Abthlgn.) qu. Fol. (12 chromolithogr. Blatt und „Anleitung zum richtigen Gebrauch" 49 S. in gr. 8.) Bonn 869, Henry. à Abthl. *M* 4,50. *

Schumacher (H.), und Cüppers, Bildersammlung für den Aufsatzunterricht in Elementarschulen. Gezeichnet von B. Sonderland. 12 (chromolithogr.) Blätter in qu. Fol. mit Text. gr. 8. (48 S.) Bonn 875, Henry. *

Schumacher, K., Die Handels- und Kulturbeziehungen Südwestdeutschlands in der vorrömischen Metallzeit. I. In der Bronzezeit. S.-A. 16 S. m. 1 Taf. 1.—

Schumacher, K., Heuchelei od. Wahrheit? Ein Weckruf. 12. (20 S.) Berlin 895. (J. M. Spaeth.) — 20

Schumacher, K., Zu rhodischen u. delischen Inschriften. S.-A. 1886. 18 S.

— Kastell u. Vicus bei Wimpfen. gr. 4. (13 S. m. Abbildgn. u. 5 Taf.) Ebd. 900. n. 4. 40
2 Sonderabdrucke aus: „Der obergerm.-raet. Limes des Römerreiches".

— d. Kastelle bei Neckarburken. (M. 8 Taf.) [Aus: „Der obergerm.-raet. Limes d. Roemerreiches."] gr. 4. (35 S. m. Abb.) Ebd. 898. n. 7. 50

Schumacher, K., Kastell Oberscheidenthal. [Aus: „Der obergerm.-raet. Limes d. Römerreiches."] gr. 4. (13 S. m. Abb., 3 Taf. u. 1 Karte.) Heidelberg 897. O. Petters. n. 2. 40

— Kastell Osterburken. [Aus: „Der obergerm.-raet. Limes d. Roemerreiches."] gr. 4. (44 S. m. Fig. u. 7 Taf.) Ebd. 895. n. 6. —

Schumacher, K., das Kastell Schlossau. gr. 4. (9 S. m. Abbildgn., 3 Taf. u. 1 Karte.) Heidelberg 900. O. Petters. n. 2. 60

Schumacher, K., s.: Schulfreund, der.

Schumacher, K. Die Schwertformen Südwestdeutschlands. (Stuttgart 1899.) (Aus: Fundberichte aus Schwaben, 7, 1899.)

Schumacher, K., s.a. Wiederholungsbuch f. den geographischen, geschichtlichen, naturkundlichen u. deutschen Unterricht.

— L. Wrede, A. Großmann u. K. Neumann, Wiederholungsbuch f. den geographischen, geschichtlichen, naturkundlichen u. deutschen Unterricht in Volks- u. Mittelschulen. 78. u. 79. Ster.-Aufl. 8. (163 S.) Berlin 888. Oehmigke's Verl. geb. n.n. — 60

Schumacher, K., L. Wrede, A. Grohmann, K. Neumann, Wiederholungsbuch f. den geographischen, geschichtlichen, naturkundlichen u. deutschen Unterricht in Volks- u. Mittelschulen. 86. Ster.-Aufl. 8. (163 S.) Berlin 894. L. Oehmigke's Verl. n. — 60; Einbd. n.n.n. — 10

— L. Wrede, A. Grohmann, K. Neumann, Wiederholungsbuch f. d. geograph., geschichtl., naturkundl. u. deutschen Unterricht in Volks- u. Mittelschulen. 29. Ster.-Aufl. 8. (163 S. m. 1 Fig.) Berlin 898. L. Oehmigke's Verl. n. — 60; Einbd. n.n.n. — 10

Schumacher, K., L. Wrede, A. Grohmann, K. Neumann, Wiederholungsbuch f. den geographischen, geschichtlichen, naturkundlichen u. deutschen Unterricht in Volks- u. Mittelschulen. 90. Ster.-Aufl. 8. (163 S. m. 1 Fig.) Berlin 900. L. Oehmigke's Verl. Geb. in Halbleinw. n. — 60

Schumacher, Karl

Schumacher, Carl, s.: Aix-la-Chapelle as a health resort.

Schumacher, Karl, († ...) Anleit. z. vollständ. Lehrmethode, nebst verschied. Beitr. v. Privatkenntnissen z. Nutzen d. Normallehrer. 2 Thle. 8. Donaueschingen 793.

Schumacher, C., die Behandlung der Syphilis an den Aachener Schwefelquellen, s.: Brandis, B.

Schumacher, Carl (geb. am 7 Juni 1848 in Aachen): Beiträge zur geburtshülflichen Statistik ... Bonn, Druck v. C. Georgi 1869. 2 Bl., 34 S., 1 Bl. 8.
Bonn, Med. Fak., Diss. v. 5 [hs. 8] Juli 1869

Schumacher, Karl, Beschreibung der Sammlung antiker Bronzen der grossherzogl. vereinigten Sammlungen in Karlsruhe. Mit zahlreichen Abbildgn. im Text, 16 zinkograph. u. 18 Lichtdr.-Taf. Lex.-8. (VII, 231 S.) Karlsruhe 890. J. Bielefeld's Verl. n.n. 8. —

(5) Schumacher, Karl, Beschreibung d. Sammlung antiker Bronzen. 890. Jetzt: Karlsruhe, G. Braun'sche Hofbuchdr.

— catarrhe chronique des voies digestives. [Aus: „Aix-la-Chapelle".] gr. 8. (8 S.) Aachen 891. R. Barth Verl. n. — 80

— catarrhes chroniques du pharynx, du larynx et des bronches. [Aus: „Aix-la-Chapelle".] gr. 8. (10 S.) Ebd. 891. n. — 80

— der seinen Gott betrachtende u. ihn im Geiste u. in der Wahrheit anbetende Christ, e. Betrachtungs- u. Erbauungsbuch f. Katholiken. gr. 8. Augsb. 799. Doll. 16 ℊ

Schumacher, Karl, e. praenestinische Ciste im Museum zu Karlsruhe. Beiträge zur ital. Kultur- u. Kunstgeschichte. gr. 4. (84 S. m. Abbildgn. u. 5 Taf.) Heidelberg 891. A. Siebert. n. 8. —

— les empoisonnements métalliques chroniques. [Aus: „Aix-la-Chapelle".] gr. 8. (23 S.) Ebd. 891. n. 1. —

Schumacher, Karl, nach Golgatha. Dichtgn. zur Leidensgeschichte Jesu Christi. 2. (Titel-) Ausg. (v. „Nach Golgatha"). M. e. Vorwort v. F. Nippold. gr. 8. (XVI, 159 S.) Gotha (887) 895. F. A. Perthes. n. 3. —; geb. in Leinw. n. 4. 20

Schumacher, Carl, s. Kriegsfestspiele, Schleswig-holsteinische.

Schumacher, Karl, Assistenzarzt im 2. Badischen Grenadier-Regiment Kaiser Wilhelm I. Nr. 110: Aus der Kgl. Universitäts-Frauenklinik Tübingen. Beckenerweiternde Operationen. Tübingen: F. Pietzcker 1904. (39 S.) 8° [Ä.]
Tübingen, Med. Fak., Ref. Döderlein, Diss. v. 28. Aug. 1904
[Geb. 3. Mai 79 Mannheim; Wohnort: Mannheim; Staatsangeh.: Baden; Vorbildung: Gymn. Mannheim Reife M. 97; Studium: Berlin 5, Heidelberg 4 S.; Coll. 18. Juni 04; Approb. 1. Aug. 04.]

Schumacher, Karl, beckenerweiternde Operationen. Diss. (39 S.) gr. 8. Tübingen 904. F. Pietzcker. n.n. — 80

— des plaies et de leurs suites. [Aus: „Aix-la-Chapelle".] gr. 8. (8 S.) Ebd. 891. n. — 80

Schumacher, Carolus [Duhronsis]: De republica Rhodiorum commentatio .... Heidelbergae, in aed. C. Winteri. 1886. 64 S. 8°.
Heidelberg, Phil. Fak., Inaug.-Diss. v. 1886.

Schumacher, Carl, de republica Rhodiorum commentatio. Dissertatio inauguralis. gr. 8. (64 S.) Heidelberg 886, C. Winter's Universitäts-Buchh. [* ℳ 1.80.] *

— la syphilis, s.: Brandis, B.

Schumacher, Karl, Verzeichnis der Abgüsse u. wichtigeren Photographien m. Germanen-Darstellungen, s.a. Kataloge des röm.-german. Central-Museums. 1.

Verzeichnis der Abgüsse und wichtigeren Photographien mit Germanen-Darstellungen. Von K[arl] Schumacher. Mit 50 Abb. 2. verm. Aufl. Mainz: Wilckens in Komm. 1910. 84 S. 8°
(Kataloge des röm.-germanischen Central-Museums. Nr 1) [10. 10034

Schumacher, Karl, v. Mara nach Elim. Dichtungen zum Katechismus. 2. Ausg. 12. (X, 168 S.) Leipzig 895. Bonn, A. Falkenroth. 2. —; geb. 3. —; erm. Pr. n. 1. 50; geb. n. 2. —

— von Mara nach Elim. Dichtgn. z. Katechismus. 2. (Titel-)Ausg. (d. früher anonym erschien. Buches). 12. (X, 168 S.) Leipzig (880) 895. F. Jansa. n. 2. —; geb. n. 3. —

— s.: Zeitschrift, praehistorische.

Die Bibel in der Gelehrtenschule, oder: Welche Stellung soll die Lesung des Wortes Gottes, zunächst des N. T., in der Gelehrtenschule einnehmen, v. [Karl Theodor] **Schumacher.** Schleswig. 1843. 4°. Gymn.-Progr.

Schumacher, Carl Thdr., das Reich Gottes oder wie führt Gott die Menschen zur Seligkeit, 1. während des Erdenlebens, 2. nach dem Tode bis zum jüngsten Tage? Ein Glaubenszeugniß aus u. nach der Schrift zur Lehre u. zum Trost für Gläubige u. für Suchende. Hamburg 862. Nolte. 16. (VIII, 176 S.) n. 16 ngr.

Schumacher, Karl Wilh., († d. 17. Jan. 1781.) Beitrr. zur deutschen Reichshistorie. 4. Eisenach 770. (Bärike). 6 gr

Schumacher, K. Wilh., Beyträge zur deutschen Reichshistorie. 4. Eisenach, Griesbach. (Wittekind.) 770.

— de caussis deperditi litterarum floris apud veteres Graecos. 4. Jena 756.

— commentatio de caussis florentissimi literarum status apud veteres Graecos. 4. Jena 755.

Schumacher, Karl Wilh., comment. de historia literaria praestantissimo discentium ingenia acuendi alendique adiumento. 4maj. Eisenach 772. (Bärike). 2 gr

— Comment. de Marte litterarum propagatore. 4. Jena 757.

— Merkwürdigkk. d. Stadt Eisenach u. ihres Bezirks. 8. Gotha 777. Ettinger. 10 gr

— Nachrr. u. Anmerkk. zur Erläuter. der sächs. Geschichte. 1e—6e Samml. 4. Eisenach 766—772. (Dieterich in Götting.) 1 rthl 2 gr

— Diatribe de bibliothecarum apud veteres praefectis. 4. Jena 757.

Schumacher, C. G., de bibliothecarum apud veteres praefectis. Jen. 758. 4.

— Comment. I. et II. de Rhodo litterata. 4. Jena 760.

— Comment. de sapientia divina in litterarum flore, qui paullo ante Christum natum fuit, manifestata. 4. Jena 756.

— die Vergrößerung Sachsens durch Fürstinnen. 4 Eisenach 774. (Bärike). 3 gr

— Vergrößerung Sachsens durch Fürstinnen. 4. Eisenach, Griesbach. (Wittekind.) 774.

Schumacher, Konr. Dan., kurzer Unterricht v. Wege z. Seligkeit. gr. 8. Götting. 771. Dieterich. 2 gr

Schumacher, L., Fahnenweihe, Vaterländ. Novelle, Berlin 1909, 39 S., 8°.

Schumacher, L., das große Geheimniß. Eine Betrachtg. der göttl. Offenbarg. üb. die Braut des Lammes. 3. Aufl. 8. (72 S.) Mülheim 885. Buchh. d. evang. Vereinshauses. n. — 50

Schumacher, L., das große Geheimniß. E. Betrachtg. d. göttl. Offenbarg. üb. d. Braut d. Lammes. 4. Aufl. gr. 8. (72 S.) Mülheim a/R. 896. Buchh. d. evang. Vereinshauses. — 50

Schumacher, L., Quaest. crit. Sophocl. spec. I: Manus II. a Dindorfio litera S signata cod. Laurent., quam auctoritatem habeat ad. S. emendandum. Diss. 1868. 60 S. 1.50

Schumacher, L., die St. Florentiuskirche zu Niederhaslach. 8. (22 S. m. Abbildgn.) Strassburg 901. J. H. E. Heitz. n. — 50

Schwestern-Lied. Gedicht vom Br Heinr. Ney. Musik vom Br L. **Schumacher.** [Hamburg] o. J. 1 Bl. 8° [Kopftit.]
Ohne Noten: „Den Schwestern lasst ein freudig Lied uns weihen, ...“

[Schwesternlied.] Zur Erinnerung an den 20. März 1858 in der Loge zu den drei Sternen im Or. zu Rostock. [Gedicht von Heinr. Ney, Musik von L. **Schumacher.**] Rostock 1858: Behm. 2 Bl. 8° [Umschlagtit.]
Tt. 2551. Ohne Noten. „Den Schwestern lasst ein freudig Lied uns weihen . . .“

Schumacher, L. W., s. Schumacher, Karl Wilhelm

Schumacher, Leop., pharmakologische Studien üb. die Auswanderung farbloser Blutkörperchen. Diss. gr. 8. (83 S.) Jurjew (Dorpat) 892. (E. J. Karow.) n. 1. 60

Schumacher, Ludw., die Belagerung u. Zerstörung Jerusalems. (Anno 70 nach Christi Geburt.) 2. Aufl. 16. (16 S.) Barmen 873. Wiemann. — 15

Gesang bei der feierlichen Enthüllung und Aufstellung des Bildes des verewigten Brs. Friedr. Ludw. Schröder am 15ten Jan. 1843 vorgetragen in der Loge zu den 3 Sternen in Rostock. [Gedicht von Friedr. Eggers, Musik von Ludw. **Schumacher.**] Rostock [1843]: Oeberg. 2 Bl. 8° [Umschlagtit.]
[Dasselbe.] Am 3. Nov. 1858. [Rostock 1858]: Behm. 2 Bl. 8°
Ohne Noten: „Die Hülle ist genommen, . . .“

SCHUMACHER, LUDWIG: Den mit Masse [= Maße] gezüchtigten, Auch reichlich wieder Getrösteten Tobiam, Hat Als einen zugleich um sein Hauß und um die Regierung der Seinigen bekümmerten Hauß-Vater, Allen Christlichen Ehe-Leuten . . . Furgestellet L. Sch . . . Hameln, J. J. Haupt, 1729. 4°. Titelblatt und 50 S. Alte Broschur.

Schumacher, Ludwig De Tacito Germaniae geographo. 4 (S. III —XXVIII) Progr Friedrich-Wilhelms-G. u. Vorsch. *Berlin* 1886 (55)

— Nicolaus Ludw. Graf v. Zinzendorf. (Geb. 1700, gest. 1760.) 8. (31 S.) 2. Aufl. Ebend. 873. n. — 30

Schumacher, Marie

Schumacher, M., Räthsel. 12. (248 S.) Cassel 892. E. Hühn. Geb. in Leinw. n. 2. 50

Schumacher, Marie, Sphinx. Poetische Original-Rätsel, Charaden, Anagramme, Homonyme u. s. w. Neue Folge. (V, 546 S.) 8. Cassel (Königsthor 12), 904. Frl. A. v. Stwolinski. n.n. 3. 50; geb. m. Goldschn. n.n. 4. 50

Schumacher, Martin (Lenzen/M. Brandenb.)
A. S. 1212/14

Disputatio solennis medica de cancro.
Präs. Georg Ernst Stahl, Rec.
Halle (Henckel) 1705. 28 S.

Diss. VII. 1699. 31886

Schumacher, Max, Referendar: Die exceptio doli generalis nach Bürgerlichem Gesetzbuche und die Stellung des Richters zum Gesetz, insbesondere hinsichtlich der Berücksichtigung von Treu und Glauben. Greifswald 1907: J. Abel. (48 S.) 8° [F. u. Ant.]

Greifswald, Jur. Fak., Ref. Jung, Diss. v. 26. April 1907

[Geb. 10. Okt. 81 Stralsund; Wohnort: Demmin; Staatsangeh.: Preußen; Vorbildung: Gymn. Demmin Reife O. 01; Studium: Marburg 1, Bonn 3, Greifswald 6 S.; Rig. 19. Mai 06.]

Schumacher, Michael, approb. Arzt aus Cöln a. Rh.: Aus d. psychiatr. Klinik zu Bonn. Makroskopische Sektionsbefunde bei progressiver Paralyse. *Bonn 1903: C. Georgi.* (77 S.) 8°

Bonn, Med. Diss. v. 8. Apr. 1903

Schumacher, O. Chr., s. Schuchmacher.

Schumacher, P., Hanna u. Samuel. 3 Predigten. 1. u. 2. Aufl. (46 S.) 8. Elberfeld 907.08. Reformierter Schriftenverein. — 50

Schumacher, (P. H.,) Beschreibung meiner Reise von Hamburg nach Brasilien im Juni 1824, nebst Nachrichten über Brasilien bis zum Sommer 1825 u. über die Auswanderer dahin. Der Wahrheit gemäß, u. z. Warnung, niedergeschrieben. 8. Braunschw. 826, Vieweg.

Schumacher, Paul, wirkungsvolle Empfehlungs-Inserate. (32 S. m. Abbildgn.) gr. 8. Stuttgart (Langestr. 25), (904). P. Schumacher. n. 1. —

Schumacher, Paul, Lieder u. Gedichte e. rheinischen Musikanten. 12. (VI, 120 S.) Mainz 886. Diemer. n. 2. —

Schumacher, Pedro

Schumacher, P. **La Sociedad Civil Cristiana según la doctrina de la Iglesia Romana. Texto de Enseñanza Moral para la juventud de ambos sexos. Tercera edición refundida. 12. (XII, 120 S.) Freib. i. Br. 892, Herder. * — 84**

Die 1. u. 2. Aufl. sind in Portoviejo erschienen.

Schumacher, Pedro, la sociedad civil cristiana según la doctrina de la iglesia romana. Texto de enseñanza moral para la juventud de ambos sexos. 4. ed. 8. (XIV, 118 S.) Freiburg i/B. 894. Herder. n. — 80; Einbd. in Halbleinw. n.n.n. — 12

Schumacher, Pedro, la sociedad civil cristiana según la doctrina de la iglesia romana. Texto de enseñanza moral para la juventud de ambos sexos. 5. ed. considerablemente aumentada. 8. (XX, 160 S.) Freiburg i/B. 900. Herder. Kart. n. 1. 35

Schumacher, Pet., deutl. u. gründl. Anweisung z. Rechnen, in welcher das künstl. u. natürl. Rechnen in allen Rechnungsarten u. d. Praktik erläut. u. begreifl. gemacht wird. Zum Gebr. d. Lehrenden u. Lernenden. 8., verb., mit der „Decimalbruchrechn." verm. Ausg. 8. (14 B.) Elbing 837, Neumann-Hartmann.

Schumacher, Peter [aus Aachen]: Ueber die Einwirkung von Thionylchlorid auf einige aromatische Amine ... Rostock, C. Boldt'sche Hof-Buchdr., 1893; 35 S. 8.

Rostock, Phil. Fak., Inaug.-Diss. v. [3. Mai] 1893

Schumacher, P(eter), Assistenzarzt am Städt. Maria-Hilf-Krankenh. Aachen: Aus der Kgl. Universitäts-Frauenklinik zu Bonn. Geh. Rat Prof. Dr. Fritsch. Gleichzeitige extra- und intrauterine Gravidität. Bonn 1907: E. Eisele. (43 S.) 8°

Bonn, Med. Fak., Ref. Fritsch, Diss. v. 7. Febr. 1907

[Geb. 24. Febr. 81 Kerpen; Wohnort: Aachen; Staatsangeh.: Preußen; Vorbildung: Gymn. a. d. Kreuzgasse Cöln Reife O. 00; Studium: München 2, Bonn 3, Berlin 1, Bonn 4 S.; Coll. 7. Febr. 07; Approb. 4. Aug. 06.]

— Jesus Christus von Nazareth d. Seligmacher. 8. Danzig, Knoch. 740.

Schumacher, Pet., geschw. und richtige Concursberechnung ɾc. Fol. Elbingen. 753.

Schumacher, Petr. Joseph. (geb. Aachen 27. 11. 1818): De varicocele e causa haemorrhoidali. Berolini (1842). (32 S.) 8°

Berlin, Med. Diss. v. 26. Juli 1842

Schumacher, Philipp. Dornen zur Revision. [Gedicht.] 8. Chur 1873. Senti & Casanova 1873.

Schumacher, Philipp, s.: Familien-Chronik

Schumacher, Philipp, vom göttlichen Heiland. Bilder aus dem Leben Jesu, gemalt v. Sch., der Jugend erklärt v. Frz. Xav. Thalhofer. (68 S. m. Abb. u. 16 farb. Vollbildern.) Lex. 8. München (907). Allgemeine Verlags-Gesellschaft. Geb. in Leinw. 4. —

Schumacher, Phil., u. Johs. Keßler, das Leben Jesu. qu. Fol. (62 S. m. farb. Abbildgn.) Berlin (902). M. Oldenbourg. Geb. in Moleskin n. 20. —

— u. Jos. Schlecht, das Leben Jesu. qu. Fol. (62 S. m. farb. Abbildgn.) München (902). Allgemeine Verlags-Gesellschaft. Geb. in Moleskin n. 20. —

Das Leben Mariae. Bilder von Ph. **Schumacher.** Text von Victor Kolb, S. J. Muenchen: Allg. Verl.-Gesellsch. (1910). 48 S. quer-4°
[11. 10388

[Schumacher, Philipp.] Satyrische Pfeile. Politische Flugschrift [Gedichte] von Ernst Feuerstahl. Heft 1..... 8. Bern (1871).
Kaum mehr erschienen.

Schumacher, R. v:, s. Almanach, Königl. privilegirter schleswig-holsteinischer gemeinnütziger.

Schumacher, R., Kiautschou u. d. ostasiat. Frage. Erlebnisse aus China u. d. japan. Gefechtsfront. gr. 8. (144 S.) Berlin 898. F. v. Schimmelpfennig. n. 1. 50

König Drosselbart. Märchendichtung von Minta Poensgen. Für Sopran- u. Altsoli, Frauenchor u. Klavierbegleitung komp. von Richard **Schumacher**. Op. 57. Textbuch. Berlin: Sulzbach in Komm. [1901]. 24 S. 8° [11. 1134]

Schumacher, Rich., Zionsharfe. E. Auswahl Choräle u. geistl. Volkslieder, nebst d. Musik-Anhang zur Agende f. d. evang. Landeskirche. Zum Schulgebrauch gr. 8. (VIII, 88 S.) Berlin 897. L. Oehmigke's Verl. n. — 80

Schumacher, Robert: Untersuchungen über das Strahlensystem dritter Ordnung und zweiter Klasse, ausgehend von den in ihm enthaltenen Regelflächen. Erzeugung mittelst linearer Komplexe .... München, G. Franz'sche k. b. Hof-Buchdr. (G. Emil Mayer), 1885: 1 + 44 S. 8°.
München, Phil. Fak., Inaug.-Diss. v. 1885.

Schumacher, Robert, Untersuchungen über das Strahlensystem dritter Ordnung und zweiter Klasse, ausgehend von den in ihm enthaltenen Regelflächen, Erzeugung mittelst linearer Komplexe. Diss. München 1885, A. Buchholz. 8°. 44 S.

Schumacher, Rud., der Diakon Stephanus, s. a. Abhandlungen, neutestamentliche. III, 4.

Der Diakon Stephanus von Dr. Rudolf **Schumacher**. Münster i. W.: Aschendorff 1910. IX, 136 S. 8°
(Neutestamentliche Abhandlungen. Bd 3, H. 4.) [11. 330 2]

Schumacher, Siegm. v., zur **Biologie des Flimmerepithels.** gr. 8. (30 S. m. 1 Taf.) Wien 901. (C. Gerold's Sohn.) n. — 90

— Über die Entwicklung und den Bau der *Bursa Fabricii* (mit 2 Taf.). S. 112 III. 167 . . . .
Separatabdruck

Schumacher, Siegm. v., über die **Entwicklung** u. den Bau der Bursa Fabricii. (24 S. m. 2 Taf.) gr. 8. Wien 903. (A. Hölder.) n. 1. —

— die **Herznerven** der Säugethiere u. des Menschen. (103 S. m. 4 Doppeltaf.) gr. 8. Ebd. 902. n. 3. 40

Schumacher, S. v., Die Herznerven der Säugethiere und des Menschen. [Aus: Sitzungsber. d. k. Akad. d. Wiss.] Gr.-8°. (103 S. mit 4 Doppeltafeln) † Wien: Gerolds Sohn 1903. K 3.40

Schumacher, Siegm. v., zur Kenntnis der segmentalen (insbesondere motorischen) **Innervation der oberen Extremität des Menschen.** (79 S. m. 24 Fig. u. 1 farb. Taf.) gr. 8. Wien 908. A. Hölder. 2. 80
Sonderabdr. aus: „Sitzungsber. d. Akad. d. Wiss."

— Über die Nerven des Schwanzes der Säugetiere und des Menschen, mit besonderer Berücksichtigung des sympathischen Grenzstranges (mit 2 Taf.). S. 114. III. 269 .
Separatabdruck

— über die **Nerven** des Schwanzes der Säugetiere u. des Menschen, m. besond. Berücksicht. des sympathischen Grenzstranges. (36 S. m. 2 Taf.) gr. 8. Ebd. 905. Wien: Hölder 1905. n. 1. 20

— Der *Nervus mylohyoideus* des Menschen und der Saugetiere (mit 1 Taf.). S. 113. III. 241 . . . .
Separatabdruck

Schumacher, S. v., Der Nervus mylohyoideus des Menschen und der Säugetiere. [Aus: Sitzungsber. d. k. Akad. d. Wiss., mathem.-naturw. Klasse.] Gr.-8°. (32 S. mit 1 Tafel.) † K —.90 Wien: Gerold 1904.

Schumacher Siegmund von, Dr.: Die Rückbildung des Dotterorganes von *Salmo fario* (mit 1 Taf.). S. 109. III. 675 . . . .
Separatabdruck

SCHUMACHER, Siegmund von
Die Rückbildung des Dotterorganes von Salmofario von Dr. Siegmund von Schuhmacher. (Mit 1 Tafel.) (Aus den Sitzungsberichten der kaiserl. Akademie der Wissenschaften in Wien. Mathem.-naturw. Classe. Bd. CIX. Abth. III. December 1900.) Wien. 1900. In Comm. Gerold's Sohn. Gr.-8°. 25 S. K —.70

Schumacher, Theodor H(ubert): Ueber die Einwirkung primärer, secundärer und tertiärer Basen auf o-Xylylenbromid. *Bonn 1898: A. Henry.* (31 S.) 8°
Heidelberg, Naturw.-math. Diss. v. [7. Juli] 1898

Schumacher, Tony, Alltagssorgen u. Alltagsfreuden. 8. (VII, 182 S.) Ravensburg 898. O. Maier. n. 1. 25; geb. n. 1. 80

— **Du u. Deine Hausgenossen.** 8. (VIII, 117 S.) Ebd. 897. n. 1. 25; geb. n. 1. 80

Schumacher, Tony, Dummerchen. Eine Erzählg. f. jung u. alt. (IV, 182 S. m. Titelbild.) 8. Stuttgart (906). Levy & Müller. Geb. in Leinw. n. 3. —

— Dummerchen. Eine Erzählg. f. jung u. alt. 2. Aufl. (IV, 182 S. m. Titelbild.) 8. Ebd. (910). Geb. in Leinw. 3. —

— e. glückliche Familie. E. hübsche Geschichte u. Anleitg. wie Kinder im Haushalte helfen u. z. Glück d. Ihrigen beitragen können. 8. (VIII, 148 S.) Stuttgart 896. Levy & Müller. Geb. in Leinw. n. 2. 50

Schumacher, Tony, eine glückliche Familie. Eine hübsche Geschichte u. Anleitg., wie Kinder im Haushalte helfen u. zum Glück der Ihrigen beitragen können. 2. Aufl. gr. 8. (VIII, 178 S.) Stuttgart (900). Levy & Müller. Geb. in Leinw. n. 2. 50

— ... u. doch glücklich. Eine Erzählg. f. jung u. alt. (VIII, 188 S. m. 1 Titelbild.) 8. Ebd. (908). Geb. in Leinw. 3. —

— s.: Hausfrauen-Kalender, neuer, schwäbischer.

— Heimatzauber. Eine Erzählg. f. Kinder u. Erwachsene. 2. Aufl. (VIII, 198 S. m. Titelbild.) 8. Ebd. (904). Geb. in Leinw. n. 3. —

— Mütterchens Hilfstruppen. E. hübsche Geschichte u. Anleitg., wie Knaben u. Mädchen im Haushalte helfen können. 8. (IV, 156 S.) Stuttgart 895. Levy & Müller. Geb. in Leinw. n. 2. 50

— Mütterchens Hilfstruppen. Eine hübsche Geschichte u. Anleitung, wie Knaben u. Mädchen im Haushalte helfen können. 2. Aufl. gr. 8. (IV, 183 S.) Ebd. (899). Geb. in Leinw. n. 2. 50

— **Mütterchens Hilfstruppen. Eine hübsche Geschichte u. Anleitg., wie Knaben u. Mädchen im Haushalte helfen können. 3. Aufl. (IV, 184 S. m. Abbildgn.)** gr. 8. Stuttgart (903). **Levy & Müller.** Geb. in Leinw. n. 3. —

— Mütterchens Hilfstruppen. Eine hübsche Geschichte u. Anleitg., wie Kinder im Haushalte helfen können. 5. Aufl. (IV, 184 S. m. 4 Vollbildern.) 8. Ebd. (910). Geb. in Leinw. 3. —

Schumacher, Tony, geb. v. Baur, ich gratuliere! Sammlung von Gelegenheitsgedichten, kleinen Scherzen u. Aufführungen zu Familienfesten, für unsre Kinderwelt. Mit einer Darstellung der dazu gehör. Kostüme in Bildern. Mit (eingedr.) Illustr. der Verf. u. a. (u. 1 buntem Titelbilde). gr. 8. (VI, 122 S.) Leipzig 883. Spamer. n. 2. —; cart. n. 2. 50

Schumacher, Tony, Kinder, macht d. Augen auf! Lehrreiche Geschichten f. d. Jugend. M. 6 Farbdr.-Bild. 4. (V, 87 S.) Stuttgart 898. F. Loewe. Geb. 3. —

— Kinder, macht die Augen auf! Lehrreiche Geschichten f. die Jugend. Mit 12 Buntbildern. 2. Aufl. (V, 87 S.) gr. 8. Stuttgart (906). Loewe. Geb. 3. —

— keine Langeweile. Eine Geschichte f. Kinder von 8 bis 15 Jahren. gr. 8. (VIII, 210 S.) Stuttgart (899). Levy & Müller. Geb. in Leinw. n. 3. —

Schumacher, Tony, geb. v. Baur, Lottchen u. Gertrud od. Großmutters Holzpuppe u. der Enkelin Wachspuppe. Vergleichende Erzählg in Reimen aus der guten alten Zeit u. der Neuzeit. Mit 40 Illustr. u. 4 Buntbildern nach Zeichngn. der Verf. gr. 8. (V, 128 S.) Leipzig 885. Spamer. n. 2. —; cart. n. 2. 50

— aus meiner Mappe. Einfache Erzählgn. (III, 94 S.) 8. Stuttgart (905). C. Classen. Geb. in Leinw. n. 1. 60

Meine Oberammergauer von einst und jetzt. Selbsterlebtes aus 3 Jahrzehnten von Tony Schumacher. Stuttgart: Levy & Müller 1910. 122 S. 8° (15. 7. 10)

— Opfer der Schuld. Erzählungen aus dem Leben. 8. (50, 56 u. 50 S.) Stuttgart (902). Fleischhauer & Spohn. n. 2. —; kart. n. 2. 50; geb. in Leinw. n. 3. —

— Neserl am Hofe. E. Geschichte f. Kinder von 8 bis 15 Jahren. 8. (IV, 182 S.) Ebd. 898. Geb. in Leinw. n. 3. —

— Neserl am Hofe. Eine Geschichte f. Kinder von 8 bis 15 Jahren. 2. Aufl. gr. 8. (IV, 218 S.) Stuttgart 900. Levy & Müller. Geb. in Leinw. n. 3. —

Schumacher, Tony. Rigikinder und andere Geschichten. Erzählungen für die Jugend. Mit Illustrationen von Karl Schmauk [1 Vignette und 3 Tafeln]. VIII + 186 S. 8. Stuttgart, Levy & Müller, [1909]. [geb. M. 3. —]

— Schulleben. E. Geschichte f. Jung u. Alt z. Lachen u. Weinen. 8. (VIII, 158 S.) Ebd. 897. Geb., m. Schwamm n. 3. —

— Schulleben. Eine Geschichte f. Jung u. Alt zum Lachen u. Weinen. 2. Aufl. gr. 8. (VIII, 158 S.) Ebd. (901). Geb. in Leinw. n. 3. —

— Schulleben. Eine Geschichte f. jung u. alt zum Lachen u. Weinen. 3. Aufl. (VIII, 176 S. m. Titelbild.) 8. Ebd. (910). Geb. in Leinw. 3. —

— vom Schulmädel bis zur Großmutter. Plaudereien. 8. (213 S.) Stuttgart 900. Deutsche Verlags-Anstalt. Geb. in Leinw. n. 4. —; in Seide n. 5. —

— Vom Schulmädel bis zur Großmutter. Plaudereien. 4. Aufl. (213 S.) kl. 8. Stuttgart 907. Deutsche Verlags-Anstalt. Geb. in Leinw. 4.—; in Seide 5. —

Schumacher, Tony, überall Sonnenschein. Eine Erzählg. f. jung u. alt. (VII, 190 S. m. Titelbild.) 8. Stuttgart (906). Levy & Müller. Geb. n. 3. —

— überall Sonnenschein. Eine Erzählg. f. jung u. alt. 2. Aufl. (VII, 190 S. m. Titelbild.) 8. Stuttgart (910). Levy & Müller. Geb. in Leinw. 3. —

— Spaziergänge ins Alltagsleben. Plaudereien. 3. Aufl. (280 S.) 8. Stuttgart 902. Deutsche Verlags-Anstalt. Geb. in Leinw. n. 4. —

— das Turmengele. Eine Geschichte f. Kinder. gr. 8. (228 S.) Stuttgart (901). Levy & Müller. Geb. in Leinw. n. 3. —

— Ueberleg's! Plaudereien. 3. Aufl. (223 S.) 8. Ebd. 903. Geb. in Leinw. n. 4. —

— Ueberleg's! Plaudereien. 8. (223 S.) Stuttgart 903. Deutsche Verlags-Anstalt. Geb. in Leinw. n. 4. —

— das Veferl vom Eibsee. Mit Buchschmuck von Rich. Mahn. 8. (148 S.) Stuttgart (901). Fleischhauer & Spohn. n. 2. —; geb. n. 2. 50

— was ich als Kind erlebt. Mit 9 Bildnissen u. 3 Fksms. gr. 8. (378 S.) Stuttgart 901. Deutsche Verlagsanstalt. Geb. in Leinw. n. 5. —

— Ein fester Wille. Eine Erzählg. f. jung u. alt. Mit Illustr. (3 Vollbildern) v. Karl Schmauk. (VIII, 186 S.) 8. Ebd. (910). Geb. in Leinw. 3. —

— ein Wunderkind. Eine Erzählg. für Kinder u. Erwachsene. (192 S. m. Titelbild.) gr. 8. Stuttgart (903). Levy & Müller. Geb. in Leinw. n. 3. —

— Ein Wunderkind. Eine Erzählg. f. Kinder u. Erwachsene. 2. Aufl. (192 S. m. Titelbild.) 8. Ebd. (909). Geb. in Leinw. 3.—

Schumacher, Tony, Cirkuslinder. Eine Erzählg. f. die Jugend. (VIII, 194 S. m. Titelbild.) 8. Stuttgart (907). Levy & Müller. Geb. in Leinw. 3. —

Schumacher, W., verständlichste u. bewährt. Belehrungen üb. die mit Gefahr bedrohende pestart. Krankheit Cholera morbus. Mit e. Rezepte verseh., welches d. sicherste Schutzmittel wider die Cholera lehrt, u. alle hierüber schon erschien. u. vielleicht noch erschein. Büchlein übertrifft u. überflüssig macht. Nach d. Hauptresultaten ärztl., in Indien, Persien, Rußland u. Polen gemacht. Erfahrn. sorgfältig zusammengest. (Gedicht.) 1. Thl. 4. Aufl. 8. (1 B.) Graudenz 831. (Berlin, Enslin'sche Buchh.)

Schumacher, W., der große Eremit, od. Liebesabentheuer des Freiherrn Leop. v. Lilienfeld; ein satyr.-launiger Roman. 8. Danzig 826. Gerhard. 1 ⩫

—— die Eroberung v. Varna durch die Russen im J. 1828. Gelegenheitsschausp. in Versen, mit Prolog, Gefechten u. Evolutionen, in 3 Aufz. Nebst e. Anh. v. vermischten Gedichten. 8. (11 B.) Danzig 829, Ewert.

Schumacher, (W.,) die Erstlinge. Eine Sammlung Erzählungen, Gedichte u. Charaden. 8. Danzia 826, Anhuth.

—— Lustgedränge u. Harfenklänge. Ein Samml. Erzähln., Balladen u. Gedichte. 8. (14½ B.) Graudenz 828. (Berlin, Enslin'sche Buchh.)

—— Momus. Taschenbuch f. Freunde d. Scherzes u. d. Satire. Probe-Jahrg. 1828. 8. (13⅓ B. u. 1 Stndr.) Graudenz. (Berlin, Enslin'sche Buchh.)

— weibl. Schaam u. Entartung, oder d. Ursachen d. gegenw. Mangels an brauchb. weibl. Dienstboten, so wie Bemerkk. über d. Missbrauch mit d. weisen Gesetz, welches den Vater e. unehel. Kindes verurtheilt, die Verpflegungsgelder f. dasselbe an die Klägerin zu zahlen rc. 8. Danzig 826, Gerhard.

—— Schellenklänge. Scherze, Schwänke, Glossen u. Satiren. Ein Büchl. f. unbefang. lachlustige Leser. 8. (8 B.) Graudenz 828. (Berlin, Enslin'sche Buchh.)

Die Poppelsdorfer Porzellan- u. Steingutfabrik von Ludwig Wessel in Bonn. Ein Beitr. z. Geschichte d. rhein. Industrie. Von W. Schumacher. 2. Aufl. — Bonn 1888: Neusser. 54 S. 8° 5. 38 A.

Schumacher, Walther, Referendar aus Aachen: Unterschiede zwischen einem gemeinschaftlichen Testament und einem Erbvertrag zwischen Ehegatten nach dem Bürgerlichen Gesetzbuch. *Aachen [1901]: F. Keppler.* (34 S.) 8°
Rostock, Jur. Diss. v. [20. Aug.] 1901

Schumacher, Wilhelm

Schumacher, W., der Ackerbau. Die Lehre v. der Bodenbearbeitg., Feldbestellg. u. vom allgemeinen Pflanzenbau in ihrer naturwissenschaftl. Begründg. Mit 16 in den Text gedr. Holzschn. gr. 8. (XVI, 468 S.) Wien 874. Hölder. n. 9. —

Schumacher, Wilhelm [aus Diethe, Pr. Hannover]: Über einige Derivate des Di- und Trichlor-Aethers ... Rostock, Univ.-Buchdr. v. Adler's Erben, 1892; 24 S., 1 Bl. 8.
Rostock, Phil. Fak., Inaug.-Diss. v. [11. Aug.] 1892

Schumacher, Wilh., die Diffusion in ihren Beziehungen zur Pflanze. Theorie der Aufnahme, Vertheilung und Wanderung der Stoffe in der Pflanze. Ein Beitrag zur Lehre von der Ernährung der Pflanze für Pflanzenphysiologen, Agricultur-Chemiker, Landwirthe und sonstige Freunde der Pflanzenkunde. gr. 8. (XV und 288 S. mit in den Text gedr. Holzschn.) Leipzig 861, C. F. Winter'sche Verlagsbuchh. *

Schumacher, W. Die Domainen-Frage im Fürstenth. Waldeck. gr. 8°. Arolsen, Speyer, 1848.

Schumacher, Wilh. (II.), die Ernährung der Pflanzen. Mit besond. Berücksichtigung der Culturgewächse und der landwirthschaftl. Praxis nach den neuesten Forschungen für Landwirthe und Pflanzenforscher bearb. Mit in den Text gedr. Holzschn. 2 Abthlgn. gr. 8. Berlin 864, G. F. O. Müller. [1. Abthl. (S. 1—160.) * 25 Ngr., 2. Abthl. (X und S. 161—653.) * 2 Thlr. 20 Ngr.] *

—— Erschöpfung und Ersatz bei dem Ackerbaue. Versuch einer Statik des Ackerbaues. gr. 8. (VIII und 274 S.) Berlin 866, G. F. O. Müller. *

Schumacher, Wilh., Maiblumen u. Bergfrüchte, od. vermischte Schriften in Poesie u. Prosa. 1. Bdchn.: Lyrische u. humorist. Gedichte. 16. (8½ B. u. verz. Titbl.) Danzig 835, [Gerhard'sche Buchh.] *

Schumacher W.: Die sichersten Mittel wider die Gefahr beym Eintritte d. Rindviehseuche ... Berl. 1793. (10) 128 S. 1 Tvl.

Schumacher, Wilhelm [aus Niederembt]: Aus d. Klinik f. Hautkrankheiten u. Syphilis zu Bonn. Ueber Mycosis fungoides. . . . Bonn, Hauptmann'sche Buchdr. (1890); 42 S. + 1 Bl. 8°
Bonn, Med. Fak., Inaug.-Diss. v. [7. Jun. 1890]

—— die Physik in ihrer Anwendung auf Agricultur und Pflanzenphysiologie. 2 Bde. gr. 8. Berlin 864,67, Wiegandt und Hempel. à Bd. * 2 Thlr. 20 Ngr. *

Inhalt:
Bd. 1. Die Physik des Bodens in ihren theoretischen und practischen Beziehungen zur Landwirthschaft. Gekrönte Preisschrift. (X und 514 S. mit 17 in den Text gedr. Holzschn.)
" 2. Die Physik der Pflanze. Ein Beitrag zur Physiologie, Klimatologie und Culturlehre der Gewächse. (X und 522 S. mit 37 in den Text gedr. Holzschn.)

Schumacher W.: Die Physik d. Bodens in ihren theoret. u. pract. Beziehungen z. Landwirthschaft. Gekr. Preisschr. Berl. 1864. 505 S. Fig.
(=: Die Physik in ihrer Anwendung auf Agricultur u. Pflanzenphysiologie. Bd. 1). 381.

SCHUMACHER, Wilhelm: Die Physik der Pflanze. Ein Beitrag zur Physiologie, Klimatologie und Culturlehre der Gewächse. - Berlin 1867. 517 S. - (Die Physik i. ihrer Anwend. auf Agricultur u. Pflanzenphysiologie Bd. 2)

Schumacher, Wilh., die keramischen Thonfabrikate, s.a. Schauplatz, neuer, der Künste und Handwerke.

Schumacher, Wilh., die keramischen Thonfabrikate. I. Allgemeine Keramik. II. Die Thonfabrikate m. einfachem Scherben od. Fabrikation der Terrakotten, d. Sideroliths, d. Irdengeschirrs, der Bauern-Majolika, d. Bunzlauer Geschirrs, d. Kochgeschirrs, der modernen Majolika u. der Majolikaöfen, der Fayence od. italien. Majolika u. der Fayenceöfen, sowie d. Steinzeugs. 5. Aufl. v. K. Wilkens „die Töpferei", vollständig neu bearb. Mit e. Atlas v. 9 (lith. Fol.-)Taf., enth. 99 Abbildgn. (u. 4 S. Text). gr. 8. (XIV, 468 S.) Weimar 884. B. F. Voigt. 10. —

Schumacher, Wilh. (I.), Zacharias Zappio oder Liebe und Leben eines Danziger Bürgers. Eine historisch-romant. Erzählung. Mit einer biograph. Skizze Wilh. Schumacher's von A. L. Lua. Neue Ausg. 8. (142 S.) Danzig 867, Bertling.

Schumacher, Willy: Über Abkömmlinge des Diacetonitrils und Benzoacetodinitrils. 1902. 47 S. 8° ¶ Vgl. Journal f. prakt. Chemie. Bd 186. N. F. Bd 78. 1908. S. 499 ff. 532 ff.
Dresden, Dr.-Ing.-Diss. v. 14. 3. 1902

Schumacher-Kopp, E., Conserven, condensirte Milch etc., s.: Bericht üb. Gruppe 25 der schweizerischen Landesausstellung Zürich 1883.

Schuemacher, Bernh., Zucht und Haltung des Rindes, s.: Schmid, Alfr.

Schuemacher, Karl, brennende Agrar-, Zoll- u. Handels-Fragen, s.: Egner, Herm.

Ein Baustein zum einheitlicheren Gefüge des deutschen Reichskörpers. Einheitl. Ausbildung d. deutschen Zollbeamten. Von Zollrev. [Karl] Schuemacher-Karlsruhe. Karlsruhe: Reiff 1902. 18 S. 4°

Schuemacher, Karl, Das Schirmmachergewerbe in Karlsruhe. Schriften d. Vereins f. Socialpolitik, Bd. 69. gr. 8°. Leipzig 1897.

— europäische Zollbeamte in China u. ihr Einfluß auf die Förderung unseres Außenhandels. gr. 8. (95 S.) Karlsruhe 901. J. J. Reiff. n. 1.20

Schumacher, K., der Zöllner in der Geschichte u. Literatur. (VII, 258 S. m. 35 Abbildgn.) gr. 8. Tübingen 910. A. & S. Weil. 4. —

— Unser Zoll- und Steuerwesen, s.: Bibliothek für Rechts- und Staatskunde. 21. Bd. (Ganer, H.)

Schumachers, Fr., Beiträge zur Physiologie des Nervensystems speziell der Sinnesorgane. (25 S.) gr. 8. Leipzig 903. Th. Thomas. n. — 80

Schumachers, Fr., ein verkannter Beruf. Ein Ratgeber f. die Berufswahl. (48 S.) 8. Gotha 906. F. E. Perthes. n. — 80

Schumachers, Fr., ein verkannter Beruf. Ein Ratgeber f. d. Berufswahl. 2. [Titel-]Aufl. (48 S.) 8. Leipzig [906] 910. O. Himly. — 80

— die homöopathische Therapie, s.: Miniatur-Bibliothek.

Schumak, Gerardo M., Raccolta di problemi di aritmetica e di algebra colle rispettive soluzioni ad uso delle scuole e per esercizio degli studenti di matematica. gr. 8. (XVI u. 359 S.) Torino 848. (München, Franz.) n. 1 ⅙ 24 ngr

Schumak, Gerhard, J. M., *Prof.* Beitrag zur Kritik des Werkes: Der Banknotenfälscher Peter von B., vom k. k. Polizeirathe Rud. Edl. v. Felsenthal. *Mailand* 1857. Selbstverl. d. Verf. Druck von *Salvi & C.* 19 S., 8°.

Schuman, Johann Friedrich (Den Haag) A. S. 1320/2

Dissertatio horographica sistens horologium universale Munsterianum demonstrationibus astronomicis roboratum. Präs. Anton Bernhard Lauterbach. Jena (Werther) III. 1716. 48 S., 1 Taf. 31887

Streitbefangenheit und Rechtsnachfolge als Voraussetzungen der §§ 265 und 266 der Zivilprozessordnung. Von Dr. jur. Robert **Schuman**, Ref. Strassburg: Trubner 1910. VIII, 84 S. 8°
(Zivilrechtliche u. prozessrechtl. Abhandlungen. H. 5.) [Iu. 16676]

Schumandl, Frz., d. Mängel uns. Strassen u. d. Beseitigg. derselben. gr. 8. (50 S. m. 5 Taf.) Prag 897. (J. G. Calve.) n. 1. —

Schumann, Phil. P., Beurtheilung seines Charakters, seiner Anlagen, Fähigkeiten, Leidenschaften, Neigungen &c. nach der Handschrift. Kurze Anleitg.: Die Handschriftendeutg. zum Selbstunterricht. Bearb. f. den Gelehrtenstand, f. die Armee u. Marine &c., überhaupt f. Männer der Feder u. der Rede, sowie f. Damen besserer Stände. Lehren Schopenhauers verwerthet! gr. 8. (16 S.) Leipzig 883. Fischer. n. — 50

Schumann, Robert. [Neue Wiener Musikzeitung 1852, Nr. 21.] S.-A. V: *Lyser, Joh. Peter.* (Friedrich Hirth: J. P. Lyser. München u. Leipzig 1911. S. 568)

Schumann, Robert. Zürich [1868]. V: *Weber, Hnr.* (Cat. d. Stadtbibl. Zürich. Zürich 1864—97.)

Schumann, Robert. Eine Biographie, s. Wasielewski, Wilh. Jos. v.

[Biographie von] Robert Schumann. (56. Neujahrstück der allgem. Musik-Gesellschaft in Zürich 1868.) Zürich.

Schumann, der junge. Dichtungen u. Briefe, hrsg. v. Alfr. Schumann. (XVI, 289 S.) 8. Leipzig 910. Insel-Verlag. In Pappbd. 2—; in Halbldr. 3. 50

Schumann, Rob., sein Leben und seine Werke, s. Niggli, A.

—— dass. — s. Reißmann, Aug.

— Lebensbild, s.: Spitta, Ph.

— als Schriftsteller, s.: Schrattenholz, J.

Schumann, s.a. Schuhmann

Schumann, s: Anleitung, prakt., z. Abfassung v. Aufsätzen.

Schumann, auf, deutsche Männer! Schützt die ehrliche Arbeit u. das Handwerk! Fort m. der Judenwirtschaft! Vortrag. gr. 8. (8 S.) Berlin 893. (Geschäftsstelle der Antisemit. Vereinigg. f. Norddeutschland.) n. — 10

Schumann, ..., s. Beobachter für alle Stände.

Es lebe, was wir lieben! Trinkspruch von [Mor.] Zille, comp. von Schumann. Leipzig o. J.: Andrä. 1 Bl. 8° [Kopftit.]
Ohne Noten: „Die Lieb' ist, ein Garten im Herzen . . .“

Schumann, ..., (Beneficiat,) s. Edikt, das, vom Jahre 1832 u. die darauf folgenden Instruktionen &c.

Schumann, drei Hammerschläge auf den Grundstein der Andreaskirche. Weihrede, bei der Feier der Grundsteinlegg zur Andreaskirche in Leipzig am 4. Oktbr. 1891 geh. Mit Abbildg. der Kirche. gr. 8. (8 S.) Leipzig 891. (J. C. Hinrichs' Sort.) n.n. — 40

Schumann, s.: Jesus u. die Menschen seiner Zeit.

Schumann's stenographische Lesestoffsammlung (Einigungssystem Stolze-Schrey). 1.—6. Hft. 12. Berlin 898. (Leipzig, J. H. Robolsky.) n.n. 1. 60
1. Wie Mäxchen sich entschuldigte. Humoreske von L. Unbeck. — Auf d. Kunstreise. Novelette v. E. Olsen. (16 S.) n.n. — 25
2. Humorist. Streifzüge. Eine Weihnachtsgeschichte von C. Eysell. — Frauenliebe. Novellette von Rud. Herzog. (20 S.) n.n. — 25
3. Auf Leben u. Tod. Ein Abenteuer aus Norwegen. Mitgeteilt von *, *. (16 S.) n.n. — 25
4. Zwei Weihnachten. E. Erzählg. aus d. deutsch-französ. Krieg. Von E. Aeppli. (31 S.) n.n. — 35
5. Tante Adelgundens Vermächtnis. Skizze von A. Maul. — Stech-Soldats Höllenfahrt. Marineskizze von Chr. Benkard. (16 S.) n.n. — 25
6. Christophs Grosseltern. Skizze von Ernst Clausen (Claus Zehren). — Bezecht! E. Studentengeschichte von Loth. Schmidt. (16 S.) n.n. — 25

Schumann's stenograph. Lesestoffsammlung (Einigungssystem Stolze-Schrey). 7.—15. Hft. 12. Berlin. (Leipzig. J. H. Robolsky.) n.n. 1.90
7. Gefechtsbild, e. Episode aus der Schlacht bei Custozza. — Schneegestöber. Von Leonh. Fink. (16 S.) (900.) n.n. — 25
8. Trischka, der Räuberhauptmann. Aus dem Russ. — Wie man achtzig wird. Von P. K. Rosegger. [Aus: „Heimgarten".] (16 S.) (900.) n.n. — 25
9. Numismatiker, der überlistete. Ein Dienstmann. (16 S.) (902.) n.n. — 20
10. Vatermörder, der. Ein Traum. (16 S.) (902.) n.n. — 20
11. Schönmüllers erste Liebe. (16 S. (902.) n.n. — 20
12. Ueberraschungen. — Mein Zeitungsbub. (16 S.) (902.) n.n. — 20
13. Die Probepredigt. — Das Faustrecht vom Standpunkt e. Jungen. (16 S.) (902.) n.n. — 20
14. Eine Kriegslist. — Der neue Vogel. (16 S.) (902.) n.n. — 20
15. Lustige Geschichten. — Ein schreckliches Ende. (16 S.) (902.) n.n. — 20

Schumann's stenographische Lesestoffsammlung (Einigungssystem Stolze-Schrey). 16.—20. Heft. (à 16 S.) kl. 8. Berlin (906.07). (Leipzig, J. H. Robolsky.) à Heft nn — 20

Schumann, Rückblick auf Humboldt's Kosmos, siehe: Unterhaltungen, Königsberger. 2. Bd. 1. Hft.

Schumann, Sammlung der d. Kirchen- u. Schulwesen betreff. landesherrl. u. bischöfl. Verordnn. u. Erlasse. Ein Handb. z. geistl. Amtsführ., mit Berücksichtig. d. Pastoral- u. d. gem. Kirchenrechts, nebst e. Anh. v. Formularen zu Geschäftsaufsätzen, zunächst f. Geistliche im Großhrzth. Hessen. gr. 8. (27½ B. u. ½ B. Tabn.) Mainz 840, Faber'sche Buchh.

Schumann, Bergprediger, ..., s. H. Siegel, Früchte der Einsamkeit.

Schumann, der befreite Sklavenjunge, s.: Missionsschriften f. Kinder.

Schumann, erläuternder Text, s.: Ehrenberg's Wandbilder zum Gebrauch beim Unterricht in der biblischen Geschichte.

Schumann: Geometr. Untersuchungen üb. Maxima u. Minima v. Figuren, welche einer Ellipse u. einem Ellipsoide ein- u. umgeschrieben sind. Berlin 1864.
Schul-/Univ.-Schrift

Schumann's medizinische Volksbücher. 44. Bd. kl. 8. Leipzig [W. Schumann Nachf.] Ulm, J. Ebner. Geb. 1.50
Die Genickstarre. Mit Illustr. Gemeinfaßlich dargestellt. Von L. Fürst. (49 S.) 905.
Die früheren Bände, jetzt ebenfalls Verlag von J. Ebner in Ulm, erschienen ohne Sammeltitel.

Schumann's medizinische Volksbücher. 45.—47. Bd. kl. 8. Ulm, J. Ebner. Geb. in Leinw. à 1.50
Boltenstern, v., die chronischen Vergiftungen m. besond. Berücksicht. der Arzneimittel- (Quecksilber, Morphium, Kokain usw.) Tabak- und Alkoholvergiftung. (121 S.) Leipzig 904. (Bd. 46.)
Flamm, Rich., Schwangerschaft u. Geburt, gemeinverständlich dargestellt. (97 S.) Leipzig 904. (Bd. 47.)
Klatt, Hans, die Krankheiten des Ohres. (79 S.) Leipzig 904. (Bd. 45.)
Fortsetzg., s.: Volksbücher, medizinische.

Schumann, A., Antisepsis u. Augenheilkunde. gr. 8. (32 S.) Berlin 887. Hirschwald. n. — 80

Schumann, A.: „Kurze Anweisung zum doppelten Buchhalten", Leipzig 1797.

Schumann, A. (Bibliothekar), Katalog der grössern Stadtbibliothek in Zofingen. Dezember 1874. XII u. 529 Stn. 8. Zofingen, Ringier'sche Buchdr. 3. —

Schumann, A., u. Hänel, G., Plan zur Versorgung der Arbeitsunfähigen im preuss. Staate durch Gründung einer National-Invaliden-Kasse. gr. 8⁰. Berlin (Springer) 1849.

— das Volksbuch. 8. (96 S.) Berlin 887. Walther & Apolant, Verl. n. 1.50

Schumann, A. A. C. E., Abhandl. üb. d. Einführung d. Seidenzucht in Bayern, in Bezieh. auf Staats-Princip. gr. 8. (1½ B.) Nürnberg 830, Riegel u. Wiessner. Thlr.

Schumann, Ad. (I.), kurzer Abriß der Geschichte der deutschen Literatur für höhere Töchterschulen. 1. Aufl. 1854. und 2. Aufl. gr. 8. (VI und 68 S.) Brandenburg 856, Wiesike.

Schumann, Ad., kurzer Abriß der Geschichte der deutschen Literatur für höhere Töchterschulen. 3. Aufl. Brandenburg 860. Wiesike. gr. 8. (VIII, 72 S.) 6 ngr.

Schumann, Ad., kurzer Abriß der Geschichte der deutschen Literatur für höhere Töchterschulen. 4. Aufl. gr. 8. (VIII und 73 S.) Brandenburg 867, Wiesike.

Schumann, Ad., kurzer Abriß der Geschichte der deutschen Literatur f. höhere Töchterschulen. 5. Aufl. gr. 8. (VIII, 64 S.) Brandenburg 872. Wiesike. – 75

Schumann, Ad., kurzer Abriß der Geschichte der deutschen Literatur für höhere Töchterschulen. Neu hrsg. von W. Wegener. 6. Aufl. gr. 8. (VIII, 76 S.) Brandenburg 877, Wiesike.

Schumann, Ad., kurzer Abriß der Geschichte der deutschen Litteratur f. höhere Töchterschulen. Neu hrsg. v. W. Wegener. 7. Aufl. 8. (VIII, 85 S.) Brandenburg 882. Wiesike — 90: Einbd. n.n. — 20

Schumann, Ad., kurzer Abriß der allgemeinen Weltgeschichte. Zum Gebrauch in Schulen. gr. 8. (41 S.) Brandenburg 847, Wiesike. ⅛ ₰

— Christus oder die Lehre des Alten u. Neuen Testamentes von der Person des Erlösers, biblisch-dogmatisch entwickelt. 2 Bde. gr. 8. (1. Bd. XIV u. 442 S. 2. Bd. VIII S. u. S. 443—872) Hamburg u. Gotha 852, Fr. & A. Perthes. (à n. 2 ₰) n. 4 ₰

— praktische Einleitung in die Bücher des Alten u. Neuen Testamentes. Zum Gebrauch für Lehrer an höh. u. mittl. Schulen. gr. 8. (XXVI u. 543 S.) Berlin 848, G. Reimer. 2¼ ₰

Schumann, Ad., die Steinerschen Kreisreihen u. ihre Beziehung zum Poncoletschen Schliessungstheorem. gr. 4. (27 S.) Berlin 883. Gaertner. n. 1. —

—— die Unsterblichkeitslehre des alten und neuen Testaments. Biblisch-dogmatisch entwickelt. gr. 8. (XII und 200 S.) Berlin 847, G. Reimer.

Schumann, Adolfus: Disquisitiones de curvis pedalibus. Halis Saxonum (1861): Ploetz. 24 S., 1 Taf. 8⁰
Halle-Wittenberg, Phil. Diss. v. 27. Juni 1861
Geb. Brandenburg a. d. H. 25. 6. 1838. V.
Des Verf. Ausdehnung dieser Betrachtungen auf die analogen räumlichen Gebilde ersch. u. d. T.: Untersuchungen über Fusspunktenflächen Brandenburg 1863: Wiesike. 12 S. 4⁰ Gymn.-Progr.

Schumann, Adph., Geschichte der erotischen Literatur der Deutschen, hrsg. u. gesammelt unter Mitwirkg. hervorrag. Gelehrter. (In 25 Lfgn.) 1. u. 2. Lfg. (64 S. m. Abbildgn. u. 2 [1 farb.] Taf.) gr. 8. Leipzig 904. 905. A. Schumann's Verl. à n. 1. —

SCHUMANN, Adolph. Geschichte der erotischen Literatur der Deutschen. Unter Mitwirkung hervorragender Gelehrter herausgegeben. [4 Lieferungen sind erschienen.] Leipzig 1906. Gr. 8°.

Schumann, Adf., das Kaninchen, s.: Monographien unserer Haustiere. 1. Bd.

Schumann: Untersuchungen über Fusspunktflächen. 12 S. – Brandenburg G., Progr. 1863.

Schumann, Alb., die Affenmenschen Carl Vogts. gr. 8. (55 S.) Leipzig 868, Engelmann. *

—— und P. Gleisberg, Antigeorgica. Letztes Wort in der Vogt'schen Streitfrage. Hrsg. von der Gesellschaft für Botanik und Zoologie zu Dresden. gr. 8. (30 S.) Dresden 868, Schöpff. [Demuth.]

—— Experimentaluntersuchung über die Baufehler und Accommodationsstörungen des menschlichen Auges. gr. 8. (27 S. mit 2 Fig. in Holzschn.) Ebendas. 869.

(Schumann, A[lbert].) Rinach: Hesso v[on], Minnesänger... [† ca. 1280]. [Biographische Notiz. A.] 8. [Leipzig 1889.]

(Schumann, A[lbert].) Ein Idyll in bewegter Zeit. ([Biographie von] Jakob Friedrich Fries, 1773–1843.) SA. 8. [Aarau 1898.]

Schumann, A. Aargauische geschichtliche Litteratur vom 1. Juli 1893 bis 30. September 1894. Mit Nachträgen seit 1890. In-8°. 39 S. 1895.
*** Sonderabdr aus Argovia XXV Bd Aarau 1891 S. 247–285.

—— über den Mechanismus der Accommodation des menschlichen Auges. gr. 8. (24 S.) Dresden 868, (Adler.) *

Schumann, Alb., Aargauische Schriftsteller. Aus den Quellen dargestellt. (In ca. 6 Lfgn.) 1. Lfg. gr. 8. (VIII, 128 S.) Aarau 888, Sauerländer's Verlag. *

Schumann, Alexis, der weltgeschichtliche Entwicklungsprozess in seinen Hauptmomenten nach dem Lehrsystem d. Apostels Paulus. Eine biblisch-theolog. Studie. gr. 8. (47 S.) Crefeld 875. Kramer & Baum. n. 1. 50

Schumann, Alex., 85 Fracht-Berechnungs-Tabellen. 8. (..B.) Boitzenburg 840, [Herold'sche Buchh.]

Schumann, A., 85 Fracht-Tabellen. 8. Boitzenburg 840. Hößel. 7/12 ℛ

Schumann, Alexis, der Kindergottesdienst in seiner gesteigerten Bedeutung f. Gegenwart u. Zukunft der evangelischen Kirche. (54 S.) 8. Leipzig 909. J. C. Hinrichs' Verl. — 60

Schumann, Alexis, Unsere kirchliche Lage. Gegenwart u. Zukunft. Freimüt. Betracht. Leipzig 1907. 8°.

Paulus an Philemon. Betrachtungen z. Einführung in e. tieferes Verständnis d. kleinsten Paulusbriefes u. in d. soziale Gedankenwelt d. Neuen Testamentes. Von Dr. phil. Alexis Schumann, Pfarrer in Leipzig. Leipzig: J. C. Hinrichs 1908. (122 S.) 8° [J.] 08. 7510

Schumann, Alexis. Alexander Vinet (geb. 17. Juni 1797; gest. 4. Mai 1847). Sein Leben — Seine Gedankenwelt — Seine Bedeutung. Mit einer Abbildung [Tafel]. VIII + 215 S. 8. Leipzig, J. C. Hinrichs, 1907. [M. 2. —, geb. 3. —]

Schumann, Alfred, aus Zwickau i. S.: Das Skelett der Hinterextremität von Dipus aegyptius Hempr. et Ehrbg. Mit zwei Taf. *Leipzig: W. Engelmann 1904.* (60 S.) 8° (Aus: Morphol. Jahrbuch, Bd 32.)
Leipzig, Phil. Diss. v. 1904

Altdeutsche Lieder nach Melodien des Münchener Liederbuches. (1462–1467.) Für 4stimm. Männerchor (a cappella) frei bearb. von Alwin **Schumann**. Op. 10. Partitur. Berlin: G. Plothow [1905]. (Getr. Pag.) [Umschlagt. J.] 05. 8485

Schumann, Andr., (+ 1782.) kurze Einleit. in die bibl. Bücher. 8. Königsb. 766.

— d. Geheimniß d. Menschwerdung Jesu Christi. 8. Ebend. 754.

Schumann: Von dem Gewitter und den damit verbundenen Erscheinungen. (Fortsetzung.) 27 S. – Progr. Quedlinburg 1857.

— s. Jh. Herzog, hinterlassene Aufsätze.

— Hirtenbriefe an die Lehrer bei d. Kirchenvisitation. 8. Königsb. 764. Hartung. 8 gr.

— Predigten üb. d. Geheimniß d. Menschwerdung Jesu Christi. 8. Königsb. 754. Hartung. 4 gr.

— Unterricht vom Abendmahl. 8. Königsb. 778.

Schumann, Andr. Versuch einer Theorie des Erdvulkanismus. 45 S. Quedlinburg, Progr. 1842.

— evangel. Wahrheiten &c. 8. Ebend. 763.

— katechet. Zergliederung der vornehmsten bibl. Geschichten des Alt. Testam., z. Anweis. d. Dorfschulmeister. 8. Königsb. 770.

— katechet. Zergliederung d. Sonn- u. Festtags-Episteln. 8. Königsb. 775.

— katechet. Zergliederung d. Sonn- u. Festtags-Evangelien. 8. Königsb. 767.

Schumann, Arthur, pr. Arzt: Aus d. chir. Universitätsklinik zu Königsberg i. P. Über Schwielenbildungen am Praeputium und ihre differentialdiagnostische Bedeutung für das Peniskarzinom. Königsberg i. P. 1910: Kümmel. 23 S. 8°
Königsberg, Med. Diss. v. 30. Juli 1910, Ref. Lexer
[Geb. 5. Mai 81 Kumehnen; Wohnort: Königsberg i. P.; Staatsangeh.: Preußen; Vorbildung: Gymn. Gnesen Reife O. 01; Studium: Berlin 1, Breslau 1, Königsberg 8 S.; Coll. 28. Juli 10; Approb. 1. Mai 08.] [U 10. 2986

Schumann, August, s.a. Schumann, Friedrich August Gottlieb

Schumann, August, s.a. Schumann, Friedrich August Gottlieb

Schumann, August [Übers.]
s. Byron, G.G.: Poesien. 1821 – 1825.

* Schumann, Aug., das gewerbfleißige Deutschland, od. Versuch e. ausführl. Handelserdbeschreibung u. eines richtigen Geschäft-Addressenbuches aller deutschen Provinzen, s.a. Deutschland, das gewerbfleißige; im ältern Lexikon.

Schumann, A.: „Das gewerbfleissige Deutschland, oder systematisch geordnetes Verzeichniss der jetzt lebenden Kaufleute, Fabrikanten, Manufacturisten etc., nebst Erläuterungen zur Handlungserdbeschreibung, Fabrik- und Waarenkunde", 10 Teile (1. Teil und 2. Teil 1. Abteilung, 2. gänzlich umgearbeitete Auflage), Ronneb. und Leipzig 1800 bis 1807. — Vorh.: Com. Bibl. Hamburg.

—— Das gewerbfleißige Deutschland, oder Versuch einer ausführlichen Handelserdbeschreibung und eines richtigen Geschäft-Adressenbuches aller deutschen Provinzen. Zwickau 1800—1810. 8.

— allgem. Encyklopädie der Handlungswissenschaft, s.a. Versuch e. vollständ. Waarenkunde ꝛc.

Schumann, August Markolph: „Allgemeine Encyklopädie der Handlungswissenschaft", 3 Bände, Zwickau 1802—1809 (Schumann).

— Gemälde

— — nach Originalen älterer und neuerer Zeit (von *August Schumann*). Liegnitz 1794.
Anon.-Lex. II. p. 173 (nach Meusel, Kayser u. Goedeke).

(Schumann, A.): „Handbuch der geographischen Gewerb- und Productenkunde", 1. (einziger) Teil: „Deutschland", 1 Band, Ronneb. und Leipzig 1797. — Vorh.: Com. Bibl. Hamburg.

— Handbuch der merkantil.-geograph. Gewerb- u. Produkten-Kunde, f. Kaufleute, Geschäftsmänner ꝛc. od. Gewerbs- u. Produkten-Almanach. 1r Bd. 1e u. 2e Abtheil. gr. 8. Ronneb. 798 u. 799. Schumann in Zwickau; (a. Keyser in Erfurt). 1 Thlr. 12 Gr.

— compendiöses Handbuch f. Kaufleute, od. encyklopäd. Uebersicht alles Wissenswürdigsten im Gebiete der Handlung. 4 Thle. gr. 8. Leipz. 795—97. (Wienbrack). 6 Thlr. 8 Gr. (4r Thl. A. u. d. T.: kaufmänn. Tabellen, enthalt. e. prakt. Anleit. zum doppelten Buchhalten ꝛc. 2 Thlr.)

— Nachträge zu Schedels Waarenlexicon. 4 Hefte. 8. Zwickau 802. Schumann. 2 Thlr.

— Jakob Savari u. seine beiden Söhne. Ein Beitr. zur kaufmänn. Biographie. gr. 8. Zwickau 799. Schumann. 3 Gr.

Schumann, August [pract. Arzt aus Hersfeld (Hessen-Nassau)]: Ueber congenitale spastische Spinalparalyse .... Hersfeld, Ed. Hoehl's Buchdr., 1885; 20 S. 8°.
Würzburg, Med. Fak., Inaug.-Diss. v. 1886.

Schumann, August, über congenitale spastische Spinalparalyse. Diss. Würzburg 1885, Stahelsche Univ.-Buchh. 8°. 20 S.

— vollständ. Staats-, Post- u. Zeitungs-Lexicon von Sachsen; enthalt. eine richtige u. ausführl. geograph., topograph. u. histor. Darstell. aller Städte, Flecken, Dörfer, Schlösser, Höfe, Gebirge, Wälder ꝛc. gesammt. königl. u. fürstl. sächs. Lande, mit Einschluß des Fürstenth. Schwarzburg, des Erfurtschen Gebiets, so wie d. reußisch. u. schönburg. Besitzungen. 13 Bde. u. 1r—5r Supplem.-Bd. fortges. v. Alb. Schiffner. 8. Zwickau 813—32. Gebr. Schumann. Alle 18 Bde 25 Thlr.

— dass. 14r Bd. fortgeführt u. vollendet v. Alb. Schiffner. 1r Suppl.-Bd. 8. Zwickau 827. Schumann.

Schumann, Aug., vollständ. Staats-, Post- u. Zeitungs-Lexikon v. Sachsen; enthalt. e. richtige u. ausführl. geograph., topograph. u. histor. Darstellung aller Städte, Flecken, Dörfer, Schlösser, Höfe, Gebirge, Wälder, Seen, Flüsse ꝛc. gesammt. Kgl. u. Fürstl. Sächs. Lande, mit Einschluß der Fürstenthr. Schwarzburg u. Erfurt, so wie der Reuss. u. Schönburg. Besitzungen. Fortgeführt u. vollendet v. Alb. Schiffner. 15—18. (letzt.) Bd. od. Supplemente. 2—5. Bd. 8. Zwickau, Gebr. Schumann.
Bd. 15. Büdersee — Gefell. (64 B. u. Ansicht v. Annaberg) 828. 2 Thlr. 8 Gr.
„ 16. Gefell — Horn. (64 B. u. Ans. v. Herrnhut.) 828. 2 Thlr. 8 Gr.

Schumann, Aug., vollständ. Staats-, Post- u. Zeitungs-Lexikon, ꝛc.
Bd. 17. Hornbude — Lüttnitz. (64 B. u. Ansicht d. Festung Königstein.) 830. 1 Thlr. 12 Gr.
„ 18. Lüttdorf — Zwuschen. (67½ B. u. Ans. v. Zwickau.) 833. 2 Thlr.
1—13. Bd., hrsg. v. A. Schumann, 14. od. 1. Supplem.-Bd., v. Alb. Schiffner. Ebendas. 1813—27. à 2 Thlr. 8 Gr.
— 18 Bde. vollst., hrbgs. Pr. 25 Thlr. 6 Gr.

Schumann, Aug., Versuch eines allgemeinen Handlungs- und Fabriken-Adressbuchs von Deutschland und einigen damit verwandten Provinzen mit den nöthigen Sach-, Waaren- und Messregistern versehen. Ronneburg u. Leipzig 1798. 8.

— Versuch e. vollständ. u. systemat. geordneten Waarenkunde der Haare u. Federn. 3 Bde. gr. 8. Zwickau 802—9. Schumann. 6 Thlr. (A. u. d. T.: allgem. Encyklopädie d. Handlungswissenschaft ꝛc.)

Schumann, A.: „Versuch einer vollständigen, systematisch geordneten kaufmännischen Waarenkunde" 1. (einziger) Teil in 3 Bänden, enthaltend die Warenkunde der Haare und Federn, Ronneb. und Leipzig 1802—1809. — Vorh.: Com. Bibl. Hamburg

Schumann, Aug., wie scheidet man Nickel am besten ab auf elektrolytischem Wege?, s.a. Sammlung berg- und hüttenmännischer Abhandlungen.

Wie scheidet man Nickel am besten ab auf elektrolytischem Wege? Mit besond. Berücks. d. hüttenmänn. Betriebes. Von Dipl.-Ing. August Schumann, Eisleben. Kattowitz O.-S.: Böhm 1909. 16 S. 8°
Aus: Berg- u. Hüttenmänn. Rundschau.
(Sammlung Berg- u. Hüttenmännischer Abhandlungen. H. 41.) 109. 12326

August Wilhelm Schumann
Aug(ustus) Guil(elmus) Schumann: De Veneno in botulis nova quaedam, Berolini (1828:) Jordan. V S., S. 6 - 40. 8°
Berlin, Med. Diss. v. 21. Nov. 1828

Schumann, B., im Arrest, s. Liebhaber-Theater.

Schumann, B., während des Balles, s.: Liebhaber-Theater.

— Frau Blümchen, s.: Liebhaber-Theater.

— auch e. Fest, s.: Liebhaber-Theater.

— auf d. Hauptwache od. Am Weihnachtsabend, s.: Liebhaber-Theater.

— ein Heiratsantrag, s.: Liebhaber-Theater.

— keine Hochzeitsreise, s.: Liebhaber-Theater.

— eine fixe Idee, s.: Liebhaber-Theater.

— ein kleiner Irrtum, s.a. Liebhaber-Theater.

Ein kleiner Irrtum. Posse in 1 Akt von B. Schumann. [2. Aufl.] *Mülheim a. d. Ruhr: J. Bagel [1897].* (38 S.) 8° [J.]
= Liebhaber-Theater. Bdch. 11. (10. 970) 5

— beim Herrn Leutnant, s.: Liebhaber-Theater.

Schumann, B., Lustspiele, s.: Liebhaber-Theater.

— Mensch ärgere dich nicht, s.a. Liebhaber-Theater.

Mensch, ärgere dich nicht. Schwank in 1 Akt von B. Schumann. *Mülheim a. d. Ruhr: J. Bagel [1897].* (45 S.) 8° [J.]
= Liebhaber-Theater. Bdch. 68. 10 ... 5

Schumann, B., ein gefälliger Mensch, s.a. Liebhaber-Theater. 89.

Ein gefälliger Mensch. Schwank in 1 Akt von B. **Schumann**. Mülheim a. d. Ruhr: J. Bagel [1902]. (40 S.) 8° [J.]
= Liebhaber-Theater. Bdch. 89.

— beim Herrn Professor, s.: Liebhaber-Theater.

— Schwänke, s.: Liebhaber-Theater.

— e. heimlicher Sünder, s.a. Liebhaber-Theater.

Ein heimlicher Sünder. Genrebild in 1 Akt nach d. Franz. von **B. Schumann**. *Mülheim a. d. Ruhr: J. Bagel [1897]*. (47 S.) 8° [J.]
= Liebhaber-Theater. Bdch. 67

— am Weihnachtsabend, s.: Liebhaber-Theater.

Schumann, Bertha, was Großmutter erzählt. Kurze Geschichten f. kleine Leute. Mit 6 Farbdr.-Bildern v. W. Claudius. 4. (VI, 165 S.) Stuttgart 894. F. Loewe. Kart. 3. —

Schumann, Bertha, was Großmutter erzählt. Kurze Geschichten f. kleine Leute. Mit 6 Farbdr.-Bildern v. W. Claudius. 2., durchgeseh. Aufl. gr. 8. (VIII, 165 S.) Stuttgart 895. F. Loewe. Geb. 3. —

Schumann, Bertha, was Großmutter erzählt. Kurze Geschichten f. kleine Leute. Mit 6 Farbdr.-Bildern v. W. Claudius. 3., durchgeseh. Aufl. gr. 8. (VIII, 165 S.) Stuttgart (900). Loewe. Geb. 3. —

Schumann, Bertha, was Großmutter erzählt. Kurze Geschichten f. kleine Leute. Mit 6 Farbdr.-Bildern v. W. Claudius. 4. Aufl. (VI, 165 S.) 8. Stuttgart (906). Loewe. Geb. in Leinw. 3. —

Schumann, C., s.a. Schumann, Karl August Gottlieb

Schumann, C., Anleitung zur Untersuchung der künstlichen Düngemittel u. ihrer Rohstoffe, mit Berücksicht. der unter den Agriculturchemikern vereinbarten Untersuchungsmethoden, sowie der Prüfg. auf Verunreiniggn. u. Verfälschgn. Für Chemiker, Techniker u. Fabrikanten. Mit in den Text eingedr. Holzst. gr. 8. (VIII, 94 S.) Braunschweig 870. Vieweg & Sohn. n. 2. 80

Schumann, C., e. Kontraktbuch, s.: Selle, Herm.

Schumann, C., Motetten, Sprüche und geistliche Lieder, zum Sonntagsgebrauch für Kirchen- und Schulchöre komponiert. Op. 14. [Nr. 1—16.] gr. 8. (III, 43 S.) Leipzig 887. Merseburger.

—— dass. — (2. Folge), zum Sonntagsgebrauch für Kirchen- und Schulchöre komponiert. Op. 22. [Nr. 17—33.] gr. 8. (III, 44 S.) Ebendas. 888.

Schumann, C., der Portland-Cement, s.: Büsing, F. W.

Schumann, C., Predigt üb. Jakobus 6, 7—11. Ansbach 22. p. trin. 1903. (8 S.) gr. 8. Ansbach 903. C. Junge. n. — 20

Schumann, C., kritische Untersuchungen über die Zimtländer, s.: Petermann's, A., Mittheilungen aus Justus Perthes' geographischer Anstalt.

Schumann, O. Vom Ursprung und Wesen der Sprache. Burg, G., 1872. 13 S. 4. Progr.

Schumann, C. A., Trostschrift f. Kaufleute in Baiern, bei Gelegenheit e. Zollveränderung. 8. Nürnb., (Riegel u. W.) 6 gl.

Schumann, C. E., De lectisterniis Romanorum. 1789. 82 S. 4°.

Schumann, C. Fr., Gedichte auf Griechenlands Sache. 8. Leipz. 821. Wienbrack. 4 gl.

— Vaterland, ein Liederkranz. 8. Leipz. 825. Wienbrack. 8 gl.

Schumann, C. H., s.a. Schumann, Heinrich

— apostol. Mahnungen im Angesicht einer tiefbewegten Zukunft. Predigt am 1n Sonnt. des Advents 1830 in d. Hauptkirche gehalten. 8. Annaberg 830. (Barth in Leipz.)

Schumann, C. J., s. Schumann, K. J.

Schumann, C. R. G., die Knospenschuppen v. Coniferen u. dicotylen Holzgewächsen, s.: Bibliotheca botanica.

Schumann, C. R. G. [k. Preuss. Forstass. aus Frankfurt a. d. Oder]: Anatomische Studien über die Knospenschuppen von Coniferen und dicotylen Holzgewächsen. ... (Aus: Bibliotheca botanica. H. 15.) Cassel, Verl. v. Theodor Fischer, 1889: 2 Bl. + 32 S. + 1 Bl. 4°
Freiburg i. B., Phil. Fak., Inaug.-Diss. v. 1889

SCHUMANN, C. R. G.: Anatomische Studien über die Knospenschuppen von Coniferen und dicotylen Holzgewächsen. - Cassel, Stuttgart 1889. 32 S., 5 Taf. - (Bibliotheca botanica H. 15)

Schumann, Carl, s. Schumann, Karl

Schumann, Carl Fr. Ludwig, s. Schumann, Karl Fr. Ludwig

Schumann, Christ., d. Gott bittende Christenherz, od. Gebetbuch. 8. Dresden. 746.

Schumann, Christian Heinrich

Schumann, Christ. Henr., Carmina graeca et latina. 8. ($5^3/_8$ B.) Lipsiae 833. (Annaemontii, Rudolph et Dieterici.)

Schumann, C. H., de cultu Jesu. Annaem. 1839. 4.

—— de cultu Jesu. Dissert. Ps. I., doctrinam biblicam cont. 4 maj. ($2^3/_4$ B.) Annaemontii 841, (Rudolph et Dieterici.) *

Schumann, Chrn. Heinr., Predigt bei der 9. Jahresversammlung des leipziger Hauptvereins der evangel. Gustav-Adolph-Stiftung am 17. Aug. 1853 zu Annaberg gehalten. gr. 8. (16 S.) Annaberg 853, Rudolph und Dieterici. *

Schumann, Chrn. Heinr., Stimmen aus dem Hause des Herrn über Zeitereignisse u. Zeitbedürfnisse in Predigten. gr. 8. (IV u. 68 S.) Annaberg 849, Rudolph & Dieterici. n. 8 ngr.

— Synodalpredigt. Gehalten am 1. Juni 1853 zu Zwickau zur Eröffnung der höchsten Orts angeordneten Ephoren-Conferenz des Kreisdirectorial-Bezirks von Zwickau. Zwickau 853. Verlagsbuchhdlg. des Volksschriften-Vereins. 8. (16 S.) n. 2 ngr.

Schumann, Colmar [Oberl.]: Die Flur- oder Koppelnamen des Lübecker Staatsgebietes. Lübeck, Druck v. Gebr. Borchers, 1892; 1—47 S. 4.
Lübeck, Katharineum, OP 1892 (738)

Schumann, Colmar, die Flur- od. Koppelnamen d. Lübecker Staatsgebietes. Progr. gr. 4. (47 S.) Lübeck 892. (Lübcke & Hartmann.) n. 1. 50

Schumann, Colmar: Nachtrag zu den Flur- oder Koppelnamen des Lübecker Staatsgebietes. (Nachtr. z. P-Beil. 1892.) Lübeck, Druck v. Gebr. Borchers, 1893; 61—69 S. 4.
Lübeck, Katharineum, OP 1893 (740)

Schumann, Colmar, Lübecker Spiel- u. Rätselbuch. Neue Beiträge zur Volkskunde. (XXII, 208 S.) 8. Lübeck 905. Gebr. Borchers. n. 1. 50; geb. n. 2. —

Schumann, Colmar: Vom Ursprung und Wesen der Sprache. 13 S.– Burg, Progr. 1872.

Schumann, Colmar, Volks- u. Kinderreime aus Lübeck u. Umgegend. Beiträge zur Volkskunde. 8. (XVI, 205 S.) Lübeck 899. Gebr. Borchers. n. 1. 50; geb. n. 2. —

Schumann, Colmar, der Wortschatz v. Lübeck, s. a. Zeitschrift f. deutsche Wortforschung. Beiheft.

Der Wortschatz von Lübeck. Probe planmäßiger Durchforschung e. mundartl. Sprachgebietes. Von Colmar **Schumann.** Straßburg: K. J. Trübner 1907. (90 S.) 8° [J.]
— **Zeitschrift** f. Deutsche Wortforschung. Bd 9, Beiheft. [07. 7311]

Schumann, Conrad, s. Schumann, Konrad

Schumann, Constantin, s. Schumann, Konstantin

Schumann, Curt, s. Schumann, Kurt

SCHUMANN, DONULUS: Ein glückseeliger und weiser Berg-Mann Catharina welche auf den Berg für sich und andere das Heyl erhalten, in einer Lob- und Ehren-Rede als eine löbl. Kupfer-Handlung Schmölnitz: dann auch eine löbl. Wald-Burger und Heyerschaft das jährliche Fest ihrer hl. Schutz-Patronin in ... Schmölnitz den 25. Novemb. 1763. mit gewöhnlichen, und zahlreich abgelegten Berg-Opfer begangen, vorgestellet. Caschau 1764: In der academischen Buchdruckerey soc. Jesu. 12 f. - 4°

SCHUMANN, DONULUS O. S. F.: Der Gott und dem Kaiser schuldige Tribut in einer Lob- und Sitten-Rede entworfen, welche bei der feyerlichen Übergab einer Standarte bey dem k. k. Serbellonischen Curassiert-Regiment, mit welcher die vom reducirten Kleinholdischen Regiments zugetheilte Esquadron den 20. November 1768. im Stabs-Quartier zu Verpelét ist beehret worden. Erlau 1769. Gedr. in der Buchdruckerey der Bischöflichen Schul. 20 S. - 4°

Schumann, E., Lehrbuch der ebenen Geometrie f. die ersten 3 Jahre geometrischen Unterrichts an höh. Schulen. (IX, 202 S. m. 87 Fig.) gr. 8. Stuttgart 904. F. Grub. Geb. in Leinw. n. 2. 20

Schumann, E., und A. Frantz, General-Register der Herrschaften, Ritter- und anderer Güter der Preussischen Monarchie, s. Frantz, A.,

Schumann, E., Geschichte der naturforschenden Gesellschaft in Danzig, s.: Schriften der naturforschenden Gesellschaft in Danzig.

Schumann, E., Bürgermeister Daniel Gralath, s. Schriften der naturforschenden Gesellschaft in Danzig.

—— zur Kenntniss der Weichthiere, Westpreussens, s. Schriften der naturforschenden Gesellschaft in Danzig.

Schumann, E. Zur Methodik des sprachlichen Unterrichts. Spandau, G., 1866. 24 S. 4. Progr.

[J.] **Schumann,** *Eduard* [Rektor, Oberstudienrat]: *Bericht über die Feier zur Erinnerung an die im Jahre 1796 vollzogene Errichtung der ersten Realklassen in Stuttgart.* Stuttgart, Druck v. C. Hammer, *1897;* 15—16 S. 4.
Stuttgart, k. Friedrich-Eugens-R, P 1897 (624)

Schumann, E[duard], Prof.: Zur Geschichte des Realgymnasiums St. Johann von 1824—1848. *(Danzig 1899: A. W. Kafemann.)* (16 S.) 4°
Danzig, RG zu St. Johann, OP 1899 (43)

Schumann, Eduard, Prof.: Zur Geschichte des Realgymnasiums zu St. Johann in Danzig von 1849—1900. *Danzig 1901: A. W. Kafemann.* (36 S.) 4° ¶ [Forts. d. P-Beil. 1899: Gesch. ... von 1824—1848.]
Danzig, RG zu St. Johann, OP 1901 (42)

Schumann, Eduard Prof. Dr. Joh. Frdr. Wilh. Gronau von 1830—1873 erster Mathematicus an der Schule zu St. Johann. Sein Leben und seine Verdienste um die Wissenschaft. 4 (10 S.) **Progr.** Rg zu St. Johann *Danzig* 1888 (43)

[J.] **Schumann,** *Eduard* [Rekt.]: *Rückblick auf die Entwickelung der Anstalt und Vergleichung des Lehrplanes von 1818/19 mit dem von 1892/93.* Stuttgart, Buchdr. d. Paulinenpflege, *1893;* 18—19 S. 4.
Stuttgart, k. RA, P 1893 (590)

[J.] **Schumann,** *Eduard* [Rektor]: *Rückblick auf die 100-jährige Geschichte der Anstalt.* Stuttgart, Buchdr. d. Paulinenpflege, *1896;* 19—25 S. 4.
Stuttgart, k. RA, P 1896 (611)

Schumann, Em.: De Cleophonte. 40 S. – Progr. Spandau 1859.

Schumann, Ernst, Johannes Faust, des Zauberers und Schwarzkünstlers Leben, Thaten u. Höllenfahrt. Neu bearb. und mit einer Einleitung versehen. Berlin (858.) Reymann. 16. (135 S.) 7¼ ngr.

Schumann, Ernst, Johannes Faust, des Zauberers u. Schwarzkünstlers Leben, Thaten u. Höllenfahrt. Neu bearb. u. mit einer Einleitung versehen. 3. Aufl. Berlin 866. Reymann. 16. (112 S.) 7½ ngr.

Schumann, Ernst, das Frauenrecht des deutschen bürgerl. Gesetzbuches, s. a. Hilf dir selbst.

Schumann, Ernst: Das Frauenrecht des Deutschen Bürgerl. Gesetzbuches. — Aachen: Georgi [1900]. 32 S. 8° (Hilf dir selbst! [23.])

Schumann, Ernst u. Karl Obst, das preußische Stempelsteuergesetz v. 26. VI. 1909 in d. Fassung d. Bekanntmachung des Finanzministers vom 30. VI. 1909. Auf Grund des Handbuches zum Stempelsteuergesetze vom 31. VII. 1895 v. Leo Labus bearb. (VII, 443 S.) 8. Breslau 909. J. U. Kern. Geb. in Halbfrz. 8.50; Nachtrag. Allgemeine Verfügg. des Justizministers u. des Finanzministers über gerichtl. Landesstempelsachen vom 28. VI. 1910. (S. 449—576.) 910. 1.50

Das preußische **Stempelsteuergesetz** vom 26. Juni 1909 in d. Fassung d. Bekanntmachung d. Finanzministers v. 30. Juni 1909. Auf Grund d. Handbuches z. Stempelsteuergesetze v. 31. Juli 1895 von Leo Labus, bearb. von Ernst Schumann u. Karl Obst, Ober-Zoll-Sekretäre in Breslau. 2. Ausg. Mit d. Abänderungen d. Allg. Verfügung v. 28. Juli 1910 ... Breslau: Kern 1910. 576 S. 8° [11. 36:62

— **E.,** u. K. **Obst,** Tabellen zur Berechnung der Wertstempel nach dem preussischen Stempelsteuergesetz vom 26. VI. 1909, nach der Höhe der Prozentsätze geordnet, unter Hinweis auf die in Betracht kommenden Tarifstellen. [Aus: „Handb. z. preuss. Stempelsteuergesetz".] (36 S.) 8. Breslau, J. U. Kern.

Schumann, Ernst: Thesen, an Stelle der später zu veröffentlichenden Dissertation: De nervorum frigus et calorem percipiendi facultate deleta. (Nebst Lebenslauf.) Halle (1870): Plötz. 2 Bl. 8°
Halle-Wittenberg. Med. Thesen v. 29. Juli 1870
Geb. Zeitz 27. 10. 1846. V.

Schumann, Ernst, a. Wandsbeck: Verfassung und Verwaltung des Rates in Augsburg von 1276 bis 1368. Rostock 1905: Adlers Erben. (x, 196 S.) 8°
Kiel, Phil. Fak., Ref. Rodenberg, Diss. v. 8. Juni 1905
[Geb. 12. Juli 81 Wandsbeck; Wohnort: Wandsbeck; Staatsangeh.: Preußen; Vorbildung: Matthias Claudius-Gymn. Wandsbeck Reife O. 00; Studium: Jena 3, Berlin 1, München 1, Kiel 3 S.; Rig. 21. Jan. 05.]

Schumann, Ernst: Verletzungen des Foetus durch den Geburtshelfer. Halle (1872): ...
Halle-Wittenberg, Med. Diss., nachgeliefert von dem am 29. Juli 1870 auf Thesen promovierten Verf.
Laut Prom.-Buch.: „Diss. ... nachgeliefert Ende Febr. 72". der gleiche Vermerk mit demselben Titel bei Cieślewicz (richtig), aber hier bei Schumann offenbar falsch.
Verf. erlebte die Diplomerneuerung 28. 2. 1921 als Geheimer Sanitätsrat und Stadtrat a. D. in Zeitz, vgl. Anh. Nr. 453.

Schumann, Ernst Constant., s.: Constantin, Ernst.

Schumann, Ernst Const., s. Franklin, der Held d. nördl. Eismeeres.

Schumann, Eug. (Alb. Ernst) (geb. Rawitsch 7. 3. 1859): Ueber hämorrhagische Diathese und deren Beziehung zur Gravidität. Berlin (1883). (38 S.) 8°
Berlin, Med. Diss. v. 19. Febr. 1883

Schumann, F., s.: Beiträge zur Analyse der Gesichtswahrnehmungen.

Schumann, F., experimentelle Beiträge zur Untersuchung des Gedächtnisses, s.: Müller, G. E.

Schumann, F., s.: Bericht üb. den I. Kongress f. experimentelle Psychologie.

— s.: Bericht üb. den II.–IV. Kongress f. experimentelle Psychologie.

Schumann, F., englisches Lese- u. Uebungsbuch f. den ersten Kursus, zu der 6. Aufl. der Schottky'schen Schul-Grammatik. gr. 8. (VIII, 209 S.) Breslau 874. Maruschke & Berendt. n. 2. 25

Schumann, F., Schulgrammatik der englischen Sprache. gr. 8. (VIII, 106 S.) Oppeln 887, Franck's Buchh. *
geb. *

Schumann, F., die Holstein. Schweiz, s. a. Grieben's Reiseführer.

(Griebens Reiseführer. Bd. 97.)
Die Holsteinische Schweiz. Praktischer Führer v. F. Schumann. Mit 2 Karten. Berlin. 1903—04. 8°.

— s.: Studien, psychologische.

— s.: Zeitschrift f. Psychologie u. Physiologie der Sinnesorgane.

Schumann, F. J., 4 deutsche Kaiser- u. Vaterlandslieder, drei u. zweistimmig componiert zum Gebrauch in Schulen an Feier- u. Gedenktagen. 12. (16 S.) Berlin 886. (Rosenthal.) n. — 20

Schumann, F. W., Kuriositäten. Eine Samml. v. komischen Aufsätzen u. Druckfehlern, lächerl. Bekanntmachungen, drolligen Briefen, schnurrigen Einfällen u. merkwürd. Predigten ꝛc. Freunden d. Frohsinns u. d. guten Laune, als e. Präservativ gegen d. Cholera gewidmet. 8. (10¾ B.) Weimar 832, [Gräbner u. Comp.]

Schumann, Franz Eduard Theodor: Ueber Aneurysmen des Anfangsstückes der Aorta. Halle (1872): Plötz. 29 S. 8°
Halle-Wittenberg, Med. Diss. v. 23. Sept. 1872
Geb. Hecklingen (Anhalt) 24. 7. 1847. V.

Tod und Leben. Schlusswort des Br. [Franz Kolmar] Schumann in der Tr. □ am 25. April 1898. Lübeck: Kaibel [1898]. 8 S. 8° [Umschlagtit.]

Schumann, Friedrich (Hrsg.), s. Beiträge zur Psychologie der Zeitwahrnehmung.

Schumann, Friedrich [pr. Arzt aus Metz '(Lothr.)']: Frage nach der Kontagiosität der Lepra ... Strassburg i. E., Buchdr. C. & J. Goeller, 1896; 53 S. 8.
Strassburg, Med. Fak., Inaug.-Diss. v. 1896

Schumann, Friedrich [aus Hildesheim]: Electromagnetische Rotationserscheinungen flüssiger Leiter .... Leipzig, Druck v. Metzger & Wittig, 1887; 26 S. + 1 Bl. u. 1 Taf. 8°
Göttingen, Phil. Fak., Inaug.-Diss. v. 10. Mai 1887

Schumann, Friedr., electromagnetische Rotationserscheinungen flüssiger Leiter. Inaugural-Dissertation. gr. 8. (26 S. mit 1 Taf.) Leipzig 887. (Göttingen, Vandenhoeck und Ruprecht.) *

Schumann, Friedrich August Gottlieb, s.a. Langbein, F. A. G. [Pseud.]

— s.a. Legaillard.

— — Dagobert, oder Der Zug nach Osten. Roman. Ronneburg und Zwickau 1826. 8°. (4 Mk. Gust. Fock, 1909.)

— — Romantische Kopien. Bdchn. 1. (einz.) Ritter Gerhard und seine Getreue (!) enthaltend. (Etw. freier Liebesroman.) Ronneburg u. Leipzig, in der Schumannschen Buchhdlg. 1802. Kl. 8°. (In Dresden: Lit. Germ. rec. C. 483; fleckiges Leihbibl.-Expl.)

LE GAILLARD (d. i. *Friedr. Aug. Gottlob Schumann*, 1773 bis 1826), Junker Kurt von Krötensteins geheimnisreiche und verliebte Heldenfahrt. Ein Spiegel für Ritter- und Geisterromane, herausgegeben (verfasst) von —. 2 Bde. Mit 2 TKpfrn. von C. Schule. Zwickau, Aug. Schumann, o. J. (c. 1800). 8°. (2½ Rthl.; Druckp. ohne Kpfrn. 1 Rthl.)
— — Dasselbe. 2 Bde. Mit 2 Titelkpfrn. Ronneburg, Aug. Schumann, 1800—1. 8°. 386 u. 467 S. (2 Mk. 50 Pfg. Franz Teubner, Bonn, c. 1865; 10 Mk. 50 Pfg. Edm. Meyer, Berlin, 1908.)

Schumann, Fr. Aug. Glo., s. Landfamilie zu Thalheim.

STEIN, Gabriel (d. i. *Frdr. Aug. Gottlob Schumann*, 1773—1826), Die changeante Mappe. Enthaltend antike und moderne Zeichnungen. Berlin und Leipzig 1796. 8°.
Neue Allg. dtsch. Bibl. 36, 546.

— — Dasselbe. Ebd. 1809. 8°.

SCHUMANN, Fr. Aug. Gottlieb. Markolph der große Narr. Ein Beitrag zur geheimen Geschichte Salomos des Weisen. Schweinfurt und Leipzig 1802. 2 Teile in 1 Band. Kl. 8°. 14, 326 und 364 S.
Goedeke V, 523, 43. Der Verfasser war der Vater des Komponisten Robert Schumann. Selten mit Eschenburgs Abhandlung über Salomo und Markolph.

Schumann, Aug., Markolph, der große Narr, ein Beitr. zur Lebensgesch. Salomo des Weisen. 2 Bde. 8. Schweinf. u. Leipz. (Zwickau) 802. Schumann. 2 ß (Vergl. Salomo d. Weise.)

— s.a. Ritterscenen u. Mönchsmährchen.

RITTERSCENEN und Mönchsmährchen (von *Friedr. August Gottlieb Schumann*). 2 Bdchn. Mit 1 Titelvignette. Weißenfels u. Leipzig, Severin, 1794—95. 8°.
Zahmen Inhalts. 278 u. 304 Seiten. — Enth.: Die Geister. Hans Graukopf. Die keusche Nonne. Der kluge Mann. — Anon.-Lex. III. p. 387 (nach Hayn u. Kayser).

— — Dasselbe (ohne d. Pseud. auf d. Tit.), titulo: Leichtfertige Schwänke im Geschmacke des Boccaccio. Cöln, bei Peter Hammer (Stuttg.), o. J. (c. 1860). 8°. 164 SS. (4 Mk. Adolf Weigel, 1907.)

§ **LANGBEIN**, F. A. G. (d. i. *Frdr. Aug. Gli. Schumann*), Neue Schwänke. Edirt von —. Mit 1 Kpf. Ronneburg, Schumann; Leipzig, J. A. Barth, 1799. 8°.
— — Dasselbe. Zweite, vermehrte u. verbess. Auflage, mit (9) Vignetten (von C. Schule). Leipzig u. Ronneburg, bei August Schumann. 1803. — *A. E.*: Wunsiedel, gedruckt mit Müller'schen Schriften. 8°.

Schumann, Frid. Guil. Eduard. (geb. Berlin 13. 2. 1798): De infantum regimine. Berolini (1821). (41 S.) 8°
Berlin, Med. Diss. v. 22. Juni 1821

Schumann, Fritz: Die Notenbankfrage in Württemberg seit 1847. (Gera-R. [1909]: Fischer.) 125 S. 8°
Heidelberg, Phil. Diss. v. 21. Juli 1909, Ref. Gothein
[Geb. 7. Juli 81 Mannheim; Wohnort: Berlin; Staatsangeh.: Württemberg; Vorbildung: Realgymn Schwäb.-Gmünd Reife Sommer 05; Studium: München 3, Heidelberg 1, Berlin 1, Heidelberg 1 S.; Rig. 30. Juni 08.] [U 09. 2022

Die Privatnotenbanken. Ein Beitrag zu ihrer Geschichte u. Lage. Die Bankfrage in Württemberg. Von Dr. Fritz Schumann. Berlin: Puttkammer & Mühlbrecht 1909. 125 S. 8°
[Erschien auch u. d. T.: Die Notenbankfrage in Württemberg seit 1847, als Inaug.-Diss. Heidelberg 1909.]

Schumann, Fritz, die Privatnotenbanken. Ein Beitrag zu ihrer Geschichte und Lage. Die Bankfrage in Württemberg. (125 S.) 8. Berlin 909. Puttkammer & Mühlbrecht. 2. 40

— Die vier letzten Privatnotenbanken, s.a. Kultur u. Fortschritt.

— die 4 letzten Privatnotenbanken. (13 S) (Kultur u Fortschritt 311) Gautzsch 1910

— Die Reichsfinanzreform v. 1909, s.a. Kultur und Fortschritt.

Schumann, Fritz. Die Reichsfinanzreform von 1909. Ihre Gesch. u. ihre Ergebnis. Gautzsch b. Leipzig 1910. 8°.
(Kultur u. Fortschritt No. 301)

— Die Schwierigkeiten internationaler Finanzvergleiche, s.a. Kultur u. Fortschritt.

Schumann, Fritz D. Schwierigkeiten internation. Finanzvergleiche. Gautzsch b. Leipzig 1910. 8°

Schumann, G., s.a. Schumann, Johann Christian Gottlob

Schumann, G., Hans Sachs, e. deutscher Handwerker u. Dichter. Nach seinem Leben u. nach seinen Dichtgn. f. das deutsche Volk dargestellt. gr. 8. (III, 239 S.) Neuwied 890. Heuser's Verl. n. 2. 50

— Hans Sachs. Nach s. Leben u. nach s. Dichtgn. f. d. deutsche Volk dargest. (Bill. Jubiläums [Titel-] Ausg.) gr. 8. (V, 239 S. m. Bildn.) Neuwied (890) 894. Heuser's Verl. n. 1. 50

Schumann, G., die Wellhausen'sche Pentateuchtheorie, in ihren Grundzügen dargestellt u. auf ihre Haltbarkeit geprüft. 8. (93 S.) Karlsruhe 892. J. J. Reiff. n. 1. 20

Schumann, G: Welche Ursachen bedingen die Papierqualität? Magdeburg (Um 1892)

Schumann, G. A., populäre Astronomie, oder Unterricht über mathemat. Geographie, Astronomie u. das Kalenderwesen. (Neue Ausg.) gr. 8. (14½ B. u. 8 Abbild.) Quedlinburg 842, Ernst'sche Buchh.

Schumann, G. A. Ueber die Entstehung des Donners. 24 S. . . . . .
Quedlinburg, Progr. 1828

Schumann, G. A., der Führer durch d. Harz. 2., verb. Aufl. qu. 16. (11 B. u. 16 lith. Abbild.) Quedlinburg 838, Ernst'sche Buchh. *

—— neuer, hundertjähriger Kalender vom Jahre 1830 bis 1930. (Neue Ausg.) gr. 8. (8¾ B.) Quedlinburg 842, Ernst'sche Bh.

Schumann, G. A., zwei Predigten üb. d. Verhältniß d. Glaubens zu den Werken u. das Wesen d. christl. Friedfertigkeit. Eine kleine Gabe d. Liebe, der unglückl. Familie Börner in Thierbach bei Zeitz dargebracht. gr. 8. (2 B.) Leipzig 826, (Reclam.)

Schumann, G. A., die entdeckte Ursache der Cholera-Epidemie, nebst den nöthigen, daraus abgeleiteten Bemerkungen über das Wesen, die Heilung u. Verhütung der Cholera. 8. (32 S.) Quedlinburg 850. (Basse.) n. ⅙ ₰

Schumann, G. A., praes. Ch. F. **Nuernberger,** Di vi imaginationis gravidae in foetum. 28 pp. Viteb. 4°. *Doering*, I, 320. *Schlegel*, III, 309. *Usteri*, Rep. 90 p. 305. 1790

—— das Wissenswürdigste v. den phys. Erscheinungen an den Weltkörpern, vorzügl. an der Erde, nebst e. 100jähr. Calender, f. Gebildete zum Selbstunterr. u. f. Geschäftsmänner bearb. 1. Thl. — A. u. d. T.: Von d. Natur d. Erdkörpers, od. populäre Beschreib. u. Erklärung der innern Beschaffenheit d. Erde, der merkwürd. phys. Erscheinungen an d. Erdoberfläche u. aller bekannt. Lufterscheinungen ꝛc. gr. 8. (21 B. u. 1 lith. Taf.) Quedlinburg 832, Ernst.

—— dass. 2. Thl. — A. u. d. T.: Von d. Natur der Himmelskörper, od. populäre Beschreib. u. Erklärung des Wichtigsten aus d. mathemat. Geographie, Astronomie, Kalenderrechnung u. Wetterkunde, nebst e. neuen 100jähr. Kalender. gr. 8. (22½ B. u. 4 lith. Taf.) Ebds. 833.

—— das Wissenswürdigste v. d. Weltkörpern, nebst e. 100jähr. Kalender, z. Selbstunterr. f. Gebildete u. z. Gebr. d. Jugendlehrer bearb. 2 Thle. 2. Ausg. gr. 8. (30¾ B. u. 5 Stnt.) Quedlinburg 837, Ernst'sche Buchh.

Schumann, G. D., chemisches Laboratorium für Realschulen u. zur Selbstbelehrung. Anleitung zum chemischen Experimentiren, in einer Auswahl der wichtigeren u. instructiveren chem. Versuche. Mit einem Vorwort von Fr. J. P. Riecke. Mit 196 eingedr. Holzschn., 9 Farbenmustern u. 4 lith. Taf. gr. 8. (XVIII u. 188 S.) Eßlingen 849, Dannheimer. n. 1 ₰

Schumann, G. D., chemisches Laboratorium für Realschulen und zur Selbstbelehrung. Anleitung zum chem. Experimentiren, in einer Auswahl der wichtigeren und instructiveren chem. Versuche. Mit einem Vorwort von Fr. J. P. Riecke. gr. 8. (XVII und 188 S. mit 196 eingedr. Holzschn., 9 Farbenmustern und 4 Stnt.) Eßlingen 849, [Weychardt.] *

Schumann, G. D., chemisches Laboratorium für Realschulen und zur Selbstbelehrung. Anleitung zum chem. Experimentiren, in einer Auswahl der wichtigeren und instructiveren chem. Versuche. Mit einem Vorwort von Fr. J. P. Riecke. 2., umgearb. Aufl. 1. Lfg. gr. 8. (S. 1—80. mit mehr als 200 in den Text eingedr. Holzschn., Farbenmustern und 4 Stnt.) Eßlingen 856(57,) Weychardt. Thlr. *

Schumann, G. D., chemisches Laboratorium für Realschulen und zur Selbstbelehrung. Anleitung zum chemischen Experimentiren 2c. Mit einem Vorwort von Fr. J. P. v. Riecke. Mit 238 eingedr. Holzschn., 7 Farbemustern und 4 Stnt. 2., verm. und durchgeseh. Aufl. 2—4. Lfg. (Schluß.) gr. 8. (XII und S. 81—356.) Eßlingen 857, Weychardt. [2. und 3. Lfg. à * 12 Ngr., 4. Lfg. * 14½ Ngr.]

Schumann, G. D., chemisches Laboratorium für Realschulen und zur Selbstbelehrung. Anleitung zum chem. Experimentiren, in einer Auswahl der wichtigeren instructiveren chem. Versuche. Mit einem Vorwort von Fr. J. P. v. Riecke. 2., verm. und durchgeseh. Aufl. Neue (Titel-)Ausg. gr. 8. (XII und 356 S. mit 238 in den Text eingedr. Holzschn., 7 Farbenmustern und 4 Stnt.) Eßlingen (857)66, Weychardt. –

Schumann, G. E., s. Byron, Belagerung v. Corinth.

Schumann, G. M., practische Anleitung zur merkantilischen Arithmetik. Ein Handbuch für angehende Kaufleute. Speyer (854.) Lang. 8. (125 S.) 15 ngr

Schumann, G. B., deutsche Aufsätze im Anschlusse an deutsche Dichtungen, } s. Hesse's, M., Lehrer-Bibliothek.
—— die zweite Prüfung der Volksschullehrer, }

Schumann, Georg

Schumann, Georg

Amor und Psyche. Dichtung von Dr. Heinrich Bulthaupt. Für Solostimmen, Chor u. Orchester comp. von Georg Schumann. Leipzig: J. Sander [Breitkopf & Härtel] [1893]. (16 S.) 8°
[Textbibliothek, Breitkopf & Härtel's. No 305.]

Schumann, Geo., u. Paul Schumann, neue Beiträge z. Kenntnis Samuel Heinickes. Überreicht im Auftrage des königl. sächs. Ministeriums des Kultus u. öffentl. Unterrichts zur Begrüssg. der vom 3.—6. X. 1909 in Leipzig stattfind. VIII. Bundesversammlung. dtschr. Taubstummenlehrer. Mit dem Portr. u. einer Handschriftprobe Samuel Heinickes. (148 S.) Lex. 8. Leipzig 909. E. Wiegandt. 2. 80

Schumann, Geo. Die Hausfrau als Hausarzt. Ein Beitrag zur volkstüml. Gesundheits- u. Heillehre. Mit e. Vorworte v. Max Böhm. gr. 8. (VII, 127 S.) Chemnitz 889, Tetzner u. Zimmer. * 1 —
geb. * 1 75

Schumann, Georg, prakt. Arzt in Schlierbach: Aus der Gynäkologischen Klinik der Universität Marburg. Über Komplikation von Schwangerschaft mit Ovarialtumoren nebst Mitteilung von 12 Fällen aus der Marburger Entbindungsanstalt. Marburg 1906: H. Bauer. (33 S.) 8°
Marburg, Med. Fak., Ref. Ahlfeld, Diss. v. 8. Juni 1906
[Geb. 27. Aug. 62 Sondershausen; Wohnort: Schlierbach b. Wachtersbach; Staatsangeb.: Preußen; Vorbildung: Gymn. Arnstadt Reife O. 84, Studium: Jena 3, Erlangen 1, Jena 2, München 1, Königsberg 2, München 4 S.; Coll. 11. Mai 06; Approb. 12. Juni 91.]

Schumann, Geo., Lehrgang der Stolzeschen Stenographie, s.: Burmeister, Fritz.

Ruth. Für Soli, Chor u. Orchester von Georg Schumann. Op. 50. Textbuch. Leipzig: Leuckart [1909]. 24 S. 8°

Totenklage aus Schillers 'Braut von Messina' für Chor u. Orchester von Georg Schumann. Op. 33. Text deutsch u. engl. Clavier-Partitur. *Leipzig: F. E. C. Leuckart [1903].* (46 S.) 4°

Schumann, Geo., s. Usâma ibn Munkidh.

Schumann, G., Usâma ibn Munkidh. Memoiren eines syrischen Emirs aus der Zeit der Kreuzzüge. Gr.-8°. (XII, 299 S.) K 9.—
Innsbruck: Wagner'sche Universitätsbuchhdlg. 1905.

Schumann, Gottfried Ernst [Praes.], s. Heino, Johann Theophil: Variae juris quaestiones.

Schumann, Gotthelf Daniel.
Chemisches Laboratorium für Realschulen und zur Selbstbelehrung. Anleitung zum chemischen Experimentiren in einer Auswahl der wichtigeren und instructiveren chemischen Versuche. Mit einem Vorworte von Fr. J. P. v. Rieche. Zweite Auflage. Esslingen, 1857. pp. xii-355, 8vo. Plates.
Erste Auflage, Esslingen, 1849.

Schumann, Gotthilff August (Halle) A. S. 347/2

De collegiis et corporibus opificum.
Präs. Johann Gottlieb Heineccius.
Halle (Henckel) IX. 1723. 70 S.

W. v.: Präs., Johann Friedrich Seyfart, Georg August Dathe. 31889

Schumann, Gotthilf August (Halle) A. S. 102/19

Exercitatio iuridica de collegiis et corporibus opificum, Von Handwerckern und Zünfften.
Präs. Johann Gottlieb Heineccius.
Halle (Hendel) 1747. 72 S.

Diss. IX. 1723. 31892

Schumann, Gotthilff August (Halle) A. S. 260/2

De rei vindicatione ex iure Romano. Präs. Nikolaus Hieronymus Gundling.
Halle (Hendel) 1735. 50 S.

Diss. 17. VIII. 1726.

W. v.: Präs. 31891

Schumann, Gotthilff August (Halle) A. S. 220/11

De rei vindicatione ex iure Romano et patrio.
Präs. Nikolaus Hieronymus Gundling.
Halle (Henckel) 17. VIII. 1726. 50 S.

Gew.: Christian von Sachsen usw. 31890

Schumann, Gottlieb (Görlitz) A. S. 1346/28

De doctrina civilis publicae in academiis.
Leipzig (Pouillard) 30. IX. 1750. 40 S.

Gew.: Heinrich Adolph von Reder. 31893

– s. F. G. Ellosto, Hübnerus.

— Entwurf akadem. Vorlesungen üb. den jetzigen polit. Zustand d. Staaten in Europa. 4. Leipz. 766.

– s. Fama, neue Europäische.

Schumann, Gli., († d. 15. April 1773.) genealog. Handbuch. 8. Leipz. 739—51. (1752, 53, v. Gl. Fr. Krebel.) Gleditsch. Fortsetzung. s. C. F. Krebel.

– s. Jh. Hübner, Staats- u. Zeitungs-Lexicon.

– s. Nachr. u. Urkunden, den 1756 in Deutschland entstand. Krieg betreff. 55 Thle, u. setze hinzu: (v. Gli. Schumann).

– s. J. J. Schmauss, Corpus juris.

– s. Staatsbibliothek, historische.

Schumann, Gottlob, s. Schumann, Johann Christian Gottlob

Schumann, Gust., Bliemchen auf d. sächsisch-thüring. Ausstellg. in Leipzig. M. Illustr. v. Paul Krieger u. A. 1.—5. Aufl. gr. 8. (85 S.) Leipzig 897. Abel & Müller. n. 1.—

Schumann, Gust. Bliemchen bei Bismarck. Mit Illustr. v. Otto Gerlach u. A. 8. (31 S.) Lpz. 890, [Reißner]. Abel u. Müller. * — 50

Schumann, Gust., Partikularist Bliemchen aus Dresden in Bayreuth. Mit Illustr. v. Ad. Reinheimer u. A. 11., neu bearb. Aufl. gr. 8. (32 S.) Leipzig 894. Abel & Müller. n. — 50

Schumann, Gust., Partikularist Bliemchen aus Dresden auf dem achten deutschen Bundesschießen in Leipzig. Mit Federzeichnungen von O. Gerlach. 1.—3. Tausend. gr. 8. (46 S.) Leipzig 884, Reißner. *

Schumann, Gust., Partikularist Bliemchen aus Dresden in Italien. gr. 8. (86 S. mit Illustr. von Otto Gerlach.) Leipzig 887, Reißner. *

— Partikularist Bliemchen aus Dresden in Karlsbad. 4.—6. Tausend. gr. 8. (78 S. mit Federzeichnungen von Otto Gerlach.) Ebendas. 885. *

— derselbe in Karlsbad. Mit Federzeichngn. v. Otto Gerlach. 12. Aufl. gr. 8. (78 S.) Ebd. 894. n. 1.—

— Partikularist Bliemchen aus Dresden in London. Mit Federzeichngn. v. O. Gerlach u. Ad. Reinheimer. 11. Aufl. gr. 8. (88 S.) Ebd. 895. n. 1.—

— Partikularist Bliemchen aus Dresden in Rom und Neapel. 1.—5. Tausend. gr. 8. (96 S. mit Illustr. von Otto Gerlach.) Ebendas. 887. *

Schumann, Gust., Partikularist Bliemchen aus Dresden in der Schweiz. Mit Federzeichngn. v. A. Reinheimer. 9. Aufl. gr. 8. (95 S.) Leipzig 886. Reißner. n. 1.—

Schumann, Gustav. Partikularist Bliemchen aus Dresden in der Schweiz. Hrg. von G. Sch. Mit Federzeichnungen von A. Reinheimer. (11. Aufl.) 8. Leipzig [1894].

— Emma Bliemchen. Titelzeichnung v. Otto Gerlach. 1. u. 2. Aufl. gr. 8. (202 S.) Ebd. 894. n. 2. 50; geb. in Leinw. n. 3. 50

– Partikularist Bliemchen

— derselbe in Paris. Mit Federzeichngn. v. O. Cavelli. 9.—11. Aufl. gr. 8. (62 S.) Ebd. 891—893. n. 1.—

— Partikularist Bliemchen in Paris. M. Federzeichnungen v. O. Cavelli. 12. Aufl. gr. 8. (62 S.) Ebd. 896. n. 1.—

— Bliemchen in Tirol. Mit Illustr. v. Arth. Lewin u. A. (Ausgestanzt.) 4. (56 S.) Ebd. 890. cart. n. 1.—

— Bliemchen in Tirol. Mit Illustr. v. Arth. Lewin u. A. 5. Aufl. gr. 8. (80 S.) Ebd. 892. * 1 —
1. Aufl. (ausgestanzt) erschien 1890 bei Reißner in Leipzig.

— derselbe in Tirol. Mit Illustr. v. Arth. Lewin u. A. 5. u. 6. Aufl. gr. 8. (80 S.) Ebd. 892. 893. n. 1.—

— Familiengeschichten des Partikularisten Bliemchen. Mit Federzeichngn. v. Ad. Reinheimer. 8.—10. Aufl. gr. 8. (80 S.) Ebd. 891—893. n. 1.—

— Familiengeschichten d. Partikularisten Bliemchen. M. Federzeichngn. v. Ad. Reinheimer. 11. Aufl. gr. 8. (80 S.) Ebd. 895. n. 1.—

— humoristisch-poetischer Führer durch Dresden, s.: Baedeker, der lustige.

Schumann, Gustav, Gut Heil d. deitschen Turnern v. Fritz Bliemchen in Dräsen, m. Federzeichn. v. Otto Gerlach, Leipzig, 44 S., 8°.

Schumann, Gust., aus der Mappe des Partikularisten Bliemchen aus Dresden. Mit Illustr. v. Otto Gerlach. 6.—8., neubearb. Aufl. gr. 8. (62 S.) Leipzig 892. 893. Abel & Müller. n. 1.—

— Memoiren d. Partikularisten Bliemchen aus Dresden. Mit Federzeichngn. v. O. Gerlach u. O. Cavelli. 7. Aufl. gr. 8. (58 S.) Ebend. 886. n. 1.—

— Memoiren d. Partikularisten Bliemchen aus Dresden. M. Federzeichngn. v. O. Gerlach u. O. Cavelli. 9. Aufl. gr. 8. (62 S.) Ebd. 895. n. 1.—

— nur hibsch gemiethlich! A Stammdischalbum v. Fritze Bliemchen aus Dräsen fer seine lieben Freinde. Illustr. v. Otto Gerlach u. A. gr. 8. (75 S.) Ebend. 886. n. 1.—

— Sachsenspiegel. Das sächsische Volksleben in Ernst, Humor u. Satire. 1 Hft Sommerfäden. Mit Illustr. v. Arth. Lewin. gr. 8. (40 S.) Ebd. 891. n. — 50

— Sommerfrische des Partikularisten Bliemchen. Mit Federzeichngn. v. Adph. Reinheimer. 10.—12. Aufl. gr. 8. (80 S.) Ebd. 891. 893. n. 1.—

— Sommerfrische d. Partikularisten Bliemchen. Mit Federzeichngn. v. Adph. Reinheimer. 12. Aufl. gr. 8. (80 S.) Ebd. 892. * 1 —

— Sommerfrische d. Partikularisten Bliemchen. Mit Federzeichngn. v. Adph. Reinheimer. 13. Aufl. gr. 8. (80 S.) Ebd. 895. n. 1.—

Schumann, Gustav [Prof.]: Zum Unterricht in der neuesten Geschichte in Prima. Wandsbek, Druck v. F. Puvogel, 1895; 1—XVII S. 4.
Wandsbek, Matthias Claudius-G m. R u. VS, OP 1895 (291)

Schumann, Gustav Adolf: De libertate interpretis, s. Baumgarten - Crusius, Detlev Carl Wilhelm

Schumann, H. C. G., unsere Befreiung aus d. Knechtschaft. Predigt 1814 gehalten. 8. Berlin, Maurer'sche Buchh. 814.

Schumann, H. Ch. G., die Identität der Vernunft u. d. Glaubens, e. Versöhnungsversuch zwischen Rationalisten u. Supernaturalisten. 8. (2¼ B.) Cöslin 833. (Brandenburg, Wiesike.)

Schumann, Hans

Die Galilei-Newton'schen Bewegungsgesetze. Als Einleitung in die Mechanik. — Von Dr. Hans Schumann, G.-P. - 1894, Würzburg, ebenda. — S. 3—34. Stahel
Progr. Würzburg, Realgymn.

Schumann, H: Einführung in die neuere Elektrizitätslehre in elementar-mathematischer Behandlung. München und Leipzig 1898

Schumann, Hans, Einführung in die neuere Elektrizitätslehre in elementar mathem. Behandlg. 8. (VIII, 215 S. m. Fig.) München 898. Stuttgart, F. Grub. n. 2. 40; geb. n. 3. —

Schumann, Hans, Einführg. in d. neuere Elektrizitätslehre in elementarmathemat. Behandlung. Für höh. Schulen sow. z. Studium f. angeh. Elektrotechniker. 8. (VIII, 215 S. m. Fig.) München 898. Dr. E. Wolff. n. 3. 20; geb. 4. —

Schumann, Hans, cand. chem. aus Zwickau i. Sa.: Über die Einwirkungsprodukte von Schwefeldioxyd auf Ammoniak. *Würzburg 1899: Becker.* (43 S.) 8°
Würzburg, Phil. Diss. v. 1899

Schumann, Hans „Vorschule der Elektrostatik und das Potential". Für Schulen elementar bearbeitet. 2 Bll. und pg. 1—50. 8°. Mit einer Tafel. Fr. Göttling.
Bamberg, Progr. 1888/89

Schumann, Hans. Vorschule der Elektrostatik u. das Potential. Für Schulen elementar bearb. gr. 8. (V, 50 S. m. 1 Taf.) Bamb. 889. (Lpz., Fock.) * — 80

Schumann, Heinr., Gedanken üb. die Buße. (16 S.) 8. Chemnitz (907). Buchh. d. Gemeinschaftsvereins p — 15

Schumann, Heinrich, Referendar: Haftung für Tiere. B.G.B. §§ 833, 834. Mit besond. Berücks. d. eigenen Verschuldens des Verletzten. *Borna-Leipzig 1902: R. Noske.* (IX, 56 S.) 8°
Leipzig, Jur. Diss. v. 1902

Schumann, Heinr., die staatliche höh. Mädchenschule in Hamburg als Einheitsschule. Im Auftrage der Gesellschaft der Freunde des vaterländ. Schul- u. Erziehungswesens in Hamburg verf. (47 S) 8. Hamburg 906. (C. Boysen.) n.n. 1. 25

SCHUMANN, Heinr. (Vf. war evang. Pred., s. S. 178 des Buches), Musivstücke. (Zahme Erzählungen. Aufsätze u. metrische Stücke.) Annaberg, in der Freier'schen Buchhdlg. 1824. 8°. 4 Bll., 208 S.

Darin u. a.: Einige Züge aus Benj. Franklin's Leben. (S. 114—132 S.) Der poet. Theil (S. 133 ff.) enth. u. a.: Moses am Brunnen in der Wüste; Käthchen von Tannenhain, e. Ballade; Ophelia, e. Sonettenkranz; bergmännischer Gruß; bergmännischer Gesang etc. etc.

Schumann, Hnr., Neuestes Verzeichniss sämmtlicher Eisenbahnstationen Deutschlands und der angränzenden Länder. Leipzig 1859. 8. . . . . (D.)

Schumann, Henr[icus] Drebsius: De jure quod creditori in rei pignerathae [!]fructibus competit. Halae Sax. 1858: Heynemann. 33 S. 8°
Halle-Wittenberg, Jur. Diss. v. 30. Aug. 1858
Geb. [Dirschau (Westpr.) 24. 11. 1836]

Schumann, Heinrich Gottfried (Zahna) A. S. 1353/6

Quaestio moralis an Hugonis Grotii uxor ob liberatum e carcere maritum iuste potuisset puniri.
Präs. Martin Hasse.
Wittenberg (Gaebert) VI. 1727. 27 S.

W. v.: Präs. 31895

(Schumann, H[ermann]): *Experimentum a Leone Foucault nuper propositum calculis, diligenter institutis, sic demonstretur, ut modus penduli, quocunque loco in superficie terrae collocati, accurate definiri possit. 38 S. 4° (2°)
Halle-Wittenberg, Phil. Diss. v. 5. Aug. 1854
Geb. [Stennewitz (Kr. Landsberg a. d. W.) 8. 1. 1832]
Hallische gekrönte phil. Preisschrift v. 1853.

Schumann, Herm., Lehrbuch der Arithmetik u. Algebra für Gymnasien u. Realschulen. Berlin 867. Weidmann'sche Buchh. gr. 8. (IV, 116 S.) 12 ngr.

— Lehrbuch der Elementar-Mathematik für Gymnasien u. Realschulen. 2. Thl.: Planimetrie. Ebend. 868. gr. 8. (VIII, 138 S. mit eingedr. Holzschn.) 15 ngr.

Schumann, Herm., Lehrbuch der Elementar-Mathematik in Gymnasien und Realschulen. 5 Thle. gr. 8. Berlin, Weidmann'sche Buchh. *

Inhalt:

Thl. 1. Lehrbuch der Arithmetik und Algebra. 2. verb. und verm. Aufl. bearb. von R. Gantzer. (VIII, 167 S.) 873. *M 2.
" 2. Lehrbuch der Planimetrie. 2. verb. und verm. Aufl. bearb. von R. Gantzer. (X, 165 S. mit 192 Fig. in Holzschn.) 874. *M 2.
" 3. Lehrbuch der ebenen Trigonometrie. (V, 84 S. mit eingedr. Holzschn.) 868. *M 1.
" 4. Lehrbuch der Stereometrie. (III, 87 S. mit eingedr. Holzschn.) 869. *M 1.
" 5. Lehrbuch der analytischen Geometrie der Ebene. (VII, 85 S.) 871. *M 1.

Schumann, Herm., Lehrbuch der Elementar-Mathematik für Gymnasien und Realschulen. 3. Thl. A. u. d. T.: Lehrbuch der ebenen Trigonometrie. 2. verm. und verb. Aufl., bearb. von R. Gantzer. gr. 8. (VII, 96 S. mit eingedr. Holzschn.) Berlin 877, Weidmann'sche Buchh. *
1., 2., 4. und 5. Thl. Ebendas. 1869—74. *M 6.

Schumann, Herm., Lehrbuch der Elementar-Mathematik für Gymnasien und Realschulen. Bearb. von R. Gantzer. 2. und 4. (Schluß-)Tl. gr. 8. Berlin, Weidmann'sche Buchh. *

Inhalt:

Tl. 2. Lehrbuch der Planimetrie. 3. verb. und verm. Aufl. (VIII, 242 S. mit 204 eingedr. Holzschn.) 882. *M 2,40.
" 4. Lehrbuch der Stereometrie. 2. verm. und verb. Aufl. (VII, 104 S. mit 43 eingedr. Holzschn.) 880. *M 1.
1. und 3. Tl. Ebendas. 1873,77. *M 3,20.

Schumann, H., Lehrbuch der Elementar-Mathematik für Gymnasien u. Realschulen. 2. Thl. Planimetrie. 4., verm. Aufl., bearb. v. R. Gantzer. gr. 8. (VIII, 244 S. m. 201 Fig.) Berlin 889. Weidmann. n. 2. 40

Schumann, Herm., Lehrbuch der Elementar-Mathematik f. Gymnasien u. Realschulen. 5. Aufl., bearb. von R. Gantzer. 2. Tl. Planimetri. gr. 8. (VIII, 244 S. m. 200 Fig.) Berlin 899. Weidmann. n. 2. 40

Lehrbuch der Planimetrie für Gymnasien und Realschulen von Dr. Hermann Schumann. 5. Aufl., bearb. von Dr. R[ichard] Gantzer, Prof. in Magdeburg. Mit 200 Fig. Berlin: Weidmann 1899. (VII, 244 S.) 8°
= Schumann: Lehrbuch d. Elementar-Mathematik. T. 2.

— Lehrbuch der Trigonometrie, Resultate dazu, s.: Gantzer, R.

Schumann, Hugo: Vorgeschichtliche Beziehungen der Uckermark . . . , s.a. Arbeiten d. Uckermärk. Museums- u. Geschichtsvereins.

Vorgeschichtliche Beziehungen der Uckermark während der Stein- und Bronzezeit. Vortr. geh. zu Prenzlau am 7. Jan. 1899 von Hugo Schumann-Loecknitz. *Prenzlau: A. Mieck 1899.* (21 S.) 8° [F.]
= Arbeiten d. Uckermärk. Museums- u. Gesch.-Vereins. H. 3.

HUGO SCHUMANN, Der Broncefund von Hökendorf, Kreis Greifenhagen. (Der Berliner Gesellschaft für Anthropologie, Ethnologie und Urgeschichte zur Feier ihres 25jährigen Bestehens am 17. November 1894 zugeeignet von der Gesellschaft für Pommersche Geschichte und Alterthumskunde in Stettin.) (Mit 2 Tafeln.) Stettin 1894. Druck von F. Hessenland. 4°

AUS POMMERNS VORGESCHICHTE. Herrn Geh. Medizinalrath Prof. Dr. Rudolf Virchow am 13. Oktober 1901 dargebracht von der Gesellschaft für Pommersche Geschichte und Alterthumskunde in Stettin. Inhalt: H. SCHUMANN. Pommersche Depot- und Gräberfunde. — A. STUBENRAUCH. Streckentin, Kr. Greifenberg i. P., und seine prähistorischen Fundstellen. (Mit 3 Tafeln.) Stettin 1901. Druck von Herrcke & Lebeling. 4°.

Schumann, Hugo: Das Gräberfeld ..., s.a. Arbeiten d. Uckermärk. Museums-u. Geschichtsvereins.

Das Gräberfeld bei Oderberg-Bralitz. Von Hugo **Schumann** u. A[ugust] Mieck. Mit 33 Taf. Prenzlau: A. Mieck 1901. (87 S.) 4°(8°)
— **Arbeiten** d. Uckermärk. Museums- u. Geschichts-Vereins. H. 6.

Schumann, Hugo, die Kultur Pommerns in vorgeschichtl. Zeit. M. 6 Taf. nach Entwurf u. Zeichng. v. A. Stubenrauch. [Aus: „Balt. Studien".] gr. 8. (106 S.) Berlin 897. E. S. Mittler & Sohn. n. 2. 20

Schumann, Hugo, Referendar: Die Pfändbarkeit der Postanweisungsbeträge. Borna-Leipzig 1909: Noske. IX, 42 S. 8°
Leipzig, Jur. Diss. v. 6. Febr. 1909
[Geb. 29. April 81 Knoblauchshof; Wohnort: Naumburg a. S.; Staatsangeh.: Preußen; Vorbildung: Gymn. Sondershausen Reife O. 00; Studium: Straßburg 4, Halle 5 S.; Rig. 17. Jan. 05.] [U 09. 2685

Die Steinzeitgräber der Uckermark. Von Hugo **Schumann**. Mit 40 Taf., 43 Textabb. u. 1 Übersichtskarte. *Prenzlau: A. Mieck 1904.* (107 S.) 4°
— **Arbeiten** d. Uckermärk. Museums-u. Gesch.-Vereins. Bd 7.

Schumann, J.: Beitrag zur Statistik des Altstädtischen Gymnasiums. 18 S. – Königsberg A.G., Progr. 1855.

Schumann, J., die Diatomeen der hohen Tatra. gr. 8. (103 S. mit 4 Kpfrt.) Wien 867. (Leipzig, Brockhaus' Sortiment und Antiquarium.) *

Schumann, J., gesammelte Dichtungen. 12. (VIII, 260 S.) Goslar 886. Koch. n. 2. 50; geb. n. 3. 50

Schumann, J., neue Gedichte. 8. (VII, 80 S.) Dresden 898. E. Pierson. n. 1. 50

Schumann, J., das Leben im Wassertropfen, s. Unterhaltungen, königsberger naturwissenschaftliche.

Schumann, J.: Untersuchungen von Amalgamen. ... Leipzig, J. A. Barth, 1891; 20 S. 8°
Erlangen, Phil. Fak., Inaug.-Diss. v. 1891

Schumann, J. A., Gedichte, s. Gedichte vom Verf. der Stund. d. Einsamk.

Schumann, Johann Christian (Dresden) A. S. 625/11

Dissertatio iuridica inauguralis de eo, quod iustum et aequum videtur in praescriptione immunitatis ab oneribus publicis. Präs. Gebhard Christian Bastineller.
Wittenberg (Eichsfeld) 11. XI. 1740. 35 S.

W. v.: Präs. 31900

Schumann, Joh. Chrn, Origo Germanorum e Persido arcessenda. Stargardiae 1726. 4.

Schumann, Johann Christian Gottlob

— s. a.: Schumann, G.

Schumann, J. Chr. G., pädagog. Chrestomathie, s.a. Bibliothek, pädagogische.

Schumann, J. Chr. Glob., pädagogische Chrestomathie. Eine Auswahl aus den pädagog. Meisterwerken aller Zeiten für die pädagog. Privatlectüre mit Einleitungen und Anmerkungen versehen. 1. Thl.: Die pädagog. Meisterwerke des oriental. Alterthums und der alten Griechen. gr. 8. (VIII, 396 S.) Hannover 878, Meyer. *

Schumann, J. Chr. Glob., pädagogische Chrestomathie. Eine Auswahl aus den pädagog. Meisterwerken aller Zeiten für die pädagog. Privatlektüre mit Einleitungen und Anmerkungen versehen. 2. Tl.: Die pädagogischen Meisterwerke der alten Römer und des Mittelalters. gr. 8. (VI, 369 S.) Hannover 880. Meyer. *

Schumann, J. Chr. G., Einrichtungs- u. Lehrplan der vierklassigen u. einklassigen Seminarschule zu Alfeld, in Gemeinschaft m. Mercker, Mund, Eilers, Oppermann, Heinze, Reitemeyer hrsg. gr. 8. (VIII, 134 S.) Hannover 875. Meyer. n. 2. 40

—— **zur Erinnerung an Se. hochsel. Maj. Wilhelm, den deutschen Kaiser und König von Preußen, geb. den 22. März 1797, gest. den 9. März 1888. Gedächtnisrede, gehalten am 22. März 1888 in der Basilika zu Trier.** gr. 8. (15 S.) Neuwied 888, Heuser's Verlag.

Schumann, G., Ferienschriften über pädagogische und kulturgeschichtliche Zeitfragen. I. 1. Ueber die Vorbereitung der Theologen zum Schulamte. 2. Die Mädchenerziehung im deutschen Mittelalter. gr. 8. (126 S.) Hannover 872, Brandes. *

Schumann, J. Chr. G., Geschichte der Methodik des Religionsunterrichts, s.: Kehr, C., Geschichte der Methodik.

— die Geschichte der Pädagogik im Seminarunterrichte, s.: Studien, pädagogische.

— Geschichte der Pädagogik im Umriß. gr. 8. (IV, 243 S.) Hannover 877. Meyer. n. 2. 80

—— Geschichte der Pädagogik im Umriß. 2. Aufl. gr. 8. (IV, 256 S.) Ebendas. 881. *

— u. Wilh. Heinze

— — Preußens Geschichte in Wort u. Bild. Ein Lehrbuch für die preuß. Jugend. Zur Feier der goldenen Hochzeit Allerhöchst Ihrer Majestäten des Kaisers Wilhelm u. der Kaiserin Augusta am 11. Juni 1879 bearb. gr. 8. (X, 210 S. m. eingedr. Holzschn.) Hannover 879. Meyer. n. 2. 60

Schumann, G., u. E. **Sperber**, Geschichte d. Religionsunterrichts in der evangelischen Volksschule, s.: Kehr, C., Geschichte der Methodik d. deutschen Volksschulunterrichts.

Schumann, Joh. Christ. Glob., die Geschichte des Volksschulwesens in der Altmark und des altmärk. Schullehrer-Seminars zu Gardelegen-Osterburg im Zusammenhange mit der altmärk. Cultur- und Kirchengeschichte und der evangel. Pädagogik dargestellt. gr. 8. (X, 526 S.) Halle 871, Buchh. des Waisenhauses. *

—— s. Gräfe's, H., deutsche Volksschule.

Schumann, J. Chr. Glob., Grundriß der Kirchengeschichte. gr. 8. (VI, 172 S.) Hannover 881. Meyer. n. 1. 60

Schumann, J. Chr. Glob., Grundzüge der Pädagogik, neu bearb. v. Herm. Walsemann, s.a. Bibliothek, pädagogische.

G r u n d z ü g e der Pägagogik von Dr. J[ohann] Chr[istoph] Gottlob **Schumann**. Neu bearb. von Dr. Hermann Walsemann. 3 Bde. 8. Aufl. Bd 1, T. 1. Hannover-List & Berlin: Meyer 1909. 8°
(Pädagogische Bibliothek. Bd 3.)

Schumann, J. Chr. Glob., Handbuch des Katechismus-Unterrichts nach Dr. M. Luthers Katechismus für Lehrer und Prediger. 1.—6. Lfg. oder 1. Bd. gr. 8. (VII, 392 S.) Hannover 884, Meyer. à Lfg. * 60 Pf. *

Schumann, J. Chr. Glob., Handbuch des Katechismus-Unterrichts nach Dr. M. Luthers Katechismus für Lehrer und Prediger. 7.—11. Lfg. oder 2. Bd. gr. 8. (III, 336 S.) Hannover 886—89, Meyer. à Lfg. * 60 Pf. *

— Handbuch des Katechismus-Unterrichts für Lehrer u. Prediger. [In 3 Bdn. oder ca. 15 Lfgn.] 1—4. Lfg. gr. 8. (1. Bd. S. 1—256.) Ebend. 881. 82. à n. — 60

Schumann, J. Chr. Glob., Handbuch d. Katechismus-Unterrichts f. Lehrer u. Prediger. 5—7. Lfg. gr. 8. (1. Bd. VII u. S. 257—392 u. 2. Bd. S. 1—64.) Hannover 883—86. Meyer. à n. — 60

Zur 300jährigen J u b e l f e i e r von Johann Amos Comenius von Dr. G[ottlob] **Schumann**, Schulr. zu Trier. Neuwied & Leipzig: Heuser 1892. (40 S.) 8°
=[Schule, Für die, aus der Schule. H. 51.]

— Dr. Karl Kehr. Ein Meister der deutschen Volksschule u. Lehrerbildg., nach Erinnergn. u Briefen an Freunde den deutschen Lehrern gezeichnet. Mit dem Portr. v. Kehr in Stahlst. gr. 8. (VII, 251 S.) Neuwied 886. Heuser's Verl. n. 3. —

— Kirchengeschichte, s.a. Bibliothek, pädagogische.

— die Kirchengeschichte in Lebensbildern. Lehr- u. Handbuch für Schule u. Haus. 2 Abthlgn. gr. 8. Ebend. 878—80. n. 6. —
1. Die ältere Zeit bis auf Karl den Großen. 2. Aufl. (XII, 212 S.) n. 2. 40
2. Die mittlere u. neue Zeit. (387 S.) n. 3. 60

—— die Kirchengeschichte der älteren Zeit bis auf Karl den Großen in Lebensbildern. Lehr- und Handbuch für Schule und Haus. gr. 8. (208 S.) Hannover 873, Brandes. *

— die Kirchengeschichte der älteren Zeit bis auf Karl den Großen in Lebensbildern. Lehr- u. Handbuch f. Schule u. Haus. gr. 8. (208 S.) Hannover 873. Meyer n. 2. 50

—— die Kirchengeschichte der älteren Zeit bis auf Karl den Großen in Lebensbildern. Lehr- und Handbuch für Schule und Haus. 2. (Titel-)Ausg. gr. 8. (208 S.) Ebendas. (873)78. *

—— u. Wilh. Heinze. Lehrbuch der brandenburgisch-preußischen Geschichte. 2. verm. Aufl. gr. 8. (X, 220 S. m. Abbildgn.) Hannov. 892, C. Meyer. cart. * 1 80

—— und Wilh. Heinze, Lehrbuch der deutschen Geschichte für Seminare und höhere Lehranstalten. Zur Belebung des Geschichtsunterrichts mit einer Auswahl von Geschichtsbildern aus den Quellenschriften versehen. 3 Hefte. gr. 8. Hannover, Meyer. [1. Heft 1. und 2. Ausg. (I—XIV, S. 1—178.) 877,78. * *M.* 2.; 2. Heft. 1. und 2. Ausg. (S. 179—402.) 878. * *M.* 2,40.; 3. Heft. (XV—XVIII, S. 403—792.) 879. * *M.* 3,60.] *

Schumann, J. Chr. Glob. Lehrbuch u. Leitfaden der Pädagogik, s. Bibliothek, pädagogische.

— u. Gust. Voigt, Lehrbuch der Pädagogik, s.a. Bibliothek, pädagogische.

—— Lehrbuch der Pädagogik. 2 Thle. 1. Aufl. 1874, und 2. Aufl. gr. 8. (VIII, 354; VIII, 399 S.) Hannover 875, Meyer. à Thl. *M.* 3.

—— Lehrbuch der Pädagogik. 3. und 4. Aufl. 2 Thle. gr. 8. Ebendas. 876,77. à Thl. * *M.* 4. *
Inhalt:
Thl. 1. Einleitung in die Pädagogik und Grundlage für den Unterricht in der Geschichte der Pädagogik mit Musterstücken aus den pädagog. Meisterwerken der verschiedenen Zeiten. (X, 362 S.)
" 2. Die systematische Pädagogik und die Schulkunde. (VI, 402 S.)

Schumann, J. Chr. Glob., Lehrbuch der Pädagogik. 2 Thle. 5. Aufl. gr. 8. Hannover, Meyer. à Thl. * *M.* 4. *
Inhalt:
Thl. 1. Einleitung und Geschichte der Pädagogik mit Meisterstücken aus den pädagog. Meisterwerken der verschiedenen Zeiten. (X, 374 S.) 877.
" 2. Die systematische Pädagogik und die Schulkunde. (VIII, 410 S.) 878.

— dasselbe. 6. Aufl. 2 Tle. gr. 8. Ebend. 881. 82. à n. 4, 40
1. Einleitung u. Geschichte der Pädagogik mit Musterstücken aus den pädagog. Meisterwerken der verschiedenen Zeiten. (XII, 403 S.)
2. Die systemat. Pädagogik u. die Schulkunde. (VIII, 432 S.)

— L e h r b u c h der Pädagogik. 2 Tle. 7. Aufl. gr. 8. Hannover, Meyer. à n. 4. 40; geb. à n. 5. —
1. Einleitung u. Geschichte der Pädagogik m. Musterstücken aus den pädagog. Meisterwerken der verschiedenen Zeiten. (XII, 427 S.) 883.
2. Die systemat. Pädagogik u. die Schulkunde. (VIII, 417 S.) 884.

— u. Gust. **Voigt**, Lehrbuch d. Pädagogik. 2. Tl. Die system. Pädagogik u. d. Schulkunde. 9., umgearb. Aufl. (In 3—4 Lfgn.) 1. Lfg. gr. 8. (S. 1—128.) Ebd. 898. n. 1. 20

L e h r b u c h der Pädagogik von Dr. J. Ch. Gottlob **Schumann**, Reg.-u. Schulr. in Magdeburg, u. Prof. Gustav Voigt, Seminardir. z. Z. Berlin. 11. verb. u. verm. Aufl. T. 1. Hannover, Berlin: C. Meyer 1899. 8°
= Bibliothek, Pädagogische. Bd 1.

Lehrbuch der Pädagogik von Dr. J[ohann] Chr[istian] Gottlob **Schumann**, weil. Schulrat in Magdeburg, u. Prof. Gustav Voigt, Prov.-Schulrat in Berlin. 12. verb. u. verm. Aufl. T. 1. Hannover, Berlin: C. Meyer 1904. 8° [F.]
— **Bibliothek**, Pädagogische. Bd 1. [illegible] 11

Schumann, J. Chr. G., & G. **Voigt**: Lehrbuch der Pädagogik. Hannover & Berlin 1904—12. 3 Bde
1. Einl. u. Geschichte der Pädagogik mit Musterstücken a. d. pädag Meisterwerken d. verschied. Zeiten. 13. Aufl. 1912.
2. Psychologie. 5. Aufl. 1910.
3. Spez. Methodik u. Schulkunde. 11. Aufl. 1904.

—— dass. — In 3 Bdn. Für österreichische Lehrerbildungsanstalten umgearb. und erweitert von Frz. Tomberger. 6., der österreich. Bearbeitung 1. Aufl. gr. 8. Ebendas. 880. *
Inhalt:
Bd. 1. Allgemeine Erziehungslehre. Für den zweiten Jahrg. der Lehrer- und Lehrerinnen-Bildungsanstalten, sowie für das Selbststudium. (VIII, 167 S.) * *M.* 2.
" 2. Unterrichtslehre. Für den dritten Jahrg. der Lehrer- und Lehrerinnen-Bildungsanstalten, sowie für das Selbststudium. (IV, 91 S.) * *M.* 1,20.
" 3. Die specielle Methodik. Für den dritten und vierten Jahrg. der Lehrer- und Lehrerinnen-Bildungsanstalten, sowie für das Selbststudium. (VI, 126 S.) * *M.* 1,60.

—— eine Lehrerreise. Randzeichnungen zu dem preuß. Volksschulwesen, besonders zu den Regulativen und dem neuen Schulgesetze für Lehrer und Freunde der Volksschule. 1. Abthl. gr. 8. (168 S.) Stendal 869, Franzen und Große. *

— u. Wilh. Heinze, Leitfaden der preußischen Geschichte. 2. Aufl. gr. 8. (II, 192 S.) Hannover 886. Meyer. cart. n. 1. 20

—— u. Wilh. Heinze. Leitfaden der preußischen Geschichte. 2. verm. Aufl. gr. 8. (II, 202 S.) Hannov. 891, C. Meyer. cart. * 1 20

— u. Heinze, Leitfaden d. preuß. Geschichte, neu bearb. v. Wilh. Heinze. 3., verm. Aufl. gr. 8. (II, 217 S. m. 1 Bildn.) Hannover 895. C. Meyer. Kart. n. 1. 50

— u. Wilh. Heinze, Leitfaden der preußischen Geschichte. 4. Aufl. Hrsg. v. Karl Dagefürde. gr. 8. (VIII, 242 S.) Hannover 901. C. Meyer. Kart. n. 1. 75

— u. Wilh. Heinze, Leitfaden der preuß. Geschichte. 5. Aufl. Hrsg. v. Karl Dagefürde. (VIII, 239 S.) 8. Hannover 904. C. Meyer. Geb. n. 1. 80

— Leitfaden d. Pädagogik, s.a. Bibliothek pädagog. III. IV.

— Leitfaden der Pädagogik f. den Unterricht in Lehrerbildungsanstalten. 1. u. 2. Thl. gr. 8. Ebend. 876. à n. 2. 40

1. Die systemat. Pädagogik u. die Schulkunde. (VI, 250 S.)
2. Geschichte der Pädagogik. (IV, 251 S.)

—— Leitfaden der Pädagogik für den Unterricht in Lehrerbildungsanstalten. 2 Thle. gr. 8. Ebendas. *

Inhalt:

Thl. 1. Die systematische Pädagogik und die Schulkunde. 1. Aufl. (VI, 250 S.) 876; 2. Aufl. (VIII, 250 S.) 877. *M 2,40.
" 2. Geschichte der Pädagogik. (IV, 251 S.) 877. *M 2,40.; 2. Aufl. (VI, 252 S.) 878. *M 3.

— dasselbe. 1. u. 2. Tl. 3. Aufl. gr. 8. Ebend. 881. à n. 3. —

1. Die systematische Pädagogik u. die Schulkunde. (VIII, 256 S.)
2. Geschichte der Pädagogik. (VIII, 270 S.)

—— Leitfaden der Pädagogik für den Unterricht in Lehrerbildungsanstalten. 2 Thle. gr. 8. Ebendas. à Thl. *M 3. *

Inhalt:

Thl. 1. Die systematische Pädagogik und die Schulkunde. 3. Aufl. (VIII, 256 S.) 881; 4. verb. und verm. Aufl. (VIII, 278 S.) 883.
" 2. Geschichte der Pädagogik. 3. Aufl. (VIII, 279 S.) 881; 4. verb. und verm. Aufl. (VIII, 908 S.) 884.

Leitfaden der Pädagogik für den Unterricht in Lehrerbildungsanstalten von Dr. J. Chr. Gottlob Schumann, Reg.- u. Schulrat zu Magdeburg. 7. verb. Aufl. T. 1. *Hannover, Berlin: C. Meyer 1900.* 8° [F.]
— Bibliothek, Pädagogische. Bd 3. [01. 456]

Schumann, J. Chr. Glob., deutsches Lesebuch, s.a. Dietlein, Rud.

— u. Herm. Kuete, deutsches Lesebuch für die Oberstufe mehrklassiger Schulen. Mit (eingedr. Holzschn.-)Bildern von Bürkner in Dresden u. A. gr. 8. (X, 678 S.) Ebend. 879. n. 1. 60

— die ächte Methode Wolfgang Ratke's. Ein Beitrag zur Lösg. der Ratke-Frage. gr. 8. (64 S.) Hannover 876. Helwing's Verl. n. 1. 50

Schumann, Joh. Christ. Glob., die Missionsgeschichte der Harzgebiete. Ein Beitrag zur deutschen Kirchengeschichte. Halle 869. Buchh. des Waisenhauses. gr. 8. (VIII, 331 S.) n 1 20

— Rede zu Kaisers Geburtstag, s.: Schreck, E., vaterländische Schulfeier.

—— kleinere Schriften über pädagogische und kulturgeschichtliche Fragen. gr. 8. Hannover, Meyer. *

Inhalt:

Heft 1. Ueber die Vorbereitung der Theologen zum Schulamte. Die Mädchenerziehung im Mittelalter. 1. und 2. (Titel-)Ausg. (125 S.) (872)78. *M 1,60.
" 2. I. Hugo v. St. Victor als Pädagog. — II. Das Gedächtniß und die Gedächtnißpflege. (III, 107 S.) 878. *M 1,50.
" 3. I. Volkskirche und Volksschule. II. J. Gh. Gerson's Leben und reformatorische Thätigkeit. III. J. Gh. Gerson als Pädagog. (III, 139 S.) 879. *M 1,80.

Schumann, Joh. Ch. G., kleine Schulgrammatik der englischen Sprache nebst einem sachlich geordneten Vocabularium und Sprachstücken. 8. (VI und 114 S.) Wernigerode 864. (Nordhausen, Förstemann's Verlag.) *

— Gotthold Ephraim Lessings Schuljahre. Ein Beitrag zur deutschen Kultur-, Litteratur- u. Schul-Geschichte. gr. 8. (53 S.) Trier 884. Stephanus. n. 1. —

— unsere Schulzucht. Ein erweiterter Vortrag. 2. Aufl. gr. 8. (IV, 102 S.) Neuwied 884. Heuser's Verl. n. 1. —

Unsere Schulzucht. Ein erweiterter Vortrag von Dr. J. Chr. Gottlob Schumann, Reg.- u. Schulrat zu Trier. 3. Aufl. bearb. von Heinrich Schreff, Kreisschulinsp. *Neuwied & Leipzig: Heuser 1902.* (102 S.) 8° [F.] [04. 11037]

Eb. Versuch e. neuen Systems d. natürl. Rechts. *Eb.* 796. 8° 1 ß

— die Vorbereitung auf den Unterricht, s.a. Für d. Schule aus der Schule.

Die Vorbereitung auf den Unterricht. Von Dr. G[ottlob] Schumann, Schulr. in Magdeburg. *Neuwied & Leipzig: Heuser [1901].* (9 S.) 8° [F.]
Aus: Rhein. Schulmann
— Schule, Für die, aus d. Schule. H. 89. [01. 7173 B]

Schumann, G., s. Wenig's, Chr., Handwörterbuch der deutschen Sprache.

— Wort u. Wissen, s.a. Für die Schule aus der Schule.

Wort und Wissen. Ein Vortrag von Dr. G[ottlob] Schumann, Reg.-u. Schulrat in Magdeburg. Neuwied & Leipzig: Heuser 1902. (18 S.) 8°
Aus: Rhein. Schulmann.
= Schule, Für die, aus der Schule. H. 103.

Schumann, Johann Christoph (Leipzig) A. S. 602/28

Quaestio iuris controversi an inutilis omnino sit renunciatio condictionis indebiti.
Präs. Christian Heinrich Breuning.
Leipzig (Langenheim) 8. VI. 1775. 8 S. 31901

Schumann, Jo. Dn., († d. 13. März 1787.) üb. die Evidenz der Beweise f. die Wahrheit der christl. Religion ꝛc. gr. 8. Hannov.

— üb. d. Evidenz d. Beweise f. d. Wahrheit d. christl. Religion ꝛc. gr. 8. Hannover, Ritscher. (Hahn.) 778.

Schumann, Joh. Dan., deutl. Gründe, warum man ein Christ seyn müsse. 8. Leipz. 747.

Schumann, Joh. Dan., Liederkatechismus. 8. Dresden. 746. Kühlr.

— Liederkunst. 8. Ebend. 747.

Schumann, Jo. Daniel U. S. Göttingen 1739/10

Dissertatio de origine vera traditionis falsae de Ioanna papissa. Präs. Christoph August Heumann. Rec. Jena (Heller) 1741. 44 S.

Diss. Göttingen 11. IV. 1739. 31902

Schumann, Johann Friedrich (Halle) A. S. 169/5

De incessu animi indice dissertatio moralis.
Präs. Johann Gottlieb Heineccius.
Halle (Henckel) IX. 1713. 62 S. 31903

Schumann, Johann Gottfried Rudolph (Bitterfeld)
A. S. 160/22

Lectissima nova ad iurisprudentiam eiusque historiam pertinentia, Specimen I.
Präs. Michael Gottfried Wernher.
Wittenberg (Gerdes) IX. 1761. 40 S.

Gew.: Leopold Nikolaus Fhr. von Ende. 31904

Schumann, Johann Heinrich (Dresden) A. S. 816/8

Dissertatio de poena a conceptibus affinibus liberata.
Leipzig (Titius) 25. IV. (korr.: 20. VI.) 1703. 16 S.
31905

Schumann, Joh. Mich., andächtiges Kind Gottes. 8. Weißenfels. 740.

Schumann, Johann Wilhelm (Arnstadt) A. S. 574/44a

Praecipua denuntiationis voluntariae iudicialis capita.
Jena (Fickelscherr) 26. V. 1766. 36 S. 31906

Auszug. Der Weltenbau oder das Weltsystem der Neuzeit u. die Beweisführg desselben durch Johann Wilhelm Schumann, Landsberg a. W. *Landsberg a. W.: Dr. v. R. Schneider & Sohn [1896?]*. (12 S.) 1 Bd S.
(97. 3017

Schumann, Johs., Otto Ernst. Eine litterar. Studie. gr. 8. (52 S.) Leipzig 903. L. Staackmann. n. 1. —

Schumann, Johannes „Geschichte der ersten fünfzig Jahre der K. Landwirtschaft-, Gewerb- und Handels-Schule und nunmehrigen Realschule zu Bamberg". pg. 3—53. 8°. Humann'sche Off. (Fr. Göttling).
Bamberg, Progr. 1882/83

Schumann, Josephus Sebastianus *(geb. Zobten am Berge 23. 4. 1793)*: De hepatis in embryone magnitudinis causa ejusdemque functione cum in foetu tum in homine nato. Vratislaviae (1817). (22 S.) 4°
Breslau, Med. Diss. v. 6. März 1817

Schumann, Jul., Bach, Händel, Mendelssohn, s.: Familienbibliothek, Calwer. 62. Bd.

Schumann, Jul., das Institut der Civilehe. Vom Standpunkte des heutigen Staates u. der öffentlich aufgenommenen Kirchen betrachtet. Nördlingen 869. Beck. gr. 8. (IV, 92 S.) n. 16 ngr.

Schumann, Jul., die Competenz der Kirchenverwaltungen in Bayern und die rechtliche Organisation der Kirchengemeinden, letztere besonders vom Standpunct der protestantischen Kirche betrachtet. (Abdr. aus Dove's Zeitschrift für Kirchenrecht.) Tübingen 863. (Laupp.) gr. 8. (45 S.) 7½ ngr.

Schumann, Jul., geologische Wanderungen durch Altpreussen. Gesammelte Aufsätze. Nach des Verfassers Tode hersg. u. mit einer Lebensskizze eingeleitet von seinen Freunden. Königsberg 869. Hübner & Matz. gr. 8. (LX, 228 S.) n. 1 ₰ 6 ngr.

Schumann, K. (I.), s. Ehrenberg's Wandbilder zum Gebrauch beim Unterricht in der biblischen Geschichte.

— u. E. Meinke, Lesebuch f. evangelische Volksschulen der Prov. Brandenburg. Ausg. A in 3 Tln. gr. 8. Berlin 910. Stubenrauch. Geb. 4. 10
I. (2. u. 3. Schulj.) (VIII, 186 S. m. Abb.) Geb. — 80
II. (4. u. 5. Schulj.) (VIII, 298 S. m. Abb.) Geb. 1. 30
III. (6.—8. Schulj.) (XII, 532 S. m. Abb.) Geb. 2.—

— — dasselbe. Ausg. B in 2 Tln. Für einfache Volksschulen. gr. 8. Ebd. 910. Geb. 2. 60
I. (2. u. 3. Schulj.) (VI, 117 S. m. Abbildgn.) Geb. — 60
II. (4. u. 8. Schulj.) (XVI, 580 S. m. Abbildgn.) Geb. 2. —

Schumann, K., Marco Polo, e. Weltreisender d. XIII. Jahrh., s.a. Sammlung gemeinverständlicher wissenschaftlicher Vorträge.

Schumann K, Marco Polo, ein Weltreisender des XIII. Jahrhunderts. (Sammlung gemeinverständlicher wissenschaftlicher Vorträge 460) Berlin 1885

— Sammlung deutscher Gedichte, s.: Wetzel, F.

— s.: Schulblatt der Prov. Brandenburg.

Schumann, K., Schul-Lesebuch, s.: Wetzel, F.

— morphologische Studien. I. Hft. gr. 8. (X, 206 S. m. 6 lith. Taf.) Leipzig 892. W. Engelmann. n. 10. —

Schumann, K., die pädagogische Tagespresse und ihre Großmeister zu Berlin und Spandau. gr. 8. (48 S.) Berlin 884, Wiegandt und Grieben. *
Aus: Schulblatt für die Prov. Brandenburg, besonders abgedruckt.

Schumann, K.: Verordnungen betr. das Volksschulwesen im Regierungsbezirk Frankfurt a. O. Frankfurt a. O. 1884.

—— s. Wetzel, F. Schul-Lesebuch.

Schumann, K. F., Bibel u. Volksschule. Vortrag auf der sächs. kirchl. Konferenz zu Chemnitz am 12. X. 1898, geh. 8. (27 S.) Leipzig 898. G. Wigand. n. — 40

Schumann, K. F., die höhere Volksschule namentlich in ihrem Verhältnisse zur Realschule zweiter Ordnung. Vortrag, auf der Delegirtenversammlung des sächs. Lehrervereins gehalten. 8. (31 S.) Leipzig 877, Wunderlich. *

Schumann, K. J., Gebet- u. Betrachtungsbuch für kathol. Christen, zur häusl. u. kirchl. Erbauung. Mit 1 Stahlst. 12. Darmstadt 842, Kern. 1/3 ₰ Velinp. 5/12 ₰

Schumann, Karl

Schumann, K., die Ameisenpflanzen, s.a. Sammlung gemeinverständl. wissenschaftl. Vorträge.

Schumann K. die Ameisenpflanzen. (Sammlung gemeinverständlicher wissenschaftlicher Vorträge NF 83) Hamburg 1889

Schumann, Karl, Apocynaceae, Asclepiadaceae, s.: Engler, A., u. K. Prantl, d. natürl. Pflanzenfamilien, IV, 2.

Schumann, Karl, Atlas der officinellen Pflanzen, s.: Berg, O. C.

Schumann, Carl (aus Mirow, Mecklenb.-Str.): Beitrag zur Pathologie der Halsgeschwülste ... Leipzig-Reudnitz, Druck v. M. Hoffmann, 1893; 23 S. 8.
Würzburg, Med. Fak., Inaug.-Diss. v. 1893

— Bignoniaceae, s.: Engler, A., u. K. Prantl, d. natürl. Pflanzenfamilien, III, 6.

Schumann K.: Ueber die weiblichen Blüten d. Coniferen. Berl. 1902. 76 S. (Særtr.). 4°.

– Cactaceae, s. Engler, A. u. K. Prantl. Die naturlichen Pflanzenfamilien.

— Chlaenaceae, s.: Engler, A., u. K. Prantl, d. natürl. Pflanzenfamilien, III, 6.

Schumann, Carl (Moritz) *(geb. Görlitz 17. 6. 1851)*: Dickenwachsthum und Cambium. Historisch-experimentelle Untersuchungen. Görlitz 1873. (40 S.) 8° *(Teil 1 einer Breslauer gekr. Preisschr.) [Forts. nach Mitteil. d. Verf. nicht erschienen. — Buchausg. 1873 bei Vierling in Görlitz.]*
Breslau, Phil. Diss. v. 19. Juli 1873

Schumann, Carl, Dickenwachsthum und Cambium. Historisch-experimentelle Untersuchung. Inaugural-Dissertation. gr. 8. (40 S.) Görlitz 873, Vierling. *

— Elaeocarpaceae, Tiliaceae, Malvaceae, Bombacaceae, Sterculiaceae, s.: Engler, A., u. K. Prantl, d. natürl. Pflanzenfamilien, III, 6.

SCHUHMANN, Karl (München): Ueber einen Fall von embolischer Septico-Pyämie im Anschluß an ein Empyem des Antrum Highmori.- München: Wolf 1904. 18 S.
26.3.1904 – Chr 1903/04,18; Jv 1903/04,353
Diss. Ingolst.-Landsh.-Mchn.

— u. M. Hollrung, die Flora v. Kaiser-Wilhelms-Land, s.a. Nachrichten üb. Kaiser Wilhelms Land u. den Bismarck-Archipel.

Schumann, Karl, und M. Hollrung: Die Flora von Kaiser Wilhelms-Land. (Beiheft zu den Nachrichten über Kaiser Wilhelms-Land und den Bismarck-Archipel 1889.) Berlin 1889. V, 140 S. 8°.

Die Flora der deutschen Schutzgebiete in der Südsee von Prof. Dr. Karl Schumann, Berlin, u. Dr. Karl Lauterbach, Dir. d. Neu-Guinea Co. [Nebst] Nachträge. Leipzig: Gebr. Borntraeger 1901–05. 2 Bde 4°(8°)
Flora. Mit 1 Karte d. Gebietes u. 22 Taf. sowie 1 Doppeltaf. 1901.
Nachträge. (Mit Ausschluß Samoa's u. d. Karolinen.) Mit 14 Taf. u. e. Bildn. von K. Sch. (General-Reg.: Die Flora u. Nachtr. umfassend.) 1905. [05. 1363

Schumann, Karl, s.a. Gedichte vom Verf. d. Stunden der Einsamkeit.

– Gedichte

— — Von dem Verfasser der Stunden der Einsamkeit *(Carl Schumann)*. Mit reizenden Vignetten. Leipzig bei Joh. Sam. Heinsii sel. Erben 1761. 8°. 9 Bll. u. 204 S.
Enth. Oden, Lehr- und Liebesgedichte. — Max Perl's Berliner Febr.-Auct. 1907, no. 923; Anon.-Lex. II. p. 160 (nach Kayser).

Gesamtbeschreibung der Kakteen. '(Monographia Cactacearum.)' Von Prof. Dr. Karl Schumann, Kustos ... zu Berlin ... M. e. kurzen Anweisung z. Pflege d. Kakteen v. Karl Hirscht. Lfg 1—4. *Neudamm: J. Neumann 1897.* 8. [98. 190

Gesamtbeschreibung der Kakteen '(Monographia Cactacearum)'. Von Prof. Dr. Karl Schumann, Kustos ... zu Berlin ... M. e. kurzen Anweisg z. Pflege d. Kakteen v. Karl Hirscht. M. 177 Abb. (In 13 Lfgn.) Neudamm: J. Neumann 18(97–)99. (XI, 832 S.) 1 Bd 8°

Schumann, Karl, Gesamtbeschreibung der Kakteen (Monographia cactacearum). Mit e. kurzen Anweisg. zur Pflege der Kakteen v. Karl Hirscht. 2., um die Nachträge von 1898—1902 verm. Aufl. (XI, 832 u. VIII, 171 S. m. 153 Abbildgn.) gr. 8. Neudamm 903. J. Neumann. n. 30.—; geb. in Halbfrz. n. 34.—

Schumann, K. Vaterländische Geschichtsbilder f. evangelische Volksschulen. 3. Aufl. 8. (IV, 132 S.) Bielef. 892, Velhagen u. Klasing. cart. * — 60

Schumann, K., vaterländische Geschichtsbilder f. evangelische Volksschulen. 6. Aufl. 8. (IV, 132 S.) Bielefeld 894. Velhagen & Klasing. Kart. n. — 60

[F.] Vaterländische Geschichtsbilder f. evangelische Volksschulen. Von K. Schumann ... 8. Aufl. Bielefeld & Leipzig: Velhagen & Klasing 1897. (IV, 132 S.) 1 Bd. 8° [98. 1448 Mr

Vaterländische Geschichtsbilder für evangelische Volksschulen. Von K[arl] Schumann, Geh. Reg.- u. Schulrat. 9. Aufl. *Bielefeld & Leipzig: Velhagen & Klasing 1900.* (IV, 131 S.) 8° [F.] [01. 2380

Schumann, K., vaterländische Geschichtsbilder f. evangelische Volksschulen. 10. Aufl. gr. 8. (IV, 132 S.) Bielefeld 902. Velhagen & Klasing. Kart. n. -- 60

Schumann, K., vaterländische Geschichtsbilder f. evangel. Volksschulen. 11. Aufl. (IV, 136 S.) 8. Bielefeld 906. Velhagen & Klasing. Kart. n. — 60

— s.: Just's botanischer Jahresbericht.

Schumann, Karl, s.a. Kakteen, blühende.

— blühende Kakteen (Iconographia cactacearum). Im Auftrage der deutschen Kakteen-Gesellschaft hrsg. 1.—8. Lfg. gr. 4. (32 farb. Taf. m. III S. m. je 1 Bl. Text.) Neudamm 900—902. J. Neumann. à n. 4.—; (I. u. II. Bd. kart. à n. 13.—)

— blühende Kakteen (Iconographia cactacearum). Im Auftrage der deutschen Kakteen-Gesellschaft hrsg. 9.—12. Lfg. (16 farb. Taf. m. je 1 Bl. Text.) gr. 4. Neudamm 903. J. Neumann. à n. 4.— (je 3 Lfgn. in 1 Bd. kart. n. 13.—)
Fortsetzg., s.: Kakteen, blühende.

Keys of the Monograph of Cactaceae transl. by Karl Schumann. Prof., Berlin. *Neudamm: J. Neumann 1903.* (68 S.) 8° [04 7405

– Lehrbuch der systematischen Botanik, Phytopsläontologie u. Phytogeographie. (XII, 705 S. m. 193 Fig. u. 1 farb. Karte.) Stuttgart 1894: F. Enke. 8°

— Marantaceae, s.a. Pflanzenreich, das. 11.

Marantaceae mit 137 Einzelbild. in 23 Fig. von K[arl] Schumann. *Leipzig: W. Engelmann 1902.* (184 S.) 8°
= Pflanzenreich. II. 11. (IV, 48.) [02 8847

— s.: Monatsschrift f. Kakteenkunde.

-- Musaceae, s.a. Pflanzenreich, das. 1.

Musaceae mit 62 Einzelbild. in 10 Fig. von K[arl] Schumann. Leipzig: W. Engelmann 1900. (VII, 45 S.) 8°
= Pflanzenreich. H. 1. (IV, 45.)

Schumann, Car. (Frid. Traugott) (geb. Berlin 30. 4. 1828): De oedemate glottidis. Berolini (1851). (28 S.) 8°
Berlin, Med. Diss. v. 24. Mai 1851

— u. E. Gilg, d. Pflanzenreich, s.: Hausschatz d. Wissens.

— Praktikum für morphologische u. systematische Botanik. Hilfsbuch bei prakt. Uebgn. u. Anleitg. zu selbständ. Studien in der Morphologie u. Systematik der Pflanzenwelt. (VIII, 610 S. m. 154 Abbildgn.) Lex.-8. Jena 904. G. Fischer. n. 13. — geb. n. 14. —

— succulente Reise-Erinnerungen aus d. J. 1896. [Aus: „Monatsschr. f. Kakteenkde."] gr. 8. (22 S.) Neudamm 897. J. Neumann. n. 1. —

— succulente Reise-Erinnerungen aus dem J. 1901. gr. 8. (21 S.) Neudamm 902. J. Neumann. n. 1. —
Sonderabdruck aus: „Monatsschrift f. Kakteenkunde".

—— Rubiaceae, s. Engler, E., u. K. Prantl. Die natürlichen Pflanzenfamilien.

— Sterculiaceae africanae, s.a. Monographieen afrikan. Pflanzenfamilien. V.

Sterculiaceae africanae bearb. von K[arl] Schumann. Mit Taf. 1–16 u. 4 Fig. im Text. Leipzig: W. Engelmann 1900. (140 S.) 2°
= Monographieen afrikanischer Pflanzen-Familien. 5.

—— Morphologische Studien. 1. Heft. gr. 8. (X, 206 S. m. 6 lithogr. Taf.) Ebd. 892. * 10 —

— morphologische Studien. 2. Hft. gr. 8. (S. 207—313 m. 6 Fig.) Leipzig 899. W. Engelmann. n. 7. —

— s. Stunden d. Einsamkeit.

— Symbolae physicae, s.: Hemprich, Frider. Guilelm., et Chrn. Godofr. Ehrenberg.

Schumann K.: Untersuchungen üb. Abszesse u. abszessähnliche Nekroseherde in der Leber d. Kalbes. Diss. Leipz. 1908. 54 S. 3 Tvl. 4°.

Schumann, Carl, kritische Untersuchungen über die Zimtländer, s.a. Petermann's, A., Mitteilungen aus Justus Perthes' geographischer Anstalt.

Schumann, Carl: Kritische Untersuchungen über die Zimtländer. Ein Beitrag zur Geschichte der Geographie und des Handels. Mit 1 Karte. Gotha 1883. (II). 54 S.
= Ergänzungsheft zu Petermann's Geographischen Mittheilungen. No. 73. 8°.

— neue Untersuchungen üb. den Blüthenanschluss. gr. 8. (VIII, 519 S. m. 10 lith. Taf.) Leipzig 890. Engelmann. n. 20. —

— die Verbreitung der Cactaceae im Verhältniss zu ihrer systematischen Gliederung. gr. 4. (114 S. m. 2 Taf.) Berlin 899. (G. Reimer.) Kart. n. 5. 50
Sonderabdruck aus: „Anh. zu den Abhandlgn. d. preuss. Akad. d. Wiss."

Verzeichnis der gegenwärtig in den Kulturen befindlichen Kakteen. M. e. genauen Litteraturnachweis. Von Prof. Dr. Karl Schumann ... zu Berlin. *Neudamm: J. Neumann 1897.* (2 Bl., 30 S.) 1 Bd 8. [96. 7607

— Zingiberaceae, s.a. Pflanzenreich, das. 20. Hft.

Zingiberaceae mit 355 Einzelbild. in 52 Fig. von K[arl] Schumann. *Leipzig: W. Engelmann 1904.* (458 S.) 4°(8°)
= Pflanzenreich, Das. H. 20. (IV, 46.) [04. 14017

Schumann, Karl Christoph (Leipzig) A. S. 575/37

De matrimonio conscientiae commentatio. Präs. Heinrich Gottfried Bauer.
Leipzig (Langenheim) 12. III. 1760. 56 S. 31907

Schumann, Karl Bernh., Vorschläge zu einer gründlichen Reform in der Musik durch Einführung eines höchst einfachen u. naturgemässen Ton- u. Noten-Systems nebst Beschreibung einer nach diesem System construirten Tastatur für das Fortepiano. Berlin 859. Gsellius. gr. 8. (25 S.) n. 7½ ngr.

— Vorschläge zu einer Reform auf dem Gebiete der Musik durch Einführung eines einfachen und naturgemässen Tastatur- und Noten-Systems. 2. gänzlich umgearb. u. verm. Aufl. Langensalza 861. Verlags-Comptoir. gr. 8. (VII, 48 S. u. 1 lith. Taf. in Fol.) 10 ngr.

Schumann, Karl Fr. Ludwig

Schumann, Carl Fr. Ludw., Katechismus des Obstbaues oder vollständ. Unterricht, wie auf die leichteste u. sicherste Art ein gesunder u. in wenigen Jahren tragbarer Obstbaum aus dem Kerne gezogen u. veredelt werden kann. Nebst e. Anleitung zur Erziehung der Zwergbäume u. der Obstorangerie in Blumentöpfen, u. s. w. 12. (5¾ B. u. 6 Taf.) Weimar 840, Landes-Industrie-Compt. * .

Schumann, C. F. L., Katechismus d. Obstbaues, od. vollständ. Unterricht, wie auf d. leichteste u. sicherste Art e. gesunder u. in wenigen Jahren tragbarer Obstbaum aus d. Kerne gezogen u. veredelt werden kann. Nebst e. Anleit. z. Erziehung d. Zwergbäume u. d. Obstorangerie in Blumentöpfen etc. Mit 6 Taf. 12. Weimar, 1846. (Leipzig, Voigt u. Günther.) (— 10) — 4

Schumann, Carl Fr. Ludw., weimar-eisenach. Landeskunde, mit histor. u. topograph. Bemerkn., nebst e. Einleit. in d. allgem. Geographie u. e. thüring.-weimar. Gesch.; als Leitfaden z. Gebr. in Landschulen. 8. (15½ B.) Neustadt a. d. O. 836, Wagner.

Schumann, Konrad

Schumann, Conr., die Festigkeitslehre der Betoneisenkonstruktionen. Ein Leitfaden f. Schule, Selbstunterricht u. Praxis. (92 S. m. 82 Abbildgn.) 8. Essen 909. G. D. Baedeker. Kart. 2.--

Schumann, Konstantin

Schumann, Konst., s: Franklin, der Held d. nördlichen Eismeeres.

Schumann, Kurt, Tierarzt a. Ronneburg ⟨Sachsen-Altenburg⟩: Aus d. patholog. Institut d. Kgl. Tierärztl. Hochschule zu Dresden. ⟨Direktor: Medizinalrat Prof. Dr. E. Joest.⟩ Untersuchungen über Abszesse und abszessähnliche Nekroseherde in der Leber des Kalbes. Mit 3 Taf. Leipzig 1908: B. Georgi. (54 S.) 8°
Leipzig, Med. Fak., Ref. Joest, Diss. v. 29. Dez. 1907
[Geb. 5. März 82 Ronneburg; Wohnort: Leipzig; Staatsangeh.: Sachsen-Altenburg; Vorbildung: Realgymn. Gera Reife O. 02; Studium: Tierärztl. Hochsch. Dresden 6, München 1 S.; Coll. 13. März 08; Approb. 12. März 06.]

Schumann, Curt, aus Leipzig: Untersuchungen über Phenole und Pseudophenole. *Heidelberg 1900: Ph. Wiese.* (69 S.) 8°
Heidelberg, Naturw.-math. Diss. v. 1900

Schumann, L., De Marcellini quae dicitur vita Thucydidis. Diss. Pr. 1879. 25 S. 4°.

Schumann, Leop., Leitfaden üb. die Gründung u. Organisation freiwilliger Feuerwehren in Baden unter besond. Berücksicht. d. Uniformierg., Ausrüstg. u. Dienstobliegenheiten, nebst Anlagen: Eingaben an die großh. Bezirksämter u. den Verwaltungsrat der Landesfeuerwehrunterstützungskasse zwecks Erlangg. e. Unterstützg. Im Einverständnis m. dem Ausschuß des bad. Landesfeuerwehrvereins hrsg. (133 S.) kl. 8. Karlsruhe 908. G. Braunsche Hofbuchdr. Kart. 1. —

Schumann, Ludw. Friedr., Kunst durchsicht. Porzellan u. weißes Steingut anzufertigen, s. Schauplatz d. Künste, 75. Bd.

Schumann, Ldw. Fr., die Kunst durchsichtiges Porzellan und weißes Steingut mit durchsichtiger Glasur anzufertigen. Nebst einer gründlichen Anleitung zur Erbauung der einfachsten und vortheilhaft. Massenmühlen, Schlemmerei, Massenkochöfen, Brennöfen u. Abdrehmaschinen, so wie einer ausführlichen Abhandlung üb. die Laboration der Mineralfarben für Porzellan-, Steingut- u. Glasmalerei, mit d. nöthigen Anweisung zur Erbauung der zum Einschmelzen angewandten Holz- u. Kohlenmuffeln. Mit 9 lithogr. Tafeln u. 1 Portrait. 8. Weimar 835. Voigt. 1½ ₰ (Vgl. Schauplatz d. K. u. H. 75 Bd.)

Schumann, Dr. M., Die Armenlast im Deutschen Reich. (Jahrb. f. Nat.-Oek. u. Stat., N. F. Bd. 17, 1888.)

Schumann. Die Bedeutung drehbarer Geschützpanzer „Panzerlafetten" für eine durchgreifende Reform der permanenten Befestigung. Mit 1 Atl. Magdeburg 1884. 150 S. 4° u. 2°
— — 2. Aufl. Potsdam 1885. 180 S. 4° u. 2°

Schumann, **die Bedeutung drehbarer Geschützpanzer: „Panzerlaffetten" für eine durchgreifende Reform der permanenten Befestigung. 2. umgearb. Aufl. gr. 8. (66 S. mit 1 Atlas von 23 chromolithogr. Bl. Zeichnungen [in qu. gr. Fol., geb.].) [Potsdam 885, Militaria.] Berlin, Expedition der Neuen militär. Blätter. geb. ****

Schumann, M., seine kleine Frau, — mein Kleinod, } s.: Kühling's Album f. Liebhaber-Bühnen.

Schumann: Die Panzerlaffeten und ihre fernere Entwickelung. Magdeburg 1889

Schumann, M., die Sexualproportion der Geborenen. Eine statist. Studie. gr. 8. (III, 60 S.) Oldenburg 883. Schulze. n. 1. 60

Schumann, M[arie], aus Reval (Russland): Aus der medizinischen Klinik in Zürich. (Direktor: Professor Dr. Eichhorst.) Ueber das Magencarcinom nach Beobachtungen auf der Züricher medizinischen Klinik. Zürich 1905. 46 S. 8°. [3. VII. 05.]
Zürich. Med. Diss. 1904/1905.

Schumann, [Frl.] M[arie]. **Ueber das Magencarcinom nach Beobachtungen auf der Züricher medizinischen Klinik. Diss. Med. Univ. Zürich.** *Kopftitel:* **Aus der medizinischen Klinik in Zürich. ⟨Direktor: Professor Dr. [Hermann] Eichhorst.⟩ 46 S. 8. Zürich, A. Markwalder, 1905.**

Schumann, Martha, Besinnliches z. Schulreform. (58 S.) gr. 8. Leipzig 910. Gr. Lichterfelde, K. G. Th. Scheffer. — 80

Schumann, Martha, das 2. Hauptstück in Lehrbeispielen nebst e. Begleitwort. Ein Beitrag zur Methodik des Katechismusunterrichts in der Volksschule. 8. (57 S.) Halle 902. H. Schroedel. n. — 80

— s.: Volk, ein, eine Schule!

Schumann, M(owscha): Aus d. path. Inst. zu Heidelberg. Ein Fall von chorionepitheliomähnlicher Carcinommetastase im großen Netze. Heidelberg 1909: Dörr. 24 S. 8°
Heidelberg, Med. Diss. v. 15. Juli 1909, Ref. Ernst
[Geb. 15. Jan. 83 Reval; Wohnort: Reval; Staatsangeh.: Rußland; Vorbildung: Gymn. Reval Reife 01; Studium: Bern 2, Zürich 4, Leipzig 2, Heidelberg 2 S.; Rig. 15. Juli 09.] [U 09. 1981

Schumann, O., Übungsstoffe f. den deutschen Sprachunterricht, s.: Kahnmeyer, L., u. H. Schulze.

Schumann, Osk, Freibergs Nebenklassen u. Mannheimer Sonderklassen. Ein Beitrag zur Organisation der Volksschule nach der Leistungsfähigkeit der Kinder. (31 S.) 8. Leipzig 905. J. Klinkhardt. n. — 60

Schumann, Oskar, aus Glauchau: Islands Siedelungsgebiete während der Landnámatíd. *Leipzig 1900: C. G. Naumann.* (53 S.) 8° ¶ [Aus: Mitteilungen d. Vereins f. Erdkunde zu Leipzig, 1899.]
Leipzig, Phil. Diss. v. [8. Apr.] 1900

Schumann, Oswald: Die ökonomischen Vorbedingungen ..., s. Dreher, Hans

Schumann, Otto, der Kreis Arnswalde, s.: Blümke, A.

Schumann, Otto: Bücherverzeichnis der Lehrerbibliothek des ⟨städtischen⟩ König Wilhelms-Gymnasiums zu Magdeburg. (Magdeburg 1909: Baensch.) 102 S. 8°
Magdeburg, st. König-Wilhelms-G OP 1909 (330)** [S 09. 432

Schumann. Der Kompagniedienst. Ein Ratgeber für den Kompagniechef. 2. Aufl. Berlin 1908. 8°. (1. Aufl. 1899.)

Schumann, der Kompagniedienst. Ein Ratgeber für den Kompagniechef im äußeren u. inneren Dienst. Berichtigte [Titel-]Ausg. der 2., neu bearb. Aufl. Unter Berücksicht. der Schießvorschrift f. die Infanterie vom 21. X. 1909, sowie der neuesten Deckblätter zum Exerzier-Reglement f. d. Infanterie. Zugleich als 8. Aufl. v.: Müller-Schwarz, Der Kompagnie-Dienst. (X, 260 u. Nachträge u. Berichtiggn. 8. S. in 8.) gr. 8. Berlin [908] (910). E. S. Mittler & Sohn. 5 —; geb. 5. 50

Der Kompagniedienst. Ein Ratgeber f. d. Kompagniechef im äußeren u. inneren Dienst. Bearb. von [Otto] **Schumann**, Oberst. 2., neu bearb. Aufl. Zugl. als 8. Aufl. von [Jul. Ad. Phil.] Müller—[Rud.] Schwarz, Der Kompagnie-Dienst. Berlin: E. S. Mittler & Sohn 1908. (IX, 259 S.) 8° [F.] [08. 2916

Der Kompagniedienst. Ein Ratgeber f. d. Kompagniechef im äußeren u. inneren Dienst. Bearb. von [Otto] **Schumann**, Oberst. Berichtigte Ausg. d. 2., neu bearb. Aufl. ... Zugleich als 8. Aufl. von: [Jul. Ad. Phil.] Müller- [Rud.] Schwarz, Der Kompagnie-Dienst. Berlin: Mittler 1910. IX, 259 S. 8° [10. 12641

Schumann, Otto, aus Meins, Referendar am Kgl. Amtsger. in Schwerin a. W.: **Konstruktion und Streitfragen des pignus nominis.** *Halle a. S. 1899: C. A. Kaemmerer & Co.* (56 S.) 8° [J. u. Ant.]
Erlangen, Jur. Diss. v. 16. Febr. 1899

Schumann, Rathgeber f. den Kompagnie-Chef. Ein Handbuch für den inneren u. äußeren Dienst. Zugleich als 7. Aufl. v.: Müller Schwarz, der Kompagnie-Dienst. gr. 8. (X, 260 S.) Berlin 899. E. S. Mittler & Sohn. n. 4. 50; geb. n.n. 5. —

Schumann, Otto Eugen, Referendar: Die Bareinlagepflicht des Aktionärs. Leipzig: Wigand 1909. 89 S. 8°
Leipzig, Jur. Diss. v. 29. März 1909
[Geb. 14. März 84 Plauen i. V.; Wohnort: Leipzig; Staatsangeh.: Sachsen; Vorbildung: Gymn. Plauen Reife O. 02; Studium: Tübingen 1, München 2, Leipzig 3, Freiburg i. B. 1 S.; Rig. 25. Jan. 07.] [U 09. 2080

Schumann, P., Anleitg. zur Pflege u. Ernährg. d. Neugeborenen bis z. Beendigg. d. ersten Zahnperiode. gr. 8. (25 S.) Jurjew (Dorpat) 896. (J. G. Krüger.) n. — 60

Schumann, Paul

Schumann, P. (Hrsg.), s. Aquarelle, Pastellgemälde und Handzeichnungen der Dresdener internat. Ausstellung 1887.

Schumann, P., Barock u. Rococo, s.a. Beiträge zur Kunstgeschichte.

Schumann, Paul. Barock und Rococo. Studien zur Baugeschichte des 18. Jahrhunderts mit besonderem Bezug auf Dresden. (Beiträge zur Kunstgeschichte. Neue Folge I.) Leipzig 1885. 8°.

Max Klingers Beethoven, ausgestellt bei Keller & Reiner, Berlin. 1902. Erläuterung d. Kunstwerkes von Prof. Dr. Paul **Schumann** in Dresden. Leipzig: E. A. Seemann 1902. (12 S.) 8° 03. 4847

Schumann, Paul, Tierarzt in Halle a. S.: Beiträge zur vergleichenden Histologie des Enddarmes und des Ueberganges des Mitteldarmes in den Enddarm der Haussäugetiere. ⟨Aus dem physiologischen und histologischen Institut der Königl. Tierärztlichen Hochschule zu Dresden. Geh. Med.-Rat Professor Ellenberger⟩ Dresden 1907. IV + 84 S. und vier Tafeln. 8°. [10. III. 08.]
Zürich. Vet.-med. Diss. 1907/08.

Schumann, Paul. **Beiträge zur vergleichenden Histologie des Enddarmes und des Ueberganges des Mitteldarmes in den Enddarm der Haussäugetiere. Diss. Vet.-Med. Univ. Zürich. Mit 4 Tafeln.** ***Kopftitel:*** **Aus dem Physiologischen und Histologischen Institut der Königl. Tierärztlichen Hochschule zu Dresden. ⟨... Professor Dr. [Wilhelm] Ellenberger.⟩ IV + 84 S. 8. Dresden, Otto Franke, 1907.**

Schumann, Paul [aus Halle a/S.]: Beiträge zur Kenntniss der Grenzen der Variation im anatomischen Bau derselben Pflanzenart. . . . (Aus: Bot. Centralblatt 1891. Bd. XLVI.) Cassel, Druck v. Gebr. Gotthelft, 1891; 68 S., 2 Taf. 8°
Heidelberg, Phil. Fak., Inaug.-Diss. v. [5. Aug.] 1890

Schumann, Paul, sprachliche Betrachtungen. Die Verdeutschg. der grammat. Kunstausdrücke durch den deutschen Sprachverein. — Zeitungs-Deutsch. — Proben einheitl. Behandlg. der Grammatik in allen Schulsprachen. — Die log. Kategorien in der Grammatik. — Die neue Rechtschreibg. u. a. gr. 8. (VI, 80 S.) Dresden 893. E. Pierson. n. 1. 60

Schumann, Paul, d. Dom zu Pisa, s.a. Baukunst, die.

Der Dom zu Pisa von Dr. Paul Schumann. Berlin & Stuttgart: W. Spemann [1898]. (18 S., 9 Taf.) 2°
= Baukunst, Die. [Ser. 1.] H. 8.

Schumann, Paul, Dresden, s.a. Kunststätten, berühmte.

Dresden von Paul Schumann. Mit 185 Abb. Leipzig: E. A. Seemann 1909. 351 S. 8°
(Berühmte Kunststätten. Bd 46.)

Schumann, Paul, Führer durch die Architektur Dresdens. Hrsg. aus Anlass der deutschen Bau-Ausstellg. 1900. qu. gr. 8. (110 S. m. Abbildgn.) Dresden (900). Leipzig, Gilbers. Geb. in Leinw. n. 6. —

Schumann, Paul, s. Hausschatz, humoristischer.

Die neue pommersche Hengstkörordnung. Von Gen.-Sekr. [Paul] Schumann. Stettin 1909: Pommersche Reichspost. 35 S. 4°
(Arbeiten d. Landwirtschaftskammer f. d. Prov. Pommern. H. 13.)

Schumann, P., jedermann sein eigener Wetterprophet. Beitrag zur Aufstellg. d. örtl. Wettervorhersage auf die nächsten 24 Stunden mittelst Polymeter (Hygrometer), namentl. f. d. Bedürfnisse d. Landwirtschaft geschrieben. 8. (34 S. m. 3 Illustr. u. 1 Taf.) Schöneberg-Berlin 897. F. Telge. n. — 60

— Max Klinger, Christus im Olymp, erläutert. gr. 8. (13 S. m. 2 Taf.) Dresden (899). M. Sinz. — 50

Schumann, Paul, s.: Krieg, der trojanische.

Schumann, Paul (Hrsg.), s. Kunstgewerbe, Das.

Schumann, Paul, Landkirchen, s.: Schilling.

Schumann, Paul, französische Lautlehre f. Mitteldeutsche, insbes. f. Sachsen. E. Hilfsbuch f. d. Unterr. in d. französ. Aussprache. 2, veränd. Aufl. gr. 8. (IV, 42 S. m. 2 Fig.) Leipzig 896. B. G. Teubner. n. 1. —

— s.: Meister, 100, der Gegenwart in farb. Wiedergabe.

Schumann, Paul [app. Arzt aus Oschatz]: Ueber Netzhautgliome ... München, Buchdr. v. M. Ernst, 1892; 22 S. 8.
München, Med. Fak., Inaug.-Diss. v. [17. März] 1892

Schumann, Paul, der Sachse als Zweisprachler. Vortrag im Bezirkslehrerverein Dresden-Land. (68 S.) 8. Dresden (904). C. Reißner. n. 1. —

Schumann, Paul, Referendar in Herborn: Die rechtliche Stellung des Kirchenvorstandes im Konsistorialbezirk Wiesbaden. Dillenburg 1907: E. Weidenbach. (VII, 51 S.) 8° [J.]
Leipzig, Jur. Fak., Diss. v. 14. Dez. 1907
[Geb. 20. Okt. 82 Herborn (Nassau); Wohnort: Herborn; Staatsangeh.: Preußen; Vorbildung: Gymn. Dillenburg Reife O. 01; Studium: Leipzig 2, Tübingen 1, Berlin 1, Marburg 3 S.; Rig. 20. Dez. 04.]

Schumann, Paul, die richtige Stellg. des Kirchenvorstandes im Konsistorialbez. Wiesbaden. (VII, 51 S.) gr. 8. Herborn 908. (Buchh. des nass. Colportagevereins.) — 80

Schumann, Paul [Arzt]: Die Stenosen der Vagina ... Jena, Druck v. A. Kämpfe, 1893; 30 S., 1 Bl. 8.
Jena, Med. Fak., Inaug.-Diss. v. [28. Sept.] 1893

Schumann, Paul, die amtliche Verordnung über die französische Grammatik vom 31. VII. 1900. gr. 8. (23 S.) Dresden-Blasewitz (900). Elbgau-Buchdr. u. Verlagsanstalt. n.n. — 75

— dasselbe. 3., verm. u. verb. (verm. um den Ausschussbericht von M. P. Clairin). gr. 8. (32 S.) Ebd. (900). n. 1. —

— Verzeichniss zum Museum der italienischen Malerei in Orig.-Photographien, s.: Gutbier, A.

— Max Klingers Wandgemälde f. d. Aula der Universität Leipzig. (15 S. m. 1 farb. Taf.) 8. Leipzig 909. E. A. Seemann. 1.50

Schumann, Paul, Gerichtsrefer.: Das Wesen des Jagdpachtvertrages und sein Gegenstand, aus der rechtlichen Natur des Jagdrechts entwi[c]kelt. Greifswald 1909: Adler. 85 S. 8°
Jena, Jur. Diss. v. 15. Febr. 1909, Ref. Danz
[Geb. 5. Nov. 82 Hohenmölsen; Wohnort: Torgau; Staatsangeh.: Preußen; Vorbildung: Gymn. Zeitz Reife O. 02; Studium: Kiel 1, Leipzig 1, Göttingen 1, Halle 3 S.; Rig. 17. Nov. 08.] [U 09. 2122

Schumann, Paulus Georg Philipp (geb. Reichenbach in Schles. 27. 5. 1824): De gangliis. Berolini (1847) (13 S.) 4°
Berlin, Med. Diss. v. 21. Aug. 1847

Schumann, Ph[ilipp], Assist. an d. Techn. Hochsch. München: Beiträge zur Kenntniss der Schibutter. 1903. 35 S. 8°
München, Dr.-Ing.-Diss. v. 16. 3. 1903

SCHUMANN, Philipp (Zweibrücken): De febre puerperali. (Titel nach der Urkunde)
9.8.1833 – Urk; P 61 (= Schuhmann)
Diss.Ingolst.-Landsh.-Mchn.

Schumann, Philippus *(geb. Reichenbach in Schles. 11. 1. 1829)*:
De Remediis antitaenicis simplicibus. Reichenbachiae [1854].
(38 S.) 8°
Breslau, Med. Diss. v. [4. Nov. 1854]

Schumann, R., Sittlichkeit in der Ehe. Vortrag, geh. am 30. I. 1908 in e. Männer-Versammlg. der Vereinigg. gläub. Beamter in Barmen. (1.—5. Taus.) (22 S.) 8. Barmen (908). (Buchh. des Johanneums.) —20

Schumann (R.). Ueber die Verwendung zweier Pendel auf gemeinsamer Unterlage zur Bestimmung der Mitschwingung. (Sep.-Abdr. Zeitschr. f. Math. u. Phys., Jahrg. 44.) Leipzig (ohne Jahr). 8.

Schumann R. das Zimmer der Gegenwart. (50 T) fol Berlin (1885)

Schumann, Reinhold: Die Auffassung des Philanthropinismus von Gesellschaft und Staat. Leipzig 1905: Sturm & Koppe. (VI, 126 S.) 8°
Leipzig, Phil. Fak., Ref. Lamprecht u. Volkelt, Diss. v. 15. Febr. 1905
[Geb. 7. Sept. 77 Leipzig; Wohnort: Leipzig; Staatsangeh.: Sachsen; Vorbildung: Seminar Grimma Wahlfähigkeitsprüf. Nov. 00; Studium: Leipzig 6 S.; Rig. 29./30. Juli 04.]

Schumann, Richard, Auf zum Turnfest! Lustsp. m. turner. Aufführungen in 1 Akt, Brandis-Kämmerei, 20 S., 16°.

Schumann, Rich., die Berufsfeuerwehr. Ein Leitfaden zu ihrer Organisation und Verwaltung. gr. 8. (IV, 129 S. mit 31 erläut. Holzschn.) Bremen 878, [Kühtmann und Comp.] Fischer. *

Schumann, Rich., die Berufsfeuerwehr. Ein Leitfaden zu ihrer Organisation u. Verwaltg. Mit 31 erläut. Holzschn. 2. Ausg. gr. 8. (IV, 129 S.) Norden 885. Fischer Nachf. n. 4. —

Schumann, Rich., Darwinismus u. Kirche. Ein Wort an denkende Christen. gr. 16. (21 S.) Potsdam 874. Rentel. n. — 60

Schumann, R., Ergebnisse e. Untersuchung üb. Veränderungen v. Höhenunterschieden auf dem Telegraphenberge bei Potsdam, s.a. Veröffentlichung des königl. preuss. geodätischen Instituts. N. F. 14.

Ergebnisse einer Untersuchung über Veränderungen von Höhenunterschieden auf dem Telegraphenberge bei Potsdam von Dr. R[ichard] **Schumann**, Prof., Aachen. *Berlin: P. Stankiewicz 1904.* (42 S.) 4°
= **Veröffentlichung** d. K. Preuß. geodät. Institutes. N. F. No. 14. [04. 4075

Schumann, Richard, über den Gang der Pendeluhr F. Dencker XII. Diss. Leipzig 1888. 8°. 32 S.
Sonder-Abdruck aus: Berichte der königl. sächs. Gesellschaft der Wissenschaften, math.-naturwiss. Classe. 1888.

Schumann Richard, Dr.: Geoidabstände nach der Formel von Stokes bei schematischen Schwerebelegungen (mit 3 Taf. und 4 Textfiguren). S. 120. IIa. 1655 . . . . . .
Separatabdruck

— Über Gezeitenerscheinungen in den Schwankungen der Stationspolhöhen (mit 3 Taf. und 6 Textfiguren). D 89. 317 . . . .
Separatabdruck

Schumann, R., Manöver der Danziger Feuerwehr, s. Feuerwehr-Bibliothek.

Schumann, R., d. Neumessg. d. Grundlinien bei Strehlen, Berlin u. Bonn, s.: **Kühnen, Fr.**

— die financiellen Resultate der gegenwärtigen Feuerlöschsysteme und ihre Beziehungen zum Versicherungswesen. gr. 8. (IV, 71 S.) Berlin 869, Gebr. Borntraeger. *

— die Taktik der Berufsfeuerwehr. gr. 8. (IV, 107 S. mit 22 den Text erläut. Abbild. auf 1 Stut. in qu. Fol.) Ebendas. 868. Berlin. *

— numerische Untersuchung üb. Polhöhenschwankung u. Aberrationskonstante, s.a. Abhandlungen, astronomische.

Numerische Untersuchung über Polhöhenschwankung und **Aberrations**konstante. Von Dr. R[ichard] **Schumann**, Prof. in Aachen. Mit 2 Taf. Kiel: Astron. Nachrichten 1906. (29 S.) 4°
— **Abhandlungen**, Astronomische. No 11. [06. 7670

Schumann, R., wie können auch kleinere Communen ohne zu große Kosten sich die Vortheile einer ständigen Feuerwehr verschaffen. gr. 8. (48 S.) Berlin 867, Gebr. Bornträger. *

Schumann, Robert

Schumann's, Rob., Briefe. Neue Folge. Hrsg. v. F. Gust. Jansen. gr. 8. (X, 406 S.) Leipzig 886. Breitkopf & Härtel. n. 6. —; geb. n. 7. —

Robert **Schumanns Briefe.** Neue Folge. Hrsg. von F. Gustav Jansen. 2. verm. u. verb. Aufl. *Leipzig: Breitkopf & Härtel 1904.* (XVII, 571 S.) 8° [F.] [04. 6491

Schumann's, Rob., Briefe in Auswahl, hrsg. v. Karl Storck, s.a. **Bücher der Weisheit u. Schönheit.**

(Robert) **Schumanns** Briefe in Auswahl hrsg. von Dr. Karl Storck. 1. bis 5. Taus. (Stuttgart: Greiner & Pfeiffer [1906].) (226 S.) 8° [F.]
(Bücher d. Weisheit u. Schönheit.) [06. 11483

— Briefwechsel m. Henriette Voigt, geb. Kuntze. Mitgeteilt v. Jul. Gensel. [Erweit. Abdr. aus: „Grenzboten".] Lex.-8. (24 S.) Lpz. 892, Grunow. — 60

— Genoveva, Oper, s. Breitkopf und Härtel's Text-Bibliothek Nr. 177.

— s. Gumprecht, Otto, musikalische Lebens- und Charakterbilder.

Schumann, R. Musikalische Haus- und Lebensregeln. Hamburg und Leipzig 1850.

Schumann, R., musikalische Haus- u. Lebensregeln. [Abdr. aus des Verf. 43 Clavierstücken für die Jugend.] gr. 16. (15 S.) Hamburg 850, Schuberth & Co. n. 1/6 ℛ

Schumann, Rob., musikalische Haus- und Lebens-Regeln. — Conseils aux jeunes musiciens, traduits par Franc. Liszt. Leipzig 860. Schuberth & Co. 16. (35 S.) n. 7½ ngr.

— dass. — Advice to young musicians translated by Henry Hugo Pierson. 16. (35 S.) Ebendas. 860.

— musikalische Haus- u. Lebens-Regeln. Mit gegenüberstehenden engl. Uebersetzg. v. H. H. Pierson. 16. (35 S.) Leipzig 874. Schuberth & Co. — 75

Schumann, Rob., musikalische Haus- u. Lebens-Regeln. — Musical house- and life-maxims. Translated by Henry Hugo Pierson. New rev. ed. by K. Klauser. (Neue Aufl.) 8. (35 S. m. deutschem u. engl. Text.) Leipzig (900). J. Schuberth & Co. — 50

Musikalische Haus- und Lebens-Regeln. Verf. von Robert **Schumann**. Leipzig: C. Rühle [1907]. (2 Bl.) 8°
(Musikalische 20 Pfennig Bibliothek.) [o4. 933

— Jugendbriefe. Nach den Originalen mitgetheilt von Clara Schumann. 1. und 2. Aufl. gr. 8. (IV, 315 S.) Leipzig 885,86, Breitkopf und Härtel. *ℳ 6.—; geb. *

Schumann, Rob., Jugendbriefe. Nach d. Originalen mitgetheilt v. Clara Schumann. 3., unveränd. [Titel-] Aufl. gr. 8. (IV, 315 S.) Leipzig (886) 898. Breitkopf & Härtel. n. 6. —; geb. n. 7. —

Jugendbriefe von Robert **Schumann**. Nach d. Orig. mitgetheilt von Clara Schumann. 4., durchges. Aufl. Leipzig: Breitkopf & Härtel 1910. IV, 315 S. 8°
(Breitkopf & Härtels Musikbücher.)

— Kinderscenen. 13 Musikstücke f. das Pianoforte m. Dichtgn. v. Alb. Träger u. Bildern v. Alex. Zieck. gr. 4. (80 S. m. Holzschn. u. 6 Lichtdr.) Leipzig 886. Tibe. geb. m. Goldschn. n. 20. —

—— Klaviertonpoesie, s. Musikheroen der Neuzeit.

—— Leben, s. Erler, H.

— **Leben u. Werke**, s.: **Reimann**, H.

—— Spanisches Liederspiel, s.a. Breitkopf u. Härtel's Text-Bibliothek.

Spanisches Liederspiel. Ein Cyklus v. Gesängen aus d. Span. f. eine u. mehrere Singstimmen (Sopran, Alt, Tenor u. Bass) mit Begl. d. Pianof. von Robert **Schumann**. Op. 74. Leipzig: Breitkopf & Härtel [1892]. (7 S.) 8°
= Textbibliothek. Breitkopf & Härtel's. No 301.

Schumann, Rob.: Mailied (f. Violine u. Pianof. arrang.). Elbing: C. J. Schultz [um 1900]. (3 S.) 4°
= **Schultz**, A.: Leichte klass. u. moderne Vortragsstücke. 5. [05. 7011 10]

— **Manfred. Gesänge,** s.: Breitkopf & Härtel's Textbibliothek. Nr. 177. 65. 66. 148. 64. 142. 143.
— **dasselbe. Vollst. Text,** s.: Breitkopf & Härtel's Textbibliothek. Nr. 177. 65. 66. 148. 64. 142. 143.

Schumann, Rob., ausgef. Möbel aus meinen Werkstätten. 30 Lichtdr.-Taf. gr. Fol. Leipzig 897. K. W. Hiersemann. In Mappe n. 25. —

— Page u. Königstochter, s. Breitkopf und Härtel's Text-Bibliothek.

—— das Paradies und die Peri, s. Breitkopf und Härtel's Textbibliothek Nr. 64—66.

—— der Rose Pilgerfahrt, s. Breitkopf und Härtel's Text-Bibliothek Nr. 142 und 143.

Schumann, Rob[ert]. Requiem pour Mignon, tiré de Wilhelm Meister de [Johann Wolfgang von] Goethe pour Chœur, Soli et Orchestre. Op: 98^b Partition Chant et Piano. Paroles françaises. II + 33 p. gr.-8. Paris, (Leipzig &) Neuchâtel, Sandoz, Jobin & Cie: [Edition] № 560, 1905. [fr. 4. —]

Schumann, Rob. (I.), gesammelte Schriften über Musik und Musiker, s.a. Universal-Bibliothek Nr. 2472 und 2473.

Schumann, Rob., gesammelte Schriften über Musik und Musiker. 4 Bde. Leipzig 854. G. Wigand. 8. (XXII, 328; 286; 293; 304 S.) n. 4 ₰. 20 ngr.

—— gesammelte Schriften über Musik und Musiker. 2 Bde. 2. Aufl. 1871. *ℳ 8., und 3. Aufl. gr. 8. (XX, 336; 375 S.) Leipzig 875, G. Wigand. * geb. *

Vgl.: **Reissmann, Aug.**

Schumann, Robert, gesammelte Schriften über Musik und Musiker. 2 Bde. 3. Aufl. Neue (Titel-)Ausg. gr. 8. (XX, 336; 375 S.) Leipzig 883, Breitkopf und Härtel. * geb. *

Schumann, Rob. (I.). Gesammelte Schriften üb. Musik u. Musiker. 2 Bde. 4. Aufl., m. Nachträgen u. Erläutergn. v. F. Gust. Jansen. gr. 8. (XLVI, 346; 562 S.) Lpz. 892, Breitkopf u. Härtel. * 12 —; geb. * 15 —

Schumann, Rob.: Sicilianisch. – Volksliedchen (f. Violine u. Pianof. arrang.). Elbing: C. J. Schultz [um 1900]. (5 S.) 4°
= **Schultz**, A.: Leichte klass. u. moderne Vortragsstücke. 2. [05. 7067 10]

Schumann, Rob., Streitbefangenheit u. Rechtsnachfolge als Voraussetzung der §§ 265 u. 266 der Zivilprozessordng., s.a. Abhandlungen, zivilrechtliche u. prozessrechtliche. Heft 3.

Schuman, Rob.: Streitbefangenheit u. Rechtsnachfolge als Voraussetz. d. §§ 265 u. 266 d. Zivilprozessordnung. Strassburg 1910. 8°

—— Scenen aus Goethe's Faust, s.a. Breitkopf und Härtel Textbibliothek.

Scenen aus Goethe's Faust f. Solostimmen, Chor u. Orchester comp. von Robert **Schumann**. [Textbuch.] Königsberg [um 1895]: Hartung. (28 S.) 8° [05. 1819 10]

Szenen aus Goethes Faust von Robert **Schumann**. [Textbuch.] Berlin 1907: Horn & Raasch. (24 S.) 8° [F.] [07. 5152]

Schumann, Rob., neue Zeitschrift f. Musik, s. Zeitschrift.

Schumann, Rob. (II.), das Zimmer der Gegenwart. Eine Sammlung neuer, meist einfach ausgeführter, Möbel stilvoller Zimmereinrichtungen. 5 Lfgn. Fol. (à Lfg. 10 Taf. in Lichtdr.) [Leipzig 885—87, Hessling.] Berlin, Claesen und Comp. [à Lfg. *ℳ 8.50.] compl. in Mappe *

Schumann, Rob. (II.). Das Zimmer der Gegenwart. Eine Sammlg. neuer meist einfach ausgeführter Möbel stylvoller Zimmereinrichtgn. 2. Aufl. qu. gr. Fol. (50 Lichtdr.-Taf.) Berl. 892, Hessling u. Spielmeyer. In Mappe * 42 —

— **d. Zimmer d. Gegenwart.** E. Sammlg. neuer meist einfach ausgef. Möbel, sow. stylvoller Zimmereinrichtgn. 5 Lfgn. 3. [Titel-] Aufl. Fol. (à 10 Lichtdr.-Taf.) Berlin (892) 897. M. Spielmeyer. à Lfg. n. 8. —

Schumann, Rudolf: Die Stellung des Dualismus in der Lehre des Descartes. Dresden 1910: Heinrich. 32 S. 8°
Leipzig, Phil. Diss. v. 19. April 1910, Ref. M. Heinze, Wundt
[Geb. 29. Aug. 85 Dresden; Wohnort: Dresden; Staatsangeh.: Sachsen; Vorbildung: Kreuz-Gymn. Dresden Reife O. 05; Studium: Tübingen 1, Berlin 3, Leipzig 5 S.; Rig. 10. Dez. 09.] [U 10. 3338]

Schumano, S., de seminariis catecheticis veterum et recentiorum. Lips. 1718. 4.

Schumann, Theodor, a. Hecklingen i. Anhalt: Über Chromiaquoverbindungen. Würzburg 1908: C. J. Becker. (57 S.) 8°
Tübingen, Naturw. Fak., Ref. Wislicenus, Diss. v. 3. März 1908
[Geb. 7. Jan. 80 Hecklingen; Wohnort: Tübingen; Staatsangeh.: Preußen; Vorbildung: Gymn. Aschersleben Obersekunda, Pharmaz. Staatsprüfung; Studium: Tübingen 7 S.; Coll. 3. März 08.]

Schumann's, Valentin, Nachtbüchlein, s.a. Bibliothek d. litterar. Vereins in Stuttgart, Nr. 197.

Schumann's, Valent., Nachtbüchlein, s.a. Volksmund, der.

SCHUMANN, Valentin. Nachtbüchlein. (1559.) Herausgegeben von J. Bolte. 1893. Gr. 8°. XXIV und 439 S.

Schumann, Vict., üb. die Photographie der Lichtstrahlen kleinster Wellenlängen. 1. u. 2. Thl. [Aus: „Sitzungsber. d. k. Akad. d. Wiss.] Lex.-8. Wien 893. (F. Tempsky.) n. 3. 20
1. (61 S. m. 4 Fig.) n. 1. 20. — 2. (70 S. m. 5 Fig. u. 5 Taf.) n. 2. —.

Schumann, Vict., üb. e. neues Spiegelmetall, s.: Mach, L.

— üb. e. neues Verfahren zur Herstellung ultraviolettempfindlicher Platten. [Aus: „Sitzungsber. d. k. Akad. d. Wiss."] Lex.-8. (31 S.) Ebd. 894. n. — 60

Schumann, Victor, Ueber ein neues Verfahren zur Herstellung ultraviolett-empfindlicher Platten. Gr.-8. (31 S.) Wien: Tempsky 1894. —.30

Schumann, W., die Grundzüge d. pädagogischen Pathologie. gr. 8. (IV, 108 S.) Weimar 900. R. Wagner Sohn. n. 1. 20
Sonderabdruck aus: „Lehrerzeitung f. Thüringen".

Schumann, W., das Rechnungswesen der Gemeinden, Amtskörperschaften u. Stiftungen in Württemberg. (XI, 185 S.) gr. 8. Stuttgart 908. W. Kohlhammer. n. 3. 60; geb. n. 4. 30

Schumann, W. G. A.: Beziehungen zwischen Flächen im Zusammenhange mit dem Krümmungsschwerpunkt von Curven. Berlin 1867. 44 S. 4°
Schul-/Univ.-Schrift

Schumann, Waldemar, appr. Arzt a. Beiersdorf: Kasuistische Beiträge zur Lehre von der Hemianopsie. Leipzig 1904: Metzger & Wittig. (59 S.) 8°
Leipzig, Med. Fak., Ref. Hoffmann, Diss. v. 14. Nov. 1904
[Geb. 22. Juni 78 Beiersdorf, Lausitz; Wohnort: Leipzig; Staatsangeh.: Sachsen; Vorbildung: Nikolaigymn. Leipzig Reife O. 98; Studium: Tübingen 1, Leipzig 4, Göttingen 2, Leipzig 5 S.; Coll. 10. Dez. 04; Approb. 25. Jan. 04.]

Schumann, Walter, Referendar in Halle a. S.: Inhalt und Bedeutung des § 279 des bürgerlichen Gesetzbuches. Halle a. S. 1905: C. Colbatzky. (VI, 22 S.) 8°
Leipzig, Jur. Fak., Diss. v. 2. Febr. 1905
[Geb. 30. Apr. 76 Calbe a. S.; Wohnort: Halle a. S.; Staatsangeh.: Preußen; Vorbildung: Gymn. Helmstedt Reife M. 98; Studium: Leipzig 2, Berlin 3, Halle 2 S.; Rig. 12. Dez. 02.]

Schumann, Walt., Leitfaden zum Studium der Literatur der Vereinigten Staaten v. Amerika. (139 S. m. 1 Bildnis.) 8. Giessen (905). E. Roth. n. 2. —; geb. n. 3. —

Schumann, Wilhelm (Hrsg.), s. Almanach der vereinigten Theater Kiel.

Schumann, Wilhelm [aus Königswusterhausen]: Über die Behandlungsweisen complicierter (offener) Frakturen und ihre Resultate .... Berlin, Buchdr. v. Gustav Schade (Otto Francke) (1887): 34 S. + 1 Bl. 8°.
Berlin, Med. Fak., Inaug.-Diss. v. 23. Jul 1887.

Schumann, Wilhelm, über die Behandlungsweisen complicierter (offener) Frakturen und ihre Resultate. Diss. Berlin 1887, Mayer & Müller. 8°. 34 S.

Schumann, *Wilhelm* Die Entwicklung der Lehre von der Isomerie im Licht der chemischen Theorien. 8 (20 S.).
In: Festschrift z. Erinnerung an d. 50j. Jubil. Rg. *Nordhausen* 1885. Nicht im Tauschverkehr.
Progr.

Schumann, Wilhelm, Arzt, Berlin: Zehn Fälle von Tetanus traumaticus aus der Chirurgischen Klinik in Freiburg i. B. *Weimar: R. Wagner Sohn 1903.* (30 S.) 8°
Freiburg i. B., Med. Diss. v. 1903

Schumann, *Wilhelm* [Dr.]: Der Fortschritt in der Naturerkenntnis. Nordhausen, Druck v. C. Kirchner's Buchdr., 1895 [!]; 1—18 S. 4.
Nordhausen, k. RG, OP 1896 (272)

Schumann, W., d. Gleichlaut im Französischen. (102 S.) gr. 8. Marburg 909. N. G. Elwert's Verl. 2. —

Die Homonyma der englischen Sprache, systemat. geordnet u. durch Rätsel, Anekdoten u. Zitate illustr. von Prof. Dr. W[ilhelm] **Schumann**, Oberl. zu Marburg. Marburg: N. G. Elwert 1906. (68 S.) 8° I.6. 10978

[F.] **Schumann**, Wilh*elm* [Dr.]: Sammlung von Beispielen für den propädeutischen Unterricht in der französischen Aussprache. Saarbrücken, Druck v. Gebr. Hofer, 1894; 27 S. 8.
Saarbrücken, k. G u. VS, P 1894 (458)

Schumann, Wilhelm: Petrographische Studien an vulkanischen Gesteinen Japans. Halle a S. 1883: Gebauer-Schwetschke. 62 S. 8°
Halle-Wittenberg, Phil. Diss. v. [13. Okt.] 1883
Geb. Heteborn (Kr. Oschersleben) 10. 2. 1857. V.
Im Buchhandel Halle: Tausch & Grosse 1883. Ersch. u. d. T.: Ueber einige vulkanische Gesteine Japans. In: Zeitschrift f. Naturwissenschaften. Bd 56. Halle a. S. 1883. S. 319—380.

Schumann, Wilh., petrographische Studien an vulkanischen Gesteinen Japans. gr. 8. (62 S.) Halle 883. (Tausch & Grosse.) n. 1. —

Schumann, Wilhelm, Prof. Dr.: Friedrich Traug. Kützing. Ein Gedenkblatt z. 100. Wiederkehr seines Geburtstages (8. Dez. 1807). Nordhausen 1907: Paalzow, Witt & Co. (33 S.) 4°
Nordhausen, k. RG OP 1907 (320)

Schumann, *Wilhelm* Uebersicht über die französische Formenlehre. 4 (20 S.). **Progr.** Prg *Trarbach* 1888 (131)

Schumann, Wilhelm: Der Unterricht in der französischen Grammatik nach Dr. G. Ploetz, Elementarbuch E. Marburg 1908. Friedrich. S. 3—28. 4°
Marburg a. L., k. G Philippinum P 1908 (520)

Schumann, W., Vokalismus u. Konsonantismus d. Cambridger Psalter, s. a. Studien, französische.

Schumann, Wilhelm (geb. am 30 Mai 1858 in Ruhrort): Vokalismus und Consonantismus des Cambridger Psalters mit einem Anhang Nachträge zur Flexionslehre desselben Denkmals enthaltend ... Altenburg, Pierer'sche Hofbuchdr. 1883. 16 S., 1 Bl. 8. ¶ Sonderabdr. d. Anfangs einer gleichbetitelten Abh., die vollständig als 4 Heft d. IV Bdes der Franz. Studien erschien
Bonn, Phil. Fak., Diss. v. 3 Febr. 1883

Vokalismus und Konsonantismus des Cambridger Psalters. Mit e. Anh. Nachträge z. Flexionslehre desselben Denkmals von Wilhelm **Schumann**. Heilbronn: Gebr Henninger 1883. (69 S.) 8°
— **Studien**, Französische. Bd 4, H. 4. I.6. 6047

Schumann, Wilh. Ludw. De Marcellini quae dicitur vita thucydidia. 25 S. **Progr.** *Colmar* 1879.

Schumann, Wilhelm Otto, bacc. iur., Referendar in Dresden: Die Haftung des Gastwirts nach dem Rechte des Bürgerlichen Gesetzbuchs. Leipzig: O. Wigand 1907. (108 S.) 8°
Leipzig, Jur. Fak., Diss. v. 27. Juni 1907
[Geb. 10. Juli 79 Döbeln; Wohnort: Dresden; Staatsangeh.: Sachsen; Vorbildung: Realgymn. Döbeln Reife O. 99; Vitzthumsches Gymn. Dresden Ergänzungsprüfung O. 00; Studium: Leipzig 2, Tübingen 1, Berlin 1, Leipzig 4 S.; Rig. 13. Febr. 04.]

Schumann, Wilhelm Paul [aus Greifenhain]: Darstellung und Kritik des Unendlichkeitsbegriffes bei Locke ... Leipzig-R., Druck v. O. Schmidt, 1897; 61 S., 1 Bl. 8.
Leipzig, Phil. Fak., Inaug.-Diss. v. [12. Apr.] 1897

Schumann, William: Die Kinder der Excellenz, s. Wolzogen, Ernst v.

Schumann, Willy, Referendar: Die Rechtsnatur der Gesellschaft mit beschränkter Haftung und die aus ihr folgenden Haftungsgrundsätze für die Handlungen der Geschäftsführer nach Zivilrecht. Borna-Leipzig 1910: Noske. VIII, 56 S. 8°
Leipzig, Jur. Diss. v. 25. Juli 1910
[Geb. 4. März 84 Chemnitz i. S.; Wohnort: Chemnitz; Staatsangeh.: Sachsen; Vorbildung: Gymn. Chemnitz Reife O. 03; Studium: Lausanne 1, Berlin 2, Leipzig 5 S.; Rig. 7. Febr. 07.] [U 10. 2885

Schumann, Wolfg., Wolf Castells Gast. Novelle. (219 S.) kl. 8. München 909. G. D. W. Callwey. 3.—; geb. 4.50

Schumann, Wolfgang (Hrsg.), s. Kunstwart, Der.

Schumann-Arendt, Osk., das Rätsel e. Nacht, s.: Sammlung, bunte, interessanter Erzählungen.

-- Wir vom dritten Geschlecht. Lebensbeichte e. Entarteten. Nach den Aufzeichngn. e. Selbstmörders hrsg. Mit e. Anh.: Die neuesten Rätsel der psychopath. Anomalien. (Umschlag: 2. Taus.) (80 S.) 8. Leipzig (907). R. Sattler. 1.—

Schumann-Arndt, Osk., die rote Pepi, s.: Weber's mod. Bibliothek.

Schumann-Leclercq, Frdr., éléments de lecture, de grammaire et de conversation. Grundzüge eines praktischen Lehrganges für die französ. Aussprache, die Grammatik u. die Umgangssprache, nach den neuesten Hilfsquellen bearb. 1. Thl. 3. Aufl. gr. 8. (VI u. 170 S.) Dresden 851, Höckner. n. 1/2 ₰

Schumann-Loecknitz, Hugo, vorgeschichtliche Beziehungen der Uckermark während der Stein- u. Bronzezeit, s.: Arbeiten d. uckermärk. Museums- u. Geschichts-Vereins. 3.

Schumann von Mannsegg, Ignaz

Schumann v. Mannsegg, (J.) Auswahl einiger Predigten, gehalten in der k. k. Hofkapelle. gr. 8. Wien 822, Wimmer.

Schumann v. Mannsegg, Ign., Geschichte d. Lebens weil. d. rc. Hrn. Augustin Gruber, Erzbischofs von Salzburg, d. österreich. Kaiserr. Fürsten rc. rc., mit besond. Rücksicht auf das Erzbisthum Salzburg. 8. (14 B. u. Bildn.) Salzburg 836, Mayr'sche Bh.

Schumann von Mannsegg, Ignaz, Juvavia. Eine archäologisch-histor. Darstellung der Merkwürdigkeiten der an dem Platze des jetzigen Salzburg einst bestandenen Celten-, Römer- u. röm. Colonialstadt. gr. 8. (19 B. u. 4 Stnt.) Salzburg 842, Duyle'sche Buchh. *

Schumann v. Mannsegg, Ign., Predigt bey e. Primiz-Feyer in d. Pfarrkirche zum heil. Nikolaus zu Laufen im Salzburger-Kreise, gehalt. am 17. Aug. 1831. gr. 8. (1 B.) Salzburg, Mayr.

Schumann, J. v. Mannsegg, über die Verfolgungen der ersten christl. Kirche. gr. 8. Leipzig, Barth. 821. (Herold)

— üb. die Verfolgungen d. ersten christl. Kirche. gr. 8. Wien 821. (Landsh., Krüll.)

SCHÜMANN, C. Untersuchungen über Phenole und Pseudophenole. Heidelberg, 1901.

. Schumann, [Eggert] (Stadttechniker) Baubeschreibung des Erweiterungsbaues. (Umschlagtitel: . . . neuen Schulhauses.) 1 Bl., 7 Taf. 4.
Progr. Stadt. Reform-Realgymn. i. E. u. Realschule *Itzehoe* 1906 (360).

Baubeschreibung des neuen Schulhauses (des Städtischen Reform-Realgymnasiums i. E. und der Realschule zu Itzehoe) v. dem Stadttechniker **Schümann.** Itzehoe. 1906. 4°

Schumann, Egon: Lichtbilder von der Königlichen Versuchsanstalt für Wasserbau und Schiffbau zu Berlin. Als Ms. gedr. Berlin 1904

Schümann, Ernst, appr. Arzt a. Leipzig: Aus d. chirurg. Universitätspoliklinik zu Leipzig. Ueber einen Fall von Odontom am Unterkiefer nebst einer Uebersicht über die vom Zahnsystem ausgehenden Kiefergeschwülste. Leipzig 1905: B. Georgi. (61 S.) 8°
Leipzig, Med. Fak., Ref. Trendelenburg, Diss. v. 16. März 1905
[Geb. 28. Jan. 80 Leipzig; Wohnort: Leipzig; Staatsangeh.: Sachsen; Vorbildung: Thomasgymn. Leipzig Reife O. 99; Studium: Genf 1, Leipzig 5, Berlin 1, Leipzig 2 S.; Coll. 31. März 05; Approb. 26. März 04.]

Schümann, J. See und Seefahrt, nebst dem metaphorischen Gebrauch dieser Begriffe, in Shakespeare's Dramen. I. Abtheilung. Leipzig, Thomasschule, 1876. 40 S. 4.
Progr.

Schuemann, J., Ueber den Spondeus vor der bukolischen Literatur bei Theokrit. Gel. 1868. 8 S. 4°. —.60

Schümann, Johannes

Schümann, Johs., Johann Sebastian Bach, der Cantor der Thomasschule zu Leipzig, s. Philologos Germaniae Lipsiae congregatos salutant scholae Thomanae magistri.

Schümann, Johannes. Johann Sebastian Bach, der Cantor der Thomasschule zu Leipzig. (Festschrift zum Leipziger Philologencongress. Mai 1872.) Leipzig 1872.

Schümann, L., Uebersichtskarte vom Rosenthal und Stadtforst mit Benutzung der städtischen Flur- und Fluss-Regulirungskarten. Lithogr. von B. Scheithauer. 1 : 14,000. Lithogr. qu. Fol. Leipzig 876, Götze.

Schümann, Max, aus Hamburg: Zur Kenntnis des Diazotierungs-Processes und der Verbindungen $R.N_2OH$. *Würzburg 1899: A. Boegler.* (45 S.) 8°
Würzburg, Phil. Diss. v. 1899

Schümberg, Chr. Gtlf., († d. 12. Febr. 1808.) das zur Zeit des Regierungsantritts — Friedrich Augusts III. — lebende Markgrafth. Oberlausitz. Mit 3 Nachtr. 8. Bauts. 769—73.

Schümberg, Gottlob Heinrich (Bautzen) A. S. 576/29
Specimen iuris controversi de iure expellendi gentis liberae. Präs. Christian Heinrich Breuning.
Leipzig (Langenheim) 24. III. 1764. 8 S. 31661

Schumberg, Heinrich Adolph [Wirkl. Name], s. Belmont [Pseud.]

s. v. Orloff, das Königr. Neapel.

Schumburg, Aug., in neuen Formen. Gedichte. Stockholm 865. (Maass.) 16. (221 S.) 20 ngr.; geb. mit Goldschn. 1 ₰

Schumburg, Robert: Schienenprofile der schwedischen Eisenbahnen. Stockholm 1885

Schumburg, Wilhelm

Schumburg, W., Beiträge zur Frage der Trinkwasserversorgung, s.: Plagge.

Schumburg: Bericht, Vorläufiger ..., s. Zuntz, N.

Schumburg: Die Choleraerkrankungen in der Armee 1892–1893 u. die gegen die Ausbreitung u. zur Verhütung der Cholera in der Armee getroffenen Massnahmen, s.a. Veröffentlichung aus dem Gebiete des Militär-Sanitätswesens.

Schumburg: Die Choleraerkrankungen in der Armee 1892–1893 und die gegen die Ausbreitung und zur Verhütung der Cholera in der Armee getroffenen Massnahmen. Mit 2 Abb. im Text u. 1 Kt. Berlin 1894. 54 S.
(Veröffentlichungen aus d. Gebiete d. Militär-Sanitätswesens. H. 8.)

Schumburg, (Wilh.), die Geschlechtskrankheiten, s.a. Aus Natur u. Geisteswelt.

Die Geschlechtskrankheiten, ihr Wesen, ihre Verbreitung, Bekämpfung u. Verhütung. Für d. Gebildeten aller Stände bearb. von Gen. Oberarzt Prof. Dr. [Wilhelm] **Schumburg.** Mit 4 Fig. u. 1. Taf. Leipzig: Teubner 1909. VI, 102 S. 8°
(Aus Natur u. Geisteswelt. Bdch. 251.)

Schumburg. Hygienische Grundsätze beim Hospitalbau u. die Berücksichtigung derselben in englischen Krankenhäusern. gr. 8. (90 S.) Berl. 892, A. Hirschwald. * 2 —
Aus: Vierteljahrsschr. f. gerichtl. Medicin, besonders abgedruckt.

— Hygiene des Marsches u. der Truppenunterkunft, s.a. Vorträge über Kriegswissenschaft. 3.

Schumburg: Hygiene des Marsches und der Truppenunterkunft. Jena 1902. 26 S. (Vorträge über ärztl. Kriegswissenschaft. 3.)

— Studien zu e. Physiologie des Marsches, s: Zuntz.

Schumburg, Wilh., die Tuberkulose, s.a. Aus Natur u. Geisteswelt.

Schumburg W, die Tuberkulose. (139 S) (Aus Nat. u Geisteswelt 47) Leipzig 1903

Schumburg, Wilh. (August Ernst Friedr.) (geb. Braunschweig 26. 6. 1860): Ueber das Vorkommen des Labfennents im Magen des Menschen. Berlin (1884). (37 S.) 8°
Berlin, Med. Diss. v. 8. März 1884

Schumeister, J., Bestimmung magnetischer u. diamagnetischer Constanten von Flüssigkeiten und Gasen in absolutem Masse. (Sitzb. d. k. Akad. Wissensch. 83 Band. 1831. Jänner.) gr. 8. (18 S.) geh. In Comm. 20 kr. Wien: Carl Gerold's Sohn 1881.

Schumi, Franz. Die Anfangslehre der Christlichen Theosophie. Ein Büchlein zur Belehrung der nach geistigem Urlicht des Glaubens und Lebens strebenden Menschen; sowie ein Hilfsmittel für alle diejenigen, welche auf dem geistigen Felde Andere ... belehren und bekehren wollen.... Von F' Sch'. 3. vermehrte Aufl. [Mit Vignette.] 32 S. 8. Zürich, Franz Schumi; Comm. Cécil Bägel, Altona ⟨Elbe⟩; Druck Otto Buchholz, Hamburg, 1904. M. —.25
Mit Beilage: (Sch[umi], F[ranz].) Gottesmedien und das innere Wort.... 16 S. (Zürich ... [1904].)
Christlich-theosophische Schrift № 70.

Schumi, Franz. Christus und die Bibel (*Heft 1:* oder Beweise, dass es nie einen anderen Gott gab als Jesus Christus). 2 Hefte. 314 S. 8. Zürich, Franz Schumi; Comm. Cécil Bägel, Altona ⟨Elbe⟩; Druck Otto Buchholz, Hamburg, 1904—1905. [M. 2.50, zus.-geb. 3.20]
Heft (*Rücken:* Hälfte) 1. ([Neb-t] Briefwechsel Jesu mit dem König Abgarus zu Edessa.) 245 S. 1904. (M. 2.—)
Heft 2 = Teil 2: Jesus Christus nach Seiner irdischen Herkunft. Und Sein göttliches Wort: Die heilige Schrift. S. 247—314. 1905. [M. —.50]
Christlich-theosophische Schrift No. 71.

Bibliograph. Bulletin 1906.

Schumi, Frz., Christus u. die Bibel. II. Tl.: Jesus Christus nach Seiner ird. Herkunft. Und Sein göttl. Wort: Die hl. Schrift. (Christl.-theosoph. Schrift Nr. 71.) 2. Heft. (S. 247—314.) 8. Zürich 905. (Altona, C. Bägel.) —50

Schumi, Franz. Christus und die Kirche. Petristuhl; Messe; Wasser- und Geistestaufe; Beichte; Firmung; Ablässe; Fasten und Beten; Die wahre Kirche Christi und die Ceremonien; Das Leben der Priester. Offenbarungen Jesu durch F' Sch'. Band 1. Heft 1—6. II + IV + 400 S. 8. Zürich, Franz Schumi; Comm. Cécil Bägel, Altona ⟨Elbe⟩; Druck Otto Buchholz, Hamburg, 1904–5. [M. 3.70, zus.-geb. 4.20]
Band 1. Heft 1: Die wissenschaftlich endgiltig gelöste dunkle Geschichte über die fragliche Herkunft des Petri-Stuhles in Rom. [Von F' Sch'.] II + 40 S. Zürich ... 1904. [M. —.50]
Band 1. Heft 2: Die Gottfabrikation in der Messe; und die kirchliche Kommunion. Eine unchristliche Menschensatzung. Off' durch F' Sch'. II S. + S. 41—101. Zürich ... 1905. [M. —.60]
Band 1. Heft 3: Die grossen Widersprüche zwischen der priesterlichen Wasser- und der Christus-Taufe. Und die Aufklärung, wie es mit der Pflege und Schule der klein verstorbenen Kinder im Geisterreich beschaffen sei. Off' J' durch F' Sch'. S. 103—206. Zürich ... 1905. [M. —.80]
Band 1. Heft 4: Die Beichte; Firmung; Ablässe; Fasten und Beten. Göttliche Off', hrg. von F' Sch'. S. 207—257. Zürich ... 1905. [M. —.50]
Band 1. Heft 5: Die wahre Kirche Christi und die Ceremonien.... Off' Gottes durch F' Sch'. S. 259—305. Zürich ... 1905. [M. —.50]
Band 1. Heft 6: Das Leben der Priester, und die um ihr Seelenheil betrogenen Gläubigen. Off' Jesu durch F' Sch'. S. 307—400. Zürich ... 1905. [M. —.80]
Christlich-theosophische Schrift Nr. 58.

Schumi, Franz. Donnerworte Gottes über die heutigen Priester. Das christliche Heidentum und seine falschen Christuse, falschen Propheten und Antichristen. Ewige Wahrheit über die Bibelausdeutung durch F' Sch'. 16 S. 8. Zürich, Franz Schumi; Comm. Cécil Bägel, Altona ⟨Elbe⟩; Druck Otto Buchholz, Hamburg, 1905. M. —.15
Christlich theosophische Schrift Nr. 54.

Schumi, Franz. Die Heilige Dreieinigkeit. Empfangen vom Herrn vom 12. bis 22. Februar 1901 und hrg. von F' Sch'. Teil 1. 2. vermehrte Aufl. 125 S. 8. Zürich, Franz Schumi; Comm. Cécil Bägel, Altona ⟨Elbe⟩; Druck Otto Buchholz, Hamburg, 1905. ([M. 1.20,] geb. M. 1.50)
Christlich–theosophische Schrift Nr. 37.

Schumi, Frz., die Führung Dr. Martin Luthers u. Immanuel Swedenborgs im Jenseits durch Vater Jesus 1546 u. 1772. Mit Anh.: Die Rechtfertigg. vor Gott. (Christlich-theosoph. Schriften. Nr. 64.) (248 S.) gr. 8. Bitterfeld 903. (Altona, C. Bägel.) Kart. n. 2.65; erh. Pr. 3.40

Schumi, Franz. Die Führung Dr. Martin Luthers und Immanuel Swedenborgs im Jenseits durch Vater Jesus 1546 und 1772. Mit Anhang: Die Rechtfertigung vor Gott. Hrg. von F' Sch', [von Laibach, in] Graz. [Mit illustriertem Umschlag.] 248 S. 8. Selbstverlag des Herausgebers; Bitterfeld, Druck F. E. Baumann, 1903. [M. 2.90, geb. 3.40]
Christlich-theosophische Schriften № 64.

Schumi, Franz. Christlich-Theosophisches Gebetbuch als Wegweiser zur Wiedergeburt des Geistes. Empfangen vom Herrn und hrg. von F' Sch' [in Zürich]. Lebensquellen aus der Liebe des ewigen Vaters für Seine Kinder, welche sich bemühen, Seine Gebote zu erfüllen, um einst bei Ihm zu wohnen. 3., stark vermehrte Aufl. [Mit Vignetten.] 287 + IV + *Schriften-Verzeichnis* 16 S. 8. Verlag des Herausgebers; Comm. Cécil Bägel, Altona ⟨Elbe⟩; Druck Otto Buchholz, Hamburg, 1904. (M. 2.—,) [geb.] M. 2.50
Christlich-theosophische Schrift No. 72.
2. Aufl. Bitterfeld 1902.

Schumi, Franz. Gott. Beweise Seiner Existenz in der Natur, im Menschen und in der ganzen Schöpfung. Empfangen vom Herrn und hrg. von F' Sch'. Heft 1. [Mit Vignette.] 30 S. 8. Zürich, Franz Schumi; Comm. Cécil Bägel, Altona ⟨Elbe⟩; Druck Otto Buchholz, Hamburg, 1906. (M. —.25)
Christlich-theosophische Schrift Nr. 52.

(Sch[umi], F[ranz].) [1.] Gottesmedien und das innere Wort (—[2.] Wiederkunft Christi. Aufklärung[en] des Vaters Jesus durch F. Sch.; 1901 ..., Graz, und 1904, 1. Juni, Zürich. — [3.] Die Wahrheit des göttlichen Wortes. [Aufklärung] ... durch M H ; 1899 ..., Graz). 16 S. 8. (Zürich, Verlag von Franz Schumi; Druck Otto Buchholz, Hamburg, [1904].) [M. —.10]
Auch als Beilage in: Schumi, Franz. Die Anfangslehre der Christlichen Theosophie. 3. ... Aufl., *und in:* Schumi, Franz. Zehn Religiöse Widersprüche.

Schumi, Franz. Jesus Christus und das Vaterunsergebet. Prophetisch vom Herrn Jesus Selbst empfangen durch F' Sch'. [Mit Vignette.] 33 S. 8. Zürich, Franz Schumi; Comm. Cécil Bägel, Altona ⟨Elbe⟩; Druck Otto Buchholz, Hamburg, 1905. M. —. 30
Christlich-theosophische Schrift Nr. 77.

Schumi, Franz. Kundgaben unseres Vaters Jesus. Für öffentliche Vorlesungen und zum Selbstunterricht. Empfangen ... und hrg. von F' Sch' in Graz. 8. Selbstverlag; Druck F. E. Baumann, Bitterfeld, 1902.
[Band 1.] Heft 1. Empf' vom 28. Mai bis 10. Juni 1902.... II + 84 S. (M. —. 70)
Band 1. Heft 2. Empf' vom 31. Mai bis 22. Juli 1902.... II S. + S. 85—179. (M. —.70)
[Christlich-theosophische Schrift Nr. 80.]

Schumi, Franz. Die hochgeistige Religion der Bibel. Als das geistige Licht der Liebe Gottes für alle diejenigen, welche einen festen Willen haben in den Himmel zu kommen. Hrg. von F' Sch' [in Zürich. Mit 1 Vignette und 1 Tafel]. 34 S. 8. Altona ⟨Elbe⟩, Comm. Cécil Bägel; Druck Otto Buchholz, Hamburg, 1907. (M. —.35)
Ch[ristlich-] t[heosophische] S[chrift] No. 21 C.

Schumi, Franz. Die Seele. Beweise ihres Vorhandenseins und ihres Fortlebens nach dem Tode. Vaters- und andere Quellen. Hrg. von F' Sch'. Heft 1. [Mit Vignette.] 34 S. 8. Zürich, Franz Schumi; Comm. Cécil Bägel, Altona ⟨Elbe⟩; Druck Otto Buchholz, Hamburg, 1906. (M. —. 25)
Christlich-theosophische Schrift Nr. 55.

Schumi, Franz. Die Seele. Beweise ihres Vorhandenseins aus dem Leben der bösen Geister, «aus der Hölle», die in verschiedenen Kreisen unter den lebenden Menschen ... sich manifestiren. Vaters- und andere Quellen. Hrg. von F' Sch'. Heft 2. [Mit Vignette.] S. 35—58. 8. Zürich, Franz Schumi; Comm. Cécil Bägel, Altona ⟨Elbe⟩; Druck Otto Buchholz, Hamburg, 1906. (M. —. 25)
Christlich-theosophische Schrift Nr. 55.

Schumi, Franz. Spiritismus in der Bibel und Kirche. Grosse geistige Aufklärungen für jeden Christen und Spiritisten über die Religion. Empfangen vom Herrn und hrg. von F' Sch' [in Zürich. Mit Vignette]. 102 S. 8. Altona ⟨Elbe⟩, Comm. Cécil Bägel; Druck Otto Buchholz, Hamburg, 1907. (M. 1.—)
Christlich-theosophische Schrift Nr. 21 B.

Schumi, Franz. Die christliche Theosophie, oder Christuslehre in göttlicher Beleuchtung der Wahrheit. Empfangen vom Herrn und hrg. von F' Sch'. 728 S. 8. Zürich, Franz Schumi; Comm. Cécil Bägel, Altona ⟨Elbe⟩; Druck Otto Buchholz, Hamburg, 1905. [M. 6. —, geb. 7.—]
Christlich-theosophische Schrift [Nr.] 73.

Schumi, Franz. [1.] Triumph der Zeugung. Anleitung, wie man Mädchen oder Knaben, und wie gesunde, gescheidte und schöne Kinder zeugen kann -- Das Mittel zur schmerzlosen Entbindung - Die Mutter als der beste Arzt in der Familie – Mittel, wie man Kinder erzieht, dass sie folgen und gut lernen, und vieles andere mehr. (2.) Kennst du deinen Heiland Jesus, Wer Er ist? (3.) Wie lehrte Jesus Selber die Rechtfertigung vor Gott? Hrg. von F' Sch' [in Zürich. Mit Vignette]. 217 + *Bücherverzeichnis* 4 S. 8. Altona ⟨Elbe⟩, Comm. Cécil Bägel; Druck Otto Buchholz, Hamburg, 1907. (M. 2.—)
Ch[ristlich-] t[heosophische] S[chrift] No. 78.

Schumi, Franz. Das jüdische Volk zur Zeit Jesu Christi. Erläutert durch K L . Hrg. von F' Sch'. [Mit Vignette.] 28 S. 8. Zürich, Franz Schumi; Comm. Cécil Bägel, Altona ⟨Elbe⟩; Druck Otto Buchholz, Hamburg, 1906. (M. —. 20)
Christlich-theosophische Schrift Nr. 56.

Schumi, Franz. Wahrheit und Irrung. Religiöse Betrachtungen für die Gläubigen der swedenborgischen Kirche. Empfangen vom Herrn und hrg. von F' Sch'. 40 S. 8. Zürich, Franz Schumi; Druck H. Grapentien, Zürich V, 1906.
Christlich-theosophische Schrift Nr. 57.

Schumi, Franz. Wer ist ein Diener Gottes? Die Beleuchtung dieser Frage aus der heiligen Schrift. Empfangen vom Herrn und hrg. von F' Sch'. 12 S. 8. Zürich, Franz Schumi; Comm. Cécil Bägel, Altona ⟨Elbe⟩; Druck Otto Buchholz, Hamburg, 1905. [M. —. 10]
Christlich-theosophische Schrift N° 53.

Schumi, Franz. Zehn Religiöse Widersprüche. Beleuchtet auf Grund der heiligen Schrift. [1.] Die Erbsünde; ... 10. Die Entrückung der Christi Gläubigen bei der Wiederkunft Christi. Empfangen vom Herrn und hrg. von F' Sch'. [Mit Vignette.] 32 S. 8. Altona, Comm. C. Bägel; Druck Otto Buchholz, Hamburg, 1904. M. —. 25

Mit Beilage: (Sch[umi], F[ranz].) Gottesmedien und das innere Wort.... 16 S. (Zürich ... [1904].)
Christlich-theosophische Schrift Nr. 76.

Schumm, Ant., Geschichte der Stadt Bischofsheim vor der Rhön, seinen Landsleuten u. allen Freunden der Rhön erzählt. [Mit e. Abhandlg. im 16. Kapitel üb. das Kloster der hl. Lioba zu Bischofsheim. v. Frdr. Stein.] gr. 8. (122 S.) Würzburg 875. Goldstein in Comm. n. 1. 20

Schumm, Ant., Frankreichs Culturrückschritt durch die Revolution, s. Broschüren, Frankfurter zeitgemäße.

Schumm, Ant., d. Ortsnamen v. Kissingen u. Umgebung. 8. (16 S.) Bad Kissingen 898. F. Weinberger. n. — 50

Schumm, Ant., unterfränkisches Orts-Namen-Buch. 2. Aufl. 12. (109 S.) Würzburg 901. Goebel & Scherer. n. 1.—

Schumm, Ant., Frankreichs letzter Ritter, s.a. Broschüren, Frankfurter zeitgemäße. XXII, 9.

Frankreichs letzter Ritter [Jacques Antoine Marie de Cazalès]. Ein Lebensbild von Anton Schumm, Dekan. *Hamm i. W.: Breer & Thiemann 1903.* (26 S.) 8° [F.]
— Broschüren, Frankfurter zeitgemässe. N. F. Bd 22, H. 9.

Schumm, Ant., Maximilian Robespierre. Ein geschichtl. Bildniß aus der Revolutionszeit. gr. 8. (XIII, 318 S.) Freiburg i/Br. 885. Herder. n. 2 —; Einbd. n.n. — 40

Schumm, C.: Die Amortisation verlorener, oder sonst abhanden gekommener Schuldurkunden, nach gemeiner deutscher Praxis, mit Berücks. deutscher Particulargesetze, . . . theoretisch und practisch erörtert. Heidelberg 1830.

— [Desgl.]
(Archiv f. d. civilist. Praxis. Bd 13, Beih.)

Schumm, C., die Amortisation verlorener, od. sonst abhanden gekomm. Schuldurkunden, nach gemein. deutscher Praxis, mit Berücksichtig. deutscher Particulargesetze, besond. in Betreff der auf den Inhaber (au porteur) gestellt. Staats- u. öffentl. Credit-Papiere, theoret. u. pract. erörtert. gr. 8. (15 B.) Heidelberg 830, Mohr.

Schumm, C. Das Polizeistrafrecht des Kgrs. Württemberg. Stuttgart: Selbstverlag 1841

Schumm, C. Das Württemb. Strafrecht und Strafverfahren in Polizei-Sachen. 2 Bde. Reutlingen. Kalbfell 1847. 46

Schumm, Frz. M., s. Verführerin, die, 2c.

Schumm, Johann Christoph (Ansbach) Altd. Thl. 17/65

Quaestiones ex antithetica theologia de resurrectione mortuorum. Präs. Johann Balthasar Bernhold. Altdorf (Meyer) 24. IX. 1732. S. 123-126. 31911

Schumm, Johann David (Arnstadt) A. S. 569/11a

Dissertatio inauguralis iuridica de remedio spolii. Präs. Hieronymus Friedrich Schorch. Erfurt (Nonne) 12. X. 1772. 20 S. 31912

Schumm, Konrad: Die Bedeutung des Pathetischen in der griechischen Plastik und bei den griechischen Tragikern. Hof, Druck d. Mintzel'schen Buchdr., 1894; 23 S. 8.
Hof, k. humanist. G, P 1894*

Schumm, Max, Führer durch d. Friedhof in Ohlsdorf, s.: Benrath.

Schumm, Max, die schöne Helena, s.: Fastnachts-Bühne.

Schumm, Max, Kinderstreiche der Berliner Range, s. A. Bloch's, Ludw., Kinder-Theater. N. 94.

Kinderstreiche der Berliner Range. Burleske in 1 Akt von Max Schumm. *Berlin: E. Bloch [1903].* (19 S.) 8° [F.]
— Kinder-Theater, Ludwig Blochs. No 94. [03. 1985]

Schumm, Max, Lehrbuch der Graphologie, } s.: Miniatur-Bibliothek.

Schumm, M., Agamemnon's Liebesnot, } s.: Fastnachts-Bühne.

— Mnemonik, s. Miniatur-Bibliothek.

— der Parlaments-, Geschäfts- u. Telephon-Stenograph, s.: Beruf, mein künftiger.

— Persephone. Schauspiel in 4 Akten. 8. (72 S.) Naumburg 901. A. Schirmer, Verlag. n. 1.—

— Polykrates, s. Fastnachtsbühne.

— die vereinfachte deutsche Stenographie (System Stolze-Schrey). Vollständige Darstellung des aus den Einigungsverhandlgn. der Schulen Stolze, Schrey u. Velten hervorgegangenen Kurzschriftsystems. 12. (24 S.) Berlin 899. E. S. Mittler & Sohn. —10

Schumm, Osc., die drei Haulemännchen, s. a. Weihnachts-Aufführungen. Nr. 12.

Die drei Haulemännchen. Weihnachtsmärchen mit Gesang in 3 Aufz. von Oscar Schumm. *Berlin: E. Bloch [1903].* (48 S.) 8° [F.]
— Weihnachts- [u. Neujahrs-] Aufführungen. No 12. [04. 13385]

Frau Holle. Ein Weihnachtsmärchen in 3 Aufz., mit Zugrundelegung d. gleichnam. Grimmschen Märchens dramat. bearb. von Oscar **Schumm**. Textbuch. Eisenach: A. Laue 1899. (30 S.) 8° [F.] [.6. 11736]

Schumm, Osc., Frau Holle. Ein Märchen f. die Jugend, nach dem gleichnam. Märchen der Gebrüder Grimm deklamatorisch bearb. Ausg. der vollständ. Texte, Dialoge u. der Gesänge. gr. 8. (36 S.) Hildburghausen (900). F. W. Gadow & Sohn. n. —40; Textbuch. (20 S.) n. —20

— Rübezahl u. der Holzhauer. Ein Weihnachtsmärchen m. Gesang in 3 Aufzügen. (31 S.) gr. 8. Eisenach (905). H. Kahle. n.n. —50

Schumm, Osc., e. Sommerreise nach Palästina. I. 8. (103 S.) Eisenach 896. Hofbuchdruckerei Eisenach, H. Kahle. n.n. —75

Der Waldnymphe Zauberblume. Großes dramat. Märchen mit Musik in 3 Aufz. nebst e. Vorspiele von Oscar **Schumm**. Leipzig: H. Springer [1901] (48 S.) 8° [06. 11738]

Ein seltsames Weihnachtsfest. Kleines dramat. Märlein mit Gesang in 2 Aufz. von Oscar **Schumm**. (Des 'Waldgeheimnis' 1. T. 'Die Verzauberung'.) Eisenach: (Selbstverl.) 1899. (22 S.) 8°

Schumm, Otto

— u. C. **Hegler**, über die Brauchbarkeit der sogenannten Pankreasreaktion nach Cammidge (unter Mitarbeit v. Frau L. Meyer-Wedell), s.: Mitteilungen aus den hamburg. Staatskrankenanstalten. X, 9.

— Über die v. J. Tsuchiya angegebene Methode zur Bestimmung v. Eiweiss im Harn, s.: Mitteilungen aus den hamburg. Staatskrankenanstalten. IX, 12. (Meyer-Wedell, Lilli.)

Schumm, Otto, kurze Mitteilungen, s.: Mitteilungen aus den hamburg. Staats-Krankenanstalten. X, 15.

— Über den Nachweis v. Blut u. Blutfarbstoff in Sekreten u. Exkreten. (Aus dem chem. Laboratorium des allgem. Krankenhauses zu Hamburg-Eppendorf.) (24 S.) Lex. 8. Wien 908. Urban & Schwarzenberg. 1.—
Sonderabdr. aus: „Zentralbl. f. d. ges. Physiol. u. Pathol. d. Stoffwechsels".

— Klinische Spektroskopie. (VI, 133 S. m. 39 Abb. u. 12 Taf.) gr. 8. Jena 909. G. Fischer. 6.—

Schumm, Otto, die Untersuchung der Faeces auf Blut. (39 S. m. 3 Taf.) Lex.-8. Jena 906. G. Fischer. n. 1.50

– und C. Hegler

— — Untersuchungen üb. die sogen. Pankreasreaktion nach Cammidge, s.: Mitteilungen aus den hamburg. Staatskrankenanstalten. XI, 8.

Schumm, W., **Das Rechnungswesen der Gemeinden, Amtskörperschaften u. Stiftungen in Württemberg.** (XI, 185 S.) gr. 8. Stuttgart '03, W. Kohlhammer. 1904 3. 60; geb. 4. 30.

Schumm, Wilh., das Steuerrecht im Königr. Württemberg. Für den Unterricht u. den prakt. Gebrauch dargestellt. (XX, 779 S.) gr. 8. Stuttgart 905. W. Kohlhammer. n. 12.—; geb. n. 13.60

Schummel, Aemil., herbarium vivens plantas etc., s. Chr. *Günther*.

Schummel, Johann Gottlieb

Schummel, J. Gli, Breslauer Almanach. 1r Thl. 8. Breslau, Bamberger. 801.

Schummel, Jh. Gli., († d. 24. Dec. 1813.) Breslauer Almanach. 1r Thl. 8. Bresl. 801. (Heymann in Glogau). 1 ₰

§ **APOLOGIE** der Gräfin Lichtenau gegen die Beschuldigungen mehrerer Schriftsteller. Von ihr selbst entworfen. (Verfasser: *Joh. Gottlieb Schummel*, nicht ihr Gatte Franz Ignaz v. Holbein, der selbst darin angegriffen wird.) Nebst einer Auswahl von Briefen an sie. „Nothwehr entschuldigt Selbstlob". Lessing. 2 Thle. Leipzig und Gera 1808. Bei Wilhelm Heinsius. 12°. (In München: Biogr. 631 mb.) (7 Mk. 50 Pfg. E. Frensdorff, 1904; 8 Mk., gering fleckig, Süddeutsches Antiqu., München, 1907; 10 Mk. Fr. Waldau, Fürstenwalde, 1908; 15 Mk. L. Rosenthal. 1910.)
I: Tit. u. 298 S. II: XII—303 S. Vorr. („des Redacteurs", dat. Breslau, d. 1. August 1808).

– s. **Baretti, Beschreib.**

— **Bibliothek d. Adels, s. Bibliothek.**

J. Gli. **Schummel's** moral. Biblioth. f. d. jungen deutschen Adel. *Liegnitz*, Siegert. 785-87. 8° 3 Thle. 3 ₰ 16 gl

– s. **Duell, das.**

— das blinde Ehepaar, od. die Gebetserhörung; e. Erzählung. 8. Bresl. 788. Löwe. 3 gr.

– s. **Frau, die unschuldige.**

– s. **Garve u. Fülleborn.**

— Gedächtnißrede auf d. Prof. G. G. Fülleborn. 8. Bresl. 802.

Schummel, J. G., s. Geschichte des Hrn. Redlich.

Schummel, J. G: „Angenehmes und lehrreiches Handbuch für den Bürger und Landmann", Magdeburg 1772 (Zapf). 2. Auflage u. d. T.: „Gemeinnütziges Handbuch für den Bürger und Landmann", ebenda 1774.

– s. **Handbuch f. d. Bürger u. Landmann.**

— Ideal e. geograph.-statist. Plans. 8. Bresl. 792.

— Kinderspiele u. Gespräche. 3 Thle. 8. Leipz. 776, 778. (W. Vogel). 2 rthl 4 gr.

[SCHUMMEL, JOH., GOTTL.] *Kinderspiele und Gespräche.* Erster (Zweyter, Dritter) Theil. (Darunter jeweils Titelvign.). Leipzig, S. L. Crusius, 1778, 1777. 3 Bde. mit 3 Titelkupfern und 3 Titelvign. von D. CHODOWIECKI. Kl.-8°. Hübscher Hldrbde. im Stile der Zeit. 60.—
Goed. IV, I. 590 (gibt als Datum für den 1. Band: 1776). Engelmann 173/74 will nur d. sign. Kupfer des ersten Bandes f. Chodowiecki gelten lassen, Lanckorońska-Oehler II, S. 112 scheint aber alle 6 Kupfer f. Chodowiecki in Anspruch zu nehmen. — ★ Erstausgabe dieses interess. Werks im Stile des „Kinderfreunds" v. Weisse, dem der erste Band gewidmet ist.

– s. **Kinderzucht, über.**

– s. **Lichtenau, d. Gräfin, Apologie**

– s.a. **Lustspiele ohne Heirathen.**

— Lustspiele ohne Heirathen. 8. Wittenberg, Zimmermann. 773.

– s. **Mirabeau Preuß. Monarchie.**

— recueil des plus jolis contes tirés des mille et une nuits à l'usage des écoles. 8. Magdeb. 778. (W. Vogel in Leipz.) 18 gr.

Schummel, J. G. Fritzens Reise nach Dessau, s.a. Neudrucke pädagogischer Schriften.

DESSAU. — Fritzens Reise nach Dessau. (Roman von *Johann Gottlieb Schummel.*) Mit reizender Titelvignette von Crusius. Leipzig, bey Siegfried Lebrecht Crusius. 1776. 8°. 120 S. (3 Mk. E. Frensdorff, 1904.)

— Reise durch Schlesien, im Juli u. Aug. 1791. gr. 8. Bresl. 792. Autor. 1 rthl

– s.a. **Reisen durch Deutschland.**

— empfindsame Reisen d. Deutschland. 5 Thle. 8. Wittenb. Zimmermann. 771—72. (à 12 gr.)

§ **REISEN**, Empfindsame, durch Deutschland von S***. Erster, Zweiter Theil. (Vf.: *Joh. Gli. Schummel*, geb. 8. Mai 1748 zu Seitendorf in Schlesien, 1771 Lehrer zu Magdeb., dann an der Liegnitzer Ritterakad., zuletzt Prof. am Elisabethanum zu Breslau, † 24. Dezbr. 1813.) Wittenberg und Zerbst, bey Samuel Gottfried Zimmermann. 1771. — Dritter und letzter Theil. Herausgegeben von *Zebedäus W — — — r.* 8°. (½ Rthl.) (In München: P. o. germ. 1356 h; fehlt Th. 2.) 1: Tit. u. 308 S. (incl. 10 Bll. humorist. Vorrede). 2: 332 S. (incl. Tit.). 3: 330 S. (incl. Tit.), nebst nebst 1 Bl. „Nota" (Druckf.). Ueber diese selten gewordene Nachahmung Sterne's, erstes Buch Schummel's, siehe Wolfg. Menzel, Deutsche Dichtung III, S. 28, u. Ebeling, Gesch. d. kom. Litt. III. p. 554.
III. p. 554. In Bd. I verunglückte Verführungsversuche einer 48jähr. Ehefrau bei dem Helden der Erzhlg., einem 18jähr. Jungen, den ihr Mann aus Mitleid bei sich aufgenommen; Bd. III, S. 81—145 eine Komödie in 20 Auftritten: „Die unschuldige Ehebrecherin, oder Viel Lermen um Nichts."
Th. 3 beg. m. d. Worten: „Gut! So nehme ich die Feder und schreibe bey den langen Winterabenden den dritten und letzten Theil, so wahr ich *Walther* heisse. Der Herr Verleger ist es zufrieden."

– s.a. **Revolution in Scheppenstadt.**

REVOLUTION, Die, in Scheppenstedt (!). (Vf.: *Johann Gottlieb Schummel.*) Mit (etwas freiem) Titelkpfr. u. schöner Titelvignette. Neue Auflage. Germanien (Breslau, Gutsch) 1795.
Anon.-Lex. III. p. 382 hat unrichtig „Scheppenstadt" (nach Kayser, Weller, Meusel). — Ed. I. ibid. 1794. 8°. (In Warmbrunn.)

— Schich Sadi's persisches Rosenthal, nebst Locmanns Fabeln. 2e verb Aufl. 8. Wittenb. 775. Zimmermann. 16 gr.

– s. **Samml. aller Uebersetz. d. Griechen u. Römer.**

– s. **Schreiben e. Laien.**

– s. **Spitzbart, e. Geschichte.**

— 2 Theaterstücke, Ptolomäus e. Trauerspiel, und die Schulwittwe, ein Singspiel. 8. Breslau, Gutsch. 790.

Schummel, J. Gli., 2 Theaterstücke: Ptolemäus u. d. Schulwittwe. Mit e. Vorrede herausg. 8. Bresl. 790. Gutsch. 16 gr

– s.a. **Uebersetzungsbibliothek.**

— Uebersetzungsbibliothek, z. Gebr. der Uebersetzer, Schulmänner u. Liebhaber d. alt. Literatur. 8. Wittenb. Zimmermann. 774.

[Schummel, Joh. Gottl.]: Untersuchung ob dem Kriegsrath [Jos.] Zerboni [di Sposetti] zu viel geschah, als er nach Glatz, nach Spandau u. nach Magdeburg auf die Festung gebracht wurde. Nebst Prüfung der von ihm hrsg. Actenstücke. Leipzig 1801.

– s.a. **Voltaire, der kleine.**

VOLTARE (so!), Der kleine. Eine deutsche Lebens-Geschichte für unser Freygeistisches Jahrhundert (von *Johann Gottlieb Schummel*). Operiture; tuaque aliis documenta dature morte — — Mit schönem Titelkpfr. von Rosmäsler. Liegnitz und Leipzig, bey David Siegert, 1782. 8°. 6 Bll., 670 S. (15 Mk., leicht stockfl., sehr schöner Hfzbd., Max Perl's Berliner Octob.-Auct. 1907, no. 857.)

— — Dasselbe. 2. Auflage. Mit Titelkpfr. Ebd. 1785. 8°.

— kleine Weltstatistik. 8. Berl. 805. Sander. 1 rthl 8 gr.

— das Wohl des Staats gebaut auf Zwietracht. 8. Berl. 798. Maurers B. 4 gr.

– s. **Würzkramer, der, ec.**

Schummel, T. E., s. Beitr. zur Entomologie.

— Beschreibung der Arten der Gattung Tipula, Meigen, Bachmücke, s. Beiträge zur Entomologie.

Schummel, T. E., über die giftigen Pilze, mit besond. Rücksicht auf Schlesien. Mit e. Vorworte vom Geh. Medicinal-Rath Prof. Dr. Wendt. Mit 2 illum. Tafeln. gr. 4. Breslau 840. Graß, Barth u. Comp. 1/2 ℛ

Schummel, T. E., Versuch e. genauen Beschreib. d. Gattung Raphida Linn., s. Beiträge z. Entomologie, I.

—— Versuch e. genau. Beschreib. d. Ruderwanzen etc., s. Beiträge z. Entomologie, II.

—— Versuch e. genauen Beschreib. d. Gattung Tipula etc., s. Beiträge z. Entomologie, III.

Schummer, Alexander Ferdinand: Vergleichende Prüfung der Pulswellenzeichner von C. Ludwig und A. Fick. Diss. Dorpat. 1867. 38 S. mit 4 lithographirten Tafeln.

Schuemmer, Cornelius (geb. Welden bei Aachen 1808): De morbo verminoso. Berolini (1834). (37 S.) 8°
Berlin, Med. Diss. v. 12. Juli 1834

Schümmer, Gerard Hubert, Festpredigt zum 25 jährigen Regierungs-Jubiläum Sr. Heiligkeit Papst Pius IX. m. besond. Bezugnahme auf die lehramtl. Unfehlbarkeit d. Papstes. Gehalten am 14. Juni 1871. gr. 8. (15 S.) M. Gladbach 871. Hoster. n.n. — 25

Schummerstunden, drei, aus Gretchens Leben. Das Lachen. Erzählungen einer Frau. 8. (III, 99 S.) Berlin 877. Schleiermacher. n. 1. 60; cart. n. 1. 80

Schummrich, Berthold, unter caraibischen Menschenfressern, s.: Jugend- u. Volksbibliothek.

Schump, (J. A.,) üb. den Kultus, Lehrbegriff d. kathol. Kirche; eine Darstellung, veranlaßt durch Henhöfers sogenanntes christl. Glaubensbekenntniß. gr. 8. Karlsr. 823. Braun.

Schumpelick, Adf., Arithmetik f. Gymnasien, s.: Schubert, Herm.

Schümperli, Chrph., Kränze auf die Gräber der Heimgegangenen. In einer Auswahl von Trauerliedern u. Grabaufschriften. gr. 8. (VI u. 160 S.) Lichtensteig 847. (St. Gallen, Huber & Co.) n. 1/2 ℛ

Schümperli, Cph., Sammlung 2-, 3- u. 4stimmiger Gesänge f. schweizer. Schulen, zunächst f. die d. Kant. Thurgau. 1. Hft. qu. 8. Trogen 845. (St. Gallen, Huber u. Co.) n. 1 3/4 ngl

— s. Taschenbuch, schweizer. poetisches.

Das Wesen und der Hauptinhalt der theoretischen Nationalökonomie. Von Dr. Joseph **Schumpeter**. Leipzig: Duncker & Humblot 1908. (XXXII, 626 S.) 8° (oS. 16101

Schumpeter, Jos., wie studiert man Sozialwissenschaft, s.: Vorträge u. Abhandlungen, hrsg. v. sozialwiss. akadem. Vereine in Czernowitz. Nr. 2.

Schumrick, Arnoldus: Observationes ad rem librariam pertinentes de συνταξις, συνταγμα, πραγματεια, υπομνημα vocabulis. Marpurgi 1909: Koch. 93 S. 8°
Marburg, Phil. Diss. v. 10. Febr. 1909, Ref. Birt
[Geb. 4. Febr 85 Gr.-Eicklingen; Wohnort: Rathenow; Staatsangeh.: Preußen; Vorbildung: Landesch. Pforta Reife O. 03; Studium: Leipzig 3, Halle 3, Marburg 4 S.; Rig. 15. Juli 08.] [U 09. 3213

Schun dé fu, s.: Tschili.

Schuen, Jos., Bausteine zu Standes-Unterweisungen f. Verehelichte u. Unverehelichte. gr. 8. (662 S.) Regensburg 877. Manz. 6. 75

Schuen, Jos., Bausteine zu Standes-Unterweisungen f. Verehelichte u. Unverehelichte. 2. Aufl., verb. u. verm. v. Philib. Seeböck, O. F. M. (VIII, 625 S.) gr. 8. Regensburg 909. Verlagsanstalt vorm. G. J. Manz. 6. 75

—— der Katechismus auf der Kanzel. Entwürfe zu katechet. Predigten über die Glaubens- und Sittenlehren der kathol. Kirche nach dem mittleren Katechismus von Deharbe. 1. Abthl.: Vom Glauben. gr. 8. (VIII, 294 S.) Paderborn 879, F. Schöningh. *

Schuen, Jos., der Katechismus auf der Kanzel. Entwürfe zu katechet. Predigten über die Glaubens- und Sittenlehren der kathol. Kirche nach dem mittleren Katechismus von Deharbe. 2. und 3. (Schluß-)Abthl. gr. 8. Paderborn 881, F. Schöningh. *
Inhalt:
Abthl. 2. Von den Geboten. (IV, 332 S.) * ℳ 2,25.
" 3. Von den Gnadenmitteln. (IV, 312 S.) * ℳ 2.

Schuen, Jos., d. Katechismus auf d. Kanzel. Entwürfe zu katechet. Predigten üb. d. Glaubens- u. Sittenlehren d. kathol. Kirche nach d. mittl. Katechismus v. Deharbe. 2., durch viele Beispiele verm. Aufl. 1.—3. Abtlg. gr. 8. Paderborn, F. Schöningh. n. 6. 20
1. Vom Glauben. (VIII, 294 S.) 897. n. 2. —
2. Von d. Geboten. (336 S.) 898. n. 2. 20
3. Von d. Gnadenmitteln. (IV, 312 S.) 898. n. 2. —

Schuen, Jos., Predigten, s.: Schün, Jos.

Schuen, Jos., Predigten für das katholische Kirchenjahr. 1. Bd. 1. Abth.: Predigten für die Sonntage. gr. 8. (VII, 443 S.) Paderborn 878. F. Schöningh. n. 3. —

Schuen, J., Predigten f. das katholische Kirchenjahr. Nach d. Tode d. Verf. hrsg. v. Ph. Seeböck. 1. Bd. II. Abth.: Predigten f. d. Festtage. gr. 8. (VIII, 516 S.) Paderborn 887. F. Schöningh. n. 4. — (1. u. 2.: n. 7. —)

Schuen, Jos. Predigten f. das kathol. Kirchenjahr. Hrsg. v. Philibert Seeböck. 2. Bd. in 2 Abthlgn. gr. 8. Paderb., F. Schöningh. à Abthl. * 4 —; * 8 —
1. Abthl. Predigten f. die Sonntage u. die hl. Fastenzeit (VI, 495 S.) 891.
2. Abthl. 2. Sammlg. der Predigten f. die Festtage (VII, 561 S.) 892.

— Predigten f. d. kathol. Kirchenjahr. Nach d. Tode d. Verf. hrsg. v. Philib. Seeböck, O. S. F. 1. Bd. 2. Abtlg.: Predigten f. d. Festtage. 2. Aufl. gr. 8. (VIII, 532 S.) Ebd. 898. n. 4. —

Schuen, Jos., Predigten f. das katholische Kirchenjahr. Hrsg. v. Philib. Seeböck, O. Fr. M. 1. Bd. I. Abtlg., 2. Bd. II Abtlgn. 2. Aufl. gr. 8. Paderborn, F. Schöningh. n. 11. —
I. I. Predigten f. die Sonntage. (VII, 443 S.) 899. n. 3. —
2. I. Predigten f. die Sonntage u. die hl. Fastenzeit. (VI, 495 S.) 902. n. 4. —
II. Sammlung der Predigten f. die Festtage. (VII, 561 S.) 902. n. 4. —

Schuen, Jos., Predigten f. das katholische Kirchenjahr Nach dem Tode des Verf. hrsg. von Philib. Seeböck O. M. F. 1. Bd. I. u. II. Abtlg. 8. Paderborn 905. F. Schöningh. n. 7. —
I. Predigten für die Sonntage. 3. Aufl. (VII, 443 S.) 3. —
II. Predigten f. d. Festtage. 3., verm. Aufl. (VIII, 536 S.) 4. —

Schuen, Jos., Predigt-Entwürfe für das katholische Kirchenjahr. 1. Jahrg. Paderborn 866. Schöningh. gr. 8. (VI, 636 S.) 1 ℛ 18 ngl.

Schuen, Jos., Predigt-Entwürfe für das katholische Kirchenjahr. 2. Bd. gr. 8. (VII, 664 S.) Paderborn 869, Schöningh.

— Predigt-Entwürfe f. d. kathol. Kirchenjahr. 2 Bde. zu 2 u. 3 Tln. gr. 8. Ebd. n. 9. —
I. 1. Predigt-Entwürfe auf d. Sonntage u. auf d. Feste d. Herrn u. Mariä. 2. Aufl. (VIII, 275 S.) 895. n. 2. —
2. Predigt-Entwürfe f. d. Festtage d. Heiligen, f. d. Fastenzeit u. f. verschied. Anlässe. 2. Aufl. (VI, 324 S.) 895. n. 2. 20
II. 1. Predigt-Entwürfe f. d. Sonntage. 2. Aufl. (VIII, 208 S.) 896. n. 1. 60
2. Predigt-Entwürfe f. d. Festtage. 2. Aufl. (VI, 217 S.) 896. n. 1. 60
3. Predigt-Entwürfe f. d. Fastenzeit u. verschied. Anlässe. 2. Aufl. (VI, 201 S.) 896. n. 1. 60

Schuen, Jos., Predigt-Entwürfe für das katholische Kirchenjahr. I. Bd. 1. Tl. Entwürfe auf die Sonntage u. auf die Feste des Herrn u. Mariä. 3., verm. Aufl. (VIII, 279 S.) 8. Paderborn 906. F. Schöningh. n. 2. —

— Predigt-Entwürfe f. d. kathol. Kirchenjahr. I. Bd. 2. Tl. Entwürfe f. die Festtage der Heiligen, f. d. Fastenzeit u. verschied. Anlässe. 3., verm. Aufl. (VIII, 328 S.) 8. Paderborn 907. F. Schöningh. 2. 20

Schunack, A., vergleichende Uebersicht über die derzeitige Organisation der seit dem Volksschulgesetz vom 26. April 1873 bestehenden einfachen, mittleren u. höheren Volksschule, auf Grund authentischer Unterlagen aus 41 verschiedenen, jedoch sämmtl. Schulinspectionsbezirke Sachsens umfass. Orten u. die daraus gewonnenen Resultate für eine gedeihliche Weiterentwickelung unseres Volksschulwesens. Vortrag, geh. auf der Jahresversammlung des Vereins sächs. Schuldirectoren in Döbeln am 3. u. 4. Novbr. 1877. gr. 8. (7 S. m. 6 Tab. in Imp.-Fol.) Zwickau 878. (Werner.) n. 4. —

Schünck, C. F., unterhaltendes, belehrendes u. erbauliches Lehrbuch, zunächst für die Jugend. 8. Ebend. 817.

Schunck, Egon

Schunck, E., griechisch-römische Altertumskunde, s.: Hense, J.

Schunck, Egon [Oberl. Prof. Dr.]: Bemerkungen uber das pronomen indefinitum. (Umschl.-Tit.: Bem. ub. d. pronomina indef.: si quis — si quisquam (ullus) — si aliquis.) Sigmaringen, M. Liehner'sche Hofbuchdr., 1891; S. 1 29; 4°
Sigmaringen, k. kath. G, P 1891 (456)

Schunck, Egon: [Bericht über seine Einführung als Direktor der Anstalt.] S. 30—33. 4.
Progr. Kgl. kath. Gymn. *Sigmaringen* 1904 (544).

[J.] Schunck, Egon: Goethes „Iphigenie auf Tauris" und das gleichnamige Euripideische Stuck. Erster Teil. Paderborn, Junfermannsche Buchdr., 1891; S. 3—28; 4°
Paderborn, k. G Theodorianum. P 1891 (351)

[J.] Schunck, Egon: Goethes „Iphigenie auf Tauris" und das gleichnamige Euripideische Stück. Tl 2: Goethes Iphigenie auf Tauris. (Forts. d. P-Beil. 1891.) Paderborn, Junfermannsche Buchdr., 1892; 3—31 S. 4.
Paderborn, k. G Theodorianum, P 1892 (359)

Schunck, Egon, de prooemio Thucydidis. Commentatio philologica. 8. (VI u. 67 S.) Monasterii 852. Theissing. n. 1/3 ₰

Schunck, Franz, appr. Arzt: Muskelverknöcherung nach Spontanluxation bei Arthropathia tabica. Bonn 1908: Foppen. 47 S. 8°
Bonn, Med. Diss. v. 27. Nov. 1908, Ref. Ribbert
[Geb. 5 März 78 Sehl; Wohnort: Trier; Staatsangeh.: Preußen; Vorbildung: Gymn. Brilon Reife O. 98; Studium: Berlin 1, Bonn 9 S.; Coll. 27 Nov. 08; Approb. 14. Aug. 08.] [U 09. 310]

Schunck, Franz Egon: De consilio disputatur atque ratione, quam, Thucydide auctore, in primis decem annis Peloponnesiaci belli Athenienses et Lacedaemonii secuti sint. 18 S. – Hedingen, Progr. 1854.

Schunck, Franc. Egon (geb. Hüsten 28. 12. 1807) De maculis corneae. Berolini (1832). (25 S.) 8°
Berlin, Med. Diss. v. 4 Juni 1832

Schunck: Odysseus in der Ilias. Ein homerisches Charakter- und Lebensbild. 36 S. – Hedingen, Progr. 1867

Schunck: Metrische Uebersetzung des ersten Buches von Homer's Iliade. 20 S. – Hedingen, Progr. 1861

Schunck, Friedr. Chrstph. Karl, Jahrbücher d. jurist. Literatur etc., s. Jahrbücher.

Schunck, Fr. Cph. K.: Staatsrecht des Königr. Baiern. 1r Bd. *Erlangen*, Palm u. Enke. 824. gr. 8. (2 Thl. 16 Gr.)

Schunck, Fritz, Gymnasium Bipontinum. Zum 350jähr. Bestehen. (36 S. m. 23 Abb.) 8. Zweibrücken 909. (F. Lehmann.) — 40
Erweit. Sondordr. aus: „Der Pfälzerwald".

Schunck, Heinr., die königlich bayerische Gewerbsinstruktion vom 21. April 1862 nebst den dazu gehörigen königlichen allerhöchsten Verordnungen. Erläutert und zum Handgebrauch für die Verwaltungspraxis und den Gewerbsstand herausg. Nördlingen 862. Beck. gr. 8. (IV, 266 S.) n. 24 ngr.

Schunck, Heinr., Grundzüge des Bahnpolizeirechts in Preussen, s.a. Abhandlungen aus dem Staats-, Verwaltungs- u. Völkerrecht. VII, 2.

Grundzüge des Bahnpolizeirechts in Preussen. Von Dr. Heinrich Schunck. Tübingen: Mohr 1910. VIII, 59 S. 8°
(Abhandlungen aus d Staats-, Verwaltungs- u. Völkerrecht. Bd 7, H. 2.) (10. 15631

Schunck, Heinrich, Referendar: Die Gültigkeit der vom Bundesrate erlassenen Verordnungen in Eisenbahnsachen. Trier 1909: Lintz. 47 S. 8°
Rostock, Jur. Diss. v. 25. Juli 1909, Ref. Hübner
[Geb. 18. Juli 85 Halberstadt; Wohnort: Trier; Staatsangeh.: Preußen; Vorbildung: Gymn. Trier Reife O. 04; Studium: Freiburg i. B. 1, Berlin 1, Munchen 1, Bonn 3 S.; Rig. 11. Febr. 09.] [U 09. 3695

Schunck, Henricus: De perichondritide laryngea. Halis (1865): Lipke. 29 S. 8°
Halle-Wittenberg, Med. Diss. v. 5. Aug. 1865
Geb. Bielstein (Westf.) 14. 2. 1840. V.

Schunck, Heinr., Sammlung von principiellen Erlassen der Staatsbehörden, s. Blätter für administrative Praxis ꝛc.

Schunck, Hermann. Ueber einige Salze der α-Phenylmilchsäure, und über einige Nitro- und Amido-Derivate derselben Säure. (Basel) München, 1886.

Schunck, Ignaz, s.a. Schunk

Schunck., Ignat., Notio dogmatica s. Scripturae utriusque Testamenti, complectens librorum utr. T. themata, auctores, canonem, idiomata, versiones, veritatem, divinitatem, authentiam, sensum, interpretationem, lectionem, usibus eorum, quos s. Scripturae studium vel oblectat vel obligat, accommodata. Landshut, Hagen, 1772, 4°, 394 S. samt einem Index chronologico-historicus.

Schunck, Joseph. Aloys. (geb. Clotten an d. Mosel 1816): De chloroseos natura et scriptorum super ea opinionibus. Berolini (1841) (29 S.) 8°
Berlin, Med. Diss. v. 27. Nov 1841

Schunck, Jul., Die Armenpflege vom christl. Standpunkte und ihr Verhältniss zu Kirche und Staat. Dargestellt auf Grund des bei Gelegenheit der Wittenberger Conferenz über innere Mission, den 14. Sept. 1849 vorgelegten Referats über freiwillige Armenpflege. gr. 8°. Erlangen, Bläsing, 1850.

Schunck, Jul., Kinderpredigten den Kindern vorzulesen. 8. (XVI und 173 S.) Nördlingen 855(56,) Beck'sche Buchh.

Schunck, Jul., Kinderpredigten den Kindern vorzulesen. Nördlingen 856. Beck. 8. (XVI, 173 S.) 15 ngr.

Schunck, Jul., Kinderpredigten den Kindern vorzulesen. 2. (Titel-) Aufl. 8. (XVI und 173 S.) Nördlingen (856)60, Beck'sche Buchh.

Schunck, J[ulius], Dr.: Quantum intersit inter dativi possessivi usum Ciceronis et Plauti. *Zweibrücken 1900: A. Kranzbühler.* (37 S.) 8° ¶[= Phil. Diss. Erlangen 1900.]
Zweibrücken, k. humanist. G, P 1900*

—— und Carl Friedr. Nägelsbach, Reden bei der Beerdigung des Hrn. Hans v. Raumer gehalten am 30. März 1851. gr. 8. (16 S.) Erlangen 851, Bläsing.

Schunck, Ludwig De Pseudo-Plutarchi institutis Laconicis Pars prior. (Umschlagtitel: ... Laconicis.) (S. 3–17).
Progr. G. *Warburg* 1888 (347).

Schunck, M., s.: Notiz-Kalender f. d. Unterricht an Mittelschulen.

Schunck, M., Ton u. Lied. Einführung in die Musiklehre, Chorgesangschule u. Liedersammlung f. 2- u. 3-stimm. Schulgesang. gr. 8. (IV, 47 u. 103 S.) Nürnberg 902. C. Koch. Geb. in Leinw. n.n. 1. 40

— s.: Unterrichts-Kalender, bayerischer.

Schunck, Martin [aus Sigmaringen in Hohenzollern]: Casuistische Beiträge zur epileptischen Psychose. . . . Berlin, Buchdr. v. Gustav Schade (Otto Francke) (1890); 29 + 1 S. + 1 Bl. 8°
90. Berlin, Med. Fak., Inaug.-Diss. v. 1. Aug. 1890

Schunck, Max [aus Pegnitz]: Besprechung einiger Stellen des Thukydides ... Rheinsberg, Buchdr. v. Franke, 1894; 40 S., 2 Bl. 8.
Erlangen, Phil. Fak., Inaug.-Diss. v. 1894

Schunck, Max, Dr.: Der Geschichtsunterricht in der Oberklasse des Gymnasiums. T. 1. Nürnberg 1906: C. E. Sebald. (55 S.) 8° [J.]
Nürnberg, k. Altes G P 1906*

Schunck, Max: Der Geschichtsunterricht in der Oberklasse des Gymnasiums. T. 2., enth. Die Einzelausführungen bis in die neueste Zeit. Nürnberg 1908: Sebald. 77 S. 8° ¶[Forts. d. P-Beil. 1906.]
Nürnberg, k. Altes G P 1908*

Schunck, Max, der Geschichtsunterricht in der Oberklasse des Gymnasiums. 1. Tl., enth. die allgemeinen Gesichtspunkte u. den ersten Abschnitt der Einzelausführungen. (Zeitalter Ludwigs XIV.). Progr. (55 S.) gr. 8. Nürnberg 906. (J. L. Schrag.) n. 1. —

— dasselbe. 2. Tl., enth. die Einzelausführgn. bis in die neueste Zeit. Progr. (77 S. m. 1 Tab.) gr. 8. Nürnberg 908. (J. L. Schrag.) 1. —

Schunck, M., der Geschichtsunterricht in der Oberklasse des Gymnasiums u. verwandter Anstalten. Eine didaktische Studie. (IV, 119 S. m. 1 Taf.) gr. 8. Ansbach 911. F. Seybold. Geb. 2. 25

Schunck, Pet., Don Kichote, s.: Bibliothek, humorist.

Schunck, Rich., die großherzogl. hessischen Feuerlöschanstalten, insbesondere jene zu Mainz und Worms. Nach offiziellen Quellen und den an Ort und Stelle gesammelten Notizen zusammengestellt u. auf Allerhöchsten Befehl veröffentlicht. München 863. Fleischmann. gr. 8. (VIII, 87 S.) n. 16 ngr.

Schunck, Rich., die großherzoglich hessischen Feuerlöschanstalten, insbesond. jene zu Mainz und Worms. Nach offiziellen Quellen und den an Ort und Stelle gesammelten Notizen zusammengestellt und auf Allerhöchsten Befehl veröffentlicht. gr. 8. (VIII und 87 S.) München 863, [Merhoff's Verlag.] *

Schunck, R., Handbuch der pariser Feuerwehr, s. Handbuch.

— das Sapeur-Pompier-Corps der Stadt Straßburg. Ein Beitrag zur Kenntniß der Organisation und des Dienstes der französischen Municipalfeuerwehrcorps. Nach offiziellen Quellen und den an Ort und Stelle gesammelten Notizen bearb. und auf Allerhöchsten Befehl veröffentlicht. Ebend. 863. gr. 8. (IX, 66 S.) n. 12 ngr.

—— das Sapeur-Pompier-Corps der Stadt Straßburg. Ein Beitrag zur Kenntniß der Organisation und des Dienstes der französ. Municipalfeuerwehrcorps. Nach offiziellen Quellen und den an Ort und Stelle gesammelten Notizen bearb. und auf Allerhöchsten Befehl veröffentlicht. gr. 8. (IX und 66 S.) München, [Merhoff's Verlag.] *

Schunck, Th., das Ehestandsbläßchen; Jumfer Dingeskirchen u. Mamsell Zärtlich, s.: Theater, kleines.
— Margaretha Morus, s.: Theater, kleines.
— Sancta Theresia. s.: Theater, kleines.
— wo die Noth am größten, ist Gott am nächsten, s.: Theater, kleines.

Schunck, Wilhelm: [Bericht über seine Einführung als Direktor der Anstalt.] S. 21–24. 4. **Progr.** Gymn. *Crefeld* 1904 (526).

Schunck, Wilh. De scholiorum in Demosthenis orationes XVIII, XIX, XXI fontibus disputatio critica. 16 S. u. 1 Taf.
Progr. G. *Coburg* 1879.

Schuncke, Jul., über die Löslichkeit des Aethyloxydes in Wasser u. wässriger Salzsäure. Inaugural-Dissertation. gr. 8. (30 S. m. 3 lith. Curventaf.) Tübingen 878. (Fues.) n. — 80

Schuncke, Paul, Handbüchlein f. Pferdturner, enth. Geschwünge u. Gesprünge am Pferde. Mit 34 Zeichngn. v. Max Burger. 16. (VIII, 95 S.) Leipzig 893. E. Strauch. Kart. n. — 80

Schuncke, Paul, Handbüchlein f. Pferdturner, enth. Geschwünge u. Gesprünge am Pferd. 2. durchgeseh. u. verm. Aufl., hrsg. v. Paul Erbes. Mit 34 Zeichngn. v. Max Burger u. dem Bildnisse P. Schunckes. gr. 16. (VIII, 97 S.) Leipzig 900. E. Strauch. Kart. n. 1. —

Schuncke, Tobias (Runthal) A. S. 1415/15

Disputatio inauguralis medica continens convulsionem tonicam. Präs. Johann Philipp Eysel.
Erfurt (Grosch) 31. III. 1708. 10 Bl.

W. v.: Präs., Johann Andreas Fischer, Hieronymus Ludolff.
31913

Schuncken, A., Organisation der römischen Reichsverwaltung unter Diocletian u. Constantin d. Gr. Pr. 1859. 20 S. 4°. 1.20

Schuncken, F. W.: „Das preussische Handels- und Wechsel-Recht. Oder vollständiger Handlungs-Codex des preussischen Staats, nach Anleitung der bestehenden Gesetze und Verordnungen bearbeitet", Elberfeld 1821 (Schönian), 2 Bände. —Vorh.: Bibl. des Oberlandesgerichts Celle — La. 169 — und Com. Bibl. Hamburg.

— — über die Rechtsverhältnisse zwischen Herrschaften u. Gesinde, nach den Bestimmungen d. K. Preuß. Gesinde-Ordnung rc. 8. Elberfeld, Büschler. 816.

— — die allgemeine Städte-Ordnung für die Königl. Preuß. Monarchie rc. s. Städte-Ordnung.

Allgem. Städte-Ordnung f. d. preuss. Monarchie, nach ihrem wesentl. Inhalte u. mit dessen erfolgten Erläuterungen u. nähern Bestimmungen derselben. Herausg. v. F. Wilh. Schuncken. *Elberf.*, Schönian. 816. 8. (14 Gr.)

Schündelen, Benedikt. I. Oxydation des Resazurins. II. Einwirkung von Dinitrochlorbenzol auf zweiwerthige Phenole und Amidophenole. (Basel) Rheydt, 1891.

Schunden, Karl Heinrich [Praes.], s. Lippold, Joh. Friedr.: Vindiciae antiquitatis carminum Ossiani.

Schundenius, K.H.

s.a. Dzondi, Karl Heinrich

Schundenius, K. H., die Organe des Gehirns nach Galls Beobachtungen. 8. Wittenb. Zimmermann. 804.

Schundenius, Karl Heinrich. Erinnerungen an die festlichen Tage der dritten Stiftungsfeyer der Akademie zu Wittenberg ... Mit historischen und topographischen Beylagen ... Wittenberg 1803. Bey dem Verfasser
VI, 13 S., 1 Bl., 94 S., 1 Bl., 32 Taf. in Kupferst. davon 7 auf. 8

Schuender, Verzeichniß aller in d. Hauptstadt Wien u. d Vorstädten befindl. Häuser. 2 Thle. 8. Wien, Sammer 795. Rthlr.

— — v. d. Hauptstadt Wien allein rc. 8. Ebend.

Schünemann und Uhlich, an unsere Vierzehnjährigen, s. Uhlich.

Schünemann, s. Meister, der.

Schünemann, Alfred, Rechtsanwalt in Braunschweig: Die Haftung des Frachtführers. Borna-Leipzig 1906: R. Noske. (VI, 51 S.) 8° [Ĵ.]
Leipzig, Jur. Fak., Diss. v. 26. Jan. 1906
[Geb. 9. Febr. 78 Sollingen; Wohnort: Braunschweig; Staatsangeh.: Braunschweig; Vorbildung: Gymn. Helmstedt Reife M. 97; Studium: Berlin 2, Toulouse 1, Paris 1, Berlin 2, Freiburg i. B. 1 S.; Rig. 19. Dez. 05

Schünemann, Aug. Andr., prakt. Metallurgie f. Hüttenbeamte, Gold-, Silber- u. a. Metallarbeiter, Mechaniker, sowie f. Gewerb- u. Realschulen. gr. 8. (7¾ B. u. 8 Taf. Abbild.) Quedlinburg 839, Basse.

Schuenemann, Ern. Adolph. (geb. Pr. Holland 16. 2. 1795): De urethrae stricturis. Berolini (1826). (40 S.) 8°
Berlin, Med. Diss. v. 28. Juni 1826

Schünemann, Georg, a. Berlin: Zur Geschichte des Dirigierens. (Kap. 3.) (Leipzig 1908: Breitkopf & Härtel.) (38 S.) 8° ¶(Aus: Sammelbände der Internationalen Musik-Gesellschaft 1908. Soll später vollst. erscheinen.)
Berlin, Phil. Fak., Ref. Kretzschmar, Diss. v. 25. Juli 1908
[Geb. 13. März 84 Berlin; Wohnort: Berlin; Staatsangeh.: Preußen; Vorbildung: Luisenstädt. Gymn. Berlin Reife O. 04; Studium: Berlin 7 S.; Rig. 7. Nov. 07.]

Schünemann, Georg Amandus (Schoeneberg/Mecklbg.)
A. S. 848/16
Dissertatio inauguralis medica exhibens gonorrhoeam virulentam cum chorda. Präs. Johann Hadrian Slevogt. Jena (Gollner) 31. III. 1704. 34 S. 31663

Schünemann, H., die Mineral- u. Tiergifte. Ihre Natur, Wirkg. u. das vorzunehm. Heilverfahren. 12. (VIII, 84 S.) Braunschweig 894. O. Salle. Geb. in Leinw. n. 1. —

Schünemann, H. Die Pflanzen-Vergiftungen. Ihre Erscheingn. u. das vorzunehm. Heilverfahren, geschildert an den in Deutschland heim. Giftpflanzen. 12. (VIII, 88 S. m. 18 Abbildgn.) Braunschw. 891, Salle. geb. 1 —

Schünemann, H., d. Pflanzen-Vergiftungen. Ihre Erscheingn. u. d. vorzunehm. Heilverfahren, geschild. an d. in Deutschland heim. Giftpflanzen. 2., verb. Aufl. M. 18 Abb. u. 1 farb. Pilztaf. 12. (VIII, 80 S.) Berlin 897. O. Salle. n. 1. – ; geb. n. 1. 25

Schünemann, Hilmar, aus Braunschweig: Ein Fall von Pericarditis und Mediastinitis syphilitica. *Würzburg 1898* [hs.: *1899*]: *A. Boegler*. (25 S.) 8°
Würzburg, Med. Diss. v. 1899

Johann Christoph Schuenemann
De pectoris Hydrope. Goettingae (1791:) Barmeier. 64 S. 8°
Göttingen, Med. Diss. v. 9. mai 1791

Schünemann, Max, aus Berlin: Die **Hilfszeitwörter** in den englischen Bibelübersetzungen der Hexapla (1388—1611). *Berlin: Mayer & Müller 1902.* (30 S.) 8° ¶(Erscheint vollst. als: Palaestra, II. 24.)
Berlin, Phil. Diss. v. 19. März 1902

Schuenemann, Otto: De cohortibus Romanorum auxiliariis. P. altera addenda ad Hassencampii dissertationem Gottingensem a 1869. Halis Saxonum 1883: Schlesinger. 58 S. 8°
Halle-Wittenberg, Phil. Diss. v. [7. Jan. 1884]
Geb. Rothemühl b. Gramzow (Uckermark) 15. 9. 1858. V.
Im Buchhandel Halis Sax. (Berlin: Mayer & Müller) 1883.

Schuenemann, Otto, de cohortibus Romanorum auxiliariis. Pars II addenda ad Hassencampii dissertationem Gottingensem a. 1869. gr. 8. (58 S.) Halis Sax. 883. (Berlin, Mayer & Müllor.) n. 1. 60

Schünemann, Otto. Die deutsche Geigenmacher-Schule. **Hamburg 1885.**

Schünemann, Otto [aus Köslin]: Die Herniotomieen in der Greifswalder chirurgischen Klinik im Etatsjahre 1889/90. . . . Greifswald, Druck v. Julius Abel, 1890; 46 S. 8°
Greifswald, Med. Fak., Inaug.-Diss. v. 25. März 1890

Schünemann, W., neuestes frankfurter Kochbuch, enthaltend 42 Abschnitte der gründlichsten Unterweisung in 1337 Kochvorschriften f. herrschaftliche, Gasthofs- u. Privat-Küchen. Mit einer Einleitung über Eintheilung der Küche u. Speisekammer, Aufbewahrung der Ingredienzien rc. u. einem Anhange: Vorschriften üb. d. Tranchiren. gr. 12. (25⅓ B.) Frankfurt a. M. 842, Sauerländer, Rthlr 1⅙.

Schünemann, W., neuestes Frankfurter Kochbuch, enth. 42 Abschnitte der gründlichsten Unterweisung in mehr als Anderthalb Tausend Kochvorschriften für herrschaftliche, Gasthofs- u. Privat-Küchen. Mit einem Anh. rc. 2. verb. u. verm. Aufl. 12. (VIII u. 640 S.) Frankfurt a. M. 848, Sauerländer. In Engl. Einb. n. 1½ ₰

Schünemann, W., neuestes Frankfurter Kochbuch, enthltd. 42 Abschnitte der gründlichsten Unterweisung in mehr als 1600 Kochvorschriften für herrschaftliche, Gasthofs- und Privat-Küchen. Mit einer Einleitung über Eintheilung der Küche und Speisekammer, Aufbewahrung der Ingredienzien, über die Annahme von Maas und Gewicht, rc. 3. verb. rc. Aufl. 855. — 4. verb. u. verm. Aufl. Frankfurt a. M. 857. Sauerländer's Verlag. 8. (XII, 724 S.) n. 1 Rthlr. 10 ngr.

Schünemann, W., neuestes Frankfurter Kochbuch, enthaltend 42 Abschnitte der gründlichsten Unterweisung in mehr als 1600 Kochvorschriften für herrschaftliche, Gasthofs- u. Privat-Küchen. Mit einer Einleitung über Eintheilung der Küche und Speisekammer, Aufbewahrung der Ingredienzen, über die Annahme von Maß und Gewicht rc. 5. Aufl. 859. — 6. Aufl. 862. — 7. verb. u. verm. Aufl. Frankfurt a. M. 864. Sauerländer's Verlag. 8. (VIII, 687 S.) 1 Rthlr. 15 ngr.

Schünemann, W., neuestes Frankfurter Kochbuch, enth. 42 Abschnitte der gründlichsten Unterweisung in nahe 1700 Kochvorschriften für herrschaftl., Gasthofs- und Privat-Küchen. Mit einer Einleitung über Eintheilung der Küche und Speisekammer, Aufbewahrung der Ingredienzien, über die Annahme von Maß und Gewicht rc. 8. verb. und verm. Aufl. gr. 8. (VIII, 646 S.) Frankfurt a. M. 871, Sauerländer's Verlag. geb.

Schünemann, W., neuestes Frankfurter Kochbuch, enth. 42 Abschnitte der gründlichsten Unterweisg. in nahe 1700 Kochschriften f. herrschaftl., Gasthofs- u. Privat-Küchen. Mit e. Einleitg. üb. Eintheilg. der Küche u. Speisekammer, Aufbewahrg. der Ingredienzen, üb. das Anrichten der Speisen, Erklärg. der in der Küche allgemein gebräuchl. Ausdrücke rc. 9. verb. u. verm. Aufl. 8. (VIII, 653 S. m. chromolith. Titel.) Frankfurt a/M. 877. Sauerländer. geb. 4. 50

Schünemann, W., neuestes Frankfurter Kochbuch, enthaltend über 1700 Kochvorschriften für herrschaftl., Gasthofs- und Privat-Küchen. Mit einer Einleitung über Einteilung der Küche und Speisekammer, Aufbewahrung der Ingredienzien. Anrichten der Speisen rc. und einem Anhang: Vorschriften über das Tranchieren, Speisezettel rc. 10. verb. und verm. Aufl. 8. (VIII, 602 S.) Frankfurt a. M. 884, Sauerländer's Verlag. geb.

Schünemann's, W., praktisches Kochbuch, enth. üb. 1700 Kochvorschriften f. bürgerl., herrschaftl. u. Gasthofs-Küchen. Mit e. Einleitg. üb. Einteilg. der Küche u. Speisekammer. 11., verm. Aufl. Hrsg. v. Thdr. Schünemann. 8. (VIII, 671 S.) Frankfurt a/M. 891. J. D. Sauerländer. Geb. in Leinw. 4. 50

Schünemann's, W., praktisches Kochbuch, enth. über 1700 Kochvorschriften f. bürgerl., herrschaftl. u. Gasthofs-Küchen. Mit e. Einleitg. üb. Einteilg. der Küche u. Speisekammer, Aufbewahrung der Ingredienzen, Anrichten der Speisen rc. u. e. Anh.: Vorschriften üb. das Tranchieren, Speisezettel rc. rc. 12., verb. u. verm. Aufl. Hrsg. v. Thdr. Schünemann. (VIII, 671 S.) 8. Frankfurt a/M. (904). J. D. Sauerländer. Geb. in Leinw. n. 4. 60

Schünemann-Pott, Fr. Die freie Gmde. Ein Zeugnis aus ihr und über sie ... Phila, 1861.

Schünemann-Pott, Friedr., Jesuitismus und Jesuitenfurcht. Noch ein Traktätchen. Lübeck 853. Boldemann. (Dittmer.) 16. (22 S.) 3 ngr.

Schuenemann-Pott, Friedrich. Lieder und Gedichte zum Gebrauch für Versammlung, Schule und Haus freier Gemeinden. Philadelphia: Selbstverlag, 1855. GSP

— die beiden Madiai in Florenz und der Fanatismus des religiösen Glaubens. Auch ein Traktätchen. 2. Aufl. Lübeck 853. Boldemann. (Dittmer.) 16. (16 S.) n. 2 ngr.

Schünemann-Pott, Frdr., „die Quellen der Religion" u. „Ihr geht zu weit!" rc. Skizzen zweier Reden gehalten vor der freien Gemeinde zu Lübeck. gr. 8. (26 S.) Lübeck 852, Stahl & Co. n. 4 ngr.

— was uns eint. Rede, den 11. Novbr. 1850 gehalten. gr. 8. (16 S.) Dessau 851, Fritsche. n. 1 ngr.

Schüngel, A., Tafeln zur graphischen Ermittelung dor Wassorgeschwindigkeit V f. trapezförmige Fluss- u. Grabenprofile. Zum Gebrauche boim Entwerfon von Meliorations-Anlagon bearb. Hrsg. m. Untorstützung des königl. prouss. Ministeriums f. Landwirtschaft, Domäuon u. Forsten. qu. gr. 4. (6 farb. Taf. m. VIII S. Toxt.) Hannover (900). B. Pokrantz. Geb. in Loinw. n. 5. —

Schüngel, Joseph Beiträge zur Geschichte der Stadt Warburg. I. Warburg im siebenjährigen Kriege. 4 (S. 3—17, 1 Karte) Progr. G. *Warburg* 1887 (344).

Schüngel, Iosephus ⟨geb. am 18 Aug. 1844 in M.-Gladbach⟩: De tichogonia polymorpha ... Bonnae, typ. Carthausianis (1866). 30 S., 1 Bl. 8.

Bonn, Phil. Fak., Diss. v. 12 Juli 1866

Schüngel, Th. Jos., theoretische Anleitung zur Erlernung der französischen Sprache für Anfänger, in Verbindung mit F. Ahn's praktischem Lehrgange. 1. Cursus. 8. (VIII u. 168 S.) Gladbach 851. (Cöln u. Neuß, Schwann.) n. 5/12 Rthlr.

Schüngel, Th. Jos., theoretische Anleitung zur Erlernung der französischen Sprache für Anfänger, in Verbindung mit Fr. Ahn's prakt. Lehrgange. 1. Cursus. 2. Aufl. 8. (IV und 168 S.) M.-Gladbach 853. (Crefeld, Kühler.) -

Schüngel, Th. Jos., theoretische Anleitung zur Erlernung der französischen Sprache für Anfänger, in Verbindung mit Dr. Fr. Ahn's praktischem Lehrgange. 1. Cursus. 2. Aufl. M.-Gladbach 853. Riffarth. gr. 8. (3 Bl., 168 S.) 12½ ngr.

Schüngel, T. J., franz. Sprachlehre f. d. untern Klassen in Bürger- u. Töchterschulen, so wie auch zum Privatunterr. f. d. zartere Alter. 8. (12½ B) Barmen 831. [Elberfeld, J. W. Schmachtenberg.]

Schunggart, J., u. J. J. Lorenz, Vorlag-Blätter zu Erlern. d. Schönschreibekunst. Lith. ½ Fol. (21 Bl.) Carlsruhe 835, Wagner. (Braun'sche Hofbuchh.) •

Schünhoff, Heinr., aus der freien Gemeinde zu Bremen. Zwei Reden gehalten vor ihr und nach Gemeinde-Beschluß dem Drucke übergeben. gr. 8. (29 S.) Bremen 850. (Geisler.) n. 4 ngr.

Schunk, Carl, s.a. Schunk, Karl

Ueber den Zwekk [!] der Maurerei im Allgemeinen und für unsere Zeit insbesondere. Eine Rede, gehalten am Johannisfeste 5818 in der g. u. v. □ Libanon z. d. drei Ced. im Or. von Erlangen von dem derzeitigen Redner [d. i. F. C. C. **Schunk**]. [Erlangen 1818]: Hilpert. 17 S. 4⁰ [Umschlagtit.] Selten.

Schunk, Fr. Chr. K.

— Jahrbücher d. deutsch. jurist. Litt., s. Jahrbücher.

Schunk, Fr. Chr. K., das Staatsrecht des Königr. Baiern. 1r Bd. gr. 8. Erlang. 824. Palm u. E. 2 ℛ 16 gr

Schunk, Heinrich Eduard (Manchester)
Ueber die Producte der Einwirkung von Salpetersäure auf Aloe.
[In: Annalen d. Chemie u. Pharmacie, Bd 39 (1841) 1.]
Dr. phil. Giessen 9.9.1841.

Schunk, J., s. S c h u n c k, Julius

Schunk, Ignaz, s.a. S c h u n c k

Schunk, Ign., notio dogmatum S. Scripturae utriusque Testamenti etc. 4. Landshut, Kopp.

Schunk, Ign., notio dogmatum S. Scripturae utriusque Testamenti etc. 4. Landsh. 772. (Storno). 18 gr

Schunk, Jh. Nikl., († d. 7. Mai 1820?) e. Bemerkk. über e. paar Worte an unsre Geistliche. 8. Hamb. 807.

Schunk, Jh. Pet., († d. 6. Aug. 1814.) Beitrr. zur Mainzer Geschichte, mit Urkunden. 3 Bde à 4 Stcke. 8. Frkf. a. M. 788—91. Fleischer. 3 ℛ

Schunk, (J. P.,) Codex diplomaticus etc., s. C o d e x.

— Lebensbeschreib. d. Erzbischofs u. Kurfürsten Heinrichs II. od. des Nudipes Antistes. Mainz 182..

Schunk, Karl

Schunk, Carl: Aus der medicinischen Klinik zu Bonn. Die Beziehungen der Syringomyelie zu peripheren Verletzungen. *Bonn 1898: A. Henry.* (47 S.) 8°
Bonn, Med. Diss. v. [19. Febr.] 1898

Schunk, Wilhelm [aus Crefeld]: Beitrag zur Operation hochsitzender Rectumcarcinome ... Würzburg, Druck v. F. Fromme, 1894; 46 S. 8.
Würzburg, Med. Fak., Inaug.-Diss. v. 1894

Schunke, Adreßbuch für die Stadt Erfurt, s. A d r e ß b u c h.

Schunke, A., die Maschinen-Elemente. Leitfaden für den Unterricht an Maschinenbauschulen u. Hilfsbuch f. den Techniker in der Praxis. (98 S. m. 116 Abbildgn.) 8. Leipzig 906. B. F. Voigt. 1.50; geb. 2.25

Schunke, Carl, s. S c h u n k e, Karl

SCHUNKE, E. Huldreich (Aubits): Ueber Mediastinaltumoren.- München: Bayer. Landeszeitung 1883. 44 S. 23.7.1883 - Urk (Titel: De mediastini tumoribus.): Chr 1883/84,12
Diss. Ingolst-Landsh.-Mchn.

Schunke, Gust., Entgegnung auf Dr. von Campes Lehrerbesoldungsk..ssen. Berlin 1909. 8°.

Die Gehaltsverhaltnisse sämtlicher Lehrpersonen an den offentlichen Volksschulen (Berlin ausgeschlossen) nach d. 'Amtl. Statistik' am 27. Juni 1901 bearb. von Gustav **Schunke**. Als Ms. gedr. (Halle 1905: Brügge & Wurzbach) (16 S.) 8° [Kopft.] [05. 15970 3

Petition des Volksschullehrers Gustav **Schunke** in Halle a. S. zur Revision des Lehrerbesoldungsgesetzes vom 3. Marz 1897. [Eing. T.] (Eilenburg 1907: C. W. Offenhauer.) (8 S.) 4° [08. 7883 3

Eine statistische Studie über das Besoldungswesen der Volksschullehrer in Preussen am 27. Juni 1901. Nach d. 'Amtl. Statistik' f. d. prakt. Gebr. bearb. von Gustav Schunke, Volksschullehrer. Halle a. S. 1907: Brügge & Wurzbach. (74 S.) 4°(2°) [Text autogr.] [07. 4302 3

Eine statistische S t u d i e über die Einkommensteuer-Verhältnisse nach d. 'Vergleichenden Nachweisen d. Ergebnisse d. Einkommensteuer-Veranlagung' in 15 Jahren von 1892 bis 1906. Von Gustav **Schunke**. [Nebst] 2 Anl.
Als Ms. gedr. Halle a. S. 1908: Brügge & Wurzbach. 4° [Autogr.]

1. W a r u m können örtliche Verhältnisse nicht zum Massstabe einer Lehrer-Besoldung gemacht werden. 2. Die 'Vierstaffelung d. Lehrergehälter' nach d. Pädagog. Zeitung. [Verf.: Gustav **Schunke**, Volksschullehrer. Halle a/S. 1908: Brügge & Wurzbach.] 16 S. 4° [Autogr.]

Schunke, H., Beitrag zur Theorie der Stabilität schwimmender Körper. gr. 8. (VII, 64 S. m. 1 Steintaf.) Kiel 880. Universitäts-Buchh. n. 2. —

Schunke, H., allgemeine Erdkunde f. höh. Lehranstalten. Unter Zugrundelegg. des E. v. Seydlitzschen großen Lehrbuchs der Geographie bearb. (IV, 188 S. m. 117 Abbildgn.) gr. 8. Leipzig 906. F. Hirt & Sohn. Geb. n. 2.25

— Länderkunde f. höh. Lehranstalten. Unter Zugrundelegg. des E. v. Seidlitzschen großen Lehrbuchs der Geographie bearb. (VIII, 436 S. m. 66 Abbildgn.) gr. 8. Ebd. 903. Geb. in Leinw. n. 4. —

Schunke, H., Landeskunde des Königr. Sachsen f. sächs. Lehrerbildungsanstalten. Bearb. unter Zugrundelegung der Landeskunde v. Lungwitz u. Schröter. Mit 44 Abbildgn. in Schwarzdr., 4 Taf. m. 8 farb. Dorfplänen u. 1 farb. geolog. Karte des Königr. Sachsen. gr. 8. (72 S.) Leipzig 902. F. Hirt & Sohn.
Geb. in Leinw. n. 1.60

Schunke, H. C. Kaffraria und die östlichen Grenz-Distrikte der Cap-Kolonie. 1:750000 bzw. 1:1500000. 1 Bl. c. A. Sch.

Schunke, Karl

Schunke, Carl, approb. Arzt aus Beuthen O.S.: Ein casuistischer **Beitrag** zur Lehre von der Dystrophia muscularis progressiva (Erb). *Greifswald 1901: J. Abel.* (28 S.) 8°
Greifswald, Med. Diss. v. 3. Apr. 1901

Schunke, O.: Festschrift zur 75jähr. Jubelfeier der Bielefelder Schützengesellschaft 22. Juli 1906. Bielefeld, 1906.

Schunke, Paul, s. S c h u n c k e, Paul

Schunke, Thdr Hnr., Geographische Vertheilung des Viehbestandes im Deutschen Reich nach der Viehzählung vom 10. Jan. 1873 kartographisch und tabellarisch dargestellt. Inaug.-Diss. (Sep.-Abdr. a. d. phys.-stat. Atlas des Deut. Reichs von R. Andree u. O. Peschel.) Bielefeld u. Leipzig 1877. Fol. . . . . (LBk.; D.)

Schunke, Thdr Hnr., Deutschlands Wasserstrassen. 1:3,700000. Lith., kolor. Gotha 1877. . . . . (RPA.)

Schuenke, Emilius, Holsatus: De Traiectione coniunctionum et pronominis relativi apud poetas latinos. Kiliae 1906: Lüdtke & Martens. (129 S.) 8°
Kiel, Phil. Fak., Ref. Sudhaus, Diss. v. 18. Juni 1906
[Geb. 31. Dez. 81 Kiel; Wohnort: Kiel; Staatsangeh.: Preußen; Vorbildung: Gymn. Kiel Reife O. 01; Studium: Marburg 1, Berlin 2, Kiel 7 S.; Rig. 17. Febr. 06.]

Schunken, F. Wlh., das Preuß. Handels- u. Wechselrecht. Ober vollständ. Handlungs-Codex d. Preuß. Staats nach Anleit. der bestehend. Gesetze u. Verordnn. bearb. 2 Bde. 8. Elberf. 831. Schönian. 3 ℛ

S c h u n k e n, F. W.: „Ueber das Rechtsverhältniss zwischen Herrschaft und Gesinde; nach den Bestimmungen der Gesinde-Ordnung vom 8. November 1810", Elberfeld 1816 (Büschler).

— üb. die Rechtsverhältnisse zwischen Herrschaften u. Gesinde, nach den Bestimmungen d. kön. Preuß. Gesinde-Ordnung &c. 8. Elberf. 816. (Schönian). 5 gr

— die allgem. Städte-Ordnung f. die königl. Preuß. Monarchie 2c., s. Städte-Ordnung.

Schlinmann, Jh. Chr., Rigaisches Adreß-Buch. 8. Mitau 810. (280 S.)

Schumsko (D.). Dschiu-Dschitsu. 1906. Leipzig. 8°. (78 S. m. Abb.) M. —.80

Schunsui, Tamenaga, treu bis in d. Tod. Histor. Roman aus Japan. Nach d. Bearbeitung v. Edward Grey u. Schinitschiro Saito m. allein. Berechtigg. ins Deutsche übertr. v. Ant. Hensel. 8. (236 S.) Stuttgart 895. J. G. Cotta Nachf. n. 3.—; geb. n. 4.—

Schunter, Georg Philipp (Engelthal/Bay.) A. S. 1379/38

Historia trisagii. Präs. Sigismund Jakob Baumgarten. Halle (Hilliger) 11.I.1744. 39 S.

Gew.: Stadt Nürnberg.
W. v.: Präs., Benedikt Gottlob Clauswitz. 31915

Schuster, G. P., (praes. S. J. Baumgarten) historia trisagii. Hal. 1733. 4.

— — s.a. Baumgarten, Siegmund Jakob

Schunter, Georg Philipp (Engelthal/Bay.)
U. S. Altdorf lose Phs.

Principium identitatis indiscernibilium.
Präs. Eberhard Jakob Degen.
Altdorf (Meyer) 28.II.1741. 18 S.

Gew.: Hieronymus Wilhelm Ebner, Adam Rudolph Geuder, Burkard Sigismund Holzschuher. 31914

Schuöcker Alois: Die Philosophie und ihre Aufgaben. II. 1877 PN 66 Diss. Wien, Univ.

Schuon, Herm., die neuen ehelichen Güterrechte. Gemeinverständlich erläutert. Volks-Ausg. Mit e. Anh. v. Beispielen. (46 S.) 8. Stuttgart (909). E. Leupoldt. p — 40

— Tagberechnungs-Tabellen zur schnellen u. fehlerlosen Berechnung der Tage, das Jahr sowohl zu 365 als auch zu 360 Tagen gerechnet. (376 S.) 8. Stuttgart 910. J. B. Metzler. Kart. 3.70

— Wer ist gebildet? Studie. (17 S.) 8. Stuttgart (908). E. Leupoldt. — 40

Schuon, Karl

Schuon, Carl [aus Reutlingen (Württemberg)]: Über 316 Fälle zu Geburt bei engem Becken. Aus d. geburtshilflichen Poliklinik Charité zu Berlin. . . . Berlin, Buchdr. v. Gustav Schade (Otto Francke) (1889); 30 S. + 1 Bl. 8°
Berlin, Med. Fak., Inaug.-Diss. v. 30. Aug. 1889

Schupan, G. W., der Hausfreund, od. Samml. bester Mittel u. Vorschriften f. Haus-, Landwirthschaft u. Gesundheitskunde, zur Beförderung d. Wohlstandes u. d. Wohlbefindens. Ein nützl. Buch f. Jedermann. 8. (6 B.) Quedlinburg 830, Ernst.

Schupan, G. W., der Hausfreund, enth. 88 Geheimnisse z. Vertilgung schädl. Insekten, Reinigung d. Wirthschaftsgeräthe 2c. u. (30) beste Hausmittel wider d. gewöhnl. Krankheiten d. Menschen. 8. (6 B.) Quedlinburg 841, Ernst'sche Buchh. Thlr.

— latein. Sprachlehre f. Anfänger, zum Gebr. f. Schulen u. zum Selbstunterricht. 8. Leipz. 824. Wienbrack. 10 gr.

Schupart, J. C., secta Karaeorum. Jen. 1721. 4.

Schupart, Ioh. Gfr., examen apologiae pro nepote ejusque chiliasmo ad L. Petersen. 4. Giesen, Müller. 727.

Schupart, Johann Gottfried [Präs.] u. Joh. Ludw. Hind (Welderode) [Autor et Resp.]
Augustana Confessio per Tridentinos patres non triumphata sed triumphans.
Giessae 28. Juni 1730: Müller. (2). 92, (2) S. 4°

Schupart, Jo. Gottfr. [Präs.] u. Joh. Heinr. Schwarz (Lauterbach) [Resp.]
Dissertatio exegetico-theologica de gratia Paulo ad ministerium data, ex epistola ad Galatas cap. I. commat. 15. 16.
Giessae 7. Okt. 1728: Müller. 58 S. 4°

Schüpbach, Albert, aus Steffisburg: Ueber den Einfluss der Galle auf die Bewegungen des Dünndarmes. (Aus dem physiologischen Institut der Universität Bern.) München [1909.] IV + 41 S. 8°. S.-A. aus „Zeitschrift für Biologie." Band 51. [11. V. 10.]
Bern. Med. Diss. 1909/10.

Schüpbach, Albert. Über den Einfluss der Galle auf die Bewegungen des Dünndarmes. (Aus dem physiologischen Institut der Universität Bern.) Diss. Med. Bern. [Mit Figuren.] Sonderabdruck aus «Zeitschrift für Biologie». Band 51. IV + 41 S. 8. München, R. Oldenbourg, (1910).

Ferdinand Albrecht David Schuepbach
Von dem therapeutischen Gebrauche des Bilsenkrautes. Würzburg 1818: Nitribitt. 48 S. 8°
Würzburg, Med. Diss. v. 1818

Schüpbach, Max: Beiträge zur Kenntnis der Hernien. Bern 1898. 32 S. 8°.
Bern. Med. Diss. 1898/99.

Schüpbach, Paul [Arzt in Oberdiessbach]: Beitrag zur Uranoplastik mit besonderer Berücksichtigung der Frühoperation. (Mit einer Tabelle.) Bern 1901. 31 S. 8°.
Bern. Med. Diss. 1901/1902.

Schüpbach, Paul. Beitrag zur Uranoplastik, mit besonderer Berücksichtigung der Frühoperation. Diss. Med. Bern. [Mit 1 Tabelle.] 31 S. 8. Bern, Neukomm & Zimmermann, 1901.

Schüpbach, P[eter], Arzt von Steffisburg: Aus dem Physiologischen Institut der Universität Bern. Beiträge zur Anatomie und Physiologie der Ganglienzellen im Zentralnervensystem der Taube. Mit 1 Tafel und 2 Textfiguren. München 1905. 38 S. 8°. [26. VII. 05.]
Bern. Med. Diss. 1905/1906.

Schüpbach, P[eter]. Beiträge zur Anatomie und Physiologie der Ganglienzellen im Zentralnervensystem der Taube. Diss. Med. Bern. Mit 1 Tafel und 2 Textfiguren. [Sep.-Abdr. aus: Zeitschrift für Biologie.... Band 47. Neue Folge Band 29. Heft 3.] 38 S. 8. München, R. Oldenbourg, 1905.

Schüpel, Blanca, die elegante Weiß-Stickerin. Eine Sammlung der neuesten u. modernsten Muster zum Weiß-Sticken. Fol. Reichenbach in Schlesien 842, George. In Etui n. 2/3 Thlr.

Schupfer, P. Edmundus — Oratio in confirmatione Reverendissimi, Perillustris et Amplissimi Domini Domini Alberti elecci Abbatis in antiquissimo Monasterio S. Petri Salzburgi ad Reverendissimum ac Clarissimum Dominum Dominum Josephum Moosleckner Ecclesiae Metropolitanae Salzburgensis Canonicum Capitularem etc. et ad hunc Confirmationis actum a Reverendissimo, Celsissimo et Excellentissimo Domino Domino Maximiliano Josepho Principe Archiepiscopo Salzburgensi etc. etc. delegatum. Habita XVI. Kalend. Martii, 1857. in Capella aulica Mirabellae a P. Edmundo Schupfer. Salisburgi. Ex typographia Duyleana. (4 Bl. 4.)

Schupfer, Franc., s.: Bortaldi, Jacobi, splendor Venetorum civitatis consuetudinum.

Schupfer di Chioggia, Franc., degli ordini sociali e del possesso fondiario appo i Longobardi. Investigazioni storiche. Lex.-8. (149 S.) Wien 861, (Gerold's Sohn.)
Aus: Sitzungsberichte der k. Akademie der Wissenschaften, Jahrg. 1860, besonders abgedruckt.

Schüpfer, J. M., üb. Entstehung u. Eintheilung d. Seuchen bei den Hausthieren. 8. Freiburg 825. (Fr. Wagner). 15 gGr.

Schüpfer, J. M., Versuch einer Darstellung des Wesens, der Entstehung und Einteilung der Seuchen bei den Haustieren. 8. Freiburg 25. Wagner. M. 1.90

Schüpfer, Vincenz, Dr., Kgl. Bayer. Forstamtsassist. 1. Kl. an d. forstl. Versuchsanst. München: Die Entwickelung des Durchforstungsbetriebes in Theorie und Praxis seit der 2. Hälfte des 18. Jahrhunderts, dargestellt unter besonderer Berücksichtigung der bayerischen Verhältnisse. *München 1903: Kastner & Callwey.* (VI, 111 S.) 8° * (Soll fortgesetzt werden.)
München, Staatswirtsch. Hab.-Schr. v. 1903
(Nicht für den Austausch)

Schüpfer, Vincenz, die Entwickelung des Durchforstungsbetriebes in Theorie u. Praxis seit der 2. Hälfte des 18. Jahrh., dargestellt unter besond. Berücksicht. der bayer. Verhältnisse. (VI, 111 S.) gr. 8. München 903. J. Lindauer. n. 2.—

Schüpfer, Vincenz, Assist. d. forstl. Versuchsanst. München: Rentabilitäts-Untersuchungen in Kiefernbeständen der Oberpfalz. *Langensalza 1901: Beyer & Söhne.* (73 S.) 8° [F.]
München, Staatswirtsch. Diss. v. 1901

Schupke, Albert

Schupke, A., Heimatkunde des Kreises Pleß O/S. Beilage zur Flemmingschen Schulkarte des Kreises Pleß O/S. (19 S.) 8. Glogau (906). Berlin, C. Flemming. —10

Schupke, Alexand. (Anton.) (geb. Berlin 17. 3. 1831): De hepatitide interstitiali. Berolini (1856). (28 S.) 8°
Berlin, Med. Diss. v. 30. Sept. 1856

Anton Ernst Schupke
De Luxatione spontanea atlantis et epistrophei. Berolini (1816:) Starck. II, 55 S. 4
Berlin, Med. Diss. v. 31. Aug. 1816
2. Ex.: Mx 4° 29 (3)

Schupke, A. E., de luxatione spontanea atlantis et epistrophei. 4maj. Berl. 816. Dümmler. 14 gGr.

Schupmann, Adph., der Branntwein u. seine Folgen. Einige Worte zur Beherzigung an seine lieben Landsleute. 8. (68 S.) Paderborn 852, Schöningh. n. 3 ngr.

Schupmann, Joan. Guil. Adolp(hus) (geb. Geseke 1801): De scirrho ventriculi. Berolini (1825). (32 S.) 8°
Berlin, Med. Diss. v. 16. Nov. 1825

Schupmann, L., die Medial-Fernrohre. Eine neue Konstruktion f. grosse astronom. Instrumente. gr. 8. (V, 146 S. m. 28 Fig.) Leipzig 899. B. G. Teubner. n. 4.80

Architektur-Bilder von L[udwig] Schupmann. Eine Sammlung von 40 Lichtdrucktaf. nebst Titelbl. nach Handzeichn. d. Verf. Aachen: J. A. Mayer in Komm. 1905. (40 Taf.) 4° [07. 8565]

— L.: Entwürfe, architektonische, angefertigt von Studierenden der königl. techn. Hochschule zu Aachen.

Schupmann, Xaver: Dreissig Schädel von Epileptischen. Halle 1873: Lipke. 44 S., 1 Bl. Tab., 1 Taf. 8°
Halle-Wittenberg, Med. Diss. v. 17. März 1873
Geb. Geseke (Westf.) 17. 10. 1847. V.

Schupp's, Joh. Balth., Lebensbeschreibung, s.: Bischoff, Th.

Schupp, der Selbstmord und die theologische Kritik. gr. 8. (27 S.) Mannheim [Straßburg] 874, Schneider's Verlag.

Schupp, Bahn-Hygiene, s.: Miniatur-Bibliothek.

Schupp, A., Oberammergau u. sein Passionsspiel, s.: Bruckmann's illustr. Reiseführer.

— Tirol, s.: Bruckmann's illustr. Reiseführer.

Schupp, A., Tirol, s.: Gsell Fels.

Schupp, Alois, Immortellen-Kränze auf die Gräber unserer Lieben. Ausgewählte Sammlung von Gebeten und Betrachtungen aus mehreren Andachtsbüchern für kathol. Christen. 16. (72 S.) Graz 868, Pock. [Verlag Leykam-Josefsthal.] *

Schupp, Ambros., S. J., el ángel de los esclavos, s.: Desde lejanas tierras.

Schupp, Ambros: Ein Besuch am La Plata. — Freiburg i. Br.: Herder 1891. IX, 248 S. mit 38 Ill.

Schupp, Ambros, die Carreira, s.: Familien-Bibliothek.

— Der Engel der Sklaven, s. a. Aus fernen Landen.

Schupp, Ambros. Der Engel der Sklaven. Eine Erzählung aus Brasilien. Von A' Sch' S. J. Mit vier Bildern [Tafeln, und illustriertem Umschlag]. VI + 74 S. 8. Freiburg im Breisgau, Herder, (1906). (M. —.80, geb. 1. —)
Aus fernen Landen... Bändchen 22...

— Zwei Erzählungen f. Volk u. Jugend. (304 S. m. Abb.) kl. 8. Paderborn 909. Bonifacius-Druckerei. 3.—

Fern der Heimat. Gedichte von Ambros Schupp, S. J. [Bdch. 1.] Paderborn: Bonifacius-Dr. 1894. 8° [11. 7450]

Fern der Heimat. Gedichte von Ambros Schupp, S. J. 2., verm. Aufl. Paderborn: Bonifacius-Dr. 1904. (300 S.) 8° [F.] [05. 5943]

— Fern der Heimat. Gedichte. 2. Bdchn. (188 S. m. Bildnis.) kl. 8. Ebd. 909. 1.80

Die Sieben Finken. Märchen von P[ater] Ambros Schupp, S. J. Mit 1 Titelbild u. 3 Text-Ill. 2., verb. Aufl. Paderborn: Bonifacius-Dr. [1904]. (135 S.) 8° [F.] [05. 5944]

— die sieben Finken. Märchen. 3., verb. Aufl. (181 S. m. Abbildgn. u. 1 Farbdr.) kl. 8. Paderborn 906. Bonifacius-Druckerei. n. 1.20

Die Glücksmühle. Märchen mit vielen Bildern von P. Ambros **Schupp**, S. J. Paderborn: Bonifacius-Dr. 1906. (116 S.) 8° [F.] [07. 6516 6

Hereingefallen. Lustspiel in 3 Akten von P. Ambros **Schupp**, S. J. Paderborn: Bonifacius-Dr. 1909. 40 S. 8°

— Die Kaiserblume u. Die Königstochter. Zwei Märchen m. Bildern. (102 S.) kl. 8. Ebd. 908. Geb. in Leinw. 1. 60

—— das Lilien-Veitle. Märchen. 12. (127 S.) Paderborn 888, Bonifacius-Druckerei. *

— das Lilien-Veitle. Märchen. 2., verm. Aufl. 12. (140 S.) Ebd. 894. Kart. n. 1. 20

Schupp, Ambros, S. J., das Lilien-Veitle. Märchen. 3. Aufl. 12. (162 S. m. Abb.) Paderborn 899. Bonifacius-Druckerei. n. 1. 20

Das Lilien-Veitle. Märchen mit vielen Bild. von P[ater] Ambros **Schupp**, S. J. 4. Aufl. Paderborn: Bonifacius-Dr. 1904. (162 S.) 8° [F.] [04. 5462

Lilien-Veitle. Märchen mit vielen Bild. von P. Ambros **Schupp** S. J. 5. Aufl. Paderborn: Bonifacius-Dr. 1907. (147 S.) 8°

Das große Los. Lustspiel in 3 Akten von P. Ambros **Schupp**, S. J. *Paderborn: Bonifacius-Dr. 1903.* (43 S.) 8° [F.] [04. 15260

Neue Märchen von P. Ambros **Schupp** S. J. Mit vielen Bild. Paderborn: Bonifacius-Dr. 1909. 160 S. 8°

Die 'Mucker'. Eine Erzählung aus d. Leben d. deutschen Kolonieen Brasiliens in d. Gegenwart. Von Ambros **Schupp**, S. J. *Paderborn: Bonifacius-Dr. 1900.* (VIII, 368 S.) 8° [F.] [01. 8226

Die 'Mucker'. Eine Episode aus d. Geschichte d. deutschen Kolonien von Rio Grande do Sul, Brasilien. Von P. Ambros **Schupp**, S. J. 2., verb. u. verm. Aufl. Mit Ill. Paderborn: Bonifacius-Dr. 1906. (VII, 352 S.) 8° [F.] [07. 6317 6

Schupp, Ambros, S. J., Mutterthränen. Märchen. 12. (148 S.) Paderborn 895. Bonifacius-Druckerei. 1. —

— dasselbe. 2. Aufl. 12. (148 S. m. Abb.) Ebd. 896. n. 1. 40; kart. n. 1. 60

— Mutterthränen. Märchen. 3. Aufl. 12. (148 S. m. 8 Vollbildern.) Ebd. 901. n. 1. 20

Muttertränen. Märchen von P. Ambros **Schupp**, S. J. Mit 8 Bild. 4. Aufl. Paderborn: Bonifacius-Dr. 1906. (148 S.) 8° [F.] [07. 6318 6

— Neue Märchen. (159 S. m. Abbildgn.) kl. 8. Ebd. 909. 1. 20

Der Schatzgräber. Lustspiel in 5 Akten von P. Ambros **Schupp**, S. J. Paderborn: Bonifacius-Dr. 1907. (56 S.) 8° [F.] [08. 3602

Schupp, Ambros., S. I., der Sternwirt. Lustspiel in 3 Akten. (48 S.) kl. 8. Paderborn 907. Bonifacius-Druckerei. — 40

Treu bis in den Tod. Drama in 5 Akten von P. Ambros **Schupp**, S. J. Paderborn: Bonifacius-Dr. 1905. (118 S.) 8° [F.] [06. 1913

Der rechte Vetter. Schauspiel in 3 Akten von P. Ambros **Schupp**, S. J. *Paderborn: Bonifacius-Dr. 1903.* (64 S.) 8° [F.] [04. 15263

Wege und Abwege. Novelle von P. Ambros **Schupp**, S. J. Mit vielen Abb. *Paderborn: Bonifacius-Dr. 1903.* (271 S.) 8° [F.] [03. 6161 6

Wege und Abwege. Novelle von P. Ambros **Schupp**, S. J. 2. Aufl. Paderborn: Bonifacius-Dr. 1910. 275 S. 8° [11. 6333 6

Die Zwillinge. Lustspiel in 5 Akten von P. Ambros **Schupp**, S. J. *Paderborn: Bonifacius-Dr. 1903.* (36 S.) 8° [F.] [04. 15264

Schupp, Anton, k. u. k. Major-Auditor, Lehrer an der technischen Militär-Akademie. Rechtslehre, enthaltend die Grundzüge des Militär-Strafrechtes, des Militär-Strafverfahrens, des Privat-, Staats- und Völkerrechtes, verfasst im Auftrage des k. u. k. Reichs-Kriegs-Ministeriums zum Gebrauche in den Militär-Akademien. I. Militär-Strafrecht, Militär-Strafverfahren, Privat- und Völkerrecht. II. Österreichisch-ungarisches Staatsrecht. (2 Bde.) 8. Wien u. Leipzig 1899—1902.

Schupp, Ant., Rechtslehre enth. die Grundzüge des Militär-Strafrechtes, des Militär-Strafverfahrens, des Privat-, Staats- u. Völkerrechtes, verf. im Auftrage des k. u. k. Reichs-Kriegs-Ministeriums zum Gebrauche in den Militär-Akademien. I u. II. gr. 8. Wien, W. Braumüller. n. 4. —
I. Militär-Strafrecht, Militär-Strafverfahren, Privat- u. Völkerrecht. (XV, 152 S.) 899. n. 2. 50
II. Oesterreich-ungar. Staatsrecht. (IV, 90 S.) 902. n. 1. 50

— dasselbe, enth. die Grundzüge des Militär-Strafrechtes, ferner einzelne Abschnitte aus dem Militär-Strafverfahren, aus dem Privat- u. Völkerrechte, bearb. im Auftrage des k. u. k. Reichs-Kriegsministeriums. Ausg. f. die k. u. k. Cadettenschulen. gr. 8. (VIII, 72 S.) Ebd. 899. Geb. n. 1. 40

Schupp, A., Rechtslehre, enth. die Grundzüge des Militärstrafrechtes, ferner einzelne Abschnitte aus dem Militärstrafverfahren, aus dem Privat- u. Völkerrechte, bearb. im Auftrage des k. k. Reichskriegsministeriums. Ausg. f. die k. u. k. Kadettenschulen. 2. neu bearb. Aufl. (VII, 75 S.) gr. 8. Wien '06, W. Braumüller. Geb. in Leinw. 1. 40.

(**Schupp**, August.) Durch die Schweiz in 14 Tagen. Zugleich ein Führer für Benutzer der Eisenbahn-Generalabonnements. Hrg. von Leo Woerl. ([Neubearb.] durch A' Sch'.) Mit 21 Reisevorschlägen, praktischen Winken, [6] Stadtplänen..., (1 Uebersichtskarte vom Vierwaldstättersee)einer Eisenbahnkarte und einer Karte der Schweiz. 324 S. + *Anzeigen.* 8. Leipzig, Woerl's Reisebücher-Verlag. (1910). (M. 1. 50)
Woerl's Reisehandbücher.

Schupp, Ed., Eisenbahntelegraphie. Leitfaden f. Eisenbahnbeamte, Freunde der Technik u. des Verkehrswesens. Mit besond. Berücksicht. der bei den grossh. bad. Staatseisenbahnen verwendeten Telegraphen-, Fernsprech-, elektr. Signal- u. Block-Apparate bearb. Mit 62 Abbildgn. gr. 8. (V, 84 S.) Waldshut 899. (A. Böhler.) n. 1. 60

Schupp, Falk, Psychosilhouetten. gr. 8. (94 S.) Wien 893. L. Weiß. n. 3. —

Schupp, Gustav, a. Wiesbaden: Über N-Methylolsalicylamid und über Benzoylierungs-Produkte des Salicylamids. Weida i. Thür. 1905: Thomas & Hubert. (71 S.) 8°
München, Phil. Fak., Ref. v. Baeyer, Diss. v. 19. Juli 1905
[Geb. 21. März 80 Wiesbaden; Wohnort: Wiesbaden; Staatsangeh.: Preußen; Vorbildung: Gymn. Wiesbaden Reife O. 99; Studium: Freiburg i. B. 3, München 10 S.; Rig. 19. Juli 05.]

Schupp, Heinrich [genannt Falk Schupp, aus Darmstadt]: Die Grundbegriffe der Psychologie Herbarts in ihrem empirischen und metaphysischen Zusammenhang. Darmstadt 1896. 60 S. 8°.
Basel. Phil. Diss. 1896/97.

Schupp, Joh., William Lovett, e. Führer der ersten engl. Arbeiterbewegung, s. a. Kultur- u. Fortschritt.

Schupp J. William Lovett, ein Führer der ersten englischen Arbeiterbewegung. (22 S.) (Kultur und Fortschritt 244/45) Gautzsch 1909

Schupp, Johann Balthasar

— — Dienst-Mägde, Die listigen und ungetreuen, in Entdeckung ihrer Künste reich zu werden, dem beygefüget die ehrbare und scheinheilige Hure Corinna, allen unkeuschen und in Lastern ersoffenen Leuten zur Warnung, nebst einer Vorrede, wie man Küche, Holzboden, Waschhaus .... redend machen könne. Leipzig, Gessner, 1749. 8⁰. (2 Rthl. Asher, Berlin, 1873, mit der Jahrz. „1740" [Druck- oder Lesefehler statt 1749]; 24 Sgr. Scheible, Cat. 21; 3 Mk. Theod. Ackermann; jetzt theurer!)

TKpf., 15⅓ Bog. Mit Kpf. u. Holzschnitten. Die angehängte Satyre ist von *Balth. Schuppius*. — Zuerst angezeigt im M. M. V. 1749. C 4b; Cat. Meissner I. p. 771; Brentano's Bibl. p. 181.

— — Dasselbe. Ibid. 1751. 8⁰.

Schupp, J. B., der Freund in der Not, s.: Neudrucke deutscher Literaturwerke des XVI. u. XVII. Jahrh.

Schupp, Joh. Balth., Gedenk' daran Hamburg! oder eine Catechismus-Predigt von dem dritten Gebot: „Gedenke des Sabbaths, daß du ihn heiligest!" Am Freitage nach Mariä Heimsuchung im Jahr 1656 gehalten. gr. 8. (2½ B.) Berlin 842, (J. A. Wohlgemuth, Berl.)

— — Warhafftes Conterfait, der verkehrten Dienstboten, vorstellend Die Sieben bösen Geister, so dieselbe regieren. Vormals von Hrn. D. *Schuppen* edirt; Anietzo mit nöthigen Anmerckungen erläutert, und einem *Anhang* Von der verkehrten Hausshaltung und wohlgeplagten Lehr-Jungen vermehret. Auf Kosten guter Freunde. O. O. u. J. (Frankf. a. M., Geiger, 1712.) 8⁰. (In Berlin: an Yz 622.)

TKpf., 133 SS. War auch in Vilmar's Bibl. — Druckort u. Verleger nennt das O. M. V. 1712. F 3a.

— — Land-Plage, Die rechte, des heutigen Gesindes, Böser Knechte u. Mägde, Von welchen Herren und Frauen anjetzo, mehr als jemahln, unmenschlich geplaget, ja gepeiniget werden. Frommen Herren u. Frauen zum Trost, Bösen Knechten u. Mägden aber zum Abscheu, und ihrer Besserung, das GOtt gebe! Nach Schuppianischer Feder wieder hervor gegeben. Im Jahr Christi 1704. Leipzig, bey Johann Christoph Miethen. 8⁰.

77 S. (incl. Tit., 2 Bll. Vorrede u. 3 Bll. Anhang). Ungemein seltene, nirgends citirte Bearbeitg. d. alten Schrift d. *Schuppius* („Die Sieben böse Geister" ....).

Schupp, Joh. Balthasar. Der teutsche Lehrmeister.
s. Neudrucke pädagogischer Schriften.

Schupp, Johann Balthasar (Giessen) Sch. L. 382[ac]

Dissertatio de opinione. Ed. 2.
Leiden (Verbessel) 1703. 128 S.

Diss. Marburg 1639. 31918

— — Lehrreiche Schrifften von *J. B. Schuppen*. Franckfurt a. M., Drucks und Verlags B. C. Wusts, 1677. 8⁰.

— — Dasselbe. 2 Thle. Hamburg 1701. 8⁰.

— — Dasselbe, tit.: *J. B. Schuppen* sämmtliche Lehrreiche Schrifften. 2 Thle. Franckfurt a. M., MDCCXIX. (1719.) 8⁰.

— Vom Schulwesen, s. Neudrucke pädagogischer Schriften.

Schupp, Joh. Balthasar, Streitschriften, s.a. Neudrucke deutscher Litteraturwerke des XVI. u. XVII. Jahrh.

Johann Balthasar **Schupp**: Streitschriften. Hrsg. von Carl Vogt. T. 1. 2. Halle: Niemeyer 1910–11. 8°
(Neudrucke deutscher Litteraturwerke d. 16. u. 17. Jhs. Nr 222–227.) [11. 4504 6]

Schupp, Johannes: Die sozialen Verhältnisse im Hamburger Hafen. Kiel 1908: Lüdtke & Martens. 98 S. 8°
Kiel, Phil. Diss. v. 16. Sept. 1908, Ref. Bernhard
[Geb. 5. Okt. 83 Hamburg; Wohnort: Hamburg; Staatsangeh.: Hamburg; Vorbildung: Oberrealsch. vor d. Holstentor Hamburg Reife M. 03; Studium: Jena 3, Berlin 1, Straßburg 1, Kiel 5 S.; Rig. 28. Juli 08.] [U 09. 2339

Schupp, Karl Max, approb. Arzt aus Leisnig: Anale und axillare Temperaturmessungen von Wöchnerinnen. *Leipzig 1903: B. Georgi.* (37 S.) 8°
Leipzig, Med. Diss. v. (8. Aug.) 1903

Schupp, Ottok., der Städtmeister Rülin Baarpfennig v. Straßburg. Eine Erzählg. aus dem deutschen Städteleben d. 13. Jahrh. Für die Jugend u. das Volk. Mit 4 Abbildgn. (in Stahlst.) 16. (154 S.) Wiesbaden 873. Niedner. — 75

— Brand um Brand. Eine amerikan. Auswanderergeschichte. Der Jugend u. dem Volke erzählt. 16 (146 S. m. 4 Stahlst.) Ebend. 873. — 75

Schupp, Ottokar, die Brüder. Eine Geschichte auf der „roten Erde" zur Zeit der Femgerichte. Erzählt der deutschen Jugend u. dem Volke. Mit 4 (Stahlst.-)Abbildungen. 12. (112 S.) Wiesbaden 882. Niedner. cart. — 75

Schupp, Ottok., das Büchlein vom Vater Arndt, dem Sänger deutscher Freiheit und dem Propheten deutscher Größe und Einheit. Der Jugend und dem Volke gewidmet. 16. (130 S. mit 4 Abbild. in Stahlst.) Wiesbaden 872, Niedner. cart.

Schupp, Ottok., das Büchlein vom Vater Arndt, dem Sänger deutscher Freiheit u. dem Propheten deutscher Größe u. Einheit. Der Jugend u. dem Volke gewidmet. 2., neu durchgeseh. Aufl. (104 S. m. 4 Abbildgn.) kl. 8. Altenburg 906. St. Geibel. Kart. n. — 50; geb. n. — 75

Schupp, Ottokar, Im Busche. Eine austral. Geschichte der Jugend und dem Volke erzählt. gr. 16. (108 S. mit 4 Abbild. in Stahlst.) Wiesbaden 876, Niedner. cart.

Schupp, Ottok., im Busche. Eine austral. Geschichte, der Jugend u. dem Volke erzählt. 12. (112 S. m. 4 Abb.) Altenburg 900. St. Geibel. Kart. n. — 50; geb. n. — 75

— die Ehre des Vaters. Eine brasilianische Geschichte, der deutschen Jugend u. dem Volke erzählt. Mit 4 (Stahlst.-)Abbildungen. 12. (144 S.) Ebend. 881. 82. cart. — 75

—— die Ehre des Vaters. Eine brasilian. Geschichte, der deutschen Jugend und dem Volke erzählt. 12. (144 S. mit 4 Abbild. in Stahlst.) Ebendas. 882. cart.

Schupp, Ottokar

Im Eise. Eine grönlandische Geschichte der Jugend und dem Volke erzuhlt. Mit 4 Abb.
Wiesbaden: Niedner 1875. 126 S. 8°

Schupp, Ottokar, im Eise. Eine grönländ. Geschichte, d. Jugend u. d. Volke erzählt. 2. Aufl. 12. (104 S. m. 4 Abb.) Altenburg 893. St. Geibel. Kart. — 75; geb. n. 1. —

Schupp, Ottokar, die Entstehung des Klosters Arnstein. Historische Erzählung aus der ersten Hälfte des 12. Jahrhunderts für die Jugend u. das Volk. Mit 4 Abbildgn. (in Stahlst.) Wiesbaden 868. Niedner. 16. (108 S.) cart. 7½ ngr.

Schupp, Ottok., die Entstehung des Klosters Arnstein. Histor. Erzählg. aus der ersten Hälfte des 12. Jahrh. f. die Jugend u. das Volk. Unverkürzte Orig.-Ausg. 2., v. Johs. Erler durchgeseh. Aufl. (88 S. m. 4 Abbildgn.) kl. 8. Altenburg 909. St. Geibel. Kart. p — 50; geb. in Bibliotheksbd. od. in Leinw. — 75

— die Eroberung Wiesbadens im Jahre 1282 durch die Eppensteiner. Eine Erzählung für die deutsche Jugend u. das Volk. Mit 4 Abbildungen (in Stahlst.). gr. 16. (134 S.) Ebend. 878. cart. — 75

—— Es giebt noch Wunder. Fünf Erzählgn. aus dem Leben. 12. (165 S.) Herborn 892, Buchh. d. Nass. Colportage-Vereine. * — 60; geb. * — 80; eleg. geb. * 1 —

— unter den Falschmünzern. Jugenderinnerungen e. alten Herrn. Der Jugend u. dem Volke erzählt. Mit 4 Abbildgn. (in Stahlst.) gr. 16. (124 S.) Ebend. 876. — 75

— unter den Falschmünzern. Jugenderinnerungen e. alten Herrn. Der Jugend u. dem Volke erzählt. 12. (106 S. m. 4 Abb.) Ebd. 900. Kart. n. — 50; geb. n. — 75

— die Flüchtlinge im Steinthal. Eine Erzählung aus dem Leben Oberlins. Für die Jugend u. das deutsche Volk. Mit 4 Abbildungen (in Stahlst.). gr. 16. (118 S.) Ebend. 879. cart. — 75

— die Flüchtlinge im Steintal. Eine Erzählung aus dem Leben Oberlins. Für die Jugend u. das deutsche Volk. 1. Aufl., 2. Abdr. (103 S. m. 4 Stahlst.) kl. 8. Ebd. 904. Kart. — 50; geb. n. — 75

— die beiden Freunde oder Peters Reise nach Japan. Eine Geschichte der Jugend u. dem Volke erzählt. Mit 4 Abbildungen (in Stahlst.). Ebend. 869. 16. (146 S.) cart. 7½ ngr.

— die beiden Freunde od. Peters Reise nach Japan. E. Geschichte, d. Jugend u. d. Volke erzählt. 2. Aufl. 12. (120 S. m. 4 Stahlst.) Ebd. 894. Kart. — 75; geb. n. 1. —

— Die beiden Freunde od. Peters Reise nach Japan. Eine Geschichte, der Jugend u. dem Volke erzählt. Unverkürzte Orig.-Ausg. 3., v. J. Erler durchgeseh. Aufl. (120 S. m. 4 Vollbildern.) kl. 8. Ebd. 910. Kart. p — 50; geb. in Bibliotheksbd. od. in Leinw. — 75

— Friedrich Wilhelm I., König v. Preußen. Ein Lebensbild f. die Jugend u. das Volk bearb. Mit Abbildgn. (in Stahlst.) gr. 16. (123 S.) Ebend. 873. — 75

Schupp, Ottok. Friedrich Wilhelm I, König von Preussen. (123) 16. Wiesbaden 1873. 0,75.

— Friedrich Wilhelm der große Kurfürst. Der Bahnbrecher f. Preußens u. Deutschlands Größe. Ein Lebensbild der Jugend u. dem Volke dargestellt. Mit 4 Abbildgn. (in Stahlst.) 16. (155 S.) Ebend. 873. — 75

Schupp, Ottok. Friedrich Wilhelm der grosse Kurfürst. (155) 16. Wiesbaden 1873. 0.75.

— Friedrich Wilhelm, der große Kurfürst. Der Bahnbrecher f. Preußens u. Deutschlands Größe. Ein Lebensbild. der Jugend u. dem Volke dargestellt. 2. Aufl. 12. (124 S. m. 4 Stahlst.) Altenburg 894. St. Geibel. Kart. — 75

— der Fuhrmannsjunge im Krieg. Erzählung f. die Jugend u. das Volk. Mit 4 Abbildgn. (in Stahlst.) 16. (129 S.) Ebend. 871. — 75

— d. Fuhrmannsjunge im Krieg. Erzählg. f. d. Jugend u. d. Volk. 2. Aufl. 12. (102 S. m. 4 Abb.) Ebd. 898. Kart. n. — 50; geb. n. — 75

— der Fürst u. sein Hofprediger. Eine Geschichte am Ende des 30jährigen Krieges, der Jugend u. dem Volke erzählt. Mit 4 Abbildungen (in Stahlst.). 16. (119 S.) Ebend. 880. cart. — 75

Schupp, Ottokar, James Garfield, Präsident der Vereinigten Staaten Nordamerikas. Ein Lebensbild. Mit 4 (Stahlst.-) Abbildgn. 12. (99 S.) Wiesbaden 887. Niedner. cart. — 75

— der Feldmarschall Graf Neithardt v. Gneisenau, der Kriegsmeister deutscher Freiheit. Für die Jugend u. das Volk. Mit 4 Abbildgn. (in Stahlst.) gr. 16. (112 S.) Ebend. 870. — 75

— Der Feldmarschall Graf Neithardt v. Gneisenau, der Kriegsmeister deutscher Freiheit. Für die Jugend u. das Volk. Unverkürzte Orig.-Ausg. 2., v. Joh. Erler durchgeseh. Aufl. (96 S. m. 4 Abb.) kl. 8. Ebd. 907. Kart. p — 50; geb. in Bibliotheksbd. od. in Leinw. — 75

— der Hexenmüller in der Wisper. Eine Gespenstergeschichte ohne Gespenster. Der Jugend u. dem Volke erzählt. Mit 4 Abbildgn. (in Holzschn.) gr. 16. (116 S.) Ebend. 877. — 75

— der Hexenmüller in der Wisper. Eine Gespenstergeschichte ohne Gespenster. Der Jugend u. dem Volke erzählt. 1. Aufl., 2. Abdr. (98 S. m. 4 Abbildgn.) kl. 8. Ebd. 903. Kart. n. — 50; geb. n. — 75

— Hurdy-Gurdy. Bilder aus einem Landgängerdorfe. Bielefeld 867. Velhagen & Klasing. 8. (99 S.) cart. n. 8 ngr.

Schupp, O., Hurdy-Gurdy. Bilder aus e. Landgängerdorfe. 3. Aufl. 12. (129 S.) Barmen 887. Klein. n. 1. —

— Joseph in Ägypten. Ein Lebensbild, der deutschen Jugend u. dem Volke dargestellt. Mit 4 (Stahlst.-) Abbildungen. 12. (104 S.) Ebend. 883. cart. — 75

— der Kassendiebstahl. Eine Erzählung nach Thatsachen aus einer Reichsstadt, Ende vorigen Jahrhunderts, für die Jugend u. das Volk. Mit 4 Abbildungen (in Stahlst.). gr. 16. (124 S.) Ebend. 879. cart. — 75

— das verlorene Kind. Eine Auswanderergeschichte f. die deutsche Jugend u. das Volk. Mit 4 Abbildgn. (in Stahlst.). 12. (112 S.) Ebend. 884. cart. — 75

—— Kirmes! Ein Bild aus dem Dorfleben. 1. und 2. (Titel-) Ausg. 12. (116 S.) Barmen 880,84. Klein. cart. *

— die Klemenskirche. Erzählung aus der Zeit der Raubritter f. die deutsche Jugend u. das Volk. Mit 4 (Stahlst.-) Abbildgn. 12. (118 S.) Wiesbaden 885. Niedner. cart. — 75

— feurige Kohlen. Eine Geschichte nach Thatsachen aus der Zeit Karl d. XII. v. Schweden. Für die Jugend u. das Volk. Mit 4 Abbildgn (in Stahlst) gr. 16. (103 S.) Ebend. 870. — 75

— feurige Kohlen. Eine Geschichte nach Thatsachen aus der Zeit Karls des XII. v. Schweden. Für die Jugend u. das Volk. 2., neu durchgeseh. Aufl. 12. (89 S. m. 4 Abb.) Ebd. 900. Kart. n. — 50; geb. n. — 75

— das große Los. Der Rettungsengel. Zwei Erzählgn. aus dem Leben. 12. (74 S.) Herborn 892. Buchh. d. Nass. Colportagevereins. n. — 25

— Louise, Königin von Preußen. Ein Lebensbild für die Jugend u. das Volk bearb. Mit 4 Abbildgn. (in Stahlst.) Wiesbaden 869. Niedner. 16. (112 S.) cart. 7½ ngr

— Luise, Königin v. Preußen. Ein Lebensbild, f. d. Jugend u. d. Volk bearb. 3. Aufl. 12. (98 S. m. 4 Abb.) Ebd. 891. Kart. — 75; geb. n. 1. —

— dasselbe. 4., m. d. 3. v. O. Schupp durchges. gleichlaut. Aufl. 12. (98 S. m. 4 Abb.) Ebd. 898. Kart. n. — 50; geb. n. — 75

— Luise, Königin v. Preußen. Ein Lebensbild, für die Jugend u. das Volk bearb. Unverkürzte Orig.-Ausg. 5., v. Joh. Erler durchgeseh. Aufl. (98 S. m. 4 Abbild.) kl. 8. Ebd. 907. Kart. n — 50; geb. in Bibliotheksbd. od. in Leinw. — 75

— die Meerlins. Eine Dorfgeschichte. Der deutschen Jugend u. dem Volke erzählt. Mit 4 Abbildungen (in Stahlst.). gr. 16. (104 S.) Wiesbaden 880. Niedner. cart.

— unter den Menschenfressern v. Borneo. Eine Erzählg. f. die deutsche Jugend u. das deutsche Volk. Mit 4 (Stahlst.-)Abbildgn. 12. (109 S.) Ebend. 886. cart. — 75

— das Nationaldenkmal auf dem Niederwald. Eine Erzählg. f. die deutsche Jugend u. das Volk. Mit 4 (Stahlst.-)Abbildgn. 12. (120 S.) Ebend. 886. cart. — 75

Schupp, Ottokar, der Onkel in Batavia. Eine Javanische Geschichte, der Jugend u. dem Volke erzählt. Mit 4 Abbildungen (in Stahlst.). 12. (127 S.) Wiesbaden 881. Niedner. cart. — 75

—— die Pfarrfrau von Hestrich. Eine wahre Geschichte, nach den Acten des Idsteiner Archivs der Jugend und dem Volke erzählt. 16. (98 S. mit 4 Abbild. in Stahlst.) Ebendas. 869. cart.

— der Pfarrer Plebanus v. Miehlen. Eine histor. Erzählg. aus der letzten Hälfte d. dreißigjähr. Krieges f. die Jugend u. das Volk. Mit 4 Abbildgn. (in Stahlst.) gr. 16. (119 S.) Ebend. 870. — 75

Schupp, Ottok., der Postraub in Würges. Eine Erzählung nach mündl. und schriftl. Ueberlieferungen. Für die Jugend und das Volk. gr. 16. (149 S. mit 4 Stahlst.) Wiesbaden 873. Niedner.

— die Rache ist mein. Eine Erzählg. f. die deutsche Jugend u. das deutsche Volk. Mit 4 (Stahlst.-)Abbildgn. 12. (114 S.) Ebend. 885. cart. — 75

— Dudo v. Rüdelin. Eine Erzählung aus der Zeit des 2. Kreuzzuges für die deutsche Jugend u. das deutsche Volk. Mit 4 Abbildungen (in Stahlst.). 12. (128 S.) Ebend. 881. cart. — 75

—— Der Schulmeister v. Zendelbach, s. Volksbibliothek, deutsche, für Leservereine u. d. Haus.

— der Sieg der Liebe. Vier Dorfgeschichten. (228 S.) 12. Herborn 903. Buchh. des nass. Colportagevereins. n. — 70; geb. in Bibliotheksbd. n. 1. —; in Leinw. n. 1. 20

— e. verlorener Sohn, s.: Hausbibliothek, Bd. 15.

— der Stanhub. Eine Erzählung für die Jugend u. das Volk. Mit 4 Abbildungen (in Stahlst.). 16. (123 S.) Ebend. 880. cart. — 75

—— der Freiherr vom Stein, des Rechtes Grundstein, des Unrechtes Eckstein, des deutschen Volkes Edelstein. Der Jugend und dem Volke erzählt. 16. (144 S. mit 4 Abbild. in Stahlst.) Wiesbaden 868. Niedner. cart.

— der Freiherr (Umschlag: Reichsfreiherr) vom Stein, des Rechtes Grundstein, des Unrechtes Eckstein, des deutschen Volkes Edelstein. (Ein Lebensbild.) Der Jugend u. dem Volke erzählt. 3., neu durchgeseh. Aufl. (124 S. m. 4 Vollbildern.) kl. 8. Altenburg 905. St. Geibel. Kart. n. — 50; geb. n. — 75

— der Tabuntschik. Eine südrussische Geschichte, nach den Mittheilungen eines Jugendfreundes der Jugend u. dem Volke erzählt. Mit 4 Abbildungen (in Stahlst.). gr. 16. (117 S.) Ebend. 878. cart. — 75

— drei Tage aus dem Leben e. Kreuzträgers, s.: Volksbibliothek, deutsche.

— im finsteren Thale. Eine Erzählg. f. die Jugend u. das Volk. Mit 4 Abbildgn. (in Stahlst.) 16. (126 S.) Wiesbaden 872. Niedner. — 75

— im finsteren Tale. Eine Erzählg. f. die Jugend u. das Volk. 2. Aufl. (112 S. m. 4 Abbildgn.) kl. 8. Ebd. 903. Kart. n. — 50; geb. n. — 75

— Theobald. Eine Erzählg. aus den Sachsenkriegen im 8. Jahrh. Für die Jugend u. das deutsche Volk. Mit 4 (Stahlst.-)Abbildgn. 12. (136 S.) Ebend. 887. cart. — 75

— der Turmbau auf den Halligen. Eine Erzählg. f. die Jugend u. das Volk. Mit 4 Abbildgn. (in Stahlst.). 12. (96 S.) Ebend. 884. cart. — 75

— vom Rhein zur Donau. Eine Erzählg. f. die deutsche Jugend u. das Volk. Mit 4 Abbildgn. (in Stahlst.). 12. (118 S.) Wiesbaden 888. [Niedner.] Stuttgart, Greiner & Pfeiffer. cart. — 75

— auf dem Wachholder. Eine rheinische Klostergeschichte aus dem Bauernkriege. Der deutschen Jugend u. dem Volke erzählt. Mit 4 (Stahlst.-)Abbildungen. 12. (104 S.) Ebend. 883. cart. — 75

— Kaiser Wilhelm I. Ein Lebensbild für die deutsche Jugend u. das deutsche Volk. Mit 4 Abbildgn. 12. (148 S.) Altenburg 889. Geibel. cart. — 75; geb. n. 1. —

— Wilhelm v. Oranien, der Begründer der niederländischen Freiheit. Ein Lebensbild der deutschen Jugend u. dem Volke dargestellt. Mit 4 Abbildgn. (in Stahlst.) gr. 16. (105 S.) Ebend. 875. — 75

Schupp, Ottok. Wilhelm von Oranien, der Begründer der niederländischen Freiheit. (105) 16. Wiesbaden 1875. 0.75.

Schupp, Ottokar
Der Wolkenbruch in der Wiegenau. Eine Geschichte aus unserer Zeit der Jugend und dem Volke erzählt. Mit 4 Abb.
Wiesbaden: Niedner 1875. 126 S. 8°

— der Wolkenbruch in der Wiegenau. Eine Geschichte aus unserer Zeit, der Jugend u. dem Volke erzählt. 1. Aufl., 2. Abdr. (107 S. m. 4 Abbildgn.) kl. 8. Ebd. 903. Kart. n. — 50; geb. n. — 75

— am Zambesi. Eine Geschichte aus Dr. Livingstones Entdeckungsreisen in Süd-Afrika. Der Jugend u. dem Volke erzählt. Mit 4 Abbildgn. (in Stahlst.) gr. 16. (112 S.) Ebend. 877. — 75

— am Zambesi. Eine Geschichte aus Dr. Livingstones Entdeckungsreisen in Süd-Afrika. Der Jugend u. dem Volke erzählt. 1. Aufl., 2. Abdr. (100 S. m. 4 Stahlst.) kl. 8. Ebd. 906. Kart. n. — 50; in Bibliotheks- od. Leinw.-Bd. n. — 75

— der blinde Zeuge. Eine wahre Geschichte, der Jugend u. dem Volke erzählt. Mit 4 Abbildgn. (in Stahlst.) gn. 16. (112 S.) Ebend. 877. — 75

Schupp, W., das Hofgüterwesen im Amtsbezirk Wolfach. Ein Beitrag zur Lösung der Frage über die Gebundenheit der Bauerngüter. gr. 8. (VI, 114 S.) Heidelberg 870, Emmerling. *

—— die Sparkassen des Großherzogth. Baden. Gemeinfaßliche Darstellung der Grundsätze derselben mit besond. Hinweisung auf die Sparkassen des Amtsbezirks Wolfach, nebst einem Musterstatut. 8. (52 S.) Wolfach 869. (Karlsruhe, Macklot.) *

Schupp, Wilhelm: Dissoziation des gasförmigen Schwefels und des Schwefelwasserstoffs. Bonn: Georgi 1909. 63 S. 8° ¶ (Ersch. etw. verändert auch in: Zeitschrift f. physikal. Chemie. Bd 68.)
Kiel, Phil. Diss. v. 7. Okt. 1909, Ref. Harries
[Geb. 7. März 83 Bautzen; Wohnort: Dresden; Staatsangeh.: Sachsen; Vorbildung: Annenschule Dresden Reife O. 02; Studium: München 4, Kiel 9 S.; Rig. 17. Juli 09.] [U 10. 4535

Schüepp, Hermann. Die Bewegungsänderungen starrer Körper bei plötzlichen Fixierungen. Diss. Phil. [II.] Univ. Zürich. [Mit Figuren.] 43 S. 8. Zürich. Zürcher & Furrer, 1910.

Schüepp, J. Beiträge zur schweizerischen Münzgeschichte 1850—94. In-4°. 154 S. Frauenfeld.

Schuppan, J., geistl. Lieder u. Betrachtungen, od. Blüthen u. Früchte natürl. Dichtergabe. Nebst e. Vorr. v. S—g. 12. (2 B.) Meißen 829, [Klinkicht u. Sohn.]

Schuppan, Paul [aus Wendisch-Buchholz]: Beiträge zur Kenntniss des Holzkörpers der Coniferen. . . . Halle a. S., Druck v. Ehrhardt Karras, 1889; 58 + 1 S. + 1 Bl. 8°
Halle, Phil. Fak., Inaug.-Diss. v. 14. Dez. 1889

(Schuppanzigh v. Frankenbach, Eman., k. k. Major i. P.) Der Nebel von Chlum. Militärischer Beitrag als Schlaglicht auf die officielle österreichische sowie preussische Darstellung des Feldzuges 1866. Von Einem der Nord-Armee. kl. 8. Prag 1867.

— — 3. verb. Aufl. mit 1 Bl. 1868.

(Schuppanzigh v. Frankenbach, Emanuel, k. k. Major i. P.) Das österreichisch ungarische Eisenbahnnetz und die Schlagfertigkeit der Armee. Eine militärische Studie vom Verfasser des „Nebels von Chlum". Mit einer Eisenbahn-Uebersichts-Karte. 8. Wien 1871.

Schuppe, A. (Frau Anna Benfey) Laura Bassi. Emanuel Astorga, f. a. Volksbücherei. Nr. 51.

(F) Schuppe, A., Laura Bassi. Emanuel Astorga. [Volksbücherei. Nr. 10.] 8°. (64 S.) Graz: Styria 1904. geb. K —.90

Schuppe, A. (Frau Anna Benfey-Schuppe), durch Kampf zum Sieg, s.: Aus Vergangenheit u. Gegenwart. 30.

Schuppe, A., das Kind und die Tierwelt. Erzählungen für Kinder von 5 bis 11 Jahren. 8. (164 S.) Patschkau 888, Buchal.

—— Waldmärchen. kl. 8. (112 S.) Ebendas. 887.

— Waldmärchen. 12. (111 S.) Ebd. 889.

Schuppe, Emil, Aus Deutschlands zerrissener Zeit, Vaterländ. Festsp. in 4 Akt. u. 2 Bild., Niederoderwitz i. Sa., 52 S., 8°.

Schuppe, Emilie, s.: Frey, H. M.

Schuppe, Ern. Julius Guil. (geb. Brieg 5. 5. 1836): De anacoluthis Ciceronianis maxime in libris de officiis scriptis et Tusculanis disputationibus. Berolini (1860). (109 S.) 8°
Berlin, Phil. Diss. v. 25. Okt. 1860

Schuppe, F., die Aufhebung d. Kirchenpatronats. gr. 8. (36 S.) Berlin 871. C. Heymann's Verl. — 75

Schuppe, F., die Vermögens-Verwaltung in den katholischen Kirchengemeinden. Erläuterungen, Rathschläge und Beispiele in Anlehnung an das Gesetz vom 20. Juni 1875, für kathol. Kirchenvorstände und Gemeindevertretungen zusammengestellt. gr. 8. (X, 106 S.) Köln 883, Du Mont-Schauberg'sche Buchh. *

—— das Wesen und die Rechtsverhältnisse der neueren religiösen Frauengenossenschaften. Zum pract. Gebrauche dargestellt. gr. 8. (XVI, 162 S.) Mainz 868, Kirchheim.

Schuppe, Fr. H., Handbuch des Hamburg. bürgerl. Processes. 2., bericht. Ausg. 8. (9 B.) Hamburg 829, Herold.

Schuppe, G. Ph., Variae interpretationes carminis Horatiani ad C. Asinium Pollionem. quod primum in libro sec Od. obtinet locum. Pr. 1828. 17 S. 4°. 1.—

Schuppe, H., Kochbuch. 4. Lübeck. 727.

Schuppe, Joh. Balt., bestrafte Entheiligung d. Sabbaths. 8. Hamburg. 706.

— sämmtl. lehrreiche Schriften. 2 Thle. 8. Frkf. Andreä. 719.

Schuppe, Nicolai, Beiträge zur Chemie des Holzgewebes. Inaugural-Dissertation. gr. 8. (39 S.) Dorpat 882. (Schnakenburg.) n. 1. —

Schuppe, Wilhelm

Schuppe, W., der Begriff d. subjektiven Rechts. gr. 8. (VI, 376 S.) Breslau 887. Koebner. n. 9. —

Schuppe, W.: Logische Betrachtungen. I. Beuthen 1867.
Schul-/Univ.-Schrift

Schuppe, Wilh., das menschliche Denken. Berlin 870. Weber's Verl. gr. 8. (IV, 269 S.) n. 1 Thlr 15 Ngr

Schuppe, das Gewohnheitsrecht, zugleich e. Kritik der beiden ersten Paragraphen des Entwurfs e. bürgerl. Gesetzbuches für das Deutsche Reich. gr. 8. (XII, 193 S.) Breslau 890. Koebner. n. 5. —

Schuppe, Wilh., Grundriss der Erkenntnistheorie u. Logik. gr. 8. (VIII, 186 S.) Berlin 894. R. Gaertner. n. 3. —

Schuppe, Wilh., Grundriss der Erkenntnistheorie und Logik. 2. durchgeseh. Aufl. (X, 189 S.) gr. 8. Berlin 910. Weidmann. 3. —

Schuppe, Wilh., Grundzüge der Ethik u. Rechtsphilosophie. gr. 8. (X, 400 S.) Breslau 881. Koebner. n. 9. —

Schuppe: Die aristotelischen Kategorien. 32 S.–Gleiwitz, Progr. 1866

Schuppe, Wilh., die Aristotelichen Kategorien. gr. 8. (71 S.) Berlin 871. Weber. n. 1. 25

— erkenntnisstheoretische Logik. gr. 8. (XI, 700 S.) Bonn 878. Weber. n. 16. —

— das metaphysische Motiv u. die Geschichte der Philosophie im Umrisse. Rede zur Feier des Geburtstages Sr. Maj. des Kaisers u. Königs am 22. März 1882 geh. zu Greifswald. gr. 8. (37 S.) Breslau 882. Koebner. n. 1. —

Schuppe, Wilh. Das Recht d. Besitzes, zugleich Kritik d. Entwurfes e. bürgerl. Gesetzbuches f. das deutsche Reich. gr. 8. (IV, 169 S.) Bresl. 891, Koebner. 4 —

Schuppe, Wilh., d. Recht u. d. Ehe. [Aus: „Zeitschr. f. immanente Philosophie".] gr. 8. (16 S.) Berlin 896. Dr. R. Salinger. n. — 50

Schuppe, Wilh., was ist Bildung? im Anschluß an die Petition um Zulassung der Realgymnasialabiturienten zum jurist. Studium. gr. 8. (27 S.) Berlin 900. [R. Gaertner.] Weidmann. n. — 80

— s.: Zeitschrift f. immanente Philosophie.

— der Zusammenhang v. Leib u. Seele, das Grundproblem d. Psychologie, s.a. Grenzfragen d. Nerven- u. Seelenlebens. 13.

Der Zusammenhang von Leib und Seele das Grundproblem der Psychologie. Von Dr. Wilhelm Schuppe. *Wiesbaden: J. F. Bergmann 1902.* (67 S.) 8°
— Grenzfragen d. Nerven- u. Seelenlebens. H. 13.

Schurpel, G. A., Katechismus der deutschen Stenographie, f. Webers illustrirte Katechismen.

Schüppel, O., die Krankheiten der Leber, s.: Handbuch der speciellen Pathologie u. Therapie.

Schüppel, Oskar, Untersuchungen über Lymphdrüsen-Tuberkulose sowie über die damit verwandten und verwechselten Drüsenkrankheiten. gr. 8. (VIII, 142 S. mit 4 lithogr. Taf. Abbildungen.) Tübingen 871, Laupp'sche Buchh. *

Schüppel, Wilhelm: Über den Einfluss der Beschaffenheit der Oberfläche von elektrischen Maschinen und der Tourenzahl auf die Erwärmung. 1902. 32 S. 8° • Ausz. in: Zeitschrift f. Elektrotechnik. Jg. 21. 1903.
Hannover, Dr.-Ing.-Diss. v. 20. 6. 1902

Schuppelius, W., Heft zum Berechnen aller Arten von Zins-Coupons. Schmal-Fol. (8 S.) Breslau 878. Maruschke & Berendt. n. — 60

Schuppelius, W., die Kaiser Wilhelms-Spende, allgemeine Stiftung für Renten- und Kapital-Versicherung als Alters-Versorgungs-Anstalt für das deutsche Volk. gr. 8. (23 S.) Breslau 883, Köhler. *

Schuppenhauer, Arthur, Referendar: Die Rückwirkung der Resolutivbedingung. Nach gemeinem Rechte u. bürgerl. Gesetzbuche. *Greifswald 1902: F. W. Kunike.* (58 S.) 8°
Greifswald, Jur. Diss. v. [5. Juni] 1902

Schuppenhauer, Richard, approb. Arzt aus Stargard i. P.: Zur Frage der tuberkulösen Infection durch Nahrungsmittel, mit besonderer Berücksichtigung der Milch. *Berlin 1900: J. S. Preuss.* (32 S.) 8°
Leipzig, Med. Diss. v. (24. Juli) 1900

Schuppenhauer, Rich., zur Frage der tuberkulösen Infection durch Nahrungsmittel, m. besond. Berücksicht. d. Milch. gr. 8. (32 S.) Berlin 900. M. Boas. n. — 80

Schuppert, Emil [aus Laasphe (Westfalen)]: Ueber die Wirkung es Thallinum sulfuricum bei Gonorrhoe. . . . Würzburg, Anton Boegler'sche Buchdr., 1889; 27 S. 8°
Würzburg, Med. Fak., Inaug.-Diss. v. 1889

Schuppert, Karl, Referendar: Begriff und rechtliche Bedeutung des Zubehörs nach dem Bürgerlichen Gesetzbuch und seinen Nebengesetzen. Wiesbaden 1905: C. Schnegelberger & Cie. (88 S.) 8°
Marburg, Jur. Fak., Ref. Leonhard, Diss. v. 9. März 1905
[Geb. 1. Juli 83 Frankfurt a./M.; Wohnort: Frankfurt; Staatsangeh.: Preußen; Vorbildung: Goethegymn. Frankfurt a./M. Reife Aug. 00; Studium: München 2, Leipzig 1, Bonn 1, Marburg 3 S.; Rig. 16. Jan. 04.]

Schüpphaus, Rob., über Formanhydroisodiamidotoluol [Methenylisotoluylendiamin]. Inaugural-Dissertation. gr. 8. (32 S.) Elberfeld 884. (Göttingen, Vandenhoeck und Ruprecht's Verlag.) *

Schuppius, C. E., s. la Croze, kurzer Begriff.

Schuppius, G. H., s. Schupp, Georg Philipp

Schuppius, G. W., Progr. de nonnullis Taciti locis. Hanov. 818. 4. (13 S.)

Schuppius, Geo. Ph., Anleit. zum Uebersetzen aus d. Deutschen ins Latein. f. Anfänger. 1r Thl. 8. Leipz. 800. Barth. 5 gr.

— Anweis. zu e. leichten u. gründl. Erlernung des französ. Lesens. 8. Cassel 779. (Luckhardt). 5 gr.

— Anweisung zur leichten Erlernung d. franz. Lesens. 8. Cassel, Griesbach. 799.

Schuppius, Geo. Phil., Auswahl aus d. allgem. Gesch., in tabellar. Form. Zum Schul- u. Privatgebr. gr. 4. (15½ B.) Hanau 835, Edler'sche Buchh.

Schuppius, Geo. Phil., Bemerkungen üb. einige Gegenstände d. latein. Grammatik. Progr. gr. 8. (2½ B.) Hanau 830, Edler. Thlr.

— Beschluß der Untersuchung üb. die latein. Bindeformel: non modo (non) — sed ne quidem u. über deren Synonyma. Programm. gr. 8. Hanau 820. Edlr. 6 gr.

— üb. die zweckmäß. Einrichtung e. Elementar-Sprachlehre überhaupt, insbesond. aber einer latein. u. französ.; e. methodolog. Abhandl. 8. Hannov. 798.

— französ. Elementarbuch, s. J. T. G. Holzapfel.

— Brevis praecipuar. de dilatatione regular. enumeratio. Progr. Hanov. 821. 4. (21 S.)

Schuppius, G. Ph., Grundriß d. Weltgeschichte nach d. einzelnen Staaten in synchronistischem Zusammenhange. 1r Thl. ältere Geschichte gr. 8. Hersfeld. (Marb. Krieger in Comm.) 815.

—— Handbuch d. neueren Geschichte f. d. oberen Classen höherer Lehranstalten u. zum Selbstunterr. 2 Bde. gr. 8. (24 u. 24½ B.) Hanau 833, 34, Edler. à 1 Thlr.

— dass. (Ausgabe mit 4 Steindrücken in 1 Bde.) gr. 8. Ebd. 833, 34. 2⅓ ₰

— Lectiones latinae vet. gentium historiam contin. etc. P. I. 8. Erfurt, Keyser. 805.

Schuppius, G. P., Lehrbuch der Weltgeschichte für die obern Classen gelehrter Schulen. 1r Thl. ältere Geschichte. gr. 8. Erfurt u. Gotha, Hennings. 818.

— — Dessen 2r Thl. mittlere Geschichte. Auch unt. d. Titel: Geschichte des Mittelalters. gr. 8. Ebend. 819.

Schuppii, G. Ph., Progr. Quando et quomodo discipulorum exercitationes in latine scribendo sint instituendae, brevis disputatio, cui accedit praecipuar. regular. enumeratio, de vocabulorum et enuntiationum variatione, dilatatione, contractione nec non de recto eorum ordine. Hanov. 819. 4. (22 S.)

Schuppius, G. H., Quomodo et quando discipulorum exercitationes in latine scribendo sunt constituendae. Progr. Hanov. 819. 4.

— tabulae synchronisticae ex historia veterum gentium etc. qu. Fol. Erfurt 805. Keyser. 8 gr.

Schuppius, G. P., Erste Übungen im Übersetzen aus dem Deutschen ins Lateinische. Coburg 815. 8. 18 gr.

— erste Uebungen zum Uebersetzen aus d. Deutschen ins Latein. 8. Coburg 817. Sinner. 20 gr.

— Untersuchung üb. die latein. Bindeformel: non modo (non) — sed ne quidem, u. üb. deren Synonyma. Einladungsschrift. gr. 8. Hanau 825. Edler. (Leipz., Hinrichs). 7 gr.

Schuppius, G. P., Progr., Philologisch-kritische Untersuchung über die Redensarten *nescio an ullus* und *n. an nullus*. Hanau 820. 8. (48 S.)

— Vorschläge zur Verbesserung d. Gelehrtenschulen in Kurhessen. 8. Hersf. 803.

Schuppius, Johann Balthasar, s. Schupp

Schuppius, Richard, appr. Arzt, Unterarzt b. Inf.-Reg. Nr. 81: Klimatische Einwirkungen im Lichte der Statistik. Berlin (1908): G. Schade. 28 S. 8°

Berlin, Med. Diss. v. 8. Dez. 1908, Ref. Rubner

[Geb. 8. Mai 84 Weißewarthe; Wohnort: Frankfurt a. M.; Staatsangeh.: Preußen; Vorbildung: Friedrich-Wilhelms-Gymn. Posen Reife O. 02; Studium: Freiburg i. B. 1, Berlin 10 S.; Coll. 20. Nov. 08; Approb. 5. Dez. 08.] [U 09. 105

Schupple, Ad., die schönsten Alpenblumen. 12 chromolithogr. Taf., enthaltend 26 der beliebtesten Alpenblumen, in getreuester Wiedergabe nach der Natur gemalt. Begleitender Text von Th. Berthold. gr. 8. (16 S.) Einsiedeln 887, Benziger und Comp. In Enveloppe

Schuppler, Joseph. k. k. Hauptm., commandirt in Milit. Lehrer-Institute zu Wr. Neustadt. Leitfaden für den Unterricht in den militärischen Aufsätzen und in der administrativen Manipulation bei den Unterabtheilungen der k. k. Armee. 2. Aufl. Zum Gebrauche der k. k. Schul-Compagnien bearb. (1 Bd. Text in 8. und 1 Bd. Beilagen in Fol.) Wien 1861.

Schuppli. M. Sch'... als Vorsteher der Neuen Mädchenschule in Bern.... Bern 1898 s. [Schlatter, Dora, und Schmid, Fanny].

Schuppli, K. E. [in Liestal]: Geschichte der Stadtverfassung von Solothurn. Basel 1897. VII,159 + 3 S. 8°.

Basel. Phil. Diss. 1897/98.

Schuppli, K. E., Geschichte d. Stadtverfassung v. Solothurn. gr. 8. (VII, 162 S.) Basel 897. B. Schwabe. n. 2. 40

Schuppli, M., e. Blatt aus d. elementaren Küchen-Chemie f. Koch- u. Haushaltungsschulen. D. Töchtern gewidmet, welche einsicht. u. thät. Hausfrauen werden wollen. gr. 8. (30 S.) Bern 895. H. Körber. n. — 45

Schuppli, M., Haus u. Schule, s.: Volksschriften, Berner.

Schuppli, Paul

Schuppli, P., die zweckmäßigste Bauart von Rinderstallungen und Düngerstätten, s.: Schwarz, A.

Schuppli, Paul [aus St. Gallen]: Einfluss der Kalbezeit ...ühe auf die Milcherzeugung und auf die Aufzucht ...

..., Molkerei-Zeitg, 1894; 87 S. 8.

...ipzig, Phil. Fak., Inaug.-Diss. v. [21. Sept.] 1894

SCHUPPLI, P.

(F) Leitfaden für die Viehhaltungscurse am Oberhof bei St. Gallen (Steiermark). Von Dr. P. Schuppli. Mit 26 Textabbildungen. Wien und Leipzig. 1900. Braumüller. Gr.-8°. 1:8 S. K 2.40

Schuppli, Paul. Monographie d. schweizerischen Braunviehes. gr. 8. (V, 56 S. m. 2 Lichtdr. u. 6 Holzschn.) Aarau 891, Christen's Verlag. * 1 —

Schuppli, Paul, und Bischofberger, Adolf. Eine alpwirtschaftliche Reise steierischer Landwirte in die Schweiz. Verfasst im Auftrag des steiermärkischen Landes-Ausschusses von Dr. Paul Schuppli und Adolf Bischofberger (St. Gallen). Mit 41 Textabbildungen [und 1 Karte]. 93 S. kl.-4. Oberhof-Buchau, Verlag der Landesgutsverwaltung (*Aufdruck:* Hofbuchh. Wilhelm Frick in Wien), 1902. Kr. 2. —

— Viehhaltung u. Alpwirtschaft, s.a. Thaer-Bibliothek.

Schuppli, P[aul]. Viehhaltung und Alpwirtschaft, einschliesslich der zugehörigen Betriebszweige: Futterbau, Milchwirtschaft und Schweinehaltung. Ein Leitfaden für Land- und Alpwirte, landwirtschaftliche Schulen und zum Selbststudium. 2. Aufl. des »Leitfaden für die Viehhaltungskurse am Oberhof«. Mit 50 Textabbildungen. VI + 204 S. 8. Berlin, Paul Parey, 1909. (geb. M. 2. 50)

(Thaer-Bibliothek.)

Schur, Ernst, Betrachtungen üb. die deutsche Kunst u. Kultur der Gegenwart. 1. Bd. Der Fall Meier-Gräfe. (VIII, 124 S.) 8. Gross-Lichterfelde 905. E. Schur. n. 3. —

Schur, Ernst, das Buch der 13 Erzählgn. kl. 4. (98 S.) Leipzig 902. Berlin, H. Seemann Nachf. Geb. n. 3. —

Der Dichter und das Theater. Von Ernst **Schur**. Berlin: Bondy 1910. 151 S. 8° [11. 9095

Dichtungen u. Gesänge. gr. 8. (178 S.) Ebd. (902.) n. 3. —

Schur, Ernst: Der Fall Meier-Gräfe. (Gr. Lichterfelde: Selbstverl. 1905.) (124 S.) 8°

= Schur: Betrachtungen über d. deutsche Kunst u. Kultur d. Gegenwart. Bd 1.

— Tiefurter Frühling. (Die Titel-Vignette zeichnete Frz. Christophe.) (29 S.) kl. 8. Berlin-Wilmersdorf 910. A. R. Meyer. 1.—; geb. 2—

Schur, Ernst, Führer durch die Kunstgeschichte, s.: Nach der Arbeit. 1.

— Gedanken üb. Tolstoi, e. Fragment. kl. 4. (150 S.) Ebd. 902. n. 2.—

Schur, Ernst, Grundzüge u. Ideen zur Ausstattung des Buches. breit gr. 8. (125 S.) Leipzig 901. Berlin, H. Seemann Nachf. n. 4.—

— u. Ilse Schur, das lustige Jahr. Bilderbuch. (12 farb. Bl.) 25×33 cm. Stuttgart 910. Loewe. Kart. 2.50; auf Pappe (12 farb. S.). Kart. 3.—

— — dasselbe. Ein Bilderbuch für die Kinderstube. Mit 12 (farb. Voll-)Bildern u. Versen. (24 S.) 25×33 cm. Ebd. (910). Kart. 3.—

Ernst Schur: Kind und Kunst. Berlin-Steglitz: Brandt 1910. 117 S. 8°

— das Leben der Seele. (135 S.) 8. Berlin 906. Oesterheld & Co. n. 2.—; geb. n. 3.—

— Einsame Liebe. (133 S.) kl. 8. Berlin 908. Oesterheld & Co. 3.—; geb. n 4.—

— Paraphrasen über das Werk Melchior Lechters. gr. 8. (39 S.) Ebd. 901. n. 2.—

Schur, Ernst, seht es sind Schmerzen, an denen wir leiden. 8. (259 S.) Berlin 897. Schuster & Loeffler. 3.—

Schur E. Von dem Sinn u der Schonheit der Japan. Kunst. (37 S.) Leipzig 1901

Ernst Schur. Die steinerne Stadt. (Berlin: Selbstverl. 1905.) (VI, 153 S.) 8°
[+s. 15607

— Der moderne Tanz. Mit 16 Kunstblättern. (VIII, 122 S.) gr. 8. München 910. G. Lammers. Kart. 6.—; Luxusausg. nn 20.—

SCHUR, E., Der moderne Tanz. Mit 16 Kunstblättern. München 1910. 8°. (Mk. 6—.) (3 Kr. 60 H., eleg. gebd., L. Rosner, Wien, 1912.)

— Weltstimme. (81 S.) 8. München(-Schwabing) (908). E. W. Bonsels. Kart. 6.—; geb. in Perg. n 10.—

Schur, Ferd., Auszug aus dem Berichte über eine im Auftrage Sr. Durchlaucht Carl Fürsten zu Schwarzenberg vom 5. Juli bis 15. Aug. 1853 unternommene botanische Rundreise durch Siebenbürgen, auf Anordnung der k. k. siebenbürgischen Statthalterei, redig. von Michael Fuss. gr. 8. (143 S.) Wien 861, Rospini.

Schur, Ferd. Dr.: Phytographische Mittheilungen über Pflanzenformen aus verschiedenen Floren-Gebieten des Oesterr. Kaiserstaates. Brünn 1877.

Schur, Ferd., Predigt bei der Einweihung der restaurirten evangelischen Kirche in Bielitz, am Toleranz-Jubiläumsfeste 13. Oktbr. 1881 geh. gr. 8. (13 S.) Bielitz 881. (Klagenfurt, Heyn.) n. — 40

Schur, Ferd., u. Rob. **Hertrich,** evangelisches Schulgesangbuch. Zum Gebrauch im Religionsunterricht u. Schulgottesdienst hrsg. 8. (VI, 144 S.) Bielitz 884. (Fröhlich.) geb. n.n. 1.—

51

Schur, Frdr., Grundlagen der Geometrie. (X, 192 S. m. 63 Fig.) Lex. 8. Leipzig 909. B. G. Teubner. 6.—; geb. 7.—

Schur, Frdr., Johann Heinrich Lambert als Geometer. Festrede bei dem feierl. Akte des Rektorats-Wechsels an der grossherzogl. techn. Hochschule Fridericiana zu Karlsruhe am 18. XI. 1904. (20 S.) Lex. 8. Karlsruhe 905. (G. Braun'sche Hofbuchdr.) n. — 60

Schur, Frdr., Lehrbuch d. analytischen Geometrie. gr. 8. (X, 216 S. m. Fig.) Leipzig 898. Veit & Co. n. 6.—; geb. in Leinw. n. 7.—

Schur, Friedr. (Heinr.) (geb. Maciejewo in Posen 27. 1. 1856): Geometrische Untersuchungen über Strahlencomplexe 1. und 2. Grades. Berlin (1879). (50 S.) 8°.
Berlin, Phil. Diss. v. 8. März 1879

Schur, Hirsch, aus Russland (Witebsk): Darmverletzungen durch stumpfe Gewalt. Basel 1906. 40 S. 8°.
Basel. Med. Diss. 1906/1906.

Schur, Hirsch. Darmverletzungen durch stumpfe Gewalt. Diss. Med. Basel. 40 S. 8. Basel, Fr. Reinhardt, 1906.

Schur, Johann Ferdinand

——— Beitraege zur Kenntniss des Florengebietes Siebenbuergen. Wien, 1856. 8°.

Schur, Issai, neue Begründung der Theorie der Gruppencharaktere. (27 S.) Lex.-8. Berlin 905. (G. Reimer.) n. 1.—
Sonderabdruck aus: „Sitzungsber. d. preuss. Akad. d. Wiss."

Schur, J., neuer Beweis e. Satzes über endliche Gruppen. gr. 8. (7 S.) Berlin 902. (G. Reimer.) n. — 50

Schur, Issai, über die Darstellung der symmetrischen Gruppe durch lineare homogene Substitutionen. (S. 664—678.) Lex. 8. Berlin 908. G. Reimer. — 50
Sonderabdruck aus: „Sitzungsber. d. preuß. Akad. d. Wiss."

— üb. d. reellen Darstellgn. d. endlosen Gruppen, s.: Frobenius, G.

— über e. Klasse v. endlichen Gruppen linearer Substitutionen. (15 S.) Lex.-8. Berlin 905. (G. Reimer.) n. — 50

Schur, Issai, aus Russland: Ueber eine Klasse von Matrizen, die sich einer gegebenen Matrix zuordnen lassen. *Berlin 1901: (Dieterich in Göttingen).* (74 S.) 8°
Berlin, Phil. Diss. v. 27. Nov. 1901

— über e. Satz aus der Theorie der vertauschbaren Matrizen. gr. 8. (6 S.) Ebd. 902. n. — 50
z Sonderabdr. aus: „Sitzungsber. d. preuss. Akad. d. Wiss."

— arithmetische Untersuchungen über endliche Gruppen linearer Substitutionen. (21 S.) Lex.-8. Ebd. 906. n. 1.—
z Sonderabdr. aus: „Sitzungsber. d. preuss. Akad. d. Wiss."

Schur, K., und Gust. **Schneiderreit,** Breslauer Morgenblatt rc., s. Morgenblatt.

Schur, M. Anwendung von Chromheizen auf Baumwolle. 1884.

Schur, Phil. Joh. Ferd., Enumeratio plantarum Transilvaniae exhibens: Stirpes phanerogamas sponte crescentes atque frequentius cultas, cryptogamas vasculares, characeas, etiam muscos hepaticasque. gr. 8. (XVIII und 984 S.) Wien 866, Braumüller. *

Schur, Phil. Joh. Ferd., enumeratio plantarum Transsilvaniae, exhibens: Stirpes phanerogamas sponte crescentes atque frequentius cultas, cryptogamas vasculares, Characeas, etiam muscos hepaticasque. Nova ed. gr. 8. (XVIII, 984 S.) Wien 885. Graeser. n. 18. —

Schur, Sam., e. Lieb in Liedern. 8. (147 S.) Berlin 895. F. Gottheiner. n. 3. —; geb. n. 4. —

Schur, T. Einiges über das Wesen der tragischen Dichtung Shakespeare's. Hagen, R., 1869. 14 S. 4.
Dasselbe. II. Hälfte. Ebd. 1870. 12 S. 4. Progr.

Schur, Wilh., Ableitg. relativer Oerter d. Mondes gegen d. Sonne etc., s.a. Abhandlungen d. kgl. Gesellschaft d. Wissenschaften zu Göttingen, Math.-phys. Kl.

Ableitung relativer Oerter des Mondes gegen die Sonne aus heliometrischen Messungen von Sehnenlängen ausgeführt auf d. Sternwarte zu Göttingen während d. partiellen Sonnenfinsternisse v. 1890 Juni 16 17 '(Beobachter: Schur, Ambronn u. Hayn)' u. v. 1891 Juni 6 '(Beobachter: Schur)'. Von Dr. Wilhelm Schur, Prof. d. Astronomie ... M. 3 Pl. d. Sternwarte nebst Verz. d. grösseren Instrumente. *Berlin: Weidmann 1898.* (26 S., 1 Pl.) 4.
— Abhandlungen d. Kgl. Gesellschaft d. Wissenschaften zu Göttingen. Math.-phys. Klasse. N. F. Bd 1. No 5.
— Mittheilungen, Astronomische, von d. Kgl. Sternwarte zu Göttingen. T. 5.

— Bestimmung der Masse des Planeten Jupiter aus Heliometer Beobachtungen der Abstände seiner Satelliten (Nova acta der Kais. Leop. Carol. Deutschen Akad. der Naturf., Bd. XLV, No. 3.) Halle 1882.

Schur, Wilhelm Weitere Mittheilung über die Ergebnisse von Pendelmessungen bei Göttingen (S.-A.) Nachrichten der Königl. Gesellschaft der Wissenschaften zu Göttingen Math.-phys. Klasse. 1895 Heft 4 Göttingen 1895. 4 S. 8°

— d. Oerter d. helleren Sterne d. Praesepe, aus d. am grossen Heliometer in Göttingen u. d. in früh. Zeit v. Winnecke am Bonner Heliometer angest. Beobachtgn. abgeleitet, s.a. Mittheilungen, astronom. v. d. kgl. Sternwarte zu Göttingen.

Die Oerter der helleren Sterne der Praesepe aus den am grossen Heliometer in Göttingen und den in früherer Zeit von Prof. (F. A. T.) Winnecke am Bonner Heliometer angestellten Beobachtgn abgeleitet von Dr. Wilhelm Schur, Prof. ... M. Ansichten d. Sternwarte u. d. Heliometers sowie 2 Sternkt. ... *Göttingen: Dr. d. Dieterich-schen Univ.-Buchdr. 1895.* (VIII, 314 S., 3 Taf., 2 Tab., 2 Kt.) 1 Bd 4.
— Mittheilungen, Astronomische, v. d. kgl. Sternwarte zu Göttingen. Th. 4.

— u. Alb. Stichtenoth, neue Reduktion der v. Wilh. Olbers im Zeitraum von 1795 bis 1831 auf seiner Sternwarte in Berlin angestellten Beobachtungen v. Kometen u. kleinen Planeten, s.a. Olbers, Wilh., sein Leben u. seine Werke.

Neue Reduktion der von Wilhelm Olbers im Zeitraume v. 1795–1831 auf seiner Sternwarte in Bremen angestellten Beobachtungen von Kometen u. kleinen Planeten. Nach den Originalms. berechnet v. Wilhelm Schur u. Albert Stichenoth in Göttingen. Berlin: J. Springer 1899. (160 S.) 4° (8°)
= Olbers, W.: Sein Leben u. s. Werke. Ergänzungsbd.

Schur W, unser Standpunkt im Weltall (nach d. Engl des R A Proctor). Heilbronn 1877

Schur, W., Sternhaufen *h* und χ Persei (Astron Mitth von der k. Sternwarte zu Göttingen. 6. Theil.) Göttingen 1900. 4°.

Schur, Wilh. Stern-Catalog, s.a. Mittheilungen, astronomische, v. der königl. Sternwarte zu Göttingen.

Schur, Wilhelm, Dr., Stern-Katalog, enthaltend 6900 Sternörter für 1860,0. Göttingen 1891.

Schur, W.: Untersuch. über die Bahn des Doppelsterns 70 p Ophiuchi. 1867. 4°
Diss. Göttingen

Schur, Wilh., Vermessung der beiden Sternhaufen h u. χ Persei m. dem sechszöll. Heliometer der Sternwarte in Göttingen, s.a. Abhandlungen der königl. Gesellsch. der Wissensch. in Göttingen. Mathem.-phys. Classe. N. F. I. 4.

Vermessung der beiden Sternhaufen h und χ Persei mit dem sechszolligen Heliometer der Sternwarte in Göttingen verbunden mit e. Uebersicht aller bis z. J. 1900 ausgef. Instrumental-Untersuchungen von Wilhelm Schur. Mit 1 Sternkarte. *Berlin: Weidmann 1900.* (88 S.) 4°
— Abhandlungen d. Königl. Gesellschaft d. Wiss. zu Göttingen. Math.-phys. Kl. N. F. Bd 1, No 4.

Vermessung der beiden Sternhaufen h und χ Persei mit dem sechszolligen Heliometer der Sternwarte in Göttingen verbunden mit e. Uebersicht aller bis zum Jahre 1900 ausgeführten Instrumental-Untersuchungen von Wilhelm Schur. Mit 1 Sternkarte. Vorgelegt in d. Sitzung am 3. Febr. 1900. *Göttingen 1900: Dieterich.* (88 S.) 4°
Aus Abhandl. d. Kgl. Ges. d. Wiss. zu Göttingen Math.-phys. Kl. N. F. Bd 1, 4.
— Mittheilungen, Astronomische, v. d. Kgl. Sternwarte zu Göttingen. Th. 6.

Schür, Jh. Hnr., kurze Anweis. zur Rechnenkunst, mit besond. Rücksicht auf Decimalbrüche; für die Primärschulen. 8. Cleve (80 S.) Hannesmann. 3 ℊ

Schür, Otto, die Praxis der Hohlglas-Fabrikation. Ein auf mehrjähr. Erfahrungen gestütztes Handbuch für Glashütten-Besitzer u. Techniker. Berlin 867. Springer's Verl. gr. 8. (VI, 140 S. mit 10 color. Steintaff. in gr. 8., 4. u. qu. 4. u. eingedr. Holzschn.) cart. n. 2 ℛ 25 ℊ

Schurade & Co., Herm., Brandmalerei-Vorlagen, Fortsetzg., s.a. Brandmalerei-Vorlagen.

Schurade & Co., Herm., Brandmalerei-Vorlagen. 1.—3. Hft. gr. Fol. (16 Taf. m. 10 Pause-Vorlagen.) Halle 894. O. A. Noll. (Leipzig, E. Volkening.) à n. 6. —

Schürch, Arthur, aus Rummiswald (Kanton Bern): Zur Kenntnis des Monoresorcinphtaleins. (Aus dem organisch-chemischen Laboratorium der Universität Bern.) Bern 1909. 34 S. 8°. [30. IV. 09.]
Bern Phil. Diss. 1909/10.

Schürch, Arthur. Zur Kenntnis des Monoresorcinphtaleins. Diss. Phil. Bern. 34 S. 8. Bern, W. Wälchli, 1909.

Schürch, B., neue Methoden zum Entfernen und Vertilgen der äußerst schädlichen Baumraupen ꝛc. zur Vermehrung des Ertrages der Obst- und Waldbäume, der Weinstöcke, der Johannisbeer- u. Stachelbeersträucher ꝛc. Für Land- und Forstwirthe, Oeconomen, Obst- und Weingärtner und Freunde derselben. Aarau 863. Christen. gr. 8. (28 S.) 6 ℊ

Schürch, H., die neue Brücke üb. d. Mosel bei Novéant. (46 S. m. 45 Fig.) Lex. 8. Berlin 910. J. Springer. 1.60
Sonderabdruck aus: „Armierter Beton".

Schürch, H[ermann]. Eisenbetonpfähle und ihre Anwendung für die Gründungen im neuen Bahnhof in Metz. Von Dipl.-Ing. H. Sch' [aus Biel] ... in Strassburg i. E. (In Erweiterung eines Vortrages des Verfassers, gehalten in der 9. Hauptversammlung des «Deutschen Beton-Vereines» zu Berlin 1906.) [Illustriert.] Sonderabdruck aus «Deutsche Bauzeitung» Nr. 58 u. 60 des Jahrg. 40, 1906. 7 S. 4 (Berlin, Gustav Schenk Nachflg.)

Schürch, Melch., die christliche Vaterlandsliebe. Festpredigt, gehalten an der Jahrzeitfeier der Sempacher Schlacht den 12. Heumonat 1858. Luzern 858. (Räber.) gr. 8. (24 S.) 3 ngr.

Schürch, Nikolaus

Schürch, Nikl., Anrede bei der Hinrichtung des Nikl. Emmenegger v. Flühli den 6. Juli 1867. Luzern 867. Gebr. Räber. 8. (8 S.) n. 2 ngr.

Schürch, Nikol., Grabrede bei dem feierlichen Leichenbegängniß d. Kämmerers Mich. Achermann, Pfr. in Emmen, geb. am 19. Aug. 1871. gr. 8. (12 S.) Luzern 871. Gebr. Räber. — 30

Schürch, Nikol., die Huldigung der Wissenschaft vor der Krippe des Weltheilandes und vor dem Tabernakel des Heiligthums. Vortrag, gehalten bei der Congregations-Versammlung zu Luzern am Dreikönigenfeste 1862. Luzern 862. Gebr. Räber. 8. (23 S.) 3 ngr.

Schurch, Nicolaus s. Rückblicke auf das Leben ... des Hochw. Herrn Domkapitular Georg Sigrist. Solothurn 1866.

—— der barmherzige Samaritan als Vorbild für den Priester. Festhomilie, auf die Primizfeier des hochwürd. Herrn Irenäus Hunkeler, am 12. Sonntag nach Pfingsten 1863 in der Pfarrkirche zu Sursee. gr. 8. (20 S.) Luzern 863, Gebr. Räber.

—— Versöhnung und Versöhnlichkeit. Predigt, gehalten nach der Prozession über die Musegg in der Stifts- und Pfarrkirche zu Luzern den 18. März 1864. gr. 8. (20 S.) Luzern 864, Gebr. Räber.

Schürch, Nik., die religiöse Weihe eines Studienjahres. Vortrag, gehalten bei der gottesdienstl. Eröffnungsfeier des Schuljahres 1861/62 in der Kirche zum heil. Xaverius in Luzern. gr. 8. (14 S.) Luzern 861, Gebr. Räber.

—— die segensreiche Wirksamkeit im Priester- und Lehrer-Berufe. Festpredigt, gehalten bei der Primizfeier des Hrn. Prof. Stephan Helfenstein am 3. Sonntag nach Ostern 1862 in der Pfarrkirche zu Sempach. gr. 8. (24 S.) Luzern 862, Gebr. Räber.

Schürch, Otto [prakt. Zahnarzt in Langnau (Bern)]
Neue Beiträge zur Anthropologie der Schweiz. Bern 1899. 117 S. 18 Taf. 4°.
Bern. Phil. Diss. 1899/1900.

Schürch, Otto, neue Beiträge zur Anthropologie der Schweiz. (Mit 18 Taf., enth. 32 Reproduktionen von praehistor. Unterkiefern v. Schädeln [in Autotyp.].) gr. 4. (118 S.) Bern 900. (A. Francke.) n. 7. —

Schürch, O[tto]. Ueber die Beziehungen der Grössenvariationen der Highmorshöhlen zum individuellen Schädelbau und deren praktische Bedeutung für die Therapie der Kieferhöhleneiterungen. ⟨Hierzu Tafel I.⟩ Sonderabdruck aus dem Archiv für Laryngologie, Band 18 Heft 2.... [Mit Anhang.] *Kopftitel*: Aus dem Privatlaboratorium von Herrn Privatdocent Dr. A[dolf] Schönemann in Bern. II + 29 [+ *Anhang* 13] S. 8. [Berlin, A. Hirschwald, 1906.]
Anhang u. d. T.: Tabellarischer Anhang. 1. Haupttabelle. — 2. Gewichtstabelle. — 3. Gaumenmasse. Langnau i. E., Otto Schüren, 1906.

Schuré, Edouard, L'Alsace et les prétentions prussiennes. Réponse d'un Alsacien aux Allemands. 57 pp. in-18. Genève et Bâle. H. Georg. 1871

Schuré, Edouard, das musikalische Drama. Verdeutscht von Hans v. Wolzogen. Autoris. Ausg. 2 Thle. in 1 Bd. 8. (IX, 211; III, 172 S. mit 2 Holzschntaf.) Leipzig 877, Schloemp. *

Schuré, Edouard, das musikalische Drama. Verdeutscht von Hans v. Wolzogen. Autoris. Ausg. 2 Thle. in 1 Bd. 8. (IX, 211 u. III, 172 S. m. 2 Holzschntaf.) Leipzig 877. Gebr. Senf. n. 6. —

Schuré, Edouard, das musikalische Drama. Verdeutscht von Hans v. Wolzogen. Autoris. Ausg. 2. Aufl. 2 Thle. in 1 Bde. 8. (IX, 212; III, 172 S. mit 2 Holzschntaf.) Leipzig 879. [Schloemp.] Gebr. Senf. (* ℳ 4.) *
geb. (* ℳ 5,20.) *

Schuré, Edouard, das musikalische Drama. Verdeutscht von Hans v. Wolzogen. Autoris. Ausg. 2 Thle. in 1 Bd. 3. (Titel-)Aufl. 8. (IX, 211; 172 S. mit 2 Bildern.) Leipzig (879)888, Reinboth. * ℳ 3.50.; geb. *

Schuré, Edouard, die großen Eingeweihten. Skizze einer Geheimlehre der Religionen. Rama — Krischna — Hermes — Moses — Orpheus — Pythagoras — Plato — Jesus. Autoris. Übersetzg. von M. v. Sivers. (XV, 482 S.) 8. Leipzig 907. M. Altmann. 5.—; geb. 6. —

Schuré, Ed., Erinnerungen an Richard Wagner. Souvenirs sur Richard Wagner par Ed. Schuré. Allein berecht. deutsche Uebersetzung aus dem Franz. von Fritz Ehrenberg. 8. (VII, 56 S.) Leipzig 900. Breitkopf & Härtel. n. 1. 50

Schuré's, Edouard, Geschichte des deutschen Liedes. Eingeleitet von Adph. Stahr. Allein berechtigte deutsche Ausg. gr. 8. (408 S.) Berlin 870, Sacco Nachfolger. *

Schuré's, Edouard, Geschichte d. deutschen Liedes. Eingeleitet v. Adf. Stahr. 3. Aufl. Mit e. Vorwort v. Osk. Schwebel. 8. (XVI, 408 S.) Minden 883. Bruns. n. 3. —; geb. n. 4. 50

Schuré, Ed., Geschichte des deutschen Liedes. Eingeleitet von Adf. Stahr. 3. Aufl. Minden 884. Leipzig, Fock. [ℳ 3.—.] *
geb. [ℳ 4.50.] *

Schuré, Edouard, die Kinder des Lucifer. Schauspiel in 5 Aufzügen. Autoris. Uebersetzg. v. Marie v. Sivers. Vorwort v. Rud. Steiner. (XII, 232 S.) 8. Leipzig 905. (M. Altmann). n. 3. —

— Lebensabriss von Dr. Rud. Steiner, s.: Wagner, Amalie, Theosophie.

— les grandes légendes de France. Für den Schulgebrauch hrsg. v. H. Gassner. (IV, 90 S. m. 2 Abbildgn.) 8. Leipzig 903. G. Freytag. Geb. in Leinw. n. 1. 20; Wörterbuch. (38 S.) n. — 50

Schuré, E., Les grandes légendes de France [Freytag's Sammlung französischer und englischer Schriftsteller.] 8°. (ill. IV, 90, 18 S.) geb. K 1.50
Hierzu Wörterbuch. 8°. (38 S.) Wien: Tempsky 1903. K —.60

Schuré, Ed., sites et paysages historiques, hrsg. v. Gerh. Hellmes, s.a. Schulbibliothek französ. u. engl. Prosaschriften.

Sites et paysages historiques. '(La Grande-Chartreuse, Le Mont-Saint-Michel et La Bretagne.)' Extr. de Les grandes légendes de France p. Édouard Schuré. F. d. Schulgebr. bearb. u. erkl. v. Gerhard Hellmers. M. 4 Abb. [Nebst] Wörterbuch. *Berlin: R. Gaertner 1896.* 2 Bde 8. [Text] (2 Bl., 114 S., 1 Bl.) Wörterb. ... (38 S.)
= Schulbibliothek französ. u. engl. Prosaschriften aus d. neueren Zeit. Abt. 1. Bdch. 23. [97. 8149

Souvenirs sur Richard Wagner. La première de Tristan et Iseult. Par Édouard Schuré. *Paris: Perrin & Cie 1900.* (78 S.) 8° [\[illegible\]

Schurė, Ed., Richard Wagner u. das musikalische Drama. Aus dem Franz. übers. gr. 8. (72 S.) Hamburg 873. O. Meißner. n. 1. —

Schürebrand. Ein Traktat aus dem Kreise d. Strassburger Gottesfreunde, hrsg. v. Philipp Strauch, s.: Studien zur deutschen Philologie.

Schüren, Joh. Heinr., weil. Seminardirector u. Oberschulinspektor zu Osnabrück, geb. 6. VII. 1801 — gest. 16. II. 1874. Hrsg. von dem Vorstande der Schürenstiftg. gr. 8. (44 S. m. Bildniß.) Osnabrück (900). Nackhorst. n.n. — 50

Schüren, v. der, s. Vanderschüren.

Schüren, Elias van der

— Abhandl. üb. die Erbfolge. 8. Bonn ...

— Abhandl. üb. die Todesstrafen. 8. Bonn 789.

van der Schüren, Elias, (Pf. Jos.,) psycholog. Versuch üb. das Vorhersehungsvermögen. 8. Bonn 785.

van der Schüren, Gert, Chronik d. Grafen v. Cleve u. Mark; hrsgg. u. mit Anmerkk. versehen v. Ldw. Troß. gr. 8. Hamm 824. Schulz. 1 ℛ 16 𝒢 (Coppenrath in Münst.) 2 ℛ

Schüren, Gust., ausländische Skizzen. (37 S.) 8. Leipzig 909. Modernes Verlagsbureau. 1. —

Schüren, Johann Heinrich

Schüren's, J. H., Ansichten über Lehrer-Bildung. Aus amtlichen Berichten zusammengestellt u. mit einer biographischen Einleitung versehen von G. Spieker. gr. 8. (III, 106 S.) Hannover 880. Meyer. n. 2. —

Schüren: Bilder v. Schulmännern a. alter Zeit. Osnabrück 1863. Schul-/Univ.-Schrift

Schüren, J. H., Bilder von Schulmännern aus alter Zeit für Schulmänner der neuesten Zeit gezeichnet. 1. Aufl. 1863. und 2., verm. Aufl. gr. 8. (112 S.) Osnabrück 864, Rackhorst'sche Buchh.

Schüren, J. H., Festrede. Ein Wort ernster Mahnung, der evangel.-protestant. Jugend der Stadt Osnabrück bei der Schulfeier des 3. Reformationsjubiläums ans Herz gelegt. 12. (1 B.) Osnabrück 843, (Rackhorst'sche Buchh.) *

Schüren, J. H.: Gedanken über den Religionsunterricht der christlichen Volksschule. Osnabrück 1867. 120 S. Schul-/Univ.-Schrift

Schüren, J. H., Gedanken über den Religions-Unterricht in der christlichen Volksschule. 2. unveränd. Aufl. Osnabrück 858. Rackhorst. 8. (67 S.) 6 ngr.

— Gedanken über den Religionsunterricht der christlichen Volksschule. 3. Aufl. 861. (86 S.) n. 6 ngr. — 4. Aufl. Ebend. 863. gr. 8. (112 S.) 9 ngr.

— Gedanken über den Religions-Unterricht der christlichen Volksschule. 4. Aufl. 1863. 9 Ngr. und 5. Aufl. gr. 8. (120 S.) Osnabrück 867, Rackhorst'sche Buchh. *

Schüren, J. H., Gedanken üb. den Religions-Unterricht der christlichen Volksschule. 6. Aufl. gr. 8. (136 S.) Osnabrück 872. Rackhorst. n. 1. 20

Schüren, J. H., Gedanken üb. den Religions-Unterricht der christlichen Volksschule. 7. Aufl. 8. (148 S.) Gütersloh 888. Bertelsmann. n. 1. 20; geb. n. 1. 60

Schüren, Joh. Heinr., Gedanken über den Religions-Unterricht der christl. Volksschule. 8. Aufl. gr. 8. (148 S.) Gütersloh 900. C. Bertelsmann. n. 1.20; geb. n. 1.60

Schürens, Joh. Heinr., Leben u. Schriften. Hrsg. v. H. J. Freye. gr. 8. (V, 406 S.) Gütersloh 885. Bertelsmann. n. 5. —

Leben und Schriften von Joh. Heinr. Schüren, ehemal. Ober-Schul-Inspektor u. Seminar-Direktor in Osnabrück. Hrsg. von H. J. Freye, Rektor in Dissen. 2. Aufl. *Gütersloh: C. Bertelsmann 1900.* (VI, 420 S.) 8° [J.] [... 1914]

—— Lesebuch für Mittelclassen, s. Lesebuch für Mittelclassen.

—— Rechenkunst durch Gleichungen. Zum Schulgebrauch. 8. (2 B.) Elberfeld 836, (Schönian'sche Buchh.) *

—— Reformationsgeschichte der Stadt Osnabrück zur Feier des dritten hundertjährigen Jubiläums der Reformation in Osnabrück der protestant. Jugend daselbst überreicht. 2. Aufl. 12. (8⅔ B.) Osnabrück 843, Rackhorst'sche Buchh. *

Schüren, J. H., für Schule, Haus und Leben, s. Für Schule, Haus und Leben.

—— offenes Sendschreiben an den Hrn. Dompastor Beckmann. 2. Aufl. gr. 8. (2 B.) Osnabrück 843, Rackhorst'sche Buchh. *

Schüren, Nikolaus

Schüren, Nicol., Adressbuch für Aachen, s. Adressbuch.

Schüren, Nik., Goswin von Randerode. In Arends'scher Stenographie, s. Bibliothek deutscher und ausländischer Klassiker.

Schüren, Nik., Aachener Heiligthums-Legenden [m. erläuternden Noten]. 12. (79 S.) Aachen 881. (Cremer.) n. 1. —

Schüren, Nikol., die Jubel-Huldigungsfeier der Vereinigung der Rheinlande mit der Krone Preußen, am 15. Mai 1865. Blätter der Erinnerung. br. 8. (138 S.) Aachen 865. Leipzig, Wengler's Nachfolger. *

Schüren, Nicol., die Katheder-Socialisten und die Manchester-Egoisten, od. der Socialismus u. Communismus im Frack. gr. 8. (V, 64 S.) Berlin 873. Luckhardt. n. 1. 20

Schüren, die Katheder-Socialisten und die Manchester-Egoisten oder der Socialismus u. Kommunismus im Frack. Berlin 878.

—— zur Lösung der socialen Frage. Eine volkswirthschaftliche Studie. gr. 8. (VIII und 256 S.) Leipzig 860, (Wengler.) *

— zur Lösung der socialen Frage. Eine volkswirthschaftl. Studie. 2. m. e. histor. Einleitg. verm. Aufl. gr. 8. (VIII, 323 S.) Ebend. 873. 4. 50

Schüren, Nic., zur Lösung der socialen Frage. Eine volkswirthschaftliche Studie. 3. (Titel-)Aufl. gr. 8. (XI, 323 S.) Berlin (873)78, Luckhardt'sche Verlagsh.

Schüren: Zur Lösung der social. Frage. 4. Aufl. Leipzig 1878.

Schüren, Nic. Vide: Revue (Sociale).

—— die Tartarenlüge. In Arends'scher Stenographie, s. Bibliothek deutscher und ausländischer Klassiker.

Schüren, Nic., Preußens Weihe. Ein Lied vom Rheine, zur Erinnerung an den 11. April 1847. gr. 8. (40 S.) Aachen 847, Hensen & Co. n. 1/4 ₰

Schüren, P. J. v.: Wann läßt sich in wohleingerichteten Staaten die Todesstrafe rechtfertigen? Köln u. Bonn 1788.

Schüren, Q., u. A. **Thiele**, die Stenographie im Postdienste, s.: Sammlung von Vorträgen aus dem Gebiete der Stenographie.

Schüren, Wilhelm: Aus d. psychiatr. u. Nervenklinik d. Univ. Kiel. Ein Fall von hysterischer Augenmuskellähmung bei traumatischer Neurose. Kiel 1910: Schmidt & Klaunig. 21 S. 8°
Kiel, Med. Diss. v. 9. Mai 1910, Ref. Siemerling
[Geb. 30. Aug. 83 Emden; Wohnort: Emden; Staatsangeh.: Preußen; Vorbildung: Gymn. Emden Reife O. 03; Studium: Marburg 1, Kiel 5, Berlin 1, Kiel 4 S.; Coll. 5. Febr. 09; Approb. 1. März 10.] [U 10. 2474

SCHÜREN, Wilhelm (Aplerbeck): Ueber Lage, Grösse und Gestalt des gesunden und kranken Magens.- München: Schwerte (1876). 1 Bl., 32 S.
20.5.1876 - Urk (Titel: De situ et amplitudine et forma stomachii sani atque aegri.); Chr 1875/76,16
Diss. Ingolst.-Landsh.-Mchn.

Schürenberg, Alfred [aus M.-Gladbach]: (I.) Untersuchungen über die Constitution der Methyl-1-R-3-Cyclohexenone-5. (II.) Condensationsprodukte von Metanitrobenzaldehyd und Acetessigester ... Heidelberg, Buchdr. v. C. Pfeffer, 1897; 32 S., 1 Bl. 8.
Heidelberg, Naturw.-math. Fak., Inaug.-Diss. v. [15. Mai] 1897

Schurer, Ambros.: De haereditatibus quae ab intestato deferuntur, juxta jus commune, feudale, Saxonicum, et quorundam locorum statuta. Ejusd. methodica de gradibus affinitatis et consanguinitatis explicatio. *Lips.* 767. 4.

Schurer, Frdr., Elisabetha Bona v. Reute. Ein Heiligenleben Oberschwabens aus der Zeit d. päpstl. Schisma, in Einzelbildern gezeichnet f. die 500jähr. Feier d. Geburtsfestes der Heiligen. 8. (366 S. m. 1 Bild.) Stuttgart 886. Scholl. geb. n. 2. —

Schurer, Friedr., Guten Betha Buch enth. im 1. Thle.: das Leben, die Wunder und Herrlichkeit der sel. Elisabetha v. Reute; im 2. Thle.: Unterweisungen und Andachtsübungen nebst einigen Liedern. 16. (XXV, 500 und XV S.) Waldsee 875. (Leutkirch, Roth.) geb. * *M.* 3,75.; mit Goldschn. *
Mit silbernem Rahmen und Schloß *

Schurer, Frdr., Guten Betha-Buch, enth. im 1. Theile: das Leben, die Wunder u. Herrlichkeit der sel. Elisabetha v. Reute; im 2. Theile: Unterweisungen u. Andachtsübungen nebst einigen Liedern. 16. (XXV, 500 u. XV S.) Waldsee 875. Leutkirch 877. Liebel. geb. n. 2. 80; m. Goldschn. n. 3. 55; m. silb. Rahmen u. Schloß n. 7. —

Schurer, Friedrich Ludwig

— Abhandl. vom Sauerstoff u. seiner Verbindung mit andern Körpern; aus d. Latein. v. Fr. Wolff. 8. Berl. 794. Schöne. 14 ₰

Schurer, Friedrich Ludwig.
Abhandlungen vom Säurestoff und seine Verbindung mit andern Körpern; a. d. Lat. ... Berlin 1790. Ü: *Wolff, Friedrich.* (MGT)

Schurer, **Fr. Ldw., synthesis oxygenii experimentalis confirmata. Prs. I. et II. 4. Strassb. 789.**

Schurer, Jak. Ldw., († 1792.) **élémens de physique en forme te table. 8. Strassb. 786. Acad. B. 1 ₰**

— Diss. historia praecipuorum experimentorum circa analysin chemicam aëris atmosphaerici. 4. Strassb. 789.

Schürer, Ed., Magazin f. Jünglinge, die sich dem Handel widmen wollen, od. e. Zusammenstellung der nöth. Kenntnisse e Kaufmannes, nebst deutl. Erklärn. u. Beispielsammln. zur Selbstbelehr. gr. 8. (21½ B.) Dresden 830. [Wien, Gerold.] 1 Thlr. 12 Gr., hrbgs. Pr.

Schürer, Emil, s.: Abhandlungen, theologische.

Die ältesten Christengemeinden im römischen Reiche. Rede z. Antritt d. Rektorates d. Christian-Albrechts-Univ. in Kiel am 5. März 1894 v. Emil Schürer. Kiel, Univ.-Buchh. (P. Toeche.)', 1894; 20 S. 8.

Schuerer, Emil, de controversiis paschalibus secundo p. Chr. n. saeculo exortis. Commentatio historica. gr. 8. (III, 76 S.) Leipzig 869, H. Fritzsche's Buchh. [Alfr. Krüger.] *

Schuerer, Aemil, de controversiis paschalibus secundo p. Chr. n. saeculo exortis. Commentatio historica. Leipzig 869. Lorenz. gr. 8. (III, 76 S.) n. 15 ngr

Schürer, Emil, die Gemeindeverfassung der Juden in Rom in der Kaiserzeit. Nach den Inschriften dargestellt. Nebst 45 jüd. Inschriften. gr. 4. (41 S.) Leipzig 879. Hinrichs' Verl. n. 4. —

Schürer, Emil, Geschichte d. jüdischen Volkes im Zeitalter Jesu Christi. 2. neu bearb. Aufl. d. Lehrbuchs der neutestamentl. Zeitgeschichte. 2. Thl. Die inneren Zustände Palästina's u. d. jüd. Volkes im Zeitalter Jesu Christi. gr. 8. (X, 884 S.) Leipzig 886. Hinrichs' Verl. n. 20. —; geb. n. 22. 50
Der 1. Thl. erscheint Ende 1887.

Schürer, Emil. Geschichte d. jüdischen Volkes im Zeitalter Jesu Christi. 2. neu bearb. Aufl. d. Lehrbuchs der neutestamentl. Zeitgeschichte. 1. Thl. 2 Hälften. gr. 8. Lpz., Hinrichs' Verlag. [1. Hälfte. (S. 1—256.) 889. * 6 —; 2. Hälfte. (VII, S. 257—751.) 890. * 12 —.] * 18 —; geb. * 20 50

Schürer, Emil, Geschichte d. jüdischen Volkes im Zeitalter Jesu Christi. 3. Aufl. 2. u. 3. Bd. gr. 8. Leipzig 898. J. C. Hinrichs' Verl. n. 24. —;
geb. in Halbfrz. n. 28. —
2. D. inneren Zustände. (VI, 584 S.)
3. Das Judenthum in d. Zerstreuung u. d. jüdische Literatur. (V, 562 S.)
Bd. 1 ist in 3. Aufl. noch nicht erschienen.

Schürer, Emil, Geschichte des jüdischen Volkes im Zeitalter Jesu Christi. 3. u. 4. Aufl. (In 3 Bdn.) 1. Bd. Einleitung u. polit. Geschichte u. Register zu Bd. 1—3. gr. 8. (IX, 780 u. Register 101 S.) Leipzig (901. 902). J. C. Hinrichs' Verl. n. 18. —; geb. n. 20. —

Schürer, Emil, Geschichte des jüdischen Volkes im Zeitalter Jesu Christi. 4. Aufl. 2. u. 3. Bd. gr. 8. Leipzig, J. C. Hinrichs' Verl. 29.—; geb. n 33. 50
2. Die inn. Zustände (VI, 680 S.) 907. 14.—; geb. n 16. 25
3. Das Judentum in der Zerstreug. u. die jüd. Literatur. (VII, 719 S.) 909. 15.—; geb. n 17. 25

— die Juden im bosporan. Reiche u. die Genossenschaften d. σεβόμενοι θεὸν ὕψιστον ebendaselbst. [Aus: „Sitzungsber. d. Akad. d. Wiss. zu Berlin".] gr. 8. (26 S.) Berlin 897. (G. Reimer.) n. 1. —

Schürer, Emil, Lehrbuch der neutestamentlichen Zeitgeschichte. gr. 8. (VII, 698 S.) Leipzig 873. Hinrichs' Verl. n. 14. —

Schürer, Emil, s.: Literaturzeitung, theologische.

Schürer, Emil, über φαγεῖν τὸ πάσχα Joh. 18, 28. Akademische Festschrift. gr. 8. (24 S.) Giessen 883, (Ricker). *

—— die Predigt Jesu Christi in ihrem Verhältniss zum Alten Testament und zum Judenthum. Vortrag, gehalten zu Darmstadt am 11. Jan. 1882. gr. 8. (31 S.) Darmstadt 882, [Würtz'sche Buchh.] Waitz. *

— Schleiermacher's Religionsbegriff u. die philosophischen Voraussetzungen desselben. Inaugural-Dissertation. Leipzig 868. (Hinrichs' Sort.) gr. 8. (63 S.) n. 12 ngr

Schürer, Emil: Das messianische Selbstbewußtsein Jesu Christi. *Göttingen 1903: Dieterich.* (S. 1—19.) 8°
Göttingen, Festrede zur akadem. Preisverteilung 1903

— das messianische Selbstbewusstsein Jesu Christi. Festrede, geh. im Namen der Georg-August-Universität zur akadem. Preisverteilung am 10. VI. 1903. (24 S.) gr. 8. Göttingen 903. Vandenhoeck & Ruprecht. n. —40

— üb. den gegenwärtigen Stand der johanneischen Frage, s.: Vorträge der theologischen Konferenz zu Gießen.

Schürer, Geo., zwei Menschen. Roman. (226 S.) 8. Leipzig 906. H. Rohde. n. 3.50

Schürer, Gthold., Johanna Ambrosius, die Dichterin im bäuerlichen Gewande, s.: Volksschriften, Dresdner. Nr. 11.

— Andreas Hofer. Dramatische Skizze. (21 S.) 8. Dresden (898). (O. V. Böhmert.) n. —20

— Hugbald. Dramatische Skizze in 5 Bildern. (20 S.) 8. Ebd. (897). n. —20

Schürer, Gthold., Naturfreude u. Gottesfreude. Schlichte Lieder. (117 S.) 8. Dresden 909. O. V. Böhmert. 1. --

— u. Eberh. Fischer, die Notwendigkeit des Luthervereins zur Erhaltung der deutschen evangel. Schulen in Oesterreich, s.: Schriften des Luthervereins.

Schürer, Gthold., deutsche Treue. Dramatische Szene in 3 Bildern. gr. 8. (19 S.) Dresden (897). (O. V. Böhmert). n. —20

Schürer Heinr.: Die Sprache der Handschrift P des Rolandsliedes. 44 Komotau 87.
Progr.

Schürer, Johannes: ⟨Aus d. hyg. Inst. zu Göttingen.⟩ Über den Nachweis des Bacterium coli im Flußwasser. Göttingen 1910: Hofer. 27 S. 8°
Göttingen, Med. Diss. v. 30. Juni 1910, Ref. v. Esmarch
[Geb. 25. Nov. 85 Gießen; Wohnort: Göttingen; Staatsangeh.: Preußen. Vorbildung: Gymn. Göttingen Reife O. 04; Studium: Göttingen 1, München 1, Leipzig 1, Göttingen 2 S.; Coll. 28. Mai 10; Approb. 30. Juni 10.] [U 10. 3485

Schürer, K., pharmaceutisches Handlexicon, s.: Lerch, J. Z.

Schürer, Oskar, approb. Arzt aus Gunzenhausen: Ueber ein Rundzellensarcom der Nasenhöhle. *München 1903: Kastner & Callwey.* (32 S.) 8°
München, Med. Diss. v. 1904

Schürer, Wilhelm Ludwig

Schürer, Guilielmus Ludovicus: *De serpente aeneo, dissertationem theologico-philosophicam ... exhibuit. 9 Bl. 4° (2°)
Halle-Wittenberg, Phil. Diss. v. 23. März 1833
Geb. [Weischlitz b. Plauen i. Vogtl. 17. 1. 1807]

Schürer von Waldheim, Fritz

Schürer v. Waldheim, F., u. J. Kafka, Aerzte-Codex. Eine Sammlung v. den Arzt betr. österreich. Gesetzen, Verordngn., Erlässen, Entscheidgn. rc. 8. (VIII, 310 S.) Wien 893. A. Hartleben. Geb. in Leinw. n. 5. —

Schürer v. Waldheim, F., u. J. Kafka, Aerzte-Codex. E. Sammlg. v. d. Arzt betreff. österr. Gesetzen, Verordngn., Erlässen, Entscheidgn. rc. 2., vervollständ. Aufl. 8. (VIII, 843 S.) Wien 897. A. Hartleben. Geb. in Leinw. n. 5. —

Beiträge zur Physiologie und Pathologie der Haut. ⟨Die Stachelzellnerven-Hypothese.⟩ Von Fritz [Schürer] v. Waldheim, Hautarzt in Wien. Leipzig & Wien: F. Deuticke 1904. (135 S.) 4°(8°) 05. 11760

Schürer v. Waldheim, F., offener Brief an jene deutschen Professoren der medizin. Wissenschaften, welche ärztliche Praxis ausüben. (7 S.) gr. 8. Wien 910. Spielhagen & Schurich. — 40

Die perkutane Entgiltung. Ein wirksames Heilverfahren gegen alle fieberhaften Krankheiten. Von Dr. F[ritz] Schürer v. Waldheim. Wien & Leipzig: Spielhagen & Schurich 1908. (VII, 172 S.) 4°(8°) 08 8321

Die richtige Lebensweise von Med. Dr. F[ritz] Schürer v. Waldheim, Wien. Mit 8 Taf., 12 Abb. enth. Wien & Leipzig: Hartleben 1910. VII, 142 S. 4° (8°)

Ignaz Philipp Semmelweis. Sein Leben u. Wirken. Urteile d. Mit- u. Nachwelt. Von Dr. Fritz Schürer v. Waldheim, Arzt in Wien. Mit 2 Portr. Wien & Leipzig: A. Hartleben 1905. (VII, 256 S.) 8° 05. 6770

Schurgens, (Johann Baptist), Referendar: Lücken im Wettbewerbsgesetz. Gießen 1907: Nitschkowski. (43 S.) 8°
Heidelberg, Jur. Fak., Ref. v. Lilienthal, Diss. v. 1907
[Geb. 20. Jan. 82 Bingen a. Rh.; Wohnort: Bensheim; Staatsangeh.: Hessen; Vorbildung: Gymn. Bensheim Reife O. 00; Studium: Bonn, München, Gießen, zus. 7 S.; Rig. 18. Dez. 03.]

Schürger, Val., s.: Jugendspiele.

Schürhoff, s.: Neisser, A., stereoscop. medicin. Atlas, Lfg. 18.

Schürhoff, C., zur Kenntniss des Central-Nervensystems der Hemicephalen, s.: Bibliotheca medica.

Schürhoff, Carl, s. Schürhoff, Karl

Schürhoff, Ernst: Über den Tristan-Roman des Jean Maugin. Halle a. S. 1909: Waisenhaus. 75 S. 8°
Halle, Phil. Diss. v. 8. Febr. 1909, Ref. Suchier
[Geb. 30. Aug. 83 Rossdorf; Wohnort: Halle a. S.; Staatsangeh.: Preußen; Vorbildung: Oberrealsch. Barmen-Wupperfeld Reife O. 03, Ergänzungsprüf. Realgymn. Koblenz O. 05; Studium: Halle 3, München 1, Halle 7 S.; Rig. 11. Jan. 08.] [U 09. 1703

Schürhoff, Geo., Festpredigten nebst Tauf- u. Leichenreden, geh. in d. kathol. Kirche zu Hamburg. gr. 8. (17½ B.) Münster 838, Theissing'sche Buchh.

Schürhoff, Karl

SCHÜRHOFF, Carl (Dortmund): Über die Behandlung des Erysipel.- München: Wolf 1891. 31 S.
21.2.1891 - Chr 1890/91,19; Jv 1890/91,236
Diss. Ingolst.-Landsh.-Mchn.

Qualitative botanische Analyse der Drogenpulver. Eine Einführung in d. Gang e. systemat. mikrosk. Pulveruntersuchung von Dr. P[aul] Schürhoff. Berlin: J. Springer 1906. (VI, 57 S.) quer-8° [06. 11374

Schürhoff, P(aul), a. Witten a. d. Ruhr: Das Verhalten des Kernes im Wundgewebe. Mit 1 Taf. Leipzig: G. Thieme 1905. (25 S.) 8° ¶[Aus: Beihefte z. Botanischen Centralblatt, Bd 19, Abt. 1.]
Bonn, Phil. Fak., Ref. Strasburger, Diss. v. 26. Juli 1905
[Geb. 18. Dez. 78 Witten; Wohnort: Bonn; Staatsangeh.: Preußen; Vorbildung: Gymn. Soest Reife M. 01; Studium: Clausthal, Kgl. Bergakademie 1, Marburg 1, Bonn 4 S.; Rig. 18. Jan. 05.]

SCHURIAN, SIGISMUND: Lob- und Ehren-Rede über die Gelehrtheit und Heiligkeit des grossen Wundermanns Vincentii Ferrerii aus dem heiligen Prediger-Orden an dessen jährlicher Fest-Begängniss in der Kirche der Wohl-Ehrwürdigen P. P. Dominicaner zu Oedenburg vorgetragen von Sigismund Schurian, Priester der Gesellschaft Jesu. Oedenburg 1760. Gedr. bey Joh. Jos. Sieß 29 S. - 4°

Schurich, J. A.: „Uebersicht über die wöchentlichen Getreidepreise, insbesondere des Korns auf dem Getreidemarkte der herzoglichen Residenzstadt Altenburg während eines Zeitraums von 100 resp. 101 Jahren, und zwar von 1746—1846; nebst Erläuterungen und Resultaten", Altenburg 1847. — Vorh.: Preuß. Staatsbibliothek Berlin.

Schurich, Sigismund: Eine Amtsreise in Brasilien. Potsdam ['10]. 15 S. (Gut dt. u. ev. allewege. 5.)

Schurich, Victor, Alphabetisches Verzeichniss der Buch-, Antiquar-, Musikalien-, Kunst- und Landkartenhandlungen in Oesterreich-Ungarn. Mit Angabe der Commissionäre in Budapest, Prag und Wien. Zum Gebrauche als Continuations-, Zahlungs- und Versendungsliste. 2. Auflage, berichtigt u. ergänzt bis October 1882. 4. (40 S.) geh. 60 kr. Wien: Köhler 1882.

Schurich, Victor, alphabetisches Verzeichniss der Buch-, Antiquar-, Musikalien-, Kunst- und Landkarten-Handlungen in Oesterreich-Ungarn und der über Wien verkehrenden Firmen in Bulgarien, Rumänien und Serbien. Mit Angabe der Commissionäre in Budapest, Prag und Wien. Zum Gebrauche als Continuations-, Zahlungs- und Versendungsliste, Register etc. 3. Aufl. Berichtigt und ergänzt bis December 1886. 4. (43 S.) Wien 886, Spielhagen und Schurich. **

Schurich, Victor, Alphabetisches Verzeichniss der Buch-, Antiquar-, Musikalien-, Kunst- und Landkarten-Handlungen in Oesterreich-Ungarn und der über Wien verkehrenden Firmen in Bulgarien, Rumänien, Serbien. Mit Angabe der Commissionäre in Budapest, Prag und Wien. Zum Gebrauche als Continuations-, Zahlungs- und Versendungsliste, Register etc. 4. Auflage, berichtigt und ergänzt bis December 1894. 4. (58 S.) * —.80
— — Dasselbe. Cart., mit Fliessblättern durchschossen Wien: Spielhagen & Schurich 1895. 1.30

Schuricht, Fr. Arth., spiritistisches Fremdwörterbuch. Ein Ratgeber u. Führer f. Spiritisten, Spiritualisten, Okkultisten u. Anhänger verwandter Gebiete. Enth. ca. 1700 Wörter. (IV, 71 S.) kl. 8. Leipzig (905). E. Fiedler. n. — 60

Schuricht, Fr. Arth., Hund od. Hündin? Eine dem Hundeleben entnommene prakt. Studie. (Ein Ratgeber f. Hundeliebhaber.) (22 S.) 8. **Berlin (902). H. Seemann Nachf.** — 60

Schuricht, Gottfried Leberecht (Dubrow) A. S. 1348/20

Dissertatio philosophica de aeternitate mundi temere asserta. Präs. Christian August Cluge.
Wittenberg (Schlomach) 15. I. 1756. S. 48-78.

Schuricht, Hermann

Schuricht, Das deutsche Amerikanerthum und die deutsche Sprache. Chicago 1884. 8.

--Gemütsbildung u Sittenlehre als Unterrichtsgegenstände d Volksschule; Vortr . . . geh vor d dt-amerikanischen Lehrertage zu Chi. Illinois, am 2. Aug 1883. Milwaukee, 1883.

Schuricht, Herm., Geschichte der deutschen Schulbestrebungen in Amerika. gr. 8. (V, 149 S.) Leipzig 884, F. Fleischer. *

— u. Frenkel, Geschichtstabellen f. Real-, Handels-, Gewerbs-, höhere Bürger- u. Volksschulen, sowie zum Selbstunterricht u. zur Vorbereitg. zum Freiwilligen-Examen. 8. (16 S.) Ebend. 872. n. — 15

— Geschichts-Tabellen zum Schulgebrauch f. die deutsch-amerikanische Jugend. Zusammengestellt unter Mitwirkg. v. Mitgliedern d. Comité's d. Lehrerbundes f. Geschichtsunterricht. 2. Aufl. 8. (35 S.) Chicago 884. Hinstorff. n. — 60

Schuricht, Herm., Introduction to english conversation. — Praktische Anleitung zum englisch Sprechen vermittelst faßl. Regeln u. Zeichen für die Aussprache u. einer umfassenden Sammlung der erforderlichsten Wörter u. Redensarten. Für Schulen u. zum Selbstunterricht. Pirna 868. Verl.-Contor. gr. 8. (136 S.)

Schuricht, Herm., introduction of english conversation. Praktische Anleitg. zum englisch Sprechen vermittelst faßl. Regeln u. Zeichen f. die Aussprache u. e. umfass. Sammlg. der erforderlichsten Wörter u. Redensarten. Für Schulen u. zum Selbstunterricht. gr. 8. (136 S.) Pirna 872. Verlags-Contor. n. 2. —

Schuricht, H. Mythus, Sagen und Geschichten Alt-Amerikas. Milwaukee, 1882. UC

--Das industrielle Zeichen. Vortr in Grand Rapids. Boston, 1880.

Schuricht, Rich., Auszug aus dem Tagebuche eines Materialisten. Hamburg 860. Hoffmann & Campe. gr. 8. (3 Bl., 116 S.) 20 ngr

Schuricht, Walt., das Motorrad u. seine Behandlung, s.a. Bibliothek, autotechnische.

— dasselbe, s.a. Küsters's autotechnische Bibliothek.

Das Motorrad und seine Behandlung von Ingen. Walter **Schuricht.** Mit 155 Abb. Berlin: R. C. Schmidt & Co. 1907. (246 S.) 8°
= **Bibliothek,** Küster's Autotechnische. Bd 18. [07. 11591

Das Motorrad und seine Behandlung von Walter Schuricht, Ing. 2. verb. Aufl. Mit 177 Abb. Berlin: R. C. Schmidt 1910. 243 S. 8°
(Autotechnische Bibliothek. Bd 18.)

Schuriem, Jean, gesammelte Erzählungen und Novellen. 1.—4. Lfg. 8. (1. Bd. S. 1—275.) Cassel 867, E. Luckhardt's Separat-Conto. à Lfg. 10 Ngr.

—— Stunden meiner Muse. Lieder und Gedichte. 16. (XVI und 383 S.) Cassel 866, E. Luckhardt.

SCHURIG, Arthur, Rétif de la Bretonne. Aus dem Leben und den Büchern eines Erotomanen. Paris-Vincennes, E. Dohle, 1906. 8°. (Mk. 1—.)
72 S. mit Portrait der Charlotte Corday als Frontisp. u. Rétif's Portrait auf dem Umschlag. — Dühren no. 128.

Schurig, Beiträge zur kriegsgemäßen Ausbildung, Besichtigung und Verwendung der Hauptwaffe. s.: Brunn, v.

Schurig, Albert [aus Gröbers '(Prov. Sachsen)']: Statistik über 559 Fälle von innerer Wendung ... Berlin, Buchdr. v. F. Schade, 1892. 46 S., 1 Bl. 8.
Berlin, Med. Fak., Inaug.-Diss. v. 17. Aug. 1892

Schurig, Arthur: Der junge Heinse und seine Entwicklung bis 1774. München & Leipzig: Müller 1910. 119 S. 8° ¶(Ersch. auch als Buch ebd.)
Leipzig, Phil. Diss. v. 19. April 1910, Ref. Köster, Sievers
[Geb. 24. April 70 Dresden; Wohnort: Leipzig; Staatsangeh.: Sachsen; Vorbildung: Wettiner-Gymn. Dresden Reife O. 91; Studium: Dresden Techn. Hochsch. 1, Berlin 2, Leipzig 5 S.; Rig. 17. Febr. 10.] [U 10. 3239

Schurig, Art., das galante Preußen gegen das Ende des XVIII. Jahrh., s.a. Sammlung kulturgeschichtlicher Publikationen. I.

Das galante Preußen gegen das Ende des 18. Jahrhunderts. Sammlung kulturgeschichtlich wertvoller Teile aus selten gewordenen Pamphleten u. Satiren. Ausgewählt, sowie mit Anm., Einl. u. Bibliographie versehen von Artur Schurig. Mit 6 Portr. u. Bild. u. 1 Beil. Berlin & Leipzig: Verlagsgesellschaft Berlin 1910. XV, 322 S. 8°
(Sammlung kulturgeschichtlicher Publikationen. Bd 1.)

— s.: Stendhal-Henry Beyle, ausgewählte Briefe.

Schurig, B. E. Rich., Lehrbuch der Arithmetik zum Gebrauch an niedern u. höhern Lehranstalten u. beim Selbststudium. 3 Tle. gr. 8. Leipzig, Brandstetter. n. 16. —
1. Spezielle Zahlenlehre. [Zugleich e. Handbuch f. Volksschullehrer.] (VIII, 286 S.) 883. n. 3. 60
2. Allgemeine Zahlenlehre. [Buchstabenrechnung.] (VIII, 430 S.) 884. n. 6. —
3. Algebra, nebst Anwendg. derselben auf die Analysis. (VIII, 430 S.) 886. n. 6. 40

Schurig, B. E. Rich., Lehrbuch des Schach- u. Scatspiels. 8. (45 S.) Leipzig 879. O. Wigand. — 75

Schurig, B. E. Rich., ein deutsches und internationales Maßsystem mit genauen maßvergleichenden Tabellen. Leipzig 861. Kuhl. 8. (34 S.) n. 5 ngr.

Schurig, C. J., Hülfsbuch für das Gerätturnen in der Volksschule und in den unteren Klassen höherer Lehranstalten mit Beziehung auf eine einfache Turneinrichtung. gr. 8. (XVI, 102 S. mit 3 Abbild. in Steindr. und 78 in Holzschn.) Hof 1883, [Grau und Comp.] Lion. *ℳ 1,60.; geb. *

Schurig, C. J.: Turneinrichtung für Elementarschulen. Osnabrück um 1879. 1 Bl.

Schurig, Elisabet Lotte: Die Entwicklung der politischen Anschauungen Heinrich von Treitschkes. T. 1. Die Ausgestaltung seines theoretischen Staatsideals und der Ausbau der innerstaatlichen Institutionen für das konstitutionelle Preußen. Dresden-N. 1909: Lehmann. VI, 113 S. 8°
Heidelberg, Phil. Diss. v. 24. Febr. 1909, Ref. Marcks
[Geb. 3. Dez. 81 Dresden; Wohnort: Dresden; Staatsangeh.: Sachsen; Vorbildung: Kgl. Gymn. Dresden-Neustadt Reife M. 03; Studium: Heidelberg 8 S.; Rig. 5. Aug. 07.] [U 09. 2023

Schurig, Eugen

— Sachsens Generale der Gegenwart. Biographische Skizzen. 1. u. 2. Hft. [Aus: „Kamerad".] 8. Ebd. n. 1. 50
1. Nach authent. Quellen. (IV, 140 S. m. 6 Bildn.) 894. n. 1. —
2. (81 S. m. 1 Bildn.) 897. n. — 50

Schurig, Eug., Prinz Georg, Herzog zu Sachsen, Generalfeldmarschall u. kommand. General d. Kgl. Sächs. (XII.) Armeecorps. 1832—1897. E. militär. Lebensbild. gr. 8. (96 S. m. 6 Abb. u. Bildn.) Dresden 898. Expedition u. Buchdr. d. „Kamerad". n. — 85

— Feldwebel a. D. Friedrich Schurig. E. Veteranen-Lebensbild. Nach Tagebüchern, Briefen u. mündl. Mittheilungen bearb. 8. (55 S. m. 1 Bildn.) Ebd. 894. n. — 55

Schurig, Ewald, der Botaniker. Eine Anleitung zur Kenntnis der überall häufig vorkommenden Blütenpflanzen. 12. (XVI, 144 S. mit 41 kolor. Abbild. auf 4 Taf.) Halle 888, Hendel. geb. *

Schurig, E., der Humor in der sächsischen Armee. Ein kulturhistor. Beitrag zur Kenntniß unserer vaterländ. Armee. 8. (XV, 140 S.) Dresden 893. Albanus. n. 1. —

Schurig, Ewald, d. Elektrizität. Das Wissenswürdigste aus d. Gebiete d. Elektrizität, f. jedermann leichtverständlich dargest. gr. 8. (III, 55 S. m. 30 Fig.) Leipzig 896. Jul. Klinkhardt. Kart. n. 1. 30

— dasselbe. Mit 30 Fig. im Text. 4., verb. Aufl. 8. (III, 72 S.) Ebd. 898. n. 1. 30; geb. n. 1. 75

Schurig, Ewald, die Elektrizität. Das Wissenswürdigste aus dem Gebiete der Elektrizität f. jedermann leichtverständlich dargestellt. Mit 54 Fig. im Text. 5. verb. u. verm. Aufl., bearb. von Herm. Hennig. 8. (IV, 92 S.) Leipzig 901. J. Klinkhardt. Geb. in Leinw. n. 1. 75

Schurig, Ewald, die Elektrizität. Das Wissenswürdigste aus dem Gebiete der Elektrizität, leicht verständlich dargestellt. 6., verb. u. verm. Aufl., bearb. v. B. Lehmann. (IV, 87 S. m. 53 Fig.) 8. Leipzig 909. J. Klinkhardt. Geb. in Leinw. 1. 20

Schurig, Ewald, biblische Geschichten f. die Unterklasse der Volksschulen. Mit Sprüchen u. Verschen. 8. (55 S.) Brandenburg 886. Müller. n. — 50

— die Lehre v. Licht. 8. (IV, 90 S. m. 44 Fig.) Ebd. 898. Kart. n. 1. 75; geb. n. 2. 25

— Naturgeschichte für die einfache Volksschule. In 4 Jahreskursen bearb. 3 Hfte. gr. 8. (IV, 288 S.) Meißen 890. Schlimpert. à n. 1. — (cplt.: n. 3. —)

— Pflanzenbilder. Ein Hülfsbüchlein zum Gebrauch beim Unterrichte in der Pflanzenkunde. 8. (IV, 91 S.) Halle 885. Hendel. n. — 50

— Schul-Wandtafeln f. d. Unterricht in der Elektrizität. 6 farb. Taf. à 55×82 cm. Ebd. 897. Auf Pappe n. 12. —; einz. Taf. à n. 3. —
1. Schreibapparat. — 2. Schlüssel (Taster) z. Telegraphen. 3. Elektromagnet. — 4. Gleichstrommaschine. 5. Wechselstrommaschine. — 6. Glühlampe, Bogenlampe.

Schurig, F., operationslose Krebs-Behandlung mittelst Arsen. (14 S. m. 3 farb. Taf.) gr. 8. Dresden 909. R. Heinze. 1. 80

Schurig, Felix, Rechtsanwalt in Dresden: Die Ansprüche vormaliger Kassenmitglieder aus § 28 des Krankenversicherungsgesetzes. Borna-Leipzig 1906: R. Noske. (IX, 44 S.) 8°
Tübingen, Jur. Fak., Ref. Rietschel, Diss. v. 12. Febr. 1906
[Geb. 1. Sept 73 Großröhrsdorf, Kgr. Sachsen; Wohnort: Dresden; Staatsangeh.: Sachsen; Vorbildung: Wettiner Gymn. Dresden Reife O. 95; Studium: Freiburg i. B. 1, Leipzig 7 S.; Coll. 18. Jan. 06.]

Schurig, Frdr. Traug., fachmännische gründliche Beleuchtungen üb. die Wirkungen einer Tabak-Nachversteuerung. gr. 8. (15 S.) Bremen 879. (Schünemann.) — 30

Schurig, G., die deutsche Bürgerschule nach ihrem Wesen u. Werden. Eine pädagog. Skizze. gr. 8. (VIII, 52 S.) Gotha 872. Thienemann. n. — 80

Schurig, G., Geschichte d. Unterrichts in der Raumlehre, s.: Kehr, C., Geschichte der Methodik d. deutschen Volksschulunterrichtes.

Schurig, G., Grundriß der Geschichte. gr. 8. (XIV, 304 S.) Breslau 886. F. Hirt. n. 2. 20; geb. n. 2. 50

— dasselbe. Illustr. Ausg. B.: Mit 14 histor. Haupt- u. 15 Nebenkarten, sowie e. kulturhistor. Bilderanhang. gr. 8. (XIV, 304 u. Anh. 32 S.) Ebend. 886. geb. n. 3. 50

Schurig, G., Lehrbuch der Geschichte in Umrissen u. Ausführungen. Für Lehrer u. Lehrerbildungsanstalten wie auch für das allgemeinere Bildungsbedürfniß hrsg. 1. u. 2. Thl. gr. 8. Leipzig 878. 79. Hirt & Sohn. n. 6. —
1. Das Alterthum. (XII, 228 S.) n. 2. 20
2. Das Mittelalter. (XVI, 402 S.) n. 3. 80

Schurig, G., Lehrbuch der Geschichte in Umrissen und Ausführungen. Für Lehrer und Lehrerbildungsanstalten, wie auch für das allgemeine Bildungsbedürfnis hrsg. 1. Tl.: Das Altertum. 2. verb. und verm. Aufl. gr. 8. (XVI, 240 S.) Breslau 884, F. Hirt. *

Schurig, G., Lehrbuch der Geschichte in Umrissen u. Ausführungen. Für Lehrer u. Lehrerbildungsanstalten, sowie auch f. das allgemeine Bildungsbedürfnis hrsg. 2. Tl.: Das Mittelalter. 2. Aufl. gr. 8. (XII, 387 S.) Breslau 893. F. Hirt. Geb. in Leinw. n. 4. 30

Schurig, Glob., und Gb. Bock, Geographie und Geschichte sämmtlicher Provinzen des preußischen Staats, s. Bock, Gb.

Schurig, [Hermann]: Aus dem deutschen Unterricht der Prima: Dispositionen und Meditationen. Höxter 1908: Flotho. S. 3–20. 4°
Höxter, König Wilhelms-G OP 1908 (459) [S 08. 442

Schurig, Herm., s.: Wie erzieht u. bildet das Gymnasium unsere Söhne?

Schurig, [Hermann]: Wie ist es zu machen, dass unsere Jugend Freude am Turnunterrichte hat? Unmethodische Beiträge zur Gestaltung d. Turnunterrichts. *Höxter 1901: C. D. Flotho.* (S. 3–9.) 4°
Höxter a. d. W., König Wilhelms-G, OP 1901 (386)

Schurig, J.: Das deutsche Turnen in den Volksschulen. Denkschrift der Ostfriesischen Turnerschaft. Emden 1864. 16 S.

Schurig, J. C., Karte von Limbach und Umgegend. kl. 4. Limbach 886, (Stoll.)

Schurig, Kurt, Beiträge zur Geschichte d. Bergbaues im sächsischen Vogtlande. Nach archival. Quellen dargestellt. gr. 4. (IV, 100 S.) Plauen 875. Hohmann. n 3. —

— Elemente der Geometrie. Leitfaden f. den Unterricht in Planimetrie u. Stereometrie. 2., verb. u. verm. Aufl. Mit 210 in den Text gedr. (Holzschn.) Fig. 8. (VIII, 111 S.) Ebend. 876. n. — 75

Schurig, Kurt, Elemente der Geometrie. Leitfaden für den Unterricht in Planimetrie u. Stereometrie, nebst einem Anh. von Constructions- u. Rechenaufgaben. 3., verb. u. verm. Aufl. Mit 220 in den Text gedr. Fig. 8. (VIII, 140 S.) Plauen 880. Hohmann. n — 80

Schurig, K., Hilfsbuch beim Zifferrechnen f. die Unter- u. Mittelklassen höherer Schulen. 8. (IV, 56 S.) Leipzig 891. R. Richter. n. — 50

Schurig, Kurt, Plan von Plauen. 1:6000. Fol. Plauen 875, Hohmann.

Plan der Stadt Rochlitz. Gez. von Dr. K. Schurig. Massst. 1:5000. Leipzig: B. Pretzsch Nachf. 1899. (1 Kartenbl. 32x36 cm.) quer- 2°

— Sammlung v. Rechen- u. Constructions-Aufgaben aus der Planimetrie. gr. 8. (VII, 98 S.) Plauen 876. n. — 75

Schurig, K., Stadtplan von Lobenstein. 1 : 2500. Autogr. qu. Fol. Lobenstein 885, Teich. *

Schurig, Mart., Augen- u. Zahnarzt. 8. Dresden. 701.

Schurig, Mart., Chylologia h. o. chyli humani sive succi hominis nutritii, consideratio phys.-med.-forensis, qua appetitus nimii et voracitatis, rerum haud esculentarum concupiscentiae, nauseae et inediae diuturnae, cultrivororum, vitrivororum, venenivororum et pyrophagorum exempla recensentur, Farrago rerum p. n. in ventriculo et intestinis latitantium aut vomitu rejectarum suppeditatur, homerdae resolutio chymica cum usu medico et magico ostenditur, annexis quaestionibus med.-forensibus. 911 pp. Dresdae 1725. 4°.
1725

— chylologia, h. e. chyli humani consider. 4. Dresden, Gerlach. 725.

Schurig, Martin: Embryologia historico-medica hoc est infantis humani consideratio physico-medico-forensis, qua ejusdem in utero nutritio, formatio, sanguinis circulatio, vitalitas seu animatio, respiratio, vagitus et morbi, deinde ipsius ex utero egressus praematurus et serotinus, imprimis partus legitimus et circa eundem occurrentia, verbi gratia partus difficilis, post matris mortem, numerosus et multiplex...denique partus caesareus et supposititius cum puerperarum tortura raris observationibus exhibentur. 951 S., gbd.

Dresdae et Lipsiae: Hekelius 1732
JB 3.856

Schurig, Martin: Gynaecologia historico-medica hoc est congressus muliebris consideratio physico-medico-forensis qua utriusque sexus salacitas et castitas deinde coitus ipse ejusque voluptas et varia circa hunc actum occurrentia nec non coitus ob atresiam seu vaginae uterinae imperforationem et alias causas impeditus et denegatus, item nefandus et sodomiticus raris observationibus et aliquot casibus medico-forensibus exhibentur. 436 S., gbd.

Dresdae et Lipsiae: Hekelius 1730

JB 3.855

— haematologiae hist. medica, h. e. sanguinis consideratio physico-medico-curiosa. 4. ibid. 744.

— lithologiae hist. medica, h.e. calculi humani consideratio. 4. ibid. 744.

Martin Schurig
Muliebria historico- medica, hoc est Partium genitalium muliebrium consideratio physico-,medico- forensis, qua pudendi muliebris partes tam externae, quam internae, scilicet uterus cum ipsi annexis ovariis et tubis fallopianis,... traduntur a Martino Schurigio [Schurig]. Dresdae & Lipsiae: Hekel 1729. 384 S. 8°

Martin Schurig
Parthenologia historico- medica, hoc est, Virginitatis consideratio, qua ad eam pertinentes pubertas & menstruatio, cum ipsarum maturitate,... cum ind. locupletissimo traduntur a Martino Schurigio [Schurig]. Dresdae & Lipsiae: Hekel 1729. 384 S. 8°

— spanisch: od. französ. Bockenmeister. 8. Dresden. 702. — 7

— vom Scharbock. 8. Ebend. 702.

Schurig, Martin: Sialologia historico-medica, h.e. salivae humanae consideratio physico-medico-forensis, qua ejus natura et usus in simulque morsus brutorum et hominis, rabies et hydrophobia, demorsorum delicta et defensio, item: signa vitalitatis ex spuma oris in foetu mortuo desumenda et alia huc spectantia quaestionibus medico-forensibus perpenduntur. Observationibus raris et selectis tradita. 443 S., gbd.

Dresdae: Miethius 1723

JB 1.779

Schurig, Mart., Sialologia. Lps. 4°. 1729

Martin Schurig
Spermatologia historico- medica, h.e. Seminis humani consideratio physico- medico- legalis, qua ejus natura et usus, insimulque opus generationis et varia de coitu aliaque huc pertinentia, v.g. De castratione, herniotomia,... item de hermaphroditis & sexum mutantibus, raris & selectis observationibus, annexo ind. ..., traduntur à Martino Schurigio [Schurig]. Francofurti a.M.: Beck 1720. 721 S. 8°

— Syllepsiologia, s. conceptus muliebris consideratio. 4. Dresdae, Heckel. 731.

Schurig, R., Go, das Nationalspiel der Japanesen, ausführlich u. leicht faßlich dargestellt. Mit 3 lith. Taf., 1 Spielbrett, sowie 181 weißen u. 181 schwarzen Spielsteinen. 8. (16 S.) Leipzig 882. Ruhl. n. 1. 80; Ausg. in Mappe (m. aufgezogenem Spielplan) n. 1. 80; in Carton n. 2. 25

— dasselbe. 2., verb. u. verm. Aufl. Mit 3 lith. Taf., 1 Spielbrett, sowie 181 weißen u. 181 schwarzen Spielsteinen. 8. (35 S.) Ebend. 882. n. 1. 50; Ausg. in Mappe (m. aufgezogenem Spielplan) n. 1. 80; in Carton n. 2. 25; Ausg. m. Spielbrett aus fein polirtem Holz u. 362 Spielsteinen aus Steinnuß n. 12. —

Schurig, R., Go, das Nationalspiel der Japaner, ausführlich und leicht fasslich dargestellt. 3. vollständig umgearb. und vielfach verm. Aufl. 8. (44 S. mit 4 Fig.) Leipzig 888, Osk. Ruhl. *
geb. in Buchform mit Spielsteinen und Plan *
In Carton
Grosse Liebhaber-Ausg. **

Schurig, Rich., Himmels-Atlas, enth. alle m. blossen Augen sichtbaren Sterne beider Hemisphären. Nach den besten Quellen bearb. Fol. (8 chromolith. Karten m. 2 Bl. Text) Leipzig 886. Pfau. cart. 3. —

Schurig, Rich., Katechismus der Algebra, s.a. Weber's illustr. Katechismen.

Schurig, Rich., Katechismus d. Algebra. 4. Aufl. Vollst. neu bearb. v. Sch. 12. (IX, 236 S. m. Fig.) Leipzig 895. J. J. Weber. Geb. in Leinw. n. 3. —

— Katechismus d. Stereometrie, s.: Riedel, Ernst.

—— die grosse Sonnenfinsterniss am Morgen des 19. Aug. 1887. Chromolithogr. Karte eines Theiles des Deutschen Reiches mit eingedr. Erklärungen und Tabellen. Imp.-Fol. (Ebendas.) 887. *

Schurig R, Tabulae coelestes. Himmelsatlas, enthaltend alle mit blossem Auge sichtbaren Sterne beider Hemisphären. 4° Leipzig-Neustadt 1886

Schurig, Rud., die königl. sächsische Subhastationsordnung, enthaltend das Gesetz, betr. die Zwangsversteigerung und die Zwangsverwaltung unbewegl. Sachen, vom 15. Aug. 1884, die zugehör. Ausführungs-Verordnung vom 16. Aug. 1884, und das Gesetz betr. die Kosten der Zwangsversteigerung und der Zwangsverwaltung unbewegl. Sachen, vom 18. Aug. 1884, erläutert. gr. 8. (VIII, 399 S.) Leipzig 884, Veit und Comp. *

Schurig, R., die kgl. sächsische Subhastationsordnung. Nachtrag zum Kommentar. gr. 8. (98 S.) Leipzig 888. Veit & Co. n. 2. 60; geb. n. 3. 10 (Hauptwerk m. Nachtrag: n. 13. —; geb. n. 15. —)

Schurig, Volkm., 25 Kinderlieder, s.a. Runze, F. W.

Schurig, Volkmar, 25 Kinderlieder f. Schule u. Haus v. F. W. Runze. In Musik gesetzt v. V. S. 48. Werk. Illustr. v. E. Walther. hoch 4. (III, 40 S.) Dresden 893. A. Köhler. Geb. in Leinw. n. 5. —

Schurig, Volkm., Lieder-Perlen deutscher Tonkunst. Ein Sammelwerk der besten deutschen Tondichtungen für 1 u. 2 Singstimmen mit Pianoforte-Begleitung hersg. Mit in Ton gedr. Portr. u. Biographieen der hervorragendsten Componisten. 1. Bd. 1. Heft. Dresden 868. Meinhold & Söhne. Fol. (18 S. mit 1 Steintaf., in Tondr.) 7½ ngr.

Schurig, Volkmar, Lieder-Perlen deutscher Tonkunst. Ein Sammelwerk der besten deutschen Tondichtgn. f. e. od. mehrere Singstimmen m. u. ohne Pianoforte-Begleitg. hrsg. 1. u. 2. Bd. Imp.-4. (à X, 200 S. m. eingedr. Holzschn.) Dresden 868—871. Meinhold & Söhne. à 6. 75; geb. à 7. 50

Schurig, W., Liederstrauß. Wander-, Turn-, Vaterlands- und Volkslieder zum Gebrauch bei Schülerturnfahrten &c. 16. (80 S.) Elberfeld 884, Bädeker'sche Buchh. *
geb. *

Schurig, W., Liederstrauß. Wander-, Turn-, Vaterlands- und Volkslieder zum Gebrauch bei Schülerturnfahrten &c. 2. verm. und verb. Aufl. gr. 16. (112 S.) Elberfeld 886, Bädeker'sche Buchh. * 60 Pf.; geb. *

Schurig, Walther, a. Dresden: Anatomie der Echinothuriden. Mit 4 Tafeln und 22 Abbildungen im Text. Jena: G. Fischer 1906. (61 S.) 4°
Leipzig, Phil. Fak., Ref. Chun-Pfeffer, Diss. v. 1. Okt. 1906
[Geb. 10. Aug. 77 Dresden; Wohnort: Leipzig-Paunsdorf; Staatsangeh.: Sachsen; Vorbildung: Kreuzsch. Dresden Reife O. 00; Studium: Leipzig 10 S.; Rig. 26. Mai u. Nachprüfung 30. Nov. 05.]

Schurig, Walth., Anatomie der Echinothuriden, s.a. Ergebnisse, wissenschaftl., der deutschen Tiefsee-Expedition.

Schurig, Walth., biologische Experimente, nebst e. Anh.: Mikroskopische Technik. Ein Hilfsbuch f. den biolog. Unterricht, insbesondere f. die Hand d. Lehrers, Studierenden u. Naturfreundes. (X, 180 S. m. Abb.) gr. 8. Leipzig 909. Quelle & Meyer. 2.40; geb. 2. 80

Hydrobiologisches und Plankton- Praktikum. Eine erste Einführung in d. Studium d. Süßwasserorganismen von Dr. Walter Schurig. Mit e. Vorw. von Dr. Richard Woltereck. Mit 215 Abb. u. 6 Taf. Leipzig: Quelle & Meyer 1910. XV, 160 S. 8°

Schurigin, Michael Feodorowitsch: Die Einwirkung von Phosphorhalogeniden auf die Metalle der Platingruppe. Greifswald 1909: Adler. 53 S. 8°
Greifswald, Phil. Diss. v. 3. Juli 1909, Ref. Auwers
[Geb. 25. Okt. 81 Wisimo-Schaitansk; Wohnort: Wisimo-Schaitansk; Staatsangeh.: Rußland; Vorbildung: Uralsche Bergsch. Ekaterinburg Reife Mai 04; Studium: Greifswald 9 S.; Rig. 25. Mai 09.] [U 09. 1565

Schurk, Carl, die badische Gebührenordnung f. die Gemeindebeamten u. Gemeindebediensteten, nebst Waisenrichterordngn. m. Dienstweisg., sow. d. Verordng. üb. d. Vereinigg. d. Grund- u. Unterpfandsbücher m. Anmerkgn. u. Erläutergn. gr. 8. (VII, 150 S.) Lörrach 897. G. Schmid-Burkard. Geb. in Leinw. n.n. 3.—

Schurke, Ein, über den Andern, oder die Fuchsprelle. Lustspiel in drei Aufz. Leipzig 1798. V: *Tieck, Johann Ludwig.* (GGr) (EE)

Schurke ein. über den andern; od. die Fuchsprelle. Lustsp. Lpz. Gräff. 798.

Schurke, ein, über den andern, oder die Fuchsprelle. Lstspl. in 3 A. 8. Leipz. 798. (Wienbrack). 9 gr

SCHURKE, Der, unter dem Deckmantel der Religion. O. O. 1782. 8°. (1 Mk. 50 Pfg. Emil Hirsch, München, 1907.) Sehr selten!

Professor Bubbelatius. Humorist. Vorlesungen geh. in d. Sitzungen d. Grossen Kölner Karnevals-Gesellschaften von Heinrich Schürkens. T. 1. 2. Köln: Hoursch & Bechstedt [1909]. 8°
1. Zoologisches. 2. Verschiedenes.

Schurkenstreiche des Herrn Amor. Ein scherzhaft. Warnungsspiegel f. Liebende u. Alle, die sich verlieben wollen. In vorliegende Form gebracht v. Pantaleon v. Jungfernberg, dem Satirenschreiber. 16. (5 B.) Quedlinburg 830, Basse.

SCHURKEREYEN und Thorheiten, Eine handvoll, aus dem Tagebuche eines reisenden Engländers zur Ehre unsers philosophischen Jahrhunderts frey übersetzt. London 1786. 8°.
Cat. Cammerer. II. Erlang. 1796. p. 601. — Rar!

Schurkereien, eine Hand voll, u. Thorheiten, aus d. Tagebuche eines reisenden Engländers, (v. Frz. R. v. Grossing). 8. London 786. (Mayr in Salzb.) 4 gr

Schürlein, K., Chiron für Deutschlands Jugend. 1r Bd. 1s Heft. gr. 8. Nördlingen, Beck. 818.

Schurmann, Ann. Mar. a, Eucleria s. melioris partis electio. 8. Dessau, Gelehrte Buchhdl. (Barth in Leipzig.) 782.

— — dasselbe ins Deutsche übersetzt m. Anmerkungen 8. Ebend. 783.

Schurmann, Anna Maria von. Eukleria, oder die Erwählung des besten Theils. A. d. Lat. . . . Dessau 1783. V: *Hanker, Garlieb.* (schr) Ü: *Hachenberg, P.* (MGT)

Schurmann, Annae Mar., Opuscula Hebraea, Graeca, Latina, Gallica, prosaica et metrica. Lugd. B. 650. 8. Traj. ad Rh. 652. 8. Lips. 749. 8. 8 gr.

— opuscula hebraica, graeca, lat., gallica, prosaica et metrica, ed T. C. Dor. Loeberia. 8. Lips. Muller. 749.

Schürmann: De causis interitus Henrici Leonis, ultimi Saxoniae universae ducis. 11 S.–Arnsberg, Progr. 1867

Schürmann, deutsche Sprachlehre f. Volksschulen u. die unteren Klassen höherer Lehranstalten. [Aus: „Pädagog. Blätter f. Lehrerbildungsanstalten".] gr. 8. (16 S.) Gotha 888. Thienemann. — 30

Schürmann, A., Zur Geschichte des Allgemeinen Turnvereins in Leipzig. Leipzig 1871. 43 S., 4°.

Schürmann, A. (Stadtschreiber). Historische Notizen über den Mühlenplatz in Luzern. In-16°, 70 S. Luzern, Gebr. Bader. 1880.
*** Separatabdruck aus dem „Eidgenossen".

Schürmann, Aug., d. deutsche Buchhandel d. Neuzeit u. s. Krisis. 8. (VII, 281 S.) Halle 895. Buchh. d. Waisenhauses. n. 8. — ; geb. in Halbfrz. n. 4. —

— d. Entwickelg. d. deut. Buchh. zum Stande d. Gegenwart. Halle 880.

[F.] Zur Geschichte der Buchhandlung des Waisenhauses und der Cansteinschen Bibelanstalt in Halle a. S. Z. 200j. Jubelfeier d. Franckeschen Stiftgn 1698—1898 v. Aug. Schürmann. M. 1 Bildn. Aug. H. Franckes. *Halle a. S.: Waisenhaus 1898.* (VIII S., 1 Bl., 255 S., 1 Bl., 1 Portr.) 1 Bd 8. [98. 2515]

Schürmann, Aug., Leipzig als Centralpunct des deutschen Buchhandels. 8. (20 S.) Leipzig 865, Reusche. **
Aus: Leipziger Nachrichten, besonders abgedruckt.

Schürmann, Aug., Organisation und Rechtsgewohnheiten des deutschen Buchhandels. 2 Thle. 8. Halle, Buchh. des Waisenhauses. *
Inhalt:
Thl. 1. Die Entwickelung des deutschen Buchhandels zum Stande der Gegenwart. (VI, 333 S.) 880. *ℳ 3,60.
„ 2. Die Usancen des deutschen Buchhandels und der ihm verwandten Geschäftszweige. 2. neu bearb. Aufl. (XIII, 245 S.) 881. *ℳ 3.

Schürmann, Aug., der Rechtsschutz gegen Uebersetzungen in den internationalen Verträgen zum Schutze des literarischen Urheberrechts. Vom Standpuncte des literarischen Verkehrs. Leipzig 860. Selbstverlag. (T. O. Weigel.) gr. 8. (46 S.) 15 ngr.

Schürmann, A., die Rechtsverhältnisse der Autoren u. Verleger, sachlich-historisch. 8. (IX, 342 S.) Halle 889. Buchhandlg. d. Waisenhauses. n. 3. 60

— die Usancen des deutschen Buchhandels u. der ihm verwandten Geschäftszweige. Leipzig 867. Schürmann's Selbstverl. 8. (XV, 286 S.) n. 1 Thlr 10 ngr.

Schürmann, Daniel

Schürmann, Dn. d. Ält., kurzgefaßte Anweis. zur Algebra, zum Schul- u. Privatgebrauch. 8. Duisb. 806. Bädeker in Essen. 12 gr

Schürmann, Dan., Auszug des praktischen Schulbuchs. 3te verb. Aufl. 8. Essen u. Duisburg, Bädeker (in Comm.) 817.

Schürmann, Dan., mathemat. Monatsblatt für Lehrer u. andere Freunde der Mathematik. 1. Jahrg. gr. 8. Elberfeld 832. (Schönian.) n. 1/2 Thlr

Schürmann, Dan., mathemat. Monatsblatt f. Lehrer u. andere Freunde der Mathematik. 1. Jahrg. gr. 8. (12 B.) Elberfeld 842, (Schönian'sche Buchh.) *

— Rechenkunst durch Gleichungen. Zum Schulgebrauch. 8. Ebend. 836. n. 1/12 Thlr

— 480 Reimzeilen, als Vorschreibe-Materialien für Quartseiten, in deutschen Schulen. Duisb. 810. Bädeker in Essen. 4 gr Schrbp. 6 gr.

— prakt. Schulbuch der gemein. Rechnenkunst u. Geometrie, mit Figuren f. Lehrer u. Schüler. 801. 2e Aufl. 8. Gemarke 804 R. A. 8. Duisb. 809. 4e A. 813. Bädeker in Essen. 16 gr 7e A. 8. Ebd. 825. 16 gr — Auszug. 8. Ebd. 808. 2e A. 815. 3e Aufl. 817. 8 gr

Schürmann d. A., Dan., prakt. Schulbuch d. gemein. Rechenkunst u. Geometrie mit Figuren, dem Lehrer beim mündl. Unterr. bequem, dem Schüler zur Uebung nützlich; für d. hies. u. benachbart. Gegenden umgearb. u. hrsg. v. Dan. Schürmann d. J. 2 Thle. 8. Osnabrück, [Rackhorst.] [1. (10 B.) 828. 8 Gr., 2. (14½ B.) 829. 12 Gr.]

Schürmann, Ernst, aus Hagen (Westfalen): Untersuchungen über Nickeläthylendiaminverbindungen. [Brieg 1905.] 47 S. 8°. [19. IV. 05.]
Zürich. Phil. Diss. II. S. 1904/1905.

Schürmann, Ernst. Untersuchungen über Nickelaethylendiaminverbindungen. Diss. Phil. [II.] Univ. Zürich. [Mit 1 Figur.] 47 S. 8. [Brieg i. Schlesien, T. T. Heinze, 1905.]

Schürmann, Ernst [aus Barmen]: Über die Verwandtschaft der Schwermetalle zum Schwefel. . . . Barmen, Druck v. Steinborn & Co., 1888; 35 S. 8°
Tübingen, Naturw. Fak., Inaug.-Diss. v. 1888

Schürmann, Ernst, über die Verwandtschaft der Schwermetalle zum Schwefel. Inaugural-Dissertation. gr. 8. (35 S.) Tübingen 888, (Frz. Fues.) *

Schürmann, Eugen, Arzt aus Essen a. d. Ruhr: Atresia vaginalis acquisita. *Leipzig 1900: B. Georgi.* (41 S.) 8°
Leipzig, Med. Diss. v. (29. Juli) 1900

Schürmann, Eugen: Über Schwerlast-Drehkrane im Werft- und Hafenverkehr. 1904. VI, 79 S., 12 Taf. 8° ¶ Auch bei Oldenbourg in München.
Berlin, Dr.-Ing.-Diss. v. 15. 7. 1904

Über Schwerlast-Drehkrane im Werft- und Hafenverkehr. Von Dr.-Ing. Eugen **Schürmann.** München & Berlin: R. Oldenbourg 1904. (VI, 79 S.) 8°

Schürmann, Felix [Gerichts-Ref.]: Zur Lehre von der societas quoad usum und quoad sortem . . . Münster, Regensbergsche Buchdr. (B. Theissing.), 1889; 56 S. 8°
Göttingen, Jur. Fak., Inaug.-Diss. v. 9. Sept. 1889

Schürmann, Fel. Zur Lehre v. der societas quoad usum u. quoad sortem. Diss. gr. 8. (56 S.) Münster 889. (Gött., Vandenhoeck u. Ruprecht.) * 1 50

Schürmann, F., O. Schürmann, und Th. Walde, Übungsstoff für den Turnunterricht, bestehend in Aufmärschen, Gruppen von Frei- und Stabübungen, Liederreigen und Turnspielen. 8. (64 S. mit 72 Fig. und Abbild.) Essen 884, Bädeker. geb. *

Schürmann, F. (II.), O. Schürmann und Th. Walde, Übungsstoff für den Turnunterricht, bestehend in Aufmärschen, Gruppen von Frei- und Stabübungen, Liederreigen und Turnspielen. 2. verb. Aufl. 8. (68 S. mit 72 Fig. und Abbild.) Essen 885, Bädeker. geb. *

—— —— —— Übungsstoff für den Turnunterricht, bestehend in Aufmärschen, Gruppen von Gerätübungen, Liederreigen und Turnspielen. 2. Tl. 8. (86 S. mit 96 Fig. und Abbild.) Ebendas. 885. geb. *

– Unterricht in der Projectionslehre. Mit 94 in den Text gedr. Abbildgn. (in Holzschn.) gr. 8. (IV. 111 S.) Iserlohn 875. Baedeker. n. 2. 75

Schürmann, Ferdinand: Die Entwicklung der parodistischen Richtung bei Neidhart von Reuenthal. *Düren (1898): M. Becker.* (35 S.) 8°
Düren, OR m. realprogymn. Unterbau, OP 1898 (510)

Schürmann, Ferdinand Die Politik Ezelins III. von Romano bis zu seinem Anschlufs an Friedrich II. Nach den Quellen dargelegt. (Umschlagtitel: . . . Friedrich II.) 4 (24 S.). Ev. Rprg. *Düren* 1886 (450) **Progr.**

Schürmann, Fr., deutsche Zeichen-Schule. Uebungen im Freihandzeichnen, systematisch geordnet und gezeichnet. 1.—4. Heft. gr. 4. (à Heft 12 Bl.) Marburg 886,87, Elwert's Verlag. à Heft * 40 Pf. *

Schürmann, Fr., deutsche Zeichenschule. Uebgn. im Freihandzeichnen, systemat. geordnet u. gezeichnet v. S. 1. u. 3. Hft. 2. Aufl. gr. 4. (à 12 Bl.) Marburg (893. 94). N. G. Elwert's Verl. à n. — 60

Schürmann, Fr., der technische Zeichner. Ein Handbuch für Gewerbe-, Real- und Handwerkerschulen, sowie für angehende Künstler und Techniker zum Selbststudium. 1. Thl.: Das geometrische Zeichnen. 1. Abthl.: Die zeichnende Geometrie. Lex.-8. (VIII und 80 S. mit 8 lithogr. Fig.-Taf. in qu. Fol.) Burgsteinfurt 866, Falkenberg'sche Verlagsh. * —

Schürmann, Franz

Schürmann, Fr., kleine prakt. Geometrie. Rechenbuch für Elementarschulen. 4. Hft. Raumrechnung. 12. (6⅔ B. u. 4 Figurentaf.) Meurs 844, Rheinische Schulbuchhdlg. *

— dass. Uebungsbuch. 1. Hft. 5. Aufl. gr. 16. Ebd. 843. n. ⅛ ℛ

— dass. Uebungsbuch. 2. Hft. 2. Aufl. gr. 12. Ebd. 840. n. 1/12 ℛ
dass. Uebungsbuch. 3. Heft. 2. Aufl. gr. 16. Ebend. 843. n. 6¼ ngl

—— dasselbe. Uebungsbuch. 4. Hft. Raumrechnung. 12. (2⅓ B.) Ebds. 844. *

Schürmann, F., kleine praktische Geometrie. Mit 4 lith. Figurentaf. Lehr- u. Uebungsbuch des Rechenbuchs für Elementarschulen. 4. Hft. 2. Aufl. 8. (174 S.) Elberfeld u. Meurs 849, Rheinische Schulbuchhandlung. n. ⅓ ℛ

Schürmann, F., kleine praktische Geometrie. Mit 4 (lith.) Figurentaf. 4. Aufl. Mörs 854. (Wesel, Bagel.) 8. (190 S.) n. 7½ ngr.

Schürmann, F., kleine praktische Geometrie. Mit 4 (lith.) Fig.-Taf. 9. Aufl. Mit durchgreif. Berücksicht. d. neuen Maßes. 8. (VIII, 192 S.) Moers. 873. Spaarmann. 1. 30

Schürmann, Fr., kleine praktische Geometrie. 10. und 11. Aufl. 8. (VIII, 192 S. mit 4 lithogr. Fig.-Taf.) Moers 876,78, Spaarmann. **

Schürmann, Fr., kleine praktische Geometrie. 12. Aufl. 8. (VIII, 192 S. mit 4 lithogr. Fig.-Taf.) Moers 881, Spaarmann. **

Schürmann, F. (I.), kleine praktische Geometrie. 13. Aufl. 8. (VIII, 200 S. mit 4 Fig.-Taf.) Moers 887, Spaarmann. * geb. **

Schürmann, F. Kleine praktische Geometrie. 14. Aufl 8. (VIII, 200 S. m. 4 Fig.-Taf.) Moers 891, Spaarmann. * 1 30

Schürmann, F., kleine praktische Geometrie. 15. Aufl. 8. (VIII, 207 S. m. 4 Taf.) Moers 894. J. W. Spaarmann. n.n. 1. 30; geb. n.n. 1. 60

Schürmann, F., kleine praktische Geometrie. Mit 9 Fig.-Taf. in besonderem Heftchen. 16. Aufl. gr. 8. (VIII, 180 S.) Moers 899. J. W. Spaarmann. n. 1. 50

Schürmann, F., kleine praktische Geometrie. Mit 9 Fig.-Taf. in besonderem Heftchen. 17. Aufl. (VIII, 180 S.) 8. Moers 904. J. W. Spaarmann. n. 1. 50; geb. n. 1. 75

Schürmann, Fr., Handbuch zum Schul-Rechenbuch. 8. (VII und 136 S.) Elberfeld 843, Rheinische Schulbuchhandlung. Thlr. *

Schürmann, F., u. F. Windmöller, Lehrbuch f. Fortbildungs-, Gewerbe- u. Handelsschulen sowie für den Selbstunterricht. 2. Tl. 11., verb. Aufl. (IV, 156 S. m. 1 Formular.) gr. 8. Essen 905. G. D. Baedeker. Geb. n. 1. 60

— u. F. **Windmöller**, Lehr- u. Lesebuch für Fortbildungsschulen. 1. u. 2. Tl. gr. 8. (VIII, 319 S.) Essen 881. 82. Bädeker. n. 2. 40; geb. n. 3. 20
1. (VIII, 319 S.) n. 1. 60; geb. n. 2. —
2. Wechsellehre. Buchführung. Gesetzeskunde. (VI, 140 S. m. 2 Wechselformularen.) n. — 80; geb. n. 1. 20

—— und F. Windmöller, Lehr- und Lesebuch für Fortbildungsschulen. 1. Tl. (VIII, 319 S.) 1881; 2. verm. und verb. Aufl. gr. 8. (XI, 331 S.) Ebendas. 882. • * geb. *

—— —— Lehr- und Lesebuch für Fortbildungsschulen, sowie zum Selbstunterricht. 2. Tl.: Wechsellehre. Buchführung. Gesetzeskunde. gr. 8. (VI, 140 S. mit 2 Wechselformularen.) Ebendas. 882. * 80 Pf.; geb. *

—— und F. Windmöller, Lehr- und Lesebuch für Fortbildungsschulen. 1. Tl.: Lesestücke, Aufsätze, Briefe und Stilübungen. 3. und 4. verm. und verb. Aufl. (XI, 340 S.) 885,87; 5. verm. Aufl. gr. 8. (XI, 353 S. mit 1 Frachtbrief-Formular.) Essen 888, Bädeker. *M 1.60.; geb. *

Schürmann, F. (II.), und F. Windmöller, Lehr- und Lesebuch für Fortbildungsschulen, sowie zum Selbstunterricht. 2. Tl.: Wechsellehre, Buchführung, Gesetzeskunde. 2. verm. und verb. Aufl. gr. 8. (VI, 175 S. mit Formularen.) Ebendas. 888. * 80 Pf.; geb. *

—— u. F. Windmöller. Lehr- u. Lesebuch f. Fortbildungsschulen u. zum Selbstunterricht. 1. u. 2. Tl. gr. 8. Essen, Baedeker. geb. ** 3 20
1. Tl. 6.—8. Aufl. (XI, 353 S. m. 1 Formular.) 889,90; 9. u. 10. Aufl. (X, 408 S. m. 1 Formular.) 892. ** 2 —.
2. Tl. Wechsellehre. Buchführg. Gesetzeskunde. 3. Aufl. (VI, 158 S.) 890. ** 1 —; 4. Aufl. (VIII, 178 S. m. 1 Formular.) 892. * 1 20.

— u. F. **Windmöller**, Lehr- u. Lesebuch f. Fortbildungs-, Gewerbe- u. Handelsschulen. 2. Tl. 6. Aufl. gr. 8. (VIII, 178 S. m. 2 Formularen.) Essen 895. G. D. Baedeker. Geb. in Halbldr. n. 1. 20

— — dasselbe. Ausg. A. 1. Tl. 17. Aufl. gr. 8. (X, 413 S. m. 1 Formular.) Ebd. 898. Geb. in Leinw. n.n. 2. —

— — dasselbe. Ausg. B. 1. Tl. 16., umgearb. Aufl. gr. 8. (X, 451 S.) Ebd. 897. Geb. in Leinw. n.n. 2. —

Lehr- und Lese buch für Fortbildungs-, Gewerbe- und Handelsschulen von F[ranz] Schürmann u. F[riedrich] Windmoeller. T. 1. 2. Essen: G. D. Baedeker 1899. 2 Bde 8° [F.]
1. Ausg. B. 3. Aufl. (des ursprüngl. Werkes 18. Aufl.). Mit 48 Abb.
2. 8. Aufl.

— u. F. **Windmöller**, Lehr- u. Lesebuch für Fortbildungs-, Gewerbe- u. Handelsschulen. Nach den ministeriellen Vorschriften vom 5. VII. 1897 bearb. 1. u. 2. Tl. gr. 8. Essen, G. D. Baedeker. Geb. in Leinw. n.n. 3. 20
1. 22. Aufl. (VIII, 456 S. m. 48 Abbildgn. u. 1 Formular.) 902. n.n. 2. —
2. 8. Aufl. (VIII, 169 S. m. 2 Formularen.) 899. n. 1. 20

— — dasselbe. Ausg. A. 1. Tl. 18. Aufl. gr. 8. (X, 115 S. m. 1 Formular.) Ebd. 900. n.n. 2. —

— — dasselbe. Ausg. B. 1. Tl. 5. Aufl. (des ursprüngl. Werkes 20. Aufl.) gr. 8. (VIII, 456 S. m. 48 Abbildgn. u. 1 Formular.) Ebd. 900. Geb. in Leinw. n.n. 2. —

Lehr- und Lesebuch für Fortbildungs-, Gewerbe- und Handelsschulen. Nach d. minist. Vorschriften v. 5. Juli 1897 bearb. von F[ranz] **Schürmann** u. F[riedrich] Windmöller. T. 1. 2. *Essen: G. D. Baedeker 1902–03.* 2 Bde 8° [F.]
1. Mit 48 Abb. 23. Aufl. 1902.
2. 10. Aufl. 1903. [03. 9847

Lehr- und Lesebuch für Fortbildungs-, Gewerbe- u. Handelsschulen Nach d. minist. Vorschriften v. 5. Juli 1897 bearb. von F[ranz] **Schürmann** u. F[riedrich] Windmöller. 24. Aufl. T. 1. *Essen: G. D. Baedeker 1903.* 8° [F.] [03. 9848

Lehr- und Lesebuch für Fortbildungs-, Gewerbe- und Handelsschulen. Nach d. minist. Vorschriften v. 5. Juli 1897 bearb. von F[ranz] **Schürmann** u. F[riedrich] Windmöller. 25. Aufl. T. 1. Elberfeld: G. D. Baedeker 1904. 8° [F.] [05. 9365

— — **Lehr- u. Lesebuch f. Fortbildungs-, Gewerbe- u. Handelsschulen. Nach den ministeriellen Vorschriften vom 5. VII. 1897 bearb. 1. Tl. 28. Aufl. (X, 453 S. m. 48 Abbildgn.) gr. 8. Ebd. 907.** Geb. n. 2. —

Schürmann, F., u. F. Windmöller, Lehr- u. Lesebuch f. Fortbildungs-, Gewerbe- u. Handelsschulen. Nach den ministeriellen Vorschriften vom 5. VII. 1897 bearbeitet. I. Tl. 31. Aufl. (VIII, 458 S. m. 48 Abb.) gr. 8. Essen 910. G. D. Baedeker. Geb. 1. 60

Schürmann, Fr., Lehrbuch des Rechen-Unterrichts. 3. Tl. 4. Aufl. des theoretisch-prakt. Lehrbuchs der Rechenkunst, bearb. von A. Hollenberg und G. Beckers. 8. (VIII, 400 S.) Moers 881, Spaarmann. *

—— Rechenbuch. 2. unt 3. Thl. 8. Ebendas. *

Inhalt:
Thl. 2. Die Bruchrechnung. 15. und 16. Aufl., besorgt von A. Hollenberg und G. Beckers. (48 S.) 881,85. * 35 Pf.; Antwortenheft (20 S.) * 25 Pf.
" 3. Die verschiedenen Rechnungsarten des bürgerl. Lebens. 14. und 15. Aufl., besorgt von A. Hollenberg und G. Beckers. (IV, 144 S.) 880,84. * 70 Pf.; Antwortenheft (24 S.) * 25 Pf.
1. Thl. Ebendas. 1877. * 40 Pf.

Schürmann's, Fr., Rechenbuch. 2. u. 3. Tl., besorgt v. A. Hollenberg u. G. Beckers. 8. Moers, Spaarmann. n. 1. 5; Antworten à n.n. — 25
2. Die Bruchrechnung. 16. Aufl. (48 S.) 885. n. — 35; Antworten (208 S.) n.n. — 25
3. Die verschiedenen Rechnungsarten d. bürgerl. Lebens. 15. Aufl. (IV, 144 S.) 881. n. — 70; Antworten dazu (24 S.) n.n. — 25

Schürmann, F., Rechenbuch f. Bergvorschulen u. Bergschulen, sow. f. d. Selbstunterr. gr. 8. (98 S. m. Fig.) Essen 899. H. L. Geck. Kart. n.n. 1. 80

— Rechenbuch f. Bergvorschulen u. Bergschulen, sowie f. den Selbstunterricht. 2., verb. u. stark verm. Aufl. gr. 8. (168 S. m. Fig.) Essen 901. H. L. Geck. Geb. n. 2. 50

Rechenbuch für Bergvorschulen u. Bergschulen sowie für den Selbstunterricht von F[ranz] **Schürmann**, Lehrer zu Essen. 3. Aufl. *Essen: H. L. Geck 1902.* (166 S.) 8° [F.] [03. 150

Schürmann, F., Rechenbuch für Elementarschulen. Uebungsbuch. 16 — 35 Hft. ... Meurs 840. Rhein. Schulbuchh. ...

— dass.: Lehrbuch. 16 — 36 Hft. ... Ebd. 840. ...

— dass.: Antwortenheft. 16 — 36 Hft. Ebd. 840. ...

Schürmann, Fr., Rechenbuch f. Elementarschulen. Lehrbuch m. Antworten. 3 Hfte. 1. Aufl. ... u. 2. Ausg. 12. (24 5/6 B.) Meurs 843, Rhein. Schulbuchh. *
Hft. 1. Die vier Species. * 8 Gr.
" 2. Bruchrechnung. * 4 Gr.
" 3. Die verschiedenen Rechnungsarten d. bürgerl. Lebens. * 16 Gr.

—— dass. — Uebungsbuch. 3 Hfte. Ebds. [1. 5. Aufl. gr. 16. (6 B.) 843. * 1/6 Thlr., 2. 2. Aufl. gr. 12. (2 B.) 840. * 1/12 Thlr., 3. 2. Aufl. gr. 16. (11 1/4 B.) 843. * 5 Gr.] *

—— Rechenbuch für Elementarschulen. Lehrbuch mit Antworten. 3 Hfte. 1 Hft.: Die 4 Species. 2. Hft.: Bruchrechnung. 3. Hft.: Die verschied. Rechnungsarten des bürgerlichen Lebens. 2. Ausg. 12. (24⅙ B.) Meurs 843, Rheinische Schulbuchh. (Leipzig, Friedr. Fleischer.) *

—— dass. Uebungsbuch. 1. Hft. 5. Aufl. gr. 16. (6 B.) Ebds. 843. *

—— dass. Uebungsbuch. 2. Hft. 2. Aufl. gr. 12. (2 B.) Ebds. 840. *

—— dass. Uebungsbuch. 3. Hft. 2. Aufl. gr. 16. (11¼ B.) Ebds. 843. *

—— Rechenbuch für Elementarschulen. Uebungsbuch. 2. Thl.: Die Bruchrechnung. Nach den gesetzl. Bestimmungen über die Maße und Münzen des deutschen Reiches umgearb. 13. Aufl. 8. (55 S.) Ebendas. 874. *

—— Rechenbuch für Elementarschulen. Uebungsbuch. 3. Thl.: Die verschiedenen Rechnungsarten des bürgerl. Lebens. 12. Aufl. Nach den gesetzl. Bestimmungen über die Maße und Münzen des deutschen Reiches umgearb. 8. (IV, 153 S.) Ebendas. 873.
Antworten (36 S.) **

— dasselbe. Antworten zum 3. Thl. (36 S.) Ebend. 875. n.n. — 25

—— Rechenbuch für Elementarschulen. Uebungsbuch. 3 Thle. 8. Ebendas. *

Inhalt:

Thl. 1. Die vier Species in ganzen [reinen und benannten] Zahlen, nebst einfachen Aufgaben aus der Decimalrechnung. Nach den gesetzl. Bestimmungen über die Maße und Münzen des Deutschen Reiches umgearb. 20. Aufl. (IV, 100 S.) 877. * 40 Pf.
" 2. Die Bruchrechnung. 14. Aufl. (47 S.) 878. * 35 Pf.
" 3. Die verschiedenen Rechnungsarten des bürgerl. Lebens. 13. Aufl. Nach den gesetzl. Bestimmungen über die Maße und Münzen des Deutschen Reiches umgearb. (IV, 148 S.) 876. * 70 Pf.

Rechenbuch für Elementarschulen. Uebungsbuch. 1.—3. Thl. 8. Ebend. 876—80. n. 1. 45
1. Die 4 Species in ganzen [reinen u. benannten] Zahlen, nebst einfachen Aufgaben aus der Decimalrechnung. Nach den gesetzl. Bestimmungen üb. die Maße u. Münzen des Deutschen Reiches umgearb. 20. Aufl. (IV, 100 S.) n. — 40; geb. n. — 60
2. Die Bruchrechnung. 14. Aufl. (47 S.) n. — 35
3. Die verschiedenen Rechnungsarten des bürgerlichen Lebens. 11. Aufl. Nach den gesetzl. Bestimmungen üb. die Maße u. Münzen des deutschen Reiches umgearb. (IV, 148 S.) n. — 70; Antworten (21 S.) n.n. — 25

– u. F. Windmöller

— — Rechenbuch f. gewerbliche u. kaufmännische Fortbildungsschulen. 1. u. 2. Tl. Mit Auflösungen. gr. 8. Ebd. Geb. n. 2. —; Auflösgn. n. 1. —
1. 2., verb. Aufl. (VIII, 100 S.) 898. n. 1. —; Auflösgn. (28 S.) n. — 60
2. (VI, 90 S. m. Fig.) 898. n. 1. —; Auflösgn. (30 S. m. Fig.) n. — 60

— — Rechenbuch f. gewerbl. kaufmänn. Fortbildungsschulen. Ausg. A. 1. Tl. 3., zum Tl. umgearb. Aufl. gr. 8. (VIII, 120 S.) Ebd. 895. Geb. n. 1. —

— — dasselbe f. Fortbildungs- u. Fachschulen. (Ausg. B. f. Fortbildungs- u. Fachschulen.) 1. Tl. 3., umgearb. Aufl. gr. 8. (VIII, 112 S.) Ebd. 896. n. — 80

— — Rechenbuch f. gewerbliche u. kaufmännische Fortbildungsschulen. Nach den ministeriellen Verfüggn. vom 5. VII. 1897 bearb. v. R. Kemper. 2. u. 3. Tl. gr. 8. Ebd. Geb. à n. 1. —
2. 2. verb. Aufl. (VI, 90 S. m. Fig.) 899.
3. (IV, 86 S.) 901.

Rechenbuch für Handwerker- und gewerbliche Fortbildungsschulen von F[ranz] **Schürmann** u. F[riedr.] Windmöller zu Essen. Nach d. minist. Verfügungen vom 5. Juli 1897 neu bearb. von F. Schürmann. T. 1. 2. *Essen: G. D. Baedeker 1900.* 2 Bde 8° [F.]
1. 6. verb. Aufl. 2. 3. verb. Aufl. [01. 5777]

Rechenbuch für Handwerker- und gewerbliche Fortbidungsschulen von F[ranz] **Schürmann** u. F[riedr.] Windmöller zu Essen. Nach d. minist. Verfügungen vom 5. Juli 1897 neu bearb. von F. Schürmann (T. 3: von R[ichard] Kemper, Lehrer zu Essen). T. 1–3 [nebst] Auflösungen T. 2. 3. Essen: G. D. Baedeker 1900–03. 5 Bde 8° [F.]
1. 6. verb. Aufl. 1900. 2. 3. verb. Aufl. 1900. 3. 1901.
Auflösungen 2. 3. 1903.

Rechenbuch für Handwerker- und gewerbliche Fortbildungsschulen von F[ranz] **Schürmann** und F[riedrich] Windmöller. Nach d. minist. Verfügungen v. 6. Juli 1897 neu bearb. von F. Schürmann. 7. verb. Aufl. T. 1. *Essen: G. D. Baedeker 1902.* 8° [F.] [02. 8849]

— — Rechenbuch f. Handwerker- u. gewerbl. Fortbildungsschulen. Nach den ministeriellen Verfügungen vom 5. VII. 1897 bearb. I.—III. Tl. 8. Essen, G. D. Baedeker. Geb. u. kart. n. 2. 60
I. Neu bearb. v. F. Schürmann. 8. verb. Aufl. (IV, 98 S.) Ebd. 905. Kart. n. — 80
II. Neu bearb. v. F. Schürmann. 5. verb. u. stark verm. Aufl. (IV, 91 S. m. Fig.) 906. Geb. n. — 80
III. Bearb. von R. Kemper. 2. verb. Aufl. (IV, 86 S.) 903. Kart. n. 1. —; Auflösgn. (15 S.) 903. n. — 40

— — Rechenbuch für Handwerker u. gewerbliche Fortbildungsschulen. Nach den ministeriellen Verfüggn. vom 5. VII. 1897 bearb. I. u. II. Tl. 8. Ebd. Kart. à — 80
I. Neu bearb. v. F. Schürmann. (Stufe IV u. III.) 9. verm. u. verb. Aufl. (IV, 104 S.) 906.
II. Neu bearb. v. F. Schürmann. 6. Aufl. (IV, 91 S. m. Fig.) — 80

— — dasselbe. Auflösungen. 3 Tle. 8. Ebd. — 90
I. Neu bearb. v. F. Schürmann. (19 S.) 907. — 30
II. Neu bearb. v. F. Schürmann. 2. Aufl. (12 S.) 907. — 20
III. Bearb. v. R. Kemper. 2. Aufl. (15 S.) 908. — 40

—— Schul-Rechenbuch. 8. (94 S.) Elberfeld und Meurs 847. [Wesel, Bagel.] *

—— Schul-Rechenbuch. 12. und 13. Aufl. Nach dem neuen Maß-, Gewichts- und Münzsystem. 4 Hefte. 8. Ebendas. 873,75. *

Inhalt:

Heft 1. Zahlenkreis von 1—100. (24 S.) * 20 Pf.
" 2. Das Numeriren und die Grundoperationen in unbenannten und benannten Zahlen. (S. 1—76.) * 30 Pf.
" 3. Die gewöhnliche und die Decimal-Bruchrechnung und deren Anwendung in den verschiedenen Rechnungsarten des bürgerl. Lebens. (S. 77—150.) * 40 Pf.
" 4. Raumrechnung. (44 S. mit 2 lithogr. Taf.) * 30 Pf.

Schürmann, F., Schul-Rechenbuch. Gesammtausgabe. 12. Aufl. 8. (152 S.) Moers 874. Spaarmann. n. — 70 geb. n. — 90

— dasselbe. 13. Aufl. 1—3. Hft. 8. Ebend. 875. n. — 90
1. Zahlenkreis von 1—100. (21 S.) n. — 20
2. Das Numeriren u. die Grundoperationen in unbenannten u. benannten Zahlen. (52 S.) n. — 30
3. Die gewöhnliche u. die Decimal-Bruchrechnung u. deren Anwendg. (76 S.) n. — 40

— Schul-Rechenbuch. Nach dem neuen Maß-, Gewichts- u. Münzsystem. 1—4. Hft. 8. Ebend. 878. 79. n. 1. 20
1. Zahlenkreis von 1—100. 15. Aufl. (24 S.) n. — 20
2. Das Numeriren u. die Grundoperationen in unbenannten u. benannten Zahlen. 17. Aufl. (56 S.) n. — 30
3. 11. Aufl. (73 S.) n. — 40
4. Raumrechnung. 13. Aufl. (18 S. m. 2 Steintaf.) n. — 30

—— Schul-Rechenbuch. Nach dem neuen Maß-, Gewichts- und Münzsystem. 4 Hefte. 8. (Ebendas.) *

Inhalt:

Heft 1. Zahlenkreis von 1—100. 14. und 15. Aufl. (24 S.) 876,78. * 20 Pf.
" 2. Das Numeriren und die Grundoperationen in unbenannten und benannten Zahlen. 14.—17. Aufl. (56 S.) 876—79. * 30 Pf.
" 3. Die gewöhnliche und die Decimal-Bruchrechnung und deren Anwendung in den verschiedenen Rechnungsarten des bürgerl. Lebens. 14. Aufl. (73 S.) 877. * 40 Pf.
" 4. Raumrechnung. 14. Aufl. (52 S. mit 2 Stnt.) 879. * 30 Pf.

—— Schul-Rechenbuch. Nach dem neuen Maß-, Gewichts- und Münzsystem. 4 Hefte. 8. Ebendas. *
Antworten zum 1.—3. Heft *
Antworten zum 4. Heft *

Inhalt:
Heft 1. Zahlenkreis von 1—100. 16. und 17. Aufl. (24 S.) 879,80.; 18. und 19. Aufl. (28 S.) 882,83. * 20 Pf.
„ 2. Das Numeriren und die Grundoperationen in unbenannten und benannten Zahlen. 18. und 19. Aufl. (52 S.) 880,81. * 30 Pf.
„ 3. Die gewöhnliche und die Decimal-Bruchrechnung und deren Anwendung in den verschiedenen Rechnungsarten des bürgerl. Lebens. 15. und 16. Aufl. (73 S.) 880,81. * 40 Pf.
„ 4. Raumrechnung. 15. Aufl. (52 S. mit 2 Stnt.) 881. * 30 Pf.

— Schul-Rechenbuch. 4. Hft. 16. Aufl. 8. (52 S. m. 1 Taf.) Ebd. 891. n. — 30

—— die Uebergangskörper, od. Entstehung d. geometr. Körper aus einander. gr. 8. (4½ B. u. 5 Kpfrt.) Meurs 836, Rhein. Schulbuchh.

Schürmann, Friedrich, appr. Arzt a. Werdohl: Aus d. pathol. Institut zu Gießen. Zur Kasuistik der Sondierungsverletzungen der Speiseröhre. Gießen 1907: O. Kindt. (20 S.) 8°
Gießen, Med. Fak., Ref. Bostroem, Diss. v. 3. Sept. 1907
[Geb. 6. Juli 76 Werdohl (Westfalen); Wohnort: Gießen; Staatsangeh.: Preußen; Vorbildung: Gymn. Hersfeld Reife O. 00; Studium: Heidelberg 4, Greifswald 1, Straßburg 1, Marburg 1, Gießen 2 S.; Coll. 22. Dez. 04; Approb. 30. Juni 04.]

Schürmann, Friedr. Lehrplan und Methode für den Zeichenunterricht. Erste und zweite Stufe. 12 S. u. 8 Taf. Rpg. *Marburg H.* 1881 **Progr.**

Georg Caspar **Schürmann**: Ludovicus Pius oder Ludewig der Fromme. Aufgeführt in Braunschweig 1726, 1727, 1734. Nach e. im eigenen Besitze befindl. Hs. hrsg. u. mit e. Klavier-Ausz. vers. von Hans Sommer. Leipzig: Breitkopf & Härtel 1800(-92). (34 Sp., 190 S.) 2° [Ant. u. F.]
= Oper, Die, von ihren ersten Anfängen bis z. Mitte d. 18. Jahrh. Th. 4.
= **Publikation** älterer prakt. u. theor. Musikwerke. Jg. 19/20. (Bd 17.) [07. 16877

Schürmann, Gust., Katechismus der Arbeiterschutzgesetzgebung [Kranken-, Unfall-, Invaliditäts- u. Altersversicherung]. Ein Leitfaden f. Volks-, Mittel- u. Fortbildungsschulen, sowie zum Handgebrauche. 8. (39 S.) Delitzsch 891. Pabst. — 30

— dasselbe. 2., verb. Aufl. 8. (40 S.) Ebd. 891. — 30

Schürmann, Gust., Übungsstoff für die im Auftrage des königl. Ministeriums der geistl., Unterrichts- und Medizinal-Angelegenheiten hrsg. Regeln der deutschen Rechtschreibung. 8. (III, 80 S.) Berlin 880, Grote'sche Verlagsb. *

Fürs Volk! Die Wunder im Neuen Testament im Licht der religionsgeschichtlichen Volksbücher. Von Gustav **Schürmann**, Pfarrer, Huckarde. 1. u. 2. Taus. Dortmund: H. Brunöhler 1905. (32 S.) 8° [F.] [06. 19970

Schürmann, Gust., die Wunder im Neuen Testament im Licht der religionsgeschichtlichen Volksbücher. (Für's Volk!) 1. u. 2. Taus. (32 S.) 8. Dortmund 905. H. Brunöhler. n. — 30

Schürmann, H., Gedanken üb. die confessionelle u. die confessionslose Volksschule. gr. 8. (26 S.) Barmen 873. Klein. n. — 40

— Petrus u. Papstthum im Licht der Bibel, m. e. Anh.: Louise Lateau, Roms neuester Triumph. gr. 8. (110 S.) Ebend 875. n. 1. 20

Schürmann, Henr., de Deo Platonis. 8 maj. (4¾ B.) Münster 845, Theissingsche Buchh. *

Schürmann, Heinr., Grubenexplosionen, s.: Miniatur-Bibliothek.

Schürmann, Heinrich Anton

—— De s. Basilio et Gregorio Nazianzeno litterarum antiquarum studiosis. Partes II. Kempen 1862 u. 1872, Abhandlungen zum Jahresbericht des Gymn.

Schürmann, Heinr. Ant., Die hellenische Bildung u. ihr Verhältnis zur christlichen nach der Darstellung des Clemens v. Alexandrien. Münster 1859, Abhandlung zum 40. Jahresbericht des Gymn.

Schürmann, Hermann, aus Capellen (Kr. Mörs), approb. Arzt, Unterarzt beim 1. Westfäl. Feldart.-Reg. No 7: Aus d. Psychiatr. Klinik d. Kgl. Charité (Geheimrat Jolly). Traumatisches Irresein. *Berlin (1904): E. Ebering.* (29 S.) 8°
Berlin, Med. Diss. v. 17. Mai 1904

Schürmann, Johann

Schürmann, J., Johann Bernard Brinkmann, Bischof v. Münster, im Kulturkampf. Erinnerungen. 2. verm. Aufl. (243 S. m. 1 Bildnis.) kl. 8. Münster 906. Alphonsus-Buchh. n. 1. 20

Johann Bernard Brinkmann, Bischof von Münster, im Kulturkampf. Erinnerungen von J[oh.] **Schürmann**, Pfarrer in Duisburg. 3. verm. Aufl. Münster i. W.: Alphonsus-Buchh. 1906. (242 S.) 8° [F.] [07. 4659 6

Johann Bernard Brinkmann, Bischof von Münster, im Kulturkampf. Erinnerungen von J[oh.] **Schürmann**, Pfarrer in Duisburg. 4. verm. Aufl. Münster i. W.: Alphonsus-Buchh. 1906. (242 S.) 8° [F.] [07. 4660 6

Schürmann, Jh. Pet., Anweis. zum Gebrauch d. Rechnenmaschine. Geldern 782. Verfasser.

Schürmann, Johannes [stud. phil. aus M.-Gladbach]: Die Entstehung und Verbreitung der sogenannten „Verkürzten Participien" im Italienischen. . . . Strassburg i. E., Buchdr. M. DuMont-Schauberg, 1890; 61 S. 8°
Strassburg, Phil. Fak., Inaug.-Diss. v. 1890

Schürmann, Johs., Gedichte. 8. (141 S.) Berlin 893. F. Fontane & Co. n. 2. —; geb. n. 3. —

Schürmann, Jos., Darstellung der Syntax in Cynewulfs Elene, s. a. Studien, neuphilologische.

Schürmann, J. Darstellung der Syntax in Cynewulfs Elene. Diss. Münster 1884. 109 S.

Darstellung der Syntax in Cynewulfs Elene von Dr. Joseph **Schürmann**, Lehrer zu Lippstadt. [Paderborn: F. Schöningh 1884.] (S. 289–395.) 8°
= **Studien**, Neuphilologische. [II. 4.] [07. 12783

[F.] **Schürmann,** Jos. [Dr.]: Ausgewählte Stücke aus Alexander Freiherrn von Hübner's „Durch das Britische Reich". Zum Übersetzen in d. Engl. f. d. oberen Klassen höherer Schulen eingerichtet. Lippstadt, Druck: A. Staats, *1893;* 1—21 S. 4.
Lippstadt, RG, OP 1893 (374)

Schuermann, Ios. Ant., De hymni in Cererem Homerici aetate atque scriptore. Münster 1850, 8°. Dissert.

Schuermann, Ios. Ant., De genere dicendi atque aetate hymni in Apollinem Homerici. Arnsberg 1859, Abhandlung zu dem Jahresbericht über das Gymnas.

Schürmann, Karl, Dipl.-Ing., Hannover: Beiträge zur Kenntnis der monatlichen Drehung der Winde nach 16jährigen Beobachtungen der meteorologischen Stationen in: Wilhelmshaven, Hamburg, Kiel, Berlin, Wustrow, Neufahrwasser, Memel. *Rostock 1903: H. Winterberg.* (23 S.) 8°
Rostock, Phil. Diss. v. [23. Juli] 1903

Schürmann, Karl, Selbsterlebtes. Kriegserinnergn. e. Volksschullehrers. 8. (282 S.) Remscheid 895. H. Krumm. 1. 80; geb. n. 2. 25

Schürmann, M., der heilige Bonifacius. Haupt-Momente aus seinem Leben, u. mehreren von Fr. Koenen componirten Männer-Chören u. Soli. Für katholische Vereine zur Aufführung mit 6 lebenden Bildern nach den Fresco-Gemälden in der Bonifacius-Basilika zu München. gr. 8. (VIII, 23 S.) Fulda 882. Maier. — 60

Schürmann, M., d. hl. Bonifacius. Haupt-Momente aus s. Leben, m. mehr. v. Fr. Koenen compon. Männer-Chören u. Soli. Für kathol. Vereine z. Aufführg. m. 6 leb. Bild. nach d. Fresko-Gemälden in d. Bonifacius-Basilika zu München. Text d. Gesänge. 6. Aufl. gr. 8. (4 S.) Fulda 893. A. Maier. n. — 05

Schürmann, M. Katholisches Gesang- u. Gebetbuch zum Gebrauche beim gemeinsamen Gottesdienst u. f. die Privatandacht. 12. (VIII, 600 S.) Osnabr. 892, F. Schöningh. ** 1 —
geb. in Hlbldr. ** 1 40; in Hlbfrz. ** 1 50

Schürmann, Max: Ein Fall von Morbus Basedowii. *Kiel 1898: P. Peters.* (19 S.) 8°
Kiel, Med. Diss. v. [18. März] 1898

Schürmann, Melch., und Luzius Lang, Festreden an der Schlachtfeier in Sempach am 11. Juli 1887. gr. 8. (34 S.) Luzern 887, (Gebr. Räber.)

Schürmann, Melchior. Das Rütli als Nationaleigentum der Schweizerischen Eidgenossenschaft. Ein Gedenkblatt zur Erinnerung an seinen Ankauf vor fünfzig Jahren durch die Schweizerische gemeinnützige Gesellschaft und seine bisherige Verwaltung. [Illustriert.] 46 S. 8. Zürich, Gebr. Leemann & Co., 1909. [geb. fr. —. 50]

Schürmann, Melchior. Das Rütli als Nationaleigentum der Schweizerischen Eidgenossenschaft. Ein Gedenkblatt zur Erinnerung an seinen Ankauf vor fünfzig Jahren durch die Schweizerische gemeinnützige Gesellschaft und seine bisherige Verwaltung. Im Auftrage der Schweizerischen gemeinnützigen Ges' hrg. vom Verein für Verbreitung guter Schriften. [Illustriert.] 48 S. 8. Basel, Bern, Zürich (Gebr. Leemann & Co., Z.) April 1910. fr. —. 15

Schürmann, Melch., das Rütli als Nationaleigentum d. schweizerischen Eidgenossenschaft. Ein Gedenkblatt zur Erinnerg. an seinen Ankauf vor 50 Jahren durch die schweizer. gemeinnütz. Gesellschaft an seine bisher. Verwaltg. Im Auftrage der schweizer. gemeinnütz. Gesellschaft hrsg. vom Verein für Verbreitg. guter Schrifton (April 1910). (46 S. m. Abbildgn.) 8. Zürich 910. (Basel, Verein f. Verbreitg. guter Schriften.) nn — 15

Schürmann, Paul: Ueber Beckenendlagen. *Marburg 1897: O. Ehrhardt.* (25 S.) 8°
Marburg, Med. Diss. v. 5. Jan. 1898

Schürmann, Paul [cand. med aus Solingen]: Ueber die Bedeutung der Anteflexion für die Gesundheit des weiblichen Organismus .... Würzburg, Paul Scheiner's Buchdr. 1888. 49 + 1 S. 8
Würzburg, Med. Fak., Inaug. Diss. v. 1888

Schürmann, Paul, über die Bedeutung der Anteflexion für die Gesundheit des weiblichen Organismus. Diss. Würzburg 1888, Stabelsche Univ.-Buchh. 8°. 49 S.

Schürmann, Walter, a Lüdenscheid: Aus d. Kgl. chirurgischen Univ.-Klinik zu Kiel. Zur Casuistik des Milzbrandes. Die in den Jahren 1903—1906 in der Kieler chirurgischen Klinik beobachteten Fälle von Milzbrand. Kiel 1906: W. Crone jr., Lüdenscheid. (22 S.) 8°
Kiel, Med. Fak., Ref. Helferich, Diss. v. 12. April 1907
[Geb. 14. Mai 80 Lüdenscheid; Wohnort: Lüdenscheid; Staatsangeh.: Preußen; Vorbildung: Gymn. Krefeld Reife O. 00; Studium: Freiburg i. B. 1, Leipzig 1, Kiel 2, Gießen 1, München 1, Kiel 4 S.; Coll. 23. März 06; Approb. 1. Apr. 07.]

Schürmann, Wilhelm [aus Capellen bei Mörs]: Zur Casuistik der penetrierenden Schusswunden der Brust .... Berlin, Buchdr. v. Gustav Schade (Otto Francke) (1888); 31 + 1 S. 8°
Berlin, Med. Fak., Inaug.-Diss. v. 2. Febr. 1888

Schürmayer, B., s. Schürmayer, Karl Bruno

Schürmayer, Bruno, s. Schürmayer, Karl Bruno

Schürmayer, Carl Bruno, s. Schürmayer, Karl Bruno

Schürmayer, I(gnaz)H(einrich) (Hrsg.):

s.: Annalen der gesammten Staatsarzneikunde. Bd 1-11. Tübingen, Freiburg: 1836-46.

JB 6.146

Schürmayer, Ign. Heinr., Anweis. zur sichern Heilung der Knochenbrüche d. Ober- u. Unterschenkels, durch e. einfache u. wohlf. Methode. gr. 8. (1¼ B. u. 1 Stnt. gr. 4.) Freiburg 833, [Gebr. Groos, Vrls.-Expedit.]

—— über d. Erkenntniß u. Kur d. Milzbrandes der landwirthschaftl. Hausthiere. gr. 8. (3 B.) Freiburg 831, Herder.

Schürmayer, I(gnaz) H(einrich): Handbuch der medicinischen Policei. Nach den Grundsätzen des Rechtsstaates, zu academischen Vorlesungen und zum Selbstunterrichte für Aerzte und Juristen bearbeitet. 554 S., gbd.

Erlangen: Enke 1848

JB 5.493

Schürmayer, J. H., Handbuch der medicinischen Polizei. Nach den Grundsätzen des Rechtsstaates zu acad. Vorlesungen und zum Selbstunterrichte für Ärzte und Juristen. 2., verb. u. mit einem Sachregister versehene Aufl. Erlangen 856. Enke. Lex.-8. (XVIII, 514 S.) n. 3 ₰. 2 ngr.

Schürmayer, J. H., practisches Handbuch der niederen oder hilflichen Chirurgie. Nebst Anleitung zur Krankenwarte u. richtigen Besorgung der Leichenschau. Mit besonderer Rücksicht für das Großherzogth. Baden bearb. Mit 44 erläut. Abbildgn. gr. 8. (VIII u. 164 S. m. 12 lith. Taf.) Freiburg i. Br. 847, Herder. 1½ ₰

Schürmayer, J. H., gerichtlich-medizinische Klinik oder prakt. Unterricht zur Untersuchung und Begutachtung gerichtlich-medizin. Fälle. Für Aerzte, Wundärzte ꝛc. Mit 3 Steintaf. gr. 8. Karlsruhe 844—46, Bielefeld. u. 4⅚ ₰

—— die Krankheiten der Pleura. 1. Abthl. Patholog.-anatom. Thl. gr. 8. (8 B.) Karlsruhe 830, Groos.

—— die Kunstfehler d. Medizinalpersonen in strafrechtl., gerichtl.-medizin. u. medizin.-polizeil. Beziehung. gr. 8. (5 B.) Freiburg 838, Wagner'sche Buchh.

—— Lehrbuch der gerichtlichen Medicin. Mit Berücksicht. der neueren Gesetzgebungen des In- und Auslandes, insbesondere des Verfahrens bei Schwurgerichten. Für Aerzte und Juristen bearb. Mit einem Anhange, enth. eine kurzgefasste pract. Anleitung zu gerichtl. Leichenöffnungen. 2. Aufl. Lex.-8. (XX und 436 S.) Erlangen 854, Enke's Vrlgsh. *

Schürmayer, J. H., Lehrbuch der gerichtlichen Medicin. Mit Berücksichtigung der neueren Gesetzgebungen des In- und Auslandes insbesondere des Verfahrens bei Schwurgerichten. Für Aerzte und Juristen bearb. Mit einem Anhang, enthaltend eine kurzgefasste practische Anleitung zu gerichtl. Leichenöffnungen und zur Diagnostik der Leichenerscheinungen. 3., gänzlich umgearb., verm. und verb. Aufl. gr. 8. (XXII und 482 S.) Erlangen 861, Enke's Verlagsbuchh.

Schürmayer, J. H., Lehrbuch der gerichtlichen Medicin. Mit vorzügl. Berücksicht. d. deutschen Strafgesetzbuches. Für Aerzte u. Juristen. 4. verb. u. verm. Aufl. gr. 8. (XVI, 408 S.) Stuttgart 874. Enke. n. 8. 80

—— theoretisch-practisches Lehrbuch der gerichtl. Medicin. Mit Berücksicht. der neueren Gesetzgebungen des In- und Auslandes und des Verfahrens bei Schwurgerichten, für Aerzte und Juristen bearb. Mit einem Anhange, enth. eine kurzgefasste pract. Anleitung zu gerichtl. Leichenobductionen. gr. 8. (XXIV und 456 S.) Erlangen 850, Enke's Vrlgsh. *

—— Nekrolog u. biograph. Skizze d. grosshrzgl. bad. geh. Hofr. u. Prof. Dr. Carl Josef Beck. gr. 8. (1 B.) Freiburg 840, Wagner'sche Buchh.

Schürmayer, (Ignaz Heinrich) (Hrsg.):

s.: Zeitschrift, Allgemeine deutsche, für die Staatsarzneikunde. N.F. 1-4. Freiburg i.Br.: 1847-48.
JB 6.149

Schürmayer, Karl Bruno

Schürmayer, Bruno, üb. Adeps Lanae (N.-W.-K.). [Aus: „Reichs-Medicinal-Anzeiger".] 8. (16 S.) Leipzig 894. Verl. d. „Reichs-Medicinal-Anzeigers" B. Konegen. n. 1. —

Schürmayer, Bruno, üb. d. Bedeutg. d. Micrococcus tetragenus. [Aus: „Allg. med. Centralzeitung".] gr. 8. (4 S.) Berlin 895. O. Coblentz. n. 1. —

Schürmayer, B: Beiträge zur Röntgoskopie und Röntgographie. München 1901

Schürmayer, B., die Beziehungen zwischen der menschlichen u. der thierischen Tuberkulose, die Prophylaxis der Phthisis u. die Beziehung der Erfahrungswissenschaft zum Dogmatismus. gr. 8. (28 S.) München 902. Seitz & Schauer. n. 1. —
Sonderabdruck aus: „Deutsche Praxis".

(8) Schürmayer, B., Beziehungen zwischen menschl. und tier. Tuberkulose. 902. — Neuergn. auf d. Röntgengebiete. Jetzt: München, Verlag d. ärztl. Rundschau.

— die Diphtherie, ihr Wesen, Ursachen u. Bekämpfg. m. Berücksicht. der Therapie, insbesondere der Serumtherapie (Antitoxin-Behandlg.). Nach Entwicklg., Vorwortlg., Brauchbarkeit, Erfolgen u. Aussichten derselben dargestellt. Anhangsweise die Thesen der verschiedenen Nationen üb. Diphtherie, eingebracht auf dem Congresse v. 1894. gr. 8. (VI, 131 S.) Ebd. 895. n. 3. 60

Schürmayer. Carl Bruno [aus Emmendingen in Baden] Ueber den Einfluss äusserer Agentien auf einzellige Wesen. . . Jena. Gustav Fischer, 1890; 73 + 1 S. u. 1 Taf. 8°
München, Phil. Fak., Inaug.-Diss. v. 1890

— weitere Fortschritte der Theorie u. Praxis der Röntgen-Photographie. gr. 8. (48 S.) Ebd. 900. n. 1. 60

— die Harnuntersuchungen u. ihre diagnostische Verwertung. 12. (IX, 67 S. m. 4 lith. Taf.) Wiesbaden 893. J. F. Bergmann. Kart. n. 2. —

Schürmayer, Carl Bruno, Harn-Untersuchungen u. ihre diagnostische Verwertung. 2., gänzlich umgearb. u. verm. Aufl. Mit 70 Abbildgn. im Text, 31 lith. Fig. auf 4 Taf., 2 Spektraltaf., 1 kolor. Reaktionstaf. u. 22 diagnost. Tab. (XX, 349 S.) 8. Wiesbaden 910. J. F. Bergmann. Geb. in Leinw. 7. 20

Complicationen. Folgekrankheiten u. Folgeerscheinungen der Influenza. Von Dr. Bruno Schürmayer, Hannover. Basel & Leipzig: C. Sallmann 1896. (4 Bl., 149 S.) 1 Bd 8° (95. 1062)

— Complicationen, Folgekrankheiten u. Folgeerscheinungen der Influenza. gr. 8. (VII, 149 S.) Basel 896. Jena, G. Fischer. n. 3. 20

Schürmayer, Karl Bruno, die bekanntesten Krankheiten der Leber unter besond. Berücksicht. der Gelbsucht u. der Gallensteinkrankheit. (Schumann's medizin. Volksbücher.) (171 S. m. 3 Fig.) kl. 8. Leipzig 903. [W. Schumann Nachf.] Ulm, J. Ebner. Geb. in Leinw. 1. 50

— d. elektrischen Lichterscheinungen im luftverdünnten Raume u. d. „Röntgen'schen X-Strahlen". [Aus: „Allg. med. Centralzeitg."] gr. 8. (7 S.) Berlin 896. O. Coblentz. n. 1. —

— die letzten Neuerungen auf dem Röntgen-Gebiete unter besond. Berücksicht. der Röntgen-Photographie. III. Bericht. gr. 8. (52 S.) Ebd. n. 1. 50 (I—III in 1 Bde. u. d. T.: Beiträge zur Röntgoskopie u. Röntgographie. Sammelberichte, speciell f. Aerzte bearb. n. 3. –)
2 Sonderabdrucke aus: „Internat. photogr. Monatsschr. für Medizin".

— die Photographie bezw. Mikrophotographie in der ärztlichen Praxis, s.a. Abhandlungen, zwanglose, aus dem Gebiete der mediz. Photographie etc. VIII. 1.

Die Photographie bezw. Mikrophotographie in der ärztlichen Praxis. Von Dr. med. B[runo] Schürmayer, Hannover. München: Seitz & Schauer 1901. (47 S.) 8°
— Abhandlungen, Zwanglose, aus d. Geb. d. medizin. Photographie, Röntgoskopie, Röntgographie u. d. Lichtanwendung. Bd 8, H. 1. (01. 8333)

— die Röntgenstrahlen in der Therapie, s.a. Abhandlungen, zwanglose, aus dem Gebiet der medizin. Photographie. IX. 3—5.

Schürmayer, B: Die Röntgenstrahlen in der Therapie. München 1902

— d. pathogenen Spaltpilze, } s.: Bibliothek, medicin., f. prakt. Aerzte.

— der heutige Stand u. die Fortschritte der Technik der Röntgen-Photographie. gr. 8. (36 S.) München 899. Seitz & Schauer. n. 1. 20
Sonderabdr. a.: „Internat. photogr. Monatsschr. f. Medizin".

— zur Thätigkeit der cellulären Körperelemente bei Infectionskrankheiten. Vortrag, geh. auf d. 69. Versammlg. deutscher Naturforscher u. Aerzte in Braunschweig 1897. gr. 8. (31 S.) Berlin 898. O. Coblentz. n. 1. —

— d. bacteriolog. Technik,
s. Bibliothek, Medizin. f. prakt. Ärzte.

— Technisches in der speziell therapeutischen Verwendung der X-Strahlen, s.a. Abhandlungen, zwanglose, aus dem Gebiete der medizinischen Photographie. IX, 6.

Technisches in der speciell therapeutischen Verwendung der X-Strahlen. Von Dr. B[runo] Schürmayer, Hannover. München: Seitz & Schauer 1903. (S. 192–217.) 8°
— Abhandlungen, Zwanglose, aus d. Geb. d. medizin. Photographie, Röntgoskopie, Röntgographie u. d. Lichtanwendung. Bd 9, H. 6. (03. 8511)

Schürmayer, Karl Bruno, kurzer Ueberblick üb. die Grundsätze der Röntgen-Technik des Arztes, s.a. Ruhmer, Ernst, Konstruktion, Bau u. Betrieb v. Funkenindikatoren.

— kurzer Ueberblick üb. die Grundzüge der Röntgen-Technik des Arztes. (56 S. m. 18 Abbildgn. u. 4 Taf.) gr. 8. Leipzig 904. Hachmeister & Thal. n. 2. —
Sonderabdruck aus: „E. Ruhmer, Konstruktion, Bau u. Betrieb v. Funkenindikatoren usw."

— über d. Verwendg. d. Kreosots u. s. Derivate. 8. (II, 70 S.) Fischhausen-Schliersee 895. A. Finsterlin. n. 1. 60

Schürmayer, Lg. Hein.: Ueber die Erkenntniss und Kur des Milzbrands der landwirthschaftlichen Hausthiere. Carlsruhe u. Freiburg 1831. 39 S. .

Schürmayer, Ferdinand [aus Glane (Hannover)]: Studien von bei Ovarientumoren. . . . Jena, Druck v. G. Neuenhahn, 1887 31 S. 8°
Jena, Med. Fak., Inaug.-Diss. v. [12. Sept.] 1-87

Schürmeyer, Ferd., Stieltorsion bei Ovarientumoren. Inaugural-Dissertation. gr. 8. (31 S.) Jena 887, (Neuenhahn.) *

Schürmeyer, Franz [aus Glane (Hannover)]: Vergleich und Metapher in den Dramen Racine's .... (Aus: Ausg. u. Abh. a. d. Geb. d. roman. Philol.) Aachen, Druck v. Albert Jacobi & Co., 1886. *Übergeklebt:* Marburg 1886; 33 S. 8°.
Marburg, Phil. Fak., Inaug.-Diss. v. 30. März 1886.

Schürnbrand, Ludw., graph. Tabellen zur Berechnung v. Kreisquerschnitten auf Drehung u. Biegung sowie v. Rechteckquerschnitten auf Biegung, f. alle vorkommenden Momente u. zulässigen Spannungen. Berechnet u. entworfen. (28 Tab. u. 11 S. Text.) 31×25,5 cm. Wiesbaden 908. C. W. Kreidel.
Geb. in Leinw. 5.—

Schurr murr agrarisch. III. gr. 8. (IV, 60 S.) Halle 872. Petersen in Comm. n. — 80

Das alte und neue Münster in Zwiefalten. Ein geschichtl. u. kunstgeschichtl. Führer durch Zwiefalten ... Bearb. von Bernardus Schurr. Mit 15 Abb. (Ulm: Ulmer Volksbote; [Rottenburg a. N.: Bader] 1910.) 225, m S. 8°

Schurr, Fridericus, Geislingensis: Xenophon quo consilio commentariorum Socraticorum prioribus libris tribus adiecerit quartum et qua ratione ipsius libri quarti argumentorum ordinem excogitaverit. *Mergentheimi 1897: E. Keylich.* (20 S.) 8°
Erlangen, Phil. Diss. v. (26. Juli) 1897

Schurr, Leonh., die Calculation der Seiden- und Halbseidenwaaren. Crefeld 862. (Klöter.) 8. (XIII, 211 S.) n.2 ₰

Schürr, 450 Aufgaben zur Selbstbeschäftigung, s.: Scheibler.

Schuerrings. Franc. Jac. (geb Hau bei Cleve 17. 2. 1809): De phlebitidis acutae duabus speciebus, quas observare mihi contigit. Berolini (1835). (32 S.) 8°
Berlin, Med Diss v. 30 März 1835

Schürstab, Georg Wolfgang (Nürnberg) A. S. 801/8
Meditationum juridicarum succinctarum de impensis nuptialibus ex allodio petendis, sectio I.
Präs. Adam Balthasar Werner.
Altdorf (Kohles) 27. II. 1704. 8 S. 31664

Schürstab, Georg Wolfgang (Nürnberg) A. S. 380/15
Disputatio inauguralis, specimen iuris naturae ejusque descriptionem exhibens.
Präs. Wilhelm Hieronymus Bruckner.
Jena (Müller) 28. VI. 1715. 44 S. 31665

Schurte, H., Völkerkunde. [Klar, M., Die Erdkunde. XVI. Teil.] Lex.-8°. (ill. XIII, 178 S.) K 8.40
Wien: Deuticke 1903.

Schurter, Albert, Tierarzt in Bauma: Beitrag zur Pathologie des Morbus maculosus equorum. (Aus dem pathologischen Institut der veterinär-medizinischen Fakultät der Universität Zürich.) Zürich 1909. 71 S. und zwei Tafeln. 8°. [10. VII. 09.]
Zürich Vet-med Diss 1908/09.

Schurter, Albert. Beitrag zur Pathologie des Morbus maculosus equorum. Diss. Vet.-Med. Univ. Zürich. Mit 2 Tafeln. *Kopftitel:* Aus dem pathologischen Institut der veterinär-medizinischen Fakultät der Universität Zürich. 71 S. 8. Zürich, Orell Füssli, 1909.

Schurter, Emil, von Zürich: Grundzüge des materiellen Beweisrechtes in der schweizerischen Civilprozessgesetzgebung. Zür. J. Schabelitz Dr. [A. Müller Verl.] 1890. XV, 438 S., 1 Bl. 8°.
Zürich, Jur. Diss. [v. 7. März 1890].

Schurter, Emil. Grundzüge d. materiellen Beweisrechtes in der schweizerischen Civilprozessgesetzgebung. gr. 8. (XV, 438 S.) Zür. 890, Alb. Müller's Verlag. * 6 —

Schurter, Eugen, med. pract. von Winterthur, Assistenzarzt am Kinderspital Zürich: Die Hausinfektionen im Züricher Kinderspital von 1896 bis 1908. (Aus dem Kinderspital Zürich.) Zürich 1909. 70 S. 8°. [16. VI. 09.]
Zürich. Med. Diss 1908/09.

Schurter, Eugen. Die Hausinfektionen im Züricher Kinderspital von 1896 bis 1908. Diss. Med. Univ. Zürich. *Kopftitel:* Aus dem Kinderspital Zürich. 70 S. 8. Zürich, Gebr. Leemann & Co., 1909.

[Schurter, Jacob.] Die Demokratische Partei und der Bürgerverband. Bericht über die demokr' Versammlung des 1. eidgenössischen Wahlkreises auf der »Schmidstube« in Zürich vom 4. Dezember 1908. Separat-Abdruck aus der »Züricher Post« [Jahrg. 30, 1908, Nr. 290—292]. 32 S. 8. Zürich, Verlag der »Z' P'«.

[Schurter, Jacob.] Der Prozess (Leopold) Wölfling gegen [Hermann] Akeret vor dem Züricher Schwurgericht, 17. November 1909. Separat-Abdruck aus der »Züricher Post« [Jahrg. 31, 1909, Nr. 272 u. 273]. 32 S. 8. [Zürich, Buchdr. Z' P'.] [fr. —. 30]

Schurter, Joh., die Ausbildung der Handelsgehilfinnen in der Schweiz, s.: Gesellschaft schweizer., f. kaufmänn. Bildungswesen.

— kaufmänn. Unterricht in Deutschland u. Oesterreich, s.: Gesellschaft, schweizer., f. kaufmänn. Bildungswesen.

Schurter, Joh., die kaufmänn. Vereine f. weibl. Angestellte in Deutschland, s.a. Schriften des kaufmänn. Hilfsvereins f. weibl. Angestellte zu Berlin.

Schurter, Joh[annes]. Die kaufmännischen Vereine für weibliche Angestellte in Deutschland. Von Joh. Schurter ... in Zürich. (Mit 2 Tabellen.) — Sonderabdruck aus dem Programm der Höheren Töchterschule in Zürich 1901/1902.) 56 S. 8. Zürich, Schulthess & Co.; Berlin, Kaufmännischer Hilfsverein für weibliche Angestellte, 1902. [fr. 1. —]
(Schriften des Kaufmännischen Hilfsvereins für weibliche Angestellte zu Berlin. No. 2.)

Schurter-Goeringer, Frau Irma [Zürich] = Goeringer, Irma.

Schurth, Ernst, moderne (freie) Decorationsmalereien. Musterblätter f. Maler sowie als Vorlagen f. technische u. gewerbl. Schulen. 8 Hfte. (à 6 Blatt, 40×60 cm, in Tondruck.) Karlsruhe 876. 878. J. Veith. à 5. —

— schablonirte Decorationsmalereien. I. Serie. 8 Hfte. 3. Aufl. Fol. (à 3 Farbdr. m. 4 Schablonen in Imp.-Fol.) Ebd. 872. 878. à 4. -

Schurth, Oskar

— ausgeführte Decorations-Malereien. V. Serie. 1.—5. Hft. Fol. (à 3 Farbdr. m. 14 Schablonen in Imp.-Fol.) Ebd. 893. à 6. 50

Schurth, Osc., ausgeführte Decorations-Malereien. V. Serie. 6. Hft. Fol. (3 farb. Taf. m. 7 Bog. Details.) Karlsruhe 895 Stuttgart, K. Wittwer. n. 6. 50

— moderne Decorations-Malereien. IV. Serie. 8 Hfte. Fol. (à 3 Farbdr. m. 6, 6, 8, 18, 11, 8, 15 u. 17 Schablonen in Imp.-Fol. Ebd. 881. 882. In Mappen. à 6. —

Schurth O. moderne Dekorationsmalereien. (24 T fol) Schablonen dazu in 4 Bdn grfol Karlsruhe (1890)

Schurth, Osc., schablonirte Decorations-Malereien. 1. Folge. 2. Aufl. 8 Hefte. Fol. (à Heft 3 Chromolithogr. und 2 lithogr. Bl. Schablonen in Fol.) Karlsruhe 872, Veith. In Mappe à Heft ℳ 4.

—— dass. — 2. Folge. 2. Aufl. 8 Hefte. Fol. (à Heft 3 Chromolithogr. und 7—8 lithogr. Bl. Schablonen im Imp.-Fol.) Ebendas. 874. In Mappe à Heft ℳ 6.

Schurth, Oscar, schablonirte Decorations-Malereien. II. Serie. 8 Hfte. 3. Aufl. gr. Fol. (à 8 Farbdr. m. 7 Schablonen in Imp.-Fol.) Karlsruhe 874. 875. J. Veith. In Mappen. à 6. —

—— dass. — 3. Folge. 8 Hefte. Fol. (à Heft 3 Chromolithogr. und 6 lithogr. Bl. Schablonen in Imp.-Fol.) Ebendas. 876. In Mappe à Heft ℳ 5.

— dasselbe. III. Serie. 8 Hfte. 4. Aufl. Fol. (à 3 Farbdr. m. 6 Schablonen in Imp.-Fol.) Ebd. 876. 877. à 5. —

— dasselbe. 3. Folge. 8 Hfte. Fol. (à 3 Chromolith. u. 6 lith. Bl. Schablonen in Imp.-Fol.) Ebend. 877. 78. In Mappe. à Hft. 5. —

Schurth, Osc., schablonirte Decorations-Malereien. 2. Folge. 3. Aufl. (In 8 Hftn.) 1., 6. u. 7. Hft. Fol. (à 3 Chromolith. u. 7 Bl. Schablonen.) Karlsruhe 882. Veith. à 6. —

Schurth, Osc., schablonirte Decorations-Malereien. 1. Folge. 3. Aufl. 8 Hefte. Fol. (à Heft 3 Chromolithogr. und 2 lithogr. Bl. Schablonen in Fol.) Karlsruhe 884, Veith. In Mappe à Heft ℳ 4.
—— dass. — 2. Folge. 3. Aufl. 8 Hefte. Fol. (à Heft 3 Chromolithogr. und 7—8 lithogr. Bl. Schablonen in Fol.) Ebendas. 884. In Mappe à Heft ℳ 6.
—— dass. — 4. Folge. 8 Hefte. Fol. (à Heft 3 Chromolithogr. und 6 lithogr. Bl. Schablonen in Fol.) Ebendas. 884. In Mappe à Heft ℳ 6.

—— Holz-Mosaik zum Verzieren feiner Holzgeräthe. 2.—4. Heft. Fol. (à Heft 6 Chromolithogr.) Karlsruhe 877—79. à Heft ℳ 6.
Bildet die Fortsetzung zu: Schrödter, M., Holzmosaik. Vgl. XV. Bd. 2. Abthl. S. 552.

— Musterblätter f. Anstreicher u. Decorationsmaler Einfache Wände, Plafonds, Thüren, Marmormuster. 6 Hfte. gr. 4. (à 4 farb. Blatt.) Ebd 879. à 3. —

— 25 Schablonen in natürlicher Grösse. Eck- u. Mittelstücke, Friese, Rosetten, aufsteig. Verziergn., Füllgn. f. einfache Decken, Wände etc. Details zu O. Sch.'s Musterblätter f. Anstreicher, Zimmer- u. Dekorations-Maler, sowie f. sich verwendbar. gr. Fol. (25 farb. Blatt.) Ebd. 893. 7.50; einzelne Blätter à — 30

Schurtz, H., Entwickelungsgang u. Bildungsmittel der Menschheit, s.: Buch, das, d. Erfindgn., Bd. 1.

— Grundriss e. Entstehungsgeschichte des Geldes, s.a. Beiträge zur Volks- u. Völkerkunde.

Grundriss einer Entstehungsgeschichte des Geldes. Von H. Schurtz. Weimar: E. Felber 1898. (3 Bl., 185 S.) 1 Bd. 8°
Beiträge z. Volks- u. Völkerkunde. Bd 5.

Schurtz, H., Methode zur selbständigen und vollkommenen Erlernung der Correspondenz, doppelten italienischen und doppelten amerikanischen Buchführung, auch zum Gebrauch für Unterrichts-Anstalten geeignet. 10 Hefte. 8. (476 S.) Aachen 880—85, La Ruelle. à Heft geb.

Schurtz, H., Methode zur selbständigen u. vollkommenen Erlernung der Correspondenz, doppelten italienischen u. doppelten amerikanischen Buchführung, auch zum Gebrauch für Unterrichts-Anstalten geeignet. (In 3 Bdn. od. 10 Lfgn.) 1. Lfg. 8. (1. Bd. III u. S. 1—48.) Aachen 881. La Ruelle. n. — 60

Schurtz, H., Methode zur selbständigen u. vollkommenen Erlernung der Correspondenz, doppelten italienischen u. doppelten amerikan. Buchführung, auch zum Gebrauch f. Unterrichts-Anstalten geeignet. 3 Thle. in 1 Bde. 8. (III, 476 S. m. Formularen.) Aachen 886. La Ruelle. geb. 6. —

— der kaufmännische Rechenmeister. Methode zur raschen u. leichten Erlernung der Zins-, Conto-Corrent- u. Valuten-Rechnung für Kaufleute, Gewerbetreibende u. Handelsschulen. gr. 4. (III, 12 S.) Ebend. 881. n. 1. —

Schurtz, Heinr., Altersklassen u. Männerbünde. Eine Darstellg. der Grundformen der Gesellschaft. Mit e. Verbreitungskarte. gr. 8. (IX, 458 S.) Berlin 902. G. Reimer. n. 8. —

Schurtz, Heinr., d. Augenornament u. verw. Probleme. [Aus: „Abhandlgn. d. k. sächs. Gesellsch. d. Wiss."] Lex.-8. (98 S. m. 3 Taf.) Leipzig 895. B. G. Teubner. n. 5. —

— das afrikanische Gewerbe, s.a. Preisschriften, gekrönt u. hrsg. v. d. fürstl. Jablonowski'schen Gesellsch.

Das Afrikanische Gewerbe von Heinrich Schurtz. Gekr. Preisschr. (Mit 1 Taf.) *Leipzig: B. G. Teubner 1900.* (146 S.) 4°(8°)
= Preisschriften ... d. Fürstl. Jablonowski'schen Gesellschaft zu Leipzig. Hist.-nationalökon. Sektion. No 22.

Schurtz, Heinr., Grundzüge e. Philosophie der Tracht [m. besond. Berücksicht. der Negertrachten]. gr. 8. (147 S. m. 10 Abbildgn.) Stuttgart 891. J. G. Cotta Nachf. n. 3. 60

SCHURTZ, H., Grundzüge einer Philosophie der Tracht (mit bes. Berücksichtigung der Negertrachten). Mit 10 Text-Abbildgn. Stuttgart 1891. 8°. (Mk. 3,60.) (2 Mk. 25 Pfg. Conr. Skopnik, Berlin, 1909.)

— Katechismus der Völkerkunde. 12. (XIV, 370 S. m. 67 Abbildungen.) Leipzig 893. J. J. Weber. Geb. in Leinw. n. 4. —

Schurtz, Heinrich [Dr. phil.]: Die Pässe des Erzgebirges. . . . Leipzig, Verlagsbuchh. v. J. J. Weber, 1891; 2 Bl., 64 S., 1 Kart. 8°
Leipzig, Phil. Fak., Hab.-Schr. v. 21. Apr. 1891

Schurtz, Heinr. Die Pässe d. Erzgebirges. gr. 8. (64 S. m. 1 Karte.) Lpz. 891, J. J. Weber. * 1 20

—— Schwanhildis. Drama in 5 Aufzügen. 2. (Titel-)Aufl. gr. 8. (109 S.) Zwickau. i. S. 890, Moeckel. * 1 —

— Schwanhildis. Drama in 5 Aufzügen. 2. (Titel-)Aufl. gr. 8. (109 S.) Zwickau i/S. 891. Centralstelle f. literar. Bedürfnisse der Vergnügungs-Vereine, C. M. Moeckel. n. 1. —

Schurtz, Heinr., der Seifenbergbau im Erzgebirge u. die Walensagen, s.a. Forschungen zur deutschen Landes- u. Volkskunde.

Schurtz, Heinrich: Der Seifenbergbau im Erzgebirge und die Walensagen. Stuttgart 1890. 82 S.
= Forschungen zur deutschen Landes- und Volkskunde. Bd. 5. Heft 3. 8°.

— die Speiseverbote, s.a. Sammlung gemeinverständlicher wissenschaftlicher Vorträge.

Schurtz H, die Speiseverbote. Ein Problem der Völkerkunde.
(Slg gemeinverständlicher wissenschaftlicher Vorträge NF 184) Hamburg 1893

SCHURTZ, Heinrich
(F) Urgeschichte der Cultur. Von Dr. Heinrich Schurtz. Mit etwa 420 Abbildungen im Text, 8 Tafeln in Farbendruck, 14 Tafeln in Holzschnitt und Tonätzung und 1 Karte. Leipzig und Wien. 1900. Bibliographisches Institut. Gr.-8°.
Erscheint in 15 Lieferungen à K 1.20.

Schurtz, Heinr., Völkerkunde, s.a. Erdkunde, die. XVI.

Völkerkunde. Von Dr. Heinrich Schurtz, Bremen. Mit 34 Abb. *Leipzig & Wien: F. Deuticke 1903.* (XIII, 178 S.) 8°
— Erdkunde, Die. T. 16.

— s.: Weltgeschichte.

Schurtz, Heinrich [aus Zwickau in Sachsen]: Das Wurfmesser der Neger. Ein Beitrag zur Ethnographie Afrika's. . . . Leiden, P. W. M. Trap, 1889; 2 Bl. + 28 + 1 S. u. 1 Taf. 4°
Leipzig, Phil. Fak., Inaug.-Diss. v. 18. Apr. 1889

Schurtzfleisch, Konrad Samuel

— Analecta stili romani, exemplis illustrata. Ed. J. C. Knauth. Wittemb. 725. 8. 5 gr.

Schurzfleisch, C. S., de primis duobus Augustis M. Aur. Antonino et L. Aurelio Vero. Viteb. 1702. 4.

Schurtzfleisch, Konrad Samuel [Praes.], s. Buchta, Jo. Leonhard: Antiquitatis deipnosophisticae.

Schurtzfleisch, Konrad Samuel [Praes.], s. Buntmeier, Carl Philipp: Stricturae Waldecciarum antiquitatum.

Schurzfleisch, C. S., de cultu ignis apud gentes usitato. Viteb. 1705. 4.

— dissertationes academicae. 4. Vittebergae, Knoch. 710.

— epistolae arcanae II Tmi. c. actis sarcmasianis et Turckii specimine hist. antiq. 8. Halae, Renger. 711.

— epistolae selectae. 8. Vittebergae, Zimmermann. 729.

Schurzfleisch, Conrad Samuel. Epistolae selectiores . . . emendatius editae. Vitembergae 1729. H: *Berger, Joh. Wilh.* (Barbier

Schurzfleischii, C. S., Disp. de formula *aris* et *focis* Sallustio vindicata. Witteb. 707. 4.

Schurtzfleisch, Konrad Samuel [Praes.], s. Freytag, Christian: De primis duobus Augustis, M. Aurelio Antonino, et L. Aurelio Antonino Vero.

— fundamenta historiae Germaniae mediae ex manuscripto eruit C. G. Hoffmann. 4. Cygneae. 728.

Schurzfleisch, Konr. Sam.: Germania princeps, sive Discursus hist.-polit. de Germaniae principum nonnullorum originibus, aliisque rebus memorabilibus. Recens C. F. Ayrmann. Francof. et Lips. Knoch & Esslinger 1745.

Schurtzfleisch, Konrad Samuel [Praes], s. Hecht, Gottfried: Res memorabiles perantiquae Saxonum urbis Jutreboci.

— Historia civilis, sacra atque literaria saeculi decimi sexti. 8. Lips. Lowe. 733.

— Historia ecclesiastica. 4. Vitteb. Knoch. 744.

Schurzfleisch, Conr. Sam. Dissertatio de primis duobus imperatoribus, Marco Aurelio Antonino et Lucio Aurelio Antonino Vero. Wittebergae 1702.

— introduct. in historiam ecclesiasticam saec. XV–XVII. 4. Vitteb. Ludwig. 730.

— introductio in notitiam scriptorum variarum artiumatque scientiarum etc. III Ptes. 8. Vitteb. Knoch. 736–37.

— varia de scriptoribus librisque judicia C. S. Schurzfleisch ed. G. Wagner. 8. Vitteb. Schwarz. 744.

Schurtzfleisch, Konrad Samuel [Praes.], s. Lang, Joh. Chr.: Imperii medo persarum initia, ex veteribus priscisque monumentis eruta.

Schurtzfleisch, Konrad Samuel [Praes.], s. Ludovicus, Ant. Sam.: De veteri quiritium formula comiter conservandi.

Schurzfleischii, C. S., Nomenclator strategicus seu vocabulorum militarium index. Ed. auct. a S. H. Buflio. Giess. 720. 8. 5 gr.

Schurzfleisch, Conr. Sam., notitia bibliothecae Vinariensis. 4. Halae.

— — s.a. Schurzfleisch, Heinrich Leonhard

Schurzfleisch, C. S. Notitia scriptorum librorumque varii argumenti . . . Vittembergae 1735—38. H: *Wagner, Gottfried.* (BrMm)

— notitia scriptorum librorumque varii argumenti. III Ptes. 8. ibid. 735–39.

Schurzfleisch, C. S. Orthographia Romana . . . Vitemb. 1707. H: *Coler, Matth.* (Cat. d. Stadtbibl. Zürich. Zürich 1864—97.)

— poëmata latina et graeca. 8. Vitteberg. Zimmermann. 702.

Schurtzfleisch, Konrad Samuel [Praes.], s. Richard, Bartholomaeus Christian: De Conrado Imp. Augusto eiusque diplomate, quod de expeditione Romana inscribitur, vero auctori Vindicato, et disput. publ. excusso.

Schurtzfleisch, Konrad Samuel [Praes.], s. Richard, Emmanuel: Lemmata antiquitatum Romanarum.

Schurtzfleisch, Konrad Samuel (Waldeck) A. S. 298/33

Wittekindus Magnus, publicae luci expositus. Wittenberg (Schrödter) o. J. 20 Bl. 31922

Schurtzmann, J., de ἀναστάσει Dea Atheniensibus credita. Lips. 1708. 4.

Schurz, Ant., Gedichte. 8. (12 B.) Stuttgart 841, Hallberger'sche Buchh.

Schurz, Ant. X., Lenau's Leben. Großentheils aus des Dichters eigenen Briefen. 2 Bde. Stuttgart 855. Cotta. gr. 8. (VII, 386; 2 Bl., 343 S. u. 1 lith. Facsim.) n. 3 ₰. 10 ngr.

Schurz, Heinrich [aus Niederdrees]: Aus d. med. Klinik zu Bonn. Ueber die Harnsäure- und Stickstoff-Ausscheidung bei Leukaemie. . . Bonn, Univ.-Buchdr. v. Carl Georgi, 1890; 45 + 1 S. + 1 Bl. 8°
Bonn, Med. Fak., Inaug.-Diss. v. [26. Jul.] 1890

Schurz, Karl, s.a. Geschichtsblätter.

--Geschsblätter, Bilder u Mittlgn aus d Leben d Dten in Amerika. Ed: Carl Schurz 2v. NY, 1884-85.

Schurz, Carl, Lebenserinnerungen. Bis zum Jahre 1852. (VII, 416 S. m. 1 Bildnistaf.) gr. 8. Berlin 906. G. Reimer. n. 7. —; geb. in Leinw. n. 8. —

Lebenserinnerungen von Carl **Schurz**. Bd [1.] 2. Berlin: G. Reimer 1906-07. 2 Bde 8° [F.]
[1.] Bis z. J. 1852. 1906.
2. Von 1852 bis 1870. (Vorr.: Agathe Schurz.) 1907. [08. 2339

Schurz, Carl, Lebenserinnerungen. 2. (Schluß-) Bd. Von 1852—1870. (VII, 528 S. m. Bildnis.) gr. 8. Berlin 907. G. Reimer. 9.—; geb. in Leinw. 10.—

— Abraham Lincoln. Aus dem Engl. übers. v. Mary Nolte. (IV, 102 S. m. 1 Bildnis.) 8. Ebd. 908. 2.—; Berlin: Reimer 1908. **geb. in Leinw. 2. 80**

--Über die Silberfrage. NY. 1896.

--Rede geh zu Indianapolis, Ind. den 20. Juli 1880. Indpls. 1880.

--Staatsrechte u Selbstregierung. Rede am 23. März [1858?] in Milwaukee. N. p. n. d.

Schurz, Karl, der Studentencongreß zu Eisenach am 25. Septbr. 1848 seine Bedeutung u. seine Resultate. gr. 8. (40 S.) Bonn 848, Sulzbach. 6 ngr.

Schurz, Mathilde

Schurz, M., 's Seeröserl, s. a. Bibliothek kleiner Novellen u. Erzählgn., Nr. 41. 42.

[F.] 's Seeröserl. Erzählg v. M[athilde] **Schurz**. M. Titelbild. *Lübeck: Novellenbibl. [1897].* (45 S., 1 Portr.) 1 Bd 8.
= **Bibliothek** kleiner **Novellen** u. Erzählgn v. Dichtern u. Schriftst. d. Gegenwart. No 41. 42. [97 141

Schurz, Wilhelm [Dr.]: Die Militärreorganisation Hadrians.
1. Tl. Leipzig, Druck v. B. G. Teubner, 1897; 26 S. 4.
M.Gladbach, G, OP 1897 (461)

Schurz, Wilhelm: Die Militärreorganisation Hadrians. II. T. *Leipzig 1898: B. G. Teubner.* (32 S.) 4° • [Fortsetzung d. P-Beilage 1897.]
M Gladbach, G, P 1898 (467)

Schurz, Guilelmus (geb. am 7 Juli 1859 in Niederdrees Kr. Rheinbach): De mutationibus in imperio Romano ordinando ab imperatore Hadriano factis. Part. I ... Bonnae, typ. C. Georgi 1883. VI, 43 S. 8.
¶ Erschien vollständig in dems. J. bei Strauss in Bonn.
Bonn, Phil. Fak., Diss. v. 11 Juli 1883

Schurz, Wilh., de mutationibus in imperio romano ordinando ab imperatore Hadriano factis. gr. 8. (VI, 68 S.) Bonn 883, Strauss. *

Schurzen, B. N., General-Instruction des Buchhaltens etc. **Fol. Nürnb. Endter.**

Schurzfleisch, C. G., de non-christiano Christianorum fautore Constantio Chloro. Viteb. 1702. 4.

Schurzfleisch, C. S., s. Schurtzfleisch, Konrad Samuel

Schurzfleisch, G. S., Commentatio de divisione Imperii Carolini. 4. Wittenb. 756. Kühne. 5 gr.

Schurzfleisch, **Heinr. Leonh., Acta literaria. 8.** Vitteb. Ludwig. 714.

Schurzfleisch, H. L., Animadversiones ad Dionysii Longini περὶ ὕψους commentationem e codicibus a Jacobo Tollio omissis erutae iamque demum in lucem emissae. Gel. 1711. 70 S. 4°. 1.60

Schurzfleischii, **H. L., Liber de anno Romanorum.** Wittenb. 703. 4.

Schurzfleischii, H. L., Commentar., qua Longinum ad fidem codd. a Tollio omissor. rec. notisq. e schedis fratris Conr. Sam. auxit. Viteb. 711. 4.

Schurzfleisch. H. L. Historia Ensiferorum, ordinis teutonici Livonorum [1204–1559] (400) 12. Vitembergae 1701

— Historia ensiferorum ordinis teutonici Livonorum. 8. Vitteb. Zimmermann, 701.

Hroswithae, illustris virginis natione Germanicae etc. Opera etc. cura et studio H. L. Schurzfleischii. Vitembergae. 1707. 4o.
Gervinus II. S. 324.

— H. L., de lucernis vett. Christianorum sepulcralibus. Viteb. 1710. 4.

Schurzfleischii, **H. L., Notitia bibl. Vinariensis. Acc.** Cl. Salmasii variae lectt. et anim. **in Chronicum Hieronymi** et Eusebii. Viteb. 712. 4.

— — s.a. Schurtzfleisch, Konrad Samuel

Schurzfleisch, H. L., de Magorum e Persia ad adorandum Servatorem profectione. Viteb. 1704. f.

Schurzfleisch, **Ioh., dissertationes varii argumenti. 8.** Vitteb. Ludwig. 710.

Schurzfleisch, Konrad Samuel, s. Schurtzfleisch

Schurzfleischiana, **collecta ab. Ir. Sincer. VIII speci**mina. 8. Vitteb, Schwarz. 729.

Schurzfleischiana **sive Varia de libris et scriptoribus** judicia C. S. Schurzfleischii. Ed. G. Wagnerus. Viteb. 744. **8. 4gr.**

Schurzmann, J. C., De morsu canis rabidi et hydrophobia. 36 pp. Hal. 4°.
1794

שושן עדות Schuschan-Eduth, das ist: Erklärung der fünf Bücher Mosche's. Für Israeliten beiderlei Geschlechts. 2. Hft. Enthält die sechs letzten Sedras des ersten Buchs von Moses Mendelsson. gr. 8. (12½ B.) Stuttgart 812, Hallberger'sche Vrlgsh.
1. Hft. Ebendas. ... 18 Ngr.

Schuschnig Thomas: Bauernkrig in Innerösterreich. 1525.
1908 PN 2560 **Diss.** Wien, Univ. 999

Schuschnigg, F., Musik zu Schneewittchens Tod, s.: Schütt, Ferd. Heinr.

Schuschny, Heinr., üb. d. Nervosität d. Schuljugend. gr. 8. (31 S.) **Jena 895. G. Fischer.** n. — 75

Schuschny, Heinr., üb. Schulhygiene in Ungarn. 2. Aufl. gr. 8. (24 S.) Leipzig 892. A. Langkammer. n. 1. —

Schušcik Eduard: Einige Apparate für den physikalischen Unterricht auf der Unterstufe der Mittelschulen. 23 u. Figurent. Brunn St. R. 00.
Progr.

Schušcik, E., Frz. v. Hemmelmayr u. G. Wenzel, Naturlehre f. Lehrer- u. Lehrerinnen-Bildungsanstalten. I. u. III. Tl. 8. Wien, F. Tempsky. Geb. in Leinw. 5. 30
I. Einleitung, Wärme, Magnetismus, Elektrizität. Bearb. v. E. Schušcik. (169 S. m. 98 Abb.) 911. Geb. 2. 50
III. Mechanik, Akustik, Optik. Bearb. v. G. Wenzel. Mit 296 (teilweise farb.) Abb. u. 1 Spektraltaf. in Farbendr. (217 S.) 910. Geb. 2. 80
Den II. Tl. bildet:

— — — Physik u. Chemie f. Lehrerbildungsanstalten. 2. Bd.: Chemie. Bearb. von Frz. v. Hemmelmayr. (150 S. m. 52 Abb. u. 1 farb. Taf.) 8. Ebd. 910. Geb. in Leinw. 2. —

Schuselka, Frz., Beleuchtung der Aufklärungen des Hrn. L. Grafen Ficquelmont. 8. (58 S.) Wien 850, (Jasper, Hügel &) Manz. 9 ngr

(Schuselka, Franz) Briefe einer polnischen Dame 1840—1846. Leipzig, Mayer 1846. 321 S. 8.

—— Joseph's II. Briefe, s. Joseph.

Schuselka, Frz., an Franz Deák. Wien 861. (Förster & Bartelmus. gr. 8. (47 S.) n. 8 ngr

—— Deutsch oder Russisch? Die Lebensfrage Oesterreichs. 1. Aufl. (60 S.) und 2., mit einer Epistel an die Politiker Oesterreichs verm. Aufl. 8. (XII und 56 S.) Wien 849, [Manz.]

Schuselka, Frz., Deutschland, Polen u. Rußland. 8. Hamburg 846, Hoffmann u. Campe. 1½ ℔

Schuselka, Frz., Erzählungen u. ein gemischter Anhang. 2 Bdchn. gr. 8. (18¼ B.) Wien 844. (Leipzig, Liebeskind.) Thlr

Schuselka, Frz., Deutsche Fahrten. 2 Bde. [Vor der Revolution. — Während der Revolution.] 8. (X u. 768 S.) Wien 849, (Jasper, Hügel &) Manz. 3 ℔

—— ein Stück Geschichte aus Rußland. 8. (525 S.) Dresden 856(57,) Schaefer's Verlag. *
Wurde bereits 1854 u. d. T.: Rußlands Politik in geschichtlichen Bildern, ausgegeben.

— Geschichtsbilder aus Schleswig-Holstein. Ein deutsches Lesebuch. gr. 12. (VI u. 353 S.) Leipzig 847, Brockhaus. n. 1⅓ ℔

Schuselka, Frz., Karl Gutherz. Eine Gesch. aus d. wiener Volksleben. gr. 12. (13 B.) Wien 841, [Gerold's Vrlsb.]

—— Karl Gutherz. Eine Geschichte aus dem wiener Volksleben. 2. Aufl. 12. (13⅓ B.) Wien 844, Gerold, Verl.

— der Jesuitenkrieg gegen Oesterreich u. Deutschland. 8. Leipzig 845, Weidmann'sche Buchh. 1½ ℔

— das Interim, die kleinen deutschen Staaten u. die deutsche Freiheit. 8. (52 S.) Wien 849, Jasper. n. ⅓ ℔

—— das Interim, die kleinen deutschen Staaten und die deutsche Freiheit. 8. (52 S.) Wien 849, [Manz.] *

—— die neue Kirche u. die alte Politik. 2. Aufl. 8. (23⅓ B.) Leipzig 846, Weidmann'sche Buchh.

—— die Lösung der preußischen Verfassungsfrage. 8. (330 S.) Hamburg 847, Riemeyer.

— Lustiges u. Lehrreiches für Kinder aller Stände. gr. 12. Wien 842, Gerold. ⅚ ℔

— das Revolutionsjahr März 1848 — März 1849. [2. Aufl. d. 2. Bds. der deutschen Fahrten.] 8. (472 S.) Wien 850, (Jasper, Hügel &) Manz. 1⅓ ℔

— Mittelmeer, Ost- u. Nordsee. 12. Leipzig 845, Weidmann'sche Buchh. 1½ ℔

Schuselka, Franz, Nationalkalender für 1863. Jahrbuch für alle Völker Oesterreichs. 1. u. 2. Aufl. Wien, Bartelmus. gr. 8. (168 S.) n. 16 ngr

— Oesterreich über Alles, wenn es nur will! gr. 12. (20 S.) Hamburg 848, Hoffmann & Campe. ⅙ ℔

— das provisorische Oesterreich. 8. (88 S.) Leipzig 850, Grunow & Co. 12 ngr

—— das provisorische Oesterreich. 8. (88 S.) Leipzig 850, [Herbig.]

Schuselka, Frz., Oesterreich und Rußland. Ein Memorandum zur Beseitigung von Besorgnissen und zur Abwehr von Vorwürfen. 1. und 2. Aufl. gr. 8. (III und 88 S.) Leipzig 855, Geibel. *

—— Oesterreich und Ungarn. gr. 8. (64 S.) Wien 861, Förster's artistische Anstalt.

—— Rußland's Politik in geschichtl. Bildern. 1. Bd. A. u. d. T.: Aelteste Russenzüge gegen Constantinopel. Ursprung und Verlauf der kirchl. Politik Rußlands. 8. (VI und 225 S.) Dresden 854, Schaefer's Verlag. *

—— dass. — 2. Bd. A. u. d. T.: Rußland im Joche der Tataren, im Kampf gegen und um die Krim, in Demüthigung und Uebermuth gegen die Türkei. Geschichtliche Bilder. 8. (VIII und 300 S.) Ebds. 854. *

Schuselka, Frz., Preußen als Großmacht und die Nondum meridies-Politik beleuchtet. Anhang: Der Tod des Kaisers Nikolaus. gr. 8. (62 S.) Leipzig 855, Geibel. Thlr. *

— das deutsch-kathol. Priesterthum. Mit e. Erinnerung an d. Ordination Dr. Bergmanns durch Pfarrer Kerbler, am 1. Decbr. 1845 zu Erfurt. gr. 8. Weimar 846, Hoffmann. ¼ ℔

Schuselka, Frz., Ronge in Weimar, d. 14., 15. u. 16. Novbr. 1845. gr. 8. Weimar 845, Hoffmann. n. ⅙ ℔

Die preussische Verfassungsfrage und das nordische Prinzip. Von einem Österreicher [d. i.: Franz Schuselka]. Jena. 1845. 8°

—— das türkische Verhängniß und die Großmächte. Historisch-polit. Beitrag. gr. 8. (XII und 141 S.) Leipzig 853, Brockhaus. *

— Völker-Einigung. Ein Beitrag zur Versöhnung der Nationalitäten Oesterreichs. 8. (VIII u. 98 S.) Leipzig 851, Grunow & Co. ½ ℔

—— Völker-Einigung. Ein Beitrag zur Versöhnung der Nationalitäten Oesterreichs. 8. (VII und 98 S.) Leipzig 851, [Herbig.]

— deutsche Volkspolitik. In zwanglosen Heften. I. 2. unveränd. Aufl. 8. Hamb. 847, (846,) Hoffmann u. C. 1½ ℔

—— österreichische Vor- u. Rückschritte. 8. (20 B.) Hamburg 846, (47,) Hoffmann u. Campe.

—— Weltgedanken. gr. 12. (7 B.) Wien 840, [Gerold's Vrlsb.]

Schuselka, Ida. Vater u. Sohn, s. Dumas Sohn, Alex.

Schusler, J. W. E., Annotatio in septem capita priora libelli Plutarchei περὶ εὐθυμίας. Diss. 1840. 72 S. 1.20

Schüsler, Christian Georg [Praes.], s. Scheffel, Konrad Matthias: De anima eius affectibus eiusque cultura.

Schüsler, Heinrich Christoph (Dresden) A. S. 835/33
Dissertatio inauguralis iuridica de iure circa ieiunantes abstinentes et ieiunos.
Präs. Justus Henning Böhmer.
Halle (Gruner) 11. IV. 1722. 60 S. 31666

Schüsler, Heinrich Christoph (Dresden) A. S. 271/26
Dissertatio inauguralis iuridica de iure circa ieiunantes abstinentes et ieinos. Präs. Justus Henning Böhmer. Rec.
Halle (Grunert) 1735. 60 S.
Diss. 11. IV. 1722. 31667

Schuesler, J. C., de fundamento confessionis privatae. Viteb. 1717. 4.

SCHÜSLER, Marc. Fr., Versuch in Gedichten. Hannover (o. Adresse), 1770. 8°. (In Marburg, Univ.-Bibl.: XVI. C. 448.)
96 SS. (incl. Tit. u. 2 Bll. Vorr.). (S. 89—96: Anh.: „Auf d. Tod eines Mopshundes, den ein Frauenzimmer im Bette erdruckt (sic) hatte." — Rar!

Schußmann, Pet. sonn- u. feyertägl. Predigten. 2 Thle. Fol. Augsb. J. Wolf. 736.

Schuss, Der, vom Balcon. Mittheilung: Die Biene, hg. von Ludewig u. Haeselinger. Hamburg 1824. Nr. 40 f. V: *Hell, Th.* (= *Karl Gottlieb Theodor Winckler*) Mit dessen Namen: Penelope für 1823, S. 318/45. (DARP)

Schuss u. Waffe. Illustrierte gemeinverständl. Zeitschrift f. jagdl., militär. u. sportl. Schiesswesen, Schiessplatz-Anlagen, Waffentechnik, Minen- u. Torpedowesen, Waffengeschichte etc. Hrsg. v. der Versuchsstation Neumannswalde-Neudamm unter Mitwirkg. hervorrag. Fachmänner. Red.: Alb. Preuss. 1.—4. Bd. Oktbr. 1907—Septbr. 1911. à 24 Nrn. (1.—3. Bd. VII, 600; VII, 596 u. VII, 508 S. m. Abbildgn.) 31×22,5 cm. Neudamm, J. Neumann. à Bd. 12.—

Schüß, Joh. Conr., Erkenntniß d. Wahrheit z. Gottseligkeit. 8. St. Gallen. 712.

Schußbuch. 12. (Formulare.) Neudamm 890. Neumann. Geb. in Leinw. n. 1.—

Schußbuch. 4. Aufl. 12. (Formulare.) Neudamm 898. J. Neumann. Geb. in Leinw. n. 1.—

Schuss-Buch. (Von E. C. W. Sandré) (II, 244 S.) Lex.-8. München 902. J. Schön. Geb. in Leinw. n. 5.—

Schussbuch, hrsg. vom „wilden Jäger". (68 S.) Lex. 8. Ober-Weistritz b/Schweidnitz (906). Leipzig (R. Hartmann). Geb. in Leinw. 4.50; in Ldr. 9.—

Schuß- u. Abrechnungsbuch. Jagdergebnisse in Einnahme u. Ausgabe f. das Jagdrevier. Ausg. A. qu. gr. Fol. (40 Bog. Formulare.) Ebd. 896. Geb. n.n. 5.—; Ausg. B. (75 Bog.) n.n. 7.50

Schußbuch und immerwährender Jagdkalender, hrsg. von G. v. K. Mit (eingedr. Holzschn.-) Illustr. von L. Beckmann. gr. 4. (108 S.) Berlin 883, R. Kühn. geb. *

Schußbuch und immerwährender Jagdkalender, hrsg. von G. v. R. 4. (116 S. mit Illustr. von L. Beckmann.) Berlin 888, Reinh. Kühn.

—— dass. — [Taschen-Ausg. ohne Illustr.] 8. (114 S.) Ebendas. 888. geb. in Leder mit Goldschn. geb. in Leinen

Schußbuch u. immerwährender Jagdkalender, hrsg. von G. v. K. Mit Illustr. v. L. Beckmann. 2. Aufl. gr. 4. (14 S. m. tabellirtem Schreibpap.) Berl. 890, R. Kühn. geb. 10 —; in Ldr. 20 —

— f. Niederjagdreviere. Fol. (50 Bog.) Ebd. 898. Geb. in Leinw. n.n. 4.—; 75 Bog. n.n. 5.—

SCHÜSSEL, Die verdeckte. Sammlung ironisch-anonymer erotischer Lust- und Liebes-Gedichte. 1836. 4°. (50 Mk., Ppb. H. Kerler, Ulm, Cat. 110. [Bibl. Graesse, Abth. IV.] no. 1493:)
„Eine Sammlung von 98 erotischen Gedichten auf 210 Seiten; handschriftlich; nirgends gedruckt." — Jetzt wohl 100 Mk. werth!

Schüssele, J., Veterinair-Chirurgie. Ein Handb. zu seinen Vorlesn. 1. od. allgem. Thl. gr. 8. ($11^3/_4$ B.) Carlsruhe 841, Braun'sche Hofbuchh.

Schüssele, J., Veterinair-Chirurgie. Ein Handbuch zu seinen Vorlesungen. 2. oder specieller Thl. 1. Abth. gr. 8. ($25^1/_4$ B.) Karlsruhe 843, Braun'sche Hofbuchh.

Schüssele, Wilhelm, approb. Arzt aus Karlsruhe: Aus d. Tübinger Universitäts-Augenklinik. Über die Beziehungen des primären Glaukoms zu Geschlecht, Lebensalter und Refraktion nach dem Material der Klinik. *Tübingen: F. Pietzcker 1899.* (20 S.) 8°
Tübingen, Med. Diss. v. 1899

Schüssele, Wilh., über die Beziehungen des primären Glaukoms zu Geschlecht, Lebensalter u. Refraktion nach dem Material der Tübinger Universitäts-Augenklinik. Diss. gr. 8. (20 S. m. 1 Kurventaf.) Tübingen 899. F. Pietzcker. n.n. — 70

Schussen, Wilh. (Wilh. Frick), Vinzenz Faulhaber. Ein Schelmen-Roman. 1. u. 2. Aufl. (170 S.) 8. Stuttgart 907. Deutsche Verlags-Anstalt. 2.50; geb. 3.50

— Gildegarn. Roman. (VII, 220 S.) 8. Heilbronn 911. E. Salzer. 2.50; geb. 3.50

— Johann Jakob Schäufeles philosophische Kuckuckseier, hrsg. u. bevorwortet. (158 S.) 8. Stuttgart 909. Deutsche Verlags-Anstalt. 2.50; geb. 3.50

— s.: Schwaben, sieben.

— Meine Steinauer. Eine Heimatgeschichte. 1.—3. Aufl. (186 S.) 8. Stuttgart 908. Deutsche Verlags-Anstalt. 2.50; geb. in Leinw. 3.50

Schusser, H., s. Bäder-Lexikon.

SCHUSSERL, Herr v. (ps.), Humoristische Briefe an seine Frau Tant in Wien. 1848.
Weller, Lex. Ps. p. 508. — Selten!

Schußfertig! Kriegsbüchlein f. Knaben von 6—15 Jahren. Wie man mit Bleisoldaten spielt. Der wirkliche Krieg. Wenn Knaben exerzieren. Von e. Militär-Sachverständigen. (80 S. m. Abbildgn.) kl. 8. Nürnberg (904). C. Koch. 1.—

Schußfertig! Kriegsbüchlein f. Knaben von 6 bis 15 Jahren. Von e. Militär-Sachverständigen. Wie man m. Bleisoldaten spielt. Wie Knaben exerzieren. Der wirkliche Krieg. 2. verm. Aufl. 5.—10. Taus. (128 S. m. Abb.) kl. 8. Nürnberg (908). C. Koch. 1.—

Schußler, Josef, s. S c h ü ß l e r

Schüssler, die Licinii Crassi der römischen Kaiserzeit. gr. 4. (14 S.) Berlin 878. Weidmann. n. 1. —

Schüssler, August Christian (Torgau) A. S. 575/74
Specimen continens caput iuris controversum de causa condictionis furtivae.
Präs. Christian Heinrich Breuning.
Leipzig (Langenheim) 14. XI. 1766. 8 S. 31669

Schüssler, Ferdinand

— **Sehnennähte an der Klinik Billroth, s. a. Sammlung medicinischer Schriften.**

Schüssler, Dr. Ferdinand, Sehnennähte an der Klinik Billroth. (Ende 1886 bis Ende 1889.) [Sammlung medicinischer Schriften, herausgegeben von der Klinischen Wochenschrift. IX.] Gr.-8. (26 S.) Wien: Hölder 1890.

Schüssler, G.

Schüßler, Allopathie, Biochemie u. Homöopathie. Besprochen. 8. (23 S.) Oldenburg 887. Schulze. n. — 50

Schüßler, Allopathie, Biochemie u. Homöopathie. Besprochen v. Sch. 2., teilweise umgearb. Aufl. gr. 8. (23 S.) Oldenburg 895. Schulze. n. — 50

Schüssler, specielle Anleitung zur homoeopathischen Anwendung der physiologischen Functionsmittel. gr. 8. (31 S.) Oldenburg 874. Schulze. n. — 80

Schüßler, die Aerzte-Frage bezüglich des evangelischen Krankenhauses. 8. (8 S.) Oldenburg 893. (Schulze.) n. — 20

Schüßler. Irrige Auffassungen bezüglich der Biochemie. Richtigstellung derselben. gr. 8. (16 S.) Oldenb. 892, Schulze. * — 30

— Hensel's „physiologisches Backpulver" vor dem Forum der physiologischen Chemie. gr. 8. (15 S.) Ebd. 894. n. — 30

—— Dr. med. v. Villers' Beleuchtung der biochemischen Therapie. Besprochen. gr. 8. (30 S.) Ebendas. 888. *
Die Schrift von Dr. v. Villers ist publicirt in der Homöopathischen Zeitung (Leipzig, Dr. W. Schwabe).

Schüßler, offener Brief an den Herrn Professor Bock in Leipzig. Oldenburg 862. Schulze. gr. 8. (12 S.) 3 ngr.

Schüßler, (W.), offener Brief an den Hrn. Prof. Bock in Leipzig. gr. 8. (12 S.) Oldenburg 863, Schulze'sche Buchh.

— die Cholera vom biochemischen Standpunkte aus betrachtet. gr. 8. (14 S.) Ebd. 892. — 80

— populäre Darstellung des Wesens der Homöopathie. Oder Erörterung der Frage: Was ist eigentlich Homöopathie? Mit einem Anhang, einige Aeußerungen der Herren Professoren Kosloff, Zdekauer und Bock betr. Oldenburg 863. Schmidt in Comm. 8. (VI, 52 S.) n. 10 ngr.

— d. Einfluß d. Umgebg. auf d. Entwickelg. d. Menschen u. Thiere. Betrachtgn. darüber. gr. 8. (16 S.) Ebd. 895. n. — 30

Schüssler, [G.], die anorganischen Gewebebildner in ihrer therapeutischen Bedeutung. gr. 8. (16 S) Oldenburg 876, Schulze'sche Hofbuchh. *

— das Heilserum u. die Diphtheritis-Behandlung, besprochen v. S. gr. 8. (15 S.) Ebd. 894. n. — 30

Schüssler, die Heilung der Diphtheritis auf biochemischem Wege. Ein Wort an gebildete Laien. 8. (16 S.) Oldenburg 879. Schulze. — 50

— Hensel's Kritik d. Biochemie. Richtigstellg. derselben. 8. (16 S.) Ebd. 895. n. — 30

— **metodo, s.: Robert, Th., guia diamante de medicina homoeopática.**

Schüssler, Reineke Fuchs als Anti-Homöopath. gr. 16. (72 S.) Sondershausen 860, Eupel's Verlag.

—— **balneologische Skizze des Nordsee-Bades Dangast.** gr. 8. (20 S.) Neuwied 868, Heuser's Verlag.

— Dr. v. Grauvogl's Stellung zur „Abgekürzten Therapie." gr. 8. (15 S.) Ebend. 876. — 30

—— **eine abgekürzte Therapie gegründet auf Histologie und Cellular-Pathologie. gr. 8. (16 S.) Oldenburg 874, Schulze'sche Buchh.** **

—— dass. — **Mit einem Anhang: Specielle Anleitung zur Anwendung der physiolog. Functionsmittel. 2. verm. Aufl. gr. 8. (48 S.) Ebendas. 875.**

—— **abgekürzte Therapie, gegründet auf Histologie und Cellular-Pathologie. Mit einem Anhang: Specielle Anleitung zur Anwendung der anorgan. Gewebebildner. 3.—5. verm. Aufl. 8. (48 S.) Ebendas. 876—79.**

Schüssler, eine abgekürzte Therapie, gegründet auf Histologie und Cellular-Pathologie. Anleitung zur Behandlung der Krankheiten auf biochem. Wege. 6. verm. Aufl. (68 S.) 1880; 7. verm. Aufl. Mit einem Anhang: Krankheitengeschichten enthaltend. 8. (71 S.) Oldenburg 881, Schulze'sche Hofbuchh. *

—— **eine abgekürzte Therapie. Biochemische Behandlung der Krankheiten. 8. umgearb. Aufl. (VIII, 64 S.) 1882; 9. und 10. verm. Aufl. Mit einem Anhang: Krankengeschichten enthaltend. 8. (64 S.) Ebendas. 882,83.** *

—— dass. — 11. theilweise umgearb. Aufl., mit einem Anhang: Krankengeschichten enthaltend. 8. (64 S.) Ebendas. 884. *

—— eine abgekürzte Therapie. Biochemische Behandlung der Krankheiten. 12.—15. Aufl. Mit einem Anhang, Krankengeschichten enthaltend. gr. 8. (64 S.) Ebendas. 886—88. *

—— Eine abgekürzte Therapie. Biochemische Behandlg. der Krankheiten. 16. u. 17. verm. Aufl. Mit e. Anh., Krankengeschichten enth. (64 S.) 889,90; 18. umgearb. Aufl. (58 S.) 891, 19. verm. Aufl. gr. 8. (61 S.) Oldenb. 892, Schulze. * 2 —

— dasselbe. 19. u. 20. Aufl. gr. 8. (61 S.) Ebd. 892. 893. n. 2. —

— e. abgekürzte Therapie. Anleitg. zur biochem. Behandlg. der Krankheiten. 25., theilweise umgearb. Aufl. gr. 8. (63 S.) Ebd. 898. n. 2. —

— eine abgekürzte Therapie. Anleitung zur biochem. Behandlg. der Krankheiten. 26.—29. Aufl. gr. 8. (à 63 S.) Ebd. 899—902. n. 2. —
Alphabet. Repertorium dazu, s.: Scharff, Wilh.

Schüßler, eine abgekürzte Therapie. Anleitg. zur biochem. Behandlg. der Krankheiten. 31. Aufl. (63 S.) 8. Oldenburg 904. Schulze. n. 2. —

— dasselbe, alphabet. Repertorium, s.: Scharff, Wilh.

Schüßler, eine abgekürzte Therapie. Anleitung zur biochem. Behandlg. der Krankheiten. 35. Aufl. (63 S.) 8. Oldenburg (909). Schulze. 2.—

— Kneipp's Wasserkur. Gedanken darüber. gr. 8. (14 S.) Ebd. 894. — 30

Schüßler, Kneipp's Wasserkur. Gedanken darüber. 2. Aufl. 8. (14 S.) Oldenburg (901). Schulze. n. — 30

—— welchen Werth hat das Urtheil des Prof. Bock über die Homöopathie? Chemisch-physikal. Beweis, daß die sogenannten Nichtse keine Nichtse sind. gr. 8. (23 S.) Oldenburg 862, Schulze'sche Buchh. *

—— wie urtheilt man in Oldenburg über die Homöopathie? gr. 8. (14 S.) Oldenburg 861, Schulze'sche Buchh.

Schüssler, Heinrich

Schüssler, Heinr., üb. das: „Mal perforant du pied." 4. (15 S.) Kiel 874. v. Wechmar. n. 1. 20

Schüssler, H., zur Esmarch'schen Methode der Operation bei tiefen Atheromcysten d. Halses. — Brisement forcé o. in gestreckter Stellung ankylosirten Kniegelenks nach eitr. Entzündg. in Folge v. acutem Rheumatismus. — Zur Indikationsstellg. d. Nephrorrhaphie. — Ein Fall v. Nervendehng. [Aus: „Festschrift f. Fr. v. Esmarch".] gr. 8. (23 S. m. 4 Abb.) Kiel 893. Lipsius & Tischer. n. — 60

Schüssler, Heinrich [aus Essen (Rheinpreussen)]: Chronische Metritis und ihre Behandlung .... Würzburg, Becker's Univ. Buchdr., 1888; 26 S. 8°
Würzburg, Med. Fak., Inaug.-Diss. v. 1888

Schüssler, Heinrich, chronische Metritis und ihre Behandlung. Diss. Würzburg 1888, Stahelsche Univ.-Buchh. 8°. 26 S.

— Nervendehnung oder nicht? Zur Orientirg. üb. d. Behandlg. chron. Erkrankgn. d. Nervenstämme u. d. Rückenmarks, spec. der Tabes, f. prakt. Aerzte. gr. 8. (IV, 86 S.) Bremen 899. G. A. v. Halem. n. 2.—

Schüssler, Hugo, Die Lösung der sozialen Frage. gr. 8°. Dresden, E. Pierson, 1897.

Schüßler, Hugo, die Lösung der sozialen Frage. gr. 8. (164 S.) Dresden 898. E. Pierson. n. 2.50
Erschien auch in 5 Hftn. à n. — 50.

Schüßler, Hugo, die praktische Lösung der sozialen Frage. gr. 8. (108 S.) Frankfurt a/M. 900. Ph. W. Düssel. n. 1.—

Schüssler, Hugo, das Wesen der Welt. gr. 8. (47 S.) Cöpenick 894. (Berlin, J. M. Spaeth.) n. 1. 20

— das Wesen d. Welt. 2. Aufl. gr. 8. (71 S.) Berlin 895. J. M. Spaeth. n. 1.50

— dasselbe u. d. Lösg. d. sozialen Frage. 3. Aufl. gr. 8. (100 S.) Ebd. 896. n. 1. 50

Schüßler, J., das Oldenburger elegante, schwere Kutschpferd, s.: Monographien landwirtschaftl. Nutztiere. 9. Bd.

Schüßler, Joh. Chr., fest. Grund d. Orthodoxie in unheil. Menschen und von Haltung der göttl. Gebote. 4. Stockholm. 730.

Schüssler, Johann Christoph 4° Thl. I. 232/1, 23
Disputatio XXIII. de fundamento confessionis et absolutionis privatae. Präs. Gottlieb Wernsdorf.
In: Wernsdorf: Disputationes academicae ... Vol. I. Wittenberg (Ahlfeld) 1736. S. 9o4 - 937.
Diss. 8. X. 1717. 31670

Schüßler, Jos., actenmäß. Darstellung verschied. Straf-Rechtsfälle aus d. neuesten Zeit, nebst d. Entscheidungsmotiven d. kurhess. Obergerichte zu Cassel, Fulda, Hanau u. Marburg, sowie d. kurhess. Oberappellationsgerichts, mit Erläutern. u. Anmerkn. vers. 1. u. 2. Bdchn. gr. 8. Cassel, Bohné. [1. (13 B.) 836. $^{3}/_{4}$ Thlr., 2. (10 B.) 838. $^{2}/_{3}$ Thlr.]

—— Erörterungen einiger prakt. Fragen aus d. fulda. Particularrechte. gr. 8. (2 B.) Fulda 835, Müller'sche Buchh.

Schüßler, Jos., über Injurien u. Injurienklagen insbesondere über die ästimatorische Injurienklage, sowie die Klage auf Ehrenerklärung, Widerruf u. Abbitte, nebst dem dabei zu beobachtenden Verfahren mit besond. Rücksicht auf die in Kurhessen deshalb bestehenden Vorschriften u. Grundsätze. gr. 8. (67 S.) Kassel 847, Bohné. $^{1}/_{3}$ ß

—— die Paternitäts-, Alimenten- u. Satisfactions-Klagen, od. Darstell. der, in d. verschied. Gebietstheilen Kurhessens, üb. diese Klagen dermalen z. Anwend. komm. Rechtsgrundsätze u. des dabei zu beobacht. gerichtl. Verfahrens rc. 8. ($6^{1}/_{2}$ B. u. 2 Tab.) Fulda 835. (Hersfeld, Schuster.) *

Schüßler, Jos., die Paternitäts-, Alimenten- und Satisfactions-Klagen. 2. verb. u. verm. Ausg., nebst 1 Tabelle. gr. 8. Cassel 843, Bohné. $^{5}/_{12}$ ß

Schüßler, K., naturgeschichtlicher Anschauungs-Unterricht f. die Oberstufe der Volksschule, s.: Ortmann, J. H.

— s.: Fuhr, J. H., u. J. H. Ortmann, der Anschauungs-Unterricht in der Volksschule.

Schüßler, K., Tierkunde, s.: Ortmann, J. H.

Schüssler, Ludwig, approb. Arzt aus München: Ueber die unter dem Bilde einer Querschnittserkrankung verlaufende multiple Sklerose des Centralnervensystems. München 1904: Kastner & Callwey (30 S.) 8°
München, Med. Diss. v. 1904

Schüssler, Ludw., M. Tänzler u. Kurt Wittig, Volksaufklärung üb. Schädigung der Jugend durch Genussgifte, s.: Zeitfragen, pädagogische. Heft 16. 17.

Schüßler, M., Anweisung zur gründl. Schönschreibekunst. 33 Blatt. 4. (Wiesbaden, Ritter in Comm.) 820.

Schüssler, M. Illustrirter Führer durch Nürnberg. Mit (farb.) Stadtplan u. 46 Illustr. 8. (80 S.) Nürnb. 891, Raw. * 1 —

Schüssler, M., illustrirter Führer durch Nürnberg. 2. Aufl. Mit neuestem Stadtplan u. 45 Illustr. 8. (86 S.) Nürnberg 893. J. Ph. Raw. n. 1. —

Schüssler, M., illustr. Führer durch Nürnberg. 3., verb. Aufl. M. neuestem Stadtplan, o. Ansicht Nürnberg's aus der Vogelschau u. 50 Illustr. 8. (79 S.) Nürnberg 896. J. Ph. Raw's Verl. n. 1. —

Schüßler, M. C., erste Buchstaben der christl. Lehre vom ewigen Gerichte. 8. Dresden. 719. Rthlr.

Schüssler, Markus

Die Freimaurerei in Bildern. Gedichte von Markus Schüssler. Dargest. in lebenden Bildern am Fest des hundertjährigen Bestehens der Loge zu den drei Pfeilen in Nürnberg am 18. März 1889 von Mitgliedern derselben. Nürnberg [1889]: Stich. 16 S. 4⁰
Prolog u. 8 Dichtungen.

Schuessler, Otto. de Q. Curti Rufi codice Oxoniensi A. 4. (29 S.) Leipzig 874. Teubner. n. -- 80

— Zur Lehre von den Praepositionen bei Cicero. II (in c. acc.). 20 S. Progr. K. Wi. G. Hannover 1881.

Schüssler, Otto, de nominibus gentium paragogis graecis. Dissertatio inauguralis. gr. 8. (V, 40 S.) Mariae-Insulae 868. (Königsberg, Koch.) *

Schüssler, Otto De praepositionum ab, ad, ex apud Ciceronem usu. 28 S. Progr. K. Wi. G. Hannover 1880.

Schüssler, Otto, Prof. Dr., Dir.: König Friedrichs des Grossen Vertrag mit der Stadt Emden. Emden 1901: Th. Hahn Wwe. (34 S.) 4° [J.]
Emden, k. Wilhelms-G, P 1901 (328)

Schüßler, Otto, König Friedrichs des Großen Vertrag m. der Stadt Emden. Progr. gr. 4. (IV, 34 S.) Emden 901. W. Haynel. n. 1. —

Schüssler, Rud., orthogonale Axonometrie. Ein Lehrbuch zum Selbststudium. Mit 29 Fig.-Taf. in besonderem Hefte (in qu. gr. 8.). (VIII, 170 S.) gr. 8. Leipzig 905. B. G. Teubner. Geb. in Leinw. n. 7. —

Schüssler, Rud., Ubungsstoff zur Vorschule der Mathematik, s.: Schram, Jos.

— Vorschule der Mathematik, s.: Schram, J.

Schüssler, Siegm., Festzugsbilder. Humoreske. 8. (24 lithographirte S.) Bielefeld 878, (Helmich.)

Schüssler, Siegm., Weihnachtsbilder. 8. (25 Stnt.) Ruhrort 880. (Bielefeld, Helmich.) cart. **

Weidmann's Schussliste (Des Deutschen). qu. 4. (161 S. Formulare u. 7. linierte S.) Neudamm. 1896. geb. M. 5.—

Schuß-Tafel für die 8,7 cm Kanone in Gelenk-Laffete der Schiffs-Artillerie. 8. (6 S.) Berlin 883, Mittler und Sohn. **

Schuß-Tafel

— für die 3,7 cm Revolver-Kanone der Schiffs-Artillerie. 8. (6 S.) Ebend. 882. n.n. — 50

Schuß-Tafel für die 3,7 cm Revolver-Kanone der Schiffs-Artillerie. 8. (8 S.) Berlin 885, Mittler und Sohn. **

Schußtafel (Nr. 2) f. die schwere Feld-Kanone C/73 bezw. Feld-Kanone C/73/88 m. Feldgranaten C/82, Sprenggranaten u. Feldschrapnels C/82 m. 0,64 kg Geschütz-Blättchenpulver bezw. 1,5 kg grobkörniger Pulver-Ladung. Die Schußtafel ist im Sommer 1886 erschossen, im Herbst 1888 geprüft u. im Frühjahr 1890 f. Geschütz-Blättchenpulver umgeändert worden. Dieselbe gilt f. e. Luftgewicht v. 1,22 kg f. das Kubikmeter. 16. (9 S.) Berlin 893. E. S. Mittler & Sohn. Auf Leinw. u. lackiert n. — 35

— (Nr. 2a) f. die schwere Feld-Kanone C/73, die Feld-Kanone C/73/88 u. die Feld-Kanone C/73/91 mit Feldschrapnels C/91 u. Sprenggranaten m. 0,64 kg Geschütz-Blättchenpulver-Ladung. Die Schußtafel ist im Sommer 1893 aufgestellt worden. 16. (7 S.) Ebd. 893. Auf Leinw. u. lackiert. n. — 85

Schuß-Tafel für die 15 cm. Kanonen mit Kupferführung der Schiffs-Artillerie. gr. 16. (10 S.) Berlin 878, Mittler und Sohn. **

—— für die lange 26 cm. Ring-Kanone der Schiffs-Artillerie. 8. (10 S.) (Ebendas.) 877. **

—— für die kurze 17 cm. Ring-Kanone der Schiffs-Artillerie. 8. (10 S.) (Ebendas.) 877. **

—— für die lange 17 cm. Ring-Kanone der Schiffs-Artillerie. 8. (10 S.) (Ebendas.) 877. **

Schuß-Tafel für den 4pfd. Berlin 1865. 8.

—— für die 12,5 cm. Ring-Kanone der Schiffs-Artillerie. gr. 16. (6 S.) Ebendas. 878. **

Schuß-Tafeln, allgemeine, für die gezogenen Geschütze. Berlin 1865. Mit Nachtrag 1867. 8.

Schuß- und Wurftafeln, ausführliche, für den gezogenen Feld 6pfd. 1867. 8.

— — ausführliche, für den ꝛc. 4pfd. 1867. 8.

Schußtafeln für die französischen Belagerungs-, Festungs- und Feldgeschütze. Berlin 1871. 8.

Schußtafeln f. d. gezogenen Feld-, Festungs-, Belagerungs- u. Küstengeschütze.
München / Berlin 1873—1901. 4⁰ u. 8⁰

Schußtafeln f. Festungs- u. Belagerungsgeschütze. Berlin 1872—1893.

Schuß- u. Wurf-Tafeln f. Feld-, Festungs- u. Belagerungs-Geschütze. München 1849—1867. 8⁰ u. 4⁰

Schuß- u. Wurf-Tafeln f. glatte u. gezogene Feld-, Festungs-, Belagerungs- u. Küstengeschütze. Berlin 1856—1867.

Schuß- und Wurf-Tafeln f. preuß. Feld-, Festungs-, Belagerungs- u. Küsten-Geschütze. Berlin 1859.. 178 S.

Schuss- und Wurftafeln für preussische Feld-, Festungs-, Belagerungs- und Küsten-Geschütze. (Sämmtliche Taf. beziehen sich auf den Treffpunkt in der Visirlinie, oder wo sie Grade enthalten, auf eine durch die Geschützmündung gedachte wagerechte Ebene.) (Mit 1 Tabelle.) 12. Berlin 1856.

Schuß- und Wurftafeln für den gezogenen Feld-Sechspfünder. München 1867. 8.

Schuß- und Wurftafeln für den Vierpfünder. München 1867. 8.

Schuster, Der fleissige; Drama in einem Akt. Offenbach 1781. V: *Müller, J. G.* (Ky) (MGT)

Schuster, der fleissige. Drama v. Müller. 8. Offenbach, Weiß. 781.

Schuster, Der, und sein Freund. Ein Lustspiel in zwei Aufz. München 1776. V: *Törring zu Seefeld, Anton Graf.* (Mn) (Ky) (BrMm)

Schuster, der, und sein Freund. Lstspl. in 2 A. (v. Ant. Reichsgr. v. Törring). 8. Münch. 776. Lentner. 3 gr.

— der gefürstete. Lstspl. 8. ... 753. ... 1 gr.

Schuster, Der, ein Goldmacher. Lustspiel in fünf Aufz. Wien 1765. V: *Klemm, Christian Gottlob.* (GGr) »1768« (Ky)

— der, ein Goldmacher. Lustsp. 8. Wien, Kraus. 768.

Schuster, der, und sein Hausherr. Parodie der Ballade: Die Burgschaft von Schiller. gr. 8. Wien 840. Wimmer. 1/8 ß

Schuster, der, und sein Hausherr. Parodie der Ballade: Die Bürgschaft, von Schiller. 3. Aufl. gr. 8. Wien 841, Wimmer. 1/6 ß

Schuster, Der, und sein Hausherr. Parodie der Ballade »Die Bürgschaft von Friedrich v. Schiller«. Wien [1883]. V: *Bartl, Hans.* (EB)

Schuster, Der lustige, oder der Teufel ist los. Oper. Leipzig 1770. V: *Weisse, Chn Franz.* (Ky)

— der lustige, oder der Teufel ist los. Oper (v. Chr. Felix Weiße). 8. Leipz. 770. Dyck. 7 gr.

Schuster, Der lustige, oder der zweyte Theil vom Teufel in allen Ecken (nach dem Engl. des Coffey). Kom. Oper in drei Aufz. Prag 1770. V: *Henisch, Carl Franz.* (GGr)

Schuster, Ein philosophischer. Komisches Intermezzo. Wien [1890]. V: *Bartl, Hans.* (EB)

— der politische. Lstspl. in 5 A. 8. Wien, Wallishausser. 6 gr.

Schuster, der politische. Lstsp. in 5 Aufz. 8. Wien, Wallishaußer. 808. Rthlr.

Schuster, der politische, oder Panse und Reezow. Humoristisches Zeitbild. Berlin 861. Lassar. 8. (15 S.) n. 2½ ngr.

Schuster, d. schöne, od. Gesch. Isidors u. Agathe, a. d. Frz. der Benist. 2 Thle. gr. 8. Frankf. Gebhard u. K. (a. Herrmann.) 769.

Schuster (III.), prakt. Anleitung zur Vermögens-Beschreibung u. Abtheil. e. gesetzl. ehelichen Gütergemeinschaft. 8. (8 B.) Heidelberg 834, A. Oßwald.

Schuster, über die in Bad Nauheim bei Behandlung der Herz- u. Circulationsstörungen angewandten physikalischen Behandlungsmethoden u. deren Indicationen. Vortrag, geh. in Amsterdam. gr. 8. (20 S. m. 1 Taf.) Friedberg (902). C. Bindernagel. n. — 80

Schuster, der Einfluss des Mondes auf unsere Atmosphäre. Jedem Gebildeten leicht fasslich berechnet u. graphisch dargestellt. (31 S. m. 2 Taf.) Lex. 8. Karlsruhe 908. F. Gutsch. 1. 40

Schuster (II.), zur Entwicklungsgeschichte des Hüft- und Kniegelenkes, s. Mittheilungen aus dem embryolog. Institute der k. k. Universität in Wien.

Schuster (I.), ging d. Irrfahrt des Ulysses nach Gibraltar od. nach Colchis? Eine antiquar. Abhandl. 8. (2½ B. u. 3 Karten qu. Fol.) Neiße 831, Hennings.

Schuster, der Hohen-Neuffen. Erinnerungs-Gedichte. Hrsg. v. seinem Schüler Matthäus Digel. (95 S. m. 1 Taf.) 8. Hamburg (904). Stuttgart, W. Digel. 1. —

Schuster, Clavierstunden f. Kinder u. Erwachsene. 2 Bde. m. K. u. Mus. 8. Leipz. Reinicke.

Schuster, (Oberamtm.,) üb. d. Mißbrauch d. Weidegerechtsame auf fremden Grundstücken. 8. Hannov. 824, Hahn.

Schuster, Petroleum od. Elektrizität? Eine zeitgemäße Betrachtg. zur Beleuchtungsfrage, f. Interessenten, die der Elektrizität noch fernstehen, bearb. u. hrsg. (24 S.) kl. 8. Stuttgart 909. Greiner & Pfeiffer. — 30

Schuster, Quarantänen, s.: Tagesfragen, hygien.

Schuster, die Reformation u. der Talmud. Ein Vortrag. (49 S.) 8. Dresden 903. E. Pierson. n. — 75

Schuster (II.), Schönheitspflege, od. Unterweisung, d. körperl. Schönheit v. d. Geburt bis in d. späte Alter zu bewahren u. die, sie entstellenden Fehlern zu verbessern u. zu heben. Ein Taschenb. f. Frauen. 16. (7 B.) Dresden 828, Arnold.

Schuster, Vindiciae M. Tullii Ciceronis orationis Philippicae IV. Spec. II. Pr. 1852. 10 S. 4°.

— Was wähle ich: Gas od. Elektrizität? (32 S.) kl. 8. Ebd. 909. — 20

Schuster, A., Beerdigungswesen, s. a. Handbuch der speciellen Pathologie und Therapie.

Schuster A. Beerdigungswesen. (Handbuch der Hygiene von Pettenkofer und Ziemssen II. 1. 1) Leipzig 1882

Schuster, A., Ueb. d. krit. Benutzung homer. Adjective. Pr. 1859. 24 S. 4°.

Schuster, A. Le brevet d'invention, sa raison d'être et sa nécessité pour la Suisse. In-8°, VI et 64 p. Bern, Nydegger & Baumgart. 1887 — 50

— Der Erfindungsschutz, seine Berechtigung und Nothwendigkeit in d. Schweiz. In-8°, VI u. 64 S. Bern, Nydegger & Baumgart. 1887. — 50

Schuster, A., die Feuerleitung. (79 S. m. Fig.) kl. 8. München 909. J. Lindauer. p 1. 30

Schuster, A., das Fichtelgebirge, s.: Grieben's Reisebücher.

Schuster, A., der Hundefreund. Die Dressur der Luxus-Hunde, deren Aufzucht u. Pflege, sowie Behandlung der am meisten vorkomm. Krankheiten, nebst kurzem Anh. der zur Dressur geeigneten Hunderacen. Nach vieljähr. Erfahrgn. bearb. 12. (61 u. III S.) Allstedt 890. (Leipzig, H. Voigt.) n. 1. 30

Schuster, A., der Hundefreund. Ein kynolog. Ratgeber. Allgemeinverständlich bearb. 3., gänzlich umgearb. Aufl. gr. 8. (VIII, 191 S. m. Abbildgn.) Leipzig 902. [R. Roßberg.] K. R. Vogelsberg. n. 3. —; geb. in Leinw. n 4.—

Schuster, A., der Hundefreund. Ein kynolog. Ratgeber f. Hundeliebhaber u. Hundezüchter bei Auswahl v. Rassehunden, deren Aufzucht, Pflege rc. Ausführl. Beschreibg. v. ca. 100 Hunderassen m. vielen Abbild. erstklass. Hunde. Klare, leichtfaßl. Dressur-Anleitg. f. den Luxus- u. Gebrauchshund, Polizeihund, Kriegshund u. Sanitätshund. Allgemeinverständlich bearb. 4. umgearb. u. verm. Aufl. (VIII, 233 S.) gr. 8. Eisleben (909). E. Winkler. 3.60; geb. in Leinw. 4. 60

Schuster, A., Tante Irene, s.: Volksbibliothek d. Lahrer Hinkenden Boten.

— Kasernen, s.a. Handbuch der speziellen Pathologie und Therapie.

Schuster, Dr. A. Kasernen. Mit Abb. Leipzig 1882. 130 S.

—— s. Mooser's, L., Aufgaben zum Tafelrechnen für Volksschulen.

— Geöffnete Ordnung. (86 S. m. Fig.) 8. Ebd. 908. p — 60

Schuster, A., s.: Steuermann, Ad.

SCHUSTER, A., s. SUTOR

Schuster, A., aus d. Tagebuche e. Höhlenmolches, 2. Aufl., s.: Huch, Rud.

— Untersuchungen üb. die homer. stabilen Beiwörter I. Pr. 1866. 28 S.

Schuster. A. F., Gedanken über Platos Parmenides. Diss. 1870. 89 S.

Der Graupapagei oder Jako. Frei- u. Gefangenleben, Akklimatisierung, Abrichtung, Zähmung etc. von A. J. Schuster, Gymn.L. i. P. Mit 9 Ill. Berlin: E. Freyhoff 1905. (88 S.) 8° [J.] [c6. 9]

Schuster, A. Karl, das Thierleben in Schönbrunn, s.: Quelle, die.

Schuster, Abb., die epidemische Diphteritis. 1. und 2. revid. Aufl. gr. 8. (48 S.) Wien 879, Sintenis. *

Schuster, Adolar, cand. med. aus Augsburg: Ueber einen Fall von Erysipelas faciei mit eitriger Meningitis. *München 1899: Kastner & Lossen.* (24 S.) 8°
München, Med. Diss. v. 1899

SCHUSTER, Adolf (München): Ueber die Behandlung des Rheumatismus acutus.- München: Mühlthaler 1869. 15 S.
22.7.1868 - Urk (Titel: De rheumatismo articulorum acuto.); F 72; Chr 1868/69,13
Diss.Ingolst.-Landsh.-Mchn.

Schuster, Adph., einfache u. doppelte Buchhaltung theoretisch u. durch 13 Handlungsbücher praktisch dargestellt. Mit einem Vorwort v. Frdr. Ed. Mayer. Lex. 8. (VIII u. 125 S.) Heilbronn 851. (Stuttgart, Lubrecht & Co.) n. 1 ₰

Schuster, A., Davos u. seine Heilkraft, s.a. Davos.

S[chuster], A[dolf]. Davos und seine Heilkraft. Eine Humoreske. [Gedicht.] 8. Basel und Davos 1870.

Schuster, A., Davos und seine Heilkraft. Eine Humoreske. 2. Aufl. 8. (7 S.) Basel 873, Richter. *

Schuster, Adf., Davos und seine Heilkraft. Humoristische Lebensregeln für Davoser Kurgäste und solche, die es werden sollen. 3. Aufl., gänzlich umgearb. und bedeutend verm. von Ewald Deutsch. 8. (40 S.) Davos 884, Richter. *

Schuster, A. Davos u. s. Heilkraft. Humor. Lebensregeln. 3. A., umgearb. v. E. Deutsch. In-8°. Davos, Richter. 1893. — 75

Schuster, Adf., Davos u. seine Heilkraft. Humoristische Lebensregeln f. Davoser Kurgäste u. solche die es werden sollen. Mit e. Anh.: Davoser krit. Tage. 4. Aufl. Zeitgemäß umgearb. u. bedeutend verm. v. alten Praktikern. 8. (56 S.) Davos 895. H. Richter. n. — 80

Schuster, Adolf. Davos und seine Heilkraft. Humoristische Lebensregeln für Davoser Kurgäste und solche die es werden sollen. Mit einem Anhang: Davoser kritische Tage. 5. Aufl. Zeitgemäss umgearbeitet und bedeutend vermehrt von alten Praktikern. 61 S. 8. Davos, Hugo Richter — *Aufdruck:* F. Schuler, Chur —, 1903. [fr. 1.—]

Schuster, Adph., sieben Weinbriefe. 2., durchgeseh. Ausg. 8. (20 S.) Heilbronn 858, (Claßische Buchh.)

SCHUSTER, ADOLF AUGUST. Ueber einige Verbindungen des Anisyl-Aldehyd's mit neutralen Amiden, und über das Verhältniss der Galläpfel-Gerbsäure zur Gallussäure. Tübingen, 1868.

Schuster, Adrian, Lehrbuch der internationalen Handelskunde, s.: Sonndorfer, Rud.

Schuster, Adrian, Leitfaden der Handels- u. Wechselkunde f. zweiklassige Mädchenhandelsschulen. (IX, 180 S.) gr. 8. Wien 908. A. Hölder. Geb. 2. —

Schuster Adrian, Leitfaden der Handels- und Wechselkunde für zweiklassige Mädchen-Handelsschulen. Wien 1909. Alfred Hölder. Geb. K 2.60.

Schuster, *Albert Abschiedsrede.* 4 (S. 20—21).
Progr. I. Rg. *Hannover* 1895 (330)

Schuster, A., Aufgaben zum schriftlichen Rechnen für Fortbildungsschulen auf dem Lande. Enth. alle bürgerl. Rechnungsarten mit ganzen Zahlen und Brüchen. Mit Vorwort. 8. (42 S.) Meißen 878, Schlimpert. *
Auflösungen (12 S.) *

Schuster, A., Aufgaben zum schriftlichen Rechnen für Fortbildungsschulen auf dem Lande. Enth. alle bürgerlichen Rechnungsarten mit ganzen Zahlen u. Brüchen. 2., verm. Aufl. Mit methodisch erläutertem Vorwort u. Anmerkungen. 8. (48 S.) Meißen 880. Schlimpert. n. — 20; Auflösungen (12 S.) n. — 20

Schuster, A[lb.], Aufgaben zum schriftlichen Rechnen für Fortbildungsschulen. 3. Aufl. Mit Vorwort und method. Erläuterungen. 8. (40 S.) Meißen 885, Schlimpert. *

Schuster, A. Die Erziehung der Jugend zu vaterländischer Gesinnung — eine Pflicht der Schule. (Rede zu Kaisers Geburtst. 1872.) 8 S. **Progr.** I. Rg. *Hannover* 1878.

— in welche Schule schicke ich meinen Sohn? Wie steht es m. d. Berechtiggn.? Prakt. Winke v. e. alten Schulmanne. gr. 8. (VII, 36 S.) Hannover 895. Norddeutsche Verlagsanstalt. — 75

— in welche Schule schicke ich meinen Sohn? Wie steht es m. den Berechtiggn.? Praktische Winke f. Eltern v. e. alten Schulmanne. 2., neubearb. Aufl. 8. (43 S.) Hannover 902. Norddeutsche Verlagsanst. O. Goedel. — 75

—— deutsches Lesebuch für höhere Lehranstalten,
—— dass. — für Vorschulen höherer Lehranstalten,
} s. Kohts, Rob.

Schuster, Alb., De mensibus Atticis, qui ab Apollinis nominati sunt diebus festis. Pr 1818. 15 S. 4°. 1.2

Schuster, Alb. Das Realgymnasium I. zu Hannover während des Zeitraumes von 1860 bis 1885, dargestellt auf Veranlassung des am 9. Oktober 1885 50jährigen Bestehens. VI, 101 SS. 8.
Progr. Rg. I. **Hannover* 1885.

— Rechenhefte für Handwerker-Fortbildungsschulen, s.: Schanze, F.

Schuster, A., Rechnen f. Handwerker- u. Fortbildungsschulen, s.: Schanze, F.

Schuster, Albert (Red.), s. Socialist, Der.

Schuster, Alfr., Stollberg, s.: Grohmann, Max, das Obererzgebirge.

SCHUSTER, Albert (Lichtenfels): De varicibus et ulceribus varicosis.- Monachii: Giesser 1836. 19 S.
21.6.1835 - Urk; F 62
Diss. Ingolst.-Landsh.-Mchn.

Schuster, Aloys: Die elektrochemische Reduktion einiger laktylierter Nitrotoluidine. Amorbach 1909: Volkhardt. 31 S. 8°
Gießen, Phil. Diss. v. 7. Juni 1909, Ref. Elbs
[Geb. 14. Aug. 76 Steinebach (Rheinpr.); Wohnort: Gießen; Staatsangeh.: Preußen; Vorbildung: Gymn. Prüm Reife O. 00; Studium: Würzburg 1, Bonn 2, Kiel 1, Berlin 3, Würzburg 3, Gießen 6 S.; Rig. 23. Jan. 09.]
[U 09. 1234

Schuster, Andreas. Ueber Ammoniumphosphorvanadinmolybdate. Diss. Phil. Bern. 52 S. 8. Bern, Gottfr. Iseli, 1906.

Schuster, Ant., d. Altenburg, deren Baugeschichte u. d. Altenburg-Fest 1897. 12. (96 S. m. 2 Abb.) Bamberg 897. Handelsdruckerei u. Verlagshandlg. n.n. — 40

Schuster, Ant., die Erfindung der Buchdruckerkunst u. deren Verbreitung in Bamberg, nebst Geschichte d. Bamberger Zeitungswesens. Lex.-8. (76 S. m. Abbildgn.) Bamberg 890. (Buchner's Sort.) n.n. 1.60

Schuster, A., kleiner Führer durch die fränkische Schweiz. 12. (5 S. auf Kartonpap.) Bamberg 891. Buchner's Sort. n.n. — 20

Schuster, Arth., Einführung in die theoretische Optik. Autoris. deutsche Ausg., übers. v. Heinr. Konen. (XIV, 413 S. m. 185 Fig. u. 2 Taf.) gr. 8. Leipzig 907. B. G. Teubner. 12.—; geb. in Leinw. 13.—

Schuster, Arth., Führer durch das Ostseebad Binz. Mit 2 Illustr. u. Kartenbeilagen. 4. Aufl. 6.—7. Taus. (II, 54 S.) kl. 8. Stettin 906. A. Schuster. Kart. — 50

Führer durch das Ostseebad Binz. Mit 2 Ill. u. Kartenbeilagen bearb. von Arthur Schuster. 4. Aufl. Stettin: A. Schuster 1907. (57 S.) 8° [F. u. Ant.]
[07. 13507 B

Führer durch das Ostseebad Binz. Mit 2 Ill. u. Kartenbeil. bearb von Arthur Schuster. 5. Aufl. Stettin: Schuster 1908. 58 S. 8° [09. 13390

Führer durch das Ostseebad Binz mit e. Uebersichtskt., e. Spezialkt. d. Umgegend u. d. Pharus-Pl. von Binz bearb. u. rev. von Arthur Schuster. 7. Aufl. Stettin: Schuster 1910. 58 S. 8° [10. 11313 B

Schuster, Arth., Führer durch die Insel Bornholm, m. Karten u. Illustr. 5. vollständig umgearb. Aufl. 12.—14. Taus. (43 S.) kl. 8. Stettin 905. 906. A. Schuster. — 60

Führer durch die Insel Bornholm mit 1 Übersichts- u. 2 Spezialkarten gez. von Gustav Müller, Kartogr., sowie vielen Ill. Von Arthur Schuster. 6. vollst. umgearb. Aufl. Stettin: A. Schuster 1907–08. (71 S.) 8° [F. u. Ant.]
[07. 13508 B

— Führer durch die Insel Bornholm, m. e. Übersichts- u. 2 Spezialkarten, gezeichnet v. Gust. Müller, sowie vielen Illustr. 6. vollständig umgearb. Aufl. 15.—18. Taus. (71 S.) kl. 8. Ebd. 907. 08. 1.—

Führer durch Kopenhagen, kleine Ausg. mit e. Übersichtskt., e. Spezialkt. Nordseelands u. d. neu entworfenen Pharus-Pl. Bearb. von Arthur Schuster. Stettin: Schuster 1910–11. 96 S. 8°
[10. 11317 B

— Führer durch Kopenhagen nebst Umgebung, Südschweden-Bornholm, m. 1 Übersichtskarte, 1 Spezialkarte Nordseelands, 1 Kartenskizze Südschwedens, der Insel Bornholm u. dem neuentworfenen Pharus-Plan v. Kopenhagen. 1.—3. Taus. (III, 151 S.) kl. 8. Ebd. 910. 11. Geb. 2.—

Schuster, Arth., s. a. Führer durch d. Insel Rügen.

Schuster, Arth., Führer durch die Insel Rügen. Mit 1 Reisekarte, 1 Übersichtskarte der Küsten u. Dampferlinien u. 5 Specialkarten (neu: Granitz u. Mönchgut — Binz — Sellin — Göhren, Special) v. Gust. Müller. 7. Aufl. Vollständig neu bearb. 12. (IV, 80 S.) Stettin 901. A. Schuster. Kart. n. 1.—

— Führer durch die Insel Rügen. Mit e. Reisekarte, e. Uebersichtskarte der Küsten u. Dampferlinien u. 5 Spezialkarten v. Gust. Müller. 9. Aufl. 21.—25. Taus. Vollst. neu bearb. (96 S.) kl. 8. Ebd. 905. 906. Kart. 1.—

— Führer durch die Insel Rügen. Mit e. Reisekarte, e. Übersichtskarte der Küsten u. Dampferlinien u. 6 Spezialkarten v. Gust. Müller. 10. Aufl. 26.—32. Taus. Vollständig neu bearb. (IV, 104 S.) kl. 8. Ebd. 907. 08. Kart. 1.20

Schuster, Arth. Die Spectralanalyse, s. Roscoe, H. E.

Schuster, Arthur [aus Vetschau, bei Cottbus, Unterarzt im Posenschen Feld-Art.-Reg. Nr. 20]: Ueber animale Vaccination ....
Berlin, Buchdr. v. M. Niethe (1885); 31 S. 8°
Berlin, Med. Fak., Inaug.-Diss. v. 26. Okt. 1885

Schuster, Arthur, über animale Vaccination. Diss. Berlin 1885, Mayer & Müller. 8°. 31 S.

Schuster, Aug., Einführung in die elementare Mathematik, s.: Sammlung Kösel.

Schuster, Aug., der Kinder-Spiegel. Seinen kleinen Kameraden vorgehalten v. ihrem Freund Hänschen. Den Braven zur Ehr', den Bösen zur Lehr'. Ein Bilderbuch f. Kinder v. 4–8 Jahren. gr. 4. (22 S. m. farb. Abbildgn.) Zürich (898). Charlottenburg, K. Henckell & Co. Kart. 2.25

Schuster, Aug., Knall-Bonbons. Heiteres f. Reise u. Haus. 2. Aufl. 8. (III, 148 S.) Leipzig 896. München, A. Schupp. n. 1.20

Schuster, August. Mathematik für jedermann. Leichtfassliche Einführung in die niedere und höhere Mathematik von August Schuster (Zürich). Mit 44 Abbildungen. XII + 228 S. 8. Stuttgart-Berlin-Leipzig, Union Deutsche Verlagsgesellschaft, (1901). [M. 3. 60]

— Mathematik f. jedermann. Leichtfaßliche Einführg. in die niedere und höhere Mathematik. 3. [Titel-] Aufl. (III—XII u. 228 S. m. 44 Abb). Stuttgart [901] (908). Union. 3.60; geb. in Leinw. 4.50

— lustige Rechenkunst, s.a. Taschenbücher, illustr., f. die Jugend. 13. Bdchn.

Lustige Rechenkunst von August Schuster. (Vorr.: Prof. Dr. Wilh. Foerster.) 5. Aufl. Mit 40 Abb. *Stuttgart, Berlin, Leipzig: Union (1901).* (128 S.) 8° [F.]
— Taschenbücher, Illustrierte, f. d. Jugend. 13. [01. 1335]

Schuster, August Ludwig Fr.

(—) Bemerkk. üb. d. Würtemberg. Archiv, zur Beurtheilung der darin abgehandelten Gedanken üb. die Würtemberg. Staatsregierung. 2 Hfte. 8. Kempt. u. Ulm 817.

Schuster, Aug. Edw. Fr., wie müssen neue Herrschaften in Civilbesitz genommen, organisirt u. verwaltet werden? gr. 8. Stuttg. 809.

Schuster, Bernh., s.: Musik, die.

Schuster, Berta, s.: Für festliche Stunden.

Schuster, C., die Oelfarbentechnik der Landschaftsmalerei. Anleitung zum Malen nach der Natur für Anfänger u. Dilettanten. 12. (III, 64 S.) Zürich 898. Charlottenburg, K. Henckell & Co. n. 1.—

Schuster, C., s.a. Olympia.

Olympia. [Gezeichnet von Architektur-Maler C. Schuster.] [Nebst] Erl. (München & Berlin: R. Oldenbourg 1904.) 1 Taf. gr. 2°, 1 Bd 4°
Erläuterungen z. Wandtaf. von Olympia von Dr. H[ermann] Luckenbach. [05. 6035]

Schuster, C., Sagen des Harzes (u. zwei Gedichte). 8. (12 B. u. Titvign.) Hannover 832, Hahn.

Schuster C, das perspektiv. Sehen beim Zeichnen nach der Natur. (52 S) Zürich 1897

Schuster, C., das perspektivische Sehen beim Zeichnen nach d. Natur. M. 30 Abb. u. e. Kartonrahmen. gr. 8. (52 S.) Zürich 898. K. Henckell & Co. Kart. n. 1.20

Schuster, C. F. Ch., s. Schuster, C. F. Th.

Schuster, C. F. Th., die Ausbildung der Theologen im Prediger-Seminar d. Klosters Loccum, m. Andeutgn. üb. d. Klosters Geschichte, Alterthümer u. Kunstschätze. gr. 8. (114 S. m. 1 Holzschntaf.) Hannover 876. Hahn. n. 1.60

— das Kloster Loccum. Blicke auf die Geschichte, Alterthümer u. Kunstschätze d. Klosters. [Aus: „Die Ausbildg. der Theologen im Predigerseminar des Klosters Loccum".] gr. 8. Ebend. 876. — 75

Schuster, C. F. Th., das Studium der Theologie in der Gegenwart. Anleitung f. Anfänger. gr. 8. (VII, 96 S.) Stuttgart 893. Greiner & Pfeiffer. n. 1.80

Schuster, C. F. Th. Die Vorbereitung der Predigt. Prakt.-theolog. Studie. gr. 8. (V, 76 S.) [Wiesb. 889, Niedner.] Stuttg., Greiner u. Pfeiffer. * 1 80
—— dass. — 2. verm. Aufl. gr. 8. (VIII, 91 S.) Stuttg. 892, Greiner u. Pfeiffer. * 1 50

Schuster, C. F. Th., d. Vorbereitung d. Predigt. Prakt.-theolog. Studie. 3., verm. Aufl. 8. (IV, 141 S.) Stuttgart 897. Greiner & Pfeiffer. n. 1.60; m. Der gute Vortrag in 1 Leinw.-Bd. n. 3.—

Schuster, C. F. Th., der gute Vortrag, eine Kunst und eine Tugend. gr. 8. Wiesbaden 881. Stuttgart, Greiner und Pfeiffer. *

Schuster, C. F. Th., der gute Vortrag, eine Kunst u. eine Tugend. Practisch theologische Studie. [Aus: „Mancherlei Gaben u. Ein Geist".] gr. 8. (56 S.) Wiesbaden 881. Niedner. n. 1.—

—— Der gute Vortrag, e. Kunst u. e. Tugend. Praktisch-theolog. Studie. 2. verm. Aufl. gr. 8. (78 S.) Ebd. 892. * 1 —

— der gute Vortrag, e. Kunst u. e. Tugend. Prakt.-theolog. Studie. 3., verm. Aufl. 8. (IV, 108 S.) Ebd. 897. n. 1.—; m. D. Vorbereitg. d. Predigt in 1 Leinw.-Bd. n. 3.—

Schuster, C. G., das friedensvolle Ende des christlich weisen Mannes. 8. Lüneburg, Herold u. W. 819.

Schuster, C. G., Iesaiae orationem propheticam Cap. LII. 7. LIII. 12. 4. Göttingae, Dieterich. 794.

— d. ältesten Sagen d. Bibel, nach ihrem natürlichsten und prakt. Inhalt. 8. Lüneb. Herold und W. 804.

Schuster, C. G. T., Dictionnaire des langues allem. et française. — A. u. d. T.: Neues u. vollständ. Wörterbuch d. deutsch. u. französ. Sprache etc. Durchges. f. d. Französ. v. A. Régnier in Paris. 2 Thle. gr. 8. Leipzig, Weber. *
Thl. 1. Deutsch-Französisch. (6 Lfgn.) (65 B.) 841, 42.
„ 2. Französ.-Deutsch. (7 Lfgn.) (67¾ B.) 842, 43.

Schuster, C. W. T., et A. Régnier, Dictionnaire des langues allemande et française cont. outre la définition des mots, l'indication de leur origine et de leurs affinités étymologiques, le génitif singulier et le pluriel des substantifs, les formes irrégulières des verbes et l'explication des termes techniques, surtout de ceux qui sont propres aux sciences médicales et naturelles, au commerce etc. 2 Parties. (Allemand-Français. — Français-Allemand.) 4. Edition. A. u. d. T.: Wörterbuch der deutschen und französischen Sprache. 2 Thle. (Deutsch-französisch. — Französisch-deutsch.) 4. Aufl. gr. 8. (XVIII und 2093 S.) Leipzig 856, Weber. *

Schuster-Regnier, neues Wörterbuch der deutschen und französischen Sprache. Angenommen vom Rat für den öffentl. Unterricht in Paris. 15. Aufl. Auf Grund der neuesten Sprachforschungen und mit Zugrundelegung der neuen deutschen Orthographie neu bearb. von Christ. Wilh. Damour. 2 Bde. in 24 Lfgn. gr. 8. Leipzig 888, J. J. Weber.
à Lfg. 60 Pf.
geb. à Bd. * M 8.—. *

Inhalt:
Bd. 1. Französisch-deutsch. (XXIV, 1097 S.)
„ 2. Deutsch-französisch. (XXIV, 1100 S.)

Neues vollständiges Wörterbuch der deutschen und französischen Sprache v. C. W. T. Schuster und A. Regnier. Th. 1. 2. Leipzig. 1848. 8°
1. Französisch-Deutsch.
2. Deutsch-Französisch.

Schuster, C. W. Th., und A. Régnier, neues und vollständiges Wörterbuch der deutschen u. französischen Sprache mit Rücksicht auf Begriffsbestimmung, Ursprung u. Verwandtschaft der Wörter, auf ihre Anwendung und Umwandlung etc. 2 Bde. — Nouveau dictionnaire des langues allemande et française. 2 Parties. 5. Aufl. 859. — 6. Aufl. 862. — 7. Aufl. Leipzig 861. Weber. Lex.-8. (2 Bl., 1014 S.; 3 Bl., 1079 S.) n. 3 ₰

Schuster, C. W. Th., und A. Régnier, neues und vollständiges Wörterbuch der deutschen und französischen Sprache. Mit Rücksicht auf Begriffsbestimmung, Ursprung, Verwandtschaft, Anwendung und Umwandlung der Wörter etc. — Nouveau dictionnaire des langues allemande et française. 2 Bde. 6.—9. Ster.-Aufl. Lex.-8. (XX und 2093 S.) Leipzig 862—68, Weber.

Schuster, C. W. Th., und A. Régnier, neues und vollständiges Wörterbuch der deutschen und französischen Sprache. — Nouveau dictionnaire des langues allemande et française. — Mit Rücksicht auf Begriffsbestimmung, Ursprung, Verwandtschaft, Umendung und Umwandlung der Wörter, und mit besond. Bezugnahme auf die in der Arzneikunde, den Naturwissenschaften, dem Handel, den Eisenbahnen, der Telegraphie rc. übl. Kunst- und Fachausdrücke. Angenommen vom Rath für den öffentl. Unterricht in Paris. 10.—12. Ster.-Ausg. 2 Bde. gr. 8. Leipzig 871—74, Weber. *

Inhalt:
Bd. 1. Deutsch-Französisch. (VIII, 1014 S.)
" 2. Französisch-Deutsch. (VIII, 1079 S.)

Schuster, C. W. Th., und A. Régnier, neues und vollständiges Wörterbuch der deutschen und französischen Sprache. — Nouveau dictionnaire des langues allemande et française. Mit Rücksicht auf Begriffsbestimmung, Ursprung, Verwandtschaft, Umendung und Umwandlung der Wörter, und mit besonderer Bezugnahme auf die in der Arzneikunde, den Naturwissenschaften, dem Handel rc. üblichen Kunst- und Fachausdrücke. 18. Ster.-Aufl. 2 Bde. Lex.-8. Leipzig 877, Weber. *

Inhalt:
Bd. 1. Deutsch-Französisch. (VIII, 1014 S.)
" 2. Französisch-Deutsch. (VIII, 1079 S.)

Schuster, C. W. Th., und A. Régnier, neues und vollständiges Wörterbuch der deutschen und französischen Sprache. Mit Rücksicht auf Begriffsbestimmung, Ursprung, Verwandtschaft, Umendung und Umwandlung der Wörter, und mit besond. Bezugnahme auf die in der Arzneikunde, den Naturwissenschaften, dem Handel, den Eisenbahnen, der Telegraphie rc. übl. Kunst- und Fachausdrücke. 14. Ster.-Aufl. 2 Bde. gr. 8. (VIII, 1014; VIII, 1079 S.) Leipzig 881, Weber. *

Schuster, C. W. T., und A. Régnier, Wörterbuch der deutschen und französischen Sprache, mit Rücksicht auf Begriffsbestimmung, Ursprung, Verwandtschaft rc. der Wörter und mit besond. Bezugnahme auf die in der Arzneikunde, den Naturwissenschaften, dem Handel rc. üblichen Kunst- und Fach-Ausdrücke. (2 Thle. Deutsch-Französisch. — Französisch-Deutsch.) (2. Aufl. 1848. und) 3. Aufl. A. u. d. T.: Dictionnaire des langues allemande et française. (2 Vols. Allemand-Français. — Français-Allemand.) 3. Édition. gr. 8. (XIV und 2093 S.) Leipzig 851, Weber. Thlr. *

Schuster, C. W. T., und A. Régnier, Wörterbuch der deutschen und französischen Sprache mit Rücksicht auf die Begriffsbestimmung, Ursprung, Verwandtschaft rc. der Wörter rc. 4. Aufl. 2 Thle. A. u. d. T.: Dictionnaire des langues allemande et française cont. outre la définition des mots, l'indication de leur origine et de leurs affinités étymologiques, le génitif singulier et le pluriel des substantifs, les formes irrégulières des verbes et l'explication des termes techniques etc. Leipzig 856. Weber. Lex.-8. (2 Bl., 1014; 3 Bl., 1079 S.) n. 3 ℛ︀.

Schuster, C. W. T., und A. Régnier, Wörterbuch der deutschen und französischen Sprache mit Rücksicht auf Begriffsbestimmung, Ursprung, Verwandtschaft, Umendung und Umwandlung der Wörter rc. 2 Thle. (Deutsch-französisch. — Französisch-deutsch.) 5. Aufl. A. u. d. T.: Dictionnaire des langues allemande et française. 2 Parties. gr. 8. (XX und 2093 S.) Leipzig 859, Weber.

Schuster, Carl, s. Schuster, Karl

Schuster, Carl Ludwig, s. Schuster, Karl Ludwig

Schuster, Chrn. Friedr. Alb., s. Hoffmann, Carl Aug. Jul.

Schuster, Christ. Frdr. Alb., Lehrbuch der Poetik für höhere Lehranstalten. gr. 8. (XII, 83 S.) Clausthal 874. Grosse. n. 1. 50

Schuster, Christ. Friedr. Alb., Lehrbuch der Poetik, für höhere Lehranstalten. 2. Aufl. gr. 8. (XII, 83 S.) [Clausthal 884, Grosse'sche Buchh.] Halle, Grosse. *

Schuster, Christ. Frdr. Alb., Lehrbuch der Poetik f. höhere Lehranstalten. 3., verm. u. verb. Aufl. gr. 8. (XVI, 87 S.) Halle a/S. 890. Mühlmann's Verl. geb. n. 2.—

——s.a. Regeln und Wörterverzeichnis für deutsche Rechtschreibung.

— Regeln u. Wörterverzeichniß f. deutsche Rechtschreibung. Gedruckt auf Veranstaltg. d. königl. Ober-Schulcollegiums zu Hannover. 2. Aufl. gr. 8. (IV. 60 S.) Ebend. 872. n. — 60

Schuster, Christine, Küche u. Haushalt. Ein Handbuch f. angeh. u. f. erfahrene Hausfrauen, sowie zum Gebrauche in Koch- u. Haushaltungsschulen. Mit besond. Rücksicht der siebenbürg. Küche. (VIII, 751 S. m. 55 Abbildgn.) gr. 8. Kronstadt 905. H. Zeidner. Geb. in Leinw. n. 3. 60; feine Ausg. (B) m. 5 farb. Taf., geb. n. 4. 50

Schuster, E., Oscar, Die Interpretation der Marx'schen Werttheorie durch die Herren Prof. Dr. A. Schäffle und C. A. Schramm. 8⁰. Dresden 1878.

(Schuster, Eduard.) Die Burgen und Schlösser Badens. Liefg. 1. [Mit illustriertem Umschlag und 6 Doppel-Tafeln.] IV + 24 S. 4. Karlsruhe, Friedrich Gutsch, (1906). Erscheint in 12—14 Lieferungen à M. 1.—

Schuster, Eduard, die Burgen u. Schlösser Badens. (XVI, 406 S. m. 160 Taf.) Lex. 8. Karlsruhe (907. 08). F. Gutsch. 18.—; geb. in Leinw. n 22.—; auch in 18 Lfgn. à 1.—

— dasselbe. Einzelausgaben. Lex. 8. Ebd. (909).

Der Albgau. (S. 145—168 m. 7 Taf.)	1. 40
Die Baar. (S. 93—141 m. 19 Taf.)	3. —
Der Breisgau. (S. 171—232 m. 44 Taf.)	4. —
Der Elsenzgau. (S. 339—350 m. 10 Taf.)	1. 60
Der Enzgau. (S. 285—294 m. 2 Taf.)	— 60
Der Hegau. (S. 35—75 m. 14 Taf.)	2. 40
Der Klettgau. (S. 79—90 m. 4 Taf.)	1. —
Der Kraichgau. (S. 297—312 m. 5 Taf.)	1. —
Der Linzgau. (S. 1—30 m. 10 Taf.)	1. 60
Der Lobdengau. (S. 315—336 m. 8 Taf.)	1. 10
Die Ortenau. (S. 235—258 m. 11 Taf.)	1. 60
Der Taubergau. (S. 387—406 m. 8 Taf.)	1. 40
Der Ufgau. (S. 261—281 m. 8 Taf.)	1. 10
Die Weingartau. (S. 363—384 m. 7 Taf.)	1. 10

Schuster, Eduard, Kunst u. Künstler in den Fürstenthümern Calenberg u. Lüneburg in der Zeit von 1636 bis 1727. Durch Munificenz Sr. königl. Hoh. des Herzogs Ernst August v. Cumberland, Herzogs zu Braunschweig u. Lüneburg, m. 15 Kunstbeilagen ausgestattet. (IV, 221 S.) 8. Hannover 905. (Hahn). n. 3. —
Sonderabdruck aus: „Hannov. Geschichtsbl."

Schuster, Ed., Rastatt, die ehemalige badische Residenz u. Bundesfestung. Mit e. Bildnis des Markgrafen Ludwig Wilhelm v. Baden u. e. Plan der ehemal. Bundesfestg. Rastatt. 12. (30 S.) Lahr 902. Groß & Schauenburg. n. 1.—

Schuster, E[duard]. Reformbestrebungen der Gegenwart auf dem Gebiete der Volksschule. Referat für die Thurgauische Schulsynode. Mit einigen Kürzungen vorgetragen am 5. September 1910 in Romanshorn. 67 S. 8. Frauenfeld, Huber & Co., [1910].

— Schwarzwald-Wanderbilder. I u. II. Ebd. n. 1.75
1. Murgthal, das, von Rastatt bis Freudenstadt m. Albthal u. Enzthal. Führer f. den Besuch des Thalgebiets, m. e. Uebersichtskarte 1 : 100,000. 8. (67 S.) (901.) n. 1. —
Erschien ursprünglich u. d. T.: Wanderbilder, bad.
II. Das Kinzigthal u. Schutterthal m. ihren Seitenthälern. Mit 6 Illustr. 12. (V, 67 S.) 902. n. — 75

— dasselbe. Nr. 3—5. 12. Freiburg i/B., F. P. Lorenz. n. 1. 60
3. Eisenbahn, die, v. Freiburg nach Donaueschingen. (Höllenthalbahn.) (32 S.) (901.) n. — 50
4. Elzthalbahn, die, von Denzlingen üb. Waldkirch nach Elzach u. die anliegenden Gebiete. (40 S.) (901.) n. — 50
5. Das Wiesenthal von Basel bis zum Feldberg. Mit 1 Karte u. Abbildgn. (45 S.) 902. n. — 60
Nr. 3 u. 4 erschienen ursprüngl. u. d. T.: Wanderbilder, bad.

Schuster, E., s: Sommerfrischen, vogtländische.

Schuster, E[duard]. Das Wiesenthal von Basel bis zum Feldberg. (Schwarzwald-Wanderbilder No. 5.) Mit einer Karte und Abbildungen [sowie einem Anhang]. 45 + 11 + *Anhang* IV + 48 S. 8. Freiburg i. Br. und Leipzig, Fr. Paul Lorenz, 1902. (M. —.60)

Collection Lorenz.

Anhang u. d. T.: Schwarzwald! Schweiz! Vogesen!...; *separat s.* N 1400* *(Bulletin 1902, S. 209).*

Schuster, E., das Wutachtal vom Feldberg bis zum Rhein m. den Seitentälern u. Höhenwegen. (IV, 144 S. m. Abbildgn. u. 1 Karte.) kl. 8. Bonndorf (903). Spachholz & Ehrath. n. —80; m. Anh. Der neue Weg durch die Wutachschlucht von Bad Boll zur Wutachmühle. (15 S. m. Abbildgn.) n. 1.—

Schuster, Emil. Die Gemeinde Pitesti in Rumänien, s. Für die Feste u. Freunde d. Gustav-Adolfs-Vereins.

Schuster, Emil: Die Räume und Lehrmittel für den Unterricht in der Physik und Chemie im neuen Stadt-Gymnasium. Stettin 1905: Herrcke & Lebeling. (S. 3—14.) 4°
Stettin, StadtG, ehemal. Rats-Lyceum OP 1905 (174)

Schuster, Ernst: Die bürgerliche Rechtspflege in England. Mit einem Vorwort von Dr. Rudolf Gneist. Berlin, Verl. v. Franz Vahlen, 1887; XXXII + 331 S. 8°
München, Jur. Fak., Inaug.-Diss. v. 188.

Schuster, Ernst, die bürgerliche Rechtspflege in England. Vorwort von Rud. Gneist. gr. 8. (XXXII, 331 S.) Berlin 887, Vahlen. *M 7.—.; geb. **

Schuster, Ernst, das Strafrecht Grossbritanniens. [Aus: „Strafgesetzgebg. d. Gegenwart"]. Lex.-8. (V, 83 S.) Berlin 894. O. Liebmann. n. 4.—

Schuster, Eugen, Gerichts-Assessor: Verkehrshypothek und Grundschuld. Breslau 1909: Nischkowsky. X, 163 S. 8°
Breslau, Jur. Diss. v. 4. Aug. 1909, Ref. Meyer-Fischer
[Geb. 5. Juli 79 Breslau; Wohnort: Breslau; Staatsangeh.: Preußen; Vorbildung: Matthias-Gymn. Breslau Reife O. 99; Studium: Breslau 6 S.; Rig. 29 Juli 04.] [U 09. 534

Schuster, F., Anschauungstafel des ersten Zahlenkreises von 1 bis 10, in ganzen, gebrochenen und gemischten Zahlen. Chromolithogr. Imp.-Fol. Mit Text. (8 S. in gr. 8.) Hamburg 859, Seitz.

Schuster, F., 3000 Aufgaben in ganzen, gebrochenen und gemischten Zahlen über den ersten Zahlenkreis von 1 bis 10, zur Anschauungstafel des ersten Zahlenkreises. Für den Schul- und Privatgebrauch. Ebend. 859. 12. (60 S. m. Holzschn.) n. 4 ngr

Schuster, F., architektonische Reiseskizzen aus Italien. 36 Bl. in Autogr. qu. gr. 4. Freiburg i. Br. 881, (Wagner'sche Universitäts-Buchh.) *

Schuster, F., die Verbindung der kaufmännischen Brüche mit der Decimal-Brüche bei Berechnungen nach dem Waaren-Preis-Courant, dem Geld-, Wechsel- und Staatspapier-Course, sowie der Courtage, der Assecuranz-Prämien und des Discontos. Hamburg 856. Nolte u. Köhler. Lex.-8. (2 Bl., 52 S.) n. 12 ngr

Schuster, Fel., bewährte moderne Spezialkonstruktionen u. Materialien im Hochbau. Handbuch f. das württemberg. Baugewerbe. 1. Jahrg. (130 S. m. Abb.) gr. 8. Stuttgart 910. W. Meyer-Ilschen. 2.—

Schuster, Ferd., das Amortisirungsverfahren bei Staatsobligationen u. anderen Urkunden durch die österreichischen Civilgerichte. Für das praktische Bedürfniß dargestellt. Wien 859. F. Manz. gr. 8. (VI, 70 S.) n. 14 ngr

Schuster, Ferd., kurze Anleitung zum Studium der neuesten gesetzlichen Bestimmungen über die Einrichtung und Führung des Grundbuches in den Königr. Ungarn, Kroatien, Slawonien, der serbischen Wojwodschaft und dem Temeser Banate. Wien 857. Manz. gr. 8. (VIII, 148 S.) 27 ngr

Schuster, Dr. Ferd. Darstellung der Konkursordnung für die Königreiche Ungarn, Kroatien, Slavonien, die serb. Woiwodschaft mit dem Temeser Banate und das Großfürstenthum Siebenbürgen vom 18. Juli 1853 von — —. 2te verbesserte und vermehrte Auflage. Wien, 1857. Verlag von Friedrich Manz. (XI. 318 S. 8.)

—— gerichtliche Entscheidungen, erflossen in höherer und höchster Instanz, über Fragen der Auslegung und Anwendung der österreichischen (allgemeinen deutschen) Wechsel-Ordnung vom 25. Jänner 1850 und der im Kaiserth. Oesterreich in Kraft befindl. Bestimmungen über das Verfahren in Wechselsachen. In der Ordnung des Gesetzes zusammengestellt und versehen mit Anmerkungen aus der entsprechenden Literatur. gr. 8. (XVI und 131 S.) Wien 855, Manz.

—— gerichtliche Entscheidungen zum österreichischen (allgemeinen deutschen) Wechselrecht und Wechselproceß. 2., bis zum Beginn des J. 1858 verm. Aufl. gr. 8. (XXIV und 196 S.) Wien 858, F. Manz.

Schuster, Ferd., Ergänzungsheft der Entscheidungen-Sammlung zum Wechselrecht und Wechselproceß. Enthaltend die Jahrgge. 1858 und 1859. gr. 8. (XV und 90 S.) Wien 860, F. Manz. Thlr.

— das Gesetz über das Verfahren außer Streitsachen vom 9. August 1854 sammt den bezüglichen Verordnungen dargestellt. 1 Abth. Enth.: Die allgemeinen Anordnungen und die Verlassenschaftsabhandlung. Ebend. 859. gr. 8. (VI, 258 S.) 1 Thlr 12 ngr

— — 2. Abth. Enth.: Das 3—7. Hauptstück des Gesetzes. Ebend. 859. gr. 8. (2 Bl., 177 S.) 1 Thlr

Schuster, Ferd., Commentar zum Gesetze über das Verfahren außer Streitsachen. Allgemeine Anordnungen. — Verlassenschaftsabhandlung. Mit einem Anhang über die Nachlaßgebühren. 2. neu bearb. Aufl. gr. 8. (XII, 359 S.) Wien 878, Manz'sche Hofbuchh. *

Schuster, Ferd., Commentar zum Gesetze üb. das Verfahren außer Streitsachen. Allgemeine Anordngn. — Verlassenschaftsabhandlung. Mit e. Anh. üb. die Nachlaßgebühren. 3. Aufl. gr. 8. (XV, 480 S.) Wien 886. Manz. n. 7. 20; geb. n. 8. 40

—— die Concursordnung für die Königr. Ungarn, Kroatien, Slavonien, die serb. Wojwodschaft mit dem temeser Banate und das Großfürstenth. Siebenbürgen vom 18. Juli 1853 erläutert und mit Formularien versehen. gr. 8. (IV und 175 S.) Wien 854(55,) Manz.

Schuster, Ferd., die Civil-Jurisdictionsnorm für die Königr. Ungarn, Kroatien und Slawonien, die Wojwodschaft Serbien und das temeser Banat vom 16. Febr. 1853, dann jene für das Großfürstenthum Siebenbürgen vom 3. Juli 1853, erläuternd dargestellt. gr. 8. (VIII und 324 S.) Wien 856, Manz.

Schuster Ferdinand. Die Civil-Prozeßordnung für Ungarn, Kroatien und Slavonien, Serbien und den Temeser Banat vom 16. September 1852, dann für Siebenbürgen . . . vom 3. Mai 1852, erläutert. Lief. 1. (1—96 S.) 8. Wien, Fr. Manz 1853.

Schuster, Ferd. Die Civilprozeßordnungen für die Königreiche Ungarn, Kroatien und Slavonien, die Woiwodschaft Serbien und das Temeser Banat vom 15. September 1852, dann für das Großfürstenthum Siebenbürgen und die damit vereinigten Theile vom 3. Mai 1852. Lieferung 2 und 3. 8. (von 97—288 S.) Wien, Fr. Manz 1853. (Das Werk erscheint in etwa 5-6 Lieferungen à 48 kr. C. M. (455.)

Schuster, Dr. Ferd. Die Civilprozeßordnungen für die Königreiche Ungarn, Kroatien und Slavonien, die Woiwodschaft Serbien und das Temeser Banat vom 16 September 1852 dann für das Großfürstenthum Siebenbürgen und die damit vereinigten Theile vom 3. Mai 1852, praktisch erläutert und mit Formularien versehen von —. 4.—6. Lfg. (S. 289—576). 8. Wien 1853. Verlag von Fr. Manz, Druck von Demselben. (1957).

Schuster, Dr. Ferdinand —. Die Civilprozeß-Ordnungen für die Königreiche Ungarn, Kroatien und Slavonien, die Woiwodschaft Serbien und das Temeser Banat vom 16. September 1852, dann für das Großfürstenthum Siebenbürgen und die damit vereinigten Theile vom 3. Mai 1852, praktisch erläutert und mit Formularien versehen von — —. Lieferung 7—9. (S. 577—864.) 8. Wien. Druck und Verlag von Friedrich Manz. 18⁵³/₅₄. (2720/1853.)

Schuster, Dr. Ferdinand —. Die Civilprozeßordnung für die Königreiche Ungarn, Kroatien und Slavonien, die Woiwodschaft Serbien und das Temeser Banat, vom 16. September 1852; dann für das Großfürstenthum Siebenbürgen und die damit vereinigten Theile vom 3. Mai 1852, praktisch erläutert und mit Formularien versehen von — —. 10te und Schluß-Lieferung. (S. 865—1010 und IV.) 8. Wien. Druck und Verlag von Friedrich Manz. 1854. (1187.)

Schuster, Dr. Ferdinand —. Die Civilprozeß-Ordnungen für die Königreiche Ungarn, Kroatien und Slavonien, die Woiwodschaft, Serbien und das Temeser Banat vom 16. September 1852, dann für das Großfürstenthum Siebenbürgen und die damit vereinigten Theile, vom 3. Mai 1852 erläutert (mit Beifügung von Formularien). Von — —. Zweite verbesserte und vermehrte Auflage. I. Abtheilung. Wien. 1855. Druck und Verlag von Fr. Manz. (VI, S. 1—320. 8.)

Schuster, Dr. Ferdinand —. Die Civilprozeßordnungen für die Königreiche Ungarn, Kroatien und Slavonien, die Woiwodschaft Serbien und das Temeser Banat vom 16. September 1852 erläutert (mit Beifügung von Formularien) von — —. Zweite verbesserte und vermehrte Auflage. II. Abtheilung. Wien. 1855. Druck und Verlag von Fr. Manz. (S. 321—624. 8.)

Schuster, Dr. Ferdinand —. Die Civilprozeßordnungen für die Königreiche Ungarn, Kroatien und Slavonien, die Wojwodschaft Serbien und das Temeser Banat vom 16. September 1852, dann für das Großfürstenthum Siebenbürgen und die damit vereinigten Theile vom 3. Mai 1852, erläutert (mit Beifügung von Formularien) von — —. Zweite verbesserte und vermehrte Auflage. III. Abtheilung. Wien. 1855. Druck und Verlag von Fried. Manz. (S. 625 - 856. 8.)

—— die Civilproceßordnungen für die Königr. Ungarn, Kroatien und Slawonien, die Wojwodschaft Serbien und das temeser Banat vom 16. Septbr. 1852, und für das Großfürstenth. Siebenbürgen und die damit vereinigten Theile vom 3. Mai 1851, erläutert (mit Beifügung von Formularien). 1. Aufl. (IV und 1010 S.) 1854. 5 Thlr. 10 Ngr. und 2., verb. und verm. Aufl. 3 Abthlgn. gr. 8. (VI und 856 S.) Wien 855, Manz.

—— die Civilproceßordnung für die Königr. Ungarn, Kroatien und Slawonien, die Wojwodschaft Serbien und das temeser Banat, dann jene für das Großfürstenth. Siebenbürgen und die damit vereinigten Theile erläutert. 3., auch mit Rücksicht auf die übrigen Kronländer gänzlich neu bearb. Aufl. 4 Lfgn. gr. 8. (VI und 1001 S.) Wien 859, F. Manz. à Lfg. 1 Thlr. 10 Ngr.

Schuster, Fr. Aug., Volksmährchen der Schlesier. 16. Bresl. 801. Holäufer. 12 gr.

Schuster, Fr. Wilh., Gedichte. Schäßburg 858. Habersang. 16. (XII, 212 S.) n. 20 ngr.

Schuster, Franc. (geb. Gebhardshain im Rheinl. 14. 11. 1812): De doloribus rheumaticis veris ac spuriis. Berolini (1840). (34 S.) 8°

Berlin, Med. Diss. v. 18. Sept. 1840

Schuster, Franz: Die Handelskammer für den Kreis Freiburg im Breisgau. 1880—1905. Festschr. zur Feier des 25jähr. Bestehens. Im Auftr. der Handelskammer verf. [Mit Abb.] Freiburg i. Br. 1905: Poppen. 87 S. 8°

Schuster, Franciscus Pancratius (*geb. Mähr.-Trübau 25. 10. 1789*): Diabetis melliti specimen, adjecta epicrisi. Vratislaviae (1820). (28 S.) 8°

Breslau, Med. Diss. v. 24. Nov. 1820

Schuster, Franz Xaver [cand. med. aus Münchn[!]]: Beitrag zur Casuistik der Hirntumoren. '(Sarcom d. vorderen Schädelgrube m. Beteiligg d. Hypophysis u. Usur d. Keilbeins.)' ... München, Buchdr. Kastner & Lossen, 1896; 29 S. 8.

München, Med. Fak., Inaug.-Diss. v. 1897

Schuster, Frz. Xav., Geschichte des Frauenklosters „hl. Kreuz“ in Mindelheim. 8. (VIII, 48 S. m. 1 Bildnis.) Kempten 901. (J. Kösel.) n.n. — 50

— Bischof Dr. Petrus v. Hötzl. Ein Sohn des hl. Franziskus auf dem Stuhle des hl. Ulrich. Nekrolog. gr. 8. (27 S. m. 1 Bildnis.) Augsburg 902. Kranzfelder. n. — 25

Franz Xaver Schuster, Schwabens Imkeralbum. Geschichtliches und Biographisches aus dem Betriebe der Bienenzucht im Reg.-Bez. Schwaben und Neuburg. Immelstetten 1891

— das Institut der englischen Fräulein in Mindelheim. (1701—1901.) Festschrift zum 200jähr. Jubiläum seines Bestehens. gr. 8. (VIII, 40 S. m. Abbildgn. u. 1 Taf.) Kempten 901. (J. Kösel.) n.n. 1 —

Schuster, Franz X(aver): Studien zu Prudentius. Freising 1909: Datterer. 94 S. 8°

Würzburg, Phil. Diss. v. 29. Dez. 1909, Ref. Stählin

[Geb. 5. Nov. 83 Langenisarhofen; Wohnort: München; Staatsangeh.: Bayern; Vorbildung: Gymn. Passau Reife Juli 03; Studium: München 8 S.; Rig. 14. Juli 09.] [U 10. 4401

Schuster, Friedrich, s.a. Schuster, Friedrich Wilhelm

SCHUSTER, Friedrich (Steinwiesen): De schore larvato.- Monachii: Jaquet 1834. 19 S. 26.4.1834 - Urk; F 61

Diss. Ingolst.-Landsh.-Mchn.

Schuster, Frdr., Lehrbuch der ungarischen Geschichte, nach Ludw. Mangolds „Geschichte der Ungarn f. die 3. u. 4. Klasse der Mittelschulen“ zum Gebrauche in den Unterklassen deutschsprach. Mittelschulen bearb. (VIII, 175 S.) 8. Nagyszeben (Hermannstadt) 909. W. Krafft. Geb. 2. 20

Fridericus Schuster. Theses logicae, quas publicae disputationi expositas praeside Friderico Schuster aa. ll. et philosophiae magistro eiusdemque in principali Athenaeo Marchio-Badensi professore publico et ordinario propugnabunt ornati et eruditi: I. Franciscus Michaelis Pfeiffer, Rastadianus, II. Joannes Adamus Schababerle, Badensis, III. Joannes Antonius Creul, Badensis, IV. Joannes Zeter, Badensis.

Badenae in aula principalis Athenaei die 2. Septembris 1746. Horis ante et post meridiem consuetis.

Litteris Rastadiensibus Car. Ant. Schell, typ. Aul. 4°. 10 S. Rastatt, P 1746

Schuster, Frdr. Wilh., Alboin u. Rosimund. Trauerspiel in 5 Aufzügen. 2. Aufl. 8. (IV, 130 S.) Wien 884. Gracser. n. 2. —; cart. n. 2. 40; geb. n. 2. 80

Schuster, Friedrich: Ungarns Beziehungen zu Deutschland von 1056—1108. 4 (35 S.).
Progr. Ev. G. A. B. u. verb. Rsch. *Hermannstadt* 1899.

Schuster, Frdr. Wilh., Gedichte. 2., verm. Aufl. 8. (X, 276 S.) Hermannstadt 896. W. Krafft. n. 3. 60; geb. in Halbleinw. n.n. 4. 40; in Leinw. m. Goldschn. n.n. 5. 40

Schuster, Friedr. Wilh., siebenbürgisch-sächsische Volkslieder, Sprichwörter, Räthsel, Zauberformeln, und Kinder-Dichtungen. Mit Anmerkungen und Abhandlungen hrsg. gr. 8. (XXIV und 556 S.) Hermannstadt 865, Steinhaussen's Buchh. *

Schuster, F. Wilh., Woden, ein beitrag zur deutschen mythologie. Hermannstadt 1856. 4.
Progr. d. ev. Untergymn. Muhlbach. (D.

Schuster, Fritz [aus Kirchberg a. J.]: Aus d. chem. Institut d. Univ. Breslau. Ueber einige Derivate des αα'-Dimethyl-Pyridin ... Breslau, Druck v. G. Hoyer & C., 1892; 51 S., 1 Bl. 8.
Breslau, Phil. Fak., Inaug.-Diss. v. 30. Aug. 1892

Schuster, Fritz, üb. einige Derivate v. αα'-Dimethyl-Pyridin. Diss. gr. 8. (54 S.) Breslau 892. (L. Köhler.) n. 1. —

Schuster, G., Anleitung z. Erkennen d. Hagelschadens. Zum Gebrauch f. Landwirte u. Taxatoren bearb. gr. 8. (56 S.) Berlin 897. P. Parey. n. 1. 20

Schuster, G. Die Entdeckung Amerikas u. ihre Folgen. gr. 8. (III, 195 S.) Basel 892, Schweiz. Verlags-Druckerei. 2 50

Schuster, G., aus d. Kinderjahren uns. Heldenkaisers. gr. 8. (VIII, 120 S. m. Abb.) Köpschenbroda 898. E. A. Trapp. n. 1. 50; kart. n. 1. 80; in Bibliotheksbd. 2. —

Schuster, G., de liquore pericardii. Chemn. 1741. 4.

Schuster, G., der Niedergang des Sortiments. Ernste Betrachtgn. e. alten Sortimenters. (35 S.) 8. Leipzig (907). G. Uhl. nnn — 75

Schuster, G.: Über das Verhältnis der Schule zur Kirche und den übrigen bei der Jugenderzeihung betheiligten Potenzen. 16 S. - Mediasch, Progr. 1853.

Schuster, G. A., keine schlechte Handschrift mehr! Selbstunterricht im Schön- u. Schnellschreiben. Ein prakt. Hilfsbuch f. Jeden, der e. guten Erfolg m. seiner Handschrift in wenig Stunden sicher erreichen will! 2 Schreibtaf. gr. 8. (7 S. Text.) Lissa 902. F. Ebbecke. — 50

— u. O. Eulitz, **keine schlechte Handschrift mehr.** Selbstunterricht im Schön- u. Schnellschreiben. Ein prakt. Hilfsbuch f. jeden, der e. guten Erfolg m. seiner Handschrift in wenig Stunden sicher erreichen will! 2 Schreibtaf. Neue, (Umschlag: 3.) verb. Aufl. 11 bis 15000. (9 S. Text) 8. Lissa 904. O. Eulitz. n. — 50

Schuster, G. A., s. a.: Strehlendorff, Hans.

Schuster, Gabriel, appr. Arzt: Statistische Studie zur Carcinomfrage. Bamberg (1909): Handels-Dr. 75 S. 8°
Erlangen, Med. Diss. v. 28. Jan. 1909, Ref. Hauser
[Geb. 16. Sept. 75 Hamberg; Wohnort: Bamberg; Staatsangeh.: Bayern; Vorbildung: Luitpold-Gymn. München Reife 96; Studium: Jura München 8, Erlangen 2, Med. Berlin 2, Kiel 2, Leipzig 1, Erlangen 5 S.; Coll. 18. Dez. 08; Approb. 1. Aug. 06.] [U 09. 788

Schuster, Gabr., statistische Studie zur Carcinomfrage. (73 S.) 8. Bamberg (909). Handels-Druckerei u. Verlagsh. 2. —

Schuster, Geo., s.: Delbrück, Frdr., zur Jugend- u. Erziehungs-Geschichte des Königs Friedrich Wilhelm IV. v. Preussen.

Schuster, Georg (Memmingen) A. S. 807/35
Exercitium juridicum de refutatione feudi, Von Abtretung der Lehn. Präs. Johann Otto Tabor. Rec. Strassburg 1719. 24 Bl.

Diss. 25. VI. 1653. 31932

— s.: Friedrich III., Kaiser u. König, Briefe, Reden u. Erlasse.

— Genealogie des Gesamthauses Hohenzollern, s.: Grossmann, J.

Schuster, Geo., die geheimen Gesellschaften, Verbindungen u. Orden. (In 12 Lfgn.) 1. u. 2. Lfg. gr. 8. (S. 1—400.) Leipzig 902. Th. Leibing. à n. 1. —

— die geheimen Gesellschaften, Verbindungen u. Orden. 3.—15. (Schluss-)Lfg. (1. Bd. X, S. 161—558 u. 2. Bd. VI, 584 S.) 8. Leipzig 902—906. Th. Leibing. n. 12.70; (vollst., erhöh. Preis: n. 16. —; geb. in Leinw. n. 18. —

Die geheimen Gesellschaften, Verbindungen und Orden. Von Georg **Schuster.** Bd 1. 2. Leipzig: Leibing 1906. 8°
1. X, 558 S.; 2. VI, 584 S.
Aus: OF. 14 (1890) S. 165—166, 174—176, 182 bis 188, 191—193; 15 (1891) S. 5—6, 23—25, 30—32, 48—49, 57—59, 72—73, 93—95, 107 bis 109, 116—117, 131—132, 148—150, 155 bis 156, 165—166, 171—172, 179—181, 187—188; 16 (1892) S. 5, 28—29, 38—39, 46—47, 54, 62 bis 64, 71—73, 82—83, 90, 98—99, 105—106, 113, 130—131, 145—147, 155—156, 163—164, 171—172, 177—179, 186; 17 (1893) S. 5—6, 11—13, 28, 39—40, 66—67, 72—74, 116—117, 134—135, 157—158; 18 (1894) S. 203—204, 210 bis 212; 19 (1895) S. 32—34.
Recens f. Bd 1: Bh. 45 (1901) S. 383; FZ. 56 (1902) S. 175; H. 14 (1903) Nr 4, 26; MCG. 13 (1904) S. 98—100 (G. A.); f. Bd 2: H. 14 (1903) Nr 32, 47.
cf. Führer. 31 (1903—1904) No 18; Brh. 2 (1905) S. 141 (W. Kunis); L. 29 (1906) S. 112 (P. Fischer).

— s.: Jahresberichte der Geschichtswissenschaft.

— u. Frdr. Wagner, die Jugend u. Erziehung der Kurfürsten von Brandenburg u. Könige v. Preussen, s. a. Monumenta Germaniae paedagogica. 34. Bd.

Die Jugend und Erziehung der Kurfürsten von Brandenburg und Könige von Preußen. Von Dr. Georg **Schuster**, Kgl. Hausarchivar, u. Prof. Dr. Friedrich Wagner. Bd 1. Berlin: A. Hofmann & Co. 1906. 8°
— **Monumenta** Germaniae Paedagogica. Bd 34. [06. 6339

Schuster, Georg (Hrsg.), s. Jugendgeschichte. – Zur Jugend- u. Erziehungsgesch. d. Königs Friedrich Wilhelm IV. v. Preußen u. d. Kaisers ... Wilhelm I.

— zur Jugend- u. Erziehungs-Geschichte des Königs Friedrich Wilhelm IV. usw., s.: Delbrück, Frdr.

Schuster, Georg [aus Beeskow]: Der Conflict zwischen Sigmund und den Kurfürsten und die Haltung der Städte dazu. (1424—1426) ... Berlin, Druck v. Gebr. Grunert, 1885; 32 S. 8°
Jena, Phil. Fak., Inaug.-Diss. v. 1885.

Schuster, Georg, der Conflict zwischen Sigmund und den Kurfürsten und die Haltung der Städte dazu. (1424 bis 1426.) Diss. Jena 1886, G. Neuenhahn. 8°. 92 S.

Schuster, Georg Friedr. Herm. (geb. Berlin 9. 7. 1845): Ueber die Lungenschwindsucht. Berlin (1868). (32 S.) 8°
Berlin, Med. Diss. v. 4. März 1868

Schuster, Geo. Henri, Correspondance militaire, ou recueil de modèles, pièces et actes authentiques relatifs au service militaire, contenant: Rapports, petitions, ordres du jour, dispositions de tactique, plans d'opérations, instructions, ordonnances, notes, communications par écrit avec l'ennemi, traités de guerre, etc. Avec un Vocabulaire militaire français-allemand. breit gr. 16. (Mit 2 Tab.) Vienne 842, Rohrmann. $1^2/_3$ ₰

—— Lehr- u. Handbuch der militairischen Stylistik, umfassend den militairisch. Brief-, Geschäfts- u. Lehrstyl, die kriegsgesch. Schreibart u. die militair. Beredtsamkeit. 2., verb. u. verm. Aufl. gr. 8. (21 B. u. 3 Tab.) Wien 846, Volke's Buchh.

Schuster, Geo. Heinr., Lehr- u. Handbuch der militärischen Stylistik, umfassend den militär. Brief-, Geschäfts- u. Lehrstyl, die kriegsgeschichtl. Schreibart u. die militär. Beredsamkeit. 3. vom Verf. verb. u. durch wesentl. Zusätze verm. Aufl. gr. 8. (XIV u. 382 S.) Wien 851, Volke's Sohn. (Leipzig, Kummer.) n. $1^1/_2$ ₰ — 4. Aufl., nach der 3. vom Verf. verb. u. durch wesentl. Zusätze verm. Aufl. abgedr. gr. 8. (VIII u. 384 S.) Wien 851, Manz. $1^1/_3$ ₰

Schuster, Geo. Heinr., Lehr- und Handbuch der militärischen Stylistik, umfassend den militär. Brief-, Geschäfts- und Lehrstyl, die kriegsgeschichtl. Schreibart und die militär. Beredsamkeit. 3. Aufl. (XIV und 382 S.) 1851. * 1 Thlr. 15 Ngr. und 4. Aufl., nach der 3., vom Verf. verb. und durch wesentl. Zusätze verm. Aufl. abgedr. gr. 8. (VIII und 384 S.) Wien 852, Manz.

Schuster, G. Heinrich —. Lehr- und Handbuch der militärischen Stylistik, umfassend den militarischen Brief-, Geschäfts- und Lehrstyl, die kriegsgeschichtliche Schreibart und die militärische Beredsamkeit. 5. vermehrte Auflage. 8. (384 S.) Wien. Verlag und Druck von Friedrich Manz 1854.

Schuster, Geo. Heinr., Lehr- und Handbuch der militärischen Stylistik umfassend den militärischen Brief-, Geschäfts- und Lehrstyl, die kriegsgeschichtliche Schreibart und die militärische Beredsamkeit. 6—8., mit Rucksicht auf das „Organisirungs-Statut für die k. k. Armee" verb. und verm. Aufl. gr. 8. (XII und 368 S.) Wien 858—61, F. Manz.

Schuster, Geo. Heinr., Lehr- und Handbuch der militärischen Stylistik umfassend den militärischen Brief-, Geschäfts- und Lehrstyl, die kriegsgeschichtliche Schreibart und die militärische Beredsamkeit. 7. Aufl. 859. — 8., verb. u. verm. Aufl. Wien 862. Braumüller. gr. 8. (X, 360 S.)
n. 1 ₰ 10 ngr.

Schuster, Georg Heinr., Lehrbuch des sämmtl. Militär-Styls, umfassend den militär. Brief-, Geschäfts- und Lehr-Styl, die kriegsgeschichtl. Schreibart u. die militär. Beredsamkeit. Mit 1 lithogr. Ordre de bataille. (Mit 7 Tabellen.) 8. Wien 839, Volke's Buchh. n. 2 ₰

Schuster, Ghrd., († ...) christl. Haus- u. Schullehrer, welcher alle Evangelien an Sonn-, Fest- u. Aposteltagen, wie auch Advents-, Fasten-, Buß- u. Passionstexte in erbaul. Predigten abhandelt rc. 4. Leipz. ... Neue Ausg. 764. Schönemark.

– andächtiger Jesusseufzer z. e. Gebetbüchlein. 32. Leipz., (W. Nauck). 14 Kr

– erbaul. Sendschreiben, worin 130 bibl. u. andere Fragen beantwortet u. erläut. werden rc. 8. Chemnitz 761. Stößel. 1 ₰

Schuster, Gottfried

— Einiges über das Erdkübel-System. Als Ergänzung meiner Broschüre: „Die patentirten (trockenen) Erd-Closets". In-8°, 11 S. 1885
*** Separatabdruck aus der „Züricher Post".

Schuster, Gottfr. Die patentirten (trockenen) Erd-Closets. In-8°, 16 S. Zürich, Verlagsmagazin. 1885 — 30

Schuster, Gfr., die patentirten [trockenen] Erdclosets. 2. verm. Ausg. gr. 8. (82 S. mit Abbild.) Zürich 886, Schmidt. *

Schuster, Gfr., das Erd-Closet-System, seine gesundheitl., landwirthschaftl. u. volkswirthschaftl. Vortheile. 3., verm. Aufl. gr. 8. (IV, 68 S. m. Abbildgn.) Aarau 892. J. J. Christen, Verl. n. 1. 60

Schuster, G., die Heilmittel der Natur oder guter Rath f. Gesunde u. Kranke. Ein Beitrag zum Verständniß der Naturheilkunde, des Vegetarianismus u. der sozialen Frage, allgemein verständlich bearb. 3., verm. Aufl. 8. (344 S.) Bern 889. Schweizer. Verlags-Anstalt. 2. 50

Schuster, Gfr., das Impf-Dogma. Ansteckung u. Pocken-behandlg. Dem Volk u. seinen gesetzgeb. Behörden gewidmet. gr. 8. (76 S.) St Gallen 876. Altwegg-Weber. — 90

Schuster, Gfrd., Impfen, Impfzwang, Ansteckung und Pockenbehandlung. 2. Aufl. gr. 8. Zürich 875. (St. Gallen, Altwegg-Weber.)

-- die Natur heilt! Oder guter Rath für Gesunde und Kranke. Ein Beitrag zum Verständniß der Naturheilkunde, d. Vegetarianismus u. der socialen Frage allgemein verständlich bearb. 8. (VII, 240 S.) Ebend 873. 2. —

— dasselbe. 2. Aufl. gr. 8. (X, 344 S.) Ebend. 875. 3. —

Schuster, G., Die Natur heilt! Guter Rath für Gesunde und Kranke. Ein Beitrag zum Verständniss der Naturheilkunde des Vegetarianismus und der sozialen Frage. 2. vermehrte Aufl. St. Galln, Altwegg-Weber. 1876 3. 50

Der gelehrte Zweifler in der Liebe wurde bey der Verlobung ihres geehrten Mitgliedes des Hochedelgebornen und Hochbenamten Herrn, Johann Ludwig Köppen, ... mit der Hochedelgebornen ... Jungfrauen Regina Elisabeth Wernerin, in der Königlichen deutschen Gesellschaft erwogen von GOTTFRIED SCHUSTERUS ... 1750. den 10. Febr. Königsberg, gedruckt in der Königlichen Preussischen Hof-Buchdruckerey. fol.

Schuster, Gotth. Chr., Gründonnerstags-Andachten rc. mit K. 8. Leipz. Hilscher. (Compt. f. Lit.) 73a.

Schuster, Ghf., geistl. Haus- u. Schullehrer üb. d. Evangelien. 4. Leipz. Schönermark. 764.

-- — Jesusseufzer, ein Gebetbüchlein. 32. Lpz. Sommer.
in 18.
in 12.

— — erbaul. Sendschreiben von 130 biblischen Fragen beantwortet rc. 8. Chemnitz, Stößel. 761.

(Schuster, Gottlieb.) Zur Erinnerung an Gerold Bindschedler-Billeter im Seegarten-Mannedorf, geboren ... 1830, gestorben 19. Nov. 1880. beerdigt 22. Nov. 1880 in Mannedorf. (Leichenrede mit Personalien.) 8. (Stafa.)

Schuster, Glieb., eine gegenseitige Fürbitte f. Christengemeinden u. ihre Vorsteher, s.: Synodalpredigten.

Schuster, Gottlieb. Von einer Nordsee-Insel: Langeoog. Eindrücke eines Schweizerpfarrers, heimgebracht von G' Sch'.... [Illustriert.] II + 36 S. 8. Zürich, Zürcher & Furrer, 1906. [fr. —. 50]

Schuster, Gottlieb. Wie aus einem ungeschulten Büblein ein berühmter Schulmeister wurde. Aus dem Leben des Kaspar Fierz von Mannedorf. † 1814, erzählt von Gottl. Sch'.... SA. 8. Zürich 1886.

Schuster, Gottwald

— gründl. und prakt. Abhandl. v. Wolkensteiner Bade. 8. Chemnitz, Stößel. (Sommer in Leipzig.) 747.

Schuster, Gttwld., († d. 25. Dec. 1785.) Anweis. zur alten u. neuen prakt. Chirurgie, mit Observationen u. Casibus. gr. 8. Chemnitz 765. (W. Rauck in Leipz.) 1 ℛ

Schuster, Gottwald, Anweis. z. alt. und praktischen Chirurgie. gr. 8. Chemnitz, Stößel. (Sommer in Leipzig.) 765.

— commentatio, qua mechanismus venaesectionis stabilitus et ruinosus cum casu et problemate exhibetur. 4. Chemnitz 752. Ed. aucta ... Mauke. 2 gr

— commentationes difficiliora et notatu digna quaedam themata tam ad medicinam quam jurisprudentiam pertinentia complexae. 4. Chemnitz, Stössel. 741.

— systemat. Haus- u. Reise-Apotheke, auf alle Nothfälle der Krankheiten eingerichtet. 4e A. 4. Chemnitz 762. 5e A. 778. Mauke. 1 gr (Die 1e Aufl. erschien 1728.)

— hydrocardiologia s. dissertatio medico-theologico-legalis de liquore pericardii. 4. ibid. 740.

— hydrologia mineralis medica, od. v. mineral. kalten Wassern. 8. Ebend. 746.

— medicin. Journal, üb. Materien der Arzneiwissenschaft. 5 Thle. 8. Chemnitz 767—70. Stößel. 1 ℛ 4 gr

— medicin.-chem. Lexicon. 8. Chemnitz 756. Stößel. 18 gr

— Methode die Krankheiten des menschlichen Leibes zu heilen. 2 Thle. 4. Chemnitz, Stößel. (Mauke.) 749.

— observatio de chemosi, summo inflammationis oculi gradu. 4. Leipz. 754.

Schuster, Gottw., Obs. therapeuticae, in quibus singulariter hypochondriorum et primarum viarum respectus habetur, calidiorum guttularum abusus evitatur, et curationes tranquilla methodo absolvuntur. 131 pp. Lps. 4°.
1755

— observationes therapeuticae. 4. Leipz. 755. Langenheim. 4 gr

— paraenesis ad medicos juniores de excitando observandi studio in medicina. 4. Chemnitz 759.

Schuster, Gottwald, Der im Felde und auf der Reise geschwind heilende Pferdearzt. 8 vo. (II.) Berlin 767.

— s. Sabini Secundi, Todesfälle, u. dessen Versuch.

— Schola salernitana, oder salernitan. Schule d. Gesundh. zu erhalten, in deutschen Versen. 8. Chem. Stößel. (Mauke) 750.

— vermischte medicin. Schriften. 5 Thle. 8. Chemnitz 772—78. (W. Rauck in Leipz.) 20 gr

— vermischte medicinische Schriften. 5 Thle. 8. Chemnitz, Stößel. (Sommer in Leipz.) 772—78.

Schuster (Gottwald). Thermologia Wolckensteinensis oder gründliche und praktische Abhandlung vom Wolkensteiner Bade nach seinem Ursprung, natürlichen Ursachen, Elementen, Gebrauch und Missbrauch. Chemnitz 1747. 8.

Schuster, Gottw., Erwiesene Unmöglichkeit der vor möglich gehaltenen sogenannten harmonia praestabilita od. vorher bestimmten Uebereinstimmung zwischen dem Leibe u. der Seele des Menschen. Lpz. 4°.
1724

Schuster, Gust., Abälard und Heloise. Ein kirchenhistorischer Versuch. Hamburg 860. O. Meißner. gr. 8. (V, 66 S.) 10 ngr

Schuster, Gust., s.: Halali.

Schuster, Gust., Girolamo Savonarola. Arnold von Brescia. Zwei kirchenhistor. Vorträge, gehalten im Verein für populärwissenschaftl. Unterhaltungen zu Colmar. 8. (93 S.) Hamburg 878, O. Meissner.

Schuster, Gust., lateinische Syntax nach den Grundsätzen Göttlings für obere und mittlere Klassen von Gymnasien u. Realschulen ausgearbeitet. Jena 854. Mauke. gr. 8. (VIII, 92 S.) 7½ ngr

—— Tabellen zur Weltgeschichte in mehreren durch den Druck geschiedenen Cursen ausgearb. 2—5. Aufl. 8. (IV und 79 S.) Hamburg 857—61, O. Meißner. 5 Ngr.; geb.

Schuster, Gust., Tabellen zur Weltgeschichte in mehreren durch den Druck geschiedenen Cursen ausgearbeitet. 6.—8. (Ster.-) Aufl. 8 (96 S.) Hamburg 863—67, O. Meißner. * 5 Ngr.; cart.

Schuster, Gust., Tabellen zur Weltgeschichte in mehreren durch den Druck geschiedenen Cursen ausgearb. 9.—13. Aufl. 8. (88 S. mit 10 Tab.) Hamburg 867—70, O. Meißner. *
—— dass. — nebst einem Abriß der preuß. Geschichte, mehreren Regententabellen und Stammtafeln. 14.—17. Aufl. 8. (118 S.) Ebendas. 871—74. *

—— Tabellen zur Weltgeschichte in mehreren durch den Druck geschiedenen Cursen, nebst einem Abriß der preuß. Geschichte, mehreren Regententabellen und Stammtafeln. 18. und 19. Aufl. 8. (118 S.) Ebendas. 876,77. *
—— dass. — 20. Aufl. 8. (IV, 123 S.) Ebendas. 878. *
geb. *

Schuster, Gust., Tabellen zur Weltgeschichte in mehreren durch den Druck geschiedenen Kursen, nebst einem Abriß der preuß. Geschichte, mehreren Regententabellen und Stammtafeln. 21. Aufl. 8. (IV, 123 S.) Hamburg 880, O. Meißner.

—— dass. — [Nach dessen Tode besorgt von Kromayer.] 22. Aufl. 8. (IV, 124 S.) Ebendas. 882.

Schuster, Gust., Tabellen zur Weltgeschichte in mehreren durch den Druck geschiedenen Kursen nebst einem Abriß der preußischen Geschichte, mehreren Regententabellen und Stammtafeln. (Besorgt von Kromayer.) 23. und 24. Aufl. 8. (IV, 124 S.) Hamburg 884,86, O. Meißner. *

Schuster, Gust., Tabellen zur Weltgeschichte in mehreren durch den Druck geschiedenen Kursen, nebst e. Abriß der preuß. Geschichte, mehreren Regententab. u. Stammtaf. [Nach Sch.'s Tode besorgt v. Kromayer.] 26. Aufl. 8. (IV, 124 S.) Hamburg 891. O. Meißner's Verl. n. — 80; geb. n. 1. 20

Schuster, Gust., Tabellon zur Woltgoschichto, nobst o. Abriss d. prouss. Goschichto, Rogontoutabollou u. Stammtafeln. Neu bearb. v. Kromayer. 26. Aufl. 8. (IV, 118 S.) Hamburg 895. O. Moissnor's Vorl. n. — 80; gob. n. 1. —

Schuster, Oust., Tabellen zur Weltgeschichte, nobst o. Abriss der preuss. Goschichte, Regententabellen u. Stammtafeln. Neu bearb. v. Kromayor. 27. Aufl. (VII, 118 S.) 8. Hamburg 906. O. Meissner's Vorl. n. — 80; gob. n. 1. 20

—— hundert Zahlen aus der Weltgeschichte. 1—3. Aufl. 8. (16 S.) Hamburg 857—60, O. Meißner.

—— 100 Zahlen aus der Weltgeschichte. 4. Aufl. 1863. und 5. Aufl. 8. (16 S.) Hamburg 867, O. Meißner.

—— hundert Zahlen aus der Weltgeschichte. 8. Aufl. 8. Ebendas. 873.

—— 100 Zahlen aus der Weltgeschichte. 9.—12. Aufl. 8. (16 S.) Ebendas. 875—79. *

– 100 Zahlen aus der Weltgeschichte. 14. Aufl. 8. (16 S.) Ebend. 882. n. — 20

—— hundert Zahlen aus der Weltgeschichte. 15. und 16. Aufl. 8. (16 S.) Ebendas. 886. *

— hundert Zahlen aus der Weltgeschichte. (Ausg. f. hamburg. Schulen.) 8. (12 S.) Ebd. 892. n. — 20

— 100 Zahlen aus der Weltgeschichte. 18. Aufl. 12. (16 S.) Ebd. 893. n. — 20

Schuster, Gust., 100 Zahlen aus der Weltgeschichte. 20. Aufl. 12. (16 S.) Hamburg 900. O. Meißner's Verl. n. — 20

— 100 Zahlen aus der Weltgeschichte. 21. Aufl. (16 S.) 8. Ebd. 905. n. — 20

Schuster, Gust. Friedr. Alb., Lehrbuch der Poetik für höhere Lehranstalten. gr. 8. (XII, 83 S.) Clausthal 874, Grosse. *

—— Regeln und Wörterverzeichnis für deutsche Rechtschreibung. Gedruckt auf Veranstaltung des königl. Ober-Schulcollegiums zu Hannover. 2. Aufl. gr. 8. (IV, 60 S.) Ebendas. 872 *

Schuster, H. (Mitarb.), s. Jesus.

Schuster, H., Skizze zum Vollendungsbau des Münstors in Strassburg, nobst Erläuterungen, nach dessen Tode hrsg. von P. Bartholdy. Mit 2 Lichtdr. v. J. Krämer in Kehl. Fol. (10 S.) Strassburg 880. Schultz & Co. n. 3. —

Schuster, H. u. F., systemat. Schreibschule. 1 u. 2 Hft. qu. kl. Fol. 21 Bl. Nebst d. Beilage: Ideen üb. Kalligraphie. 2 Bl. in gr. 8. Hamb. 827—29. Pt. Hoffmann. 1 ⅛ 12 gr

Schuster, H. G., capitaine en second etc. Correspondance militaire, ou recueil de modèles, pièces et actes authentiques relatifs au service militaire, contenant: rapports, petitions, ordres du jour etc. avec un vocabulaire militaire français-allemand. 8. Vienne 1842.

Schuster, Hans, Medizinalpraktikant a. Erlangen: Aus d. Universitätsfrauenklinik zu München. Zwei Fälle von Atresia uteri intra partum. München 1907: C. Wolf & Sohn. (28 S.) 8°
München, Med. Fak., Ref. Döderlein, Diss. v. 11. April 1908
[Geb. 31. Jan. 81 Erlangen; Wohnort: München; Staatsangeh.: Bayern; Vorbildung: Gymn. Karlsruhe Reife Juli 01; Studium: Erlangen 5, München 5 S.; Coll. 11. April 08; Approb. 31. März 08.]

Schuster, Hans, aus Markneukirchen: Johann Gottfried Hoffmann als Nationalökonom. Berlin 1908. 60 S. 8°. [21. II. 08.]
Bern. Phil. Diss. 1907/08.

Schuster, Hans. Johann Gottfried Hoffmann (1765—1847) als Nationalökonom. Diss. Phil. Bern. 60 S. 8. Berlin, Hermann Walther, 1908.

Schuster, Hans Friedrich, appr. Arzt, Assistenzarzt b. Fuß-Art.-Reg. Nr. 8: Die Gastrostomie und ihre Resultate. Berlin 1910: G. Schade. 31 S. 8°
Berlin, Med. Diss. v. 5. Juli 1910, Ref. Hildebrand
[Geb. 19. April 82 Brandenburg a. H.; Wohnort: Metz; Staatsangeh.: Preußen; Vorbildung: Kaiserin-Augusta-Gymn. Charlottenburg Reife O. 03; Studium: Berlin K. W. A. 10 S.; Coll. 5. Juli 10; Approb. 27. Juni 09.] [U 10.95

Schuster, Heinr., Martin Alzner. Erzählung aus dem sächs. Bauernleben. (303 S.) 8. Hermannstadt 905. (F. Michaelis.) n. 2. 40

Schuster, Heinr., Julius Epstein. Ein tonkünstler. Charakterbild zu seinem 70. Geburtsfeste, dargestellt v. seinem ehemal. Schüler. gr. 8. (23 S. m. 1 Bildnis.) Wien 902. J. Karolus. n. 1. —

Schuster, Heinrich Geschichte des Sächsisch-Regener Gymnasiums 4 (S. 3—41)
Vierklass. ev. G. A. B. u damit verbund Lehranstalten *Sächsisch-Regen* 1895.
Progr.

Schuster, Heinrich Das Sächsisch-Regener Gymnasium. Eine kulturhistorische Studie. 4 (S. 3—27).
Progr. Ev G A B u verb Lehranstalt *Sächsisch-Regen* 1890.

Schuster, Heinrich: Katalog der Bibliothek des evang. Gymnasiums A. B. in Szászrégen (Sächsisch-Reen). 71 S. 8.
Vierklassig. ev. Gymn. A. B. u. verb. Lehranstalten *Szászrégen* (*Sächsisch-Reen*) 1903.
Progr.

Schuster, Dr. Heinrich, Die deutsche Rechtsgeschichte als Einleitung in die Rechtswissenschaft. Eine akademische Antrittsrede, gehalten am 16. October 1889. 8. (23 S.) Wien: Manz 1890. —,30

Schuster, Heinr., Rechtsleben, Verfassung u. Verwaltung. Fol. (VI, 148 S.) Wien 900. (A. Holzhausen.) n.n. 41. —
Sonderabdruck aus: „Geschichte der Stadt Wien".

Schuster, H., Rechtsleben, Verfassung und Verwaltung. Separatabdruck aus Bd. II der „Geschichte der Stadt Wien". Hrsg. vom Alterthumsvereine zu Wien. Fol. (148 S.) K 38.-
Wien: Holzhausen 1902.

— Heinrich Siegel. Eine Gedenkrede, geh. am 29. XI. 1899 in der „Jurist. Gesellschaft" zu Wien. gr. 8. (26 S.) Wien 899. Manz. n. — 60
Sonderabdruck aus: „Allg. österr. Gerichts-Zeitung".

Schuster, Heinr. Adph., Anweisung zum wohlfeilsten und gründlichen Baum- und Stockroden. Beschreibung der älteren und neueren wichtigeren Rodemaschinen und deren Anwendung. Ein von der K. K. Land- und Forstwirthsgesellschaft in Wien preisgekrönter, neuerdings verbesserter Nachweis, nützlich für Grundbesitzer, Forstwirthe u. überhaupt für diejenigen, die vom wohlfeilsten u. dabei gründlichen Baum- und Stockroden Nutzen ziehen wollen. Mit 51 (eingedr.) Holzschn. Leipzig 859. Arnold. gr. 8. (X, 116 S.) n. 20 ngr.

Schuster, Heinr. Adph., die Hauptlehren der rationellen Forstwissenschaft begründet mittelst der logarithmischen Linie und Reinertragskurve. Für Forstwirthe, Grundbesitzer, angehende Mathematiker ꝛc. als Suppl. zu den Preßler'schen Werken, zu den meisten Werken über Waldwerthberechnung und den meisten logarithm. Tafeln. In zwanglosen Heften. 1. Bd. A. u. d. T.: Die Hauptgesetze der Differenzial- und Integralrechnung, sowie der Logarithmen und der logarithm. Linie. Für angeh. Mathematiker, Forstwirthe, Grundbesitzer ꝛc. 2 Hefte. gr. 8. Dresden, Türk's Verlag. [1. Heft. (VII, S. 1—51 mit eingedr. Holzschn.) 869. ℳ 1.; 2. Heft. (V, S. 52—119.) 870. ℳ 1.20.]

Schuster, Heinr. Adph., einige Worte über Waldrodung und Gebrauchsanweisung zur Rodemaschine (Patent.) 8. (VI und 50 S. mit eingedr. Holzschn.) Grimma 856, (Gensel.) *

Schuster, Heinrich Maria

—— Die Entstehung d. Urheberrechtspatentes vom 19. Oktbr. 1846. Ein Beitrag zur Geschichte der österreich. Gesetzgebg. gr. 8. (48 S.) Prag 891, Dominicus. * 1 —
Aus: Juristische Blätter, besonders abgedruckt.

Schuster, Heinr. M., Robert Franz. 8. (20 S.) Leipzig 874. Leuckart. n. — 50

Schuster, H. M., Grundriß des Urheberrechts, s. a. Grundriß des österreichischen Rechts. I. 9.

Grundriss des Urheberrechts. Von Dr. H[einr.] M[aria] Schuster, Prof. in Prag. *Leipzig: Duncker & Humblot 1899.* (55 S.) 4°(8°) [F.]
= Grundriss d. Oesterreich. Rechts in syst. Bearb. Bd 1, Abt. 9.

Schuster, Heinr. M. Die deutsche Rechtsgeschichte als Einleitung in die Rechtswissenschaft. Eine akadem. Antrittsrede, geh. am 16. Octbr. 1889. gr. 8. (23 S.) Wien 890, Manz. * — 60

Schuster, Heinr. M., das Spiel, seine Entwicklung u. Bedeutung im deutschen Recht. Eine rechtswissenschaftliche Abhandlung auf sittengeschichtlicher Grundlage. gr. 8. (XVIII, 240 S.) Wien 878. Gerold's Sohn. n. 7. 20

Schuster, Heinr. Maria, das Wiener Stadtrechts- od. Weichbildbuch. gr. 8. (VI, 164 S.) Wien 874. Manz. n. 3. —

— das Urheberrecht der Tonkunst in Oesterreich, Deutschland u. anderen europäischen Staaten, m. Einschluss der allgemeinen Urheberrechtslehren historisch u. dogmatisch dargestellt. gr. 8. (XIV, 356 S.) München 891. C. H. Beck. n. 11. —

— Carl Maria v. Weber. Zu seiner 100. Geburtsfeier am 18. Decbr. 1886. (Festrede, geh. im Wiener akadem. Richard Wagner-Vereine.) [Aus: „Musikal. Rundschau".] 8. (20 S.) Wien 886. A. Rosé. n. — 80

—— Das Wesen d. Urheberrechtes. Eine dogmat. u. dogmengeschichtl. Untersuchg. m. Berücksicht. der gelt. europ. Gesetze, zumal der deutschen u. österreich. gr. 8. (59 S.) Wien 891, Manz. * 1 20
Aus: Allgem. österr. Gerichts-Zeitung, besonders abgedruckt.

Schuster, Heinrich, Wilh[elm] Hellwig u. Joh[ann] K[arl] Rösler: Katalog der Bibliothek des evang. Gymnasiums A. B. in Szászrégen ⟨Sächsisch-Reen⟩. T. (1)—3. Nagyszeben ⟨Hermannstadt⟩ '03—07. Sächsisch-Reen, ev. G., P. 1902/03, 1904/05, 1906/07.

Schuster, Hermann, Arzt a. Bitsch (Lothringen): Beitrag zur Histologie des senilen Ovariums. Heidelberg 1906: H. Dörr. (20 S.) 8°
Heidelberg, Med. Fak., Ref. v. Rosthorn, Diss. v. 1906
[Geb. 7. Sept. 74 Speicher; Wohnort: Weyhers; Staatsangeh.: Preußen; Vorbildung: Gymn. Straßburg Reife M. 98; Studium: Straßburg 1, München 1, Tübingen 4, Heidelberg 7 S.; Coll. 3. Aug. 06; Approb. 1. Jan. 06.]

Schuster, Herm. Der herumgedrehte Bürgermeister. Schwank in 5 Akten. Frei nach der gleichnam. Erzählg. aus dem „Allerlee aus dar Aeberlausitz v. Johs. Renatus". gr. 16. (164 S.) Lpz. 892, Deutscher Verlag. * 1 —

Schuster, Hermann: Ein Fall von Multiplen Fibromyomen des Uterus und der linken Tube neben gleichzeitigem Spindelzellensarkom des rechten Ovarium. *Tübingen: F. Pietzcker 1898.* (36 S. mit Taf.) 8°
Tübingen, Med. Diss. v. 1898

Schuster, Herm., e. Fall v. multiplen Fibromyomen d. Uterus u. d. linken Tube neben gleichzeit. Spindelzellensarkom d. rechten Ovarium. Diss. gr. 8. (36 S. m. 1 Taf.) Tübingen 898. F. Pietzcker. n.n. — 80

Giebt es charakteristische Unterschiede zwischen Innerer Mission und christlich-sozialer Reform und welche sind es? Konferenz-Vortr. ... v. Hermann Schuster. *Halle a. S.: Krause 1896.* (IV, 39 S.) 1 Bd 8.
[97. 6224 H]

Schuster, Herm., giebt es characteristische Unterschiede zwischen innerer Mission u. christlich-sozialer Reform, und welche sind es? Konferenz-Vortrag. Neue [Titel-]Aufl. gr. 8. (IV, 39 S.) Breslau [896]. 901. Görlitz, R. Dülfer. n. — 50

Schuster, Herm., Gott unser Gut. Andachten u. Betrachtgn. (VIII, 192 S.) gr. 8. Frankfurt a/M. (910). M. Diesterweg. 2.40; geb. 3. 40

Schuster, Herm., Friedrich v. Hagedorn und seine Bedeutung für die deutsche Literatur. Eine literar. histor. Abhandlung. Inaugural-Dissertation. gr. 8. (VI, 93 S.) Leipzig 882, (Fock.) *

— Unser Ideal persönlicher Frömmigkeit. s.: Ideale, die religiösen, der modernen Theologie.

— Jesus als Persönlichkeit, s.: Jesus.

— König Konrad. Trauerspiel in 5 Akten. 12. (118 S.) Ebd. 892. n. 1. —

— Der 1. Korintherbrief, u. ausgewählte Kapitel aus dem 2. Korintherbrief, s. a. Hilfsmittel zum evangelischen Religionsunterricht. 25.

Der erste Korintherbrief. Von Hermann Schuster, Oberl. in Frankfurt a. M. Nebst e. Anh.: Ausgewählte Kapitel aus d. 2. Korintherbrief. Berlin: Reuther & Reichard 1907. (VI, 82 S.) 8° [F.]
= Hilfsmittel z. evang. Religionsunterricht. H. 25. [07. 10790]

— Religion u. Erziehung, s.: Darf die Religion Privatsache bleiben?

Schuster, Herm., Religionsunterricht in der Schule oder nicht? (40 S.) 8. Frankfurt a/M. (906). Kesselring. — 60

Schuster, Herm., über Thoraxgeschwülste. Mit einer Abbildung des Wintrich'schen Troicart explorateur. gr. 8. (III und 45 S. mit 1 Holzschn.) Erlangen 851, Palm und Enke. *

Schuster, Hermann, a. München, Rechtsprakt.: Die Verantwortlichkeit des Reichskanzlers. Nürnberg (1906): U. E. Sebald. (45 S.) 8° [F.]
Erlangen, Jur. Fak., Ref. Rieker, Diss. v. 11. Jan. 1907
[Geb. 3. Okt. 82 München; Wohnort: München; Staatsangeh.: Bayern; Vorbildung: Theresiengymn. München Reife M. 01; Studium: München 5 S.; Rig. 21. Nov. 06.]

Schuster, Herm., von Lenz zu Herbst. Gedichte. gr. 8. (VI, 111 S.) Leipzig 900. H. Haacke. n. 2.40; geb. n. 3. 60

— s.: Zeitschrift f. den evangel. Religionsunterricht.

Schuster, J. B.

— Anleitung zu kunst- u. regelmäßigen Leibesübungen junger Mädchen, nebst einem diese Uebungen ordnenden Lectionsplane. Für Mädchen- und höhere Töchterschulen, Mädchen-Pensionsanstalten und Waisenhäuser, so wie in's Besondere für Mütter u. Erzieherinnen. Mit 30 erläut. Figuren (auf 4 Taf.) u. einem Anhange, enthaltend Belege für die Nothwendigkeit einer Gymnastik bei Mädchen. 8. Görlitz 843, Heinze u. Comp. ½ ℛ — 2. verm. Aufl. Mit 30 Fig. u. e. Anh. 8. Ebend. 845. ½ ℛ

Schuster, J. B., Anleitung zu den zweckmäßigsten gymnastischen Uebungen, mit besond. Berücksichtigung der unter ihnen, welche im engern Raume des Hauses vorzunehmen sind, nebst einem Lectionsplane für Schüler von 7 bis 14 Jahren u. für größere Schülerklassen. 1. Cursus. Mit 12 erläut. Fig. gr. 8. Görlitz 842. (Heinze u. Comp.) n. ¼ ℛ

Schuster, J. N., s. Fullerton, Lady Georg., Ellen Middleton.

Schuster, J. T., der Galanthomme, oder der Gesellschafter wie er sein soll. Eine Anweisung sich durch feine Lebensart beliebt zu machen und sich die Gunst des schönen Geschlechtes zu erwerben. Ein vollständ. Unterhaltungs- und Bildungsbuch für junge Herren jedes Standes. 16. und 17. verb. Aufl. 8. (VIII, 276 S.) Quedlinburg 874,75, Ernst'sche Buchh.

Schuster, J. T., der Galanthomme, oder der Gesellschafter, wie er sein soll. Eine Anweisung, sich durch feine Lebensart beliebt zu machen und die Gunst des schönen Geschlechts zu erwerben. Ein vollständ. Unterhaltungs- und Bildungsbuch für junge Herren jedes Standes. 18. verb. Aufl. 8. (VIII, 276 S.) Quedlinburg 878, Ernst'sche Buchh.

Schuster, J. T., der Galanthomme oder der Gesellschafter, wie er sein soll. Eine Anweisung, sich durch feine Lebensart beliebt zu machen und die Gunst des schönen Geschlechts zu erwerben. Ein vollständ. Unterhaltungs- und Bildungsbuch für Herren jedes Standes. 19. verb. Aufl. 8. (VIII, 296 S.) Quedlinburg 881, Ernst'sche Buchh.

Schuster, J. T., der Galanthomme oder der Gesellschafter, wie er sein soll. Eine Anweisung, sich durch feine Lebensart beliebt zu machen und die Gunst des schönen Geschlechts zu erwerben. Enth. Regeln für Anstand, Feinsitte und Etikette; Liebesbriefe und Heirathsanträge; Neujahrs- und Geburtstagswünsche; Räthsel; unterhaltende Anekdoten; Gedichte kom. Inhalts; Liebeslieder; Gesellschaftsspiele; die überraschendsten Kartenkünste; Stammbuchsverse für Damen [Akrosticha] und ausgezeichnete Toaste. Ein vollständ. Unterhaltungs- und Bildungsbuch für Herren jedes Standes. 20. verb. Aufl. 8. (VIII, 292 S.) Quedlinburg 886, Ernst'sche Buchh.

Schuster, J. T., der Galanthomme ob. der Gesellschafter, wie er sein soll. 21., verb. Aufl. 8. (VIII, 292 S.) Halberstadt 893. Ernst. 2.50

Schuster, J. T., der gewandte Gesellschafter. Ein Führer im gesellschaftl. Leben u. in allen Fragen der Etikette, enth. die Regeln des feinen Anstandes, der edlen Sitte u. der gesell. Lebensart, nebst prakt. Anweisgn., sich die Gunst des schönen Geschlechts zu erwerben. 22., neubearb. u. verb. Aufl. 8. (VII, 268 S.) Leipzig (902). Ernst. 2.50

— Uj Magyar-Német Szótár etc. A. u. d. T.: Neues ungarisch-deutsches Wörterbuch aller neugeformten, wiedergrünenden od. umgestalteten Wörter aus dem Gebiete des Gesetzes, der Wissenschaften, der Technologie, der Kunst, Poesie u. der Umgangssprache. Zusätze: I. Allgemeine militär. Kriegskunstwörter u. Kunstausdrücke. II. Liste der am gebräuchlichsten Prozesse. III. Die Blutverwandtschaftsnamen rc. — Ein zu allen bisher erschienenen Wörterbüchern der ungar. Sprache vervollständ. Anhang mit ungar. und deutscher Worterklärung. gr. 12. Ebd. 838. ⅔ ℛ

Schuster, J. T., A'Magyar Urfi, ob. d. Kunst in 46 Stunden gut ungarisch lesen, verstehen, sprechen u. schreiben zu lernen. Nebst e. Samml. v. Hauptwörtern u. deren Leidensendungen von Bei- u. Zeitwörtern z. Uebung d. Gedächtnisses, ferner: Gesprächen, Fabeln rc. Breit gr. 16. (14 B.) Wien 838, [Klang.] *

Schuster, Ignaz

—— Abrégé de l'histoire sainte à l'usage des classes inférieures des établissements d'instruction publique. Traduit sur la 2e édit. allemande par P.-J. V. Ornée de 45 grav. imprimées dans le texte. 1871, et Nouv. édit. gr. 16. (104 S.) Ebendas. 874. * 50 Pf.: geb. **

—— Abrégé de l'histoire sainte à l'usage des classes inférieures des établissements d'instruction publique. Orné de 46 gravures (sur bois) imprimées dans le texte. 3e—5e édit. gr. 16. (96 S.) Ebendas. 874—79. * 40 Pf.; cart. **

—— Abrégé de l'histoire sainte à l'usage des classes inférieures des établissements d'instruction publique. Ornée de 46 gravures imprimées dans le texte. 6e édit. 12. (96 S.) Ebendas. 882. *

Schuster, J., abrégé de l'histoire sainte à l'usage des classes inférieures des établissements d'instruction publique. Orné de 46 gravures imprimées dans le texte. 7. éd. 12. (90 S.) Freiburg i/Br. 885. Herder. n. — 40; Einbd. n.n. — 8

Schuster, J., abrégé de l'histoire sainte à l'usage des classes inférieures des établissements d'instruction publique. Orné de 46 gravures imprimés dans le texte. 8. éd. 12. (90 S.) Freiburg i/Br. 888. Herder. n. — 32; geb. n. — 40

—— Abrégé de l'histoire sainte à l'usage des classes inférieures des établissements d'instruction publique. 9e édit. 12. (90 S. m. 46 Holzschn.) Ebd. 892. — 32; geb. * — 40

Schuster, J., Abrégé de l'histoire sainte à l'usage des classes inférieures des établissements d'instruction publique. 10. éd. 12. (90 S. m. 46 Holzschn.) Freiburg i/B. 896. Herder. n. — 32; geb. in Halbleinw. n. — 40

Schuster, J., Abrégé de l'histoire sainte à l'usage des classes inférieures des établissements d'instruction publique. 11. éd. 12. (90 S. m. 46 Holzschn.) Freiburg i/B. 901. Herder. Geb. in Halbleinw. n.n. — 40

Schuster, I., Abrégé de l'histoire sainte à l'usage des classes inférieures des établissements d'instruction publique. 12. éd. (90 S. m. 46 Abbildgn.) kl. 8. Freiburg i/B. (906). Herder. Kart. n.n. — 40

—— El año eclesiástico católico. Apéndice á la historia sagrada de Sch. 8. (60 S.) Ebd. 892. * — 25

—— abridged bible history of the Old and New Testaments. Translated from the German. 3th and 4th edit. With 43 plates. 12. (95 S.) Ebendas. 888. * geb. **

— **abridged bible history of the old and new testaments. Translated from the German. 5. ed. gr. 16. (95 S. m. 43 Illustr.) Ebd. 891. n. — 32; geb. n. — 40**

— abridged bible history of the old and new testaments. Translated from the German. 6. ed. 12. (95 S. m. 43 Abb.) Ebd. 895. n. — 32; kart. n. — 40

— Abridged bible history of the Old and New Testaments. 7. ed. 12. (95 S. m. 43 Holzschn.) Ebd. 900. Kart. n. — 40

Schuster, I., Abridged bible history of the Old an New testaments. 9. ed. (95 S. m. 43 Abbildgn.) kl. 8. Freiburg i/B. (906). Herder. Kart. n.n. — 40

— Abridged bible history of the Old and New Testaments. 10. ed. (95 S. m. 43 Abbildgn.) kl. 8. Ebd. (908). Kart. nn — 40

— illustrated bible history of the old a. new testaments. For the use of catholic schools. Translated from the 58. german ed. by a priest of the archdiocese of St. Louis. 8. (XIV, 274 S. m. eingedr. Holzschn. u. e. Holzschntaf.) Ebend. 875. n. — 80

—— illustrated bible history of the Old and New Testaments, for the use of catholic schools. Translated from the 58th German edition. Revised by Mrs. J. Sadlier. 8. (VIII, 352 S.) Ebendas. 888. *M 1.—.; geb. *

— illustrated bible history of the Old and New Testaments. For the use of catholic schools. Revised by Mrs. J. Sadlier, New ed. carefully improved by several clergymen. With 110 illustr. and 2 maps. 8. (XII, 404 S.) Ebd. 889. n. 1. —; geb. n. 1.20

—— Illustrated bible history of the Old and New Testaments. For the use of catholic schools. Revised by J. Sadlier. New edit. carefully improved by several clergymen. 8. (XII, 404 S. m. 2 Kärtchen u. 110 Illustr.) Ebd. 891. * 1 —; geb. * 1 20

— illustrated bible history of the old and new testaments. For the use of catholic schools. Revised by Mrs. J. Sadlier. New ed., carefully improved by several clergymen. 8. (IV, 404 u. VI S. m. 2 farb. Karten.) Ebd. 894. n. 1. —; geb. in Halbleinw. n. 1.20

— Illustrated bible history of the Old and New Testaments. For the use of catholic schools. Revised by J. Sadlier. New ed., carefully improved by several clergymen. 8. (IV, 404 u. VI S. m. 2 Karten.) Ebd. 898. n. 1. —; geb. in Halbleinw. n. 1.20

— Illustrated bible history of the Old and New Testaments. For the use of catholic schools. Revised by Mrs. J. Sadlier. New ed., carefully improved by several clergymen. 8. (IV, 404 u. VI S. m. 2 Karten.) Ebd. (900). Kart. n. 1.20

— Illustrated bible history of the Old and New Testaments. For the use of catholic schools Revised by Mrs. J. Sadlier. New. ed., carefully improved by several clergymen. (Neudruck.) (XVI, 404 S. m. 110 Abbildgn. u. 2 Karten.) 8. Ebd. (905). Geb. n. 1.20

— Illustrated bible history of the Old and New Testaments. For the use of catholic schools. Revised by Mrs. J. Sadlier. 11. ed., carefully improved by several clergymen. (XVI, 404 S. m. 110 Abbildgn. u. 2 farb. Karten.) 8. Ebd. (908). Kart. 1.20

— s.: Bilder aus der Weltgeschichte.

— s. Bilder-Bibel.

—— dzieje Święte w skróceniu opowiedziane. Przekład z języka niemieckiego. Z approbacyą Najprzewielebniejszych Ordynaryatów w Frauenburg, Pelplinie, Tarnowie, Przemysl, Kaliszu, Lemberg, i w Warszawa. Dziełko ozdobione 46 obrazkami w tekscie, przeznaczone dla oddziału niższego szkół ludowych. Wydanie trzecie poprawione. 16. (87 S.) Ebendas. 887. * 30 Pf.; geb. **

Polnische Uebersetzung von: Schuster, J., kurze biblische Geschichte.

Vgl.: Knecht, Fed. Gust.

Winke für den Unterricht in der biblischen Geschichte.

— dzieje święte w skróceniu opowiedziane. Przekład z języka niemieckiego. Dziełko ozdobione 46 obrazkami w tekście, przeznaczone dla oddziału niższego szkół ludowych. Wydanie piąte poprawione. (Poln. Ausg. v. Schuster's bibl. Geschichte.) 12. (87 S.) Ebd. 890. n. — 30; geb. n. — 35

—— Dzieje święte w krótkości opowiedziane. Przekład z niemieckiego. Z 46 obrazkami w tekście. Dla oddziału niższego szkół ludowych. Szóste przerobione wydanie. (Poln. Ausg. v. Schuster's kurzer bibl. Geschichte.) 12. (87 S.) Ebd. 891. * — 30 geb. * * — 35

— s.: Erdkunde.

Schuster, I(gnaz), Erdkunde, s. Bumüller, J.

— deutsche Fibel, s.: Bumüller, J.

Schuster, I(gnaz), biblische Geschichte, illustrirt mit 112 Abbild. und der Karte von Palästina. 8. (280 S.) Wien 860, Schulbücherverlag.

— biblische Geschichte. Mit 46 Bildern (in eingedr. Holzschn.) Zum Gebrauche f. die unteren Klassen der Volksschulen. 9. Aufl. 16. (96 S.) Ebend. 874. n. — 30

Schuster, Ign., kleinere biblische Geschichte des alten und neuen Testaments. Für kathol. Volksschulen. Mit 110 Abbildgn. (Holzschn. im Text) und 1 Karte (Holzschn. in 4.). Freiburg im Br. (857.) Herder. 12. (VIII, 253 S.) feine Ausg. 10 ngr.; ordin. Ausg. (nur in Partien) n. 4½ ngr.

—— kleinere biblische Geschichte des alten und neuen Testaments. Für kathol. Volksschulen. gr. 12. (VIII und 253 S. mit 110 Abbild. in eingedr. Holzschn. und 1 Karte in Holzschn. in qu. gr. 4.) Freiburg im Br. 858, Herder'sche Verlagsbuchh. Feine Ausg Ordin. Ausg. nur in Partien à

— kurze bibl. Geschichte, s. Heinemann, A., Bilderbibel.

—— kurze biblische Geschichte. Zum Gebrauch für die untern Klassen der Volksschulen. gr. 16. (96 S. mit 45 in den Text gedr. Bildern in Holzschn.) Freiburg im Br. 867, Herder'sche Verlagsh. * 2 Ngr.; cart. * * Feine Ausg. * 3 Ngr.; cart. * *

—— kurze biblische Geschichte. Mit 40 großen (lithogr. und color.) Darstellungen der wichtigsten Begebenheiten des alten und neuen Testaments. 2. Aufl. qu. gr. Fol. (15 S.) Ebendas. 869. In Carton. *

—— dass. — Zum Gebrauche für die unteren Klassen der Volksschulen. 2.—8. Aufl. 1868—73. * 20 Pf., und 9. Aufl. 16. (96 S. mit 46 Bildern in eingedr. Holzschn.) Ebendas. 874. * Feinere Ausg. (** 40 Pf.) *

—— kurze biblische Geschichte. Zum Gebrauch für die unteren Klassen der Volksschulen. 16. (96 S. mit 46 Bildern in eingedr. Holzschn.) Ebendas. 879. * 20 Pf.; geb. *

—— dass. — Zum Gebrauche für die untern Klassen der Volksschulen. Ausg. in neuer Orthographie. 12. (96 S. mit 46 eingedr. Holzschn.-Bildern.) Ebendas. 882. *

—— kurze biblische Geschichte. Neue, im Text unveränd. Ausg. für Oesterreich. 12. (96 S. mit 41 eingedr. Holzschn.-Bildern.) Ebendas. 884. * 20 Pf.; geb. *

—— kurze biblische Geschichte. Neue, im Text unveränd. Aufl. Zum Gebrauche für die unteren Klassen der Volksschulen. Neue Ausg. von 1885—1888. 12. (96 S. mit 42 Bildern.) Ebendas. * 20 Pf.; geb. **

—— dass. — Neue, im Text unveränd. Ausg. für Österreich. (In der für Österreich vorgeschriebenen Orthographie und Satzeinrichtung.) Neuer Abdr. von 1885—1888. 12. (96 S. mit 41 Bildern.) Ebendas. * geb. in Halbleinw. **

— kurze biblische Geschichte. Zum Gebrauche f. die unteren Klassen der Volksschulen. Neue, im Text unveränd. Aufl. Mit 42 Bildern. 16. (96 S.) Ebd. 889. n. — 20; geb. in Halbleinw. n. — 25

— dasselbe. Neue, im Text unveränd. Ausg. f. Österreich. (In der f. Österreich vorgeschrieb. Orthographie u. Satzeinrichtung.) Mit 41 Bildern. Neuer Abdruck von 1890. 12. (96 S.) Ebd. n. — 20; geb. in Halbleinw. n. — 25

Schuster, J. Kurze biblische Geschichte. Neue im Text unveränd. Aufl. m. 42 Bildern. Zum Gebrauch f. die unteren Klassen der Volksschule. 12. (96 S.) Freib. i. Br. 891, Herder. * — 20; geb. ** — 25

—— dass. — Neue, im Text unveränd. Ausg. f. Österreich. [Neuer Abdruck.] 12. (96 S. m. 41 Bildern.) Ebd. 892. * — 12 Kr.; geb. ** — 16 Kr. ö. W.

— kurze biblische Geschichte. Neue, im Text unveränd. Aufl. m. 42 Bildern, zum Gebrauche f. die unteren Klassen der Volksschulen. 12. (96 S.) Ebd. 893. Geb. in Halbleinw. n.n. — 25

— dasselbe. Mit 41 Bildern. Neue, im Text unveränd. Ausg. f. Österreich. 12. (96 S.) Ebd. 893. Geb. in Halbleinw. n. — 27

— dasselbe. Polnische Übersetzg. 8. Aufl. 12. (88 S. m. 46 Abbildgn.) Ebd. 894. n. — 30; geb. in Halbleinw. n.n. — 35

— dasselbe. Neue, im Text unveränd. Ausg. f. Österreich. 12. (96 S. m. 41 Bildern.) Wien 898. Freiburg i/B., Herder. n. — 20; kart. n. — 25

— kurze biblische Geschichte. Polnische Übersetzg. 10. Aufl. 12. (88 S. m. 46 Abb.) Freiburg i/B. 898. Herder. n. — 30; Kartonnage n.n.n. — 05

— dasselbe. Polnische Ubersetzg. 12. Aufl. 12. (88 S. m. 46 Abbildgn.) Freiburg i/B. 902. Herder. Kart. n.n. — 37

— kurze biblische Geschichte. Zum Gebrauche f. die unteren Klassen der Volksschulen. Neue, im Text unveränd. Aufl. m. 42 Bildern. (96 S.) kl. 8. Ebd. (905). n. — 20; kart. n. — 30

— dasselbe. Polnische Uebersetzg. 14. Aufl. (88 S. m. 46 Abbildgn.) kl. 8. Ebd. (905). Kart. n. — 40

— Kurze biblische Geschichte. Polnische Ausg. 16. Aufl. (88 S. m. 46 Abbildgn.) kl. 8. Freiburg i/B. (909). Herder. —30; kart. — 40

Schuster, J., kurze biblische Geschichte in der Chippewa-Sprache, s. Gete-dibadjimowin.

—— dass. — in der Uvea-Sprache, s. Kote u Kupu etc.

Schuster, Ign., biblische Geschichte des alten u. neuen Testaments im Auszuge für kathol. Volksschulen. Mit einer (chemityp.) Karte von Palästina u. Aegypten (in 4.) 8. (X u. 298 S.) Freiburg im Br. 848, Herder. n. 1/6 ℔ Weiß Pap. 1/3 ℔

—— die biblische Geschichte des alten und neuen Testaments. Für kathol. Volksschulen. 8. (X und 258 S. mit 1 Holzschnitt., 112 Abbild. in eingedr. Holzschn. und 1 lithogr. Karte in gr. 4.) Freiburg im Br. 859, Herder'sche Verlagsbuchh. * Feine Ausg.

Schuster, J(gnaz), biblische Geschichte des alten und neuen Testaments für katholische Volksschulen. Neue Aufl. 12. (268 S. mit 112 Abbild. und 1 Karte.) Freiburg im Br. 868, Herder'sche Verlagsh. 4 1/3 Ngr.; geb. Feine Ausg. 10 Ngr.; geb.

Schuster, J(gnaz), die biblische Geschichte des alten und neuen Testaments. Für kathol. Volksschulen. Neue im Text unveränd. Ausg. 8. (XII, 234 S. mit 114 Abbild. in Holzschn. und 1 lithogr. Karte in qu. gr. 4.) Freiburg i. Br. 869, Herder'sche Verlagsh. * 45 Pf.; geb. * Velinp.

Erschien auch in Ausg. für Oesterreich. — Vgl.: Hirschfelder, K.

Schuster J, die biblische Geschichte des Alten und Neuen Testamentes fur katholische Volksschulen. Wien 1873

Schuster, J., die biblische Geschichte des alten und neuen Testaments. Für kathol. Volksschulen. Neue im Text unveränd. Ausg. 12. (XII, 234 S. mit 114 Abbild. in Holzschn. und 1 lithogr. Karte in qu. gr. 4.) Freiburg i. Br. 879, Herder'sche Verlagsh. * 45 Pf.; geb. *

—— dass. — Ausg. für Oesterreich. 12. (XII, 228 S.) Ebendas. 879. * 68 Pf.; geb. *

— die biblische Geschichte des Alten u. Neuen Testaments. Für kathol. Volksschulen. Mit 114 (eingedr. Holzschn.-) Abbildungen u. (chromolith.) Karte. Ausg. in neuer Orthogr. 8. (XII, 234 S.) Ebend. 882. n. — 45; Anh.: Das kathol. Kirchenjahr (48 S.) n. — 15

—— dass. — (Amtliche Ausg. für das Kaiserth. Österreich.) Neue im Text unveränd. Ausg. gr. 8. (XII, 203 S. mit 52 eingedr. Holzschn.-Abbild.) Ebendas. 882. * geb. *

—— die biblische Geschichte des Alten und Neuen Testaments. Für kathol. Volksschulen. Mit 114 Abbild., 2 Kärtchen und 1 Ansicht des Heiligen Landes. (Neue Aufl.) 8. (XII, 234 S.) Freiburg i. Br. 884, Herder'sche Verlagsh. *

Schuster, J., die biblische Geschichte des Alten und Neuen Testaments. Für kathol. Volksschulen. Anhang dazu: Das kathol. Kirchenjahr. 8. (48 S.) Ebendas. 884. *

—— dass. — Ausg. für das Kaiserth. Österreich. 8. (XII, 228 S.) Ebendas. 884. *

—— dass. — Ausg. für das Kaiserth. Österreich. Neue, im Text unveränd. Ausg. Aufl. 1884—1888. 8. (XII, 228 S. mit 114 Abbild. und 1 Karte.) Ebendas. *

Schuster, J., die biblische Geschichte des Alten und Neuen Testaments. Für kathol. Volksschulen. (Neue Aufl. 1885—1888.) 8. (XII, 234 S. mit 114 Abbild., 2 Kärtchen und 1 Ansicht des Heiligen Landes.) Freiburg i. Br., Herder'sche Verlagsh. * geb. in Rückleinw. ** geb. in Rückleder ** Anhang: Das kathol. Kirchenjahr. (48 S.) * 10 Pf.; cart. * zusammengeb. ** 65 Pf. und **

—— dass. — Anhang dazu: Die Evangelien der Sonn- und Festtage des Kirchenjahres. gr. 8. (16 S.) Aufl. 1885—1888. *

—— die biblische Geschichte des Alten und Neuen Testaments. Für kathol. Volksschulen. Neue, im Text unveränd. Ausg. für das Kaiserth. Österreich. Neudrucke von 1885—1888. gr. 8. (XII, 203 S. mit 52 Abbild.) Ebendas. *

Schuster, J. Die biblische Geschichte d. Alten u. Neuen Testaments. Für kathol. Volksschulen. Mit 114 Abbilgn., 2 Kärtchen u. 1 Ansicht des heil. Landes. [Neue Aufl. 1889, 90, 91 u. 92.] 8. (XII, 234 S.) Freib. i. Br., Herder. * — 45; geb. ** — 55
Uebersetzungen erschienen: Böhmisch, im k. k. Schulbücher-Verlag in Prag; kroatisch, im k. k. Schulbücher-Verlag in Wien; russisch bei Karbaseikow in St. Petersburg; ungarisch in Miskolcz.

Schuster, J., die biblische Geschichte des Alten u. Neuen Testaments. Für kathol. Volksschulen. Mit 114 Abbildgn., zwei Kärtchen u. einer Ansicht d. Heiligen Landes. Neuer Abdruck von 1890. 12. (XII u. 234 S.) Freiburg i/Br., Herder. n. — 45; geb. in Halbleinw. n. — 55; in Halbleder n. — 65

— dasselbe. Anhang: Das katholische Kirchenjahr. Neuer Abdruck v. 1890. 12. (48 S.) Ebd. n. — 10; cart. n. — 15

— dasselbe. Ausg. f. Österreich. Mit 52 Bildern. Unveränd. Abdruck d. Textes v. Jahre 1889. gr. 8. (XII u. 203 S.) Ebd. 890. n. — 56; geb. in Halbleinw. n. — 74

— dasselbe. Ausg. f. Österreich m. 114 Bildern u. einer Karte. Unveränd. Abdruck d. Textes vom J. 1889. 8. (XII u. 228 S.) Ebd. 890. n. — 56; geb. in Halbleinw. n. — 74

Anhang zu den Ausg. f. Österreich: Die Evangelien der Sonn- u. Festtage des Kirchenjahres. (16 S.) n. — 10

—— dass. — Ausgabe f. Oesterreich. Für allgem. Volksschulen u. für Bürgerschulen. Mit 52 Bildern. Unveränd. Abdr. des Textes vom J. 1891. gr. 8. (XII, 203 S.) Ebd. 892. * — 44 Kr. ö. W.

—— dass. — Mit 114 Bildern u. 1 Karte. Unveränd. Abdr. d. Textes v. 1891. 12. (XII, 228 S.) Ebd. 892. * — 44 Kr. ö. W.

—— dass. — Anh.: Das kathol. Kirchenjahr. 8. (48 S.) Ebd. 892. * — 10; cart. ** — 15

Schuster, J., die biblische Geschichte des Alten u. Neuen Testaments. Für kathol. Volksschulen. Mit 114 Abbildgn., zwei Kärtchen u. e. Ansicht des hl. Landes. 8. (XII, 234 S.) Freiburg i/B. 893. Herder. n.n. — 45; geb. in Halbleinw. n.n. — 55; in Hclbldr. n.n. — 75; Anh.: Das kathol. Kirchenjahr (48 S.) n. — 10; kart. n.n. — 15

— dasselbe. Ausg. m. 114 Bildern u. 1 Karte. (Unveränd. Abdr. des Textes vom J. 1893 m. theilweise neuen Abbildgn.) Ausg. f. Österreich. gr. 8. (XII, 228 S.) Ebd. 894. Geb. in Halbleinw. n. — 75

Schuster, Dr. J., Die biblische Geschichte des alten und neuen Testamentes für allgemeine Volks- u. Bürgerschulen. Ausgabe mit 114 Bildern und einer Karte. Wien 1895. K. k. Schulbücher-Verlag. (Min.-Erl. v. 23. Decemb. 1894, Z. 28832.) In Halbleinen geb. —.41

— die biblische Geschichte des Alten u. Neuen Testaments f. katholische Volksschulen. Mit 114 Abbildgn., 2 Kärtchen u. e. Ansicht des hl. Landes. 8. (XII, 234 S.) Freiburg i/B. 898. Herder. n. — 45; Einbd. in Halbleinw. n.n.n. — 10; in Halbldr. n.n.n. — 20

— dasselbe. Ausg. f. Österreich. Ausg. m. 114 Bildern u. 1 Karte. (Unveränd. Abdr. des Textes vom J. 1897.) 8. (XII, 228 S.) Ebd. 899. n.n. — 60; kart. n.n. — 75

— die biblische Geschichte des Alten u. Neuen Testaments. Für kathol. Volksschulen. Mit 114 Abbildgn., 2 Kärtchen u. 1 Ansicht des hl. Landes. (XII, 234 S.) 8. Freiburg i/B. (904). Herder. n. — 45; geb. n.n. — 70

— biblische Geschichte für katholische Volksschulen. Neu bearb. v. G. Mey. Mit vielen (eingedr. Holzschn.-)Illustr. u. 2 (chromolith.) Kärtchen. 8. (X, 232 S.) Ebend. 882. n. — 45

—— biblische Geschichte für katholische Volksschulen. Neu bearb. von G. Mey. Aufl. 1885—1888. 8. (VIII, 232 S. mit vielen Illustr., 2 Kärtchen und 1 Ansicht des Heiligen Landes.) Ebendas. *
geb. in Rückleinw. * *
geb. in Rückleder * *

—— dass. — Anhang dazu: Die sonn- und festtägl. Evangelien des Kirchenjahres. 8. (24 S.) Ebendas. 885—88.

—— biblische Geschichte für katholische Volksschulen. Neu bearb. von G. Mey. Ausg. für das Kaiserth. Österreich. 8. (VIII, 262 S. mit vielen Illustr., 2 Kärtchen und 1 Ansicht des Heiligen Landes.) Ebendas. 886. cart. *
Feine Ausg. geb. *

— dasselbe. Ausg. f. Österreich. Anhang. 8. (24 S.) Ebd. 886. n. — 5

—— dass. — Anhang dazu: Die sonn- und festtägl. Evangelien des Kirchenjahres. 8. (24 S.) Ebendas. 886.

— biblische Geschichte f. kathol. Volksschulen. Neu bearb. v. G. Mey. Mit vielen Illustrationen, zwei Kärtchen u. einer Ansicht d. Heiligen Landes aus der Vogelschau. Neuer Abdruck. 12. (VIII u. 232 S.) Ebd. 890. n. — 45; geb. in Halbleinw. n. — 55; in Halbleder n. — 65

— dasselbe. Anhang: Die sonn- u. festtäglichen Evangelien d. Kirchenjahres. Neuer Abdruck. 12. (24 S.) Ebd. 890. n. — 5

—— Biblische Geschichte f. katholische Volksschulen. Neu bearb. v. G. Mey. Mit vielen Illustr., 2 Kärtchen u. 1 farb. Ansicht d. Hl. Landes. Neuer Abdr. 1892. 8. (VIII, 236 S.) Ebd. 892. * — 45
geb. in Hlbleinw. ** — 55; in Hlbldr. ** — 65

—— dass. — Anhang dazu. Die sonn- u. festtägl. Evangelien d. Kirchenjahres. [Nach dem röm. Meßbuche.] 8. (24 S.) Ebd. 892. ** — 05

— biblische Geschichte f. kathol. Volksschulen. Neu bearb. v. G. Mey. Mit vielen Illustr., 2 Kärtchen u. 1 Ansicht des hl. Landes. 8. (VIII, 236 S.) Ebd. 898. n. — 45; Einbd. in Halbleinw. n.n.n. — 10

— biblische Geschichte f. katholische Volksschulen. Bearb. v. G. Mey. Neu durchgesehen u. hrsg. v. Frdr. Just. Knecht. Mit vielen Illustr., 2. Kärtchen u. 1. Ansicht des hl. Landes. (VIII, 236 S.) 8. Ebd. 905. n. — 45
geb. n.n. — 70

— dasselbe. Anh.: Die sonn- u. festtägl. Evangelien des Kirchenjahres. (Nach dem röm. Meßbuche.) (24 S.) 8. Ebd. (903). n.n. — 05

Schuster, J. Biblische Geschichte für katholische Volksschulen. Neu bearb. von Gust. Mey. Mit Abbild. Freiburg i. B.: Herder 1907.

— biblische Geschichten f. katholische Volksschulen. Neu bearb. v. G. Mey. Mit vielen (eingedr. Holzschn.-)Illustr. u. 2 (lith.) Kärtchen. 8. (VIII, 232 S.) Ebend. 876. n. — 45; in Halbleinw. geb. n. — 60; feine Ausg. 1. —; in Leinw. geb. n. 1. 50

— biblische Geschichten f. katholische Volksschulen. Neu bearb. v. G. Mey. Mit vielen Illustr., 2 Kärtchen u. 1 Ansicht des hl. Landes. Neuer Abdr. 8. (VIII, 236 S.) Ebd. 893. n. — 45; geb. in Halbleinw. n.n. — 55

— Biblische Geschichten f. katholische Volksschulen. Bearbeitung v. G. Mey. Neu durchgesehen u. hrsg. v. Frdr. Just. Knecht. Mit vielen Illustr., 2 Kärtchen u. 1 Ansicht des hl. Landes. Ausg. 1906. (VIII, 236 S.) 8. Ebd. —45; geb. —70; m. Anh.: Die sonn- u. festtäglichen Evangelien des Kirchenjahres. Nach dem röm. Meßbuche. (24 S.) —50; geb. —75; Anh. allein —05

—— bijbelsche Geschiedenis des ouden en des nieuwen Testaments ten dienste der katholicke Scholen en huisgezinnen, in het Nederlandsch vertaald en bewerkt door P. Timmermans en J. H. Wijnen. I. II. 8. (VI, 140; 141 S. mit eingedr. Holzschn. und 2 Holzschntaf.) Ebendas. 871. à *
Feinere Ausg. à *

—— dass. — ten dienste van Scholen en huisgezinnen. 2 Afdelingen. 8. Ebendas. 874. cart. à

Inhalt:
Abthl. 1. Het oude Testament. (143 S.)
» 2. Het nieuwe Testament. (130 S.)

— bijbelsche geschiedenis des ouden en des nieuwen Testaments, ten dienste van scholen en huisgezinnen, en het Nederlandsch vertaald en bewerkt door P. Timmermans en J. H. Wijnen. 2 deele. 4. en 5. uitgave. 8. (280 S. mit eingedr. Holzschn. und 2 lithogr. Karten in gr. 8.) Ebendas. 876,77.
1. Ausg. (feines Papier) à Abthl. 60 Pf.; geb. in Leinw. *
2. Ausg. (Schul-Ausg.) à Abthl. 45 Pf.; geb. *
geb. in 1 Bd. 1. Ausg. * ℳ 1,70.; 2. Ausg. *

— dass. — ten gebruike bij het meer uitgebreid — en het middelbar onderwijs, en het Nederlandsch vertaald en bewerkt door P. Timmermans en J. H. Wijnen. 2 deele. 6. uitgave. 8. (VI, 164; IV, 162 S. mit eingedr. Holzschn. und 2 lithogr. Karten in gr. 8.) Ebendas. 878. 70 Pf.; cart.

— bijbelsche geschiedenis des ouden en des nieuwen testaments, ten gebruike bij het meer uitgebreid — en het middelbaar onderwijs, in het Nederlandsch vertaald en bewerkt door P. Timmermans en J. H. Wijnen. 7. uitgave. 2 deele. 8. (VIII, 164 S. mit eingedr. Holzschn. und 1 lithogr. Karte; IV, 160 S. mit eingedr. Holzschn. und 1 lithogr. Karte.) Freiburg i. Br. 880, Herder'sche Verlagsh.
à Tl. * 70 Pf. *
geb. à Tl. * 85 Pf. *

— bijbelsche gechiedenis des Ouden en des Nieuwen Testaments, ton gebruike bij het meer uitgebreid — en het migdelbaar onderwijs, in het Nederlandsch vertaald en bewerkt door P. Timmermans en J. H. Wijnen. II. Het Nieuwe Testament. 8. geillustreerde uitgave met eene kaart van het Heilige Land. 8. (160 S.) Freiburg i/B. 885. Herder. n. — 60; Einbd. n.n. — 10

— bijbelsche geschiedenis des Ouden en des Nieuwen Testaments, ten gebruike bij het meer uitgebreid — en het middelbaar onderwijs, in het Nederlandsch vertaald en bewerkt door P. Timmermans, en J. H. Wijnen. 2 Thle. 8. Ebd. à n. — 60; geb. n.n. — 68 (cplt. in 1 Bd.: n. 1. —; geb. n. 1. 12)
1. Hed Oude Testament. 9. geillustreerde uitgave, met 1 kaart van Egypte en Kanaan. (VIII, 164 S.) 887.
2. Het Nieuwe Testament. 9. geillustreerde uitgave, met 1 kaart van Palestina ten tijde van Christus. (160 S.) 888.

— Bijbelsche geschiedenis des Ouden en des Nieuwen Testaments, ten gebruike bij het meer uitgebreid — en het middelbaar onderwijs, in het Nederlandsch vertaald en bewerkt door P. Timmermanns en J. H. Wijnen. I. Het Oude Testament. 10. geillustreerde Uitgave met eene kaart van Egypte en Kanaän. 8. (VIII, 164 S.) Ebd. 891. * — 50; geb. * * — 58

— dass. — II. Het Nieuwe Testament. 10. geillustreerde Uitgave met 1 kaart van Palestina. 8. (160 S.) Ebd. 892. * — 50
geb. * * — 58; I. u. II. in 1 Bd. * 1 —; geb. * * 1 12

— Bijbelsche geschiedenis des Ouden en des Nieuwen Testaments, ten gebruike bij het meer uitgebreid — en het middelbaar onderwijs, in het Nederlandsch vertaald en bewerkt door P. Timmermans, Pr., en J. H. Wijnen, Pr. I. Het Oude Testament. 11., geillustreerde uitgave, met 1 kaart van Egypte en Kanaän. 8. (VIII, 164 S.) Ebd. 896. n. — 50; Einbd. in Halbleinw. n.n.n. — 08

— dasselbe. II. Het Nieuwe Testament. 11., geillustreerde uitg. met 1 kaart van Palestina ten tijde van Christus. 8. (160 S.) Ebd. 897. n. — 50; Einbd. in Halbleinw. n.n.n. — 08

— bijbelsche geschiedenis des Ouden en des Nieuwen Testaments, ten gebruike bij het meer uitgebreid — en het middelbaar onderwijs, in het Nederlandsch vertaald en bewerkt door P. Timmermans en J. H. Wijnen I. en II. 8. Ebd. Kart. n.n. 1. 08
I. Het Oude Testament. 12. geillustreerde uitgave, met 1 kaart van Egypte en Kanaän. (VIII, 164 S.) 900. n.n. — 58
II. Het Nieuwe Testament. 12. geillustreerde uitgave, met 1 kaart van Palestina ten tijde van Christus. (VI, 160 S.) 901. n. — 50

— Bijbelsche geschiedenis des Ouden en des Nieuwen Testaments, ten gebruike bij het meer uitgebreid — en het middelbaar oderwijs, in het Nederlandsch vertaald en bewerkt door P. Timmermans, Pr., en J. H. Wijnen, Pr. I. en II. 8. Freiburg i/B., Herder. Kart. à n.n. — 60
I. Het Oude Testament. 13. geïllustreerde uitgave, met 1 kaart van Egypte en Kanaän. (VIII, 164 S.) 903.
II. Het Nieuwe Testament. 13. geïllustreerde uitgave, met 1 kaart van Palestina ten tijde van Christus. (160 S.) 906.

Schuster, J., Bijbelsche geschiedenis des Ouden en des Nieuwen Testaments, ten gebruike bij het meer uitgebreid — en het middelbaar oderwijs, in het Nederlandsch vertaald en bewerkt door P. Timmermans, en J. H. Wijnen, I. Het Oude Testament. 14. geïllustreerde uitgave, met 1 kaart van Egypte en Kanaän. (VIII, 164 S.) 8. Freiburg i/B. 908. Herder. — 50; geb. n — 60

— verkorte bijbelsche geschiedenis des ouden en des nieuwen testaments, ten gebruike bij het lager onderwijs door P. Timmermans en J. H. Wijnen. Nieuwe uitgave. 8. (IV, 176 S. mit eingedr. Holzschn. und 1 lithogr. Karte.) Ebendas. 877. * 70 Pf.; geb. in Halbleinw. *

— Verkorte bijbelsche geschiedenis des ouden en des nieuwen testaments, ten gebruike bij het lager onderwijs, door P. Timmermans en J. H. Wijnen. 2. uitgave. 8. (176 S. mit eingedr. Holzschn. und 1 lithogr. Karte.) Ebendas. 881. *

— verkorte bijbelsche geschiedenis des Ouden en des Nieuwen Testaments, volgens Sch., ten gebruike bij het lager onderwijs, door wijten P. Timmermans, en J. H. Wijnen. 8. uitgaaf. 8. (III, 176 S. m. Holzschn. u. 1 Karte.) Ebend. 886. n. — 60; Einbd. n.n. — 8

— verkorte bijbelsche geschiedenis des Ouden en des Nieuwen Testaments. Ten gebruike bij het lager onderwijs, door wijlen P. Timmermans, en J. H. Wijnen. 5. geillustreerde uitgave, met twee kaarten. 12. (III, 176 S.) Ebd. 890. n. — 60; geb. n. — 68

— Verkorte bijbelsche geschiedenis des Ouden en des Nieuwen testaments, volgens S., ten gebruike bij het lager onderwijs, door P. Timmermans en J. H. Wijnen. 6. uitgave. 8. (VIII, 176 S. m. Holzschn. u. 2 farb. Karten.) Ebd. 892. * — 60; geb. * * — 68

— verkorte bijbelsche geschiedenis des Ouden en des Nieuwen Testaments. Volgens Sch., ten gebruike bij het lager onderwijs, door P. Timmermans en J. H. Wijnen. 7. uitgave. 8. (V, 176 S. m. Abbildgn. u. 2 Karten.) Ebd. 894. n. — 60; geb. in Halbleinw. n.n. — 68

— Verkorte bijbelsche geschiedenis des Ouden en des Nieuwen Testaments, ten gebruike bij het lager onderwijs, volgens S. door †P. Timmermans, Pr., en J. H. Wijnen, Pr. 8., geillustreerde uitgave, met 2 kaarten. 8. (V, 176 S.) Ebd. 897. n. — 60; Einbd. in Halbleinw. n.n.n. — 08

— verkorte bijbelsche geschiedenis des Ouden en des Nieuwen Testaments, volgens S., ten gebruike bij het lager onderwijs, door P. Timmermans en J. H. Wijnen. 9., geillustreerde uitgave, met 2 kaarten. 8. (V, 176 S.) Ebd. 900. Geb. in Halbleinw. n.n. — 60

— Verkorte bijbelsche geschiedenis des Ouden en des Nieuwen Testaments, ten gebruike bij het lager onderwijs, door P. Timmermans, Pr., en J. H. Wijnen, 11. geïllustreerde uitgave, met 2 kaarten. (V, 176 S.) Ebd. 906. Kart. n.n. — 68

— Verkorte bijbelsche geschiedenis des Ouden en des Nieuwen Testaments, ten gebruike bij het lager onderwijs, door P. Timmermans, en J. H. Wijnen, 12. geïllustr. uitg., met 2 kaarten. (V, 176 S.) 8. (908). — 60

Schuster's, J., Handbuch zur biblischen Geschichte. Für den Unterricht in Kirche und Schule, sowie zur Selbstbelehrung. Mit Karten, Plänen und vielen Holzschn. Neu bearb. von J. B. Holzammer. 3. verm. und verb. Aufl. 13 Lfgn. gr. 8. (XLVIII, 832; 682 S.) Freiburg i. Br. 877,78, Herder'sche Verlagsh. à Lfg. * ℳ 1. *
geb. in Leinw. mit Lederrücken *

—— Handbuch zur biblischen Geschichte. Für den Unterricht in Kirche und Schule, sowie zur Selbstbelehrung. Neu bearb. von J. B. Holzammer. 4. verm. und verb. Aufl. 2 Bde. In 15 Lfgn. gr. 8. Ebendas. à Lfg. * ℳ 1.—. *
geb. in 2 Bde. **

Inhalt:

Bd. 1. Das Alte Testament. (LXXII, 867 S. mit dem großen Plan von „Jerusalem zur Zeit Jesu Christi" von Wörnhart, und der Karte: „Palästina von der Rückkehr der Juden aus der babylonischen Gefangenschaft bis zur Zerstörung Jerusalems".) 885. * ℳ 8.—; geb. * ℳ 10.—.

" 2. Das Neue Testament. (XX, 734 S. mit den Plänen: „Die Kirche des heiligen Grabes" und „Heutiges Jerusalem aus der Vogelschau", und der Karte: „Die Reisen Jesu".) 886. * ℳ 7.—; geb. * ℳ 9.—.

—— Handbuch zur biblischen Geschichte. Für den Unterricht in Kirche u. Schule, sowie zur Selbstbelehrg. Mit Karten, Plänen u. vielen Holzschn. Neu bearb. v. J. B. Holzammer. 5. verb. Aufl. 2 Bde. gr. 8. (XVIII, LIV, 879; XX, 744 S.) Ebd. 890,91. * 15 —
geb. in Halbsaffian ** 20 —

Einzeln: I. * 8 —; geb. ** 10 50; II. * 7 —; geb. ** 9 50.
Vgl.: Brandenberg, L. — Knecht, Fr. Just.

Schuster, Ignaz, Handbuch zur Biblischen Geschichte. Für den Unterricht in Kirche und Schule, sowie zur Selbstbelehrung. Mit Karten, Plänen und vielen Holzschnitten. Neu bearbeitet von J. B. Holzammer. Freiburg, Herder, 1891, gr. 8°, 5. Aufl.

Bd. 1: Das Alte Testament. Mit der Karte: „Palästina zur Zeit Jesu" aus d. Bibelatlas von R. Rieß und d. großen Plane: „Jerusalem zur Zeit Jesu" von Wörnhart. LIV u. 880 S., 8 Mk.

Bd. 2: Das Neue Testament. Mit den Karten, bezw. Plänen: „Umgebung von Jerusalem und Bethlehem", „Heutiges Jerusalem aus der Vogelschau", „Die Kirche des hl. Grabes" u. „Die Missionsreisen des hl. Apostels Paulus". XX u. 744 S., 7 Mk.

1. Aufl. 1862. Von dieser bis zur vorliegenden 5. Aufl. wurde das Buch in zahlreichen Litteraturblättern wegen seiner Gründlichkeit, erschöpfenden Vollständigkeit und praktischen Brauchbarkeit überaus beifällig beurteilt.

— u. J. B. **Holzammer,** Handbuch zur biblischen Geschichte. Für den Unterricht in Kirche u. Schule, sowie zur Selbstbelehrg. 6., völlig neu bearb. Aufl. v. Jos. Selbst u. Jak. Schäfer. 20 Lfgn. Lex.-8. Freiburg i/Br., Herder. n. 20.—; geb. n. 25.—

1. Bd. Das Alte Testament. Bearb. v. Jos. Selbst. Mit 130 Bildern u. 2 Karten. (XVIII, 1026 S. m. 1 farb. Karte.) 905. 906. n. 11.—; geb. in Halbfrz. n. 13.50
2. Bd. Das Neue Testament. Mit 101 Bildern u. 3 Karten. (XX, 788 S.) 906. n. 9.—; geb. in Halbfrz. n. 11.50

Schuster, J., u. J. B. Holzammer, Handbuch zur biblischen Geschichte. Für den Unterricht in Kirche u. Schule, sowie zur Selbstbelehrg. 7., neu bearb. u. verm. Aufl. 2 Bde. Lex. 8. Freiburg i/B. 910. Herder. 23.—;
geb. in Halbfrz. 28.—

1. Das Alte Testament. Bearb. v. Jos. Selbst. (XXII, 1131 S. m. 112 Abbildgn. u. 2 Karten.) 12.50; geb. in Halbfrz. 15.—
2. Das Neue Testament. Bearb. v. Jak. Schäfer. (XXII, 920 S. m. 103 Abb. u. 3 Karten.) 10.50; geb. in Halbfrz. 13.—

—— Handbuch zur biblischen Geschichte des Alten und Neuen Testaments. Für den Unterricht in Kirche und Schule, sowie zur Selbstbelehrung. Mit vielen Holzschn. und Karten. (In 6 Lfgn.) 1. und 2. Lfg. gr. 8. (1. Bd. S. 1—384 mit eingedr. Holzschn., 1 Holzschnt. und 1 Karte in Holzschn. und Buntdr. in gr. Fol.) Freiburg im Br. 861. 62, Herder'sche Verlagsbuchh. à Lfg. 18 Ngr.

—— Handbuch zur biblischen Geschichte des Alten und Neuen Testaments. Für den Unterricht in Kirche und Schule, sowie zur Selbstbelehrung. Mit vielen Holzschn. und Karten. 3.—7. (Schluß-)Lfg. gr. 8. (1. Bd. S. 338—779 mit 2 lithogr. Karten und 2. Bd. XII und 606 S. mit eingedr. Holzschn., 1 Stnt. und 1 lithogr. und ill. Karte in qu. Fol.) Freiburg im Br. 862—65, Herder'sche Verlagsh. à Lfg. 18 Ngr.

—— Handbuch zur biblischen Geschichte des alten und neuen Testaments. Für den Unterricht in Kirche und Schule, sowie zur Selbstbelehrung. Mit vielen (eingedr.) Holzschn. und Karten. 2. Aufl., umgearb. von J. B. Holzammer. 2 Bde. in 9 Lfgn. gr. 8. (XLIV, 716; 642 S.) Ebendas. 871—75. à Lfg. * ℳ 1.50 *

— katechetisches Handbuch oder faßliche und gründliche Anweisung der Jugend in der katholischen Religion. Unter Zugrundelegung seines großen und kleinen Katechismus, zugleich aber zum Gebrauche für jeden andern Katechismus verfaßt. 4. Bd. 3. verb. Aufl. Ebend. 860. gr. 8. (VIII, 781 S.) n. 2 ℛ 6 ngr.

— — 5. Bd. A. u. d. T.: Kleines katechetisches Handbuch. Enthaltend den ersten Unterricht von Gott für die untere, und die Erklärung des kleinen Katechismus für die mittlere Schulklasse. 4. verb. Aufl. Ebend. 860. gr. 8. (VIII, 331 S.) n. 23 ngr.

Schuster, Ignaz, katechet. Handbuch oder faßl. u. gründl. Unterweisung der Jugend in der kathol. Religion. Unter Zugrundelegung seines großen u. kleinen Katechismus ꝛc. 1. Bd. (2 Abthlgn.) 1. Abthl. Für die Christenlehrpflichtigen u. die oberste Schulklasse. 2. Abthl. Für die 2 untern Schulklassen. gr. 8. (28 B.) Freiburg 846, Herder'sche Vrlgsh. *

—— katechetisches Handbuch oder faßl. und gründl. Unterweisung der Jugend in der kathol. Religion. Unter Zugrundelegung seines großen und kleinen Katechismus zugleich aber zum Gebrauch für jeden andern Katechismus. 1. Bd. 2 Abthlgn. (Für die Christenlehrpflichtigen und die oberste Schulklasse. — Für die zwei untern Schulklassen.) 2., verb. Aufl. gr. 8. (X, 362, IV und 76 S.) Freiburg im Br. 848, Herder'sche Vrlgsh. *

—— dass. — 2. Bd. 1. Aufl. (VIII und 444 S.) 1848. und 2., verb. Aufl. gr. 8. (VIII und 357 S.) Ebds. 850. *

—— dass. — 3. Bd. und 4. Bd. 1. Abthl. gr. 8. Ebds. [3. Bd. (VII und 536 S.) 851. * 1 Thlr. 12 Ngr., 4. Bd. 1. Abthl. (S. 1—336.) 852. * 28 Ngr.] *

Schuster, J(gnaz), katechetisches Handbuch oder faßl. und gründl. Unterweisung der Jugend in der kathol. Religion. Unter Zugrundelegung seines großen und kleinen Katechismus zugleich aber zum Gebrauche für jeden andern Katechismus. 4. Bd. 2. Abthl. gr. 8. (X und S. 337—812.) Freiburg im Br. 853, Herder'sche Vrlgsh. *

Schuster, Ign., katechetisches Handbuch oder faßliche und gründliche Unterweisung der Jugend in der katholischen Religion ꝛc. 5. Bd. A. u. d. T.: Kleines katechetisches Handbuch. Enthltd. den ersten Unterricht von Gott für die untere, und die Erklärung des kleinen Katechismus für die mittlere Schulklasse. 854. (X, 304 S.) — 2. verb. Aufl. Freiburg im Br. 855. Herder. gr. 8. (X, 298 S.) n. 22½ ngr.

—— katechetisches Handbuch oder faßliche und gründliche Unterweisung der Jugend in der katholischen Religion. Unter Zugrundlegung seines großen und kleinen Katechismus, zugleich aber zum Gebrauche für jeden andern Katechismus verfaßt. 1—4. Bd. 3., umgearb. Aufl. gr. 8. Freiburg im Br 856—60, Herder'sche Verlagsbuchh. [1. Bd. (VIII und 346 S.) * 25 Ngr., 2. Bd. (VI und 388 S.) * 1 Thlr., 3. Bd. (IV und 554 S.) * 1 Thlr. 12 Ngr., 4. Bd. (VIII und 781 S.) * 2 Thlr. 6 Ngr.] *

—— dass. — 5. Bd. A. u. d. T.: Kleines katechetisches Handbuch. Enthaltend den ersten Unterricht von Gott für die untere, und die Erklärung des kleinen Katechismus für die mittlere Schulklasse. 4., verb. Aufl. gr. 8. (VIII und 331 S.) Freiburg im Br. 860, Herder'sche Verlagsbuchh. Thlr. *

—— kleines katechetisches Handbuch. Enthaltend den ersten Unterricht von Gott für die untere, und die Erklärung des kleinen Katechismus für die mittlere Schulklasse. 2., verb. Aufl. gr. 8. (X und 298 S.) Freiburg im Br. 855, Herder'sche Vrlgsh. * —

— histoire biblique de l'ancien et du nouveau testament ornée de 113 gravures sur bois et d'une carte de la terre sainte. Traduit sur la 48e édition allemande par M. B. Couissinier. Ebend. 870. 8. (VIII, 256 S. mit eingedr. Holzschn., 1 lith. Karte in qu. 4. u. 1 Titelblatt in Holzschn.) n. 7½ ngr.;
Schreibp. 10 ngr.

—— Histoire biblique de l'Ancien et du Nouveau Testament ornée de 113 (eingedr.) gravures sur bois et d'une carte (lithogr.) de la Terre Sainte (in qu. 4.). Traduit sur la 48e édit. allemande par B. Couissinier. gr. 8. (IV, 261 S.) Ebendas. 871. ℳ 1,50.; geb.

— histoire biblique de l'Ancien et du Nouveau Testament ornée de 113 grav. sur bois et d'une carte (lith.) de la Terre Sainte (in gr. 4.) Trad. sur la 58. éd. allemande par B. Couissinier. 8. (IV, 264 S.) Ebend. 872. n. — 75; feine Ausg 1. —

— dasselbe, rédigée en abrégé av. le texte même de la Bible et contenant des notes explicatives sur les passages de l'ancien testament qui correspondent au nouveau. 55. éditions en 4 langues. Traduction de B. Couissinier. gr. 8. (261 S. m. eingedr. Holzschn. u. 1 lith. Karte in gr. 4.) Ebend. 872. 1. 50

— dasselbe. Nouv. éd. 8. (296 S.) Ebend. 875. n. — 80

—— Histoire biblique de l'ancien et du nouveau Testament, ornée de 113 gravures sur bois et d'une carte (lithogr.) de la Terre Sainte. Trad. sur la 58e édit. allemande par l'abbé M. B. Couissinier. 8. (VI, 296 S.) Ebendas. 876. * cart. *
Pracht-Ausg. * ℳ 1,50.; geb. in Leinw. *
Feine Ausg. *
Schul-Ausg. * 80 Pf.; geb. in Halbleinw. *

— histoire biblique de l'Ancien et du Nouveau Testament, ornée de 113 gravures sur bois et d'une carte (lith.) de la Terre Sainte. Traduite sur la 58. éd. allemande par M.-B. Couissinier. (Nouv. éd.) 8. (296 S.) Ebend. 881. n. — 80; geb. in Halbleinw. n. 1. —; in Leinw. n. 1. 80

— histoire biblique de l'Ancien et du Nouveau Testament, ornée de 113 gravures sur bois et d'une carte de la Terre Sainte. Ouvrage traduit sur la 58e éd. allemande par M. D. Couissinier. (Nouv. éd. 1884.) 8. (VII, 296 S.) Ebend. 884. n. — 60; Einbd. n.n. — 10

— histoire biblique de l'Ancien et du Nouveau Testament, ornée de 113 gravures sur bois, de 2 cartes et d'une vue de la Terre Sainte. Ouvrage traduit sur la 58e édition allemande par M.-B. Couissinier. Nouvelle éd. 8. (X, 296 S.) Ebd. 887. n. — 60; cart. n.n. — 70

—— Histoire biblique de l'Ancien et du Nouveau testament. Traduit sur la 58e édit. allemande par M.-B. Couissinier. Édit. 1891. 8. (296 S. m. 113 Holzschn., 2 farb. Karten u. 1 Ansicht d. heil. Landes.) Ebd. 891. * — 60; geb. * — 70

— Histoire biblique de l'Ancien et du Nouveau Testament ornée de 113 gravures sur bois, de 2 cartes et d'une vue de la Terre Sainte. Traduit sur la 58e éd. allemande par M.-B. Couissinier. (Nouvelle éd.) 8. (296 S.) Ebd. 898. n. — 60; Kartonnage n.n.n. — 10

— histoire biblique de l'Ancien et du Nouveau Testament ornée de 113 gravures sur bois, de 2 cartes et d'une vue de la Terre Sainte. Traduit sur la 58e éd. allemande par M.-B. Couissinier. (Nouvelle éd.) 8. (VIII, 296 S.) Ebd. (901). n. — 68; Kartonnage n.n.n. — 12

— Histoire biblique de l'Ancien et du Nouveau Testament ornée de 113 gravures sur bois, de 2 cartes et d'une vue de la Terre Sainte. Traduit sur la 58 éd. allemande par M.-B. Couissinier. (Nouvelle éd.) (XII, 296 S.) 8. Ebd. (904). n. — 68; kart. n.n. — 80

— Histoire biblique de l'Ancien et du Nouveau Testaments ornée de 113 gravures sur bois, de 2 cartes et d'une vue de la Terre Sainte. Traduit sur la 58e éd. allemande par M.-B. Couissinier. 16. éd. (V, 296 S.) 8. Ebd. (907). —70; geb. n — 85

—— Histoire illustrée de l'Ancien et du Nouveau Testament rédigée en abrégé avec le texte même de la Bible et contenant des notes explicatives sur les passages de l'ancien testament qui correspondent au nouveau. 58e édit. en quatre langues. Traduction de B. Couissinier. gr. 8. (261 S. mit eingedr. Holzschn. und 1 lithogr. Karte in gr. 4.) Ebendas. 872.

—— historia sagrada del Antiguo y del Nuevo Testamento para uso de las escuelas católicas. Adornada con 114 láminas y 2 mapas. Traducida de la edición alemana por Vicente Orti y Escolano. 8. (XIV, 269 S.) Ebendas. 887. * geb. **

—— dass. — apéndice, s. Año, el, eclesiástico católico.

— historia sagrada del Antiguo y del Nuevo Testamento para uso de las escuelas católicas. Adornada con 114 laminas y dos mapas. 2. ed. Traducido del la edición alemana por Vicente Orti y Escolano. 8. (XIV, 269 S.) Ebd. 889. n. — 70; geb. n.n. — 80

— dasselbe. Apendice: El año eclesiástico católico. 8. (60 S.) Ebd. 889. n. — 25

—— Historia sagrada del antiguo y del nuevo Testamento para uso de las escuelas católicas. 3. edic. Traducido de la edición alemana por Vicente Orti y Escolano. 8. (XIV, 269 S. m. Abbildgn.) Ebd. 891. * — 70; geb. * — 80

— historia sagrada del antiguo y del nuevo testamento para uso de las escuelas católicas. Adornada con 114 láminas y 2 mapas. Traducida de la ed. alemana por D. Vinc. Ortí y Escolano. 6. ed. 8. (XIV, 268 S.) Ebd. 894. Geb. in Halbleinw. n.n. — 80; apéndice: El año eclesiástico católico. (60 S.) n. — 25

— Historia sagrada del Antiguo y del Nuevo Testamento para uso de las escuelas católicas. Adornada con 114 láminas y 2 mapas. Traducida de la edición alemana por D. Vicente Ortí y Escolano. 7. ed. 8. (XVI, 268 S.) Ebd. 897. n. — 70; geb. in Halbleinw. n.n. — 80

— historia sagrada del Antiguo y del Nuevo Testamento para uso de las escuelas católicas. Adornada con 114 láminas y 2 mapas. 8. ed. española de D. Vicente Ortí y Escolano. 8. (XVI, 268 S.) Ebd. 900. Geb. in Halbleinw. n.n. — 80

— Historia sagrada del Antiguo y del Nuevo Testamento para uso de las escuelas católicas. Adornada con 114 láminas y 2 mapas. 10. ed. española de Vicente Ortí y Escolano. (XVI, 268 S.) 8. Freiburg i/B. (906). Herder. Kart. n.n. — 80

— Historia sagrada del Antiguo y del Nuevo Testamento para uso de las escuelas católicas. Adornada con 114 láminas y 2 mapas. 12. ed. española de Vicente Orti y Escolano. (XVI, 268 S.) 8. Ebd. (909). —70; kart. n — 80

—— abridged History of the Old and New Testament. With 42 plates (1 Holzschntaf. und eingedr. Holzschn.). Translated from the German. gr. 16. (103 S.) Ebendas. 874. *

—— abridged History of the Old and New Testaments. With 43 plates (wood-cuts in the text). Translated from the German. New edit. 12. (91 S.) Ebendas. 882. *

Schuster, Ignaz s. Istoria biblica. Immensee 1909.

—— kleiner Katechismus der kathol. Religion, für die 2 untern Schulklassen. 8. (4½ B.) Freiburg 846, Herder'sche Vrlgsh.

—— kleiner Katechismus der kathol. Religion für die zwei untern Schulklassen. Neue, durchaus umgearb. Aufl. 8. (68 S.) Freiburg im Br. 850, Herder'sche Vrlgsh. *
Weiß Pap.

—— kleiner Katechismus der katholischen Religion für die zwei untern Schulklassen. Neue Aufl. 12. (72 S.) Freiburg im Br. 868, Herder'sche Verlagsh. 1⅓ Ngr.; geb.
Feine Ausg.

—— kleiner Katechismus der katholischen Religion für die zwei unteren Schulklassen. 12. (68 S.) Ebendas. 878. *
geb. *

Schuster, J., kleiner Katechismus der katholischen Religion für die zwei unteren Schulklassen. 8. (68 S.) Freiburg i. Br. 887, Herder'sche Verlagsh. *
geb. **

—— Katechismus der kathol. Religion. gr. 8. (13½ B.) Freiburg 845, Herder'sche Vrlgsh. *

—— Katechismus der kathol. Religion. Neue, durchaus umgearb. Aufl. 8. (XIV und 167 S.) Freiburg im Br. 850, Herder'sche Vrlgsh. *
Weiß Pap.

—— Katechismus der katholischen Religion. Neue Aufl. 12. (172 S.) Freiburg im Br. 868, Herder'sche Verlagsh.
geb.
Feine Ausg.

—— Katechismus der katholischen Religion. 12. (IV, 167 S.) Ebendas. 879. * 30 Pf.; geb. *

Schuster, J(gnaz), und Johs. Bumüller, Lesebuch, s. Bumüller, Johs.

— Deutsches Lesebuch, s.: Bumüller, J.

— u. J. **Bumüller**, Lesebuch für katholische Volksschulen, s.: Bumüller, J.

— Naturgeschichte, s. Bumüller, J.
— Naturlehre,

Schuster, J., Schets der bijbelsche Geschiedenis, bewerkt door P. Timmermans en J. H. Wijnen, volgens de tweede hoogduitsche Uitgaaf. 8. (80 S.) Freiburg 872. Herder'sche Verlagsb. — 50; cart. n. — 60

—— Schets der bijbelsche geschiedenis. Naar het Hoogduitsch bewerkt door P. Timmermans en J. H. Wijnen. 2. uitgave. gr. 16. (115 S. mit eingedr. Holzschn.) Freiburg i. Br. 878, Herder'sche Verlagsh. * 60 Pf.; geb. *

—— schets der bijbelsche geschiedenis, bewerkt door wijlen P. Timmermans en J. H. Wijnen. Naar het Hoogduitsch. 3. uitgaaf. 12. (103 S. mit Holzschn.) Ebendas. 886. * 40 Pf.; geb. *

— schets der bijbelsche geschiedenis. Naar het Hoogduitsch bewerkt door wijlen P. Timmermans en J. H. Wijnen. 4. geillustreerde uitgave, met 48 plaatjes. 12. (103 S.) Freiburg i/Br. 890. Herder. n. — 40; geb. n. — 48

— **schets der bijbelsche geschiedenis. Bewerkt door wijlen P. Timmermans en J. H. Wijnen. Naar het hoogduitsch van Sch. 5. geillustreerde uitgave. 12. (103 S. m. 48 Abbildgn.) Freiburg i/B. 893. Herder. n. — 40; geb. in Halbleinw. n. — 68**

— Schets d. bijbelsche geschiedenis. Naar het Hoogduitsch bewerkt door P. Timmermans en J. H. Wijnen. 7., geillustr. uitg., met 48 plaatjes. 12. (103 S.) Freiburg i/B. 898. Herder. n. — 40; kart. n. — 48

— schets der bijbelsche geschiedenis. Naar het Hoogduitsch bewerkt door P. Timmermans en J. H. Wijnen. 8. geillustr. uitg., met 48 plaatjes. 12. (103 S.) Freiburg i/B. 901. Herder. Kart. n.n. — 48

— Schets der bijbelsche geschiedenis. Naar het Hoogduitsch bewerkt door P. Timmermans en J. H. Wijnen. 9. geïllustr. uitg., met 48 plaatjes. (103 S.) kl. 8. Ebd. 905. Kart. n.n. — 48

— Schets der bijbelsche geschiedenis. Naar het Hoogduitsch bewerkt door P. Timmermans en J. H. Wijnen. 10. geïllustr. uitg., met 48 plaatjes. (103 S.) kl. 8. Ebd. (908). Kart. un — 48

— storia sacra dell' Antico e del Nuovo Testamento per le scuole elementari cattoliche. Con 110 vignette e due carte geografiche. Recata in italiano dal Fr. Chiminello. 8. (X, 264 S.) Ebd. 887. n. — 70; geb. n.n. — 80

Schuster, J., storia sacra dell' antico e del nuovo testamento per le scuole elementari cattoliche. Recata in italiano dal Francesco Chiminello. 2. ed. 8. (X, 264 S. m. 110 Holzschn. u. 2 Karten.) Freiburg i/B. 895. Herder. n. — 70; Einbd. in Halbleinw. n.n.n. — 10

— storia sacra dell' Antico et del Nuovo Testamento per le scuole elementari cattoliche. Con 110 vignette e 2 carte geografiche. 3. ed. italiana del Francesco Chiminello. 8. (X, 264 S.) Ebd. 900. Kart. n.n. — 80

— Storia sacra dell' Antico et del Nuovo Testamento per le scuole ementari cattoliche. Con 110 vignette e 2 carte geografiche. 4. ed. italiana del Francesco Chiminello. (X, 264 S. m. Titelbild.) 8. Freiburg i/B. (907). Herder. — 70; geb. n — 80

— o tala filifilia mai Tusi paia mai le feagaiga tuai ma le feagaiga fou. Ua faaopoopo i ai o faatusa 113 ma le tusi fanua o le fanua paia. Na lilia i le gagana Samoa e le tasi faifeau katoliko o Patele Lotovio. (Schuster's biblische Geschichten in der Samoa-Sprache.) 8. (355 S. m. eingedr. Holzschn. u. e. Holzschntaf.) Ebend. 875. n. 2. —

—— und J. Bumüller: Weltkunde, s. Bumüller, J.

Schuster, Ignaz A., Konrad v. Riesenburg. Schspl. in 4 A. 8. Wien 806. Wallishausser. 6 Ж

— **die Stunde der Vergeltung. Ritterschspl. in 5 A. 8. Wien 807. Wallishausser. 6 Ж**
s. Waldraff d. Wandler.

Schuster, Isaac (Frankfurt)
Promovierte auf Grund seiner Abhandlungen in:
"Das Weltall, ein geographisch-statistisch-naturhistorisches Handwörterbuch."
Frankfurt: Friedrich 1828.
[Lt. Phil. Dekanatsbuch, S. 153.]
Dr. phil. Giessen 30.3.1830.

Schuster, Johann

— Kleiner chemischer Apparat. Pesth, 1830.

Schuster, Johann (Übers.u.Hrsg.):

s.: Orfila, P.M(athéo José Bonaventura): Rettungsverfahren bei Vergiftung und dem Scheintode... (Secours à donner aux personnes empoisonnées ou asphyxiées... Dt.) Pesth: 1819

JB 5.238

Schuster, J(ohann): Rettungsapotheke. (S.155 - 174). Pesth: 1819

s.: Orfila, P.M(athéo José Bonaventura): Rettungsverfahren bei Vergiftung und dem Scheintode... (Secours à donner aux personnes empoisonnées ou asphyxiées... Dt.) Übers...von J.Schuster.

JB 5.238

Schuster, Johann, appr. Arzt: Aus d. Kgl. Hygien. Inst. zu Posen. Hyg.-bakteriol. Abt. (Dir.: Wernicke.) Epidemiologische Studien über Typhus im Anschluß an die Verbreitung desselben im Regierungsbezirk Posen in den Jahren 1894—1908. Greifswald [1910]: Adler. 36 S. 8°

Greifswald, Med. Diss. v. 11. Jan. 1910, Ref. Loeffler

[Geb. 15. Dez. 81 Kollinghorst; Wohnort: Posen; Staatsangeh.: Preußen; Vorbildung: Gymn. Leer Reife O. 00; Studium: Berlin K. W. A. 9 S.; Coll. 18. Dez. 09; Approb. 31. Jan. 07.] [U 10. 1590

Schuster, Jh., System der dualistisch. Chemie d. Prof. Jerem. Jos. Winterl. 2 Thle. gr. 8. Berl. 806, 7. Frölich. 2 ₰ 12 gr (Duncker u. H.) Hbg. Pr. 1 ₰ 8 gr

Schuster, Johann —. Tabellen zur Berechnung der Niederlaggebühr für die in ämtlichen Magazinen eingelagerten Waaren nach dem Ausmaße von 4⁵/₁₀ kr. pr. Zoll Ctr. und Monat. Verfaßt und mit Genehmigung des hohen k. k. Finanz-Ministeriums herausgegeben von — —. 8. (44 pag.) Wien. Gedruckt bei Ferdinand Ullrich. 1853.

Schuster, Jh., Terminologia botanica. 8. Ofen 808. (Eggenberger in Pesth). 9 gr

De Catilinaria conjuratione. Scrips. Joann. Ev. Schuster, G. P. — 1846. Gbb. — S. III—XV. Progr. Landshut

Schuster, Johann Georg (Lauf) A. S. 256/16

Centuria positionum ex universo jure excerptarum. Präs. Wolfgang Adam Lauterbach. In: Vol. IV. disputationum juridicarum Tubingensium. Tübingen 1728. 8 S.

Diss. XI. 1654. 31938

Schuster, Joh. H., leibend. u. sterbend. Jesus in 7 Passionspredigten. 8. Jena, Güth. 751.

— Untersuchungen d. Meinungen v. d. Autor. d. 1529. zu Wittenberg edirten latein. Bibel. 4. Ebend. 750.

Schuster Johann L.: Über jene Gebilde, welche geschlossenen, aus drei tordierten Streifen hergestellten Flächen durch gewisse Schnitte entspringen (mit 5 Taf.). S. 97. IIa. 817 . . . . vgr.

Separatabdruck

Schuster, Joan Traugott, des Szeklers reine Sprache. Ein theoret.-prakt. Lehrbuch für Deutsche zur gründlichen Erlernung der modernen ungar. Schrift- u. Umgangssprache. Nach einer neuen Methode bearb. 1. Cursus. Pest 866. Gebr. Lauffer. br. 8. (XIV, 256 S.) n. 14 ngr.

Schuster, Johannes

—— Beschreibung des königl. Bezirks-Amtes Burglengenfeld. Erläuterung zur Karte des Bezirks-Amtes Burglengenfeld, bearb. für Schulen und den allgemeinen Gebrauch. 8. (32 S. mit 1 color. Kärtchen.) Regensburg 888, Bauhof. **

Schuster, Johs., kleine Höflichkeits- und Anstands-Lehre für Schulkinder. 16. (32 S.) München 887, Oldenbourg, Abteilung für Schulbücher. **

Schuster, Johannes, Schul-Wandkarte des Bez.-Amtes Burglengenfeld. Lithogr. und color. Imp.-Fol. Regensburg 888, Bauhof.

Aufgezogen

Vgl. S. 551: Schuster, Joh., Beschreibung etc.

Schuster, Johannes, appr. Arzt: Ueber Ursache und Behandlung veralteter, irreponibler Ellenbogenluxationen. Leipzig 1905: B. Georgi. (27 S.) 8°

Leipzig, Med. Fak., Ref. Trendelenburg, Diss. v. 28. Juni 1905

[Geb. 28. Dez. 77 Gr.-Ottersleben; Wohnort: Magdeburg; Staatsangeh.: Preußen; Vorbildung: Pädagog. z. Klost. U. L. F. Magdeburg Reife O. 98; Studium: Leipzig 2, Berlin 2, Jena 2, Leipzig 4 S.; Coll. 7. Juli 05; Approb. 27. Febr. 03.]

Schuster, Jos., neue Auflösungs Methode quadratischer Gleichungen. gr. 8. Salzb. 816. Duyle. 4 gr

SCHUSTER, Joseph (München): Der Carbolverband. Seine grossen Vortheile und seine geringen Nachtheile.- München: Wolf 1879. 20 S.
14.5.1879 - Urk (Titel: De ligamentis acido carbolico tinctis.); Chr 1878/79,12
Diss.Ingolst.-Landsh.-Mchn.

Schuster, Jos., der Christ im Gebete zu Gott um Abwendung der zeitlichen Uebel Pest, Hunger und Krieg. 32. (184 S. mit 1 Holzschn.) München 854. (Augsburg, Pilon und Comp.)

Schuster, Jos. (I.), der Christ in seiner Vollendung, s. Christ, der, in seiner Vollendung.

— — Die Expedition des bayer. Hilfskorps nach Griechenland 1832—1835 in sanitätsgeschichtlicher Hinsicht. München 1909. 41 S.

Schuster, Jos., die Expedition des bayer. Hilfskorps nach Griechenland 1832—1835 in sanitätsgeschichtlicher Hinsicht, nach den Akten des k. b. Kriegsarchivs. (B. Militärische Hilfe f. Griechenland, Hilfsbrigade 1832—35. Fasz. 703 Sanitätswesen u. 668, 669, 670, 672, 704.) (S. 325—363.) gr. 8. München (910). (P. Zipperer.)

Sonderabdruck aus: „Oberbayer. Archiv". — 80

—— die Feier der heil. Charwoche in der katholischen Kirche, oder Erklärung der verschied. Ceremonien, welche bei dem kathol. Gottesdienste in dieser heil. Woche üblich sind, nebst Andachtsübungen für den Früh- und Nachmittagsgottesdienst. 8. (104 S.) Würzburg 852, Halm.

—— die Feier des Nachmittags-Gottesdienstes an den Sonn- und Festtagen des katholischen Kirchenjahres. Hrsg. zum Gebrauche der Geistlichen und Lehrer bei öffentl. Andachten. 8. (XII und 576 S.) Schaffhausen 858, Hurter'sche Buchh.

Festgruss. (Gedicht vom Br [Christian Friedr. Heinr.] Sachse, comp. vom Br [Jos.] **Schuster.**) o. O. u. J. 1 Bl. 8° [Kopftit.]
Gesang ohne Noten: „Auf! singt dem Herrn mit Harf' und Psalter!"

Schuster, Jos. (II.), Herr, erhöre mein Gebet! Ein vollständ. Gebetbuch für kathol. Christen. 32. (VIII und 352 S. mit 4 Stahlst. und vielen in den Text gedr. Bildchen in Holzschn.) Würzburg 861, Richter's Verlag.

Mit großem Druck. (VIII und 583 S.)

Schuster, J. Das Grossherzoglich Würzburgische Infanterie-Regiment (jetzt 12. Infanterie-Regiment Prinz Arnulf) in Spanien 1808 bis 1813. München 1900.

Schuster, Joseph: Das Grossherzoglich würzburgische Infanterie-Regiment (jetziges 12. Inf.-Regt. Prinz Arnulf) in Spanien 1808–1813, e. kriegs- u. sanitätsgesch. Jahrhunderterinnerung von Dr. Joseph Schuster, Oberstabsarzt a. D. München: Zipperer in Komm. 1909. 16 S. 8°

—— Instructio practica in missae celebratione, officii divini recitatione et sacramentorum administratione juxta ritum romanum usui clericorum accommodata et prolata. 8. (XVI and 655 S.) Schaffhausen 857, Hurter'sche Buchh.

Schuster, Jos., die Jubiläums-Feier in der katholischen Kirche, oder kurz u. klar gefaßter Unterricht über den Ablaß überhaupt u. den Jubiläums-Ablaß insbesondere, nebst den zur Gewinnung des vom 5. Juni bis 4. Juli d. J. in der Diözese Würzburg stattfindenden Jubel-Ablasses erforderlichen Andachten 2c. 8. verb. Aufl. 16. (64 S.) Würzburg 852, Kellner. 1 1/2 ngr

— Klänge aus der Ewigkeit. Des Christen Ruf zum Vater. Ein vollständiges Gebet- und Andachtsbuch für Katholiken. Würzburg 856. Etlinger. (Berlin, Genrich.) 8. (VIII, 408 S. u. 1 Stahlst.) 12 1/2 ngr; Velinp. mit 2 Stahlst. u. 2 color. Lithogr. 25 ngr

Schuster, Jos., die Kunst, unabhängig vom Zufalle, Erfindungen zu machen, insofern Mathematik das Mittel ist. gr. 8. München, Lentner. 814. Ntblr.

— die Lehre von d. Decimalbrüchen, mit Einschluß der Periodenbrüche. gr. 8 Münch. 814. Lentner. 3 gr

—— katholisches Missionsbuch oder frommes Andenken an die Mission. Enthaltend kurzgefaßte Abhandlungen der vorzüglichsten Glaubens-Wahrheiten und Sittenlehren der christkathol. Kirche, der Standespflichten 2c., sowie Morgen-, Abend- und Meßandachten 2c. 8. (IV und 330 S.) Würzburg 852, Kellner.

Schuster, Jos., der goldene Opfer-Altar des neuen Bundes. Ein vollständiges Gebet- u. Erbauungsbuch für katholische Christen. Mit 5 Stahlst. u. vielen in den Text gedr. Bildchen (Holzschn.). Würzburg 861. Richter. 16. (XII, 640 S.) 1 rb

— die Osterfeier des frommen Christen, oder Anleitung zur Verrichtung einer würdigen Beicht- und Osterkommunion nebst Andachtsübungen für die heil. Charwoche. 2. Aufl. Schaffhausen 857. Hurter. 16. (IV, 237 S.) 10 ngr

— das Marianische Problem, erweitert u. allgemein aufgelöst, sammt e. Anh., od. neue merkwürd. Eigenschaften d. Zahlen entdeckt. 8. Salzb. 811. Duyle. 5 gr

— das Pythagoräische Problem potenzirt. gr. 8. Salzb. 816. Duyle. 3 gr

— vollständ. wechselsweise Reduktion u. Resolution des Mètre def., des Pariser, Wiener u. Münchner Schuhes 2c. 4. Münch. 814. Lentner. 3 gr

— — Das Sanitätswesen der bayerischen Armee in den Kriegen unter Napoleon 1805—1815. Mit 1 Bl. München 1910. 78 S.

— Studien zur Geschichte des Militärsanitätswesens im 17. u. 18. Jahrh. m. besond. Berücksicht. der kurbayerischen Armee. Beiträge zur Geschichte der Medizin. 2. verb. Ausg. (VIII, 97 S.) gr. 8. München 908. J. Lindauer. 2. —
1. Ausg. (VIII, 99 S.) 908. 2. —

— — Theorie der Aehnlichkeit der Figuren, neu erwiesen und erweitert. gr. 8. München, Fleischmann (in Comm.) 817.

Schuster, Jos. Zum Unterrichte in der magyarischen Sprache. 21 S. Progr. *Mediasch* 1885.

— die Volksmissionen der Gegenwart, oder: Darstellung des innern Wesens der Volks-Missionen der kathol. Kirche, ihres Zweckes, der Mittel 2c. nebst einer ungelehrten Widerlegung der gelehrten Einwürfe, welche v. Seite so mancher Missionsfeinde erhoben werden. Zur Belehrung für Jedermann. gr. 12. (24 S.) Würzburg 851, Halm. 4 ngr

Schuster, Jul., ein Beitrag zur Pithecanthropus-Frage, s.a. Sitzungsberichte der königl. bayerischen Akademie der Wissenschaften. Mathem.-phys. Kl. 1909. XVII.

Schuster, Julius: Ein Beitrag zur Pithecanthropus-Frage. (Die paläobotanischen Ergebnisse d. Selenka'schen Trinil-Expeditionen) von --. Mit 1 Profil u. 1 Taf. München: Kgl. Bayer. Akad. d. Wiss. 1910. 30 S. 8°
(Sitzungsberichte d. Kgl. Bayer. Akademie d. Wiss. Math.-physikal. Kl. Jg. 1909. Abh. 17.)

SCHUSTER, Julius (Burgau): Ein Fall von Larynx-Erysipel mit Ausgang in Sepsis in klinischen Zusammenhang mit einer malignen Lymphdrüsen-Erkrankung. - München: Ernst(1900). 22 S.
28.7.1896 - Chr 1896/97,17; Jv 1900/01,246 (Prom.-Datum: 1900)
Diss. Ingolst.-Landsh.-Mchn.

Schuster Julius: Über die Fruktifikation von *Schuetzia anomala* (mit 2 Taf.). S. 120. 1. 1120 . . . . —.80
Separatabdruck

Schuster, Julius: Über die Morphologie der Grasblüte. Jena: Fischer 1909. 54 S. 8° ¶ (Aus: Flora oder Allg. bot. Zeitung. Bd 100, H. 2.)
München, Phil. Diss. v. 5. Juli 1909, Ref. v. Göbel
[Geb. 7. April 86 München; Wohnort: München; Staatsangeh.: Bayern; Vorbildung: Wilhelms-Gymn. München Reife Juni 05; Studium: München 8 S.; Rig. 5. Juli 09.] [U 10. 3696

Schuster, Jul., üb. Nicolien u. Nicolien ähnliche Hölzer. (18 S. m. Abbildgn. u. 3 Taf.) 31,5×25 cm. Uppsala 910. Berlin, R. Friedländer & Sohn. nn 2. 20
Sonderabdruck aus: Kungl. svenska vetenskaps-akademiens handlingar".

Schuster, Julius. Zur Systematik von Castalia und Nymphaea. [Mit 1 Tafel nebst Erklärung.] Extrait du Bulletin de l'Herbier Boissier, (IIme série,) tome 7 (1907), n°s 10, 11 et 12 et tome 8 (1908), n° 1. II S. + S. 853—868 + 901—916 + 981—996 + (t. 8,) 65—74. 8. Genève, Impr. Romet, 1906 [*d. i.* 1908].
Mitteilungen aus dem botanischen Museum der Universität Zürich. [Heft] 35.

Schuster, A. L., lasset uns unsere Gewissen schärfen, wenn wir Knechte Gottes in Christo sein wollen! Synodalpredigt, gehalten in der Peterskirche in Zürich am 24. Oktbr. 1865, nebst einem Anh. enth. eine Uebersicht der zürcher. Synodalpredigten seit dem J. 1834. gr. 8. (22 S.) Zürich 865, Schultheß.

Schuster, K. L., poetische Versuche. 8. Zürich 840. Meyer u. Zeller. 1/8 rf

Schuster, K. W. T., Dictionnaire des langues allemande et française, et française-allemande. — Wörterbuch der deutschen u. französischen Sprache, mit Rücksicht auf Begriffsbestimmung, Ursprung, Verwandtschaft, Umendung und Umwandlung der Wörter, u. mit besond. Bezugnahme auf die in der Arzneikunde, den Naturwissenschaften, dem Handel 2c. üblichen Kunst- und Fach-Ausdrücke. Durchgesehen für das Französische v. A. Régnier in Paris. — Deutsch-Französisch u. Französ.-Deutsch. gr. 8. Leipzig 841—43, Weber. n. 4 rf geb. n. 5 rf

Schuster, Karl, aus Brackwede: Die Entwickelung der russischen Währungsverhältnisse seit dem Krimkriege. *Berlin: M. Günther 1899.* (101 S.) 8°
Würzburg, Jur. Diss. v. 1899

Schuster, Karl, petrographische Ergebnisse der brasilianischen Expedition 1901 der kais. Akademie der Wissenschaften. (Mit e. geolog. Einleitg. von Fritz v. Kerner u. Bemerkgn. üb. die kristallinen Schiefer v. F. Becke.) (93 S. m. 1 Kartenskizze.) gr. 8. Wien 907. A. Hölder. 2. 70
Sonderabdruck aus: „Sitzungsber. d. k. Akad. d. Wiss."

Schuster, Carl [Assistenzarzt II. Kl. im k. b. 2. Infant.-Regim. „Kronprinz"]: Die Leucocyten in ihrer Beziehung zur bactericiden Wirkung des Blutes ... München, kgl. Hof- u. Univ.-Buchdr. v. Dr. C. Wolf & Sohn, 1894; 20 S. 8.
München, Med. Fak., Inaug.-Diss. v. 1895

Schuster, Karl, das Freiburger Münster, s.: Kempf, Frdr.

Schuster, Karl (Lauterbach)
Die Percussion der Milz.
Giessen: W. Keller 1866. 49 S. u. 8 S. Tab.
Diss. med. 17.3.1866. vorh. 26. 7.

Schuster Karl A.: Über die Beziehungen zwischen dem optischen Drehungsvermögen des Cinchonidins und seiner Salze sowie den Einfluß von Lösungsmitteln auf die Rotation (mit 1 Taf.). S. 102. IIb. 98 . . . . vgr.
Separatabdruck

Schuster, Karl August (Sinsleben)
De staphylomate.
[lt. Dekanatsbuch nur handschriftlich eingereicht.]
Dr. med. Giessen 1.12.1834.

Schuster, Karl Gco., das friedensvolle Ende des christl.-weisen Mannes. 8. Füneb. 819. Herold u. W. 4 gr.

— Jesaiae orationem propheticam. Cap. LII, 7. LIII, 12. 4. Götting. 794. Dieterich. 5 gr.

— die ältesten Sagen der Bibel, nach ihrem natürlichft. u. prakt. Inhalt. 8. Füneb. 804. Herold u. W. 1 rf

Schuster, Karl Gf.

— Waldauischer Anhang zu dem Budissiner Gesangbuche. 8. Leipz. 789.

Schuster, Karl Gf., († d. 29. Oct. 1813.) neue Liedersammt. zur Haus- u. Kirchenandacht. 8. Bautzen 784.

s. Kirchenväter, über.

— der Pastor Senior u. sein Amtsgehülfe in ihren Verhältnissen gegen einander, in Rücksicht d. Oberlausitz. 8. Görlitz 805.

s. Versuch e. Oberlausis. Kirchenrechts.

Schuster, Karl Ludwig

(Schuster, Carl Ludwig) Beiträge zur Geschichte der Kirche und Pfarrgemeinde Hombrechtikon am Zürichsee. Eine Festgabe zur hundertjährigen Kirchweihfeier am 23. September 1859. 8. Stäfa.

Schuster, C[arl] L[udwig]. Blätter der Erinnerung an die hundertjährige Kirchweihjubelfeier zu Hombrechtikon am 23 September 1859. Von K. L. Sch'.... *Autographiert.* 8. o. O.

Schuster, C[arl] L[udwig]. Schnebelhorn. Eine idyllische Skizze von K. L. Sch'. [Gedicht in Zürcher Mundart. A.] 8. [Zürich 1862.]

SCHUSTER, KARL STEFAN Rede auf weiland Gräfin Theresa Gyorgy geb. Komtesse Zichy, begraben zu Perkata, 6 April 1821 Ofen 1821 Universitäts-Druckerei 15 S. - 4°

Schuster, L., das Leben unseres Herrn u. Heilands Jesu Christi, f. das deutsche Volk erzählt, frei nach dem Engl. Mit etwa 200 der engl. Ausg. entnommenen Illustr. 42 Lfgn. gr. 4. (528 S.) Hannover 884. 85. Norddeutsche Verlags-Anstalt. à — 50 (cplt.: 20. —; geb. m. Goldschn. n. 25. —)

Schuster, L., Alphabetische Übersicht der Reglementpunkte, die sich auf das Gefecht beziehen. 8°. (20 S.) K 1.—
Wien: Seidel 1909

S[chuster] L. G. F.: Beyträge z. Geschichte d. Wurmtrockniss in der Harz-Gegend vom Jahr 1779 bis 1785. Frankf. a. M. 1787. 56 S. P.

Schuster, Leonhard [app. Arzt aus Bamberg]: Ein Fall von Adenosarkom des Leistenhodens ... Bamberg, Druck v. P. Franke, 1894; 19 S. 8.
München, Med. Fak., Inaug.-Diss. v. 1894

[F.] Fürstbischof Martin Brenner. E. Charakterbild aus d. steirischen Reformations-Gesch. v. Dr. Leopold Schuster, Fürstbisch. v. Seckau. M. d. Portr. Brenners u. 1 Kt. v. Steiermark. *Graz & Leipzig: U. Moser 1898.* (XVI, 910 S., 1 Bl., 16 S., 1 Portr., 1 Kt., 1 Taf.) 1 Bd 8. [98. 4576]

Schuster, Leop., die Ehe kein weltlich Ding, s.a. Sammlung zeitgemäßer Broschüren. Nr. 41.

(F) Schuster, L., Die Ehe kein weltlich Ding! [Sammlung zeitgemäßer Broschüren. Nr. 41.] 8°. (27 S.) K —.10
Graz: Styria 1906.

— kirchl. u. communale Eintheilg. der Stadt Graz m. Angabe d. Stadt-, Pfarr- u. Armenbezirke, sowie deren Ämter u. Kanzleien. gr. 8. (31 S.) Ebd. 892. n. — 40

Schuster, L., zwei Cyklen Fastenpredigten. I. Der gute Hirt. II. Maria Magdalena. 8. (IV, 132 S.) Graz 890. Moser's Buchh. n. 1. 40

Schuster, Leop., zwei Cyklen Fastenpredigten. I. Der gute Hirt. II. Maria Magdalena. gr. 8. (IV, 132 S.) Graz 891. Moser. n. 1. 40

— 2 Cyklen Fastenpredigten. I. Der gute Hirt. II. Maria Magdalena. 2., verb. Aufl. (IV, 132 S) gr. 8. Graz 906. U. Moser. n. 1. 40

— drei Hauptpflichten e. Katholiken, s.a. Sammlung zeitgemäßer Broschüren. Nr. 34.

(F) Schuster, L, Drei Hauptpflichten eines Katholiken (Hirtenschreiben). [Sammlung zeitgemäßer Broschüren. Nr. 34.] 16°. (22 S.) Graz: Styria 1904. K —.10

— hütet euch vor den falschen Propheten, s.a. Sammlung zeitgemäßer Broschüren. Nr. 29.

Schuster, L., Hütet euch vor den falschen Propheten! [Sammlung zeitgemäßer Broschüren. Nr. 29.] 16°. (15 S.) K - .10
Graz: Styria 1903

Schuster, Leop., das große Jubiläum v. 1901. Ein ausführl. Unterricht üb. Ablaß u. Jubiläum, nebst Anweisg. zur Gewinng. desselben m. pass. Gebeten. 12. (192 S. m. Titelbild.) Graz 901. Styria.
Geb. in Leinw. n. — 60

Schuster, L., Johann Kepler u. die grossen kirchlichen Streitfragen seiner Zeit. Eine Kepler-Studie. gr. 8. (VII, 243 S.) Graz 888. Moser. n. 4. —

Schuster, Leop., Monita apostolica ad clerum catholicum, d. i. Väterliche Mahnworte des Stellvertreters Christi an seine geistl. Söhne. (VII, 125 S. m. 1 Bildnis.) kl. 8. Graz 909. Styria. —70; geb. in Leinw. 1. —

— s.: Riehl, Joh., ausgewählte leichtfaßliche Predigten.

Schuster, Leop., St. Anna am Aigen. Gedenkschrift zum 1. hundertjähr. Jubiläum. 8. (60 S.) Graz 886. Moser. n. — 20

— Der größte Schatz der Welt. Das höchste Gut des Christen. (Hirtenschreiben.) (19 S.) kl. 8. Graz 909. Styria. p — 10

— Die Schule e. Heiligtum, s.a. Sammlung zeitgemäßer Broschüren.

(F) Schuster, L., Die Schule ein Heiligtum. (Hirtenschreiben.) [Sammlung zeitgemäßer Broschüren. Nr. 13.] 8°. (16 S.) K —.10 Graz: Styria 1907.

— wo ist der wahre Glaube? Der Abfall e. Spiel?, s.a. Sammlung zeitgemäßer Brochüren. Nr. 39.

Schuster, L., Wo ist der wahre Glaube? Der Abfall ein Spiel? [Sammlung zeitgemäßer Broschüren. Nr. 39] 8°. (20 S.) K 1.10
Graz: Styria

— Zurück zur christlichen Familie!, s.: Sammlung zeitgemäßer Broschüren.

Schuster, Lor., Grundsätze der Moral und Lebensklugheit vom Standpunkte des Christenthums. Leipzig 863. Wengler. 16. (84 S.) n. 5 ngr

Schuster, Lor., Herbstblüten. Gedichte. 16. (127 S.) Leipzig 858, Wengler.

Schuster, Ludwig

Schuster, über die Behandlung des Trippers u. Nachtrippers mit dem Tanninglycerinstabe. [Aus dem „Archiv für Dermatologie u. Syphilis".] Prag 870. Calve. gr. 8. (31 S.) n. 5 ngr

Schuster-Aachen, Bemerkungen über gonorrhoische Arthritis. (4 S.) gr. 8. Leipzig 905. Verlag der Monatsschrift f. Harnkrankh. n. — 50
Sonderabdruck aus: „Monatsschr. f. Harnkrankh."

—— Bemerkungen zur Behandlung und Heilung der Syphilis. gr. 8. (58 S.) Berlin 874, Th. C. F. Enslin. *

Schuster [Ludw.], Diagnostik der Rückenmarks-Krankheiten. gr. 8. (IV, 120 S.) Berlin 882, Th. Chr. Fr. Enslin. *

Schuster, Diagnostik der Rückenmarks-Krankheiten. 2. Aufl. gr. 8. (IV, 156 S) Berlin 884. Th. Ch. F. Enslin. n. 4. —

Schuster, Diagnostik der Rückenmarks-Krankheiten, nebst einem kurzen Anhang: Allgemeine Therapie derselben. Leitfaden für den prakt. Arzt. 3. verm. Aufl. gr. 8. (VI, 194 S. mit 12 Holzschn.) Berlin 886, Th. Ch. F. Enslin. geb. *

— über die Einwirkung warmer Bäder bei Erkrankungen d. Rückenmarkes, s.: Sonderabdrücke der Deutschen Medicinal-Zeitung.

LUDWIG SCHUSTER, Fest-Rede gehalten bei der zehnjährigen Stiftungs-Feier der Alpenvereins-Section München am 9. Mai 1879. München 1879. Akademische Buchdruckerei von F. Straub. 4°.

Schuster, Ludov. (geb. Düren [13. 4.] 1833): De hernia obturatoria. Berolini (1858). (31 S.) 8°
Berlin, Med. Diss. v. 23. Aug. 1858

—— über Ischias und ihre Behandlung mit warmen Bädern. Vortrag, gehalten in der fünften öffentl. Versammlung der balneolog. Sektion der Gesellschaft für Heilkunde in Berlin am 18. März 1883. gr. 8. (14 S.) Berlin 883, Grosser. *
Aus: Deutsche Medizinal-Zeitung, besonders abgedruckt.

— das Schlossbad in Burtscheid, Schlossstr. 18. Heilanstalt f. chronisch Kranke, insbesondere f. Nervenkranke. gr. 8. (4 S.) Aachen 889. (Barth.) — 30

— die Syphilis, deren Wesen, Verlauf u. Behandlung. gr. 8. (VII, 108 S.) Berlin 887. Th. Ch. F. Enslin. n. 3. —

—— Die Syphilis, deren Wesen, Verlauf u. Behandlung. 3. verm. Aufl. gr. 8. (X, 162 S.) Berl. 891, Schoetz. * 4 —

— die Syphilis, deren Wesen, Verlauf u. Behandlg. Nebst kurzer Besprechung des Ulcus molle, der Gonorrhoe u. des Gonorrhoismus. 4. verm. Aufl. (XII, 228 S.) gr. 8. Berlin 903. R. Schoetz. n. 5. —
Einbd. in Leinw. n.n.n. — 50

Schuster, die Aachener Thermen. Verhaltungsregeln bei ihrem Gebrauche nebst Besprechg. ihrer Wirkgn. f. Aerzte und Curgäste. (Veränd. Aufl. der früher erschien Verhaltungsregeln.) 8. (116 S. m. 1 lith. Karte in Fol.) Aachen 872. Kaatzer. geb. n. 2. —

Schuster (L.), die Aachener Thermen. Verhaltungsregeln bei ihrem Gebrauche nebst Besprechung ihrer Wirkungen, sowie die der Burtscheider Thermen. 3. veränd. Aufl. 8. (132 S. mit 1 lithogr. Plan in gr. Fol.) Aachen 876, Kaatzer's Buchh. cart. *

Schuster, Ludw., alphabetische Uebersicht der Reglementpunkte, die sich auf das Gefecht beziehen. (20 S.) kl. 8. Wien (909). (L. W. Seidel & Sohn). 1. —

Schuster, Verhaltungsregeln beim Gebrauche der Aachener Thermen für Kurgäste. Aachen 866. Mayer. 8. (72 S.) n. 10 ngr

—— Wann dürfen Syphilitische heiraten? 1.—5. Aufl. gr. 8. (28 S.) Ebd. 890. * 1 —

— wann dürfen Syphilitische heiraten? 6. Aufl. gr. 8. (28 S.) Ebd. 898. n. 1. —

Schuster, M., Quomodo Plautus Attica exemplaria transtulerit. Diss. 1884. 71 S 3.—

Schuster, M. A., zwei Jubelpredigten, geh. zu Deutsch-Kreuz am 8. Oktbr. 1882 u. am 29. Aug. 1886. gr. 8. (22 S.) Kronstadt 887. (Hermannstadt, Michaelis.) n.n. — 40

Schuster, M. A., Lehrbuch d. Rechenkunst. 1. Thl. Das Rechnen m. unbenannten Zahlen. 8. Kronstadt 841. (Németh.) n. 1 ℳ 12 𝔫𝔤

Schuster, M. J., die Akklimatisierung der exotischen Vögel, sowie Zähmg., Abrichtg., Züchtg. rc. u. Krankheiten, besonders der Papageien, auf 30jähr. eigenen Versuchen u. Erfahrgn. beruhend. 2. Aufl. 8. (64 S.) Jena 890. Costenoble. n. 1. —

Schuster, M. J., d. Buchführung in d. Volks-, Mittel- u. Töchterschule, sow. z. Selbstunterr. gr. 8. (32 S.) Wittenberg 895. R. Herrosé. n. — 25

Schuster, M. J., die einheimischen Drosseln, ihre Zucht u. Pflege, s.: Universal-Bibliothek f. Thierfreunde.

Schuster, M. J., die Ente im Dienste der Land- u. Volkswirthschaft, sowie als Ziervogel. 2. Aufl. 8. (IV, 56 S.) Ilmenau 886. Schröter. n. — 75

— die Gans im Dienste der Land- u. Volkswirthschaft sowie als Ziervogel. 2. Aufl. 8. (VII, 74 S.) Ebend. 886. n. 1. —

— das Huhn im Dienste der Land- u. Volkswirthschaft, sowie d. Sports. 8. (VII, 160 S.) Ebend. 885. cart. n. 2. —

— das Huhn im Dienste der Land- u. Volkswirthschaft, sowie d. Sports. 2. Aufl. 8. (VII, 160 S.) Ilmenau 887. Schröter. n. 2. —

— der Hundefreund. Ein Lehr- u. Unterhaltungsbuch. 1. u. 2. Aufl. 8. (VIII, 154 S.) Ilmenau 893. 894. A. Schröter. n. 2. —; geb. n. 2. 80

— d. Hunde-Freund. E. Lehr- u. Unterhaltungsbuch. 3. Aufl. 8. (VIII, 154 S.) Ilmenau 895. A. Schröter. n. 2. —

Schuster, M. J., die Cultur der Obstbäume in Töpfen oder Kübeln. 8. (60 S.) Leipzig 878, H. Voigt. *

— Lehrbuch der Kaninchen-Zucht. 1. u. 2. Aufl. 8. (162 S.) Ebd. 894. n. 2. —; geb. in Leinw. n. 2. 80

— Lehrbuch der Taubenzucht. 8. (237 S.) Ebd. 894. n. 3. —

— einträgliche Nutzgeflügelzucht. Anleitg. zur nutzbring. Zucht der Hühner, Gänse, Enten, Truthühner u. Tauben, unt. Berücksicht. d. Geflügelkrankheiten u. ihrer Heilung. Nach 30jähr. Erfahrg. hrsg. 8. (128 S.) Oranienburg 895. E. Freyhoff. n. 1. 50

—— der Papageien-Freund. Die Beschreibung, Pflege, Zucht, Abrichtung ꝛc. sämmtl. bis jetzt bekannten Papageien. 8. (150 S.) Ebendas. 884. *

— der Papageien-Freund. Die Beschreibg., Pflege, Zucht, Abrichtg. ꝛc. sämmtl. bis jetzt bekannten Papageien. 2. Aufl. 8. (15 S.) Ebend. 886. n. 2. —

Schuster, M. J. Der Papageien-Freund. Beschreibung, Pflege, Zucht, Abrichtung ꝛc. sämtl. bis jetzt bekannten Papageien. 3. Aufl. 8. (148, II S.) Ilmenau 891, Schröter. * 2 —; geb. * 2 80

— dasselbe. 4. u. 5. Aufl. 8. (160 S.) Ebd. 898. n. 2. —

—— der Schwan als Zier- und Nutzvogel. 8. (III, 21 S.) Ebendas. 884.

Schuster, M. J., der Schwan als Zier- und Nutzvogel. 2. Aufl. 8. (III, 21 S.) Ilmenau 886, Schröter.

— so sollt Ihr Euch nähren! Mit Separat-Anh.: Kunstgriffe f. die Küche. 8. (63 S.) Frankfurt a/M. 893. Jaeger's Verl. n. — 80

— dasselbe, s.: Rührig, Wilhelmine, Kochbuch für's Deutsche Haus.

— die Sprechpapageien, s.: Universal-Bibliothek f. Thierfreunde.

—— der Tauben-Freund oder auf Erfahrung gegründete Belehrungen über das Ganze der Taubenzucht, namentlich die verschiedenen Arten und Abarten, Nahrung und Fortpflanzung, Behandlung, Pflege, Nutzen und Schaden, Züchtung, Feinde und Krankheiten der Tauben. 10. Aufl., verb., theilweise umgearb. und verm. 8. (123 S.) Ebendas. 888. *

— der Tauben-Freund od. auf Erfahrg. gegründete Belehrgn. üb. das Ganze der Taubenzucht. 12. Aufl. 8. (116 S.) Ebd. 890. n. 1. —; geb. n. 1. 50

—— Der Tauben-Freund. 13. Aufl. 8. (116 S.) Ebd. 891. * geb. *

— der Tauben-Freund od. auf Erfahrg. gegründ. Belehrgn. üb. das Ganze d. Taubenzucht, namentl. d. verschied. Arten u. Abarten, Nahrg. u. Fortpflanzg., Behandlg., Pflege, Nutzen u. Schaden, Züchtg., Feinde u. Krankheiten der Tauben, nebst e. kleinen Taubenlexikon als Anh. 15. Aufl. Verb., theilweise umgearb. u. bedeutend verm. 8. (116 S.) Ilmenau 895. A. Schröter. Geb. n. 2. —

— dasselbe. 14. Aufl. Verb., teilweise umgearb. u. verm. (Kleine Ausg.) 12. (122 S.) Ebd. 894. n. 1. —

— der Tauben-Freund od. auf Erfahrg. gegründ. Belehrgn. üb. das Ganze d. Taubenzucht, namentl. d. verschied. Arten u. Abarten, Nahrg. u. Fortpflanzg., Behandlg., Pflege, Nutzen u. Schaden, Züchtg., Feinde u. Krankheiten der Tauben, nebst e. kleinen Taubenlexikon als Anh. 15. Aufl. Verb., theilweise umgearb. u. bedeutend verm. 8. (116 S.) Ilmenau 895. A. Schröter. Geb. n. 2. —

Schuster, M. J., die Tierzucht des kleinen Mannes. (Nutzbringende Anleitg. zur Haltung u. Pflege der Ziegen, Kaninchen, Hühner, Gänse, Enten, Tauben etc.) (88 S.) 8. Berlin (904). E. Freyhoff. n. 1. —

Schuster M. J.: Das Truthuhn. Gesammelte Erfahrungen. Kaiserslautern 1878. (Paa Omsl.: 1879). 32 S. P.

—— das Truthuhn. Gesammelte Erfahrungen. gr. 8. (30 S.) Kaiserslautern 879, Kayser. *

— Truthuhn, Perlhuhn, Fasan u. Pfau als Nutz- u. Ziervögel. 8. (VII, 115 S.) Ebend. 885. n. 1. 50

— Truthuhn, Perlhuhn, Fasan u. Pfau als Nutz- u. Ziervögel. 2. Aufl. 8. (VII, 115 S.) Ebd. 887. n. 1. 50

Schuster, M. J., Vortheile der rationellen Kaninchenzucht. 8. (26 S.) Wiesbaden 876. Rodrian. n. — 80

—— das Wassergeflügel im Dienste der Land- und Volkswirthschaft, sowie als Zierde, enthaltend gründl. Anleitung zur rationellen Zucht der Gänse, Enten und Schwäne. 8. (XII, 74, 56, 21 S.) Ebendas. 884. *

— das Wassergeflügel im Dienste der Land- u. Volkswirthschaft, sowie als Zierde, enth. gründl. Anleitg. zur rationellen Zucht der Gänse, Enten u. Schwäne. 2. Aufl. 8. (XII, 74; 56 u. 21 S.) Ebend. 886. n. 2. —

— Die Weber-Vögel, s. Universal-Bibliothek f. Thierfreunde.

— die Züchtung der Exoten, s.: Universal-Bibliothek f. Thierfreunde.

Schuster, Martin

Schuster, M.: Ein Beitrag zur Statistik des ev. Gymnasiums A. B. zu Hermannstadt und der mit demselben verbundenen Lehranstalten in den 20 Jahren von 1851 - 1870. I. Th. 3 - 44 u. 5 Tab. II. Th. 81 S. u. 9 stat. Tab. – Progr. Hermannstadt ev. G., 1872.

Schuster, Mart., die Ernteergebnisse auf dem ehemaligen Königsboden in den J. 1870, 1871, 1873 und 1874 auf Grund amtlicher Erhebungen; nebst einer Uebersicht über die Bevölkerungsverhältnisse und die Auftheilung der Bodenfläche auf die verschiedenen Kulturen. Hrsg. vom siebenbürgisch-sächs. landwirthschaftlichen Vereine. Lex.-8. (V, XXIV, 95 S.) Hermannstadt 878, (Michaelis.) *

Schuster, Martin, über Maß- u. Gewichts-Systeme. (Vorgetragen im Hermannstädter Bürger- u. Gewerbeverein.) Hermannstadt 869. (Michaelis.) 8. (18 S. mit 1 Tab. in qu. 4.) n. 3 ngr.

—— über Münz-Systeme. [Vorgetragen im Hermannstädter Bürger- und Gewerbeverein.] 8. (20 S.) (Ebendas.) 869. *

Schuster, *Mathias* Elektrische Einrichtung im physikalischen Cabinete des hiesigen Gymnasiums. 8 (S. 23—24).
Progr. K. k. Staats-G. *Ried* 1895.

Schuster, Mathias Zum stereometrischen Unterrichte in der VI. Classe an österreichischen Gymnasien. 8 (10 S.).
Progr. K. k. Staats-G. *Ried* 1893.

Schuster, Matthäus, Assist. an d. Geognost. Abt. d. Kgl. Oberbergamts zu München: Beiträge zur mikroskopischen Kenntnis der basischen Eruptivgesteine aus der bayerischen Rheinpfalz. 1907. 69 S., 1 Kt. 4⁰ ¶ Aus: Geognost. Jahreshefte. Jg. 19. 1906.
München, Dr.-Ing.-Diss. v. 21. 2. 1907

Schuster, Mauriz: De Apollodoris poetis comicis. Accedit fragmenti cuiusdam Apollodori interpretatio. 35 S. 8.
Progr. K. k. Staats-Ober-Gymn. *Wiener-Neustadt* 1907.

Schuster, Mauriz, s.: Catullus', Valerius, sämtliche Dichtungen.

*Schuster, Mauriz: De C. Sollii Apollinaris Sidonii imitationibus studiisque Horatianis. S. 3—44. 8. (Pars posterior. (Umschlagtitel: pars altera)). S. 5—30. 8.
Kaiser Franz Joseph I. Kommunal-Gymn. *Mährisch-Ostrau* 1905. 1906
Progr.

— De C. Sollii Apollinaris Sidonii imitationibus studiisque Horatianis, Gel. 1911
71 S.

— Laute des Lebens. Dichtungen. (135 S.) kl. 8. Leipzig 909. Verlag f. Literatur, Kunst u. Musik. 2.50

Schuster, Mauriz: Drei Lieder des Bakchylides (Nr. 17. 18. 5. Auch mit deutscher Übersetzung.) S. 3—21. 8.
Progr. K. k. Staats-Ober-Gymn. *Wiener-Neustadt* 1908.

Schuster, Max

Schuster, Max *Sigismund* [Dr.]: Aufgaben für den Anfangsunterricht in der Geometrie. Für d. Schulgebrauch bearb. Oldenburg i. Gr., Druck v. A. Littmann, 1897; 1 Bl., 42 S. 4.
Oldenburg, st. OR u. VS, OP 1897 (699)

Schuster, M., Aufgaben f. d. Anfangsunterr. in d. Geometrie. F. den Schulgebrauch bearb. gr. 8. (III, 96 S.) Oldenburg 898. A. Littmann. Geb. n. — 80

Schuster, M., geometrische Aufgaben. Ein Lehr- u. Übungsbuch zum Gebrauch beim Unterricht an höheren Schulen. Ausg. A. Für Vollanstalten. Mit 2 lith. Taf. gr. 8. (VIII, 147 S.) Leipzig 899. B. G. Teubner. Geb. in Leinw. n. 2. —

— dasselbe. Ausg. B. Für Progymnasien u. Realschulen. Mit 2 lith. Taf. gr. 8. (VII, 111 S.) Ebd. 899. Geb. in Leinw. n. 1. 60

— dasselbe u. Lehrbuch der Geometrie. Planimetrie — Stereometrie — ebene u. sphär. Trigonometrie. Nach konstruktivanalyt. Methode bearb. Ausg. A: Für Vollanstalten. 2. Tl.: Trigonometrie. Mit 1 lith. Taf. gr. 8. (VII, 112 S.) Ebd. 903. Geb. in Leinw. n. 1. 60

Schuster, M., geometrische Aufgaben u. Lehrbuch der Geometrie. Planimetrie — Stereometrie — ebene u. sphär. Trigonometrie. Nach konstruktiv-analyt. Methode bearb. Ausg. A: Für Vollanstalten. 1. Tl. Planimetrie. 2., nach den preuss. Lehrplänen v. 1901 umgearb. Aufl. (X, 154 S. m. 2 lith. Taf.) gr. 8. Leipzig 903. B. G. Teubner. Geb. in Leinw. n. 2. —

— dasselbe. Ausg. B. Planimetrie f. Progymnasien u. Realschulen. 2. Aufl. (VIII, 118 S. m. 2 Taf.) 8. Ebd. 906. Geb. n. 1. 80

Schuster, M., geometrische Aufgaben u. Lehrbuch der Geometrie. Planimetri — Stereometrie — ebene u. sphär. Trigonometrie. Nach konstruktiv-analyt. Methode bearb. Ausg. A: Für Vollanstalten. 1. u. 3. Tl. 8. Leipzig, B. G. Teubner. Geb. 4. —
1. Planimetrie, 3. Aufl. (X, 158 S. m. 2 lith. Taf.) 908. Geb. 2. 20
3. Stereometrie. 2., nach den preuss. Lehrplänen von 1901 umgearb. Aufl. (VI, 104 S. m. 2 Taf.) 908. Geb. 1. 80

— dasselbe. Ausg. B. Planimetrie f. Progymnasien u. Realschulen. 3. Aufl. (VIII, 118 S. m. 2 Taf.) 8. Ebd. 910. Geb. 1. 80

— dasselbe u. Lehrbuch der Geometrie f. Mittelschulen. (Ausg. C der „Geometr. Aufgaben".) Unter Mitwirkg. v. Bieler bearb. gr. 8. (VIII, 88 S. m. 1 lith. Taf.) Ebd. 901. Geb. in Leinw. n. 1. 40

— stereometrische Aufgaben. Ein Lehr- u. Übungsbuch zum Gebrauch beim Unterricht in den oberen Klassen höh. Schulen. Mit besond. Berücksicht. der Methoden der darstell. Geometrie bearb. Mit 1 lith. Taf. gr. 8. (VII, 80 S.) Ebd. 901. Geb. in Leinw. n. 1. 40

Schuster, M., d. Buchführung d. Handwerkers u. Landwirts, nebst d. Wichtigsten aus d. Lehre v. Wechsel. E. Anschauungs- u. Uebungsbuch f. d. Hand d. Fortbildungsschüler, sowie f. Handwerker, Landwirte u. klein. Kaufleute. gr. 8. (II, 54 S.) Stuttgart 896. W. Kohlhammer. n. — 60

— Bürgerkunde f. d. Fortbildungsschulen sow. f. jeden Angehörigen d. Königr. Württemberg. 2. Aufl. gr. 8. (VI, 54 S.) Eßlingen 896. Stuttgart, A. Lung. n. — 60

Schuster, M., kleine Bürgerkunde f. jeden Württemberger. Das Wichtigste aus den Reichsgesetzen u. dem württemb. Landrecht. Nebst prakt. Anleitg. zur Selbsterlernung der einfachen Buchhaltg. gr. 8. (58 u. XVIII S.) Eßlingen 894. A. Lung. n. — 50

— Über Findlinge aus dem vicentinischen Basalttuffe. S. 97. I. 58 . . .
Separatabdruck

— Geschäftsaufsätze u. Geschäftsbriefe. Ein Hilfs- u. Uebungsbuch im schriftl. Gedankenausdruck f. d. Hand d. Fortbildungsschüler. In gedrängter Fassg. bearb. 2. Aufl. gr. 8. (I, 49 S.) Ebd. 896. n. — 35

Schuster, Max, der geschichtliche Kern v. Hauffs Lichtenstein, s. a. Darstellungen aus der württembergischen Geschichte. 1. Bd.

Der geschichtliche Kern von Hauffs Lichtenstein. Von Max Schuster. (Vorr.: Archivrat Dr. [Eugen] Schneider.) *Stuttgart: W. Kohlhammer 1904.* (358 S.) 8° [J.]
— **Darstellungen** aus d. Württembergischen Geschichte. Bd 1.

Schuster, Max, das Konkurs-Verfahren an einem praktischen Falle dargestellt, [mit allen Anträgen, Entscheidungen, Verfügungen hierauf, Protokollen, Forderungsanmeldungen, Einträgen in die Tabellen, Obliegenheiten des Gerichtsschreibers und Konkursverwalters, sowie den Hauptbestimmungen des Konkursrechtes] unter besond. Berücksicht. der bayer. Gesetze und Ministerialvorschriften für Amtsrichter, Rechtsanwälte, Gerichtsschreiber, Konkursverwalter, Gerichtsvollzieher und Jeden, der in Konkurssachen betheiligt ist. 1. und 2. Abdr. 8. (IV, 46 S.) Nördlingen 880, Beck'sche Buchh. cart. *

Schuster, Max, aus Nagold: Wilhelm Hauffs Roman 'Lichtenstein' nach seiner literarhistorischen Stellung. *Stuttgart 1904: W. Kohlhammer.* (42 S.) 8° [F.] ¶(Schlußkapitel d. Werks: Der geschichtl. Kern von Hauffs Lichtenstein = Darstellungen aus d. Württemb. Gesch., Bd 1.)
Tübingen, Phil. Diss. v. 1904

Schuster, Max, über die optische Orientirung der Plagioklase. Lex.-8. (9 S. mit 2 eingedr. Holzschn.) Wien 879, (Gerold's Sohn.) *
Aus: Sitzungsberichte der k. Akademie der Wissenschaften, besonders abgedruckt.

Schuster, Max (I.), Resultate der Untersuchung des nach dem Schlammregen vom 14. Octbr. 1885 in Klagenfurt gesammelten Staubes. Lex.-8. (36 S. mit 2 Taf.) Wien 886, (Tempsky.) *
Aus: Sitzungsberichte der k. Akademie der Wissenschaften, besonders abgedruckt.

Schuster, Max (II.), und Karl Schreiber, über Schadenersatz nach österreichischem Recht. gr. 8. (VI, 72 S.) Wien 885, Manz'sche Hof-Verlags- und Universitäts-Buchh. *
Aus: Stubenrauch's Commentar zum österreichischen allgemeinen bürgerlichen Gesetzbuche, 4. neubearb. Aufl., besonders abgedruckt.

—— das amtsgerichtliche Verfahren in Schuldklagesachen [Mahnverfahren, ordentlicher Prozeß, Arrest und Zwangsvollstreckung]. Ein Handbüchlein mit prakt. Beispielen und Formularen, hauptsächlich für Geschäftsleute und Jeden, der eine Forderung beizutreiben hat. 1.—3. Abdr. 8. (30 S.) Ebendas. 880. cart. *

— Verfassungs- u. Gesetzeskunde f. die Fortbildungs- u. Sonntagsschulen des Königr. Württemberg. gr. 8. (IV, 58 S.) Ebd. 894. n. —50

Schuster, Mich., zwei Abhandlungen. I. Wie ist d. Compensations-Recht geltend zu machen? II. Ist der Uebernehmer e. verpfänd. Grundstückes den Hypothekar-Gläubigern persönlich, folglich mit seinem Vermögen verpflichtet? Lex.-8. (10 B.) Wien 850, (v. Mösle sel. Wtwe. u. Braumüller.)

Der bestimmte Artikel im Rumänischen und im Albanesischen. Von Michael Schuster. Hermannstadt. 1883. 4°.

Schuster, Mch.: Ueb. d. Baurecht, Verbietungsr., d. Gebrauch u. Nichtgebrauch von Dienstbarkeit, Ersitzung u. Verjähr. ders., dann üb. d. einzelnen Arten d. Dienstbarkeiten n. d. röm. u. österreich. Recht. *Prag*, Enders. 819. gr. 8. (3 Thl.)

Schuster, Mich.: Ueb. Baurecht, Verbietungsrecht, den Gebrauch u. Nichtgebr. d. Dienstbarkk., dann üb. die einzelnen Gattungen, Ersitzung u. Verjähr. derselben, nach dem röm. u. östreich. Recht bearbeitet. *Prag*, (Enders.) 819. gr. 8. (3 Thl.)

Schuster, Mich.: Theoret.-pract. Commentar üb. das allgem. bürgerl. Gesetzb. für die gesammt. deutsch. Erbländer der österr. Monarchie. 1. Bd. *Prag*, (Enders.) 818. gr. 8. (3 Thl.)

Schuster, Mor., Hermann v. Hermannstadt. Ein froher Sang aus Siebenbürgens Vorzeit. (97 S.) 8. Hermannstadt 903. (W. Krafft.) n. 1.19; geb. n.n. 2.04

Schuster, Mor., Katechismus der Satzlehre und Satzzeichenlehre nebst einem Anhange über die Rechtschreibung. Nach Becker's Grammatiken und Wurst's Sprachdenklehre bearb. u. mit Beispielen aus den Klassikern versehen. Leipzig 854. Baensch. (Gräbner.) gr. 8. (VII, 102 S.) n. 8 ngr

Schuster, Moritz: Ein Vorschlag zur Lösung der Agrarfrage. *Tübingen 1898: H. Laupp jr.* (58 S.) 8°
Erlangen, Phil. Diss. v. 29. Juni 1897

Schuster, N., Vorschlag zur Lösung der Agrarfrage. 8°. Tübingen 1898.

Schuster, O., u. F. A. Francke, Geschichte der sächsischen Armee von deren Errichtung bis auf die neueste Zeit. Unter Benutzg. handschriftl. u. urkundl. Quellen dargestellt. 3 Thle. Mit 37 Skizzen auf 16 (lith.) Taf. gr. 8. (XII, 226; VI, 393 u. VII, 421 S.) Leipzig 885. Duncker & Humblot. n. 22. —; geb. n. 25. —

Schuster, Osc., die alten Heidenschanzen Deutschlands mit specieller Beschreibung des Oberlausitzer Schanzensystems. [Mit einer (lith.) Uebersichtskarte u. 2 (lith.) Plänen in qu. 4. u. Fol.) Dresden 869. Türk's Verl. gr. 8. (III, 138 S.) n. 25 ngr

Schuster, Oscar, approb. Arzt aus Dresden: Aus d. Städt. Krankenhause zu Kiel. Ueber die Tuberkulose bei Handwerksburschen, Gelegenheitsarbeitern und Landstreichern. *Kiel 1901: P. Peters.* (20 S.) 8°
Kiel, Med. Diss. v. [25. Aug.] 1901

Schuster, P., der Elektromotor in der Werkstätte d. Handwerkers u. in der Landwirtschaft. Für Betriebsleiter, Werkmeister u. Techniker, Installationsgeschäftsinhaber u. deren Monteure, f. Akquisiteure, sowie f. Gewerbetreibende jeder Art u. die Bibliotheken gewerbl. Vereiniggn. gemeinverständlich dargestellt. (114 S. m. 96 Abb.) gr. 8. Reutlingen (909). Enßlin & Laiblin. Geb. in Leinw. 3. —

Schuster, P., üb. die erhaltenen Porträts der griechischen Philosophen. Mit 4 Taf. in Lichtdr. Lex.-8. (VIII, 27 S.) Leipzig 876. Breitkopf & Härtel. 4. —

Schuster, P. R., de veteris Orphicae theogoniae indole atque origine. Accedit epimetrum de Hellanici theogonia Orphica. Leipzig 869. Lorentz. gr. 8. (IV, 100 S.) n. 18 ngr

Schuster, Paul: Statistische und klinische Analyse der in den Jahren 1852—1906 auf der medizinischen Klinik zu Freiburg i. B. beobachteten Fälle von Erysipelas. Hamburg 1907: Buchdr. „Hammonia" M. Lehnert. (62 S.) 8°
Freiburg i. B., Med. Fak., Ref. Bäumler, Diss. v. 1907
[Geb. 17. Aug. 77 Kirchhain (Prov. Brandenburg); Wohnort: Freiburg i. B.; Staatsangeh.: Preußen; Vorbildung: Gymn. Wurzen (Sachsen) Reife M. 92; Studium: Greifswald 2, Straßburg 2, Würzburg 2, Freiburg i. B. 3 S.; Coll. 5. Aug. 04; Approb. 23. Aug. 07.]

Schuster, Paul, approb. Arzt aus Frankfurt a. M.: Aus d. Universitäts-Augenklinik ⟨Prof. Axenfeld⟩ Freiburg i. B. Zur pathologischen Anatomie der Orbitalfraktur ⟨Hernia orbitocerebralis⟩ sowie über isolierte Augenmuskellähmungen bei Basisfraktur. *Freiburg i. B.: Speyer & Kaerner 1902.* (39 S.) 8°
Freiburg i. B., Med. Diss. v. 1902

Schuster, Paul, zur pathologischen Anatomie der Orbitalfraktur (Hernia orbitocerebralis), sowie über isolierte Augenmuskellähmungen bei Basisfraktur. Diss. gr. 8. (38 S. m. 1 Taf.) Freiburg i/B. 902. Speyer & Kaerner. n. 1.20

Schuster, Paul, Aufgaben aus der Erd- u. Himmelskunde als Übungsbeispiele f. d. sphärische Trigonometrie gruppenweise zusammengestellt u. erläutert. gr. 8. (24 S. m. Fig.) Breslau 903. Preuß & Jünger. Kart. n. 1.—; Auflösungen. (24 S.) n. 1.—

Schuster, Paul, Auflösungen zu den Aufgaben aus der Erd- u. Himmelskunde rc. (Neue Aufl.) (24 S.) 8. Breslau 906. Preuß & Jünger. Kart. n. 1. —

Schuster, Paul, Bestimmungsarten der quadratisch-involutorischen Transformation. Inaugural-Dissertation. gr. 8. (38 S.) Breslau 882, (Köhler.) *

Schuster, Paul: Aus d. Psychiatr. u. Nervenklinik d. Universität Kiel. Zur Diagnose der Lues cerebrospinalis. Kiel 1910: Fiencke. 22 S. 8°
Kiel, Med. Diss. v. 29. Juli 1910, Ref. Siemerling
[Geb. 30. Sept. 83 Elberfeld; Wohnort: Elberfeld; Staatsangeh.: Preußen; Vorbildung: Gymn. Barmen Reife O. 04; Studium: Bonn 2, Kiel 3, München 2, Kiel 3 S.; Coll. 8. Juni 09; Approb. 24. Juni 10.] [U 10. 2176

Schuster, Paul [aus Köln]: Die Guajak-Blutreaktion und ihre klinische Brauchbarkeit.... Bonn, Buch- u. Steindr. Joseph Bach Wwe., 1890; 29 S. + 1 Bl. 8°
Bonn, Med. Fak., Inaug.-Diss. v. [5. Jul.] 1890

Schuster, Paul, das Nervensystem u. die Schädlichkeiten d. täglichen Lebens, s.a. Wissenschaft u. Bildung.

Das Nervensystem und die Schädlichkeiten des täglichen Lebens. Von Dr. P(aul) **Schuster**, Privatd., Berlin. Leipzig: Quelle & Meyer 1908. (133 S.) 8° [F.]
— **Wissenschaft** u. Bildung. 19. [07. 13703]

Schuster, Paul, Perpetua, s. Universal-Bibliothek Nr. 731.

Schuster, Paul [Dr.]: Sammlung von geometrischen Oertern als Uebungsbeispiele für die analytische Geometrie der Ebene. Gross-Glogau, Druck v. C. Flemming, *1894;* 22 S. 8.
Gross-Glogau, k. Kath. G, OP 1894 (186)

Schuster, Paul, psychische Störungen bei Hirntumoren. Klinische u. statist. Betrachtgn. Mit e. Vorrede von E. Mendel. gr. 8. (VIII, 368 S.) Stuttgart 902. F. Enke. n. 10. —

Schuster, Paul, d. Untersuchg. u. Begutachtg. bei traumatischen Erkrankgn. d. Nervensystems. E. Leitfaden f. Praktiker. M. e. Vorwort v. E. Mendel. gr. 8. (X, 196 S.) Berlin 899. S. Karger. n. 4. —; geb. n. 5. —

Schuster, Paul, experimentelle Untersuchung d. Strömungsvorgänge in e. Schnelläufer-Francis-Turbine, unter Anwendung e. neuen Verfahrens zur Bestimmung v. Stromrichtungen m. Pitot-Röhren, s.a. Mitteilungen üb. Forschungsarbeiten auf dem Gebiete des Ingenieurwesens. 82. Heft.

Schuster, Paul: Experimentelle Untersuchung der Strömungsvorgänge in einer Schnelläufer-Francis-Turbine, unter Anwendung einer neuen Methode zur Bestimmung von Stromrichtungen mit Pitotröhren. 1909. 74 S., 1 Taf. 4° ¶ Auch als: **Mitteilungen über Forschungsarbeiten auf d. Gebiete d. Ingenieurwesens. H. 82. 1910; Ausz. in: Zeitschrift d. Vereines deutscher Ingenieure. Bd 54. 1910, Halbj. 2.**
Dresden, Dr.-Ing.-Diss. v. 22. 12. 1908

— **zur neurologischen Untersuchung Unfallkranker, s.a. Klinik, Berliner.**

Schuster, Paul: Zur neurologischen Untersuchung Unfallkranker. Erfahrungen u. Ratschläge von Dr. Paul Schuster, Assistenzarzt in Berlin. Berlin: Fischer 1899. (32 S.) 8°
= Klinik, Berliner. H. 135.

— Drei Vorträge aus dem Gebiete der Unfall-Neurologie. Simulation u. Übertreibg. v. Nervenleiden. Der Begriff der wesentl. Teilursächlichkeit bei der Begutachtg. Nervenkranker. Die „wesentl. Änderg." (§ 88 des G.U.V.G.) bei der Begutachtg. Nervenkranker. (100 S.) gr. 8. Leipzig 910. G. Thieme. 2. —

SCHUSTER, Paul (München): Über die Wirkung des permanenten Zuges. (Titel nach der Urkunde)
10.7.1886 – Urk; Chr 1886/87,10
Diss. Ingolst.-Landsh.-Mchn.

Schuster, Paul Rob., Gibt es unbewusste und vererbte Vorstellungen? Akademische Antrittsvorlesung, gehalten am 5. März 1877. Nach dem Tode des Verf. mit seinem Bildniss (in Stahlst.) und einer Vorrede hrsg. von Friedr. Zöllner. gr. 8. (XLII, 83 S.) Leipzig 879, Staackmann. *

Schuster, R., s.: Berlinertum, das, in Litteratur, Musik u. Kunst.

— d. Menschenfreund. Trauersp. in 4 Akten. gr. 8. (100 S.) Wolfenbüttel 896. J. Zwißler. 1. 50

Schuster, R., s.: Vorträge, apologetische.

Schuster, Rich., Erlebnisse u. Beobachtungen e. deutschen Feldgeistlichen während d. Krieges 1870—71. 8. (V, 124 S.) Darmstadt 871. Würtz. n. 1. 20

Schuster, Richard, appr. Arzt a. Aachen: Über einen ungewöhnlichen Fall von Osteomalacie. Mit 2 Abbildungen. Gießen 1905: v. Münchow. (52 S.) 8°
Gießen, Med. Fak., Ref. Bostroem, Diss. v. 6. Sept. 1905
[Geb. 12. Nov. 79 Aachen; Wohnort: Aachen; Staatsangeh.: Preußen; Vorbildung: Lyzeum Straßburg i. E. Reife M. 99; Studium: Bonn 4, München 3, Gießen 3 S.; Coll. 14. Juli 05; Approb. 29. März 05.]

Schuster Richard: Griselidis in der französischen Literatur. Tübingen: Heckenhauer in Komm. 1909. 144 S. 8°
Tübingen, Phil. Diss. v. 15. Mai 1909, Ref. Voretzsch
[Geb. 6. Dez. 84 Heilbronn; Wohnort: Heilbronn; Staatsangeh.: Württemberg; Vorbildung: Oberrealsch. Reutlingen Reife M. 02, Erg.-Prüf. Realgymn. Stuttgart 04; Studium: Tübingen 8 S.; Coll. 23. Juli 08.] [U 09. 3963

Schuster, Rich., Zappert's „ältester Plan v. Wien". [Aus: „Sitzungsber. d. k. Akad. d. Wiss."] Lex.-8. (28 S. m. 1 Taf.) Wien 892. (F. Tempsky.) n. 1. 30

Schuster, Richard: Die Prämien-Geschäfte unter besonderer Berücksichtigung der Usancen der Frankfurter Fonds-Börse. *Frankfurt a. M. 1903: R. Mahlau.* (68 S.) 8°
Marburg, Jur. Diss. v. [26. Mai] 1903

Schuster Richard: Die Regierung Leopolds III. Markgrafen von Oesterreich.
1890 PN 633 **Diss.** Wien, Univ. 729

Schuster, Rich., die Social-Demokratie. Nach ihrem Wesen und ihrer Agitation quellenmäßig dargestellt. 8. (XII, 234 S.) Stuttgart 875, J. F. Steinkopf.
—— dass. — 2. erweit. Aufl. 8. (260 S.) Ebendas. 876.

Schuster, Rud., Bilder aus der Weihnachtszeit und für die Weihnachtszeit. Vortrag. gr. 8. (16 S.) Annaberg 877, Rudolph und Dieterici. *

Schuster, Rud., eine Johannisfestpredigt und eine Osterfestpredigt, gehalten in der Annaberger Hauptkirche. gr. 8. (20 S.) Annaberg 880, Graser. *

Schuster, Rud., Richard. Ein Seelengemälde. Episch-lyrisches Gedicht in 5 Büchern. Leipzig 858. Hennings. (Lehmann.) 8. (2 Bl., 79 S.) n. 12 ngr.

Schuster, Rud.: Wartburg und Umgebung. 20 Photograv. nach Orig.-Aufn. in Kupfer geätzt v. Rud. Schuster in Berlin ... Berlin: R. Schuster [1898]. (1 Bl., 20 Taf.) 1 Bd quer-4°

Schuster, Sam., Gesundheitslehre u. Krankenpflege fürs Haus. (84 S.) 8. Hermannstadt 904. (W. Krafft.) n. — 85

Schuster, Tr., Fremdwörterbuch oder Verdeutschung von mehr als 10,000 fremden Wörtern u. Redensarten, welche in unserer Umgangs-, Schrift-, Gerichts- u. Kunstsprache häufig vorkommen. Nach den besten Hülfsmitteln bearb. u. hrsg. 8. (316 S.) Breslau 851, Schulz & Co. n. 5/12 ℳ

Schuster, W., Gesundheit, Schönheit, Eheglück, s.: Ammon, v.

— Sexualunsitten, s.a. Heilmethoden, neue. I.

Schuster, W., Sexualunsitten. Ihre Folgen u. deren Heilg. durch neue Kuren. (VII, 183 S.) 8. Leipzig (905). Modern-medizin. Verlag. n. 2.50

Schuster, W., Sexualunsitten. Ihre Ursachen, Folgen u. wirksame Bekämpfg. durch neue Kuren. 2. verb. Aufl. (V, 132 S.) 8. Leipzig 910. F. W. Gloeckner & Co. 2.50

Schuster, W. F.

Schuster: Aufgaben d. germanist. Studien in Siebenbürgen. 14 S.–Mühlbach, Progr. 1858

Schuster: Ueber alte Begräbnisstätten bei Mühlbach. 16 S. –Mühlbach, Progr. 1867

Schuster: Das deutsche Kirchenlied in Siebenbürgen. I. 37 S. mit einem Anhange bis S. 70–Mediasch, Progr. 1857, 1858.

Schuster: Zur Kritik d. Märchens vom Königssohn u.d. Teufelstochter (Nr. 26 der Haltrichschen Sammlung) 11 S.–Mühlbach, Progr. 1869

Schuster: Ueber den in einigen Ortschaften des Sachsenlandes bei Hochzeiten üblichen ‚Rösseltanz' 16 S. –Mühlbach, Progr. 1863

Schuster, W. F. Ueber das walachische Volkslied. Mühlbach, U. G., 1862. 28 S. 4. Progr.

Schuster: Woden, ein Beitrag zur deutschen Mythologie. 46 S.–Mühlbach, Progr. 1856

Schuster, Walther, a. Frankfurt am Main: Die Blattaderung des Dicotylenblattes und ihre Abhängigkeit von äußeren Einflüssen. (Berlin 1908: Gebr. Unger.) (46 S., 4 Taf.) 8° ¶ (Aus: Berichte d. Deutschen Botan. Gesellschaft, Bd 26, 1908.)

Berlin, Phil. Fak., Ref. Schwendener, Diss. v. 15. April 1908

[Geb. 2. Nov. 83 Frankfurt a. M.; Wohnort: Berlin; Staatsangeh.: Preußen; Vorbildung: Goethe-Gymn. Frankfurt a. M. Reife O. 02; Studium: Univ. Bonn 2, Berlin Landw. Hochsch. 8, Univ. 4 S.; Rig. 14. Nov. 07.]

Schuster, Walther, Rechtspraktikant aus Würzburg: Die Entwicklung der Staatsaufsicht gegenüber den politischen Gemeinden nach bayrischem Staatsrecht. *Würzburg 1904: J. Seelmeyr.* (74 S.) 8°

Würzburg, Jur. Diss. v. 1904

Schuster, Werner, Referendar: Die Begnadigung nach ehrengerichtlicher Bestrafung eines Rechtsanwalts oder eines nicht beamteten Arztes und bei den fiskalischen Strafen der §§ 888, 890 der Zivilprozessordnung. Heidelberg 1909: Rössler & Herbert. 38 S. 8°

Heidelberg, Jur. Diss. v. 3. Juni 1909, Ref. v. Lilienthal

[Geb. 15. Okt. 75 Hohenau b. Lauban; Wohnort: Lauban; Staatsangeh.: Preußen; Vorbildung: Wettiner Gymn. Dresden Reife O. 96; Studium: Leipzig 1, Berlin 1, München 1, Breslau 3 S.; Rig. 5 März 09.] [U 09. 1905

Schuster, Wilhelm

Schuster, Wilh., Aprilsituationen am hessischen Rhein. (S. 45—50.) gr. 8. Wiesbaden 908. J. F. Bergmann. n. — 60

Schuster, Wilh., Bilder aus alter Zeit Jaromar I., der Fürst v. Rügen. 8. (VIII, 164 S.) Dresden 902. E. Pierson. n. 2. —; geb. n. 3. —

— Crioceris asparagi var. Linnei, anticeconjuncta, Schusteri, impupillata, apiceconjuncta, quadripunctata, cruciata, (incruoifer, pupillata) u. moguntiaca im Mainzer Becken. Biologisches. (S. 145—152 m. 11 Fig.) gr. 8. Ebd. 906. n. — 40

Schuster, Wilhelm [appr. Arzt]: Die Entstehung des foetus papyraceus und sein Vorkommen bei einfachem und doppeltem Chorion. Strassburg, Druck von Ed. Hubert & E. Haberer, 1876. 8. 28 S.

— Ephippigera, ephippigera moguntiaca Schust. (S. 153—156.) gr. 8. Ebd. 906. n. — 40

Schuster, Wilh., die Hauskatze, s.: Monographien unserer Haustiere. 2. Bd.

Deutsche Käfigvögel, s.a. Bibliothek f. Sport u. Naturliebhaberei.

Deutsche Käfigvögel. Anweisung z. Pflege, Zucht u. Beobachtung d. heimischen Singvögel. Von Wilhelm Schuster, Pfarrer. Mit e. Einführung von Camillo Morgan. Mit 10 Vollbildern u. 13 Textabb. Berlin: Pfenningstorff 1907. VIII, 71 S. 8°

(Bibliothek f. Sport & Naturliebhaberei. Bd 10.) 107. 13901

— Komet u. Bibelstern, Weltuntergang 1910? Gottes Wunderwerke in der Sternenwelt, dargestellt nach den Aussagen der Hl. Schrift u. Astronomie. 1.—10. Taus. (32 S. m. Abb. u. 2 Taf.) gr. 8. Stuttgart 910. Ch. Belser. — 50

— Die Ornis des Mainzer Beckens u. d. angrenzenden Gebiete (Rheinhessen, Starkenburg, unteres Maintal, Wetterau, Südhang des Taunus, Rheingau). (S. 87—142.) gr. 8. Wiesbaden (908). J. F. Bergmann. 1.20

— Die Storchnester in Hessen-Nassau. (S. 148—153.) gr. 8. Ebd. (908). — 60
2 Sonderabdrucke aus: „Jahrbb. d. nass. Verf. f. Naturkde."

— die Storchnester in Oberhessen (Ciconia alba). (S. 103—106 m. 1 Fig.) gr. 8. Ebd. 904. n. — 40

— die Storchnester in Rheinhessen u. Starkenburg (Ciconia alba). (S. 189—194 m. 1 Abbildg.) gr. 8. Ebd. 905. n. — 40

— ornithologische Tagebuchnotizen aus dem Rhein- u. Maintal, m. e. Anh.: Geschichte der hess. Ornithologie. (S. 129—173.) gr. 8. Ebd. 905. n. 1.50
6 Sonderabdrucke aus: „Jahrbücher d. nass. Ver. f. Naturkde."

— ornithologische Tagesnotizen v. der Küste der Irischen See (westliches England, Wales). Aus Januar, Februar, März, April, Mai, Juni 1906. (S. 173—184 m. 2 Abbildgn.) gr. 8. Wiesbaden 906. J. F. Bergmann. n. — 60
Sonderabdruck aus: „Jahrbücher d. nass. Ver. f. Naturkde."

Schuster, Wilh., neue interessante Tatsachen aus dem Leben der deutschen Tiere. Biologische Mitteilgn. üb. die heim. Tierwelt, insbesond üb. die Säugetier-, Vogel- u. Insektenfauna d. Rhein- u. Maingebiete sowie Hessens. (IV, 66, 8 u. 8 S.) gr. 8. Frankfurt a/M. 906. Mahlau & Waldschmidt. n.n. — 90
Sonderabdruck aus: „Zoolog. Garten" u. „Zoolog. Beobacht."

— Verstandes- u. Seelenleben bei Tier u. Mensch. [Teilweise — in extenso — als Vortrag geh. im Offenbacher Verein f. Naturkunde.] (S. 47—93.) gr. 8. Wiesbaden 904. J. F. Bergmann. n. 1. 60

— seltene Vögel in Hessen (Mainzer Becken u. benachbartes Gebiet). (S. 97—99.) gr. 8. Ebd. 904. n. — 60
2 Sonderabdrucke aus: „Jahrb. d. nass. Ver. f. Naturkde."

— Unsere einheimischen Vögel. Nach ihrem wirtschaftl. Wert (Nutzen u. Schaden) beurteilt u. beschrieben. Mit 110 Abb. in Vielfarbendr. (auf 32 Taf.) nach Originalen v. Bruno Geisler u. e. Einleitg. v. Paul Wemer. Anschließend an das neue deutsche Reichsvogelschutzgesetz vom 30. V. 1908 m. Erklärgn. u. Erläutergn. (XII, 116 S. m. 2 Bildnissen.) 8. Gera (Reuß) (909). Heimatverlag. (Nur direkt.) Geb. in Leinw. p 3. 20

— Vogelhandbuch, s. a. Bibliothek f. Sport u. Naturliebhaberei. 8. Bd.

Schuster, Wilhelm: Vogelhandbuch. Ornitholog. Taschen- u. Exkursionsbuch z. Studium d. Vogelarten ... Systemat. kurze ... Beschreibung unserer einheimischen Vogelarten. Von Wilhelm Schuster, (Pfarrer). Mit 70 Textabb. Berlin: Pfenningstorff [1905]. 98 S. 8°
(Bibliothek f. Sport & Naturliebhaberei, Bd 8.)

— die Waldohreulen des Mainzer Tertiärbeckens. (S. 31—48.) gr. 8. Wiesbaden 903. J. F. Bergmann. n. — 60
Sonderabdruck aus: „Jahrbb. d. nass. Ver. f. Naturkde."

— Wertschätzung unserer Vögel. Farben, Formen u. Gesänge in ihrer ästhet. Bedeutg., Nutzen u. Schaden der Vögel in Hinsicht auf Landwirtschaft, Obst- u. Gartenbau, Waldwirtschaft, Jagd, Fischerei, Bienenzucht u. s. w. Dem heut. Standpunkt d. Wissenschaft entsprechend dargestellt u. m. 6 erschöpfend ausführl. Taf. versehen. (IV, 92 S.) gr. 8. Gera-Untermhaus 906. Stuttgart, Franckh. 2. 25

Schuster, W[illy], appr. Arzt a. Jena: Ein Beitrag zur Frage über das Schicksal der subserösen Fibromyome. Jena 1906: Frommann. (29 S.) 8°
Jena, Med. Fak., Ref. Franz, Diss. v. 19. Okt. 1906
[Geb. 18. Apr. 82 Jena; Wohnort: Jena; Staatsangeh.: Sachsen-Weimar; Vorbildung: Gymn. Jena Reife O. 01; Studium: Jena 5, München 1, Jena 3 S.; Coll. 3. Okt. 06; Approb. 1. März 06.]

Schuster, Wolfg., aus meiner Ministrantenzeit. (105 S.) kl. 8. Leipzig 907. Verlag f. Literatur, Kunst u. Musik. 2. —

Schuster, Edler von Bonnott, Ferdinand

Schuster, Commentar zum Gesetze üb. das Verfahren ausser Streitsachen. 3. Aufl. Wien 886.

Schuster Edler v. Bonnott, Ferd., Commentar zum Gesetze üb. das Verfahren außer Streitsachen. Allgemeine Anordnungen. — Verlassenschaftsabhandlung. Mit e. Anh. üb. die Nachlaßgebühren. 4. Aufl., neu bearb. v. Rud. Schuster Edler v. Bonnott. gr. 8. (XII, 518 S.) Wien 894. Manz. n. 8. 40

Schuster v. Bonnott, Gust., Leitfaden zur Geschäftsbehandlung der Präsidialsachen der Gerichte. Nebst e. vollständ. Schlagwort-Register f. das Sachverzeichnis zum Präsidial-Journal. Auf amtl. Veranlassg. u. nach den Aufträgen des Oberlandesgerichts-Präsidiums Wien bearb. 8. (IV, 70 S.) Wien 899. Manz. n. 1. 40

Schuster von Bonnot, Maximilian

Schuster v. Bonnott, Max, Grundriß des österr. Obligationenrechts, s. a. Grundriß des österr. Rechts. I. 4.

Grundriss des Obligationenrechts v. Dr. Maximilian Schuster v. Bonnott. *Leipzig: Duncker & Humblot 1899.* (VI, 115 S.) 1 Bd 8.
— Grundriss d. Oesterreich. Rechts in systemat. Bearbeitung. Bd 1, Abt. 4. [illegible] 4

Schuster v. Bonnott, Max, Commentar zum österr. allg. bürgerl. Gesetzbuche, s.: Stubenrauch, Mor. v.

Schuster v. Bonnott, Max, österreichisches Civilprocessrecht. Systemat. dargest. 2. Abdr. 8. (XXVII, 770 S.) Wien 896. Manz. n. 8. 80

Österreichisches Civilprocessrecht. Syst. dargest. von Dr. Maximilian Schuster v. Bonnott, k. k. Hofrath. 3. Aufl. *Wien: Manz 1897.* (XXX, 790 S.) 8° [illegible] 10

Schuster v. Bonnott, Max, österreichisches Zivilprozeßrecht (Erkenntnis-, Sicherungs- u. Exekutionsverfahren). Systematisch dargestellt. 4., neubearb. Aufl. (XX, 737 S.) 8. Wien 907. Manz. 7.60; geb. n 8. 60

Schuster, Edler v. Bonnott, Rudolf,
s.a. Rechtsurkunden, Die, der österreichischen Eisenbahnen.

Schuster Edler v. Bonnott, Rud., u. Aug. Weeber. Die Rechtsurkunden der österreichischen Eisenbahnen. Sammlung der die österreich. Eisenbahnen betr. Specialgesetze, Concessions- u. sonst. Rechtsurkunden. 1.—11. Heft. gr. 8. (1. Bd. XII, 962 S.; 2. Bd. S. 1—448.) Wien 889—92, Hartleben. à Heft * 2 25; * 24 75

Schuster Edler v. Bonnott, R., u. A. Weeber, die Rechtsurkunden der österreichischen Eisenbahnen. Sammlung der die österreich. Eisenbahnen betr. Specialgesetze, Concessions- u. sonstigen Rechtsurkunden. 1.—5. Hft. gr. 8. (1. Bd. S. 1—640.) Wien 890. Hartleben. à n. 2. 25

Schuster Edler v. Bonnott, Rud., u. Aug. Weeber, die Rechtsurkunden der österreichischen Eisenbahnen. Sammlg. der die österreich. Eisenbahnen betr. Specialgesetze, Concessions- u. sonst. Rechtsurkunden. 6.—17. Hft. gr. 8. (1. Bd. XII u. S. 641—962; 2. Bd. S. 1—1216.) Wien 891—894. A. Hartleben. à n. 2. 25

Schuster Edler v. Bonnott, Rud., u. Aug. Weeber, d. Rechtsurkunden d. österr. Eisenbahnen. Sammlung der die österreich. Eisenbahnen betr. Specialgesetze, Concessions- u. sonst. Rechtsurkunden. 18.—27. (Schluss-) Hft. gr. 8. (2. Bd. XIX u. 1217—1256 u. 3. Bd. XIII, 1155 S.) Wien 895—898. A. Hartleben. à Hft. n. 2. 25
(2. u. 3. Bd. kplt. geb. in Halbfrz. à n. 18. —)

Schuester, Julius, cand. med. aus Burgau, Bayern: Ein Fall von Larynx-Erysipel mit Ausgang in Sepsis in klinischem Zusammenhang mit einer malignen Lymphdrüsen-Erkrankung. *München [1900]: M. Ernst.* (22 S.) 8°
München, Med. Diss. v. 1900

Schusterfeierabend, Der lustige. Singspiel in drei Aufz. Wien 1802. V: *Perinet, Joachim.* (GGr)

Schusterfeierabend, der lustige; Singspl. in 3 A. 8. Wien 802. Wallishausser. 6 Kr

Schusterfeierabend, Der lustige. Singspiel in drei Aufz. Wien 1813. V: *Hensler (Henseler), Carl Frdr.* (GGr)

Schusterjunge, der. 8 (8 Holzschntaf. in Buntdr. m. Text.) Stuttgart 872. G. Weise. — 20

Schusterjunge, der Berliner. Humoristisch-satyr. moderne Zeitschrift. Hrsg. u. Red.: Arth. Wille. Jahrg. 1903. 36 Nrn. (à ca. 16 S.) hoch 4. Berlin-Friedrichshagen, Expedition. (Nur direkt.) à — 10

S(CH)USTERSCHITZ, JACOB: Lumen de lumine. Symb. Nic. Das Licht von dem Licht welches in einer jährlich gewidmeten Lob- und Ehren-Rede mittels des wahren Glaubens Licht vorgestellet an dem hohen Titular-Fest des Ordens der allerheil. Dreyfaltigkeit da eine hochlöblich-englische Erz-Bruderschaft erwehnten Ordens ihr schuldigste Anbetungs-Pflicht hoch-feyerlich abgestattet in eigener Closter-Kirchen zu Pressburg vorgetragen. Pressburg o. J.: Gedr. b. Joh. Mich. Landerer. 6 S. - kl. 4°

Schustertöchter, die; Schspl. 8. Augsb. 787. Wolff. 4 K

Schustler, Moritz —. Das Nationalanlehen vom Jahre 1854. — Eine Belehrung über Zweck und Nutzen desselben. 8. (12 S.) Neutitschein. Schnellpressendruck von J. N. Enders. 1854.

– (Hrsg.), s. Ultzmann, Robert: Die Krankheiten der Harnblase.

Schusz, Phpp., Palästinensische Geistesrichtung u. religiöse Parteien zur Zeit Jesu. gr. 8. (VI, 71 S.) Wien 898. Sallmayer'sche Buchh. n. 2. —

Schut, P. Bakker, über das Verbot des Gebrauches v. Bleifarben u. die Versuche m. bleifreien Farben in den Niederlanden. Bericht, der niederländ. Section der Internationalen Vereinigg. f. gesetzl. Arbeiterschutz erstattet. (21 S.) gr. 8. Amsterdam (908). (J. Müller.) — 20

Schüt, Friedrich: Der Mensch als leiblich-seelisches Wesen in der Psychologie von Hermann Ebbinghaus, geprüft vom Standpunkte der Psychologie Rehmke's. Greifswald 1910: Abel. 46 S. 8°
Greifswald, Phil. Diss. v. 4. Juni 1910, Ref. Rehmke
[Geb. 23. Juli 82 Düsseldorf; Wohnort: Greifswald; Staatsangeh.: Preußen; Vorbildung: Oberrealsch. Hannover Reife O. 02; Studium: Archit. Techn. Hochschulen Hannover 2, München 1, Hannover 1, Phil. Univ. Berlin 2, Greifswald 3 S.; Rig. 30. April 10.]

Schuth, J., kleiner Liederschatz für Volksschulen, s. Merz, H.

Schüth, Albert [app. Arzt aus Büren in Westfalen]: Ueber chronisch-eitrige Prozesse in der Mamma. . . . Jena, Druck v. B. Engau, 1889; 36 S. 8°
Jena, Med. Fak., Inaug.-Diss. v. [7. Sept.] 1889

Schueth, Carl, s. Schueth, Karl

Schüth, Ferd. Heinr., S. J., Dornröschens Auferweckung. Ein Märchenspiel m. Gesang u. Tanz in 3 Akten. (146 S. m. 13 Taf.) kl. 8. Münster 907. Alphonsus-Buchh. 1.70; Musikbeilage v. Frz. Schuschnigg. (35 S.) 31,5×24 cm. 1.20

Schüth, Ferd. Heinr., S. J., des Papstes Bürden u. des Papstes Würden od. Im Gnomenreiche u. Elfenreiche. Lyrisch-dramat. Festspiel zur Jubelfeier Sr. Heiligk. Leos XIII. 1878—1903. (68 S.) 12. Klagenfurt 903. Buch- u. Kunsth. des St. Josef-Vereines. n. — 40

Schüth, Ferdinand Heinrich. „Ignis ardens" Pius X. Jubiläums-Festspiel. Klgft., St. Josefs-Druck., 1906. 22 S.

— Das Leben Mariä in seiner Beziehung zum christl. Leben d. h. zum göttlichen Leben im Menschen. Maiandacht in 32 Vorträgen — Skizzen. (205 S.) 8. Klagenfurt 908. Buch- u. Kunsthandlg. des St. Josefvereins. 1.60; geb. 2.60

Schüth, Ferdinand Heinrich. Seelchen im Wald. Dramatisches Weihnachstmärchen. Klgft., St. Josefs-Druck., 1902. 38 S.

— Seelchen im Wald. Dramat. Weihnachtsmärchen. 2. Aufl. (43 S.) 8. Klagenfurt 905. Buch- u. Kunsth. des St. Josef-Vereines. n. — 50

Schüth, H., der Aufsatzschüler oder praktische Anleitung zur Anfertigung schriftl. Aufsätze für Elementarschüler in 3 Heftchen. 8. Paderborn 871, Junfermann'sche Buchh. [1. Heftchen. (28 S.) * 10 Pf.; 2. Heftchen. (32 S.) * 15 Pf.; 3. Heftchen. (83 S.) * 30 Pf.] *

Schüth, H., der Aufsatzschüler oder praktische Anleitung zur Anfertigung schriftlicher Aufsätze für Elementarschüler. 1. und 2. Cursus. 2. verm. Aufl. 16. Paderborn, Junfermann'sche Buchh. [1. Cursus. (31 S.) 878. * 15 Pf.; 2. Cursus. (39 S.) 879. * 20 Pf.] *

Schüth, H., Leitfaden und Uebungsbuch beim deutschen Sprachunterrichte in Elementarschulen. Paderborn 860. Schöningh. 8. (IV, 88 S.) n. 4 ngr.

—— Leitfaden und Uebungsbuch beim deutschen Sprachunterrichte in Elementarschulen. 2. gänzlich umgearb. und verm. Aufl.— 4. Aufl. 8. (96 S.) Paderborn 869—75, Schöningh. *

—— Leitfaden und Uebungsbuch beim deutschen Sprachunterrichte in Elementarschulen. 5. verb. Aufl. 8. (96 S.) Paderborn 878, F. Schöningh. *

Schüth, H., Leitfaden und Übungsbuch beim deutschen Sprachunterrichte in Elementarschulen. 6. nach der vorgeschriebenen deutschen Rechtschreibung verb. Aufl. 8. (96 S.) Paderborn 882, F. Schöningh. *

Schüth, Heinr., Studien zur Sprache d'Aubigné's. Inaugural-Dissertation. gr. 8. (64 S.) Altona 883. (Jena, Deistung's Bchh.) *

Schneewittchens Tod. Ein Märchenspiel mit Gesang u. Tanz von Ferdinand Heinrich Schüth, S. J. [Nebst Notenbeilage.] Münster i. W.: Alphonsus-Buchh. [1905]. 1 Bd 8°, 1 Bd 4° [(S. u. Ant.]
[Notenbeilage.] Musik von F. Schuschnigg [s4. [illegible]

Schüth, Heneric. [!] Ioseph. (geb. 1818 in Harth bei Büren in Westf.): De typho gastrico ... Bonnae, litt. F. P. Lechneri 1845. 3 Bl., 33 S., 1 Bl. 8.
Bonn, Med. Fak., Diss. v. 28 Juli 1845

Schueth, Karl

Schueth, Carolus (geb. am 16 Okt. 1861 in Bonn): De Poenulo Plautina quaestiones criticae ... Bonnae, typ. C. Georgi 1883. 50 S. 8.
Bonn, Phil. Fak., Diss. v. 11 Aug. 1883

Schütky, Fr. Jos., Männer-Chöre. In Musik gesetzt. Partitur-Ausg. Ravensburg 866. Dorn'sche Buchh. Lex.-8. (22 S.) 12 ngr.

Schutt und Neubau der kathol. Kirche in Steiermark. Von mehreren Weltpriestern der seckauer Diözese. gr. 8. (53 S.) Graz 849, (Dirnböck und Mühlfeith.)

Schutt. – Aus Schutt und Ruinen. Illustrierter romantischer Sagenwart im Gewande unserer Zeit. H. 1–19.
Wien: Benedikt 1874. 1875. 8°

Schutt: Ueber geometrischen Anschauungsunterricht u. über Anwendung mechanischer Mittel insbesondere.
13 S.–Brzežan. Progr. 1854

Schutt, O. H., Reisen im südwestlichen Becken des Congo, s. Beiträge zur Entdeckungsgeschichte Afrika's.

Schutt, Pr.M.: Über den häuslichen Einfluss auf die Schule. 9 S.– Brzežan. Progr. 1851.

Schütt und Böhme, systematische Vorlegeblätter zum Schön- und Schnellschreiben für den Schul- und Privatgebrauch. 8 Hefte. qu. 8. (120 lithogr. Bl. und 2 Bl. Text.) Hamburg 847, (Heroldsche Buchh.) à Heft * 9 Ngr. *

Schütt, Adolf

Schütt, Ado., Edgar. Dramat. Gedicht in 5 Akt. gr. 12. (8½ B.) Freiburg 839, Wagner'sche Buchh.

Schütt, A., Helgoland. (Gedicht.) Den Bewohnern der Insel gewidmet. 8. (32 S.) Freiburg im Br. 852, Herder. 8 ngr

—— Ischora od. d. Eroberung Jerusalems. Romant.-histor. Erzähl. gr. 12. (8¾ B. u. 1 ill. Karte.) Freiburg 840, Wagner'sche Buchh.

—— Psyche. Episches Gedicht in 3 Gesängen. gr. 12. (10½ B.) Mannheim 836, Hoff.

Schütt, A., Balder's Tod. Episches Gedicht in 8 Gesängen. 8. (II und 90 S.) Carlsruhe 857, (Braun'sche Hofbuchh.) *

Schütt, Andreas, a. Wagshurst: Adam Petris Bibelglossar. Ein wortgeschichtlicher Kommentar. Freiburg i. Br. 1908: C. A. Wagner. (88 S.) 8°
Freiburg i. B., Phil. Fak., Ref. Kluge, Diss. v. 1908
[Geb. 3. Juni 84 Wagshurst b. Appenweier; Wohnort: Baden; Staatsangeh. Baden; Vorbildung: Gymn. Freiburg i. B. Reife Juli 03; Studium: Freiburg i. B. 2, Straßburg 1, Grenoble 1, Freiburg i. B. 4 S.; Rig. 16 Nov. 07.]

Schütt, Arthur, a. Hassee b. Kiel: Über die Synthese der Acetondipropionsäure, Nonon-5-disäure ⟨1. 9⟩ und ihre innere Condensation. Kiel 1907: H. Fiencke. (47 S.) 8°
Kiel, Phil. Fak., Ref. Harries, Diss. v. 1. Juni 1907
[Geb. 19. Juni 80 Hassee b. Kiel; Wohnort: Kiel; Staatsangeh.: Preußen; Vorbildung: Oberrealsch. Kiel Reife O. 02; Studium: Kiel 9, München 1 S.; Rig. 1. Juni 07.]

Schütt, Bruno, aus Hannover: Zur chemischen Charakteristik der Bestandteile der Chinarinde. Ein Beitrag zur Kenntnis des in d. Chinarinden vorkommenden Gerbstoffs. *Hannover 1900: Th. Schäfer.* (45 S.) 8°
München, Phil. Diss. v. 1900

Schuett, C., Plauti in Vocabulis enuntiatorumque partibus collocandis ars in fabula, quae inscribitur „Miles Gloriosus" demonstretur. Diss. 1872. 29 S. 1.20

Schütt, Curt, s. Schütt, Kurt

Schütt, Ed., Signor Formica. Kom. Oper in 3 Acten nach Hoffmann's gleichnam. Novelle von Frz. Keppel. Musik v. Sch. Textbuch. gr. 8. (58 S.) Berlin 892. E. Bote & G. Bock. n. —50

Schütt, Eduard, appr. Arzt aus Frankfurt ⟨Main⟩: Allgemeine pharmakodynamische Wirkungen von Toxinen und Fermenten. *Stuttgart 1902: J. B. Metzler.* (21 S.) 4°
Erlangen, Med. Diss. v. 26. Juli 1902

Schütt, [Erich]: Die Entwickelung des höheren Mädchenschulwesens in Deutschland. Ein Abriß z. Orientierung d. Eltern. (Dat. Weißenfels 1908.) S. 3—12. 8°
Weißenfels a. S., st. HM P 1908 [S 08. 434

Schütt, F., d. optische Drehungsvermögen organ. Substanzen, s.: Landolt, H.

Schütt, F. C. G., systematische Uebungsblätter zur Erlernung der beliebtesten Zierschriften. Ein Anhang zu jeder Schreibschule. 1. Heft: Gothisch und Fractur. qu. gr. 8. (24 lithogr. Bl.) Hamburg 856, (Nolte und Köhler.) **

Schütt, F. C. G., Vorlegeblätter enth. 40 Stammbuchverse zum Schönschreiben. qu. gr. 8. (40 Steintaf.) Hamburg 875. (Niemeyer.) In Couvert. 2. 50

—— systematische Vorlegeblätter zum Schönschreiben für den Schul- und Privatgebrauch. 2., verb. Aufl. 1—5. Heft. (à 16—18 Stnt.) qu. gr. 8. Hamburg 856, Trupp. à Heft * 7½ Ngr. *

Schütt, F. C. G., systematische Vorlegeblätter zum Schönschreiben für den Schul- und Privatgebrauch. 8 Hefte. qu. gr. 8. (à ca. 16 Stnt.) Hamburg 862, G. W. Niemeyer. à Heft 7½ Ngr.

Schütt, Fr., geschichtl. Darstellungen zu Fr. v. Schillers dramat. Werken. 8. (30¼ B.) Carlsruhe 830, Müller.

Schütt, Fr., s. v. Genlis, das Geheimniß.

Schütt, Frz., Gedichte. St. Gallen 819, Büreau d. Freim. Belnp. 21 gl.

Schütt, Frz., Gymnodiniaceae, Prorocentraceae, Peridiniaceae, Bacillariaceae, s.: Engler, A., u. K. Prantl, d. natürl. Pflanzenfamilien, I, 1. B.

Schütt, Frz., Kosmologie als Ziel der Meeresforschung. Rede, beim Antritt des Rektorats der Universität zu Greifswald am 16. V. 1904 geh. (25 S.) gr. 8. Jena 904. G. Fischer. n. —50
Sonderabdruck aus: „Naturwiss. Wochenschr."

— d. Peridineen der Plankton-Expedition, s.: Ergebnisse d. Plankton-Expedition d. Humboldt-Stiftg., IV.

Schütt, Frz., das Pflanzenleben der Hochsee. Mit 35 Textabbildgn. u. 1 Karte d. nordatlant. Oceans. [Aus: „Ergebnisse der Plankton-Expedition".] gr. 4. (76 S.) Kiel 893. Lipsius & Tischer. Kart. n. 7. —; geb. in Leinw. m. Goldschn. n. 10. —

— **analytische Plankton-Studien.** Ziele, Methoden u. Anfangs-Resultate der quantitativ-analyt. Planktonforschg. gr. 8. (VIII, 117 S. m. 16 Tab., 1 farb. Karte u. 1 Blatt Erklärg.) Ebd. 892. n. 3. —

Schütt, Franz [Dr.]: Studien ueber das Phycoerythrin . . . (Aus Ber. d. Deutsch. Bot. Ges. Bd. VI.) Berlin, Druck v. Gebr. Unger (Th. Grimm), 1888. 2 Bl. + S. 36—51. 305—323 u. 2 Taf. 8°
Kiel, Phil. Fak., Hab.-Schr. v. 21. Jun. 1887

Schütt G., zerlegbare Holzmodelle für den ersten Unterricht im Fachzeichnen der Tischler 8 Stuck (No 9. 10 14-19) nebst Anleitung. Berlin 1891

Schütt, H. F., General-Register, s.: Seuffert's, J. A., Archiv f. Entscheidungen der obersten Gerichte in den deutschen Staaten.

Schütt, Heinrich [aus Segeberg]: Aus d. patholog. Institut zu Kiel. Reine bacilläre Erkrankung epithelbedeckter Flächen bei primärer Tuberkulose des Urogenitalapparates . . Kiel, Druck v. Carl Böckel, 1889; 14 S. + 1 Bl. 8°
Kiel, Med. Fak., Inaug.-Diss. v. 24. Jun. 1889

Schütt, H., reine bacilläre Erkrankung epithelbedeckter Flächen bei primärer Tuberkulose d. Urogenitalapparates. Inaug.-Diss. gr. 8. (14 S.) Kiel 889. (Lipsius & Tischer.) n. — 80

Schütt, Hinr., Herzensklänge. Gedichte. (XI, 196 S. m. Vignetten u. Bildnis.) 8. Dresden (907). Holze & Pahl. Geb. in Leinw. 3. 50

Schütt, Hinr., meine Lieder. Gedichte. 12. (VIII, 241 S.) Dresden (894). A. Beyer. Geb. in Leinw. m. Goldschn. n. 3. —

Schütt, H(ugo): Bemerkungen zum deutschen Unterricht in den Mittelklassen. Hamburg 1908: Schröder & Jeve. 49 S. 8°
Hamburg, OR vor dem Holstentore OP 1908 (954) [S 08. 435

Schütt, Hugo, the life an doath of Jack Straw, s. a. Studien, Kieler, zur englischen Philologie. 2. Hft.

Schütt, Hugo, aus Hamburg: **The Life and Death of Jack Straw. Ein Beitrag zur Geschichte d. elisabethanischen Dramas.** *Heidelberg: C. Winter 1901.* (42 S.) 8° ¶ [Erschien vollst. als: Kieler Studien zur engl. Philologie, H. 2.]
Kiel, Phil. Diss. v. [22. Juni] 1901

The Life and Death of Jack Straw. Ein Beitrag z. Gesch. d. elisabethan. Dramas von **Hugo Schütt.** *Heidelberg: C. Winter 1901.* (160 S.) 8°
— Studien, Kieler, z. engl. Philologie. H. 2. [01. 11479

Schütt, Jh. Chr., Beurtheilung der Deckerschen Methodik für Volksschullehrer. 8. Schlesw. 822. Koch. 4 ß

— Briefe zur Antwort auf den Versuch einer Vertheidig. der Deckerschen Methodik gegen meine Beurtheilung derselben u. zugleich zur nähern Erklär. einiger Punkte dieser Beurtheilung. 8. Schlesw. 822. Koch. 10 ß

— Denk- u. Sprachübungen innig verbunden. 16 Bdchen. Stufenweise Uebungen ꝛc. 8. Altona 826. Hammerich. 3 ß

— die vorzüglichst. Mittel zur Beförder. christl. Religiosität bei der Jugend. 8. Schlesw. 820. Koch. 12 ß

— s. Skandinavisches.

Schütt, Jh. Karl, Gedichte. Nebst einer Biographie des Dichters von Gtl. Mohnike. 8. Berlin 841, Gropius. 1 ß

Schütt, Johann Karl Gottfried

Schütt, J. K. G. Der Gedankengang von Horat. Epist. I. 16. 12 S.
Görlitz, Progr. 1857

Schuett, [J. K. G.], und E. E. *Struve*, Zur Geschichte der Schule (d. i. das städtische Evangelische Gymnasium zu Görlitz). Görlitz 1865. 4°.
Görlitz, städt. evangel. Gymnas., P 1865.

— Gliederung einiger Oden des Horaz. Gel. 1857. 20 S. 4°. 1.20

— Zum Horaz. Pr. 1869. 26 S. 4°. 1.20

Schütt, J. K. G.: Über den Polyneikes des Oedipus auf Kolonos. 30 S. Görlitz, Progr. 1855.

Zu der öffentlichen Prüfung der Schüler unserer Gelehrtenschule . . ladet ein **Johann Karl Gottfried Schütt.** Husum. 1847. 4°.

Schütt, J.K.G.: Rede des Herrn Oberbürgermeisters Jochmann, Ritters des Rothen Adler-Ordens dritter Klasse mit der Schleife, gehalten bei der Einführung des neuen Directors den 16. Juni 1854 und Antrittsworte des Directors. 22 S. - Görlitz, Progr. 1855.

Schütt, J. K. G., die nordische Sage von den Völsungen und Giukungen. Progr. der Gelehrtenschule Husum 1846.

Versuch einer Darstellung der altdeutschen Litteraturgeschichte für Schulen v. Johann Karl Gottfried Schütt. Husum. 1849. 4°. Gymn.-Progr.

Schütt, Julius, approb. Arzt aus Neuendeich (Schlesw.-Holst.): **Aus d. pathol. Institute zu Kiel. Ein Fall von spontaner Aortenruptur bei einem 16jährigen Knaben.** *Kiel 1900: H. Fiencke.* (18 S.) 8°
Kiel, Med. Diss. v. [16. Febr.] 1901

Schütt, (K.,) Wortfügung (Syntaxis) der deutschen Sprache, durch alle Theile d. Rede. 8. Freiburg 825. Fr. Wagner. -

Schütt, Karl, Zahnarzt in Hamburg: **Die Störungen der Okklusion bei fehlenden Zähnen. [In Maschinenschrift.] 54 S. m. 66 Photogr. 4°(2°). — Auszug: (Kiel 1921: Schmidt & Klaunig.) 1 Bl. 8°**
Kiel, Med. Diss. v. 11. Febr. 1921, Ref. Hentze
[Geb. 31. Mai 76 Neumünster; Wohnort: Kiel; Staatsangeh.: Preußen; Vorbildung: G. Kiel bis Prima; Studium: Breslau 2, Kiel 1, Breslau 3, Hamburg 1, Kiel 1 S.; Coll. 4. Februar 21; Zahnärztl. Approb. 28. Mai 97.] [U 21. 4439

Schütt, Karl, aus Flensburg: **Ueber Zähigkeit und Festigkeit in der Oberfläche von Flüssigkeiten und über flüssige Lamellen.** *Voorde b. Kiel 1903: O. Krohn.* (81 S.) 8°
Kiel, Phil. Diss. v. [1. Aug.] 1903

Schütt, Klaus Der lateinische Unterricht in Tertia mit besonderer Berücksichtigung der Caesarlektüre. 15 S. *Kreuzburg O/S* 1884.
Progr.

Schütt, Kurt

Schütt, Curt: **Untersuchungen zur Geschichte der alten Illyrier. Breslau 1910: Theiner & Meinicke. XI, 81 S. 8°**
Breslau, Phil. Diss. v. 31. Mai 1910, Ref. Cichorius
[Geb. 3. Aug. 87 Kassel; Wohnort: Breslau; Staatsangeh.: Preuß. ; Vorbildung: Gymn. Brieg Reife O. 06; Studium: Breslau 11 S.; Rig. 16. Febr. 10.] [U 10. 641

Die Pflege der Zimmerpflanzen. Verfaßt v. Martin **Schütt.** Kiel. 1885. 8°

Schütt, Otto, Referendar: **Die Ansprüche des Geschäftsführers ohne Auftrag gegen den Geschäftsherrn. Kiel 1910: Fiencke. 90 S. 8°**
Rostock, Jur. Diss. v. 31. Jan. 1910, Ref. Matthiaß
[Geb. 4. Mai 86 Hassee; Wohnort: Gettorf; Staatsangeh.: Preußen; Vorbildung: Gymn. Flensburg Reife M. 05; Studium: Paris 1, Kiel 3, Berlin 1, Kiel 2 S.; Rig. 18. Dez. 09.] [U 10. 3880

Schütt, Otto: Ein Beitrag zur Kenntniss der magnetischen Erdkraft. Magnetische Ortsbestimmungen in Japan. ([S.-A.] Mittheilungen der Deutschen Gesellschaft für Natur- und Völkerkunde Ostasiens. Heft 22.) Yokohama 1880. 16 S. 1 Krt. 4°

Schütt, Otto, a. Neumünster: **Über das Verschwinden der Reaktion bei der Bewegung eines materiellen Punktes auf Rotationsflächen. Kiel 1905: Schmidt & Klaunig. (56 S.) 8°**
Kiel, Phil. Fak., Ref. Stäckel, Diss. v. 28. Jan. 1905
[Geb. 28. Aug. 81 Neumünster; Wohnort: Neumünster; Staatsangeh.: Preußen; Vorbildung: Oberrealsch. Kiel Reife O. 01; Studium: Göttingen 1, Berlin 2, Kiel 4 S.; Rig. 19. Nov. 04.]

Schütt, Otto H.: Reisen im südwestlichen Becken des Congo. Nach den Tagebüchern und Aufzeichnungen des Reisenden bearbeitet und herausgegeben von Paul Lindenberg. Mit 3 Karten von Dr. Richard Kiepert. (Beiträge zur Entdeckungsgeschichte Afrika's. Heft 4.) Berlin 1881. X, 180 S. 8°.

Schütt, Paul *Heinrich Ferdinand* [app. Arzt aus Leipzig]: Aus d. patholog. Institute zu Kiel. **Beitrag zur Lehre von den Schilddrusenkrebsen.** . . . Kiel, Druck v. H. Fiencke, 1891; 11 S., 1 Bl. 8°
Kiel, Med. Fak., Inaug.-Diss. v. [20. Jun.] 1891

Schütt, Richard [aus St. Thomas '(Westindien)']: **Meerferne und Küstenerreichbarkeit im mittleren Europa.** '(M. 2 Ktn.)' ... **Hamburg, Druck v. Lütcke & Wulff, 1891; 37 S., 1 Bl., 2 Ktn; 8.**
Freiburg i. B., Phil. Fak., Inaug.-Diss. v. 1891

Schütt, Rudolf, Referendar a. Gardelegen: **Die Erfüllung des Verkaufs stehender Bäume. Rostock 1908: H. Winterberg. (84 S.) 8° [F.]**
Rostock, Jur. Fak., Ref. Matthiaß, Diss. v. 15. Juli 1908
[Geb. 8. Jan. 83 Gardelegen (Altmark); Wohnort: Lüneburg; Staatsangeh.: Preußen; Vorbildung: Neues Gymn. Braunschweig Reife O. 02; Studium: Rostock 3, Berlin 1, Göttingen 2 S.; Rig. 2. Mai 08.]

Schütt, Walter, a. Krakow: **Über die innere Energie der Kohlensäure. Rostock 1908: Eichemeyer & Fett. (51 S.) 8°**
Rostock, Phil. Fak., Ref. Weber, Diss. v. 29. Febr. 1908
[Geb. 14. Juli 85 Krakow; Wohnort: Krakow; Staatsangeh.: Mecklenburg-Schwerin; Vorbildung: Realgymn. Güstrow Reife O. 04; Studium: Marburg 1, Rostock 7 S.; Rig. 18. Febr. 08.]

Schutt & Ahrens: Ill. Katalog über landwirtschaftliche Maschinen und Geräte. Stettin 1890

Schutt & Ahrens: Die »Thistle« mechanische Melkmaschine. Stettin (1897?)

Schuttag: Über d. Ernährung d. Pflanzen u. Thiere. S. 15 - 19. Karlsburg, Progr. 1857.

Schutte, Alb., malerische Landhäuser. 10 Lfgn. (Je 6 Taf.) Fol. Ravensburg (904). O. Maier. In Mappe n. 30. —; einzelne Lfgn. n. 3. —

Schutte A. malerische Landhäuser. (60 T) fol Ravensburg (1905)

Schutte, Alb., malerische Landhäuser. (60 Taf.) 41×31 cm. Ravensburg (909). O. Maier. In Mappe 30. —; auch in 10 Lfgn. à 3. —

Schutte (Schütte ?), Christoph (Anklam) A. S. 1152/51

Dissertatio medica inauguralis, de comate et pervigilic febrili.
Utrecht (vande Water) 8. VII. 1718. 17 S. 31940

Schutte, Frdr., Rede bei der Einweihung des Kaiser Wilhelm-Hauses in Metz am 3. VII. 1904. 2. Aufl. (15 S.) 8. Elberfeld 904. A. Martini & Grüttefien. n. — 20

Schutte, Herm. (Schlossermstr.), christl. Lieder, z. Druck befördert von F. W. Grimm. 8. Frankf. Hermann. 815.

Schutte, Johann Heinrich (Ed.):

s.: Ruppius, Heinrich Bernhard: Flora Jenensis. Francoforti et Lipsiae: 1718

JB 11

Schütte, Dr., vor dem Schriftsteller-Verein. Wien 1848. V: *Mild, Bonifacius.* (Ky)

Schütte, Dr., vor dem Schriftsteller-Verein (von Bonifacius Mild). gr. 8. (7 S.) Wien 848, Sallmayer & Co.) 2 ngl.

Oberlehrer Wilhelm Schutte † am 18. Septbr. 1891. (Aus einer Braunschweiger Zeitung) 4 (S. 23—24 der Schuln.)
Progr Herzogl Neues G *Braunschweig* 1892 (687)

Schütte, Dr., die religiös-sittliche Bildung auf Gymnasien (als Schulprogramm v. 26. März 1836). 4. Helmstedt 836. Fleckeisen. 5 gl

Schütte, Blut gibt Lebenskraft! (21. - 30. Taus.) (16 S.) 8. Aachen 907. H. Köster. — 50

Schütte, Tabellen zur Berechnung d. Inhalts bei geschnittenen Hölzern nach Quadratfuß u. Quadratmeter. 12. (IV, 109 S.) Münster i. W. 892. (H. Schöningh.) n. 1.20

Schütte, Tabellen zur Berechnung des Inhalts bei geschnittenen Hölzern nach Quadratfuß u. Quadratmeter. Ein pract. Hülfsbuch f. Besitzer v. Sägewerken, sowie f. Bauunternehmer, Handwerker u. Oeconomen. 8. (IV, 109 S.) Münster (901). (H. Schöningh.) n. 1. -

Tabellen zur Berechnung des Inhalts bei geschnittenen Hölzern nach Quadratfuss und Quadratmeter. Bearb. von (Rentmeister) **Schütte**. *Münster i. W.: H. Schöningh 1902.* (109 S.) 8° [5.] [03. 1366

Schütte, A., europäische Chronik der wichtigsten Ereignisse des J. 1848 oder Zusammenstellung aller Revolutionen, Aufläufe rc. nach Datum und Tag geordnet. qu. gr. 16. (VIII und 48 S.) Breslau 849, G. Schletter.

— s. Haase's Führer auf den deutschen Eisenbahnen.

— illustrirte Jugend-Bibliothek für prakt. und unterhaltende Belehrung. 1. Abthl. 3 Bde. Mit eingedr. Holzschn. A. u. d. T.: Onkel Redlieb's Gespräche mit seinen Kindern. 3 Bde. 16. Prag, Haase Söhne, Verlags-Expedition. Thlr.
Inhalt:
Bd. 1. Gespräche über die mechan. Fertigkeiten der Insekten und Vögel. (XVI und 216 S. mit 1 Stahlst.) 847. 21 Ngr.
" 2. Erzählungen über Europa, oder: Unterhaltende Darstellung der Geographie von Europa. (X und 261 S.) 847. 27½ Ngr.
" 3. Erzählungen über Sonne, Mond und Sterne. (XIV und 335 S.) 848. 27½ Ngr.

Schütte, A., die Locomotive. Allgemein verständliche Beschreibung dieser Maschine nebst 3 Holzschnitten u. den Personen-Geld-Tarifen sämmtl. deutschen Eisenbahnen. 16. (4 B.) Prag 845, Haase Söhne, Verlags-Expedition. Thlr.

Schütte, A., de Cnaeo Naevio poeta. Part. I. (De vita Naevii. De eius carmine epico.) 8 maj. (5½ B.) Herbipoli 841. [Ratisbonae, Manz.]

Schütte, A. Die Wiener October-Revolution. Aus [dessen] Tagebuche. Prag 1848. H: *Lochner, Seb.* (EB)

— die Wiener October-Revolution. Aus seinem Tagebuche. Genaue Darstellg. aller Ereignisse u. Zustände in Wien vom 6. Oktbr. bis 4. Novbr. 1848 nebst den noch späteren hierauf bezüglichen Vorfällen u. einer vollständ. Zusammenstellung aller, während dieser Zeit erschienenen Proklamationen rc. 2 Lfgn. br. gr. 8. (VIII u. 84 S.) Prag 848, Ehrlich in Comm. n. ⅔ ß

— Ungarn u. der Ungarische Unabhängigkeitskrieg nach den besten Quellen u. zahlreichen Mittheilgn. ungar. Notabilitäten dargestellt. 2 Bde. Mit Kossuth's u. Batthyányi's Portr. (in Stahlst.) gr. 8. (... u. ... S.) Dresden 850, Schaefer. n. 3 ß

Schütte, A., Ungarn und der ungarische Unabhängigkeitskrieg nach den besten Quellen und zahlreichen Mittheilungen ungar. Notabilitäten dargestellt. 2. (Titel-)Aufl. 2 Bde. gr. 8. Dresden, Schäfer's Verlag. [1. (IV und 236 S.) 2. (XII und 339 S. mit 1 Stahlst.) 853.]

Physicalisch-chymische Versuche, oder Beschreibung des Bentheimer Gesundbrunnens, nebst einigen Erzählungen von dem Nutzen desselben in verschiedenen Krankheiten. Hrsg. von A. E. Schütte. Hannover 1755. 84 S. 8°

Schütte, Alb., Gebetbüchlein f. katholische Jünglinge. 2. Aufl. 16. (189 S. m. Titelbild.) Kevelaer 899. Butzon & Bercker. Geb. in Leinw. n. — 50

Schütte, Alb., Jüngling, zur Fahne Christi! Gebetbüchlein f. kathol. Jünglinge. 4. Aufl. (192 S. m. Titelbild.) 12,5×7,5 cm. Kevelaer (908). Butzon & Bercker. Geb. in Leinw. — 75

Schütte, Alb., unsre Taufnamen. Ein Büchlein fürs kathol. Haus. (XVI, 268 S.) gr. 16. Dülmen 904. A. Laumann. n. — 50; geb. n. — 75

Schütte, Ant., Lehrplan f. die Volksschule. Umriß f. alle Unterrichtsfächer. Nach Herbartschen Grundsätzen u. unter Berücksicht. des Ministerial-Erlasses vom 31. I. 1908 hrsg. (64 S.) 8. Münster 910. Universitäts-Buchh. F. Coppenrath. — 80

Schütte, Arn., physikal.-chym. Versuche u. Beschreib. des Benthheim. Gesundbrunnens. 8. Hannov. 755.

Schütte, C., Jahres-Chronik 1900. 12. (70 S.) Aachen 901. (Cremer.) n. 1. —

Schütte, Carl, s. Schütte, Karl

Schütte, Chr. Hnr., s. 1) J. H. Schütte, Unterricht. 2) Warson u. Glaß, Versuche.

Schütte, Christ[ian] Georg: De intussusceptione seu volvulo. Halae [1821]: Baentsch. 8 S. 8°
Halle-Wittenberg, Med. Diss. v. 5. Apr. 1821
Geb. [Bremen 30. 10. 1797]
Ein Exemplar nur in Washington nachweisbar
Verf erlebte die Diplomerneuerung 1871 als Arzt in Bremen, vgl. Anh. Nr. 346

Schütte, Christoph [aus Habrihausen, Schaumb.-Lippe]: Aus d. patholog. Institut zu Marburg. Über einen Fall von totaler Abschnürung einer Wandermilz ... Marburg, Univ.-Buchdr. '(C. L. Pfeil)', 1895; 29 S., 1 Taf. 8.
Marburg, Med. Fak., Inaug.-Diss. v. 29. Okt. 1895

Schütte, Daniel

— u. G. H. Gondela, die Befreiung d. Weser. Ein Prolog. 8. Bremen 813.

Schütte, Dn., Helikon, od. d. Musensitz. Musikal.-allegor. Vorspiel, bei Eröffnung der Bühne. 8. Bremen 806.

— de praescriptione litispendentiae tum generatim, tum in specie quatenus in supremis imperii tribunalibus usu servari potest. Dissert. inaug. jur. 4. Götting. 784. Dieterich. 2 gr.

Schütte, Dn., üb. den Vortheil stehender Theater für Reisende u. Vorschläge z. Errichtung e. solchen in Bremen. 8. Bremen 806. Heyse. 4 gr.

Schütte, David (Pyritz) A. S. 139/21
Exercitatio iuridica, de iure silvarum et arborum,
Oder: Vom Recht der Wälder und Bäume ...
Präs. Georg Adam Struve. Rec.
Jena (Heller) 1735. 39 S.
Diss. V. 1656.
W. v.: Philipp Horst. 31671

Schütte, Ed., Vortrag über das Princip des Protestantismus, bei der Eröffnung des zu Wolfenbüttel gestifteten Protestantenvereins am 21. April 1866 gehalten u. allen Freunden des wahren Protestantismus gewidmet. Wolfenbüttel 866. (Stichtenoth.) gr. 8. (20 S.) n. 2½ ngr

Schütte, *Eduard* [cand. med.]: Ueber Anthrax intestinalis beim Menschen ... Göttingen, Druck d. Dieterich'schen Univ.-Buchdr., 1895; 34 S. 8.
Göttingen, Med. Fak., Inaug.-Diss. v. [9. Febr.] 1895

Schütte, E., üb. Anthrax intestinalis beim Menschen. Diss. gr. 8. (34 S.) Göttingen 895. (Vandenhoeck & Ruprecht.) n. 1. —

Schütte, Edwin, appr. Arzt: Beitrag zur Kenntnis der Schaumorgane. Berlin 1910: G. Schade. 31 S. 8°
Berlin, Med. Diss. v. 9. Aug. 1910, Ref. Flügge
[Geb. 12. Juli 84 Alvensleben; Wohnort: Berlin; Staatsangeb.: Preußen; Vorbildung: Andreas-Realgymn. Berlin Reife O 03; Studium: Berlin 10 S.; Coll. 2. Aug 10; Approb. 1. Aug. 09.] [U 10. 91

Schütte, Ernst. Jean-Jacques Rousseau. Seine Persönlichkeit und sein Stil. XVI + 212 S. 8. Leipzig, Xenien-Verlag, 1910. [M. 3.50]

Schütte, F., Repertorium der Militair-Literatur in den zwei letzten Decennien. Ein Handbuch sachlich geordnet u. zum Gebrauch f. Militair-Bibliotheken u. Offiziere deutscher Heere zusammengestellt. gr. 8. (14 B.) Stralsund 842, Löffler'sche Bh. *

Schütte, F., Wegweiser f. Erholungsbedürftige, od. die billigste Ferienreise. (Ruhr-, Lenne- u. oberes Edergebiet.) 16. (31 S.) Kupferdreh. (Frintrop 890. Sieburg. — Leipzig, Siegismund & Volkening.) — 40

Schütte, Felix [aus Berlin]: Aus d. patholog. Institut zu Greifswald. Ein Fall von Spontangangrän bei Diabetes mellitus. ... Greifswald, Druck v. Julius Abel, 1890; 24 S. 8°
Greifswald, Med. Fak., Inaug.-Diss. v. 29. Jul. 1890

Schütte, Fr. Wilhelm

Schütte F. W., Anleit. z. Straßen- u. Chausseenbaue, m. K. 8. Halberst. Groß. (Sommer in Leipz.) 795.

Schütte, Fr. Wlh., Anleit. zum Straßen- u. Chausseenbaue. Mit 1 Kpft. 8. Halberst. 795. Mit neuem Titel. Leipz. 807. (W. Rauck in Leipz.) 12 gr.

— üb. Wirthschaftsgebäude u. üb. Bestimmung der Größe derselben. 8. Leipz. 795. (W. Rauck). 5 gr.

— üb Wirthschaftsgebäude u. über Bestimm. d. Größe derselben. 8. Leipz. Sommer. 795.

Schütte, Frz., anschaulich-mündliche Rechenschule od. Handbuch zu allen Rechenbüchern im Zahlenkreise von 1 bis 100. 4. Aufl. gr. 8. (48 S.) Essen 898. G. D. Baedeker. n. — 80

Schütte, Frieda, Baby-Maus. Eine Geschichte in Versen f. art. Kinder. (41 S. m. 21 farb. Vollbildern.) Lex.-8. Mainz (904). J. Scholz. Geb. n. 2. —

Schütte, Frieda, Hudepack. Lustige Kindergedichte. Buchschmuck v. Rich. Flockenhaus. (39 S. m. z. Tl. farb. Abb. u. 2 Taf.) 32×24,5 cm. Altenburg (910). St. Geibel. Geb. 3.—; in Leinw. n 4. —

Schütte, Fritz: Anfangsgründe der darstellenden Geometrie für Gymnasien. Düren 1905: Hamel. (42 S.) 8°
Düren, G P 1905 (517)

Schütte, Fritz, Anfangsgründe der darstellenden Geometrie f. Gymnasien. (42 S. m. 54 Fig.) 8. Leipzig 905. B. G. Teubner. n. — 80

Schütte, H., Insekten-Büchlein, s. d. Schriften des deutschen Lehrer-Vereins f. Naturkunde, III.

Schütte, H., Insekten-Büchlein. Die wichtigsten Feinde u. Freunde der Landwirtschaft aus der Klasse der Insekten. Mit e. Anh.: Die Malaria u. die Anopheles-mücke. Mit mehr als 250 Abbildgn. auf 40 Farbendr.-Taf., z. Tl. nach Aquarellen v. A. Kull u. 47 Text-zeichngn. von A. Kull u. Hermine Schmidt. 2., verm. u. verb. Aufl. (240 S.) 16. Stuttgart (905). L. G. Lutz. Geb. in Leinw. n. 2. 50

Schütte, H., der lateinische Unterricht in den untern Klassen. Ein praktisch-pädagog. Wegweiser durch das gesamte Jahrespensum. 1. Tl.: Für Sexta. gr. 8. (V, 76 S.) Danzig 889. Kafemann. n. 1. 20

Schütte, H. M., de apostasia Christianorum ad Judaismum. Erf. 1738. 4.

Schütte, H. M., de templis et ecclesiis. Erf. 1742. 4.

Schütte, Heinrich [aus Bremen]: Beitrag zur Kenntnis der Acridine ... Erlangen, k. b. Hofbuchdr. v. A. Vollrath, 1893; 31 S. 8.
Erlangen, Phil. Fak., Inaug.-Diss. v. 1893

Weihe-Gruss zur Installation der ger. u. vollk. St. Johannisloge zum stillen Tempel im Or. von Hildesheim. Am Stiftungstage den 24. Mai 5846. [Unterz.:] [Heinr.] Schütte. [Hildesheim 1846.] 1 Bl. 8⁰ [Kopftit.]
Gedicht: „Der Hammer tönt vom ersten Schlage wieder, . . .“ 215.

Schütte, Heinrich Melchior [Praes.], s. Hallbauer, Friedrich Andreas: De origine philosophiae.

Schütte, Heinrich Melchior (Soest) A. S. 588/3
Dissertatio inauguralis historico-iuridica de iure Susatensi eiusque et iuris civilis collatione in successione ab intestato.
Erfurt (Grosch) 11. IX. 1720. 36 S.
W. v.: Christian Heinrich Loos. 31672

Schütte, Heinrich Melchior [Praes.], s. Schellwitz, Ernst Friedrich: De eo quod justum est, circa venditionem rerum futurarum.

Schütte, Heinrich Melchior [Praes.], s. Scheuffler, Friedrich Gottlob: De eo, quod justum est, circa probationem mortis absentis.

Schütte, Heinrich Melchior [Praes.], s. Tzschirner, Abraham Gottlob: De eo quod iustum est circa restitutionem mutui mutata monetae bonitate, dissertatio inauguralis iuridica.

Schütte, Herm., s.: Architektur, die, der alten u. neuen Zeit.

Schütte, Hermann (geb. am 11 Apr. 1854 in Iserlohn): Aus d. pathol. Institut zu Bonn. — Ueber die amyloide Degeneration der Leber . . . Mit 1 lith. Taf. Bonn, Univ.-Buchdr. v. C. Georgi (1877). 38 S., 1 Bl., 1 Taf. 8.
Bonn, Med. Fak., Diss. v. 13 Okt. 1877

Schütte, Herm., ornament. u. architekton. Studienblätter aus Italien m. bes. Berücksicht. der florent. Renaissance-Architektur. Fol. (60 Taf. m. 6 S. illustr. Text.) Berlin 896. B. Hessling. In Mappe n. 26. —
Erschien auch in 5 Lfgn. à n. 5. —.

Schütte, Herm., Theorie der Sinnesempfindungen bei Lucrez. gr. 4. (25 S.) Danzig 888. (Leipzig, Fock.) *

Schütte, J., s. A. Cooper, Vorlesungen über Chirurgie.

Schütte, Johann Bernhard Anton (Münster) A. S. 1172/40
Disputatio inauguralis medica veram rationi conformem auctoritate probatam ac experientia confirmatam tympanitis theoriam ac therapiam exhibens.
Präs. Johann Karl Spies.
Helmstedt (Schnorr) 21. XII. 1724. 40 S. 31673

CLEVE. — Amusemens des Eaux de Clève, oder Vergnugungen u. Ergötzlichkeiten bey denen Wassern zu Cleve. Zum Nutzen derjenigen, welche die angenehme Gegenden u. Merkwürdigkeiten besehen, oder diese Mineral-Wasser gebrauchen wollen. Entworffen von einem Mitgliede der Brunnen-Gesellschaft *(Joh. Heinr. Schütte).* LEMGO, gedr. bey Joh. Heinr. Meyer. 1748. 8⁰. (10 Mk. Paul Neubner, 1890; 9 Kr. Halm & Goldmann, 1907; 12 Mk., unbeschn., J. Halle, München, c. 1908.)
Titel (roth u. schwarz gedr.), 3 Bll. Vorr., 304 S. — Selten u. merkwürdig!

Schütte, Jh. Hnr., Anthropologia, wie man Gott aus der Betracht. des Menschen erkennen könne. Mit Kpf. 8. Halle 769. Gebauer. 18 gr.

— die wohlunterwiesene Hebamme, d. i. gründl. Unterricht von demjenigen, was e. Hebamme wissen 2c. soll, in Frag- u. Antworten. 8. Wesel 766. 2e verm. Aufl. v. Chr. H. Schütte. 8. Frkf. u. Leipz. 773. (Fr. Fleischer in Leipz.) 12 gr.

Jo[annis] Henr[icus] Schüttei [Schütte] 'Ορυκτογραφια [Oryktographia] Jenensis, sive Fossilium et mineralium in agro Jenensi brevissima descriptio ... Acc. Ad Georg. Wolffg. Wedelium De Vino Jenensi epistola. Lipsiae & Susati: Wolschendorff 1720. 110 S. 8⁰

— Oryctographia Jenensis. 8. Leipz. 720. Editio nova, curante C. V. Merkel. 8. Jena 761. Güth. 7 gr.

Schütte, Jo. Heinrich (Soest) A. S. 1275/6
Dissertatio chirurgica de superfluis et noxiis quibusdam in chirurgia. Präs. Lorenz Heister.
Altdorf (Kohles) 22. IV. 1719. 27 S.
Gew.: Diederich Dumeus.
W. v.: Johann Jakob Baier, Präs. 31674

Schütte, Josef: Über Compressionsfrakturen am obern Ende der Tibia. *Greifswald 1898: J. Abel.* (27 S. mit Taf.) 8°
Greifswald, Med. Diss. v. 21. Juli 1898

Schütte, Jos., Wegweiser f. Erholungsbedürftige. Fußreisen durch die Idyllen d. Ruhr- u. Lennethales f. Sommerfrischler. 2., verb. u. verm. Aufl. 12. (IV, 69 S. m. 1 autogr. Karte.) Frintrop 892. (Essen, G. D. Baedeker.) n. 1. —

Schütte, J(ulius) (Übers.):

s.: Cooper, Astley (Paston), Sir: Theoretisch-praktische Vorlesungen über die Chirurgie, oder Ergebnisse einer 50jährigen Erfahrung am Krankenbette. (The Principles and practice of surgery. Dt.) Bd 1-2. Leipzig: 1837-1838

JB 3.395

Schuette, Karl

Schütte, Carl *Hermann Christian* [aus Everingen (Prov. Sachsen)]: Zur Anatomie und Therapie des eingewachsenen Nagels . . . Berlin, Buchdr. v. G. Schade, *1893;* 28 S., 2 Bl. 8.
Berlin, Med. Fak., Inaug.-Diss. v. 14. März 1893

Schuette, Car. (Guil. Leop.) (geb. Iserlohn 1825): De invaginatione intestinorum. Accedit casus rarissimi observatio. Berolini (1849). (26 S.) 8°
Berlin, Med. Diss. v. 24. März 1849

Schütte, Carl, Lehrbuch d. vereinf. deutschen Stenographie (Einigungs-System Stolze-Schrey) z. Schul-, Privat- u. Selbstunterr. Hrsg. im Auftr. d. Systemprüfungskommission d. Verbandes deutscher Stenographen. gr. 8. (III, 12 u. 12 S.) Leipzig 898. (J. H. Robolsky.) n. — 50

Schütte, Ludwig: Vatikanische Aktenstücke zur italienischen Legation des Duranti und Pilifort d. J. 1305—1306. Leobschütz (1909): Witke. VIII, 56 S. 8°
Leobschütz, k. kath. G. OP 1909 (273) [S 09. 427

Schütte, Ludw., der Apenninenpass des Monte Bardone und die deutschen Kaiser, s. a. Studien, historische.

Schütte, Ludwig: Der **Apenninenpass** des Monte Bardone und die deutschen Kaiser. T. 1. *Berlin (1901): E. Ebering.* (38 S.) 8° (Erscheint vollst. als: Hist. Studien, H. 27.)
Breslau, Phil. Diss. v. 2. Aug. 1901

Der Appenninenpass des Monte Bardone und die deutschen Kaiser. Von Dr. Ludwig Schütte. Mit 1 Karte. *Berlin: E. Ebering 1901.* (137 S.) 8°
→ Studien, Historische. H. 27.

Schütte, Ludw., zur Stellung der Städte u. Fürsten am Rhein zu Ludwig dem Bayern. Ein vatikan. Aktenstück vom J. 1327. (17 S.) gr. 8. Rom 908. Loescher & Co. nn 1. —
Sonderabdruck aus: „Quellen u. Forschgn. aus ital. Archiven u. Biblioth."

Schuette, Marie

Das Goethe-National-Museum zu Weimar. Große Ausgabe d. Führers im Auftrage d. Direktion bearb. von Dr. M[arie] Schuette. Leipzig: Inselverl. 1910. VI, 116 S., 26 Taf. 8°
(Publikationen d. Goethe-National-Museum zu Weimar.) 10. 10655 7

Schuette, Marie, der schwäbische Schnitzaltar, s. a. Studien zur deutschen Kulturgeschichte.

Schuette, Marie, aus Sydney (Australien): Der schwäbische Schnitzaltar. Einleitung. Kap. 2 u. 3. *Berlin (1903): E. Ebering.* (46 S.) 8° ¶(Soll vollst. erscheinen.)
Berlin, Phil. Diss. v. 20. Juli 1903

Schuette, Marie. Der Schwäbische Schnitzaltar. Mit [Figuren und] 82 Lichtdrucktafeln in Mappe. XIV + 266 S. 8. Strassburg, J. H. Ed. Heitz, 1907. [M. 25. —]
Studien zur Deutschen Kunstgeschichte. Heft 91.
Darin S. 218/20 u. 249 Verzeichnis der Altäre in Constanz und der badischen Bodenseegegend, 244/48 in der Schweiz (die Textstellen betr. cf. die Register S. 260 ff.); s. auch Taf. 2. 3. 9. 34. 35 u. 40.

Schütte, Matthijs Pieter: Ueber den Verschluss des Ductus Choledochus durch Gallensteine. *Amsterdam: M. J. P. van Santen [1898].* (57 S.) 8°
Freiburg i. B., Med. Diss. v. 1898

Schütte, Max, der allgemeine deutsche Arbeiter-Verein. Historisches Gedenkblatt. gr. 16. (8 S.) Stralsund 893. (C. Meincke.) n. — 20

— der letzte Beherrscher d. alten deutschen Reiches. Historisches Gedenkblatt zum 1. März. 12. (16 S.) Ebd. 892. n. — 40

— Kaspar Hauser. Das Rätsel ist nicht gelöst! Eine Erwiderg. auf die Schrift d. Hrn. v. Artin. 8. (62 S.) Hagen i. W. 892. H. Risel & Co. n. — 50

— aus dem Jahre d. Schreckens (1793). Historische Gedenkblätter. 8. (16, 8, 8 u. 8 S.) Stralsund 894. (C. Meincke.) n. — 50

— der Kampf der Schreckensmänner. Historische Gedenkblätter. 8. (27 S.) Ebd. 894. n. — 50

Schütte, Max, Stralsund. Historischer u. lokaler Führer f. Einheimische u. Fremde. Im Auftrage des gemeinnützigen Vereins zu Stralsund verf. (40 S. m. Abb., 1 farb. Plan u. 1 farb. Karte.) 21×12 cm. Stralsund 907. (C. Hingst Nachf.) — 40

Schütte, Otto: Braunschweiger **Personennamen** aus Urkunden des 14. bis 17. Jahrhunderts. *Braunschweig 1901: J. H. Meyer.* (22 S.) 4°
Braunschweig, herz. Neues G, OP 1901 (754)

Schütte, Otto, Assistenzarzt b. Inf.-Reg. No. 141: Ueber die Torsion des Samenstranges. Berlin 1909: Ebering. 57 S. 8°
Berlin, Med. Diss. v. 18. Aug. 1909. Ref. Bier
[Geb. 25. Juni 81 Soest; Wohnort: Graudenz; Staatsangeh.: Preußen; Vorbildung: Gymn. Soest Reife O. 02; Studium: Berlin 11 S.; Coll. 14. Aug. 09; Approb. 5. April 09.] [U 10. 92

Schütte, Otto, aus Magdeburg: **Ueber die Verbindungen** der **Titansäure.** *Berlin 1899: Vogel.* (61 S.) 8°
Berlin, Phil. Diss. v. 5. Aug. 1899

Schütte, P., therapeutische Erfahrungen m. „Barta" bei Neurasthenie, Hysterie, Impotenz. (8 S.) gr. 8. Leipzig 907. Verlag der Monatschrift f. Harnkrankh. — 60
Sonderabdruck aus: „Monatschr. f. Harnkrankh."

— Neurasthenie, Hysterie, Impotenz, ihr Wesen, Behandlung u. Heilung. 5.—10. Taus. (16 S.) 8. Aachen 907. H. Köster. — 50

Schütte, Paul (geb. Berlin 3. 5. 1847): Ueber Kehlkopfspolypen und ihre Operationen. Berlin (1870). (36 S.) 8°
Berlin, Med. Diss. v. 22. Juli 1870

Schütte, Paul, a. Perleberg: Die Liebe in den englischen und schottischen Volksballaden. Halle a. d. S. 1906: E. Karras. (57 S.) 8° ¶(Teil der Arbeit; das Ganze erscheint bei M. Niemeyer in Halle a. S.)
Halle, Phil. Fak., Ref. Wagner, Diss. v. 14. Febr. 1906
[Geb. 27. Aug. 83 Perleberg, Prov. Brandenburg; Wohnort: Perleberg; Staatsangeh.: Preußen; Vorbildung: Realgymn. Perleberg Reife O. 02; Studium: Göttingen 2, Halle 6 S.; Rig. 11. Dez. 05.]

Schütte, Paul, die Liebe in den englischen u. schottischen Volksballaden. (128 S.) gr. 8. Halle 906. M. Niemeyer. n. 3. —

Schütte, Paul: Ueber die Regulierung des Blutstromes im Zustande der Dyspnoe. Halle a. S. 1885: Plötz. 37 S., 2 Taf. 8°
Halle-Wittenberg, Med. Diss. v. 25. Juni 1885
Geb. Erfurt 5. 7. 1859. V.

Schütte, R., Klassiker der Malerei: Holländ. Schule, — Kunst des Orients, } s.: Klassiker-Bibliothek der bildenden Künste.

Schütte, Robert: Der Aufstand des Leon Tornikios im Jahre 1047. (E. Studie z. byzantin. Geschichte d. 11. Jhs.) Plauen i. V., gedr. bei M. Wieprecht, 1896; 1—32 S. 4.
Plauen i. V., k. G, OP 1896 (554)

SCHÜTTE, Rudolf: Ueber Genitaltuberkulose des Weibes.- München: Ernst 1902. 29 S.
28.2.1902 - Chr 1901/02,25; Jv 1901/02,279
Diss. Ingolst.-Landsh.-Mchn.

Schütte, R., die Tucheler Haide vornehmlich in forstlicher Beziehung, s. a. Abhandlungen zur Landeskunde der Prov. Westpreussen.

SCHÜTTE, Rudolf: Die Tucheler Heide, vornehmlich in forstlicher Beziehung. - Danzig 1893. 52 S. - (Abh. z. Landeskde. d. Provinz Westpreussen H. V)

Schütte, Rudolf, approb. Arzt: **Ueber Genitaltuberkulose** des **Weibes.** *München 1902: M. Ernst.* (29 S.) 8°
München, Med. Diss. v. 1902

Schuette, Rudolf W. L.: Ein **Beitrag** zur Lehre von den Krebsmetastasen. *Leipzig 1898: R. Hahn.* (53 S.) 8°
Leipzig, Med. Diss. v. 22. Dez. 1897

Schütte, Siegfried *Justus Erdwin Heinrich* [app. Arzt aus Wolfenbüttel]: Aus d. Augen-Klinik zu Kiel. Ein Beitrag zur Kenntnis der Keratitis parenchymatosa . . . Wolfenbüttel, Druck v. Angermann & Fischer, 1896; 18 S., 1 Bl. 8.
Kiel, Med. Fak., Inaug.-Diss. v. [11. Aug.] 1896

Schütte, W.: Die Einschränkung des polizeilichen Verordnungsrechts bes. mit Berücks. des Droschken-Fuhrgewerbes und seiner Interessenten. Berlin 1891.

Schütte, W. Friedrich der Grofse und Lessing. 36 S. G. *Braunschweig* 1881
Progr.

Schütte, W., die Heimkehr des Odysseus. (32 S.) 8. Stralsund 906. Bremer. n. — 50

Schütte, Wenzel: Über die Einwirkung von Pyro- und Orthophosphorsäurechlorid auf sekundäre aliphatische Amine sowie auf Piperidin und Tetrahydrochinolin. *Rostock 1897: C. Hinstorff.* (43 S.) 8°
Rostock, Phil. Diss. v. [17. Dez.] 1897

Schütte, Wilhelm [aus Allenbach (Westf.)]: Beiträge zur Kenntnis der Solanaceen-Alkaloide ... Berlin, Druck d. Norddeutschen Buchdr. u. Verlagsanst., 1891 ([übergekl.:] Marburg, 1891); 43 S., 1 Bl. 8.
Marburg, Phil. Fak., Inaug.-Diss. v. [3. Okt.] 1891

Schütte, Wilh., physikalische Bilder. Mit 46 in den Text gedr. Holzschn. gr. 8. (III, 400 S.) Leipzig 880. Frohberg. n. 7. —

Schütte, Wilh., physikalische Bilder. 2. illustrativ verm. Ausg. gr. 8. (IV, 400 S. mit zahlreichen Illustr.) Leipzig 887, Strübig. cart. * ℳ 4.50.; geb. *

Schütte, Wilh., Elemente der analytischen Geometrie der Ebene für höhere Lehranstalten und zum Selbststudium. gr. 8. (IV und 164 S. mit 4 lithogr. Fig.-Taf. in qu. gr. 4.) Breslau 864, Aderholz' Buchh. *

Schütte, Wilh., das Reich der Luft. Frei nach C. Flammarion. Mit zahlreichen Illustrationen (in eingedr. Holzschn., Holzschntaf. u. 1 Chromolith.) gr. 8. (VII, 527 S.) Leipzig 874. Brandstetter. 10. —; geb. n. 12. —

Schütte, Wilhelm, Das Reich der Luft. Frei nach L. Flammarion. Leipzig 1875.

— der Sternhimmel. Eine populäre Darstellg. d. Weltgebäudes. Mit zahlreichen Textabbildgn., 2 (lith.) Himmelskarten (in qu. gr. 4.) u. lith. (u. chromolith.) Taf. Lex.-8. (VIII, 544 S.) Ebend. 877. 10. —; geb. n. 12. —

Schüttelkopf, Balthas., Altes u. Neues. Geschichten aus Kärntens Schulhäusern. Für die Hilfscasse gesammelt. 12. (IV, 100 S.) Klagenfurt 893. (A. Raunecker.) Kart. n. 1. 80; ermäß. Preis n. — 60

Schüttelkopf, Balthasar. Aus Berg u. Tal. 16 Original-Karntner Lieder. Klgft., Birnbacher, (1907). Folio. 12 S.

Fahrt, Die Wiener, des Klagenfurter Männergesangvereines 15. bis 18. Juli 1892. Klgft., Leon. (1892.) 56 S. (Verf.: Balthasar Schüttelkopf.)

Schüttelkopf, Balthasar. Führer bei Wanderungen im Lavanttale. Wolfsberg, Ploetz. (1903). 130 S.

Bürgerbuch der Stadt Rheine. Eine Sammlung d. wichtigsten Gesetze ... u. sonstigen ... Bestimmungen. Hrsg. von [Hubert] **Schüttemeyer**, Bürgermeister. Rheine: J. Altmeppen 1907. (203 S.) 8° [F.] [08. 1171 6

von Schuttenbach, Nicolaus [pr. Arzt aus Livland]: Ueber aussere Operationen am Kehlkopf. ... Berlin, Buchdr. v. Gustav Schade (Otto Francke) (1888). 31 + 1 S. 8°
Berlin, Med. Fak., Inaug.-Diss. v. 11. Dez. 1888

Schüttenhelm, Alfred, aus Strassburg i. E.: Über eine besondere Art Cremonascher Transformationen. *Strassburg i. E. 1901: C. & J. Goeller.* (47 S.) 8°
Strassburg, Math.-naturw. Diss. v. 1901

Schüttenplatz, de. (Gedichte.) Vertällt van Peter Stoffel. Von H. L. D. 8. (8 S.) Cammin 847, Behrendt & Comp. 1 ℛ

Schüttensack, Alb., die Einbruchdiebstahlversicherung u. ihre Bearbeitung. Handbuch f. Beamte, Generalagenten u. Agenten. (IV, 46 S.) 8. Gr.-Lichterfelde 910. Wallmann. Geb. in Leinw. nn 2. 50

Schüttenwalde [Schlagwort]

Schüttenwalde, s.: Geologische Karten. Karte (Preuss.)

Bekenntniss eines sterbenden Freimaurers oder Die verhängnissvolle Mitternachtsstunde in Italien. Verf. von Friedr. Wilh. **Schütter.** Görlitz: Selbstverl. 1862. 16 S. 8° [Umschlagtit.]

[Dasselbe.] 10. Aufl. Ebendas. 1863. 16 S. 8°
cf. MW. 11 (1862) No 46; L. 21 (1862) S. 352; 23 (1864) S. 26; °T. 9 (1863) S. 46. TB. 345. Gegen die Frmrei gerichtet.

SCHUETTER, Fritz: Die Teilung des iambischen Trimeters bei Aeschylus, Sophokles und Euripides. — 1908. 113 Bl. Diss. Graz, Univ.

Schüttge, Carl Gottfried, weil. königl. Superintendent u. Oberpfarrer zu Finsterwalde, † 29. Mai 1872. [Aus: „Niederlausitzer Sonntagsblatt".] 8. (18 S.) Finsterwalde 878. Rosenstein. n. — 10

Der '**Schütting**'. Ein heimatl. Kalenderbuch. (Jg. 1.) Auf d. J. 1908. Hannover: A. Sponholtz (1907). 4° [F.] [07. 17814 9

Schütting, der. Ein heimatl. Kalenderbuch auf d. J. 1911. (113 S. m. Abb., 1 Bildnis u. Wandkalender.) Lex. 8. Hannover, A. Sponholtz Verl. — 60; auf Kunstdr.-Pap. 1. —

Schüttinger, die Kindschaft nach bamberger Statutar-Recht. Nach den Quellen des bamberger Land-Rechts bearb. gr. 8. (VII und 103 S.) Bamberg 857, Züberlein. *

Schüttle Dich, Germania! Geharnischte Bismarcksonette v. e. Freimüthigen. 12. (VIII, 104 S.) Düsseldorf 891. F. Bagel. Kart. n. 2. —

Schüttler, Chr., die Buchführung des Handwerks, s.: Clausen, J.

Schüttler's, Chr., Fortbildungsschul-Katalog. 5. Jahrg. 1908/9. Unter Mitwirkg. v. A. Haese, O. Mantzke, P. Rantz u. a. (130 S.) 11. 8. Hannover, F. Cruse. — 40

— Geschäftsgänge f. die gewerbl. Buchführung, s.: Clausen, Johs.

— Rechenbuch f. gewerbl. Fortbildungsschulen, s.: Clausing, Frdr.

— Wilh. **Weitzenborn** u. Heim. **Stehr**, Verzeichnis der wichtigeren Lehrbücher u. Unterrichtsmittel auf dem Gebiete des gewerblichen, kaufmännischen u. ländlichen Fortbildungsschulwesens f. Handwerker-, Mädchenfortbildungs- u. Haushaltungsschulen, Fortbildungsschul-Bibliotheken u. s. w. 3. Jahrg. 1905. (82 S.) 8. Hannover, F. Cruse. — 20

Schüttler, Friedrich, appr. Tierarzt: Aus d. pharmakol. Inst. d. Tierärztl. Hochsch. zu Berlin. Vorsteher: Regenbogen. Versuche über die Wirkung des Extractum Digitalis depuratum — Digipuratum — bei Tieren. Arolsen 1909: Ewers. 43 S. 8°
Giessen, Veterinär-Med. Diss. v. 23. Sept. 1909, Ref. Geppert
[Geb. 23. März 86 Welleringhausen; Wohnort: Berlin; Staatsangeh.: Waldeck; Vorbildung: Gymn. Korbach Reife O. 04; Studium: Tierärztl. Hochschulen Berlin 4, München 1, Berlin 2 S.; Rig. 30. Juli 09.] [U 10. 1251

Schüttoff, M., der praktische allgemeine Mädchenfortbildungsschulunterricht. Eine Ergänzg. der deutschen sozialen Gesetzgebg. (45 S.) 8. Leipzig (909). Th. Grieben. — 70

Schüttoff, M(artin): Sendschreiben an den deutschen Reichstag. Eine Ergänzung der deutschen sozialen Gesetzgebung durch einen praktischen allgemeinen Mädchenfortbildungsschulunterricht. M. e. Nachw. v. F. H. Schüttoff. — Altenburg: Bonde 1908. 45 S. 8°

Schüttoff, Martin, aus Dittmannsdorf (Aus d. anat. Anstalt zu Leipzig.) Abnormer Tiefstand des Bauchfells im Douglas'schen Raume und Senkung der Beckeneingeweide beim Manne. *Leipzig: Veit & Co. 1903.* (18 S.) 8° (Aus Archiv f. Anat. u. Physiol., 1903, Anat. Abth.)
Leipzig, Med. Diss. v. (27. Apr.) 1903

Schüttrumpf, August, appr. Arzt, a. Northeim i. Hann.: Über die vom 1. Januar 1901 bis Ende März 1906 in der Göttinger Medizinischen Klinik behandelten Fälle von Typhus abdominalis. Halberstadt 1906: H. Meyer. (34 S.) 8°
Göttingen, Med. Fak., Ref. Ebstein, Diss. v. 11. Aug. 1906
[Geb. 10. Febr. 70 Northeim; Wohnort: Hattorf a. Harz; Staatsangeh.: Preußen; Vorbildung: Gymn. Clausthal Reife O. 90; Studium: Göttingen 5, Leipzig 5 S.; Coll. 20. Juli 06; Approb. 16. Mai 95.]

Schutz der Arbeit! **Schutz** der Freiheit! Ein Beitrag zur Lösung der Gewerbefrage. gr. 8. (III und 120 S.) Bremen 858. Geisler. *

Schutz der Arbeiter. Provisorisches Verzeichniss der eidgenössischen Fabrikinspektion für die schweiz. Landesausstellung. In-8°, 8 S. Aarau, Sauerländer. 1883.

Der **Schutz** der Arbeitswilligen. Eine dringende Forderung im Interesse der Arbeitswilligen und Arbeitgeber. Verhandlungen im Verein der Industriellen des Reg.-Bez. Köln. Köln, 1910. 29 S.

Schutz, Der, der Baugläubiger vor dem Deutschen Juristentage. Berlin 1903. V: *Solmssen, Georg.* (Berl)

Der **Schutz** der Baugläubiger vor dem Deutschen Juristentage. (Vorr.: Dr. [Georg] Solmssen.) *Berlin: J. Guttentag 1903.* (168 S.) 8° [J.]
Aus Gutachten u. stenogr. Bericht d. Verhandlungen d. XXVI. Deutschen Juristentages 1902. [03. 4-77

Schutz, der, der Baugläubiger vor dem deutschen Juristentage. Abdr. der dem XXVI. deutschen Juristentage erstatteten Gutachten u. des stenograph. Berichtes der Verhandlgn. vom 10. u. 12. IX. 1902. (168 S. m. 1 Taf.) gr. 8. Berlin 903. J. Guttentag. n. 3. —

Der **Schutz** der Bauhandwerker. Gutachten d. Verbandes d. Baugeschäfte von Berlin u. d. Vororten (eingetr. Verein) zu d. Gesetzentwürfen betr. d. Sicherung d. Bauforderungen. Berlin: Geschäftsstelle d. Verbandes 1902. (10 S.) 8° [J.]
— **Mittheilungen** d. Verbandes d. Baugeschäfte von Berlin u. d. Vororten. Jg. 2, [Beilage]. [07. 3774

Schutz, bester, u. beste Wehr gegen Diebe u. Räuber, zu Haus u. auf Reisen. Ein Hülfsbüchl. f. Jedermann. 8. (6½ B. u. 2 Stnt.) Tübingen 829, Laupp.

Schutz der Bodenkultur gegen Insekten. (Neudr.) Redaktionelle Beilage des „Kärntn. Gemeindeblattes" 1908. (3 S.) gr. 8. Klagenfurt 908. (J. Heyn.) nn — 15

Schutz gegen die Cholera. Diätetisches Verhalten f. Gesunde u. Kranke, durch vielfältige Erfahrgn. erprobt. Von Mz. J—l. 8. (11 S.) Berlin 849, A. Friedländer. 1½ ngr

Schutz vor der Cholera, ihre Geschichte, ihr Wesen, ihre Erkennung und die Maßregeln zu ihrer Bekämpfung. Von einem prakt. Arzte. 8. (24 S.) Chemnitz 884, Hager.

— der, der Deutschen in Frankreich 1870 u. 1871. Briefwechsel des außerordentl. Gesandten u. bevollmächtigten Minister der Vereinigten Staaten f. Frankreich E. B. Washburne in Paris vom 17. VII. 1870 bis zum 29. VI. 1871. Aus den diplomat. Akten der Regierg. der Vereinigten Staaten v. Nordamerika. Ausgewählt, übers. u. m. e. Einleitg. versehen v. Adf. Hepner. (XIV, 175 S.) 8. Stuttgart 907. (J. H. W. Dietz Nachf.) 2.40; geb. 3. —

Schutz der Ehre und Bekämpfung des Duells. Leipziger Besprechung am 19. Okt. 1901. *Köln: J. P. Bachem [1901].* (40 S.) 8° [J.] [02. 3:00 6

Schutz der Ehre u. Bekämpfung des Duells. Leipziger Besprechg. am 19. X. 1901. 8. (46 S.) Köln (902). J. P. Bachem. n. — 50

Schutz, Der, der bürgerlichen Ehre. Wien 1886. V: *Schwarzkopff, Max.* (EB)

Der **Schutz** des geistigen Eigenthums. Berlin: Kortkampf 1878.
[1.] Das Urheberrecht an Werken der bildenden Kunst. Ges. vom 9. Jan. 1876. Mit den Ergänzungs- u. Vollzugs-Bestimmungen der Reichs- u. Landes-Gesetzgebung. Nach den Materialien des Reichstags dargest. von e. Mitgliede desselben.
[2.] Der Schutz der Photographien gegen unbefugte Nachbildungen. Ges. vom 10. Jan. 1876.
[3.] Das Urheberrecht an Mustern u. Modellen. Ges. vom 11. Jan. 1876. (Rechtsbücher des Dt. Reichs. Buch 6.)

Schutz, Der, der Eisen-Industrie vor der verfassunggebenden Deutschen Nationalversammlung. [Wiesbaden 1848.] V: *Lossen, C.* (Cat. d. stat. Bureaus. Dresden 1890.)

(F) **Der Schutz der Erfindungen,** Marken und Muster in Österreich. Die Gesetze, Verordnungen und Staatsverträge betreffend Patente, Privilegien, Marken und Muster. 2. Aufl. [Manz'sche Gesetzausgabe. 1. Bd 2. Abt.] 8°. (XXVI, 892 S.)
Wien: Manz 1906. K 8.—, geb. K 9.

Schutz, der, der Erfindungen als Recht im Interesse der Gesellschaft, s.: **Patentfrage,** die.

Schutz, der, gegen Flurbeschädigungen durch gewerbliche Einwirkungen. Drei Beiträge von J. König, Stelfeck und H. Heine. (44 S.) (Arbeiten der Deutschen Landwirtschafts-Gesellschaft 14) Berlin 1896

Schutz, der, der Frau gegen die Gläubiger ihres Ehemannes od. die Rechte u. Vorrechte der Ehefrau in Bezug auf ihr eingebrachtes Vermögen im Geltungsbereiche des preußischen allgemeinen Landrechts, populär dargestellt von einem prakt. Juristen. gr. 8. (32 S.) Berlin 881. Sittenfeld. n. — 60

Schutz, der, der Frau gegen die Gläubiger ihres Ehemannes od. die Rechte u. Vorrechte der Ehefrau in Bezug auf ihr eingebrachtes Vermögen im Geltungsbereiche d. Preuß. Allg. Landrechts, populär dargestellt v. e. prakt. Juristen. Neue (Titel-)Ausg. gr. 8. (32 S.) Berlin 889. C. Heymann's Verl. n. — 60

Schutz in Gefahren bei Wagenfahrten . . . Pesth 1819. V: *Machay, C. B. v.* (EngOec) (Ky) (EngMt)

Schutz in Gefahren bei Wagenfahrten, oder solche Einrichtung der Wägen, mittelst welcher die, durch das Ausreißen d. Pferde geschehende Unglücksfälle beseitigt werden, (von C. B. von Machay). Mit Kpf. gr. 8. Pesth 819. (Kilian). 15 gr.

Schutz, der, d. **Gläubigers** gegen frivole Rechtshandlungen, insbesondere Arreste u. Zwangsvollstreckungen, od. das Anfechtungsrecht im Konkursverfahren oder außerhalb desselben im Geltungsbereiche der Reichsjustizgesetze, an einzelnen Rechtsfällen populär dargestellt von e. prakt. Juristen. Neue (Titel-)Ausg. gr. 8. (IX, 99 S.) Berlin 889. C. Heymann's Verl. n. 1. 50

Rheinisch-Westphälischer Geometer-Verein. — Ueber den Schutz des Grundeigenthums. (Vortrag von Betz ... in der General-Versammlung des rhein. westph. G. V. zu Düsseldorf am 2. Juli 1876. Autographirt. Ohne bes. Titelblatt.) fol.

— den **Heimarbeitern!** Eine Denkschrift des Verbandes der Schneider, Schneiderinnen u. verw. Berufsgenossen an Bundesrat u. Reichstag. Mit e. Anh.: Sozialstatistik des deutschen Schneidergewerbes. gr. 8. (306 S.) Berlin 901. (Buchh. Vorwärts.) n. 1. 50

Schutz den Heimarbeitern! Eine Denkschrift, dem Bundesrat und Reichstage überreicht vom Verband der Schneider, Schneiderinnen und verwandter Berufsgenossen. — Stuttgart: Holzhäusser 1901. 131 S. 8°

Schutz. Der, der geographischen Herkunftsbezeichnungen im deutsch-französischen Warenverkehr. Referate. Berlin 1909

— der einheim. Industrie, eine Municipal-Maaßregel u. keine Kriegs-Erklärung, als Antwort der erschien. Schrift: „Ueber das Retorsions-Princip rc. rc." 4. Hamb. 820. (Perthes u. B.) 12 gr.

— den **Kindern aller Stände!** Hrsg.: Ph. W. Düssel. In zwanglosen Nrn. Nr. 1. (8 S.) gr. 8. Frankfurt a/M. 903. Ph. W. Düssel. — 15

Schutz des Koalitionsrechts. Begründung der Eingabe des Verbandes deutscher Handlungsgehilfen zu Leipzig. 8°. Leipzig, 30. Nov. 1909.

— der, der deutschen **Milchproduktion.** (Verhandlgn. der XXXIV. Plenarversammlg. des deutschen Landwirtschaftsrats.) (S. 227—246.) Lex. 8. Berlin 906. P. Parey. nn 1. —

Sonderabdruck aus: „Archiv d. deut. Landwirtschaftsrats".

— vor Nahrungssorgen, oder gründl. Anleit. zur Erhaltung u. Verbesser. des häusl. Wohlstandes. 8. Leipz. 801. Kummer. 20 gr.

— der **Obstbäume** gegen feindliche Tiere u. gegen Krankheiten. 2 Bde. gr. 8. Stuttgart, E. Ulmer. n. 9. —; geb. in Leinw. n. 10. 60

1. Schutz der Obstbäume gegen feindliche Tiere. Im Auftrag des deutschen Pomologen-Vereins bearb. v. E. L. Taschenberg. 3., bedeutend verm. Aufl. v. Otto Taschenberg. Mit 75 in den Text gedr. Abbildgn. (X, 341 S.) 901. n. 4.80; geb. n. 5 60

2. Schutz der Obstbäume gegen Krankheiten. Ein prakt. Ratgeber zur Erkenng., Abhaltg. u. Bekämpfg. der die Gesundheit unserer Obstbäume beeinträchtig. Zustände u. Krankheiten. Von Paul Sorauer. Zugleich 2. Aufl. der Schrift „Schutz der Obstbäume gegen Krankheiten" v. Ed. Lucas. Mit 110 in den Text gedr. Abb. (XVI, 238 S.) 900. n. 4.20; geb. n. 5.—

Schutz (Der) der jugendlichen Personen im preussischen Staate. Denkschrift, bearbeitet von d. Königl. statist. Bureau. fol. Berlin 1883.

— der persönliche. Nach der engl. Original-Ausgabe deutsch bearb. von **Curtius.** gr. 16. Leipzig 849, Müller. Versiegelt. ⅓ ℳ

— der persönliche. Aerztlicher Rathgeber bei allen Krankheiten der Geschlechtstheile rc. Mit Zugrundelegung der La' Mert'schen Schrift u. unter Mitwirkung mehrerer praktischer Aerzte hrsg. von **Laurentius.** 12. stark verm. u. wesentlich verb. Aufl. Mit 60 erläut. anatom. Abbildgn. in Stahlst. qu. gr. 8. (Leipzig 850, Schrei in Comm.) Versiegelt. baar 1 Dukaten.

— wider „den persönlichen Schutz" od. die wirklichen u. eingebildeten Folgen der Onanie v. e. prakt. Arzte. gr. 8. (32 S.) Bockenheim 850, Levy. n. ⅓ ℳ

Schutz, Der, der Photographien gegen unbefugte Nachbildungen. Gesetz vom 10. Januar 1876 . . . Nach den Materialien des Reichstags dargestellt . . . Berlin 1878. V: *Jacobi, Leonhard.* (Cat. d. Bibl. d. dtsch. Reichstages. Berl. 1882.)

— der, der **Photographien** gegen unbefugte Nachbildungen. Gesetz vom 10. Januar 1876. Mit den Ergänzungs- u. Vollzugs-Bestimmungen der Reichs- u. Landes-Gesetzgebung. Nach den Materialien des Reichstags dargestellt von einem Mitgliede desselben. 8. (52 S.) Berlin 878. Kortkampf. n. — 60; cart. n. — 80

Schutz, der, der Reichshaupt- u. Residenzstadt Wien gegen die Hochfluten des Donaustromes, s.: Beiträge zur Hydrographie Österreichs. 9. Heft.

Schutz, Rettung u. Hülfe in Feuersgefahr; od. Erläutern. u. Zusätze zu „Dinter's Belehrn. üb. Verhütung d. Feuersbrünste", als nützl. Handb. f. d. Lehrer beim Unterr. darüber u. zugleich als nothwend. Lehr- u. Leseb. f. d. Bürger u. Landbewohner, v. e. sächs. Schulmanne. 8. (9½ B.) Neustadt a. d. O. 840, Wagner.

— der einzig sichere, gegen Cholera und die einzige Kurmethode. Aus dem Engl. Neustadt O S. 853. (Oppeln, Clar.) 8. (16 S.) n. 2 ngr.

Schutz. Der Strafrechtliche Sch' der Minderjährigen gegen geschlechtliche Verderbnis. Petition des Bundes schweizerischer Frauenvereine. 1902. Separatabdruck aus der «Schweiz. Zeitschrift für Strafrecht», [Jahrg.] 15, 1902. 29 S. 8. Bern, Stämpfli & Cie., 1902.

S. 6—29: Begründung der Postulate ... gegeben durch Professor W[olfgang] Mittermaier in Bern.

Schutz, Strafrechtlicher, des Parlamentarismus in Österreich. Wien 1879. V: *Hartig, Franz Graf von.* (EB)

— strafrechtlicher, des Parlamentarismus in Oesterreich mit Rücksicht auf die ausserösterreichischen Gesetzgebungen u. die neuesten deutschen Reichstagsverhandlungen. Von dem Verf. der Broschüre: Die Genesis der österreichischen Revolution u. die niederösterreich. Landstände. gr. 8. (VII, 68 S.) Wien 879. Manz. n. 1. 20

Schutz und Trutz. Ein christl. und patriot. Wochenblatt. Hrsg. in Verbindung mit einem Freundeskreise von H. Biedebantt. 1. und 2. Jahrg. 1864 und 1865. à Jahrg. 52 Nrn. (à ½—1 Bog.) gr. 4. Berlin, F. Schulze's Buchh. à Jahrg. *

—— dass. — Hrsg. von Demselben. 3. und 4. Jahrg. 1866 und 1867. à Jahrg. 52 Nrn. (à ½—1 Bog.) gr. 4. Berlin, (Matthies.) à Jahrg. *

Schutz und Trutz. Ein christl. und patriot. Wochenblatt. Hrsg. von H. Biedebantt. 5. Jahrg. 1868. 52 Nrn. (à ½—1 Bog.) gr. 4. Berlin, (Matthies.) *

—— —— dass. — Ein Blatt zur Bewahrung und Bewährung evangel. Christenthums. Hrsg. von H. Biedebantt. 6. und 7. Jahrg. 1869 und 1870. à Jahrg. 52 Nrn. (à ½—1 Bog.) gr. 4. (Ebendas.) à Jahrg. *

Zu Schutz und Trutz unserer protestantischen Litteratur. Leipzig: C. Braun 1900. (36 S.) 8°
= Flugschriften f. Evangel. Bundes. 169.

— der nützlichen Vögel. Gesetze v. 80. XI. 1870, L.G.Bl. Nr. 54, u. v. 28. III. 1883, L.G.Bl. Nr. 11, zum Schutze der nützl. Vögel, wirksam f. das Herzogt. Kärnten. (Redaktionelle Beilage des kärntner. Gemeindeblattes v. Anfang März 1905.) (2 S.) gr. 8. Klagenfurt (905). (J. Heyn.) — 06

Schutz den Vögeln. Über Nistkästchen. Wien 1877. V: *Zeller*, *Frdr.* (EB)

Schutz den Vögeln! Blätter des böhm. Vogel-Schutz-Vereines in Prag. Drei vollst. Jahrgänge (I. II. III.) enthalten zahlreiche orig. populäre u. wissenschaftliche, belehrende u. unterhaltende Artikel über die Vögel. Red. Dr. Wlad. Schier. Mit vielen Abbildgn. u. Landkarten von Böhmen, in welchen die Zugstrassen der Wasser-, Sumpf- und Landvögel angedeutet sind. Lex. 8°. (I. Jahrg. 192 S., II. Jahrg. 192 S., III. Jahrg. 131 S.) Prag, Reinwart. fl. 2.60. 1886.

Der Schutz der Reichshaupt- und Residenzstadt Wien gegen die Hochfluten des Donaustromes. Wien: Braumüller in Komm. 1908. V, 125 S. 2°(4°)
(Beiträge z. Hydrographie Österreichs. H. 9) [illegible]

Deutsches Zentralkomitee für Zahnpflege in den Schulen. — SCHUTZ DEN ZÄHNEN! Im Auftrage des Deutschen Zentralkomitees herausgegeben vom Generalsekretär Zahnarzt Dr. ERICH SCHMIDT. Berlin 1909. Verlagsbuchhandlung von Richard Schoetz. 8°.

Schutz, Heinr., ein Blüthenstrauß aus deutschem Dichtergarten. Freundliche Gabe an die Jugend. Mit einem Vorw. von Augustin Keller. Aarau 856. Martin. 4. (128 S.) 15 ngr.

Schutz, Hugo, Referendar: Litis contestatio und Klageerhebung. Eine Studie z. Zivilprozeß. Nürnberg 1909: Hilz. XII, 69 S. 8°
Erlangen, Jur. Diss. v. 2. Mai 1909, Ref. Oertmann
[Geb. 13 Juni 85 Zabrze; Wohnort: Peiskretscham; Staatsangeh.: Preußen; Vorbildung: Gymn. Gleiwitz Reife O. 05; Studium: Freiburg i. B. 1, München 1, Berlin 1, Breslau 3 S.; Rig. 17. Nov. 08.] [U 09.735

Schütz. — Heinrich Schütz.

—— eine Gedächtnissrede auf ihn, s. Spitta, F.

Schütz', Mich., gen. Toxites, Lebensbild, s.: Schmidt, C.

Schütz, s.a. Schütze.

Schütz, s.a. Schüz.

Schütz (III.), Fabeln in deutschen Reimen. gr. 12. (8 B.) Altona 833, Hammerich.

v. Schütz, Frhr. ..., von den Fortschritten u. d. Nutzen des Studiums d. Mineralogie, besond. in Rücksicht auf d. Bergbau. 4. Münch. 797. J. Lindauer. 3 gr; bei Franz. 5 gr

Schütz. De fundamentis reipublicae, quae primo politicorum libro ab Aristotele posita sunt. 18 S.
Potsdam, Progr. 1860

v. Schütz, General, († 1833.) s. Geschichte der französisch. Staatsveränderung.

Schütz. Ueber Ségur's Histoire de Napoléon et de la grande armée pendant l'année 1812. 1. Theil. Burgsteinfurt, G., 1862. 34 S. 4. Progr.

Schütz, der Kampf gegen Rom, das Wahrzeichen unsrer Zeit, s.: Streitschriften, freundschaftliche.

Schütz, Oberamtsarzt D., Catechismus für die Leichenschauer, oder Belehrung über die Pflichten derselben u. Anweisung, wie sie sich in allen Fällen zu verhalten haben. (Mit 1 Tabelle.) 8. Stuttgart 834. Metzler. ¼ rf.

Schütz, die Lehre v. der Constitution vom cellularpathologischen Standpunkte. gr. 8. (V, 43 S.) Berlin 872. Hirschwald. n. 1. —

Schütz. Das Recht des Grundeigentümers am Luftraum in Beziehung zur Luftschiffahrt. Leipzig 1910. Diss.

Reform-ortografi fon fon **Schütz**, Zoppot. *(Danzig 1903: A. W. Kafemann.)* (8 S.) 8° [Umschlagt.] [illegible]

Schütz, fon, Reformortografi. (8 S.) gr. 8. Zoppot 903. Selbstverlag. — 30

Schütz, ..., Rhein-Landschaften nach d. Natur aufgenommen u. von Rabl in Aqua tinta gesetzt. 12 Bl. Fol. Frkf. a. M. Fr. Wilmans. 48 fl illum. 80 fl

Schütz, Rheinlandschaften nach d. Natur aufgenommen. In aqua tinta geäzt v. Radl. 108 u. 116 Blatt, jedes 24 Zoll breit u. 18 Zoll hoch. Frankf. am M. Willmanns. 812—13. (jedes Blatt 6 Rthlr.)

Schütz, Prof. Dr., s. Taschenbibliothek d. neuesten Erzähll.

Schütz: Untersuchungen über functionale Congruenzen. Frankfurt a. M. 1867. 23 S. 4°
Schul-/Univ.-Schrift

Schütz, A., zur Behandlung des Empyems bei Kindern. [Aus: „Jahrbb. d. hamburg. Staatskrankenanstalten" 3. Bd.] gr. 8. (11 S.) Hamburg 894. L. Voss. n. — 75

— über den Einfluss der Cholera auf Menstruation, Schwangerschaft, Geburt u. Wochenbett. [Aus: „Jahrbb. d. hamburg. Staatskrankenanstalten" 3. Bd.] gr. 8. (13 S.) Ebd. 894. n. 1. —

Schütz, A. C., Encyclopädie d. philosoph. Wissenschaften. 8. Götting. Vandenhoeck u. R. 815.

Schütz, A. H. J. Die Lehre von den beitragenden Werten im Havarie-große-Rechte. S. A. Wien 1899.

Schütz, A. L. [Pseud.], s.a. Lippschitz, Arthur

Schütz, A. L. (Arth. Lippschitz), u. Eug. Siegwart, Hamlet's Geist, s.a. Bloch's, Ed., Theater-Korrespondenz.

[S.] Hamlet's Geist. Schwank in 1 Akt v. A. L. Schütz [d. i. Arthur Lippschitz] u. Eugen Siegwart ... *Berlin: E. Bloch [1896].* (30 S.) 1 Bd 8.
— Theater-Korrespondenz, Eduard Blochs. No 283.

Schütz, A. S., Gott, meine Liebe! Ein vollständ. Gebet- und Erbauungsbuch für wahrhaft betende kathol. Christen. 8. (Mit 1 Stahlst.) Borken 844, auch 846, Brunn. 1/2 ℛ

Schütz, A. S., Gott meine Liebe. Ein vollständiges Gebet- u. Erbauungsbuch f. wahrhaft betende kathol. Christen. 8. (20 1/4 B. u. 1 Stahlst.) Borken 846. [Münster, Coppenrath'sche Buchh.]

Schütz, A. S., Gott meine Liebe. Ein vollständiges Gebet- und Erbauungsbuch für wahrhaft betende katholische Christen. 2. verm. Orig.-Aufl. Münster 860. Brunn. 16. (XVI, 500 S. u. 1 Stahlst.) 20 ngr.

Schütz, A. S., Gott meine Liebe. Ein vollständiges Gebet- u. Erbauungsbuch für wahrhaft betende kathol. Christen. 3., verb. Orig.-Aufl. 16. (XVI, 511 S. m. chromolith. Titel u. 1 Stahlst.) Regensburg 882. Coppenrath. n. 2. —

Schütz, A. S., Gott meine Liebe. Ein vollständ. Gebet- u. Erbauungsbuch f. wahrhaft bet. kathol. Christen. 3. Aufl. 12. (XVI, 511 S. m. Farbendr.-Titel u. 1 Stahlst.) Regensburg 883. Coppenrath. n. 2. —; Einbd. in Leinw. m. Goldschn. n.n. 1. —; in Leder m. Goldschn. n.n. 1. 80; franzöf. Einbd. n.n. 2. 60

— dasselbe. Min.-Ausg. 24. (XVI, 708 S. m. Farbendr.-Titel u. 1 Stahlst.) Ebend. 883. n. 1. 60; Einbd. in Leinw. m. Goldschn. n.n. 1. 25; in Ldr. m. Goldschn. n.n. 2. 10; französ. Einbd. n.n. 3. 30

—— Weihestunden religiöser Betrachtungen. Den christl. Jungfrauen als Mitgabe für's ganze Leben gewidmet. 1. Thl. 8. (15 B.) Borken 845. [Münster, Coppenrath'sche Buchh.]

Schütz, Ad. v., die Pflege der Eiche. Ein Beitrag zur Bestandes-pflege. Zum prakt. Gebrauche für Forstbeamte und Waldbesitzer. gr. 8. (V, 122 S. mit 27 in den Text gedr. Holzschn. und 39 Zeichnungen auf 6 lithogr. Fig.-Taf. in qu. 4.) Berlin 870, Springer's Verlag.

v. Schütz, Ad. Fr., s. Alles in einer Nuß.

Schütz, Adf., de historia alphabeti attici sive quibus fere temporis punctis compositi sint, cum ceteri tituli attici anno ol. 94,2 vetustiores. tum ii, qui Endoeum et Aristoclem auctores profitentur. gr. 8. (64 S. m. 1 Tab. in qu. gr. 4.) Berlin 875. Weber. n. 1. 60

Johannes und Christus, Freimaurerei und Christenthum. Festzeichnung zum Johannisfeste 1863, vorgetragen in der Loge „Zum Westphälischen Löwen" im Or. Schwelm von Adolf Schütz. Schwelm [1863]: Scherz. 16 S. 8⁰
Abgedr. in: Bh. 6 (1863) S. 345—349.
cf. Ebendas. S. 331—332 (J. G. Findel).
Tt. 2188.

Schütz, *Adolf Gustav* von: Vorläufiger Prospekt eines Schulfabel ... ausgewählten Probestücken. 4. 28 S. ... *Glad. (?) 1888* (26)
Progr.

Schütz, Adolf, approb. Arzt: Aus d. hygien. Institut d. Universität Bonn. Ueber die Verdaulichkeit mehrerer Eiweiss-Substanzen. *Bonn 1901: J. Trapp.* (30 S.) 8°
Bonn, Med. Diss. v. 11. Mai 1901

Schütz, A(dolph.) L(eop.) (geb. Rathstock 8. 12. 1800): De surditatis causis. Berolini 1824. (24 S.) 8°
Berlin, Med. Diss. v. 21. Okt. 1824

Schütz, Albert

Uebersichts-Plan von der Kreis-Stadt Tilsit. Zsgest. nach den auf d. Gegenwart vervollständigten Flurkarten, Fluchtlinien- u. Bebauungs-Plänen i. J. 1899 durch d. Kgl. Kataster-Kontroleur a. D. Steuer-Insp. A[lbert] Schütz. *Tilsit [1900]: Lith. von L. Knaus, Druck v. O. v. Mauderode.* (1 Kartenbl. 69×103 cm.) gr. 2° [Ant. u. S.] 10

Schütz, Alb.: Uebersichts-Plan von der Kreis-Stadt Tilsit. Zsgest. nach den auf d. Gegenwart vervollst. Flurkarten, Fluchtlinien- u. Bebauungs-Plänen i. J. 1899 d[urch] d. Steuer-Insp. –. Massst. 1:4000. Tilsit: A. Richter [1901]: Lith. L. Knaus (1 Kartenbl. 98x64 cm.) gr. 2⁰

Schütz, Alex., italienische Architektur-Skizzen (Innenräume). Aufgenommen u. gezeichnet v. Sch. 8. (47 S. u. 100 Bl. in Autogr.) Berlin 901. E. Wasmuth. Geb. in Leinw. n. 8.50

Schütz, Alex., Metallotechnik. Sammlung prakt. Entwürfe f. kunstgewerbl. Erzeugnisse der Silber-, Bronze-, Zink- u. Eisen-Industrie. 1. Serie. 1. u. 2. Hft. Imp.-4. (à 12 Taf. in Tondr.) Leipzig 875. Seemann. à n. 10. —

Die Renaissance in Italien. E. Sammlg d. werthvollsten erhaltenen Monumente in chronolog. Folge geordnet. Hrsg. v. Alexander Schütz, Architect ... zu Berlin. [Abt. A–D.] *Hamburg: Strumper & C. 18(82 --) 86.* 4 Mappen 2°
[A.] [Deckelt.] Früh-Renaissance (5 Bl., 66 Taf.)
[B.] [Deckelt.] Hoch-Renaissance (1 Bl., 72 Taf.)
[C.] [Deckelt.] Decoration in Stein u. Terra Cotta (1 Bl., 104 Taf.)
[D.] [Deckelt.] Decoration in Holz (2 Bl., 60 Taf.)

SCHÜTZ, Andreas Gotthelf 1771 - 1807
Beschreibung einiger nordamerikanischer Fossilien. Abgefaßt von Andreas Gotthelf Schütz ...
Leipzig: Sommer. 1791. 16 S. 8⁰.
Bayerische Staatsbibliothek München

Schütz, Andreas Heinrich von (Franken) **A. S. 774/19**
Dissertatio juridica de usu practico actionis adversus judicem imperite judicantem ad pr. Inst. de obl. quae qu. ex del. nasc. Präs. Christian Thomasius. Halle (Salfeld) 3. XI. 1714. 60 S. 31676

Schütz, Anton

Schütz, A., prakt. Arzt, Ruswil (Kt. Luzern): Ist der Katheterismus (Luftdusche) bei der akuten Otitis media purulenta wegen einer komplizierenden Mastoiditis indiziert oder kontraindiziert? Luzern 1905. 22 S. 8⁰. [25. V. 05.]
Bern Med. Diss. 1904/1905

Schütz, A[nton]. Ist der Katheterismus (Luftdusche) bei der akuten Otitis media purulenta wegen einer komplizierenden Mastoiditis indiziert oder kontraindiziert? Diss. Med. Bern. 22 S. 8. Luzern, J. Hartmann, 1905.

Schütz, Arthur, approb. Arzt aus Stettin: Beitrag zur Beurteilung der Alexander-Adams'schen Operation. *Kiel 1899: P. Peters.* (31 S.) 8°
Kiel, Med. Diss. v. [3. Mai] 1899

SCHÜTZ, August (Landshut): Nachkrankheiten nach Amputationen.- München: Wolf 1885. 53 S.
9.11.1885 - Chr 1885/86,16; Jv 1885/86,161
Diss. Ingolst.-Landsh.-Mchn.

Schütz, August, Nachkrankheiten nach **Amputationen**. Diss. München 1885, A. Buchholz. 8⁰. 53 S.

Schütz, August. Orient-Occident. Eine militärische Reise zum Studium der Vergleichenden Heeresorganisation. IV + IV + 175 S. 8. Wien und Leipzig, Wilhelm Braumüller, 1902. [M. 3. —]
Darin S 115—125: Schweiz.

Schütz, Aug., Vademecum f. die Ausbildung des Cavalleristen zu Fuss. Auszugsweise im Sinne der bestehend. Reglements verf. gr. 16. (59 S.) Wien 894. (L. W. Seidel & Sohn.) n. 1. 20

Schütz, Aug. Jak., rhapsod. Blicke auf den Zeitgeist der Deutschen in Absicht der staatsarzneiwissenschaftl. Studien u. Anstalten. 8. Freiburg 819. Herder. 6 gr.

— etwas über die Verbindung der Chirurgie mit der Medicin. 8. Manh. 802. Schwan u. G. 8 gr.

— gekrönte Preisschrift, üb. die Medicinalpolizeiverfassung; in besond. Beziehung auf d. von d. schwäbisch: vaterländ. Gesellschaft d. Aerzte u. Naturforscher hierüber f. Schwaben aufgegeb. Preisfragen. gr. 8. Manh. 808. Schwan u. G. 1 ₰ 18 gr.

— Unterricht für das Publikum üb. die Mittel, die natürl. Blattern zu verhüten. 8. Manh. 802. Schwan u. G. 3 gr.

— Versuch üb. Schutzpockenanstalten, zur Ausrottung der natürl. Blattern. 8. Manh. 804. Schwan u. G. 4 gr.

Schütz, B., Tabelle zur Berechng. d. Rübenpreises nach Zuckergehalt. gr. 8. (24 S.) Magdeburg 891. J. Neumann. Geb. in Leinw. n. 6. —

— Tabelle zur Berechng. der Schmutzabzüge bei Zuckerrüben. gr. 8. (26 S.) Ebd. 891. Geb. in Leinw. n. 2. —

Schütz, C. (II.), die Amts-Instruction f. d. Oberamtspfleger v. 21. Mai 1812 berichtigt u. ergänzt nach d. neueren Verordnungen, nebst d. betreff. Normalien. gr. 8. (6 B.) Stuttgart 837, [Vrlsbuchh. Zu Guttenberg.]

Schütz, C. (I.), krit. u. erklär. Anmerkungen zu der von Prof. v. Bohlen besorgten Ausg. d. Chaurapanchásiká u. Bhartriharis. gr. 8. (3½ B.) Bielefeld 835, [Velhagen u. Klasing.] •

Schütz, C., s. Bhâravi's Kirâtârjuniyam.

s. Bhatti-Kâvya, fünf Gesänge.

Schütz, C., Bibliothèque économique, s. Bibliothèque.

—— die Gemeinde-Ordnung Würtembergs, dargest. nach d. neuesten Zustande d. Gesetzgebung. gr. 8. (45¾ B.) Stuttgart 837, [Vrlsbuchh. Zu Guttenberg.]

Schütz, C. Fünf Gesänge des Bhatti-Kâwya, a. d. Sanskr. übers. nebst einer Abhandlung der Namen der Sonne und des Mondes im Sanskr. 28 S. . . . .
Bielefeld, Progr. 1837

Schütz, C. Der Kampf Argunas mit den Kiràten. Gesang I. u. II. Aus dem Sanskrit übersetzt. 16 S. . . .
Bielefeld, Progr. 1845

—— der würtemberg. Capitalist, od. gemeinfaßl. Darstellung der f. dens. wichtigsten Rechtssätze u. gesetzl. Bestimmungen, sowie der von ihm zu beobacht. Vorsichtsmaaßregeln. gr. 8. (6 B.) Stuttgart 838, Metzler'sche Buchh.

Kriegstheater oder Gränzkarte Oesterreichs, Russlands und der Türkey, enthaltend Das Königreich Ungarn etc. Nebst einem Theil von Russland, Polen, Schlesien, Mahren. Oesterreich, Steuermark etc. Entworfen von C. Schütz 1788. Gest. von F. Müller. Zu finden in Wien bey Art. et Comp. 1: 2,860,000. 1 Bl.

Schütz, C: Die Lehrmeisterin. Bremen 1892

Schütz, C., englisches Lesebuch für die höheren Classen der Real- und Handels-Schulen. gr. 8. (488 S.) Bielefeld 847, Velhagen und Klasing. *

Schütz, C., englisches Lesebuch für die höheren Klassen der Real- und Handelsschulen. 2., verb. und verm. Aufl. gr. 8. (XIX und 608 S.) Bielefeld 856, Velhagen und Klasing. *
Hieraus ist abgedruckt:

—— Anhang dazu. Proben aus den Werken älterer Prosaiker und Dichter. gr. 8. (IV und 128 S.) Ebds. 856. *

—— französisches Lesebuch für die höheren Classen der Gymnasien und Realschulen. gr. 8. (VI und 494 S.) Bielefeld 854, Velhagen und Klasing. *

Schütz, C., französisches Lesebuch für die höheren Classen der Gymnasien und Realschulen hrsg. 2., revid. Aufl. gr. 8. (VI und 324 S.) Bielefeld 867, Velhagen und Klasing. *

—— französisches Lesebuch für untere und mittlere Classen. Mit einem vollständ. Wörterbuche. 1. Aufl. (VI und 262 S.) 1849. und 2., verb. Aufl. gr. 8. (VIII und 262 S.) Bielefeld 851, Velhagen und Klasing.

Schütz, C., französisches Lesebuch für untere und mittlere Classen. Mit einem vollständ. Wörterbuche. 3. Aufl. gr. 8. (IV und 263 S.) Bielefeld 858, Velhagen und Klasing.

—— französisches Lesebuch für untere und mittlere Klassen. Mit einem vollständ. Wörterbuche. 4. Aufl. gr. 8. (IV und 263 S.) Bielefeld 865, Velhagen und Klasing.

Schütz, C., französisches Lesebuch für untere und mittlere Klassen. Mit einem vollständ. Wörterbuche. 5. Aufl. gr. 8. (IV, 262 S.) Bielefeld 872, Velhagen und Klasing.

Schütz, C., französisches Lesebuch für untere u. mittlere Klassen. Mit einem vollständigen Wörterbuche. 6. Aufl. gr. 8. (IV, 263 S.) Bielefeld 881. Velhagen & Klasing. 1. 20

—— Lesebuch für höhere Klassen. 2. Aufl. Ebendas. 867.

Schütz, C., und W. Vahlsing, Liedersammlung. Zunächst für die Schulen Bremerhavens eingerichtet und hrsg. 1.—3. Heft. 2. Aufl. 8. Bremerhaven, v. Vangerow. [1. und 2. Heft. (44; 64 S.) 877. à * 50 Pf.; 3. Heft (76 S.) 879. * 60 Pf.] *

——, W. Vahlsing und G. Weber, Liedersammlung für Bürger- und Realschulen. Zunächst für die Schulen Bremerhavens eingerichtet und hrsg. 1.—4. Heft. 8. Bremerhaven 872, v. Vangerow. [1. Heft. (42 S.) 40 Pf.; 2. Heft. (58 S.) 50 Pf.; 3. Heft. (63 S.) 50 Pf.; 4. Heft. (85 S.) 75 Pf.]

s. Magha's Tod des Çiçupala.

Land ob der Enns — Mappa von dem — etc. 1781 reducirt und in Kupfer gestochen von C. Schütz und geschrieben von F. Müller. 1787. 1 : 80,400. 12 Bl.

—— Musée français, s. Musée.

s. Museum, new British.

—— die Steuergesetzgebung Würtembergs, s. Handbuch d. Steuergesetzgebung Würtembergs.

—— französische Theaterstücke, s. Theaterstücke.

s. Théâtre Francais.

s. Theatro Espanol.

Schütz, C., der würtemberg. Civilproceß mit Einschluß d. Concurs- u. Wechselprocesses, dargest. in Zusätzen zu J. T. B. Linde „Lehrbuch d. deutschen gemein. Civilprocesses." gr. 8. (34½ B.) Tübingen 834, Zu-Guttenberg. Thlr.

Schütz, C. H., s. Schütze, Christian Heinrich

* Schütz, C. J., epigrammat. Anthologie. 3 Thle. 12. Rudolstadt, Hofbuchh. 806—7. (à 1 Rthlr.)

Schütz, C. W. C.: „Ueber den Einfluss der Vertheilung des Grundeigenthums auf das Volks- und Staatsleben", Tübingen und Stuttgart 1836 (Cotta).

Schütz, C. W. R. v., neuestes Odeum. Aehrenlese im Felde deutscher Dichtkunst zur gesell. Unterhalt. u. Uebung in der Declamation. 2 Bdchn. 16. Zerbst 834, Kummer. à 6 Gr.
Bdchn. 1. Gedichte ernsten Inhalts. (6 B.)
" 2. Gedichte heitern u. scherzhaft. Inhalts. (5½ B.)

Schütz, C. W. R. v., neuestes Odeum. Aehrenlese im Felde deutsch. Dichtkunst, z. gesell. Unterhalt. u. Uebung in d. Declamation. 3 Bdchn. 16. (25¼ B.) Zerbst 835. [Berlin, Trautwein u. Comp.] à ¼ Thlr.,
Bdchn. 1. Gedichte ernsten Inhalts. 2. Aufl.
" 2. Gedichte heitern u. scherzhaften Inhalts. 2. Aufl.
" 3. Gedichte vermischten Inhalts.

Schütz, Carl Eduard, s. Schütz, Karl Eduard

Schütz, Carl Wolfgang Christoph, s. Schüz, Karl Wolfgang Christoph

Schütz, Caspar, s. Schütz, Kaspar

Schütz, Chr., göttl. Liebestriumph, oder Zeugniß, daß Gott alle gefallene Creaturen erlösen werde. 8. Frkf. Forster (Helwing in Hannover.) 730.

— Psalmen Davids nach d. Kirchengesäng. eingerichtet. 8. Nürnb. 723.

— güldene Rose od. Zeugn. d. Wahrheit. v. d. güld. Zeit. d. 1000jähr. Reichs u. Wiederbringung aller Dinge. 3 Thle. 8. Hannov. Helwing. 730.

Schütz, Chr. Phil. von, gen. Sinold

— ausführl. Beschreib. v. Ursprung, Alterthum u. Merkwürdigkeiten der Residenzstadt Ansbach. 8. 785.

v. *Schütz*, Chr. Phil., gen. Sinold, († d. 17. März 1762.) corpus historiae Brandenburgicae diplomaticum, od. vollständ. mit Urkunden bestärkte Geschichte d. Chur- u. Hochfürstl. Hauses Brandenburg. 1r Thl. Fol. Schwabach 756. (Hilscher in Leipz.) 4 ℳ (2r u. 3r Thl. sind nicht erschienen.)

— s. Gedichte, vermischte.

Schütz, Christian Gottfried (Hrsg.), s. Akademie, Die, der Grazien.

Schütz, C. G., In Philodemi περὶ μουσικῆς librum IV nuper ab Academicis Herculanensibus editum animadversionum particula I. Pr. 1795. 4 8. Fol. —.90

s. Aristophanes, Nubes.

[Schütz, Christianus Godofredus: De artibus liberalibus fideliter discendis.] (Halae 1822: Hendel.) S. (III)—IV. 8° (4°)
Halle-Wittenberg, Ind. lect. SS 1822

s. Aeschylus, Prometheus.

s. Aeschylus, Tragoediae.

— pädagog. u. literar. Briefwechsel. 14 Stck. 8. Jena 781. Cuno. 8 gℓ

Schützii, C. G., Progr. I-III. Criseos Wakefieldianae Euripidis censura. Jen. 796. 97. f.

Schütz, C. G., Chrestomathia graeca. Hal. 771-74. 3P. 8. 1 rthlr. 12 gr.

— chrestomathia graeca ad us. lect. adornata. III Ptes. 8. Halle 772—74. Hendel. 1 ℳ 12 gℓ Schrhp. 2 ℳ

s. Cicero, Brutus, — Epistolae ad Atticum, — Opera omn. et Opera rhetor. — de Oratore.

Schütz, Ritter Chr. Gf., († d. 7. Mai 1832.) comment. in Aeschyli tragoediam, quae inscripta est Agamemnon libellus I. 4. Jena 779. Pars altera 780. Fickelscher.

— Progr. super Homeri Odysseae, L. XIII, 187 sq. coniectura. Jen. 787. f.

[Schütz, Christianus Godofredus: Contra cives academicos novis rebus studentes.] (Halae 1820: Hendel.) S. (III)—IV. 8° (4°)
Halle-Wittenberg, Ind. lect. SS 1820

Schütz, C. G., Corollarium animadvers. criticar. in Quintiliani Inst. orat. libr. VII-IX. Hal. Sax. 818. 8.

[Schütz, Christianus Godofredus: De memoriae cultura.] (Halae 1821: Hendel.) S. (III)—IV. 8° (4°)
Halle-Wittenberg, Ind. lect. WS 1821/22

[Schütz, Christianus Godofredus: Cum assiduitati in scholis frequentandis domestica diligentia coniungenda est.] (Halae 1824: Hendel.) S. (III)—IV. 8° (4°)
Halle-Wittenberg, Ind. lect. SS 1824

[Schütz, Christianus Godofredus: De civium academicorum conditionis dignitate.] (Halae 1822: Hendel.) S. (3). 8° (4°)
Halle-Wittenberg, Ind. lect. WS 1822/23

[Schütz, Christianus Godofredus: De virtutis et studii artium liberalium dignitate.] (Halae 1820: Hendel.) S. (III)—IV. 8° (4°)
Halle-Wittenberg, Ind. lect. WS 1820/21

[Schütz, Christianus Godofredus: De diligentia ab oratore adhibenda. Dazu erstmalig: Bericht über die Preisaufgaben.] (Halae 1825: Hendel.) S. (III)—VIII. 8° (4°)
Halle-Wittenberg, Ind. lect. WS 1825/26

[Schütz, Christianus Godofredus: De diligentia in studiis adhibenda vera et falsa.] (Halae 1817: Hendel.) S. (2). 8° (4°)
Halle-Wittenberg, Ind. lect. SS 1817

— doctrina partic. latinae linguae. 8maj. Dessau u. Leipz. 784. Göschen. 12 gℓ

Schütz, Chr. Fr., doctrina partic. latinae linguae. T. I. gr. 8. Lips. Göschen. 788.

— Einleitung in die speculative Philosophie od. Metaphysik. 8. Lemgo, Meyer. 776.

Schütz, Christian Gottfried.
Neues Elementarwerk für die niedern Classen lateinischer Schulen und Gymnasien . . . Halle 1780—87. MV: *Semler, Johann Salomo.* (ErschDL)

— (u. J. S. Semler), neues Elementarwerk für die niedern Klassen latein. Schulen u. Gymnasien, nach e. zusammenhängenden u. die Lesung klassisch. Autoren in d. obern Klassen, wie auch auf die übrigen Vorkenntnisse künft. Studirenden gründl. vorbereit. Plane. 1r Thl. Für den 1n Curs. oder die unterste Klasse. A. u. d. T.: latein. Elementarbuch. 1r Thl. 5e Aufl. 807. 1 rthl. — 2r Thl. Geograph. Lehrbuch f. die ersten Anfänger. 780. 3e A. 807. 1 rthl. — 3r Thl. Deutsches Lesebuch f. d. unterste Klasse, nebst d. Anfangsgr. d. deutschen Sprachkunst u. Kinderlogik 790. N. A. 807. 18 gr. — 4r Thl. Arithmet. u. geometr. Lesebuch f. d. ersten Anf., mit besond. Anwendung auf mechan. u. optische Begriffe rc. Mit 7 Kpf. 790. N. A. 807. 18 gr. — 5r Thl. Religionsunterr. f. d. 1n Cursus, od. die 8e Klasse. 795. 18 gr. — 6r Thl. Latein. Lesebuch f. d. 2n Curs., od. d. 7e Klasse. A. u. d. T.: latein. Elementarbuch. 2r Thl. 3e A. 807. 1 rthl. — 7r Thl. Deutsches Lesebuch f. d. 2n Curs., nebst d. Fortsetz. d. Anfangsgr. d. deutsch. Sprachkunst rc. 781. 18 gr. — 8r Thl. Mathemat. Lehrbuch f. d. 2n Curs. Mit 3 Kpft. 783. 18 gr. — 9r Thl. 3 Bde. Geograph. Lehrbuch f. d. 2n Curs. 1r — 3r Bd. 782. 3e A. 794—802. 4 rthl. 12 gr. — 10r Thl. Religionsunterricht f. d. 2n Curs. 1r Bd. 784. 18 gr. — 11r Thl. Latein. Lesebuch f. d. 3n Curs., od. latein. Elementarbuch 3r Thl. f. d. 3n Curs. 807. 1 rthl. — 12r Thl. ... — 13r Thl. Latein. Lesebuch f. d. 4n Curs. 1e u. 2e Abtheil., od. latein. Elementarbuch 4r Thl. 1e u. 2e Fortsetz. f. d. 4n Curs. 807. 1 rthl. 18 gr. gr. 8. Halle, Gebauer. (1r—11r u. 13r Thl.) 12 Thle. 14 rthl. 18 gr.

— s. **Euripides, Phoenissae.**

[**Schütz,** Christianus Godofredus: De experientia et ratione in medicina adhibendis.] (Halae 1827: Hendel.) S. III—IV. 8° (4°)
Halle-Wittenberg, Ind. lect. SS 1827

— s. **Familienschule.**

[**Schütz,** Christianus Godofredus: De utroque artium genere.] (Halae 1829: Hendel.) S. (III)—IV. 8° (4°)
Halle-Wittenberg, Ind. lect. SS 1829

Schütz, C. G., über **Lessing's Genie und Schriften.** Drei Vorlesungen. Halle 782. 8. 9 gr.

Schütz, Ritter Chr. Gf., Geschichte des Erziehungsinstituts bei d. theolog. Seminarium zu Halle. 8. Halle 781.

— Grundsätze der Logik, od. Kunst zu denken. 8. Lemgo 774. Meyer; (a. Ettinger in Gotha). 8 gr.

— s. **Hoogeven, doctrina.**

[**Schütz,** Christianus Godofredus: De Horatii carm. IV 8, 17 interpretatione.] (Halae 1823: Hendel.) S. (III)—IV. 8° (4°)
Halle-Wittenberg, Ind. lect. WS 1823/24

Schütz, C. G., Io sive *Συμπαθεια* poetica. I. Diss. 1766. 30 S. 4°.

Ch. Gf. **Schütz:** Katechismus des Rechts, d. Pflicht u. Lebensklugh. f. Bürger- u. Landschulen. *Lpz.*, Kummer. 805. 8° 18 gr.

— Lehrbuch zur Bildung des Verstandes u. d. Geschmacks. 2 Thle. gr. 8. Halle 776, 78. (Laue in Berl.) 1 rthl. 12 gr.

— latein.-deutsches Lehrbuch f. die ersten Anfänger; zur schnellern, sichern u. angenehm. Erlernung d. Elemente d. latein. Sprache in Comenius Methode, ohne dessen Fehler. 2 Thle. Mit 4 Kpf. gr. 8. Leipz. 802 u. 5. Baumgärtner. 2 rthl. Hbg. Pr. 1 rthl.

— latein. deutsch. Lehrbuch f. Anfänger, in Comenius Methode, ohne dessen Fehler, m. K. 2 Thle. gr. 8. Leipzig, Baumgärtner. 804—5. (à 1 Rthlr.)

[**Schütz,** Christianus Godofredus: De libertate cogitandi.] (Halae 1817: Hendel.) S. (2). 8° (4°)
Halle-Wittenberg, Ind. lect. WS 1817/18

— s. **Literaturzeitung, allgem. Hallische.**

— s. **Marmontel, sämmtl. pros. Werke.**

Schütz, Christian Gottfried. Memoria Joannis Mülleri V. C. pot. Guestphaliae regis in re publ. gerenda consiliarii.... Academiae Fridericianae Halensis auctoritate scripsit Christianus Godofredus Schütz.... 4. Halae 1809.

— memoria Joannis Mülleri. 4maj. Halle 810. Waisenhaus-Buchh. 8 gr.

— Methodenbuch f. den ersten Cursus seines Elementarwerks. gr. 8. Halle 782. Gebauer. 18 gr.

— Methodenbuch f. d. ersten Cursus seines Elementarwerks. gr. 8. Ebend. 785.

[**Schütz,** Christianus Godofredus: De recto in utramque partem disputandi modo.] (Halae 1821: Hendel.) S. (III)—IV. 8° (4°)
Halle-Wittenberg, Ind. lect. SS 1821

[**Schütz,** Christianus Godofredus: De academiae iuventutis moribus decoris.] (Halae 1819: Hendel.) S. (3)—4. 8° (4°)
Halle-Wittenberg, Ind. lect. WS 1819/20

[**Schütz,** Christian Gottfried: De perpetua Mariae virginitate narratio apud Suidam.] o. O. 1825; o. Dr. XII S. 8° (4°)
Halle-Wittenberg. Glückwunsch d. Univ. z. 50jähr. Dr.-Jubil. v. Georg Christian **Knapp** am 1. Mai 1825
Auf dem Titel des Ex. der UB Halle von alter Hand: „Diese Schrift passirte die academische Censur des damaligen Prorectors nicht". Dieser Prorektor war L. H. v. Jacob. Vgl. Schrader 1. 406.

[**Schütz,** Christianus Godofredus: Ne cives academici a sana ratione ad errores fanaticorum desciscant.] (Halae 1826: Hendel.) S. (III)—IV. 8° (4°)
Halle-Wittenberg, Ind. lect. SS 1826

[**Schütz,** Christianus Godofredus: De orationis obscuritate vituperanda.] (Halae 1825: Hendel.) S. (III)—IV. 8° (4°)
Halle-Wittenberg, Ind. lect. SS 1825

Schütz, C. G., Progr. in aliquot Odysseae Homeri loca observationes criticae. Jen. 793. f.

Schütz, Chrstn. Godofr., Opuscula philolog. et philosoph. ex iis potissimum quae per XXIV annos Jenae programmatibus novi prorectoratus indicendi causa editis nomine suo haud addito, adjecit selecta nunc primum conjunctim edita et aliquot recensionibus aucta. 8maj. (22 B.) Halae 830, libr. Orphanotrophei.

— orbis humaniorum studiorum, breviter lectionum causa delineatus. 8. Jena 779.

Schütz, Christian Gottfried (Mansfeld)
U. S. Halle 1768/4
Dissertatio philosophica inauguralis de origine ac sensu pulchritudinis. pars I.
Präs. Georg Friedrich Meier.
Halle (Hendel) 21. III. 1768. 64 S.
Gew.: Gottfried Schütz (Vater).
W. v.: Präs., C. W. Schwenckner. 31678

— s. **Phlegon, Opuscula.**

— Progr. ad locum Tertulliani de praescriptionibus. Jen. 780. 4.

[Schütz, Christianus Godofredus: De problematibus a singulis Academiae ordinibus die 3. Augusti 1829 promulgatis.] (Halae 1829: Hendel.) S. (III) —IV. 8° (4°)
Halle-Wittenberg, Ind. lect. WS 1829/30

Programma quo civium studiosorum in academia Halensi et Vitebergensi consociata libelli ad persolvendas quaestiones d. III. Aug. anni 1824 propositas exhibiti praemiisque augustissimi regis beneficio constitutis ornati recensentur novaque problemata scriptis ante d. III. Maii anni 1826 tradendis explicanda indicantur. [Verf.: Christian Gottfried Schütz.] Halae (1825): Hendel. VIII S. 8° (4°)
Enthält die Preisurteile v. 1825 und die neuen Preisaufgaben f. 1826.

* *Ch. Gfr. Schütz* progr. de syntheticis mathematicorum pronuntiationibus. Jenae. 1 B. fol. 1785.

[Schütz, Christianus Godofredus: De Horatii epist. I 60/61 quaestio critica.] (Halae 1826: Hendel.) S. (III)—IV. 8° (4°)
Halle-Wittenberg, Ind. lect. WS 1826/27

[Schütz, Christianus Godofredus: Quaestiones octo a singulis Academiae ordinibus propositae et ante Kal. Maias 1829 solvendae.] (Halae 1828: Hendel.) S. (III)—IV. 8° (4°)
Halle-Wittenberg, Ind. lect. WS 1828/29

[Schütz, Christianus Godofredus: Quaestiones quinque a singulis Academiae ordinibus propositae et ante III. Maii 1825 solvendae.] (Halae 1824: Hendel.) S. (III)—IV. 8° (4°)
Halle-Wittenberg, Ind. lect. WS 1824/25

SCHÜTZ, Chrn. Gottfr. — Englisch-Französischer Rasierspiegel für Deutschlands Universitäten, beleuchtet vom Professor Dr. *Schütz* zu Leipzig. Braunschweig und Leipzig 1830. 8°. XXXI, 276 S. u. 1 Bl. (8 Mk. Fr. Strobel, Jena, c. 1900; 8 Mk. Adolf Weigel, 1908.)
Eine sehr scharfe Schrift des bekannten Leipziger Professors, in der er die Schmähungen John Russels in seinem Aufsatz „Moeurs universitaires en Allemagne" entsprechend beleuchtet. Vieles bezieht sich speciell auf Jenaer Universitäts-Verhältnisse.

[Schütz, Christianus Godofredus: De Rege venerando.] (Halae 1828: Hendel.) S. (III)—IV. 8° (4°)
Halle-Wittenberg, Ind. lect. SS 1828

Schützii, C. G., Diss. de regula fidei ap. Tertullianum. Jen. 780. 4.

Schutz, C. G., de regula fidei apud Tertullianum. Jen. 1781. 4.

[Schütz, Christianus Godofredus: De regulis a civibus academicis in scribendo adhibendis.] (Halae 1818: Hendel.) S. (2)—4. 8° (4°)
Halle-Wittenberg, Ind. lect. WS 1818/19

— s. J. A. Roustan, Briefe.

— s. J. S. Semler, Glaubensbekenntniß.

[Schütz, Christianus Godofredus: De animi sobrietate.] (Halae 1823: Hendel.) S. (III)—IV. 8° (4°)
Halle-Wittenberg, Ind. lect. SS 1823

— s. Spaziergänge, literar.

[Schütz, Christianus Godofredus: De virtutis specie vera et falsa.] (Halae 1819: Hendel.) S. (3)—4. 8° (4°)
Halle-Wittenberg, Ind. lect. SS 1819

— Species facti, nebst Aktenstücken, zum Beweise, daß A. W. Schlegel mit seiner Rüge, worin er d. allgem. Literaturzeitg. e. begangene Ehrenschändung fälschl. aufbürdet, Niemanden, als sich selbst beschimpft habe. 8. Jena u. Leipz. 803. Kümmer. 8 gr.

[Schütz, Christianus Godofredus: De Romanorum superstitione.] (Halae 1827: Hendel.) S. (III)—IV. 8° (4°)
Halle-Wittenberg, Ind. lect. WS 1827/28

Schütz, Christianus Godofr[edus]: Theses rationi humanae iustam in rerum divinarum cognitione auctoritatem asserendi causa propositae. [Resp.:] Carolus Gorgius **Jacob.** Halae (1818): Baentsch. 32 S. 8°
Halle-Wittenberg, Phil. Diss. v. 21. März 1818, gehalten zum 50-jährigen Dr.-Jubiläum des Praesiden.
Das auf S. 25—32 angehängte Corollarium Animadversionum criticarum in Quintilian. Inst. Orat. lib. VII—IX ist wieder abgedr. in: C. G. Schütz, Opuscula philologica. Halae 1830. S. 314—320.

[Schütz, Christianus Godofredus: De vi et dignitate artis memoriae.] (Halae 1818: Hendel.) S. (2). 8° (4°)
Halle-Wittenberg, Ind. lect. SS 1818

— 3 akadem. Vorlesungen über G. E. Lessings Genie u. Schriften. 8. Halle 782. Gebauer. 12 gr.

— s. Xenophon, memorabilia Socratis.

Schütz, Christian Julius (Eisleben) A. S. 576/34b
Specimen continens caput iuris controversum de iure restringendi libertatem subditorum.
Präs. Christian Heinrich Breuning.
Leipzig (Langenheim) 28. IX. 1764. 16 S.
Gew.: Friedrich Abraham von Hopffgarten. 31679

Schütz, Christian Sebald (Nürnberg) A. S. 380/11
Dissertatio inauguralis iuridico-politica de onere appellationis.
Altdorf (Meyer) 28. VI. 1764. 32 S.
Gew.: Stadt Nürnberg. 31680

WALDER, Romantische, vom Verfasser des Lacrimas *(Chrn. Wilh. v. Schütz.)* Berlin 1808. (In Zurich.)
Anon.-Lex. IV. p. 365 (nach Goedeke u. Engelmann).

Schütz, Cosmas. Bericht uber die Kärntner Ackerbauschule zu Klgft. von 1866—7 bis 1889—90. Klgft., Bertschinger, 1890. 93 S.

Schütz, Cosmas. Ernte-Statistik von Kärnten vom Jahre 1871. Klgft., Bertschinger. 1872. Folio. 74 S.

Schütz, Cosmas. Die Ersatzmittel d. Streustrohes u. der Waldstreu. gr. 8. (10 S.) Wien 890. (Frick). * — 60

Schütz, Cosmas. Festrede gehalten am 15. August 1891 gelegentlich der Enthüllung des Renner-Denkmales in Bärringen. Klgft., Bertschinger, (1891). 7 S.

Schütz, Cosmas. Catalog der I. Kärntner Landes-Thierschau 1877. Klgft., v. Kleinmayr, 1877. 100 S.

Schütz, Cosmas. Katalog der II. Kärntner Landes-Thierschau 1885. Klgft., v. Kleinmayr, 1885. 76 S. (Der III., v.: Katalog.)

— die Lehrmeierin. Ein Handbuch f. Meierei- u. Haushaltungsschulen, sowie zum Selbstunterrichte. gr. 8. (VIII, 172 S. m. 26 Fig.) Bremen 892. M. Heinsius Nachf. n. 2. 25

— s.: Musterplan f. landwirtschaftliche Bauten in Kärnten.

Römerquelle. Reinster alkalischer vollkommen schwefelfreier Alpensäuerling die Römerquelle bei Prevali in Karnten. Klgft., Leon, 1884. 32 S. (Verf.: Cosmas Schutz.)

Schütz, Cosmas, was ist Kreuzung? Vorschläge zur Veredlg. d. Kärntner Blondviehes. E. Denkschrift. gr. 8. (15 S.) Klagenfurt 895. (J. Heyn.) n. — 60

Schütz, Cosmas, welche Erfahrungen liegen üb. die Ersatzmittel d. Streustrohes u. der Waldstreu vor? (Internationaler land- u. forstwirthschaftl. Congress zu Wien 1890, Hft. 50.) gr. 8. (10 S.) Wien 890. (W. Frick.) n. — 60

Schütz, Cosmas, Wirtschaftskammern. Beitrag zur Lösung der Frage einer Organisation der landwirtschaftl. Interessenvertretung in Oesterreich. gr. 8. (24 S.) Klagenfurt 880, Leon sen. *

Schütz, D. v., das exacte Wissen der Naturforscher. Eine Zusammenstellung von Aussprüchen hervorragender Naturforscher u Philosophen. 8. (VIII, 220 S.) Mainz 878. Kirchheim. 2. --

Schütz, D. C., s. Teatro espanol.

Schütz, Dn. Fr., s. David, Lucas, Chronik.

Schütz, E. F., de quatuor temporum jejuniis, vulgo: Quatember. Wernigeг. 1723. 4.

Schütz, E. G., s. Schütz, Christian Gottfried

Schütz, Eduard [aus Landstuhl]: Zwei Fälle von Gehirncysten traumatischen Ursprungs . . . , 1881 vorgelegt . . . . Dessau, Druck v L. Reiter (1885); 28 S. u. 1 Taf. 8°.
Freiburg i. B., Med. Fak., Inaug.-Diss. v. 1886.

Schütz, Ed(uard). Tarif für die Beförderung von Gepäck und Expressgut ab Station Zürich-Hauptbahnhof nach sämtlichen schweizerischen Eisenbahn- und Dampfbootstationen, mit welchen Z'-H' im direkten Verkehre steht. Aufgestellt nach bestehenden Reglementen und Tarifen. Zürich, im Dezember 1904. II + II + IV + 32 S. 4. Zürich, H. Rüegg & Cie. fr. 2. —
Text autogr. — Mit handschr. Vorwort des Erstellers.

Schütz, Ed[uard]. Tarif für die Beförderung von Gepäck und Expressgut ab Station Zürich-Hauptbahnhof nach sämtlichen schweizerischen Eisenbahn- und Dampfbootstationen, mit welchen Z'-H' im direkten Verkehre steht. 2. Ausgabe — Februar 1908. Aufgestellt nach bestehenden Reglementen und Tarifen. ⟨Ohne Verantwortlichkeit des Herausgebers.⟩ VIII + 37 S. 4. Zürich, H. Rüegg & Cie. fr. 2. 20
Text autographiert.

Schütz, Emil, Beiträge zur Kenntnis der Hernia lineae albae, s. a. Klinik, Wiener. 1903. Hft. 4.

Beiträge zur Kenntnis der Hernia lineae albae von Doc. Dr. Emil Schütz in Wien. *Berlin & Wien: Urban & Schwarzenberg 1903.* (S. 125–160.) 8°
= Klinik, Wiener. 1903. H. 4. [03. 3191]

Schütz, E., üb. die Principien der modernen Behandlung Magenkranker, s. a. Wander-Vorträge, medicinische.

Ueber die Principien der modernen Behandlung Magenkranker. Von Doc. Dr. E[mil] Schütz. *Berlin: Fischer 1894.* (15 S.) 1 Bd 8.
= Wander-Vorträge, Medicinische. H. 37. [94. 7.24]

Schütz, (Carolus) Aemilius *(geb. Breslau 8.2.1818)*: De Taxo baccata ejusque veneno. Vratislaviae (1840). (41 S.) 8°
Breslau, Med. Diss. v. 11. Dez. 1840

Schütz, Emmericus (geb. am 6 Nov. 1827 in Weschede bei Attendorn Westf.): De inunctione mercuriali in morbis syphiliticis inveteratis ... Bonnae, typ. C. Krüger 1855. 2 Bl., 24 S., 1 Bl. 8.
Bonn, Med. Fak., Diss. v. 22 Aug. 1855

Schütz, Gr., s. Vergißmeinnicht. Eine Blumenlese.

Schütz, Ernst: Über die Affinität des Schwefels zu einer Reihe von Metallen. ⟨Eine Nachprüfung der Reihe von Fournet.⟩ Halle: Knapp 1907. 21 S. 4° ¶ Aus: Metallurgie. Jg. 4.
Aachen, Dr.-Ing.-Diss. v. 29. 7. 1907

Schütz, Ernst, Bilder aus d. röm. Geschichte. Ein Weihnachtsgeschenk f. d. Jugend. 8. (7 B. u. ill. Titbild.) Leipzig 841, Friese.

Schütz, E., Einführung in die hüttenmännische Probierkunde. Ein Hilfsbuch beim Probieren f. Studierende des Bergbaues, der Metallhüttenkunde u. d. Chemie. (V, 47 S. m. 18 Abb.) 8. Halle 910. W. Knapp. 2. —
Aus dem Handel zurückgezogen.

Schütz, Ernst, Frenssens Jesus. Ein Wort zu Hilligenlei. 1.—4. Aufl. (Je 28 S.) 8. Leipzig 906. J. C. Hinrichs' Verl. n. — 20

Schütz, Ernst, Frenssens Jesus. Ein Wort zu Hilligenlei. 5.—10. Aufl. (28 S.) 8. Leipzig 906. 07. J. C. Hinrichs' Verl. — 20

Schütz, Ernst, Trarbach in alter Zeit. Bilder aus der Geschichte der Stadt von der Reformation bis zur Niederlegg. der Grevenburg. (176 S.) gr. 8. Traben-Trarbach 909. G. Balmer. 1. 60

Schütz, Ernst, aus Berlin: Untersuchung der säurefesten Pilze zur Förderung der Molkereiwirtschaft. *Merseburg 1900: F. Stollberg.* (39 S.) 8°
Heidelberg, Naturw.-math. Diss. v. 1900

Schütz E.: Untersuchung d. säurefesten Pilze z. Förderung d. Molkereiwirtschaft. Diss. (Heidelberg). Merseb. 1903. 39 S. 4°.

Schütz, Ernst. Untersuchungen üb. den Bau u. die Entwickelung der epithelialen Geschwülste der Niere. Diss. gr. 8. (76 S. m. 1 Taf.) Dorpat 889, (Karow). * 2 —

Schütz, Ernst Harald, aus Traunstein: Die Ausnutzung des Dampfes in den Lavalturbinen. *Berlin 1901: A. W. Schade.* (31 S.) 4°
Göttingen, Phil. Diss. v. [18. Juli] 1901

Schütz, Ernst Harald, die Ausnutzung des Dampfes in den Lavalturbinen. Diss. Imp.-4. (31 S. m. 8 Fig. u. 6 Diagr.) Berlin 901. (Göttingen, Vandenhoeck & Ruprecht.) n. 1.60

Die Lehre von dem Wesen und den Wanderungen der magnetischen Pole der Erde. Ein Beitrag z. Gesch. d. Geophysik. Von Dr. Ernst Harald Schütz, Lehrer, Bremen. Mit 1 Tab. u. 5 kartogr. Darstellungen. *Berlin: D. Reimer 1902.* (XII, 76 S.) 8° [03. 430]

Schütz, F.

Schütz, D. F., de evangeliis, quae ante evangelia canonica in usu ecclesiae christ. fuisse dicuntur. I—II. Regiom. 1812. 4.

Schütz, F., Commentatio de evangeliis, quae ante Evangelia Canonica in usu ecclesiae Christianae fuisse dicuntur. 4. Königsb. Nicolovius. 814.

Schütz, J., der Naturgrund von Recht u. Gerechtigkeit, s.: Vorträge der Wiener modernwissenschaftlichen Vereine.

Schütz, F. G., de haeresium in ecclesia necessitate. I—II. Lips. 1714. 4.

— de haeresium in ecclesia utilitate. I—II. Ibid. 1724. 4.

Schütz, Fel., d. Meistbots-Vertheilungsverfahren im österr. Rechte nach d. gegenwärt. Stande d. Literatur u. Judicatur. gr. 8. (XII, 178 S.) Wien 895. Manz. n. 3. 60

SCHUTZ, Ferdinandus: Historia primae periodi s. oecumenici Concilii Tridentini. — (1871) 189 S. 4° (Handschr.) Diss. 305
Diss. Wien, Univ.

Schütz, Fr.: Die Entwickelung der Genossenschaften, speziell der Kreditgenossenschaften. Rostock [um 1910].

Schütz, Fr.: Kopfrechenschule, s. Schütze.

SCHUETZ, Franz: Der kirchliche Pfarrzwang in seiner geschichtlichen Entwicklung und gegenwärtigen Gestaltung. — um 1910. 159 S. Diss. Graz, Univ.

Schütz, Frz., der Zinsschein. Zusammenstellung sämmtl. deutscher und der hauptsächlichsten ausländ. Eisenbahn-, Bank-, Industrie- und Versicherungs-Actien und Obligationen, sowie der Anleihen und Pfandbriefe von Staaten, Städten, Kreisen, Genossenschaften, Hypotheken-Banken etc. etc. mit Angabe des Werthes der Zinsscheine und der in- und ausländ. Zahlstellen. 8. Jahrg. 1888. gr. 8. (V, 658 S., Nachtrag 23 S.) Berlin, (G. Winckelmann.) geb. * *
Die früheren Jahrgänge waren nicht im Buchhandel.

Schütz, Frz. Der Zinsschein. Zusammenstellung sämmtl. deutscher u. der hauptsächlichsten ausländ. Eisenbahn-, Bank-, Industrie- u. Versicherungs-Actien u. Obligationen, sowie der Anleihen u. Pfandbriefe etc. m. Angabe d. Werthes der Zinsscheine u. der in- u. ausländ. Zahlstellen. 9.—12. Jahrg. 1889—1892. Mit Nachträgen. gr. 8. (à Jahrg. 700—800 S.) Berl., (G. Winckelmann).
geb. à Jahrg. * * 15 —

Schütz, Frz., d. Zinsschein. Zusammenstellg. sämmtl. deutscher u. d. hauptsächlichsten ausländ. Eisenbahn-, Bank-, Industrie- u. Versicherungs-Actien u. Obligationen, sow. d. Anleihen u. Pfandbriefe v. Staaten, Städten, Kreisen, Genossenschaften, Hypotheken-Banken etc. etc. m. Angabe d. Werthes d. Zins- bezw. Erträgnissscheine d. in- u. ausländischen Zahlstellen. 17. Jahrg. 1897/98. M. Nachträgen. gr. 8. (IV, 468; 296 u. 1. Nachtrag 16 S.) Berlin 897. (A. Haack.)
Geb. in Leinw. n.n. 15. —

Schütz, Frz., der Zinsschein. Zusammenstellg. sämmtl. deutscher u. der hauptsächlichsten ausländ. Eisenbahn-, Bank-, Industrie- u. Versicherungs-Actien u. Obligationen, sowie der Anleihen u. Pfandbriefe v. Staaten, Städten, Kreisen, Genossenschaften, Hypotheken-Banken etc. etc. m. Angabe des Werthes der Zins- bezw. Erträgnissscheine u. der in- u. ausländ. Zahlstellen. Hrsg. v. Geo. Lentz, Kurt Lentz. 22. Jahrg. 1902. Mit Nachträgen. gr. 8. (509; 306 u. 1.—3. Nachtrag 8, 14 u. 40 S.) Berlin, W. Süsserott. Geb. in Leinw. n.n. 15. —

Schütz, Frz., der Zinsschein. Zusammenstellg. sämtl. deutscher u. der hauptsächlichsten ausländ. Eisenbahn-, Bank-, Industrie- u. Versicherungs-Aktien u. Obligationen, sowie der Anleihen u. Pfandbriefe von Staaten, Städten, Kreisen, Genossenschaften, Hypotheken-Banken etc. etc. m. Angabe des Wertes der Zins- bezw. Erträgnisscheine u. der in- u. ausländ. Zahlstellen. Hrsg. v. Geo. Lentz, Kurt Lentz. 25. Jahrg. 1905. Mit Nachträgen (IV, 626, 384 u. 1. Nachtrag 11 S.) gr. 8. Berlin, W. Süsserott.
Geb. in Leinw. n.n. 15. —

Schütz, Frz., der Zinsschein. Zusammenstellung sämtl. deutscher u. der hauptsächlichsten ausländ. Eisenbahn-, Bank-, Industrie- u. Versicherungs-Aktien u. Obligationen, sowie der Anleihen u. Pfandbriefe v. Staaten, Städten, Kreisen, Genossenschaften, Hypotheken-Banken etc. etc. m. Angabe des Wertes der Zins- bezw. Erträgnisscheine u. der in- u. ausländ. Zahlstellen. Hrsg. v. Geo. Lentz, Kurt Lentz. 30. Jahrg. 1910. Mit Nachträgen. (IV, 667, 480 u. 1. Nachtrag 12 S.) gr. 8. Berlin, W. Süsserott.
Geb. in Leinw. nn 15. —

Schütz Franz: Welche Berührungen hat der Unterricht in der Religion mit dem in der Geschichte? 10. Neutitschein R. 98.
Progr.

Schütz, Friedr., Gegenseitig, s. Bloch's Dilettantenbühne.

Geschichte des 8. Rheinischen Infanterie-Regiments Nr. 70 nach Kriegstagebüchern u. Dienstschriften d. Regim. u. älteren Bearb., insbes. d. Feldzugsgesch. von Hauptm. a. D. Fricke, aufgest. von [Friedrich] Schütz, Oberlt. Mit 2 Lichtdruckbild., 11 Abb., 6 Karten u. 4 Textskizzen. *Berlin: E. S. Mittler & Sohn 1902.* (VI, 215 S.) 8° [F.] 02. 5[illegible]

Schütz, Fr[iedrich]: Die Haftung des Verkäufers bei physischen Fehlern der veräusserten Sache nach Gemeinem Recht und Bürgerlichem Gesetzbuch. *Rostock 1897: Adler's Erben.* (85 S.) 8°
Rostock, Jur. Diss. v. [26. Nov.] 1897

Schütz, Fr., Seine Hoheit, s.a. Bloch's, Ed., Theater-Korrespondenz.

[F.] Seine Hoheit. Schwank in 1 Aufz. v. Fr. Schütz. *Berlin: E. Bloch [1897].* (34 S.) 1 Bd 8.
= Theater-Korrespondenz, Eduard Blochs. No 294. 97. 5436

Schütz, F., alte Mädchen, s. Theater, neues Wiener.

Schütz, Frdr., d. heutige Rußland. Momentaufnahmen. 1. u. 2. Aufl. gr. 8. (VIII, 208 S.) Leipzig 897. Duncker & Humblot. n. 3. 60

Schütz, Friedrich: Ein Schulapparat für den Nachweis magnetischer, elektromagnetischer und elektrodynamischer Gesetze. *Cuxhaven 1903: G. Rauschenplat & S.* (14 S.) 4°
Cuxhaven, h. Staats-S, P 1903 (833)

Schütz, Frdr., ein Schulapparat f. den Nachweis magnetischer, elektromagnet. u. elektrodynam. Gesetze. Progr. (14 S. m. Fig.) gr. 4. Cuxhaven 903. (A. Rauschenplat.) n. 2. —

— e. toller Stubenarrest, s.a. Bloch's, Ludw., Herren-Bühne, Nr. 37.

Ein toller Stubenarrest. Milit. Posse in 1 Aufz. von Fr. Schütz. *Berlin: E. Bloch (1897).* (17 S.) 8° [F.]
= Herren-Bühne, Ludwig Blochs. No 37. 01. 11608

Schütz, Friedr., Systematisch, s. Universal-Bibliothek.

—— Täuschung auf Täuschung, s. Bloch's Volks-Theater.

Schütz, Frdr., Wiener Theater-Eindrücke. Vortrag, geh. im Verein d. Literaturfreunde in Wien. 8. (45 S.) Wien 896. C. Konegen. n. — 60

Die Weinprobe. [Gedicht. Verf.: Hauptm. Friedrich Schütz, Inf. Regt 70.] (St. Johann-Saarbrucken [1908?]: Saar-Dr.) (2 Bl.) 8° [F.] 08. 6088

Schütz, Frdr., Werden u. Wirken des Bürgerministeriums. Mitteilungen aus unbenutzten Quellen u. persönl. Erinnergn. (XIX, 197 S.) gr. 8. Leipzig 909. G. Wigand. 5.—; geb. 6. —

—— Wilhelm der Eroberer, s. Universal-Bibliothek.

— nach Zapfenstreich,
s.a. Bloch's, Ludw., Herren-Bühen, Nr. 38

Nach Zapfenstreich. Schwank in 1 Aufz. von Fr. Schütz. *Berlin: E. Bloch (1897).* (14 S.) 8° [F.]
= Herren-Bühne, Ludwig Blochs. No 38. 01. 11609

Schütz, Frid. Aug., sancti Zenonis episcopi Veronensis doctrina christiana. Lipsiae 854. Baensch. (Graebner.) gr. 8. (20 S.) 7½ ngr.

Schütz, Friedrich D. v.

Schütz, F. D. de, la confédération germanique. Aperçu des lois et des autres institutions fédérales. gr. 8. (XII und 228 S.) Wiesbade 847, Kreidel. *

Schütz, Friedr. D. v., Geschichte des Herzogth. Nassau. gr. 8. (VIII und 174 S. mit 1 Tab. in Fol. und 1 lithogr. und ill. Karte in 4.) Wiesbaden 853, Roth. *

Schütz, Friedrich Karl Julius

Schütz, Fr. Karl Jul., epigrammat. Anthologie. 3 Thle. 12. Rudolst. 806, F. Hofbuchh. 3 ℛ

Schütz, Friedr. Karl Jul., Anthologie d. geistreichsten u. witzigst. Gedanken Müllner's rc., s. **Müllner, (A. G. A.,)** Werke, 2 – 4. Supplementbd.

— Anthologie aus Müllner's Werken, s. Ad. **Müllner**, Werke, Supplement.

—— Antwort an Hrn. J. A. Libbertz zu Hamburg, auf die in seln. Dissertation f. seine neue Kessel-Theorie in Betreff d. Russ. Dampf-Bäder, an mich gericht. Fragen. gr. 8. (2 B.) Hamburg 827, (Herold.)

Antwort an ...den Herrn Uhrmacher und Mechanikus J. A. Libbertz zu Hamburg, auf die in seiner Dissertation für seine neue Kessel- Theorie in Betr. der russischen Dampf- Bäder, an mich gerichteten Fragen. Vom [Friedrich Karl Julius] Schütz. Hamburg 1827 (A.H. Meyer). 32 S. 8°

— üb. d. Begriff des Rechts. Mit besond. Beziehung auf die Henricische Schrift darüber. 8. Merseb., Sonntag. 3 𝒢

—— über den Begriff des Rechts. Mit besond. Bezieh. auf d. Henrici'sche Schrift darüber. 8. (3 B.) Merseburg 831. (Leipzig, Fort.)

Schütz, Fried. Carl Jul.: Ueb. den Begriff d. Rechts. Mit bes. Bezieh. auf d. *Henricische* Schr. darüber. *Merseb.*, Sonntag. B. (Fort in *Leipz.*) 831. gr. 8. (3 Gr.)

s. F. Brachmann, auserlesene Dichtungen.

(——) Charaktergemälde v. Dresden, s. Charaktergemälde.

— Entwurf e. Darstell. d. Geschichte d. französ. Revolution, u. der Entwickelung der gegenwärt. Zeit, aus ihren Folgen. gr. 8. Halle 820. Schwetschke u. S. 16 𝒢

— Geschichte d. Republik Frankreich im Grundrisse f. akadem. Vorlesungen. gr. 8. Jena 802. Göpferdt. 20 𝒢 2e Aufl. unt. d. T.: Chronolog. Darstell. der französ. Revolutionsgeschichte. gr. 8. Ebd. 802. (Schmid). 1 ℛ

Schütz, (Fr. K. Jul.,) Göthe u. Pustkuchen, od. üb. die beiden Wanderjahre Wilhelm Meisters u. ihre Verf.; ein Beitrag zur Geschichte der deutschen Poesie u. Poetik. 8. Halle 822. Anton

— Göthe u. Pustkuchen, od. üb. die beiden Wanderjahre Wilhelm Meisters u. ihre Verf.; ein Beitr. z. Geschichte d. deutschen Poesie u Poetik. 8. Halle 823. Anton. 1 ℛ 12 𝒢

s. Hamburg u. dessen Umgebung.

— Handbuch d. Geschichte Napoleon I. u. seines Zeitalters. gr. 8. Leipz. 810. Dyck. 2 ℛ 16 𝒢

——, Janus, s. Janus.

Schütz, Fr. Karl Jul., Diss. de vera historiae catholicae idea. 8. Jena 801.

—— Kritik der neuest. Cotta'schen Ausgabe v. Goethe's Werken, nebst e. Plane zu e. vollständ. u. kritisch geordn. Ausg. ders. Eine Beil. zu dem Werke: Goethe's „Philosophie rc." 16. ($5\frac{1}{2}$ B.) Hamburg 828, [Nestler u. Melle.]

Schütz, Dr., Elisabeth Charlotte, Herzogin v. Orleans, s. Reihe, bunte, 3r Bd.

— Leben u. Charakter d. Elisabeth Charlotte, Herzogin v. Orleans, nebst einem Auszuge des Denkwürdigsten aus ihren Briefen; ein Beitr. zur Charakteristik d. französ. Hofes Ludwigs XIV. 8. Leipz. 820. Voß. 2 ℛ 8 𝒢

—— Leben, Charakter u. Kunst d. Ritters Nicolo Paganini. Eine Skizze. gr. 8. ($6\frac{1}{4}$ B. u. P's. Portr.) Ilmenau 830, [Weimar,] Voigt.

——, Müllner's Leben rc., s. **Müllner, (A. G. A.,)** Werke, 1. Supplementbd.

Schütz, Friedr. Karl Jul., deutsches National-Blatt, s. Nationalblatt.

s. ... Papageno.

— Göthe's Philosophie. 1r — 7r Bd. 8. Hamburg 825 — 27, Nestler.

Schütz, Friedr. Karl Jul., englisch-französischer Rasirspiegel. 8. Braunschweig 830. (Cassel, Fischer.) $1\frac{1}{8}$ ℛ

— englisch-französ. Rasirspiegel für Deutschlands Universitäten, beleuchtet. gr. 8. Braunschw. 830. Verlags-Compt. (Hornever). 1 ℛ 8 𝒢 Hbg. Pr. 12 𝒢

s. Rüge Zeitschrift.

Die Säkular-Geburtsfeyer Klopstock's zu Altona am 2. July 1824. Dargestellt ... v. Friedrich Karl Julius Schütz. Hamburg 1824. 8°

——, Christian Gottfried Schütz. Darstell. seines Lebens, Charakters u. Verdienstes, nebst e. Auswahl aus sein. litterar. Briefwechsel mit d. berühmtest. Gelehrten u. Dichtern sein. Zeit. 1. u. 2. Bd. (den Briefwechsel enthalt.) gr. 8. Halle, Verf. [1. (31 B.) 834., 2. ($37\frac{1}{4}$ B.) 835. à 2 Thlr.]

—— die Stimme Friedrichs d. Großen, s. Stimme.

Schütz, Professor Dr., Die Stimme Friedrichs des Grossen im neunzehnten Jahrhundert; eine vollständige und systematisch geordnete Zusammenstellung seiner Ideen über Politik, Staats- und Kriegskunst, Religion, Moral, Geschichte, Literatur, über sich selbst und seine Zeit. Aus seinen sämmtlichen Werken, wie sonstigen schriftlichen und auch denkwürdigsten mündlichen Aeusserungen herausgegeben und mit einer Charakteristik seines philosophischen Geistes begleitet. 5 Thle. Braunschweig, Friedrich Vieweg. 1820—30. 16. Mit Friedrichs Bildniss in Lithographie.

Schütz, (Friedr. Karl Julius). Die Stimme Friedrichs des Großen im 19. Jahrh., eine vollständige und systematisch geordnete Zusammenstellung seiner Ideen über Politik, Staats- und Kriegskunst, Religion, Moral, Geschichte, Literatur, über sich selbst und seine Zeit. Aus seinen Werken wie sonstigen schriftlichen und mündlichen Aeußerungen. Mit einer Charakteristik seines philosophischen Geistes. 4 Thle. Braunschweig 1828. 8.

s. Fr. Weidemann, Darstellung einer ungebührl. Recension.

s. Teutonia;

Schütz, Fr. Karl Jul., s. **Werner's**, Zach., ausgewählte Schriften.

Schütz, Friedrich Wilhelm v.

v. Schütz, Fr. Wlh., s.a. Wlh. v. Althaus.

ALTHAUS, Wilhelm von, oder: So geht's in Teutschland zu! (Von *Fr. Wilh. v. Schütz.*) 2 Bdchn. Hamburg u. Leipzig, bey Hans Jakob Matthiessen. 1789. 8°.
Ziemlich zahmer Roman. — Anon.-Lex. I. p. 44 hat „1787—89" (nach Kayser, Meusel, Goedeke). 192 u. 191 S. Beide Titel mit Druckerzeichen in Kupfer.

— maler. Ansichten v. Niedersachsen. 4 Hfte. Hamburg, Vollmer.

v. Schütz, Fr. Wlh., maurerische Ansichten. 8 Hfte. 8. Leipz. 824—27. Lauffer. 2 ₰

— schuldige Antwort an d. Prof. Krug, dessen an erstern gerichtetes Schreiben betreffend. 8. Zerbst 827. (Ackermann in Dessau). 4 gr

Schütz, F. W. v. (Hrsg.), s.a. Apologie, Lessings dramatisches Gedicht: „Nathan den Weisen" betreffend.

— Apologie, Lessings Nathan d. Weisen betreff. 8. Leipz. 781. Kummer. 6 gr

s. Neues Archiv. 1797.

SCHÜTZ, [FR. WILH.] v., s. Archiv der Schwärmerey. 1788 ff.

— Arthur, Prinz von England. Trspl. in 4 Aufz., nach Shakspeare frei bearb. 8. Altona 801. Bechtold. 6 gr

s.a. Beitrr. z. Archiv d. Lieblingslektüre.

BEYTRAGE zum Archive der Lieblinslektüre (von *Friedrich Wilh. v. Schütz*). Erstes (einz.?) Stuck. Dessau, 1781 in der Buchhand. der Gelehrten. 8°.
Magaz. d. Buch- u. Kunst-Handels. Jahrg. 1781. Lpz. 8°. S. 923. — Anon.-Lex. I. p. 155 hat: Dessau u. Leipzig 1782, ohne Theilesangabe (nach Kayser u. Meusel).

s. Beiträge z. Geschichte d. Physiognomik.

— freie Bekenntnisse e. Veteranen d. Maurerei u. and. geheimen Gesellschaften. 8. Leipz. 824. Lauffer. 12 gr

— Briefe üb. London, e. Gegenstück zu v. Archenholz England u. Italien. 8. Hamb. 792. Gundermann. 20 gr

s. Briefwechsel üb. d. Leipziger Theater.

— kurze Darstell., wie u. warum die Altonaer Obrigkeit einen Untersuchungsproceß wider ihn angestellet hat. 8. Hamb. 790.

s. Dodwells Reisen.

— Freymaurerlieder, für deutsche Logen. 8. Altona, Bechtold. 800.

SCHÜTZ, [FR. WILH.] v., Frühlingsblumen. Gedichte ernsten und heitern Inhalts. Mit Komposition für Klavier und Gesang begleitet von Mutzenbecher. Hamburg und Altona. 1804.

— Gegenerklärung wider die Erklärung des Prof. Falk in Kiel, die Bibel- u. Thesen-Fehde betreffend. 8. Leipz. 818. Lauffer. 4 gr

— Gemälde od. Gallerie französ. Helden; mit Napoleons Bildn. 8. Hamb. 807. Büreau f. Litt. 1 ₰

— Geschichte d. 30jähr. Krieges in Europa, in chronolog. Ordnung, u. Etwas üb. Entstehung d. französ. Revolution ɔc. 8. Hamb. 802. Nestler u. M. 1 ₰

— der Hausschleicher. Posse in 2 A. 8. Alt. 801. Bechtold. 4 gr

— die Katze läßt das Mausen nicht. Posse in 1 Akt. 8. Alt., Bechtold. 3 gr

s. Kinderfreund, der sanftmüthig lehrende G. D.
v. Langsdorf, Bemerkk. auf einer Reise.

s. Eduard v. Kronenburg.

Leben u. Meinungen Moses Mendelssohn's, nebst dem Geiste s. Schriften in einem kurzen Abrisse dargestellt. Mit Medaillon-Portr. (nach *J. C. Frisch* von *J. C. G. Fritzsch* gest.) u. TVign. Hamburg, Möller, 1787. 8°. Beibd.
7 Bll., 200 S.

(F. W. v. **Schütz**:) Leben u. Meinungen Moses Mendelssohns, nebst d. Geiste sr. Schrr.; in e. kurzen Abrisse dargest. *Hamb.*, Müller. 787. 8° 16 gr

s.a. Leben Moses Mendelssohn.

— C. C. Sintenis Leben u. Wirken als Mensch, Schriftsteller u. Kanzelredner. Eine biograph. Skizze. Mit Kpf. 8. Zerbst 820. (Lauffer in Leipz.)

Schütz, F. W. v., C. F. Sintenis Leben u. Wirken als Mensch, Schriftsteller u. Kanzelredner. Eine biographische Skizze. Nebst Kupf. 8. Zerbst, v. Schütz. 820.

s.a. Lebensgeschichte d. Grafen v. Bernstorff.

Lebensgeschichte des dänischen Staatsministers Andreas Petrus Grafen von **Bernstorff**. Ein Beitrag, um den Charakter dieses großen Mannes zu schildern. Mit dessen Bildniß. [Verf.: (Friedrich Wilhelm von Schütz).] Altona u. Leipzig. 1798. 8°

— Lieder d. Frohsinns u. der Freude. 8. Hamb. 804. (Herold jun.) 6 gr Die Compositionen v. Mutzenbecher dazu. 1 ₰ 8 gr

s. Merkur, Niedersächsischer.

Schütz, Friedrich Wilhelm (Leipzig) A. S. 580/26a
Mutationes clericorum superiorum consensu.
Präs. Gustav Mylius.
Leipzig (Breitkopf) 11. VI. 1740. 42 S. 31683

s. Naturlehrer, der.

— Niedersachsen u. die Hansestädte Hamburg, Bremen u. Lübeck in ihrer neuesten polit. Lage. 8. Hamb. 801. (Herold jun.) 4 gr

v. Schütz, Fr. Wlh., neue Schauspiele. 8. Altona 801. Bechtold. 1 ₰

— der Schornstein zu Neuhoff. Schspl. in 4 A. 8. Ebd. 801. 9 gr

— Wieland's Todtenfeier, gehalten in d. Loge Karl z. Felsen in Altona. Mit Kpf. 8. Altona 813. Bechtold. 8 gr

Wielands Todtenfeier gehalten in der g. u. v. □ Carl zum Felsen in Altona, am ⁂ 5813 und beschrieben nebst Rede und Trauerkantate vom Br. F[riedr.] W[ilh.] **v. Schütz.** Mit Titelkupfer. Altona: Selbstverl. Gedr. bey Pinkvoss. [1813]. 28 S. 8°
Recens: Neues JfFr. 1812–1820 S. 588.
Kl. 1140. Selten. Gedächtnisrede, zum Teil in Versen von F. W. v. Schütz; Kantate ohne Noten; Beschreibung der Totenfeier.
s. Neue graue Ungeheuer, das. 1795 ff.

— s. Unter allen die Schlimmste.

s. Unterhaltungen, wöchentliche.

Versuch einer vollstaendigen Samlung [!] Freimaurer-Lieder zum Gebrauch der Loge Ferdinand zum Felsen in Hamburg hrsg. von dem Br F[riedr.] W[ilh.] **v. Schütz.** [Hamburg]: Selbstverl. o. J. 224 S. 8°

°[Dasselbe.] 2. Aufl. Altona: Bechtold 1800. 255 S. 8°
Kl. 1610. Enth. 100 Lieder ohne Noten. Vgl. auch Bd 2 Nr 39823.

[Andere Ausg. u. d. Tit.:]
Versuch einer vollstaendigen Samlung [!] Freimaurer-Lieder zum Gebrauch der Loge zur gekrönten Säule in Braunschweig hrsg. von dem Br F[riedr.] W[ilh.] v. Schütz. [Hamburg]: Selbstverl. o. J. 224 S. 8°

— Versuch e. vollständ. Samml. v. Freimaurerliedern, f. deutsche Logen. 8. Altona 790. 2e A. 800. Bechtold. 20 Gr.

Versuch einer vollstaendigen Samlung [!] Freimaurer-Lieder, zum Gebrauch deutscher Logen hrsg. von F[riedr.] W[ilh.] **v. Schütz.** [Hamburg]: Selbstverl. [1790]. 224 S. 8°

[Dasselbe.] 2. verm. u. verb. Aufl. Altona: Bechtold 1800. XVI, 255 S. 8°
Recens: Taschenbuch f. Frmr. 1801 S. 352 bis 353.
Kl. 1619. Umfasst 100, bzw. 106 Lieder ohne Noten. Vgl. auch Bd 2 Nr 39671.

[Andere Ausg. u. d. Tit.:]
Versuch einer vollstaendigen Samlung [!] Freimaurer-Lieder, zum Gebrauch der Loge Carl zu den drei Rädern in Erfurt hrsg. von F[riedr.] W[ilh.] v. Schütz. [Hamburg]: Selbstverl. [1792]. 224 S. 8°
Kl. 1606b. 100 Lieder ohne Noten.

s.a. Wahrheit u. Irrthum.

Ueber Wahrheit und Irthum [!]. Ein nothwendiger Nachtrag zu der Schrift: Ueber Aufkårung. [Von Friedr. Wilh. **v. Schütz.**] Hamburg u. Leipzig: Matthiessen 1788. 88 S. 8°
Kl. 3276.

Schütz, Friedr. Wilh., das Seebad Warnemünde an der Ostsee in medicin.-topograph. u. balneotechn. Hinsicht. gr. 8. (4¼ B.) Rostock 843, (Leopold.) •

Was ist oder vielmehr was soll die Maurerei für uns sein? Eine Rede bei Gelegenheit der Einweihung eines neuen Logensaals den 26. Nov. 1789, gehalten in der Loge Ferdinand zum Felsen in Hamburg von F[riedr.] W[ilh.] **v. Schütz.** Hamburg: Matthiessen 1790. 22 S. 8°
Kl. 1098.

⊙ Wer hat Recht? Eine Frage veranlasst durch die 95 Theses von Claus Harms und die Streitschriften gegen die Altonaer Bibelausgabe, freimüthig beantwortet von einem Nichttheologen [d. i.: Friedrich Wilhelm von Schütz]. o. O. 1817. 8°.

Schütz, Friedrich Wilhelm von. Allgemeines und vollständiges Wörterbuch der gesammten Stadt-, Land- und Hauswirtschaft. Hamburg 1801—10. V (Bd. 9): *Liliencron, L. K. Chph Baron v.* (Ky)

— allgem. u. vollständ. Wörterbuch d. gesammten Stadt-Land- u. Hauswirthschaft. 9 Bde. 8. Hamburg, Vollmer. 801—10. (1r—3r 3 Rthlr. 4r 18 gr. 5r 16 gr. 6r 18 gr. 7r 1 Rthlr. 8r 9r à 14 gr.)

— — allgemeines u. vollständiges Wörterbuch d. gesammten Stadt-, Haus- u. Landwirthschaft. Nach den vorzüglichsten Quellen des In- u. Auslandes, in alphabet. Ordnung bearbeitet. 9 Bände. Wohlf. Ausgabe. 8. Hamburg, Herold. 817.

Schütz, Fritz, appr. Arzt, a. Bunga-Bondar auf Sumatra (Westküste): Ein Fall von Adenoma malignum des unteren Gebärmutterabschnittes. Leipzig 1906: B. Georgi. (40 S.) 8
Leipzig, Med. Fak., Ref. Zweifel, Diss. v. 12. Juli 1906
[Geb. 1. Febr. 81 Bunga-Bondar, Sumatra, Wohnort: Dresden, Staatsang.: Preußen; Vorbildung: Gymn. Gütersloh Reife O. 00; Studium: Marburg München 1, Leipzig 4 S.; Coll. 12. Juli 06; Approb. April 05.]

Schütz, Fritz Das Heil der Völker 2v in 1 Milwaukee, 1880.

--Kritiken u. Debatten. Abhandln u. Gedte Carver, Miss., 1881.

Schütz, Fritz, eine Stimme aus der evangelisch-protestantischen Gemeinde zur Beleuchtung des Kirchenbuchstreites. Allen Protestanten vorgelegt. Mannheim 859. Löffler in Comm. (Seanitz.) 8. (44 S.) n. 3½ Ngr.

--Unsterblichkeit; ein erweiterter Vortrag Milwaukee, 187[illegible].

--Meine erste großere Vortragsreise in den VS. Phila., 187[illegible]

Schütz, Fritz, einige Worte der Erwiderung auf die Angriffe gegen die freireligiöse Richtung in „Die Religion der Gartenlaube. Ein Wort an die Christen unter ihren Lesern. Eckartsberga 1868." gr. 8. (32 S.) Apolda 869. (Lauth.)

Schütz, G., Armin gen. Herrmann der Cherusker. Trauersp. in 5 Abthl. gr. 8. (7 B.) Hamburg 830, (Hoffmann u. Campe.)

Schütz, G., s.: Aufgaben, die wichtigsten, f. die erste Behandlung der versicherten Verletzten.

Schütz, G., u. H. Schütz, Chronik der Stadt Langensalza u. der umliegenden Orte. Nach Chronisten, alten Handschriften ꝛc. zusammengestellt. gr. 8. (VIII, 390 S.) Langensalza 900. Deutsches Druck- u. Versandthaus. Geb. in Leinw. n. 4. —

G. u. H. Schütz. Chronik der Stadt Langensalza und der umliegenden Orte nach Chronisten, alten Handschriften etc. zsgest. H. 1. *Langensalza: K. Dietmar 1900.* 8° [Umschlagt. F.] [09. 6.. 3

Schütz, G., s.: Jahresbericht üb. die Thätigkeit der Heimstätte f. Verletzte.

SCHÜTZ, G.: Lobschrift auf d. Weiber d. alten Deutschen, verm. Aufl. *Hamburg.* 776. 8.

Schütz, G., s.: Monatsschrift f. Unfallheilkunde.

Schütz, G., die eifersüchtigen Weiber, Posse in 1 Abtheilung, und Proben dramat. Sprichwörter. Nebst einem Vorworte, verbunden mit einer Subscriptions-Einladung auf die sammtl. Werke des obigen Verfassers. 8. Gustrow 838. (Parchim, Hinstorff.) n. 1/2 ₰

Schütz, G. A: Preislisten und Prospekte über Pressluftapparate. 1910 ff. Wurzen, Sachsen

Schuetz, G. H.

— de Patrocleae compositione. Anclam 854. Dietze. gr. 4. (35 S.) n. 8 ngr

Schuetz, G. H., de fundamentis rei publicae, quae primo Politicorum libro ab Aristotele posita sunt. gr. 4. (18 S.) Potsdam 860, (Gropius'sche Buchh.)

Schuetz, G. H., Commentatio: Symbola Aeschylea. 4maj. (23 S.) Tanglimi 856, Dietze. *

Schütz, G. J., s. *Mery*, Waterloo.

Schütz, Georg [aus Mannheim]: Spontanruptur einer Enterocele vaginalis posterior im VII. Monate der Schwangerschaft mit Vorfall von Darmschlingen .... München, k. Hof- u. Univ.-Buchdr. v. Dr. C. Wolf & Sohn, 1886; 31 S. 8°
München, Med. Fak., Inaug.-Diss. v. 1888

Schütz, Georg, Spontanruptur einer Enterocele vaginalis posterior im VII. Monate der Schwangerschaft mit Vorfall von Darmschlingen. Diss. München 1886, A. Buchholz. 8°. 31 S.

Waldbreitbach und seine Kloster. Von Gerh. Schütz, Kaplan. 2. Aufl. Wiebelskirchen: K. Kolportage-Verl. [1908]. 70 S.
(Nach der Schicht. Nr 21)

SCHÜTZ, Gotth. Jac.: Examen methodi axiomaticae, qua in elem. jur. usus est J. Glo. HEINECCIUS. *Frcf.* 733. 8.

(Schütz, Gottl[ieb].) Der Männerchor Thun. (1829-1904.) Denkschrift zur Feier seines 75jährigen Bestehens, 3. und 4. Juli 1904. [Mit illustriertem Umschlag und 6 Tafeln.] 82 S. 8. Thun, Eugen Stæmpfli, 1904.

Schütz, Gustav, aus Barth a. d. Ostsee: Der Reinlichkeitszustand künstlicher und natürlicher Mineralwässer nebst einer übersichtlichen Darstellung der gezüchteten Kleinwesen. Erlangen 1904: Junge & Sohn. (83 S.) 8°
Erlangen, Phil. Fak., Ref. Solereder, Diss. v. 30. Juli 1904
[Geb. 5. Aug. 70 Barth a. d. Ostsee; Staatsangeh.: Preußen; Vorbildung: Gymn. Brandenburg Reife (f. Obersekunda) O. 88; Studium: Berlin 4, Erlangen 3 S.; Rig. 30. Juli 04.]

Schütz, H., Zoll-Wörterbuch. Alphabetisch geordnete Zusammenstellg. der gesetzl., regulativ. u. finanzministeriellen Bestimmgn. üb. das Zollwesen u. die Uebergangsabgabe, nebst Sachregister zum Gesetz, betr. die Statistik des Waarenverkehrs, den Ausführungsbestimmgn. u. Dienstvorschriften. 8. (119 S.) Breslau 901. W. G. Korn. Kart. n. 1.50

Schütz, Hans, die Dunkelgräfin. Schauspiel in 5 Aufzügen. Frei nach Brachvogels Roman. (III, 136 S.) 8. Halle 902. (Hildburghausen. Kesselring.) n. 2. —

Schütz, Hans Albrecht von (Breslau) A. S. 194/3
Dissertatio problematica, de adulteriis brutorum, sive de confusione specierum, brutis ab hominibus proh (!) imperata. Präs. Johann Hermann. Rostock (Adler) 11. IV. 1731. 20 S.
Gew.: Johann von Klein. 31690

Schütz, Harald Die gegenwärtige Bedeutung des mathematisch-physikalischen Unterrichts an Gymnasien. (Entsprechend der Circularverfügung vom 31. März 1882.) (Umschlagtitel: ... Gymnasien). 4 (S. 3—20). Städt. G. *Frankfurt a. M.* 1887 (363)
Progr.

Schütz, Harald Dr. „Rückblicke auf die Entwicklung der Gewerbschule Traunstein bis zu ihrer Umbildung in eine sechskursige vollberechtigte Realschule". pg. 21—22. 4°. Mit einer Tafel Abbild. u. Plänen. Anton Miller.
Traunstein, Progr. 1876/77

Schütz, Harald Dr. „Untersuchungen über die Entwicklung der Industrie im Mittelalter. pg. 3—12. 8°. A. Miller.
Traunstein, Progr. 1877/78

Schütz, H[einrich], Reg.-Bauführer: Beiträge zur Bewegungslehre der ebenen statisch bestimmten Fachwerksträger. 1906. 31 S. 4° ¶ Aus: Zeitschrift f. Architektur u. Ingenieurwesen. Bd 52. N. F. Bd 11.
Hannover, Dr.-Ing.-Diss. v. 10. 2. 1906

Schütz, Hnr., († ...) Commentarius criticus de scriptoribus historicis tam antiquis, quam novis, ad faciliorem histor. qua eccles. qua profanae notitiam concinnatus, atque animadvers. ac dissertat. illustr. 4mai. Münch. 762. J. Lindauer. 1 ₰ 4 ℊ.

Schütz, Heinrich: Musikalische Exsequien. Totenmesse von —. Bearb. u. hrsg. von Karl v. Jan. Klavier-Auszug. Leipzig & Zürich: Gebr. Hug & Co. [1899]. (79 S.) 4°

Schütz, Heinr., vermischte Gedichte. 16. (23 B.) Carlsruhe 841, (Holtzmann.) *

Schütz, Heinr., Historia des Leidens und Sterbens unseres Herrn Jesu Christi, s. a. Breitkopf und Härtel's Text-Bibliothek Nr. 275.

Historia des Leidens und Sterbens unseres Herrn und Heilandes Jesu Christi. Chöre u. Recitative aus d. 'Vier Passionen' von Heinrich Schütz. Zsgest. von Carl Riedel. Textbuch. (Königsberg i. Pr. [um 1895]: R. Leupold.) (11 S.) 8° [03. 8.. 10

Schütz, Heinr., Matthäus-Passion, s.: Breitkopf & Härtel's Textbibliothek. Nr. 275.

Schütz, Hr., Rosen von Jericho, christliche Gedichte. gr. 12. Stettin 835. Weiß. 1/2 ₰

Schütz, *Peter* Heinrich [aus Borbeck '(Rheinprov.)']: Vergleichende Untersuchungen über einige Kresolpräparate m, bes. Berücks. d. Metakresols ... Halle a. S., Druck v. Wischan & Wettengel, 1896; 1 Bl., 25 S., 1 Bl. 8.
Halle, Med. Fak., Inaug.-Diss. v. 29 Febr. 1896

Schütz, Heinr., Weihnachtsoratorium (Historie v. der Geburt Jesu Christi) (1664). Hrsg. v. A. Schering. (Textbibliothek.) (8 S.) kl. 8. Leipzig (910). Breitkopf & Härtel. nn — 10

Weihnachts-Oratorium für Soli, Chor und Orgel von Heinrich Schütz. Bearb. u. erg. von A(rnold) Mendelssohn. Leipzig: Breitkopf & Härtel (1901). (35. 4 S.) 4°
= **Sammlung** von Kirchen-Oratorien u. -Kantaten Bd 14.
(Volksausgabe Breitkopf & Härtel No 1859) [illegible]

Schütz, Heinrich Carl, s. Schütze, Heinrich Karl

Schütz, Heinr. Wilh., kleines Namen-Lexikon, oder kurzgefaßte Erklärungen der merkwürdigsten Ort- u. Personennamen, mit Einschluß nicht weniger Länder-, Völker-, Gebirgs- u. Flußnamen ausgearbeitet. 8. Berlin 837. Feister. 5/12 Thlr.

Schütz, Heinr. Wilh., kleines Namen-Lexikon, od. kurzgefaßte Erklärn. d. merkwürd. Orts- u. Personennamen, mit Einschluß nicht weniger Länder-, Völker-, Gebirgs- u. Flußnamen ausgearb. 8. (6½ B.) Berlin 837, (E. Oehmigke.) Thlr.

Schütz, Herm., Fénelon's Abenteuer des Telemach. Eine literarhistorische Skizze. gr. 8. (IV, 36 S.) Minden 870. (Leipzig, Siegismund & Volkening.) n. 1. —

Schütz, Herm., Altes aus den Thüringer Landen, s. a. Thuringia.

Schütz, Hermann: Altes aus den Thüringer Landen. Geschichtl. Episoden, Humoresken, Lebensbilder bearb. u. zsgest. von —. Langensalza: Deutsch. Druck- u. Versandthaus 1901. (55 S.) 8°
= Thuringia. Bd 3.

Beitrag zur Geschichte des Dorfes Illeben [bei Gotha]. Von Hermann Schütz, Langensalza. Langensalza [1902]. Deutsches Dr.- u. Versandthaus. 12 S. 8° [illegible]

Beitrag zur Geschichte des Dorfes Illeben. Von Hermann **Schütz,** Langensalza. *Langensalza: Deutsches Dr.- u. Versandthaus [1903].* (12 S.) 8° [Umschlagt. F.] [illegible] 3

Schütz, Herm. (II.), Charakterbilder aus der französischen Geschichte für den Schul- und Privatgebrauch zusammengestellt und mit den zum Verständnisse nöthigen Anmerkungen versehen. — Les grands faits de l'histoire de France. Pages d'histoire extraites des meilleurs écrivains français. 2. Thl. Neuere Geschichte. 2. Aufl. 8. (IV, 303 S.) Braunschweig 884, Wissmann'sche Buchh. *

Schütz, Herm., englische Chrestomathie (in 6 Büchern) für die oberen Klassen höherer Lehranstalten und zum Privatgebrauch. 1. Bd. 1. Abthl. (Episch.) gr. 8. (IX und 326 S.) Siegen 851, Schulz.

Schütz, Herm., les grands faits de l'histoire de France. Tableaux historiques tirés des meilleurs auteurs français. — Charakterbilder aus der französischen Geschichte, für den Schul- und Privatgebrauch zusammengestellt und mit den zum Verständniss nöthigen Anmerkungen versehen. 3 Thle. gr. 16. (XVII und 652 S.) Hannover 862,63, Rümpler. à Thl. * 10 Ngr. *

Schütz, Herm., les grands faits de l'histoire de France. Pages d'histoire extraites des meilleurs écrivains français. — Charakterbilder aus der französ. Geschichte, für den Schul- und Privatgebrauch zusammengestellt und mit den zum Verständnisse nöth. Anmerkungen versehen. 4. Thl. gr. 16. (IV, 384 S.) Hannover 870, Rümpler. *

Schutz, Hermann [aus Schwäb.-Gmünd]: Ueber Ileus. München, kgl. Hofbuchdr. Kastner & Lossen, 1897; 19 S. 8.
München, Med. Fak., Inaug.-Diss. v. 1897

—— historical series. Select portions taken from the best English historical writers. 1. Series: English History. 3 vols.: Charakterbilder aus der englischen Geschichte. Für den Schul- und Privatgebrauch aus den besten engl. Historikern ausgewählt und mit Anmerkungen versehen. 3 Thle. 8. Bielefeld 862,63, Velhagen und Klasing. [1. Thl. (IX und 208 S.) * 12½ Ngr.; cart. * 15 Ngr., 2. Thl. (VII und 213 S.) * 12½ Ngr.; cart. * 15 Ngr., 3. Thl. (VII und 256 S.) * 15 Ngr.; cart. * 17½ Ngr.] cart. * 1

—— dass. — 2. Series: Modern history. 2 vols.: Characterbilder aus der neueren Geschichte. Für den Schul- und Privatgebrauch aus den besten engl. Historikern ausgewählt und mit Anmerkungen versehen. 2 Thle. 8. Ebendas. 863. [1. Thl. (215 S.) * 12½ Ngr.; cart. * 15 Ngr., 2. Thl. (III und 252 S.) * 15 Ngr.; cart. * 17½ Ngr.] — cart. *

—— dass. — 3. Series. Ancient history. Charakterbilder aus der alten Geschichte. Für den Schul- und Privatgebrauch aus den besten engl. Historikern ausgewählt und mit Anmerkungen versehen. 8. (III und 190 S.) Ebendas. 866. * — cart. *

—— Historical Series. Select portions taken from the best English historical writers. Vol. 3 and 4. 8. Bielefeld, Velhagen und Klasing. *

Inhalt:

Vol. 3. English History III. 2d revised edit. Characterbilder aus der engl. Geschichte. Für den Schul- und Privatgebrauch aus den besten engl. Historikern ausgewählt und mit Anmerkungen versehen. 3. Thl. [1547 u. ff.] 2. verb. Aufl. (VII, 269 S.) 874. *ℳ 1,60.
» 4. Modern History I. 2d revised edit. — Characterbilder aus der neueren Geschichte. Für den Schul- und Privatgebrauch aus den besten engl. Historikern ausgewählt und mit Anmerkungen versehen. 1. Thl. [1500—1584.] 2. verb. Aufl. (220 S.) 875. *ℳ 1,50.

Schütz, Herm., historical Series. Select portions taken from the best English historical writers. Vol. I.: English History. I. — Characterbilder aus der englischen Geschichte. Für den Schul- und Privatgebrauch aus den besten engl. Historikern ausgewählt und mit Anmerkungen versehen. 1. Thl. [X—1216.] 2. verb. Aufl. 8. (VIII, 231 S.) Bielefeld 877, Velhagen und Klasing. *

—— dass. — Vol. V.: Modern History. II. — Characterbilder aus der neueren Geschichte. Für den Schul- und Privatgebrauch aus den besten engl. Historikern ausgewählt und mit Anmerkungen versehen. 2. Thl. [1584 u. f.] 2. verb. Aufl. 8. (VII, 272 S.) Bielefeld 878, Velhagen und Klasing. *

Schütz, Herm., historical series. Select portions taken from the best english historical writers. Vol. 1—3. A. u. d. T.: Charakterbilder aus der englischen Geschichte. Für den Schul- u. Privatgebrauch aus den besten englischen Historikern ausgewählt u. mit Anmerkungen versehen. 1—3. Thl. 8. Bielefeld 880. Velhagen & Klasing. n. 4. 60
1. [X—1216.] 2., verb. Aufl. (VIII, 231 S.) n. 1. 50
2. [1216—1547.] 2., verb. Aufl. (VII, 231 S.) n. 1. 50
3. [1547 u. ff.] 3., verb. Aufl. (VII, 283 S.) n. 1. 60

—— dass. — Charakterbilder aus der Geschichte. Für den Schul- und Privatgebrauch aus den besten engl. Historikern ausgewählt und mit Anmerkungen versehen. Vol. 4, 6 and 7. Ebendas. *

Inhalt:

Vol. 4. Neuere Geschichte. 1. Tl. [1500—1584.] 3 verb. und verm. Aufl. (VII, 272 S.) 883. *ℳ 1,60.
» 6. Alte Geschichte. 2 verb. Aufl. (VII, 223 S.) 883. *ℳ 1,50
» 7. Mittelalter und die Entdeckung von Amerika. (VII, 236 S.) 884. *ℳ 1,50.
Vol. 5. Ebendas. 1878. *ℳ 1,60.

Schütz, Herm., Sophokles-Studien. Antigone. [Aus: „Mag. f. d. Lit. d. Ausl."] 8. (27 S.) Leipzig 880. Friedrich. n. — 60

Schutz, Hermann: Der Sounding-Indicator. Berlin (1910?)

Schütz, Hermann, das Siegerländer Sprachidiom. Ein Beitrag zur Kenntniß der deutschen Mundarten. Progr. der höheren Bürger- und Realschule Siegen 1845. 4°. 28 S.

— the story-teller. A collection of tales, stories and novels. By Walt. Scott, Washington Irving, Ch. Dickens, Ch. Lamb and others. gr. 8. (143 S.) Siegen 850, Schulz.

Schütz, Herm., Sophokleische Studien. gr. 8. (63 S.) Gotha 886, F. A. Perthes. *

Schütz, Herm. Sophokleische Studien. Kritisch-exeget. Untersuchgn. der schwierigeren Stellen in den Tragödien d. Sophokles. gr. 8. (VIII, 450 S.) Potsd. 890, Stein. * 6 —

Schütz, Hermann [aus Runkel a. d. Lahn]: Untersuchungen über Derivate des p-Diphenols. . . . Marburg, Buchdr. Fr. Sömmering, 1889; 39 + 1 S. 8°
Marburg, Phil. Fak., Inaug.-Diss. v. [30. Jul.] 1889

Schütz, Herm. Jos., die Worte des Bundes oder das Buch der Lehren und Pflichten, angereihet an die zehn Bundesworte auf Sinai. Eine Erbauungsschrift für Schule und Haus. Aus den gediegensten Religions-Schriften gesammelt und hrsg. gr. 8. (XII und 255 S.) Cleve 854, (Char.) *

Schütz, Hub. v., Denkschrift u. Vorschläge zur Verbesserg. des Hufbeschlages u. d. Hufpflege im Deutschen Reiche. gr. 8. (14 S.) Dresden 898. G. Schönfeld. n. — 40

Schütz, Hugo, Beiträge zur näheren Erkenntniss der Kairinwirkung auf fieberhafte Krankheiten. Inaugural-Dissertation. gr. 8. (30 S.) Jena 881, (Pohle.)

Schütz, H., Hartheck, Heilanstalt f. Nerven- u. Gemütskranke. gr. 4. (16 S. m. 19 Lichtdr.-Taf.) Halle 901. C. Marhold. Kart. n. 1.50

Schütz, J., eine Ballcharade, s. Theater, neues Wiener.

Schütz, J., aus Englands Schreckenszeit, s.: Volksaufklärung.

Schütz, J., s. Shakspeare, Hamlet.

Schütz, J. F., s.: Juvöid, Frz.

Schütz, J. H., de juvenum virginum privilegiis, v. Junggesellen-Recht. Fcft. ad V. 1725. 4.

Schütz, J. J., Beurtheilung u. prakt. Benutzung der Fruchtwechsel-Systeme. 8. (23 S.) Berlin 849, Springer. 6 ngr

Schütt, J. K. G. Ueber den Polyneikes des Oedipus auf Kolonos. 30 S.
Görlitz, Progr. 1855

Schütt. J. K. G. Rede des Herrn Oberbürgermeisters Jochmann, Ritters des Rothen Adler-Ordens dritter Klasse mit der Schleife, gehalten bei der Einführung des neuen Directors den 16. Juni 1854 und Antrittsworte des Directors. 22 S.
Görlitz, Progr. 1855

Schütz, J. E., Versuch e. Theorie d. Reims nach Inhalt u. Form. 8. Magdeburg, Keil. (Heinrichshofen.) 802.

Schütz, Jac., die Chirurgie der Leistengegend. Inaugural-Dissertation. gr. 8. (6½ B.) Prag 842, (Calve'sche Vrlgsh.) *

Schütz, J[akob]: Aus der Geschichte der Saar- und Bliesgegend. Für Volk u. Jugend dargest. von –. Wiebelskirchen: N. Kolportage-Verl. [1908]. IV, 206 S. 8°
(Nach der Schicht. Nr 15–19.)

— tägl. Handbuch, od. der bescheidene Theil, Kranke am Sterbebette zu besuchen; aus d. Niederdeutschen in das Hochdeutsche übers. v. Th. Hasenbach. 8. Frankf. a. M. 776. (Krieger in Kassel). 16 kr

Schütz, J., medicinische Casuistik. Nach eigenen Erfahrungen zusammengestellt. 1. und 2. Bd. gr. 8. Prag, Calve'sche Universitäts-Buchh. [1. Bd. (XVI, 334 S.) 872. *M 6.; 2. Bd. (IV, 355 S. mit 1 Stnt. in qu. gr. 4.) *M 7.] *

Schütz, Jac., über einige Krankheiten der Halsparthie. Habilitirungs-Schrift. gr. 8. (72 S.) Prag 865, Calve'sche Universitäts-Buchh. *

Schütz, Jak., der Prediger am Krankenbette. 8. Frankf. a. M. 786. (Krieger in Cassel). 6 gr

Schütz, Jac. Reflexionen e. alten Arztes, s. Mitteilungen der Gesellschaft f. Physiokratie in Böhmen.

— Streiflichter aus der geheimen Werkstätte des menschl. Organismus, s.: Mitteilungen der Gesellschaft f. Physiokratie in Böhmen zu Prag.

Schütz, Jac., das Wesen u. die Behandlung der Diphtheritis. Eine Denkschrift. Lex.-8. (18 S.) Prag 882. Calve. n. — 80

Schütz, Jak. Hub., römische Altertümer. Schauspiel in 1 Akte. (19 Scenen.) 12. (40 S.) Paderborn 900. Bonifacius-Druckerei. — 45

Schütz, J. H., die soziale Bedeutung unserer deutschen Flotte. (36 S.) gr. 8. Köln (907). (P. Neubner.) — 50

Die soziale Bedeutung unserer deutschen Flotte. Von J[akob] H[ubert] Schütz in Köln. Köln: Selbstverl. [1907]. (36 S.) 8° [07. 17394

Schütz, Jak. Hub., die Bitten der Herz-Jesu-Litanei, die Kindheit u. Leidenszeit Jesu in 42 Herz-Jesu-Predigten, sowie Aussprüche der Kirchenväter üb. die Bedeutung der Seitenwunde Jesu. Festschrift zum eucharist. Kongreß in Cöln 1909. (248 S.) 8. Paderborn 909. Junfermann. 3. 50

Schütz, Jak. Hub., ein Blumenstrauß f. die Maienkönigin. Originelle Maipredigten u. Betrachtgn., die auch an Muttergottesfesten verwertet werden können. (IV, 176 S.) gr. 8. Regensburg 903. F. Pustet. 1. 40; geb. in Halbldr. n. 1. 80

— Deutscher, gedenke mehr deiner Flotte! (20 S.) 8. Köln (907). (P. Neubner.) — 25

Schütz, J. H., der Erbonkel od. d. bestrafte Hochmut u. d. belohnte Demut. Schausp. in 3 Akten. 12. (56 S.) Paderborn 898. Bonifacius-Druckerei. — 45

Schütz, Jacques Hubert: Ernst und Scherz in Poesie. Luxemburg: J. Hary 1881. – 95, 2 S. 12°

Der Erztaugenichts. Schauspiel in 3 Akten, (für Knaben-Institute geeignet). Der Faulenzer. Schauspiel in 3 Akten. Der Sternenkucker oder d. bekehrte Atheist. Humorist.-apologet. Schauspiel in 3 Akten. Von Prof. J[akob] H[ubert] Schütz. *Paderborn: Junfermann 1901 (1903).* (28, 27, 16 S.) 8° [Umschlagt. J.] [04. 1150

— Fastenpredigten üb. die christliche Kindererziehung. gr. 8. (III, 43 S.) Paderborn 901. Junfermann. n. — 75

Der Ferman (vulgo: Visitenkarte) oder Die Welt verzeiht und vergißt nicht. (Ein soziales Warnungsbild.) Schauspiel in 4 Akten f. kath. Gesellschaftsbühnen von Prof. J[akob] H[ubert] Schütz. *Paderborn: Junfermann 1903 (1904).* (32 S.) 8° [J.] [04. 11594

Die Gerechtigkeit gegenüber den Schülern an den höheren Lehranstalten. Zur geneigten Erwägung f. Schulbehörden, Lehrer u. Eltern. Von J[ak.] H[ub.] Schütz. *Berlin: Leo-Hospiz [1903].* (30 S.) 8° [J.] [04. 1933

Schütz, Jacques Hubert: Geschichte der hochromantischen Eifelstadt Neuerburg. Neuerburg 1888. – 23 S. 12°

— Die Geschichte des Rosenkranzes unter Berücksicht. der Rosenkranz-Geheimnisse u. der Marien-Litaneien. (XXIV, 304 S.) gr. 8. Paderborn 909. Junfermann. 6.—; geb. in Halbfrz. 7. 50

Schütz, Jacques Hubert: H e r z Jesu, du Quelle alles Trostes! Fünfundzwanzig Herz-Jesu-Predigten. Zweite, um das Doppelte vermehrte Auflage. Mit kirchlicher Approbation. Zur Abtragung von Kirchenbauschulden. Paderborn 1900. – 120 S. 8°

— Herz Jesu, du Quelle alles Trostes! 31 Herz-Jesu-Predigten. 3., um das Dreifache verm. Aufl. gr. 8. (141 S.) Ebd. 901. n. 2. —

Schütz, Jacques Hubert: Neue H e r z - J e s u - P r e d i g t e n. Paderborn 1898. – 58 S. 8°

— der Himmel u. der Weg zum Himmel. — (8 Vorträge.) Der Erlöser Jesus Christus. (9 Vorträge.) 2 Cyklen v. Fastenpredigten. (88 S.) gr. 8. Ebd. 904. n. 1. 20

— der hl. Jakobus oder: Der Sieg des Martyriums. Dramatische Dichtung in 3 Akten. 2. Aufl. 12. (55 S.) Ebd. 900. n. — 80

— der zwölfjährige Jesus im Tempel. Religiöses Schauspiel (nach der hl. Schrift u. den Gesichten der gottsel. Anna Katharina Emmerich) in 3 Akten. 12. (32 S.) Ebd. 900. n. — 50

Schütz, Jacques Hubert: Der zwölfjährige J e s u s im Tempel. (Jugendleben Jesu.) Religiöses Schauspiel (nach der hl. Schrift und den Gesichten der gottseligen Anna Katharina Emmerich) in drei Akten. Zweite Auflage. Köln-Ehrenfeld 1900.

— Itzig der Wucherer. Schauspiel in 3 Akten. 12. (48 S.) Paderborn 900. Bonifacius-Druckerei. — 45

Ideale Kindererziehung oder Frau Schmitz in der Kinderstube. (Ein St. Nikolausfestspiel f. Kinder von 8–17 Jahren.) Pädag. Einakter f. kath. Töchterpensionate ... (Der Honigdiebstahl. Schauspiel in 3 Akten. Die vorwitzigen Damen ...) Von Prof. Jakob Hubert **Schütz**. Paderborn: Junfermann 1904. (Getr. Pag.) 8° [J.]

Schütz, Jak. Hub., die Kirche u. die menschliche Gesellschaft od. die Kirche als Urgrund u. Trägerin der Kultur. In 23 sozialen Predigten dargestellt, die auch bei Arbeiter-Exerzitien u. sozialen Vorträgen Verwendg. finden können. (152 S.) gr. 8. Paderborn 903. Junfermann. n. 1. 80

— A. Gapp. M. Friedrich u. K. Abels, der Kirchenschrank od. „Mensch, laß dir Quittungen geben!" Hochhumoristisches Schauspiel in 4 Akten. (32 S.) 12. Paderborn 903. Junfermann. n. — 50

— Kolonien. Die geschichtl. Entwicklg. u. Bedeutg. derselben unter besond. Berücksicht. d. deutschen Besitzgn. Im Anh.: Geschichte u. Entwicklg. der Flotte. Leichfaßlich dargestellt f. Schule u. Haus. (XI, 90 S. m. 6 Karten.) kl. 8. Kevelaer (909). J. Thum. Geb. 1. —

Kolonien. Die geschichtl. Entwicklung u. Bedeutung derselben unter besond. Berücks. d. deutschen Besitzungen. Im Anh.: Geschichte u. Entwicklung d. Flotte ... dargest. ... von J[akob] H[ubert] **Schütz**, Rektor Leipzig: Wagner [in Komm. 1909]. XI, 89 S. 8°

— die hl. Konstantia, s.: Schmitt, Pet.

— Maler u. Musiker od.: Die göttliche Vorsehung. Schauspiel in 3 Akten. 12. (47 S.) Paderborn 900. Junfermann. n. — 40

Schütz, Jacques Hubert: Am N a m e n s f e s t e des Hochwürdigsten Herrn Bischofs (Nikolaus Adames von Luxemburg). Luxemburg: P. Brück [1872]. - 12 S. 12°

Schütz, Jacques Hubert: Der kranke O n k e l und seine Neffen. Komisches Schauspiel in 4 Akten. Cham 1886. – 39 S. 8°

Der kranke Onkel und seine Neffen. Komisches Schauspiel in 4 Akten von J[akob] H[ubert] **Schütz**, Rektor. *Paderborn: Bonifacius-Dr. 1900.* (31 S.) 8° [J.]

Schütz, Jak. Hubert: Moderne P h r a s e n in Salon und Hütte. Wie verteidigt sich d. Katholik gegen d. modernen Vorwürfe? Von Prof. –. Kevelaer: Thum (1908). 187 S. 8°

— Moderne Phrasen in Salon u. Hütte. Wie verteidigt sich der Katholik gegen die modernen Vorwürfe? (IV, 187 S.) 8. Ebd. (909). 1.25; geb. 2. —

— Predigten üb. die hl. Familie Jesus, Maria u. Joseph, unter Mitwirkg. hervorrag. Prediger hrsg. gr. 8. (62 S.) Paderborn 901. Junfermann. n. — 90

— Privatunterricht u. Privatlehranstalten. Ein Beitrag zur Frage des Privatunterrichts in den höheren Lehrfächern. (40 S.) gr. 8. Köln 904. (Leipzig, Fritzsche & Schmidt.) n. 1. —

Privatunterricht und Privatlehranstalten. Ein Beitrag z. Frage d. Privatunterrichts in d. höh. Lehrfächern von J[akob] H[ubert] **Schütz** in Köln. *Köln: Selbstverl. 1904.* (40 S.) 8° [J.]

— die Räuber od. Gottes Wege sind wunderbar. (Sittengemälde aus vergangener Zeit.) Drama in 3 Akten. 12. (47 S.) Paderborn 900. Bonifacius-Druckerei. — 45

Die französische Revolution. Dramat. dargest. in 3 Akten von [Jakob Hubert] **Schütz**, Rektor. Im Selbstverl. *Ehrenfeld 1898: P. Brandts* (96 S.) 8° [J.]

— die französische Revolution. Dramatisch dargestellt in 3 Akten. 12. (96 S.) Ehrenfeld 898. (Paderborn, Junfermann.) n. — 80

Schütz, Jacques Hubert: S a g e n k r e i s der hochromantischen Eifelstadt Neuerburg. Neuerburg 1888. – 32 S. 12°

— der Schuhflicker u. der reiche Engländer (Imitation des „Johann der muntere Seifensieder") od.: Zufriedenheit macht glücklich. Schauspiel in 18 Scenen. 12. (32 S.) Paderborn 900. (Junfermann.) n. — 40

— der Seiltänzerknabe oder: Der wiedergefundene Grafensohn. Schauspiel in 3 Akten. 12. (64 S.) Ebd. 900. n. — 60

[J.] Sekretär und Koch. Schwank in 22 Scenen v. J[acob] H[ub.] Schütz, Rektor zu Köln-Ehrenfeld. *Paderborn: Bonifacius Dr. 1898.* (40 S.) 1 Bd 8.

— eine lustige Skandalgeschichte od.: Bekehrte Trunkenbolde. Schwank in 1 Aufzuge. 12. (43 S.) Ehrenfeld 898. (Paderborn, Junfermann.) n. — 40

Schütz, Jacques Hubert: Eine lustige S k a n d a l g e s c h i c h t e oder Bekehrte Trunkenbolde. Schwank in 1 Aufzuge. Zweite Auflage. Köln-Ehrenfeld 1900. – 40 S. 8°

— praktische S o z i a l p o l i t i k e r aus allen Ständen vom Throne bis zur Werkstätte, vom Palast bis zur Hütte. Hrsg. m. güt. Förderg. fürstl. Persönlichkeiten u. unter Mitwirkg. hervorrag. Beamten u. Fachleute. Mit vielen Illustr. nach Orig.-Aufnahmen. (XII, 526 S.) gr. 4. Köln (906). P. Neubner. Geb. in Leinw. n. 30. —

Schütz J H, prakt. Sozialpolitiker aus allen Ständen. NF (526 S) fol Köln 1908

— **Praktischer Sozialpolitiker aus allen Ständen vom Throne bis zur Werkstätte, vom Palast bis zur Hütte. Neue Folge. Hrsg. m. güt. Förderg. fürstl. Persönlichkeiten u. unter Mitwirkg. hervorrag. Beamten u. Fachleute. Mit vielen Illustr. nach Orig.-Aufnahmen. (VI, 526 S.) 37,5×28 cm. Cöln a/Rh. (Bismarckstr. 13) (909). Rektor Schütz.**
Geb. in Leinw. 30. —

Summa Mariana. Allgem. Handbuch d. Marienverehrung f. Priester ... Hrsg. unter Mitw. von Welt- u. Ordenspriestern von Rektor J[akob] H[ubert] **Schütz**. Bd 1. 2. Paderborn: Junfermann 1903–08. 2 Bde 8°
2. Mit 2 Zugaben: 1) Übers. d. Schrift d. hl. Ambrosius [episc. Mediolanensis]: De institutione virginis et S. Mariae virginitate perpetua (von Dr. [Bernhard] Vandenhoff, Münster). 2) Sermones magistrales d. Caesarius von Heisterbach.
[08. 16913

Schütz, Jacques Hubert: Das T e s t a m e n t . (Eine wahre Begebenheit für die Bühne zugestutzt.) Schauspiel in 3 Akten. Cham (Bavière) 1886. – 27 S. 8°

– A. Gapp, M. Friederich und K. Abels

— — — — der **Teufelsbanner.** Hochhumoristische wahre Begebenheit aus dem Westerwalde um d. J. 1800. Lustspiel in 3 Akten vom Dilettantenbund. — Schütz, Jak. Hub., ein Hausfreund des Ministers, od.: die große Hotelrechng. Schwank in 3 Aufzügen. (Wahre Begebenheit.) (16 u. 15 S.) kl. 8. Ebd. 903. n. — 60

— s.: **Theklas, Frau, Zukunftspläne.**

Schütz, Jacques Hubert: T r e n k oder Ein Schreckenstag von Cham (9. September 1742). Historisches Drama in 4 Akten. Cham 1886. – 46 S. 8°

— der **Verschwender** od. die beiden ungleichen Brüder. Schauspiel in 3 Akten. 12. (39 S.) Paderborn 900. (Junfermann.) n. — 40

Schütz, Jacques Hubert: Die hohen V o r z ü g e und die wirksame Fürbitte des hl. Josef, dargestellt in sieben Vorträgen. Paderborn 1900. – 3, 32 S. 8°

— die hohen **Vorzüge** u. die wirksame Fürbitte des hl. Joseph, dargestellt in 10 Vorträgen. 2., verm. Aufl. gr. 8. (45 S.) Ebd. 901. n. 1. —

Schütz, Jak. Hub., neue **Waffen** f. Katholiken zur Wehr gegen alte u. moderne Irrtümer u. Vorwürfe. (Umschlag: 1.–7. Tauf.) (XVI, 287 S.) 8. Kevelaer (909). J. Thum.
2. —

— **Weihnachts-Festspiel** (histor. Zeitgemälde, bearb. nach der hl. Schrift u. christl. Tradition; unter Bezugnahme auf den Talmud und die Schriften des Flavius Josephus) in 3 Akten. 2. Aufl. 12. (32 S.) Köln-Ehrenfeld 900. (Paderborn, Junfermann.) n. — 60

Weihnachts-Festspiel. ⟨Hist. Zeitgemalde, bearb. nach d. hl. Schrift u. christl. Tradition, unter Bezugnahme auf d. Talmud u. d. Schriften d. Flavius Josephus ...⟩ in 3 Akten. Von J[akob] H[ubert] **Schütz**. Rektor. *Koln: Selbstverl. [1901].* (32 S.) 8° [F.]
01. 10110

— Graf **Westerholt** od.: Gottes Wege sind geheimnisvoll. Drama in 5 Akten m. Gesang u. Musikbeilage. Musik v. Fritz Maglett. 12. (56 S.) Paderborn 901. Junfermann. n. — 60

Wie man in den entlegensten Gegenden praktischer Sozialpolitiker werden kann. Wahrheitsgetreu erzählt von J[akob] H[ubert] **Schütz**. Mainz: Lehrlingshaus 1904. 56 S. 8°
[11.9111 6

Frau Theklas Zukunftspläne. ⟨Ein Kaffeeklatsch.⟩ Schwank in 2 Akten. Vom Dilettantenbund: Rektor J[akob] H[ubert] **Schütz**, Pfarrer Alph. Gapp, M. Friederich u. B. [vielm. K.] Abels. *Paderborn: Junfermann 1903.* (Getr. Pag.) 8° [F.]
[Sondert. 1.] Josephine oder Die kurierten Leutnants. Schwank in 3 Akten. Hrsg. v. Dilettantenbund Rektor J. H. Schutz, Pfarrer A. Gapp, M. Friederich, B. [vielm. K.] Abels.
[2.] Der verweigerte neue Hut oder 4 Bilder aus d. Eheleben d. Rentners Faß. ⟨Schwiegermutter-Idylle.⟩ Schwank in 4 Akten. Hrsg. von Prof. Jakob Hubert Schutz.
[3.] Ein Studentenulk oder Frau Nessel, die Schwiegermutter d. serbischen Thronfolgers. Humorist.-satyr. Schwank in 1 Aufz. Vom Dilettantenbund: Rektor J. H. Schütz, Pfarrer A. Gapp, M. Friederich u. R. [vielm. K.] Abels.
[04. 19631

Schütz, *Jonas Robert:* Allgemeine Lösung der Magnetisirungs-Gleichungen für den Ring. '(Gekr. Preis-Schrift.)' ... München, kgl. Hof- u. Univ.-Buchdr. v. Dr. C. Wolf & Sohn, 1893; 22 S. 4.
München, Phil. Fak., Inaug.-Diss. v. 1894

Schütz, Joh.: De j u r a m e n t o calumniae. 29 S. – Basel, Jur.Diss. v. 5.Aug.1700.

Schütz, Joh. Bapt. Chronik d. königl. bayer. Schlosses Trausnitz im Thal. gr. 8. (167 S. m. eingedr. Abbildgn.) Trausnitz i. Th. 890. (Amberg, Pustet.) ** 2 50

Schütz, Johann Carl, s. S c h ü t z , Johann Karl

Schutz, Jo. Chr.: **Specimen iuris consolidationis pertinentiarum Vulgo Von Einlösung der abgeschlissenen Pertinentien zur Sohlstatt. Coloniae Agripp. 1718.**

Schütz, Jo. Chr.: Tractatio de usufructu consuetudinario-Julia-Montensi in gratiam eorum, qui in foro ducatum Juliae et Montium causas agunt, conscripta. Dusseldorpii 1731. **fol.**

Schütz, Johann Friedrich: Gründliche Anweisung zur Hebammenkunst. 416 S., gbd., Abb.
Hildburghausen: Hanisch 1770

JB 6.627

– Dasselbe, s.a. S c h ü t z e .

Schütz, Johann Friedrich (Sonnenberg) F, ze:29
Dissertatio inauguralis medica de difficili in observationes anatomicas epicrisi. Commentatio VII. Präs. Jakob Friedrich Isenflamm.
Erlangen (Kunstmann) (31.)VIII.1784. 44 S.

31701

Schütz, Johann Georg, s. S c h ü t z e .

Schütz, Jh. Henr. Rosine, s. **Hendel — Schütz.**

Schütz, Johann Karl v., s.a. S c h ü t z , Jul. Er. v.

SCHÜTZ, J. C. v.: Ökonomisches Bedenken von dem Nachtheile der Gehaue in den sogenannten schwarzen Hölzern nebst einigen Sendschreiben vom Feldbaue im Erzgebirge und andern in die Haußwirtschaft einschlagenden Sachen. - Chemnitz 1756-1762. Stück 1-8

JOHANN CARL SCHÜTZ, Kurze Beschreibung des Zinnstockwerks zu Altenberg — Denen Herren Heinrich Victor August Freyherrn von Ferber aus Dresden und Johann George von Hüne aus Esthland in Nahmen der linneischen Societät zugeeignet. Leipzig den 14. Oktober 1789. Gedruckt bei Sommer. 8°.

Schütz, Johann Karl Friedrich

Schütz, Iohannes Carolus Fridericus: Die die tricesimo scriptio. Adjectae sunt 4 theses. P. 1. Lipsiae 1847: Tauchnitz. 36 S. 8°
Halle-Wittenberg, Jur. Diss. v. [24. Sept.] 1847
Geb. [Tunnroda (Sachs.-Weim.) 11. 4. 1798]
Sein Familienname lautet im KB: Schütze

Schütz, Johann Wilhelm

Schütz, J. W., s.: Archiv f. wissenschaftl. u. prakt. Tierheilkunde.

— Die tierärztliche Hochschule zu Berlin 1790—1890. (Festschrift.) Mit 3 Sit.-Plänen. (314 S.) Ebd. 90. M. 9. —

Schütz, s.: Jahresbericht üb. die Leistungen auf dem Gebiete der Veterinär-Medicin.

— s.: Jahresbericht üb. usw. Veterinär-Medicin.

Schütz, Johann Wilh. (geb. Berlin 15. 9. 1839): Zur Kenntniss des Torfschweins. Berlin (1868). (45 S.) 8°
Berlin, Med. Diss. v. 4. Mai 1868

— Lehrbuch der allg. Therapie der Haussäugetiere, s.: Ellenberger.

Schütz, J. W., Die Lehre von der Konstitution vom cellular-pathologischen Standpunkte bearbeitet. (43 S.) Berlin 72. Hirschwald. M. 1. -

— u. Steffen, Die Lungenseuche-Impfung und ihre Antiseptik. (44 S.) Ebd. 91. M. 1. -

Schütz, Joseph, Der Darwinismus und die Ergebnisse der Naturforschung. Gemeinfaßlich dargestellt. Selbstverlag des Verfassers bei Opitz in Warnsdorf u. Wien, 1895, 8°, XIV, 377 S.
Recens. v. Schanz, Philos. Jahrb. d. Görresges. Bd. 9 (1896), S. 312—3.

Schütz, Joseph (geb. am 23 Juni 1858 in Neuss): Aus d. anat. Laboratorium zu Bonn. — Über den Dotterkern, dessen Entstehung, Structur, Vorkommen und Bedeutung ... Mit 1 Taf. Bonn, Univ.-Buchdr. v. C. Georgi 1882. 21 S., 1 Bl., 1 Taf. 4.
Bonn, Med. Fak., Diss. v. 11 Febr. 1882

Schütz, Jos. Mikroskopische Carcinombefunde, nebst ätiologischen u. prakt. verwendbaren diagnostischen Ausblicken. [Nach e. Vortrage im ärztl. Verein zu Frankfurt a. M., Sitzg. vom 7. Juli 1890.] Mit 6 Mikrophotogr. Lex.-8. (23 S.) Frankf. a. M. 890, (Alt). ** 5 —

• Schütz, Jos., Versuche eines Wiener Naturdichters. 8. Wien, Rehm. 807.

Schütz, Josef Baptist

Schütz, J. B., histor. u. geograph. Ephemeriden. 1s Heft, mit Portrait u. K. 8. Wien, Doll. 812.

Schütz, J. B., allgem. Erdkunde f. denkende u. gebild. Leser, od. Beschr. aller Länder der 5 Welttheile 2c. m. 50 K. u. 6 Kart. 12 Bde. gr. 8. Wien, Ant. Doll. 808.

Schütz (II.), allgem. Erdkunde, od. Beschreib. aller Länder d. fünf Welttheile. Neu bearbeitet v. einem Vereine mehrerer Gelehrten. 1. u. 2. Bd. — A. u. d. T.: Geschichtl. Uebersicht der Erdkunde u. ihrer Fortschritte durch Entdeckungsreisen, Schifffahrt u. Handel. Von W. Tielcke u. J. G. Sommer. 2 Thle. gr. 8. (26¼ u. 27½ B.) Wien 829. [Güns, Reichard.] à 1 Thlr. 12 Gr.

—— dass. 3—6. Bd. — A. u. d. T.: Neuestes Gemälde v. Asien u. den dazu gehör. Inseln. Von J. G. Sommer. 4 Thle. Nebst e. Einleit. in d. allgem. Erdkunde. gr. 8. (27, 31¼, 24 u. 27½ B. u. 23 Kpfr.) Ebds. 829, 30. à 1 Thlr. 12 Gr. Thlr.

Schütz (II.), allgem. Erdkunde, 2c. 7—10. Bd. — A. u. d. T.: Neuestes Gemälde v. Amerika. Von J. G. Sommer. 4 Thle. gr. 8. (102¼ B. u. 19 Kpfr.) Ebds. 831—33. à 1 Thlr. 12 Gr.

—— dass. 11. u. 12. Bd. — A. u. d. T.: Neuestes Gemälde v. Afrika u. den dazu gehör. Inseln. Von G. A. Wimmer. 2 Thle. gr. 8. (32 u. 67½ B. u. 18 Kpfr.) Ebds. 831, 32. à 1 Thlr. 12 Gr.

—— dass. 13., 14. u. 28. Bd. — A. u. d. T.: Neuestes Gemälde d. Oesterr. Monarchie. Von W. C. W. Blumenbach. 3 Thle. gr. 8. (33¼, 30½ u. 32½ B. u. 16 Kpfr.) Ebds. 830—33. à 1 Thlr. 12 Gr.

—— dass. 15. Bd. — A. u. d. T.: Neuestes Gemälde d. Preuß. Monarchie. Von W. E. A. v. Schlieben. gr. 8. (28¼ B.) Ebds. 830.

—— dass. 16. Bd. — A. u. d. T.: Neuestes Gemälde d. deutschen Bundesstaaten. Von W. E. A. v. Schlieben. 1. Thl. gr. 8. (24¼ B. u. 5 Kpfr.) Ebds. 831.
Vgl. 20. Bd.

—— dass. 17. Bd. — A. u. d. T.: Neuestes Gemälde der Königr. Niederlande u. Belgien. Von (J. F.) Reigebaur. gr. 8. (20½ B. u. 6 Kpfr.) Wien 834. [Güns, Reichard.]

—— dass. 18. Bd. — A. u. d. T.: Neuestes Gemälde v. Spanien u. Portugal. Von Ant. Wolf. gr. 8. (30 B. u. 5 Kpfr.) Ebds. 831.

—— dass. 19. Bd. — A. u. d. T.: Neuestes Gemälde v. Frankreich. Von J. G. Fr. Cannabich. 1. Thl. gr. 8. (32½ B. u. 5 Kpfr.) Ebds. 830.

—— dass. 20. Bd. — A. u. d. T.: Neuestes Gemälde v. Frankreich. Von J. G. Fr. Cannabich. 2. Thl. — Neuestes Gemälde d. deutschen Bundesstaaten. Von W. E. A. v. Schlieben. 2. Thl. gr. 8. (28½ B. u. 5 Kpfr.) Ebds. 832.

—— dass. 21. Bd. — A. u. d. T.: Neuestes Gemälde d. Schweiz. Von (J. F.) Reigebaur. gr. 8. (31½ B. u. 5 Kpfr.) Ebds. 831.

—— dass. 22. u. 23. Bd. — A. u. d. T.: Neuestes Gemälde Italiens, der ionischen Inseln u. Malta's. Von (J. F.) Reigebaur. 2 Thle. gr. 8. Ebds. 832. à 1 Thlr. 12 Gr.
Thl. 1. Ober- u. Mittelitalien (mit Ausnahme d. lombard.-venet. Königreichs). (28 B. u. 4 Kpfr.)
" 2. Das Königreich beider Sizilien, Malta u. die ion. Inseln. (20½ B. u. 6 Kpfr.)

—— dass. 24. Bd. — A. u. d. T.: Neuestes Gemälde v. Großbritannien u. Irland. Von A. Grünes. gr. 8. (28¼ B. u. 5 Kpfr.) Ebds. 832.

—— dass. 25. Bd. — A. u. d. T.: Neuestes Gemälde v. Schweden, Norwegen u. Dänemark. Von (J. F.) Reigebaur. gr. 8. (31½ B. u. 5 Kpfr.) Ebds. 833.

—— dass. 26. u. 27. Bd. — A. u. d. T.: Neuestes Gemälde des europ. Rußlands u. d. Königr. Polen. Mit e. Abriß d. Freistaats Krakau. Von J. G. Fr. Cannabich. 2 Thle. gr. 8. (32 u. 23½ B. u. 9 Kpfr.) Ebds. 833. à 1 Thlr. 12 Gr.

—— dass. 28. Bd., vgl. oben 13. u. 14. Bd.

—— dass. 29. Bd. — A. u. d. T.: Neuestes Gemälde der europ. Türkei u. Griechenlands. Von A. G. Wimmer. gr. 8. (27¼ B. u. 6 Kpfr.) Ebds. 833.

—— dass. 30. Bd. — A. u. d. T.: Neuestes Gemälde v. Australien. Von G. A. Wimmer. gr. 8. (26 B. u. 6 Kpfr.) Ebds. 832.
30 Bde. vollständ. nur 40 Thlr. — Von Bd. 1—6. erschien 1835 die 2. Aufl.

Schütz, Jos. Bapt., allgem. Erdkunde, oder Beschreibung aller Länder der fünf Welttheile ꝛc. Neu bearb. von einem Vereine mehrer Gelehrten. 1r u. 2r Supplement-Band zur 1n Aufl. A. u. d. T.: Kosmologische Vorschule zur Erdkunde. Von Glieb. Aug. Wimmer. — Neueste Beiträge zu dem Gemälde von Asien in 4 Bdn. Von J. G. Sommer. — Geschichtl. Uebersicht der Erdkunde. 3r Thl. Von Magellan bis auf die neueste Zeit. Von G. A. Wimmer. gr. 8. Wien 833. Ant Doll. (Leipzig, Volckmar.) 3 ℞

— dass. (1e Abthl.) 2e Aufl. 1r Bd. A. u. d. T.: Kosmologische Vorschule zur Erdkunde. Von Glieb. Aug. Wimmer. gr. 8. Ebd. 833. 1 1/2 ℞

— dass (2e Abthl.) 2e Aufl. 3r – 5r Bd. A. u. d. T.: Neuestes Gemälde von Asien. Von Joh. Gottfr. Sommer. 2e durchgeseh. u. verm. Aufl. 1r – 3e Thl. (Mit 14 Kpfrn.) gr. 8. Ebd. 833. 4 1/2 ℞

— neue histor. u. geograph. Gemälde, od. Charakteristiken merkwürd. Personen, u. Darstellungen wicht. Begebenheiten uns. Zeit. 12 Bdchen. mit Portr. u. K. gr. 8. Wien, Doll d. jüng. 811.

Schuetz, J B [Bearb.]

Interessante Länder- und Völkergemälde, oder Schilderungen neu untersuchter Länder, Völker und Städte, anziehender Naturmerkwürdigkeiten, Kunstwerke und Ruinen. Nach den neuesten Reiseberichten bearb. von J.B. Schutz. Bdchn 4-6.
Wien: Doll 1809. 8°

Schütz, Jos. Bapt., Versuche e. Wiener Naturdichters. 8. Wien 807. Rchm. Mit Jahrg. 817. (Krappe in Leipz.) 1 ℞ 4 gl.

Schütz, J. B. Allgemeine Weltgeschichte für denkende und gebildete Leser. Mit Portraits und Karten. (8 Bde.) Wien 1807.

— allgem. Weltgeschichte für denkende u. gebildete Leser nach Eichhorn, Galletti u. Remer. m. K. u. Kart. 8 Bde. gr. 8. Ebend. 810.

— allgemeine Weltgeschichte f. denkende u. gebildete Leser. 8 Bde. mit K. u. Chart. 3te Aufl. gr. 8. Ebendas. 812.

Schütz, Jul. v.

— — Antwort der 3 französ. Gesellschaften: Forges et aciéries de la marine à St. Chamond, forges de Châtillon et Commentry, établissement du Creusot auf die Broschüre: „Deutsche Panzer-Konstruktionen u. französ. Nachahmungen". Rathenow 1893. 14 S.

Schütz, Jul. v., Erwiderung auf eine französische Beantwortung des Aufsatzes: Die Schießversuche in Bukarest. [April-Mai-Heft der „Neuen militär. Blätter".] gr. 8. (33 S. mit 1 Holzschn.) [Potsdam 886, Militaria.] Berlin, Kittel. *
Aus: Neue militärische Blätter, besonders abgedruckt.

Gedächtnisfeier der Angehörigen der Gußstahlfabrik Fried. Krupp für Herrn F. A. Krupp im Schmelzbau der Gußstahlfabrik am 7. Dez. 1902. Gedenkrede d. Julius v. Schütz. (Essen 1902: Gußstahlfabrik.) 15 S. 8° [Umschlagt.] ... 6

Schütz, Jul. v., der Hartguss u. s. Bedeutg. f. die Eisenindustrie. 2., vervollst. Aufl. gr. 8. (63 S. m. 1 Fig.) Magdeburg 890. Buckau, Grusonwerk.
Unentgeltlich f. Interessenten.

Schütz, Jul. v., Gruson's Hartguß-Geschosse. Mit 25 (eingedr.) Holzschn. [Aus: „Neue militärische Blätter".] gr. 8. (26 S.) Berlin 878. Militaria. n. 1. —

— Gruson's Hartguß-Panzer. Ein Beitrag zur Geschichte der Fortification in Preußen. [Aus: „Neue militärische Blätter".] Mit 5 (eingedr.) Holzschn. gr. 8. (32 S.) Ebend. 878. n. 1. —

Schütz, Jul. v., Gruson's Hartguss-Panzer. 2., vervollständ. Aufl. gr. 8. (160 S. m. eingedr. Fig. u. 1 Tab.) Cottbus 887. Berlin, Kittel. cart. n. 4. —

Schütz, J. v. Hartguß-Panzerungen und Minimalscharten-Laffeten, System Gruson. Magdeburg 1890. 4°.

Schütz, Jul. v., die Panzerfrage für Küsten-Vertheidigung und der Schießversuch gegen eine Hartgußpanzerplatte auf dem Gruson'schen Schießplatze in Buckau am 22. Oktbr. 1883. gr. 8. (20 S. mit 5 Holzschn.) Berlin 884, Militaria. *
Aus: Neue militärische Blätter, besonders abgedruckt.

Schuetz, J. v. Deutsche Panzerkonstruktionen u. französ. Nachahmungen. Mit Taf. Magdeburg 1892. 24 S.

Schutz, J. v: Panzerlafleten. 2. Aufl. 1885. Berlin 1886

Schuetz, J. v. Die Panzerlafetten auf den Schießplätzen des Grusonwerk bei Magdeburg-Buckau u. Tangerhütte. (Mit Zeichn. u. 1 Anh.) Magdeburg 1887. 24 S. 4°
— — Dasselbe i. französ. Text.
— — 2. vervollst. Aufl. T. 1. 2. 1889. 1890. 4°

—— französische und deutsche Panzer-Schießversuche. II. gr. 8. (20 S. mit 5 eingedr. Holzschn.) [Potsdam 885, Militaria.] Berlin, Kittel. *

—— dass. — III. Die Schießversuche in Bukarest. gr. 8. (III, 86 S. mit 30 Holzschn.) Ebendas. 886. *

—— der Schießversuch in Spezia gegen eine Gruson'sche Hartguß-Panzerplatte im April 1886. Lex.-8. (16 S. mit 6 Holzschn.) Ebendas. 886. *
Vorstehende drei Schriften sind aus: Neue militärische Blätter, besonders abgedruckt.

Schütz, J. v. Französische und deutsche Schießversuche. 1—3. Potsdam 1884—86. 8°. (Aus: Neue Milit. Blätter.) — 3. Die Schießversuche in Bukarest. 1886.

Schütz, Jul. Er. v., s.a. Schütz, Johann Karl v.

— ökonom. Bedenken üb. allerhand in die Land- u. Hauswirthschaft einschlagende Sachen. 8 Stücke. 8. Chemnitz 761 u. 62. Stößel. 16 gl.

v. Schütz, Jul. Er. († d. 4. April 1793.) histor.-ökonom. Beschreib. von d. Schloß u. Amt Augustusburg in Kursachsen. 4. Leipz. 770. Büschel. 6 gl.

Schütz, Julius Ernst von (Gft. Meissen) A. S. 151/19
Dissertatio iuridica de filio iurisdictioni paternae patrimoniali non subiecto.
Präs. Johann Tobias Richter.
Leipzig (Langenheim) 15. VII. 1745. 28 S.
Gew.: Heinrich Gf. von Brühl. 31706

— oratio de terra miraculosa Saxonica, an steatites sit. 4. Friedrichstadt 763.

SCHÜTZ, K. u. J. ZIEGLER, Sammlung von (36) Aussichten (so!) der Residenzstadt Wien von ihren Vorstädten und einigen umliegenden Oertern. Gezeichnet und gestochen von Karl Schutz Mitglied der K. K. Akademie der bildenden Kunste und von Johann Ziegler. A Vienne chez Artaria & Comp. (ca. 1780—95). Gr.-qu.-Fol. (3800 Mk., Orig.-Ldrbd., J. Halle, München, c. 1905: „Ein Expl. von der Schönheit des hier angebotenen dürfte kaum wieder vorkommen.").

(Schütz, K. H. v.) Geschichte der Staatsveränderung in Frankreich unter König Ludwig XVI., od. Entstehung, Fortschritte u. Wirkungen der sogen. neuen Philosophie in diesem Lande. 6 Thle. (in 3 Bdn.). Mit 2 Tabellen. Leipzig, Brockhaus, 1827—33. 8°. Klbldrbde. m. Goldschnitt u. goldgepr. Wappen auf den Vorderdecken.

1: XXIV—320 S., 1 S. Err. 2: X—325 S., 1 S. Err. 3: X—318 S., 1 S. Err. 4: X—336 S., 1 S. Err. 5: X—364 S., 1 S. Err. 6: VIII—220 S.

„Sehr wichtiges Werk ... übrigens einseitige Herleitung der ganzen Revolution aus den philosophischen Tendenzen des vorigen Jahrh. vom conservativen Standpunkt aus." (Schwab u. Klüpfel.)

Schütz, Karl, kritische Gänge auf dem Gebiete der neueren lat. Grammatik. gr. 8. (30 S.) Heidelberg 901. Heidelberger Verlagsanstalt u. Druckerei. n. — 80

— die Lehre v. dem Wesen u. den Wanderungen der magnetischen Pole der Erde. Ein Beitrag zur Geschichte der Geophysik. Mit 4 Tab. u. 5 kartograph. Darstellgn. gr. 8. (XII, 76 S.) Berlin 902. D. Reimer. Geb. in Leinw. n. 10. —

Schütz, Karl, die moderne Reform-Schule. gr. 8. (21 S.) Donaueschingen 899. (O. Mory.) n. — 75

Schütz, Karl von, Reise von Linthal üb. die Limmernalp nach Brigels, z. Kenntniß d. Gebirge rc. gr. 8. Zürich, Orell. 812.

Schütz, Carl v., Rosen u. Beeren aus dem Holzlande. Ein Auszug aus dem Fremdenbuche der Gärtnerei & Weinschänke zur „Sächsischen Schweiz" in Klosterlausnitz. 12. (32 S.) Klosterlausnitz (899). (Eisenberg, P. Bauer.) — 40

Schütz, Karl, Satzlehre der deutschen Sprache f. die unteren u. mittleren Klassen deutscher Mittelschulen, Lehrerseminare rc. gr. 8. (VI, 131 S.) Mannheim 878. Bensheimer. n. 1. 40

— dasselbe, größere Ausg. gr. 8. (XII, 232 S.) Ebend. 878. n. 2. 50

— die Schlacht bei Cannä. gr. 8. (21 S.) Ebd. 899. n. — 75

Schütz, Karl [Prof.]: Die inneren politischen und wirtschaftlichen Verhältnisse der Westgermanen insbesondere der Westsueben in der Urzeit. Donaueschingen, Druck d. A. Willibald'schen Hofbuchdr., 1895; 20 S. 4.
Donaueschingen, grossh. PG, MP 1895 (616)

Schutz, Karl Damian v. Texas Ratgeber fur Auswanderer nach diesem Lande Karte. Wiesbaden. 1847
vgl. S c h u t z , Kuno Damian v.

Schütz, Karl Eduard

Carolus Eduardus Schütz: De Hydrocephalo acuto. Halae (1819:) Typis Ruffianis. 58 S. 8
Halle, Med. Diss. v. 2. Jan. 1819

Schütz, Carl Heinr., der prakt. Jäger od. Kunst, mittelst neuerfundener Fallen Füchse, Dachse, wilde Katzen rc. u. allerhand Raubvögel zu fangen. Mit 8 Zeichnungen. 8. (52 S. m. 1 Tafel.) Heilbronn 847, Drechsler. n. 1/3 Thlr

Schütz, Karl Julius

— chronolog. Darstell. d. franz. Revolutionsgeschichte. gr. 8. Jena, Göpferdt. 807.

Schütz, K. Jul., Geschichte der Republik Frankreich in Grundr. f. akad. Vorles. gr. 8. Jena, Göpferdt. 802.

Schuetz, Dr. K. J. Geschichte des 10jähr. franz. Revolutionskrieges von 1792—1801. Reutlingen 1803. 172 S.

— das Zeitalter Napoleons, od. chronolog. Darstellung d. merkwürdigsten Weltbegebenheiten seit der Geburt Napoleons I. bis zu seiner Vermählung mit d. Erzherzoginn v. Oesterreich. 2 Theile. mit Portraits. (hat auch den Titel: Handbuch d. Geschichte Napoleons rc.) gr. 8. Wien, Ant. Doll. 810.

Schütz, Karl Wolfgang Christoph

Schütz, Kaspar

Schütz, Casp., rerum Prussicarum historia. fol. Lips. Sommer.

Schütz, Caspar. Rerum Prussicarum historia . . . Gedani 1769. H: *Lengnich, Gottfried.* (MI.)

Schütz, Kath., Proceß, s. Aufzeichnung.

v. Schütz, Kuno Damian Frhr., Texas. Rathgeber für Auswanderer nach diesem Lande. Mit besond. Unterstützung des Vereins zum Schutze deutscher Einwanderer in Texas. Nebst der neuesten im J. 1845 aufgenommenen Karte. Wiesbaden 846, Kreidel. 2/3 Thlr

v. Schütz, Kuno Damian Frh., Texas. Rathgeber für Auswanderer nach diesem Lande. Mit besond. Unterstützung des Vereins zum Schutz deutscher Einwanderer in Texas. 2. durch die neuesten Nachrichten u. Veröffentlichungen verm. Aufl. Mit 1 Karte. (Fol.) gr. 8. (VIII u. 260 S.) Wiesbaden 847, Kreidel. 2/3 Thlr

Schütz, Kurt

Schütz, Curt, Referendar: Das Recht des Grundeigentümers am Luftraume in Beziehung zur Luftschiffahrt. Ein Beitr. z. Luftschiffahrtsrechte. Berlin: Trenkel 1910. 48 S. 8°
Leipzig, Jur. Diss. v. 28. Mai 1910
[Geb. 5. Sept. 84 Wolmirstedt; Wohnort: Halle a. S.; Staatsangeh.: Preußen; Vorbildung: Gymn. Zeitz Reife M. 05; Studium: Göttingen 1, Freiburg i. B. 1, Berlin 1, Jena 1, Halle 2 S.; Rig. 28. Mai 10.] [U 10. 2882

Schütz, Leop. (geb. Xanten 21. 4. 1809): De morbis biliosis. Berolini (1838). (32 S.) 8°
Berlin, Med. Diss. v. 18. Aug. 1838

Schütz, Leopold: Die Operationen der Varicocele und ihre Erfolge auf Grund der Operationen der Heidelberger chirurgischen Klinik aus den Jahren 1898 bis 1907. Heidelberg 1910: Hörning. 43 S. 8°
Heidelberg, Med. Diss. v. 6. Juli 1910, Ref. Voelcker
[Geb. 10. April 77 Mannheim; Wohnort: Neckarsteinach; Staatsangeh.: Baden; Vorbildung: Gymn. Bruchsal Reife Sommer 01; Studium: Heidelberg 10 S.; Coll. 7. Juni 10; Approb. 24. Jan. 06.] [U 10 2011

Schuetz, Ludov., Divum Augustinum non esse ontologum. Münster, Aschendorff, 1867, 8°, 61 S. 1 Mk.

Schütz: Divi Augustini de origine et vita cognitionis intellectualis d o c t r i n a , ab ontologismi nota vindicata. Monasterii. 61 S. 1867.
Schul-/Univ.-Schrift

Schütz, Ludw., Einleitung in die Philosophie. gr. 8. (VII, 145 S.) Paderborn 879. F. Schöningh. n. 1.60

Schütz, Ludw., sechs Fastenpredigten üb. das Kreuz Jesu Christi geh. im Dome zu Trier 1875. Anh.: e. Weihnachtspredigt. 8. (140 S.) Paderborn 876. F. Schöningh. n. 1. 50

Schütz, Ludw., der Hypnotismus. E. naturwissenschaftl. Studie. [Aus: „Philosoph. Jahrb. d. Görres-Gesellsch."] gr. 8. (III, 92 S.) Fulda 897. Fuldaer Actiendruckerei. n. 1. 20

Schütz, L., der Hypnotismus. Eine naturwissenschaftlich-psycholog. Studie. 2. Aufl. gr. 8. (III, 95 S.) Fulda 898. Fuldaer Actiendruckerei. n. 1.20

—— Der Hypnotismus. Eine naturwissenschaftliche Studie. Fulda, Aktiendruckerei, 1899, 8°, 92 S., 1,20 Mk.
Recensi. v. Dechant Steinbach, Linzer Quartalschr. 1898, S. 153—5. Kappes, Natur u. Offbrg Bd. 11, S. 59—60. Joh. Bock, Stimmen a. M.-Laach Bd. 55 S. 191—3.

Schütz, L., die Leichenverbrennung unter dem Gesichtspunkte der Volkswirtschaft u. öffentlichen Gesundheitspflege, s.a. Broschüren, Frankfurter zeitgemäße.

Schütz. Dr. Die Leichenverbrennung. Frankfurt a. M. 1882. Frankfurter zeitgemäße Broschüren.

— das Thier hat keine Vernunft [Aus „zeitgemäße Broschüren."] gr. 8. (50 S.) Münster 871. Russell. — 60

Schütz, Ludw., Thomas-Lexikon d. i. Sammlung, Uebersetzung und Erklärung der in den Werken des heil. Thomas von Aquin, insbesondere in dessen beiden Summen vorkommenden termini technici. gr. 8. (380 S.) Paderborn 881, F. Schöningh. *

— die Unfreiheit u. Freiheit des menschlichen Willens. Vom naturwissenschaftlichen Standpunkte aus betrachtet. gr. 8. (84 S.) Würzburg 878. Woerl. n. 1. —

— Vernunft-Beweis f. die Unsterblichkeit der menschlichen Seele. 8. (VIII, 176 S.) Paderborn 874. Schöningh. n. 1. 50

— der sogenannte Verstand der Thiere oder der animalische Instinkt. Eine populär-naturwissenschaftliche Studie. gr. 8. (IV, 146 S.) Paderborn 880. F. Schöningh. n. 1. 50

Einige Worte über mich und mein Betragen im Kriege 1813. [Verf.: (Ludwig Cl. Schütz).] Friedrichstadt a. d. Eider. 1815. 8°

Schütz, Ludw. Harald, s: Bourbon d. Aeltere, Nic., der Eisenhammer.

Sohütz, Ludw. Harald, die Fortschritte der technischen Physik in Deutschland seit dem Regierungsantritt Kaiser Wilhelms II. Rede, geh. bei der Vorfeier des Geburtstages Sr. Maj. des Kaisers u. Königs in der kgl. höh. Maschinenbauschule zu Hagen i. W. (16 S.) Lex.-8. Borlin 904. Gebr. Borntraeger. n. — 50

Schütz, Ludw. Harald, die Hauptsprachen unserer Zeit. Mit e. Einleitg.: „Die wichtigsten Sprachen der Vergangenheit", sowie m. zahlr. Schrift- u. Sprachproben u. 1 (farb.) Sprachenkarte. (IX, 226 S.) gr. 8. Frankfurt a/M. 910. J. St. Goar. Geb. in Leinw. 6. —

— Kritik d. Hypothese einer innern Versuchung im Verstandesvermögen Jesu. Schlesw. 1796. 8.

Die hohe Lehre des Contucius oder Die Kunst, weise zu regieren Ein Beitrag z. Kenntnis d. Sprache u. Kultur China's. Von Dr. Ludwig Harald Schütz. Mit d. chines. Text des Ta' Hsiö' [Ta hsueh]u Reproduktionen von Bildern Helman's nach d. chines. Originalen des P. Amyot. Frankfurt a. M.: St Goar 1909. 64 S 4°(8°) [10 ..]

Sohütz, Ludwig Harald, aus Traunstein i. Oberbayern, Lehrer f. Math. u. Physik an d. Kgl. höh. Maschinenbauschule zu Hagen i. W.: Die Lehre von den Leidenschaften bei Hobbes und Descartes. *Hagen i. W. 1901: Bald & Kruger.* (XII, 121 S.) 8°
Göttingen, Phil. Diss. v. [26. Juli] 1901

Schlltz, Ludw. Harald, die Lehro v. den Loidouschaften boi Hobbes u Descartes. Diss. gr. 8. (XII, 118 S.) Hagon 901. (Göttingon, Vandonhoock & Ruprecht.) n. 3.60

— Thomas-Loxikon. Sammlg., Uebersetzg. u. Erklärg. d. in sämtl. Workon d. h. Thomas v. Aquin vorkomm. Kunstausdrücke u. wissenschaftlichen Aussprüche. 2., sehr vergröss. Aufl. gr. 8. (X, 889 S.) Paderborn 895. F. Schöningh. n. 12. —

Schütz, M. C., s. Krünitz, Encyklopädie im Auszug.

Sohütz, Max, aus Berlin: 1. Ueber die Nitrierung des Resorcylaldehyds. 2. Ueber einige Derivate des Saligenins. 3. Synthese von 3-Bromphenanthrenchinon. *Berlin 1901: A. W. Schade.* (26 S.) 8°
Berlin, Phil. Diss. v. 12. Aug. 1901

Schütz, Max, das Verhalten d. Gläubigers u. Schuldners im Mahnverfahren. Praktisch dargestellt. 16. (47 S.) Bernburg 888. Bacmeister. n. — 40

Sohütz, Max, prakt. Arzt aus Altenheim (Baden): Über das Verhalten des Herzens bei der Lungentuberkulose, beobachtet an mehreren Fällen der Heilstätte Naurod. *Würzburg 1903: C. J. Becker.* (26 S.) 8°
Würzburg, Med. Diss. v. 1903

Schütz, O., der heilige Thomas Becket, Erzbischof von Canterbury, s.: Sammlung historischer Bildnisse.

Schütz, O. v., die Gründung von Pfalzdorf, nach urkundl. Quellen und mündl. Ueberlieferung frei erzählt. 8. (VII und 203 S.) Barmen 863, (Langewiesche's Verlag.) *

Schütz, Oskar, Oberlehrer: Der große Mensch der Renaissance. Bonn 1906: C. Georgi. (72 S.) 8°
Jena, Phil. Fak., Ref. Eucken, Diss. v. 10. Sept. 1906
[Geb. 29. Juli 78 Syrau; Wohnort: Ratingen; Staatsangeh.: Preußen; Vorbildung: Friedrichs-Gymn. Frankfurt a. O. Reife M. 98; Studium: Berlin 3, Jena 4 S.; Rig. 30. Dez. 05.]

Schütz, Osk., der grosse Mensch der Rennaissance. (71 S.) gr. 8. Bonn 906. C. Georgi. n. 1. —

Sohütz, Otto [aus Holscheid '(Rheinl.)']: Über aktive Valeriansäure... Berlin, Buchdr. v. G. Schade, *1896*; 29 S., 1 Bl. 8.
Berlin, Phil. Fak., Inaug.-Diss. v. 25. Jan. 1896

Schütz, Otto Fr., de vita Davidis Chytraei commentarii. II Tmi et suppl. 8. Hamb. Bohn. 720-28.

v. Schütz, P. B., gen. Sinold, s. v. Faramond.

Der Kampf gegen Rom, das Wahrzeichen unserer Zeit. Vortrag geh. bei d. Feier d. Reformationsfestes 1890 von [Paul] Schütz, Pastor in Krefeld. Barmen: D. B. Wiemann (1890). (8 S.) 8° [F.]
— Streitschriften, Freundschaftliche. No 30. [06. 13048

Die Stadtparlamente der Provinz Ostpreußen. Ein Handbuch f. jeden Burger. Unter Benutzung amtl. Materials u. privater Mitteilungen zsgest u. bearb. von Paul Schütz. *Konigsberg i. Pr.: 'Litteraria' 1902.* (VIII, 152 S.) 8° [F.] [04. 81] 10

Schütz, Pet., zur Gsondheit! Allerlei Heiteres u. Gemütliches in Versen schwäb. Mundart. Zum Vortrag in Vereinen u. im Familienkreise hrsg. (2. Aufl. Mit e. Anh.: 's Loiterle. E schwäb. Eisebahg'schicht v. L. Diehl.) (V, 61 S.) kl. 8. Stuttgart 906. A. Auer. Kart. — 75

Schütz, Peter Heinrich, s. Schütz, Heinrich

Schütz, Ph., Trauerrede z. Gedächtniß J. H. D. der am 6. April 1825 vollendeten Churl. Louise Friederike Amalie, Herzogin v. Nassau, gehalten am 18. Mai 1825 in d. Schloßkapelle zu Biberich. gr. 8. Wiesbad. 825. Ritter. 2 gr

Schütz, Phil. Balth. von, genannt Sinold
Pseud. Creu(t)zberg, Amadeus von
Ehrenkron, Irenic.
Faramond, Ludwig Ernst von

Schütz, Philipp Balthasar Sinold genannt von,
s.a. Sinold genannt von Schütz

Schütz, Philipp Balthasar Sinold von, Fünff und funffzig // Discurse // über die // Sitten // der heutigen Welt. // Aus dem Englischen übersetzet // von // Ludwig Ernst von Faramund. // Leipzig /// bey Peter Conrad Monath. 1728. - 6 Blatt (nicht paginiert) Titelkupfer, Titelblatt und Vorrede. - 608 S.
Vergleiche Hirschings Handbuch s. n.
B. S. T. 8°.51.

Schütz, Philipp Balthasar Sinold von, Der // weise und tugendhaffte // Epictetus, // In der // Sauer-Brunnen-Cur // zu Schwalbach // Nebst // dem kleinen Görgel // in Lebens-Grösse // Vorgestellet // durch // Ludwig Ernst von Faramond. // Leipzig / bey Peter Conrad Monath. 1719. - 4 Blatt (nicht paginiert) Titelkupfer, Titelblatt und Vorrede. - 216 Seiten. -
Auf dem Vorblatt steht die Widmung:
Der Deutschen Gesellschaft Büchervorrathe wiedmet dieses
Joh. Christoph Gottsched P. P. O.
B. S. T. 8°.198.

[—] Der Teutsche E s o p, Welcher an der grossen Strasse nach dem Reich der Todten den Ausgang der Menschen aus diesem Leben beschauet und den Lebendigen in Sinnbildern und Fabeln vorstellet. Frankfurt aM., J. F. Fleischer, 1733. Kl.8°. 6 Bl. 472 S. *Mit kleinem Titelholzschnitt (Aesop mit Tieren).* Leicht ladierter guter Ldbd. d. Z. mit Rsch. und 2 Schließen.
Dieses originelle Buch ist selten und wenig bekannt.

[-- Pseud.:] Creutzberg, Amadeus. Seelen-erquickende Himmels-Lust auf Erden, welche in zweyhundert Betrachtungen, Theils Über mancherley Geschöpfe Gottes, theils über allerhand innerliche und äusserliche Vorfallenheiten . . . vorgestellet wird . . . Dritte Auflage. Berlin, Chr. L. Kunst, 1743. 8°. 8 Bl. 948 S. 18 Bl. *und 8 emblematische Kupfer, (jedes doppelt, so daß es insges. 16 Kupfer sind,)*; ohne das Frontispiz. Ein wenig fleckiger Pgtbd. d. Z.
Cf. IdF. 1637b, wo eine etwas frühere Ausgabe zitiert wird. Nicht bei Praz. Diese 3. Ausgabe enthält neue Kupfer in Gestalt von allegorischen Darstellungen der Jahreszeiten und der 4 Elemente. Merkwürdigerweise findet sich jedes Bild zwei Mal.

Schütz, Philipp Sinold von: Die Glückseeligste I n s u l n auf der gantzen Welt, oder Das Land der Zufriedenheit. Dessen Regierungs-Art, Beschaffenheit, Fruchtbarkeit, Sitten der Einwohner, Religion, Kirchen-Verfassung, und dergleichen, samt der Gelegenheit wie solches Land entdecket worden, ausführlich erzehlet wird, von Ludwig Ernst von Faramund. Mit Kupfern versehen. Franckfurt und Leipzig, bey Peter Conrad Monath, 1737.

[— Pseud.:] Faramond. Die glükseligste Insel auf der ganzen Welt, oder das Land der Zufriedenheit. Dessen Regierungs-Art, Beschaffenheit, Fruchtbarkeit, Sitten der Einwohner, Religion, Kirchen-Verfassung, und dergleichen, samt der Gelegenheit wie solches Land entdecket worden, ausführlich erzählet wird, von Ludwig Ernst von Faramond. Nürnberg, G. P. Monath, 1749. 8° *Titelkupfer,* 5 Bl. 250 S. 3 Bl. *und 7 Kupfer, wovon 1 gefaltet.* Hübscher neuer Pbd. mit Rsch.
Dritte Ausgabe dieses seltenen utopischen Staatsromanes, der sich s. Zt. einer gewissen Beliebtheit erfreute. H.-G. II, 234 („Interessante Utopie mit einigen Bemerkungen über Amerika") und IdF. 1638 zitieren andere Ausgaben.

[— Pseud.:] Creutzberg, Gottlieb. Wahre Seelen-Ruhe in den Wunden Jesu, Oder Achtzig Paßions Andachten, über Das gantze Leiden und Sterben unseres HErrn . . . 5. [verm.] Auflage. [Leipzig] J. Fr. Gleditsch Sohn, 1773. 8°. 12 Bl. 768 S. *Mit Frontispiz und 18 Kupferstichen.* Ld. d. Z., Goldschnitt.
Vgl. G. III, 311; 105, 1 a. Eines der beliebten Erbauungsbücher Sinolds, der dafür den Vornamen seines Pseudonyms „Amadeus" in Gottlieb verändert hat.

Chronische Magen-Darm-Dyspepsie im Kindesalter. Von R. E. Schütz. Berlin: Karger 1905. 16 S. 8°
Aus: Jahrbuch f. Kinderheilkunde Bd 62 (11. 559 8

Untersuchungen über die Schleimsekretion des Darms. Von R. E. Schütz. Wiesbaden: Bergmann 1905. S. 490–503. 8°
Aus Verhandlungen d. Congresses f. inn. Medizin. Bd 22 (10. 18437 8

Schütz, Renatus, Reg.-Bauführer: Beiträge zur zeichnerischen Massenermittlung, Massenverteilung und Förderkostenbestimmung der Erdarbeiten. Berlin: Ernst 1908. 62 S., 3 Taf. 4° ¶ Auch als Buch; aus: Zeitschrift f. Bauwesen. Jg. 58.
Darmstadt, Dr.-Ing.-Diss. v. 10. 8. 1908

Schütz, Robert [pr. Arzt aus Stettin]. Ueber Atresia ani bei Neugeborenen. . . . Würzburg, Druck d. Ferdinand Rohrl'schen Buchdr., 1888; 35 S. 8°
Würzburg, Med. Fak., Inaug.-Diss. v. 1888

Schütz, Robert [Arzt]: Aetiologische Beziehungen der Syphilis . . . (Aus: Münchener Med. Wochenschr., 1894 No 14 u. 15.) München, J. F. Lehmann, 1894; 34 S. 8.
Heidelberg, Med. Fak., Inaug.-Diss. v. [1. März] 1894

Schütz, R., über chronische dyspeptische Diarrhöen u. ihre Behandlung, s. a. Sammlung klin. Vorträge.

Über chronische dyspeptische Diarrhöen und ihre Behandlung. Von R[obert] Schütz, Wiesbaden. *Leipzig: Breitkopf & Härtel 1901.* (S. 608–634.) 4° (8°)
— Sammlung klinischer Vorträge. No 318. (01. 1144)

Schütz, Rob., Tabellen für die Renten-Arbitrage zwischen Oesterreich-Ungarn u. Deutschland. 1. Serie: Papier- u. Silber-Rente. 8. (112 S.) Prag 879. Calve. n. 4. —

Schütz, Roland, a. Kassel in Hessen-Nassau: Die Prinzipien der Philosophie Schleiermachers. (Weimar 1908: R. Wagner Sohn.) (V, 141 S.) 8°
Berlin, Phil. Fak., Ref. Riehl, Diss. v. 4. Juli 1908
[Geb. 12. Okt. 83 Kassel; Wohnort: Berlin-Wilmersdorf; Staatsangeh.: Preußen; Vorbildung: Gymn. Wismar Reife M. 03; Studium: Halle 2, Tübingen 1, Göttingen 2, Berlin 2 S.; Rig. 21. Mai 08.]

Schütz, Rud., praktische Einführg. in das Verständnis der musikalischen Grundformen. (66 S.) 8. Frankenberg 908. C. G. Rossberg. Kart. 1. —

Schütz, S.

— Chronik der israelitisch-deutschen vereinigten Knaben- und Mädchen-Hauptschule in Czernowitz vom Jahre 1855 bis 1880. Czernowitz 1880

Schütz, S.: Schulberichte der israelitisch-deutschen vereinigten Knaben- und Mädchen-Hauptschule zu Czernowitz. Czernowitz 1866.

Schütz, Sebastian, s. S c h ü t z e .

Schütz, Victor, aus Lage i. Lippe: Die Haftung für das Verschulden von Gehülfen nach dem Bürgerlichen Gesetzbuche für das Deutsche Reich. *Minden i. W. 1901: J. C. C. Bruns.* (VI, 79 S.) 8°
Jena, Jur. Diss. v. (13. Okt.) 1900

Schütz, Theodorus Ioannes Abraham, De via compendiaria ad linguam Hebraicam discendam . . . praeside — . . . disputabit Carolus Gotthelff Wilmersdorfius. Vitebergae 1771

Schütz, W.: Über I m p f u n g e n zum Schutze gegen den Rothlauf der Schweine ..., s. V o g e s , O.

Schütz, Walter, die Mängel des Civilprozeßverfahrens in Preußen und deren Abhilfe. Populair dargestellt. gr. 8. (15 S.) Berlin 865, Liebrecht.

Schütz, Wern., die Religion der Tat! Hrsg. v. der Ortsgruppe Düsseldorf des deutschen Monistenbundes. (VIII, 155 S.) gr. 8. Düsseldorf 909. Schmitz & Olbertz. 3. —

Schütz, Wilhelm

Schütz, Wilhelm

Schütz, W., Abenddämmerung u. Morgengrauen. Zeichen der Zeit als Vorboten der Wiederkunft Christi u. diese selbst im Lichte der hl. Schrift. 8. (47 S.) Bremen (898). (Verlag des Tractathauses.) n. — 30

— die frommen kathol. Alt-Sarmaten und die neuen heidnischen Anti-Sarmaten. Zur richtigen Würdigung ihrer letzten Insurrection. gr. 8. Leipzig 846, Renger'sche B. 1/2 ₰

Schütz, v. (Hrsg.), s.a. Ansichten, Maurerische.

Maurerische Ansichten. Hrsg. von [Wilh.] v. Schütz. Bd 1. 2. Leipzig: Lauffer 1825—1827. 8⁰
1. 257 S. 1825; 2. 251 S. 1827.
cf. f. Bd. 1 H. 1—4: LCBl. 1826 Nr 77; AZ. 1826 S. 119—121; f. Bd. 2 H. 5—7: AZ. 1826 S. 374—376; BlflU. 1827 Nr 40; f. Bd. 2 H. 8: AZ. 1827—1831 S. 362—364; f. Bd. 1 u. 2: Schütz, W. v.: Mrische Ansichten. 2 (1827) S. 218—226; AZ. 1828 S. 443—444.
Kl. 639, Tt. 1777.

Schütz, Wilhelm v. (Hrsg.), s.a. Anticelsus.

v. Schütz, Wlh., Anticelsus. Deutsche Vierteljahresschrift für zeitgemäße Apologie des Katholicismus und Kritik des Protestantismus. No. I—VII. Januar—Dec. 1842, und Jan.—Dec. 1843. No. I. April—Juni 1845. No. II—IV. (Der ganzen Reihenfolge No. VIII—XII.) gr. 8. Speyer 842—46. (Mainz, Kirchheim, Schott u. Thielmann.) à 7/8 ℛ (Jahrg. 1844 ist nicht erschienen.)

— schuldige Antwort an d. Prof. Krug, dessen an Erstern gerichtetes Schreiben betreffend. 8. Zerbst 827, (Ackermann in Dessau.)

— die aufgehellte Bartholomäusnacht. Seitenstück zur Schrift: Kämpfe u. Triumphe der Römischen Kirche in siebenzehn Horen dargestellt. 2. Aufl. gr. 8. Leipzig 845, Jackowitz. 1/3 ℛ

Freie Bekenntnisse eines Veteranen der Maurerei und anderer geheimen Gesellschaften; zur Beherzigung für die Eingeweihten und zur interessanten Belehrung für Nichtmaurer. [Von Wilh. v. Schütz.] Leipzig: Lauffer 1824. VI, 108 S. 8⁰
cf. AZ. 1825 S. 339—342; A. 5 (1830) S. 250—281 (F. v. Sydow).
Kl. 638. Betrachtungen üb. den laxen Zustand im Innern des deutschen Logenwesens. 23. 25.

— Beleuchtung der, durch den Prof. Krug angebrachten Delation geistlicher Umtriebe u. Umgriffe im Königr. Sachsen. gr. 8. Offenbach 827, (Leipz., Leich.)

v. Schütz, Wlh., Beleucht. der, durch d. Prof. Krug angebrachten Delation geistl. Umtriebe u. Umgriffe im Königr. Sachsen. gr. 8. Offenbach 827. (Pergay in Aschaffenb.) 4 gr

– s. Beleuchtung d. Bignon'schen Schr.: du Congrès de Troppau.

Schütz, von: „Beleuchtung und Widerlegung der Schrift: Das Creditinstitut . . . .“ (s. d. vor.), Frankfurt a. d. O. 1835 (Appun).

Schütz, Wilh. v., Beleuchtung u. Widerlegung d. Schrift: Das Credit-Institut d. Kur- u. Neu-Märkischen Ritterschaft in seinem Verhältniß zu d. nichtassociirten Rittergutsbesitzern. gr. 8. (3½ B.) Frankfurt a. d. O. 835. [Berlin, Danz.]

Schütz, Wilh. v., Beleuchtung und Widerlegung der Schrift: Das Credit-Institut der Kur- und Neu-Märkischen Ritterschaft in seinem Verhältniss zu den nichtassociirten Rittergutsbesitzern. gr. 8⁰. Frankfurt a. d. O., Tempel, 1835.

– s. Casanova, Memoiren.

—— über den katholischen Charakter d. antiken Tragödie u. die neuesten Versuche der Hren. Tieck, Tölken u. Böckh dieselbe zu dekatholisiren. gr. 8. (5 B.) Mainz 842, Kirchheim, Schott u. Thielmann.

—— üb. Eisenbahnen u. Banken m. Rücksicht auf England, Oesterreich u. Preußen. gr. 8. (7⅛ B.) Würzburg 846, Stahel'sche Buchh. *

—— die Epik der Neuzeit in Betrachtungen des Heldengedichtes Tunisias. gr. 8. (4¾ B.) Altenburg 844, Helbig.

Schütz, Wilhelm: Ergebnisse der Versuche mit Tuberkulin an Rindvieh, s. Röckl, Joh.

v. Schütz, (W.,) üb. Erzeugung, Verarbeitung u. Versendung d. Schafwolle, jetzt u. im Alterthume. 8. Berlin 826, Rücker.

— üb. Erzeugung, Verarbeit. u. Versendung d. Schafwolle, jetzt u. im Alterthume. 8. Berl. 827. Rücker. 12 gr

Schütz, W. v., Goethes Faust u. der Protestantismus. Bamberg 1844. 8°.

v. Schütz, Wlh., der Garten der Liebe. 1r Thl. 8. Berl. 811. (Reimer). 1 ℛ 8 gr

SCHÜTZ, W. v., Der Garten der Liebe I. (einz.) Bd. O. O. u. J. (c. 1830?). 8⁰. 290 S.
Seltene, mit vielen Gedichten durchwobene Schäfergeschichte.

– s. Graf, der, u. die Gräfin v. Gleichen.

—— Hegel u. Günther. Nicht Posaunenklang des jüngsten Gerichtes, nur fünf philosophische Betrachtungen. gr. 8. (9 B.) Leipzig 842, Friedr. Fleischer. *

Schütz, [Wilhelm]: Die Tierärztliche Hochschule zu Berlin 1790—1890. Festschrift. Berlin 1890. 314 S., 3 Taf.

Schütz, Wilh., dreißig Jahre aus Napoleon's Leben. Dramat. Gemälde in 6 Abth. nach dem Französischen des Alex. Dumas. gr. 8. (14¼ B.) Erfurt 845, Meyer's Verlags-Expedition.

—— protestantischer Jesuitenhaß u. kathol. Fastengruß. Der Gesellschaft Jesu u. ihren Freunden gewidmet. gr. 8. (8½ B.) Augsburg 846, Kollmann'sche Buchh.

Schütz, W., Weimar's Jubeltag, der 3. Septbr. 1875. Nachklänge v. den Enthüllungs-Feierlichkeiten d. Karl-August-Denkmals, m. dem Festspiele v. G. zu Putlitz. 8. (46 S.) Weimar 875. Kühn. n. — 80

— Karl der Kühne. Drama in 5 A. gr. 8. Leipz. 821. Göschen. 1 ℛ

— der Kirchenstaat, biblisch-prophetisch begründet in Rom. gr. 8. Leipzig 832. Rein. 1/6 ℛ

—— üb. Kirchen-Staatsrecht in d. preuß. Rheinprovinz. Betrachtn. z. Geiste d. Gesetzgebungen u. z. jetzigen Weltzustande. gr. 8. (6 B.) Würzburg 841, Voigt u. Mocker.

– s. Lacrimas.

Schütz, [Wilhelm]: Die Lehre von der Constitution vom cellularpathologischen Standpunkte, bearb. Berlin 1872. 43 S.

Schütz [W.] u. Steffen. Die Lungenseuche-Impfung u. ihre Antiseptik. Bericht üb. die auf Veranlassg. d. Hrn. Ministers f. Landwirthschaft, Domänen u. Forsten in den J. 1888—1891 angestellten Impfversuche gegen Lungenseuche. gr. 8. (44 S.) Berl. 891, Hirschwald. * 1 —

— zur intellectuellen u. substantiellen Morphologie, mit Rücksicht auf die Schöpfung u. das Entstehen d. Erde. 3 Hfte. gr. 8. Leipz. 821—23. Brockhaus. 3 ʄ

— zur intellectuellen u. substantiellen Morphologie, mit Rücksicht auf die Schöpfung u. das Entstehen der Erde. 2s u. 3s Heft gr. 8. Leipz. 822—23, Brockhaus. à 1 Rthl.

Schütz, Wilh. v., Nachtrag zur Schrift (:) Die großen Natur-Begebenheiten unserer Tage 2c. gr. 8. (1¾ B.) Frankfurt a. d. O 831, Tempel.

— Nachtrag zu der Schrift: Die großen Naturbegebenheiten unserer Tage, erklärt aus den Weissagungen der heil. Schrift 2c. 2e unverand. Aufl. gr. 8. Ebd.... ⅙ ʄ

Schütz, Wilhelm [app. Arzt aus Neu-Ruppin]: Aus d. medicin. Klinik zu Kiel. Über Nervenkrankheiten nach Unfällen ... Kiel, Druck v. H. Fiencke, 1895; 14 S., 1 Bl., 5 Tab. 8.
Kiel, Med. Fak., Inaug.-Diss. v. [2. Apr.] 1895

Schütz, Wilh., die Pflege der Zähne und das Wirken des Zahnarztes. Populäre cultur-histor. Skizze nebst einer für den Laien fassl. Darstellung der Zahnheilkunde. 2. verb. Aufl. gr. 8. (31 S.) Leipzig 876, C. A. Koch's Verlagsh.
Die 1. Aufl. erschien im Selbstverlag.

— Deutschlands Preßgesetz seinem Wesen u. seinen Folgen nach betrachtet. gr. 8. Landsh. 821. Krüll. 1 ʄ 16 ℊ

—— üb. d. preuß. Rechtsansicht wegen d. gemischten Ehen. Nebst e. Zugabe: Rechtfertigung d. Hrn. v. Dunin, Erzbischofes v. Gnesen u. Posen, auf die v. d. k. Regierung in Berlin durch d. Staatszeitung v. 31. Dez. 1838 veröffentl. Erklärung. gr. 8. (6½ B.) Regensburg 839, Manz.

—— Rechtsgutachten in d. Angelegenheit d. Erzbischofes v. Gnesen u. Posen. Nebst e. Zugabe: Allocution Sr. Heiligkeit d. Papstes Gregor XVI. in d. Consistorium v. 13. Sept. 1838. Im Orig. u. Uebersetz. gr. 8. (4½ B.) Regensburg 838, Manz.

— Rentereduktion u. Nationalbank. 8. Dresden 825, Hilscher.

— Rußland u. Deutschland, od. üb. d. Sinn d. Memoiren von Aachen. gr. 8. Leipz. 819. Er. Fleischer. 1 ʄ 12 ℊ

— Graf von Schwarzenberg. Schspl. in 5 A. gr. 8. Berl. 819. Reimer. 16 ℊ

Schütz, W., das Staats Leben des Großherzogthums Sachsen Weimar-Eisenach geschichtlich und wissenschaftlich-praktisch in kurzer Uebersicht für Stadt u. Land. Weimar 861. Ruhn. gr. 8. (73 S.) n. 7½ ngr.

——, Maria Stuart, Königin v. Schottland. Treu nach histor. Quellen geschildert. 8. (22½ B.) Mainz 830, Kirchheim, Schott u. Thielmann.

Schütz, W., vergleichende statist. Uebersicht der in Berlin in den vier Epidemien 1831, 1832, 1837 u. 1848 vorgekommenen Cholerafälle nach den Wohnungen der Erkrankten aus den amtl. Listen zusammengestellt u. erläutert. Nebst e. (lith. u. color.) Grundriß von Berlin (in Fol.) gr. 8. (160 S.) Berlin 849, G. Reimer. n. 1⅓ ʄ

Schuetz, Guil. (Maur. Steph. Ludov.) (geb. Münster in Westf. 9. 7. 1808): De vino. Berolini (1829). (68 S.) 8°
Berlin, Med. Diss. v. 9 Dez. 1829

Schuetz, Wilhelm: De vino. Berolini: Nietack 1829. 68 S. Berlin, Med. Diss. v. 9. 12. 1829 -- 3*. 15. 19. 27. 61*

Schütz, (Joan.) Guil. (geb. Berlin 6. 12. 1822): De vis vitalis et vitae processus theoriis. Berolini (1847). (29 S.) 8°
Berlin, Med. Diss. v. 7. Aug. 1847

Schütz, Wilh., der Vordenker f. Nachdenker. Eine Sammlung v. mehr als 300 Dispositionen, Skizzen u. Predigtauszügen zum Gebrauch f. Realschüler, Gymnasiasten, Lehrer u. sonstige Denkfreunde. gr. 8. (XII u. 252 S.) Erfurt 850, Körner. n. ⅔ ʄ

v. Schütz, Wlh., dramat. Wälder. (Enth.: Sismunda. — Evadne.) 8. Leipz. 821. Brockhaus. 1 ʄ 16 ℊ

v. Schütz, Wilh., Weissagung des Bruder Hermann v. Lehnin nach der belgischen Ansicht. gr. 8. (172 S.) Würzburg 850, Stahel'sche Buchhandlung. ⅔ ʄ

Schütz, W. von: „Allgemeines und vollständiges Wörterbuch der gesammten Stadt- und Landwirthschaft", nach den vorzüglichsten Quellen des In- und Auslandes bearbeitet, in alphabetischer Ordnung. 1.—5. Band Hamburg (Mainz, vom 4. Bande an) 1800—1803. — 1. Band mit Einleitung und Vorrede, von Professor Gotthardt vermehrte Auflage, 1804.

—— Zeitbilder der Gesammtgeschichte von Erfurt, der Hauptstadt Thüringens. Prosaisch u. poetisch gezeichnet. 8. (11½ B. u. 1 Stnt.) Erfurt 843, Otto.

Schütz, Wilh. F., deutsches Lesebuch f. fachliche u. allgemeine gewerbliche Fortbildungsschulen Oesterreichs. (238 S.) gr. 8. Wien 903. A. Pichler's Wwe. & Sohn. Kart. n. 1.50

Schütz, Wilh. Ignatius: „Reflexiones politico-consolatoriae Oder Reiffliche Vberlegungen derjenigen Widerwertigkeiten vnd Vnglück / welchen ein Politicus .... wehrender Zeit seines Lebens .... vnderworffen ist", Frankfurt a. M. 1661 (Gedruckt und verlegt durch Balth. Christ. Wust). — Vorh.: StB Nürnberg.

Schütz v. Brandis, Uebersicht der Geschichte der hannoverschen Armee, bearb. von J. Frhr. v. Reitzenstein, s. a. Quellen u. Darstellungen zur Geschichte Niedersachsens. 14. Bd.

Übersicht der Geschichte der Hannoverschen Armee von 1617 bis 1866. Von e. Hannov. Jäger, Hauptm. Schütz v. Brandis. Im Auftr. d. Hist. Ver. f. Niedersachsen als Manuskriptauszug, umfassend d. Zeit von 1617 bis 1809 bearb. von J[ohann] Frh. v. Reitzenstein, Hauptm. a. D. *Hannover & Leipzig: Hahn 1903.* (XII, 362 S.) 8° [F.]
— Quellen u. Darstellungen z. Geschichte Niedersachsens. Bd 14.

Schütz von Brandis: Uebersicht der Geschichte der Hannoverschen Armee von 1617—1866. Im Auftr. des historischen Vereines für Niedersachsen als Manuskriptauszug, umfassend die Zeit von 1617—1809, bearb. von J. Frhr. von Reitzenstein. — Hannover: Hahn 1903. XII, 362 S. (Quellen und Darstellungen zur Geschichte Niedersachsens. Bd 14.)

Schütz-Holzhausen, Damian Frhr. v.

Schütz-Holzhausen, D. Frhr. v., der Amazonas, s. a. Bibliothek, illustrirte, der Länder- und Völkerkunde.

Schütz-Holzhausen, Damian Frhr. v., der Amazonas. Wanderbilder aus Peru, Bolivia und Nordbrasilien. gr. 8. (XV, 243 S. mit 31 in den Text gedr. Holzschn. und 10 Vollbildern.) Freiburg i. Br. 883, Herder'sche Verlagsh. *
geb. *

Schütz-Holzhausen, Damian Frhr. v., der Amazonas. Wanderbilder aus Peru, Bolivia u. Nordbrasilien. 2., durchgesch. u. erweit. Aufl., unt. besond. Berücksicht. d. vom Verf. gegründ. tirolisch-rhein. Kolonie Pozuzo hrsg. v. Adam Klassert. M. Bildn. u. Lebensabriß d. Frhrn. v. Schütz-Holzhausen, 98 Abb. u. 2 Karten. (Illustr. Bibliothek d. Länder- u. Völkerkunde.) gr. 8. (XIX, 444 S.) Freiburg i/B. 895. Herder. n. 7.—; geb. in Leinw. n. 9.—

Schütz-Holzhausen, Freih. D. v., die deutsche Colonie in Peru. Schilderung e. Reise dahin; Natur, Klima, Producte, Ackerbau; Geschichte der Gründg. der Colonie, freimaur. Anfeindgn. gr. 8. (51 S.) Weinheim 870. Ackermann. n. — 60

— u. Rob. Springer, Cuba u. d. übrigen Inseln Westindiens. Mit bes. Berücksicht. d. polit. u. sozialen Verhältnisse. M. 20 Illustr. u. 1 Karte. 12. (XII, 388 S.) Würzburg 896. L. Woerl. Geb. n. 2.—

Schütz-Holzhausen, Frhr. v., der Einjährig-Freiwillige. Zusammenstellung der Bestimmungen für den einjährig-freiwill. Dienst, vom Eintritt in das wehrpflichtige Alter ab, bis zur Entlassung aus dem Militär-Verhältniß. 2. nach den neuesten Bestimmungen völlig umgearb. Aufl. gr. 8. (VIII, 132 S.) Hannover 881, Helwing'sche Verlagsh. *
1. Aufl. vgl. XVI. Bd. 2. Abthl. S. 822: Zusammenstellung der Bestimmungen für den einjährig-freiwilligen Dienst.

Schütz zu Holzhausen, Frhr. v., der Einjährig-Freiwillige. Zusammenstellung der Bestimmgn. f. den einjährig-freiwill. Dienst, vom Eintritt in das wehrpflicht. Alter ab, bis zur Entlassg. aus dem Militär-Verhältnis. 3., nach den neuesten Bestimmgn. umgearb. Aufl. gr. 8. (VII, 152 S.) Hannover 889. Helwing's Verl. n. 2. —

Schütz von Holzhausen, Fridr. Aug.: Von den Rechten der Reichs-Verweser, bes. aber von dem streitigen Rechte, einen Bothschafter zu den Wahlen geistlicher Reichsfürsten zu schicken. Erfurt 1790.

Schütz-Holzhausen, Karl

v. Schütz-Holzhausen, Carl [app. Arzt aus Wiesbaden]: Über Extraction eiserner Fremdkörper aus dem Innern des Auges mittelst des Electromagneten . . . Strassburg i. E., Buchdr. C. & J. Goeller, 1896; 57 S. 8.
Strassburg, Med. Fak., Inaug.-Diss. v. 1896

Schütz-Westerfeld, Wilh., das erste Lebensjahr. Gemeinverständliche Lehren u. Ratschläge zu einer naturgemäßen Leibespflege des Säuglings. (Ein Buch für Mütter!) 8. (40 S.) Idstein (901). (Leipzig, O. Maier.) — 40

— jinget dem Herrn! Weihnachtsfestspiel zur Aufführg. in Schule, Kirche u. Haus. Neue Ster.-Ausg. 8. (24 S.) Reutlingen (902.) Enßlin & Laiblin. — 25

— dasselbe, s.: Christlieb, J., neueste Weihnachtswünsche.

Schütz-Westerfeld, W., meine Schulbuben beim Selbstschaffen. Eine Aufsatzernte, die neue Wege weist. (XVI, 124 S.) 8. Frankfurt a/M. 909. Kesselring.
Geb. in Leinw. 2. 20

Schütz-Wilson, H. [Herbert Grey], Philip Mannington. Eine Novelle. — Alpenleben. Eine Reiseskizze. Aus dem Engl. v. Elise Mirus. Einzige autoris. deutsche Ausg. 8. (307 S.) Leipzig 876. Schlicke. n. 5. 50

Schutzaufsicht über entlassene Sträflinge für den Kanton Aargau. Organisation. Vom 15. Dezember 1890. ([Mit] Nachtrag vom 23. Januar 1903.) [2 S.] 4.

Schutzaufsichts-Verein für entlassene Sträflinge. Cassa-Rechnung üb. d. J. 1871/72. 35 Stn. 8. St. Gallen, Druck v. J. J. Sonderegger.

Schutzbauten, s.: Bibliographie d. schweizer. Landeskunde V, 9. d.

Schutzblattern, s. Svannuth.

Schutzblatternimpfung, Die, im Departement der Weser-Mündungen. Bremen 1812. V: *Mertens, Franz Carl.* (call)

Schutzblattern-Impfungs-Atteste, 50, genau nach der Vorschrift des Medicinal-Collegiums in Berlin, zum Gebrauch für prakt. Aerzte. Schmal qu. 8. Wesel 841, Prinz. n. 1/3 ℛ

Schutz-Brief gegen Ansteckung durch den Beischlaf u. gegen alle venerischen Krankheiten. Nach Ricord. qu. 16. Hamburg 850, Volks-Buchhandlung in St. Pauli. Versiegelt. n. 8 ℊℊ

Schutz-Brief gegen Ansteckung durch den Beischlaf und gegen alle venerischen Krankheiten. Nach Ricord. qu. 16. Hamburg 851, [Richter.] *

Schutz- und Schirmbrief des Röm. Kaisers Karl des 4ten über das Kloster Gründlach. [Nürnberg 1795.] V: *Layritz, Frdr. Wilh. Ant.* (MGT)

Schutz- u. Trutzbüchlein für d. deutsche Heer. Wider Anarchismus u. Socialdemokratie. (Von Arth. Treuherz.) 12. (24 S.) Berlin 896. Schriftenvertriebsanstalt.
In Leinw. kart. n. — 20

Schutzbündniss. Sch' B' zwischen der französischen Republick und der schweizerischen Eydgenossenschaft. (Zu Freyburg am 4ten Vendemaire des 12ten Jahres der fränkischen Republick. (27ten Herbstmonat 1803).) 8. *o. O.* 1803.

Schütze, Der Mörder, den 10ten April 1801 zu Zilly im Fürstenthum Halberstadt gerädert . . . Halberstadt 1801. H: *Fischer, Johann Traugott.* (MGT)

Schütze, der gute, od. die Anwendung d. Gewehrs 88. Von W. H. 16. (56 S. m. Abbildg. u. 1 Taf.) Köln 890. Warnitz & Co. n. — 40

—— der gute. Für die deutschen Soldaten nach der Schießvorschrift 1889 u. dem Exerzierreglement zusammengestellt. 12. (8 S.) Darmst. 892, Zernin. — 15

Der lustige Schütze: 1872? ? Orwigsburg, PA

Schütze, der, vor der Scheibe. Ein Leitfaden f. angehende Schützen von L. L. 8. (4 1/4 B. u. 1 Stnt.) Oldenburg 840, (47,) Schulzesche Buchh. *

Schütze, Ein Tyroler, an des Erzherzogs Johann Königl. Hoheit. Scharnitz den 28. Sept. 1800. [Innsbruck 1800.] V: *Primisser, Johann Friedrich.* (Margr)

Schütze und Jäger, Der vorsichtige und wohlerfahrene, auf Scheiben, Lauf und Flug. Tübingen 1752. Frankf. 1760. V: *Stahl, Johann Friedrich.* (ML) (Engoec) »und erfahrene« (Ky)

Schütze u. Jäger, der vorsichtige u. erfahrne, auf Scheiben, Lauf u. Flug (v. Jh. Fr. Stahl). 8. Tübing. 752. N. Aufl. Frankf. a. M. (Tübing.) 760. v. Cotta. 4 ℊ

Schütze, s.a. Schütz.

Schütze, allgemeine Dreizeichenschrift, s.: Dittmann.

Schütze, Ueber den Gebrauch der Alexandriner bei den griechischen Tragikern. Pr. 1868. 18 S. 4°. 1.20

v. Schütze, General, s. 1) Geschichte der Kriege in Europa. 2) Geschichte des Krieges von Preußen u. Rußland.

Schütze, juristisches Hausbuch, s.: Schliack.

Schütze, die Wiederholung nach Zweck, Betrieb u. Umfang, s.: Lehrer-Prüfungs- u. Informations-Arbeiten, 4. Hft.

Schütze, A., Geognostisch-bergmännische Beschreibung der beiden Waldenburger Bergreviere. Waldenburg, 1892. 40 S. mit 3 Karten

Schütze, A., geognostische Darstellung des niederschlesisch-böhmischen Steinkohlenbeckens, s.a. Abhandlungen zur geologischen Specialkarte von Preussen u. den Thüringischen Staaten.

Schütze, A., Geognostische Darstellung des niederschlesisch-böhmischen Steinkohlenbeckens. Berlin, 1882. 278 S. mit 1 Beil., 1 Karte und 4 Taf.

Schütze (A.), Geognostische Darstellung des niederschlesisch-böhmischen Steinkohlen-Beckens. Waldenburg 1883. 8. Mit Atlas in Fol.

Schütze, Albert

Schütze's Jahrbuch für Deutsch-Texaner. San Antonio: A. Schütze, 1882-1940.

Schütze, Albert. Schütze's Jhrbch für Texas u Emigranten-Führer für 1882-84 3v in 1. Austin, 1883. No more published.

Schütze's Jahrbuch für Texas u Hermanns-Sohn Kalendar. 3v. San Antonio, 1882-84. N. s., v1--- San Antonio, 1884-1925.

Schütze's Monatsbuch für Texas. Jahrg I, no. 1 (Sept, 1904). Austin, 1904. No more published.

Schütze, Albert [app. Arzt aus Berlin]: Aus d. Kgl. chirurg. Klinik zu Greifswald. Zur Casuistik der osteomyelitischen Nekrose an der Epiphyse langer Röhrenknochen ... Greifswald, Druck v. J. Abel, 1897; 57 S., 1 Taf. 8.
Greifswald, Med. Fak., Inaug.-Diss. v. 16. Juli 1897

Schütze, Alb., über das Verschwinden verschiedenartiger Immunsera aus dem tierischen Organismus, s.: Festschrift zum 60. Geburtstage v. Robert Koch.

Schütze, Alfred: Die Börse und die Börsengeschäfte von –. Ein Handbuch f. Bankiers, Juristen u. Kapitalisten. (9. neubearb. Aufl.) Leipzig: Verl. f. Börsen- u. Finanzlit. 1903. XII, 572 S. 8°
(Saling's Börsenpapiere. 9. Aufl. T. 1.)

Schütze, Alfr., Börsen-Papiere, s.: Saling.

Schütze, Alfr., s.: Saling's **Börsen-Papiere.**

Schütze, Arthur [pr. Arzt]: Über Facialislähmung bei Neugeborenen unter Mittheilung dreier beobachteter Fälle. . . . Königsberg i. Pr., Druck v. M. Liedtke, 1891; 26 S., 9 Bl., 2 Taf. 8°
Königsberg, Med. Fak., Inaug.-Diss. v. 18. Mai 1891

Schütze, Arth. Ueber Facialislähmung bei Neugeborenen unter Mittheilung dreier beobachteter Fälle. Diss. gr. 8. (25 S. m. 2 Taf.) Königsb. i. Pr. 891, (Koch). * 1 —

Schütze, Aug., de Methodi in morbis expectandi praestantia. 8. Mainz 788. (W. Vogel in Leipz.) 3 gl

Schütze, B.

Schütze, Die Thermen von Landeck in der Grafschaft Glatz. Berlin 1864.

Die Thermen von Landeck in der Grafschaft Glatz. Von Dr. B. **Schütze,** San.R. 3. Aufl. Berlin 1895: Schumacher. 94 S. 8° [11.7814 11

Schuetze, (Reinhard.) Berthold. (Theod.) (geb. Trachenberg in Schles. 23. 7. 1827): De pyaemia. Berolini (1852). (27 S.) 8°
Berlin, Med. Diss. v. 3. Juli 1852

Schütze, C. Die physikalischen Heilmethoden u. die sogenannte Naturheilkunde. Vortrag, geb. in der 24. Wanderversammlg. d. allgemeinen ärztl. Vereines von Thüringen. gr. 8. (8 S.) Lpz. 892, Verlag d. „Reichs-Medicinal-Anzeigers". * — 30
Aus: Balneolog. Centralbl., besonders abgedruckt.

Schütze, C., die Kraftmaschinen, s.a. Bibliothek, naturwissenschaftliche, f. Jugend u. Volk.

Schutze C, die Kraftmaschinen. (235 S 2 T) Leipzig (1909)

Schütze, C. A. Tabellen zur Berechnung der Saigerteufen und Sohlen. Quedlinburg, 1875.

Schütze, C. A., Tabellen zur Berechnung der Seigerteufen [sinus] u. Sohlen [cosinus] für die mit Gradbogen u. Schnur abgenommenen flachen Winkel nach dem Metermaße, nebst einer Tangenten- u. Cotangenten-Tabelle zur Berechnung der Winkel aus Sohle u. Seigerteufe für Winkel von 5 zu 5 Minuten, sowie mehrere Reductions-Tabellen, als einer Reductions-Tabelle verschiedener Lachter in das Metermaß 2c. Zum Gebrauche für Markscheider, Ingenieure, Bergbeamte 2c. gr. 4. (VIII, 103 S.) Quedlinburg 877. Basse. n. 6. —

Schütze, Carl, s. Schütze, Karl

Schütze, Christian, appr. Arzt a. Hohengandern: Isolierte Spiralbrüche und Fissuren der Tibia im kindlichen Alter. Würzburg 1906: N. Philippi. (39 S.) 8°
Würzburg, Med. Fak., Ref. Schönborn, Diss. v. 10. Okt. 1906
[Geb. 12. Jan. 78 Hohengandern; Wohnort: Würzburg; Staatsangeh.: Preußen; Vorbildung: Gymn. Heiligenstadt Reife O. 01; Studium: Kiel 1, Berlin 2, Würzburg 7 S.; Coll. 25. Juli 06; Approb. 5. Juni 06.]

Schütze, Christian Heinrich

Schütze, Chr. Hnr., († 1820.) nothgedrungene Antwort an zwei Recensenten meiner, die 95 Theses von Harms betreffenden, noch nicht gedruckten Schrift. 8. Kiel 818. (Leipz., Hartmann). 4 gl

– s. **Beitrr. z. Poesie d. Niedersachsen.**

– s. **Claudian, Raub d. Proserpina.**

— Diogenes v. Sinope, ob. die falschgemünzten neuen zehn Gebote. Eine unerläßl. Antwort auf Harms neue Verlästerung d. Schleswig-Holstein. Geistlichkeit. 8. Kiel 818. (Leipz., Hartmann). 8 gl

— Diogenes von Sinope, oder die falschgemüntzten neuen zehn Gebote. Eine unerläszliche Antwort auf Harms' neue Verlästerung der schleswig-holsteinischen Geistlichkeit. Kiel. 1819.

— Gespräche im Bücherzimmer üb. die von Pastor Harms zu Luthers Jubelfeier herausgg. 95 Streitsätze. Eine Mosaikarbeit. 3 Hfte. 8. Kiel 818. (Leipz., Hartmann). (à 16 gl) 2 ß
(Aus d. 3n Hefte apart abgedr.: Ueber Harms Briefe, zur nähern Verständigung üb. verschied. fr. Thesen.)

s. **Hesiods Gedichte.**

— Kritik d. mytholog. Beruhigungsgründe, mit Rücksicht auf Schillers Götter Griechenlands. 8. Altona 799. Hammerich. 12 gl

– s. **Kritik d. Hypothese.**

– s.a. **Kritik d. Vernunftgründe.**

Kritik der Vernunftgründe wider die Schrecken des Todes [v. Christian Heinrich Schütze]. Schleswig. 1795. 8°

— Lebensbetrachtt. bei Gedanken an d. Uebergang in die Ewigkeit, f. Gebildete. 8. Hamb. 797. (A. Campe). 1 ß

— Lebensbetrachtungen b. Gedanken an d. Uebergang in die Ewigkeit, f. Gebildete. 8. Hamburg, Hoffmann. 798.

— Poesie u. Prosa f. Glücklicherzogene. 1r Thl. Kiel 819. (Lpz., Hartmann). 1 ₰ 8 ℊ

[—] Schreiben eines 80jährigen Greises an der Eider an H. A. Burchardi über dessen dialektische Kritik gerichtet wider eine Anzeige des Pastors Meyer, die Harmsschen 95 Theses betreffend. U. St. 1818. P.

– s. Shakespeares Geist.

– s.a. Versuchung Jesu.

(Schütz, C. H.), d. Versuchung Jesu, e. Empörungsversuch jüd. Priester. Hamb. 1793. 8.

— was ist zu halten von d. Schrift d. Hrn. C. J. G. Behrens: „Was ist von d. 95 Thesen des Hrn. Archidiaconus Harms zu halten?" 8. Kiel 818. (Leipz., Hartmann). 8 ℊ

Schuetze, Christoph. Ferd. (geb. Veltheim in d. Prov. Sachs. 16. 3. 1831): De hydrocele. Berolini (1859). (31 S.) 8°
Berlin, Med. Diss. v. 17. März 1859

Schütze, E., Braunkohlen in Württemberg und im südöstlichen Baden. Halle a. S., 1907. 4 S.

Schütze, E., Brückenbauten und Meeresübergänge im Kriege gegen Dänemark im J. 1864. Ein Beitrag zur Geschichte dieses Krieges. gr. 8. (VII, 158 S. mit 6 chromolithogr. Plänen in 8. und 4. und 6 eingedr. Holzschn.) Danzig 868, Kafemann. *

— Marmorbüste eines röm. Feldherrn in d. kaiserl. Eremitage zu St. Petersburg. 1875. 18 S. u. 1 Taf.

Schütze, E., städtische Sammlg. der Stadt Biberach a. R. I. Die geologisch-paläontolog. Sammlg. des † Pfarrers Dr. J. Probst. Ein kurzer Führer durch dieselbe. (30 S. m. Abbildgn., 3 Taf. u. 1 Bildnis.) 8. Biberach 907. (Dorn.) — 50

Schütze, E. Die gewerblichen Unterstützungskassen und ihre Stellung im Konkurse des Unternehmens. D. Erlangen 1910.

Schütze, E. Th., praktische Anweisung zur Behandlung der Bruchrechnung u. der bürgerlichen Rechnungsarten für angehende Lehrer. Zugleich ein ausgeführter Lehrgang in 6 Kreisen. gr. 8. (XVI, 368 S.) Leipzig 877. Teubner. n. 4. —

— Frag- u. Aufgabenhefte zur Bruchrechnung u. den bürgerlichen Rechnungsarten. Für Fortbildungsschulen, untere Seminar- u. Realschulclassen nach seiner „Praktischen Anweisung" bearb. 1. u. 2. Hft. gr. 8. Leipzig 878. Teubner. n. 2. 20
1. Bruchrechnung u. Regelbetri. (IV, 88 S.) n. 1. —
2. Die bürgerlichen Rechnungsarten nebst abgekürzter Decimalbruchrechnung. Anh.: Die Auflösungen zu den Aufgaben von Heft 1 u. 2. (35 S.) 1. 20

— Deutschlands Kurorte als Winterstationen. (8 S.) gr. 8. Ebd. 903. n. 1. —
3 Sonderabdrucke aus: „Deutsche med. Presse".

Schütze, E. Th., Rechenlehrgang f. die einfachen Volksschulen des Schulinspektionsbez. Bautzen. Zugleich e. method. Anweisg. f. junge Lehrer. (67 S.) 8. Dresden 908. A. Huhle. 1. 20

Schütze, E. Th. Schreiblehrgang f. den Schulinspektionsbez. Kamenz In Gemeinschaft m. der Schulkommission d. Bezirks bearb. gr. 8 (32 S. m. 5 Taf.) Dresd. 890, Huhle. * 1 6(
Alphabet-Taf. hieraus allein * — 1(

Schütze, E. Th., Schreiblehrgang. Unter Mitwirkung mehrerer Schulmänner bearb. 2., verm. Aufl. gr. 8. (39 S. m. 5 Taf. u. 1 Tab.) Dresden 893. A. Huhle. n. 1. 60

Schütze, E. Th., Schreiblehrgang. Unter Mitwirkg. mehrerer Schulmänner bearb. 3., verb. u. verm. Aufl. (48 S. m. 5 Beilagetaf.) gr. 8. Dresden 904. A. Huhle. n. 1. 60

Schuetze, (J.) Eduard. Gust. (geb. Breslau 8. 10. 1816): Symbolae ad ossium recens natorum morbos. Berolini (1842). (30 S.) 4°
Berlin, Med. Diss. v. 5. Aug. 1842

Schütze, Elly, das Pestalozzi-Fröbel-Haus in Berlin. (27 S.) kl. 8. Jurjew 904. (Reval, Kluge & Ströhm.) — 80

Schütze, Glob., s.: Frauen-Zeitschrift, baltische.

— s.: Leben u. Wirken.

Schütze, Erwin, Referendar im Bezirk d. Kammergerichts: Die gewerblichen Unterstützungskassen und ihre Stellung im Konkurse des Unternehmers. Berlin 1910: Lehmann. 50 S. 8°
Erlangen, Jur. Diss. v. 26. April 1910, Ref. Oertmann
[Geb. 21. März 87 Forst N.-L.; Wohnort: Niederschöneweide; Staatsangeh.: Preußen; Vorbildung: Leibniz-Gymn. Berlin Reife O. 06; Studium: Berlin 6 S.; Rig. 1. Dez. 09.] [U 10. 701

Schütze, Eug., das bürgerliche Gesetzbuch, gemeinverständl. dargest. f. jedermann. Bearb. auf Grundlage d. Institutionen d. bürgerl. Gesetzbuches v. Professor Krückmann in Greifswald. gr. 8. (VIII, 294 S.) Leipzig 898. Dieterich's Verlag. n. 2. 25; geb. in Leinw. n. 3. —

Schütze, Eug., das bürgerliche Gesetzbuch, gemeinverständl. dargestellt f. jedermann. Bearb. auf Grundlage der „Institutionen des bürgerl. Gesetzbuches v. Professor Krückmann in Greifswald". 2. unveränd. Abdr. 4.—6. Tausd. gr. 8. (VIII, 294 S.) Leipzig 899. Dieterich. n. 2. 25; geb. in Leinw. n. 3. —

— dasselbe. Große Ausg. gr. 8. (XIII, 714 S.) Ebd. 900. Geb. in Leinw. n. 5. —

Schütze, Eug., das bürgerliche Gesetzbuch, gemeinverständlich dargestellt f. jedermann. Bearb. auf Grundlage der „Institutionen des bürgerl. Gesetzbuches v. Prof. Krückmann". Große Ausg. Unveränd. Neudr. der 3. verm. u. verb. Aufl. (XVI, 818 S.) gr. 8. Leipzig 905. Dieterich. Geb. in Leinw. n. 5. —

Schütze, Eustasius Friedr., Eines evang Christen freymüthiges Hinzutreten zu den Gnaden-Stuhl Neues Testaments, aus de ordentl. Epistel des 1. Sonnt. nach dem Fes. der heil. Dreyeinigkeit 1. Joh. 4. 16–21. in der Schloss-Kirche zu Gottorp in einer Predigt A° 1740 öffentl. vorgestellet. Altona. 4. P.

Schütze, Ewald, die geologische u. mineralogische Litteratur des nördlichen Harzvorlandes u. des Harzes. 1.—III. Abtlg. (39, 99 u. 120 S.) 8. Magdeburg 902. 04. 07. (Stuttgart, R. Kaufmann.) 2. 80
Sonderabdr. aus: „Jahresbericht, bezw. Verhandlgn. u. Mitteilgn. d. naturwiss. Ver. zu Magdeb."

Die geologisch-paläontologische Sammlung des † Pfarrers Dr. J. Probst Ein kurzer Führer durch dieselbe von Dr. E[wald] Schütze, Assist. Stuttgart. Biberach a. R. 1907: (Rems-Ztg, Schwäb. Gmünd). (30 S.) 8
= Sammlung, Städtische, d. Stadt Biberach a. R. 1. [ol. 179]

Schütze, Ewald, aus Remkersleben: Tektonische Störungen der triadischen Schichten bei Eckartsberga, Sulza und Camburg. (Hierzu Taf. XXI—XXIV.) *Berlin 1899: A. W. Schadt.* (34 S.) 4°(8°) ¶ Aus: Jahrbuch d. Kgl. preuss. geol. Landesanstalt f. 1898.
Jena, Phil. Diss. v. (6. März) 1899

Schütze, Ewald, **Verzeichnis der mineralogischen, geognosischen, ur-(vor-)geschichtlichen u. balneographischen Literatur v. Baden, Württemberg, Hohenzollern usw.**, s.a. Mitteilungen d. grossh. badischen geolog. Landesanstalt. 4. Bd. (Eck, Heinr.)

Schütze, Ewald: Verzeichnis der mineralogischen, geologischen, urgeschichtlichen und hydrologischen Literatur von Wüttemberg, Hohenzollern, Baden u. d. angrenzenden Gebieten. Zsgst. von Dr. Ewald Schütze. Bd 1. Stuttgart 1902: Klett & Hartmann. 8°
(Jahreshefte d. Vereins f. vaterländ. Naturkunde in Württemberg. Jg. 58, Beil)

— **Verzeichnis der mineralogischen, geologischen, urgeschichtlichen u. hydrologischen Literatur (I u. II: Literatur) v. Württemberg, Hohenzollern u. den angrenzenden Gebieten. Beilage zu den Jahresheften des Vereins f. vaterländische Naturkunde in Württemberg.** 58. Jahrg. 1902, 59. Jahrg. 1903, 60. Jahrg. 1904, 62. Jahrg. 1906 u. 64. Jahrg. 1908. I. Bd. (1901—1905.) 5 Hefte. 8. Stuttgart, (C. Grüninger). 3. —
I. Die Litteratur v. 1901 nebst Nachträgen u. Zusätzen zu Eck's Litteraturverzeichnis. (38 S.) 902.
II. Nachträge zur Litteratur v. 1901 u. die Litteratur v. 1902. (S. 39—67.) 903.
III. Nachträge zur Literatur v. 1902 u. die Literatur v. 1903. (S. 69—112.) 904.
IV. Nachträge zur Literatur v. 1903 u. die Literatur v. 1904. (S. 113—163.) 906.
V. Nachträge u. Zusätze zur Literatur von 1901—1905, sowie Register u. Titel zu dem Verzeichnis der Literatur von 1901—1905. (V u. S. 165—251.) 908.

Schütze, F., Façon-Zeichnung und Erleichterungs-Tabelle im Maßnehmen und vorzüglich im Zuschneiden für Damenkleider-Verfertiger, Schneiderinnen und jede Hausfrau etc. Fol. (2 Stnt. und ½ Bog. Text.) Neu-Ruppin 848, (Oehmigke und Riemschneider.) *

Schütze, Ferd., u. **Wienbeck**, E., Fabrik oder Handwerk? Praktische Vorschläge zur Entscheidung der Abgrenzungsfrage. Mit besonderem Hinblick auf die Handwerkerkonferenz im Reichsamt d. Innern im März 1911. 8°. Hannover, Helwing, 1911.

Schütze, Fr., geometrische Formenlehre als Vorbereitung zur Raumlehre für Unter- u. Mittelklassen der Volksschulen. Ein Handbuch für Lehrer, nach den gegenwärtigen Anforderungen der Didaktik bearb. 8. (VIII, 152 S. m. eingedr. Fig.) Straubing 882. Attenkofer. n. 1. 60

Schütze, Fr., Kopfrechenschule. Nach einer durch die Erfahrung bewährten Methode bearb. 2., verb. und nach dem neuen metr. Maß und Gewicht veränd. Aufl. 8. (IV, 331 S.) Langensalza 871, Beyer und Söhne.

Schütze, Fr., Kopfrechenschule. Nach einer durch die Erfahrung bewährten Methode bearb. 1. Thl. (Enth.: Cursus I. und II.), und 2. Thl. (Enth.: Cursus III. und IV.) 8., verb. und mit Berücksicht. der neuen Reichsmünze veränd. Aufl. 8. (S. —155; 157—320.) Langensalza 875, Beyer und Söhne. à Thl. *ℳ 1,25. *

Schütze, F., neue Kopfrechenschule. Nach einer durch die Erfahrung bewährten Methode bearb. Langensalza 864. Ver.-Comptoir. 8. (IV, 431 S.) 1 ₰

Schütze, Fr., Kopfrechenschule für deutsche Volksschulen. 4., verb. Aufl. gr. 8. (IV, 290 S.) Langensalza 877. Beyer & Söhne. n. 2. 50

Schütze, Fr., Kopfrechenschule f. deutsche Volksschulen. 5. Aufl. gr. 8. (VI, 274 S.) Langensalza 886. Beyer & Söhne. n. 2. 50

—— stufenweise geordnete Sammlung algebraischer Aufgaben mit elementarischen Lösungen. Eine Geistesgymnastik für die mittleren und oberen Klassen der Volks- und Fortbildungsschulen. 8. (VIII, 95 S.) [Ohrdruf 875, Stadermann jun.] Straubing, Attenkofer'sche Buchh. *

Schütze, Frz., Schlüssel zu Dr. K. F. C. Wagners englischer Schulgrammatik für Anfänger, oder Uebersetzung der in dieser Grammatik enth. Uebungsaufgaben in Hinweisung auf die Originalstellen. Für Lehrer und zur Unterstützung beim Schulunterricht. gr. 8. (IV und 67 S.) Rostock 850, Stiller'sche Hofbuchh. *—

Schütze, *Martin* Friedrich *Hermann Ferdinand* [pr. Arzt aus Greifswald]: Zur Casuistik der Bradycardie. . . . Greifswald, Druck v. F. W. Kunike, *1891*; 37 S. 8°
Greifswald, Med. Fak., Inaug.-Diss. v. 26. Mai 1891

Schütze, Friedr. Wilh., prakt.-theoret. Anweisung f. d. Unterr. in d. Harmonielehre. Nach Grundsätzen e. bildenden Unterr. u. in method. Stufenfolge. Für Lehrer u. z. Selbstunterr., insbesond. f. Seminarien, Präparanden-Schulen etc. 2 Lfgn. gr. 8. (25½ B. u. 15 B. Musikbeil.: Beispielbuch etc. in qu. Fol.) Dresden u. Leipzig 835, Arnoldische Buchh.
Auszug hieraus, s. unten: Dess., Hand- u. Wiederholungsbüchlein.

Schütze, Fr. W., Entwürfe und Katechesen über Dr. M. Luther's kleinen Katechismus. Für evangel. Volksschullehrer. 3 Bde. in 18 Lfgn. 8. 1. Bd. (XIV und 447 S.) 2. Bd. 1. Abthl. (294 S.) 2. Bd. 2. Abthl. (IV und 303 S.) 2. Bd. 3. Abthl. (IV und 267 S.) 3. Bd. (VI und 372 S.) Leipzig 864—68, Teubner. [1.—4. und 6.—18. Lfg. à 7½ Ngr., 5. Lfg. 6 Ngr.]

Schütze, Fr. W., Entwürfe und Katechesen über Dr. M. Luther's kleinen Katechismus. Für evangel. Volksschullehrer. Zugleich eine prakt. Anleitung zum Katechisiren für Schullehrer-Seminare. 1. Bd.: 1. Hauptstück. 3. Aufl. gr. 8. (XX, 498 S.) Leipzig 878, Teubner.

Schütze, Fr. W., Entwürfe und Katechesen über Dr. M. Luther's kleinen Katechismus. Für evang. Volksschullehrer. Zugleich eine prakt. Anleitung zum Katechisiren für Schullehrer-Seminare. 2. Bd. 3 Abthlgn. 2. Hauptstück. 1.—3. Artikel. 3. verb. Aufl. 8. (IV, 277; III, 304; 266 S.) Leipzig 880, Teubner. à Abthl. ℳ 2,25.

—— dass. — 3. Bd. 3.—6. Hauptstück. 3. Aufl. 8. (V, 389 S.) Ebendas. 881.

Schütze, Fr. W., Entwürfe und Katechesen über Dr. M. Luthers kleinen Katechismus. Ein Handbuch für evangel. Volksschullehrer zur Erteilung des systemat. Religionsunterrichtes. Zugleich eine prakt. Anleitung zum Katechisieren für Schullehrer-Seminare. 1. Bd.: 1. Hauptstück. 4. verb. und verm. Aufl. 8. (XII, 497 S.) Leipzig 888, Teubner.

Schütze, Fr. W., Entwürfe u. Katechesen üb. Dr. M. Luther's kleinen Katechismus. Für evangel. Volksschullehrer. Zugleich e. prakt. Anleitg zum Katechisiren f. Schullehrer-Seminare. 1—3. Bd. 2. Aufl. gr. 8. Leipzig 871. 72. Teubner. 13. 50
I. 1. Hauptstück (XX, 506 S.) 3. 75
II. 2. Hauptstück, 1—3. Artikel (IV, 284; III, 287 u. III, 259 S.) à 2. 25
III. 3—6. Hauptstück. (VI, 384 S.) 3. —

Schütze, Fr. W., Entwürfe u. Katechesen über Dr. M. Luther's kleinen Katechismus. Für evangelische Volksschullehrer. Zugleich eine praktische Anleitung zum Katechisiren für Schullehrer-Seminare. 1. Bd. 1. Hauptstück. 3. Aufl. gr. 8. (XX, 498 S.) Leipzig 878. Teubner. 3. 75

— dasselbe. 2. Bd. 1—3. Abth. 2. Hauptstück. 1—3. Artikel. 3., verb. Aufl. 8. (IV, 277; III, 304 u. 266 S.) Ebend. 880. à 2. 25

— dasselbe. 3. Bd. 3—6. Hauptstück. 3. Aufl. 8. (V, 389 S.) Ebend. 881. 3. —

Schütze, Fr. W., Entwürfe u. Katechesen üb. M. Luthers kleinen Katechismus. Für evangel. Volksschullehrer. Zugleich e. prakt. Anleitg. zum Katechisieren f. Schullehrer-Seminare. 2. Bd. 1. Abtlg. 2. Hauptstück. 1. Artikel. 4., verm. Aufl. Nach dem Tod des Verf. besorgt von E. Th. Schütze. 8. (VIII, 288 S.) Leipzig 893. B. G. Teubner. 2. 25

-- dasselbe. 2. Bd. 2. Abtlg. 2. Hauptstück. 2. Artikel. 4., verm. Aufl. Nach dem Tode des Verf. besorgt von E. Th. Schütze. gr. 8. (IV, 309 S.) Ebd. 894. 2. 25

Schütze, Frdr. Wilh., Entwürfe u. Katechesen über Dr. M. Luthers kleinen Katechismus. Für evangel. Volksschullehrer. Zugl. e. prakt. Anleitg. z. Katechisieren für Schullehrer-Seminare. 2. Bd. 3. Abtlg. 2. Hauptstück. 3. Artikel. 4., verm. Aufl. Nach d. Tod d. Verf. besorgt v. dessen Sohne E. Th. Schütze. 8. (VI, 304 S.) Leipzig 897. B. G. Teubner. n. 2. 40 (I—II, 8.: n. 10. 80)

Schütze, Fr. W., Entwürfe u. Katechesen üb. Dr. M. Luthers kleinen Katechismus. Für evangel. Volksschullehrer. Zugleich e. prakt. Anleitg. zum Katechisieren f. Schullehrer-Seminare. 3. Bd. 3. bis 6. Hauptstück. 4. verm. Aufl. Nach dem Tod des Verf. besorgt v. dessen Sohne E. Th. Schütze. 8. (VIII, 430 S.) Leipzig 899. B. G. Teubner. n. 3. 20; (kplt. n. 14. —)

—— die katechetische Form nach ihrer historischen Entwicklung und ihrem Stand in der Gegenwart. Vortrag, gehalten auf der 12. allgemeinen sächs. Lehrerversammlung zu Chemnitz am 4. Octbr. 1864. gr. 8. (22 S.) Leipzig 864, Klinkhardt. *

Schütze, Frdr. Wilh., Generalbaß f. Dilettanten. Die Harmonielehre faßlich u. nach pädagog. Grundsätzen, f. sich bildende Pianoforte-Spieler u. deren Lehrer dargestellt. Nebst e. Beispielbuche. (39 S. in qu. gr. 4.) 2. (Titel-) Ausg. gr. 8. (XVI u. 208 S.) Leipzig (837) 850, Arnold. n. 1 ℛ

—— Generalbaß für Dilettanten. Die Harmonielehre faßlich und nach pädagog. Grundsätzen, für sich bildende Pianoforte-Spieler und deren Lehrer dargestellt. Nebst einem Beispielbuche. (39 S. in qu. gr. 4.) 2. (Titel-)Ausg. gr. 8. (XVI und 208 S.) Leipzig 850, Arnoldische Buchh. *

Schütze, Friedr. Wilh., Generalbass für Dilettanten. Eine praktisch-theoretische Harmonielehre für sich bildende Pianofortespieler und deren Lehrer. Nebst einem Beispielbuche (45 S. in qu. Fol.) 3., verb. und verm. Aufl. gr. 8. (XII und 180 S.) Leipzig 860, Arnoldische Buchh. Thlr.

Schütze, Friedr. Wilh., Generalbass für Dilettanten. Eine praktisch-theoret. Harmonielehre für sich bild. Pianofortespieler und deren Lehrer. Nebst einem Beispielbuche. 4. Ausg. gr. 8. (XII, 180 S. und Beispielbuch qu. Fol. 45 S.) Leipzig 872, Arnoldische Buchh.

Schütze, Friedrich Wilh. Handbuch zu der praktischen Orgelschule. 4. Auflage. Leipzig 1858.

— Handbuch zu d. prakt. Orgelschule. 8. Aufl. gr. 8. (VI, 98 S.) Leipzig 897. J. Klinkhardt. n. 2. 40

—— Hand- u. Wiederholungsbüchlein f. d. Schüler. gr. 8. (7 B.) Dresden u. Leipzig 836, Arnoldische Buchh.
Ist ein Auszug aus: Dess., Anweisung f. d. Unterr. in d. Harmonielehre.

— praktische Harmonielehre. Für Seminarien u. die unteren Classen der Conservatorien. Nach pädagog. Grundsätzen bearb. Nebst einem Beispielbuche. (81 S. in gr. 4.) 4. Aufl. Leipzig 865. Arnoldische Buchh. gr. 8. (XIV, 266 S.) n. 1 ℛ 20 ngr.

—— praktische Katechetik für evangelische Seminare und Lehrer. 2 Lfgn. gr. 8. Ebendas. [1. Lfg. (S. 1—160.) 877. *ℳ 2.; 2. Lfg. (XV, S. 161—348.) 879. *ℳ 2,60.] compl. *

Schütze, Fr. W., praktische Katechetik f. evangelische Seminare u. Lehrer. 2. Aufl. gr. 8. (XV, 335 S.) Leipzig 883. Teubner. n. 5. —

Schütze, Friedr. Wilh., Commentar zum Kirchenpräludienbuche von J. Schneider, s. Schneider, Joh.

—— kleine Compositionslehre. Die Lehren d. Tonsatzes nach seinem Lehrb. (d. musik. Composition u. s. w.) ins Kurze gefaßt. Ein Hand- u. Wiederholungsb. f. d. Schüler. 2., durchaus neu bearb. u. verm. Aufl. gr. 8. (11 B.) Dresden u. Leipzig 841, Arnoldische Buchh.

Schütze, Friedr. Wilh., praktisch theoret. Lehrbuch der musikal. Composition. Nach pädagog. Grundsätzen abgefaßt. Für Lehrer u. zum Selbstunterrichte rc. 2e, gänzlich umgearb. u. verm. Aufl. seiner „Praktisch-theoret. Anweisung für den Unterricht in der Harmonielehre.“ 1e Lfrg. (Hälfte.) gr. 8. Dresden u. Leipzig 840. Arnold. n $^{5}/_{6}$ ℛ

— Beispielbuch hierzu. (8 lithogr. B.) qu. Fol. Ebd. 840. In Umschlag $^{2}/_{3}$ ℛ

—— prakt.-theoret. Lehrbuch d. musikal. Composition. Nach pädagog. Grundsätzen abgefaßt. Für Lehrer u. z. Selbstunterr., insbesond. f. Seminarien, Präparanden-Schulen rc. 2., gänzl. umgearb. u. verm. Aufl. seiner: „Prakt.-theoret. Anweis. f. d. Unterr. in d. Harmonielehre“. 2 Lfgn. gr. 8. Dresden u. Leipzig, Arnoldische Buchh. [1. (15 B.) 840. $^{5}/_{6}$ Thlr., 2. (27 B.) 841. 1$^{1}/_{2}$ Thlr.]

—— dass. — Beispielbuch hierzu. 2 Lfgn. qu. Fol. [1. (8 lith. B.) 840. $^{2}/_{3}$ Thlr., 2. (16 lith. B.) 841. 1$^{1}/_{3}$ Thlr.]

—— praktisch-theoretisches Lehrbuch der musikal. Composition. Nach pädagog. Grundsätzen abgefaßt. Für Lehrer und zum Selbstunterricht, insbesond. für Seminarien, Präparanden-Anstalten rc. 3., verb. Aufl. gr. 8. (XXXII und 390 S.) Leipzig 848, Arnoldische Buchh.

—— Beispielbuch zu dem Obigen. qu. Imp.-4. (61 S.) Ebds. 848.

— Beispielbuch . . . 4. Auflage. Leipzig 1865. [quer 8°.]

Schütze, Friedr. Wilh., prakt. Lehrgang für den Gesangunterricht in Volksschulen. gr. 8. (9 B.) Dresden 843, Arnoldische Buchh. -

—— Leitfaden für den Unterricht in der Erziehungs- und Unterrichtslehre. Ein Auszug aus der Evangel. Schulkunde. gr. 8. (VIII, 416 S.) Ebendas. 879. *

— Leitfaden für den Unterricht in der Erziehungs- u. Unterrichtslehre. Ein Auszug aus der evangelischen Schulkunde. 2., verb. u. verm Aufl. gr. 8. (VIII, 422 S.) Ebend. 881. n. 4. —

—— Leitfaden für den Unterricht in der Erziehungs- und Unterrichtslehre. Ein Auszug aus der evangel. Schulkunde. 3. verb. und verm. Aufl. gr. 8. (X, 438 S.) Ebendas. 885. *
Sonderabdruck daraus, s. Lion, J. C., das Turnen in der Volksschule.

— Leitfaden f. den Unterricht in der Erziehungs- u. Unterrichtslehre. Ein Auszug aus der evangel. Schulkunde. 4. Aufl. Nach dem Tod d. Verf. besorgt v. E. Th. Schütze. gr. 8. (X, 465 S.) Ebd. 892. n. 4. —

— Leitfaden f. den Unterricht in der Erziehungs- u. Unterrichtslehre. Ein Auszug aus der evangel. Schulkunde. 5. Aufl. Nach dem Tode des Verf. besorgt v. E. Th. Schütze. gr. 8. (IX, 502 S.) Ebd. 900. Geb. in Leinw. n. 4. 80

—— Luther auf dem Reichstage zu Worms. Ein histor. Gedicht in 2 Gesängen. Zur 300jährigen Gedächtnißfeier d. augsburg. Glaubensbekenntn., am 25. Juni 1830. 8. (2½ B.) Berlin 830, (G. W. F. Müller's Verl.) *

— kleine Orgelschule. Für Seminare u. Präparanden-Anstalten. Enth.: Übungen f. Manual u. Pedal, Choräle f. Manual allein, f. Manual u. Pedal, kleine u. grössere Präludien üb. freie Motive, desgleichen zu Chorälen verschiedenen lyr. Charakters, Trios, Fughetten u. Postludien. qu. Imp.-4. (45 S.) Leipzig 882. Klinkhardt. n. 2. 25

— kleine Orgelschule. Für Seminare u. Präparanden-Anstalten. Enth.: Übungen f. Manual u. Pedal, Choräle f. Manual allein, f. Manual u. Pedal, kleine u. grössere Präludien üb. freie Motive, dergleichen zu Chorälen verschiedenen lyr. Charakters, Trios, Fughetten u. Postludien. 2. Aufl. qu. gr. 4. (II, 45 S.) Leipzig (900). J. Klinkhardt. n. 2. 25; geb. n. 2. 75

—— pract. Orgelschule. Enth.: Uebungen f. Manual, Pedal, Choräle mit Zwischenspielen, Präludien, Postludien, figurirte Choräle u. Choralvorspiele, Fugen u. canon. Tonstücke v. verschied. Meistern. Nach pädagog. Grundsätzen geord. u. in d. Handb. z. pract. Orgelschule mit unterrichtl. Bemerknn., Zergliederungen u. Erläuterngn. begl. Für sich bild. Orgelspieler, insbesond. f. d. Orgelunterr. in Seminarien u. Präparanden-Schulen. 1. Aufl. 2 Lfgn. (25 B. qu. Fol., nebst ein. Handbuche hierzu 9⅛ B. gr. 8.) 838., 2., verb. u. verm. Aufl. qu. Fol. (26 B.) Dresden u. Leipzig 839, Arnoldische Buchh. à

Schütze, Friedr. Wilh., praktische Orgelschule. Enthaltend Uebungen für Manual, Pedal, Choräle mit Zwischenspielen etc. von verschiedenen Meistern. Nach pädagog. Grundsätzen gewählt, geordnet und in dem Handbuch zur prakt. Orgelschule mit unterrichtl. Bemerkungen, Zergliederungen und Erläuterungen begleitet. Für sich bildende Orgelspieler, insbesondere für den Orgelunterricht in Seminarien und Präparanden-Schulen. 4., verb. Aufl. qu. Imp.-4. (113 S. mit Text VIII und 130 S. in gr. 8.) Leipzig 858, Arnoldische Buchh. *

—— praktische Orgelschule. Enth. Uebungen für Manual, Pedal, Choräle mit Zwischenspielen, Präludien, Postludien, figurirte Choräle und Choralvorspiele, Fugen und vierhändige Tonstücke von verschiedenen Meistern. Nach paedagog. Grundsätzen gewählt, geordnet und in dem Handbuch zur prakt. Orgelschule mit unterrichtl. Bemerkungen, Zergliederungen und Erläuterungen begleitet. Für sich bildende Orgelspieler, insbesond. für den Orgelunterricht in Seminarien und Praeparanden-Schulen. 5. sehr verm. und verb. Aufl. qu. gr. 4. (139 S. und Handbuch VIII, 112 S. in gr. 8.) Ebendas. 869. *

— praktische Orgelschule. Enth. Uebungen für Manual, Pedal, Choräle mit Zwischenspielen etc. von verschiedenen Meistern. Nach pädagogischen Grundsätzen gewählt, geordnet u. in dem Handbuch zur praktischen Orgelschule mit unterrichtlichen Bemerkungen, Zergliederungen u. Erläuterungen begleitet. Für sich bildende Orgelspieler, insbesondere für den Orgelunterricht in Seminarien u. Präparanden-Schulen. 6., sehr verb. Aufl. qu. Fol. (119 S.) Nebst Handbuch dazu. gr. 8. (VI, 98 S.) Leipzig 877. Arnold. n. 6. —

—— praktische Orgelschule. Enthaltend Uebungen für Manual, Pedal, Choräle mit Zwischenspielen etc. von verschiedenen Meistern. Nach pädagog. Grundsätzen gewählt, geordnet und in dem Handbuch zur prakt. Orgelschule mit unterrichtl. Bemerkungen, Zergliederungen und Erläuterungen begleitet. Für sich bildende Orgelspieler, insbesondere für den Orgelunterricht in Seminarien und Präparanden-Schulen. 7. sehr verb. Aufl. qu. Fol. (119 S.) Nebst Handbuch dazu. gr. 8. (VI, 98 S.) Leipzig 884. Arnoldische Buchh. *

— praktische Orgelschule. Enth. Übgn. f. Manual, Pedal, Choräle m. Zwischenspielen, Präludien, Postludien, figurierte Choräle u. Choralvorspiele, Fugen u. Sonaten-Sätze v. verschied. Meistern. Nach pädagog. Grundsätzen gewählt, geordnet u. in dem Handbuch zur prakt. Orgelschule m. unterrichtl. Bemerkgn., Zergliedergn. u. Erläutergn. begleitet. Für sich bild. Orgelspieler, insbesond. f. den Orgelunterricht in Seminarien u. Präparanden-Schulen. 9. Aufl. qu. Fol. (119 S., Handbuch, 8. Aufl. gr. 8. VI, 98 S.) Ebd. (894). n. 6.—

—— Schulkatechismus. Dr. Mart. Luthers kleiner Katechismus. Unter Mitwirkung von Otto und Closter für die evang. Volksschule in Frage und Antwort bearb. und hrsg. (IV, 176 S.) 1882; 2. verb. Aufl. gr. 8. (IV, 180 S.) Leipzig 888, Teubner. cart. *

—— evangelische Schulkunde. Praktische Erziehungs- und Unterrichtslehre für Seminarien und Volksschullehrer. 7 Lfgn. gr. 8. (X, 802 S.) Leipzig 868—70, Teubner. à Lfg. ℳ 1,20.

—— dass. — 2. verb. und verm. Aufl. 4 Lfgn. gr. 8. (XII, 772 S.) Ebendas. 873. à Lfg. *ℳ 2. *

—— dass. — 3. verb. und verm. Aufl. gr. 8. (XIX, 780 S.) Ebendas. 874. *

—— evangelische Schulkunde. Praktische Erziehungs- und Unterrichtslehre für Seminare und Volksschullehrer. 4. verb. und verm. Aufl. gr. 8. (XIX, 800 S.) Leipzig 876, Teubner. *

—— evangelische Schulkunde. Praktische Erziehungs- und Unterrichtslehre für Seminare und Volksschullehrer. 5. verb. und verm. Aufl. (XVI, 828 S.) 1880; 6. verb. und verm. Aufl. gr. 8. (XVIII, 850 S.) Leipzig 884, Teubner. *

— evangelische Schulkunde. Praktische Erziehungs- u. Unterrichtslehre f. Seminare u. Volksschullehrer. 7. Aufl. Nach dem Tode d. Verf. besorgt v. dessen Sohne E. Th. Schütze. gr. 8. (XX, 865 S.) Leipzig 890. Teubner. n. 9. 60

Schütze, Friedr. Wilh., Schullehrerbibel. Od. die f. die Volksschulen u. deren Lehrer wichtigsten bibl. Bücher u. Abschnitte des alten u. neuen Testaments, nach den Regeln d. bibl. Auslegungskunst u. e. genetisch-didaktischen Lehrweise erklärt. Zugleich eine prakt. Anleitung z. popul. Schriftauslegung. Des Neuen Testaments 1. Thl. A. u. d. T.: Das Evangelium des Matthäus. gr. 8. (29 B.) Leipzig 846, Arnoldische Buchh. Thlr.

—— dass. 2. Thl. 1. u. 2. Lfg. enthalt. das Evangelium Marcus u. Lucas. gr. 8. (20 B.) Ebds. 847.

—— Schullehrerbibel. Oder die für die Volksschule und deren Lehrer wichtigsten biblischen Bücher und Abschnitte des alten und neuen Testaments, nach den Regeln der biblischen Auslegungskunst und einer genetisch-didaktischen Lehrweise erklärt. Zugleich eine prakt. Anleitung zu populärer Schriftauslegung. Des neuen Testamentes 2. Thl. A. u. d. T.: Die Evangelien St. Marci, Lucä, Johannis und die Apostelgeschichte. 3. und 4. Lfg. gr. 8. (XX und S. 321 — 646.) Leipzig 848—50, Arnoldische Buchh. *

—— die Seminarnoth und ihre Abhülfe. Oder: Die Reorganisation der Volksschullehrer-Bildungs-Anstalten im Sinne der Schrift und nach den Bedürfnissen des Lebens. gr. 8. (X und 115 S. mit 1 Tab. in Imp.-4.) Leipig 851, Arnoldische Buchh. *

Schütze, G., de Gigantibus nova disq. hist. et cr. Alton. 756. 8.

Schütze, Gottfried

— zwo Abschiedspredigten, bei Verwechselung des Lehramts gehalten. 8. Altona 750.

— Ad vota sollemnia circa dedicationem templi evangelico-lutherani Altonae solvenda accedere voluit. Altonae. 1743. 4. P.

Schütze, Gf., († d. 2. Juli 1784.) von den Begriffen der Dänen von ihren Regenten. Fol. Altona 761. Iversen. 3 ℛ

Schütze, Gfrd. Beurtheilung einer abergläubischen Aufmerksamkeit der alten Nordischen und Deutschen Völker bey entstandenen Mondfinsternissen. Altona 1757. 4.

— Beurtheilung der hämischen und ungesitteten Beschuldigung, dasz Luther in den letzten Jahren seines Lebens alle Kraft des Glaubens verlohren und was er im Geiste angefangen im Fleische vollendet habe. Hamburg. 1763. 4. (Skoleprogr).

— Beurtheilung der verschiedenen Denkungsarten bey den alten Griechischen und Römischen und bey den alten Nordischen und Deutschen Dichtern. Altona. 1758. 4. P. — Med Programtitel: Gedanken über etc. Sm. St. o. A. 4. P. (Skoleprogr.).

Schütze, Gfrd, Beurtheilung einer den alten Nordischen und Deutschen Völkern angedichteten unnatürlichen Grausamkeit gegen ihre Kinder. Altona 1756. 4.

— Beurtheilung der heftigen Schreibart Lutheri. Eine Einladungsschrift. Altona. 1760. 4. P.

— Beurtheilung einiger deutschen Wörter, welche aus Lutheri deutscher Bibel-Uebersetzung mit Unrecht verdränget worden. Altona. 1755. 4. P. (Skoleprogr.).

Beweis dass die alten Deutschen und Nordischen Völker weit vernünftigere Grundsätze in der Religion gehabt haben als die Griechen und Römer. Altona 1751. 4.

Schütze, Gfrd, Beweis dass die Lehre von den Engeln den alten Deutschen nicht unbekannt gewesen sey. Altona 1751. 4.

— die histor. Bücher des alten Testaments. 2 Thle. 4. Quedlinburg, Ernst. 778.

— die histor. Bücher des alten Testaments, das Buch Josua, der Richter, Ruth u. d. 1e Buch Samuelis, so wie sie auf Befehl d. röm. Königs Konrad IV. in d. Mitte d. 13n Jahrhunderts in einer gereimten Uebersetzung entworfen sind rc. 2 Thle. 4. Hamb. 779, 81. (Quedlinb., Ernst). 2 ℛ

— disquisitio historica de cultu Saxonum religioso, priscis Danis ac Germanis familiari, limitibus arctioribus circumscribendo. 4. Leipz. 760.

s. Deutschlands gelehrte Contraste, u. setze hinzu: (v. Gf. Schütze).

— Encomium reipublicae Hamburgensi sub auspicium novi muneris e suggestu Gymnasii Hamburgensis a. d. XI. Martii 1762. Hamburgi. 4. P.

— encomium florentiss. reipublicae Hamburgens. 4maj. Hamb. 762. Bohn. (Herold jun.) 3 ℛ

SCHÜTZE, GOTTFR., Das Gedächtnisz des Andreas Proles, eines Zeugen der Wahrheit. Hamburg. 1741. 4. P. (Skoleprogr.).

— Gedanken üb. die verschied. Denkungsart der alten griech. u. römischen, nord. u. deutschen Dichter. gr. 4. Altona 758. Iversen. 3 ℛ

— Die Geschichte von Hamburg für den Liebhaber der vaterländischen Geschichte. I—II. Th. Hamburg. 1775—84. 4. (M. Tvl.).

— die Geschichte v. Hamburg f. die Liebhaber d. vaterländ. Geschichte. 2 Thle. Mit Kpf. gr. 4. Hamb. 776—84. (Campe). 4 ℛ

— Geschichte von Hamburg, f. d. Liebhaber d. vaterländ. Gesch. m. K. 2 Thle. gr. 4. Hamb. Herold. (Hoffmann. 776–84.

— Geschichte u. Verfassung d. Hamburg. Gymnasii u. d. öffentl. Stadtbibliothek. 8. Hamb. 768.

— Gewissensrüge f. d. Sünder. 8. Hamb. 772.

— Jacobum Lampadium ICtum de rebus ad doctrinam sanctiorem pertinentibus sobrie ac modeste disserentem ex autographo sistens [programma]. Altonae. 1758. 4. P. (Skoleprogr.).

s. J. G. Keyßler, Reisen.

s. J. Chr. Kirchhof, von d. Vorrechte der Soldaten.

— Leben J. G. Keyßlers. gr. 4. Hannov. Helwing. 775.

SCHÜTZE, GOTTFR., Das Leben des Andreas Proles, eines Zeugen der Wahrheit vor Luthero. Lpz. 1744.

— d. Lehrbegriff d. alt. deutsch. u. nord. Völker v. dem Zustande der Seelen n. dem Tode. 8. Leipz. Langenheim. 750.

Die Lehrsätze der alten Nordischen und Deutschen Völker von der Versöhnung mit Gott. Altona 1751. 4.

SCHÜTZE, Gottfr., Lobschrift auf die Weiber der alten deutschen und nordischen Völker. Neue verbess. u. vermehrte Ausgabe. Mit Titelvignette. Hamburg, Herold, 1776. 8º. IV u. 262 S. (2 fl. 50 xr. Gilhofer & Ranschburg, 1888; 6 Mk. E. Frensdorff, 1906.)
Zuerst gedr. ebd. 1773.

s. M. Luther, Briefe.

— De regni Germanici origine diss. Altonae. 1743. 4. P. (Skoleprogr.).

— De superstitiosa Germanarum gentilium reverentia lucis consecralis exhibita commentatio. Hamburg. 1741. 4. P. (Skoleprogr.).

s. M. Richey, Gedichte.

Sammlung von bisher ungedruckten Beweis- und Erläuterungsschriften zur Hamburgischen Geschichte. Grösztentheils aus gleichzeitigen Handschriften auf der öffentl. Stadt-Bibliothek zu Hamburg mitgetheilet von GOTTFR. SCHÜTZE. Hamburg. 1780. 4.

— Sammlung v. bish. ungedr. Beweis- u. Erläuterungs-schrift. z. Hamburg. Gesch. 4. Hamburg, Reuß. 780.

s. Samml. Hamburg. Gesetze, Register.

— — Drei Schutzschriften für die alten Deutschen. 3 Thle. Leipzig 1746—47. 8°. (1 Mk. 50 Pfg. Prager, Berlin, vor 1885; jetzt theurer!)

— Schutzschriften für die alten deutsch. u. nord. Völker. 2 Bde. 8. Leipz. Langenheim. 773-76.

— Sendschreiben von dem Hasz der alten Deutschen gegen die Advocaten. Altona. 1742. P. (Lykønskning til Broderen Iman. Schützes Bryllup).

— Exercitationum ad Germaniam sacram gentilem facientium sylloge. Lipsiae. 1748.

s. Turbilly, Unterricht.

Schütze, G., de cruentis Germanorum gentilium victimis humanis. Lips. 743. 4. 7 gr. Jetzt 14 gr.

Schütze, Gfrd, De cruentis Germanorum gentilium victimis humanis liber unus. Lipsiae 1744. 4. . . . . [illegible]

— De vita M. Henning Brosenii inferioris qvondam Saxoniae theologi et abbatis Michaëlsteinensis commentariolus. Altonae. 1743. 4. P. (Skoleprogr.).

s. Willebrand, histor. Bericht.

Schütze, Gottfr. Iac., examen methodi axiomaticae in Heineccii Elementa juris civilis. 8. Francf. et Lips. Frommann. 735.

Schütze, Otto., Aufgaben z. deutschen Sprache f. Volksschulen. 5 Abthln. Wörter z. Abschreiben. — Orthographie. — Wortbildung. — Die Wortarten in Verbind. mit d. einfachen Satze. — Der zusammenges. Satz. 8. (9½ B.) Dresden 841, Naumann. Thlr.

Parthiepreise: 25 Expl. I. u. II. Abthl. 1 Thlr. 16 Gr. — III. 0 Gr. — IV. 1 Thlr. 8 Gr. — V. 2 Thlr. 12 Gr.

— Aufgaben zum Ziffernrechnen für sächsische Bürger- u. Landschulen. 3 Hefte. 8. Ebend. 841. n. ⅓ ₰

— Auflösungen hierzu. 3 Hefte. 8. Ebend. 841. n. ⅓ ₰

—— 200 Rechnentafeln, enth.: Aufgaben z. Zifferrechnen f. sächs. Bürger- u. Landschulen. 2 Lfgn. (Auf Pappe.) 8. Dresden 841, Naumann. *

—— Uebungsbuch im Kopf- u. Tafelrechnen f. sächs. Volksschulen. 3 Abthln. 8. (31 B.) Dresden 840. (Leipzig, Fr. Fleischer.) *

Auflösungen hierzu. 8. (13¼ B.) Ebds. 841. * 8 Gr.

Schütze, Glob., Vorschule des Rechnens oder Aufgaben zum Kopfrechnen über die 4 Grundrechnungsarten in dem Zahlenraume von 1 bis 100 mit theilweiser Berücksichtigung der lancasterschen Methode nebst einer kurzen Gebrauchsanweisung, u. einem Vorwort des Hrn. K. G. Petermann. br. 8. (XXIV u. 93 S. m. 1 lith. Taf. in qu. 4.) Grimma 848, Gebhardt. n. 8 ngl

Schütze, H., Anleitung z. prakt. Seidenbau u. z. Maulbeerbaumzucht. Faßl. dargest. f. d. Bürger u. Landmann. gr. 8. (8¼ B., 1 col. u. 1 schw. Stnt.) Leipzig 838, Frohberger.

Schutze H, Auslese a. d. Werken beruhmter Lehrer u Pädag. d Mittelalt. Gütersloh 1879

Schütze, H., und C. Eckhardt, Musterlektionen aus allen Unterrichtsgebieten der dreistufigen Volksschule, für Schul-Inspektoren, Lehrer, Lehrerinnen und Seminaristen. 3 Tle. gr. 8. Eisleben, Mähnert. *

Inhalt:

Tl. 1. Unterstufe [1.—3. Schulj.]. (VIII, 181 S.) 886. *M 3.—.
„ 2. Mittelstufe [4.—5. Schulj.]. (VII, 215 S.) 886. *M 3.—.
„ 3. Oberstufe [6.—8. Schulj.]. (VIII, 350 S.) 887. *M 4.—.

Schütze, H., u. C. Eckhardt. Musterlektionen aus allen Unterrichtsgebieten der dreistufigen Volksschule, f. Schul-Inspektoren, Lehrer, Lehrerinnen u. Seminaristen. In Verbindg. m. vielen hervorragenden Schulmännern hrsg. 3 Tle. u. Ergänzungsheft z. 3. Tl. gr. 8. [Eisleben.] Lpz., F. Brandstetter. * 9 80

1. Unterstufe. [1.—3. Schulj.] 2. Aufl. (210 S.) 888. * 3 —.
2. Mittelstufe. [4. u. 5. Schulj.] 2. Aufl. (VII, 240 S.) 889. * 2 40.
3. Oberstufe. [6.—8. Schulj.] 2. Aufl. (VIII, 397 S.) 893. * 4 —.
Ergänzungsheft: Die christl. Haustafel. Ein Versuch, die dem Luther. Katechismus beigegebene Haustafel dem Schul- u. dem Konfirmanden-Unterrichte dienstbar zu machen. Von J. Trebst. 1. u. 2. Aufl. (27 S.) 891,92. * — 40.

— — dasselbe. 3. Tl.: Oberstufe. Ergänzungshft. gr. 8. Ebd. 892. n. — 40

Die christl. Haustafel. Ein Versuch, die dem Luther. Katechismus beigegebene Haustafel dem Schul- u. dem Konfirmanden-Unterrichte dienstbar zu machen. Von J. Trebst. 2. Aufl. (27 S.)

Schütze, H., u. C. Eckhardt, Musterlektionen aus allen Unterrichtsgebieten der dreistufigen Volksschule, f. Schul-Inspektoren, Lehrer, Lehrerinnen u. Seminaristen. In Verbindg. m. vielen hervorrag. Schulmännern hrsg. 3. Tl.: Oberstufe (6.—8. Schulj.). 2., verm. Aufl. gr. 8. (VIII, 397 S.) Leipzig 893. F. Brandstetter. n. 4. —

Schütze, H., Prüfungs-Aufgaben f. die 2. Lehrer-Prüfung. 8. (IV, 63 S.) Gütersloh 890. Bertelsmann. n. — 80

Schütze, H., Quaestionum Ovidianarum part. I. Pr. 1861. 24 S. 4°.

Schütze, Harrie, a. Melbourne: Beiträge zur Kenntnis der thermophilen Aktinomyzeten und ihrer Sporenbildung. Mit 2 Taf. München 1908: R. Oldenbourg. (24 S.) 8°
Würzburg, Med. Fak., Ref. Lehmann, Diss. v. 3. Aug. 1908
[Geb. 8. Nov. 82 Melbourne; Wohnort: Würzburg; Staatsangeh.: Australien. Vorbildung: Mittelsch. Melbourne Reife März 98; Studium: Melbourne 1- Würzburg 2 S.; Rig. 24 Juli 07.]

Schütze, Heinr., Beitrag zur Statistik der Myopie und der Netzhautpunction. Inaugural-Dissertation. gr. 8. (16 S.) Kiel 882. (Lipsius und Tischer.) *

Schütze, Heinr., Commentarius criticus de scriptoribus historicis tam antiquis quam recentioribus. Ingolst. 761. 4. zu 1 rthl. 16 gr. Ulm. 762. 4. 2 rthl. 16 gr.

Schütze, Heinr., Commentarius criticus de scriptoribus historicis tam antiquis etc. 4. mai. Ulm. Stettin. 762.

Schütze, Heinr., Rosen von Jericho (Anastatica hierichuntica. Linn.) Kranz. „Für Euch". (Gedichte.) gr. 12. (4⅙ B.) (Stettin 835. (Berlin, Eichler.) *

Schütze, Hnr. Karl, († d. 7. Jan. 1781.) Abhandl. v. Aberglauben; nebst e. Anh. v. Astralgeiste. 8. Halberst. 757. Groß. 10 ℊ

Schütze, Heinr. C., Vernunft- und schriftmäßige Abhandlung vom Aberglauben. Werniger. 4°.
1746

Schütze, H. C., Vernunft- u. schriftmäßige Abh. vom Aberglauben nebst e. Anhange vom Astralgeist. 476 S. Werniger. 8°.
1757

Schütze, H. C., Vernunft — u. schriftmäß. Abhdl. v. Aberglauben. Nebst Anh. v. Astral-Geist. M. Titelkpf. Wernig. 8°.
1797

— Betracht. üb. d. Zeitvertreib. 8. Magdebnrg, Creutz. 780.

SCHÜTZ, Heinr. Carl, Frage, ob der Ehestand ein Wehestand sey? Wernigerode 1762. 4°.

— Was ist, od. vielmehr was soll d. Maurerey seyn? 8. Hamburg, Matthiesen. 790.

Schütze, Hermann, a. Hannover: Die Abnahmepflicht des Käufers. Kiel 1904: H. Fiencke. (VII, 45 S.) 8°

Jena, Jur. Fak., Ref. Thon, Diss. v. 21. Sept. 1904

[Geb. 9. Sept. 73 Hannover; Wohnort: Hamburg; Staatsangeh.: Preußen; Vorbildung: Gymn. Hannover Reife O. 92; Studium: Vom Universitätsstudium dispensiert; Rig. 21. Sept. 04.]

Schütze, Hermann, stud. phil.: **Bezirk** und Organisation der Niederrheinischen Ortsgemeinde, mit besonderer Rücksicht auf das alte Herzogtum Berg. *Marburg 1900: (E. Lintz, Düsseldorf).* (96 S.) 8° ¶(Aus: Beiträge zur Geschichte d. Niederrheins, Bd 15. — Teil einer gröss. Arb. üb. d. niederrh Ortsgemeinde.)

Marburg, Phil. Diss. v. [14. Dez.] 1900

Schütze, *Julius Karl* Hermann [app. Arzt aus Beeskow in Brandenb.]: Zur Kasuistik der operativ behandelten Fälle von Volvulus flexurae sigmoideae ... Berlin, Druck v. H. Zitelmann, *1897;* 48 S., 1 Bl. 8.

Leipzig, Med. Fak., Inaug.-Diss. v. 13. Mai 1897

Schütze, [Hermann], Dr.: Katalog der Schüler-Bibliothek der Königl. Berger-Oberrealschule zu Posen. Posen 1906: Merzbach. (99 S.) 8° [F.]

Posen, Berger-OR P 1906 (216)

Schütze, Hermann: * Vergilius, quomodo in Aeneide imitatus sit Graecos. dissert: part. 1. 61 [vielmehr: 63] S. 4° (2°)

Halle-Wittenberg, Phil. Diss. v. 21. Dez. 1855

Geb. [Mühlberg a. d. Elbe (Kr. Liebenwerda) 13. 1. 1833]

Schütze, J. B.: Allgemeine Weltgeschichte, s. Schütz, Josef Baptist

Schütze, J. Eduard Gustav, s. Schütze, Eduard Gustav

Schütze, Immanuel

— Gedanken von der Billigkeit des Misztrauens gegen die alten römischen Geschichtschreiber in Erzählung deutscher Geschichte. Hamburg. 1746. 4. P.

SCHÜTZE, IMM., Unvolkommene Gedanken von der gelehrten Calmeuserey. Altona. 1742. 4. P. (Skoloprogr.).

Schütze, Ioh., Apparatus curiosus et practicus theologico-philologicus, s. lexicon theologico-historico-homileticum. II. Tmi. 4. Dresdae, Gerlach. 710-12.

— Apparatus nominum propriorum biblicorum. IV Tmi. 8. ibid. 705.

— de iride, lacrimis, libris et linguis. 4. Francf. Michahelles. 716.

* *Jo. Schützii* tract. cur. de iride, lacrymis etc. Magdeb. 4. 1716.

Schütze, Ioh., de medicina, medicis, medicastris, morbis, moribundis, morte et mortuis. 4. Magdeburg, Scheidhauer. 716. Rühl.

— d. Prediger am Krankenbette. 8. Frankfurt. Krieger. 786.

— bescheid. Theil d. Kranken, od. theolog. Handb. Kranke a. d. Sterbebette zu besuch. 8. Ebend. 786.

Schütze, Johann Christoph

— Auszug d. Kirchengeschichte d. Alt. Testaments. 1r Bd. gr. 8. Hamb. 777. 1 ₰ 16 gl

— Auszug aus d. Kirchengeschichte d. N. Testam. rc. gr. 8. Halle 779. Gebauer. 2 ₰

Schütze, Jh. Cph., († 1784.) Jesus, der verheißene u. geoffenbarte Messias, in e. zusammenhängenden Geschichte. gr. 8. Halle 775. (Brockhaus in Leipz.) 16 gl

Schütze, Joh. Chr., Jesus d. verheiß. u. geoffenb. Messias. gr. 8. Halle. (Magaz. f. Lit. in Stuttg.) 776.

— de jure pascendi publico et privato. 4. Francf. Andreä. 732.

Schütze, Johann Friedrich

— Abhandl. vom Nutzen u. Schaden der Salate. 4. Leipz. 758. Wollner. 7 gl

— gründl. Anweis. z. Hebammenkunst. Mit Kpf. gr. 8. Hildburgh. 770. Hanisch. 1 ₰ 8 gl s.a. Schütz.

Schütze, Jh. Fr. II., († d. 15. Oct. 1810.) Apologie f. die unterdrückte Doctorschaft des Hrn. Dr. Lenhart in Quedlinburg u. dessen Gesundheitstrank f. Schwangere. 8. Hamb. 799.

JÄGER (d. i. *Joh. Friedr. Schütze*, 1758—1810). Wahre Begebenheiten im romantischen Gewande. (Zahme Erzählungen und Novellen.) 5 Bde. mit 2 Titelkpfrn. Hamburg, Posen und Leipzig 1796—1804. 8°. (7 Mk. 50 Pfg. Emil Hirsch, München, 1904.)

I: 390 S. Inh.: Hedchem Hemler. Eine Kriminal-Geschichte. — Sympathie und Antipathie. — Geschichte der unglücklichen Gräfin von Seebach. — Ländliche Familienscenen. — Der Kriminalprozeß. Dialog und Erzählung. II: 266 S. Inh.: Melina. Leben und Missethaten einer schönen Sünderin. — Städtische Familienscenen. — Goldmacherkunst und Goldmacherhandwerk. III: 424 S. Inh.: Städtische Familienscenen. (Beschluss.) — Die Bandschleife. Eine Heirathsgeschichte. — Siegmund Vincenz Wendelmanns sonderbare Schicksale, Abentheuer, Meinungen ...., romantisch bearbeitet (S. 93—400). — Künstler-Kaprizen. Eine Skizze.

Bd. IV m. d. Titel: Die Sitten unserer Zeit, ein Moderoman. — Bd. V: Drei humoristische Novellen: Die Tabatière. — Der Neujahrsabend. — Amönens Reise durchs Leben.

s. Briefe e. reis. Dänen.

— s. Cambry, Erzähll.

s. Chronik d. Könige v. Dänemark.

— s.a. Ehestandsgesuche.

SCHÜTZE, J. F., Ehestandsgesuche. Ein komischer Roman. Hamburg, Schmidt, 1805. 8°. Zahm. (8 Sgr. Scheible, vor 1875.)

EHESTANDSGESUCHE. Ein komischer Roman (von *Joh. Friedr. Schütze*). Hamburg, Schmidt, 1806, 8°.

Anon.-Lex. II. p. 5 (nach Kayser u. Engelmann).

Schütze, Jh. Fr. II., Eimsbüttel, oder die Johannisnacht; eine kom. Operette in 3 Aufz. 8. Hamb. 791.

Schütze, Jh. Fr. I., († ...) Geschichte einer sehr merkwürd. 12monatlichen Schwangerschaft. gr. 8. Coburg 779. Ahl. 6 gl

— satyr.-ästhet. Hand- u. Taschenwörterbuch f. Schauspieler. 8. Hamb. 800. (Herold jun.) 16 gl

Schütze, J. F., satyr. ästhet. Hand- und Taschenwörterbuch für Schauspieler. 8. Hamb. Verlagsgesellschaft. (Vollmer.) 807.

- s. **Jägers Begebenheiten.**

HOLSTEIN. — Schütze, J. F., Holsteinisches Idiotikon, ein Beitrag zur Volkssittengeschichte. Mit Holzschnitten. 4 Thle. Hamburg 1800—1806. 8⁰. (75 Mk., tadelloses Expl., Lipsius & Tischer, Kiel, 1908; Auction Stickel, Kiel, 1908: 95 Mk.)
Seltenes und gesuchtes Werk!

— Holstein. Idiotikon, ein Beitr. z. Volkssittengeschichte. 4 Bde. gr. 8. Hamb. 800—807. (Hammerich in Altona). 5 ꝑ 8 gl

— Holstein. Idiotikon, e. Beytr. z. Volkssittengeschichte. 4 Bde. gr. 8. Hamb. Villaume. (Hammerich in Altona.) 800—7. (I. II. à 1 Rthlr. 4 gr. III. 1 Rthlr. 8 gr. IV. 1 Rthlr. 16 gr.)

- s. **Mährchen, weise u. thörichte.**

— s. Neuester Altonaischer gelehrter Mercurius 1787 ff.

Schütze, Jh. Fr. H., humoristische Novellen. Mit Kpf. 8. Posen 804. 2e A. 809. Kühn. (Leipz., Joachim). 1 ꝑ 4 gl

— vom Nutzen u. Schaden d. Salate. 4. Leipz. Gollner. 755.

ROMANE, Komische, vom Verfasser der Ehestandsgesuche *(Johann Friedr. Schütze).* Enthalten: 1. Die Dorfkomödie. 2. Die Bettler. 3. Pfiffs Abentheuer. Hamburg (,) bei Adolph Schmidt. 1810. 8⁰.
Titel u. 265 S. — Zahm.

- s. **Samml. nützl. Reisebeschreibb.**

SCHÜTZE, J. F., Die Sitten unserer Zeit. Ein Moderoman. Breslau 1802. Mit 1 Kpfr. und 1 Vign. 8⁰. (5 Kr. Halm & Goldmann, 1907.)

TABATIERE, Die, ein Moden-Roman. Der Neujahrsabend, eine Familienszene. Amönens Reise durchs Leben, eine Familiengeschichte. Mit e. Kupfer (Roßmäßler del. G. Frosch sc.). Posen und Leipzig, bei J. F. Kühn 1804. 249 S.
Goedeke V, 530. Erste Ausgabe der humoristischen Novellen des Jugendfreundes Jean Pauls. [Joh. Friedr. Schütze.]

- s. **Taschenbuch, dramaturg, üb. Ifflands Gastspiel.**

- s. **Taschenbuch, Hamburg., für 1801, 2.**

— aristokrat.-demokrat. Taschenlexikon z. Gebr. f. partheinehmende politisirende Damen u. Herren. 8. Hamb., Meyn.

— Hamburg. Theatergeschichte. 8. Hamb. u. Leipz. 794. Böhme. (Reitler u. M.) 1 ꝑ 20 gl Hbg. Pr. 20 gl

- s. **Witz u. Laune.**

Schütze, Johann Georg

— Herrnhuthianismus in delirio, od. die rasende Lehre von d. Herrnhuth. Gottesfamilie. Mit e. Vorr. v. Vollard. 8. Hamb. 752. ... 3 gl

— — in dolo. 8. ibid. 752.

— — in literis. II Ps. 8. ibid. 752.

— — in nuce. 8. ibid. 750.

— Herrnhuthianismus in temeritate, od. eine Wohlthat, an todten Predigern bewiesen. 8. Görlitz 759.

— — in tumore od. Homilie der Fratrum Herrnhutianorum 36 Thle. od. 3 Bde. 8. Görlitz. 748.

Herrnhuthianismus in tumore, das ist, des Hrn. Ordinarii fratrum Herrnhuthianorum sogenannte Homilien über die Wunden-Litaney, geprüft von einem lutherischen Ordinato (von *Joh. Georg Schütze*). Frankfurt und Leipzig (Görlitz) 1748—51. 8⁰. Selten cplt.! (20 Mk., „1748—49", Wilh. Jacobsohn & Co., Breslau, 1908.)
Anon.-Lex. II. p. 281 (nach Meusel u. Kayser).

Schütz, Joh. Geo., Gegründete Nachricht von der Herrnhuterei. 2 Thle. Leipzig 1752—53. 8⁰.

Schütze, Johann Stephan, s. Schütze, Stephan

Schütze, Jh. Wlh., Diss. inaug. jur. sistens origines et fata doctrinae de egressu liberorum ex potestate parentum, ex fontibus juris germanici eruta. 4. Götting. 796. Dieterich 6 gl

Schütze, Johannes, a. Dresden: Die Beeinflussung des Wachstums durch den Turgeszenzzustand. Weida i. Th. 1908: Thomas & Hubert. (114 S.) 8⁰
Leipzig, Phil. Fak., Ref. Pfeffer-Chun, Diss. v. 21. April 1908
[Geb. 7. Febr. 83 Dresden; Wohnort: Zittau; Staatsangeh.: Sachsen; Vorbildung: Realgymn. Zittau Reife O. 02; Studium: Techn. Hochsch. Dresden 2, Univ. Leipzig 9 S.]

: Bericht über die Feier des 50jährigen Jubiläums. S. 3—13. 4.
Progr. Kgl. Realgymn. mit Höh. Handelsschule *Zittau* 1906 (695).

- -: [Konrektor a. D. Professor Ludwig Hermann Dix † 22. Oktober 1908.] S. 7—8. 4.
Progr. Kgl. Realgymn. mit Höh. Handelsschule *Zittau* 1909 (758).

Schütze, Johannes, Rekt. Prof. Dr.: [Das **Ecce** für die im Jahre 1898 gestorbenen ehemaligen **Schüler** der Anstalt, geh. am 19. Dez. 1898.] *Zittau 1899: M. Böhme.* (S. 31—32.) 4⁰
Zittau, k. RG m. höh. Handels-S, OP 1899 (587)

Schütze, Johannes: *Die Gedächtnisfeier für die in den Jahren 1897. 1898 gestorbenen ehemaligen Schüler der Anstalt.* 4 (S. 1—5). 4 (S. 31—32)
Kgl. Rg. mit höh. Handelssch. *Zittau* 1898 (526). 1899
Progr.

Schütze, Johannes, Rekt. Prof. Dr.: [**Gedächtnisrede** für Prof. Johann Hermann Baldeweg (gest. am 14. Mai 1898), geh. bei d. allg. Totenfeier am 19. Dez.] *Zittau 1899: M. Böhme.* (S. 28—29.) 4⁰
Zittau, k. RG m. höh. Handels-S, OP 1899 (587)

Schütze, Johannes: [Prof. Richard Alwin Kneschke † am 5. März 1904, Prof. a. D. Dr. Oswald Theodor Feller † am 4. Aug. 1904, Prof. a. D. Dr. Johannes Weickert † am 26. Okt. 1904.] S. 52 bis 53. 4. Kgl. Realgymn. mit Höh. Handelsschule *Zittau* 1905 (668).
Progr.

Schütze, Johannes: Die Lehr- und Prüfungsordnung vom 22. Dezember 1902. S. 5—10. 4.
Progr. Kgl. Realgymn. mit Höh. Handelsschule *Zittau* 1903 (636)

Schütze, Johannes: Die neuen **Lehrpläne** und der lateinische Unterricht in der Sexta. *Burg 1899: A. Hopfer.* (S. 3—16.) 4⁰
Burg, k. Viktoria-G, P 1899 (241)

Schütze, J. Sur quelques Mazarinades de la bibliothèque royale publique de Dresde. Dresden-Neustadt, G., 1881. 34 S. 4. **Progr.**

Schütze, Johannes, approb. Arzt aus Marwitz b. Velten: ⟨Aus d. Augenklinik zu Jena.⟩ Ueber Orbitalphlegmone nebst pathologisch-anatomischem Befund der in einem der Fälle beobachteten Skleral- und Cornealulceration. *Jena 1900: G. Neuenhahn.* (27 S.) 8°
Jena, Med. Diss. v. (8. Nov.) 1900

Schütze, Johannes, Rektor Prof. Dr.: Das Königliche Realgymnasium in Zittau in den ersten 50 Jahren seines Bestehens 1855—1905. Zittau 1905: W. Böhm. (S. 3—46.) 4°
Zittau, k. RG m. h. HandelsS OP 1905 (668)

— : [Professor August Schiller † 14. Januar 1908.] S. 4. 4.
Progr.

—: [Prof. Dix, Prof. Speck und Prof. Dr. Weickert treten in den Ruhestand.] S. 49—50. 4.
Progr.

Schütze, Johannes: *Worte der Erinnerung an den am 11. Mai 1898 gestorbenen Prof. Johann Hermann Baldeweg* 4 (S. 28—29). **Progr.** Kgl. Rg mit höh Handelssch *Zittau* 1899

Schütze, Jul. Er., s. Schütz.

Schütze, Julius Karl Hermann, s. Schütze, Hermann

Schütze, Justus Sin.

— collegium juris publicum de statu reipublicae romanae c. not. Scharschmid. 4. ibid. 724.

Schütze, Iust.-Sin., exercitationes juris publici. 4. Lips. 709.

Schütze, Karl

Schütze, Carl, moderne Anschauungen in der Hydrotherapie. gr. 8. (11 S.) Berlin 901. J. Goldschmidt. n. 1. —

Schütze, Carl, Assad der Hirt. Romantisches Gedicht. 16. (VII und 151 S.) Berlin 850(57,) Allgemeine deutsche Verlags-Anstalt.

Schütze, Karl: Beitrag z. Behandlg d. croupösen Pneumonie. *Wien & Leipzig 1897.*
in: Fortschritte d. Hydrotherapie. Festschr. z. vierzigjähr. Doctorjub. d. Prof. Dr. W. Winternitz. (57 103)

Schütze, Carl, Beitrag zur Therapie der tuberkulösen Knochenerkrankungen. (8 S.) gr. 8. Berlin 904. J. Goldschmidt. **n. 1. —**

Schütze, K., Beitr. zum Verständnis der Phainomena Arats. Diss. 1934. 56 S. 2.50

Schütze, Carl, Deutschlands Dichter und Schriftsteller von den ältesten Zeiten bis auf die Gegenwart. Für Freunde der Literatur und zum Gebrauch beim Unterricht in höheren Lehranstalten nach den besten Hülfsmitteln in alphabet. Folge sorgfältig zusammengestellt. 8. (IV und 520 S.) Berlin 862, Bach. *

— über Erschütterungsmassage. (8 S. m. 2 Abbildgn.) 8. Ebd. 905. n. — 75

— meine Grundsätze der Phthiseotherapie. gr. 8. (6 S.) Ebd. 901. n. 1. —
2 Sonderabdrucke aus: „Deutsche med. Presse".

Schütze, Carl, die Hydrotherapie der Lungenschwindsucht, s. a. Archiv f. Balneotherapie u. Hydrotherapie.

Die Hydrotherapie der Lungenschwindsucht v. Dr. Carl Schütze ... in Kösen ... *Halle a. S.: C. Marhold 1898.* (51 S.) 8.
= Archiv d. Balneotherapie u. Hydrotherapie. H. 4. 5. (98. 1171)

Schütze, Karl, eine Konfirmationshandlung; am 2. Ostertage 1848 zu Lissabon an 12 Konfirmanden vollzogen. br. 8. (32 S.) Leipzig 848, Hartmann. n. 6 ngr.

Schütze, Karl: Die Lieder Heinrichs von Morungen auf ihre Echtheit geprüft. . . . Kiel, Druck v. C. Schaidt, 1890; 1 Bl., 31 S., 1 Bl., 98 S. 8°
Kiel, Phil. Fak., Inaug.-Diss. v. [31. Jan.] 1891

—— drei Predigten auf einer Reise in das heil. Land zu Athen, Konstantinopel und Jerusalem im J. 1850 gehalten. br. 8. (63 S.) Leipzig 850, Hartmann.

—— Predigten vor deutschen Gemeinden im Auslande gehalten. (2. Heft des Nachstehendem.) Drei Predigten, gehalten in Malaga, am Bord der preuß. Korvette Amazone auf dem Tajo und in Lissabon. br. 8. (S. 69—124.) Leipzig 851, Hartmann. *

— die soziale Reichsgesetzgebung u. ihre sanitären Postulate. Vortrag, geh. am 16. I. 1899 im „Verein f. öffentl. Gesundheitspflege" in Hamburg. gr. 8. (31 S.) Jena 899. G. Fischer. n. — 60

—— eine Taufhandlung; am 14. Febr. 1848 in Lissabon an dem Töchterlein des Hrn. Majors und Ritters v. W. vollzogen. 8. (16 S.) Leipzig 848, Hartmann. *

Schütze, Carl [aus Gelsenkirchen i./W.]: Statistische Untersuchungen über die Ätiologie der Wanderniere .... Jena, Frommannsche Buchdr. (Hermann Pohle), 1888; 2 Bl., 85 S. 8°
Jena, Med. Fak., Inaug.-Diss. v. [6. Jan.] 1888

Schütze, *Carl:* Untersuchungen an Wurzeln der gemeinen Fichte oder Rottanne '(Pinus Abies L.)'. (Umschlagt.: Untersuchgn an Koniferenwurzeln.) Blankenburg a. H., W. Kircher's Wwe, 1892; 1—26 S. 4.
Blankenburg a. H., herz. G, OP 1892 (685)

— die Verhütung der Tuberkulose unter den Kindern u. die Fürsorge vor dem versicherungspflichtigen Alter. Vortrag, geh. im „Verein f. öffentl. Gesundheitspflege" zu Hamburg am 20. I. 1900. gr. 8. (42 S. m. 1 Plan.) Halle 900. C. Marhold. n. 1. —

Schütze, C., die Wanderniere. Statistische Untersuchgn. üb. deren Aetiologie. gr. 8. (V, 85 S.) Berlin 888. Fischer's medicin. Buchhandlg. n. 2. —

Schütze, Car. Christian. (geb. Voelpke 17. 3. 1797): De variolis vaccinis tam veris quam spuriis. (Berolini 1823.) (31 S.) 8°
Berlin, Med. Diss. v. 19. März 1823

Schütze, Car. Frid. Alexand. (geb. Berlin 27. 3. 1813): De aneurysmate cordis. Berolini (1838). (32 S.) 8°
Berlin, Med. Diss. v. 9. März 1838

SCHÜTZE, C[AR.] H[EINR.] TH[EOPHILUS], Pathologia metastasium lactis. Diss. inaug. Kiliae. 1822. 4. P.

Schütze, Käthe, Käthchen, Karlchen u. ich. Humoreske. 8. (142 S.) Berlin 901. [H. Eichblatt.] A. Schrader, Verl. (F. Palm's Buchh.) n. 1. —; geb. n. 2. —

Schütze, Ludw., Ischl u. seine Umgebungen. 12 Ansichten nach d. Natur gez., in Stahl gest. u. mit kurzem erläut. Text vers. gr. 4. (14 Bl. Text, wovon 12 auf farb. Pap.) Dresden 840. (Leipzig, Barth.) *

Schuetze, M. G., Der Lehrbegriff der alten deutschen u. nord. Völker v. d. Zustand der Seele nach dem Tode u. v. dem Himmel u. der Hölle. 400 S. Lpz. 8°.

1751

Schütze, Martin Friedrich Hermann Ferdinand, s. Schütze, Friedrich

Schütze, Martin Johannes, s. Schütze, Johannes

Schütze, Max, Beiträge zur allgem. Erfindungslehre. 1. Buch: Grundriss der reinen Erfindungslehre. (XVI, 99 S.) 8. Berlin 904. C. Heymann. n. 2. —

Schütze, O., die innere Mission in Schlesien, s.: Mission, die innere, in Deutschland.

Schütze, Oskar

Schütze, O., der preußische Steuerbeamte in Bezug auf seine Dienst- u. Rechtsverhältnisse. Ein Handbuch f. die Behörden u. Beamten der Verwaltg. der indirekten Steuern, früher bearb. v. C. Rumpf. 7. Aufl. Lex.-8. (VII, 764 S.) Leipzig 885. Bredow. n. 12. —; geb. n. 15. —

Schütze, O., d. preuß. Steuerbeamte. Handbuch üb. d. Dienstverhältnisse, Pflichten u. Rechte der Beamten der preuß. Verwaltg. d. indirekten Steuern. Mit Benutzg. amtl. Quellen hrsg. 8., verm. u. verb. Aufl. gr. 8. (VII, 1012 S.) Leipzig 895. R. Bredow. n. 15. —

Schütze, O., der preußische Steuerbeamte. Handbuch üb. die Dienstverhältnisse, Pflichten u. Rechte der Beamten der preuß. Verwaltg. der indirekten Steuern. Mit Benutzung amtl. Quellen hrsg. 8., verm. u. verb. Aufl. Nachtrag bearb. v. M. Kellwagen. gr. 8. (V, 146 S.) Leipzig 899. R. Bredow. n. 4. —

Schütze, Gerichtskosten-Erhebung bei der Verwaltung der indirekten Steuern. Praktischer Leitfaden zur Ausführung der Anweisung vom 30. Aug. 1879, betr. die Behandlung der bei den Justizbehörden entstehenden Einnahmen u. Ausgaben. Mit einem Sachregister u. mit Probe-Eintragungen versehenen Formularmustern. 3. Aufl. gr. 8. (VIII, 136 S.) Berlin 881. Drewitz in Comm. n. 2. —

Schütze, O(tto), Arzt: Über die Resultate der Winkelmann'schen Hydrocelenoperation. Königsberg 1906: O. Kümmel. (32 S.) 8°
Königsberg, Med. Fak., Ref. Lexer, Diss. v. 31. März 1906
[Geb. 23. Okt. 78 Roessel, Ostpr.; Wohnort: Owinsk bei Posen; Staatsangeh.: Preußen; Vorbildung: Gymn. Bartenstein Reife M. 98; Studium: Königsberg 4, Erlangen 1, Berlin 1, Königsberg 4 S.; Coll. 29. März 06; Approb. 1. Aug. 05.]

Schütze, P., s.: Herbart's, Joh. Frdr., Umriß pädagog. Vorlesgn.

Schütze, Paul [Dr.]: Beiträge zur Poetik Otfrids .... Kiel, Univ.-Buchh. Paul Toeche, 1887; 1 Bl. + 64 S. 8°.
Kiel, Phil. Fak., Hab.-Schr. v. 28. Apr. 1886.

Schütze, P., Beiträge zur Poetik Otfrids. gr. 8. (64 S.) Kiel 887. Universitäts-Buchhandlg. n. 1. 50

Schütze, Paul, die Entstehung des Rechtssatzes: Stadtluft macht frei, s.a. Studien, historische. 36. Hft.

Die Entstehung des Rechtssatzes: Stadtluft macht frei. Von Paul **Schütze**, Dr. phil. *Berlin: E. Ebering 1903.* (VIII, 116 S.) 8°
— Studien, Historische. H. 36. [03. 3452

Schütze, Paul, neue Gesänge zu allen Schulfeiern. E. Festgabe an d. deutsche Jugend. gr. 8. (32 S.) Berlin 895. Th. Fröhlich. n. — 30

[Umschlagt.:] [F.] Neue Gesänge zu allen Schulfeiern. E. Festgabe an d. deutsche Jugend v. Paul **Schütze** ... *Berlin: Th. Thiele (1895).* (32 S.) 1 Bd 8. [94. 6161

— Theodor Storm. Sein Leben u. seine Dichtg. Festgabe zum 70. Geburtstag. Mit e. (Lichtdr.-)Portr. Theodor Storm's. gr. 8. (VII, 272 S.) Berlin 887. Gebr. Paetel. n. 5. —; geb. n.n. 6. 50

Schütze, Paul, Theodor Storm. Sein Leben u. seine Dichtg. 2., verb. u. verm. Aufl. Hrsg. v. Edm. Lange. (XII, 333 S. m. Bildnis.) 8. Berlin 907. Gebr. Paetel. 6. —; geb. in Leinw. 7. —

Theodor Storm. Sein Leben und seine Dichtung v. Paul **Schütze**. 2. verb. u. verm. Aufl. hrgg. v. Edmund Lange. Mit 1 Bilde Theodor Storms. Berlin. 1907. 8°
—— 3. verb. u. verm. Aufl. ebd. 1911. 8°

Schütze, R., Gedächtnispredigt auf den hochsel. Kaiser Wilhelm I., geb. am 22. März 1888 zu Naundorf. gr. 8. (8 S.) Naundorf b/Reideburg 888. (Berlin, Deutsche Evangel. Buch- u. Tractat-Gesellschaft.) n. — 20

Schütze, R., 100 Geschichten fürs Volk, s.: Familien-Bibliothek fürs deutsche Volk.

Schütze, R., Inschriften u. Sinnbilder, s.: Familien-Bibliothek für's deutsche Volk.

—— kleiner Rathgeber für Leute, die den Friedhof lieb haben. 1. und 2. Thl. 8. (à Thl. 32 S.) Hamburg, Evangelische Buchh. à Thl. * 10 Pf. *
Inhalt:
Thl. 1. Christliche Grabschriften. 881.
" 2. Winke über die Pflege des Kirchhofs. 882.

— Rundschau auf dem Arbeitsfelde d. Gustav-Adolf-Vereins, s.: Für die Feste u. Freunde d. Gustav-Adolf-Vereins.

— Samenkörner f. den Gottesacker. Gesammelt v. R. S. 16. (IV, 119 S.) Eisleben 885. Christl. Verein im nördl. Deutschland. geb. — 53

Deutsche Sprichwörter erl. von R. Schütze. *Barmen: H. Klein [1903].* (31 S.) 8° [F.]
= Dämmerstunde, Für die. Reihe 3. [6.] [04. 11582

Schuetze, Reinhard Berthold Theodor, s. Schuetze, Berthold

Schuetze, Reinoldus, Berolinensis: Juvenalis Ethicus. Gryphiae 1905: J. Abel. (VI, 104 S.) 8°
Greifswald, Phil. Fak., Ref. Kroll, Diss. v. 24. Juni 1905
[Geb. 27. Febr. 82 Berlin; Wohnort: Greifswald; Staatsangeh.: Preußen; Vorbildung: Königstädtisches Gymn. Berlin Reife O. 00; Studium: Berlin 6, ... S.; Rig. 12. Mai 05.]

Aus d. Privatklinik Dr. Schütz zu Wiesbaden. Zur Differentialdiagnose des Ulcus ventriculi. Von Dr. R[obert] **Schütz**. Vortrag... Wiesbaden: Bergmann 1899. 10 S. 8° [11. 9871 11

Schütze, Robert [aus Halle a./S.]: Über Verwitterungsvorgänge bei krystallinischen und Sedimentär-Gesteinen .... Berlin, Druck v. Gebr. Unger (Th. Grimm), 1886; 24 S. 8°.
Erlangen. Phil. Fak., Inaug.-Diss. v. 1886

Schütze, Robert, über Verwitterungsvorgänge bei krystallinischen und Sedimentär-Gesteinen. Diss. Erlangen 1886, Blaesing. 8°. 24 S.

Schütz, Sebast., die Ordnung des Heils ꝛc. 8. Leipzig, Fritsch. 773. Rthlr.

— — dass. f. Anfänger. 8. Ebend. 769.

Schütze, Sebast., (+ ...) die Ordnung des Heils, aufs neue verm. u. verbess. von Th. Fr. Frisch. 8. Leipz. 773. (Hahn). 16 gr

Schütze, Stephan

— die Allgefällige. — Die Heimkehr. — Der König v. Gestern; Lstspl. — Mutter u. Tochter; Lstspl., s. A. v. Kotzebue, Almanach. 21r, 22r, 25r u. 28r Jahrg.

Schütze, (Jh.) St., der Dichter u. sein Vaterland. Lstspl. in 3 A. 8. (Leipz., Steinacker). 16 gr

– s. Frühlingsbote.

Schütze, (Joh.) Steph., Gedichte ernsten u. scherzhaft. Inhalts. 8. (12 B. u. 8 Holzschn.-Vign.) Berlin 830, Vereins-Buchh.

Schütze, (Jh.) Steph., Gedanken u. Einfälle üb. Leben u. Kunst. 8. Leipz. 810. (Brockhaus). 1 ß 8 gr Velinp. 2 ß

Schütze, St., Gedanken u. Einfälle üb. Leben u. Kunst. 8. Leipz. Gleditsch.
Velinp.

— Gedichte. 8. Leipz. 810. (Brockhaus). 1 ß 8 gr Velinp. 2 ß

— die Journalisten. Lstspl. in 1 A. 8. Leipz. 806. Voß. 10 gr

Schütze, (Jh.) Steph., das Land der Wunder. 8. Hamb. 812. Herold jun. 1 ß 8 gr

—— Lebensgeschichte. 2 Thle. 8. (25 B. u. Bildn. d. Verf.) Neuhaldensleben 834, Eyraud.

— der unsichtbare Prinz. 3 Bde. 8. Leipz. 812 u. 813. Hartknoch. 5 ß 6 gr

— humorist. Reisen durch Mecklenburg, Holstein, Dänemark rc., als Gegenstück zu Baggesens Reisen. Mit 1 Kpf. 8. Hamb. 812. (Herold jun.) 1 ß 12 gr

Schütze, St., humoristische Reisen durch Mecklenburg, Holstein, Dänemark rc., als Gegenstück zu Baggesens Reisen, mit 1 K. 8. Hamb. Vollmer. 812.

SCHÜTZE, (J.) Steph., Heitere Stunden. 3 Thle. Dresden 1821—23 in der Arnoldi'schen Buchhandlung. 8°. 215, 228 u. 231 S. (In Hamburg. Bibl. der „Harmonie".) (22 Mk., Prachtexemplar in herrlichen roten Maroquinbänden d. Zt. m. reich ornament. Rücken- u. Plattenvergoldung u. Goldschnitt, Max Perl's Berliner Oct.-Auct. 1907. no. 858.)
Der Verfasser war als Herausgeber d. Journals d. Luxus u. d. Moden, sowie d. Taschenbuches d. Liebe u. Freundschaft, v. Einfluß auf die Litteratur seiner Zeit.
Enth. u. a. in Th. II, no. 2: Das verschmitzte Kammermädchen.

Schütze, (St.,) heitere Stunden. 2s Bdchn; enthält: 1) der Hirtenknabe; 2) das verschmitzte Kammermädchen; 3) der Mantel; 4) wie gewonnen, so zerronnen. 8. Dresd. 822, Arnold.

— dess. 3s Bdchen enth.: 1) der Geburtstag im Walde; 2) die sieben Geschwister; 3) die Muthwillige d. beiden Vorsätze. 8. Dresden 824, Arnold.

— heitere Stunden. 3 Thle. 8. Dresd. 821—23. Arnold. 3 ß 9 gr 2e Ausg. 828. 1 ß 12 gr

—— Taschenbuch der Liebe u. Freundschaft gewid., s. Taschenbuch.

—— muntere Unterhaltung. gr. 12. (12½ B.) Leipzig 829, Focke.

— Versuch einer Theorie des Komischen. 8. Dresd. 818. Hartknoch. 1 ß Velinp. 2 ß

— Versuch e. Theorie d. Reims nach Inhalt u. Form. 8. Magdeb. 802. (Heinrichshofen). 12 gr

— abentheuerl. Wanderungen von Weimar nach Karlsbad. 2e A. Mit ill. Kpf. 12. Leipz. 809. Gleditsch. (Brockhaus). 1 ß

— abentheuerl. Wanderung von Weimar nach Carlsbad. Taschenbuch f. 1810. Mit Kpf. 12. Leipz. 1 ß 16 gr Mit neuem Tit. 825. Ebd. (Brockhaus). 1 ß

— — der Wintergarten. 6 Bde. Mit Kupf. 8. Frankf. a. M., H. Wilmans. 816—22. à 1 Thlr. 12 Gr.

Schütze, Theodor Johann Abraham

— auctarium commentarii in epist. ad Ephesios a se editi. 4. Gera 784.

— von d. Brauchbarkeit d. alten Schriftsteller bei d. Unterricht d. Jugend in d. latein. Sprache. 8. Lauban 770.

Schütze, Thdr. Jh. Abr., commentarius in Epistolam Pauli ad Ephesios. 8maj. Leipz. 778. (Brockhaus). 8 gr

Schütze, T. I. A., commentarius in Epistolam Pauli ad Ephesios. 8. maj. Lips. Heinsius. (Gleditsch.) 778.

— 1e. bis 3e Nachricht v. d. Bevölkerung auf d. festen Lande außerhalb Europa. 4. Gera 791—93.

— observationes criticae in Phaedrum. 8. Lauban 770.

— observationum in Pentateuchum Spec. I.—III. 4. Weissenfels 772—76.

Schütze, Thdr Joh. Abr., Von Provincialismen. Gera 1807. 4. . . . .

— Th. J. Abr., Progr. I-XII. von der Reinigkeit und Richtigkeit des latein. und deutschen Ausdrucks. Gera 784-90, 4.

Schütze, Theodor Reinhold

Schütze, Thdr. Reinh., das staatsbürgerliche Anklagerecht in Strafsachen. Antritts-Vorlesg. geh. zu Graz am 16. Octbr. 1870. gr. 8. (19 S.) Graz 870. Leuschner & Lubensky. n. — 60

Schütze, Thdr. Reinhold, Dissertatio inauguralis de legis beneficio quale exstat in fragm. 50. Digest. de actionib. emti. (XIX. 1.) 8maj. (71 S.) Kiliae 853, (libr. academica.) *

Schütze, Thdr. Rhold., Laien in den Strafgerichten. Rechtliches Bedenken. gr. 8. (42 S.) Leipzig 873, Gebhardt's Verlag. *

—— Lehrbuch des deutschen Strafrechts auf Grund des Reichsstrafgesetzbuches. 2. Abthl. Besonderer Thl. Register etc. gr. 8. (XII, S. 219—550.) Ebendas. 871. *
—— dass. — 2. verm. und geläut. Aufl. gr. 8. (XVI, 558 S.) Ebendas. 874. *

—— Lehrbuch des deutschen Strafrechtes. Anhang zur 2. Aufl. [1874], mit dessen Genehmigung ausgearb. auf Grundlage der Strafrechts-Novelle vom 26. Febr. 1876 von Wanieck und Villnow. gr. 8. (24 S.) Leipzig 877, Gebhardt's Verlag. *

—— Lehrbuch des norddeutschen Strafrechts. 1. Abthl.: Einleitung. Allgemeiner Thl. gr. 8. (S. 1—218.) Ebendas. 871. *

Samling af de den slesvigske Strafferet vedrørende Love og Forordninger. Udg. med Anmærkninger, tildels med Oversættelse etc. af Theodor Reinhold Schütze. Kjøbenhavn. 1856. 8°.
A. u. d. T.:
Sammlung der das schleswigsche Strafrecht betreffenden Gesetze und Verordnungen. Mit Anmerkungen, zum Theil mit Übersetzungen hrgg. v. Th. R. Schütze. Kopenhagen. 1856. 8°.

Schütze, Thdr. Rhold., die nothwendige Theilnahme am Verbrechen. Zugleich ein Beitrag zur Läuterung der gesammten Lehre von der Verbrechermehrheit. Leipzig 869. Gebhardt. gr. 8. (VIII, 423 S.) n. 2 Thlr 20 Ngr.

Schütze, Ulrich, appr. Arzt a. Kiel; Kgl. psychiatrische und Nervenklinik zu Kiel. Ein Fall von einseitiger isolierter totaler Oculomotoriusparalyse auf luetischer Basis. Kiel 1905: L. Handorff. (18 S.) 8°
Kiel, Med. Fak., Ref. Siemerling, Diss. v. 17. Apr. 1905
[Geb. 31. Juli 80 Hamburg; Wohnort: Kiel; Staatsangeh.: Preußen; Vorbildung: Gymn. Kiel Reife O. 00; Studium: Kiel 6, München 1, Kiel 2 S.; Coll. 24. März 05; Approb. 3. März 05.]

Schütze, W., Choräle für Männerchor, mit Berücksicht. der christl. Feste, zunächst für Seminarien und Gymnasien bestimmt und bearb. Op. 11. hoch 4. (12 S.) Neu-Ruppin 875, Petrenz.

—— Harmonielehre. In systemat., gedrängter Darstellung, nach den Forderungen der „Allgemeinen Bestimmungen vom 15. Octbr. 1872" für Seminarien und Musikinstitute bearb. 16. Werk. gr. 8. (VI, 100 S.) [Wittenberg 877, Herrosé's Verlag.] Berlin, Th. Hofmann. *

Schütze, W., die Lagerungsverhältnisse bunter Breccie, s.: Branca, W., u. E. Fraas.

Schütze, W., allgemeine Musiklehre. In systematischer, gedrängter Darstellung als Vorstufe zur Harmonielehre für Präparanden-Anstalten u. Seminare bearb. 32. Werk. gr. 8. (VI, 52 S.) Berlin 880. Th. Hofmann. n. — 80

Schütze, Wilhelm, a. Marzdorf b. Jahnsfelde i. M.: Zur physiologischen Anatomie einiger tropischer Farne, besonders der Baumfarne. (Berlin 1905: E. Ebering.) (62 S.) 8°
Berlin, Phil. Fak., Ref. Schwendener, Diss. v. 16. Dez. 1905
[Geb. 14. Jan. 81 Marzdorf, Prov. Brandenburg; Wohnort: Marzdorf; Staatsangeh.: Preußen; Vorbildung: Realgymn. Frankfurt a. O. Reife M. 01; Studium: Berlin 8 S.; Rig. 10. Juli 05.]

Schütze, W(ilhelm), Gerichts-Assessor: Über die Bedeutung, Wirksamkeit und das gegenseitige Verhältnis des pactum de retrovendendo, des pactum de retroemendo und des pactum displicentiae beim Kauf. *Rostock 1899: Adler's Erben.* (101 S.) 8°
Rostock, Jur. Diss. v. [20. Juni] 1899

Schütze, Wilh., moderne Dekorationsmotive f. Maler, Zeichner, Graveure. I. Thl. Fol. (28 Lichtdr.-Taf.) Hamburg 894. F. A. Dahlström. In Mappe. n. 25. —

Schütze, Wilh., ornamentale Kompositionen. Entwürfe v. modernen Plafonds, Wandfeldern, Füllgn., Lünetten, reizvollen Ornament-Entwickelgn., verbund. m. reichem Blumenschmuck etc. 18 Taf. in Photolith. Fol. Hamburg 896. Boysen & Maasch. In Mappe n. 12. —

Schütze, Wilh., die Plastin-Reliefmalerei, s.: Liebhaberkünste, die, in Einzelabhandlungen. 2. Hft.

— prakt. Skizzen f. Decorationsmaler. 1. Thl. gr. 4. (36 S.) Ebd. 896. n. 6. —

Schütze, Woldem., Schwarz gegen Weiß. Die Eingeborenenfrage als Kernpunkt unserer Kolonialpolitik in Afrika. (VIII, 149 S.) gr. 8. Berlin 908. [C. A. Schwetschke & Sohn.] Süd-West-Verlag. 2.50; geb. n 3.50

Schützelhofer, Rupert, die Technologie der Büchsenmacherkunst, s. a. Hartleben's, A., mechanisch-technische Bibliothek. Bd 14.

Schützelhofer, R., Die Technologie der Büchsenmacherkunst, umfassend die Rohstoffe, Werkzeuge, Vorrichtungen, Maschinen und Arbeitwesen. Gr.-8°. (ill. VIII, 165 S.)
Wien: Hartleben 1906. K 4.40, geb. K 5.50

Schützen, Turner und Liederbrüder, Deutsche, oder: Was will das Volk. Zeitgeschichtlicher Roman. Jena 1867. V: *Klencke, Philipp Frdr. Herm.* (EB)

—, Turner u. Liederbrüder, deutsche, oder: Was will das Volk? Zeitgeschichtlicher Roman vom Verf. der Romane: „Die Ritter der Industrie." — „Die Herren vom Kleeblatt." — „Das Geschlecht der Zukunft" etc. 4 Bde. Jena 867. Costenoble. 8. (1093 S.) 5 Thlr

Schützen, des deutschen, Liederbuch. Eine Sammlung alter und neuer Lieder. 16. (VIII und 96 S.) Göttingen 862, Wigand. cart. *

—— dass. — Neue Ausg. Für das zweite deutsche Bundesschießen zu Bremen im Juli 1865. 16. (VIII und 96 S. mit 1 photolithogr. Ansicht der Festhalle.) Bremen 865, Gesenius.

Fuer die Schützen der württ. Reiterei. Von e. Schützen-Offizier. Karlsruhe 1829. 100 S.

Schützen-Almanach f. d. J. 1832 u. 1833, gewid. den Eidgenöss. Schützen u. allen Gönnern u. Beförderern d. schweizer. Schützenwesens. gr. 12. (11½ B., 10 Stndr. u. 5 Musikbeil. 4.) Chur, Kellenberger.

Schützen-, Jäger- und Turner-Anzüge, deutsche, dargestellt in Bild und Schnitt. 18 lithogr. Taf. in Fol., enthaltend 17 bildl. Darstellungen und über 80 Schnittfig., nebst einem Reduktions-Schema zum Uebertragen der verjüngten Modelle in die natürl. Größe. Fol. Dresden 868, Exped. der Europ. Modenzeitung. *

Schützenau, A. v., s.: Taubmann, J. A.

Schützenbataillone, Die schweizerischen, und ihre Zukunft. Zürich 1882. V: *Attenhofer, Eduard.* (Cat. d. Stadtbibl. Zürich. Zürich 1864—97.)

Schützenberger, Aloys, Darstellung v. Korneuburg u. Stockerau, } s. Darstell., histor. u. topograph. d. Pfarren im Erzhrzgth. Oesterr., 9. u. 11. Bd.
—— Darstellung v. d. Märkten Wolkersdorf u. Groß-Rußbach etc., }

Schützenberger, Aloys, das Decanat Peyerbach etc., s. Darstell., histor. u. topograph., d. Pfarren im Erzhrzgth. Oesterr., 17. Bd.

Schützenberger, Alois, das Decanat Pillichsdorf, s. Darstellung der Pfarren, Stifte etc. 11r Bd.

— s. Topographie, kirchl. von Oesterreich.

Schützenberger, Fr., Religion u. Liebe. Trspl. 8. Karlsr. 818. Marx. 18 kr.

Schützenberger, G. F., Études de droit public. gr. in-8. Paris et Strasbourg 837. Levrault. 1½ Thlr

Schützenberger, M. P., Die Farbstoffe mit besonderer Berücksichtigung ihrer Anwendung in der Färberei u. Druckerei. Deutsch bearb. von Dr. H. Schröder. Berlin 1868. 8°.

Schützenberger, P., die Farbstoffe mit besond. Berücksicht. ihrer Anwendung in der Färberei und Druckerei. Autorisirte deutsche Uebertragung. Bearb. von Herm. Schröder. 2 Bde. in 10 Lfgn. gr. 8. (IV, 543; 623 S., mit eingedr. Holzschn. und 70 Musterproben auf 18 Taf.) Berlin 869, Oppenheim. à Lfg. *M 2. *

Schützenberger, P.: Die Farbstoffe mit besonderer Berücksichtigung ihrer Anwendung in der Färberei und Druckerei. Deutsch von H. Schröder. Bd 1. 2. Berlin 1870

— — dass. — 2. Ausg. verm. durch einen bis auf die Gegenwart fortgeführten Nachtrag. 2 Bde. in 10 Lfgn. gr. 8. (IV, 543; 623 S. mit 22 Taf. Muster.) Ebendas. 873. à Lfg. *M. 2. *

Schützenberger, P., die Gührungserscheinungen, s. a. Bibliothek, internationale wissenschaftliche.

Schützenberger P.: Die Gärungserscheinungen. Autoris. Ausg. Leipz. 1876. 302 S. Fig.
(Internat. wissenschaftliche Bibliothek Bd. 23).

Schützenbüchlein Wiener, lustiges. Allen fröhlichen Gästen des dritten deutschen Bundesschießens zu Wien gewidmet von einem Wiener Schützen. 12. (44 S.) Wien, Dirnböck's B. (G. Draudt.) 1868. 20 kr.

Schützencompagnie, die Bozner, in d. J. 1796—1797. Nach e. alten Handschrift v. H. M. 8. (61 S.) Bozen 897. A. Auer & Co. n. — 60

Schuetzendienst für Jäger- u. Schützen-Offiziere bei der Infant. u. Kav. (Von v. Seydel). T. 1. (Mehr nicht erschienen.) Mit Kpf. Königsberg 1807. 354 S.

Schützendienst, Der, für Jäger- und Schützenofficiers bey der Jnfanterie und Cavallerie. Bd. 1. Königsberg 1808. V: *Seydel (Seydell), S. F.* (MGT) (KY)

Schützendienst, der, f. Jäger- u. Schützen-Officiers bey der Infanterie und Cavallerie. 1r Thl. m. K. 8. Königsberg, Unzer. 808.

Schützendorff, H. J., allgemeine Lage der arbeitenden Klasse und der Einwanderer in New-York im J. 1854. Nebst Darstellung einiger Verhältnisse, deren näheres Bekanntwerden geeignet sein dürfte, die bis jetzt nur noch zu häufig vorwaltenden Ansichten über amerikan. Zustände oder Vorzüge, der Wahrheit näher zu bringen. (Schlußbericht.) gr. 8. (44 S.) Köln 857, W. Greven. geb.

[J.] Beim Schützenfest. Humoreske v. K. W. H. P. *Schweidnitz: L. Heege [1897].* (78 S.) 1 Bd 8. [97. 8389]

Schützenfest, das Berliner, u. der Tingeltangel in Pankow. Kritische Betrachtg. v. Paul Johannes. gr. 8. (31 S.) Berl. 890, Friedrichs u. Comp. * — 50

Schützenfest, das deutsche, in Frankfurt a. M. Fol. (20 S. mit eingedr. Holzschn.) Leipzig 862, Expedition der illustrirten Zeitung.

Schützenfest, Das eidgenössische, in Nidwalden (Stans) 1861. Dargestellt in einigen historischen und statistischen Übersichten der Ereignisse desselben. Stans 1861. V: *Deschwanden, Karl.* (BSCHWL V, 5, S. 345)

Das eidgen. Schützenfest in Nidwalden 1861. Stans, 1862.

Schützenfest. Eidg(enössisches) Sch' = Tir fédéral. Bern (17. Juli bis 1. August) 1910. [Album, mit Festbericht, 35 Tafeln, 1 Vignette und illustriertem Umschlag.] IV + 18 S. fol. Berne, A. Freytag, [1911]. [geb. fr. 7. —]

Schützenfest, eidgen., in St. Gallen 1874. Illustr. Gedenkblatt. 4 Stn. fol. St. Gallen, Th. Weyrauch. 1874 —. 30

Schützenfest. Eidgenössisches Sch', St. Gallen 16.—28. Juli 1904. Offizielles Festalbum. (Hrg. mit ausdrücklicher Genehmigung des Organisations-Komitees von der Kunstanstalt A. Bergeret & Co. in Zürich nach photographischen Aufnahmen....) II Bl. + 16 Tafeln, in *Mappe*, quer-fol. Herausgeber: Carl Huber & Co. St. Gallen [1904]. [Subscr. fr. 12. —, im Buchh. 20. —]

Das eidgen. Schützenfest in Schaffhausen 1865. Schaffhausen, 1866.

Das eidgen. Schützenfest in Zürich 1859. Zürich, 1859.

Schützenfest, eidgen., in Zürich 1872. Festbeschreibung. 133 Stn. mit Plan u. Ansicht des Festplatzes. Zürich, Attenhofer & Co. 1873

— — das erste deutsche, in Frankfurt a. M., vom 13. bis 22. Juli 1862. Eine Darstellung seines Entstehens und seines ganzen Verlaufs, mit den dabei gehalt. Reden und Trinksprüchen und der Liste der gewonnenen Ehrenpreise. 8. (X und 198 S.) Frankfurt a. M. 862, Brönner.

St. Sebastianus-Schützenverein zu Düsseldorf. Großes Schützenfest verbunden mit dem 4. rhein.-westphäl. Preisschießen. Gefeiert den 19.—22. Juli 1857. Düsseldorf, 1857, 23 S. 918

37. Eidgenössisches Schützenfest vom 30. Juni bis 11. Juli 1901 in Luzern. Schiessplan und Schiessreglement. [Illustriert.] IV + 66 S. 8. Luzern, H. Keller.

Die Schützenfeste der Stadt und ehemaligen freien Reichsabtei Werden a. d. Ruhr. Aus Anlaß d. hundertjährigen Jubiläum entnommen aus dem Archiv des Vereins. Wesel, 1884, 33 S.

⊙ Schützenfest-Zeitung. Nr. 9. Tagesberichte von dem in Verbindung mit dem Thüringer Turnerfest vom 8. bis 11. Juli 1861 in Gotha stattfindenden ersten deutschen Schützenfest. Gotha. (1861.) 4° [Kopft.]
Enthaltend: Aufruf zu Sammlungen für die vertriebenen Schleswig-Holsteiner.

Schützen-Freiwilligen-Bataillone, Die steiermärkischen, und ihre Leistungen in den J. 1848 und 1849. Gratz 1857. V: *Pratobevera, Eduard.* (JOANSTYRA)

Schützen-Freiwilligen-Bataillone, die steiermärkischen, und ihre Leistungen in den J. 1848 und 1849. Hrsg. von dem Ausschusse des histor. Vereines für Steiermark. gr. 8. (IV 47 S.) Gratz 857, (Hesse's Buchh.) *

Schützen-Freiwilligen-Bataillone, die steiermärkischen — und ihre Leistungen in den Jahren 1848 und 1849. Herausgegeben von dem Ausschusse des historischen Vereines für Steiermark. Gratz, 1857. Aus der C. Tanzer'schen Buchdr. (47 S. 8.)

Schützenfreuden. Zum Schiessstands-Jubiläum in Oberbozen. [Bozen 1868.] V: *Stock, Norbert.* (MARGR)

Schützen-Führer durch ganz Leipzig mit vollständigem Stadtplan in Farbendr. 8. (IV, 32 S.) Leipzig 884, Stauffer. *

Schützen-Führer, offizieller. Praktischer Wegweiser f. Berlin, im Auftrage d. Pressausschusses bearb. v. Ernst Friedel. 8. (XX, 174 S. m. 3 Plänen.) Berl. 890, A. Goldschmidt. cart. ** 1 —

Schützenführer in Wien. Billigster zeitersp. Führer für Fremde u. Einheimische in Stadt u. Umgebung. 5. ganz umgearb. Aufl. Mit einem (chromolith.) Plane von ganz Wien (in Fol.) u. 20 Ansichten (in eingedr. Holzschn. u. auf 1 Holzschntaf.) Wien 868. Wenedikt. 16. (122 S.) cart. 15 ngr.

Schützenführer durch Zürich und seine Umgebungen. Nebst Plan. XII, 26 u. 18 Stn. 12. Zürich, Attenhofer & Comp. 1872. 1. —

Schutzengel

— der. Weihnachtsspiel. Die Hirten, s.: Ahle, J. R., geistlicher Christbaum.

SCHUTZENGEL. Andächtige Verehrung seines heiligen Schutzengels, wie auch deren heiligen sieben Fuersten der Engeln. Um Erlangung gewisser Hilfe, besonders in großer Noth und Anliegen. Pressburg 1751: Landerer. 24 S. 51. - 150 mm
- Dass. Ofen o. J.: Druck. Gyurián u. Bagó. 48 S. - 140 mm

Schutzengel, od. Anleitung zur christl. Andacht. A. d. Franz. 3., verb. Aufl. gr. 12. (17 B.) Einsiedeln 828. (Augsburg, Kollmann.) (Orell in Zürich) Thlr.

Schutzengel, der, oder Anleitung zur christlichen Andacht. Mit 1 Kpfr. 12. Einsiedeln 834. (Augsburg, M. Rieger.) 1/3 ß —

Schutz-Engel, od. Anleitung z. christl. Andacht. gr. 18. (360 Seit. u. 1 Stnt.) Einsiedeln 839. (Regensburg, Manz.)

Schutzengel, der. Andachtsbuch f. Jünglinge u. Jungfrauen, zum Andenken bei ihrem Austritte aus den Schulen u. Eintritte in die Welt. 2. Aufl. 16. (388 S. m. 1 Lith.) Passau 852, Elsässer & Waldbauer. 6 ngr.

Schutzengel oder: Führer auf dem Wege des Heils. Vollständiges katholisches Gebetbuch. Münster 861. Aschendorff. 32. (VIII, 376 S. u. 1 Lithogr.) n. 5 ngr.

Der Schutzengel: 1872 – 1875?
Roman Catholic juvenile monthly. Quarto, each issue 16 pages; illustrated.
New York, NY

Schutzengel, der. Ein Freund, Lehrer und Führer der Kinder. Jahrg. 1875. 8. (112 S. mit eingedr. Holzschn.) Donauwörth 876, Buchh. des kathol. Erziehungs-Vereins. *
—— dass. — Redig. von L. Auer. Jahrg. 1876—1879. à Jahrg. 24 Nrn. (à ½ Bog. mit eingedr. Holzschn.) gr. 16. Ebendas. à Jahrg. *

— der. Lehr- u. Gebetbüchlein für heilsbegierige Katholiken, besonders für christliche Jünglinge u. Jungfrauen. 18. Aufl. 16. (288 S. m. Stahlst.-Titel u. 1 Stahlst.) Salzburg 879. Pustet. n. — 65

Schutzengel, der. Ein Freund, Lehrer und Führer der Kinder. Redact.: Ludw. Auer. 6.—10. Jahrg. 1880—1884. à Jahrg. 24 Nrn. (à Nr. ½ Bog. mit eingedr. Holzschn.) 8. Donauwörth. [Buchh. des kathol. Erziehungsvereins.] Auer. à Jahrg. *

Schutzengel, der. Ein Freund, Lehrer und Führer der Kinder. Redact.: Ludw. Auer. 11.—14. Jahrg. 1885—1888. à Jahrg. 24 Nrn. (à Nr. ½ Bog. mit eingedr. Holzschn.) 8. Donauwörth, Auer. à Jahrg. *
geb. à Jahrg. *

Schutzengel, der. Ein Freund, Lehrer u. Führer der Kinder. Redact.: Johs. Dürmüller. 15.—18. Jahrg. 1889—1892. à Jahrg. 24—26 Nrn. (à Nr. ½ Bog. m. eingedr. Holzschn.) 12. Donauwörth, Auer. à Jahrg. * — 80

Schutzengel. Lehr- und Gebetbüchlein für jugendliche Christenherzen. 32. (149 S.) Geb. —.15
Joachimsthal: Friedrich 1891.

— dasselbe. 18.—20. Jahrg. 1892—1894. à 26 Nrn. (½ Bog. m. Holzschn.) 8. Ebd. à Jahrg. n. — 80

Schutzengel. Kathol. Gebetbüchlein für kindl. Seelen. Zusammengest. v. e. kathol. Priester. 32. (190 S. m. Holzschn.) Kevelaer 895. J. Thum. Geb. in Leinw. — 35

— der. Ein Freund, Lehrer u. Führer d. Kinder. Red.: Joh. Bapt. Dürmüller. 21.—24. Jahrg. 1895—1898. à 26 Nrn. (à ca. 8 S. m. Illustr.) 12. Donauwörth, L. Auer. Kann auch halbjährlich bezogen werden. à Jahrg. n. — 80

Schutzengel, der. Ein Freund, Lehrer u. Führer der Kinder. Red.: J. B. Dürmüller. 25. u. 26. Jahrg. 1899 u. 1900. à 26 Nrn. 12. (à 8 S. m. Abbildgn.) Donauwörth, L. Auer. à Jahrg. n. — 80

— dasselbe. Hrsg.: Ludw. Auer. Red.: E. M. Zimmerer. 27. u. 28. Jahrg. 1901 u. 1902. à 26 Nrn. 12. (à 8 S. m. Abbildgn.) Ebd. à Jahrg. n. 1. —

Schutzengel. Ein Freund, Lehrer u. Führer der Kinder. Hrsg.: Ludw. Auer. Redaktrice: E. M. Zimmerer. 32. Jahrg. 1903—1906. à 26 Nrn. (à Jhrg. 208 S. m. Abbildgn.) gr. 8. Donauwörth, L. Auer. à Jhrg. n. 1. —

Schutzengel. Ein Freund, Lehrer u. Führer der Kinder. Hrsg.: Ludw. Auer. Red.: E. M. Zimmerer. 33.—36. Jahrg. 1907—1910. à 26 Nrn. (à 8 S. m. Abbildgn.) gr. 8. Donauwörth, L. Auer. à Jahrg. 1. —

— der, als Führer des Christen in allen seinen Lebensverhältnissen. In 16 Bildern (in Stahlst.) mit Text. Aus dem Französ. Luzern 861. Gebr. Räber. 32. (34 S.) n. 16 ngr.

Schutzengel, Der heilige.
Wegweiser zum Himmel. Gratz 1838. V: *Jacobs, Peter.* (Jes)

—— der heilige, od. Anleitung zur christl. Andacht. Aus d. Franz. übers., neue verb. Ausg. 18. (360 S. u. 1 Stnt.) Einsiedeln 843, Gebr. Benziger. 10 Ngr., fein Pap. m. 8 Stnt. —

—— dass. Aus d. Französ. übersetzte, neue, v. einem Priester verb. Ausg. 19. Aufl. 18. (10 B. u. 2 Stnt.) Ebds. 844.
Velinp. m. 8 Stnt. u. Ttl. in Gold- u. Farbendr.

— der heilige. Ein Gebethbuch f. kathol. Christen. Als Prüfungs- u. Firmungs-Geschenk anwendbar. 18. (160 S. mit 1 Stahlst.) Linz 847. (Leipzig, Hübner.) 1/4 ß

Schutzengel, der heilige, oder Anleitung zur christlichen Andacht. 12. (389 S. und 1 Stahlst.) Saarlouis 850, Stein.

— der heilige, oder Anleitung zur christlichen Andacht. Ein vollständiges Gebetbuch für katholische Christen. Aus dem Französ. frei übersetzt von einem Priester aus dem Orden des heil. Benedikt. 34. revidirte Aufl. Einsiedeln 859. Gebr. Benziger. 12. (357 S. u. 1 Lithogr.) 7½ ngr.

—— dass. — Nach der ältern Ausg. in größerm Druck bearb. Min.-Ausg. 2.—6. Aufl. 32. (382 S. mit 4 Chromo-Bildern in Holzschn.) Ebendas. 862—67.
Velinp. mit 4 Stahlst.

Schutzengel, der heilige, oder Anleitung zur christlichen Andacht. Ein vollständ. Gebetbuch für kathol. Christen. Aus dem Französ. frei übers. von einem Priester aus dem Orden des heil. Benedikt. 40. Aufl. gr. 16. (352 S. mit 2 Stnt.) Einsiedeln 866, Gebr. Benziger. 6½ Ngr.; mit Meßanhang. (448 S.)
Velinp. mit 4 Stahlst.

Schutzengel, der heilige, oder Anleitung zur Andacht. Vollständiges Gebet- und Erbauungsbuch für kathol. Christen. 32. (447 S. mit 1 Stahlst. und 1 lithogr. und color. Titelbl.) Einsiedeln 873, Wyß, Eberle und Comp.
Velinp.

Schutzengel, der heilige, oder Anleitung zur christl. Andacht. Ein vollständ. Gebetbuch für kathol. Christen. Ausg. Nr. 2. 32. (398 S. mit 2 Farbendruckbildern.) Einsiedeln 874, Gebr. Benziger.
Ausg. Nr. 3. mit rother Einfassung. Mit 3 Stahlst.

—— dass. — oder Anleitung zur christl. Andacht. Ein vollständ. Gebetbuch für kathol. Christen. 8. (360 S. mit 2 Stnt.) Ebendas. 875.

—— der heilige. Ein vollständ. Gebetbuch für kathol. Christen. Von einem kathol. Priester. 24. (XVI, 480 S. mit 1 Stahlst.) Dülmen 880, Laumann'sche Verlagsh.
geb. *ℳ 1,50. bis *

— der heilige, od. Anleitung zur christl. Andacht. Ein vollständ. Gebetbuch f. kathol. Christen. Mit den in der Erzdiöcese Köln gebräuchl. Andachten u. Gesängen. Von e. Priester aus dem Orden d. hl. Benedict. Ausg. Nr. 1. 24. (510 S. m. Farbentitel u. 1 Chromolith.) Einsiedeln 886. Benziger & Co. — 90

Der Heilige Schutzengel oder Anleitung z. christl. Andacht. Ein vollst. Gebetbuch f. kath. Christen. Von e. Priester aus d. Orden d. heil. Benedict. Ausg. No 1. *Einsiedeln, Köln: Benziger & Co. [um 1902].* (510 S.) 8° [F.] [03. 15103

Der Heil. Schutzengel. Vollst. Gebetbuch f. kath. Christen. Ausg. No 2. *Einsiedeln, Köln: Benziger & Co. [um 1902].* (396 S.) 8° [F.] [03. 14334

—— der heilige, sicherer Führer zum Himmel. Ein vollständiges kathol. Gebetbuch, der lieben Jugend gewidmet. 6. Aufl. 12. (295 S. mit 2 Stahlst.) Gratz 862, Hesse's Buchh. *

Schutzengel hilf, od. Gutachten d. Menschen erwiesen. 8. Augsb. Wolf. 712.

— kleiner. Gebetbüchlein f. die kathol. Jugend, v. B. R. (192 S. m. Titelbild.) 64. Einsiedeln (903). Eberle, Kälin & Co. Geb. n.n. — 24; m. Goldschn. n.n. — 28

Schutzengel, Ein, auf dem Lebenswege. Stimmen der Erweckung, Mahnung, und Tröstung . . . Kiel [ca. 1840]. V: *Maack, Johann Christian Friedrich von.* (A)

Schutzengel, Ein, auf dem Lebenswege . . . Kiel 1845. V: *Maack, J. C. F. v.* (Zeitschr. f. Büch. N. F. 15, 1923, S. 122)

Schutzengel, ein, auf dem Lebenswege. Stimmen d. Erweckung, Mahnung u. Tröstung aus d. Munde deutscher Dichter. 8. (18½ B.) Kiel 845, [v. Maack's Verlag.]

Schutzengelbrief. Nr. 93—101. 107. 16. Donauwörth, Auer. n.n. — 35
93. Schöne Gebete zum Auswendiglernen f. Kinder. (32 S.) 884. n.n. — 6
94. Betrachtung f. e. zweitägige Geisteserneuerung nach Macatenus, bearb. v. E. S. (16 S.) 885. n. — 4
95. Ave Maria. Das Lied, welches beständig an der Grotte in Lourdes gesungen wird. (8 S.) 885. — 3
96. Gemeinschaftliche Meßandachten. (16 S.) 885. n. — 4
97. Bußlitanei. (4 S.) 885. — 2
98. Zur Verehrung d. heil. Joseph. (15 S.) 885. n. — 3
99. Morgen- u. Abendgebete in Reimen. (8 S.) 885. n. — 2
100. Gute-Tod-Andacht, d. i. e. Andacht zur Vorbereitg. auf e. guten Tod u. zur Erflehg. e. glücksel. Sterbestunde f. sich u. andere, ans Licht der Oeffentlichkeit gezogen v. Aloys Hacker. (15 S.) 885. n. — 3
101. Die gottgeweihte Seele in ihrem Verkehr m. Jesus im allerheiligsten Sakramente d. Altars. (8 S.) 885. n. — 2
107. Andacht zu den 3 heiligsten Personen Jesus, Maria u. Joseph in ihrer Beherbergung. Eine altehrwürd. Andacht, neu aufgefrischt v. Aloys Hacker. (32 S.) 886. n.n. — 6

Schutzengelbrief, Nr. 102—106, 131—141. 32. Donauwörth, L. Auer. n. — 67
102. Mittel zur Beförderung des geistlichen Lebens v. Erzbischof Clemens August. (4 S.) 886. n. — 1
103. Sammlung kurzer Ablaßgebete zum Auswendiglernen u. öfteren Beten f. Schulkinder. Von J. Groß. (4 S.) 886. n. — 1
104. Goldenes Himmelschlüsselein od. Sammlung verschiedener schöner Ablaßgebete f. jung u. alt. Von J. Groß. (16 S.) 886. n. — 3
105. An alle Hütkinder, groß u. klein. Von Alois Hacker. Nebst Anh. Gebete zum Gebrauche unterwegs. (32 S.) 886. n. — 6
106. Dein Schutzengel. Von H. Koneberg. (16 S.) 886. n. — 3
131. Tagzeiten zum heiligsten Herzen Jesu. (32 S.) 890. n. — 6
132. Das Armeseelengelübde, od.: Der heroische Liebesakt. Ein Wort an Freunde der armen Seelen. Von e. Priester. (32 S.) 890. n. — 6
133. Die wichtigsten Gebete u. Betrachtungen f. katholische Kranke. Von A. Schiller m. einigen Abändergn. zusammengestellt aus e. Krankenbuche. (32 S.) 892. n. — 6
139. Hausmesse. Meßandacht f. solche, die aus rechtmäß. Gründen verhindert sind, am sonntägl. Gottesdienste teilzunehmen, nebst gemeinschaftl. Morgen- u. Abendandacht e. christl. Familie. Nach Haubers Gebetbuch zusammengestellt v. Heinr. vom Schattenberg. (31 S.) 892. n. — 6
140. Armeseelen-Verein. (7 S.) 892. n. — 2
141. Und dann? Etwas f. Erstkommunikanten zum Festhalten an den gemachten Vorsätzen. Von Joh. Praxmarer. (16 S.) 894. n. — 3
133. Die Zeremonien d. 7 hl. Sakramente, erklärt v. e. Weltpriester. (16 S.) 890. n. — 3
134. Der hl. Joh. Berchmanns, der christl. Jugend zur Verehrg. u. Nachahmg. dargestellt v. A. D. (30 S.) 891. n. — 6
135. Am häuslichen Herd. Etwas üb. das Wirthshaussitzen u. Nachtschwärmen v. Heinr. vom Schattenberg. (32 S.) 891. n. — 6
136. Die selige Maria Margareta Alacoque, e. Apostel d. göttl. Herzens Jesu. (30 S.) 892. n. — 6
137. Betrachtg. d. bittern Leidens Christi f. Dienstboten. (8 S.) 892. n. — 3

Schutzengelbriefe. Nr. 108—125. 16. Donauwörth 887. 888. Auer. n. — 88.
108. Die gnadenreiche Novene zu Ehren d. heil. Franz Xaver. [Vom 4.—12. März.] Von Ed. Fischer. (16 S.) n. — 3
109. Das Gebetläuten. (16 S.) n. — 3
110. Hundert väterliche Lehren. Ein Geschenk f. wandernde Handwerksgesellen. Zeitgemäß umgearb. u. hrsg. v. A. Hacker. (32 S.) n. — 6
111. Ablaßbüchlein zum Troste der Kranken, der Sterbenden u. der Abgestorbenen [nach der Raccolta]. Von J. Groß. (32 S.) n. — 6
112. Eine Viertelstunde vor dem Gnadenbilde der schmerzhaften Mutter Maria. Von Ed. Fischer. (8 S.) n. — 2
113. Wettersegen-Gebete, zum Privatgebrauche zusammengestellt v. A. Hacker. (32 S.) n. — 6
114. Der Traum d. Studenten. Eine Engelserzählg., aus Wahrheiten gewoben v. M. Steigenberger. (32 S.) n. — 6
115. 80 Denksprüche nach der Ordnung d. Katechismus v. J. Deharbe. Zum Gebrauche f. die mittleren u. oberen Klassen der Elementarschule. Gesammelt v. L. D. (32 S.) n. — 6
116. Mahnwort an christliche Eheleute. (8 S.) n. — 2
117. Ein Blumenstrauß f. junge Leute, besonders f. Sonn- u. Feiertagsschüler. Gebunden v. Cyprian. (32 S.) n. — 6
118. Warnung vor e. falschen Freunde, gerichtet an alle, die m. ihm in Berührung kommen, v. A. Hacker. (32 S.) n. — 6
119. Der heil. Aloysius, Vorbild f. Kinder, Jünglinge u. Jungfrauen, zur Nachahmg. u. Verehrg. dargestellt v. A. Hacker. (32 S.) n. — 6
120. Der dritte Orden d. heil. Franziskus. (30 S.) n. — 6
121. Bleib unschuldig! (16 S.) n. — 3
122. Erbaue e. Lourd'-Kapelle in Deiner lieben Herzens-Zelle! (32 S.) n. — 6
123. Die nächste Gelegenheit zur Sünde. Von H. vom Schattenberg. (16 S.) n. — 4
124. Die gemischten Ehen. Ein Mahnwort an alle kathol. Eltern u. Kinder. (31 S.) n. — 8
125. O, nur keine Todsünde! (16 S.) n. — 3

— dasselbe. Nr. 126 u. 127. 16. Ebd. 889.
Für je 20 Explre. n. — 60
126. Dienstherrschaften, wer trägt die Schuld? Von Gräfin N. (14 S.)
127. Am Sterbebett. Benehmen bei demselben in Abwesenheit e. Priesters. Von H. vom Schattenberg. (16 S.)

— dasselbe. Nr. 128. 16. Ebd. 889. Für 20 Explre. n. — 15
Ablaßgebet der christlichen Familie. (4 S.)

— dasselbe. Nr. 129 u. 130. 16. Ebd. 890. à n. — 3
129. Auf Kinder! Gehet zu Joseph! Ein Büchlein f. den Monat März v. Ed. Fischer. (16 S.)
130. Der Meineid, aufs Korn genommen von A. Hacker. (16 S.)

Schutzengelbrief. Nr. 123—137. 32⁰. Donauwörth 889,90, Auer. * — 61
123. Die nächste Gelegenheit zur Sünde. (16 S.) * — 04. — 124. Die gemischten Ehen. (31 S.) * — 08. — 125. O, nur keine Todsünde! (16 S.) * — 03. — 126. Dienstherrschaften, wer trägt die Schuld? (14 S.) * — 03. — 127. Am Sterbebett. (16 S.) * — 03. — 128. Ablaßgebet der christlichen Familie. (4 S.) — 01. — 129. Auf Kinder! Gehet zu Joseph! (16 S.) — 03. — 130. Der Meineid, aufs Korn genommen. (16 S.) — 03. — 131. Tagzeiten zum hl. Herzen Jesu. (32 S.) * — 06. — 132. Das Armenseelengelübde, od. der heroische Liebesakt. (32 S.) * — 06. — 133. Die Zeremonien der sieben heil. Sakramente. (16 S.) * — 03. — 134. Der heil. Joh. Berchmans. (30 S.) * — 06. — 135. Am häuslichen Herd. Etwas üb. Wirthshaussitzen u. Nachtschwärmen. (32 S.) * — 06. — 136. Die selige Maria Margareta Alacoque. (30 S.) * — 06. — 137. Betrachtung d. bittern Leidens Christi f. Dienstboten. (8 S.) — 03.
Vgl.: Rauter, Gust.

Schutzengelbrief. Nr. 142 u. 143. 32. Donauwörth 895. L. Auer. à n.n. — 06
142. Gehet auch zu d. hl. Nothelfern nach Anleitg. dieses Büchleins, vers. v. Alois Hacker. (32 S. m. Abb.)
143. Mahnruf an alle Katholiken zum fleiß. Besuche d. sonn- u. feiertägl. Gottesdienstes. (32 S.)

Schutzengel-Hilf, oder Wohlthaten, welche die heil. Schutzengel jederzeit dem Menschen erwiesen haben. In Beispielen u. Geschichten aus dem A. u. N. Testament, aus der vorchristl. u. christl. Zeit, nebst sittl. Lehren dargestellt u. zusammengetragen von einem Priester der Gesellschaft Jesu. Neu herausg. Sammt Meß-, Beicht-, Kommunion- u. vielen anderen Gebeten u. Andachten zu Ehren des heil. Schutzengels. Mit 1 Stahlst. 8. (272 S.) Regensburg 850, Manz. 5/8 ℛ

Schutzengel Kalender 1888 [illegible]
A publication to and devoted negro children [illegible] Editor [illegible] M. Kuhn Published by Schutzengel Waisen Anstalt
Leavenworth, KS

Schutzengel-Kalender f. Kinder 1903. Hrsg. von Leonh. Wiedemayr. 2. Jahrg. 16. (128 S. m. Abbildgn.) Bozen, Buchh. „Tyrolia". n. — 20

(F) **Schutzengel-Kalender** für Kinder. 1905. 4. Jahrg. 8°. (127 S.) Bozen: Tyrolia 1904. K —.24

(F) **Schutzengelkalender** für Kinder. 1906. 5. Jahrg. 16°. (127 S.) Bozen: Tyrolia 1905. K —.24

Schutzengel-Kalender f. Kinder 1907. Hrsg. von Leonh. Wiedemayr. 6. Jahrg. (124 S. m. Abbildgn.) 16. Bozen, „Tyrolia". n. — 20

(F) **Schutzengelkalender** für Kinder. 1909. 8. Jahrg. 8°. (124 S.) Bozen: Tyrolia 1908. K —.24

Schutzengel-Kalender f. Kinder 1911. Hrsg. v. Leonh. Wiedemayr. 10. Jahrg. (124 S. m. Abb.) 16. Bozen, Buchh. der Verlagsanstalt „Tyrolia". — 20

Die Schutzengesellschaft in Czernowitz. Ihre Entstehung, Fortbildung und Umgestaltung in das uniformierte burgerliche Schützenkorps. Czernowitz: Szegierski 1875

Schützengesellschaft, die, zu Leipzig, s.a. **Gretschel, C. C. C.**

Schützengesellschaft, Die, zu Leipzig. Ein Beitrag zur Geschichte dieser Stadt . . . Leipzig 1836. V: *Gretschel*, *Carl Christian Carus.* (Ky) (BrMm) (Kat. d. stat. Bureaus. Dresd. 1890.)

Schützengesellschaft, die, zu Leipzig. Ein Beitrag zur Geschichte dieser Stadt. (Von C. C. C. Gretschel.) Nebst einer Abbildung des heil. Sebastian. gr. 12. Leipzig 836. Fest'sche Buchh. 1/4 ℛ

Die Leipziger Schützen-Gesellschaft, m. Abb., 1. veränd. u. erw. Aufl., bearb. v. e. derzeitigen Mitgliede d. Gesellschaft. Leipzig 1883. VIII u. 143 S., 8°.

Schützen-Gesellschaft Pforzheim. [Pforzheim 1904.] V: *Maurer*, *Carl.* (Zuwachsverz. d. Bibl. in Zürich 1898 ff.)

Die Schützengilde zu Calau und ihre Geschichte. Festzeitung zum 50j. Jubilaeum der 1. Kompagnie der Schützengilde zu Calau am 11. Juni 1908. Erweiterter Nachdruck. — Calauer Tageblatt. 1468

Schützengräben u. Infanterie-Spaten, s.a. **Zeit- u. Streitfragen, militärische.**

Schuetzengraeben u. Infanterie-Spaten. Leipzig 1874. 32 S.

Schützengruss u. Festrede zum Eidg. Schützenfest in Zürich 1872. Von einem alten Zürcher. 11 Stn. 8. Zürich, Gebr. v. Schenk. 1872

Schützengruß beim Freischießen zu Aarau 1824. o. O. 1824. 400

Schützenhaus-Couplets, Leipziger, v. Ed. Linderer etc. Hrsg. v. Emil Neumann. 1–4. Hft. 8. (III, 57; III, 60; 60 u. 72 S.) Leipzig 872–75. Forberg. à 1. 20

— dasselbe. 1. Hft. 2 unveränd. Aufl. 8. (57 S.) Ebend. 875. 1. 20

Schützen-Kalender, deutscher, für die J. 1884 und 1885. (1. und 2. Jahrg.) 8. (191 S. mit Illustr.; 200 S. mit eingedr. Holzschn. und 1 Holzschn.-Portr.) Berlin, Werthmann. à Jahrg. *

Schützen-Kalender, deutscher, für das J. 1886. 8. (206 S. mit Illustr.) Berlin 885, Werthmann.
Nicht weiter erschienen.

Schützenlied, Tiroler, auf das grosse Königliche Freyschiessen zu Innsbruck . . . 1808 . . . [Innsbruck.] V: *Zoller, Franz Carl.* (GGr)

Schützen-Lieder zum Gebrauch bei Bürger-Schützen-Festen u. gesellschaftl. Zirkeln. 16. (32 S.) Grünberg 851, Weiß. 1 1/2 ℊℊ

Schützen-Lieder, deutsche. Fest- u. Vaterlands-Gesänge deutscher Schützengilden. 2. Aufl. 16. (VI, 87 S.) Berlin 890. Ißleib. cart. n. — 60

Acht Schützenlieder für das eidgenössische Ehr- und Freischießen in Solothurn. Solothurn, 1840. 2578

Schützen-Lieder, westphälische, aus d. Mappe e. Ungenannten. 8. (4 B.) Lemgo 835, Meyersche Hofbuchh.

Schützen-Liederbuch. Düsseldorf, 1878. 61 S.

Schützenliederbuch, enth. Schützenvereins-Lieder u. d. bekanntesten Volkslieder für alle Gesellschaftskreise. 16. (128 S.) Warendorf 894. J. Schnell. n. — 40

Schützen-Liederbuch, allgemeines. (23 S.) kl. 8. Gronau 908. J. Schievink. — 10

[J.] Deutsches Schützen-Liederbuch. *Hamm i. W. E. Griebsch 1899.* (127 S.) [illegible] Bd 8. [illegible]

Schützen-Ordnung, allgemeine, für das Königr. Bayern vom 25. Aug. 1868. 16. (44 S.) München 868, Grubert.
—— dass. — 16. (72 S.) München 869, Huber.
—— dass. — 8. (27 S.) Würzburg 868, Stahel'sche Buchh.

Schützen-Ordnung, allgem., für das Königr. Bayern vom 25. VIII. 1868. 4. Abdr. 12. (38 S.) München 897. J. Grubert. Kart. n. — 30

Schützen-Ordnung, die allgemeine, f. das Königr. Bayern vom 25. VIII. 1868. Neue rev. Ausg. 1903. (33 S.) 8. München, J. Grubert. Kart. n. — 40

Schützen-Ordnung, welche von Sr. Churfürstl. Durchleucht (!) zu Pfalzbaiern etc. etc. zur ferneren Richtschnur nicht nur allein für die Churfl. Haupt- u. Residenzstadt München, sondern auch für alle Schützenstätte der Churfl. Baier. Lande, unter den Commissariaten des Titl. *Benno Ignatz v. Hofstetten*, Churfl. wirkl. Ober-Landesregierungs- u. Hofraths, dann Hofoberrichters etc., von Seite des Hofs, dann von Seite der Stadt des Titl. Bürgermeisters u. Stadtoberrichters Lict. *Karl Leonard Sedlmair*, u. unter dem Schützenmeisteramte des Titl. *Aloys v. Plank*, Churfl. wirkl. Hofkammerraths etc., u. *Xaver Jägerhuber*, Churfl. Hofmusikus, von Seite Hofs: dann von Seite der Stadt des *Joseph Lindauers*, des Raths u. bürgerl. Buchhändlers. u. *Valentin Lockners*, bürgerl. Schneidermeisters, gnädigst erlassen worden. München, d. 21. July 1796. Gedr. bey Frz. Seraph Hübschmann. 8°. Tit. gestemp. Ppb.
54 S. Selten!

Schützenthaler und Medaillen der Eidgen. Schützenfeste. Postkarten. — Écus et médailles des Tirs fédéraux. Cartes postales. (Serie I, Carte No. 1—9.) [9 Karten, in Couvert.] quer-8. Winterthur, Meyerhofer & Fries, (1901). [fr. 1. 20]

Schützen- und leichte Infanterie-Taktik. Enthaltend: Die Schule des Soldaten und der Compagnie nach W. J. Hardee's System. 16. (96 S.) New-York 861. (Philadelphia, Schäfer und Koradi.)

v. Schützenthal, H. Sunstenau, s.: Sunstenau v. Schützenthal.

Schützen-Thaler, die schweizerischen. 12. (11 Lichtdr.-Taf. m. 2 Bl. Text.) Zürich 887. Hofer & Burger. n.n. 1. 30

Der Schützenverein zu Halberstadt und die Jubelfeier seines dreihundertjährigen Bestehens nebst einem Anhange, Festvorträge und Lieder enthaltend. Eine Gedenkschrift für die Jubelfest-Genossen. Halberstadt, 1843. 1233

Philadelphia Schützen-Verein. 1846-1906. 60. Stiftungsfest ... 19. bis 21. Nov 1906 ... Phila, 1906.

Schützen-Verein, der Schweizer. Gedankenspäne eines alten Feldschützen über Organisation, Leben und Wirken des Schweizer. Schützen-Vereins, speciell das diesjährige eidgenössische Schützenfest in Basel berührend. In-8°, 8 S. Winterthur, Bleuler-Hausheer & Cie. 1879 — 20

Straßburger Schützenverein. Statuten. Straßburg, 1884. 2652

Schützenwesen, s. Wehr- und Schützenwesen.

Schützenwesen, Das, als ein Element zur Stärkung der österreichischen Wehrkraft . . . Wien 1870. V: *Jurnitschek, Alfred.* (EB)

Schützenwesen, das, als e. Element zur Stärkung der österreichischen Wehrkraft. Sendschreiben e. Wiener Schützen an die österreich. Schützenvereine. 2. Aufl. gr. 8. (29 S.) Wien 870. Seidel & Sohn in Comm. n. — 80

Schützenwoche: Die Schützenwoche v. Winterthurer Wochenblatt.

Die Schützenwoche in Solothurn. Chronik des eidgen. Freischießens für 1855. Solothurn, 1855. 2579

Schützen-Zeitung: Jahrgang 1-2, Sept. 16, 1871 - Aug. 18, 1873.
Monthly. Sub-title: Zur Pflege des Schützenwesens und Förderung allgemeiner Angelegenheiten des Deutschthums. Organ of Philadelphia Schützen-Verein. Published by the Verein.
Philadelphia, PA

Schützen-Zeitung. Amtliches Organ des Oesterreichischen Schützenbundes. 1.—6. Jahrg. 1879—1884. à Jahrg. 52 Nrn. (à Nr. ½ Bog.) 4. Wien, Administration. à Jahrg. **

Schützen- und Wehrzeitung, deutsche. Organ des deutschen Schützenbundes. Zeitschrift zur Besprechung von Schützen-, Turn- und Wehrangelegenheiten. Redact.: Ferd. Albrecht. Jahrg. 1862. 26 Nrn. und 1863. 52 Nrn. (Bog.) gr. 4. Coburg, Expedition der Coburger Zeitung. à Jahrg.

—— dass. — Redact.: Fr. Mayer. Jahrg. 1864—66. à Jahrg. 52 Nrn. (Bog.) Fol. Gotha, Thienemann. à Jahrg. *

—— dass. — Redact. und Hrsgbr.: H. M. Hauschild. Jahrg. 1867. 52 Nrn. (Bog.) Fol. Bremen, (Tannen.) *

Schützen- und Wehrzeitung, deutsche. Organ des deutschen Schützenbundes. Zeitschrift zur Besprechung von Schützen- und Wehrangelegenheiten. Redact. und Hrsgbr.: H. M. Hauschild. Jahrg. 1868—1870. à Jahrg. 52 Nrn. (Bog.) Fol. Bremen, (Tannen.) à Jahrg. *

Schützen- u. Wehrzeitung, deutsche. Zeitschrift zur Besprechg. v. Schützen- u. Wehrangelegenheiten. Organ d. deutschen Schützenbundes. Red.: H. M. Hauschild u. Sterzing. Jahrg. 1871—1876 à 52 Nrn. (B.) Fol. Bremen, (Tannen.) à Jahrg. n. 4. —

Schützen- u. Wehr-Zeitung, deutsche. Zeitschrift zur Besprechung von Schützen- u. Wehrangelegenheiten. Organ des deutschen Schützenbundes. Red.: Sterzing. Jahrg. 1877—1882. à 52 Nrn. (½ B.) gr. 4. Bremen, Rühle & Schlenker in Comm. à Jahrg. n. 4. —

—— dass. — Jahrg. 1881. 52 Nrn. (Bog.) Fol. Bremen, (Fischer.) *

Schützen- u. Wehr-Zeitung, deutsche. Zeitschrift zur Besprechg. v. Schützen- u. Wehrangelegenheiten. Organ d. deutschen Schützenbundes. Red.: Sterzing. Jahrg. 1883—1886. à 52 Nrn. (½ B.) gr. 4. Bremen, (Rühle & Schlenker). à Jahrg. n. 4. —

Schützen- u. Wehr-Zeitung, deutsche. Zeitschrift zur Besprechg. v. Schützen- u. Wehrangelegenheiten. Organ d. deutschen Schützenbundes. Red.: Sterzing. Jahrg. 1887—1890. à 52 Nrn. (½ B.) gr. 4. Bremen, (Rühle & Schlenker). à Jahrg. n. 4. —

Schützen- u. Wehr-Zeitung, deutsche. Zeitschrift zur Besprechg. v. Schützen- u. Wehrangelegenheiten. Organ d. deutschen Schützenbundes. Red.: H. M. Hauschild. Jahrg. 1891—1894. à 52 Nrn. (½ Bog.) gr. 4. Bremen, (Rühle & Schlenker). à Jahrg. n. 4. —

Schützen- u. Wehr-Zeitung, deutsche. Zeitschrift zur Besprechg. v. Schützen- u. Wehrangelegenheiten. Organ d. deutschen Schützenbundes. Red.: H. M. Hauschild. Jahrg. 1895—1898. à 52 Nrn. (à ca. 4 S.) gr. 4. Bremen (Rühle & Schlenker.) à Jahrg. n. 4. —

Schützen- u. Wehrzeitung, deutsche. Zeitschrift z. Besprechg. v. Schützen- u. Wehrangelegenheiten. Organ des deutschen Schützenbundes. Red.: H. M. Hauschild. Jahrg. 1899 u. 1900. à 52 Nrn. gr. 4. (à ca. 8 S.) Bremen (Rühle & Schlenker). à Jahrg. n. 4. —

Schützen- und Jagd-Zeitung: 1877?—1885?
Monthly. Title varies: Neue Schützen- und Jagd-Zeitung, 1885. Circulation: 1880, 3000; 1885, 2000. Edited & published by Gustav Lauter, 1877?—1883; by Charles Brauer, 1884; by Max Mansfeld, 1885.
New York, NY

Schützen-Zeitung. – Illustrierte bayerische Schützen-Zeitung. München: Expedition 1893–1922. 8⁰
Forts. u. d. T.: Vereinigte deutsche Schützenzeitung.

Schützem-Zeitung zum XIV Württembergischen Landes-Schießen am 16., 17. und 18. Juli 1893 in Eßlingen. Eßlingen, Langguth, 1893. 1035

Schütze n-Zeitung, Die, z Pflege d Schützenwesens u Förderung allg Angelegenheiten des Deutschtums. 1v. Phila, 1871.

—— schweizerische. Offizielles Organ des schweizer. Schützenvereins. Redact.: Ed. Attenhofer. 1.—3. Jahrg. 1882—1884. à Jahrg. 52 Nrn. (Bog.) gr. 4. Zürich. (Bern, Huber und Comp.) à Jahrg. *

Schützen-Zeitung, schweizerische. Offizielles Organ des schweizerischen Schützenvereins. Redact.: Ed. Attenhofer. 4.—7. Jahrg. 1885—1888. à Jahrg. 52 Nrn. (Bog.) gr. 4. Zürich. (Bern, Huber und Comp.) à Jahrg. *

Schützenzeitung, schweizerische. Central-Organ d. schweiz. Schützenvereines. Redact.: Alfr. Ziegler. 8.—11. Jahrg. 1889—1892. à Jahrg. 52 Nrn. (à Nr. ½ Bog.) gr. 4. Bern, (Körber).
Jahrg. 1889 * 7 —; 1890—92 à * 8 —
1889—91 unt. Redaction v. E. Tritten.

— dasselbe. Red.: H. J. Hoffmann. Franz. Mitarbeiter: John Lander. 12. u. 13. Jahrg. 1893. 1894. à 52 Nrn. (½ Bog.) gr. 4. Ebd. à Jahrg. n. 8. —

Schützenzeitung, schweizerische. Central-Organ d. schweiz. Schützenvereins. Red.: H. J. Hoffmann, John Lander. 14. u. 15. Jahrg. 1895—1896. à 52 Nrn. (à ca. 4 S.) gr. 4. Winterthur. (Bern, H. Körber.) à Jahrg. n. 8. —

— dasselbe. — Gazette des carabiniers suisses. Red.: J. Bruggmann, John Lander. 16. u. 17. Jahrg. 1897—1898. à 52 Nrn. (à ca. 4 S.) gr. 4. Ebd.
à Jahrg. n. 6. 80

Schützenzeitung, schweizerische. Central-Organ des schweiz. Schützenvereins. — Gazette des carabiniers suisses. Red.: J. Bruggmann. Ariste Robert. 18.—21. Jahrg. 1899—1902. à 52 Nrn. gr. Fol. (à ca. 4 S.) Winterthur. (Bern, H. Körber.) à Jahrg. n. 6. 80

Schützenzeitung, schweizerische. Central-Organ des schweizer. Schützenvereins. — Gazette des carabiniers suisses. Red.: J. Bruggmann. Ariste Robert. 21.—25. Jahrg. 1903—1906. à 52 Nrn. (à ca. 4 S.) gr. Fol. Winterthur, (Bern, H. Körber.) à Jhrg. n. 6. 80

Schützenzeitung, schweizerische. Zentralorgan des schweizer. Schützenvereins. — Gazette des carabiniers suisses. Red.: J. Bruggmann. Ariste Robert. 26.—29. Jahrg. 1907—1910. à 52 Nrn. (à ca. 4 S.) 43×29 cm. Winterthur. (Bern, Raillard & Co.) à Jahrg. 6. 80

Schützenzeitung, tiroler. 1. Jahrg. Juli—Dec. 1846. 26 Nrn. (½ B.) br. 8. Innsbruck, Wagner'sche Buchh.

—— dass. 2. Jahrg. 1847. 52 Nrn. (½ B.) br. 8. Ebds.

Schützen-Zeitung, tiroler. 3. und 4. Jahrg. 1848 und 1849. à Jahrg. 52 Nrn. (½ Bog.) br. 8. Innsbruck, Wagner'sche Buchh. à Jahrg.

—— dass. — 5—7. Jahrg. 1850—52. à Jahrg. 104 Nrn. (½ Bog.) Mit Abbildungen. gr. 4. Ebds. [5. und 6. Jahrg. à * 1 Thlr. 24 Ngr., 7. Jahrg. * 2 Thlr.] *

Westliche Schützen- und Jagd-Zeitung: 1878? - 1881?
Monthly journal devoted to sports. Dated also at Milwaukee, and at St. Louis. Edited & published by John J. Pingel [Penzel?].
Chicago, IL

Schutzer, Erich, Tierarzt: Aus d. Chir. Klinik d. Tierärztl. Hochsch. zu Dresden. Ein Beitrag zur Kenntnis der Dermatitis chronica verrucosa in der Fesselbeuge des Pferdes (sogenannter Straubfuss). Mit 3 Abb. Berlin 1909: Scherokosz. 40 S. 8°
Leipzig, Veterinär-Med. Diss. v. 29. Juni 1909, Ref. Röder
[Geb. 18. Nov. 85 Eisleben; Wohnort: Berlin; Staatsangeh.: Preußen; Vorbildung: Luisen-Gymn. Berlin Reife O. 04; Studium: Tierärztl. Hochsch. Berlin 6, München 2 S.; Coll. 23. Juli 09; Approb. 12. Febr. 09.] [U 09. 2877

Schuetzer, Louis

Schützer, L., die Bedeutung der Blumen. Liederspiel m. Reigentänzen. Text u. Gesänge v. Sch. Reigenmusik v. G. Winter. Besonders geeignet f.: Damenturnvereine, höhere Töchterschulen, gemischte Gesangvereine usw. (36 S. m. Fig. u. 13 S. Noten.) 8. Leipzig 909. P. Eberhardt. 1. 20

Schützer, L.: Gemeinübungen und Pyramiden mit Stäben für Turnvereine und Schulen. Leipzig 1889. 104 S. m. Abb.

Schützer, L., Gemeinübungen u. Pyramiden m. Stäben f. Turnvereine u. Schulen. gr. 8. (X, 104 S. m. 94 Holzschn.) Leipzig 890. Strauch. cart. n. 2. —

— Die Gerätübungen beim Turnen der Frauen u. Mädchen. Ein Merkbüchlein zur Vorbereitg. f. die Turnstunden. Den Lehrern, Lehrerinnen u. Turnerinnen gewidmet u. zusammengestellt. 2. Aufl. (XV, 163 S. m. 59 Fig.) 16. Hof 907. R. Lion. Geb. in Leinw. 1. 50

Schützer, L., das böse Geschwisterpaar od. die verhängnisvolle Wirkg. der Struwelpetergeschichten. Eine f. alle Gesellschaftskreise pass. drastisch-kom. Darstellg. m. Deklamation in 3 Bildern. gr. 8. (16 S.) Hof 900. (R. Lion.) n. 1. 50

Schützer, L., die Gruppenstabübungen u. ihre Verwendg. bei Reigen d. Frauen u. Mädchen. 1. Tl. 8. (XII, 164 S. m. Fig.) Leipzig 896. E. Strauch
Kart. n. 2. 25

Schützer, L., das Hilfegeben beim Turnen an den Geräten in Turnvereinen u. Schulen. Eine Anleitg. f. Turnwarte u. Vorturner, f. Lehrer u. Schüler. 12. (XVI, 128 S. m. 102 Holzschn.) Leipzig 892. E. Strauch. Kart. n. 3. —

— s.: Pyramiden f. Turner.

— drei Reigen, s.: Reigen f. das Turnen der Knaben, der Mädchen u. der Erwachsenen.

— Reigenspiele u. turner. Vorführungen f. Knaben u. Mädchen, s.: Maydorf, Paul, Wander- u. Spielbüchlein.

— Reigen- u. Charaktertänze zu Vereinsfestlichkeiten, s. a. Bibliothek turnerischer Unterhaltungen. 8. 9.

Schützer, L., Reigen- und Charaktertänze zu Vereinsfestlichkeiten, m. Abb., Leipzig, 59 S., 8°.

— Terpsichores Sieg. Festspiel. Inhalt: 6 reigenart. Charaktertänze m. verbind. Text. 1. Gavotte. 2. Poln. Tanz. 3. Kindertänze. 4. Spanischer Tanz. 5. Steyrischer Tanz. 6. Zigeunertanz. (56 S. m. Fig. u. 15 S. Noten.) 8. Leipzig 909. P. Eberhardt. 1. 20

— d. deutschen Knaben Turn-, Spiel- u. Sportbuch, s.: **Barth, E.**

—— Turnbüchlein f. Mädchen. Ein Hülfsmittel zur Vorbereitg. f. die Turnstunden beim Turnen der Mädchen an u. m. Geräten. 16. (VII, 116 S. m. 43 Holzschn.) Hof 890, Lion. geb. * 1 20
Illustrationen apart in Fächerform. gr. 8. (9 farb. Taf. auf Pappe.) * — 30

— die Turnerin. Ein Buch vom Turnen der Mädchen u. Frauen. Mit 170 Abbildgn. (gezeichnet v. H. Schützer). gr. 8. (VIII, 266 S.) Hof (901). R. Lion. Geb. in Leinw. n. 4. —

— Die Turnerin. Ein Buch vom Turnen der Mädchen u. Frauen. 2. verm. u. verb. Aufl. Mit 196 Abbildgn. (gezeichnet v. Herm. Schützer). (VIII, 348 S.) 8. Hof (910). R. Lion. Geb. in Leinw. 4. 80

Schützer, W. J., Christnacht, s. a. **Bloch's,** Ludw., Kinder-Theater.

Christnacht. Krippenspiel z. Aufführung bei öffentl. Schulfeiern, in Vereinen u. bei Einbescherungen, eingerichtet von W. J. Schützor. *Berlin: E. Bloch (1903).* (21 S.) 8° [F.]
= Kinder-Theater. Ludwig Blochs. No 99. 1 + 0111

Schützet die Tiere! Mahnrufe deutscher Dichter, Schriftsteller u. Künstler. Gesammelt vom Preßcomité des zum Besten des Tierschutzfonds am 18. u. 19. III. veranstalteten Festes. 8. (36 S.) Berlin 902. Deutsches Druck- u. Verlagshaus. n.n. — 50

Schützet die Unschuld! Fastenmandat Sr. Gnaden des hochwürdigsten Herrn Ferdinandus (Ruegg), Bischof v. St. Gallen auf d. J. 1907. (16 S.) 8. St. Gallen 907. (A. & J. Köppel.) — 25

Schutzfärbung und Verstellung. [Aarau 1904.] V: ***Merz, Hermann.*** (BBull schw 13, S. 162)

Schutzflehenden, die, von Aeschylos. s. im Alphabet Aeschylos.

Schutzfreiheit, Vertheidigte, der Peinischen Ritterschaft in einer am kaiserl. Kammergericht rechtshängigen Sache. O. O. 1767. V: *Meyer, Johann Heinrich.* (MGT)

Schutzgebiete [Schlagwort]

Schutzgebiete, s.: Kolonialkarten.

Schutzgebiete [Sachl. Ordnungswort]

Die deutschen **Schutzgebiete** in Afrika und der Südsee. Amtl. Jahresberichte hrsg. v. Reichs-Kolonialamt. [1.] 1909/10. Berlin: Mittler 1911. 4° (8°) 111. 10058

Schutzgebiete, die deutschen, in ihrer wirtschaftlichen Entwickelung bis zum J. 1893. (Nach amtl. Quellen.) gr. 8. (68 S.) Leipzig 894. G. Uhl. n. — 80

Schutzgebietsgesetz, das, nebst seinen Ergänzungsgesetzen, sowie der kaiserl. Verordng., betr. die Rechtsverhältnisse in den deutschen Schutzgebieten, u. den Ausführungsbestimmgn. üb. die Ausübg. der Gerichtsbarkeit. Textausg. m. Einleitg., Anmerkgn. u. Sachregister. Zum Handgebrauch zusammengestellt im Reichs-Marineamt. gr. 8. (XIII, 90 S.) Berlin 901. E. S. Mittler & Sohn. n.n. 1. 75; kart. n.n. 2. —; geb. in Leinw. n.n. 2. 50

Das **Schutzgebietsgesetz** nebst d. Verordnung betr. d. Rechtsverhältnisse in d. Schutzgebieten u. d. Gesetz über d. Konsulargerichtsbarkeit in Anwendung auf d. Schutzgebiete sowie d. Ausführungsbestimmungen u. erg. Bestimmungen. Erl. von Johannes Gerstmeyer, Vortr. Rat. Berlin: Guttentag 1910. XXVIII, 280 S. 8°
(Guttentag'sche Sammlung Deutscher Rechtsgesetze Nr 97.) 10. 7917

Schutzgeist, Der. Ein moralisches und satyrisches Wochenblatt. Hamburg 1746. H: *Cramer, Johann Andreas.* (Jacoby, Moral. Wochenschr. Hamb. 1888.)

— der, e. moral. satyr. Wochenblatt. 8. Hamb. Grund. 747.

— der, eine Rittergeschichte, aus den Zeiten der Vehmgerichte, 8. Weißenfels, 794. Severin. 13 sgl.

Schutzgeist, Der. Leipzig 1796. V: *Berger, Johann Gottfried Imman.* (Ky) (MGT)

Schutzgeist, der, (v. Jh. Gf. Im. Berger). 2 Bde. 8. Leipz. 796. (Brockhaus). 1 ₰ 6 gr

— der,. 2 Bde. 8. Lpz. Heinsius. (Gleditsch.) 796.

— der, v. A. v. Kotzebue. 8. Wien. Doll. 798.

Schutzgeist, d., e. Rittergesch. a. d. Zeit. der Vehmgerichte. 8. Weißenfels. (Hinrichs in Lpz.) 811.

Schutzgeist, der, eine dramat. Legende in 6 Akten, nebst einem Vorsp. v. Aug. v. Kotzebue. 8. Leipz. Kummer. 814.

Schutzgeist, der. Ein Geschenk f. Kinder beim Austritt aus der Schule, als auch f. Erwachsene. Mit Kpf. u. 1 gestoch. Tit. 8. Augsb. 825. (Doll). 6 gr

Schutzgeist, der, od. Führer u. Begleiter d. Jugend. Ein Bildungs- u. Unterhaltungsb. in e. auserles. Samml. lehrr. Fabeln, Gedichten, Liedern, Legenden ꝛc. Hrsg. v. d. Verf. d. christl. Familien-Tempels. In 52 Lfgn. mit mehr als 150 ill. Vign. 1. Aufl. 840. 1 Thlr., u. 2. Ausg. gr. 8. (à 13½ B.) Augsburg 841, Schlosser's Buchh.

Schutzgeist, der, oder Führer und Begleiter der Jugend. Ein Bildungs- und Unterhaltungs-Buch in einer auserlesenen Sammlung lehrreicher Fabeln, Gedichte, Lieder, Legenden ꝛc. Hrsg. von dem Verf. des christl. Familien-Tempels. 4. Aufl. gr. 8. (210 S. mit vielen eingedr. Vign. in Holzschn.) Augsburg 850, Schlosser's Buchh. —

Schutzgeist, der — Eine religiöse Betrachtung zur Auferstehungsfeier, welche auf dem Alt- und Neustädter Gottesacker im Monate Juni abgehalten wird. Von den Vorstehern der Prager bürgerlichen Liebesversammlung des Alt- und Neustädter heiligen Feldes. Prag. Buchdruckerei des M. T. Landau. (7 S. 8.) 1856.

Schutzgeist, der. Novelle. Vom Verf. der „Memoiren eines Theekessels". 8. (IV, 160 S.) Leipzig 882, Barth. *
geb. *

Schutzgeist Baierns, der, an die erlauchte Versammlung d. neugewählten Stände d. Königreichs. 4. Augsburg. Wolff. 819.

Schutzgeist. Helvetiens Sch'. Eine Stimme an die Väter im Jahr 1782. Wiederholt den Söhnen im Jahr 1814. 8. Helvetien 1814.

—— der, der Jugend. Ein vollständ. Gebetbuch für kathol. Knaben und Mädchen. Nebst den gebräuchlichsten Kirchen-Liedern, Litaneien ꝛc. hrsg. von mehren kathol. Geistlichen. 32. (256 S.) Verlag des oberschwäbischen Vereins zur Verbreitung guter kathol. Bücher. Stuttgart 848, Dittmarsch und Comp. Ausg. mit 1 Stahlst. * –
Mittelfeine Ausg. mit 2 Stahlst.
Prachtausg. mit 4 Stahlst.

Schutzgeist der Jugend. Ein Andachtsbuch für Jünglinge und Jungfrauen. 2. Aufl. Mit 1 Stahlst. Innsbruck 861. C. Rauch. 16. (216 S.) 7½ ngr.

Schutzgeist, der, der Jugend oder das Buch der Weisheit. Ein freundl. Begleiter auf der Reise durch das Leben. 32. (187 S. mit 1 Stahlst.) Stuttgart 866, Fischhaber. cart. mit Goldschn.

Schutzgeist, der, der katholischen Jugend. Gebetbüchlein zum Lobe und Preise Jesu und Mariä, von einem katholischen Pfarrer. Aachen 853. Hensen u. Co. 24. (142 S. u. 1 Holzschn.) 4 ngr.

—— der, der katholischen Jugend. Ein Lehr- und Gebetbuch zum Lobe und Preise Jesu und Mariä. Neu durchgesehen und verm. von einem kathol. Geistlichen. 2. Aufl. 32. (268 S. mit 1 Holzschntaf.) Aachen 864, [Jacobi und Comp.]

Schutzgeist, der, der Kinder, in Erzähln. Geschenk f. Knaben u. Mädchen. 16. (5 B.) Luzern 833. (Augsburg, Kollmann.)

Schutzgeist, der d. neuen Schleswig-Holsteinisch. Kirchenagende. 16 Hft. 8. Schleswig. Christiani. 799.

—der, der neuen Schleswig-Holstein. Kirchenagende. 16 Hft. 8. Schlesw. 799. (Hammerich in Altona). 6 gl.

— des Künstlers, s. a. u. Ambach, E.

Schutzgeist, Des Künstlers, oder das Wiedersehen auf dem Friedhofe. Eine Erzählung ... Augsburg 1845. V: *Ambach, Eduard von.* (Ky)

Schutzgeist, der, der Menschen, besond. d. Jugend gegen Gefahren u. Unglück aller Art, durch warnende Beispiele. 8. Leipz. Baumgärtner. 814.

Pennsylvanischer Schutz-Geist : 1831?--?
Weekly. Edited & published by Joseph Miller. Subscription held by Harmony Society to Aug. 1834.
Harrisburg, PA

— weiblicher, od. Zuruf an Mütter üb. Erzieh. d. Töchter, a. d. Engl. 8. Nürnb. Felsecker. 791.

Schutzhütten u. Unterkunftshäuser, die, in den Ostalpen. Hrsg. v. der Sektion Wien des deutschen u. österreich. Alpenvereins. (In 42 Lfgn.) 1.—38. Lfg. (à 10 Lichtdr.-Taf.) 88×80,5 cm. Dresden (908—10). Kunstanstalt Stengel & Co. à 1. 50

Schützinger, Jh. Fr.

— commentatiuncula de morte Christi satisfactoria. 8. Weissenb. 781.

Schützinger, Jh. Fr., († ...) die Psalmen Davids in Liedern mit Melodien. Erste Probe. 8. Weißenb. 775. (Monath u. K. in Nürnb.) 6 gl.

Schützinger, J. F., Psalmen Davids in Liedern m. Melodien. 8. Nürnb. Monath. 777.

Schutzjuden oder Staatsbürger? Berlin 1893. 3. Aufl. 1893. V: *Löwenfeld, Raph.* (Berl) (Ky)

Schutzjuden od. Staatsbürger? (Von Raph. Loewenfeld.) 1. u. 2. Aufl. 1.—3. Taus. gr. 8. (19 S.) Berlin 893. Schweitzer & Mohr. n. — 50

— dasselbe. 4.—6. Taus. 3. Aufl., verm. um Stimmen der Presse u. Zuschriften aus dem Publikum. gr. 8. (27 S.) Ebd. 893. n. — 50

Schützius illustratus, examinatus, sive compendium Iuris Schützio-Lauterbachianum etc. vide C. H. Freiesleben.

Schütze, Rob., die Bereitung der componirten aetherischen Oele, Grundessenzen, Punschessenzen u. destillirten Wässer. Mit e. Abhandlg: Ueber die aether. Oele, deren Vorkommen, Eigenschaften, Bereitg. u. Prüfg. v. Alb. Ganswindt. 2. Aufl. 16. (46 S.) Leipzig 876. (Milde.) 3. —

Schutzkraft, über die, des cultivirten Impfstoffes d. Schafpocke u. die Impfung an d. innern Ohrfläche ꝛc. Mit e. Vorwort v. ... Sänger. gr. 8. Prenzl. 825. Ragoczy. 10 gl.

Schutzkraft, die, der Kuhpocken, s. Hanemann, D. A.,

Schutzkwer, Nachum, das Coffein und sein Verhalten im Thierkörper. Inaugural-Dissertation. gr. 8. (25 S.) Königsberg 882, (Beyer's Verlag.) *

Schutz-, Trutz- und Vertheidigungs-Libell, Vernunft- und schriftmässiges, für den Würtembergischen Adel ... Waldangelloch u. Leipzig [Stuttgart] 1797. V: *Pahl, Johann Gottfried von.* (MGT) (GGr) (Wr) (NN)

Schutzmann, der, u. die Puppe. Heimgekommen, s. a. Jugendlust.

Der **Schutzmann** und die Puppe. Eine Weihnachtsgeschichte. Heimgekommen. Cassel: J. G. Oncken Nachf. [1902]. (16 S.) 8°
Jugendlust. No 2.

(F) **Unter dem Schutzmantel Mariens** oder das altbewährte Gebet des P. Zucchi zur Wiedererlangung oder Bewahrung der Herzensreinheit. 3. Aufl 16°. (31 S.) K 12
Innsbruck: Rauch 1907.

DIE SCHUTZMASSREGELN GEGEN DIE CHOLERA und verwandte Krankheiten in ihrer Anwendung auf die in Darmstadt bestehenden Verhältnisse. Eingabe des Vereins hessischer Aerzte an den Gemeinderath der Stadt Darmstadt, nebst Anlagen, veröffentlicht mit Erlaubniss der Verfasser. Darmstadt, 1866. J. P. Diehl. 8⁰

Schutzmaßregeln gegen Cholera. Zusammengestellt im kaiserl. Gesundheitsamt. gr. 8. (2 S.) Berlin 892. J. Springer. n.n.n. — 5; 10 Expl. n.n. — 50

— dasselbe. Für die Bewohner d. St. Petersburg hrsg. v. der St. Petersburger städt. Sanitäts-Commission. Mit Genehmigg. der Sanitäts-Commission ins Deutsche übertr. 12. (36 S.) St. Petersburg 892. H. Schmitzdorff. n. — 30

— dasselbe. (Zusammengestellt im kaiserl. Gesundheitsamt.) Belehrg. üb. das Wesen der Cholera u. das während der Cholerazeit zu beobacht. Verhalten. Festgestellt durch e. Kommission v. Vertretern der vornehmlich beteiligten Bundesregiergn. u. Reichsbehörden, welche am 27. u. 28. Aug. im Reichsamt d. Innern getagt. gr. 8. (16 S.) Osterwieck 892. A. W. Zickfeldt. — 10

Schutzmaßregeln, die gesetzlichen, gegen die ansteckenden Viehkrankheiten in Bayern. Wortgetreuer und vollständ. Abdr. der bezügl. Gesetze, Verordnungen und allgemeinen Vollzugsvorschriften nebst einer Einleitung. 16. (119 S.) München 868, Franz'sche Buchh.

Schutzmassregeln bei ansteckenden Krankheiten. Hrsg. vom Verein der Medizinalbeamten des Reg.-Bez. Potsdam. 7. Aufl. (IV, 30 S.) 8. Berlin 903. R. Schoetz. n. — 40; einzelne Blätter: Ansteckende Augenkrankheiten, Darmtyphus, Diphtherie, Keuchhusten, der epidem. Kopfgenickkrampf, die Lungen-Tuberkulose (Schwindsucht), Masern, Ruhr u. Scharlach à n. — 10

— **dasselbe.** 8. Aufl., s.: **Roth.**

SCHUTZMASSREGELN BEI ANSTECKENDEN KRANKHEITEN. Herausgegeben vom Verein der Medizinalbeamten des Regierungsbezirks Potsdam. 5. unveränderte Auflage. Berlin 1900. Richard Schoetz. 8⁰

Schutzmaßregeln gegen d. Uebertragg. u. Verbreitg. ansteckender Krankheiten, zusammengest. v. Flensburger Aerzteverein. 12. (16 S.) Flensburg 896. Huwald. n. — 10

— gegen Unglücksfälle im Fabrikbetrieb. Vorlage d. ad hoc ernannten Commission d. techn. Vereins zu Riga. [Aus: „Rig. Industriezeitg."] 12. (16 S.) Riga 894. (N. Kymmel's Sort.) n. 1. —

Geistliche Schutzmauer | gegen | die Cholera, | oder: | Andachtsübungen | zur Abwendung der Cholera. | Auch zu neuntägigen Andachten | zur unbefleckten Jungfrau Maria. | Für den öffentlichen und Privatgebrauch. | Mit oberhirtlicher Bewilligung. | Zweite Auflage. | Rottenburg a/N. und Schwäb. Gmünd. | Verlag von Georg Schmid.
Kol.: Druck von Gebr. Mäntler (A. Kröner) in Stuttgart.
o. J., 31 S., 102 × 76.
Diöz.-B. Rottenburg.

Schutzmittel, ein, gegen die Cholera, welches sich in neuerer Zeit durch vielfache Erfahrungen zur Genüge bewährt hat. gr. 16. (31 S.) Sondershausen 819, Eupel.

Schutzmittel gegen Cholera und alle aus naturwidriger Nahrungsart entspringenden Uebel; zugleich zeitgemäße Beantwortung der Frage: Wie verhalten sich die ärztlichen Methoden zur nackten Wahrheit? Allen denkenden Zeitgenossen gewidmet von Paulus. Schaffhausen 855. Brodtmann. 8. (XI, 27 S.) 6 ngr

Schutz- und Heilmittel, Einfache, wider die Cholera, nach homöopathischen Grundsätzen ... Dresd. u. Leipz. 1831. V (diätet. Theil): *Plaudel.* (call)

Schutz- u. Heilmittel, einfache, wider die Cholera, nach homöopath. Grundsätzen. Nebst e. Verzeichniß d. erlaubten u. unerlaubt. Speisen u. Getränke vor u. während dem Daseyn dies. Krankheit. gr. 8. (1 B.) Dresden 831, (Arnold.)

SCHUTZMITTEL wider die Hauptfeinde der Reinigkeit: Welt, Fleisch, Hölle. Constanz 1744. 8⁰. (8 Sgr. Heberle, Cöln, 1870.)

Schutzmittel, Ganz sichere und bewährte, gegen die Cholera morbus. Hamburg [1831]. V: *Classen, Joh. Daniel.* (call)

Schutzpatrone, Die drei heiligen, der Jugend. Eine neuntägige Andacht. Wien 1866. V: *Singer, Benedict* oder *Johann Nep. Stöger.* (Jes)

Schutzpatrone, die drei heiligen, der Jugend. Eine neuntägige Andacht von einem Priester der Gesellschaft Jesu. 8. (VI und 106 S. mit 1 Stahlst.) Wien 866, Sartori.

Schutzrede für die Beutelspacher ... [Tübingen] 1796. V: *Seybold, David Christoph.* (MGT) (stri)

Schutzrede fuer den Cartouche oder der Missethäter ohne Schuld. [A. d. Franz.] Warschau 1734. V: *Patouillet, Louis.* (wr)

Schutzrede. Schutz-Rede für Herrn Emmanuel Fellenberg, oder Ursprung und Veranlassung seiner Ansichten über den fremden Kriegs-Dienst. 8. Luzern 1831.

Schutzrede für die Ehrwürdigen Herren und Vätter der Societet Jesu ... V: *Siscovius, Martinus.* (EB)

Schutzrede für unsere Mitgeschöpfe, die Thiere. Von einem Freunde der Humanität. Wien 1844. V: *Hoser, Joseph Carl Eduard.* (WBL 9/338) (BIBLPORT)

Schutzreden, Des hochfürstl. Hauses Sachsen-Hildburghausen Rechtsbegründete, gegen die demselben angeforderte Vorlegung der Münz- und Bergwerksbücher ... O. O. 1768. V: *Koppenfels, Johann Sebastian Kobe von.* (ML) »1760« (Holz)

Schutz- u. Rettungs-Schild, od. die hauptsächl. Vorsichtsmaaßregeln gegen die Cholera, u. die wirksamste Heilungsart nach geschehener Ansteckung bis zur Ankunft ärztl. Hülfe. gr. Fol. Stuttg. 831. (Neff). 2 gr

Schutzschrift, Abgenöthigte, des H. Röm. Reichs Stadt Lindau wider die so rubricirt: Extorquirte Apologia ... Lindau 1726. V: *Welz, Thom.* (Cat. d. Stadtbibl. Zürich. Zürich 1864—97.)

Schutzschrift. Abgenöthigte Schuz-Schrifft Des Betragens... Des Herrn Bischoffen zu Chur... gegen Der Stadt allda sambt Standhaffter Widerlegung der... Wahrhafften Erzählung und gründlichen Rechtfertigung Derjenigen Maßregeln, welche die Stadt in Ansehung dieses Betragens zu nehmen bewogen worden seye. 1753. fol. Bregenz.

— f. d. Beybehalt. d. Taufe. 8. Berlin, Braunes. 802.

Schutzschrift. Schutz-Schrifft Und... Bericht. deß Magistrats Der Stadt Chur. wider das jüngsthin von seiten Ihro Hochfürstlichen (Bischöfl.) Gnaden Publicierte Manifest Sub titulo genuina facti species. fol. *o. O. u. J.* [1737 38].

— des Grafen Bernstorff, ins Deutsche übers. (v. H. L. Heß). 8. Hamb. 772. 4 gr

Schutzschrift, Des Herrn Bischoffs zu Montpellier an Se. königl. Majestät in Frankreich gestellte, wider die ihme aufgebürdete Beschuldigungen ... Frankfurt u. Leipzig 1729. V: *Colbert, Charles Joachim* [?]. (EB)

SCHUTZSCHRIFT. - wider die berüchtigte Broschüre: über die Universität in Wien. Kurzbock. Wien 1781/82.

Schutzschrift für den Grafen von Cagliostro. Paris [Heidelberg] 1786. V: *Ring, Friedrich Dominik.* (MGT) (WT) (Ky)

— f. d. Grafen Cagliostro, (v. F. D. Ring). 8. Heidelb. 786. Pfähler. (W. G. Korn in Bresl.) 4 gr

Dargunedsche Schutz-Schrift wider das Responsum Einer Theol. Facultät zu Leipzig de dato 21. Febr. 1738, worinne drey Dargunedsche Prediger ohne allen Grund verurtheilet worden. Aus dringender Noth abgefasset und durch Druk übergeben von diesen beschuldigten und inwendig genannten Predigern. Altona. 1739.

Schutzschrift für die Ewigkeit der Höllenstrafen. Frankf. a. M. 1747. V: *Kern, Philipp Ernst.* (ML)

Schutzschrift für das schöne Geschlecht wider folgende lieblose Lehre ...: Nun will ich lernen, wie ein Mann ein böses Weib strafen soll ... O. O. 1753. V: *Jungendres, Johann Wilhelm.* (Will)

Schutzschrift für die Heyrathen der Alten. Deutschland [= Rostock] [1756]. V: *Trinius, Johann Anton.* (BGE VII³, 238)

—höchstnöthige, f. die päpstl. Controversisten. 8. Schwabach 753. Enderes. 10 gr

—f. den v. Clemens XIV. aufgehobenen Jesuitenorden. 2 Stcke. 8. Leipz. 774. Hilscher. 9 gr

Schuzschrift [!] für Illuminaten. [Leipzig: Böttcher] 1795. 48 S. 8°
Kl. 3475.

—f. Illuminaten. 8. Marb. 795. Krieger. 3 gr

—f. die Inquisitin u. peinl. angeklagte Beuthin in Itzehoe. 8. Hamb. 777. Müller. 4 gr

—für das Institut d. Jesuiten. 8. Cöln, Rommerskirchen. 12 gr

Schutzschrift, Kurzgefasste, für die Moral des Professors Moralium Leeb gegen die höhnische Beurtheilung der Nürnberg. Rezensenten. O. O. 1780. V: *Leeb, Leopold.* (BB)

—des Lebens der Schauspielerin Bellamy; aus d. Engl. v. A. Wittenberg. 8. Hamb. 786.

Schutzschrift für die Tebäische Legion ... Lucern 1760—61. V: *Balthasar, Jos. Ant. Felix v.* (Cat. d. Stadtbibl. Zürich. Zürich 1864—97.) (AarK)

—für die Demoiselle le Guay v. Olivia. 8. Wien 786. Wucherer. 3 gr

— f. d. Lehre Jesu u. d. Gewißh. d. Auferst eh. d. Todten. 8. Frankf. u. Leipz. 792.

Schutzschrift, Prof. Mayer's, wider die berüchtigte Broschüre über die Universität in Wien. Wien 1781. V: *Mayer, Jos. Ernst* (Biblrort)

Schutzschrift für unsere Mitbürger im Reiche der Möglichkeit. Breslau 1772. V: *Milack, Johann.* (ML) (Ky)

— f. unſ. Mitbürger im Reiche d. Möglichkeit. 8. Breslau, Gutsch. 772.

Schutzſchrift, patriot., f. Baierns gegenwärt. Staats- u. Militär-Verhältniſſe. 2e A. 8. Augsb., v. Jeniſch u. St. 2 gr.

Schutzschrift der gekränkten Stubenmädchen in Wien (Audiatur et altera pars). Wien 1781. V: *Rautenstrauch, Johann* [?]. (Zeitschr. f. Büch. VI, 145.)

Schutzschrift für Wilhelm Tell. Aus d. franz. Original. . . . Samt der Vorrede eines Ungenannten [Salomon Wolf]. Zürich 1760. V: *Balthasar, Joseph Anton Felix von.* (AARK) (Cat. d. Stadtbibl. Zürich. Zürich 1864—97.)

Schutzschrift für das zeitliche und geistliche Wohl der ungebohrnen Kinder . . . [Kaufbeuren] 1775. V: *Ruef, Anton Sebastian.* (ML)

Schutzschrift über die Zergliederung der Freimaurerei. Frankf. a. M. 1744. V: *Anderson, James.* (Kl)

Schutz- u. Trutz-Schriften des chriſtl. Kolportage-Vereins. Nr. 1—7. 12. Lichtenthal bei Baden-Baden, Chriſtl. Kolportage-Verein. n. — 47

1. Ueber die gegenwärtige Lage der badiſchen evangeliſchen Landeskirche u. öffentliche Erklärung des Verwaltungsrats. [Aus: „Beiblatt der Mitteilgn. des Vereins".] 2. Aufl. (8 S.) 894. n. — 02
2. Ueber die Bedeutung der Heilsthatſachen f. den chriſtlichen Glauben u. des Apoſtolikums f. unſere Kirche. Vortrag auf der Bekenntnis-Verſammlung in Karlsruhe. Von K. Keerl. (15 S.) 893. n. — 08
3. Das apoſtoliſche Glaubensbekenntnis, ſeine Entſtehung, bibliſche Begründung u. Bedeutung für die Kirche wie des einzelnen Chriſtenlebens. Vortrag, geh. den 8. 1. 1893 im Mayſchen Saale zu Freiburg i. B. Von C. Hagenmeyer. (31 S.) 893. n. — 15
4. Was iſt Lauheit? (Von St.) 3. Aufl. (6 S.) 899. n. — 02
5. Luther's Glaubensbekenntnis vom J. 1529. (11 S.) Gernsbach 893. — 03
6. Aus der Zeit f. die Zeit od.: Ein Ratgeber in unſerem Glaubenskampf. Von S. (29 S.) Gernsbach 893. — 15
7. Die vom hochw. evangel. Dekanat gegebene Frage lautet: „Was kann geſchehen, um die Gemeinde im kirchlichen Bekenntnis zu halten? 5 Sätze. Zur Diöceſanſynode den 26. VII. im Vereinshauſe zu Karlsruhe. Von Peter. (5 S.) Gernsbach 893. — 02

Schutztruppe, die deutsche, f. Südwest-Afrika. 4 Taf. in lith. Farbendr. m. 44 Abbildgn. v. Offizieren u. Soldaten, sowie der verschiedenen Grad- u. sonst. Abzeichen derselben. Nebst ausführl. Erläutergn. 8. (11 S.) Leipzig 894. M. Ruhl. n. 1. 50; geb. n. 2. —

Schutztruppen, die deutſchen, in Afrika, ſ. a. Eiſenſchmidt's Bücherſammlung.

Schutztruppen, die deutschen, in Afrika in ihrer jetz. Uniformirg. 7 Taf. in lith. Farbendr. m. 78 Abb. v. Offizieren u. Soldaten, sow. d. verschied. Grad- u. sonst. Abzeichen derselben. Nebst Erläutergn. 8. (32 S.) Leipzig 897. M. Ruhl. n. 2. 50; geb. n. 3. —

A(kademischer) S(chutz)-V(erein). No 1. *(Leipzig 1903)* 8° [illegible]

Schutzverein, der ungariſche. gr. 8. Leipzig 845, O. Wigand. n. 13½ ngr

H., Dr. Gegen den ungarischen Schutzverein und seine Tendenzen. (Aus dem Journal des österreichischen Lloyd.) 8. Leipzig 1846.

Schutzverwandte, Der sich selbst entlarvende. [Erfurt] 1771. V: *Riedel, Friedrich Just.* (ML)

Schutzvorrichtungen, Die, an Holzbearbeitungsmaschinen auf der Deutschen Allgemeinen Ausstellung für Unfallverhütung, Berlin 1889. Hannover 1889

Schutz- u. Trutzwaffen, bibliſche, gegen die polit. Anfechtungen unſerer verhängnißvollen Zeit, bevorwortet durch eine überſeeiſche Correſpondenz. gr. 12. (24 S.) Bremen 849, Heyſe. $^1/_{12}$ ℛ︀

Schutzwehr, auf Erfahrung gegründ., gegen d. Cholera. — Mittheiln. üb. deren Kennzeichen, Verhütung u. Heilung, aus d. neuſten Berichten der Aerzte Emertz, Kraſewski, Sinogowitz u. m. a. Als Anh.: Beſchreib. u. Abbild. e. einfachen Dampfbades u. e. transportablen ruſſ. Dampfbades, als Schutzmittel gegen d. Cholera. 8. (2 B., 1 Stndr. u. 1 Holzſchn.) Landsberg 831, [Wilmſen.]

Schutzwehr ſtandesmäßiger Reinigkeit. 8. Augsb. Wolf. -

Schutzwehren, die unbezwingl., der Staaten gegen Revolutionen. Eine philanthrop. Abhandl. v. e. bayer. Rechtsanwalte. gr. 8. (3½ B.) München 831. (Leipzig, Volckmar.)

Schutzworte f. den Nürnberger Findling Caspar Hauſer, geg. die Schrift d. Polizeirath Merker, v. A. B. gr. 8. (2½ B. u. H's. Bildn. u. Facſimile.) Berlin 830, Rauck.

Anonym. „Schutzzoll oder Freihandel? Ein Wort an den Bürger und Landmann", (Berlin) 1848. — Vorh.: Com. Bibl. Hamburg.

Schutzzoll oder **Freihandel.** Von einem **Kaufmann.** gr. 8. (8 S.) Berlin 881. Kortkampf. — 15

Schutzzoll, der, auf fremde in die deutſchen Zollvereinsſtaaten eingehende Baumwolltwiſte, aus dem Geſichtspunkt der Weberei u. Spinnerei beleuchtet. gr. 8. Berlin 842, Duncker u. Humblot. ⅜ ℛ︀

Anonym: „Für und wider Schutz- und Differenzial-Zölle. Eine Berufung an das kritische Urtheil deutscher Volksvertreter", Berlin 1848. — Vorh.: Preuß. Staatsbibliothek Berlin.

Anonym. „Die Schutzzölle und deren Einfluss auf die Arbeiter", als Ms. gedruckt, Frankfurt a. M. 1848. 4°. — Vorh.: Com. Bibl. Hamburg.

Schutzzölle u. andere, über, gegen das Ausland gerichtete Schutzmaßregeln zur Förderung der inländ. Induſtrie, ſo wie über Conſumtionsſteuern von ausländ. Waaren. Nebſt der Handelsbilanz des deutſchen Zollvereins v. 1837—1841. gr. 8. Darmſtadt 843, Jonghaus. ⅔ ℛ︀

Schutzzoll-Syſtem, das, in Oeſterreich. Eine Denkſchrift in der zwölften Stunde. Dresden 859. Türk. gr. 8. (19 S.) n. 3 ngr.

Schuur, H. W., Gedanken üb. dasjen., was vielen unſ. Volksſchulen beſond. Noth thut. 8. (2½ B.) Mohrungen 835, Rautenberg. (?)

Aus: Preußenſchule, 2. Jahrg., beſond. abgedruckt.

—— die Herrenpredigt. Neue, unveränd. Aufl. gr. 8. (1 B.) Berlin 841, [J. A. Wohlgemuth.] *

—— Lesebuch f. alte u. junge Geistliche u. solche, welche es werden wollen. 1. Hft. 8. (4¹/₈ B.) Mohrungen 837, Rautenberg. (?)

—— Preußenschule, s. Preußenschule.

— die Säuferpredigt und die Herrenpredigt. 2 Predigten. Auf mehrfaches Ersuchen von demselben empfangen und zum Drucke gegeben von Heinrich Ungefug. 8. Braunsberg 840. Model. n. ¹/₄ ₰

—— die Säuferpredigt u. d. Herrenpredigt. 2 Predigten. 1. Aufl. 8. (1³/₄ B.) Braunsberg 840. * 4 Gr., 2., unveränd. Aufl. gr. 8. (1¹/₈ B.) Berlin 841, [J. A. Wohlgemuth.] *

Schuur, H. W., Sendschreiben an den Hrn. Prof. D. Olshausen, in Betreff sein. Schrift: „Ein Wort d. Verständigung üb. d. Stellung d. Evangeliums zu uns. Zeit." gr. 8. (3¹/₄ B.) Mohrungen 834, Rautenberg.

Schuur, Heinrich Wilhelm Albert

Schuur, Hnr. Wlh. Alb., Briefe an einen jungen Geistlichen in Betreff seines geistlichen Amtes. gr. 8. Königsberg 844, Theile. 2 ₰

Schuur, Heinr. Wilh. Alb., Dispositionen zu Abendmahls-Reden. gr. 8. (VIII u. 164 S.) Braunschweig 848, Westermann. 24 ngr

— Dispositionen zu Beicht-Reden. gr. 8. (IV u. 224 S.) Ebd. 848. 1 ₰

—— Dispositions-Magazin über die Pericopen der Sonntags-Evangelien des Kirchen-Jahres. Ein Handbuch für Geistliche und zugleich ein Beitrag zur comparativen Homiletik. gr. 8. (VI und 492 S.) Braunschweig 849, Westermann

— das neue Feuer in der evangel. Kirche! Predigt über Luc. 12,49—56 in Bezug auf d. evangel. Gust.-Adolph-Stiftung. gr. 8. Königsberg 844, Theile. ¹/₁₂ ₰

— die Herrenpredigt. Gehalten am Tage der Wahl neuer Stadtverordneten. Neue, unveränd. Aufl. gr. 8. Berlin 841, Wohlgemuth'sche Buchh. n. ¹/₁₂ ₰

—— Catechisationen üb. Luthers kleinen Catechismus f. Elementarlehrer. 1—4. Bdchn. 8. Königsberg, Bon.

Bdchn. 1. Die vier ersten Gebote. (17 B.) 842. 15 Ngr.
" 2. Die sechs letzten Gebote. (19 B.) 843. 22¹/₂ Ngr.
" 3. Die drei Artikel des Glaubens. (24 B.) 846. 22¹/₂ Ngr.
" 4. Die Hauptstücke v. dem Gebete, der Taufe u. dem Abendmahl (23¹/₄ B.) 847. 25 Ngr.

Schuur, Heinr. Wilh. Albert, Luthers kleiner Catechismus zum Gebrauche für Elementarschulen, s. Luther.

Schuur, Wilh. Alb., Dr. M. Luthers kl. Katechismus in e. fortlauf. vollständ. Erklär. Ein Handb. f. Geistliche bei d. Confirmanden-Unterr. u. Lehrer bei d. Religions-Unterr. in d. Oberclasse gehob. Elementarschulen. 8. (11¹/₄ B.) Braunschweig 840, Westermann.

— s. Luther's, Dr. Mart., kleiner Katechismus.

— Muster-Sammlung von Predigt-Dispositionen f. die sämmtlichen Festtage des Kirchenjahres über die evangel., epistol. Pericopen u. freie Texte. gr. 8. (508 S.) Königsberg 847, Theile. 2 ₰

Schuur, Hnr. Wlh. Alb., Predigt-Dispositionen über die evangel. u. epistolischen Pericopen. 1. Sammlung, fünf Jahrgänge enthalt. gr. 8. Braunschweig 841, Westermann. ⁵/₈ ₰ — 2. Ausg. Ebend. 846. 18 ngr

— dies. 2. Samml., 7. Jahrg. enth. gr. 8. Ebd. 846. 27 ngr

Schuur, Heinr. Wilh. Alb., Predigt-Dispositionen über die evangelischen und epistolischen Pericopen. 1. Sammlung, 5 Jahrgänge enthltd. 2. verb. u. verm. Aufl. Braunschweig 856. Westermann. 8. (VI, 166 S.) 24 ngr.

—— Predigten. 1. u. 2. Sammlg. gr. 8. Königsberg, Theile. [1. (13¹/₂ B.) 843. 1 Thlr. 5 Ngr., 2. (18 B.) 45. 1 Thlr. 15 Ngr.]

— Predigten. 3. Sammlung. A. u. d. T.: Fest- u. Zeitpredigten. 1. Bd. gr. 8. (XVI u. 446 S.) Ebd. 847. 1⁵/₆ ₰

— die Säuferpredigt. Neue, unveränd. Aufl. gr. 8. Berlin 841, Wohlgemuth'sche Buchh. n. ¹/₁₂ ₰

— die Sonntagsfeier. Ein Wort an seine Zeitgenossen. Aus dem Preuß. Provinzial-Kirchenblatte abgedr. gr. 8. Königsberg 843, Theile. ¹/₃ ₰

— vollständ. Spruchbuch zu Luthers kleinem Katechismus. Zum Behufe d. Confirmanden-Unterrichts. 8. Braunschweig 841, Westermann. 6¹/₄ ngr

— das geistliche Strafamt. Eine Frage unsrer Zeit. gr. 8. Königsberg 843, Theile. ²/₃ ₰

Schuur, Wilhelm Alb., s. Schuur, Heinrich Wilhelm Albert

Schuermann Diss. di effectibus liquorum spirituosorum in corpore humano. 4° Harderov 1791

Schuver, Chr. J., Annie Besant. Eine kurze Lebensbeschreibg. Autoris. Uebersetzg. aus dem Holl. v. H. Schouten-Deetz. (VII, 174 S. m. Bildnis.) 8. Leipzig 907. M. Altmann. 2.50; geb. 3.50

Schuver, J. M. Originalkarte der Quellengebiete der Flüsse Tumat, Jabus und Jil. Nach Forschungen in den Jahren 1881 und 1882. 1:500000. Gotha 1883. 1 Bl. c. A. Sch.

Schuver, J. M., Reisen im oberen Nilgebiet, s. a. Petermann's, A., Mitteilungen aus J. Perthes' geograph. Anstalt.

Reisen im oberen Nilgebiet. Erlebnisse und Beobachtungen auf der Wasserscheide zwischen Blauem und Weissem Nil und in den ägyptisch-abessinischen Grenzländern 1881 und 1882. Von Juan Maria Schuver. Mit 1 Karte. = Petermanns Mittheilungen aus Perthes' geogr. Anst. Ergänzungsbd. 16. Nr. 72. Gotha. 1883. 4°.

Schuwardt, Joh.: „Regententaffel . . . .", Leipzig 1583 (gedruckt durch Georg Defner, in Verlegung Henning Grosse) -- Vorh.: StB Nurnberg.

Schuwirth, Theo, a. Cöln a. Rh.: Eberhard Werner Happel (1647—1690). Ein Beitrag zur deutschen Literaturgeschichte des 17. Jahrhunderts. Marburg a. d. L. 1908. (156 S.) 8°
Marburg, Phil. Fak., Ref. Elster, Diss. v. 11. Juni 1908
[Geb. 31. Jan. 79 Barmen; Wohnort: Cöln a. Rh.; Staatsangeh.: Preußen; Vorbildung: Gymn. Barmen Reife O. 98; Studium: Marburg 2, Munchen 1, Marburg 1, Tubingen 3, Bonn 1, Marburg 5 S.; Rig. 30 Juli 06.]

SCHUWITZ. — Elise Schubitz sol), oder Abenteuer und Erfahrungen einer deutschen (Berliner) Buhlerin. Berlin (Altona, Verlagsgesellschaft) 1796. 8°.
Grosse Seltenheit! Ausfuhrlichste Schrift uber die Schuwitz.

Schuwitz, Elise

§ **SCHUWITZ.** — Leben der Madame Schuwitz, von ihr selbst aufgesezt (!). Mit Titel-Silhouette. Cythere (Berlin) 1792. 8°. (50 Mk. E. Frensdorff, 1906.) (Expl. auch in Breslau, Kgl. u. Univ.-Bibl.)
Lasciv! Tit., 1 Bl. Vorr. u. 92 S. — Sehr selten, wie das folgende.

SCHUWITZ. — Lebensbeschreibung der Madam (sic!) Schuwitz), von Ihr selbst aufgesetzt. O. O. 1792. 8°. 69 SS.

Schuß, Konrad, Elementar-Musikschule oder Darstellung aller derjen. Lehren u. Regeln, welche jedem Musikunterrichte zur Grundlage dienen. Nebst einem Anhange, 9 zwei- u. dreistimmige Lieder f. Kinderstimmen enthaltend. qu. gr. 8. (64 S.) Bonn 847, Wittmann in Comm. n. 1/3 ß

Schuylkill County Bauer : 1832–? Pottville, PA
Weekly. Edited & published by Benjamin Baumann.

M. C. **Schuyten.** Over Geheugenvariatie bij schoolkinderen. De oppervlakte vau het Geschrift. Over Voor- en Namiddagonderwijs. ⟨Avec un resumé en langue Franç.⟩ Antwerpen: De Nederl. Boekhandel; Leipzig: F. Braudstetter 1907. (S. 91–207.) 8° [Umschlagt.]
— **Jaarboek,** Paedologisch. Jg. 6, Afl. 2. [illegible]

M. C. **Schuyten.** Over Esthesiometrische Variatie by Schoolkinderen ⟨Avec un résumé en langue Française.⟩ Antwerpen: De Nederlandsche Boekhandel; Leipzig: F. Brandstetter 1906. (90 S.) 8°
— **Jaarboek,** Paedologisch. Jg. 6, Afl. 1. [illegible]

Schüz, s.a. Schütz.

Schüz, A., die beiden Freunde, s. Immergrün.

Schüz, Alfred

Schüz, A., zur Ästhetik der Musik. Das Wesen der Musik u. ihre Beziehungen zum gesamten Geistesleben. Für Jünger u. Freunde der Tonkunst. 2. umgearb. Aufl. der „Geheimnisse der Tonkunst 1891". gr. 8. (IV, 348 S.) Stuttgart 900. J. B. Metzler. n. 3. —

Schüz, Alfr. Die Geheimnisse der Tonkunst. gr. 8. (IV, 348 S.) Stuttg. 891, Metzler's Verlag. * 4 50; geb. in Hlbfrz. * 6 —

Schüz, Alfr., zum höheren Leben. Religiöse Betrachtgn. f. Denkende u. Wahrheitsuchende. 1.—8. Heft. 8. Leipzig, Jaeger'sche Verlagsbuchh. à — 60
1. Der Kern aller Religion. (37 S.) (909.)
2. Das Lebensrätsel. (40 S.) (909.)
3. Religion u. Sittlichkeit. (53 S.) (909.)
4. Zur Philosophie des Todes. (48 S.) (909.)
5. Stirb u. werde. (42 S.) (910.)
6. Die höchste Kraft im Menschen. (46 S.) (910.)
7. Das Geisterreich. (40 S.) (910.)
8. Jesus im modernen Leben. (46 S.) (910.)

Schüz, Alfr., Philosophie u. Christentum. Eine Charakteristik der Hartmann'schen Weltanschaug. f. jeden Gebildeten. In 5 Briefen an Hrn. Ed. v. Hartmann. gr. 8. (X, 158 S.) Stuttgart 884. Metzler's Verl. n. 1. 80

Schüz, August Friedrich (Neustadt) A. S. 1362/34
Miraculum sanctorum, tempore mortis Christi resuscitatorum a blasphemia Thomae Woolstoni, Angli vindicatum. Präs. Christoph Matthaeus Pfaff. Tübingen (Sigmund) 26. VIII. 1730. 15 S.
W. v.: M. W. F. Wolffart (Opp.), Johann Georg Wüst (Opp.), Joseph Friedrich Weihenmajer (Opp.).
31716

Schüz, Carl Wolfgang Christoph, s. Schüz, Karl Wolfgang Christoph

Schüz, Christian August (Penig) A. S. 1359/23
De vestigiis religionis paganae apud pontificios specimen ad Matth. IV, 10. Präs. Johann Friedrich Bahrdt. Leipzig (Langenheim) 20. IX. 1755. 18 S.
Gew.: Jakob Born.
W. v.: Präs. 31717

Schüz, Emil, vom Schwarzwald ins Morgenland. Reisebilder. gr. 8. (III, 176 S.) Calw 871. (Tübingen, Fues'sche Sortimentsh.) *

Schüz, Emil, vom Schwarzwald ins Morgenland. 2. verm. und verb. Aufl. Lex.-8. (VII, 184 S.) [Stuttgart 875, Hoffmann.] Gera, Griesbach's Verlag. (*M 3,50.) *

Schüz, Emil: Wachsthum und Ertrag der Rothbuche im Grossherzogthum Hessen. *Giessen 1897: J. Weinert.* (33 S.) 8° [F.]
Giessen, Phil. Diss. v. 1897

Schüz, Ernst, Uebersicht üb. die Geschichte des württemberg. Volksschulwesens. (60 S.) 8. Stuttgart 909. J. Heß.
Sonderabdr. aus: „Württ. Volksschulgesetzgeb." — 85

Die württembergische Volksschulgesetzgebung nebst d. Vollzugsbestimmungen bearb. u. erl. von Ernst **Schüz** u. Dr. jur. Karl Hepp. 1. u. 2. Aufl. (In 4 Lfgen.) Stuttgart: Heß 19(09–)10. Getr. Pag. 8°
(Lfg 1 und 3 u. d. T.:) Das württembergische Volksschulgesetz v. 17. Aug. 1909 nebst d. Vollzugsbestimmungen bearb. u. erl. von Ernst Schüz u. Dr. jur. Karl Hepp. 1. u. 2. Aufl. 1910. [illegible]

Das württembergische Volksschulgesetz v. 17. August 1909 nebst d. Vollzugsbestimmungen. Bearb. u. erl. von Ernst Schüz u. Dr. jur. Karl Hepp. 1. u. 2. Aufl. (In 2 Lfgen.) Stuttgart: Heß 19(09–)10. XV, 315 S. 8°
(Schüz u. Hepp: Die württembergische Volksschulgesetzgebung. Lfg 1. 3.) [illegible]

Schüz, Gottfried (Halberstadt) A. S. 250/19
Dissertatio historico-theologica de infallibilitate pontificum Romanorum autokatakrito.
Präs. Sigismund Jakob Baumgarten.
Halle (Grunert) 21. X. 1740. 32 S.
Gew.: Fhr. von Knigge.
W. v.: Präs. 31718

— — s.a. Baumgarten, Siegmund Jakob

Schüz, Gottfried A. S. 1329/40
De titulo comitis palatini Saxoniae in litteris Friderici admorsi diatribe historica.
Präs. Gotthelf Friedemann Loeber.
Jena (Schill) 30. IV. 1743. 10 Bl. 31719

Schüz, Johann Christoph (Nürtingen) A. S. 176/7
De anno decretorio MDXXIIII. an et quatenus ad politica spectet. Präs. Gottfried Daniel Hoffmann.
Tübingen (Cotta) V. 1752. 62 S. 31720

Schüz, Johann Christoph (Nürtingen) A. S. 1421/23
Dissertatio moralis altera de naturalismo maxime subtiliori. Präs. Johann Gottlieb Faber.
Tübingen (Erhardt) 13. X. 1752. 44 S.
2 Resp. 31721

Schüz, Johann Sigmund (Memmingen) A. S. 348/6

Dissertatio juridica inauguralis de effectu poenitentiae, et in civilibus et in criminalibus causis.
Halle (Orbanus) V. 1715. 56 S.

Gew.: Stadt Memmingen. 31722

Schüz, Johann Sigmund (Memmingen) A. S. 34/12

Dissertatio juridica inauguralis de effectu poenitentiae, et in criminalibus et in criminalibus causis.
Präs. Jakob Friedrich Ludovici. Rec.
Halle (Grunert) 1740. 56 S.

Diss. V. 1715. 31723

Schüz, Karl, s. Schüz, Karl Wolfgang Christoph

Schüz, Karl Wolfgang Christoph

Schüz, Karl (mit einem Zusatz von Rau, Karl Heinrich): „Bemerkungen über die Bildung der Württembergischen Regiminal- und Finanz-Beamten und über die staatswirthschaftliche Facultät zu Tübingen" In: „Archiv für die politische Oekonomie", Band 4, S. 200—225, Heidelberg 1840. — Vorh.: UB Breslau.

Schüz, Carl Wolfg. Chrstph., üb. d. Einfluß d. Vertheilung d. Grundeigenthums auf d. Volks- u. Staatsleben. gr. 8. (12 B.) Stuttgart u. Tübingen 836, Cotta'sche Buchh.

Schüz, Carl Wolfg. Chrstph., Grundsätze der National-Oeconomie. gr. 8. (29 B.) Tübingen 843, Osiander'sche Buchh.

Schüz, Ludwig [aus Langen]: Ueber die Aenderung der specifischen Wärme von leicht schmelzbaren Legirungen und Amalgamen bei Temperatur-Erniedrigung ... Leipzig. J. A. Barth, 1892; 33 S. 8.
Giessen, Phil. Fak., Inaug.-Diss. v. 1892

[Schüz, Ludwig:] Neue Allgem. eine Bauordnung nebst Vollzugsvorschriften u. den weiteren auf die Bau- und Feuerpolizei sich beziehenden Gesetzen usw. Stuttg.: Rieger 1882
— 2. Aufl. mit dem Ortsbaustatut für Stuttgart. Daselbst 1896.

Schüz, Ludw., neue allgemeine Bauordnung f. das Königr. Württemberg nebst den Vollziehungsvorschriften u. den weiteren auf die Baupolizei sich bezieh. Gesetzen, Verordngn. ꝛc. Handausgabe m. Erläutergn. 2. durchgeseh. Aufl. gr. 8. (XVI, 387 S.) Stuttgart 873. Rieger. n. 4.—

Schüz, Paul, Eßlingen a. N. Stadt u. Bezirk f. Schule u. Haus beschrieben. (141 S. m. 93 Abb. u. Karten.) 8. Eßlingen 908. P. Neff. Kart. nn 1. -

Schüz, Rudolf, approb. Arzt aus Rottweil: Aus d. Tübinger Universitäts-Augenklinik. Die Augenverletzungen in der Tübinger Klinik in den Jahren 1901 und 1902. *Tubingen 1903: G. Schnurlen.* (34 S.) 8°
Tubingen, Med. Diss. v. 1903

Schüz, W., mit Nachtrag v. Lette, W. A. Kameralwissenschaft. Staatslexikon v. Rotteck u. Welcker. 1863.

Schüz von Holzhausen, Benedikt Marianus Frh. (Wetterau) A. S. 283/9

Dissertatio juridica de potestate statuum imperii, subditis suis diversae religionis indicendi ferias, legibus imperii non incongrua. Präs. Johann Heinrich Bocer.
Bamberg (Gertner) 19. IX. 1748. 100 S.

Gew.: Johann Philipp Anton von und zu Franckenstein.

31724

Schuz-Schrifft, s. Schutzschrift.

Schvarcz, Jul., Aristoteles u. die Ἀθηναίων πολιτεία auf dem Papyrus d. British Museums. [Aus: „Die Demokratie".] Lex.-8. (25 S.) Leipzig 891. W. Friedrich. n. 1. --

Schvarcz, Jul., neun Briefe an Prof. Dr. Paul Nerrlich üb. d. Literatur d. Griechen. gr. 8. (41 S.) Leipzig 896. C. L. Hirschfeld. n. 1. —

Neun Briefe an Prof. Dr. Paul Nerrlich über die Literatur der Griechen v. Julius Schvarcz, '(... ö. o. Prof. ... an d. Univ. Budapest ...)'. *Leipzig: C. L. Hirschfeld 1896.* (40 S., 1 Bl.) 1 Bd 8. [96. 1513

Schvarcz, Jul., die Demokratie. 1. Bd. 1. Hälfte und 2. Hälfte 1. Abthl., Lex.-8. Leipzig 877, Duncker und Humblot. [1. Hälfte. (LXIX, S. 1—112.) * ℳ 6.; 2. Hälfte 1. Abthl. (S. 113—364.) * ℳ 8.] *

Schvarcz, Jul., die Demokratie. 1. Bd. 2. Hälfte. 2.—4. (Schluss-)Abthl. Lex.-8. Leipzig, Duncker und Humblot. [2. Abthl. (S. 365—468.) 880. * ℳ 3.; 3. Abthl. (S. 469—600.) 881. * ℳ 3,60.; 4. Abthl. (LXXIII—XCVI, S. 601—749.) 882. * ℳ 6,40.] *
1. Bd. 1. Hälfte und 2. Hälfte 1. Abthl. Ebendas. 1877. * ℳ 14.
—— dass. — 1. Bd.: Die Demokratie von Athen. 2. (Titel)-Aufl. Lex.-8. (XCVI, 749 S.) Leipzig 884, G. Wolf. *

Schvarcz, Jul. Die Demokratie. [1. Bd.] und 2. Bd. 1. Abthl. Lex.-8. Lpz., W. Friedrich. * 19 —
[1. Bd.] Die Demokratie v. Athen. Neue [Titel-]Ausg. (LXIX, 749 S.) 891. * 12 —.
2. Bd. 1. Abthl. Römische Massenherrschaft. (LXXXVIII, XXV, S. 1—144.) 891. * 7 —.

-- die Demokratie. 2. Bd. 2. Abth. D. röm. Massenherrschaft. Lex.-8. (S. 145—647.) Leipzig 898. W. Friedrich. n. 13. — (II, kplt.: n. 20. —; I u. II: n. 25. —)

Schvarcz, Jul., die Demokratie. I. u. II. Bd. 2. [Titel-] Ausg. gr. 8. Leipzig 901. E. Avenarius. à n. 12. —
I. Die Demokratie v. Athen. (XC, 749 S.) [891.]
II. Die römische Massenherrschaft. (LXXVIII, 27 u. 650 S.) [891.] (898.)

—— Elemente der Politik. Staatstypen und Staatsformationen. 1.—3. Lfg. gr. 8. (S. 1—72.) Budapest 880, (Laufer.) à Lfg. * 60 Pf. *
—— dass. — (Neue Ausg.) 1.—3. Lfg. gr. 8. (S. 1—72.) Leipzig 884, G. Wolf.
1. und 3. Lfg. à * 60 Pf.; 2. Lfg. * ℳ 1,80. *

-- Elemente d. Politik. Versuch e. Staatslehre auf Grund d. vergleich. Staatsrechtswissenschaft u. Kulturgeschichte. [Aus: „Westöstl. Rundschau".] Lex.-8. (VII, 149 S.) Berlin 895. S. Rosenbaum, Berl. n. 4. —

Schvarcz, Jul. Kritik der Staatsformen d. Aristoteles. Mit e. Anh., enth. die Anfänge e. polit. Literatur bei den Griechen. Verm. Ausg. Lex.-8. (V, 138 S.) [Hannov. 890, Barmeister.] Lpz., W. Friedrich. * 3 60

Kritik der Staatsformen des Aristoteles von Julius Schvarcz. Mit e. Anh. enth. d. Anfänge einer polit. Lit. bei den Griechen. 2. verm. Ausg. *Leipzig: E. Avenarius 1900.* (V, 138 S.) 4°(8°) [01. 184

— Kritik der Staatsformen des Aristoteles. Mit e. Anh., enth. die Anfänge e. polit. Literatur bei den Griechen. 2. verm. Ausg. (Neue [Titel-]Ausg.) gr. 8. (V, 138 S.) Ebd. [890.] 901. n. 3. —

Die römische Massenherrschaft v. Julius Schvarcz. *Leipzig: W. Friedrich (1891—98).* (2 Bl., LXXXVIII, a—z a, 650 S.) 1 Bd 8.
= Schvarcz, J.: Die Demokratie. Bd 2. [98. 10500

Die römische Massenherrschaft von Julius **Schvarcz**. 2. Ausg. Leipzig: E. Avenarius 1901. (LXXXVIII, a-za, 650 S.) 8°
= **Schvarcz**: Die Demokratie. Bd 2. 108 ; 06 11

Schvarcz, Jul., Montesquieu u. die Verantwortlichkeit der Räthe d. Monarchen in England, Aragonien, Ungarn, Siebenbürgen u. Schweden [1189--1748]. Lex.-8. (V, 168 S.) Leipzig 892. W. Friedrich. n. 4. —

— Montesquieu u. die Verantwortlichkeit der Räthe des Monarchen in England, Aragonien, Ungarn, Siebenbürgen u. Schweden (1189—1748). 2. [Titel-]Ausg. gr. 8. (V, 168 S.) Ebd. [892.] 901. n. 3. —

Schvarcz, kritische Notizen üb. die neuesten Erscheinungen der staatswissenschaftlichen Literatur. Nachtrag zu meiner Schrift: Elemente der Politik. Leipz. 898.

— kritische Notizen üb. d. neuesten Erscheingn. d. staatswissenschaftl. Literatur. Nachtrag zu meiner Schrift: Elemente d. Politik. M. e. Anh., enth. Realphilologisches u. Culturpolitisches. gr. 8. (36 S.) Leipzig 899. Dürr'sche Buchh. n. — 90

Schvarcz, J., zur Reform des Parlamentarismus. gr. 8. Budapest 877. Leipzig, Reissner. *

—— zur Reform des Parlamentarismus. Versuch einer Zusammensetzung des parlamentar. Staatsraths auf Grundlage der Fachbildung. Zwei Briefe. gr. 8. (36 S.) Budapest 877, (Zilahy.) *

— zur Reform des Parlamentarismus. Versuch einer Zusammensetzung des parlamentarischen Staatsraths auf Grundlage der Fachbildung. 2 Briefe. gr. 8. (36 S.) Budapest 879. Zilahy in Comm. n. 1. —

—— zur Reform des Parlamentarismus. Versuch einer Zusammenstellung des parlamentarischen Staatsraths auf Grundlage der Fachbildung. Zwei Briefe. gr. 8. Ebendas. 881. *

Schvarcz, Jul., zur Reform des europäischen Unterrichtswesens. gr. 8. (VII, 111 S.) Budapest 879, (Zilahy.) *

—— zur Reform des europäischen Unterrichtswesens. gr. 8. (111 S.) Ebendas. 884. *

—— die Staatsformenlehre des Aristoteles und die moderne Staatswissenschaft. Notizen über die ältesten Denkmäler des Ministerverantwortlichkeits-Gedankens in der europ. Verfassungsgeschichte. gr. 8. (62 S.) Ebendas. 884. *
Aus: Elemente der Politik, besonders abgedruckt.

Schvarcz, Jul., Ungarn in der Realunion. 2 Lfgn. Lex.-8. (S. 1—48; 49—107.) Pest 870,71, (Aigner.) à Lfg. * *M.* 1,60. *

Schvindt, Thdr., finnische Ornamente. I. Stickornamente u. Muster. (M. finn. u. deutschem Text.) gr. 8. (7 u. 83 S. m. Fig. u. 79 farb. Taf.) Helsingfors 896. (Leipzig, O. Harrassowitz.) Geb. in Leinw. n.n 24.—

Schvindt, Thdr., finnische Volkstrachten. 16 Farbendr.-Bilder nebst beigefügten Erläutergn. derselben. (VI, 20 S.) 8. Helsingfors 905. (Leipzig, K. F. Koehler.) n. 3. —

Kolibri 360 GmbH
Ferdinand-Jühlke-Straße 7
99095 Erfurt, Deutschland
produktsicherheit@kolibri360.de